现有净水厂、污水处理厂技术改造系列丛书

污水处理厂改扩建设计

上海市政工程设计研究总院组织编写
张 辰 主 编
李春光 副主编

中国建筑工业出版社

图书在版编目(CIP)数据

污水处理厂改扩建设计/上海市政工程设计研究总院组织编写；张辰主编．—北京：中国建筑工业出版社，2008
(现有净水厂、污水处理厂技术改造系列丛书)
ISBN 978－7－112－10349－2

Ⅰ．污… Ⅱ．①上…②张… Ⅲ．污水处理厂－技术改造－设计 Ⅳ．X505

中国版本图书馆CIP数据核字(2008)第142108号

责任编辑：于　莉
责任设计：郑秋菊
责任校对：安　东　关　健

现有净水厂、污水处理厂技术改造系列丛书
污水处理厂改扩建设计
上海市政工程设计研究总院组织编写
张　辰　主　编
李春光　副主编
*
中国建筑工业出版社出版、发行(北京西郊百万庄)
各地新华书店、建筑书店经销
北京天成排版公司制版
廊坊市海涛印刷有限公司印刷
*
开本：787×1092毫米　1/16　印张：36½　字数：1024千字
2008年10月第一版　2013年6月第二次印刷
定价：**92.00**元
ISBN 978－7－112－10349－2
(17152)

(邮政编码　100037)

内容摘要

本书是一本以设计实践为主题的专著，主要阐述在污水处理厂脱氮除磷达标改造过程中的改扩建工程设计，包括污水厂设计的基本理论和实践经验。根据作者长期从事设计工作的研究和实践，对污水处理厂改扩建工程必需执行的标准进行分析，提出污水处理厂升级改造工艺设计、污泥处理、除臭设计等理论知识，更主要的是介绍了12座国内和10座国外污水处理厂的升级改造工程以及3项除臭工程实例，通过工程实例，系统介绍了污水处理厂工艺设计、主要设计参数的确定、各处理构筑物的设计等，本书还就污泥处理处置设计，除臭设计和电气自控设计进行分析。全书共分上篇和下篇两部分，上篇为基本理论和工艺，包括绪言、污水处理厂标准执行和综合评价、污水处理设计、污泥处理处置设计、除臭设计、电气和自控改扩建设计等六章，下篇为污水处理厂改扩建工程实例，分国外污水厂改扩建工程实例和国内污水厂改扩建工程实例两章，分别介绍了10座国外和12座上海市政工程设计研究总院研究设计的污水处理厂改扩建实例，还介绍了3项污水厂除臭工程实例。

本书可供从事给水排水专业的工程设计人员、运行管理人员和大专院校师生参考。

前　言

本书是上海市政工程设计研究总院近年来开展污水厂改扩建工程研究和设计实践成果的总结，是全院排水设计人员共同努力创新的成果。

随着污水处理日益受到重视，在建设资源节约型环境友好型社会过程中，提出了充分重视科学发展观，建设和谐社会。体现在节能减排上，污水厂的设计运行既存在着大量节能途径，又是减排的主力军。由于污水厂排放标准的不断完善，虽然在标准的制定上应充分考虑该流域特点和建设运行经济合理等因素，但标准的执行应该是不折不扣的，因此，随之而来的就是污水厂的不断达标改造和不断地改扩建。

上海市政工程设计研究总院承担的这些改扩建工程实施前，得益于总院研发中心的建立，能开展必要的前期研究和工艺方案策划。前期工作包括对水质的全面分析，为确定合理的技术路线创造条件；工艺方案的优化也得益于引进消化吸收，在国外污水厂改造的经验基础上，不断引进消化吸收再创新。本书中有一些污水厂改扩建是国际合作的成果，如上海天山污水处理厂、厦门污水处理二厂等；有利用研发中心的研究成果，在原污水处理厂的范围内，将出水水质由常规活性污泥法的二级标准提升为具有脱氮除磷功能的一级 B 标准，如采用双污泥系统的曲阳污水处理厂；有一些工业废水含量较多的污水厂达标改造工程，也值得探讨，如绍兴污水厂三期扩建，上海桃浦污水厂改扩建工程等就属这类；另外，还特别介绍一座全新理念的污水处理厂设计，即深圳光明污水处理厂，在低碳高氮的南方污水特殊情况下，既要达到一级 A 标准，又要考虑初期雨水处理，保证污水处理率，这在国内是一次全新的尝试。总之，12 座国内污水厂的改扩建各具特点，参与编写的作者在污水厂研究设计过程中，深切感受到污水厂改扩建工程设计是一项综合性很强的技术工作，在排放标准日益严格的今天，如何开展污水厂改扩建工程，选择稳定的、先进的、实用的、便于运行操作管理的工艺技术，充分考虑建设的同时还要保证运行，是每一个设计人员的职责。设计师也是在设计实践中不断得到锻炼，在取得大量实践经验的基础上，不断总结，不断发展。

同时，得益于国际交流的频繁，国外知名学者专家对上海市政工程设计研究总院的关注，特别是得到美国污水处理的著名学者 Glen，T. Daigger 教授的悉心指导，将他精心编撰的《UPGRADING WASTERWATER TREATMENT PLANT》一书赠与本院，并亲自讲解，为上海市政工程设计研究总院污水厂升级改造工程研究设计提供了重要的帮助。因此我们也例举了 10 座国外污水处理厂改扩建的经验，学习国外的技术，结合各地的特点，实施污水厂的改扩建工程。

在污水厂污水升级改造的同时，更应注重污泥处理的达标，除臭设计的完善和电气自控设计的配套等，本书在这些方面进行了论述并介绍了工程实例。

在全体编写人员的支持和共同努力下，在工程设计特别繁重的今天，大家能团结一心，共同努力，充分发挥上海市政工程设计研究总院的优势，将改扩建的理论和实例汇集成书，以期全国的读者能共享取得的成果和经验。

本书由上海市政工程设计研究总院组织编写，由张辰担任主编并负责审稿，李春光担任副主编。第一章、第二章由李春光、谭学军，第三章由谭学军，第四章由孙晓，第五章由陈和谦，第六章由陆继诚、王敏、李滨，第七章由李春光、徐晓宇，第八章由各工程实例的设计负责人(上海白龙港污水处理厂由张欣、杜炯，上海曲阳污水处理厂由邹伟国，郑州王新庄污水处理厂由王锡清、高陆令，绍兴污水处理厂三期由王锡清、高陆令，广州大坦沙污水处理厂由曹晶、司马勤，常州城北污水处理厂由高陆令、王蓉，上海松江污水处理厂由张亚勤、熊建英，唐山西郊污水处理二厂由张亚勤、熊建英，深圳光明污水处理厂由彭弘、王彬，上海桃浦污水处理厂由邹伟国，上海天山污水处理厂由王锡清、贺骏，厦门污水处理二厂由王蓉，臭气治理由陈和谦)和李春光、徐晓宇等编写。

由于作者水平有限，污水厂改扩建又有相当的难度，既要进行达标改造，又要考虑污水厂的正常运行，同时作者的文字理论方面也难免有不足之处，尚请读者批评指正。

本书编写过程中也得到全国同行，特别是相关污水厂众多同行的支持和配合，既在研究过程中给予很多的帮助，又能客观地接受上海院的设计理念和方案，在此表示衷心感谢。

主编：张辰

2008 年 8 月于上海

Abstract

This book is a summary of the research of wastewater treatment plant expansion project and the outcome of the design practice of Shanghai Municipal Engineering Design General Institute in recent years. It's also the joint efforts of all the drainage design staffs.

As wastewater treatment becomes more and more important in the process of building an energy-saving and environment-friendly society, paying full attention to the scientific development concept and building a harmonious society become very necessary. Reflected in the emission reduction on energy conservation, there is a large number of energy-saving ways to reducing emissions, the design and operation of wastewater treatment plant become the main force of emission reduction. Because of the continuous improvement of wastewater treatment plant emission standards, the standards should be implemented without the consideration of the basin characteristics and reasonable economic factors during the stage of formulating these standards. Therefore, the result is continuously rebuilding and expanding the wastewater treatment plants.

Before Shanghai Municipal Engineering Design General Institute's commitment to the expansion of these projects, it was benefited from establishing the Research & Development Center, and the following necessary preliminary studies and planning are force on these projects. Those studies include the preliminary work on a comprehensive water quality analysis, determining a reasonable line of technology and creating the conditions for the optimization of the project. The process is also benefited from the digestion and absorption of foreign countries' wastewater treatment plants' rebuilding experience. All the wastewater treatment plants expansion projects introduced by this book is the result of international cooperation: such as Shanghai Tianshan wastewater treatment plant; Xiamen second wastewater treatment plant; some plants use the research result from the Research & Development Center of SMEDI, upgrade the outcome water quality of conventional activated sludge from standard II to a standard function of nitrogen and phosphorus removal standard B within the scope of the original sewage treatment plant, such as the dual sludge system of Quyang wastewater treatment plant. Industrial wastewater in some wastewater treatment plant standard reconstruction projects also worth exploring, such as Shaoxing Wastewater Treatment Plant expansion project stage Ⅲ, and Shanghai Taopu Wastewater Treatment

Plant expansion project, and the book also introduced a new concept of the wastewater treatment plant design, which is Shenzhen Guangming Wastewater Treatment Plant, low-carbon with high nitrogen in the south sewage exceptional circumstances, it is necessary to achieve standard A, but also consider the initial handling of rainfall to ensure that the sewage treatment rate, which is a brand-new attempt in our country. In short, the twelve domestic wastewater treatment plant expansion projects have their respective features, the authors deeply feel wastewater treatment plant expansion project is a comprehensive technical work during the design process of the wastewater treatment plants. Nowadays, the emission standards are increasingly stringent, therefore, it is every designer's duty to select a stable, advanced, practical, easy operating and managing process technology, and give full consideration to ensure the operation during the construction of the wastewater treatment plant expansion project. Designers also gain a great deal of practical experience during the design constantly training, they will constantly sum up and continue to develop.

At the same time, benefited from the frequent international exchanges, Shanghai Institute was concerned by a couple of foreign well-known scholars and experts, particularly from the United States well-known sewage treatment scholar Prof. Glen, T. Daigger, he gave his carefully compiled book "UPGRADING WASTERWATER TREATMENT PLANT" to Shanghai Municipal Engineering Design General Institute as a gift, and he personally explained and specified a clear design direction for the Shanghai Institute how to design and upgrade the wastewater treatment plants. Therefore, the author also pointed out ten foreign wastewater treatment plants as examples to study their experience, and implement different characteristics of the wastewater treatment plant extension projects.

During the wastewater treatment plant upgrading projects, we should also pay more attention to the standards for sludge treatment, improvement of deodorant system and the design of electrical equipment. This book covered these areas and discussed some engineering examples as well.

With the supports and continuous efforts from the compiling team, particularly with heavy engineering design task today, we still can unite as one, work together to show the full advantages of the Shanghai Municipal Engineering Design General Institute. We will also diverted the theory and examples of the expansion project into a book, let the readers sharing the results and experience achieved so far.

The book was generally compiled by Shanghai Municipal Engineering Design General Institute, Zhang Chen is editor-in-chief and is responsible for checkout, Li Chunguang is deputy editor-in-chief. Li Chunguang and Tan Xuejun compiled Chapter 1 and Chapter 2, Tan Xuejun also compiled Chapter 3, Sun Xiao compiled Chapter 4, Chen Heqian compiled Chapter 5, Lu Jicheng,

Wang Min, Li Bin compiled Chapter 6, Li Chunguang and Xu Xiaoyu compiled Chapter 7, Li Chunguang, Xu Xiaoyu and all the above example engineering design managers (Shanghai Bailonggang Wastewater Treatment Plants by Zhang Xin and Dujiong, Shanghai Quyang Wastewater Treatment Plant by Zou Weiguo, Zhengzhou Wang Xin Zhuang Wastewater Treatment Plant by Wang Xiqing, Gao Luling, Shaoxing Wastewater Treatment Plant stage 3 by Wang Xiqing, and Gao Luling, Guangzhou Da Tan Sha Wastewater Treatment Plant by the Cao Jing, and Sima Qin, Changzhou north of the city Wastewater Treatment Plant from Gao Luling and Wang Rong, Shanghai Songjiang Wastewater Treatment Plant By Zhang Yaqin and Xiong Jianying, Tangshan western suburb No. 2 Wastewater Treatment Plant by Zhang Yaqin and Xiong Jianying, Shenzhen Guang Ming Wastewater Treatment Plant by Peng Hong and Wang Bin, Shanghai Taopu Wastewater Treatment Plant by Zou Weiguo, Shanghai Tianshan Wastewater Treatment Plant by Wang Xiqing and He Jun, Xiamen Wastewater Treatment Plant by Wang Rong, 8. 13、8. 14、8. 15 by Chen Heqian) compiled Chapter 8.

As the authors' knowledge is limited and the wastewater treatment plant expansion projects have such level of difficulty. We have to consider not only the standard transforming, but also the normal operation of the plants. The authors' literary ability was also limited, we feel very sorry for any compiling mistakes and warmly welcome readers to criticize and make correction for us.

During the compiling process, we have also been supported and cooperated by our competitors in China, particularly those who related to the wastewater treatment plant. They not only give us the help during the research process, but also accept our basic objective and design concepts Shanghai Municipal Engineering Design General Institute. Many thanks to all of them.

Editor: Zhang Chen

August 2008 in Shanghai

目录

上篇

基本理论和工艺

污水厂改扩建与标准的不断严格有关，随着环境状况的日益严峻，我国污水厂污染物排放标准不断严格，本篇对我国标准实施的严格进行分析，对污水处理和污泥处理处置工艺技术开展论述。除臭设计也是改善污水厂运行状况的重要内容，在改扩建设计中往往会涉及；在改扩建设计中还要注意相关配套设施，特别是电气和自动化控制设计。

第1章 绪　　言

1.1 污水处理厂现状

1.1.1 城镇污水处理发展

1949年前，仅在上海建有污水收集系统和3座污水处理厂，即上海北区污水处理厂、上海东区污水处理厂和上海西区污水处理厂，总处理规模为$3.45\times10^4m^3/d$，均采用活性污泥法污水处理。

1949年至改革开放前，污水处理没有得到应有的重视，全国仅建有城镇污水处理厂37座，总处理规模为$64\times10^4m^3/d$，有些是一级处理，如太原西郊污水处理厂、西安邓家村污水处理厂和兰州七里河污水处理厂等。上海曹阳污水处理厂是仅有的几座二级污水处理厂之一，处理能力为$2\times10^4m^3/d$，为第一座我国自行设计的二级污水处理厂。20世纪60年代有鞍山南郊污水处理工程等，这些污水处理厂的处理工艺一般是经沉砂池和初次沉淀池后，就近排入河道；污泥经干化床干化后用作农肥。20世纪70年代，全国建有各种类型的污水处理厂几十座，处理城市污水约$173\times10^4m^3/d$，其中生活污水厂约占一半，城市污水处理厂项目仍很少，主要解决工业废水的污染，例如石油化工、炼油、印染、化纤、屠宰和食品等企业建有不同规模的工业废水处理厂，斜板沉淀池、叶轮曝气生物反应池、塔式生物滤池和曝气沉淀池等技术在工业废水处理中得到应用。20世纪70年代中后期，建设了一些城市污水处理厂，如上海闵行污水处理厂，规模为$2.2\times10^4m^3/d$；上海松江污水处理厂，规模为$1.7\times10^4m^3/d$；北京首都国际机场污水处理厂，规模为$0.96\times10^4m^3/d$；桂林中南区污水处理厂，规模为$1.74\times10^4m^3/d$，上述污水处理厂均采用活性污泥法工艺进行二级处理，工艺流程一般为进水泵房、沉砂池、初次沉淀池、曝气池、二次沉淀池和出水设施等。

20世纪七八十年代，天津市纪庄子污水处理厂的投产运行带动污水处理厂的建设，国家在天津兴建纪庄子污水处理试验厂，20世纪70年代末开始建设，处理规模一级处理为$0.1m^3/s$，二级处理为$0.025m^3/s$；北京高碑店污水处理试验厂也开始运行。国家和地方都为筹备建设国内大型污水处理厂开展了大量前期工作，天津市纪庄子污水处理厂于1982年破土动工，1984年4月28日竣工投产运行，处理规模为$26\times10^4m^3/d$。在此成功经验的带动下，北京、上海、广东、辽宁、福建、江苏、浙江、湖北和湖南等省市根据各自的具体情况分别建设了不同规模的污水处理厂几十座。

改革开放以来，随着国家加大对城市基础设施的投入，通过国债和引进国外贷款资金，建设了大批污水处理设施，同时引进了不少国外的先进污水处理技术。“九五”期间，各级政府对城市污水处理的投入累计达到602.7亿元，比“八五”期间多投入442.8亿元。20世纪90年代以来是历史上城市污水处理厂建设发展最快的时期。1996年我国的污水处理厂大约有309座，处理能力达到$1153\times10^4m^3/d$；2001年初通过的“国民经济和社会发展第十个五年计划纲要”中规定，所有大中城市都必须建设污水处理设施；2003年底，污水处理厂大约有612座，处理能力达到$4253\times10^4m^3/d$，其中大部分污水处理均按照二级排放标准设计；2005年底，全国城镇污水处理厂792座，处理能力$5725\times10^4m^3/d$，其中二级以上694座，处理能力$4791\times10^4m^3/d$；2006年底，全国城镇污水处理厂815座，处理能力$6366\times10^4m^3/d$，其中二级以上处理为789座，处理能力$5425\times10^4m^3/d$。

随着城市基础设施建设市场的不断开放，世界银行、亚洲开发银行和各国政府贷款项目日益增多，我国的工程技术人员与国外同行的技术交流愈加密切，在及时跟踪国际水处理发展趋势的同时，结合我国国情，引进吸收消化国外新技术，出现了大量新型活性污泥法处理工艺和生物膜法处理工艺，AB法、A/O法、A/A/O法、SBR法、氧化沟法、曝气生物滤池和生物膜法在污水处理中均得到应用，国外各类先进高效的污水处理专用设备也进入我国的污水处理市场。

同时，污水处理厂的污泥处理也逐渐受到重视。20世纪五六十年代，污泥处理大都采用自然干化处理的方法，干化后用作农肥；1976年建设上海闵行污水处理厂时，设计建造了污泥处理系统，但由于缺乏经验，在处理工艺、池型构造、搅拌设备、配用仪表和污泥脱水等方面均存在缺陷；1984年，天津纪庄子污水处理厂设计建造了污泥综合处理厂，采用重力浓缩、二级中温消化、机械脱水和沼气发电处理工艺。其后，不少污水处理厂也建设了污泥处理系统，污泥重力或机械浓缩、脱水，污泥厌氧消化、污泥干化和焚烧等技术也逐步得到应用。据估计，目前我国城市污水处理厂每年排放污泥量(干重)大约为130万t，近年年增长率大于10%。污泥处理需要在管理体制、市场机制、标准体系、技术政策等多方面进行推进。

另外，我国是一个水资源贫乏的国家，人均水资源量仅为世界平均水平的1/4，同时水资源在时间和地域上分布不均，使可利用的水资源更为有限，缺水已经成为制约我国国民经济发展和人民生活水平提高的重要因素。据统计，全国669个城市中，400个城市常年供水不足，其中有110个城市严重缺水，由于缺水每年影响工业产值2000多亿元。因此，污水再生利用成为解决城市水资源短缺的重要途径。1991年全国第一个政府命名的污水回用示范工程在大连市建成，随后在大连、北京、天津、青岛等北方城市陆续开展再生水回用的研究和工程实践，2001年年初通过的“国民经济和社会发展第十个五年计划纲要”中明确指出，要开展污水处理回用，使得污水的再生利用全面启动，随后建造的许多污水处理厂均包括污水处理再生工程。到2004年，北京市共设计了7座再生水厂，总规模达到$85.68\times10^4m^3/d$，设计了205km再生水干管，再生水被用于电厂用水、景观用水、绿化用水、环卫清洁用水、市政杂用水以及居民小区的冲洗水等。

1.1.2 城镇污水排放量和处理现状

2006年，全国655个设市城市统计的污水排放量全年为$362.5\times10^8m^3$，经污水处理厂(包括初级处理、二级处理和三级处理)处理的污水量为$156.9\times10^8m^3$，通过其他污水处理设施处理的污水量为$45.7\times10^8m^3$，合计处理污水总量为$202.6\times10^8m^3$，污水处理率从2000年的34.2%增长到2006年的55.7%，其中污水处理厂集中处理率为43.2%；污水再生利用总量达$9.6\times10^8m^3$。截至2006年底，全国655个设市城市中，有407个城市建成污水处理厂815座，污水处理能力达到$6366\times10^4m^3/d$，其中达到二、三级处理要求的污水处理厂789座，污水处理能力达到$5425\times10^4m^3/d$，其余248个城市没有污水处理厂。

2006年全国1586个县城统计的污水排放量全年为$54.6\times10^8m^3$，经污水处理厂(包括初级处理、二级处理和三级处理)处理的污水量为$6.0\times10^8m^3$，通过其他污水处理设施处理的污水量为$2.0\times10^8m^3$，合计处理污水总量为$8.0\times10^8m^3$，污水处理率为13.63%，其中污水处理厂集中处理率为9.98%；污水再生利用总量达$3428\times10^4m^3$。截至2006年底，全国1586个县城中，仅建有污水处理厂204座，污水处理能力达到$495.6\times10^4m^3/d$，其中达到二、三级处理要求的污水处理厂150座，污水处理能力达到$395.7\times10^4m^3/d$。

与发达国家的80%污水处理率相比，我国还存在很大的差距，而且城市污水处理厂的设施利用率仅为68%左右，县城污水处理厂的实际利用率仅为33%，主要原因在于污水处理厂配套管网建设速度滞后，以及污水处理厂日常运行费用不足等因素。

1.2 污水处理厂改扩建必要性

1.2.1 城镇建设快速发展

通常污水处理厂的设计规模根据城镇总体规划、详细规划、城市分区规划以及给水排水工程专业规划为依据确定，规划年限一般为15~20年，根据规划年限、服务范围、服务人口、规划用地性质、工业和商业布局、排水体制和污水再生利用需求等因素，进行分析、计算确定规划规模，在计算过程中尚应考虑当地国民经济和社会发展、水资源充沛程度、用水习惯和给水排水设施完善程度及城镇排水设施规划普及率选取合理的综合生活污水定额，并根据当地土质、地下水位、管道接口材料和施工质量、管道普及程度等因素确定是否考虑地下水渗入，最终确定污水处理厂的设计规模。在研究排放污水量现状的基础上，通过对近年排水资料的分析论证，并根据服务范围内排水收集系统的建设情况合理确定近期规模，以便进行分期建设。

改革开放以来，我国的国民经济迅速发展，城镇化水平不断提高，城镇的规模也不断扩大。1978~2004年，我国城镇化水平由17.9%提高到41.8%，年均增长速度是改革开放前30年城镇化平均增长速度的3倍多，城镇人口从1.7亿增加到5.4亿，全国城市总数由193个增加到661个。在城市数量增加的同时，城市规模也不断扩大，城镇规划也不断调整，100万人口以上的特大城市从13个增加到49个，50万~100万人口的大城市从27个增加到78个，20

万~50万人口的中等城市从59个增加到213个，20万以下人口的小城市从115个发展到320个。预计到2020年我国的城镇化率将达到50%~55%，到2050年可能达到60%~70%。迅猛的发展往往使得规划滞后，同时由于我国的规划管理体制尚不完善，城镇规划的执行过程尚待加强，造成规划的执行性和可持续性不够，在实际的城镇发展中，发展速度会与规划不一致，城镇人口迅速增长，工业和商业布局也会不断调整，原来规划设计的污水处理厂的服务范围和服务人口不断扩大，但由于收集系统的不断完善，会造成污水处理厂实际进水量超出设计值，为保护人民生活环境，需及时进行污水处理厂扩建，满足水量日益增长的需要。

1.2.2 排放标准不断严格

1. 污水排放标准

城市发展的进程加快，人们对环境保护的意识也不断提高，水处理程度和标准日益重视，对城镇污水处理厂的出水排放标准也在逐步提高。

1973年全国第一次环境保护会议发布的第一个环境保护法规标准是由国家计划委员会、国家基本建设委员会和国家卫生部联合颁发的国家标准《工业“三废”排放试行标准》(GBJ 4—73)，内容包括了废气、废水和废渣排放的若干规定，主要体现了当时我国环境保护的主要目标是针对工业污染源的控制。

20世纪80年代，有机污染日趋严重，城镇污水等生活污染问题逐步突出，工业企业的有机污染也不断增加。80年代对轻工、冶金等30多个主要行业制定了行业水污染物排放标准达31项，包括造纸工业执行《造纸工业水污染物排放标准》(GB 3544—83)，合成脂肪酸工业执行《合成脂肪酸工业污染物排放标准》(GB 3547—83)，石油炼制工业执行《石油炼制工业水污染物排放标准》(GB 3551—83)，船舶执行《船舶污染物排放标准》(GB 3552—83)，船舶工业执行《船舶工业污染物排放标准》(GB 4286—84)，纺织染整工业执行《纺织染整工业水污染物排放标准》(GB 4287—84)，梯恩梯工业执行《梯恩梯工业水污染物排放标准》(GB 4274—84)，铬盐工业执行《铬盐工业污染物排放标准》(GB 4280—84)，黄磷工业执行《黄磷工业污染物排放标准》(GB 4283—84)，兵器工业执行《兵器工业水污染物排放标准》(GB 4274~4279—84)，钢铁工业执行《钢铁工业污染物排放标准》(GB 4911—85)，轻金属工业执行《轻金属工业污染物排放标准》(GB 4912—85)，重有色金属工业执行《重有色金属工业污染物排放标准》(GB 4913—85)，海洋石油开发工业执行《海洋石油开发工业含油污水排放标准》(GB 4914—85)，沥青工业执行《沥青工业污染物排放标准》(GB 4916—85)，磷肥工业执行《普钙工业污染物排放标准》(GB 4917—85)等，从标准制定上进一步体现加强对主要工业污染源水污染物的控制。

1986年，原建设部发布《污水排入城市下水道水质标准》(CJ 18—1986)，对排入城市排水管道的污水水质进行了规定。

1988年，为了理顺综合与行业水污染物排放标准的关系，解决标准实施中的一些问题，加强对有机污染物的控制，对《工业“三废”排放试行标准》(GBJ 4—73)中的废水部分进行了第一次修订，发布了《污水综合排放标准》(GB 8978—88)。该标准从结构形式、试用范围、控制项目和指标值等方面都较《工业“三废”排放试行标准》(GBJ 4—73)作了较大的修订。

1993年，原建设部颁布了城镇建设行业标准《城市污水处理厂污水污泥排放标准》(CJ 3025—93)，标准适用于全国各地的城市污水处理厂。标准规定：进入城市污水处理厂的水质，其值不得超过《污水排入城市下水道水质标准》(CJ 18—1986)标准的规定；城市污水处理厂按处理工艺与处理程度的不同，分为一级处理和二级处理；经城市污水处理厂处理的水质应达到排放标准后才能排放，并且城市污水处理厂处理后的污水应排入《地面水环境质量标准》(GB 3838)标准规定的Ⅳ、Ⅴ类地面水水域。

1996年，为控制水污染，保护江河、湖泊、运河、渠道、水库和海洋等地面水以及地下水水质的良好状态，保障人体健康，维护生态平衡，促进国民经济和城乡建设的发展，结合标准的清理整顿，标准管理部门提出综合排放标准与行业排放标准不交叉执行的原则，结合新的标准体系和2000年环境目标的要求，对《污水综合排放标准》(GB 8978—88)再次进行修订，制定了《污水综合排放标准》(GB 8978—1996)，并于1998年1月1日起实施。该标准颁布之时正是我国淮河等一批河流、湖泊受到严重污染的时期。该标准的制定和颁布对促进三河、三湖等一批水污染治理项目的建设起到了重要作用。

1999年，原建设部对《污水排入城市下水道水质标准》(CJ 18—1986)进行了修订，规定严禁向城市排水管道排放腐蚀性污水、垃圾、积雪、粪便、工业废渣以及易凝、易燃、易爆、剧毒和堵塞排水管道的物质和有害气体；要求医疗卫生、生物制品、科学研究、肉类加工等含病原体的污水，必须经严格的消毒处理；以上污水以及放射性污水，除执行该标准外，还必须按有关专业标准执行。该标准要求凡超过排入城市排水管道的水质标准的污水，应按有关规定和要求进行预处理，不得用稀释法排放。该标准规定了排入城市污水管道的污水中共计35种有害物质的最高允许浓度，适用于向城市管道排放污水的排水户。

2000年，为贯彻执行《中华人民共和国环境保护法》和《中华人民共和国海洋环境保护法》，规范污水海洋处置工程的规划设计、建设和运行管理，保证在合理利用海洋自然净化能力的同时，防止和控制海洋污染，保护海洋资源，保持海洋的可持续利用，维护海洋生态平衡，保障人体健康，原国家环境保护总局发布了国家环境保护标准《污水海洋处置工程污染控制标准》(GWKB 4—2000)，标准规定了污水海洋处置工程主要水污染物的排放浓度限值、初始稀释度、混合区范围及其他一般规定。

2002年，为贯彻《中国人民共和国环境保护法》，加强城镇污水处理厂污染物排放控制和污水资源化利用，保障人体健康，原国家环保总局和国家质量监督检验检疫总局联合于2002年12月24日发布国家标准《城镇污水处理厂污染物排放标准》(GB 18918—2002)，对城镇污水处理厂出水、废气排放和污泥处置(控制)的污染物限值进行了规定。

设计出水水质应根据排放水体的水域环境功能和保护目标确定，根据污染物的来源和性质，将污染物控制项目分为基本控制项目和选择性控制项目两类。基本控制项目主要包括影响水环境和城镇污水处理厂一般处理工艺可以去除的常规污染物，以及部分一类污染物，共19

项。选择性控制项目包括对环境有较长期影响或毒性较大的污染物，共计 43 项。基本控制项目必须执行。选择性控制项目，由地方环境保护行政主管部门根据污水处理厂接纳工业污染物的类别和水环境质量要求选择控制。

基本控制项目的常规污染物标准值分为一级标准、二级标准、三级标准。一级标准分为 A 标准和 B 标准。部分一类污染物和选择性控制项目不分级。

2006 年，原国家环境保护总局发布 2006 年第 21 号公告，“关于发布《城镇污水处理厂污染物排放标准》（GB 18918—2002）修改单的公告”，对一级 A 标准和一级 B 标准的执行对象进行修改，城镇污水处理厂出水排入国家和省确定的重点流域及湖泊、水库等封闭、半封闭水域时，执行一级标准的 A 标准，排入《地表水环境质量标准》（GB 3838—2002）中Ⅲ类功能水域（划定的饮用水水源保护区和游泳区除外）、《海水水质标准》（GB 3097—1982）中海水二类功能水域时，执行一级标准的 B 标准。由此，对出水排入重点流域及封闭、半封闭水域的污水处理厂，需要提高出水水质以满足排放要求。

2. 污泥排放标准

1984 年，国家为贯彻执行《中华人民共和国环境保护法》，防止农用污泥对土壤、农作物、地面水和地下水的污染，制订颁布了《农用污泥中污染物控制标准》（GB 4284—84），该标准适用于在农田中施用的城市污水处理厂污泥、城市排水管道沉淀的污泥、某些有机物生产厂的污泥以及江、河、湖、库、塘、沟、渠的沉淀污泥。该标准对农田施用污泥中的污染物最高容许浓度作出了规定。

1993 年颁布的《城市污水处理厂污水污泥排放标准》（CJ 3025—93）中对污泥排放标准作出规定，城市污水处理厂污泥应因地制宜采取经济合理的方法进行稳定处理；在厂内经稳定处理后的城市污水处理厂污泥宜进行脱水处理，其含水率宜小于 80%；处理后的城市污水处理厂污泥，用于农业时，应符合《农用污泥中污染物控制标准》（GB 4284—84）的规定，用于其他方面时，应符合相应的有关现行规定；城市污水处理厂污泥不得任意弃置，禁止向一切地面水体及其沿岸、山谷、洼地、溶洞以及划定的污泥堆场以外的任何区域排放。

2002 年，原国家环保总局和国家质量监督检验检疫总局联合于 2002 年 12 月 24 日发布国家标准《城镇污水处理厂污染物排放标准》（GB 18918—2002），标准对污泥排放的控制标准内容包括：城镇污水处理厂的污泥应进行稳定化处理，稳定化处理后应达到相应的规定；城镇污水处理厂的污泥应进行污泥脱水处理，脱水后污泥含水率应小于 80%；处理后污泥进行填埋处理时，应达到安全填埋的相关环境保护要求；处理后污泥进行农用时，污染物含量应满足一定的要求。

之后，随着污泥处置的日益重视，原建设部于 2007 年 1 月发布了《城镇污水处理厂污泥泥质》（CJ 247—2007）和《城镇污水处理厂污泥处置　分类》（CJ/T 239—2007），2007 年 3 月又发布了《城镇污水处理厂污泥处置　园林绿化用泥质》（CJ 248—2007）和《城镇污水处理厂污泥处置　混合填埋泥质》（CJ/T 249—2007），以上四项标准均自 2007 年 10 月 1 日起实施。这些标准根据污泥的最终处置方法提出了相应的控制项目和限值，有关污泥建材化利用和焚烧处置的泥质标准还在制定进程中。

3. 再生水回用标准

1989年，为统一城市污水再生后回用做生活杂用水的水质，以便做到既利用污水资源，又能切实保证生活杂用水的安全和适用，原建设部制订了《生活杂用水水质标准》（CJ 25.1—1989）。标准适用于厕所便器冲洗、城市绿化、洗车、扫除等生活杂用水，也适用于有同样水质要求的其他用途的水。

2000年，原建设部发布了行业标准《再生水回用于景观水体的水质标准》（CJ/T 95—2000），标准适用于进入或直接作为景观水体的二级或二级以上城市污水处理厂排放的水。标准将工业废水与生活污水进入城市污水处理厂经二级或二级以上处理后排放的水定义为再生水，并将景观水体分为两类，一类为人体非全身性接触的娱乐性景观水体，另一类为人体非直接接触的观赏性景观水体。这两种景观水体均可作为城市绿化用水（不宜采用喷灌），但均不宜作为瀑布、喷泉使用。

另外，为提倡城镇污水的再生利用，2002年以来，国家还颁布了《城市污水再生利用 城市杂用水水质》（GB/T 18920—2002）、《城市污水再生利用 景观环境用水水质》（GB/T 18921—2002）、《城市污水再生利用 地下水回灌水质》（GB/T 19772—2005）和《城市污水再生利用 工业用水水质》（GB/T 19923—2005）等标准，各标准中对出水污染物浓度均有明确的规定。

4. 其他排放标准

（1）臭气控制标准

1993年，为贯彻《中华人民共和国大气污染防治法》，控制恶臭污染物对大气的污染，保护和改善环境，原国家环保总局批准发布了《恶臭污染物排放标准》（GB 14554—93），标准分年限规定了8种恶臭污染物的一次最大排放限值、复合恶臭物质的臭气浓度限值及无组织排放源的厂界浓度限值。该标准将恶臭污染物厂界标准值分三级，排入《大气环境质量标准》（GB 3095）中一类区的执行一级标准，一类区中不得建新的排污单位，排入《大气环境质量标准》（GB 3095）中二类区的执行二级标准，排入《大气环境质量标准》（GB 3095）中三类区的执行三级标准，1994年6月1日起立项的新建、扩建、改建项目及其建成后投产的企业执行二级、三级标准中相应的标准值。

1996年，国家发布《大气污染物综合排放标准》（GB 16297—1996），规定了33种大气污染物的排放限值，同时规定了标准执行中的各种要求，其中明确按照综合性排放标准与行业性排放标准不交叉执行的原则，恶臭物质排放仍执行《恶臭污染物排放标准》（GB 14554—93）。

2002年，国家颁布的《城镇污水处理厂污染物排放标准》（GB 18918—2002）对污水厂的大气污染物排放规定，城镇污水处理厂的废气排放根据污水处理厂所在地区的大气环境质量要求和大气污染物治理技术和设施条件，分三级执行标准。对位于《环境空气质量标准》（GB 3095—1996）一类区的所有（包括现有和新建、改建、扩建）城镇污水处理厂，执行一级标准；对位于GB 3095二类区和三类区的城镇污水处理厂，分别执行二级标准和三级标准。其中2003

年6月30日之前建设(包括改、扩建)的城镇污水处理厂，实施标准的时间为2006年1月1日，2003年7月1日起新建(包括改、扩建)的城镇污水处理厂，从2003年7月1日起执行。同时，标准规定，新建(包括改、扩建)城镇污水处理厂周围应设绿化带，并设有一定的防护距离，防护距离的大小由环境影响评价确定。

(2) 噪声控制标准

《城镇污水处理厂污染物排放标准》(GB 18918—2002)中还规定，城镇污水处理厂噪声控制按《工业企业厂界噪声标准》(GB 12348—90)执行。

由此，水处理标准的不断完善和城镇污水处理厂其他各类标准的不断出台，也要求污水处理厂及时进行升级改建以达到排放标准的要求。

1.2.3 节能减排日益重视

综合利用、节约能源是我国国民经济发展的重大决策，发展循环经济、环境保护更是社会主义现代化建设中的一个长期基本国策。

我国既是一个能源大国，又是一个能源匮乏的国家，尤其是电能资源、水资源更为紧张。而对全人类来说，地球能源相当有限，更需要全人类共同爱护、节约，综合利用各种能源资源。节约自然资源早已引起世界各国的高度重视，各国纷纷成立各种各样的节能组织。

1997年，我国经过近二十年的努力，节能工作已初见成效，更可喜的是，节能工作已逐步走向了“法制化”。1997年11月1日第八届全国人民代表大会常务委员会第二十八次会议通过了《中华人民共和国节约能源法》，并于1998年1月1日开始施行。它从法律上规范了全国人民的节能行为，使我国的节能、综合利用能源走上有序的轨道。

《中华人民共和国节约能源法》第三条明确：“本法所称节能，是指加强用能管理，采取技术上可行、经济上合理以及环境和社会可以承受的措施，减少从能源生产到消费各个环节中的损失和浪费，更加有效、合理地利用能源”。第四条进一步指出：“节能是国家发展经济的一项长远战略方针。国务院和省、自治区、直辖市人民政府应当加强节能工作，合理调整产业结构、企业结构、产品结构和能源消费结构，推进节能技术进步，降低单位产值能耗和单位产品能耗，改善能源的开发、加工转换、输送和供应，逐步提高能源利用效率，促进国民经济向节能型发展。国家鼓励开发、利用新能源和可再生能源。”

1999年，为加强对重点用能单位的节能管理，提高能源利用效率和经济效益，保护环境，国家经贸委在1999年3月10日公布了《重点用能单位管理办法》。办法明确了重点用能单位及节能监督检查部门的职责。这一系列的法规、办法都是为了使我国的能源节约可以有法可依、有章可循。

2006年，为贯彻落实科学发展观，构建社会主义和谐社会，建设资源节约型、环境友好型社会，推进经济结构调整，转变增长方式，《中华人民共和国国民经济和社会发展第十一个五年规划纲要》提出了“十一五”期间单位国内生产总值能耗降低20%左右，主要污染物排放总量减少10%的约束性指标。其中明确：到2010年，万元国内生产总值能耗由2005年的1.22t标准煤下降到1t标准煤以下，降低20%左右；单位工业增加值用水量降低30%。“十一五”期间，主要污染物排放总量减少10%，到2010年，二氧化硫排放量由2005年的2549万t减少到2295万t，化学需氧量(COD)由1414万t减少到1273万t；全国设市城市污水处理率不低于70%，工业固体废物综合利用率达到60%以上。为此，“十一五”期间全国将新增城市污水日处理能力4500万t、再生水日利用能力680万t，形成COD削减能力300万t；缺水城市再生水利用率达到20%以上，新增城市中水回用量35亿t。

污水处理厂是一个耗能单位，污水处理厂消耗的能源包括电能和燃料等，其中电耗占总能耗的60%～90%。污水处理电耗占全厂总电耗的50%～80%，因此污水处理的节能是处理厂节能的根本。有关资料显示，一座采用活性污泥工艺的污水厂其各部分的能耗比例如图1-1所示。

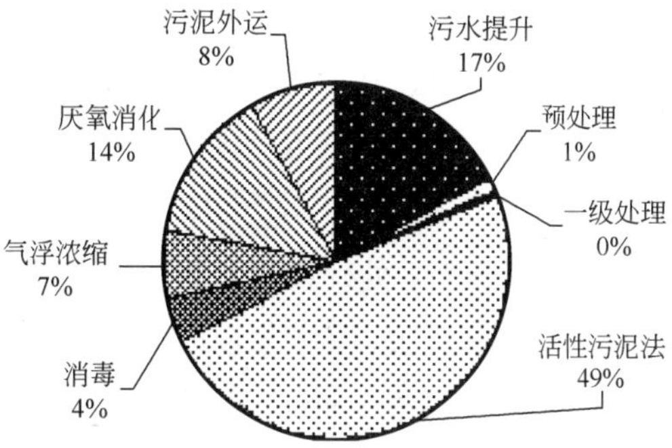

图1-1 污水处理厂能耗比例图

从图1-1中可以发现，节能的主要潜力在污水提升部分和活性污泥法生物处理阶段。因此面对能源价格的上涨和运行费用的缩减，节约能耗的重点主要集中在污水处理厂的二级处理系统和水泵部分。

加强污水处理厂的节能降耗，可以节约的电耗和运行成本将非常可观，这对缓解我国当前能源紧缺的现状，达到国家构建资源节约型和环境友好型社会的战略要求，具有显著的环境效益和社会效益。

我国目前已建的污水处理厂中，有不少都存在设备能耗高，效率低，管理控制简单等问题，由于污水处理的耗电大，成本高，尤其近年来电费不断上调，使污水处理厂的运转费用不断增高，不少建成的污水处理厂往往因经费不足而不能正常运转。使大量的基建投资不能充分发挥其环境效益、经济效益和社会效益。因此有必要对已建的污水厂进行改建，选择合理的处理工艺，尽可能地使用节能设备及装置，运用先进的自控技术使各种设备均可根据污水水质、流量等参数自动调节运转台数或运行时间，使整个污水处理系统在最经济状态下运行，使运行能耗最低。

1.3 污水处理技术发展

1914年，自英国曼彻斯特活性污泥法二级生物处理技术问世以来，一直被世界各国广泛采用，目前发达国家已经普及了二级生物处理技术。但针对活性污泥法存在的问题，各国研究人员对该技术不断进行改造和发展，先后出现了普通活性污泥法、厌氧/缺氧/好氧活性污泥法(A/O、A/A/O)、间歇式活性污泥法(SBR法)、改良型SBR(MSBR)法、一体化活性污泥法(UNITANK)、两段活性污泥法(AB法)，以及各种类型的生物膜法等。

经济发达国家污水处理技术从20世纪60年代的末端治理到70年代的防治结合，从80年代的集中治理到90年代的清洁生产，不断更新处理工艺技术、设施和设备。目前污水生物处理技术的主要发展趋势是多种技术组合为一体的新技术、新工艺，如同步脱氮除磷好氧颗粒污泥技术、电/生物耦合技术、吸附/生物再生工艺、生物吸附技术以及利用光、声、电与高效生物处理技术相结合处理高浓度有毒有害难降解有机废水的新型物化/生物处理组合工艺技术，如光催化氧化/生物处理新技术、电化学高级氧化/高效生物处理技术、超声波预处理/高效生物处理技术、湿式催化氧化/高效生物处理技术以及辐射分解生物处理组合工艺等。

许多国家在水环境污染治理目标与技术路线方面已经有了重大变化，水污染治理的目标已经由传统意义上的“污水处理、达标排放”转变为以水质再生为核心的“水的循环再用”，由单纯的“污染控制”上升为“水生态修复和恢复”。

1.3.1 生物处理技术发展

传统观点认为，生物处理的主要功能是分解、稳定有机物，即降低BOD。随着工业生产的发展和对水环境的长期观察与研究表明，很多人工合成的有机物具有“三致”（致癌、致畸、致突变）的严重危害，并且难以被微生物所降解，而无机性的营养物如氮、磷则容易引起水体的富营养化。因此，水处理的要求也在不断变化，除要求水处理工艺具备脱氮除磷功能外，还要求将工业化生产、通过高温高压合成的各类污染物在污水处理过程中得到有效控制，因为这一类物质在自然界的降解需要几百年甚至上千年，还将不断富集，浓度不断提高，直接危害生态环境和人类生活的健康。生物处理技术对这种类型的污水处理是否有效，一些BOD、COD浓度很高，甚至高达每升数万毫克的污水，生物处理技术能否有效，这些新的问题和新的要求，推动了世界污水生物处理技术和工艺方法的发展。

按照微生物的生长方式，生物法可分为以活性污泥法为代表的悬浮生长法和生物膜法为代表的附着生长法。目前，在城市污水处理中尤以活性污泥法的应用最广。但是，由于传统活性污泥法运行需要消耗大量的能源，运行费也较高，需要进行革新。为开发高效、低耗的城市污水处理新技术、新工艺，国内外开展了大量的研究，并取得了一定的成就。

1. 生物处理微生物

传统的污水生物处理技术主要依赖两大类微生物，即异养型好氧微生物和异养型厌氧微生物。近几十年来，科学家和工程师共同合作，对污水生物处理中的微生物进行了比较深入的研究，取得了很多成果，如：对活性污泥中细菌和原生动物的不同种类和特性及其协同作用的研究，推进了AB法工艺的发展；对于硝化、反硝化细菌的研究，以及积磷菌特性的研究，推进了具有脱氮功能的A/O法工艺以及具有脱氮除磷功能的A/A/O法工艺的发展；对于厌氧微生物种群和特性的研究，以及发现了厌氧微生物具有部分降解大分子合成有机物的能力，推进了厌氧生物处理工艺以及用厌氧/好氧串联流程处理含难降解有机物废水的工艺发展；对于高效菌的筛选、培养和固定化的研究，为进一步提高污水生物处理的效能，特别是难生物降解的有机物的处理提供了有效的途径。

2. 生物处理工艺

生物处理中的三大要素是微生物、氧和营养物质。反应器是微生物栖息生长的场所，是微生物对污水中的污染物加以降解、利用的主要设备。高效的反应器，要能保持最大的微生物量及其活性，要能有效地供应氧(或隔绝氧)，要满足微生物、氧和污水中的有机物之间能充分接触良好的传质条件。反应器按其特性，大致可分为以下几类：

① 悬浮生长型(如活性污泥法)或附着生长型(如生物膜法)；

② 推流式或完全混合式；

③ 连续运行式(如传统活性污泥法)或间歇运行式(如 SBR 法)。

(1) 活性污泥法

活性污泥法自 1914 年由 Arden 和 Lockett 开创至今，已经过 90 多年的发展与实践，在供氧方式、运转条件、反应器形式等方面不断得到革新和改进。最早出现的传统活性污泥法属于推流式曝气池，由于靠近水池进水口的基质浓度高于出口端的基质浓度，而最初的设计没有考虑到这种需氧量的变化，结果造成了一些部位氧的不足。为改进供氧不均匀的缺点，1936 年将均匀曝气的方式改为沿推流方向渐减曝气的方式，大部分的氧量在基质去除相当快的进水端输入，而以内源代谢和衰减为主要反应作用的出水端仅需少量的氧，这也就是传统活性污泥法比较标准的形式——渐减曝气活性污泥法。活性污泥法的另一个变种——阶段曝气法于 1942 年出现。阶段曝气法又称多点进水法，进水分成几股，然后几股污水从曝气池的不同点进入，从而使需氧量的分配均匀。在污泥同原水混合前，使污泥进行再曝气的想法得到了更进一步的发展。1951 年出现了接触稳定活性污泥法，它是传统活性污泥法的另外一种发展形式。为了避免在推流式曝气池中因基质浓度梯度造成的微生物不适应，使微生物群落保持相对稳定的状态。到 20 世纪 50 年代末，出现了完全混合式活性污泥法，这种形式的优点是梯度提供了一个有利于细菌絮体生长，不利于丝状菌生长的环境，污泥的沉降和密实性都很好，但是由于基质梯度的变化使系统容易受有毒物质的干扰。为了克服其他几种改进型式的缺点(必须处置大量的污泥，流程的运行控制要求严格)，出现了延时曝气法，由于有一个完整的细胞平均停留时间，所以，稳定程度相当高，然而由于经济问题的限制，它仅用于污水浓度低的小型设施。另外，还出现了纯氧曝气法、深井曝气法等。

1) SBR 法的发展

作为传统活性污泥法的改进，SBR 法有着广泛的应用前景。

SBR 法是序批式间歇活性污泥法(又称序批式反应器)的简称，它是目前国内外受到广泛重视、研究和应用较多的一种污水生物处理技术，特别是随着先进的自动控制技术的发展，污水处理厂的自动化管理程度大大提高，为 SBR 活性污泥法的推广应用提供了更为有利的条件。

SBR 工艺在设计和运行中，根据不同的水质条件、使用场合和出水要求，有了许多新的变化和发展，产生了许多变型。ICEAS 与传统 SBR 相比，增加了一个预反应区，且连续进水、间歇排水，但由于在沉淀期进水影响了泥水分离，使进水水质受到了限制。DAT - IAT 工艺克服了 ICEAS 的缺点，将预反应区改为与 SBR 反应池 IAT 分立的预曝气池 DAT，DAT 连续进水、连续曝气，主体间歇反应器 IAT 在沉淀阶段不受进水的影响，且增加了从 IAT 到 DAT 的回流。但是对于含生物难降解有机物污水的处理，DAT - IAT 则不能取得好的效果，而 CASS 工艺克服了这个缺点，将ICEAS的预反应区改为容积小、设计更加优化合理的生物选择器，并将主反应区的部分剩余污泥回流至选择器，沉淀阶段不进水，因而系统更加稳定，且具有良好的脱氮除磷效果。IDEA又是CASS的发展，主要是将生物选择器改为与SBR主体构筑物分立的预混合池。但以上工艺均只能做到进水连续，而排水间歇。为了克服间歇排水这个缺点，UNITANK工艺集合了SBR和三沟式氧化沟的优点，一体化设计，做到连续进水连续出水，并且污泥自动回流，与CASS相比省去了污泥回流设备。但UNITANK工艺还存在中沟污泥浓度低及过分依赖于仪表装置等缺点，如一旦进水阀门损坏，则整个系统无法工作。为了克服UNITANK工艺的缺点，又产生了一种新型的SBR系统MSBR，它实质上是将A/A/O工艺与SBR系统串联而成，采用单池多格方式，省去了许多阀门仪表等，增加了污泥回流又保证了较高的污泥浓度，有很好的除磷脱氮效果。近几年，其他许多SBR系统的研究也得到了深入，如厌氧SBR、多级SBR等，均取得了良好的效果。随着技术的不断进步和深入研究，将出现更多的SBR变型工艺。

2）氧化沟的发展

氧化沟是活性污泥法的一种改型，其曝气池呈封闭的沟渠型，污水和活性污泥的混合液在其中进行不断的循环流动，因此又被称为环形曝气池、无终端的曝气系统。

氧化沟工艺形式的改进和发展与其曝气设备的开发和研究是分不开的。20世纪60年代末，荷兰的DHV公司将立式低速表曝机应用于氧化沟工艺，将其安装在氧化沟中心隔墙的末端，利用其所产生的搅拌推动力使水流循环流动，使氧化沟的有效水深增加至4.5m，该工艺即为Carrousel氧化沟工艺，几乎与此同期，Lecmple和Mandt首次将水下曝气和推动系统应用于氧化沟工艺，开发了射流曝气氧化沟工艺，使氧化沟的有效水深和宽度相互独立，其深度可达7~8m。1970年，南非开发了转盘曝气机而出现了Orbal氧化沟工艺。近年来，荷兰DHV公司推出了两层涡轮立式曝气机；德国Passavant公司开发了具有抗腐蚀强、强度高、质量轻的玻璃钢强化型转刷叶片；美国USFilter Envirex公司开发了以曝气转碟（推动水流）和粗泡曝气相结合的垂直循环流反应器（VLR）氧化沟工艺。

目前，国外研究开发氧化沟工艺和生产氧化沟曝气装置的公司及机构日趋增多，氧化沟技术还将得到发展。

3）AB法的发展

AB工艺是吸附/生物降解工艺的简称。这项污水生物处理技术是由德国亚琛工业大学的Botho Böhnke教授为解决传统二级生物处理系统存在的去除难降解有机物和脱氮除磷效率低及投资运行费用高等问题，在对两段活性污泥法和高负荷活性污泥法进行大量研究的基础上，于20世纪70年代中期开发、80年代开始应用于工程实践的一项新型污水生物处理工艺。

AB工艺在我国的研究和应用经历了三个阶段。首先是对AB工艺的特性、运行机理及处理过程的稳定性等进行详尽的报道和研究；其次是较多单位对AB工艺处理城市污水、工业废水进行一定规模的试验研究；第三是国内部分城市污水处理厂（如山东省青岛市海泊河污水处理厂、泰安市污水处理厂、新疆乌鲁木齐市河东污水处理厂等）在引进德国 AB 工艺技术的基础上，已建成相当处理规模的 AB 法污水处理厂。

AB 工艺与传统活性污泥工艺相比，在处理效率、运行稳定性、工程投资和运行费用等方面均具有明显的优点。

4）A/A/O 系列的发展

20 世纪 70 年代中期，美国的 Spector 在研究活性污泥膨胀控制问题时，发现厌氧/好氧（A_P/O）状态的交替循环不仅能有效防止活性污泥丝状菌的膨胀，改善污泥的沉降性能，而且具有明显的强化除磷效果。第一个生产性 A/O（Anaerobic/Oxic）装置于 1979 年建成投产，此后许多污水处理厂在修建或改造过程中采用了该工艺。

A_P/O 系统由活性污泥反应池和二次沉淀池构成，污水和污泥顺次经厌氧和好氧交替循环流动。反应池分为厌氧区和好氧区，两个反应区进一步划分为体积相同的格并产生推流式流态。回流污泥进入厌氧池可吸收去除一部分有机物，并释放出大量磷，进入好氧池污水中有机物得到好氧降解，同时污泥将大量摄取污水中的磷，部分富磷污泥以剩余污泥的形式排出，实现磷的去除，A_P/O 除磷工艺流程如图 1－2 所示。

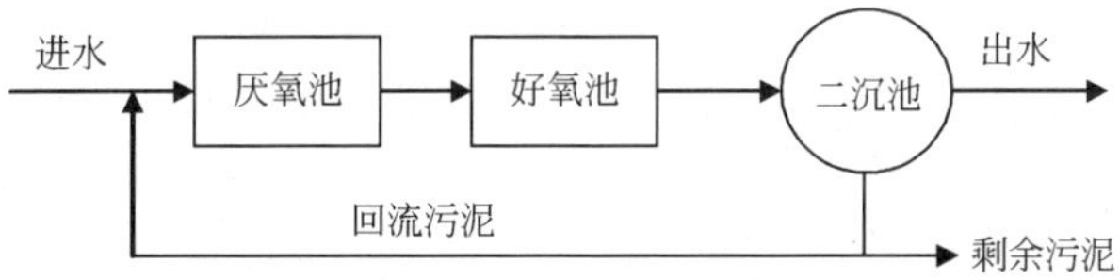

图 1－2 A_P/O 除磷工艺流程图

A_N/O（Anoxic/Oxic）工艺是一种有回流的前置反硝化生物脱氮流程，其中前置反硝化在缺氧池中进行，硝化在好氧池中进行，其工艺流程如图 1－3 所示。

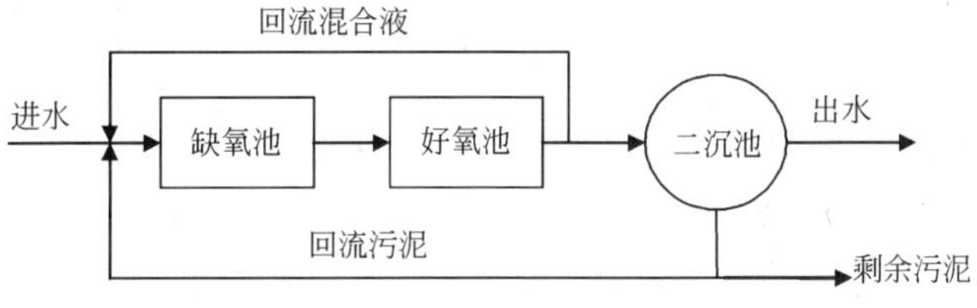

图 1－3 A_N/O 脱氮工艺流程图

在 A_N/O 工艺流程中，原污水先进入缺氧池，再进入好氧池，并将好氧池的混合液与沉淀池的污泥同时回流到缺氧池。污泥和好氧池混合液的回流保证了缺氧池和好氧池中有足够数量的微生物，并使缺氧池得到好氧池中硝化产生的硝酸盐。而原污水和混合液的直接进入，又为缺氧池反硝化提供了充足的碳源有机物，使反硝化反应能在缺氧池中得以进行。反硝化反应后的出水又可在好氧池中进行 BOD 的进一步降解和硝化作用。

为了达到同时除磷脱氮的目的，在 A_P/O 工艺中增设缺氧区，构造了厌氧/缺氧/好氧（A/A/O）工艺，其工艺流程如图 1－4 所示。

早期的生物脱氮除磷工艺是 Bardenpho 工艺，该工艺是由两级 A/O（Anoxic/Oxic）工艺组

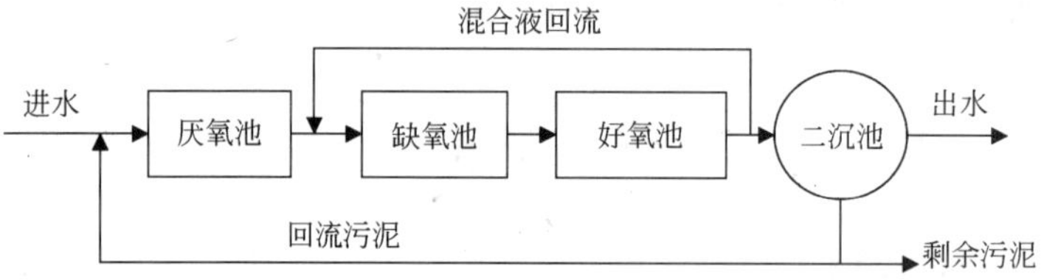

图1－4 A/A/O 脱氮除磷工艺流程图

成，共四个反应池。BOD 的去除、氨氮氧化和磷的吸收都是在硝化(第一氧化)段完成的。第二缺氧段提供足够的停留时间，通过混合液的内源呼吸作用，进一步去除残余的硝化氮。最终好氧段为混合液提供短暂的曝气时间，以降低二次沉淀池出现厌氧状态和释放磷的可能性。

由于发现混合液回流中硝酸盐对生物除磷有非常不利的影响，Banard(1976)提出了真正意义上的生物除磷脱氮工艺，即在 Bardenpho 工艺的前端增设一个厌氧区，混合液从第一好氧区回流到第一缺氧区，污泥回流到厌氧区的进水端。这一工艺流程在南非称为五段 Phoredox 工艺，在美国称为改良型 Bardenpho 工艺。Bardenpho 工艺通过按低污泥负荷(较长泥龄)方式设计和运行，目的是提高脱氮率。

作为改良 Bardenpho 工艺的进一步改进，20 世纪 80 年代初 Marais 研究组开发了 UCT 工艺，将污泥回流到缺氧区而不是厌氧区，在缺氧区和厌氧区之间建立第二套混合液回流，使进入厌氧区的硝态氮负荷降低。

美国弗吉尼亚州 Hampton Roads 公共卫生区与 CH2M HILL 公司为该区 Lamberts Piont 污水处理厂改建而设计的，该改扩建工程被称为 Virginia Initiative Plant(VIP)，VIP 工艺与 UCT 工艺非常类似，两者的差别在于池型构造和运行参数方面。

(2) 生物膜法

生物膜法和活性污泥法一样，都是利用微生物来去除污水中有机物的方法。但在活性污泥法中，微生物处于悬浮生长的状态，所以活性污泥法处理系统又称为悬浮生长系统。而生物膜法中的微生物则附着在某些物质的表面，所以生物膜法处理系统又称为附着生长系统。生物膜法主要包括生物滤池、生物转盘、生物流化床法等。

生物膜法的基本原理是通过污水与生物膜的相对运动，使污水与生物膜接触，进行固液两相的物质交换，并在膜内进行有机物的生物氧化，使污水得到净化。与微生物悬浮生长的活性污泥法相比，它具有以下优点：由于存在许多硝化细菌，因此具有较高的脱氮能力；生物膜中存在的微生物具有多样性，包括好氧菌、厌氧菌、真菌和藻类等，使其在去除污染物方面具有广谱性；大量的微生物生长占据了整个反应器的空间，单位体积的生物量远比活性污泥法高，因此单位体积的处理能力也大；膜法中的微生物的食物链比活性污泥法长，产生的污泥大都被生物消耗，因此剩余污泥少；系统维护方便，能耗低，无需污泥回流；该系统的微生态复杂，对水力和有机负荷变化的承受能力强，操作稳定。

1) 生物滤池

1893 年在英国尝试将污水在粗滤料上喷洒进行净化试验，取得良好的效果，这种工艺得到公认，命名为生物过滤法，处理构筑物则称为生物滤池，开始用于污水处理实践，并迅速地在欧洲一些国家得到应用。早期出现的生物滤池处理负荷低，为了解决这个问题，高负荷生物滤池孕育而生。20世纪50年代，在原民主德国有人按化学工业中填料塔方式建造了塔式生物滤池，这种水池通风畅行，净化功能良好，使占地面积大的问题进一步得到解决。

2）生物转盘

生物转盘是20世纪60年代原联邦德国所开创的一种污水生物处理技术。原联邦德国斯图加特工业大学勃别尔(Popel)教授和哈特曼(Hartman)教授对生物转盘技术的实用化进行了大量的试验研究和理论探讨工作，并于1964年发表了题为“生物转盘的设计、计算与性能”的论文，就此奠定了生物转盘技术发展的基础。生物转盘初期用于生物污水处理，后推广到城市污水处理和有机性工业废水的处理，处理规模也大大扩大。当前，生物转盘处理技术已被公认是一种净化效果好、能源消耗低的生物处理技术。

3）生物接触氧化法

生物接触氧化法是一种20世纪70年代初开创的污水处理技术，近十多年来，在一些国家特别是日本、美国得到了迅速的发展和应用，广泛应用于处理生活污水和食品加工等工业废水，还可用于地表微污染源水的生物预处理。生物接触氧化法在我国也得到较为广泛的应用，除生活污水外，还应用于石油化工、农药、印染、纺织、轻工造纸、食品加工等工业废水处理，都取得了良好的处理效果。生物接触氧化法处理技术可以分为两种：一是在池内填充填料，已经充氧的污水浸没全部填料，并以一定的流速流经填料，污水与填料上布满的生物膜广泛接触，在生物膜上微生物的新陈代谢功能作用下，污水中有机物得到去除，因此又称为“淹没式生物滤池”；二是采用与曝气池相同的曝气方法，向微生物提供所需的氧气，并起到混合搅拌的作用，这种方式相当于在曝气池内填充微生物栖息的填料，因此又称为“接触曝气法”。

自20世纪80年代以来，污水生物处理新工艺新技术的研究、开发和应用，已在全世界范围内得到了长足的进展，并出现了许多新型的污水生物处理技术，并正朝着自动控制的方向发展。

1.3.2 化学氧化处理技术发展

化学处理，即通过化学反应改变污水中污染物的化学性质或物理性质，使之或从溶解、胶体或悬浮状态转变为沉淀或漂浮状态，或从固态转变为气态，进而从水中被除去的污水处理方法。污水化学处理法可分为：污水中和处理法、污水混凝处理法、污水化学沉淀处理法、污水氧化处理法、污水萃取处理法等。有时为了有效地处理含有多种不同性质的污染物的污水，可以将上述两种以上处理法组合起来。如处理小流量和低浓度的含酚废水，就把化学混凝处理法(除悬浮物等)和化学氧化处理法(除酚)组合起来。

1. 新型高效化学试剂的发展

近年来，世界新型无机化学混凝剂如聚合铝、聚合铁和复合型无机混凝剂的开发成功，以及新型有机高分子絮凝剂的开发，如各种离子型的分子量高达2000万的聚丙烯酰胺的开发应用，使化学法处理可以采用较少的药剂，就可达到较高的处理效果，并且产生较少的污泥。

例如，对于某些浓度不高的城镇污水，其 BOD 为 100mg/L 左右，COD 为 200mg/L 左右的城镇污水，经过试验研究表明，只要投 60～80mg/L 的聚合铁盐和 1mg/L 以下的聚丙烯酰胺，COD 的去除率即可达 70%，悬浮物和总磷去除率可达 90%以上，虽然产生的干污泥量较大，但由于含水率较低，产生污泥的容积较小，且易于脱水。

2. 化学氧化技术的发展

随着工业的迅猛发展，工业废水的排放量逐年增加，且大都具有有机物浓度高、生物降解性差甚至有生物毒性等特点，国内外技术人员对此类高浓度、难降解有机废水的综合治理予以了高度关注。目前，部分成分简单、生物降解性略好、浓度较低的污水都可以通过组合传统工艺得到处理，而浓度高、难生物降解的污水治理工作在技术和经济上存在很大困难，为此开发研究了以下几类水处理高级氧化技术。

（1）湿式氧化技术

针对一些工业废水浓度高、难生物降解等治理难题，开发出了湿式氧化法。湿式氧化法（WAO）是在高温高压下，利用氧化剂将废水中的有机物氧化成二氧化碳和水，从而达到去除污染物的目的。它具有适用范围广，处理效率高，极少有二次污染，氧化速率快，可回收能量及有用物料等特点。进入 20 世纪 70 年代后，湿式氧化法工艺得到迅速发展，应用范围从回收有用化学品和能量进一步扩展到有毒有害废弃物的处理，尤其是在处理含酚、磷、氰等有毒有害物质已有大量文献报道。在国外，WAO 技术已实现工业化，主要应用于活性炭再生、含氰废水、煤气化废水、造纸黑液以及城市污泥及垃圾渗出液处理。国内从 20 世纪 80 年代才开始进行 WAO 的研究，先后进行了造纸黑液，含硫废水、酚水及煤制气废水、农药废水和印染废水等试验研究，目前，WAO 在国内尚处于试验阶段。

为了降低反应温度和压力，同时提高处理效果，出现了使用高效、稳定催化剂的催化湿式氧化法（CWAO）和加入更强氧化剂（过氧化物）的湿式氧化法（WPO），为了彻底去除一些 WAO 难以去除的有机物，还出现了将废液温度升至水的临界温度以上的超临界湿式氧化法（SCWO）。

（2）光化学氧化技术

1972 年 Fujishima 和 Honda 发现光照下的 TiO_2 单晶电极能分解水，引起人们对光诱导氧化还原反应的兴趣，由此推进了有机物和无机物光氧化还原反应的研究。20 世纪 80 年代初，开始研究光化学应用于环境保护，其中光化学降解治理污染尤受重视。光催化降解在环境污染治理中的应用研究更为活跃。目前有关光催化降解的研究报道中，以应用人工光源的紫外辐射为主，对分解有机物效果显著，但费用较高且需要消耗电能，因此国内外研究者均提出应开发利用自然光源或自然、人工光源相结合的技术，充分利用清洁的可再生能源，使太阳能利用与环境保护相结合，发挥光化学降解在环境污染治理中的优势。

（3）新型高效催化氧化技术

新型高效催化氧化的原理就是在表面催化剂存在的条件下，利用强氧化剂——二氧化氯在常温常压下催化氧化废水中的有机物，或直接氧化有机污染物，或将大分子有机污染物氧化成小分子有机物，提高污水的可生化性，更好地去除有机污染物。除二氧化氯外，还有臭氧类氧化法，采用臭氧氧化法处理有机废水，反应速度快，无二次污染，在污水处理中应用较广泛。近年来又广泛开展了提高臭氧化处理效率的研究，其中，紫外/臭氧法、臭氧/双氧水法、草酸/Mn^{2+}/臭氧法三种组合方式证实最为有效。

与生物处理法相比，化学处理法能迅速、有效地去除更多种类的污染物，特别是生物处理法不能奏效的一些污染物，同时也可以作为生物处理单元的预处理，提高可生化性。在水和其他资源日渐短缺的现状下，污水化学处理法将获得更大的发展。

1.3.3 传统技术科学设计和优化组合

1. 化学法与生物处理法的结合

近年来，世界各国已较多地采用在生物处理的曝气池中投加铁盐的方法，使除磷的效果明显提高，并使活性污泥的浓度提高，污泥颗粒紧实，使生物处理的效果更加稳定。

在生物处理工艺中加入混凝沉淀等工艺，使处理后的出水达到更高的标准，可以满足回用的要求。常见的几种投加方式如图 1－5 所示。

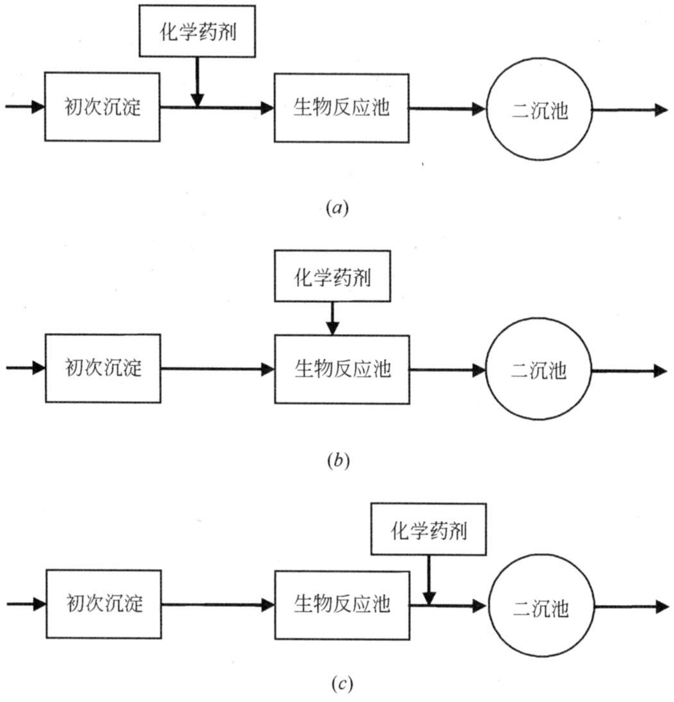

图 1－5 化学药剂三种投加方式工艺流程图

(*a*)前置投加；(*b*)同步投加；(*c*)后置投加

2. 各种生物处理工艺的有机结合

在污水生物处理领域，由各种工艺间的有机结合而产生了多种新型处理工艺，它们各具特点，并已逐渐应用于工程实践。

传统活性污泥法与氧化沟结合，法国公司把传统活性污泥工艺与氧化沟结合起来，采用同心圆结构布置好氧区、缺氧区、厌氧区，使每个区形成循环流态，并且在功能分区安排上设计出不同组合，以实现不同要求，从而开发出多种 A/O 脱氮工艺和 A/A/O 脱氮除磷工艺氧化沟。

复合生物膜/活性污泥工艺，是近年来颇受关注的新型污水处理工艺，它是随着生物膜法处理工艺的发展而逐渐发展起来的一种新型反应器，其特点是在活性污泥曝气池中投加填料作为微生物附着生长的载体，进而形成悬浮生长的活性污泥和附着生长的生物膜，去除污水中有机物。生物膜法与其他污水处理工艺相结合形成的反应器称为复合生物反应器。这里，复合是指反应器中同时存在附着相和悬浮相生物。在曝气池中填加载体供微生物附着生长构成复合生物反应器，提高反应器中污泥浓度及运行稳定性，是提高活性污泥法效能的有效措施。国内外研究表明，复合生物反应器可以明显改善污泥的沉降性能，克服污泥膨胀现象，硝化菌优先附着生长在载体上，使硝化作用与悬浮相生物的污泥泥龄(SRT)无关，提高硝化效果，其工艺流程如图 1 -6 所示。

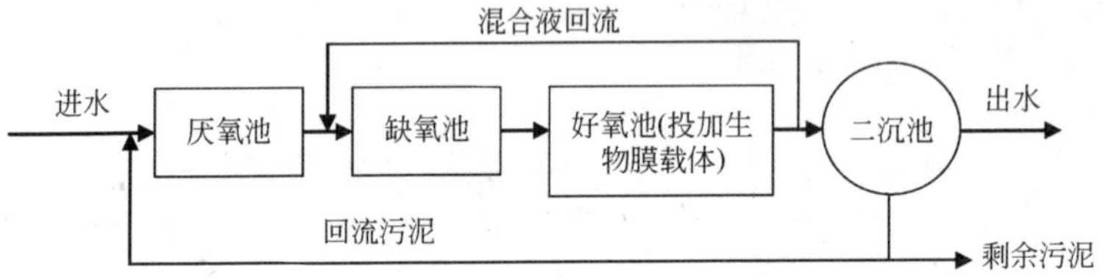

图 1 -6　复合生物膜/活性污泥工艺流程图

传统的生物脱氮除磷工艺中多采用活性污泥法，积磷菌、反硝化菌、硝化菌等共存于同一活性污泥系统，生物法除磷是通过污泥过量吸磷后排除富含磷污泥而去除，要求污泥泥龄较短，而达到硝化则所需污泥泥龄较长，因此在传统工艺运行过程中，必然存在硝化菌与积磷菌的不同泥龄之间的矛盾，使除磷和硝化相互干扰。为了克服以上矛盾，近年来出现了采用活性污泥法和生物膜法联合的污水处理工艺。其中，由上海市政工程设计研究总院开发的双污泥脱氮除磷处理工艺(PASF)是一种典型的活性污泥法和生物膜法相结合的工艺，其工艺流程如图 1 -7 所示。

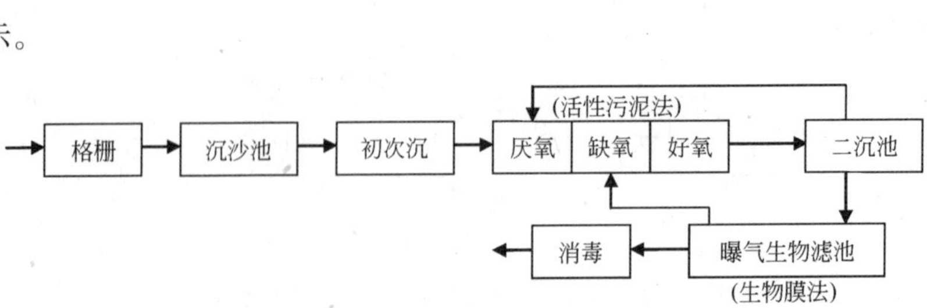

图 1 -7　双污泥系统(PASF)工艺流程图

3. 膜/活性污泥法组合工艺的发展

1969 年美国 Smith 首先报道了活性污泥生物法和超滤结合处理城市污水的方法，可谓膜生物反应器的雏形。进入 20 世纪 80 年代后，随着膜的开发，国际上对膜生物反应器的研究方兴未艾。日本、法国、美国、澳大利亚等国对膜生物反应器的研究都投入了大量力量，使膜生物反应器的研究更深入、更全面。

膜生物反应器工艺，是集微生物的生物降解作用和膜的高效分离作用于一体。由于微生物的高浓度可以使反应器的处理效率提高，加上膜的精滤作用，使出水水质良好，装置的占地面积小，产泥量少。这种工艺的关键是膜(超滤膜或精滤膜)的研制和运行工艺的研究。其工艺流程如图1－8所示。

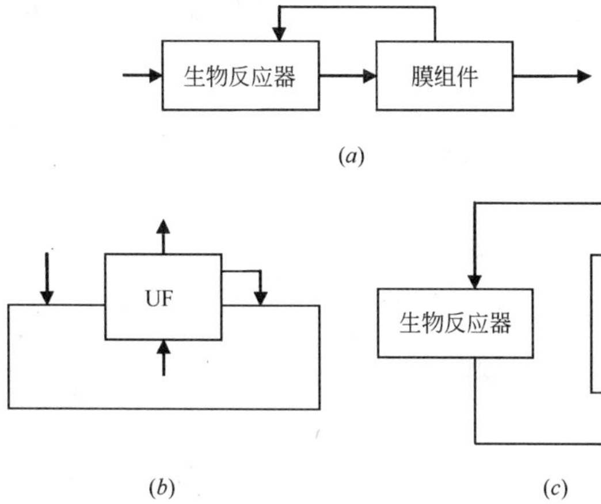

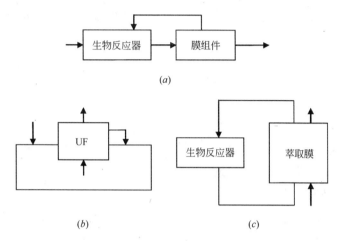

图1－8 膜生物反应器工艺图

(a)分置式膜生物反应器；(b)一体式膜生物反应器；(c)隔离式膜生物反应器

传统技术的科学设计优化组合，充分利用各个工艺技术的优点，不仅提高了整体处理效果，而且不失为一种污水处理设计的新思路，以后必将涌现出各式各样的组合工艺来满足未来发展的要求。

21世纪是水的世纪。水资源短缺、水污染等问题的加剧将对21世纪人类社会持续发展带来深刻的影响。研究新的污水处理技术，将处理后的水和泥变为可利用的资源，使污水处理事业成为一种自然资源再生和利用的新兴工业，是解决水污染和合理利用水资源的重要途径之一，作为污水处理技术的研究方向，重点在于降低能耗、改善出水水质、减少污泥量、简化与缩小处理构筑物的体积、减少占地、降低基建与运行费用、改善管理条件等。就我国目前的污水处理现状而言，污水处理技术市场需求相当大。城市污水处理的发展将表现为以下几个方面的特点：氮、磷营养物质的去除仍为重点，也是难点；工业废水治理开始转向全过程控制，单独分散处理转为城市污水集中处理；水质控制指标越来越严；由单纯工艺技术研究转向工艺、设备、工程的综合集成与产业化及经济、政策、标准的综合性研究；污水再生利用提上日程；中小城镇污水污染与治理问题受到重视。

第2章　污水处理厂标准执行和综合评价

2.1　污水处理厂标准执行

2.1.1　污水排放标准

1. 污水排入城镇排水管道水质标准

为了保护城镇排水和污水处理设施，尽量减少工业废水对城镇污水水质的干扰，保证污水的可处理性，各国都制定有城镇排水的标准。目前我国现行的城镇排水管道水质标准为《污水排入城市下水道水质标准》（CJ 3082—1999）。标准规定严禁向城市排水管道排放腐蚀性污水、垃圾、积雪、粪便、工业废渣以及易凝、易燃、易爆、剧毒和堵塞排水管道的物质和有害气体；要求医疗卫生、生物制品、科学研究、肉类加工等含病原体的污水，必须经严格的消毒处理；以上污水以及放射性污水，除执行该标准外，还必须按有关专业标准执行。该标准提出的污水排入城市排水管道的水质标准见表2－1，要求凡超过该标准的污水，应按有关规定和要求进行预处理，不得用稀释法排放。该标准共计规定了排入城市排水管道污水中35种有害物质的最高允许浓度，适用于向城市排水管道排放污水的所有排水户。

污水排入城市下水道水质标准　　表2－1

序号	项目名称	单　位	最高允许浓度	序号	项目名称	单　位	最高允许浓度
1	pH		6.0～9.0	11	生化需氧量（BOD_5）	mg/L	100(300)
2	悬浮物	mg/L	150(400)	12	化学需氧量（COD_{Cr}）	mg/L	150(500)
3	易沉固体	mg/(L·15min)	10	13	溶解性固体	mg/L	2000
4	油脂	mg/L	100	14	有机磷	mg/L	0.5
5	矿物油类	mg/L	20	15	苯胺	mg/L	5
6	苯系物	mg/L	2.5	16	氟化物	mg/L	20
7	氰化物	mg/L	0.5	17	总汞	mg/L	0.05
8	硫化物	mg/L	1	18	总镉	mg/L	0.1
9	挥发性酚	mg/L	1	19	总铅	mg/L	1
10	温度	℃	35	20	总铜	mg/L	2

续表

序号	项目名称	单　　位	最高允许浓度	序号	项目名称	单　　位	最高允许浓度
21	总锌	mg/L	5	29	总砷	mg/L	0.5
22	总镍	mg/L	1	30	硫酸盐	mg/L	600
23	总锰	mg/L	2.0(5.0)	31	硝基苯类	mg/L	5
24	总铁	mg/L	10	32	阴离子表面活性剂(LAS)	mg/L	10.0(20.0)
25	总锑	mg/L	1				
26	六价铬	mg/L	0.5	33	氨氮	mg/L	25.0(35.0)
27	总铬	mg/L	1.5	34	磷酸盐(以P计)	mg/L	1.0(8.0)
28	总硒	mg/L	2	35	色度(稀释倍数)	倍	80

注：括号内数值适用于有城市污水处理厂的城市排水管道系统。

2. 污水综合排放标准

按照污水排放去向，《污水综合排放标准》(GB 8978—1996)分年限规定了69种水污染物最高允许排放浓度及部分行业最高允许排水量。该标准适用于现有单位水污染物的排放管理，以及建设项目的环境影响评价、建设项目环境保护设施设计、竣工验收及其投产后的排放管理。

按排水系统出水受纳水域的功能和是否排入设置二级污水处理厂的城镇排水系统，《污水综合排放标准》(GB 8978—1996)将排放标准分为三类。其中，排入《地面水环境质量标准》(GB 3838—88)Ⅲ类水域(划定的保护区和游泳区除外)和排入《海水水质标准》(GB 3097—82)中二类海域的污水，执行一级标准；排入《地面水环境质量标准》(GB 3838—88)中Ⅳ、Ⅴ类水域和排入《海水水质标准》(GB 3097—82)中三类海域的污水，执行二级标准；排入设置二级污水处理厂的城镇排水系统的污水，执行三级标准。

《污水综合排放标准》(GB 8978—1996)将排放的污染物按其性质及控制方式分为两类。第一类污染物指总汞、烷基汞、总镉、总铬、六价铬、总砷、总铅、总镍、苯并(a)芘、总铍、总银、总α放射性、总β放射性等在动植物体内长期蓄积、毒性较大，影响长远的有毒物质。含有此类污染物质的污水，不分行业和污水排放方式，也不分受纳水体的功能类别，一律在车间或车间处理设施排放口采样。第二类污染物质指pH、色度、SS、BOD_5、COD、石油类等26项污染物质。这类污染物的排放标准按其污水排放去向分别执行一、二、三级标准。该标准还按年限规定了第一类污染物和第二类污染物最高允许排放浓度及部分行业最高允许排水量。其中，1997年12月31日之前建设(包括改建、扩建)的单位，水污染物的排放必须同时执行表2-2、表2-3、表2-4的规定；1998年1月1日起建设(包括改建、扩建)的单位，水污染物的排放必须同时执行表2-2、表2-5、表2-6的规定。

第一类污染物最高允许排放浓度(mg/L) 表 2-2

序号	污染物	最高允许排放浓度	序号	污染物	最高允许排放浓度
1	总汞	0.05	8	总镍	1.0
2	烷基汞	不得检出	9	苯并(a)芘	0.00003
3	总镉	0.1	10	总铍	0.005
4	总铬	1.5	11	总银	0.5
5	六价铬	0.5	12	总α放射性	1Bq/L
6	总砷	0.5	13	总β放射性	10Bq/L
7	总铅	1.0			

第二类污染物最高允许排放浓度 表 2-3

(1997 年 12 月 31 日之前建设的单位)(除 pH、色度、粪大肠菌群数外，其余单位为 mg/L)

序号	污染物	适用范围	一级标准	二级标准	三级标准
1	pH	一切排污单位	6~9	6~9	6~9
2	色度(稀释倍数)	染料工业	50	180	—
		其他排污单位	50	80	—
3	悬浮物(SS)	采矿、选矿、选煤工业	100	300	—
		脉金选矿	100	500	—
		边远地区砂金选矿	100	800	—
		城镇二级污水处理厂	20	30	—
		其他排污单位	70	200	400
4	五日生化需氧量(BOD_5)	甘蔗制糖、苎麻脱胶、湿法纤维板工业	30	100	600
		甜菜制糖、酒精、味精、皮革、化纤浆粕工业	30	150	600
		城镇二级污水处理厂	20	30	—
		其他排污单位	30	60	300
5	化学需氧量(COD)	甜菜制糖、焦化、合成脂肪酸、湿法纤维板、染料、洗毛、有机磷农药工业	100	200	1000
		味精、酒精、医药原料药、生物制药、苎麻脱胶、皮革、化纤浆粕工业	100	300	1000
		石油化工工业(包括石油炼制)	100③	150	500
		城镇二级污水处理厂	60	120	—
		其他排污单位	100	150	500
6	石油类	一切排污单位	10	10	30
7	动植物油	一切排污单位	20	20	100
8	挥发酚	一切排污单位	0.5	0.5	2.0
9	总氰化合物	电影洗片(铁氰化合物)	0.5	5.0	5.0
		其他排污单位	0.5	0.5	1.0
10	硫化物	一切排污单位	1.0	1.0	2.0

续表

序号	污 染 物	适 用 范 围	一级标准	二级标准	三级标准
11	氨氮	医药原料药、染料、石油化工工业	15	50	—
		其他排污单位	15	25	—
12	氟化物	黄磷工业	10	20	20
		低氟地区(水体含氟量 <0.5mg/L)	10	20	30
		其他排污单位	10	10	20
13	磷酸盐(以 P 计)	一切排污单位	0.5	1.0	—
14	甲醛	一切排污单位	1.0	2.0	5.0
15	苯胺类	一切排污单位	1.0	2.0	5.0
16	硝基苯类	一切排污单位	2.0	3.0	5.0
17	阴离子表面活性剂(LAS)	合成洗涤剂工业	5.0	15	20
		其他排污单位	5.0	10	20
18	总铜	一切排污单位	0.5	1.0	2.0
19	总锌	一切排污单位	2.0	5.0	5.0
20	总锰	合成脂肪酸工业	2.0	5.0	5.0
		其他排污单位	2.0	2.0	5.0
21	彩色显影剂	电影洗片	2.0	3.0	5.0
22	显影剂及氧化物总量	电影洗片	3.0	6.0	6.0
23	元素磷	一切排污单位	0.1	0.3	0.3
24	有机磷农药(以 P 计)	一切排污单位	不得检出	0.5	0.5
25	粪大肠菌群数	医院①、兽医院及医疗机构含病原体污水	500 个/L	1000 个/L	5000 个/L
		传染病、结核病医院污水	100 个/L	500 个/L	1000 个/L
26	总余氯(采用氯化消毒的医院污水)	医院①、兽医院及医疗机构含病原体污水	<0.5②	>3(接触时间≥1h)	>2(接触时间≥1h)
		传染病、结核病医院污水	<0.5②	>6.5(接触时间≥1.5h	>5(接触时间≥1.5h)

① 指 50 个床位以上的医院;

② 加氯消毒后须进行脱氯处理，达到本标准;

③ 原国家环境保护总局(现环境保护部)于 1999 年 12 月 15 日下发通知作了修改，要求 1997 年 12 月 31 日之前建设(包括改建、扩建)的石化企业，COD 一级标准值由 100mg/L 调整为 120mg/L，有单独外排口的特殊石化装置的 COD 标准值按照一级：160mg/L，二级：250mg/L 执行，特殊石化装置指：丙烯腈 - 腈纶、己内酰胺、环氧氯丙烷、环氧丙烷、间甲酚、BHT、PTA、萘系列和催化剂生产装置。

部分行业最高允许排水量 **表 2-4**

（1997 年 12 月 31 日之前建设的单位）

序号	行业类别			最高允许排水量或最低允许水重复利用率	
1	矿山工业	有色金属系统选矿		水重复利用率 75%	
		其他矿山工业采矿、选矿、选煤等		水重复利用率 90%（选煤）	
		脉金选矿	重选	$16.0m^3/t$(矿石)	
			浮选	$9.0m^3/t$(矿石)	
			氰化	$8.0m^3/t$(矿石)	
			炭浆	$8.0m^3/t$(矿石)	
2	焦化企业(煤气厂)			$1.2m^3/t$(焦炭)	
3	有色金属冶炼及金属加工			水重复利用率 80%	
4	石油炼制工业(不包括直排水炼油厂) 加工深度分类： A. 燃料型炼油厂 B. 燃料+润滑油型炼油厂 C. 燃料+润滑油型+炼油化工型炼油厂 (包括加工高含硫原油页岩油和石油添加剂生产基地的炼油厂)			A	>500 万 t，$1.0m^3/t$(原油) 250 万~500 万 t，$1.2m^3/t$(原油) <250 万 t，$1.5m^3/t$(原油)
				B	>500 万 t，$1.5m^3/t$(原油) 250 万~500 万 t，$2.0m^3/t$(原油) <250 万 t，$2.0m^3/t$(原油)
				C	>500 万 t，$2.0m^3/t$(原油) 250 万~500 万 t，$2.5m^3/t$(原油) <250 万 t，$2.5m^3/t$(原油)
5	合成洗涤剂工业	氯化法生产烷基苯		$200.0m^3/t$(烷基苯)	
		裂解法生产烷基苯		$70.0m^3/t$(烷基苯)	
		烷基苯生产合成洗涤剂		$10.0m^3/t$(产品)	
6	合成脂肪酸工业			$200.0m^3/t$(产品)	
7	湿法生产纤维板工业			$30.0m^3/t$(板)	
8	制糖工业	甘蔗制糖		$10.0m^3/t$(甘蔗)	
		甜菜制糖		$4.0m^3/t$(甜菜)	
9	皮革工业	猪盐湿皮		$60.0m^3/t$(原皮)	
		牛干皮		$100.0m^3/t$(原皮)	
		羊干皮		$150.0m^3/t$(原皮)	
10	发酵酿造工业	酒精工业	以玉米为原料	$100.0m^3/t$(酒精)	
			以薯类为原料	$80.0m^3/t$(酒精)	
			以糖蜜为原料	$70.0m^3/t$(酒精)	
		味精工业		$600.0m^3/t$(味精)	
		啤酒工业(排水量不包括麦芽水部分)		$16.0m^3/t$(啤酒)	
11	铬盐工业			$5.0m^3/t$(产品)	
12	硫酸工业(水洗法)			$15.0m^3/t$(硫酸)	
13	苎麻脱胶工业			$500m^3/t$(原麻)或 $750m^3/t$(精干麻)	

续表

序号	行业类别		最高允许排水量或最低允许水重复利用率
14	化纤浆粕		本色：150m^3/t(浆) 漂白：240m^3/t(浆)
15	粘胶纤维工业(单纯纤维)	短纤维(棉型中长纤维、毛型中长纤维)	300m^3/t(纤维)
		长纤维	800m^3/t(纤维)
16	铁路货车洗刷		5.0m^3/辆
17	电影洗片		5m^3/1000m(35mm的胶片)
18	石油沥青工业		冷却池的水循环利用率95%

第二类污染物最高允许排放浓度 **表2-5**

(1998年1月1日后建设的单位)(除pH、色度、粪大肠菌群数外，其余单位为mg/L)

序号	污染物	适用范围	一级标准	二级标准	三级标准
1	pH	一切排污单位	6~9	6~9	6~9
2	色度(稀释倍数)	一切排污单位	50	80	—
3	悬浮物(SS)	采矿、选矿、选煤工业	70	300	—
		脉金选矿	70	400	—
		边远地区砂金选矿	70	800	—
		城镇二级污水处理厂	20	30	—
		其他排污单位	70	150	400
4	五日生化需氧量(BOD_5)	甘蔗制糖、苎麻脱胶、湿法纤维板、染料、洗毛工业	20	60	600
		甜菜制糖、酒精、味精、皮革、化纤浆粕工业	20	100	600
		城镇二级污水处理厂	20	30	—
		其他排污单位	20	30	300
5	化学需氧量(COD)	甜菜制糖、合成脂肪酸、湿法纤维板、染料、洗毛、有机磷农药工业	100	200	1000
		味精、酒精、医药原料药、生物制药、苎麻脱胶、皮革、化纤浆粕工业	100	300	1000
		石油化工工业(包括石油炼制)	60	120	500
		城镇二级污水处理厂	60	120	—
		其他排污单位	100	150	500
6	石油类	一切排污单位	5	10	20
7	动植物油	一切排污单位	10	15	100
8	挥发酚	一切排污单位	0.5	0.5	2.0
9	总氰化合物	一切排污单位	0.5	0.5	1.0
10	硫化物	一切排污单位	1.0	1.0	1.0

续表

序号	污染物	适用范围	一级标准	二级标准	三级标准
11	氨氮	医药原料药、染料、石油化工工业	15	50	—
		其他排污单位	15	25	—
12	氟化物	黄磷工业	10	15	20
		低氟地区(水体含氟量<0.5mg/L)	10	20	30
		其他排污单位	10	10	20
13	磷酸盐(以P计)	一切排污单位	0.5	1.0	—
14	甲醛	一切排污单位	1.0	2.0	5.0
15	苯胺类	一切排污单位	1.0	2.0	5.0
16	硝基苯类	一切排污单位	2.0	3.0	5.0
17	阴离子表面活性剂(LAS)	一切排污单位	5.0	10	20
18	总铜	一切排污单位	0.5	1.0	2.0
19	总锌	一切排污单位	2.0	5.0	5.0*
20	总锰	合成脂肪酸工业	2.0	5.0	5.0
		其他排污单位	2.0	2.0	5.0
21	彩色显影剂	电影洗片	1.0	2.0	3.0
22	显影剂及氧化物总量	电影洗片	3.0	3.0	6.0
23	元素磷	一切排污单位	0.1	0.1	0.3
24	有机磷农药(以P计)	一切排污单位	不得检出	0.5	0.5
25	乐果	一切排污单位	不得检出	1.0	2.0
26	对硫磷	一切排污单位	不得检出	1.0	2.0
27	甲基对硫磷	一切排污单位	不得检出	1.0	2.0
28	马拉硫磷	一切排污单位	不得检出	5.0	10
29	五氯酚及五氯酚钠(以五氯酚计)	一切排污单位	5.0	8.0	10
30	可吸附有机卤化物(AOX)(以Cl计)	一切排污单位	1.0	5.0	8.0
31	三氯甲烷	一切排污单位	0.3	0.6	1.0
32	四氯化碳	一切排污单位	0.03	0.06	0.5
33	三氯乙烯	一切排污单位	0.3	0.6	1.0
34	四氯乙烯	一切排污单位	0.1	0.2	0.5
35	苯	一切排污单位	0.1	0.2	0.5
36	甲苯	一切排污单位	0.1	0.2	0.5
37	乙苯	一切排污单位	0.4	0.6	1.0
38	邻-二甲苯	一切排污单位	0.4	0.6	1.0
39	对-二甲苯	一切排污单位	0.4	0.6	1.0
40	间-二甲苯	一切排污单位	0.4	0.6	1.0

续表

序号	污染物	适用范围	一级标准	二级标准	三级标准
41	氯苯	一切排污单位	0.2	0.4	1.0
42	邻－二氯苯	一切排污单位	0.4	0.6	1.0
43	对－二氯苯	一切排污单位	0.4	0.6	1.0
44	对－硝基氯苯	一切排污单位	0.5	1.0	5.0
45	2，4－二硝基氯苯	一切排污单位	0.5	1.0	5.0
46	苯酚	一切排污单位	0.3	0.4	1.0
47	间－甲酚	一切排污单位	0.1	0.2	0.5
48	2，4－二氯酚	一切排污单位	0.6	0.8	1.0
49	2，4，6－三氯酚	一切排污单位	0.6	0.8	1.0
50	邻苯二甲酸二丁脂	一切排污单位	0.2	0.4	2.0
51	邻苯二甲酸二辛脂	一切排污单位	0.3	0.6	2.0
52	丙烯腈	一切排污单位	2.0	5.0	5.0
53	总硒	一切排污单位	0.1	0.2	0.5
54	粪大肠菌群数	医院①、兽医院及医疗机构含病原体污水	500个/L	1000个/L	5000个/L
		传染病、结核病医院污水	100个/L	500个/L	1000个/L
55	总余氯（采用氯化消毒的医院污水）	医院①、兽医院及医疗机构含病原体污水	<0.5②	>3（接触时间≥1h）	>2（接触时间≥1h）
		传染病、结核病医院污水	<0.5②	>6.5（接触时间≥1.5h）	>5（接触时间≥1.5h）
56	总有机碳（TOC）	合成脂肪酸工业	20	40	—
		苎麻脱胶工业	20	60	—
		其他排污单位	20	30	—

注：其他排污单位：指除在该控制项目中所列行业以外的一切排污单位。

① 指50个床位以上的医院；

② 加氯消毒后须进行脱氯处理，达到本标准。

部分行业最高允许排水量 **表2－6**

（1998年1月1日后建设的单位）

序号	行业类别			最高允许排水量或最低允许水重复利用率
1	矿山工业	有色金属系统选矿		水重复利用率75%
		其他矿山工业采矿、选矿、选煤等		水重复利用率90%（选煤）
		脉金选矿	重选	16.0m^3/t（矿石）
			浮选	9.0m^3/t（矿石）
			氰化	8.0m^3/t（矿石）
			炭浆	8.0m^3/t（矿石）
2	焦化企业（煤气厂）			1.2m^3/t（焦炭）

续表

序号	行业类别			最高允许排水量或最低允许水重复利用率	
3	有色金属冶炼及金属加工			水重复利用率 80%	
4	石油炼制工业(不包括直排水炼油厂) 加工深度分类: A. 燃料型炼油厂 B. 燃料+润滑油型炼油厂 C. 燃料+润滑油型+炼油化工型炼油厂 (包括加工高含硫原油页岩油和石油添加剂生产基地的炼油厂)			A	>500 万 t, 1.0m^3/t(原油) 250 万~500 万 t, 1.2m^3/t(原油) <250 万 t, 1.5m^3/t(原油)
				B	>500 万 t, 1.5m^3/t(原油) 250 万~500 万 t, 2.0m^3/t(原油) <250 万 t, 2.0m^3/t(原油)
				C	>500 万 t, 2.0m^3/t(原油) 250 万~500 万 t, 2.5m^3/t(原油) <250 万 t, 2.5m^3/t(原油)
5	合成洗涤剂工业	氯化法生产烷基苯		200.0m^3/t(烷基苯)	
		裂解法生产烷基苯		70.0m^3/t(烷基苯)	
		烷基苯生产合成洗涤剂		10.0m^3/t(产品)	
6	合成脂肪酸工业			200.0m^3/t(产品)	
7	湿法生产纤维板工业			30.0m^3/t(板)	
8	制糖工业	甘蔗制糖		10.0m^3/t(甘蔗)	
		甜菜制糖		4.0m^3/t(甜菜)	
9	皮革工业	猪盐湿皮		60.0m^3/t(原皮)	
		牛干皮		100.0m^3/t(原皮)	
		羊干皮		150.0m^3/t(原皮)	
10	发酵酿造工业	酒精工业	以玉米为原料	100.0m^3/t(酒精)	
			以薯类为原料	80.0m^3/t(酒精)	
			以糖蜜为原料	70.0m^3/t(酒)	
		味精工业		600.0m^3/t(味精)	
		啤酒工业(排水量不包括麦芽水部分)		16.0m^3/t(啤酒)	
11	铬盐工业			5.0m^3/t(产品)	
12	硫酸工业(水洗法)			15.0m^3/t(硫酸)	
13	苎麻脱胶工业			500m^3/t(原麻) 750m^3/t(精干麻)	
14	粘胶纤维工业单纯纤维	短纤维(棉型中长纤维、毛型中长纤维)		300.0m^3/t (纤维)	
		长纤维		800.0m^3/t(纤维)	
15	化纤浆粕			本色:150m^3/t(浆);漂白:240m^3/t(浆)	
16	制药工业医药原料药	青霉素		4700m^3/t(氰霉素)	
		链霉素		1450m^3/t(链霉素)	
		土霉素		1300m^3/t(土霉素)	
		四环素		1900m^3/t(四环素)	

续表

序号	行业类别		最高允许排水量或最低允许水重复利用率
16	制药工业医药原料药	洁霉素	$9200m^3/t$（洁霉素）
		金霉素	$3000m^3/t$（金霉素）
		庆大霉素	$20400m^3/t$（庆大霉素）
		维生素 C	$1200m^3/t$（维生素 C）
		氯霉素	$2700m^3/t$（氯霉素）
		新诺明	$2000m^3/t$（新诺明）
		维生素 B_1	$3400m^3/t$（维生素 B_1）
		安乃近	$180m^3/t$（安乃近）
		非那西汀	$750m^3/t$（非那西汀）
		呋喃唑酮	$2400m^3/t$（呋喃唑酮）
		咖啡因	$1200m^3/t$（咖啡因）
17	有机磷农药工业	乐果①	$700m^3/t$（产品）
		甲基对硫磷（水相法）①	$300m^3/t$（产品）
		对硫磷（P_2S_5 法）①	$500m^3/t$（产品）
		对硫磷（$PSCl_3$ 法）①	$550m^3/t$（产品）
		敌敌畏（敌百虫碱解法）	$200m^3/t$（产品）
		敌百虫	$40m^3/t$（产品） （不包括三氯乙醛生产废水）
		马拉硫磷	$700m^3/t$（产品）
18	除草剂工业	除草醚	$5m^3/t$（产品）
		五氯酚钠	$2m^3/t$（产品）
		五氯酚	$4m^3/t$（产品）
		2 甲 4 氯	$14m^3/t$（产品）
		2，4－D	$4m^3/t$（产品）
		丁草胺	$4.5m^3/t$（产品）
		绿麦隆（以 Fe 粉还原）	$2m^3/t$（产品）
		绿麦隆（以 Na_2S 还原）	$3m^3/t$（产品）
19	火力发电工业		$3.5m^3/(MW·h)$
20	铁路货车洗刷		$5.0m^3$/辆
21	电影洗片		$5m^3/1000m$（35mm 胶片）
22	石油沥青工业		冷却池的水循环利用率 95%

注：产品按 100% 浓度计；

① 不包括 P_2S_5、$PSCl_3$、PC_{13} 原料生产废水。

与《污水综合排放标准》（GB 8978—88）相比，《污水综合排放标准》（GB 8978—1996）具有以下特点：

（1）适用范围扩大

我国污染物排放标准分为综合排放标准和行业排放标准。《污水综合排放标准》(GB 8978—1996)按照综合排放标准和行业排放标准不交叉执行的原则，明确造纸、船舶等12个行业所排放的污水执行相应的国家行业标准，其他一切排放污水的单位一律执行国家综合标准。自该标准生效之日即1998年1月1日起，我国现行水污染物排放标准为综合标准1个，行业标准12个。另外，自该标准生效之日起，《污水综合排放标准》(GB 8978—88)及医院污水、甜菜制糖工业等17个行业标准均被新标准代替。

(2) 结合环保目标提出年限制标准

以标准实施日期为限，划分为两个时间段，即1997年12月31日前建设的单位执行第一时间段规定的标准值，1998年1月1日起建设的单位执行第二时间段规定的标准值。该标准既体现了对新、老企业区别对待，同时还考虑到了1995～2010年的环保目标，对新建(包括改建、扩建)单位制定了较严格的时段控制标准，提出了超前控制指标。

(3) 按污染物毒性和控制方式加以分类

将污染物按其性质分为两类，第一类污染物指能在环境或动植物体内蓄积，对人体健康产生长远不良影响者，确定为总汞、烷基汞等13项，不分时间段一律在车间或车间处理设施排放口采样。第二类污染物指其长远影响小于第一类污染物者，划分为2个时间段(第一个时间段为26项，第二个时间段为56项)，在排污单位排放口采样。之所以如此，是为了对有毒污染物实行严格的控制。由于有毒污染物的排放量一般较少，如果在其混入排污单位的其他废水后再在排污单位的排放口进行采样，检测此类污染物就比较困难。所以，标准中对第一类污染物规定了车间排放口采样的方法。

(4) 增加了污染物控制项目

标准中一类污染物由原标准中规定的9项增至13项。二类污染物在《污水综合排放标准》(GB 8978—88)中规定为20项，《污水综合排放标准》(GB 8978—1996)按第一、第二时间段分别增加至26项和56项。《污水综合排放标准》(GB 8978—1996)控制的水污染物总计69项，比《污水综合排放标准》(GB 8978—88)新增污染物控制项目40项。新增加的污染物项目包括2部分：被该标准代替的17个行业水污染物排放标准纳入的特征污染物(如彩色显影剂、粪大肠菌群数、总余氯等)；根据我国有机化合物的污染特征，结合国外重点控制的有毒有机物种类，以加强对难降解有毒有机物的控制为原则，对新建单位增加控制的23种有毒有机污染物，包括脂肪烃和单环芳香烃类、有机磷类、卤代氯代苯类、酞酸酯类、酚类化合物等。

(5) 按污水排放去向将标准分级

按功能区类别和污水排污走向将标准值分为三级，实施高功能高要求，低功能低要求。并强调区域综合整治，提出排入二级污水处理厂的综合预处理标准。

(6) 增加了排水量控制标准

除规定了69种水污染物三级最高允许排放浓度外，还按两个时间段增加了部分行业最高允许排水量(或最低允许水重复利用率)，以便于实施污染源总量控制。这是该标准以污染物浓度控制为主，同时对部分行业或产品实施总量控制的显著特点。

标准中针对城镇二级污水处理厂的出水也作了具体规定，按出水受纳水域的功能将排放标准分为二类。其中，排入《地面水环境质量标准》（GB 3838—88）Ⅲ类水域（划定的保护区和游泳区除外）和排入《海水水质标准》（GB 3097—82）中二类海域的污水，执行一级标准；排入《地面水环境质量标准》（GB 3838—88）中Ⅳ、Ⅴ类水域和排入《海水水质标准》（GB 3097—82）中三类海域的污水，执行二级标准，具体指标如表 2－7 所示。

城镇二级污水处理厂出水污染物最高允许排放浓度　　**表 2－7**

序　号	污　染　物	一级标准（mg/L）	二级标准（mg/L）
1	pH（无量纲）	6～9	6～9
2	悬浮物（SS）	20	30
3	五日生化需氧量（BOD_5）	20	30
4	化学需氧量（COD）	60	120
5	氨氮	15	25
6	磷酸盐（以 P 计）	0.5	1.0

3. 污水海洋处置工程污染控制标准

现行的国家标准《污水海洋处置工程污染控制标准》（GB 18486—2001），适用于利用放流管和水下扩散器向海域或向排放点含盐度大于 5‰的年概率大于 10% 的河口水域排放污水（不包括温排水）的一切污水海洋处置工程。其主要水污染物排放浓度限值指标如表 2－8 所示。

污水海洋处置工程主要水污染物排放浓度限值　　**表 2－8**

（除 pH、总 α、β 放射性、大肠菌群和粪大肠菌群外，其余单位为 mg/L）

序号	污染物项目	标准值	序号	污染物项目	标准值
1	pH	6.0～9.0	16	无机氮≤	30
2	悬浮物（SS）≤	200	17	氨氮≤	25
3	总 α 放射性（Bq/L）≤	1	18	总磷≤	8.0
4	总 β 放射性（Bq/L）≤	10	19	总铜≤	1.0
5	大肠菌群（个/mL）≤	100	20	总锌≤	5.0
6	粪大肠菌群（个/mL）≤	20	21	总汞≤	0.05
7	生化需氧量（BOD_5）≤	150	22	总镉≤	0.1
8	化学需氧量（COD_{Cr}）≤	300	23	总铬≤	1.5
9	石油类≤	12	24	六价铬≤	0.5
10	动植物油类≤	70	25	总砷≤	0.5
11	挥发性酚≤	1.0	26	总铅≤	1.0
12	总氰化物≤	0.5	27	总镍≤	1.0
13	硫化物≤	1.0	28	总铍≤	0.005
14	氟化物≤	15	29	总银≤	0.5
15	总氮≤	40	30	总硒≤	1.0

续表

序号	污染物项目	标准值	序号	污染物项目	标准值
31	苯并(a)芘(μg/L)≤	0.03	36	苯胺类≤	3.0
32	有机磷农药(以P计)≤	0.5	37	硝基苯类≤	4.0
33	苯系物≤	2.5	38	丙烯腈≤	4.0
34	氯苯类≤	2.0	39	阴离子表面活性剂(LAS)≤	10
35	甲醛≤	2.0	40	总有机碳(TOC)≤	120

另外，标准还对初始稀释度、混合区范围、排放点选择及扩散器的布置作了详细的规定。

4. 城镇污水处理厂污染物排放标准

《城镇污水处理厂污染物排放标准》(GB 18918—2002)规定，城镇污水处理厂设计出水根据污染物的来源和性质，将污染物控制项目分为基本控制项目和选择性控制项目两类，基本控制项目必须执行，而选择性控制项目由地方环境保护行政主管部门根据污水处理厂接纳工业污染物的类别和水环境质量要求选择控制。

基本控制项目的常规污染物标准值分为一级标准、二级标准、三级标准。一级标准分为A标准和B标准，部分一类污染物和选择性控制项目不分级。其标准值分别如表2-9、表2-10和表2-11所示。

基本控制项目最高允许排放浓度(日均值)　　表2-9

(除色度、pH、粪大肠菌群数外，其余单位为mg/L)

序号	基本控制项目		一级标准		二级标准	三级标准
			A标准	B标准		
1	化学需氧量(COD)		50	60	100	120①
2	生化需氧量(BOD_5)		10	20	30	60①
3	悬浮物(SS)		10	20	30	50
4	动植物油		1	3	5	20
5	石油类		1	3	5	15
6	阴离子表面活性剂		0.5	1	2	5
7	总氮(以N计)		15	20	—	—
8	氨氮(以N计)②		5(8)	8(15)	25(30)	—
9	总磷(以P计)	2005年12月31日前建设的	1	1.5	3	5
		2006年1月1日起建设的	0.5	1	3	5
10	色度(稀释倍数)		30	30	40	50
11	pH		6~9			
12	粪大肠菌群数(个/L)		10^3	10^4	10^4	—

① 下列情况按去除率指标执行：当进水COD大于350mg/L时，去除率应大于60%；BOD大于160mg/L时，去除率应大于50%；

② 括号外数值为水温>12℃时的控制指标，括号内数值为水温≤12℃时的控制指标。

部分一类污染物最高允许排放浓度（日均值）（mg/L）　　表 2-10

序　号	项　　目	标　准　值	序　号	项　　目	标　准　值
1	总　　汞	0.001	5	六 价 铬	0.05
2	烷 基 汞	不得检出	6	总　　砷	0.1
3	总　　镉	0.01	7	总　　铅	0.1
4	总　　铬	0.1			

选择性控制项目最高允许排放浓度（日均值）（mg/L）　　表 2-11

序号	选择控制项目	标准值	序号	选择控制项目	标准值
1	总　　镍	0.05	23	三氯乙烯	0.3
2	总　　铍	0.002	24	四氯乙烯	0.1
3	总　　银	0.1	25	苯	0.1
4	总　　铜	0.5	26	甲　　苯	0.1
5	总　　锌	1.0	27	邻-二甲苯	0.4
6	总　　锰	2.0	28	对-二甲苯	0.4
7	总　　硒	0.1	29	间-二甲苯	0.4
8	苯并(a)芘	0.00003	30	乙　　苯	0.4
9	挥 发 酚	0.5	31	氯　　苯	0.3
10	总氰化物	0.5	32	1，4-二氯苯	0.4
11	硫 化 物	1.0	33	1，2-二氯苯	1.0
12	甲　　醛	1.0	34	对硝基氯苯	0.5
13	苯 胺 类	0.5	35	2，4-二硝基氯苯	0.5
14	总硝基化合物	2.0	36	苯　　酚	0.3
15	有机磷农药（以 P 计）	0.5	37	间-甲酚	0.1
16	马拉硫磷	1.0	38	2，4-二氯酚	0.6
17	乐　　果	0.5	39	2，4，6-三氯酚	0.6
18	对 硫 磷	0.05	40	邻苯二甲酸二丁酯	0.1
19	甲基对硫磷	0.2	41	邻苯二甲酸二辛酯	0.1
20	五 氯 酚	0.5	42	丙 烯 腈	2.0
21	三氯甲烷	0.3	43	可吸附有机卤化物（AOX 以 Cl 计）	1.0
22	四氯化碳	0.03			

其中，城镇污水处理厂出水排入国家和省确定的重点流域及湖泊、水库等封闭、半封闭水域时，执行一级标准的 A 标准；排入《地表水环境质量标准》（GB 3838—2002）中Ⅲ类功能水域（划定的饮用水水源保护区和游泳区除外）、《海水水质标准》（GB 3097—1982）中海水二类功能水域时，执行一级标准的 B 标准；城镇污水处理厂出水排入《地表水环境质量标准》（GB 3838—2002）中Ⅳ、Ⅴ类功能水域或《海水水质标准》（GB 3097—1982）中三、四类功能海域，执行二级标准；非重点控制流域和非水源保护区的建制镇污水处理厂，根据当地经济条件和水污染控制要求，采用一级强化处理工艺时，执行三级标准，但必须预留二级处理设施的位置，分期达到二级标准。

同时，各省市还根据各自的情况相应颁布了地方的水污染排放标准，部分地方水污染排放标准见表2-12，其中分别针对城镇污水处理厂的出水设定了排放指标，且排放指标均等于或高于相应的国家标准。

部分地方水污染排放标准 **表2-12**

序号	省市名称	标准编号	标准名称
1	北京	DB 11/307-2005	水污染物排放标准
2	天津	DB 12/356-2008	污水综合排放标准
3	上海	DB 31/199-1997	污水综合排放标准
4	广东	DB 44/26-2001	水污染物排放限值
5	山东省	DB 37/676-2007	山东省半岛流域水污染物综合排放标准
6	山东省	DB 37/675-2007	山东省海河流域水污染物综合排放标准
7	山东省	DB 37/656-2006	山东省小清河流域水污染物综合排放标准
8	四川省	DB 51/190-93	四川省污染物排放标准
9	贵州省	DB 52/12-1999	贵州省环境污染物排放标准
10	江苏省	DB 32/1072-2007	太湖地区城镇污水处理厂及重点工业行业主要水污染物排放限值
11	福建省	DB 35/321-2001	闽江水污染物排放总量控制标准
12	福建省	DB 35/529-2004	晋江、洛阳江流域水污染物排放总量控制标准
13	茂名市	DB 44/56-2003	茂名市水污染物排放标准

2.1.2 污泥排放标准

1. 农用污泥中污染物控制标准

《农用污泥中污染物控制标准》（GB 4284—84）对农田施用污泥中的污染物最高容许浓度的规定如表2-13所示，并且还对施用条件作了详细规定。

农用污泥中污染物控制标准限值 **表2-13**

序号	控制项目	最高允许含量（以干污泥计，mg/kg）	
		酸性土壤（pH<6.5）	中性和碱性土壤（pH≥6.5）
1	镉及其化合物（以Cd计）	5	20
2	汞及其化合物（以Hg计）	5	15
3	铅及其化合物（以Pb计）	300	1000
4	铬及其化合物（以Cr计）①	600	1000
5	砷及其化合物（以As计）	75	75
6	硼及其化合物（以水溶性B计）	150	150
7	矿物油	3000	3000
8	苯并(a)芘	3	3
9	铜及其化合物（以Cu计）②	250	500
10	锌及其化合物（以Zn计）②	500	1000
11	镍及其化合物（以Ni计）②	100	200

① 铬的控制标准适用于一般含六价铬极少的具有农用价值的各种污泥，不适用于含有大量六价铬的工业废渣或某些化工厂的沉积物；

② 暂作参考标准。

同时，标准规定，施用符合本标准污泥时，一般每年每亩用量不超过 2000kg(以干污泥计)。污泥中任何一项无机化合物含量接近于本标准时，连续在同一块土壤上施用，不得超过 20 年；含无机化合物较少的石油化工污泥，连续施用可超过 20 年；在隔年施用时，矿物油和苯并(a)芘的标准可适当放宽；为了防止对地下水的污染，在砂质土壤和地下水位较高农田上不宜施用污泥；在饮水水源保护地带不得施用污泥；生污泥须经高温堆腐或消化处理后才能施用于农田；污泥可在水田、园林和花卉地上施用，在蔬菜地带和当年放牧的草地上不宜施用；在酸性土壤上施用污泥除了必须遵循在酸性土壤上污泥的控制标准外，还应该同时每年施用石灰以中和土壤酸性；对于同时含有多种有害物质而含量都接近本标准值的污泥，施用时应酌情减少用量；发现因施污泥而影响农作物的生长、发育或农产品超过卫生标准时，应该停止施用污泥和立即向有关部门报告，并采取积极措施加以解决。例如施石灰、过磷酸钙、有机肥等物质以控制农作物对有害物质的吸收，进行深翻或用客土法进行土壤改良等。

2. 城镇污水处理厂污染物排放标准

《城镇污水处理厂污染物排放标准》(GB 18918—2002)对污泥排放的控制标准内容包括：城镇污水处理厂的污泥应进行稳定化处理，稳定化处理后应达到表 2-14 的规定；城镇污水处理厂的污泥应进行污泥脱水处理，脱水后污泥含水率应小于 80%；处理后污泥进行填埋处理时，应达到安全填埋的相关环境保护要求；处理后污泥进行农用时，污染物含量应满足表 2-15 的要求，其施用条件须符合《农用污泥中污染物控制标准》(GB 4284—84)的有关规定。

污泥稳定化控制指标　　**表 2-14**

稳定化方法	控制项目	控制指标
厌氧消化	有机物降解率(%)	>40
好氧消化	有机物降解率(%)	>40
好氧堆肥	含水率(%)	>65
	有机物降解率(%)	>50
	蠕虫卵死亡率(%)	>95
	粪大肠菌群菌值	<0.01

污泥农用时污染物控制标准限值　　**表 2-15**

序号	控制项目	最高允许含量(以干污泥计，mg/kg)	
		酸性土壤(pH<6.5)	中性和碱性土壤(pH≥6.5)
1	总镉	5	20
2	总汞	5	15
3	总铅	300	1000
4	总铬	600	1000
5	总砷	75	75
6	总镍	100	200
7	总锌	2000	3000
8	总铜	800	1500

续表

序号	控 制 项 目	最高允许含量（以干污泥计，mg/kg）	
		酸性土壤（pH<6.5）	中性和碱性土壤（pH≥6.5）
9	硼	150	150
10	石油类	3000	3000
11	苯并(a)芘	3	3
12	多氯代二苯并二恶英/多氯代二苯并呋喃（PCDD/PCDF 单位：ng/kg）	100	100
13	可吸附有机卤化物（AOX）（以 Cl 计）	500	500
14	多氯联苯（PCB）	0.2	0.2

3. 城镇污水处理厂污泥处置标准

随着污泥处置的日益重视，原建设部于 2007 年 1 月发布了《城镇污水处理厂污泥泥质》（CJ 247—2007）和《城镇污水处理厂污泥处置 分类》（CJ/T 239—2007），2007 年 3 月又发布了《城镇污水处理厂污泥处置 园林绿化用泥质》（CJ 248—2007）和《城镇污水处理厂污泥处置 混合填埋泥质》（CJ/T 249—2007），四项标准均自 2007 年 10 月 1 日起实施。这些标准根据污泥的最终处置方法提出了相应的控制项目和限值，有关污泥建材化利用和焚烧处置的泥质标准还在制定进程中。

2.1.3 再生水利用标准

1. 城市杂用水水质标准

《城市污水再生利用 城市杂用水水质》（GB/T 18920—2002）标准适用于厕所便器冲洗、道路清扫、消防、城市绿化、车辆冲洗、建筑施工杂用水，城市污水经再生处理后，出水污染物浓度需达到表 2-16 的规定。

城市杂用水水质标准 **表 2-16**

项 目	冲厕	道路清扫、消防	城市绿化	车辆冲洗	建筑施工
pH	6.0~9.0				
色度（度）≤	30				
嗅	无不快感				
浊度（NTU）≤	5	10	10	5	20
溶解性总固体（mg/L）≤	1500	1500	1000	1000	
五日生化需氧量（BOD_5）/（mg/L）≤	10	10	20	10	15
氨氮（mg/L）≤	10	10	20	10	20
阴离子表面活性剂（LAS）（mg/L）≤	1.0	1.0	1.0	0.5	1.0
铁（mg/L）≤	0.3	—	—	0.3	—
锰（mg/L）≤	0.1	—	—	0.1	—
溶解氧（mg/L）≥	1.0				
总余氯（mg/L）	接触 30min 后≥1.0，管网末端≥0.2				
总大肠杆菌（个/L）≤	3				

2. 景观环境用水水质标准

《城市污水再生利用　景观环境用水水质》（GB/T 18921—2002）标准规定了作为景观用水的再生水水质指标和再生水使用原则和控制措施，标准在水质指标的确定方面以考虑它的美学价值和人的感官接受能力为主，在控制措施上以增强水体的自净能力为主导思想，着重强调水体的流动性。以城市污水作为水源的再生水，作为景观用水时其水质指标需达到表 2－17 规定，其化学毒理性指标需满足表 2－18 要求。

景观环境用水的再生水水质指标　　**表 2－17**

（除 pH、粪大肠菌群数、色度外，其余单位为 mg/L）

序号	项　　目	观赏性景观环境用水			娱乐性景观环境用水		
		河道类	湖泊类	水景类	河道类	湖泊类	水景类
1	基本要求	无飘浮物，无令人不愉快的嗅和味					
2	pH	6～9					
3	五日生化需氧量（BOD_5）≤	10	6		6		
4	悬浮物（SS）≤	20	10		—①		
5	浊度（NTU）≤	—①			5.0		
6	溶解氧≥	1.5			2.0		
7	总磷（以 P 计）≤	1.0	0.5		1.0	0.5	
8	总氮≤	15					
9	氨氮（以 N 计）≤	5					
10	粪大肠菌群数（个/L）≤	10000		2000	500		不得检出
11	余氯②≥	0.05					
12	色度（度）≤	30					
13	石油类≤	1.0					
14	阴离子表面活性剂（LAS）	0.5					

注：1. 对于需要通过管道输送再生水的非现场回用情况采用加氯消毒方式；而对于现场回用情况不限制消毒方式；

2. 若使用未经过除磷脱氮的再生水作为景观环境用水，鼓励使用本标准的各方在回用地点积极探索通过人工培养具有观赏价值水生植物的方法，使景观水体的氮磷满足表 1 的要求，使再生水中的水生植物有经济合理的出路。

①“—”表示对此项无要求。

② 氯接触时间不应低于 30min 的余氯，对于非加氯消毒方式无此项要求。

选择控制项目最高允许排放浓度（以日均值计）（mg/L）　　**表 2－18**

序号	选择控制项目	标准值	序号	选择控制项目	标准值
1	总汞	0.01	6	总砷	0.5
2	烷基汞	不得检出	7	总铅	0.5
3	总镉	0.05	8	总镍	0.5
4	总铬	1.5	9	总铍	0.001
5	六价铬	0.5	10	总银	0.1

续表

序号	选择控制项目	标准值	序号	选择控制项目	标准值
11	总铜	1.0	31	四氯乙烯	0.1
12	总锌	2.0	32	苯	0.1
13	总锰	2.0	33	甲苯	0.1
14	总硒	0.1	34	邻-二甲苯	0.4
15	苯并(a)芘	0.00003	35	对-二甲苯	0.4
16	挥发酚	0.5	36	间-二甲苯	0.4
17	总氰化物	0.5	37	乙苯	0.1
18	硫化物	1.0	38	氯苯	0.3
19	甲醛	1.0	39	对-二氯苯	0.4
20	苯胺类	0.5	40	邻-二氯苯	1.0
21	硝基苯类	2.0	41	对硝基氯苯	0.5
22	有机磷农药(以P计)	0.5	42	2，4-二硝基氯苯	0.5
23	马拉硫磷	1.0	43	苯酚	0.3
24	乐果	0.5	44	间-甲酚	0.1
25	对硫磷	0.05	45	2，4-二氯酚	0.6
26	甲基对硫磷	0.2	46	2，4，6-三氯酚	0.6
27	五氯酚	0.5	47	邻苯二甲酸二丁酯	0.1
28	三氯甲烷	0.3	48	邻苯二甲酸二辛酯	0.1
29	四氯化碳	0.03	49	丙烯腈	2.0
30	三氯乙烯	0.3	50	可吸附有机卤化物(以Cl计)	1.0

标准还规定，污水再生水厂的水源宜优先选用生活污水或不包含重污染工业废水在内的城市污水；当完全使用再生水时，景观河道类水体的水力停留时间宜在5d以内；完全使用再生水作为景观湖泊类水体，在水温超过25℃时，其水体静止停留时间不宜超过3d；而在水温不超过25℃时，则可适当延长水体静止停留时间，冬季可延长至一个月左右；当加设表曝类装置增强水面扰动时，可酌情延长河道类水体水力停留时间和湖泊类水体静止停留时间；流动换水方式宜采用低进高出；应充分注意两类水体底泥淤积情况，进行季节性或定期清淤。同时，标准还要求，由再生水组成的景观水体中的水生动、植物仅可观赏，不得食用；不应在含有再生水的景观水体中游泳和洗浴，不应将含有再生水的景观环境水用于饮用和生活洗涤。

3. 地下水回灌水质标准

《城市污水再生利用　地下水回灌水质》（GB/T 19772—2005）标准适用于以城市污水再生水为水源，在各级地下水饮用水源保护区外，以非饮用为目的，采用地表回灌和井灌方式进行地下水回灌。标准规定，回灌方式应根据回灌区的水文地质条件确定，回灌区入水口的水质控制项目分为基本控制项目和选择控制项目两类，回灌前，应对回灌水源的两类项目进行全面的检测，其中基本控制项目应满足表2-19的规定，选择控制项目应满足表2-20的规定。采用地表回灌方式的回灌水在被抽取利用前，应在地下停留 6 个月以上，采用井灌方式的回灌水在被抽取利用前，应在地下停留 12 个月以上，以进一步杀灭病原微生物，保证卫生安全。

城市污水再生水地下水回灌基本控制项目及限值 表 2-19

序号	基本控制项目	单位	地表回灌①	井灌
1	色度	稀释倍数	30	15
2	浊度	NTU	10	5
3	pH	—	6.5~8.5	6.5~8.5
4	总硬度（以 $CaCO_3$ 计）	mg/L	450	450
5	溶解性总固体	mg/L	1000	1000
6	硫酸盐	mg/L	250	250
7	氯化物	mg/L	250	250
8	挥发酚类（以苯酚计）	mg/L	0.5	0.002
9	阴离子表面活性剂	mg/L	0.3	0.3
10	化学需氧量（COD）	mg/L	40	15
11	五日生化需氧量（BOD_5）	mg/L	10	4
12	硝酸盐（以 N 计）	mg/L	15	15
13	亚硝酸盐（以 N 计）	mg/L	0.02	0.02
14	氨氮（以 N 计）	mg/L	1.0	0.2
15	总磷（以 P 计）	mg/L	1.0	1.0
16	动植物油	mg/L	0.5	0.05
17	石油类	mg/L	0.5	0.05
18	氰化物	mg/L	0.05	0.05
19	硫化物	mg/L	0.2	0.2
20	氟化物	mg/L	1.0	1.0
21	粪大肠菌群数	个/L	1000	3

① 表层黏性土厚度不宜小于 1m，若小于 1m 按井灌要求执行。

城市污水再生水地下水回灌选择控制项目及限值 表 2-20

序号	选择控制项目	标准值	序号	选择控制项目	标准值
1	总汞	0.001	9	总银	0.05
2	烷基汞	不得检出	10	总铜	1.0
3	总镉	0.01	11	总锌	1.0
4	六价铬	0.05	12	总锰	0.1
5	总砷	0.05	13	总硒	0.01
6	总铅	0.05	14	总铁	0.3
7	总镍	0.05	15	总钡	1.0
8	总铍	0.0002	16	苯并(a)芘	0.00001

续表

序号	选择控制项目	标准值	序号	选择控制项目	标准值
17	甲醛	0.9	36	硝基氯苯②	0.05
18	苯胺	0.1	37	2，4－二硝基氯苯	0.5
19	硝基苯	0.017	38	2，4－二氯苯酚	0.093
20	马拉硫磷	0.05	39	2，4，6－三氯苯酚	0.2
21	乐果	0.08	40	邻苯二甲酸二丁酯	0.003
22	对硫磷	0.003	41	邻苯二甲酸二(2－乙基己基)酯	0.008
23	甲基对硫磷	0.002			
24	五氯酚	0.009	42	丙烯腈	0.1
25	三氯甲烷	0.06	43	滴滴涕	0.001
26	四氯化碳	0.002	44	六六六	0.005
27	三氯乙烯	0.07	45	六氯苯	0.05
28	四氯乙烯	0.04	46	七氯	0.0004
29	苯	0.01	47	林丹	0.002
30	甲苯	0.7	48	三氯乙醛	0.01
31	二甲苯①	0.5	49	丙烯醛	0.1
32	乙苯	0.3	50	硼	0.5
33	氯苯	0.3	51	总α放射性	0.1
34	1，4－二氯苯	0.3	52	总β放射性	1
35	1，2－二氯苯	1.0			

注：除51、52项的单位是Bq/L外，其他项目的单位均为mg/L。

① 二甲苯：指对－二甲苯、间－二甲苯、邻－二甲苯；

② 硝基氯苯：指对－硝基氯苯、间－硝基氯苯、邻－硝基氯苯。

4. 工业用水水质标准

《城市污水再生利用 工业用水水质》（GB/T 19923—2005）标准规定了作为工业用水的再生水的水质标准和再生水利用方式。标准适用于以城市污水再生水为水源，作为工业冷却用水（包括直流式和循环式补充水）、洗涤用水（包括冲渣、冲灰、消烟除尘和清洗等）、锅炉用水（包括低压和中压锅炉补给水）、工艺用水（包括溶料、蒸煮、漂洗、水力开采、水力输送、增湿、稀释、搅拌、选矿和油田回注等）、产品用水（包括浆料、化工制剂和涂料）等范围。标准规定，再生水用作工业用水水源时，基本控制项目及指标限值应满足表2－21的要求，并且其化学毒理性指标还应符合《城镇污水处理厂污染物排放标准》（GB 18918）中“一类污染物”和“选择控制项目”各项指标限值的规定。

再生水用作工业用水水源的水质标准　　**表 2-21**

序号	控制项目	冷却用水		洗涤用水	锅炉补给水	工艺与产品用水
		直流冷却水	敞开式循环冷却水系统补充水			
1	pH	6.5~9.0	6.5~8.5	6.5~9.0	6.5~8.5	6.5~8.5
2	悬浮物(SS)(mg/L)≤	30	—	30	—	—
3	浊度(NTU)≤	—	5	—	5	5
4	色度(度)≤	30	30	30	30	30
5	生化需氧量(BOD_5)(mg/L)≤	30	10	30	10	10
6	化学需氧量(COD_{Cr})(mg/L)≤	—	60	—	60	60
7	铁(mg/L)≤	—	0.3	0.3	0.3	0.3
8	锰(mg/L)≤	—	0.1	0.1	0.1	0.1
9	氯离子(mg/L)≤	250	250	250	250	250
10	二氧化硅(SiO_2)≤	50	50	—	30	30
11	总硬度(以 $CaCO_3$ 计/mg/L)≤	450	450	450	450	450
12	总碱度(以 $CaCO_3$ 计 mg/L)≤	350	350	350	350	350
13	硫酸盐(mg/L)≤	600	250	250	250	250
14	氨氮(以 N 计 mg/L)≤	—	10①	—	10	10
15	总磷(以 P 计 mg/L)≤	—	1	—	1	1
16	溶解性总固体(mg/L)≤	1000	1000	1000	1000	1000
17	石油类(mg/L)≤	—	1	—	1	1
18	阴离子表面活性剂(mg/L)≤	—	0.5	—	0.5	0.5
19	余氯②(mg/L)≥	0.05	0.05	0.05	0.05	0.05
20	粪大肠菌群(个/L)≤	2000	2000	2000	2000	2000

① 当敞开式循环冷却水系统换热器为铜质时，循环冷却系统中循环水的氨氮指标应小于 1mg/L；

② 加氯消毒时管末梢值。

标准还规定，再生水用作冷却用水和洗涤用水时，一般达到表 2-21 中的要求后可以直接使用，必要时也可对再生水进行补充处理或与新鲜水混合使用；再生水用作锅炉补给水水源时，达到表 2-21 中所列的控制指标后尚不能直接补给锅炉，应根据锅炉工况，对水源水再进行软化、除盐等处理，直至满足相应工况的锅炉水质标准，对于低压锅炉，水质应达到《工业锅炉水质》(GB 1576—2001)的要求，对于中压锅炉，水质应达到《火力发电机组及蒸汽动力设备水汽质量标准》(GB 12145)的要求，对于热水热力网和热水采暖锅炉，水质应达到相关行业标准；再生水用作工艺与产品用水水源时，达到表 2-21 所列的控制指标后，尚应根据不同生产工艺或不同产品的具体情况，通过再生利用试验或相似经验证明可行时，工业用户可以直接使用，当表 2-21 中所列水质不能满足供水水质指标要求，而又无再生利用经验可借鉴时，则需要对再生水作补充处理试验，直至达到相关工艺与产品的供水水质指标要求；再生水用作工业冷却时，循环冷却水系统监测管理参照《工业循环冷却水处理设计规范》(GB

50050)的规定执行；再生水不适用与食品和与人体密切接触的产品用水。

2.1.4 其他排放标准

1. 臭气控制标准

《恶臭污染物排放标准》(GB 14554—93)将恶臭污染物厂界标准值分三级，排入《大气环境质量标准》(GB 3095)中一类区的执行一级标准，一类区中不得建新的排污单位，排入《大气环境质量标准》(GB 3095)中二类区的执行二级标准，排入《大气环境质量标准》(GB 3095)中三类区的执行三级标准，1994年6月1日起立项的新、扩、改建项目及其建成后投产的企业执行二级、三级标准中相应的标准值。恶臭污染物厂界标准值是对无组织排放源的限值，见表2-22，恶臭污染物排放标准值见表2-23。

恶臭污染物厂界标准值 **表2-22**

序号	控制项目	单位	一级	二级		三级	
				新扩改建	现有	新扩改建	现有
1	氨	mg/m^3	1.0	1.5	2.0	4.0	5.0
2	三甲胺	mg/m^3	0.05	0.08	0.15	0.45	0.80
3	硫化氢	mg/m^3	0.03	0.06	0.10	0.32	0.60
4	甲硫醇	mg/m^3	0.004	0.007	0.010	0.020	0.035
5	甲硫醚	mg/m^3	0.03	0.07	0.15	0.55	1.10
6	二甲二硫醚	mg/m^3	0.03	0.06	0.13	0.42	0.71
7	二硫化碳	mg/m^3	2.0	3.0	5.0	8.0	10
8	苯乙烯	mg/m^3	3.0	5.0	7.0	14	19
9	臭气浓度	—	10	20	30	60	70

恶臭污染物排放标准值 **表2-23**

序号	控制项目	排气筒高度(m)	排放量(kg/h)
1	硫化氢	15	0.33
		20	0.58
		25	0.90
		30	1.3
		35	1.8
		40	2.3
		60	5.2
		80	9.3
		100	14
		120	21
2	甲硫醇	15	0.04
		20	0.08
		25	0.12
		30	0.17
		35	0.24
		40	0.31
		60	0.69

续表

序　号	控 制 项 目	排气筒高度(m)	排放量(kg/h)
3	甲　硫　醚	15	0.33
		20	0.58
		25	0.90
		30	1.3
		35	1.8
		40	2.3
		60	5.2
4	二甲二硫醚	15	0.43
		20	0.77
		25	1.2
		30	1.7
		35	2.4
		40	3.1
		60	7.0
5	二 硫 化 碳	15	1.5
		20	2.7
		25	4.2
		30	6.1
		35	8.3
		40	11
		60	24
		80	43
		100	68
		120	97
6	氨	15	4.9
		20	8.7
		25	14
		30	20
		35	27
		40	35
		60	75
7	三　甲　胺	15	0.54
		20	0.97
		25	1.5
		30	2.2
		35	3.0
		40	3.9
		60	8.7
		80	15
		100	24
		120	35
8	苯　乙　烯	15	6.5
		20	12
		25	18
		30	26
		35	35
		40	46
		60	104
9	臭 气 浓 度	15	2000(标准值，无量纲)
		25	6000(标准值，无量纲)
		35	15000(标准值，无量纲)
		40	20000(标准值，无量纲)
		50	40000(标准值，无量纲)
		≥60	60000(标准值，无量纲)

排污单位排放(包括泄漏和无组织排放)的恶臭污染物，在排污单位边界上规定监测点(无其他干扰因素)的一次最大监督值(包括臭气浓度)都必须低于或等于恶臭污染物厂界标准值；排污单位经烟、气排气筒(高度在15m以上)排放的恶臭污染物的排放量和臭气浓度都必须低于或等于恶臭污染物排放标准；排污单位经排水排出并散发的恶臭污染物和臭气浓度必须低于或等于恶臭污染物厂界标准值。

国家标准《城镇污水处理厂污染物排放标准》(GB 18918—2002)对污水厂的大气污染物排放规定，城镇污水处理厂的废气排放根据污水处理厂所在地区的大气环境质量要求和大气污染物治理技术和设施条件，分三级执行标准。对位于《环境空气质量标准》(GB 3095—1996)一类区的所有(包括现有和新建、改建、扩建)城镇污水处理厂，执行一级标准；对位于GB 3095二类区和三类区的城镇污水处理厂，分别执行二级标准和三级标准。其中2003年6月30日之前建设(包括改建、扩建)的城镇污水处理厂，实施标准的时间为2006年1月1日，2003年7月1日起新建(包括改建、扩建)的城镇污水处理厂，从2003年7月1日起执行。同时，标准规定，新建(包括改建、扩建)城镇污水处理厂周围应设绿化带，并设有一定的防护距离，防护距离的大小由环境影响评价确定。废气排放的标准值依表2-24的规定执行。

厂界(防护带边缘)废气排放最高允许浓度(mg/m^3) **表2-24**

序号	控制项目	一级标准	二级标准	三级标准
1	氨	1.5	1.5	4.0
2	硫化氢	0.03	0.06	0.32
3	臭气浓度(无量纲)	10	20	60
4	甲烷(厂区最高体积分数，%)	0.5	1	1

2. 噪声控制标准

《城镇污水处理厂污染物排放标准》(GB 18918—2002)中还规定，城镇污水处理厂噪声控制按《工业企业厂界噪声标准》(GB 12348—90)执行。标准规定，工厂及有可能造成噪声污染的企事业单位的边界噪声按不同适用范围和时间执行表2-25规定。

等效声级 L_{eq} [dB(A)] **表2-25**

类别	昼间	夜间	类别	昼间	夜间
Ⅰ	55	45	Ⅲ	65	55
Ⅱ	60	50	Ⅳ	70	55

表2-25中，Ⅰ类标准适用于以居住、文教机关为主的区域，Ⅱ类标准适用于居住、商业、工业混杂区及商业中心区，Ⅲ类标准适用于工业区，Ⅳ类标准适用于交通干线道路两侧区域。

2.2 污水处理厂综合评价

在进行污水厂改造设计提出推荐改造方案前，需要对污水处理厂进行综合评价，以最大程度地利用现有处理能力、节省污水厂改造和扩建的投资。综合评价应该对现有污水厂的处理容量和能力等进行全面准确评估，明确污水厂改造的规模和内容，需要遵循的相应排放标准等。

2.2.1　污水厂综合评价

对现有污水厂进行综合评价，需要收集大量的实际数据，包括污水厂的设计资料、竣工资料、实际生产运行记录和维护、维修记录，污水厂操作维护手册和各类设备的技术手册等，另外，还有污水厂内自行进行的各类技术和设备改造资料。同时，需要对污水厂进行实地考察，了解目前状态下污水厂运行状况及各类设备使用情况，还应该和运行管理、操作和维修人员进行交流，了解运行管理过程中发生的各类问题和操作改进建议。

1. 污水处理厂水力评价

污水厂的水力评价包括对污水厂内所有输送处理水和污泥的泵、管道和渠道的输送能力进行分析。首先了解污水厂的历史数据，确定运行中曾经经历的各种水力负荷，特别是高峰水力负荷时的相关运行情况，调查并计算所有水力控制点的高程，包括堰、溢流点、渠道顶部等、水泵的泵送流量以及各处理构筑物的水力负荷，并且与原设计资料进行比较，分析其在水力输送方面是否存在水力瓶颈，配泵流量是否满足要求，处理构筑物是否存在水流流态问题，然后确定需要改造的相关内容。必要时，需要采用专业的测试技术配合进行，例如，利用染料示踪剂显示污水在处理设施内的流态，有助于确定短流、死水区、密度流、射流和污泥流失问题，也可以用于检测各类挡板的有效性。值得注意的是，污水厂运行中的污水处理和污泥处理过程中的各种内外回流量也要考虑其对水力负荷的影响。

2. 污水处理厂处理水平评价

污水厂的处理能力通常在综合考虑污水厂服务范围内的实际负荷、服务年限和服务范围的人口和工业增长预测、标准设计参数以及类似污水厂的实际经验等后确定。采用这些参数时由于存在许多不确定因素，设计时会选取合适的安全系数以保证污水处理厂建成后的正常运行。

处理水平评价首先对污水处理厂实际运行的进水流量、进水水质进行分析，了解进水流量和污水水质随着时间的变化情况，分析包括长期变化、季节性变化和一天内的小时变化情况，工业废水占生活污水比例变化，进水中各种污染物的数值和出现的频率，是否含有影响污水厂正常运行的重金属和有毒有机物等微量污染物等。

针对设计的处理流量和进出水水质标准，分析污水厂的实际处理水平，是否达到处理规模，是否满足设计所采取的排放标准；对于出现异常进水水量和负荷的情况下，分析污水厂的处理效果和造成的不利影响，如果有必要，应针对出现的异常进水作进一步的调查研究，了解发生水量、水质突变的原因，提出有效的应对措施。另外，注意污泥处理是否正常运行，污泥处理不仅对污水处理过程产生影响，同时其对后续的污泥处置方式的选择也有影响。最后，分析污水处理厂是否有富余的处理能力以接纳更多的污水量，能否满足新的排放标准。

在进行处理水平评价时，要充分重视污水厂的运行和维护程序是否完善，其总体控制策略是否有效地被贯彻到每个工艺控制过程中，维护程序是否有效实施，当然污水处理厂运行的预算、污水厂人员的专业水平以及维护所需的设备的配置，都影响到工艺控制策略和运行维护策略的实施，最终影响到污水处理厂的处理水平。

3. 污水处理厂工艺评价

工艺评价首先要了解污水厂各处理设施情况，包括单体尺寸、数量和类型、设计工艺参数，同时要了解设计须达到的处理目标和采用该工艺的原因；然后对污水厂实际运行的各类参数进行分析并与原设计值进行比较，确定所采用的工艺是否能够达到设计要求。如果未达到设计要求，应分析造成不达标的原因。

通过对污水厂进行物料平衡计算，采用计算机模型对进水负荷和运行参数进行多变量分析。随着计算机技术的日益发展，目前国际上有很多模拟污水处理工艺的数学模型，其中由原国际水质协会(IAWQ)(现已更名为国际水协会IWA)推出的活性污泥数学模型(ASM)发展最为成熟，应用最为广泛。自1987年推出活性污泥1号模型(ASM 1)以来，通过对活性污泥研究的不断深入，相继推出了ASM2、ASM2D和ASM3共3套活性污泥模型，为活性污泥过程仿真与控制提供了重要的理论基础。国内外很多水处理公司均以国际水协的活性污泥数学模型(ASM)为基础，开发出了模拟各种活性污泥处理工艺的仿真软件。这些软件对污水处理整个过程进行仿真，包括对不同状态下系统出水的效果进行分析、辨识，还可以添加控制模块对系统控制效果进行模拟。

在线监测是对污水厂的工艺负荷及运行参数进行实时测定记录，然后分析。要测定的参数有工艺流量(污水、空气和污泥)、DO、SS、电耗和污泥层高度等。通常在线监测的时间达几星期以上以确定各个参数之间的相互关系。测定的数据可以定性及定量地分析各参数的相互动态影响。监测的结果可以用来对污水厂进行改进，如：监测由于上游定速泵引起的水量波动会影响二次沉淀池的运行效果，通过改用变速泵减少水流波动就可以明显改善沉淀效果；监测曝气量的突变对污泥絮体产生剪切从而影响出水TSS，修改气体控制系统改进流量分配就可以避免发生这种现象；通过DO的控制系统的调节来改变充氧能力以满足负荷的变化，也可以利用事故储存池来平衡污染负荷；进水流量的变化引起回流污泥浓度的变化，可以通过调整剩余污泥的排放来减小回流污泥浓度的变化。

采用氧转移效率分析来发现故障的曝气系统，确定及验证曝气系统容量。在相同的工艺条件下对各种曝气装置比较，确定曝气器清洗方案，评价各种清洗方案的有效性。可以采用以下两种方法：1)排气法；2)过氧化氢法来测定曝气装置的实际氧利用率。实际测定可知，曝气装置的氧利用率受到污水性质、温度、污水中的DO浓度、曝气方式、曝气器类型、曝气装置的布置、曝气器使用时间及曝气池污泥停留时间等诸多因素影响。对实际氧利用率的分析可以知道现状污水厂节能的可能性以及氧化能力的富余量。

4. 污水处理厂设备评价

污水处理过程中的每个处理阶段均需要使用相关设备。其中最常用的设备包括用于污水、污泥和浮渣等提升的水泵及其配套设备，用于沉淀池、浓缩池等构筑物的刮泥、吸泥设备，用于生物处理充氧的曝气设备(包括风机、曝气器和各类叶轮或转刷等)，用于维持构筑物内混合的搅拌设备，用于污泥浓缩、脱水的各类机械设备以及所有设备配套的供配电设备和仪表设备。

设备评价就是对所有的设备的运行状态、使用年限和检修情况进行核查分析，确定是否满足工艺性能要求，同时应对设备的能耗水平进行测定，确定是否需要更换，或改用更高效、经济的技术和设备，以达到改善污水厂的可靠性并降低运行费用的目的。

2.2.2 污水厂改扩建规模和内容

污水厂改扩建规模是在对现有污水厂的现状水量、水质和处理效果全面分析的基础上，充分考虑未来水质、水量的变化情况，包括人口增长、用水量指标变化、工业和商业发展、环保管理措施的实施、工业废水预处理程度等各方面因素，需要满足的最新的排放标准，最终确定污水厂改造的规模。

污水厂改扩建的内容则包括原有设施利用、局部设施改造、相关设备更新以及新建处理构筑物。在进行污水厂改造设计中，需要考虑周密的方案以确保污水厂改造过程中原有处理设施最大程度的正常运行，以避免改造过程对环境造成影响。

1. 污泥膨胀控制技术

通常，悬浮生物处理系统的污泥膨胀是由大量丝状菌的存在而引起的。丝状菌使得生物絮体的体积增大，由此密度减小而沉降速度减缓。另外，丝状菌的存在还使生物絮体不易聚积，导致活性污泥不易沉降，无法压实。随之生物反应池内的 MLSS 浓度减小，处理能力降低。剩余污泥的悬浮固体浓度减少还导致后续污泥处理装置的水力负荷超载，严重时，还会引起二次沉淀池超负荷运行，活性污泥混合液溢出沉淀池，出水 TSS 浓度猛增。

活性污泥的沉降性能通常以污泥指数(SVI)表示，以活性污泥沉淀 30min 后每克悬浮固体的体积表示，单位为 mL/g，通常当 SVI 值大于 150mL/g 时认为污泥发生膨胀，沉降性能差。多年的研究发现，悬浮生物处理系统中的丝状微生物多达 30 种，每种微生物均有其特定的生长环境条件，通过显微镜检测确定活性污泥中丝状菌的种类，就可以采取针对性的对策来解决污泥膨胀问题。

控制污泥膨胀的措施有：改进生物反应池的运行模式，采用多点进水或污泥再曝气；改变二次沉淀池的运行模式，降低二次沉淀池的固体负荷；对活性污泥进行加氯处理，可以加在回流污泥中或直接加在反应池的混合液中，以减少丝状菌的数量。当采用加氯措施时，通常的投加量为 4～6g Cl_2/(d·kg MLVSS)，一般不超过 10g Cl_2/(d·kg MLVSS)，而 1～2g Cl_2/(d·kg MLVSS)的投加量则用来维持一个正常运行的系统。对于进水浓度高的污水，需向污水中投加营养物(包括氮、磷)以保证合理的营养比例，即 $BOD_5:NH_3:P=100:20:1$，否则容易因营养缺乏导致丝状菌生长；而当处理城市污水和工业废水时，增加水中的 DO 可以避免低 DO 类丝状菌的生长；当进水的硫化氢浓度过高时，需进行预处理以去除硫化氢避免硫化氢类丝状菌形成；对于一些完全混合活性污泥系统，可以在生物反应池前加设选择器以控制丝状菌生长，选择器可以是好氧的(以 DO 作为最终电子受体)，也可以是缺氧的(以硝酸盐作为电子受体)，或厌氧的(没有最终电子受体)。

通过上述的控制措施可以提高系统的污泥沉降性能，由此提高系统的 MLSS 浓度，系统的

BOD体积负荷增加，在没有增加反应池体积的情况下提高处理能力，系统硝化所需的水力停留时间也可以缩短。

回流污泥加氯时要注意保证投加点的混合条件，足以使含氯溶液迅速扩散，加氯次数不宜太多，一般为每天三次，投加量不宜太高，否则出水容易水质恶化；过量的营养物添加也会造成营养物流至受纳水体。

2. 工艺改进技术

传统活性污泥法以去除BOD有机物为主要目的，而环境污染和水体富营养化问题日益尖锐，使越来越多的国家和地区制定严格的氮磷排放标准，这也使污水脱氮除磷技术成为污水处理领域的热点和难点。生物反应池内增设单独的厌氧区以维持积磷菌的优势生长，从而达到生物除磷的效果；而单独的缺氧区则是生物脱氮所必须的，在有机碳源足够的情况下，单个缺氧区的生物处理系统可以使出水的TN小于15mg/L，而有两个缺氧区的4段Bardenpho法工艺可以保证出水TN小于2～4mg/L；而A/A/O工艺、UCT和VIP等工艺则是能同时达到脱氮除磷目的的处理工艺；在达到营养物去除的同时，这些系统还具有改善污泥沉降性能、碱度回收和减少耗氧量的优点。

因此，充分利用现有的污水处理构筑物，根据排放标准的要求，可以将现有构筑物进行改造，增设厌氧区、缺氧区，控制混合液和回流污泥的循环，对进水位置进行合理配置，以形成各种脱氮除磷的新工艺。

3. 沉淀池改进技术

初次沉淀池用来去除污水进水中的可沉固体和相应的污染物，二次沉淀池则是生物处理系统的一个组成部分，悬浮生物系统的沉淀池起到污水泥水分离和污泥浓缩的作用，附着生物系统的沉淀池主要起分离生物膜上脱落污泥的作用，深度处理沉淀池则用来进一步去除悬浮固体并去除化学絮体。

（1）进水流量分配

流量分配的均匀与否直接影响沉淀池运行效果的好坏。常见的流量分配方法有：

1）多个堰配水，每个堰对应一组处理单元，其中对应的堰的长度应与相对应的处理单元流量占总流量的比例成正比；

2）孔口配水：孔口尺寸所对应的水头损失应与每个处理单元的流量成正比，孔口的水头损失应大于邻近的水力构筑物的水头损失，以达到大阻力配水的目的；

3）在每个处理单元前安装流量计和控制阀，通过自控系统控制进入每个处理单元的流量以适应相应的处理能力。

每种方法的要点就是流量控制过程的水头损失，因为要获得正确的流量分配就必须有水头损失，大水头损失足以保证流量分配且不受水力条件变化的影响。

如果沉淀池流量分配不均，则有些沉淀池的处理能力没有充分利用，而如果流量分配过多的沉淀池则其运行状态受到影响。在实际操作中，为了保证沉淀池不能超负荷状态运行，必须限制总的进水流量，导致相应的处理能力没有得到充分发挥。所以，对污水厂的水力条件进行详细分析，保证配水的足够水头损失，然后对配水系统进行改造，即可充分利用污水厂的设计处理能力。

（2）流量变化

流量变化是指由于上游水泵或污水厂进水泵房的水泵开启造成的流量快速变化，导致沉淀池内发生紊流、沉淀物发生溢流现象，通过改用水泵配置，采用变频调速水泵或将过量的流量回流至泵房进水井，可以解决上述问题保证水处理构筑物负荷的正常。

（3）挡板

经验表明添加合适的挡板对沉淀池的运行条件改善是有效果的。进水挡板用来消能和均匀配水；出水挡板则可以用于防止悬浮生长生物处理系统中因密度流导致的污泥流失，影响出水水质。如图 2－1 所示，对于圆形沉淀池，设置进水絮凝区以消能、配水和回流污泥的絮凝；刮泥机上设置的环形挡板可以起到消能和减少密度流的形成；而安装在池壁的出水挡板也可以减少密度流，保证出水水质，常用的有两类：一种为麦金尼挡板（McKinney 板），呈水平安装在出水堰下；另一种称为斯坦福挡板（Stamford 板），呈 45°安装，位置在池壁靠下部。

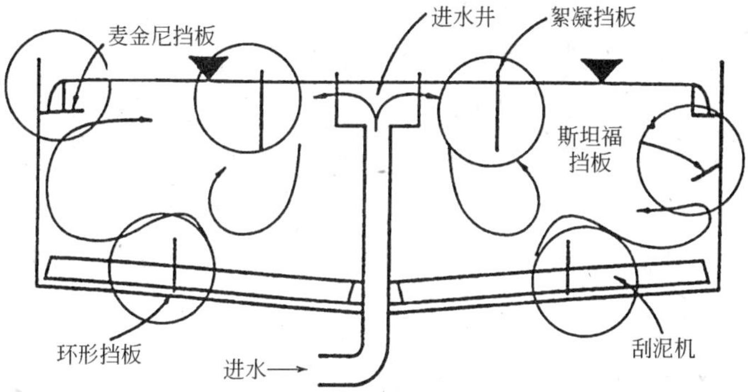

图 2－1　圆形沉淀池挡板布置图

设置挡板可以在一定程度上改善运行效果或提高处理负荷，但受到污泥负荷的限制，对于二次沉淀池来说，还应考虑污泥固体负荷，当污泥固体负荷超出沉淀池的设计负荷，污泥就会聚积，形成污泥层并上升到达出水堰，影响出水水质。

（4）斜板斜管沉降

斜板斜管沉淀分离技术在给水行业已广泛应用，在污水行业，它能改善固定生长生物处理系统的沉淀池的澄清性能，一般在初次沉淀池中应用。

通过在沉淀池的出水区设置倾斜的塑料或金属板来增加沉淀的面积可以改善沉淀性能，同时改善沉淀池内的水流流态，使运行效果得到改进。与沉淀池安装挡板相似，安装斜板斜管能提高沉淀池的沉淀能力，但不能提高其污泥浓缩能力。沉淀池的污泥负荷增加导致污泥层上升，会使污泥层到达斜板斜管，造成斜板斜管的堵塞。

有些场合，当污水处理生成的污泥有黏性、容易腐烂时，可能会造成斜板斜管运行问题，污泥会粘附在斜板斜管表面，不断累积并发生厌氧降解，生成的溶解性有机物进入出水而导致水质恶化，严重时还会生成硫化氢，这就要求增设斜板斜管冲洗系统或沉淀池定期停止运行去除累积的污泥。

4. 更换设备和自控仪表

污水厂的水泵配置采用多种配置方式，可以是大小水泵搭配，适应不同的流量，但水泵的种类就多，备品备件就多，也可以采用同一规格水泵，定速水泵和变频调速水泵结合，定速泵按平均流量选择，定速运转以满足基本流量的要求；调速泵变速运转以适应流量的变化。流量出现较大波动时以增减运转台数作为补充。水泵配套电机选用高效电机，或者简单地通过更换叶轮使水泵适应低于额定流量的流量。另外，在确认流量为恒定低流量后，还可以采用切削叶轮的方法，调整水泵的提升水量。

传统的生物反应池，曝气管是单边布置形成旋流，过去认为这种方式有利于保持真正推流，另外可以减小风量，但经过多年实践与研究发现，这种方式不如全面曝气效果好，全面曝气可使整个反应池内均匀产生小旋涡，形成局部混合，同时可将小气泡吸至1/3～2/3深处，提高充氧效率；将老式穿孔曝气管改造为微孔曝气器，可以减小气泡尺寸，增大气泡表面积，提高氧转移速率，节约风量。天津东郊污水厂和纪庄子污水厂均采用微孔全面曝气，比穿孔管曝气节电20%以上。安装新的供氧系统可以给污水厂带来不少好处，通过采用高氧转移速率的供氧设施可以减少能耗，提高供氧的可靠性和供氧量。

进行风量控制是曝气系统效果最显著的节能方法，通过长期观测进水水质、水量，掌握其变化特性，再由经验确定风量与时间的关系，并设定程序，自动进行控制；也可以按一定气水比，根据进水量调节风量即可，但该方法最易受水质波动的影响，处理效果不稳定；最佳的办法是按DO控制风量，据EPA对美国12个处理设施的调查结果显示，以DO为指标控制风量时可节电33%。

5. 提高污水处理厂运行管理水平

通过合理配置污水处理厂运行管理人员，并对相应的人员进行必要的岗位操作技能和安全运行培训，定期对污水处理厂的设备进行维护，采用必要的计算机技术对污水处理厂的运行、操作、维护和备品备件管理，都能提高污水处理厂的有效运行。

第3章 污水处理设计

3.1 污水组成和特性

3.1.1 污水组成

《室外排水设计规范》术语中说明了“城镇污水”的定义，城镇污水系指排入城镇污水系统的污水的统称，它由综合生活污水、工业废水和入渗地下水三部分组成。在合流制排水系统中，还包括被截流的雨水。同时，该规范又对综合生活污水、工业废水和入渗地下水三部分分别进行了定义。综合生活污水由居民生活污水和公共建筑污水组成；综合生活污水系指人们日常生活中洗涤、冲厕和洗澡等产生的污水；工业废水系指工业生产过程中排出的废水；入渗地下水系指通过管渠和附属构筑物破损处进入排水管渠的地下水。因此，城镇污水的组成可由图3－1表示。

- 城镇污水
  - 综合生活污水
    - 居民生活污水(主要是洗涤、冲厕和洗澡等产生的污水)
    - 公共建筑污水
  - 工业废水
  - 入渗地下水
  - 被截流的雨水(合流制排水系统)

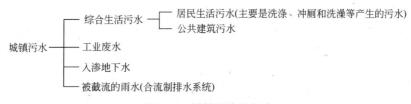

图3－1 城镇污水的组成

3.1.2 污水特性

城镇污水的性质和居民的生活习惯、气候条件、生活污水与工业废水比例、排水体制等因素有关，污水特性一般可按物理性质、化学性质和生物性质分为三大类。

1. 污水物理性质和指标

表示污水物理性质的指标主要有温度、色度、嗅味和固体物质。

（1）温度

污水的温度，对污水的物理性质、化学性质和生物性质有直接的影响，是污水的重要物理指标之一，但往往设计人员不注意温度指标。虽然我国幅员辽阔，跨越多种不同的气候区域，气温变化幅度很大，但由于污水是经过使用后产生的，使用过程往往会进行温度的调节，而且污水管道敷设于地面以下一定的深度，因此污水的温度变化不大，根据统计资料表明，污水温度一般在10～20℃之间，特别寒冷地区的污水温度有可能较低，工业企业排出的废水与生产工艺有关，有可能有较高的温度，引起水体的热污染。因此，对于设计人员而言，应该重视污水的温度，《室外排水设计规范》(GB 50014—2006)就污水的温度作出了规定，第3.4.2条规定"污水厂内生物处理构筑物进水的水温宜为10～37℃"，微生物在生物处理过程中最适宜温度为20～35℃，温度过低，会影响生物生存环境，抑制生物的活性；温度过高，也会影响生物的生存环境，加速生物的耗氧反应。同时，氧气在水中的溶解氧随温度升高而减少，降低生物反应池的效率。

(2) 色度

污水的色度是一项感官性指标，一般纯净的天然水清澈透明，即无色的，城镇生活污水常呈灰色，当污水中的溶解氧降低至零时，污水中的有机物会腐烂，水会转呈黑褐色并有臭味。工业废水的色度视工业企业的性质而异，差别极大，印染、造纸、农药、焦化、冶金和化工等的工业废水，都有各自的特殊颜色，色度往往给人以感观不悦。

色度可由悬浮固体、胶体或溶解物质形成。悬浮固体形成的色度称为表色，胶体或溶解物质形成的色度称为真色。一般设计人员对色度也不是很重视，《城镇污水处理厂污染物排放标准》(GB 18918—2002)对色度有严格的要求，属于基本控制项目，其最高允许排放浓度(日均值)根据不同的标准，要求达到30～50(稀释倍数)。对以生活污水为主的污水处理厂而言，较容易达到，但对工业废水含量较高，特别是印染、化工等行业的工业废水进入城镇污水处理系统，则应充分重视对色度的控制。

(3) 嗅味

污水的嗅和味也是感官性指标，一般纯净的天然水无嗅无味，当水体受到污染后会产生异样的嗅味。

生活污水的臭味主要由有机物腐败产生的气体造成，工业废水的臭味主要由挥发性化合物造成。

臭味大致有鱼腥臭［胺类 CH_3NH_2、$(CH_3)_3N$］，氨臭(氨 NH_3)，腐肉臭［二元胺类 $NH_2(CH_2)_4NH_2$］，腐蛋臭(硫化氢 H_2S)，腐甘蓝臭［有机硫化物$(CH_3)_2S$］，粪臭(甲基吲哚 $C_8H_5NHCH_3$)以及某些生产废水的特殊臭味。

臭味首先给人以感觉不悦，甚至会危及人体生理，造成呼吸困难、倒胃胸闷、呕吐等症状。

不同的盐分会给水带来不同的异味，氯化钠带咸味，硫酸镁带苦味，铁盐带涩味，硫酸钙略带甜味等。

(4) 固体物质

污水的固体物质系指污水中所有残渣的总和，称为总固体(TS)，固体物质按存在的形态可分为悬浮固体、胶体和溶解性固体，按性质可分为有机物、无机物和生物体三种。

固体含量用总固体作为指标(TS)，系指一定量水样在105～110℃烘箱中烘干至恒重所得的质量。总固体中的悬浮固体(SS)称为悬浮物，系指把水样用滤纸过滤后，被滤纸截留的滤渣，在105～110℃烘箱中烘干至恒重所得的质量。滤液中存在的固体即为胶体和溶解固体。悬浮固体中，有一部分可在沉淀池中沉淀，形成沉淀污泥，称为可沉淀固体。

悬浮固体也由有机物和无机物组成，故又可分为挥发性悬浮固体(VSS)和非挥发性悬浮固体(NVSS)。把悬浮固体在温度为600℃灼烧，所失去的质量称为挥发性悬浮固体；残留的质量称为非挥发性悬浮固体。生活污水中，挥发性悬浮固体约占70%，非挥发性悬浮固体约占30%。

胶体和溶解固体(DS)也称为溶解物，也是由有机物与无机物组成。生活污水中的溶解性有机物包括尿素、淀粉、糖类、脂肪、蛋白质和洗涤剂等；溶解性无机物包括无机盐(如碳酸盐、硫酸盐、胺盐、磷酸盐)、氯化物等。工业废水的溶解性固体成分极为复杂，视工业企业的性质而异，主要包括种类繁多的合成高分子有机物和重金属离子等。溶解固体的浓度和成分对污水处理方法的选择、采用生物处理法还是物理化学处理法及处理效果等会产生直接的影响。

2. 污水化学性质和指标

表示污水化学性质的指标，可分为无机物指标和有机物指标。无机物指标有酸碱度、碱度、氮及其化合物、磷及其化合物、无机盐、非重金属无机物和重金属离子等。有机物指标比较复杂，在实际工作中一般采用生物化学需氧量(BOD)、化学需氧量(COD)、总需氧量(TOD)、总有机碳(TOC)等指标来衡量污水中需氧有机物的含量。

(1) 无机物指标

1) 酸碱度(pH)

酸碱度用pH表示。pH等于氢离子浓度的负对数。

pH=7时，污水呈中性；pH<7时，数值越小，酸性越强；pH>7时，数值越大，碱性越强。当pH超出6~9的范围时，会对人、畜造成危害，并对污水的物理、化学和生物处理产生不利影响，尤其是pH低于6的酸性污水，对管渠、污水处理构筑物和设备会产生腐蚀作用。因此pH是污水化学性质的重要指标，《室外排水设计规范》(GB 50014—2006)中规定pH宜为6.5~9.5，就是为了防止酸性物质进入城镇污水处理系统，对处理设施产生不利影响。

2) 碱度

碱度系指污水中含有的、能与强酸产生中和反应的物质，即H^+离子的受体，主要包括氢氧化物碱度，即OH^-离子含量；碳酸盐碱度，即CO_3^{2-}离子含量；重碳酸盐碱度，即HCO_3^-离子含量。污水的碱度可用式(3-1)表达：

$$[\text{碱度}] = [OH^-] + [CO_3^{2-}] + [HCO_3^-] - [H^+] \tag{3-1}$$

式中：[ ]——代表浓度，mgN/L。

污水所含碱度，对于外加的酸、碱具有一定的缓冲作用，可使污水的pH维持在适宜于好氧菌或厌氧菌生长繁殖的范围内。例如污泥厌氧消化处理时，要求碱度不低于2000mg/L(以$CaCO_3$计)，以便缓冲有机物分解时产生的有机酸，避免pH降低。

3) 氮及其化合物

氮、磷是植物的重要营养物质，是污水进行生物处理时微生物所必需的营养物质，它们主要来源于人类排泄物和某些工业废水。但是氮、磷也是导致湖泊、水库、海湾等封闭、半封闭水体富营养化的主要原因。

污水中氮及其化合物有四种，即有机氮、氨氮（NH_3-N）、亚硝酸盐氮（NO_2-N）和硝酸盐氮（NO_3-N）。这四种含氮化合物的总量称为总氮（TN）。有机氮很不稳定，容易在微生物的作用下，分解成其他三种氮化合物。在无氧的条件下，分解为氨氮；在有氧的条件下，先分解为氨氮，再分解为亚硝酸盐氮和硝酸盐氮。

TKN 是有机氮与氨氮之和，称为总凯氏氮。总凯氏氮指标可以用来作为判断污水在进行生物法处理时氮营养是否充足的依据。生活污水中凯氏氮含量约为 20～40mg/L（其中有机氮约占38%、氨氮约占62%）。

氨氮在污水中存在形式有游离氨（NH_3）和离子状态铵盐（NH_4^+）两种。污水进行生物处理时，氨氮不仅向微生物提供营养，而且对污水的 pH 起缓冲作用。但氨氮过高时，对微生物的活动也会产生抑制作用。

总氮与总凯氏氮之差值，约等于亚硝酸盐氮与硝酸盐氮。总凯氏氮与氨氮之差值，约等于有机氮。

4）磷及其化合物

污水中磷及其化合物可分为有机磷和无机磷两类。有机磷的存在形式主要有：葡萄糖-6-磷酸，2-磷酸-甘油酸及磷肌酸等；无机磷都以磷酸盐形式存在，包括正磷酸盐（PO_4^{3-}），偏磷酸盐（PO_3^-），磷酸氢盐（HPO_4^{2-}），磷酸二氢盐（$H_2PO_4^-$）等，污水中的总磷系指有机磷和无机磷的总和，生物污水中的总磷约为 4～8mg/L。

氮、磷是生物处理时微生物必需的营养物质，《室外排水设计规范》（GB 50014—2006）规定营养组合比（五日生化需氧量:氮:磷）可为 100:5:1，当特殊工业废水进入时，有可能比例失调，应在工艺设计时充分考虑。

5）无机盐

无机盐主要指氯化物和硫化物。氯化物主要来自人类排泄物，每人每日排出的氯化物约为5～9g。工业废水以及沿海城市采用海水作为冷却水时，含有较高的氯化物。氯化物含量高时，对管道和设备有腐蚀作用，如灌溉农田，会引起土壤板结；氯化钠浓度超过 4000mg/L 时，对生物处理的微生物产生抑制作用。

硫化物主要来源于工业废水（如硫化染料废水、人造纤维废水等）和生活污水。

硫化物的存在形式有硫化氢（H_2S），硫氢化物（HS^-）。当污水 pH 较低时，如低于 6.5，则以 H_2S 为主，H_2S 约占硫化物总量的 98%；pH 较高时，如高于 9，则以 S^{2-} 为主。硫化物属于还原性物质，要消耗污水中的溶解氧，并能与重金属离子反应，生成金属硫化物的黑色沉淀。

6）非重金属无机物

非重金属无机物主要是氰化物（CN）与砷化物（As）。

氰化物主要来自电镀、焦化、高炉煤气、制革、农药和化纤等工业废水。氰化物是剧毒物质，人体摄入致死量是0.05～0.12g。

氰化物在污水中的存在形式是无机氰(如氢氰酸 HCN，氰酸盐 CN^-)和有机氰化物(如丙烯腈 C_2H_3CN)。

砷化物主要来自化工、有色冶金、焦化、火力发电、造纸和皮革等工业废水，砷会在人体内积累，属致癌物质(致皮肤癌)之一。

砷化物在污水中的存在形式是无机砷化物(如亚砷酸盐 AsO_2^-，砷酸盐 AsO_4^{3-})以及有机砷(如三甲基砷)，对人体的毒性排序为有机砷 > 亚砷酸盐。

7）重金属离子

重金属指原子序数在21～83之间的金属或相对密度大于4的金属。污水中重金属主要有汞(Hg)、镉(Cd)、铅(Pb)、铬(Cr)、锌(Zn)、铜(Cu)、镍(Ni)、锡(Sn)、铁(Fe)和锰(Mn)等。生活污水中的重金属离子主要来源于人类排泄物，冶金、电镀、陶瓷、玻璃、氯碱、电池、制革、照相器材、造纸、塑料和颜料等工业废水，都含有不同的重金属离子。上述重金属离子，在微量浓度时，对微生物、动植物和人类是有益的；但当浓度超过一定值后，即会产生毒害作用，特别是汞、镉、铅、铬以及它们的化合物。

(2）有机物指标

生活污水所含有机物主要来源于人类排泄物和生活活动产生的废弃物、动植物残片等，主要成分是碳水化合物、蛋白质和脂肪等有机化合物，组成元素是碳、氢、氧、氮和少量的硫、磷、铁等。除此之外，尚有酚类、有机酸碱、表面活性剂、有机农药等有机污染物。这些有机污染物在微生物作用下可分解为简单的无机物质、二氧化碳和水等，但在分解过程中需要消耗大量的氧，故属耗氧污染物。耗氧有机污染物是使水体黑臭的重要因素之一，由于污水中有机污染物的组成复杂，分别测定各类有机物的含量也没有必要，所以在实际工作中，一般有用生物化学耗氧量(BOD)、化学耗氧量(COD)、总需氧量(TOD)、总有机碳(TOC)、阳离子表面活性剂、油类(包括动植物油类和石油类)等作为有机物指标。

1）生物化学需氧量(BOD)

在水温为20℃的条件下，由于好氧微生物的生命活动，将有机污染物氧化成无机物所消耗的溶解氧量，称为生物化学需氧量。生物化学需氧量代表可生物降解有机物的数量。

在有氧的条件下，可生物降解有机物的降解过程，可分为两个阶段，第一阶段是碳氧化阶段，即在异养菌的作用下，含碳有机物被氧化(或称碳化)为 CO_2 和 H_2O，含氮有机物被氧化(或称氨化)为 NH_3，与此同时，合成新细胞(异养型)；第二阶段是硝化阶段，即在自养菌(亚硝化菌)的作用下，NH_3 被氧化为 NO_2^- 和 H_2O，再在自养菌(硝化菌)的作用下，NO_2^- 被氧化为 NO_3^-，与此同时合成新细胞(自养型)。上述两个阶段都释放出供微生物生命活动所需要的能，合成的新细胞。在其生命活动中，进行着新陈代谢，即自身氧化的过程，产生 CO_2、H_2O 和 NH_3，并放出能量和氧化残渣，这种过程叫做内源呼吸。

总碳氧化阶段的需氧量称为第一阶段生化需氧量或总碳氧化需氧量、总生化需氧量、完全生化需氧量，硝化阶段的需氧量称为第二阶段生化需氧量或氮氧化需氧量、硝化需氧量。

由于有机物的生化过程延续时间很长，在20℃水温下，完成两阶段约需100d以上，从实际情况显示，5d的生物化学需氧量约占总碳氧化需氧量的70%～80%，20d以后的生化反应过程速度趋于平缓，因此常用20d的生物化学需氧量(BOD_{20})作为总生物化学需氧量(BOD_u)。在工程实用中，20d时间太长，故用5d生物化学需氧量(BOD_5)作为可生物降解有机物的综合浓度指标。由于硝化菌的繁殖周期较长，一般要在碳氧化阶段开始后的5～7d，甚至10d才能繁殖出一定数量的硝化菌，并开始氮氧化阶段，因此，硝化需氧量不对BOD_5产生干扰。

2）化学需氧量(COD)

以BOD_5作为有机污染物的浓度指标，也存在着测定时间长、不能反应难生物降解有机污染物浓度等问题。

化学需氧量是用化学氧化剂氧化水中有机污染物时所消耗的氧化剂量，常用的氧化剂是重铬酸钾和高锰酸钾，以重铬酸钾作氧化剂，测得的值称COD_{Cr}，或简称COD；以高锰酸钾作氧化剂，测得的值称COD_{Mn}，或简称OC。

化学需氧量COD的优点是能较精确地表示污水中有机物的含量，测定时间较短，且不受水质的限制，缺点是不能像BOD那样反映出可生物除解有机物的量。此外，污水中存在的还原性无机物(如硫化物)被氧化也需消耗氧，所以COD值也存在一定误差。

COD的数值大于BOD_{20}，两者的差值大致为难生物降解有机物量，差值越大，难生物降解的有机物含量越多，越不宜采用生物处理工艺。因此BOD_5/COD的比值，可作为该污水是否适宜于采用生物处理的判别标准，故把BOD_5/COD的比值称为可生化性指标，比值越大，越容易生物处理。一般认为，此比值大于0.3的污水，才适于采用生物处理。

3）总需氧量(TOD)

由于有机物的主要组成元素是C、H、O、N、S等。被氧化后，分别产生CO_2、H_2O、NO_2和SO_2等，所消耗的氧量称为总需氧量TOD。

4）总有机碳(TOC)

总有机碳TOC是目前国内外使用的另一个表示有机物浓度的综合指标。

TOD和TOC的测量原理相同，但有机物数量的表示方法不同，前者用消耗的氧量表示，后者用含碳量表示。

水质比较稳定的污水，BOD_5、COD、TOD和TOC之间，存在一定的相关关系，数值大小的排序为TOD > COD_{Cr} > BOD_u > BOD_5 > TOC。生活污水的BOD_5/COD比值约为0.4～0.65，BOD_5/TOC比值约为1.0～1.6。工业废水的BOD_5/COD比值，取决于工业性质，变化极大，如果该比值大于0.3，可采用生化处理；但如果低于0.3，则不宜采用生化处理。

5）阴离子表面活性剂

生活污水和某些工业废水，含有大量的表面活性剂，表面活性剂包括硬性洗涤剂(ABS)，含有磷并易产生大量泡沫，属于难生物降解有机污染物，目前已不大使用。另一种为软性洗涤剂，属于可生物降解有机污染物，泡沫大大减少，但仍含有磷，是致水体富营养化的主要元素之一。

6）油类（包括动植物油和石油类）

油类的主要成分是C、H、O。生活污水中的脂肪和油类来源于人类排泄物和餐饮业的洗涤废水，含油浓度可达400～600mg/L，甚至1200mg/L，包括动物油和植物油。脂肪酸甘油酯在常温时呈液态称为油；在低温时呈固态称为脂肪。脂肪比碳水化合物、蛋白质都稳定，属于难生物降解有机物，对微生物无毒害与抑制作用。炼油、石油化工、焦化、制气等工业废水中，含有矿物油即石油，具有异臭，属于难生物降解有机物，并对微生物有毒害或抑制作用。

3. 污水的生物性质和指标

表示污水生物性质的指标，主要有粪大肠菌群数、细菌总数和病毒等。

（1）粪大肠菌群数

粪大肠菌群数作为污水的生物性质指标，粪大肠菌群和病原菌都在人类肠道系统内，它们的生活习性和外界环境中的存活时间基本相同。每人每日排泄的粪便中含有粪大肠菌群数约$1 \times 10^{11} \sim 4 \times 10^{11}$个，数量大大多于病原菌，但对人体无害；由于粪大肠菌的数量多，且容易培养检验，病原菌的培养检验十分复杂和困难，因此，常采用粪大肠菌群数作为卫生指标。水中存在粪大肠菌，就表明受到粪便的污染，并可能存在病原菌。

（2）细菌总数

细菌总数是粪大肠菌群数，病原菌和其他细菌数的总和，以每毫升水样中的细菌总数表示。细菌总数愈多，表示病原菌和病毒存在的可能性愈大。

（3）病毒

污水中已被检出的病毒有100多种，检出粪大肠菌，可以表明肠道病原菌的存在，但不能表明是否存在病毒和其他病原菌，如炭疽杆菌等。因此还需要检验病毒指标。

用粪大肠菌群数、细菌总数和病毒三种卫生指标来评价污水受生物污染的严重程度比较全面。

3.1.3 污水处理主要污染物控制指标

根据城镇污水的特点，结合《城镇污水处理厂污染物排放标准》（GB 18918—2002）的规定，确定污水处理的主要污染物控制指标有三类，即基本控制项目、部分一类污染物控制项目和选择性控制项目，基本控制项目有12项，包括物理指标、化学指标和生物指标，如表3－1所示。

基本控制项目表 **表3－1**

序号	基本控制项目	指标特性	序号	基本控制项目	指标特性
1	化学需氧量（COD）	化学	7	总氮（以N计）	化学
2	生物化学需氧量（BOD_5）	化学	8	氨氮（以N计）	化学
3	悬浮物（SS）	物理	9	总磷（以P计）	化学
4	动植物油	化学	10	色度（稀释倍数）	物理
5	石油类	化学	11	pH	化学
6	阴离子表面活性剂	化学	12	粪大肠菌群数（个/L）	生物

部分一类污染物控制项目共7项，主要为重金属污染物，如表3-2所示。

部分一类污染物控制项目表 表3-2

序号	项 目	序号	项 目	序号	项 目
1	总 汞	4	总 铬	7	总 铅
2	烷基汞	5	六价铬		
3	总 镉	6	总 砷		

选择性控制项目共43项，主要为一般金属污染物和有机污染物，如表3-3所示。

选择性控制项目表 表3-3

序号	选择控制项目	序号	选择控制项目
1	总镍	23	三氯乙烯
2	总铍	24	四氯乙烯
3	总银	25	苯
4	总铜	26	甲苯
5	总锌	27	邻-二甲苯
6	总锰	28	对-二甲苯
7	总硒	29	间-二甲苯
8	苯并(a)芘	30	乙苯
9	挥发酚	31	氯苯
10	总氰化物	32	1，4-二氯苯
11	硫化物	33	1，2-二氯苯
12	甲醛	34	对硝基氯苯
13	苯胺类	35	2，4-二硝基氯苯
14	总硝基化合物	36	苯酚
15	有机磷农药(以P计)	37	间-甲酚
16	马拉硫磷	38	2，4-二氯酚
17	乐果	39	2，4，6-三氯酚
18	对硫磷	40	邻苯二甲酸二丁酯
19	甲基对硫磷	41	邻苯二甲酸二辛酯
20	五氯酚	42	丙烯腈
21	三氯甲烷	43	可吸附有机卤化物(AOX以Cl计)
22	四氯化碳		

3.1.4 污水水质替代参数研究

描述污水水质参数有两类，一类仅表示水中一种成分浓度；另一类则表示一组成分浓度，称水质替代参数。替代参数是描述水处理过程的主要参数。长期以来，有专家认为水质替代参数不能精确描述水质，因而水处理过程也得不到精确描述。

污水水质常用BOD_5值，这是不精确替代参数的一个案例。BOD_5是表示有机物在生物降解过程中氧的需要量作为有机物的当量代表，从概念上讲是正确的。BOD_5 不精确性源于测定方法，这是包括：

（1）测定过程微生物生长环境与实际运行环境不同；

（2）BOD_5 与 $BOD_{总}$ 无精确数量关系；

（3）不考虑污水中各有机物和浓度所产生的生化过程差别；

（4）不考虑接种所用的由不同物质、不同密度微生物所组成的生态系统的生化过程差别等。

因此，有必要对这些替代参数的应用作出新的诠释或修正，或者创新更好的水质替代参数。

3.2 设计流量和设计水质

3.2.1 设计流量

城镇污水，由综合生活污水、工业废水、入渗地下水和被截流的雨水组成，综合生活污水由居民生活污水和公共建筑污水组成，居民生活污水指居民日常生活中洗涤、冲厕、洗澡等产生的污水；公共建筑污水指娱乐场所、宾馆、浴室、商业网点、学校和办公楼产生的污水。

各部分污水量均可分别计算，一般按照用水定额进行计算。

1. 城镇旱流污水设计流量

城镇旱流污水设计流量按式(3-2)计算：

$$Q_{dr} = Q_d + Q_m \tag{3-2}$$

式中：Q_{dr}——旱流污水设计流量，L/s；

Q_d——设计综合生活污水量，L/s；

Q_m——设计工业废水量，L/s。

在地下水位较高地区，应考虑入渗地下水量。

2. 设计综合生活污水量

污水厂的设计规模一般按平均日污水量确定(m^3/d)，设计流量一般按最大日最大时污水量(m^3/h)确定。

设计旱流污水量(平均日)可按式(3-3)计算：

$$Q_{d1} = qN/1000 \tag{3-3}$$

式中：Q_{d1}——设计旱流污水量，m^3/d；

q——生活污水定额，L/(人·d)；

N——服务人口，人。

设计综合生活污水量(最大日最大时)可按式(3-4)计算：

$$Q_{dk} = Q_{d1} \times K_z/86400 \tag{3-4}$$

式中：Q_{dk}——设计旱流污水量，m^3/s；

K_z——总变化系数。

(1) 生活污水定额

设计综合生活污水量按综合生活污水定额和服务人口数量计算确定，综合生活污水定额和居民生活污水定额，根据当地采用的用水定额，结合建筑内部给水排水设施水平可按当地相关用水定额的80% ~90%采用，同时，应按排水系统普及程度等因素确定综合生活污水量。

根据《室外给水设计规范》(GB 50013—2006)规定，居民生活用水定额和综合生活用水定额应根据当地国民经济和社会发展、水资源充沛程度、用水习惯，在现有用水基础上，结合城市总体规划和给水专业规划，本着节约用水的原则，综合分析确定。当缺乏实际用水资料情况下，可按表3-4和表3-5选用。

居民生活用水定额 [L/(人·d)] **表3-4**

城市规模	特大城市		大城市		中、小城市	
用水情况 / 分区	最高日	平均日	最高日	平均日	最高日	平均日
一	180~270	140~210	160~250	120~190	140~230	100~170
二	140~200	110~160	120~180	90~140	100~160	70~120
三	140~180	110~150	120~160	90~130	100~140	70~110

综合生活用水定额表 [L/(人·d)] **表3-5**

城市规模	特大城市		大城市		中、小城市	
用水情况 / 分区	最高日	平均日	最高日	平均日	最高日	平均日
一	260~410	210~340	240~390	190~310	220~370	170~280
二	190~280	150~240	170~260	130~210	150~240	110~180
三	170~270	140~230	150~250	120~200	130~230	100~170

注：1. 特大城市指市区和近郊区非农业人口100万及以上的城市，大城市指市区和近郊区非农业人口50万及以上，不满100万的城市，中、小城市指市区和近郊区非农业人口不满50万的城市；

2. 一区包括：湖北、湖南、江西、浙江、福建、广东、广西、海南、上海、江苏、安徽、重庆，二区包括：四川、贵州、云南、黑龙江、吉林、辽宁、北京、天津、河北、河南、山东、宁夏、陕西、内蒙古河套以东和甘肃黄河以东的地区，三区包括：新疆、青海、西藏、内蒙古河套以西和甘肃黄河以西的地区；

3. 经济开发区和特区城市，根据用水实际情况，用水定额可酌情增加；

4. 当采用海水或污水再生水等作为冲厕用水时，用水定额相应减少。

(2) 服务范围和服务人口

城镇污水排水系统设计期限终期的规划范围称为服务范围。城镇污水排水系统设计期限终期的规划人口数称为服务人口，是计算城镇综合生活污水量的基本数据。服务人口一般由城镇总体规划确定。由于城镇性质和规模不同，城镇工业、仓储、交通运输、生活居住用地分别占城镇总用地的比例和指标有所不同，因此，在计算污水排水系统服务人口时，常用人口密度与服务面积相乘得到。

人口密度表示人口分布的情况，是指住在单位面积上的人口数，以人/hm^2 表示。

(3) 生活污水量总变化系数

居住区生活污水定额是平均值，根据服务人口和生活污水定额计算所得的是污水平均流量。而实际上流入污水厂的污水量是变化的。在一天当中，日间和晚间的污水量不同，日间各小时的污水量也有很大差异。总变化系数可按当地实际综合生活污水量变化资料采用，没有资料时，可按我国《室外排水设计规范》（GB 50014—2006）采用的居住区生活污水量总变化系数值选用，该数值如表 3－6 所示。

生活污水量总变化系数表　　**表 3－6**

污水平均日流量(L/s)	5	15	40	70	100	200	500	≥1000
总变化系数 K_z	2.3	2.0	1.8	1.7	1.6	1.5	1.4	1.3

注：当污水平均日流量为中间数值时，总变化系数用内插法求得。

生活污水量总变化系数值，也可按综合分析得出的总变化系数与平均流量间的关系式求得，如按式(3－5)计算：

$$K_z = \frac{2.7}{Q^{0.11}} \tag{3-5}$$

式中：K_z——总变化系数；

Q——平均日平均时污水流量，L/s，当 $Q < 5$L/s 时，$K_z = 2.3$；当 $Q \geq 1000$L/s 时，$K_z = 1.3$。

3. 设计工业废水量

工业企业的工业废水量可按式(3－6)计算：

$$Q_m = \frac{m \cdot M \cdot K_z}{3600T} \tag{3-6}$$

式中：Q_m——工业废水设计流量，L/s；

m——生产过程中每单位产品的废水量，L/单位产品；

M——产品的平均日产量；

T——每日生产时数，h；

K_z——总变化系数。

生产单位产品或加工单位数量原料所排出的平均废水量，也称为生产过程中单位产品的废水量定额。工业企业的工业废水量随行业类型、采用的原材料、生产工艺特点和管理水平等有很大差异。近年来，随着国家对水资源开发利用和保护的日益重视，有关部门制定各工业的工业用水量规定，排水工程设计流量应与之协调。

在不同的工业企业中，工业废水的排出情况很不一致。某些工厂的工业废水是均匀排出的，但很多工厂废水排出情况变化很大，甚至一些个别车间的废水也可能在短时间内一次排放，因而工业废水量的变化系数取决于工厂的性质和生产工艺过程。

4. 入渗地下水量

受当地土质、地下水位、管道和接口材料以及施工质量、管道服务年限等因素的影响，当地下水位高于排水管渠时，排水系统设计应适当考虑入渗地下水量。入渗地下水量宜根据测定资料确定，一般按单位管长和管径的入渗地下水量计，也可按平均日综合生活污水和工业废水总量的10% ~15%计，还可按每天每单位服务面积入渗的地下水量计。广州市测定过管径为1000 ~1350mm 的新铺钢筋混凝土管入渗地下水量，结果为：地下水位高于管底3.2m，入渗量为$94m^3/(km·d)$；高于管底4.2m，入渗量为$196m^3/(km·d)$；高于管底6m，入渗量为$800m^3/(km·d)$；高于管底6.9m，入渗量为$1850m^3/(km·d)$。上海某泵站冬夏两次测定，冬季为$3800m^3/(km^2·d)$，夏季为$6300m^3/(km^2·d)$；日本《下水道设施指南与解说》规定采用经验数据，按每人每日最大污水量的10% ~20%计；英国排水规范建议按观测现有管道的夜间流量进行估算；德国ATV标准规定入渗水量不大于$0.15L/(s·hm^2)$，如大于则应采取措施减少入渗；美国标准按$0.01 \sim 1.0m^3/(d·mm-km)$计(mm为管径，km为管长)，或按$0.2 \sim 28m^3/(hm^2·d)$计。

在地下水位较高的地区，水力计算时，公式(3-2)后应加入入渗地下水量Q_u，即：

$$Q_{dr} = Q_d + Q_m + Q_u \tag{3-7}$$

式中：Q_{dr}——旱流污水设计流量，L/s；

Q_d——设计综合生活污水量，L/s；

Q_m——设计工业废水量，L/s；

Q_u——入渗地下水量，L/s。

3.2.2 设计水质

1. 设计进水水质

城镇污水的设计水质应根据调查资料确定，按照邻近城镇、类似工业区和居住区的水质资料确定。

(1) 参照相关资料确定

根据《给水排水设计手册》第5册《城镇排水》(第二版)所述，典型的生活污水水质，大体有一定的变化范围，如表3-7所示。

典型生活污水水质表 **表3-7**

序号	指标	浓度(mg/L)		
		高	中	低
1	总固体(TS)	1200	720	350
2	溶解性总固体(DTS)	850	500	250
	其中 非挥发性	525	300	145
	挥发性	325	200	105
3	悬浮物(SS)	350	200	100
	其中 非挥发性	75	55	20
	挥发性	275	165	80
4	五日生化需氧量(BOD_5)	400	220	110
	其中 溶解性	200	110	55

续表

序号	指标	浓度(mg/L)		
		高	中	低
4	悬浮性	200	110	55
5	总有机碳(TOC)	290	160	80
6	化学需氧量(COD_{Cr})	1000	400	250
	其中 溶解性	400	150	100
	悬浮性	600	250	150
	可生物降解部分	750	300	200
	其中 溶解性	375	150	100
	悬浮性	375	150	100
7	总氮(TN)	85	40	20
8	有机氮	35	15	8
9	游离氮	50	25	12
10	亚硝酸盐	0	0	0
11	硝酸盐	0	0	0
12	总磷(TP)	15	8	4
13	有机磷	5	3	1
14	无机磷	10	5	3
15	氯化物(Cl^-)	200	100	60
16	硫酸盐(SO_4^{2-})	50	30	20
17	碱度(以 $CaCO_3$ 计)	200	100	50
18	油脂	150	100	50
19	总大肠菌(个/100mL)	10^8 ~ 10^9	10^7 ~ 10^8	10^6 ~ 10^7
20	挥发性有机化合物 VOC_5(μg/L)	>400	100 ~ 400	<100

(2) 根据污染物指标确定

根据全国 37 座污水处理厂的设计资料，每人每日五日生化需氧量的范围为 20 ~ 67.5g/(人·d)，集中在 25 ~ 50g/(人·d)，占总数的 76%；每人每日悬浮固体的范围为 28.6 ~ 114g/(人·d)，集中在 40 ~ 65g/(人·d)，占总数的 73%；每人每日总氮的范围为 4.5 ~ 14.7g/(人·d)，集中在 5 ~ 11g/(人·d)，占总数的 88%；每人每日总磷的范围为 0.6 ~ 1.9g/(人·d)，集中在 0.7 ~ 1.4g/(人·d)，占总数的 81%。《室外排水设计规范》(GBJ 14—87)(1997 年版)规定五日生化需氧量和悬浮固体的范围分别为 25 ~ 30g/(人·d)和 35 ~ 50g/(人·d)，由于污水浓度随生活水平提高而增大，同时我国幅员辽阔，各地发展不平衡，《室外排水设计规范》(GB 50013—2006)将参照相关资料各种指标、数值相对调整，范围扩大。一些国家和我国设计规范的水质指标比较如表 3－8 所示。

一些国家的水质指标比较表[g/(人·d)] **表3-8**

序号	国家	五日生化需氧量 BOD_5	悬浮固体 SS	总氮 TN	总磷 TP
1	埃及	27~41	41~68	8~14	0.4~0.6
2	印度	27~41	—	—	—
3	日本	40~45	—	1~3	0.15~0.4
4	土耳其	27~50	41~68	8~14	0.4~2
5	美国	50~120	60~150	9~22	2.7~4.5
6	德国	55~68	82~96	11~16	1.2~1.6
7	我国室外排水设计规范（GBJ 14—87，1997版）	25~30	35~50	无	无
8	我国室外排水设计规范（GB 50013—2006）	25~50	40~65	5~11	0.7~1.4

根据水质指标和污水定额，可知生活污水水质。

当某一城市居民生活用水定额，则可知其生活污水定额，可计算其生活污水水质，参数如表3-9所示。

生活污水水质计算表 **表3-9**

序号	项目	水质指标			
		BOD_5	SS	TN	TP
1	居民生活用水定额(平均日)[L/(人·d)]	180			
2	居民生活污水定额[L/(人·d)]	162			
3	水质指标[g/(人·d)]	25~50	40~65	5~10	0.7~1.4
4	水质参数(mg/L)	154~308	247~401	30.8~61.7	4.3~8.6

(3) 工业废水水质

城市污水水质需根据生活污水水质、综合生活污水水质和工业废水水质的调查情况确定，工业废水水质根据不同原料、不同产品、不同工艺方法，产生的水质大不相同。随着清洁生产、循环利用理念的不断深入，工业废水水质也有了较大地改善，而且工业废水应达到排入下水道水质标准，原建设部颁布的《污水排入城市下水道水质标准》(CJ 3082—1999)见表3-10。

污水排入城市下水道水质标准 **表3-10**

序号	项目名称	单位	最高允许浓度	序号	项目名称	单位	最高允许浓度
1	pH	—	6.0~9.0	8	硫化物	mg/L	1.0
2	悬浮物	mg/L	150(400)	9	挥发性酚	mg/L	1.0
3	易沉固体	mg/(L·15min)	10	10	温度	℃	35
4	油脂	mg/L	100	11	生化需氧量(BOD_5)	mg/L	100(300)
5	矿物油类	mg/L	20.0	12	化学需氧量(COD_{Cr})	mg/L	150(500)
6	苯系物	mg/L	2.5	13	溶解性固体	mg/L	2000
7	氰化物	mg/L	0.5	14	有机磷	mg/L	0.5

续表

序号	项目名称	单位	最高允许浓度	序号	项目名称	单位	最高允许浓度
15	苯胺	mg/L	5.0	26	六价铬	mg/L	0.5
16	氟化物	mg/L	20.0	27	总铬	mg/L	1.5
17	总汞	mg/L	0.05	28	总硒	mg/L	2.0
18	总镉	mg/L	0.1	29	总砷	mg/L	0.5
19	总铅	mg/L	1.0	30	硫酸盐	mg/L	600
20	总铜	mg/L	2.0	31	硝基苯类	mg/L	5.0
21	总锌	mg/L	5.0	32	阴离子表面活性剂(LAS)	mg/L	10.0(20.0)
22	总镍	mg/L	1.0	33	氨氮	mg/L	25.0(35.0)
23	总锰	mg/L	2.0(5.0)	34	磷酸盐(以P计)	mg/L	1.0(8.0)
24	总铁	mg/L	10.0	35	色度(稀释倍数)	倍	80
25	总锑	mg/L	1.0				

注：括号内数值适用于有城市污水处理厂的城市下水道系统。

(4) 设计进水水质

根据生活污水量、工业废水量和相应的水质指标，可以确定城镇污水处理厂设计进水水质。

国内30座污水处理厂的设计进水水质如表3－11所示。

国内30座城市污水处理厂设计进水水质和实际进水水质参数表(mg/L) **表3－11**

序号	厂名	水质参数				
		COD_{Cr}	BOD_5	SS	NH_3-N	$PO_4^{3-}-P$
1	北京高碑店污水处理厂	500 / 300~450	200 / 150~200	250 / 320~540	30 / 21~32	
2	北京酒仙桥污水处理厂	350 /	200 /	250 /	40 /	
3	天津纪庄子污水处理厂	/ 340	200 / 139	250 / 162	/ 21	/ 6.2
4	石家庄桥西污水处理厂	400 / 150~300	200 / 100~200	250 / 80~200		
5	河北邯郸污水处理厂	311 / 243	133 / 152	158 / 183	21.8 / 14.1	6.6 / 2.3
6	西安北石桥污水处理厂	400 / 263	180 / 165	255 / 295	32 / 22	/ 3.2
7	新疆阿克苏污水处理厂	300 /	150 /	200 /		
8	济南盖家沟污水处理厂	500 /	260 / 119	400 / 600		

续表

序号	厂名	水质参数				
		COD_{Cr}	BOD_5	SS	NH_3-N	$PO_4^{3-}-P$
9	山东淄博污水处理厂	600 / 613	225 / 253	280 / 702	60 / 24.5	/ 10.8
10	青岛李村河污水处理厂	900 / 2528	400 / 849	700 / 1666	60 / 51	5 / 7.3
11	青岛团岛污水处理厂	900 / 1362	450 / 702	650 / 1103	80 / 93	10 / 29.3
12	上海石洞口污水处理厂	400 / 250	200 / 125	250 / 120	30 / 21.9	4.5 / 3.7
13	上海白龙港污水处理厂	320 / 300	130	170 / 148	30	5 / 4.1
14	上海松江污水处理厂	452	236	194	21	
15	上海闵行污水处理厂		200 / 292	250 / 449	25 / 23.5	
16	上海朱泾污水处理厂	300 / 409	200 / 216	200 / 154	50 / 51	
17	上海青浦第二污水处理厂	400 / 511	200 / 246	250 / 291	40 / 34.8	
18	杭州七格污水处理厂	400 / 540	200 / 198	250 / 330	40 / 35	4 / 5.5
19	嘉兴污水处理厂一期工程	400	161	147	36	
20	福州洋里污水处理厂	300 / 186	150 / 69	200 / 110	25 / 16.6	4.0 / 3.5
21	成都三瓦窑污水处理厂		200	260		
22	昆明第一污水处理厂	360 / 177	180 / 82	202 / 97	30 / 25(TN)	4.0 / 3.3
23	昆明第二污水处理厂		180	250	45	5.0
24	昆明第三污水处理厂	/ 171	100 / 79.7	200 / 88	30 / 27	4.0 / 2.9
25	昆明第五污水处理厂	393	176	200	40	3.9

续表

序号	厂名	水质参数				
		COD_{Cr}	BOD_5	SS	NH_3-N	$PO_4^{3-}-P$
26	桂林第四污水处理厂		120/125	220/200	25/25	8/15
27	深圳滨河污水处理厂	300/691	150/241	150/421	30/31	4/4.3
28	深圳罗芳污水处理厂	400/217	150/128	150/260	30/15	4/2.9
29	广州大坦河污水处理厂	250/135	120/75	150/100	30/22.7	4.0/1.49
30	珠海香州污水处理厂	200/155	100/75	150/198	25/12.7	3/3.2

注：表中水质参数斜线上的为设计进水水质，斜线下的为实际进水水质(年平均值)。

2. 设计出水水质

(1) 国家标准

设计出水水质应根据排放水体的水域环境功能和保护目标确定，根据污染物的来源和性质，将污染物控制项目分为基本控制项目和选择性控制项目两类。基本控制项目主要包括影响水环境和城镇污水处理厂一般处理工艺可以去除的常规污染物，以及部分一类污染物，共19项。选择性控制项目包括对环境有较长期影响或毒性较大的污染物，共计43项，基本控制项目必须执行。选择性控制项目，由地方环境保护行政主管部门根据污水处理厂接纳工业污染物的类别和水环境质量要求选择控制。

(2) 各标准值的适用范围

1) 一级标准的A标准是城镇污水处理厂出水作为回用水的基本要求。当污水处理厂出水引入稀释能力较小的河湖作为城镇景观用水和一般回用等用途时，执行一级标准的A标准。

2) 城镇污水处理厂出水排入GB 3838地表水Ⅲ类功能水域(划定的饮用水水源保护区和游泳区除外)、GB 3097海水二类功能水域和湖、库等封闭或半封闭水域时，执行一级标准的B标准。

3) 城镇污水处理厂出水排入GB 3838地表水Ⅳ、Ⅴ类功能水域或GB 3097海水三、四类功能海域，执行二级标准。

4) 非重点控制流域和非水源保护区的建制镇污水处理厂，根据当地经济条件和水污染控制要求，采用一级强化处理工艺时，执行三级标准。但必须预留二级处理设施的位置，分期达到二级标准。

(3) 地方标准值

各地根据当地的实际情况，可制订相应的污水综合排放标准，上海市根据本市地面水的特点，为保护水体水质、保障人体健康、维护生态平衡、促进经济和社会发展，结合本市的特点，制订了相应的标准。该标准根据黄浦江上游水源保护区域的特点，分别就水源保护区和准水源保护区规定标准值，如表 3－12 所示。

上海市第二类污染物最高允许排放浓度(1998 年 1 月 1 日后建设)　　**表 3－12**

(除 pH、色度、大肠菌群数外，其余单位为 mg/L)

序号	污　染　物	一级标准	二级标准	三级标准	国家标准		
					一级 A	一级 B	二级
1	pH	6～9	6～9	6～9	6～9	6～9	6～9
2	色度(稀释倍数)	50	50	—	30	30	40
3	悬浮物(SS)	70	150	350	—	—	—
	城镇二级污水处理厂	20	30	—	10	20	30
4	五日生化需氧量(BOD_5)	20	30	150			
	城镇二级污水处理厂	20	30	—	10	20	30
5	化学需氧量(COD_{Cr})	100	100	300			
	城镇二级污水处理厂	60	120	—	50	60	100
6	石油类	5.0	10	20	1	3	5
7	动植物油	10	15	30	1	3	5
8	挥发酚	0.5	0.5	2.0	0.5		
9	总氰化物(按 CN^- 计)	0.5	0.5	0.5	0.5		
10	硫化物(按 S 计)	1.0	1.0	1.0	1.0		
11	氨氮	10	15	25			
	城镇二级污水处理厂	10	10	—	5(8)	8(15)	25(30)
12	氟化物(按 F 计)	10	10	20			
13	磷酸盐(排入蓄水性河流和封闭性水域的控制指标)	0.5	1.0	—	0.5(TP)	1(TP)	3(TP)
14	甲醛	1.0	2.0	5.0	1.0		
15	苯胺类	1.0	2.0	5.0	0.5		
16	硝基苯类(按硝基苯计)	2.0	3.0	5.0	2.0		
17	阴离子表面活性剂(LAS)	5.0	10	15	0.5	1	2
18	总铜(按 Cu 计)	0.5	1.0	1.0	0.5		
19	总锌(按 Zn 计)	2.0	4.0	5.0	1.0		
20	总锰(按 Mn 计)	2.0	2.0	5.0	2.0		
21	彩色显影剂	1.0	2.0	3.0			
22	显影剂及氧化物总量	3.0	3.0	6.0			
23	元素磷(按 P_4 计，黄磷工业)	0.1	0.1	0.1			
24	有机磷农药(按 P 计)	不得检出	0.5	0.5			
25	乐果	不得检出	1.0	2.0			
26	对硫磷	不得检出	1.0	2.0			
27	甲基对硫磷	不得检出	1.0	2.0	0.2		

续表

序号	污染物	一级标准	二级标准	三级标准	国家标准		
					一级 A	一级 B	二级
28	马拉硫磷	不得检出	5.0	10			
29	五氯酚及五氯酚钠(按五氯酚计)	5.0	8.0	10			
30	可吸附有机卤化物(AOX)(按Cl计)	1.0	5.0	8.0	1.0		
31	三氯甲烷	0.3	0.6	1.0	0.3		
32	四氯化碳	0.03	0.06	0.50	0.03		
33	三氯乙烯	0.3	0.6	1.0	0.3		
34	四氯乙烯	0.1	0.2	0.5	0.1		
35	苯	0.1	0.2	0.5	0.1		
36	甲苯	0.1	0.2	0.5	0.1		
37	乙苯	0.4	0.6	1.0	0.4		
38	邻二甲苯	0.4	0.6	1.0	0.4		
39	对二甲苯	0.4	0.6	1.0	0.4		
40	间二甲苯	0.4	0.6	1.0	0.4		
41	氯苯	0.2	0.4	1.0	0.3		
42	邻二氯苯	0.4	0.6	1.0	0.3		
43	对二氯苯	0.4	0.6	1.0	0.4		
44	对硝基氯苯	0.5	1.0	5.0	0.5		
45	2，4－二硝基氯苯	0.5	1.0	5.0	0.5		
46	苯酚	0.3	0.4	1.0	0.3		
47	间甲酚	0.1	0.2	0.5	0.1		
48	2，4－二氯酚	0.6	0.8	1.0	0.6		
49	2，4，6－三氯酚	0.6	0.8	1.0	0.6		
50	邻苯二甲酸二丁酯	0.2	0.4	2.0	0.1		
51	邻苯二甲酸二辛酯	0.3	0.6	2.0	0.1		
52	丙烯腈	2.0	5.0	5.0	2.0		
53	甲醇	8.0	10	15			
54	水合肼	2.0	2.0	5.0			
55	吡啶	2.0	2.0	5.0			
56	二硫化碳	4.0	8.0	10			
57	可溶性钡(按Ba计)	15	20	—			
58	乙腈	3.0	3.0	5.0			
59	丙烯醛	0.5	1.0	3.0			
60	硼	5.0	5.0	10			
61	大肠菌群数(个/L) 医院①、兽医院及医疗机构含病原体污水 传染病、结核病医院污水	500 100	1000 500	5000 1000	10^3	10^4	10^4

续表

序号	污 染 物	一级标准	二级标准	三级标准	国家标准		
					一级 A	一级 B	二级
62	总余氯(采用氯化消毒的医院污水) 医院①、兽医院及医疗机构含病原体污水 传染病、结核病医院污水	<0.5② <0.5②	>3(接触时间≥1h) >6.5(接触时间≥1.5h)	>2(接触时间≥1h) >5(接触时间≥1.5h)			
63	总有机碳(TOC)	20	30	—			

① 指20个床位以上的医院;

② 加氯消毒后须进行脱氯处理，达到本标准。

3.3 生物脱氮除磷工艺

3.3.1 生物脱氮工艺

1. 活性污泥法脱氮传统工艺

活性污泥法脱氮的传统工艺是由巴茨(Barth)开创的所谓三级活性污泥法流程，它是以氨化、硝化和反硝化三项反应过程为基础建立的，其工艺流程如图3-2所示。

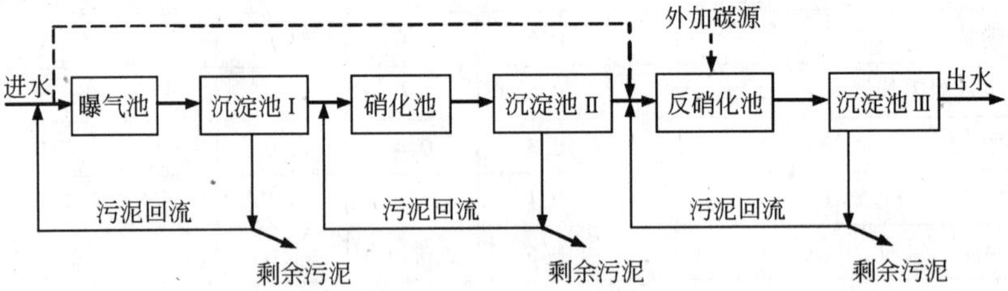

图3-2 传统活性污泥法脱氮工艺流程图(三段活性污泥法流程图)

该工艺是将有机物氧化、硝化及反硝化段独立开来，每一部分都有其自己的沉淀池和各自独立的污泥回流系统。使除碳、硝化和反硝化在各自的反应器中进行，并分别控制在适宜的条件下运行，处理效率高。

由于反硝化段设置在有机物氧化和硝化段之后，主要靠内源呼吸碳源进行反硝化，效率很低，所以必须在反硝化段投加碳源来保证高效稳定的反硝化反应。随着对硝化反应机理认识的加深，将有机物氧化和硝化合并成一个系统以简化工艺，从而形成两段生物脱氮工艺，其工艺流程如图3-3所示。

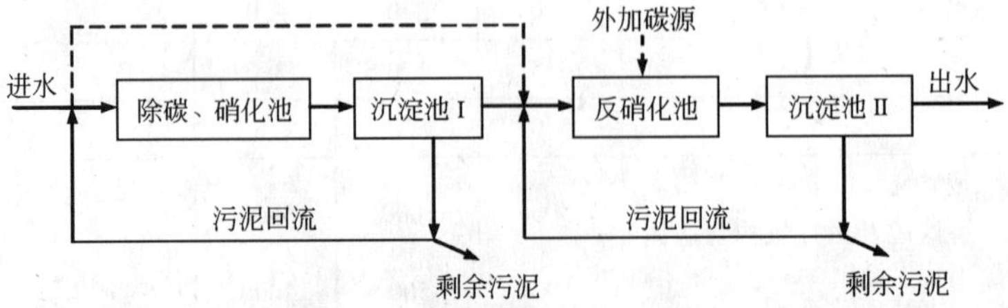

图3-3 两段生物脱氮工艺流程图

在该工艺中，各段同样有各自的沉淀和污泥回流系统。当除碳和硝化作用在一个反应器中进行时，设计的污泥负荷要低，水力停留时间和泥龄要长，否则，硝化作用要降低。在反硝化段仍需要外加碳源来维持反硝化的顺利进行。

2. A_N/O 工艺

缺氧/好氧(A_N/O)工艺于20世纪80年代初开发，该工艺将反硝化段设置在系统的前面，因此又称为前置式反硝化生物脱氮系统，是目前应用较为广泛的一种脱氮工艺。反硝化反应以污水中的有机物为碳源，曝气池混合液中含有大量硝酸盐，通过内循环回流到缺氧池中，在缺氧池内进行反硝化脱氮，其工艺流程如图3－4所示。

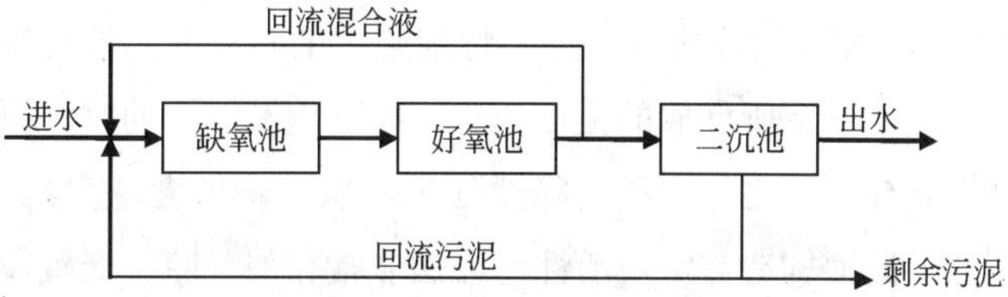

图3－4 A_N/O 工艺流程图

前置缺氧反硝化具有以下特点：反硝化产生碱度补充硝化反应之需，约可补偿硝化反应中所消耗碱度的50%左右；利用原污水中有机物，无需外加碳源；利用硝酸盐作为电子受体处理进水中有机污染物，这不仅可以节省后续曝气量，而且反硝化菌对碳源的利用更广泛，甚至包括难降解有机物；前置缺氧池可以有效控制系统的污泥膨胀。该工艺流程简单，因而基建费用及运行费用较低，对现有设施的改造比较容易，脱氮效率一般在70%左右，但由于出水中仍有一定浓度的硝酸盐，在二次沉淀池中，有可能进行反硝化反应，造成污泥上浮，影响出水水质。

3. Bardenpho 工艺

Bardenpho 工艺取消了三段脱氮工艺的中间沉淀池，工艺中设立了两个缺氧段，第一段利用原水中的有机物作为碳源和第一好氧池中回流的含有硝态氮的混合液进行反硝化反应。经第一段处理后，脱氮已经大部分完成。为进一步提高脱氮效率，废水进入第二段反硝化反应器，利用内源呼吸碳源进行反硝化。最后的曝气池用于净化残留的有机物，吹脱污水中的氮气，提高污泥的沉降性能，防止在二次沉淀池发生污泥上浮现象。这一工艺比三段脱氮工艺减少了投资和运行费用，工艺流程如图3－5所示。

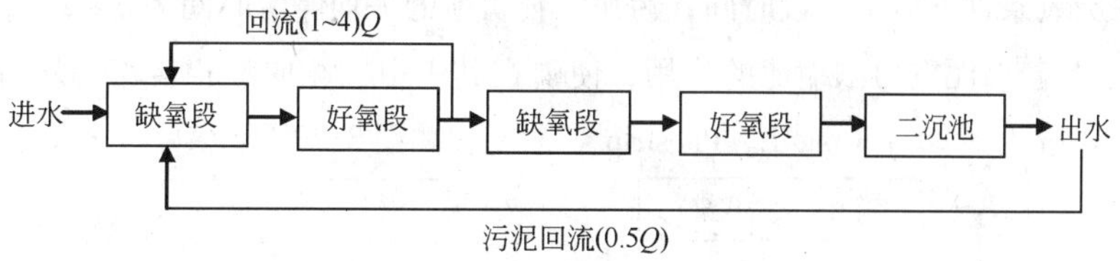

图3－5 Bardenpho 工艺流程图

3.3.2 生物除磷工艺

1. A_P/O 工艺

厌氧/好氧(A_P/O)工艺是最基本的除磷工艺，主要具有除磷的功能，该工艺系统是美国研究者 Spector 在 1975 年研究活性污泥膨胀的控制问题时，发现厌氧/好氧工艺不仅可有效地防止污泥的丝状菌膨胀，改善污泥沉降性能，而且具有很好的除磷效果，因此开发的，并于 1977 年获得专利。第一个生产性 A_P/O 工艺装置于 1979 年建成投产，此后许多污水处理厂在建造或改造过程中采用了 A_P/O 工艺。A_P/O 工艺流程如图 3－6 所示。

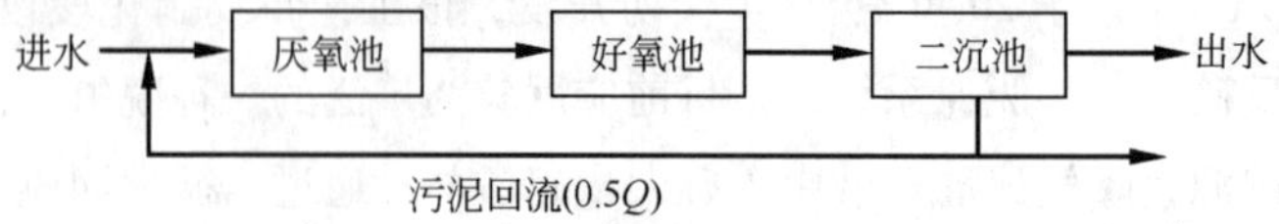

图 3－6 A_P/O 除磷工艺系统图

在 A_P/O 工艺系统中，微生物在厌氧条件下将细胞中的磷释放，然后进入好氧状态，并在好氧条件下摄取比在厌氧条件下所释放的更多的磷，即利用其对磷的过量摄取能力将富磷污泥以剩余污泥的方式排出处理系统之外，从而降低处理出水中磷的含量。A_P/O 工艺是单元组成最简单的生物除磷工艺，池型构造与常规活性污泥法非常相似。除了厌氧段和好氧段被隔成体积相同的多个完全混合式反应格外，其最主要特征是高负荷运行、泥龄短、水力停留时间短。A_P/O 工艺的典型停留时间设计值，厌氧区一般为 0.5～1.0h，好氧区一般为 1.5～2.5h，MLSS 为 2000～4000mg/L，由于泥龄相当短，系统往往达不到硝化，回流污泥中也就不会携带硝酸盐至厌氧区。

2. 侧流除磷工艺——Phostrip 工艺

Phostrip 工艺由 Levin 在 1965 年首先提出，该工艺把生物法和化学除磷法结合在一起，一部分回流污泥被分流到专门的池子进行磷的释放，然后用石灰沉淀所释放的磷，除磷过程在污泥回流路径上完成，因此被称为侧流(Sidestream)工艺。

Phostrip 工艺系统是在传统活性污泥法的污泥回流管线上增设一个除磷池和混合反应沉淀池而构成的。与 A_P/O 工艺一样，其除磷机理同样是利用积磷菌对磷的过量摄取完成的。其工艺运行的不同之处在于不是将混合液置于厌氧状态，而是先将回流污泥(部分或全部)处于厌氧状态，使其在好氧过程中过量摄取的磷在除磷池中充分释放。由除磷池流出的富含磷的上清液进入投加了化学药剂(如石灰)的混合反应池中，通过化学沉淀作用将磷去除；经过磷释放后再回流到处理系统中重新起摄磷作用。将回流污泥的一部分(进水量的 10%～15%)送入除磷池，使其在厌氧条件下停留一段时间，污泥在释磷池的平均停留时间为 5～20h，一般是 8～12h。释磷池还起着污泥重力浓缩池的作用，使磷在其中由固相向液相转移，从而可使除磷池上清液中的磷含量达到 20～50mg/L。Phostrip 工艺流程如图 3－7 所示。

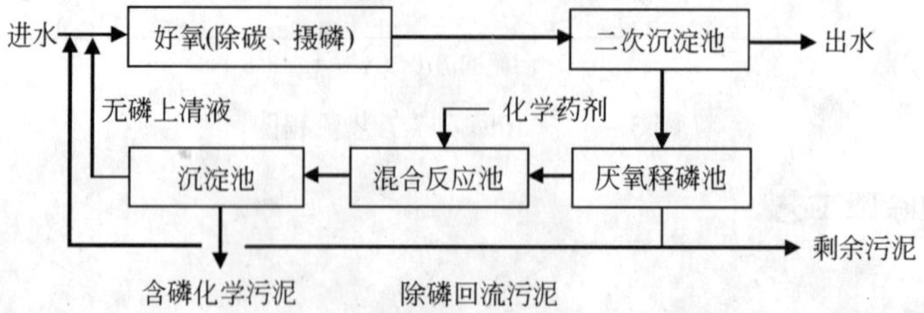

图 3－7 Phostrip 工艺流程图

在厌氧释磷池释放出溶解磷，磷的释放与活性污泥厌氧/好氧交替循环系统所发生的过程类似，生物除磷微生物所需的发酵产物可能是由污水中的颗粒性有机物和死亡的微生物体水解代谢作用生成的，溶解磷是从生物除磷微生物中以及死亡分解的细菌中释放出来的。

将溶解磷转移到上清液的途径有两种，即把释磷池污泥循环至释磷池进水或用淘洗水淘洗释磷池。淘洗水可以采用沉淀池出水或石灰沉淀反应器的上清液，完成释磷作用后，释磷池的出水被不断送往化学处理池，加入石灰除磷。

化学污泥的沉淀或去除有两种方法，第一种为设一座混合反应池处理释磷池的出水，第二种是在出水中加入石灰，然后在初次沉淀池中沉降化学沉淀物，其中第一种方式更为普遍。释磷池中的污泥固体回流到曝气池，在那里进行磷的生物吸收。进入释磷池的侧流流量的变化会影响化学沉淀除磷量与生物污泥排放除磷量的比例。

此工艺亦可称作生物化学除磷法，该工艺集物理化学方法所具有的高除磷效率及生物方法所具有的低处理成本和产泥量的优点于一体，有较好的发展前景。

Phostrip 的除磷量 ΔP(mg/L)可用式(3－8)进行初步的计算：

$$\Delta P=\alpha\beta P_x(\mathrm{MLSS}) \tag{3-8}$$

式中：P_x——污泥中的含磷率，mgP/mgMLSS；

α——污泥中的磷在除磷池中的释放比例；

β——进入除磷池的污泥与处理水量的比例。

在评价处理性能的影响因素时，必须区分 Phostrip 系统的侧流运行部分和主流部分，在处理低浓度污水方面，Phostrip 工艺的运行灵活性最大、处理效果最好，因为通过释磷池和化学沉淀可去除大量的磷。

影响 Phostrip 工艺性能的设计和运行参数包括释磷池的污泥停留时间和淘洗水的来源。

从生物除磷机理可知，释磷池需要足够的污泥停留时间，以便从死亡分解的细菌生成发酵产物基质。有大量硝态氮通过回流污泥或淘洗水进入释磷池时，需要较长的污泥停留时间，已有人建议增加50%。

淘洗水来源可能影响释磷池的污泥停留时间和总体性能。最不理想的淘洗水是溶解氧浓度较高的硝化二级出水，在有机物的发酵作用产生之前，需要消耗释磷池中部分基质以去除溶解氧和硝态氮。当运行条件有变化时，可通过改变污泥层的高度来调节释磷池的污泥停留时间。化学处理系统的出流由于其含磷量低可作为释磷池淘洗水。一级处理出水中被快速降解的有机物有助于采用较低的污泥停留时间，这种情况下，需要由回流污泥中的生物固体死亡分解产生的有机物较少。淘洗水最好不含溶解氧和硝态氮，越低越好。

Phostrip 工艺与 A_P/O 等其他工艺相比，具有如下几个主要特点：

(1) Phostrip 工艺中，由于采用了化学沉淀法使磷排出处理系统之外，这与仅仅通过剩余污泥的排放来除磷的 A_P/O 或 A/A/O 工艺系统相比，其回流污泥中的磷含量较低(A_P/O 或 A/A/O工艺的 P/VSS 为7%～10%，而 Phostrip 法工艺回流污泥中的磷含量为2%～5%)，因而其对进水水质波动的适应性较强，即对进水中的 P/BOD 没有特殊的限制，出水总磷浓度低于

1mg/L，不易受进水 BOD 浓度的影响；对于有机负荷较低、剩余污泥量较少的情况，也可得到较稳定的处理效果。

（2）与活性污泥曝气池内投加化学药剂沉淀磷的做法相比，Phostrip 工艺采用廉价的石灰对少量的（与所处理的全部废水量相比）富含磷上清液进行沉淀处理，石灰投加量与碱度有关，而与除磷量无关，因而石灰用量少、泥量也少；而且由于此污泥中磷的含量很高，并基本上避免了重金属等有害物质的混入，有可能使其进行磷的再利用，如用作肥料或成为污泥脱水的助剂。

（3）Phostrip 工艺比较适合于对现有工艺的改造。如对现有的活性污泥处理厂，只需在污泥超越管线上增设小规模的处理单元即可，且在改造过程中不必中断处理系统的正常运行。总之，Phostrip 工艺与 A_P/O 或 A/A/O 工艺相比，受外界温度的影响较小，工艺操作较灵活，对碳、磷的去除效果好且稳定。因而，在低温低有机基质浓度的条件及以除磷为主的情况下，采用此工艺是比较合适的。

3.3.3 脱氮除磷工艺

1. A/A/O 工艺

厌氧/缺氧/好氧（A/A/O）工艺同时具有除磷和脱氮的功能。它是在 A_P/O 工艺的基础上增设一个缺氧区，并使好氧区的混合液回流至缺氧区使之反硝化脱氮。污水首先进入厌氧区，兼性厌氧发酵菌在厌氧环境下将污水中的可生物降解的大分子有机物转化为 VFA 这类分子量较低的中间发酵产物。积磷菌将其体内储存的聚磷酸盐分解，同时释放出能量供专性好氧聚磷微生物在厌氧的“压抑”环境中维持生存，剩余部分的能量则可供积磷菌从环境中吸收 VFA 一类易降解的有机基质所需，并以 PHB 的形式在其体内加以储存。随后，污水进入缺氧区，反硝化菌利用好氧区中回流液中的硝酸盐以及污水中的有机基质进行反硝化，达到同时除磷脱氮和去碳的效果。在好氧区中，积磷菌在利用污水中残留的有机基质的同时，主要通过分解其体内储存的 PHB 所放出的能量维持其生长，同时过量摄取环境中的溶解态磷。好氧区中的有机物经厌氧、缺氧段分别被积磷菌和反硝化菌利用后，浓度已相当低，这有利于自养硝化菌的生长，并将氨氮经硝化作用转化为硝酸盐。排放的剩余污泥中，由于含有大量能超量贮积磷的积磷细菌，污泥含磷量可以达到6%（干重）以上，因此大大提高了磷的去除效果，A/A/O 工艺流程如图 3－8 所示。

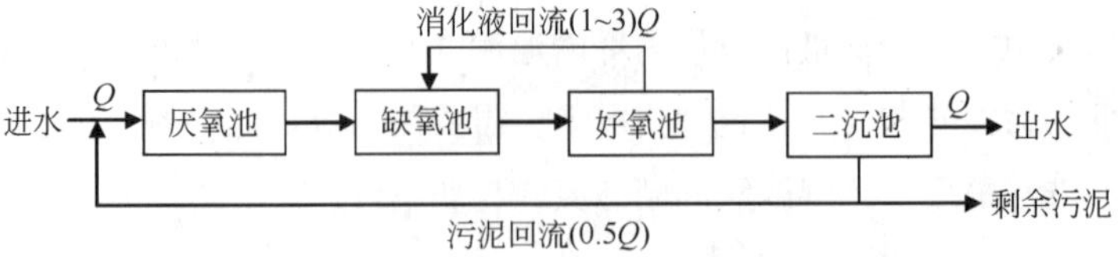

图 3－8 A/A/O 工艺流程图

A/A/O 工艺的特性曲线如图 3－9 所示。由图可知，在厌氧池中，污水中 BOD_5 和 COD 会有一定的下降，NH_4^+-N 也会由于细胞的合成而被部分去除，但 NO_3 的含量基本保持不变，而 P 的含量因积磷菌在厌氧环境中的释磷而上升；在缺氧池中，反硝化细菌利用污水中的碳源进行脱氮，NO_3 的含量急剧下降，同时 BOD_5 和 COD 也有所下降，P 的含量几乎不变(稍有下降)；在好氧池中，由于硝化的作用和积磷菌摄磷的作用，NH_4^+-N 和 P 的含量下降，而 NO_3 的含量则上升。

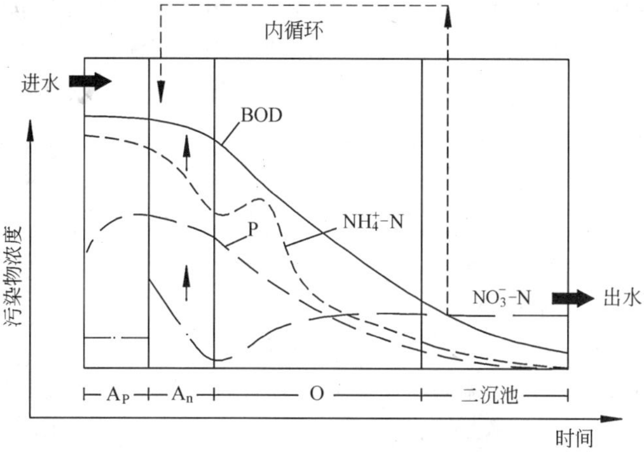

图 3－9 A/A/O 工艺的特性曲线

对 A/A/O 工艺而言，由于此工艺同时具有除磷和脱氮的功能，因而须在保证良好的除磷效果的同时，还要保证良好的脱氮效果。有报道指出，当处理系统的负荷在 0.2kgBOD_5/(kg MLVSS·d)以上且进水中的 BOD_5 与总氮之比(BOD/TN)>4～5 时，采用 A/A/O 工艺可获得良好的除磷脱氮效果。

2. Phoredox 工艺

在 Bardenpho 工艺中，由于回流的作用，污水水质的影响及操作运行上的关系，较难实现除磷效果。为了保证或提高除磷效果，Barnard 将 Bardenpho 工艺进行了改进，提出了除磷脱氮型工艺流程，即 Phoredox 工艺，在美国则称之为改良型 Bardenpho 工艺，这种工艺较易在厌氧段中保持良好的厌氧条件，工艺流程如图 3－10 所示。

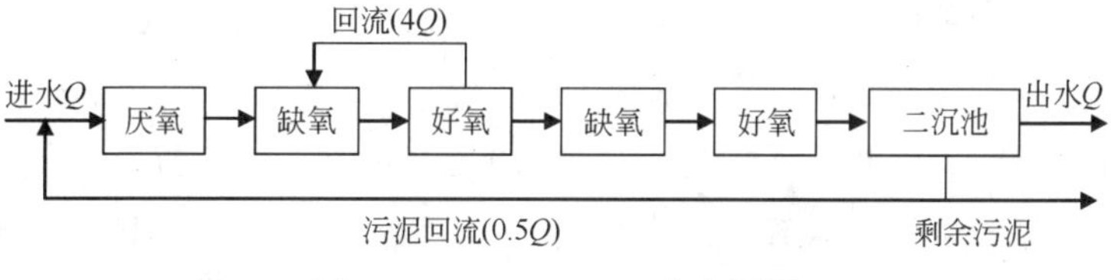

图 3－10 Phoredox 工艺流程图

与其他工艺相比，该工艺的主要特征是 HRT 和 SRT 均较长，其中 SRT 可长达 20～30d，剩余污泥中的磷含量为 4%～6%。据报道，该工艺各单元的 HRT 依次为 3h、7h、4h、1h 的情况下，对进水 COD 为 340mg/L、TKN 为 81mg/L 的污水进行处理时，可获得出水 COD 为 35mg/L、TKN 为 1.6mg/L 和 $PO_4^{3-}-P$ 小于 1.0mg/L 的良好处理效果。

3. UCT 工艺

UCT(University of Capetown)是目前比较流行的生物脱氮除磷工艺流程。它是在 A/A/O 工艺的基础上对回流方式作了调整以后提出的工艺。其与 A/A/O 工艺的不同之处，在于它的污泥回流是缺氧池回流到厌氧池，这样就阻止了处理系统中硝酸盐(NO_3)进入到厌氧池而影响在厌氧过程中磷的充分释放。在UCT工艺中，沉淀池的污泥回流和好氧区的混合液分别回流至缺氧区，其中的NO_3在缺氧区中经反硝化而去除。为了补充缺氧区中污泥流失，增加了缺氧区混合液向厌氧区的回流。在污水的TKN/COD适当的情况下，可实现完全的反硝化作用，使缺氧区出水中的硝酸盐浓度近于零，从而使其向厌氧段的回流混合液中的NO_3亦接近于零。这样能使厌氧段保持严格的厌氧环境而保证良好的除磷效果，UCT工艺流程如图3-11所示。

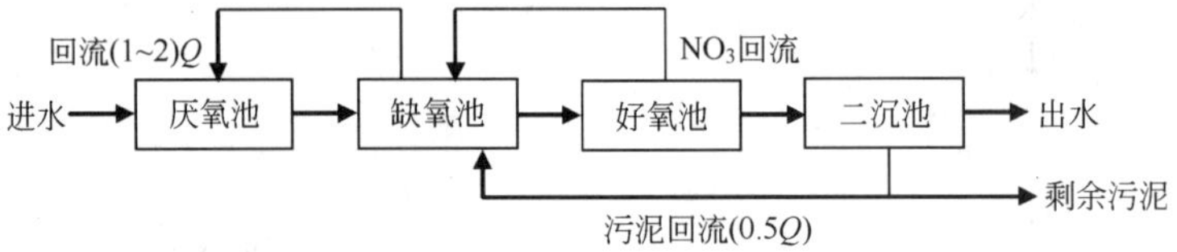

图3-11 UCT工艺流程图

UCT工艺中来自好氧区的回流硝酸盐量需要加以控制，使进入厌氧池的硝态氮量尽可能小。这样一来，该工艺的脱氮能力就不能得到充分发挥，为保证活性污泥具有良好的沉淀性能，但回流比又不能太小的目的，开发出了一种改良型UCT工艺，如图3-12所示。

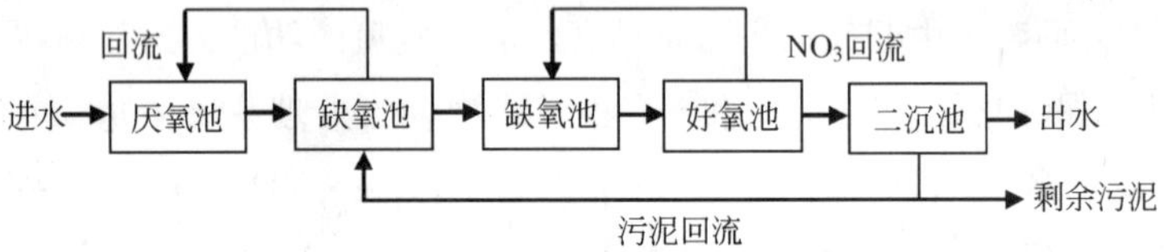

图3-12 改良型UCT工艺流程图

在改良型UCT工艺中，缺氧反应池被分成两部分，第一缺氧反应池接纳回流污泥，然后由该反应池将污泥回流至厌氧反应池，污泥量比值约为0.10，这就基本解决了UCT工艺所存在的问题，第二缺氧反应池得到硝化混合液回流a，大部分反硝化反应在此区完成，能够平衡可供使用的缺氧污泥量。混合液回流量的最低值根据需要进入二级缺氧反应池的硝酸盐负荷确定，一般来说，硝酸盐负荷应根据该反应池的反硝化能力确定。任何比这个最低值a高的回流量，在二级缺氧反应池中都会导致其出水含有硝酸盐，即回流到二级缺氧反应池中的硝酸盐超过了该反应池的去除量，因此该反应池的出水就会有硝酸盐。然而当$a > a_{min}$，对保持稳定的好氧反应池中的硝酸盐浓度影响不大。因此人们可以根据实际停留时间的需要将硝化混合液回流量a值选择大于a_{min}的任何值，都不致影响回流到一级缺氧反应池的硝酸盐含量，即不再需要对回流量a实行严格控制。然而这些改进的代价是，为了保证流入厌氧反应池中的硝酸盐含量为零，TKN/COD最大比值从UCT工艺的0.14降至改良型UCT工艺的0.11，这样的TKN/COD比值覆盖了大部分沉淀污水和城市原污水。此外，无论是准备采用一级缺氧反应池的回流污泥还是二级缺氧反应池的污泥，该工艺都可以根据需要，按照改良型UCT或UCT进行操作。

4. VIP工艺

VIP工艺是美国Virginia州Hampton Roads公共卫生区与CH2M HILL公司于20世纪80年代末开发并获得专利的污水生物除磷脱氮工艺。它是专门为该区Lamberts Point污水处理厂的改扩建而设计的。该改扩建工程被称为Virginia Initiative Plant(VIP)，目的是采用生物处理取得经济有效的氮磷去除效果。由于VIP工艺具有普遍适用性，因此在其他污水处理厂也得到了应用。VIP工艺与UCT工艺非常类似，两者的差别在于池型构造和运行参数方面，如表3－13所示。

VIP工艺与UCT工艺比较表 **表3－13**

VIP工艺	UCT工艺
多个完全混合型反应格组成	厌氧、缺氧、好氧区是单个反应器
流程采用分区方式，每区由2～4格组成	每个反应区都是完全混合的
泥龄4～12d	泥龄13～25d，通常≥20d，污泥得到稳定
污泥回流与混合液回流通常混合在一起	污泥直接回流到缺氧区
来自缺氧区的缺氧混合液回流与进水混合	从完全混合的缺氧区将缺氧混合液直接回流到厌氧区
工艺过程的典型水力停留时间为6～7h	工艺过程的典型水力停留时间为24h

反应池采用分格方式可以充分发挥除磷菌的作用，与单个大体积的完全混合式反应池相比，由一系列体积较小的完全混合式反应格串联组成的反应池具有更高的除磷效果，其原理在于有机物的梯度分布，提高厌氧池的磷释放和好氧池的磷吸收速度。由于大部分反硝化都发生在前几格，反应池分格也有助于缺氧池的完全反硝化。这样一来，进入缺氧池最后一格的硝酸盐量就极少，基本上没有硝酸盐通过缺氧回流液进入厌氧池。

VIP工艺采用高负荷方式运行，混合液中活性微生物所占的比例较高。对于给定的去除率，活性微生物比例越大，除磷率越高，反应池的容积可以相应减小。

VIP工艺流程如图3－13所示。

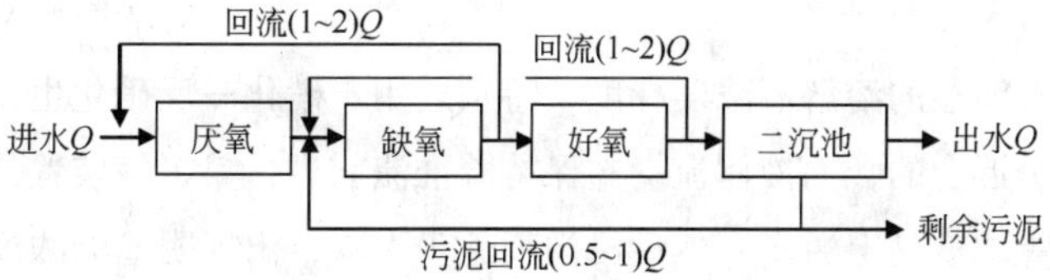

图3－13 VIP工艺流程图

3.3.4 氧化沟工艺

1. 氧化沟工艺基本原理和主要设计参数

氧化沟工艺因其构筑物呈封闭的环形沟渠而得名。它是活性污泥法的一种，因为污水和活性污泥在曝气渠道中不断循环流动，因此也称为循环曝气池、无终端曝气池。氧化沟的水力停留时间长，有机负荷低，其本质上属于延时曝气系统，一般氧化沟法的主要设计参数如下：

水力停留时间：10～40h；

污泥龄：一般大于20d；

有机负荷：0.05～0.15kgBOD_5/(kgMLSS·d)；

容积负荷：0.2～0.4kgBOD_5/(m^3·d)；

活性污泥浓度：2000～6000mg/L；

沟内平均流速：0.3～0.5m/s。

2. 氧化沟的技术特点

氧化沟利用连续环式反应池(Continuous Loop Reator，简称 CLR)作为生物反应池，混合液在该反应池中一条闭合曝气渠道进行连续循环，氧化沟通常在延时曝气条件下使用。氧化沟使用一种带方向控制的曝气和搅动装置，向反应池中的物质传递水平速度，从而使被搅动的液体在闭合式渠道中循环。

氧化沟一般由沟体、曝气设备、进出水装置、导流和混合设备组成，沟体的平面形状一般呈环形，也可以是长方形、L 形、圆形或其他形状，沟端面形状多为矩形和梯形。

氧化沟法由于具有较长的水力停留时间，较低的有机负荷和较长的污泥龄，与传统活性污泥法相比可以省略调节池、初次沉淀池、污泥消化池，有的甚至还可以省略二次沉淀池。氧化沟能保证较好的处理效果，这主要是因为它巧妙结合了 CLR 形式和曝气装置特定的定位布置，使得氧化沟具有独特水力学特征和工作特性。

(1) 氧化沟结合推流和完全混合的特点，有利于克服短流和提高缓冲能力，通常在氧化沟曝气区上游安排入流，在入流点的再上游点安排出流。入流通过曝气区在循环中很好地被混合和分散，混合液再次围绕 CLR 继续循环。这样，氧化沟在短期内(如一个循环)呈推流状态，而在长期内(如多次循环)又呈混合状态。这两者的结合，既使入流至少经历一个循环而基本杜绝短流，又可以提供很大的稀释倍数而提高缓冲能力。同时为了防止污泥沉积，必须保证沟内足够的流速，一般平均流速大于 0.3m/s，而污水在沟内的停留时间又较长，这就要求沟内有较大的循环流量，一般是污水进水流量的数倍乃至数十倍，使得进入沟内的污水立即被大量的循环液所混合稀释，因此氧化沟系统具有很强的耐冲击负荷能力，对不易降解的有机物也有较好的处理能力。

(2) 氧化沟具有明显的溶解氧浓度梯度，特别适用于硝化—反硝化生物处理工艺。氧化沟从整体上说又是完全混合的，而液体流动却保持着推流前进，其曝气装置是定位的，因此混合液在曝气区内溶解氧浓度是上游高，然后沿沟长逐步下降，出现明显的浓度梯度，到下游区溶解氧浓度就很低，基本上处于缺氧状态。氧化沟设计可按要求安排好氧区和缺氧区，实现硝化—反硝化，不仅可以利用硝酸盐中的氧满足一定的需氧量，而且可以通过反硝化补充硝化过程中消耗的碱度。这些有利于节省能耗和减少甚至免去硝化过程中需要投加的化学药品数量。

(3) 氧化沟沟内功率密度的不均匀配备，有利于氧的传质，液体混合和污泥絮凝。传统曝气的功率密度一般仅为 20～30W/m^3，平均速度梯度 G 大于 100s^{-1}。这不仅有利于氧的传递和液体混合，而且有利于充分切割絮凝的污泥颗粒。当混合液经平稳的输送区到达好氧区后期，平均速度梯度 G 小于 30s^{-1}，污泥仍有再絮凝的机会，因而也能改善污泥的絮凝性能。

(4) 氧化沟的整体功率密度较低，可节约能源。氧化沟的混合液一旦被加速到沟中的平均流速，对于维持循环仅需克服沿程和弯道的水头损失，因而氧化沟相对于其他系统，能以低得多的整体功率密度来维持混合液流动和活性污泥悬浮状态。据国外的一些报道，氧化沟比常规的活性污泥法能耗降低 20%～30%。

另外，据国内外统计资料显示，与其他污水生物处理方法相比，氧化沟具有处理流程简单、操作管理方便、出水水质好、工艺可靠性强、基建投资省、运行费用低等特点。

3. 氧化沟技术的发展

自1920年英国sheffield建立的污水厂成为氧化沟技术先驱以来，氧化沟技术一直在不断的发展和完善，其技术方面的提高是在两个方面同时展开的：一是工艺的改良，二是曝气设备的革新。

(1) 工艺的改良

工艺的改良过程大致可分为四个阶段，如表3-14所示。

氧化沟工艺的发展阶段表 **表3-14**

阶段	型式
初期氧化沟	1954年，Pasveer教授建造的Voorshopen氧化沟，间歇运行。分进水、曝气净化、沉淀和排水四个基本工序
规模型氧化沟	增加沉淀池，使曝气和沉淀分别在两个区域进行，可以连续进水
多样型氧化沟	考虑脱氮除磷等要求，著名的有D型氧化沟，Carrousel氧化沟及Orbal氧化沟等
一体化氧化沟	时空调配型(D型、VR型、T型等)合建式(BMTS式、侧沟式、中心岛式等)

(2) 曝气设备的革新

曝气设备对氧化沟的处理效率、能耗和处理稳定性有关键性影响，其作用主要表现在以下四个方面：

1) 向水中供氧；

2) 推进水流前进，使水流在池内作循环流动；

3) 保证沟内活性污泥处于悬浮状态；

4) 使氧、有机物、微生物充分混合。

针对以上几个要求，曝气设备也一直在改进和完善。常规的氧化沟曝气设备有横轴曝气装置及竖轴曝气装置，其他各种曝气设备也在工程中得到应用并经受着实践的检验。

1) 横轴曝气装置有转刷和转盘，其中更为常见的是转刷。转刷单独使用通常只能满足水深较浅的氧化沟，有效水深不大于2.0~3.5m，因而造成传统氧化沟较浅，占地面积大的弊端。近几年开发了水下推进器配合转刷，解决了这个问题，如山东高密污水厂，有效水深为4.5m，保证沟内平均流速大于0.3m/s，沟底流速不低于0.1m/s，这样氧化沟占地面积大大减少。转刷技术运用已相当成熟，但因其供氧率低，能耗大，故逐渐被另外先进的曝气技术所取代。

2) 竖轴式表面曝气机。各种类型的表面曝气机均可用于氧化沟，一般安装在沟渠的转弯处，这种曝气装置有较大的提升能力，氧化沟水深可达4~4.5m，如1968年荷兰DHV开发的著名的Carrousel氧化沟，在一端的中心设垂直于轴一定方向的低速表曝叶轮，叶轮转动时除向污水供氧外，还能使沟中水体沿一定方向循环流动。表曝设备价格较便宜，但能耗大易出故障，且维修困难。

3) 射流曝气。1969年Lewrnpt等创建了第一座试验性射流曝气氧化沟(JAC)。国外的射流曝气多为压力供气式，而国内通常是自吸空气式。JAC的优点是氧化沟的宽度和水的深度不受限制，可以用于深水曝气，且氧的利用率高，目前最大的 JAC 在奥地利的林茨，处理流量为 $17.2\times10^4m^3/d$，有效水深达 7.5m。

4）微孔曝气。现在应用较多的微孔曝气装置，采用多孔性空气扩散装置克服了以往装置气压损失大、易堵塞的问题，且氧利用率较高，在氧化沟技术中的应用越来越广泛。目前，我国广东省某污水厂已成功运用了此种曝气系统。

5）其他曝气设备。包括一些新型的曝气推动设备，如浙江某公司开发的复叶节流新型曝气器，氧利用率较高，浮于水面，易检修，充氧能力可达水下 7m，推动能力相当强，满足氧化沟的曝气推动一体化的要求，同时能够满足氧化沟底部的充氧和推动。

氧化沟在国内外发展都很快。欧洲的氧化沟污水厂已有上千座，在国内，从 20 世纪 80 年代末开始在城市污水和工业废水处理中引进国外先进的氧化沟技术，目前采用该技术的污水处理厂较多，日处理量从 $3000\sim100000m^3$ 以上不等。目前，氧化沟工艺已成为我国城市污水处理的主要工艺之一。

4. 氧化沟脱氮除磷工艺

（1）传统氧化沟的脱氮除磷

传统氧化沟的脱氮，主要是利用沟内溶解氧分布的不均匀性，通过合理的设计，使沟中产生交替循环的好氧区和缺氧区，从而达到脱氮的目的。其最大的优点是在不外加碳源的情况下，在同一沟中实现有机物和总氮的去除，因此是非常经济的。但在同一沟中好氧区与缺氧区各自的体积和溶解氧浓度很难准确地加以控制，因此对除氮的效果是有限的，而对除磷几乎不起作用。另外，在传统的单沟式氧化沟中，微生物在好氧—缺氧—好氧短暂的经常性的环境变化中使硝化菌和反硝化菌群并非总是处于最佳的生长代谢环境中，由此也影响单位体积构筑物的处理能力。

随着氧化沟工艺的发展，目前，在工程应用中比较有代表性的形式有：多沟交替式氧化沟及其改进型，如三沟式，五沟式、卡鲁塞尔氧化沟及其改进型、奥贝尔(Orbal)氧化沟及其改进型、一体化氧化沟等，这些工艺都具有一定的脱氮除磷能力。

（2）PI 型氧化沟的脱氮除磷

PI(Phase Isolation)型氧化沟，即交替式和半交替式氧化沟，是 20 世纪 70 年代在丹麦发展起来的，其中包括 D 型、T 型和 VR 型氧化沟。随着各国对污水处理厂出水氮、磷含量要求越来越严，开发出了功能加强的 PI 型氧化沟，主要由 Kruger 公司与 Demmark 技术学院合作开发的，称为 Bio - Denitro 和 Bio - Denipho 工艺，这两种工艺都是根据 A/O 和 A/A/O 生物脱氮除磷原理，创造缺氧/好氧、厌氧/缺氧/好氧的工艺环境，达到生物脱氮除磷的目的。

1）D 型、T 型氧化沟脱氮工艺

D 型氧化沟为双沟系统，T 型氧化沟为三沟系统，其运行方式比较相似，都是通过配水井对水流流向的切换、堰门的启闭以及曝气转刷的调速，在沟中创造交替的硝化、反硝化条件，以达到脱氮的目的。其不同之处在于，D 型氧化沟系统是二次沉淀池与氧化沟分建，有独立的污泥回流系统；而 T 型氧化沟的两侧沟轮流作为沉淀池。

2）VR 型氧化沟脱氮工艺

VR 型氧化沟沟型宛如通常的环形跑道，中央有一小岛的直壁结构，氧化沟分为两个容积相当的部分，其水平形式如反向的英文字母 C，污水处理通过两道拍门和两道出流堰交替启闭进行连续和恒水位运行。

3）PI 型氧化沟同时脱氮除磷工艺

交替式氧化沟在脱氮方面效果良好，但除磷效果非常有限。为了达到除磷的目的，通常在氧化沟前设置相应的厌氧区或独立构筑物或改变其运行方式。据国内外实际运行经验显示，这种同时脱氮除磷工艺只要运行时控制得当，可以取得很好的脱氮除磷效果。

西安北石桥污水净化中心采用具有脱氮除磷功能的 D 型氧化沟系统（前加厌氧池），一期工程处理能力为 $15\times10^4m^3/d$，对各阶段处理效果实测结果表明，D 型氧化沟处理城市污水效果显著，COD、TN、TP 的总去除效率分别达到 87.5% ~91.6%，63.6% ~66.9%，85.0% ~93.4%，出水 TN 为 9.0 ~10.1mg/L，TP 为 0.42 ~0.45mg/L，出水水质优于国家二级出水排放标准。

上述三种 PI 型氧化沟脱氮除磷工艺都具有转刷的调速频繁，活门、出水堰的启闭切换频繁的特点，对自动化要求较高，此外转刷的效率较低，故在经济欠发达地区的应用受到很大的限制。

（3）奥贝尔氧化沟脱氮除磷工艺

Orbal 氧化沟简称同心圆式，它也是分建式，有单独二次沉淀池，采用转碟曝气，沟深较大，脱氮效果很好，但除磷效率不够高，要求除磷时还需前加厌氧池。应用上多由椭圆形的三环道组成，三个环道用不同的 DO（如外环为 0、中环为 1、内环为 2），有利于脱氮除磷。采用转碟曝气，水深一般在 4.0 ~4.5m，动力效率与转刷接近，现已在山东潍坊、北京黄村和合肥王小郢等城市污水处理厂得以应用。

（4）卡鲁塞尔氧化沟脱氮除磷工艺

1）传统的卡鲁塞尔氧化沟工艺

卡鲁塞尔（Carrousel）氧化沟是 1967 年由荷兰的 DHV 公司开发研制的。它研制的目的是为满足在较深的氧化沟沟渠中使混合液充分混合，并能维持较高的传质效率，以克服小型氧化沟沟深较浅、混合效果差等缺陷。至今世界上已有 850 多座 Carrousel 氧化沟系统正在运行，实践证明该工艺具有投资省、处理效率高、可靠性好、管理方便和运行维护费用低等优点。Carrousel 氧化沟使用立式表曝机，曝气机安装在沟的一端，因此形成了靠近曝气机下游的富氧区和上游的缺氧区，有利于生物絮凝，使活性污泥易于沉降，设计有效水深为 4.0 ~4.5m，沟中的流速为 0.3m/s，BOD_5 的去除率可达 95% ~99%，脱氮效率约为 90%，除磷效率约为 50%，如投加铁盐，除磷效率可达 95%。

2）单级卡鲁塞尔氧化沟脱氮除磷工艺

单级卡鲁塞尔氧化沟有两种形式：一是有缺氧段的卡鲁塞尔氧化沟，可在单一池内实现部分反硝化作用，适用于有部分反硝化要求但要求不高的场合。另一种是卡鲁塞尔 A/C 工艺，即在氧化沟上游加设厌氧池，可提高活性污泥的沉降性能，有效控制活性污泥膨胀，出水磷的含量通常在2.0mg/L以下。以上两种工艺一般用于现有氧化沟的改造，与标准的卡鲁塞尔氧化沟工艺相比变动不大，相当于传统活性污泥工艺的A/O和A/A/O工艺。

3）合建式卡鲁塞尔氧化沟

缺氧区与好氧区合建式氧化沟是美国EIMCO公司专为卡鲁塞尔系统设计的一种先进的生物脱氮除磷工艺(卡鲁塞尔2000型)。它在构造上的主要改进是在氧化沟内设置了一个独立的缺氧区。缺氧区回流渠的端口处装有一个可调节的活门。根据出水含氮量的要求，调节活门张开程度，可控制进入缺氧区的流量。缺氧区和好氧区合建式氧化沟的关键在于对曝气设备充氧量的控制，必须保证进入回流渠处的混合液处于缺氧状态，为反硝化创造良好的环境。缺氧区内有潜水搅拌器，具有混合和维持污泥悬浮的作用。

在卡鲁塞尔2000型基础上增加前置厌氧区，可以达到脱氮除磷的目的，被称为A^2/C卡鲁塞尔氧化沟。

四阶段卡鲁塞尔Bardenpho系统在卡鲁塞尔2000型系统下游增加了第二缺氧池及再曝气池，实现更高程度的脱氮。五阶段卡鲁塞尔Bardenpho系统在A^2/C卡鲁塞尔系统的下游增加了第二缺氧池和再曝气池，实现更高程度的脱氮和除磷。

综上所述，厌氧、缺氧与好氧合建的氧化沟系统可以分为三阶段A/A/O系统以及四、五阶段Bardenpho系统，这几个系统均是A/O系统的强化和反复，因此这种工艺的脱氮除磷效果很好，脱氮率达90%～95%。

另外，卡鲁塞尔3000型氧化沟也有较好的脱氮除磷效果。卡鲁塞尔3000系统是在卡鲁塞尔2000系统前再加上一个生物选择区。该生物选择区是利用高有机负荷筛选菌种，抑制丝状菌的增长，提高各污染物的去除率，其后的工艺原理同卡鲁塞尔2000系统。

卡鲁塞尔3000系统的较大提高表现在：一是增加了池深，可达7.5～8m，同心圆式，池壁共用，减少了占地面积，降低造价同时提高了耐低温能力，水温可达7℃左右；二是曝气设备的巧妙设计，表曝机下安装导流筒，抽吸缺氧的混合液，采用水下推进器解决流速问题；三是使用了先进的曝气控制器QUTE，采用一种多变量控制模式；四是采用一体化设计，从中心开始，包括以下环状连续工艺单元：进水井和用于回流活性污泥的分水器，分别由四部分组成的选择池和厌氧池，这之外还有三个曝气器和一个预反硝化池的卡鲁塞尔2000系统；五是圆形一体化的设计使得氧化沟不需额外的管线，即可实现回流污泥在不同工艺单元间的分配。

4）合建式一体化氧化沟

它是指集曝气、沉淀、泥水分离和污泥回流功能为一体，无需建造单独二次沉淀池的氧化沟。这种氧化沟设有专门的固液分离装置和措施。它既是连续进出水，又是合建式，且不用倒换功能，从理论上讲最经济合理，且具有很好的脱氮除磷效果。

一体化氧化沟除一般氧化沟所具有的优点外，还有以下独特的优点：

① 工艺流程短，构筑物和设备少，不设初次沉淀池、调节池和单独的二次沉淀池；

② 污泥自动回流，投资少、能耗低、占地少、管理简便；

③ 造价低，建造快，设备事故率低，运行管理工作量少；

④ 固液分离效果比一般二次沉淀池高，使系统在较大的流量浓度范围内稳定运行。

一体化氧化沟的工艺特点如图3-14所示。

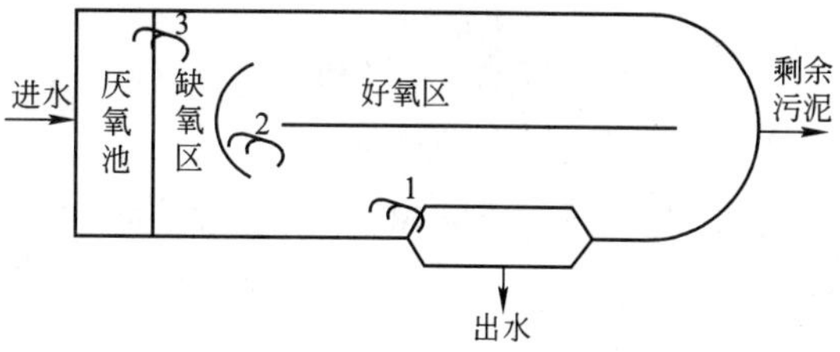

图3-14 合建式一体化氧化沟工艺图

1—无泵污泥自动回流；2—水力内回流；3—混合液机械回流

3.3.5 序批式活性污泥法工艺

序批式活性污泥法的主要构筑物为序批反应池(sequencing batch reacter)，简称SBR，故序批式活性污泥法又简称为SBR法。SBR法是一种兼调节、初沉、生物降解、终沉等功能于一池的污水生化处理法，无污泥回流系统。运行时，污水进入池中，在活性污泥的作用下得到净化，经泥水分离后，净化水排出池外。根据SBR的运行功能，可把整个运行过程分为进水期、反应期、沉淀期、排水期和闲置期五个阶段，如图3-15所示。

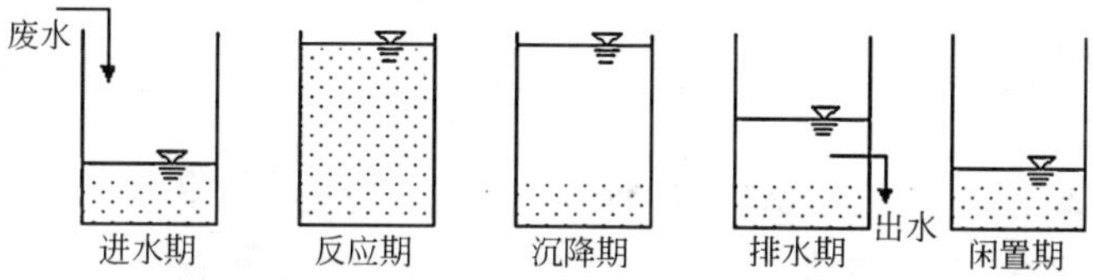

图3-15 序批式活性污泥法运行周期运行图

1. SBR污水处理工艺的特点

(1) SBR反应池可视作为一个调节池，进水水质、水量的时间变化在运行中被平均化了，因此与其他工艺相比，SBR更具有承受高峰流量和有机负荷冲击的能力，BOD_5等各项污染指标的去除率较为稳定。

(2) 在污水量低时，可将操作水位控制在较低的位置上，利用SBR反应池的部分容积进行运行，另外，当进水BOD_5浓度低时，可通过减少曝气反应时间来降低能耗。

(3) 省略了调节池、二次沉淀池和污泥回流设备，整个污水处理设备的构造也更趋简单、紧凑，占地小，工程投资省，便于维护管理。

(4) 根据反应动力学理论，生物作用于有机基质的反应速率与基质浓度呈一级动力学反应，SBR工艺是按时间作推流的，即随着污水在池内反应时间的延长，基质浓度由高到低，是一种典型的推流型反应器。从选择器理论可知，其扩散系数最小，不存在浓度返混作用。在每个运行周期的充水阶段，SBR反应池内的污水浓度高，生物反应速率也大，因此反应池的单位容积处理效率高于CFS系统中的完全混合型反应池以及带返混的旋流型反应池(或称阶式完全混合型反应池)。

(5) 由于SBR反应池内的活性污泥交替处于厌氧、缺氧和好氧状态，因此，具有脱氮除磷的功效。

(6) SBR法的运行效果稳定，既无完全混和型反应池中的跨越流，也无接触氧化法中的沟流。

(7) SBR 反应池在运行初期，池内 BOD_5 浓度高，而 DO 浓度较低，即存在着较大的氧传递推动力，因此，在相同的曝气设备条件下，SBR 可以获得更高的氧传递效率。

(8) SBR 反应池中 BOD_5 浓度梯度的存在有利于抑制丝状菌的生长，能克服传统活性污泥法常见的污泥膨胀问题。而且污泥指数(SVI)大多低于 100mL/g，其剩余污泥具有良好的脱水性能。

(9) 在 SBR 法运行初期，反应池内剩余 DO 浓度很低，根据动力学关系式，利用游离氧作为最终电子受体的污泥产率与剩余 DO 浓度有关，当 DO 小于 0.5mg/L 时，污泥产率比 DO 大于 2.0mg/L 时至少要低 25%，另外，当 SBR 中硝酸盐还原菌利用 NO_3^- 作为最终电子受体进行无氧呼吸时，由于 NO_2/NO_3 的氧化还原电位较 $H_2O/\frac{1}{2}O_2$ 的氧化还原电位高，因此电子通过电子传递链时产生的 ATP 数少，污泥产率低。

(10) 按照水力学的观点，活性污泥的沉降，以在完全静止状态下沉降为佳，与连续流系统在流动中沉降不同，SBR 几乎是在静止状态下沉降，它们似乎更趋近于这一观点，因此，沉降的时间短、效率高。

2. SBR 工艺的发展

SBR 工艺的经典运行和操作方式的显著特点是间歇进水，集反应、沉淀、排水排泥等按时间序列操作的各工序于一体。此外，通过采用多池并联运行的系统，使各 SBR 池根据运行周期及时间序列依次进水，可使进水在各池间循环切换，以解决整个处理系统中污水的连续流动。同时，SBR 的间歇运行方式与许多行业废水产生的周期存在相对的一致性，因而可以充分发挥其技术优势，广泛应用于工业废水的处理。此外，由于其工艺流程短、占地面积小，也使其成为许多小城镇污水处理的常用工艺。

对于较大规模的污水处理而言，为解决污水产生和其他处理方式运行的连续性和 SBR 反应器处理方式间歇性之间的矛盾，采用多池并联运行的方式已成为经典 SBR 工艺设计的常用选择，这对系统控制的自动化要求将明显提高，同时将增加运行管理的复杂性。为此，自 SBR 工艺研究和应用以来，针对经典 SBR 工艺的种种优点和不足，并借鉴传统连续运行工艺所具有的优点，许多人针对其运行方式的改进进行了专门的研究，并在十多年来的时间里开发了一系列基于经典运行方式的 SBR 改进型工艺，其中包括间歇循环延时曝气系统(ICEAS)、循环活性污泥工艺(CASS)、改良式序列间歇反应器工艺(MSBR)、连续进水(曝气)—间歇曝气工艺(DAT-IAT)、交替运行一体化工艺(UNITANK)以及间歇排水延时曝气工艺(IDEA)等。这些具有不同特点的新型 SBR 工艺运行方式的提出和实际应用，对该工艺的发展起到了极大的促进作用，使之在污水生物处理技术中形成独具特色的一个工艺技术大家族，并日臻完善。

这些新型 SBR 工艺，大多在具有经典 SBR 工艺特点的同时，形成了一些各自独特的优点。此外，由于改进 SBR 工艺趋于连续运行方式，出现了与传统活性污泥法融合的趋势，因而对某些改进的 SBR 工艺而言，在一定程度上削弱了经典 SBR 的某些优点。但不同类型的改进型 SBR 反应器，均有其自身不同的优点，适用于不同的场合，满足不同的处理功能要求。

在工艺选择和设计时，必须对此加以注意。不同类型 SBR 的基本运行特点分析如表 3－15 所示。

不同类型 SBR 的特点分析表 **表 3－15**

特　点	经典 SBR	ICEAS	CASS	UNITANK
理想沉淀	是	否	否	否
生物选择性	强	较弱	较强	弱
适应难降解污水	强	弱	较强	非常弱
除磷脱氮	氮、磷	氮	氮、磷	氮
理想推流	是	否	否	否
污泥回流	不需	不需	需要	需要
连续进水	否	是	是	是
连续出水	否	否	否	是

3.4 生物脱氮除磷工艺设计

3.4.1 生物脱氮工艺设计

1. 水量水质和排放要求

（1）设计规模

某污水处理厂的设计规模如下：

日平均设计流量 Q_d：$12 \times 10^4 m^3/d$；

变化系数 K：1.3；

最大时流量 Q_{max}：$6500m^3/h$；

平均时流量 Q_{ave}：$5000m^3/h$。

（2）设计进水水质

COD_{Cr}：550mg/L；

BOD_5：200mg/L；

SS：240mg/L；

NH_3-N：30mg/L。

（3）设计出水水质

设计出水水质指标如下：

COD_{Cr}：≤100mg/L；

BOD_5：≤20mg/L；

SS：≤20mg/L；

NH_3-N≤15mg/L。

2. 污水处理厂工艺流程

根据进水水质和出水要求，采用缺氧/好氧(A_N/O)活性污泥法处理工艺，工艺流程如图3－16所示。

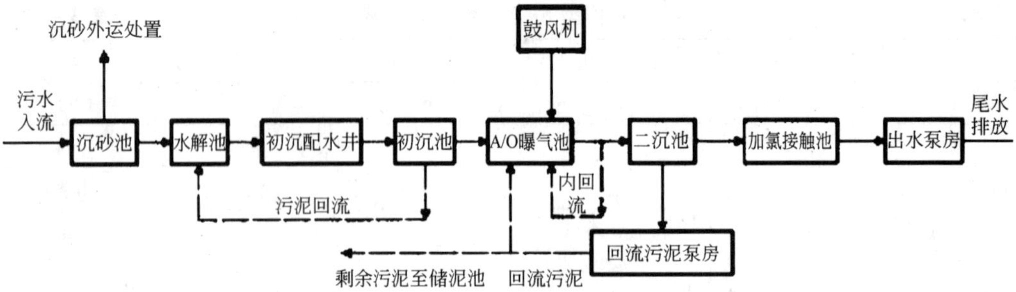

图3－16 缺氧/好氧(A_N/O)活性污泥法处理工艺流程图

3. 生物反应池设计

(1) 主要设计参数

设计流量：$Q=5000m^3/h$；

池数：2座4池；

设计水温：12℃；

污泥负荷：0.091kgBOD_5/(kgMLSS·d)；

MLSS：3.0g/L；

污泥产率：0.45kgDS/去除kgBOD_5；

剩余污泥量：9720kgDS/d；

每池有效容积：17538m^3；

总停留时间：14.0h；

污泥龄：24d；

有效水深：6.0m；

每池缺氧区有效容积：5544m^3；

缺氧区停留时间：4.43h；

每池好氧区有效容积：11994m^3；

好氧区停留时间：9.59h；

设计气水比：8.64:1；

外回流比：50%～100%；

内回流比：100%～150%。

(2) 生物反应池设计

A_N/O反应池为矩形钢筋混凝土结构，共4座，每座2池，每池由缺氧段和好氧段组成，其中缺氧段共分为5格，每格平面尺寸为13.2m×14.0m，为使池内污泥保持悬浮状态，并且与进水充分混合，每格设1套浮筒立式搅拌器，每池共5套。好氧段采用微孔曝气器，每座共8976套/座。

每座 A_N/O 反应池的末端设置内回流污泥泵，每池设3台回流污泥泵，2用1备，每台水泵流量 Q 为 $937m^3/h$，扬程 H 为2.0m，电机功率 N 为15kW，内回流混合液通过内回流泵提升后，与来自二次沉淀池的回流污泥和进水一起进入缺氧池。生物反应池设计图如图3－17所示。

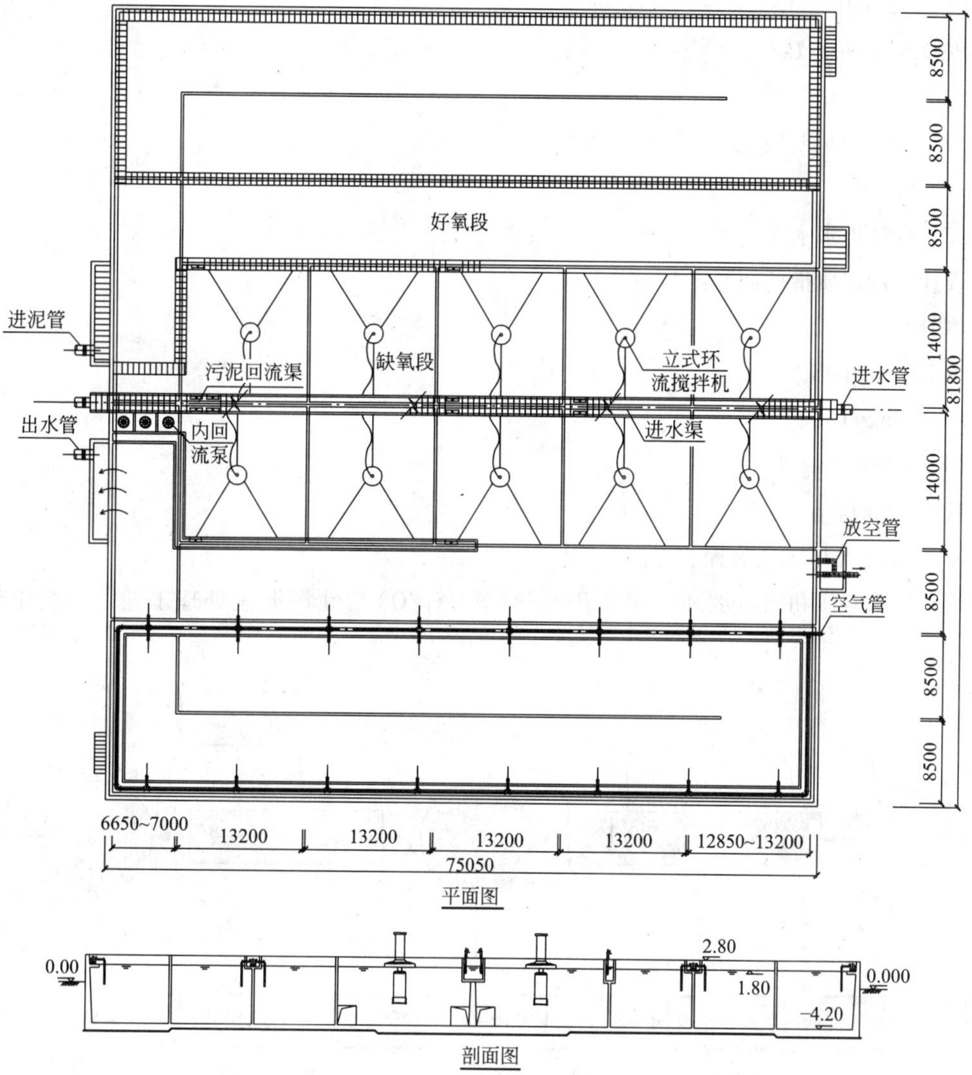

图3－17 脱氮 A_N/O 反应池设计图

3.4.2 生物除磷工艺设计

1. 水量水质和排放要求

(1) 设计规模

某污水处理厂的设计规模如下：

日平均设计流量 Q_d：$40\times10^4m^3/d$；

变化系数 K：1.3；

最大时流量 Q_{max}：$21666.7m^3/h$；

平均时流量 Q_{ave}：16666.7m^3/h。

（2）设计进水水质

设计进水水质指标如下：

COD_{Cr}：350mg/L；

BOD_5：150mg/L；

SS：220mg/L；

NH_3-N：30mg/L；

TP：4mg/L。

（3）设计出水水质

设计出水水质指标如下：

COD≤80mg/L；

BOD≤20mg/L；

SS≤30mg/L；

NH_3-N≤25mg/L；

TP≤1mg/L。

2. 污水处理厂工艺流程

根据进水水质和出水要求，采用厌氧/好氧（A_P/O）活性污泥法处理工艺，工艺流程如图3－18所示。

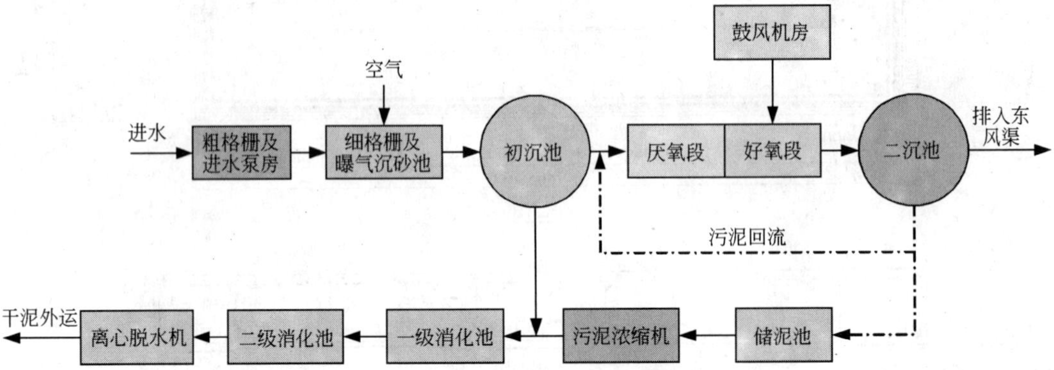

图3－18　厌氧/好氧（A_P/O）活性污泥法处理工艺流程图

3. 生物反应池设计

（1）主要设计参数

设计流量：$Q=16666.7m^3/h$；

池数：4座；

平面尺寸：86m×65.8m；

有效水深：6m；

总有效池容：130032m^3；

厌氧区池容：28896m^3；

好氧区池容：101136m^3；

混合液浓度：2.33g/L；

污泥负荷：0.21kgBOD_5/(kgMLSS·d)；

污泥产率：0.41kgDS/去除 kgBOD_5；

剩余污泥量：21320kgDS/d；

污泥龄：13.6d；

穿孔曝气器充氧效率：20%；

最大供气量：1200m^3/min；

气水比：4.32:1；

污泥回流比：100%。

(2) 生物反应池设计

厌氧/好氧(A_P/O)除磷工艺生物反应池每池分为9个廊道，每个廊道有效宽度为7m。全池可分为3个部分，位于池首的厌氧区占两个廊道，第三廊道为厌氧/好氧交替区，从第四廊道到第九廊道为好氧区。

每一廊道的厌氧区又分隔为三格，串联运行，每格内水流呈完全混合流，经初沉处理后的污水在第一廊道与从二次沉淀池回流的活性污泥充分混合，池内污水处于厌氧状态，保持水质均匀，又不使污泥沉淀，厌氧区内采用潜水搅拌，搅拌器的运转由PLC控制。经过两个廊道厌氧反应的污水进入第三廊道，在第三廊道内既设置了潜水搅拌器又设置了微孔曝气装置，其运转状态可根据实际情况进行调整，可以作为厌氧状态的延续，满足在厌氧状态下磷的释放，也可以作为好氧段的开始。最后混合液进入好氧区，进行渐减式好氧除磷工艺。生物反应池厌氧区每个廊道设置6台水下搅拌器，每台电机功率为3.3kW，使活性污泥与污水均匀混合不致沉淀并推动水流。

在第三廊道内设置了三排模式微孔曝气器共984个，在好氧条件下进行曝气。另外在该段还设置了潜水搅拌器共六个，以便继续维持厌氧状态。

后六条廊道为好氧段，在好氧区进行强烈曝气，共装设模式微孔曝气器7877个。曝气器采用渐减布置以适应微生物对氧的需要；第四、五条廊道内设六排曝气器，每条廊道曝气器各为1968个；第六条廊道设4排曝气器，曝气器数为1317个；第七和第八条廊道内设3排曝气器，每条廊道曝气器数为984个；第九条廊道设2排曝气器，曝气器数为656个。在好氧状态下，磷被充分吸收，水中的磷转移到污泥里，通过后续的泥水分离设施达到除磷的目的。

曝气气源由鼓风机房提供，每池有一根总进气管，管上设有调节阀，可根据池中溶解氧浓度由现场PLC自动调节气量，并装有空气流量计可随时了解供气情况。

生物反应池设计如图3-19所示。

3.4.3 生物脱氮除磷工艺设计

1. 水量水质和排放要求

(1) 设计规模

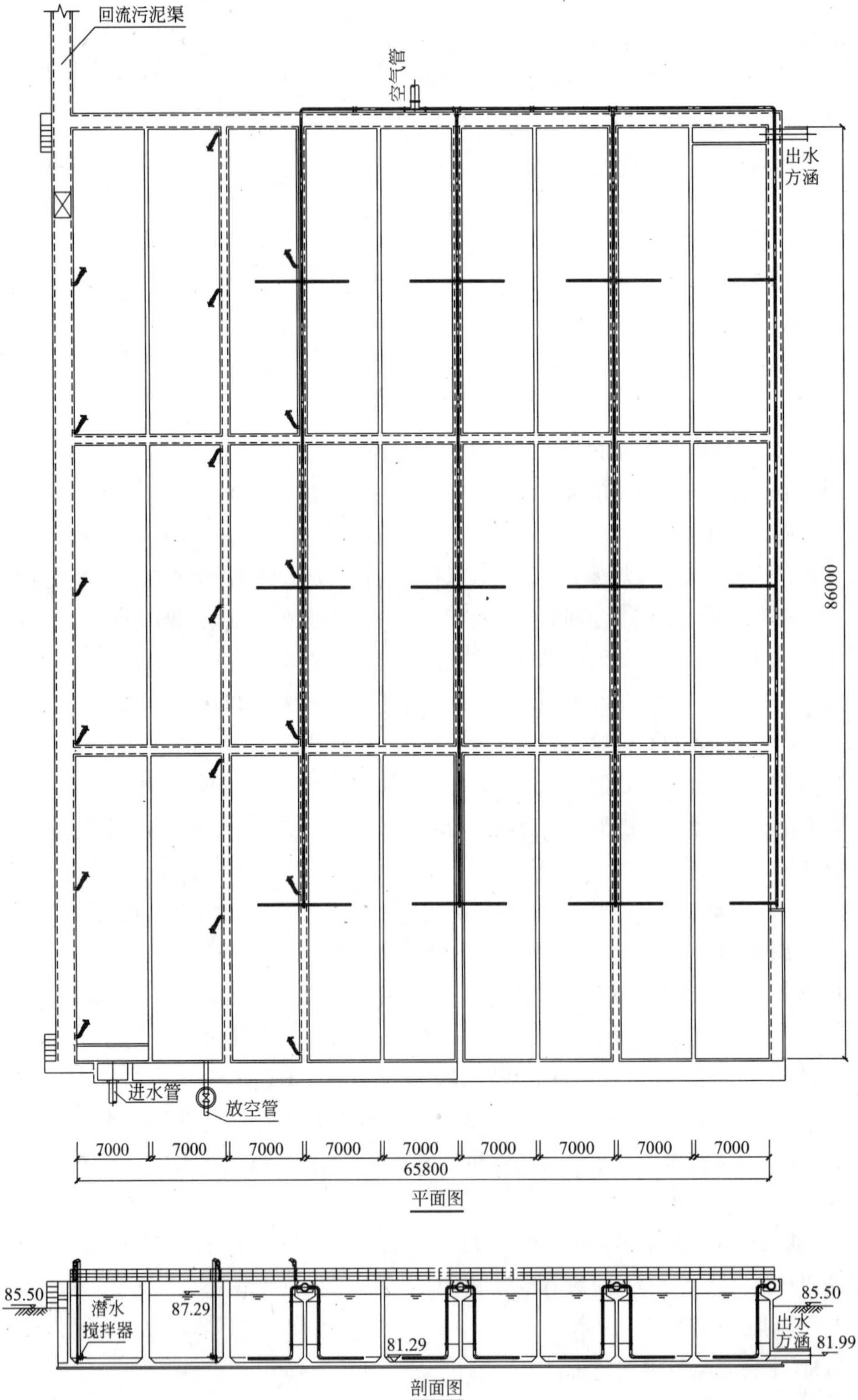

图 3-19 除磷(A_P/O)反应池设计图

某污水处理厂设计规模如下：

日平均设计流量 Q_d：$5.0\times10^4 m^3/d$；

变化系数 K：1.38；

最大时设计流量 Q_{max}：$2875m^3/h$；

平均时流量 Q_{ave}：$2083m^3/h$。

（2）设计进水水质

污水处理厂的设计进水水质为：

COD_{Cr}：380mg/L；

BOD_5：220mg/L；

SS：200mg/L；

NH_3-N：30mg/L；

TP：4mg/L。

其中生活污水占60%，工业废水占40%。

（3）设计出水水质

污水处理厂出水水质主要污染物指标如下：

$COD_{Cr}\leqslant100mg/L$；

$BOD_5\leqslant30mg/L$；

$SS\leqslant30mg/L$；

$NH_3-N\leqslant10mg/L$；

$TP\leqslant1.0mg/L$。

2. 污水处理厂工艺流程

污水处理厂采用A/A/O处理工艺，污水处理工艺流程如图3-20所示。

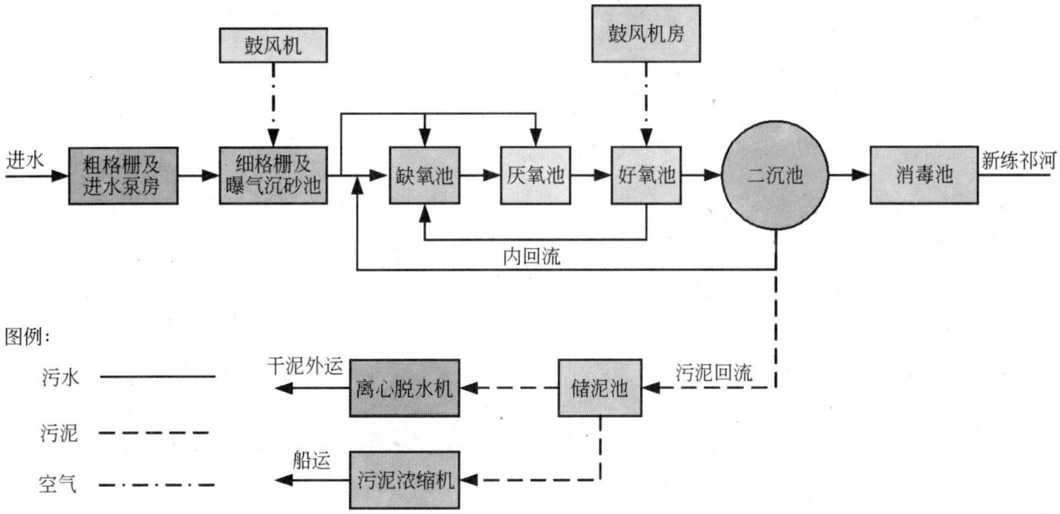

图3-20 A/A/O处理工艺流程图

3. 生物反应池设计

(1) 主要设计参数

设计流量：$Q = 2083m^3/h$；

池数：1 座 2 池；

平面净尺寸：80.4m×62.5m；

有效水深：6m；

总有效池容：$30150m^3$；

厌氧区池容：$4500m^3$；

缺氧区池容：$6750m^3$；

好氧区池容：$18900m^3$；

混合液浓度：4.0g/L；

污泥负荷：0.091kgBOD_5/(kgMLSS·d)；

污泥产率：0.85kgDS/去除 kgBOD_5；

剩余污泥量：8075kgDS/d；

污泥龄：12.9d；

穿孔曝气器充氧效率：20%；

最大供气量：$260m^3/min$；

气水比：7.49:1；

污泥回流比：100%。

(2) 生物反应池设计

A/A/O 生物反应池为 1 座 2 池合建，来自细格栅及曝气沉砂池的污水首先进入配水渠，均匀分布至 2 池中，该配水渠设有可调堰 6 套，可分别控制 1 池单独运行或同时运行。

生物反应池采用倒置 A/A/O 方式运行，也可以普通 A/A/O 方式运行，每池共设有 3 个不同功能区。

生物反应池在缺氧区和厌氧区设有水下搅拌器，每格 2 台，共 20 台。

好氧区曝气器按流程分不同密度布置。

来自沉砂池的污水由配水渠设置的两套电动调节堰门分配成两股，一股从缺氧池进入，与回流污泥充分混合，利用进水中的碳源反硝化回流污泥中带入的硝酸盐，另一股从厌氧区进入，为厌氧池中的积磷菌提供碳源。从缺氧区进入的污水通过反硝化回收了部分碱度进入厌氧区；经厌氧释磷后的污水进入好氧区，进一步去除有机物并将 NH_3-N 氧化成 NO_2 和 NO_3；经硝化的污水用内回流泵吸入缺氧区，在此利用优质碳源进行反硝化脱氮。

A/A/O 生物反应池设计如图 3-21 所示。

3.4.4 氧化沟工艺设计

1. 水量水质和排放要求

(1) 设计规模

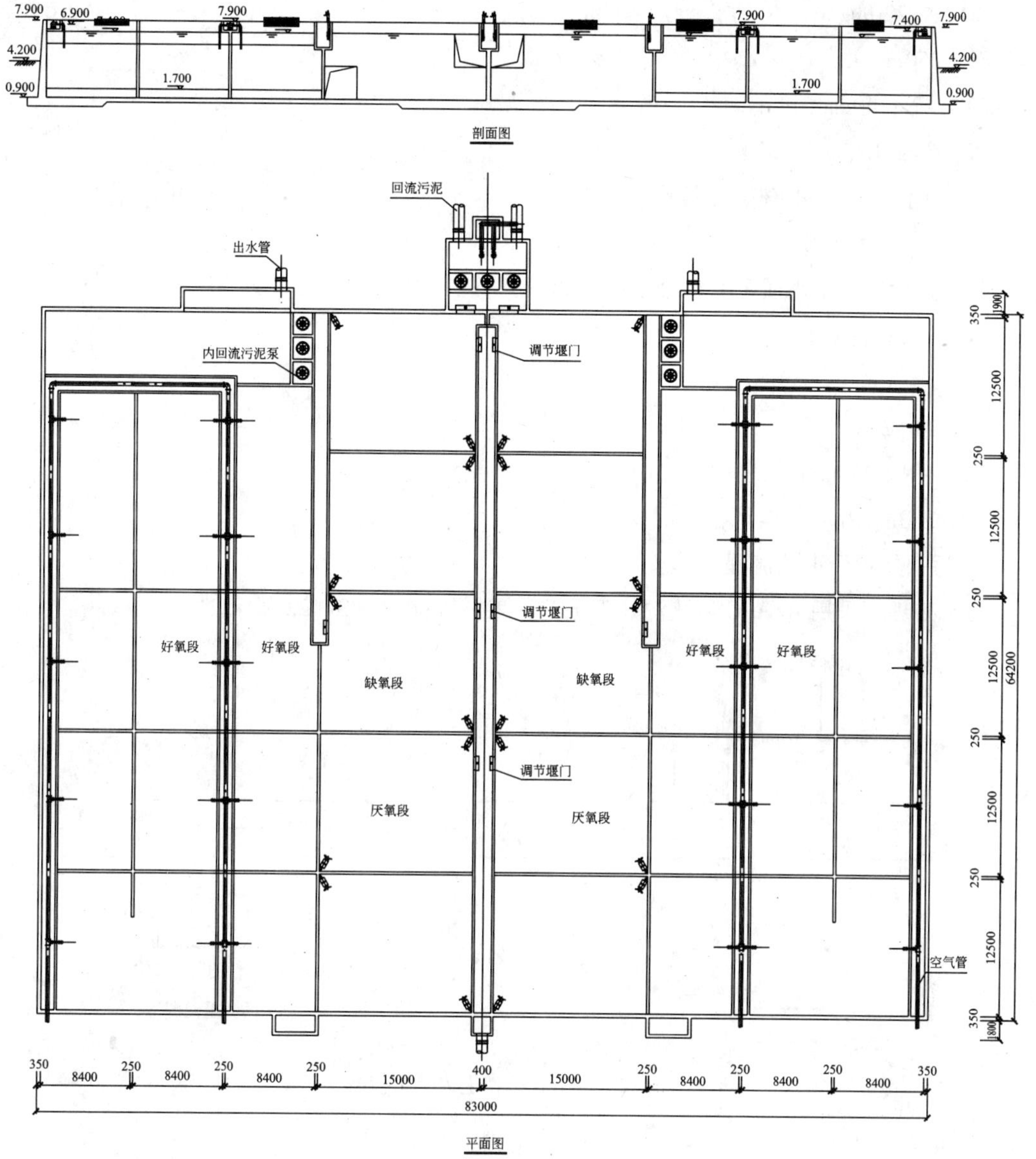

图3－21 A/A/O生物反应池设计图

某污水处理厂设计规模如下：

日平均设计流量 Q_d：$6.0\times10^4 m^3/d$；

变化系数 K：1.36；

最大时设计流量：$3400m^3/h$；

最大时设计流量：$2500m^3/h$。

(2) 设计进水水质

污水处理厂设计进水水质指标如下：

COD_{Cr}：600mg/L；

BOD_5：220mg/L；

SS：250mg/L；

NH_3-N：40mg/L；

TP：6mg/L；

其中生活污水占40%，工业废水占60%。

(3)设计出水水质

污水处理厂出水水质主要污染物指标如下：

$COD_{Cr}\leqslant 100$mg/L；

$BOD_5\leqslant 30$mg/L；

SS≤30mg/L；

$NH_3-N\leqslant 25$mg/L；

TP≤3.0mg/L。

2. 污水处理厂工艺流程

污水处理厂采用A/A/C氧化沟处理工艺，工艺流程如图3-22所示。

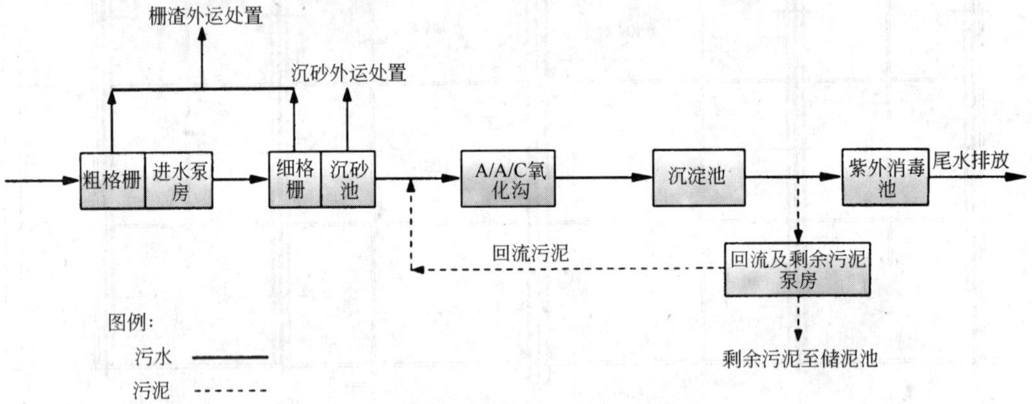

图3-22 A/A/C氧化沟工艺流程图

3. 氧化沟设计

(1) 主要设计参数

设计流量：$Q=2500\text{m}^3/\text{h}$；

池数：2座；

平面净尺寸：104.2m×33.5m；

有效水深：4.5~6m；

总有效池容：30855m^3；

厌氧区池容：3216m^3；

缺氧区池容：6432m^3；

好氧区池容：21207m^3；

混合液浓度：4.0g/L；

污泥负荷：0.107kgBOD_5/(kgMLSS·d)；

污泥产率：0.85kgDS/去除 kgBOD_5；

剩余污泥量：9690kgDS/d；

污泥龄：12.5d；

最大供氧量：1452kgO_2/h；

污泥回流比：100%。

(2) A/A/C 氧化沟设计

经配水井分配后的污水进入氧化沟前端的厌氧段，与来自回流及剩余污泥泵房的回流污泥混合，在厌氧条件下，除磷菌可将储存在菌体内的聚磷分解，将磷酸盐释放到水中。经厌氧释磷后的污水进入缺氧段进行反硝化脱氮，缺氧段设计成环流形式，强化脱氮效果，反硝化后的污水通过设置在一侧的渠道进入好氧段，进一步去除有机物并将 NH_3-N 氧化成 NO_2 和 NO_3，同时除磷菌在好氧条件下过量摄取污水中的磷，强化出水水质。而且在好氧段末端设置内回流渠，经过好氧硝化后的污水进入厌氧段，由于末端的溶解氧减少到最低程度，有效地防止缺氧池氧过量的问题，可以取得最好的反硝化效果。

A/A/C 氧化沟是污水处理厂的主体构筑物，集厌氧、缺氧、好氧反应于一体，为钢筋混凝土结构，共2座，每池按 $3\times10^4m^3/d$ 规模单独运行。

每座 A/A/C 氧化沟由厌氧段、缺氧段及好氧段组成，其中厌氧段平面尺寸为 37m×8m，有效水深为6.0m，设置3台水下搅拌机，单台功率为4kW；缺氧段平面尺寸为37m×16m，有效水深为6.0m，设置水下搅拌机4台，单台功率为4kW。

好氧段长度为80m，设计4条廊道，每廊宽为9m，有效水深为4.5m，共设置3台表面曝气机，曝气机直径 D 为3.75m，单台电机功率为110kW，动力效率为2.2kgO_2/(kW·h)。在每条廊道槽的转弯处设置导流墙稳定水流，防止因内外圈流速不同产生涡流，造成局部底泥沉积，同时控制叶轮缘与中隔墙的缝隙尺寸，将竖向流改变为水平流，增强混合效果。

A/A/C 氧化沟设计如图3-23所示。

3.4.5 序批式活性污泥法工艺设计

1. 水量水质和排放要求

(1) 设计规模

某污水处理厂设计规模如下：

日平均设计流量 Q_d：$4.0\times10^4m^3/d$；

变化系数 K：1.41；

最大时设计流量 Q_{max}：$2350m^3/h$；

平均时设计流量 Q_{ave}：$1667m^3/h$。

(2) 设计进水水质

污水处理厂设计进水水质指标如下：

COD_{Cr}：350mg/L

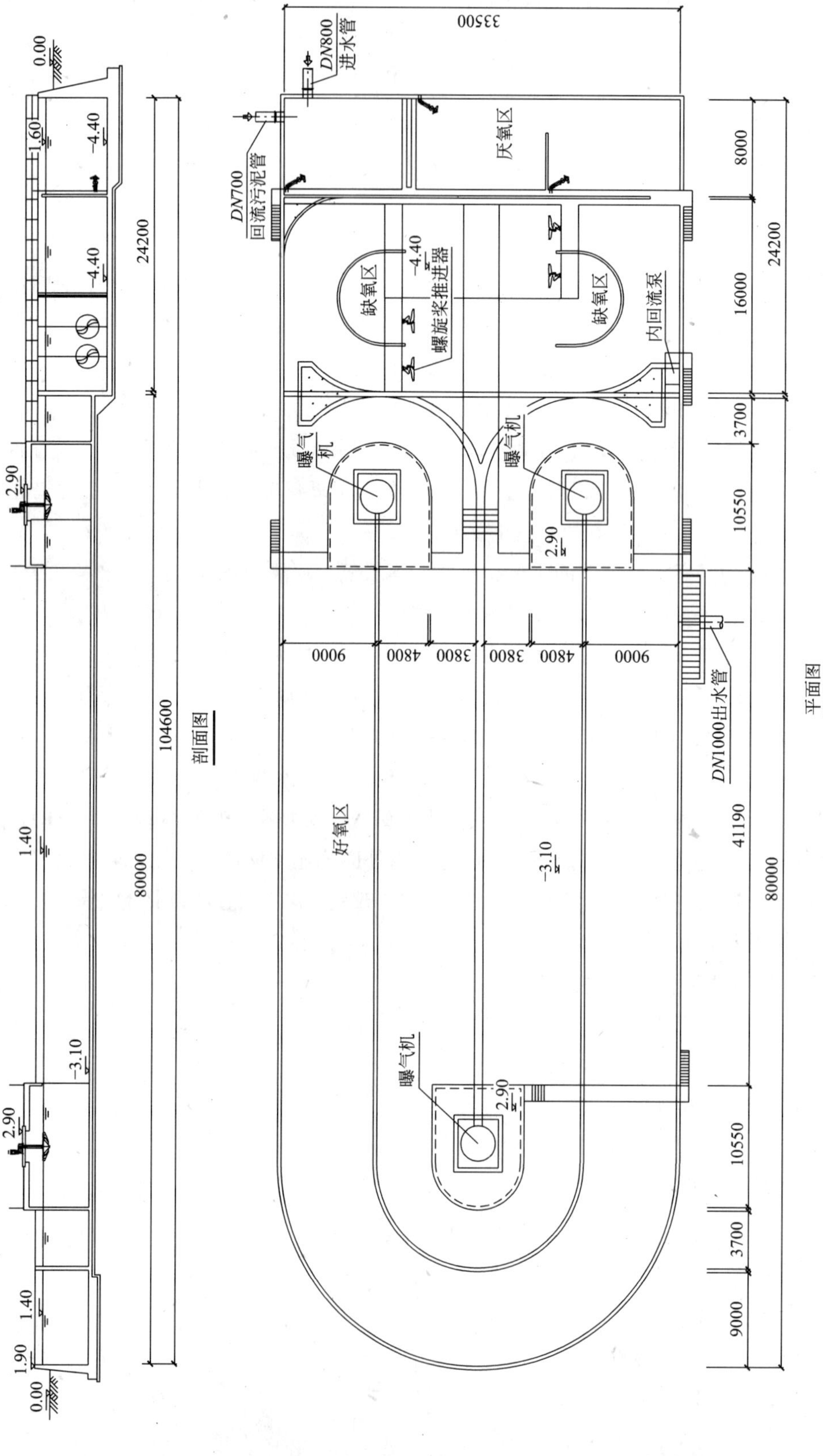

图 3-23 A/A/C 氧化沟设计图

BOD_5：150mg/L

SS：200mg/L

TN：50mg/L

NH_3-N：35mg/L

TP：6mg/L

其中生活污水占40%，工业废水占60%。

（3）设计出水水质

污水处理厂出水水质主要污染物指标如下：

$COD_{Cr} \leqslant 60$mg/L

$BOD_5 \leqslant 20$mg/L

SS≤20mg/L

TN≤20mg/L

$NH_3-N \leqslant 15$mg/L

TP≤1.5mg/L

2. 污水处理厂工艺流程

污水处理厂采用序批式处理工艺中的一种较为典型的处理工艺——循环式活性污泥处理工艺，工艺流程如图3-24所示。

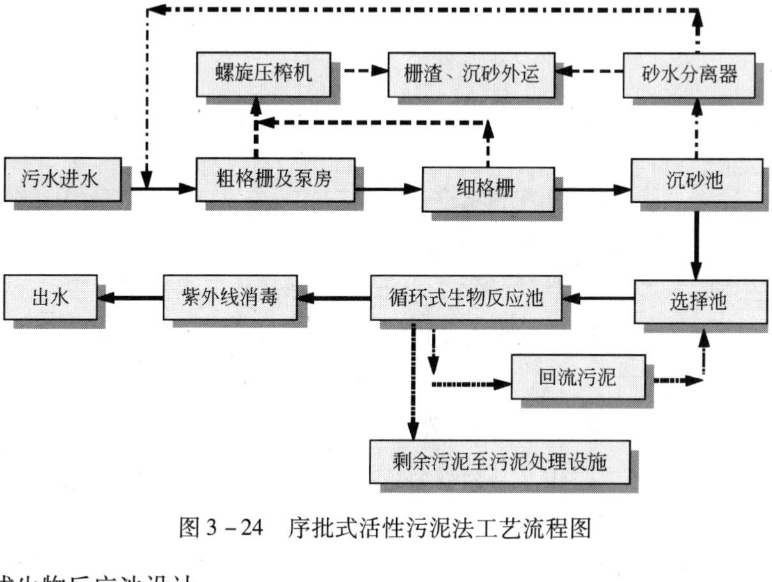

图3-24 序批式活性污泥法工艺流程图

3. 序批式生物反应池设计

（1）主要设计参数

设计流量：$1667m^3/h$

池数：2座4池

选择池平面尺寸：24m×6.3m

主反应池平面尺寸：24m×55m

有效水深：6m

总有效池容：35309m^3

选择区池容：3629m^3

好氧区池容：31680m^3

混合液浓度：4.0g/L

污泥负荷：0.077～0.090kgBOD_5/(kgMLSS·d)

污泥产率：0.90kgDS/去除kgBOD_5

剩余污泥量：4680kgDS/d

污泥龄：12.5d

标准需氧量：635kgO_2/h

最大需气量：176m^3/min

气水比：7.92:1

污泥回流比：20%

每周期反应时间：4.0～4.8h

设计充水比：1/3.5～1/4.0

生物选择池搅拌功率：3～5W/m^3

(2)序批式生物反应池设计

序批式生物反应池共设2座，每座2池，共4池并联运行，每池净平面尺寸为55.0m×24.0m，有效容积为7920m^3，正常有效水深为6.0m。在每个生物反应池前设置独立的生物选择池，选择池有效容积为907.2m^3，有效水深为6.0m。序批式生物反应池可根据进水水质变化，采用不同的运行模式。每组序批式反应池进水处设*DN*800电动蝶阀2套，主反应池前的选择池内设潜水搅拌机4套，搅拌机电机功率*N*为2.2kW，主反应池运行采用PLC自动控制。

每2组池设1根供气管，设*DN*400电动阀门1套。

选择池与主反应池之间设回流污泥泵，以保持选择池的污泥浓度，污泥回流比为20%。选择池的进水与主反应池一样，为非连续进水，在进水阶段，开启回流污泥泵，其余时间关闭。

污水处理过程中的剩余污泥通过剩余污泥泵定期排入储泥池。

生物选择池具有除磷功能，在进水阶段通过污泥回流，增加池内污泥浓度，利用污泥耗氧速率高的特点，使选择池内呈脱硝状态，降低了回流污泥内硝酸盐浓度；回流污泥在选择池内完成放磷过程后，进入主反应池进行过量吸磷，从而达到生物除磷的目的。同时又完成了反硝化脱氮，使出水达到国家规定的排放标准。

每组池设置1台滗水器，滗水器采用机械旋转式滗水器，每台滗水量*Q*为1200～1500m^3/h，当好氧池需要排水时，滗水器通过机械驱动装置以一定的速度下降至预设高度滗水；完成排水过程后，滗水器上升，回到待机状态，直到下一个排水周期。生物反应池的工序需要根据实际进水的水质情况调整。序批式生物反应池设计如图3－25所示。

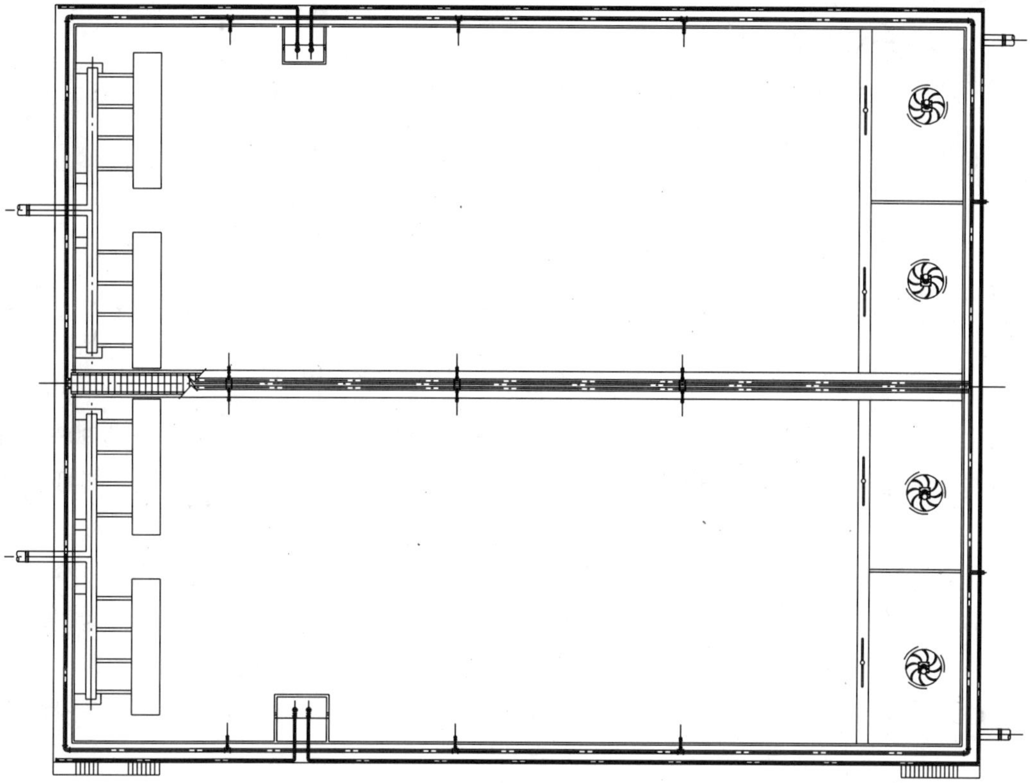

平面图

剖面图

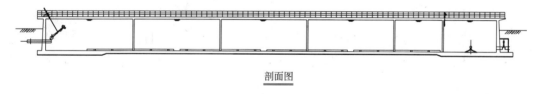

图3－25 序批式生物反应池设计图

3.5 化学除磷工艺

作为一项以除磷为主要目标的污水处理技术，化学除磷技术必须与其他处理措施相结合才可以达到出水水质达标的目的。其中，化学除磷方法与一级处理工艺相结合的方法，称为化学强化一级处理（CEPT）工艺，为最简单的化学除磷工艺流程；化学除磷方法与二级处理工艺相结合的方法可按二级工艺流程中化学药剂投加点的不同，分为前置投加、同步投加和后置投加三种类型。前置投加的药剂投加点是原污水，形成的沉淀物与初沉污泥一起排除；同步投加的药剂投加点包括初沉出水、曝气池和二次沉淀池之前的其他位点，形成的沉淀物与剩余污泥一起排除；后置投加的药剂投加点是经二级生物处理后形成的沉淀物通过另设的固液分离装置进行分离，包括澄清池或滤池。

3.5.1 一级强化工艺

化学强化一级处理工艺流程如图 3－26 所示。

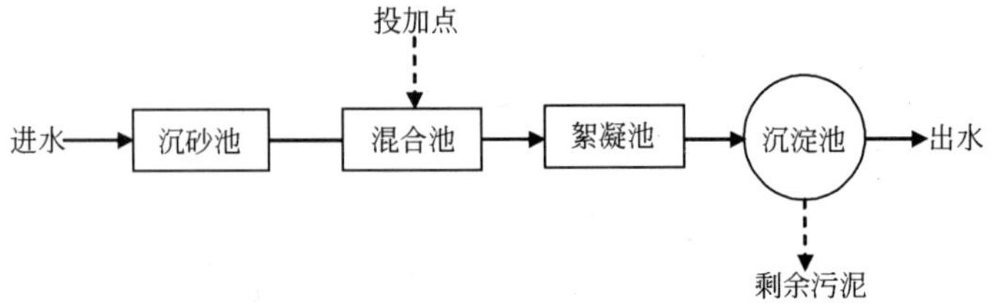

图 3－26 化学强化一级处理工艺流程图

化学强化一级处理工艺在一定条件下可达到较好的除磷效果，磷去除率可达 90% 以上，有机物去除率大约为 75%，SS 去除率大于 90%，总氮的去除率约为 25%。除磷药剂可采用铝盐、三价铁盐、石灰等，但不能用亚铁盐。

化学强化一级处理技术主要用于处理工业废水，而城市污水处理中的应用相对较少。在我国，由于污水处理资金短缺，一些城市污水处理厂早期采用在近期内先建一级半处理厂，经过化学强化一级处理，以较少的投资削减较大的污染负荷，取得较好的投资环境效益，待有条件时再建成二级处理工艺的方式。上海白龙港污水处理厂一期工程（$120 \times 10^4 m^3/d$）采用化学除磷工艺，由于城市污水水量大，化学除磷的运行费用较高，产泥量大。

3.5.2 前置投加

前置投加工艺的特点是将除磷药剂投加在沉砂池中，或者初次沉淀池的进水渠（管）中，或者文丘里渠利用涡流。其一般需要设置产生涡流的装置或者供给能量以满足混合的需要。相应产生的沉淀产物，大块状的絮凝体在初次沉淀池中分离。如果生物段采用的是生物滤池，则不允许使用铁盐药剂，以防止对填料产生危害，会产生黄锈。当采用石灰作为除磷药剂，生物处理系统的进水需要进行 pH 调节，以防止过高的 pH 对微生物产生抑制作用。前置投加工艺流程如图 3－27 所示。

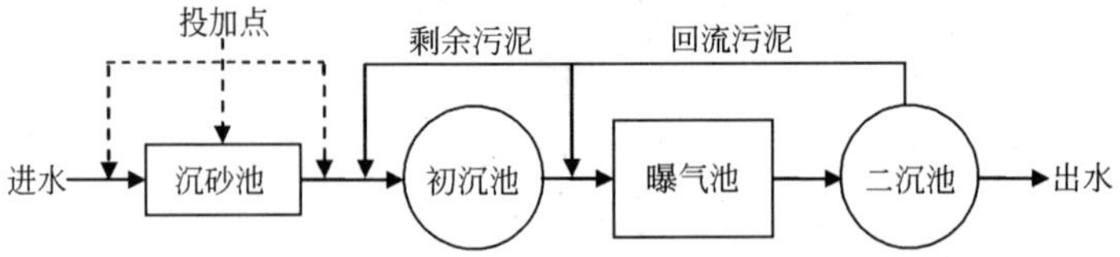

图 3－27 前置投加除磷工艺流程图

如图 3－27 所示，前置投加工艺特别适合于现有污水处理厂的改建，只需增加化学除磷措施，因为通过这一工艺步骤不仅可以去除磷，而且可以减少生物处理设施的负荷。常用的除磷药剂主要是石灰和金属盐药剂。经前置投加后剩余磷酸盐的含量为 1.5～2.5mg/L，完全可以满足后续生物处理对磷的需要。

3.5.3 同步投加

同步投加也称同步化学除磷，是使用广泛的化学除磷工艺，在国外所有化学除磷工艺约有50%采用同步投加除磷。除磷药剂有的投加在曝气池的进水或回流污泥中；有的则投加在曝气池出水中或二次沉淀池中。同步投加工艺可以使用最经济的沉淀剂即硫酸亚铁，除磷效率达到85%～90%。由于添加石灰除磷方法通常需要将pH控制在10.0以上，因此石灰法不能用于同步投加。

同步投加的活性污泥法工艺流程如图3－28所示。

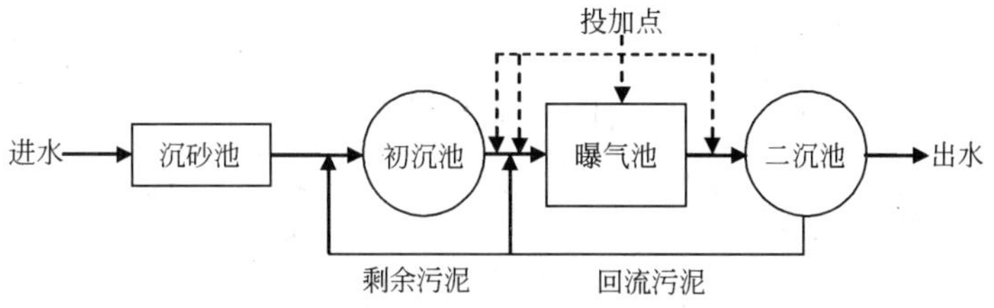

图3－28 同步投加除磷工艺流程图

3.5.4 后置投加

后置投加是将化学沉淀剂加入二次沉淀池之后的单独絮凝—固/液分离设备的进水中，并在其后设置絮凝池和沉淀池或气浮池，也有增设三级处理工艺设施的说法。在后置投加工艺中应用金属盐化学除磷，可获得很好的除磷效果，出水TP浓度可低于0.5mg/L。如果对于水质要求不严的受纳水体，在后置投加工艺中可采用石灰乳液药剂，但必须对出水pH加以控制，如可采用沼气中的CO_2进行中和，后置投加工艺流程如图3－29所示。

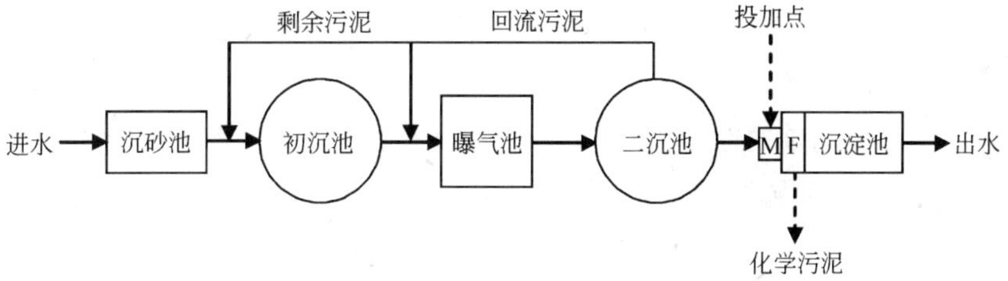

图3－29 后置投加除磷工艺流程图

采用气浮池可以较沉淀池更好地去除悬浮物和总磷，但因为需恒定供应空气而运转费用较高。

化学除磷方法与二级处理工艺相结合的三种除磷工艺的优缺点比较如表3－16所示。

各种化学除磷工艺的优缺点比较表 **表3－16**

工艺类型	优　　点	缺　　点
前置投加工艺	1. 能降低生物处理设施的负荷，平衡其负荷的波动变化，因而可以降低能耗； 2. 与同步投加相比，活性污泥中有机成分不会增加； 3. 现有污水厂易于实施改造	1. 总污泥产量增加； 2. 对反硝化反应造成困难（底物分解过多）； 3. 对改善污泥指数不利

续表

工艺类型	优 点	缺 点
同步投加工艺	1. 通过污泥回流可以充分利用除磷药剂； 2. 如果是将药剂投加到曝气池中，可采用价格较廉价的二价铁盐药剂； 3. 金属盐药剂会使活性污泥质量增加，从而可以避免活性污泥膨胀；同步沉析设施的工程量较少	1. 采用同步投加工艺会增加污泥产量； 2. 采用酸性金属盐药剂会使 pH 下降到最佳范围以下，这对硝化反应不利； 3. 磷酸盐污泥和生物剩余污泥是混合在一起的，因而回收磷酸盐是不可能的，此外在厌氧状态下污泥中磷会再溶解； 4. 由于回流泵会使絮凝体破坏，但可通过投加高分子絮凝助凝剂减轻这种危害
后置投加工艺	1. 磷酸盐的沉淀是与生物净化过程相分离的，互相不产生影响； 2. 药剂的投加可以按磷负荷的变化进行控制； 3. 产生的磷酸盐污泥可以单独排放，并可以加以利用，如用做肥料	后置投加工艺所需要的投资大、运行费用高，但当新建污水处理厂时，采用后置投加工艺可以减小生物处理二次沉淀池的尺寸

对于已建污水处理厂的升级改造来说，化学除磷工艺和化学药剂投加点的选择主要取决于出水的 TP 浓度要求。出水 TP 浓度要求在 1mg/L 左右时，采用前置投加或同步投加方法就可达到目的。由于在污水生物处理系统的出水中，出水悬浮物的含磷量在出水 TP 中占相当大的比例。因此，如果所要求的出水 TP 浓度明显低于 1mg/L 时，就需要在二级处理工艺的基础上增设除磷和去除悬浮固体的三级处理设施，即后置投加方法，以去除悬浮固体所含的非溶解态磷酸盐。

3.6 化学除磷工艺设计

3.6.1 化学药剂选择

药剂选择的依据是药剂的性能和可靠性，通过烧杯试验结果分析以及药剂的价格，其他影响因素包括药剂的形态和包装，大批量或少量购买，是否需要其他配套药剂(聚合物、酸、碱)以及需要量。采用金属盐化学除磷时通常需要阴离子聚合物作为助凝剂，聚合物的投加设施应纳入设计，有时还可能需要设置投加石灰或其他碱性物质的 pH 调节设施，尤其是碱度较低的污水。如果有酸洗废液可供采用的话，就有必要在不同的时间通过烧杯试验定量分析有效成分的变化，设计人员必须定量确定较长时间内废液的可获得性，以便合理确定存贮量。如果有多种药剂及其组合能产生性能和可靠性都可以接受的处理效果，药剂的进一步选择就在于经济性能的优劣，有必要通过费用与效益分析，确定相应的投资和运行费用。

金属盐投加法化学除磷的药剂选择主要依据处理性能和处理费用，这里仅讨论硫酸铝和氯化铁。在不需着重考虑污泥处理处置问题的情况下，与氯化铁相比，硫酸铝在价格、安全性和腐蚀性等方面具有选择优势。但金属盐的选择是因地因厂而异的，并与特定污水的处理性能、投资和运行费用密切相关。两种药剂的投药设施设备投资基本相同，但总运行维护费用变化较大，主要取决于污水水质特性和出水水质要求。

硫酸铝的选择还有粉剂和液体之分。液态硫酸铝使用方便，但运输费用较高。工业氯化铁基本上都是液态产品。

不管选择什么药剂和投加点，都有必要设置投加阴离子型高分子絮凝剂的设备，改进污泥的絮凝性能。如果金属盐与污水之间出现的絮凝反应不够理想的话，产生的是针状絮体，磷就会从沉淀池逃逸，而投加高分子能够改善固液分离效果。

硫酸铝和氯化铁的投加都消耗污水中的碱度，如果污水所含的碱度不足，这些药剂的投加将导致 pH 的降低。过低的 pH 会影响后续的生物处理或导致出水 pH 超标，往往需要补充碱度。如果污水碱度低、除磷要求又高，补充碱度所需的设备投资和运转费用将相当可观。最后一个选择标准是操作人员的安全，硫酸铝具有一定的腐蚀性，但要比酸洗废液和氯化铁好得多。

3.6.2 化学药剂投加量

在化学除磷时，去除 1mol(31g)P 至少需要 1mol(56g)Fe，即至少需要 1.8(56/31)倍的 Fe，或者 0.9(27/31)倍的 Al。也就是说去除 1gP 至少需要 1.8g 的 Fe，或者 0.9g 的 Al。

由于在污水化学除磷的实际工程中，除磷药剂与正磷酸离子之间的反应并不是 100% 有效进行的，加之污水中的碱度(HCO_3^-)会与金属离子竞争反应，生成相应的氢氧化物，所以实际化学除磷药剂投加一般需要超量投加，以保证达到所需要的出水 P 浓度。德国在计算时，提出了投加系数 β 的概念，如式(3-9)所示：

$$\beta = \frac{\text{mol Fe 或 mol Al}}{\text{mol P}} \tag{3-9}$$

投加系数 β 是受多种因素影响的，如投加地点、混合条件等。如果条件许可的话，对特定污水的药剂投加量最好通过烧杯试验或生产性验证加以确定，这样的试验应该连续进行一段时间以获得具有代表性的污水水量水质资料。在每周及每天的不同时间取瞬时样，用不同的加药量进行试验。每种污水每种加药量至少要取得 10 个取样点。根据试验数据绘制概率曲线，说明每种加药量的出水磷浓度低于限定值的时间百分率。这些曲线对特定加药量范围的混凝剂及可靠性确定很有价值。

图 3-30 是投加系数和磷减少量的关系。在最佳条件下，即适宜的投加、良好的混合和絮凝体的形成条件，则 $\beta=1$；在非最佳条件下，β 值等于 2~3 或更高。过量投加药剂不仅会使药剂费增加，而且因氢氧化物的大量形成也会使污泥量大大增加，这种污泥体积大、难脱水。

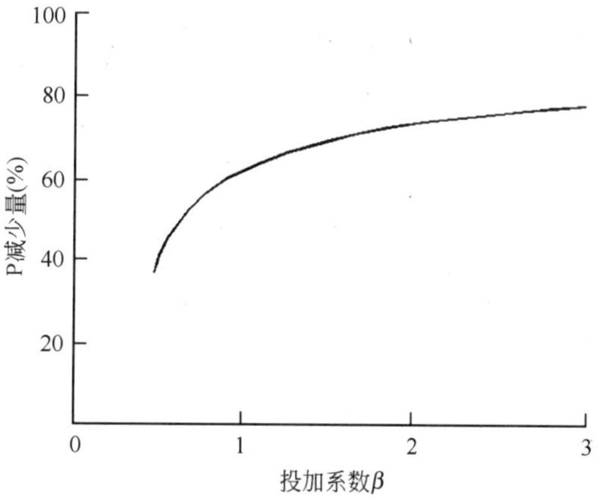

图 3-30 在无干扰因素时药剂投加系数和磷去除量的关系

德国在实际计算中，为了有效地去除磷，使出水保持 P<1mg/L，β 值为 1.5，也就是说去除 1kgP，需要投加：1.5×56/31 即 2.7kgFe，或者 1.5×27/31 即 1.3kgAl。

若用石灰作为化学除磷药剂，则不能采用这种计算方法，因为其要求投加到污水 pH 大于

10，而且投加量受污水碱度（缓冲能力）的影响，所以其投加量必须针对污水性质通过试验确定。

从严格意义上讲，投加系数β值的概念只适用于后置投加，对于前置投加和同步投加在计算时还应考虑：

（1）回流污泥中含有未反应的药剂；

（2）在初次沉淀池中和生物过程去除的磷。

下面以氯化铝和硫酸亚铁为例，计算化学除磷药剂的投加量。

污水处理厂设计水量为10000m^3/d；

进水中的P浓度为14mg/L；

出水P浓度要求达到1mg/L。

采用药剂$AlCl_3$除磷，其含有效成分Al为6%，60gAl/kg$AlCl_3$药液，密度为1.3kg/L。为同步投加除磷，试计算所需要的药剂量。

经过初次沉淀池沉淀处理后去除的磷为2mg/L，则生物处理设施进水需去除的P浓度为11mg/L，经过生物同化作用去除的P为1mg/L。则需经化学去除的：

P负荷 $=10000m^3/d\times(0.011-0.001)kg/m^3=100kg/d$，

设计采用投加系数β值为1.5，

设计Al的投加量为：$1.5\times27/31\times100=130kg/d$；

折算需要$AlCl_3$的药剂量为：$130\times1000/60=2167kg/d$；

折算需要$AlCl_3$的体积量为：$2167/1.3=1667L/d$。

如设计采用药剂硫酸亚铁$FeSO_4$，有效成分为180g Fe/kg $FeSO_4$，在10℃时的饱和溶解度为400g $FeSO_4$/L，其他设计参数同上例。

设计采用投加系数β值为1.5；

设计Fe的投加量为：$1.5\times56/31\times100=270kg/d$；

折算需要$FeSO_4$的药剂量为：$270\times1000/180=1500kg/d$；

$FeSO_4$饱和溶液中有效成分Fe的含量为：$180\times0.4=72g/L$；

折算需要$FeSO_4$的体积量为：$270/0.072=3750L/d$。

3.6.3 加药设施设计

某城市污水处理厂加药设施计算：

设计规模10000m^3/d；

原水$BOD_5=180mg/L$；

$COD=380mg/L$；

$SS=300mg/L$；

$TP=4.2mg/L$。

采用化学絮凝强化一级处理，混凝剂为硫酸亚铁，最大投加量为30mg/L（按$FeSO_4$），药剂的溶液浓度为15%，根据试验，出水BOD_5去除率为50%，COD去除率为60%，SS去除率为90%，TP去除率为80%。

采用化学絮凝强化一级处理的工艺流程如图3－31所示。

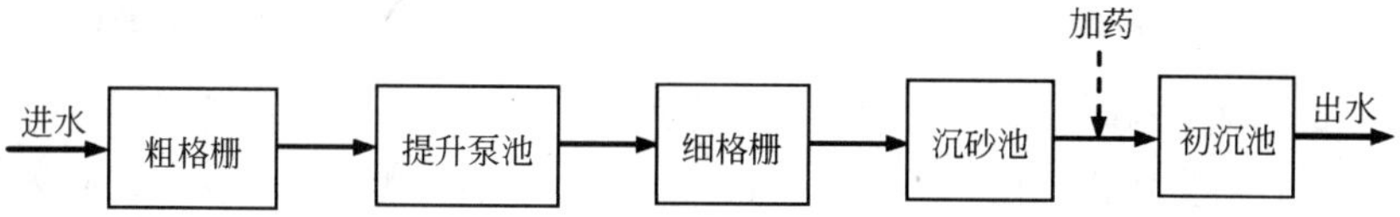

图3－31　化学絮凝强化一级处理工艺流程图

设计计算：

格栅、沉砂池及初次沉淀池等构筑物的计算方法，可参见其他设计参考书，本书仅对加药设施进行设计计算。

（1）强化处理效果，根据已知的各项污染物的去除率，得知强化处理后出水 $BOD_5=90mg/L$，$COD=152mg/L$，$SS=30mg/L$，$TP=0.84mg/L$。

（2）溶液池

溶液池有效容积 V_1，m^3，计算如式(3－10)所示。

$$V_1=\frac{aQ}{cn\times10^6} \tag{3-10}$$

式中：a——药剂投加量，mg/L，$a=30mg/L$；

Q——设计水量，m^3/d；

c——药剂溶液浓度，%，此处取15%；

n——混凝剂每日配置次数，次，取 $n=2$ 次。

则：

$$V_1=\frac{30\times10000}{0.15\times2\times10^6}=1m^3$$

溶液池的有效容积为 $1m^3$。采用两个，以交替使用。

溶液池的尺寸，根据上述计算，每个溶液池的效容积为 $1m^3$，溶液池采用矩形池子，其尺寸为：

长×宽×高 $=1.2\times1.2\times0.9=1.3m^3$，其中有效容积为 $1m^3$，溶液池超高为0.2m。

（3）溶解池

溶解池容积可按溶液池容积的30%计算，则：

$$V_2=0.3\times V_1=0.3\times1=0.3m^3$$

溶解池进水流量 q_0，L/s，计算如式(3－11)所示。

$$q_0=\frac{V_2\times1000}{60t} \tag{3-11}$$

式中：t——溶解池进水时间，min，此处取 $t=5min$。

$$q_0=\frac{0.3\times1000}{60\times5}=1L/s$$

查水力计算表得进水管直径 $d_1=25\text{mm}$。

3.6.4 化学除磷泥量

污水处理厂增加了化学除磷后，会增加污泥产生量，因为除磷时产生金属磷酸盐和金属氢氧化物絮体，它们以悬浮固体形式存在，最终变为处理厂污泥。污泥固体的理论产量可通过工艺计量学关系进行初步估算。化学药剂投加点的变化会影响污泥的产生量，在初次沉淀池投加金属盐药剂，初沉污泥产量将增加50% ~100%，由于二沉污泥产生量相应降低，全厂污泥总量增加60% ~70%。在二次沉淀池投加金属盐，活性污泥产生量增加35% ~45%，全厂污泥总量增加10% ~25%。多点投加可节省药剂，污泥产生量的增加量也相应减小。在设计化学法除磷的污水处理厂时，要充分重视污泥处理和处置问题。

化学药剂投加除磷所增加的污泥主要由三个部分组成：

1）化学污泥，如金属磷酸盐和金属氢氧化物；

2）悬浮固体去除率提高所产生的污泥；

3）溶解性固体去除产生的污泥。

此外，估计污泥产生量时还需考虑投药点选择对生物污泥产生量的影响。

在污水化学除磷设计中，有几种方法可以用来估计污泥产率。对已有污水处理厂升级为化学除磷的情况，应优先考虑在污水处理厂内进行生产性试验，并且测定预定操作条件下的污泥产生量。对新建污水处理厂，中小规模试验是估计污泥产率的最佳方法，但试验费用较高，在经济上对于小型污水厂不可行。在这种情况下，应通过烧杯试验来估计由药剂投加引起的污泥产率提高，尽管这种试验不可能代表生产性运行中出现的动态实际条件。此处，也可以通过计算确定污泥固体的理论产量。下面将介绍铝盐法污泥产生量的估计方法。

铝盐法污泥产生量的计算：

城市污水处理厂日处理水量 $Q=20000\text{m}^3/\text{d}$；

1）初次沉淀池进水磷含量 $P_{进}=8.0\text{mg/L}$；

2）初次沉淀池进水 $BOD_5=200\text{mg/L}$ 或 4000kg/d；

3）初次沉淀池进水 SS=250mg/L 或 5000kg/d；

4）初次沉淀池进水溶解性 TOC=50mg/L；

5）P 的相对原子质量为31；

6）Al 的相对原子质量为27；

7）$AlPO_4$ 的相对分子质量为122；

8）$Al(OH)_3$ 的相对分子质量为78。

设计计算：

（1）初次沉淀池不投加铝盐情况下一级处理的污泥产生量，假定初次沉淀池 SS 去除率50%，BOD_5 去除率30%，则污泥产生量为：

$$0.5\times250\times20000\times10^{-3}=2500\text{kg/d}$$

（2）初次沉淀池投加铝盐情况下一级处理的污泥产生量

1）化学污泥产量

计算中假定铝盐先与含磷化合物反应。根据试验结果，设定磷去除率为90%、SS去除率为75%、BOD_5去除率为50%、溶解性TOC去除率为30%、铝盐投加系数β值为2.0，则：

P的去除量：$0.90\times8=7.2$mg/L；

Al的投加剂量：$2\times7.2\times27/31=12.5$mg/L；

$AlPO_4$污泥量：$7.2/31=0.23$mmol/L；

加入铝总量：$12.5/27=0.46$mmol/L；

过剩铝量：$0.46-0.23=0.23$mmol/L；

$AlPO_4$污泥量：$0.23\times122=28.1$mg/L；

$Al(OH)_3$污泥量：$0.23\times78=17.9$mg/L；

化学污泥总产量：$28.1+17.9=46.0$mg/L。

由于化学计量关系所反映的仅仅是所发生的化学反应的大致情况，有数据表明，实际污泥产生量要比预计得多，因此建议将污泥的产生量计算值增加35%。则本例题设计化学污泥产量为：

$46.0\times1.35=62.2$mg/L；

或$62.2\times20000\times10^{-3}=1244$kg/d。

2）悬浮固体去除产生的污泥量

$0.75\times250\times20000\times10^{-3}=3750$kg/d。

3）溶解性固体去除产生的污泥量

有数据表明投加化学药剂会去除溶解性固体，污泥产生量由可溶性TOC负荷来间接估计，其数量为：

进水溶解性TOC$\times0.30\times2.5\times1.18=50\times0.30\times2.5\times1.18=44.2$mg/L；

或$44.2\times20000\times10^{-3}=884$kg/d。

（3）一级处理过程中不投加铝盐情况下二级生物处理的剩余污泥产生量

不投加铝盐情况下二级生物处理的剩余污泥产生量可按式(3-12)、式(3-13)计算：

$$X_W=X_T-X_{EF} \tag{3-12}$$

$$X_T=TSS(1-f_V+f_{NV}f_V)+Y_H BOD_5(1+f_E b_H \theta_C)/(1+b_H\theta_C) \tag{3-13}$$

式中：X_W——剩余活性污泥产量，kg/d；

X_T——活性污泥产生量，kg/d；

X_{EF}——出水SS，kg/d；

f_V——进水SS中挥发分所占比例，我国城市污水典型实测值为0.5~0.65；

f_{NV}——进水VSS中不可好氧生物降解部分所占比例，典型值为0.2~0.4；

TSS——进水悬浮固体总量，kg/d；

BOD_5——进入生物处理系统的有机物总量，kg/d；

Y_H——异养微生物的产率系数(VSS/BOD_5)，kg/kg，典型取值范围0.6~0.75；

b_H——异养微生物的内源衰减系数，20℃时取值0.15～0.25d^{-1}，温度系数1.04；

f_E——微生物体不可生物降解部分所占比例，取值0.2；

θ_C——生物处理系统的平均固体停留时间(泥龄)，d。

设定$f_V=0.6$，$f_{NV}=0.3$，$Y_H=0.65$kg/kg，$b_H=0.15$(15℃)，$\theta_C=10$d，所以，$X_T=2500\times(1-0.6+0.3\times0.6)+0.65\times2800\times(1+0.2\times0.15\times10)/(1+0.15\times10)=1450+946=2396$kg/d。

假定出水SS为20mg/L。

$X_{EF}=20\times20000\times10^{-3}=400$kg/d；

因此，二级处理剩余活性污泥量为：

$X_W=2396-400=1996$kg/d。

(4) 一级处理过程投加铝盐情况下二级生物处理的剩余污泥产生量

由于一级处理BOD_5和SS去除率的提高，二级生物处理活性污泥产生量相应降低。

$X_T=1250\times(1-0.6+0.3\times0.6)+0.65\times2000\times(1+0.2\times0.15\times10)/(1+0.15\times10)$

$=725+676=1400$kg/d；

假定出水SS仍然为20mg/L；

$X_{EF}=20\times20000\times10^{-3}=400$kg/d；

因此，二级处理剩余活性污泥量为：

$X_W=1400-400=1000$kg/d；

污泥产生量计算结果汇总如表3－17所示。

污泥产生量计算结果汇总表(kg/d) **表3－17**

投加情况	初沉污泥产生量				剩余污泥	总　计
	SS污泥	溶解性固体	化学污泥	合　计	二沉污泥	
不加铝盐	2500	—	—	2500	1996	4496
加 铝 盐	3750	884	1244	5878	1000	6878

3.7 再生水处理工艺

随着全球用水量的增加和水质恶化，全世界将面临水资源的严重危机。我国是严重缺水的国家之一，尤其是城市缺水的状况越来越严重。一方面城市缺水十分严重，另一方面大量的城市污水经处理后白白流失，既浪费了水资源，又增加污染负荷，在与城市供水量几乎相等的城市污水中，只有0.1%的污染物质，比海水少得多。其余绝大部分是可再利用的清水。水是自然界惟一不可替代、也是惟一可以重复利用的资源，城市污水就近可得，易于收集。再生处理比海水淡化成本低廉，基建投资比远距离引水经济得多。世界各国解决缺水问题时，城市污水被选为可靠的第二水源，并且人们还进一步意识到合理利用污水资源，不仅可以缓解全球性的供水不足，还可以改善生态环境，造福子孙后代，从而保证国民经济的可持续发展。

国外城市污水回用已有很长的历史，规模也很大，并收到了相当可观的经济效益和社会效益，如美国、日本等。在发展中国家，尤其是在缺水地区如南非，人们也逐渐认识到了污水作为第二水源的必要性，并开始重视污水资源的再利用。我国的污水再利用只是近十几年来，随着城市水荒的加剧，才引起各界人士的重视，国家“七五”、“八五”期间完成的重大科技攻关项目“城市污水资源化研究”，研究开发出适用于部分缺水城市的污水回用成套技术、水质指标及回用途径等基础性工作，在十余个城市重点开展污水回用事业，为我国污水回用提供了技术与设计依据，并积累了一定的经验。但是我国的水处理技术和工艺还不成熟，推广程度不高，还有待结合实际深入研究。

“十五”期间，中国的水环境仍然处在局部好转、整体恶化的过程中，“水少、水脏”仍是普遍情况。造成这种局面的原因主要是两方面，一是客观的“水少”——中国人均水资源先天不足，而目前的发展方式导致单位 GDP 增长的用水量较大，以致水资源被过度利用，难以使天然水体保证足够的生态用水量；二是主观的“水脏”——我国的城镇生活污水和工业废水治理能力跟不上经济发展的速度，大量生产、生活产生的污水得不到有效治理。

我国的污水处理率在“十五”期间获得了较大的提高，但仍然较低：2005 年，全国城市污水处理率(包括简单的一级处理)为 52%，在原国家环保总局重点考核的 509 个城市中，有 178 个城市生活污水集中处理率为 0。这种情况导致的后果是：2005 年全国的地表水总体水质状况不容乐观：在国家地表水监测网实际监测的 744 个断面中(其中河流断面 597 个，湖库点位 147 个)，Ⅰ～Ⅲ类、Ⅳ～Ⅴ类和劣Ⅴ类水质断面比例分别为 36%、36% 和 28%，主要污染指标为氨氮、石油类、高锰酸盐指数等。全国 75% 的湖泊出现了不同程度的富营养化。而污水处理不力又进一步加剧了水资源紧缺(水质型缺水)。客观的“水少”和主观的“水脏”造成的影响是显著的：据统计，我国 600 余座城市有 300 余座缺水，全国城市缺水 $60 \times 10^8 m^3/a$，因缺水而减少的工业产值估计为 1200 亿元/年。水资源紧缺已经成为部分地区的经济和社会发展的主要约束。

污水深度处理在封闭、半封闭水域周边地区和缺水地区是惟一的出路，就是在长江中下游平原这样的水资源丰富地区，也是保持健康水循环的良策。在住房和城乡建设部的“十一五”规划中，也已经明确这种重点方向，并提出了具体指标要求：“缺水城市在规划建设污水处理设施时，要同时安排回用设施的建设，开展污水的深度处理。对于排入封闭水体的污水处理厂建设，应有除磷、脱氮的要求。2010 年三峡库区、淮河、太湖三个流域(区域)城镇污水处理率不低于 80%，海河、辽河、巢湖、滇池、丹江口库区及其上游五个流域(区域)城镇污水处理率不低于 70%，黄河、松花江两个流域城镇污水处理率不低于 60%。COD 削减总量不低于 125 万 t，氨氮削减总量不低于 15 万 t。从根本上避免城市水环境的继续恶化趋势”。

3.7.1 污水深度处理方法

根据现有的二级活性污泥法处理技术净化功能对城市污水所能达到的处理程度、处理出水中还含有其他相当数量的污染物质，如 BOD_5 为 120～130mg/L；COD 为 60～100mg/L；SS 为 20～30mg/L；NH_3-N 为 15～25mg/L；P 为 6～10mg/L，此外，还可能含有细菌和重金属等有毒有害物质，这样的水质不适于直接回用，必须对其进一步进行深度处理。

再生水处理与通常所讲的水处理并无特殊差异，只是为使处理后的水质符合再生水水质标准，其涉及范围更加广泛，在选择再生水处理工艺时所考虑的因素更为复杂。本节着重介绍常用的再生水处理方法。

实际上每种基本方法又从不同角度分成若干种。例如，在生物法中活性污泥法按运行方式又可分为传统活性污泥法、阶段曝气法、生物吸附法（吸附再生法）、完全混合法、延时曝气法等；从曝气方式可分为鼓风曝气、机械曝气、纯氧曝气和深井曝气等；生物膜法有生物滤池、生物塔、生物转盘和生物接触氧化法等；生物氧化塘可分为好氧塘、兼性塘和厌氧塘；土地处理系统又分为地表漫流、慢速渗滤和快速渗滤等处理系统。

再生水处理单元技术的处理功能与效果如表 3-18 所示，这里所说的单元即为按水处理流程划分的相对独立的水处理工序，它是一种或多种水处理基本方法的组合运用。下述水处理方法及操作单元的功能、效果是考虑再生水处理流程的基础。

再生水处理部分操作单元的处理功能和效果表 **表 3-18**

功能效率 \ 单元操作 / 项目	一级处理	二级处理	消化	脱氮	生物滤池	RBCS	混凝沉淀	活性污泥后过滤	活性炭吸附	脱氨氮吹脱	离子交换	折点加氯	反渗透	地表漫流处理	灌溉	渗滤土地处理	氯化	臭氧
BOD	×	1	1	0	1	1	1	×	1		×		1	1	1	1		0
COD	×	+	+	0	+		+	×	×	0	×		+	+	+	+		+
悬浮物	+	+	+	0	+	+	+	+	+		+		+	+	+	+		
氨氮	0	+	+	×		+	0	×	×	+	+	+	+	+	+	+		
硝酸盐氮				+				×	0					×				
磷	0	×	+	+			+	+	+				+	+	+	+		
碱度		×					×	+								×		
油、脂肪	+	+	+		0		×		×					+	+	+		
大肠杆菌		1	1				1		1			1		1	1	1	1	1
总溶解性固体													+					
砷	×	×	×				×	+	0									
钡		×	0				×	0										
钙	×	+	+		0	×	+	×	0							0		
铬	×	+	+		0	×	+	×	×									
铜	×	+	+		+	+	+	0	×							+		
氟化物							×		0							×		
铁	×	1	1		×	1	1	1	1									
铅	+	+	+		×	+	+	0	×							×		
锰	0	×	×		0		×	+	×				+					
汞	0	0	0		0	+	0	×	0									
硒	0	0	0				0	+	0									

续表

单元操作 / 功能效率 / 项目	一级处理	二级处理	消化	脱氮	生物滤池	RBCS	混凝沉淀	活性污泥后过滤	活性炭吸附	脱氨氮吹脱	离子交换	折点加氯	反渗透	地表漫流处理	灌溉	渗滤土地处理	氯化	臭氧
银	+	+	+		×		+		×									
锌	×	×	+		+	+	+		+							+		
色度	0	×	×		0		+	×	+			+	+	+	+	+		
泡沫	×	1	1		1		×		1			1	1	1	1	1		
浊度	×	+	+		×		+	+	+			+	+	+	+	+		
总有机碳	×	+	+		×		+	×	+	0	0	+	+	+	+	+		

注：表中符号表示去除效果，0 表示 25%，×表示 25% ~50%，+表示 >50%，符号 1 表示即无相应数据、无确定结果或增加。

3.7.2 混凝沉淀和过滤消毒

混凝沉淀后过滤消毒是最传统也是目前应用比较广泛的一种污水深度处理方法，它对于一级出水中的 COD 和色度的去除效果较好，但对氮磷的去除效果并不理想。简而言之，混凝就是水中胶体粒子以及微小悬浮物的聚集过程。关于“混凝”一词的概念，目前尚无统一规范化的定义。“混凝”有时与“凝聚”和“絮凝”相互通用。不过，现在较多的专家学者一般认为水中胶体“脱稳”，胶体失去稳定性的过程称为“凝聚”；脱稳胶体相互聚集称为“絮凝”；“混凝”是凝聚和絮凝的总称。在概念上可以这样理解，但在实际生产中很难截然划分。

混凝剂的正确选用是混凝程度处理技术的关键，在污水深度处理中，尚不存在相关成熟的经验和标准，在工程中需实验确定。

研究表明，用混凝法处理二级出水，可生化有机物的去除率大于不可生化有机物，使二级出水的浊度由 6 ~14NTU 下降至 0.12NTU，总磷由 1.3 ~2.6mg/L 降至 0.1mg/L，BOD 由 7 ~13mg/L 下降至 1 ~2.5mg/L，TOC 由 10 ~11mg/L 下降至 4.2 ~4.5mg/L，但去除氨氮的效果不好。

在污水深度处理技术中，过滤是最普遍采用的技术。

在设备上，给水处理中的设备在污水深度处理同样也可以使用。但应该说明的是，二级处理水过滤处理的主要去除对象是生物处理工艺残留在处理水中的生物絮体污泥，因此，二级处理出水的过滤处理有其自身的特点：

（1）在一般情况下，不需投加药剂，水中的絮凝体具有良好的可滤性，滤出水 SS 值可达 10mg/L 以下，COD 去除率可达 10% ~30%。由于胶体类污染物难于通过过滤法去除，滤后水的浊度去除效果可能欠佳，在这种情况下应考虑投加一定的药剂。如处理水中含有溶解性有机物，则应考虑采用其他的处理方法，如活性炭吸附法去除。

（2）反冲洗困难。二级处理水的悬浮物多是生物絮凝体，在滤料层表面板易形成一层滤膜，致使水头损失迅速上升，过滤周期大为缩短。絮凝体贴在滤料表面，不易脱离，因此需要辅助冲洗，即加表面冲洗，或用气水共同反冲使絮凝体从滤料表面脱离，效果良好，还可以节省反冲洗水量。在一般条件下，气水共同反冲，气强度一般为20L/(m^2·s)，水强度一般为10L/(m^2·s)。

(3) 所用滤料应适当加大粒径，加大单位体积滤料的截泥量。

日本再生水厂混凝沉淀和过滤处理的运行数据如表3－19所示，大连污水再生回用示范工程运行数据如表3－20所示。

日本再生水厂混凝沉淀和过滤工序处理效率表 **表3－19**

项目	原水水质(mg/L)	处理率(%)					出水水质(mg/L) 出水计算值(mg/L)	目标水质(mg/L)
		初次沉淀	二级处理	混凝沉淀	过滤	综合/%		
BOD_5	180	30/126	90/12.6	50/6.3	30/4.4	97.5	4.4	5
COD_{Mn}	100	25/75	75/18.8	40/11.3	20/9.0	91.0	9.0	10
SS	150	40/90	75/22.5	45/12.4	75/3.1	97.9	3.1	6
总氮	30	13/26.1	60/10.4	10/9.4	10/8.5	71.6	8.5	10
总磷	3.3	13/2.9	30/2.0	87.5/0.3	40/0.2	93.9	0.2	0.5

二级出水进行沉淀过滤预期处理效率表 **表3－20**

项目	处理效率(%)			目标水质(mg/L)
	混凝沉淀	过 滤	综 合	
浊度(NTU)	50～60	30～50	70～80	3～5
SS	40～60	40～60	70～80	5～10
BOD_5	30～50	25～50	60～70	5～10
COD_{Cr}	25～35	15～25	35～45	40～75
总氮	5～15	5～15	10～20	—
总磷	40～60	30～40	60～80	1
铁	40～60	40～60	60～80	0.3

二级处理出水混凝、沉淀或澄清系统设计时可参考以下相关工艺以及构筑物设计参数：

(1) 絮凝时间宜为10～15min；

(2) 平流沉淀池沉淀时间宜为2.0～4.0h，水平流速可采用4～10mm/s；

(3) 澄清池上升流速宜为0.4～0.6mm/s。

滤池的设计宜符合下列要求：

(1) 滤池的进水浊度小于10NTU；

(2) 滤池可采用双层滤料滤池、单层滤料滤池、均质滤料滤池；

(3) 双层滤池滤料可采用无烟煤和石英砂；滤料厚度：无烟煤为300～400mm，石英砂为400～500mm，滤速宜为5～10m/h；

(4) 单层石英砂滤料滤池，滤料厚度可采用700～1000mm，滤速宜为4～6m/h；

(5) 均质滤料滤池，滤料厚度可采用1.0～1.2m，粒径0.9～1.2mm，滤速宜为4～7m/h。

针对不同的进水水质，当污水中氮磷含量较低或对氮磷的去除要求不高时，混凝过滤完全符合出水要求，而且如果滤池的滤料采用纤维滤料的话，还会进一步提高COD和SS的去除效率，并且大大缩短滤池停留时间，从而节省了土建费用，投资较低，运行费用合理，工艺已经比较成熟。

相比于其他污水深度处理方法，混凝沉淀后过滤消毒在经济性上有很大的优势，同时处理水量较大，抗冲击负荷能力强，而且工艺成熟，运行简单易控制。

3.7.3 活性炭吸附工艺

活性炭是一种多孔性物质，而且易于自动控制，对水量、水质、水温变化适应性强，因此活性炭吸附法是一种具有广阔应用前景的污水深度处理技术。活性炭对分子量在500~3000的有机物有十分明显的去除效果，去除率一般为70%~86.7%，可经济有效地去除嗅、色度、重金属、消毒副产物、氯化有机物、农药、放射性有机物等，可用来脱色、除臭。

1. 活性炭的分类

常用的活性炭主要有粉末活性炭(PAC)、颗粒活性炭(GAC)和生物活性炭(BAC)三大类。近年来，国外对PAC的研究较多，已经深入到对各种具体污染物的吸附能力的研究。淄博市引黄供水有限公司根据水污染的程度，在水处理系统中，投加粉末活性炭去除水中的COD，过滤后水的色度能降低到1~2度，臭味降低到0。GAC在国外水处理中应用较多，处理效果也较稳定，美国环保署(USEPA)饮用水标准的64项有机物指标中，有51项将GAC列为最有效技术。

2. 活性炭的性能

活性炭是由煤或木等材料经一次炭化制成的，其生产过程是在干馏釜中加热分馏，同时以不足量空气使其继续燃烧，然后在高温下用CO使其活化，使炭粒形成多孔结构，造成一个极大的内表面面积，所形成的表面特性与所用材料和加工方法有关。由于活性炭比表面积巨大，所以吸附能力很强。活性炭性能如表3-21所示。

用于水处理的粒状活性炭的性能和规格表 **表3-21**

项　目	太原新华厂 ZJ-15(8号)	太原新华厂 ZJ-25(2号)	北京光华厂 GH-16	美国Calgon filtrasorb 300
粒径(mm)	1.5	—	—	—
粒度(筛目)	10~20	6~12	10~28	—
机械强度(%)	70	>85	>90	70
碘值(mg/g)	>800	>700	>1000	900
真密度(g/cm^3)	0.77	0.70	2	2.1
堆密度(g/L)	450~530	520	340~440	480
比表面积(m^2/g)	900	800	1000	950~1050
总孔容积(mL/g)	0.80	0.80	0.90	0.85
水分(%)	<5	<5	—	2
灰分(%)	<30	<4	—	8

3. 活性炭吸附的应用

活性炭在再生水处理中一般用在生物处理之后，为了延长活性炭的工作周期，常在炭柱前加过滤，活性炭吸附池可采用普通快滤池、虹吸滤池、双阀滤池等形式，典型的流程如图 3－32 所示。

图 3－32 活性炭典型流程图

活性炭吸附效果如表 3－22 所示。

活性炭吸附的去除效果表 **表 3－22**

项目	单位	科罗拉多泉处理厂			洛杉矶导试厂			大连市政污水		
		进水	出水	去除率(%)	进水	出水	去除率(%)	进水	出水	去除率(%)
pH		6.9	6.9			7.5		7.4	7.8	
浊度	NTU	62	6	90	1.5	0.8	46	4.2	3.4	19
色度	度	39	18	54	30	<5	83	46	19	59
COD	mg/L	139	39	72	29.9	10.7	64	65	44	32
BOD	mg/L	57	24	58	5.7	2.4	58	5.3		
总磷	mg/L	0.7	0.9		2.9	2.9		4.1	3.6	12
NH_4-N	mg/L	23.9	26.9		7.4	7.1	4	34.9	33.2	5
SS	mg/L	15	3	79	5.4	2.4	56	4.8	0.9	81

4. 活性炭吸附的设计参数

进水为混凝沉淀和过滤后的二级出水，可采用下列参数作为实际设计中的参考：

(1) 水力负荷

在升流的条件下，炭床接触断面的水力负荷一般采用 9～25$m^3/(h \cdot m^2)$；对于降流式，采用水力负荷为 7～12.5$m^3/(h \cdot m^2)$。

(2) 接触时间

通常根据活性炭的柱容来计算接触时间。对于出水 COD 要求为 10～20mg/L 时，接触时间为 10～20min；对于出水 COD 要求为 5～10mg/L 时，接触时间为 20～30min；如果作为物化处理，接触时间一般较长，大于 30min。

(3) 操作压力

通常每 30cm 厚炭层不大于 0.07kg/cm^2。

(4) 炭层厚度

通常为 3～12m 之间，建议不小于 3m；常用为 4～6m；炭柱设计时应考虑超高，用以适应反冲洗时，炭床有 10%～50% 的膨胀。

(5) 反冲洗

冲洗时间一般为 10～15min，冲洗强度为 8.2～13.7$L/(s \cdot m^2)$。升流式膨胀床炭柱不需要冲洗。

(6) 炭柱数

为了便于维修，一般不少于 2 个。

(7) 炭的 COD 负荷

一般为 0.3 ~ 0.8kg COD/kg 炭。

5. 炭的再生

炭的再生方法有：溶剂洗涤、酸洗或碱洗、蒸汽再生、热再生。热再生是目前污水处理中常用的，它时是将炭置于燃烧炉内使有机物氧化并从炭的表面去除。再生过程为：脱水、干化、熔烧、加水蒸汽活化、冷却。再生炉内最高温度 700 ~ 1000℃，再生设备的大小取决于失效炭的数量，理论上大约为 $5mm^2$ 炉面积/(g 干重炭·d)，实际炉能力比理论值低 40% 以上。

再生炭的数量取决于处理水量、水质和要求出水的水质。对于城市污水来说，再生炭用量如表 3－23 所示。

炭罐用炭量表 **表 3－23**

预处理	炭用量 g/m^3 炭罐出水
经混凝、沉淀、过滤的活性污泥法出水	24 ~ 48
进过滤的二级出水	48 ~ 72
原污水经混凝、沉淀、过滤处理(物化法)	72 ~ 216

3.7.4 臭氧氧化工艺

臭氧具有极强的氧化性，能与许多有机物或官能团发生反应，有效地改善水质。臭氧能氧化分解水中各种杂质所造成的色、嗅，其脱色效果比活性炭好；还能降低出水浊度，起到良好的絮凝作用，提高过滤滤速或者延长过滤周期。目前，国内的臭氧发生技术和工艺相对比较落后，有待进一步研究推广应用。

1. 臭氧氧化机理

臭氧氧化电位为 2.07V，是一种极强的氧化剂，能有效去除色、浊、嗅、味，去除水中酚、氰、硫化物、农药和石油类等污染物。臭氧氧化有两种方式：一种是由臭氧分子或单个氧原子直接参与反应；另一种是由臭氧衰减产生的·OH 自由基引起。·OH 的氧化电位为 2.8V，仅次于 F(2.87V)，是水中存在的最强氧化剂，几乎可以无选择性地和污水中所有的污染物发生反应，将甘油、乙醇、乙酸等臭氧不能氧化分解的一些中间产物，彻底氧化为 CO_2 和 H_2O。O_3 溶于水后在 UV 的照射下，发生如下反应：

$$O_3 + H_2O —— O_2 + H_2O_2 \tag{3-14}$$

$$H_2O_2 + H_2O — O_2 + 2OH^- \tag{3-15}$$

与 UV 的协同作用还可以产生 OH^-，OH^- 还可诱发一系列的链反应，产生其他基态物质和自由基，强化了氧化作用，使污染物的降解变得快速而充分；单一的臭氧氧化反应则不产生上述这类物质。

某实验中使用的紫外光源功率为 40W，主要波长为 253.7nm 的紫外光管；污水处理反应器是自行设计的石英玻璃容器，其有效容积为 170L；臭氧发生器最大臭氧产量为 40g/h，最大功率为 500W；另外臭氧还通过钛合金曝气棒使臭氧均匀进入反应容器内与污水进行反应。反应器设计高度为 100cm，内径为 50cm。反应器进水为炼油厂曝气池出水，污水中含有油污、硫化物和挥发酚，COD 为 67mg/L，色度为 16，pH 为 8。实验结果表明：

（1）COD 去除效率高，反应速度快，仅 15min 就使 COD 下降了 50%，降至 20mg/L 以下；

（2）在 O_3 为 30g/L 时，反应 30min 后，挥发酚含量降低了 80%；

（3）在 O_3 为 30g/L，臭氧与紫外线联用的情况下，反应时间 7.5min 后，油污含量就从 9mg/L 降至 0.1mg/L；

（4）反应后色度降低到 4 度；

（5）在臭氧浓度较大的波动范围内，硫化物的去除效率都维持在很高的水平上，平均去除率达到了 90%。

2. 污水深度处理中臭氧处理效果

臭氧对于二级处理水进行以再生回用为目的的处理，其主要作用是：

（1）去除水中残余有机物；

（2）脱色作用；

（3）杀菌作用。

经大量工程数据表明，用臭氧氧化处理二级污水，有机物去除方面有以下特点：

（1）臭氧对蛋白质、氨基酸、木质素、腐殖酸、链式不饱和化合物和氰化物有机物有氧化作用。

（2）臭氧对有机物的氧化，一般难于达到形成 CO_2 和 H_2O 的完全无机化阶段，只能进行部分氧化，形成中间产物。形成的中间产物主要有：甲醛、丙酮酸、丙酮醛和乙酸。但如果臭氧投加量足够，氧化作用还会继续进行下去，除乙酸外，其他物质都可能被臭氧完全氧化。

（3）污水中 BOD/COD 比值随臭氧氧化反应时间延长而提高，说明污水的可生化性得到改善。

（4）臭氧对二级处理水 COD 去除率与水的 pH 有关，pH 上升去除率也显著提高，当 pH 为 7 左右时，COD 去除率约 40% 左右，当 pH 上升为 12 时，去除率即可达 80% ~90%。

使用臭氧进行脱色时要用砂滤作为预处理，否则效果不理想，并且造成臭氧浪费。

同时，砂滤亦可提高臭氧的杀菌消毒能力，有资料表明，当预处理使用砂滤时，只需投加 7mg/L 的臭氧，出水中的大肠杆菌即全部消失。

3. 臭氧氧化的运行参数

臭氧在用于污水深度处理中时，有资料表明臭氧投量一般为 10 ~ 20mg/L，接触时间为 5 ~ 20min。处理效果可使 BOD 下降 60% ~70%，致癌物质下降 80%，合成表面活性物质下降 90%。

3.7.5 膜分离工艺

膜分离技术是以高分子分离膜为代表的一种新型的流体分离单元操作技术。它的最大特点是分离过程中不伴随有相的变化，仅靠一定的压力作为驱动力就能获得很高的分离效果，是一种非常节省能源的分离技术。由于不使用药剂，无二次污染，占地面积小，在水质波动大时仍可自动连续运行，能够脱除传统水处理方法难以脱除的溶解性化学物质等优点而受到人们的广泛关注。

1. 膜分离技术按照膜孔的大小，可分为以下几种。

（1）微滤

微滤可以除去细菌、病毒和寄生生物等，还可以降低水中的磷酸盐含量。天津开发区污水处理厂采用微滤膜对SBR二级出水进行深度处理，满足了景观、冲洗路面和冲厕等市政杂用和生活杂用的需求。

（2）超滤

超滤用于去除大分子，对二级出水的COD和BOD去除率大于50%。北京市高碑店污水处理厂采用超滤法对二级出水进行深度处理，再生水水质达到生活杂用水标准，回用于洗车，每年可节约用水4700m^3。

（3）反渗透

反渗透用于降低矿化度和去除总溶解固体，对二级出水的脱盐率达到90%以上，COD和BOD的去除率在85%左右，细菌去除率90%以上。某电厂采用反渗透膜和电除盐联用技术，用于锅炉补给水。经反渗透处理的水，能去除绝大部分的无机盐、有机物和微生物。

（4）纳滤介于反渗透和超滤之间，其操作压力通常为0.5～1.0MPa，纳滤膜的一个显著特点是具有离子选择性，它对二价离子的去除率高达95%以上，一价离子的去除率较低，为40%～80%。采用膜生物反应器和纳滤膜集成技术处理糖蜜制酒精废水，取得了较好效果，出水COD小于100mg/L，污水回用率大于80%。

2. 膜技术的应用

大连泰山热电厂新建工程锅炉补给水采用城市污水处理厂二级出水作为水源，通过全膜法进行深度处理，工程采用超滤（UF）/反渗透（RO）/连续电去离子模块（EDI）联合工艺对污水处理厂二级出水进行处理，超滤部分作为预处理，全工艺以反渗透为核心，连续电去离子模块用于深度除盐。经处理后出水中TOC＜0.5mg/L，除盐效果也十分明显，电导率小于0.2μs/cm，保证了锅炉的长期运行安全。

不过，我国的膜技术在深度处理领域的应用与世界先进水平尚有较大差距。今后的研究重点是开发、制造高强度、长寿命、抗污染、高通量的膜材料，着重解决膜污染、浓差极化及清洗等关键问题。

3.7.6 高级氧化工艺

工业生产中排放的高浓度有机污染物和有毒有害污染物，种类多、危害大，有些污染物难以生物降解，且对生物反应有抑制和毒害作用。而高级氧化法在反应中产生活性极强的自由基（如·OH等），使难降解有机污染物转变成易降解小分子物质，甚至直接生成CO_2和H_2O，达到无害化目的。

1. 湿式氧化法

湿式氧化法（WAO）是在高温（150～350℃）、高压（0.5～20MPa）下利用O_2或空气作为氧化剂，氧化水中的有机物或无机物，达到去除污染物的目的，其最终产物是CO_2和H_2O。福建炼油化工有限公司于2002年引进了WAO工艺，彻底解决了碱渣的后续治理和恶臭污染问题，而且运行成本低，氧化效率高。

2. 湿式催化氧化法

湿式催化氧化法(CWAO)是在传统的湿式氧化处理工艺中加入适宜的催化剂使氧化反应能在更温和的条件下和更短的时间内完成，也因此可减轻设备腐蚀、降低运行费用。目前，建于昆明市的一套连续流动型CWAO工业实验装置，已经体现出了较好的经济性。

湿式催化氧化法的催化剂一般分为金属盐、氧化物和复合氧化物三类。目前，考虑经济性，应用最多的催化剂是过渡金属氧化物如Cu、Fe、Ni、Co、Mn等及其盐类。采用固体催化剂还可避免催化剂的流失、二次污染的产生及资金的浪费。

3. 超临界水氧化法

超临界水氧化法是把温度和压力升高到水的临界点以上，该状态的水就称为超临界水。在此状态下水的密度、介电常数、黏度、扩散系数、电导率和溶剂化学性能都不同于普通水。较高的反应温度(400~600℃)和压力也使反应速率加快，可以在几秒钟内对有机物达到很高的破坏效率。

美国德克萨斯州哈灵顿首次大规模应用超临界水氧化法处理污泥，日处理量达9.8t。系统运行证明其COD的去除率达到99.9%以上，污泥中的有机成分全部转化为CO_2、H_2O以及其他无害物质，且运行成本较低。

4. 光化学催化氧化法

目前研究较多的光化学催化氧化法主要分为Fenton试剂法、类Fenton试剂法和以TiO_2为主体的氧化法。

Fenton试剂法由Fenton在20世纪发现，如今作为污水处理领域中有意义的研究方法重新被重视。Fenton试剂依靠H_2O_2和Fe^{2+}盐生成·OH，对于污水处理来说，这种反应物是一个非常有吸引力的氧化体系，因为铁是很丰富且无毒的元素，而且H_2O_2也很容易操作，对环境也是安全的。Fenton试剂能够破坏污水中诸如苯酚和除草剂等有毒化合物。尤其在引入光的作用下，对污染物的降解能力更强。目前国内对于Fenton试剂用于印染废水处理方面的研究很多，结果证明Fenton试剂对于印染废水的脱色效果非常好。另外，国内外的研究还证明，用Fenton试剂可有效地处理含油、醇、苯系物、硝基苯及酚等物质的废水。

类Fenton试剂法是把紫外光(UV)、氧气等引入Fenton试剂，具有设备简单、反应条件温和、操作方便等优点，在处理有毒有害难生物降解有机废水中极具应用潜力。该法实际应用的主要问题是处理费用高，只适用于低浓度、少量废水的处理。将其作为难降解有机废水的预处理或深度处理方法，再与其他处理方法(如生物法、混凝法等)联用，则可以更好地降低污水处理成本、提高处理效率，并拓宽该技术的应用范围。

光催化法是利用光照某些具有能带结构的半导体光催化剂如TiO_2、ZnO、CdS、WO_3等诱发强氧化自由基·OH，使许多难以实现的化学反应能在常规条件下进行。锐钛矿中形成的TiO_2具有稳定性高、性能优良和成本低等特征。在全世界范围内开展的最新研究是获得改良的(掺入其他成分)TiO_2，改良后的 TiO_2 具有更宽的吸收谱线和更高的量子产生率。

5. 电化学氧化法

电化学氧化又称电化学燃烧，是环境电化学的一个分支。其基本原理是在电极表面的电催化作用下或在电场作用产生的自由基作用下氧化有机物。除可将有机物彻底氧化为 CO_2 和 H_2O 外，电化学氧化还可作为生物处理的预处理工艺，将非生物相容性的物质经电化学转化后变为生物相容性物质。这种方法具有能量利用率高，低温下也可进行；设备相对较为简单，操作费用低，易于自动控制；无二次污染等特点。

6. 超声辐射降解法

超声辐射降解法主要源于液体在超声波辐射下产生空化气泡，它能吸收声能并在极短时间内崩溃释放能量，在其周围极小的空间范围内产生 1900～5200K 的高温和超过 50MPa 的高压。进入空化气泡的水分子可发生分解反应产生高氧化活性的·OH，诱发有机物降解；此外，在空化气泡表层的水分子则可以形成超临界水，有利于化学反应速度的提高。

超声波对含卤化物的脱卤、氧化效果显著，氯代苯酚、氯苯、CH_2Cl_2、$CHCl_3$、CCl_4 等含氯有机物最终的降解产物为 HCl、H_2O、CO、CO_2 等。超声降解对硝基化合物的脱硝基也很有效。添加 O_3、H_2O_2、Fenton 试剂等氧化剂将进一步增强超声降解效果。超声与其他氧化法的组合是目前的研究热点，如 US/O_3、US/H_2O_2、US/Fenton、US/光化学法。目前，超声辐射降解水体污染物的研究仍处于试验探索阶段。

7. 辐射法

辐射法是利用高能射线(γ、X 射线)和电子束等对化合物的破坏作用所开发的污水辐射净化法。一般认为辐射技术处理有机废水的反应机理是由于水在高能辐射的作用下产生·OH、H_2O_2、·HO_2 等高活性粒子，再由这些高活性粒子诱发反应，使有害物质降解。

辐射法对有机物的处理效率高、操作简便。该技术存在的主要难题是用于产生高能粒子的装置昂贵、技术要求高，而且该法的能耗大、能量利用率较低；此外为避免辐射对人体的危害，还需要特殊的保护措施，因此该法要投入运行，还需进行大量的研究探索工作。

各种高级氧化法对污水深度处理的效果不尽相同，但总体效果都比较理想，但是处理费用高、对设备要求高和二次污染问题是限制它们发展为主流工艺的瓶颈。前面提到的几种方法目前还处于实验室阶段，具体投入到大规模生产实际还有一定的距离。

3.7.7 臭氧和生物活性炭联用工艺

臭氧是强氧化剂，活性炭是吸附有机物最有效的吸附剂，将这两个技术联用，还可在活性炭上浓缩氧气、浓缩有机物、微生物，使活性炭成为生物炭，即在炭上凹洼处、大孔处由微生物结群与分泌物一起形成生物膜，活性炭的生物膜有降解水中有机物的作用，在活性炭吸附与脱附有机物过程中起到再生的作用。

臭氧和生物活性炭联用技术可以有化学氧化、物理吹附与生物降解三方面的作用，还有活性炭介质的过滤作用，与此同时，还可以有效的脱色、除味、除浊，是目前在国际上最常用、最成熟的去除有机物的技术。上海浦东周家渡水厂运行两年，在黄浦江原水 COD_{Mn} 为 6mg/L 左右时，出水厂能达到 <3mg/L，能使Ⅲ类水源水处理到出厂水达到 <3mg/L 的要求，这是传统混凝沉淀工艺无法做到的。图 3－33 所示是一种典型的臭氧和生物活性炭深度处理工艺流程。

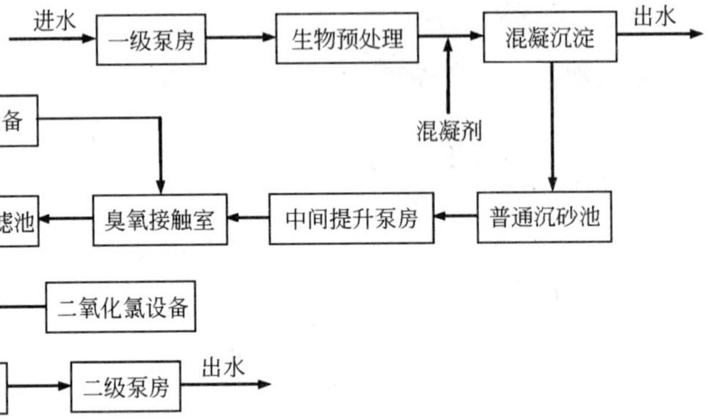

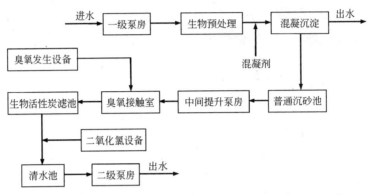

图 3－33 典型臭氧和生物活性炭工艺流程图

在实际应用中，一般采用分段进行臭氧氧化、生物活性炭净水体系。在这种分段进行的工艺中，臭氧接触段的效率高低直接影响到能源的利用率和该工艺的运行费用。饮用水处理中最常用的是鼓泡扩散反应器，这种设备运行时容易发生沟流，对气液接触不利。陶粒是一种新开发的净水滤料、它具有相对密度较小、内部孔隙丰富、比表面积大、化学稳定性好的优点，与用其他滤料的同类型滤池相比，轻质陶粒滤池的产水率高、过滤周期长、截污量大。如果将陶粒滤料添装在臭氧化反应柱中，即组成了“臭氧—陶粒—生物活性炭”处理流程，则可以提高臭氧的利用率，增强臭氧化阶段去除有机物及原水色度和浊度的能力，减轻后续生物活性炭处理段的负荷。

臭氧—活性炭的运行参数和使用注意事项如下：

(1) 进水浊度不宜过高，否则造成活性炭柱的堵塞；

(2) 生物活性炭一般采用自然挂膜方式，所需时间较长，最佳工作温度为 20～30℃。

(3) 进水 pH 对大多数细菌、藻类、原生动物的生长十分重要，最佳 pH 为 6.5～7.5，硝化细菌为 7.5～8。

(4) 臭氧活性炭对于原水中的三氯甲烷等卤化物去除效果不明显，同时硝化作用不完全，当进水中含氮量较高时，如高于 2mg/L 时，出水中亚硝酸盐浓度急剧增高。

3.7.8 人工湿地工艺

人工湿地作为一种低投资、低能耗、低处理成本和具有 N、P 去除功能的污水生态处理技术，已逐渐被世界各国所接受，目前已被广泛应用于处理生活污水、工业废水、矿山及石油开采废水、农业点源污染和面源污染以及水体富营养化等的治理。近年来，人工湿地技术在我国得到了应用与发展，为城市污水的处理和深度净化提供了新的思路与途径。

人工湿地(Constructed Wetland，CW)污水处理技术是 20 世纪 70 年代末发展起来的一种污水处理新技术，它的原理主要是利用湿地中基质、水生植物和微生物之间的三重协同作用，通过过滤、吸附、沉淀、离子交换、植物吸收和微生物分解来实现对污水的高效净化率。它具有以下优点：

(1) 处理效果好

其对BOD的去除率可达85%～95%，COD的去除率可达80%以上，处理出水的BOD可小于10mg/L、SS可小于20mg/L、对TN和TP的去除率分别可达60%和90%。

(2) 运转维护管理方便、工程建设和运转费用较低

其建设和运转费用分别为传统二级活性污泥法处理工艺的1/10和1/2。

(3) 对负荷变化适应能力强

因此，人工湿地比较适合技术管理水平不高、规模较小的城镇或乡村的污水深度处理。

人工湿地用于处理污水主要有两种型式：一种是预处理型，即在那些目前还不具备建造污水处理厂的城乡结合部位，选择一定的区域，将生活污水直接投放到人工建造的类似于沼泽地的湿地上，让植物、微生物、土壤的自然作用来净化污水。另一种是强化处理型，即在污水处理厂附近建造人工湿地，将污水处理厂处理过的污水排入，再经过人工湿地的深度处理，提高其水质，然后排入自然水系，作为补充水源。

近年来有人通过在湿地中种植一些植物或改善水流状态，起到了很好的效果，在一定程度上提高了污染物的去除率。宋晨等在对北方某污水进行人工湿地深度处理研究中发现，生长有芦苇的湿地比空白湿地的COD、TN、NH_3-N、NO_3^--N、TP的去除率分别提高了10%、20%、35%、25%、63%。

人工湿地的设计负荷取值范围较广，但一般不易过高，一般取1～1.5$m^3/(m^2 \cdot d)$。从化东方夏湾用于污水处理而建造的人工湿地属于深度处理型，该人工湿地占地面积2000m^2，设计负荷为1.2$m^3/(d \cdot m^2)$。根据地形，人工湿地设计为“凹”字形，并衬以跌水雕塑、曲桥、涌路和具有净化污水功能的水生植物形成景色怡人的园林景观。湿地设计采用复合式人工碎石植物床，共分四个主要工艺段，各工艺段按阿基米德螺线展开以保证潜、表径流长度，使有限的处理空间达到最大限度的长度延伸和流径曲缓。

待处理水经跌水塔物理曝气后，潜流进入人工碎石植物床，在缓流过程中进行着过滤、沉淀、吸附、离子交换等物理化学作用，随着水体的滞流作用，部分垂直滤升至池面形成池表面漫流，在整个过程中同时发生植物吸收和微生物降解作用。

人工湿地自下而上为素土夯实，满铺砾石过滤层、续铺中粗砂缓流层，再铺细砂滞流层和其上渗滤水体表流层和稳流层，配以水体各层面适宜生长的、有处理效果的水生植物，使所处理的中水完全处于被处理环境包围之中，形成根系、茎系、叶系和沉水、浮水、挺水双路三个层面的处理效果，形成一个人工生态系统。

同时根据湿地处理工艺技术参数要求，依次分别种植挺水植物：美人蕉、菖蒲、芦苇等：挺水/浮水植物：水葱、再力花、香蒲、纸莎草、水芙蓉、浮萍、睡莲等：沉水植物：凤眼莲等。

污水经过湿地处理前后的水质情况如表3－24所示。

人工湿地污水处理情况表(mg/L) 表3－24

项目	BOD_5	COD_{Cr}	总磷	氨氮
进水水质	150～200	300～400	3～5	15～30
出水水质	2～5	10	0.1～0.3	0.8～1.5
排水标准	4	20	0.2	1.0

从表3－24可以看出，人工湿地的处理效果还不够稳定，未来还需要进一步的改进，如与其他工艺的组合应用。

3.7.9 膜生物反应器

传统的活性污泥工艺(Conventional Activated Sludge，CAS)广泛地应用于各种污水处理中。由于采用重力式沉淀方式作为固液分离手段，因此带来了很多方面的问题，如固液分离效率不高、处理装置容积负荷低、占地面积大、出水水质不稳定、传氧效率低、能耗高以及剩余污泥产量大等。传统生物处理工艺处理后的水难以满足越来越严格的污水排放标准，同时，经济的发展所带来的水资源的日益短缺也迫切要求开发合适的污水资源化技术，以缓解水资源的供需矛盾。在上述背景下，一种新型的水处理技术——膜生物反应器(Membrane Bioreactor，MBR)应运而生。随着膜分离技术和产品的不断开发，MBR也更具有实用价值，近年来许多国家都投入了大量的资金用于开发此项高新技术。

1. MBR概述

MBR是指将超、微滤膜分离技术与污水处理中的生物反应器相结合而成的一种新的污水处理装置。这种反应器综合了膜处理技术和生物处理技术带来的优点。超、微滤膜组件作为泥水分离单元，可以完全取代二次沉淀池。超、微滤膜截留活性污泥混合液中微生物絮体和较大分子有机物，使之停留在反应器内，使反应器内获得高生物浓度，并延长有机固体停留时间，极大地提高了微生物对有机物的氧化率。同时，经超、微滤膜处理后，出水质量高，可以直接用于非饮用水回用。系统几乎不排剩余污泥，且具有较高的抗冲击能力。特别1989年Yamamoto将中空纤维膜应用于活性污泥处理中，使工艺运行成本大大降低，实际应用前景广阔。因此，MBR是当今倍受国内外专家学者重视的一项高新水处理技术。

2. MBR特点

(1) 出水水质好

由于采用膜分离技术，不必设立过滤等其他固液分离设备。高效的固液分离将污水中有悬浮物质、胶体物质、生物单元流失的微生物菌群与已净化的水分开，不需经三级处理即直接可回用，具有较高的水质安全性。

(2) 占地面积小

膜生物反应器生物处理单元内微生物维持高浓度，使容积负荷大大提高，膜分离的高效性使处理单元水力停留时间大大缩短，占地面积减少。同时膜生物反应器由于采用了膜组件，不需要沉淀池和专门的过滤车间，系统占地仅为传统方法的60%。

(3) 节省运行成本

由于MBR高效的氧利用效率和独特的间歇性运行方式，大大减少了曝气设备的运行时间和用电量，节省电耗。同时由于膜可滤除细菌、病毒等有害物质，可显著节省加药消毒所带来的长期运行费用，膜生物反应器工艺不需加入絮凝剂，减少运行成本。

3. MBR的分类

从整体构造上来看，MBR由膜组件和生物反应器两部分组成。根据这两部分操作单元自身的多样性，膜生物反应器也必然有多种类型。膜生物反应器的一些基本分类如表3－25所示。

MBR的基本分类表 表3－25

内　容	分　类
膜组件	管式、板框式、中空纤维式
膜材料	有机膜、无机膜
压力驱动形式	外压式、抽吸式
生物反应器	好氧、厌氧
膜组件与生物反应器的组合方式	分置式、一体式(浸没式)

分置式MBR是指膜组件与生物反应器分开设置，浸没式MBR是指膜组件安置在生物反应器内部。两种反应器的流程如图3－34所示，分析如表3－26所示。

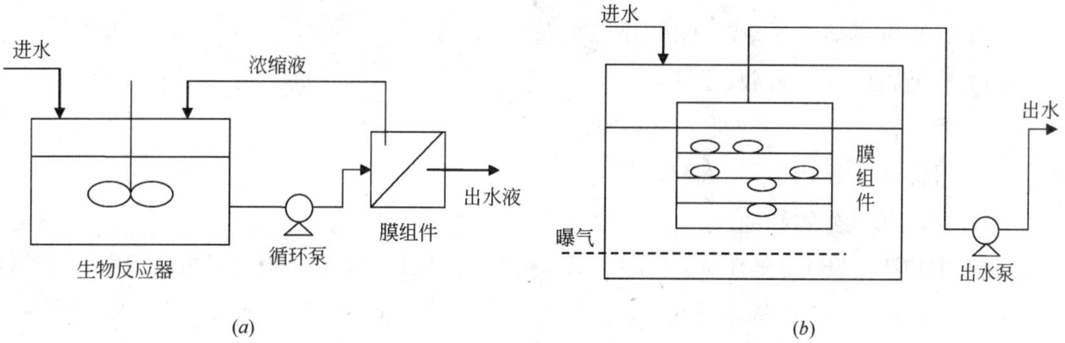

图3－34 两种反应器流程

(a)分置式MBR；(b)浸没式MBR

两种反应器的区别表 表3－26

MBR种类	压力驱动形式	动力消耗	管道要求	膜更换和清洗情况	微生物失活情况	设备占地面积
分置式	压力泵加压	大	需要	方便	有可能	大
一体式	真空泵抽吸	小	不需要	不方便	不失活	小

4. 膜组件和膜材料

一般而言，决定膜过滤效果的主要因素是膜的孔径及孔隙率，而选择什么样的膜材料并不是关键。但是在MBR工艺中膜材料种类却强烈地影响其耐污染性，所要解决膜污染问题的最主要的途径是找到耐污染的膜材料或者是对膜进行改性。

从近期国内外MBR研究情况来看，滤膜大都为较小孔径的微滤膜，或较大截留分子量的超滤膜，孔径范围为0.1～0.5mm；材质主要是疏水性的聚烯烃和亲水性的聚砜、纤维素等，还有一些无机膜。疏水性的聚烯烃一般做成中空纤维式膜组件，而亲水性的聚砜、纤维素膜一般做成平板式膜组件。

5. MBR的应用

随着研究的深入，国内外已有了MBR应用的实例，实践表明，膜污染严重、水通量低，是限制MBR推广应用最主要的原因。

加拿大Cote P等报道了北美洲在20世纪90年代MBR发展的概况。其中ZENON环保公司在1996年推出了组件膜面积为46m^2、体积密度为63m^2/m^3的膜生物反应器，该设备已成功地应用于市政污水处理。目前以小规模装置为主，处理能力为10～200m^3/d，主要在办公楼、购物中心、学校、医院和疗养地推广使用。装置的水力停留时间(HRT)为24h，SRT为1～2年。滤出液经过紫外线消毒或活性炭吸附后，用作厕所冲洗水。在安大略省建成的日处理污水3800m^3的MBR装置，安装了膜组件144个，总膜面积6624m^2，曝气池体积440m^3，正常HRT为3.8h；厌氧反应池体积为380m^3，HRT为2.4h，运行期间的MLSS浓度为12000～20000mg/L，MLVSS浓度仅为MLSS的55%～70%，运行9个月以来出水BOD和有机磷的去除率都接近100%。

6. MBR的研究方向

目前，MBR的研究主要集中在以下三个方面：

（1）降低膜污染，提高膜通量；

（2）探求合适的工作条件和工艺参数；

（3）降低处理工艺的运行成本。

3.7.10 曝气生物滤池

曝气生物滤池(BAF)是在生物接触氧化基础上引入饮用水工业中过滤思想而产生的一种好氧污水处理技术。突出的特点是在一级强化处理的基础上将生物氧化和截留悬浮物结合在一起，滤池后面不设二次沉淀池，通过反冲洗实现周期性运行。与活性污泥法相比，BAF工艺具有建设费用低、处理负荷高、能耗低、出水水质好等优点；与生物滤池相比，占地面积小，不易堵塞；与生物接触氧化法相比，生物膜薄，活性相对较高，不用设置二次沉淀池；与生物流化床相比，动力消耗低，不需要生物膜与载体颗粒的分离和载体颗粒的循环系统，运行操作比较简单。因此，BAF工艺从多种工艺中脱颖而出，而且由于其处理效果好，处理费用低，用在污水深度处理中也很实用。

1. 工艺原理

BAF工艺的形式和操作方式有多种，各具特色，但其基本原理都是在滤池内填充大量粒径较小、表面粗糙的填料，通过培养和驯化让填料挂上有用的生物膜，利用高浓度生物膜的生物降解和生物絮凝能力处理污水中的有机物，并利用填料的过滤能力截留悬浮物，保证脱落的生物膜不随水流出。同时，因为曝气装置将整个滤池分为好氧区和缺氧区，可分别进行硝化和反硝化，从而达到脱氮的作用，使氨氮指标达标。若在相应阶段投加适量的除磷剂(一般为铁剂）则还可达到良好的除磷效果。

2. 主要形式

BAF根据水流方向可分为上向流和下向流两种，下向流BAF纳污效率不高，运行周期短，现已被上向流BAF逐步取代。

3. 工艺流程

BAF反应器为周期运行，从开始过滤至反冲洗完毕为一完整周期，其典型工艺流程如图3－35所示。

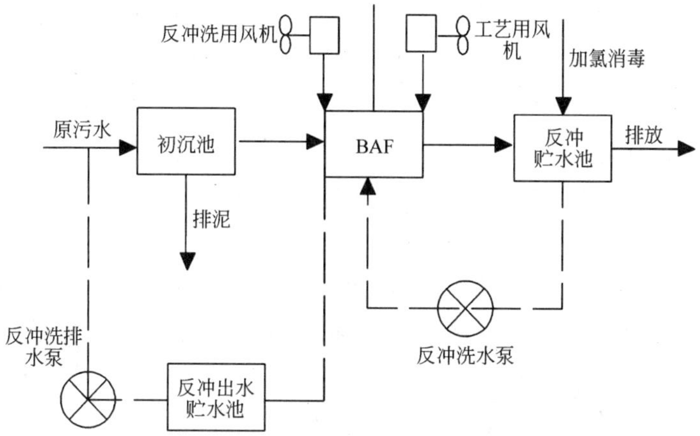

图3－35　BAF典型工艺流程图

4. 滤料

滤料作为BAF的核心部分，直接影响着其处理效率。各种BAF采用的填料也不尽相同：BIOCARBON型滤池使用的是石英砂砾，BIOFOR使用的是轻质陶粒，而BIOSTYR使用的是聚苯乙烯填料，上海市政工程设计研究总院的BIOSMEDI使用轻质滤料，在反冲技术上有其特点。

因BIOFOR曝气生物滤池采用广泛，陶粒填料应用也最广。陶粒填料采用无机材料烧结而成，表面为粗糙多孔结构，粒径一般选择为3～6mm，比表面积可达3.98m^2/cm^3。BAF粗糙多孔的粒状填料易挂膜，为微生物提供了更佳的生长环境，微生物量可达10～15g/L，高浓度的微生物量使得BAF的容积负荷增大，进而减少了池容和占地面积。

5. 反冲洗

BAF工艺中生物膜的厚度一般控制在300～400μm，此时生物膜的代谢能力强，滤池的出水水质高。随着BAF的运行，生物膜逐渐增厚，当膜的厚度超出这个范围时，氧的传递速度减小，传质速度减缓，滤池水头损失加大，易堵塞，此时，需要进行反冲洗以保证BAF的正常运行。目前，气水反冲洗技术因反冲洗效果好且节约用水已被绝大多数工厂采用。实践表明气水反冲洗可以节省40%～60%的冲洗水量，并可以延长过滤周期。

6. 技术特点

曝气生物滤池的主要技术特点有：

(1) 采用小粒径的填料作为过滤主体的池型反应器，一般为 3 ~ 10mm；

(2) 同步发挥生物氧化作用和物理截留作用；

(3) 氧转移和利用效率高；

(4) 运行过程中通过反冲洗去除滤层中截留的污染物和脱落的生物膜，不需要二次沉降池；

(5) 充分借鉴了单元反应器的原理，采用模块化结构设计。

7. BAF 运行工艺条件

(1) 负荷

负荷是 BAF 工艺的设计的关键参数，一般采用水力负荷(或滤速)和有机容积负荷进行设计。早期的降流式 BAF(BIOCARBONNE)一般采用较低的负荷，而 BIOFOR 和 BIOSTYR 等升流式 BAF 则采用较高的负荷。BAF 的容积负荷与处理出水有机物浓度呈线性关系，即 $F_v = KS_e$。因而，对于不同的处理目标和要求，容积负荷的取值是不同的。国内外的研究表明，水力负荷对 SS 和 BOD_5 的影响并不明显，因而在其他因素，如温度、气水比、反冲洗强度等确定的条件下，应尽可能加大 q 值，以提高 BAF 的处理能力。但水力负荷对硝化和反硝化的影响，目前尚存在不同的研究结果。水力负荷对 BAF 硝化和脱氮的影响与其运行方式有关，对此有待深入研究。目前 BAF 实现不同处理目标的典型负荷取值如表 3 - 27 所示。

BAF 实现不同处理目标的典型负荷取值表 **表 3 - 27**

负荷类型	碳化(BAF - C)	硝化(BAF - C/N)	反硝化(BAF - DN)
水力负荷 q[$m^3/(m^2 \cdot h)$]	3 ~ 16	3 ~ 16	10 ~ 25
容积负荷[$kgX/(m^3 \cdot d)$]	2.0 ~ 6.0	0.5 ~ 2.0	0.8 ~ 5.0

注：X 分别为 BOD_5、$NH_3 - N$、$NO_3 - N$。

(2) 气水比

由于 BAF 相比于传统工艺，氧的利用率较高，所以可以采用较低的气水比(r)。对研究数据的统计表明，BAF 中去除单位质量的有机物(以 TBOD 表示)所需的氧为 0.42 ~ 0.8kgO_2/kg TBOD，平均为 0.51kgO_2/kgTBOD，低于传统活性污泥法的 1.0 ~ 1.2kgO_2/kgTBOD。但与此同时，BAF 所需的 r 与其进水水质、处理目标、滤料粒径和滤料层的厚度等因素有关。通常，用于硝化的 BAF - C/N 需要较高的气水比，而仅需实现碳化的 BAF - C 可采用较低的比值。应用 BIOSTYR 进行硝化的研究表明，去除 1kgNH_3 - N 所需的供气量为 70m^3。目前，一般采用的气水比为(3 ~ 10):1。对资料及实际运行结果分析表明，其适宜的气水比为(3 ~ 7):1。

(3) 反冲洗强度

目前，气水联合反冲洗是 BAF 普遍采用的反冲洗方式，即：气单独反冲洗—气水联合反冲洗—水反冲洗(清洗)。其中气和水的反冲洗强度的控制极为重要。反冲洗过程中，以使滤料层有轻微的膨胀(一般将膨胀率控制在 8% ~ 10%)为原则，实现气水对滤料的良好冲刷作用及滤料间的相互摩擦，并在最短的时间内完成反冲洗过程，并保持生物膜厚度在 300 ~ 400μm。表 3 - 28 列出了调查资料。为保证 BAF 的持续稳定运行，通常一天反冲洗一次，其用水量一般为其处理水量的7%～10%。

BAF气水反冲洗强度表 **表3-28**

指　　标	气反冲洗	水反冲洗
反冲洗强度[$m^3/(m^3$滤料·min)]	0.43～0.52	0.33～0.35
用量(m^3/m^3滤料)	5.14～6.25	2.5

8. 运行中需要注意的问题

(1) SS的控制

为了避免SS过高而造成滤池堵塞，进水SS应控制在60～100mg/L以下。目前最常用的预处理工艺是沉淀池。在沉淀池的设计时，应尽量选取低的表面负荷率，同时考虑到BAF反冲洗水将进入沉淀池而产生一定的冲击负荷，宜选用较长的水力停留时间，一般不少于2.5h。

(2) 反冲洗出水回流的冲击负荷

在BAF工艺的反冲洗过程中，由于反冲洗时间短，一般为5～7min，强度大，因而其出水直接回流至初次沉淀池或其他预处理工艺将造成较大的冲击负荷。为此，对于污水深度处理，需要设一中间缓冲池，以缓解冲击负荷的影响。

(3) 除磷和消毒

BAF应用于深度处理或中水回用处理时，需要考虑除磷和消毒的问题。目前具有除磷功能的BAF工艺系统有预处理化学除磷和后续化学除磷两种方式。预处理除磷同时可强化SS去除效果，但药量难以控制，一般采用后续化学除磷为宜；此外，BAF出水通常需要进行消毒池处理，而反冲洗用水通常为其处理出水，考虑到消毒剂对生物膜的影响，需合理考虑消毒剂的投加点或需在消毒之前设置满足一次反冲洗所需用水量的过渡池。

第 4 章　污泥处理处置设计

4.1　污泥处理处置分析

4.1.1　污泥处理处置现状

我国经济的迅速发展，城镇人口的增加，生活污水和工业废水的排放量迅速增多，随之产生的城市污水厂污泥量也迅猛增加。

污水处理厂污泥中含有大量病原菌、寄生虫卵和生物难降解物质，特别是污水中含有工业废水时，污水污泥可能含有较多的重金属离子和有毒有害化学物质，若污水污泥不能得到安全妥善的处置，将使污水处理工程失去应有的环境保护作用。

（1）污泥稳定化比例较低

由于污水污泥中通常含有 50% 以上的有机物，极易腐败，并产生恶臭，因此需要进行稳定化处理。《城镇污水处理厂污染物排放标准》（GB 18918—2002）中规定，城镇污水处理厂的污泥应进行稳定化处理，处理后应达到表 4－1 所规定的标准。

污泥稳定化控制指标表（GB 18918—2002）　　**表 4－1**

稳定化方法	控 制 项 目	控 制 指 标
厌氧消化	有机物降解率(%)	>40
好氧消化	有机物降解率(%)	>40
好氧堆肥	含水率(%)	<65
	有机物降解率(%)	>50
	蠕虫卵死亡率(%)	>95
	粪大肠菌群菌值①	>0.01

① 其含义为：含有一个粪大肠菌的被检样品克数或毫升数，该值越大，含菌量越小。

然而，我国污泥处理尚处于起步阶段，全国现有污水处理设施中有污泥稳定处理设施的还不到 50%，处理工艺和配套设备较为完善的不到 1/10，能够正常运行的更少。随着我国城镇化进程的加快和污水处理率的提高，污泥处理处置已成为我国环境保护面临的日益紧迫和严峻的问题。

（2）污泥处理处置问题较多

早期的污水厂，由于污泥排放监管不严格，普遍将污水和污泥处理单元剥离开来，片面追求污水处理率，污泥处理处置则尽可能简化、甚至忽略，或者将污泥处理设施长期闲置，没有得到适当处理的湿污泥随意外运、简单填埋或堆放，给生态环境安全带来隐患。

污水污泥脱水后具有一定的特性：

1）含水率高

一般处理工艺的脱水污泥含水率为80%左右，给污泥的运输和处置带来较大的困难。

2）有机物和生物絮体含量高

一般污水处理厂污泥的有机物和生物絮体含量为40%～60%，既有利于有机物的资源化利用，也可能产生较大的二次污染问题。

3）有毒有害物质

污泥中含有一些重金属和致病微生物，对环境和人体危害较大。

许多污水处理厂的污泥经过简单的浓缩脱水后外运处置，污泥的最终去向交待不清，即使采用污泥浓缩脱水后送往卫生填埋场填埋的污水污泥，也存在许多问题，由于脱水污泥的含水率仍然相当高，容易造成填埋作业困难，垃圾填埋场非常不愿意接收。

污泥填埋在我国占据了相当大的比例，一种是自然堆放，另一种就是与垃圾混合填埋。由于我国多数填埋场的作业面较大，经过露天雨水淋滤后，没有稳定和无害化处理的污泥很快恢复原形，对填埋场地的正常作业和安全构成严重的危害；有的填埋场，名义上为污泥填埋，实际为露天堆场，这种不规范的污泥填埋给环境带来巨大的潜在危害。没有填埋条件的地方，进行无组织填埋，存在着极大的环境风险，污染物质一旦下渗进入地下水系统，造成地下水污染，则极难治理恢复，且其污染是持久性的。

即使少数较为规范的填埋场，由于接收了处理程度不到位的污泥，污泥含水率过高，影响填埋场的碾压作业和压实效果，往往造成填埋场渗滤系统的严重堵塞，影响填埋场的运行，严重污染附近的地下水。另外，处理不达要求的污泥和垃圾混合填埋时，由于污泥含水率过高，一般需要添加干物质，污泥量增加，占用垃圾场的容积资源，降低填埋场使用年限，使得不少垃圾填埋场的寿命大大缩短，给城市垃圾的处置带来麻烦。与垃圾单独处理处置相比，从社会成本上来讲是不经济的。

每天大量的污水处理厂污泥运往垃圾填埋场填埋，既占用了有限的垃圾填埋场容量，又增加了污水处理厂的运输费用，污水处理厂污泥长期填埋存在以下较为突出的问题。

1）有限的填埋容量与不断增加的污泥量之间的矛盾日益突出。

现状污水处理能力达 $5185\times10^4m^3/d$，按 7.5t 污泥/(10^4m^3 污水·d)的污泥产率计算，将产生污泥量约 38888t/d，占同期垃圾填埋能力的 19.4%，截至 2004 年底，全国 661 个建制市现有生活垃圾填埋场 444 座，处理能力 $20.59\times10^4t/d$；“十一五”前期污水处理能力达 $8000\times10^4m^3/d$，将产生污泥量约 60000t/d，占同期垃圾填埋能力的比例更大，如此大量的污泥填埋，要占用相当大的填埋容量，将大大缩短填埋场使用寿命。

2）含水率较高的污泥填埋，增加了填埋场渗滤液处理站的负担。

由于污泥呈胶体状，经常堵塞渗滤液收集系统和排水管，加重了垃圾坝的承载负荷，给填埋场的安全和运行管理带来了困难。据资料分析，深圳市下坪填埋场渗滤液收集管清淤一次，就要耗费100余万元。若收集系统堵塞，情况将更为严重，按更换滤层计，所需费用将超过千万。

3）污泥的高黏度使垃圾压实机经常打滑或深陷其中，给垃圾填埋操作带来麻烦。

污泥的流变性使填埋体易变形和滑坡，使之成为“人工沼泽地”，给填埋场带来很大安全隐患。目前，三峡库区的一些垃圾填埋场已出现该问题，影响了填埋场的正常运行，甚至有的库区填埋场已拒绝污水处理厂污泥进入填埋场。

4）原生污泥中含有大量有毒、有害物质，未经无害化、稳定化处理而直接填埋会给环境卫生和人体健康带来不利影响。

由于大多数城市污水中混有居民生活、医疗、工业等多种来源、种类繁多的污染物，在污水处理过程中，大部分污染物转移到污泥中，使污泥中可能含有大量病原体，以及铬、汞、镉、砷等重金属和多氯联苯、二恶英等难降解的有毒有害物质，污泥直接农用，有可能造成农产品安全隐患。

污泥中含有大量的有机质和营养元素，污泥稳定化无害化处理或堆肥之后进行农用是一种可行的途径，但由于管理部门之间缺乏密切的联系和沟通，以及实际运作中存在的一系列问题，污泥的农业利用往往难以落实。

（3）污泥标准规范体系不够健全

目前，我国对污泥处置技术的研究已经取得了一定的进展，然而，我国在制定污水污泥处理处置的标准规范方面的发展非常滞后。我国至今还没有一个较为健全的、科学的污水污泥处理处置标准规范，难以指导设计工作的开展和污泥最终处置的实践，严重影响了我国污泥的最终处置。在我国标准规范体系中，涉及污水污泥处理处置方面的内容非常有限，目前仅有以下几项标准规范在参照执行。

1）《农用污泥中污染物控制标准》（GB 4284—84），为1984年制订颁布，距今已有20多年，其中重金属指标需要重新研究，病原菌指标空白，具体的操作规范和管理措施欠缺，已经不能满足使用要求，更起不到控制污染的作用。

2）《城镇污水处理厂污染物排放标准》（GB 18918—2002）是比较综合的城镇污水处理厂污染物排放标准，对污泥脱水、污泥稳定提出了控制指标，在污泥农用方面对《农用污泥中污染物控制标准》（GB 4284—84）中的污染物控制标准进行了局部修改，但对污泥土地利用的操作规范和管理措施仍没涉及。

我国现有的标准过于简单和缺乏必要的规范，现有标准规范对污水处理厂污泥处置无法实行有效的管理和指导。此外，我国标准的制订、评价、修改缺乏规范化和完整性的体系，致使标准修订不及时，各标准间缺乏协调和统一性。因此在污水污泥处置利用的指标监测、质量控制、监督管理等方面都需要进一步地开展更有效的工作。

4.1.2 污泥量预测

在污泥处理处置工程改扩建设计时，污泥量预测通常是首先需要进行的工作。

(1) 污泥产率的影响因素

当污水处理采用二级生物处理时，污水污泥产量的主要影响因素为污水水质和生物处理系统的运行条件。污水水质对污泥产量的影响主要体现在进水有机物和进水悬浮固体量；运行条件有泥龄、负荷、溶解氧等，起关键作用的是泥龄，泥龄的长短将影响有机物的生物降解效果和微生物固体的内源衰减量，从而影响污泥的产量。

当污水处理采用化学一级强化工艺时，污水污泥产量影响因素除了进水水质外，还有絮凝剂投加量、絮凝剂种类等。

(2) 经验参数法

在实际工程中，根据各国各地区污水的不同特点，我们可以按照一定的平均经验值确定污水污泥产量，例如，根据 Fair 和 Geyer1965 年的统计，常规的污水处理厂的污泥产量为 80gDS/(人·d)；美国 26 家污水处理厂的调查数据显示污泥的产量都在 200 ~ 300g/m^3；法国采用的经验值则为 60g DS/PE；1996 年对我国 29 家城市污水处理厂的调查表明，每处理万立方米污水，污泥的产量为 0.3 ~ 3.0tDS；1992 年上海市以实际废水处理量核算，每万立方米污水的污泥产量则为 2.2 ~ 3.2tDS；而 2006 年上海中心城区污水厂二级生物处理的每万立方米污水产泥在 0.75 ~ 2.31t 之间，平均值为 1.38t，如表 4－2 所示。

上海中心城区污水厂污泥产率统计值表(2006 年 1 月 ~ 10 月平均值)①　**表 4－2**

	进水 SS/BOD$_5$ 浓度(mg/L)	污泥量现状 (t/d)	污泥含水率 (%)	污泥干重 (t/d)	每万立方米污水产污泥干重(t)
白龙港	97.5/109.5	192	71% ~72%	53.8	1.19
竹　园	97.9/89.4	210	64.5%左右	74.6	0.50
石洞口	125/123		78%	36.2	1.09
桃　浦	125.8/174.1	21	80%左右	4.2	0.75
吴　淞	156.3/145.5	22(偏多)	80%左右	5.9	1.18
泗　塘	161.5/143.4	85	97%左右	2.55	1.15
曲　阳	197.6/207.9	33	80%左右	6.6	1.28
龙　华	170.7/165.5	干 29；湿 346	干 80%左右；湿 97%左右	16.18	1.56
天　山	115.9/160.2	34	80%左右	6.8	1.34
长　桥	155.9/151.4	128	97%左右	3.84	1.73
闵　行	255.6/215.0	395	97%左右	11.85	2.31

① 本表数据来源于上海市城市排水有限公司提供的 2006 年 1 月 ~ 10 月运行数据。

同时，针对不同的污水处理工艺，污泥产量经验值也各自不同，各国所采用的污泥产量经验值如表 4－3 所示。

污泥产量也可以更加科学地在污水处理量的基础上，针对不同的处理工艺，按照一定的经验比例系数，根据式(4－1)进行计算：

$$DS = k \cdot Q \cdot W \tag{4-1}$$

式中：DS——干泥产量，tDS/d；

k——经验系数(各国在计算中所采用的经验系数如表4－4所示)；

Q——污水处理厂的污水处理量，m^3/d；

W——污泥含水率,%。

不同污水处理工艺的污泥产量表 **表4－3**

处理工艺	美国污泥产量经验值[①]（gDS/m^3）		德国污泥产量经验值[g/(人·d)]	法国污泥产量经验值[②][gDS/(人·d)]	根据上海排水处统计数据计算（$gDS/gBOD_5$）
	产量范围	典型值			
初次沉淀	110～170	150	45	40～60	—
活性污泥法(初沉＋活性污泥)	180～270	230	80	75～90	0.5
生物滤池	170～270	220	—	65～75	—
除磷工艺					
低药量(350～500mg/L)	350～570	450	—	—	—
高药量(800～1600mg/L)	710～1470	950	—		—

① 摘自“Wastewater Engineering：Treatment and Reuse(Fourth Edition) III”，Metcalf & Eddy，Inc.

② 摘自“water treatment handbook”，ONDEO Degrémont。

污泥产量的经验系数 **表4－4**

	按美国污泥产生量的计算方法		按德国污泥产生量的计算方法		上海排水处的统计数据		上海污泥规划中所用数据	
	k	含水率	k	含水率	k	含水率	k	含水率
一级污水处理厂	2.94‰	95%	4.5‰	95%	3.4‰[①]	96%	3‰	97.5%
二级污水处理厂	7.83‰	97%	10‰	96%	6.47‰[①]	97%	6‰	97.5%
一级强化污水处理厂	—	—	—	—	7.73‰[②]	97.5%	7‰[③]	97.5%

① 根据上海现有城市污水厂的统计数据，进水SS浓度为249.5mg/L，进水BOD_5浓度为179.4mg/L，SS去除率为55%，BOD_5去除率为70%。

② 进水SS浓度为249.5mg/L，絮凝剂投加量为80mg/L，SS去除率为85%，污泥密度为$1.0t/m^3$。

③ 竹园第一污水处理厂的实际进水SS浓度平均值为150mg/L，根据上海市污泥处理处置专项规划，在考虑一定余量的基础上，进水SS浓度取180mg/L，污泥的含水率按97.5%计算，则其污泥量为污水量的6.92‰，取7‰(含水率97.5%)。

(3) 物料平衡公式

一般情况下，在进行污水处理厂污泥处理设施的工程设计时，相应的污泥产量是针对不同工艺，根据污水处理厂的实际进出水水质，按物料平衡的方法进行估算的。

初沉污泥主要来自于所去除的固体悬浮物，其污泥产量按式(4－2)进行计算：

$$W_{ps}=Q_I\times E_{ss}\times C_{ss}\times 10^{-6} \quad (4-2)$$

式中：W_{ps}——初次沉淀池的污泥产量，tDS/d；

Q_I——处理的水量，m^3/d；

E_{ss}——悬浮固体的去除率,%；

C_{ss}——悬浮固体的浓度，mg/L。

采用一级化学强化处理工艺的污水处理厂一般通过投加$FeCl_3$、$Al_2(SO_4)_3$、石灰和一些有机高分子絮凝剂等化学药剂，来强化初次沉淀池的沉淀性能，因此初次沉淀池的沉淀效率可能高达 90%，该工艺的总污泥产量中还必须包含额外投加的絮凝剂所产生的沉淀量，也就是说，需要根据相应的加药量，计算额外产生的化学沉淀量。

而二级生物处理污水厂的活性污泥则既包括在初次沉淀池中没有去除的悬浮污泥，也包括之后的活性污泥工艺中产生的、死掉的和分解的有机体，可以用生长动力学的概念来计算剩余活性污泥的产量，根据净含量系数（不包括死的和分解的部分，只包括进水中溶解部分）的定义，1970 年 Lawrence 和 McCarty 提出用于估算活性污泥产量的模型，如式（4－3）所示。

$$W_{was} = Q\{[Y(BOD_o - BOD_e)/(1 + b_d\theta)] + FSS_{io} + FSS_{no}\} \tag{4-3}$$

式中　W_{was}——每天总的活性污泥产量，mg/d；

Q——流量，L/d；

Y——净产量系数，kg 挥发性活性污泥/kg 溶解性 BOD 去除；

BOD_o——进水中的溶解性 BOD，mg/L；

BOD_e——出水中的溶解性 BOD，mg/L；

b_d——内源分解系数（0.04～0.75，平均为 $0.6d^{-1}$）；

θ——细胞的停留时间，或者活性污泥固体的停留时间（表示为污泥龄），d；

FSS_{io}——进入活性污泥工艺中的不挥发性悬浮固体，mg/L；

FSS_{no}——进入活性污泥工艺中的不可生物降解，但是挥发性悬浮固体，mg/L。

4.1.3　污泥处理处置主要任务

污泥处理处置改扩建的主要任务，安全稳妥地解决污泥处理处置问题，防止二次污染，维护良好生态环境，在满足减量化、稳定化、无害化的前提下，提高资源化利用水平。

（1）污泥减量化

解决污泥处理处置问题的首要原则就是污泥减量化，它包含两方面的含义，减少污泥产生量（污泥减质）和减少污泥容积（污泥减容）。

传统污泥处理主要是实现污泥减容，即采用浓缩、脱水和干燥降低污泥的含水率，进而减少污泥容积，以便于后续的污泥运输和处置。例如，脱水污泥含水率对后续的干化处理成本影响很大。如以建造一座日处置 598t 干重的污泥干化厂为例，耗电量和燃料消耗量以直立式多级圆盘干化法为参照，其蒸发量、年耗电量和年燃料消耗量如表 4－5 所示。

污泥不同含水率对干化处理①的影响　　**表 4－5**

脱水污泥含固率	污泥体积（m^3/d）	蒸发水量（kg/h）	耗电量（kWh/年）②	燃料消耗（Nm^3/年）③	燃料消耗（kg/年）④	设备造价⑤（百万欧元）	占地面积（m^2）
22%	2718	93700	26236000	66493750	62169000	50	5640
35%	1709	47640	13339200	34151000	31930000	27	3220

① 年运行时间为 8000h，最终产品含固率 >90%；

② 对于大规模的系统，耗电量更省，整套系统的耗电量为 35kW/t 蒸发水；

③ 假设天然气为燃料，热值为 35000kJ/Nm^3（约为 8400kcal/Nm^3）；

④ 假设柴油为燃料，热值为 42000kJ/kg；

⑤ 设备价格是系统全进口标准成套设备的价格（包括污泥干燥系统、热油系统、蒸汽冷凝系统、颗粒冷却和循环系统、所有的钢结构、油漆、管路、保温、仪表、电气和控制软件），但不含脱水污泥料仓、污泥干颗粒料仓（不属于标准配置）、土建、厂区的道路和绿化。

污泥减质是通过一定的技术方法，在污水生物处理过程中减少污泥的产生量，达到从源头实现污泥减量的目的。污泥的厌氧消化是一种污泥减质手段，通常可使污泥减量30%，使污泥稳定并易于脱水。污泥厌氧消化可产生一定量的污泥气，即混合甲烷气体，在有条件的场合应充分利用。与国外的情景相比，我国有些地区的厌氧消化池运转不正常，甚至运转不起来，原因是多方面的，其中一个主要的原因是国家的相关配套政策对此没有硬性规定；其次是运行管理和操作技能上的问题，以及工艺设备一些细节方面的问题。通过前期的科研工作和精心的设计、招投标和施工，并进行运行管理和操作技能的认真培训，能保证厌氧消化工艺的正常运转，发挥工程效益。

近年来，在污泥处理处置研究方面，越来越多的研究者开始着眼于从源头上减少剩余污泥产生量，与之相应的源头污泥减量(污泥减质)技术研发正日益成为国内外的研究热点，图4－1所示为源头减量化的污泥生物处理技术。

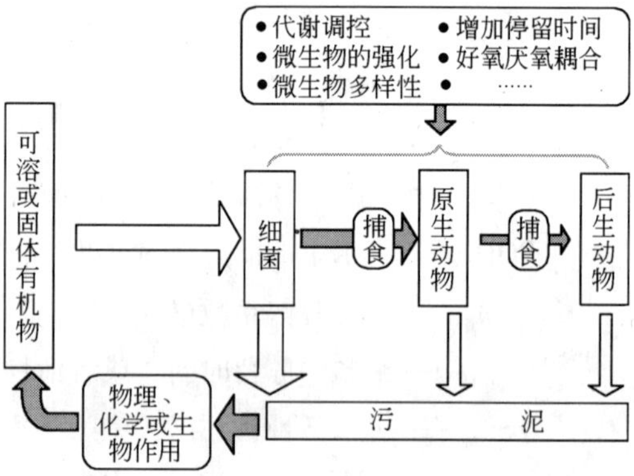

图4－1 源头实现剩余污泥减量化污水生物处理技术

目前从源头上减少污泥产生量(污泥减质)的技术可分为以下五类。

1）溶胞隐性生长

通常采用物理、化学的方法或它们相结合的方法使细胞溶解，然后引起微生物的隐性生长，从而导致污泥产量的减少。

2）内源呼吸

延长污泥龄或降低污泥负荷使细菌处在内源呼吸阶段，减少剩余污泥的产量。

3）解偶联代谢

通过增加分解代谢和合成代谢之间的能量(ATP)差异，使供给微生物合成代谢的能量变得有限，从而减少剩余污泥的产量。

4）生物捕食

根据生态学原理，食物链越长，能量损失越大，则产生的生物量也越低。

5）好氧厌氧反复耦合技术

利用多孔载体通过在水流方向和载体内外构建不同程度的好氧厌氧反复耦合的环境，可以实现源头上的剩余污泥减量化，其主要原理是上述1)~4)机理的集成。

上述不同污泥减量技术的优缺点比较如表4－6所示。

目前各种污泥减量技术的优缺点比较表 **表4－6**

原理	方法举例	优点	缺点
溶胞隐性生长	臭氧处理回流污泥	污泥可完全减量	臭氧发生器投资大，能耗高
内源呼吸	延时曝气	操作简单	占地面积大，投资大，能耗高
解偶联代谢	投加化学解偶联剂2，4，5－三氯苯酚(TCP)	投加装置简单	环境安全问题；需氧量增加，工业化困难

续表

原理	方法举例	优点	缺点
生物捕食	微型动物（原、后生动物）	无需对现有污水处理设施进行变动，没有副产物	原、后生动物生长不稳定、处理时间长；磷的释放
好氧厌氧反复耦合技术	反应期内多尺度的好氧厌氧耦合单元的反复出现，在处理污水的同时实现原位剩余污泥减量化	可以形成污泥减量化的装置，可以不改变现有的处理设施	污泥厌氧溶解及转化是慢过程，停留时间较长；磷的释放

（2）污泥稳定化

由于污水污泥中通常含有50%以上的有机物，极易腐败，并产生恶臭，因此需要进行稳定化处理。目前常用的稳定化工艺有厌氧消化、好氧消化、好氧堆肥和石灰稳定等，表4－7则是几种污泥稳定化工艺比较。

污泥稳定工艺比较表 **表4－7**

稳定工艺	优点	缺点
厌氧消化	良好的有机物降解率(40%～60%)；产生污泥气应综合利用，降低运行费用；应用性广，生物固体适合农用；病原体活性低；总污泥量减少，净能量消耗低	要求操作人员技术熟练；可能产生泡沫；可能出现“酸性消化池”；系统受扰动后恢复缓慢；上清液中富含COD、BOD和SS及氨；浮渣和粗砂清洁困难；可能产生令人厌恶的臭气；初期投资较高；有鸟粪石等矿物沉积形成，有气体爆炸的安全问题
好氧消化	对小型污水厂来说初期投资低；同厌氧消化相比，上清液少；操作控制较简单；适用性广；不会产生令人厌恶的臭味；总污泥量有所减少	能耗较高；同厌氧消化相比，挥发性固体去除率低；碱度和pH降低；处理后污泥较难使用机械方法脱水；低温严重影响运行；可能产生泡沫
好氧堆肥	高品质的产品可农用，可销售；可与其他工艺联用；初期投资低(静态堆肥)	要求脱水后的污泥含水率降低；要求填充剂；要求强力透风和人工翻动；投资随处理的完整性、全面性而增加；可能要求大量的土地面积；产臭气
石灰稳定	低投资成本，易操作，作为临时或应急方法良好	生物污泥不都适合土地利用；整体投资依现场而定；需处置的污泥量增加；处理后污泥不稳定，若pH下降，会导致臭味

厌氧消化、好氧消化和好氧堆肥是三种生物稳定污泥方式。厌氧消化，即污泥中的有机物质在无氧的条件下被厌氧菌群最终分解成甲烷和二氧化碳的过程，它是目前国际上最为常用的污泥生物处理方法，同时也是大型污水处理厂较为经济的污泥处理方法。好氧消化，即在不投加其他底物的条件下，对污泥进行较长时间的曝气，使污泥中微生物处于内源呼吸阶段进行自身氧化的过程。由于好氧消化能耗大，一般多用于小型污水处理厂。好氧堆肥，就是在人工控制下，在一定的水分、C/N比和通风条件下通过好氧微生物的发酵作用，将有机物转变为腐殖质样残渣(肥料)的过程。石灰稳定，即通过添加石灰稳定污泥，但石灰稳定的污泥，pH会逐渐下降，微生物逐渐恢复活性，最终使污泥再度失去稳定性。

在选择污泥稳定的工艺时，重要的影响因素是污泥的处置方式，特别是污泥有否与大众接触，以及是否有农业或绿化的限制。

（3）污泥无害化

污水污泥可能含有较多的重金属离子和有毒有害化学物质，如可吸附性有机卤化物(AOX)、阴离子合成洗涤剂(LAS)、多环芳烃(PAH)、多氯联苯(PCB)等，因此污泥处理处置必须满足污泥无害化的目标。

理想的污泥是含较高的有效养分，较低的有害成分。但是很少有污泥符合这样的条件，每种污泥即使经过一定的稳定化和无害化处理，仍然存在一定的潜在污染危险性。因此污泥出厂时应该标明其有效和有害成分的含量及适用性，为污泥的安全有效利用提供指导。例如污泥农业利用前，常需采用物理的、化学的或生物的方法减少污泥中重金属含量，钝化重金属活性，大量杀灭病原物及改善污泥的胶结特性等以利污泥安全利用。应大力开发、研究、借鉴更有效的污泥处理处置技术，如生物沥滤法、堆肥技术、干化技术和碱化稳定技术等，为污泥资源化服务。

（4）污泥资源化

近年来污泥处理处置从原来单纯处理逐渐向更重视污泥综合利用，实现资源化目标方向发展。从国外发展趋势看，污泥综合利用所占的比例正逐步增大，美国在20世纪60年代初就有污泥用于林地的研究，且取得令人满意的效果；近年来在底特律又实施一种称之为“清洁原野”工程的玻璃体骨料技术，污泥经处理后生成的玻璃体骨料可用于高级耐磨材料等用途，而产生的电能可并网利用；在德国，用于处理生活污水的污水厂污泥也用好氧发酵后的污泥加上营养质作为庭院绿化的种植土，产品呈系列化、多样化。

4.2 污泥处理处置标准

与国外污泥处置标准相比，我国至今还没有一个较为健全科学的污水污泥处置标准体系，难以指导污泥处置工作的开展和污泥处置的工程实践，严重影响污泥的最终处置，导致污水厂污泥无序外运，随意丢弃的现象屡有发生。

基于我国污泥处置的现状，在住房和城乡建设部的牵头下，国内从事城镇污水厂设计和运行的多家单位联合开展了标准研究，历时三年第一批标准已经公布，包括《城镇污水处理厂污泥泥质》(CJ 247—2007)、《城镇污水处理厂污泥处置 分类》(CJ/T 239—2007)、《城镇污水处理厂污泥处置 园林绿化用泥质》(CJ 248—2007)和《城镇污水处理厂污泥处置 混合性填埋泥质》(CJ 249—2007)。按照计划，还将对分类中的四大类十四项范围逐步制订相应的标准。城镇污水处理厂污泥处置中的农用泥质、单独焚烧用泥质、土地改良用泥质、制砖用泥质共四项已列入住房和城乡建设部2007年行业标准制订计划。由于该系列标准还只是泥质标准，还将结合我国的国情，逐步开展技术政策、技术规程的研究，形成具有我国特点的系列标准规范、技术规程，规范我国的污泥处置工作，使城镇污水处理厂产生的污泥得到妥善处置，实现污泥减量化、稳定化、无害化，并逐步提高资源化利用率。

4.2.1 污泥泥质

《城镇污水处理厂污泥泥质》(CJ 247—2007)规定了城镇污水处理厂污泥中污染物的控制项

目和限值，该标准将控制项目分为基本控制项目和选择性控制项目，分别如表4－8和表4－9所示。

污泥泥质基本控制项目限值　　**表4－8**

序号	控制项目	限值	序号	控制项目	限值
1	pH	5~10	3	粪大肠菌群菌值	>0.01
2	含水率(%)	<80	4	细菌总数(MPN/kg干污泥)	$<10^8$

污泥泥质选择性控制项目限值　　**表4－9**

序号	控制项目	限值	序号	控制项目	限值
1	总镉(mg/kg干污泥)	<20	7	总锌(mg/kg干污泥)	<4000
2	总汞(mg/kg干污泥)	<25	8	总镍(mg/kg干污泥)	<200
3	总铅(mg/kg干污泥)	<1000	9	矿物油(mg/kg干污泥)	<3000
4	总铬(mg/kg干污泥)	<1000	10	挥发酚(mg/kg干污泥)	<40
5	总砷(mg/kg干污泥)	<75	11	总氰化物(mg/kg干污泥)	<10
6	总铜(mg/kg干污泥)	<1500			

从表4－8可知，城镇污水处理厂的污泥含水率必须小于80%，这对于目前一些城镇污水处理厂污泥脱水含水率达到80%以上是一种考验，必须进行整改降低含水率。

从表4－9的污泥泥质选择性控制项目和限值来看，较《农用污泥中污染物控制标准》(GB 4284)有所变化，主要是总铜和总锌结合国外标准和我国实际进行了适当的调整。

4.2.2　污泥处置分类

《城镇污水处理厂污泥处置　分类》(CJ/T 239—2007)规定了城镇污水处理厂污泥处置方式的分类，确定污泥处置方式按污泥的消纳方式进行分类，分类如表4－10所示。

城镇污水处理厂污泥处置分类表　　**表4－10**

序号	分类	范围	备注
1	污泥土地利用	园林绿化	城镇绿地系统或郊区林地建造和养护等的基质材料或肥料原料
		土地改良	盐碱地、沙化地和废弃矿场的土壤改良材料
		农用①	农用肥料或农田土壤改良材料
2	污泥填埋	单独填埋	在专门填埋污泥的填埋场进行填埋处置
		混合填埋	在城市生活垃圾填埋场进行混合填埋(含填埋场覆盖材料利用)
3	污泥建筑材料利用	制水泥	制水泥的部分原料或添加料
		制砖	制砖的部分原料
		制轻质骨料	制轻质骨料(陶粒等)的部分原料
4	污泥焚烧	单独焚烧	在专门污泥焚烧炉焚烧
		与垃圾混合焚烧	与生活垃圾一同焚烧
		污泥燃料利用	在工业焚烧炉或火力发电厂焚烧炉中作燃料利用

① 农用包括进食物链利用和不进食物链利用两种。

(1) 污泥处置分类的定义

1) 污泥土地利用

美国EPA的Part 503中对土地利用进行定义，将污泥在土地上有效利用的消纳方式确定为污泥土地利用。

我国标准定义为：将处理后的污泥作为肥料或土壤改良的材料，用于园林绿化、林业或农业等场合的处置方式。

2) 污泥填埋

美国EPA的Part 503中对填埋进行定义，将固体废弃物埋于低地的固体废弃物处置方式。

我国标准定义为：采取工程措施将处理后的污泥集中堆、填、埋于场地内的安全处置方式。

3) 污泥建筑材料利用

北京、重庆和上海等地都进行过污泥建筑材料的研究。上海市区某污水厂的部分污泥曾送往水泥厂进行处理，在1350～1650℃的高温中与其他原材料一起燃烧，经测试水泥产品完全符合质量标准，重金属元素被固定在熟料矿物的晶格里，不会有残渣单独排出，通过了浸出液毒性试验。由于污泥只能充当建筑材料利用的部分原料，我国国家标准定义为：将处理后的污泥作为制作建筑材料的部分原料的处置方式。

4) 污泥焚烧

基本沿用了《室外排水设计规范》(GB 50014—2006)中的定义：利用焚烧炉将处理后的污泥完全矿化为少量灰烬的处置方式。

(2) 污泥处置分类

标准规定了污泥处置的分类原则，对四类污泥处置方式进行了分类规定。

1) 污泥土地利用

污泥经稳定化、无害化处理后，达到土地利用的标准，应积极推广污泥的土地利用，如污泥园林绿化，用来种植草皮及树木以达到防蚀保土和改善环境的作用；污泥土地改良，改善盐碱地和沙化地的性能；污泥还可以用来种植不进入人类食物链的植物，如玉米等，可用作生产工业酒精的原料。

2) 污泥填埋

混合填埋指污泥与生活垃圾混合在填埋场进行填埋处置，将污泥与生活垃圾进行尽可能充分的混合，然后将混合物平展、压实，进行填埋。

单独填埋指污泥在专用填埋场进行填埋处置，可分为沟填、掩埋和堤坝式填埋三种类型。

3) 污泥建筑材料利用

污泥建筑材料利用一般包括用作水泥添加料、制砖和制轻质骨料等，这几方面技术比较成熟，消纳量较大，市场前景较好，可以作为污泥消纳的手段。

4) 污泥焚烧

标准认为污泥焚烧既是污泥处理又是污泥处置。因为污泥在焚烧过程中，尤其是在火力发电厂中与煤混烧，利用了污泥本身的热量，且经过焚烧后有机物完全矿化，自身性质已完全改变，符合污泥处置的定义；同时污泥焚烧是污泥稳定化、减量化和无害化处理的过程，符合污泥处理的定义。

4.2.3　污泥园林绿化

《城镇污水处理厂污泥处置　园林绿化用泥质》（CJ 248—2007）规定城镇污水处理厂污泥园林绿化利用的泥质指标、取样和监测等技术要求，对于泥质指标，从外观和嗅觉、稳定化要求、理化指标和营养指标、污染物浓度限值和卫生学指标以及种子发芽指数五方面进行了规定。

（1）外观和嗅觉必须比较疏松，无明显臭味。

（2）稳定化要求必须满足《城镇污水处理厂污染物排放标准》（GB 18918—2002）中的相关规定。

（3）污泥园林绿化利用时，应控制污泥中的盐分，避免对园林植物造成损害。污泥施用到绿地后，要求对盐分敏感的植物根系周围土壤的 EC 值宜小于 1.0mS/cm，对某些耐盐的园林植物可以适当放宽到小于 2.0mS/cm，其他理化指标应满足表 4－11 的要求，营养指标应满足表 4－12 的要求。

其他理化指标　　**表 4－11**

序　号	控制项目	限　值	
1	pH	6.5～8.5	在酸性土壤（pH＜6.5）上
		5.5～7.5	在中碱性土壤（pH≥6.5）上
2	含水率（%）	＜45	

营养指标　　**表 4－12**

序　号	控制项目	限　值
1	总养分［总氮（以 N 计）＋总磷（以 P_2O_5 计）＋总钾（以 K_2O 计）］（%）	≥4
2	有机质含量（%）	≥20

（4）污染物浓度限值应满足表 4－13 的要求。

污染物浓度限值　　**表 4－13**

序　号	控制项目	限值	
		在酸性土壤（pH＜6.5）上	在中碱性土壤（pH≥6.5）上
1	总镉（mg/kg 干污泥）	＜5	＜20
2	总汞（mg/kg 干污泥）	＜5	＜15
3	总铅（mg/kg 干污泥）	＜300	＜1000
4	总铬（mg/kg 干污泥）	＜600	＜1000
5	总砷（mg/kg 干污泥）	＜75	＜75

续表

序 号	控 制 项 目	限 值	
		在酸性土壤（pH<6.5）上	在中碱性土壤（pH≥6.5）上
6	总镍（mg/kg 干污泥）	<100	<200
7	总锌（mg/kg 干污泥）	<2000	<4000
8	总铜（mg/kg 干污泥）	<800	<1500
9	硼（mg/kg 干污泥）	<150	<150
10	矿物油（mg/kg 干污泥）	<3000	<3000
11	苯并（a）芘（mg/kg 干污泥）	<3	<3
12	可吸附有机卤化物（AOX）（以 Cl 计）（mg/kg 干污泥）	<500	<500

污泥园林绿化利用与人群接触场合时，其卫生学指标应满足表4－14的要求，同时不得检测出传染性病原菌。

卫 生 学 指 标 **表4－14**

序号	控 制 项 目	限值	序号	控 制 项 目	限值
1	粪大肠菌群菌值	>0.01	2	蠕虫卵死亡率	>95 %

（5）种子发芽指数应大于70%。

为规范污泥的园林绿化利用，提出了一些具体规定，根据污泥使用地点的面积、土壤污染物本底值和植物的需氮量，合理确定污泥使用量；污泥使用后，有关部门应进行跟踪监测；污泥使用地的地下水和土壤的相关指标应满足相应的规定；为了防止对地下水的污染，在地下水水位较高的地点不应使用污泥，在饮用水水源保护地带严禁使用污泥。

4.2.4 污泥混合填埋或用作填埋场覆盖土

《城镇污水处理厂污泥处置 混合填埋泥质》（CJ 249—2007）规定了城镇污水处理厂污泥进入生活垃圾卫生填埋场混合填埋处置和用作覆盖土的泥质指标、取样与监测等技术要求，对于泥质指标，分为基本指标和安全指标。基本指标如表4－15所示，安全指标中的污染物浓度限值应满足表4－16的要求，对于用作覆盖土的污泥泥质，也提出了基本指标和卫生学指标，其基本指标应满足表4－17的要求，卫生学指标需满足《城镇污水处理厂污染物排放标准》（GB 18918—2002）中指标要求，还应满足表4－18的要求，同时不得检测出传染性病原菌。

基 本 指 标 **表4－15**

序号	控 制 项 目	限 值	序号	控 制 项 目	限 值
1	污泥含水率	≤60%	3	混合比例	≤8%
2	pH	5～10			

注：表中pH指标不限定采用亲水性材料（如石灰等）与污泥混合以降低其含水率。

污染物浓度限值　**表 4-16**

序号	控制项目	限值	序号	控制项目	限值
1	总镉(mg/kg 干污泥)	<20	7	总锌(mg/kg 干污泥)	<4000
2	总汞(mg/kg 干污泥)	<25	8	总铜(mg/kg 干污泥)	<1500
3	总铅(mg/kg 干污泥)	<1000	9	矿物油(mg/kg 干污泥)	<3000
4	总铬(mg/kg 干污泥)	<1000	10	挥发酚(mg/kg 干污泥)	<40
5	总砷(mg/kg 干污泥)	<75	11	总氰化物(mg/kg 干污泥)	<10
6	总镍(mg/kg 干污泥)	<200			

用作垃圾填埋场覆盖土的污泥基本指标　**表 4-17**

序号	控制项目	限值	序号	控制项目	限值
1	含水率	<45%	3	施用后苍蝇密度	<5 只/(笼·d)
2	臭气浓度	<2 级(六级臭度)	4	横向剪切强度	>25kN/m²

用作垃圾填埋场终场覆盖土的污泥卫生学指标　**表 4-18**

序号	控制项目	限值	序号	控制项目	限值
1	粪大肠菌群菌值	>0.01	2	蠕虫卵死亡率(%)	>95

4.2.5　污泥建筑材料利用

污泥建筑材料利用必须满足建材本身的产品质量和相关行业标准。在制砖技术方面，应遵循《烧结普通砖》(GB 5101—93)的标准；制作陶粒，应遵循的标准是《超轻陶粒和陶砂》(JC 487—92)；制作水泥，应满足《硅酸盐水泥、普通硅酸盐水泥》(GB 175—92)的要求。

目前国内尚无污泥焚烧灰渣在建材利用中重金属限制的规范和标准。我国建材中重金属的控制一般依据《有色金属工业固体废弃物污染控制标准》(GB 5085—85)，由于该标准对重金属含量的限制过于宽松，不建议引用。重金属浸出率一般按《有色金属工业固体废物浸出毒性试验方法标准》(GB 5086—85)进行测试。

表 4-19 是污泥焚烧灰利用的重金属等有毒有害物质允许最高含量的控制建议值，建材中浸出液最高允许浓度标准的执行应优先于灰渣中允许的最高含量建议值。

污泥建材利用重金属浸出限制标准及灰渣中限制建议值　**表 4-19**

元素	浸出液最高允许浓度(μg/L)			灰渣中允许的最高含量(mg/kg)	
	Z0	Z1	Z2	Z1	Z2
Hg	0.2	0.5	10	0.2	2.0
Cd	2.0	10	50	0.6	2.0
As	10	10	100	20	30
Cr	15	30	350	50	100
Pb	20	40	100	20	200
Cu	50	100	300	100	1000
Zn	50	100	300	300	1000
Ni	4	50	200	40	200
Be	0.5	1.0	20	—	—
F	50	100	300	—	—

注：Z0 建材应用于具有严格环境条件的场合，如地下水防护等；Z1 建材应用于特殊场合，如公园、工业区；Z2 建材可应用于一般无危险性影响的场合。

4.3 污泥处理处置工艺

4.3.1 污泥浓缩

1. 污泥中水分存在形式

污泥中水分的存在形式有三种：

（1）游离水

存在于污泥颗粒间隙中的水，称为游离水或间隙水，约占污泥水分的70%左右。污泥浓缩能去除游离水的一部分。

（2）毛细水

存在于污泥颗粒间的毛细管中，约占污泥中水分的20%左右，也有可能用物理方法分离出来。

（3）内部水

粘附于污泥颗粒表面的附着水和存在于其内部的内部水，约占污泥中水分的10%左右。只有干化才能分离，但也不完全。

污泥含水率与污泥状态的关系如图4－2所示。

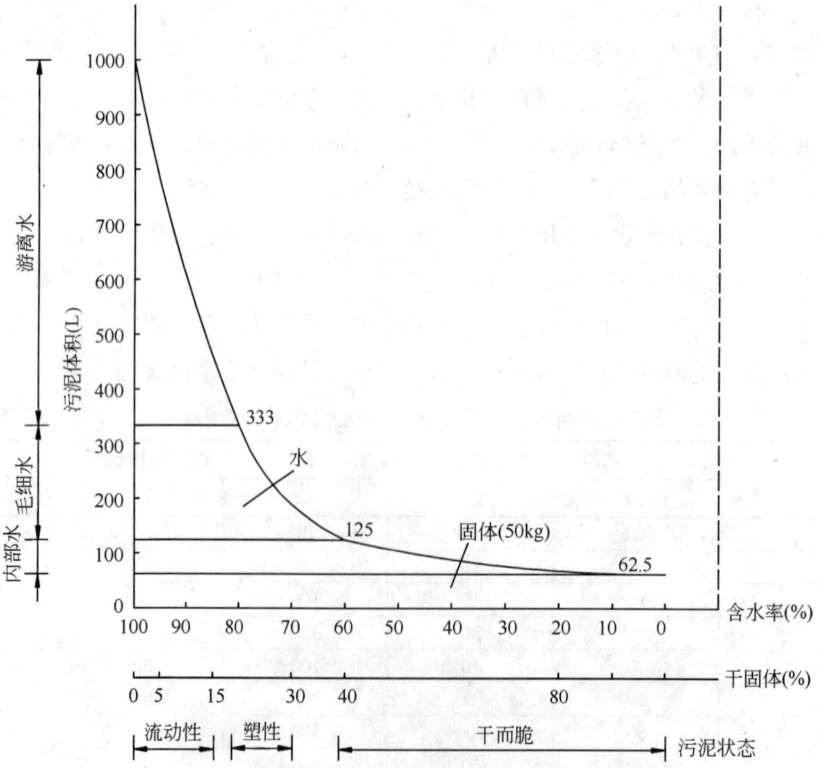

图4－2 污泥含水率与污泥状态的关系图

2. 污泥浓缩主要工艺和工作原理

污泥浓缩是污泥处理的第一阶段，污泥浓缩的主要目的是使污泥缩小体积，减小污泥后续处理构筑物的规模和处理设备的容量。

污水处理过程中产生的污泥含水率很高，一般情况下初沉污泥含水率为95% ~97%，剩余污泥含水率为99.2% ~99.6%，初沉污泥与剩余污泥混合后的含水率一般为99% ~99.4%，体积非常大。污泥经浓缩处理后体积将大大减小，含水率为97% ~98%。如将含水率为99.5%的污泥浓缩至含水率98%，体积就是原来的1/4，可大大减小后续污泥处理构筑物的规模和减少污泥处理设备的数量。

浓缩后的污泥仍保持流动状态。

污泥浓缩去除的对象是游离水。污泥浓缩方法主要有重力浓缩、气浮浓缩、离心浓缩、带式浓缩机浓缩和转鼓机械浓缩等，这五种主要浓缩方法的优缺点如表4－20所示。

各种污泥浓缩方法的优缺点比较表 **表4－20**

浓缩方法	优　点	缺　点
重力浓缩	储存污泥能力强，操作要求不高，运行费用低，动力消耗小	占地面积大，污泥易发酵，产生臭气；对于某些污泥工作不稳定，浓缩效果不理想
气浮浓缩	浓缩效果较理想，出泥含水率较低，不受季节影响，运行效果稳定；所需池容积仅为重力法的1/10左右，占地面积较小；臭气问题小；能去除油脂和砂砾	运行费用低于离心浓缩，但高于重力浓缩法；操作要求高，污泥储存能力小，占地比离心浓缩大
离心浓缩	只需少量土地可取得较高的处理能力；几乎不存在臭气问题	要求专用的离心机，电耗大；对操作人员要求较高
带式浓缩机浓缩	空间要求省；工艺性能的控制能力强；相对低的资本投资；相对低的电力消耗；添加很少聚合物便可获得高固体收集率，可以提供高的浓缩固体浓度	会产生现场清洁问题；依赖于添加聚合物；操作水平要求较高；存在潜在的臭气问题；存在潜在的腐蚀问题
转鼓机械浓缩	空间要求省；相对低的资本投资相对低的电力消耗；容易获得高的固体浓度	会产生现场清洁问题；依赖于添加聚合物；操作水平要求较高；存在潜在的臭气问题，存在潜在的腐蚀问题

重力浓缩是应用最多的污泥浓缩工艺，其是利用污泥中的固体颗粒与水之间的相对密度差来实现泥水分离的。重力浓缩一般需要12~24h的停留时间，浓缩池不仅体积大，污泥容易腐败发臭，在较长的厌氧条件下，特别是同时还存在营养物质时，经除磷富集的磷酸盐会从积磷菌体内分解释放到污泥水中，这部分水与浓缩污泥分离后将回流到污水处理流程中重复处理，增加了污水处理除磷的负荷与能耗。根据运行方式不同，重力浓缩池可分为连续式污泥浓缩池和间歇式污泥浓缩池两种，前者常用于大、中型污水处理厂，后者常用于小型污水处理厂，分别如图4－3和图4－4所示。

气浮浓缩适用于活性污泥和生物滤池等颗粒相对密度较轻的污泥，该工艺是采用大量的微小气泡附着在污泥颗粒的表面，使污泥颗粒的相对密度降低而上浮，从而实现泥水分离。气浮浓缩需要的水力停留时间较短，一般为30~120min，而且是好氧环境，避免厌氧发酵和放磷问

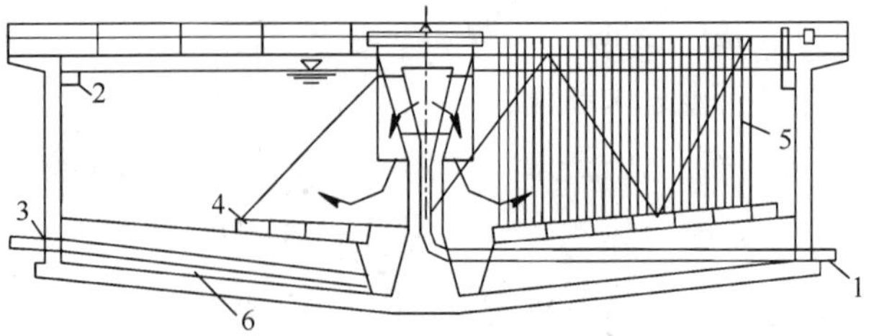

图4-3 连续式污泥浓缩池图(圆柱形)

1—中心进泥管；2—上清液溢流堰；3—底泥排除管；4—刮泥机；5—搅动栅；6—钢筋混凝土池体

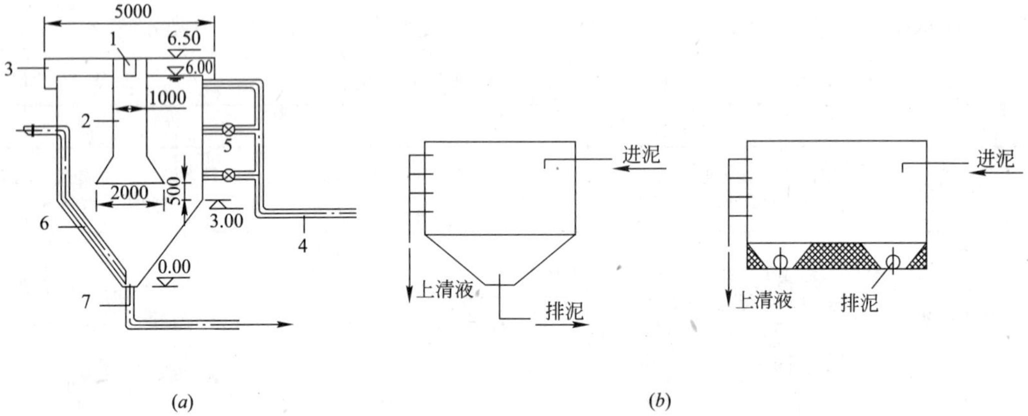

图4-4 间歇式污泥浓缩池图

(a)带中心管间歇式浓缩池；(b)不带中心管间歇式浓缩池

1—污泥入流槽；2—中心筒；3—出液堰；4—上清液排出管；5—闸阀；6—吸泥管；7—排泥管

题，因此污泥水中的含固率和磷的含量都比重力浓缩低，但该工艺运行费用比重力浓缩高，适合于人口密度高、土地稀缺的地区。

气浮浓缩根据气泡形成的方式，可以分为压力溶气气浮、生物溶气气浮、涡凹气浮、真空气浮、化学气浮、电解气浮等，污泥处理工艺中，压力溶气气浮工艺已广泛应用于剩余活性污泥浓缩中；生物溶气气浮和涡凹气浮浓缩活性污泥也已有应用；其他几种气浮在污泥浓缩中的应用正在研究中。污泥浓缩时，采用较多的气浮浓缩方式是出水部分回流加压溶气技术，其工艺流程如图4-5所示。

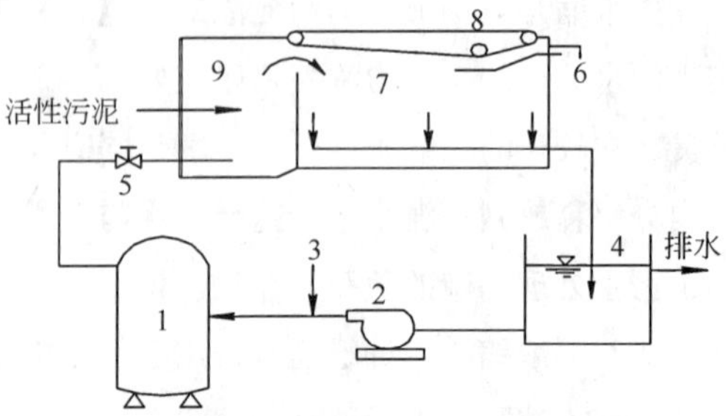

图4-5 出水部分回流的加压溶气气浮浓缩流程示意图

1—溶气罐；2—加压泵；3—压缩空气；4—出流；5—减压阀；6—浮渣排除；7—气浮浓缩池；8—刮渣机械；9—进水室

机械浓缩目前主要有离心浓缩、带式浓缩和转鼓浓缩等几种，这些工艺都是利用各种机械力实现泥水分离，机械浓缩所需要的时间更短，一般仅需几分钟，浓缩后污泥固体浓度比较高，但是动力消耗大，设备价格高，维护管理的工作量大。

离心浓缩机是较早应用于污泥浓缩的机械设备，经过几代的更换发展，现在普遍采用卧螺式离心浓缩机。其原理和形式与离心脱水机基本相同，差别在于当用于污泥浓缩时一般不需加入絮凝剂，而用于污泥脱水时则必须加入絮凝剂。离心浓缩机适用于不同性质的污泥和不同规模的污水处理厂，图 4－6 为离心浓缩机结构示意图。

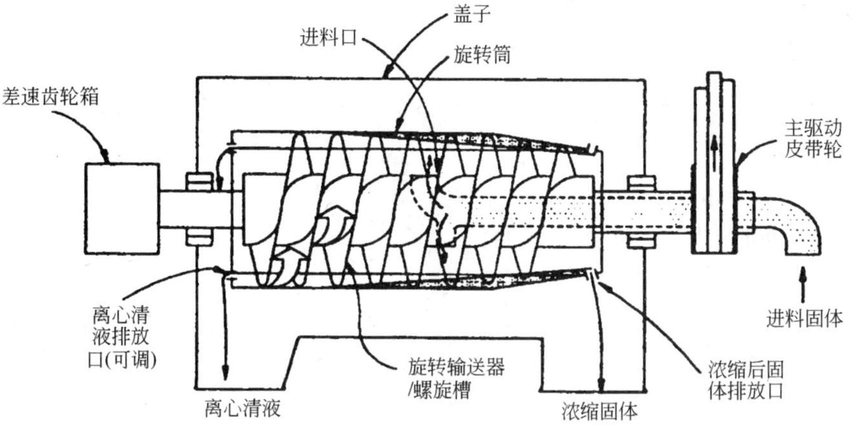

(*a*)

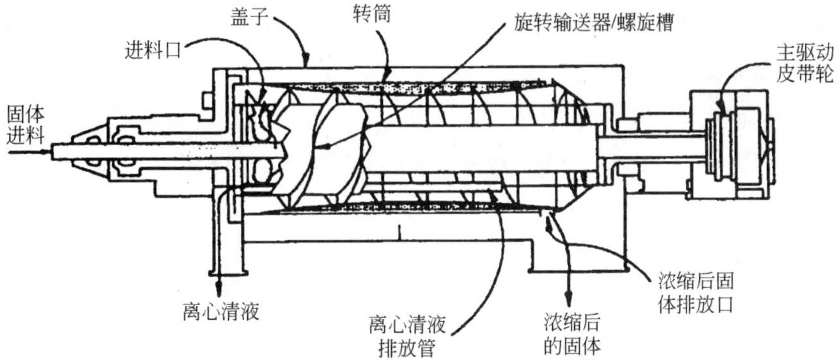

(*b*)

图 4－6　离心浓缩机结构示意图

3. 污泥浓缩改扩建设计基本原则

改扩建设计时，选择污泥浓缩方法除考虑其本身特点外，还与整个污泥处理处置工艺流程有关。

污泥浓缩是污泥处理处置的第一道工序，在浓缩之前不需要进行其他的预处理。大多数污水处理厂将二次沉淀池剩余污泥与初次沉淀池的污泥混合后处理处置。因此，必须注意污泥的混合和储存问题。对于有脱磷除氮要求的污水厂而言，要谨慎考虑剩余污泥和初沉污泥的混合，有研究和实际运行表明，初沉污泥和富含磷的剩余污泥混合过程中，往往会促进磷的快速释放。因此，一般有三种选择：

1）混合后将污泥浓缩的上清液进行化学除磷处理，将磷从整个污水处理系统和污泥处理系统中去除；

2）采用其他研究成果，如磷酸铵镁沉淀法提取上清液中的磷，形成一些产品，然后进行综合利用；

3）初沉污泥和剩余污泥分开浓缩，形成两套互不影响的系统。

改扩建设计时，污泥混合可以采用四种方法：

（1）在初次沉淀池内混合

可将二级处理和三级处理的污泥回流至初次沉淀池内，同初次污泥一起沉淀和混合。

（2）在管道内混合

要求准确控制污泥源和流量，以保证适当的混合效果。

（3）以较长时间在污泥处理装置中混合

（4）在单独的混合池混合

这种方法最能控制污泥的混合质量。在流量小于 $0.045m^3/s$ 的小型污水厂中，污泥混合通常在初次沉淀池内完成；在大型污水处理厂中，各种污泥在混合之前一般单独进行浓缩效果较好。

改扩建设计时，必须提供污泥储存条件以便消除污泥产量的波动，并使在后续污泥处理装置不运行时，污泥得到储存。污泥可以在储存池或污泥浓缩池内短期储存。小型处理厂污泥通常储存在沉淀池和消化池内。为了保证污泥完全混合，需要机械混合保证混合效果。另外，常用氯和过氧化氢抑制腐化和控制从污泥储存池或混合池中逸出的气味。

4.3.2 污泥脱水

污泥经浓缩之后，其含水率仍在95%以上，呈流动状，体积很大。浓缩污泥经消化之后，如果排放上清液，其含水率与消化前基本相当或略有降低；如不排放上清液，则含水率会升高。总之，污泥经浓缩或消化之后，仍为液态，难以处置消纳，因此需要进行污泥脱水。

污泥脱水分为自然干化脱水和机械脱水两大类。

污泥的自然干化脱水是将污泥摊置到由一定级配砂石铺垫的干化场上，通过蒸发、渗透和清液溢流等方式实现脱水，其结构示意图如图 4－7 所示。这种脱水方式适用于村镇小型污水处理厂的污泥处理，维护管理工作量很大，且产生一定的臭味，卫生环境较差。

污泥的机械脱水与自然干化相比，具有脱水效果好、效率高、占地少和臭味环境影响小等优点，但运行维护费用相对较高。

国内外大中型污水处理厂一般都选用机械脱水。污泥在机械脱水前，一般应进行预处理，也称为污泥的调理或调质。这主要是因为城镇污水处理系统产生的污泥，尤其是活性污泥脱水性能一般都较差，直接脱水将需要大量的脱水设备，因而不经济。所谓污泥调质，就是通过对污泥进行预处理，改善其脱水性能，提高脱水设备的生产能力，获得综合的技术经济效果。

污泥调质方法有物理调质和化学调质两大类。物理调质有淘洗法、冷冻法和热调质等方法；化学调质则主要指向污泥中投加化学药剂，改善其脱水性能。以上调质方法在实际中都有应用，但以化学调质为主，原因是化学调质流程简单，操作简单，且调质效果稳定。

污泥压滤机械脱水的原理基本相同，都是以过滤介质两面的压力差作为推动力，使污泥中

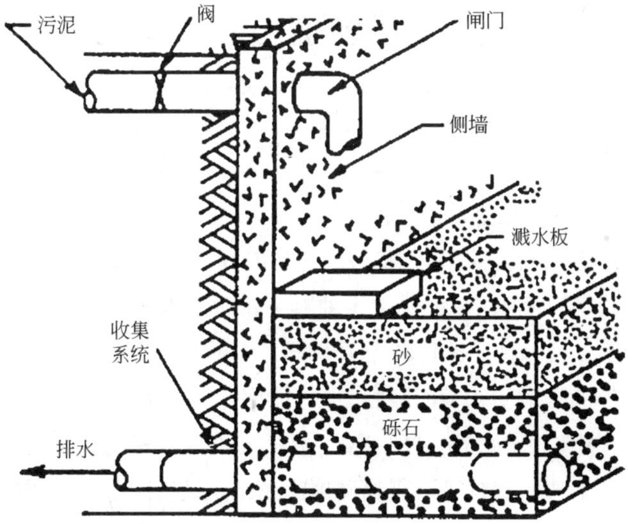

图4－7　自然干化场结构示意图

水分通过过滤介质，形成滤液；而固体颗粒被截留在过滤介质上，形成滤饼，从而达到脱水的目的；污泥离心脱水是利用离心力的作用分离污泥固体颗粒和水。目前，污泥机械脱水常用的几种设备形式有：带式压滤脱水机、离心脱水机、板框压滤脱水机和螺旋压榨脱水机，四种脱水机械的性能比较见表4－21和表4－22。

四种脱水机械性能比较　　**表4－21**

序号	比较项目	带式压滤脱水机	离心脱水机	板框压滤脱水机	螺旋压榨脱水机
1	脱水设备部分配置	进泥泵、带式压滤机、滤带清洗系统(包括泵)、卸料系统、控制系统	进泥螺杆泵、离心脱水机、卸料系统、控制系统	进泥泵、板框压滤机、冲洗水泵、空压系统、卸料系统、控制系统	进泥泵、螺旋压榨式脱水机、冲洗水泵、空压系统、卸料系统、控制系统
2	进泥含固率要求(%)	3~5	2~3	1.5~3	0.8~5
3	脱水污泥含固浓度(%)	20	25	30	25
4	运行状态	可连续运行	可连续运行	间歇式运行	可连续运行
5	操作环境	开放式	封闭式	开放式	封闭式
6	脱水设备布置占地	大	紧凑	大	紧凑
7	冲洗水量	大	少	大	很少
8	实际设备运行需换磨损件	滤布	基本无	滤布	基本无
9	噪声	小	较大	较大	基本无
10	机械脱水设备部分设备费用	低	较贵	贵	较贵

四种脱水机的能耗比较 **表 4-22**

序号	脱水机类型	能耗(kWh/t 干固体)	序号	脱水机类型	能耗(kWh/t 干固体)
1	带式压滤脱水机	5~20	3	离心脱水机	30~60
2	板框压滤脱水机	15~40	4	螺旋压榨式脱水机	3~15

带式压滤脱水机由滚压轴和滤布带组成。污泥先经过压缩段(主要依靠重力过滤)，使污泥失去流动性，以免在压榨段被挤出滤饼，浓缩段的停留时间10~20s，然后进入压榨段，压榨时间为1~5min。滚压的方式有两种，一种是滚压轴上下相对，压榨的时间几乎是瞬时的，但压力大，如图4-8(*a*)所示；另一种是滚压轴上下错开，如图4-8(*b*)所示，依靠滚压轴施于滤布的张力压榨污泥，压榨的压力受张力的限制，压力较小，压榨时间较长，但在滚压的过程中对污泥有一种剪切力的作用，可促进泥饼的脱水。带式压滤脱水机的优点是动力消耗少，可以连续生产；缺点是必须正确选择高分子絮凝剂调理污泥，而且得到脱水泥饼的含水率较高。

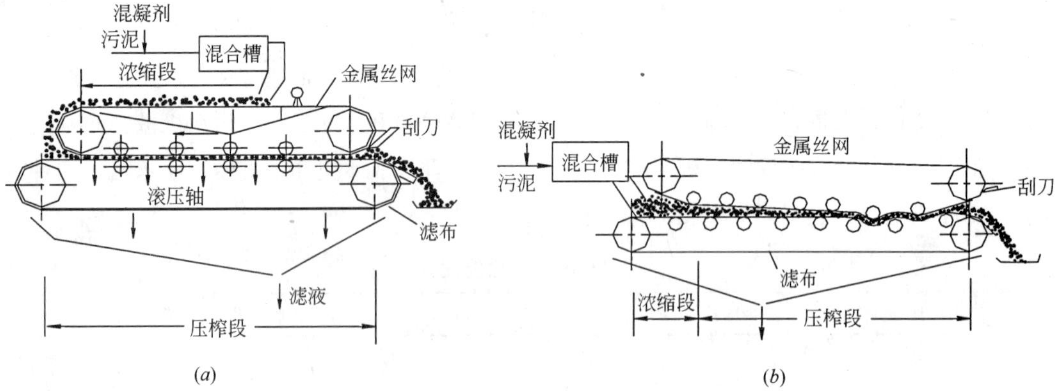

图4-8 带式压滤机结构示意图

(*a*)滚压轴上下相对；(*b*)滚压轴上下错开

离心脱水机种类较多，适用于城镇污泥脱水的一般是卧式螺旋离心脱水机，其结构示意图如图4-9所示。离心脱水机的工作原理是利用污泥颗粒和水之间存在的密度差，使得它们在相同的离心力作用下产生不同的离心加速度，从而导致污泥颗粒与水之间的分离，实现脱水的目的。离心脱水机的优点是结构紧凑，附属设备少，臭味少，能长期自动连续运行；缺点是有一些噪声，脱水后污泥含水率较高，污泥中若含有砂砾，则易磨损设备。

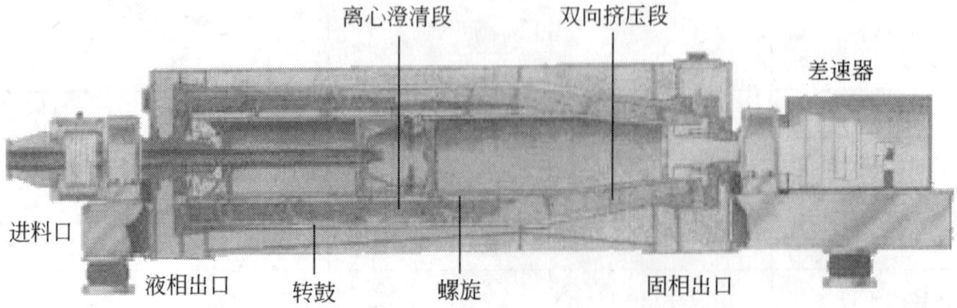

图4-9 卧式螺旋离心脱水机结构示意图

板框压滤机可分为人工板框压滤机和自动板框压滤机两种。人工板框压滤机，需将板框一块一块人工卸下，剥离泥饼并清洗滤布，再逐块装上，劳动强度大，效率低。自动板框压滤机，上述过程都是自动的，效率较高，劳动强度低。自动板框压滤机有垂直式与水平式两种，如图 4－10 所示。

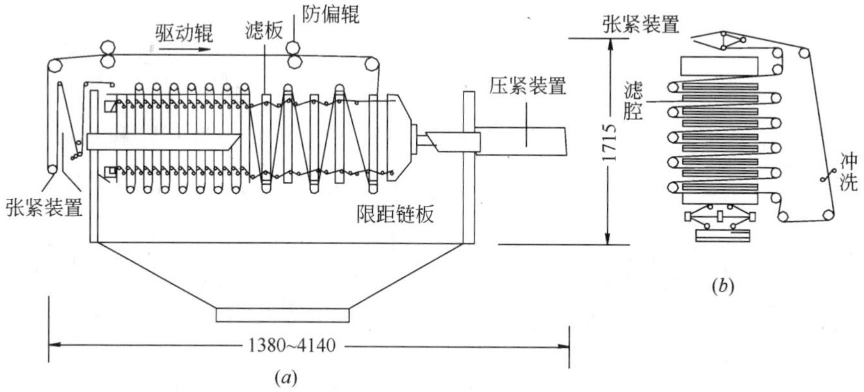

图 4－10　自动板框压滤机结构示意图

(a)水平式；(b)垂直式

板框压滤机的工作原理是板与框相间排列而成，在滤板的两侧覆有滤布，用压紧装置把板与框压紧，从而在板与框之间构成压滤室。污泥进入压滤室后，在压力作用下，滤液通过滤布排出滤机，使污泥完成脱水。板框压滤机的优点是构造较简单，过滤推动力大，脱水效果好，一般用于城市污水厂混合污泥时泥饼含水率较低；缺点是操作不能连续运行，脱水泥饼产率低。

螺旋压榨式脱水机由筒屏外套及螺旋轴组成，螺旋转动时完成污泥的过滤、脱水工作，具有低转速、低功耗的特点。其结构示意图如图 4－11 所示。螺旋压榨式脱水机的工作原理是：圆锥状螺旋轴与圆筒形的外筒共同形成了滤室，污泥利用螺旋轴上螺旋齿轮从入泥侧向排泥侧传送，在容积逐渐变小的滤室内，污泥受到的压力会逐渐上升，从而完成压榨脱水。螺旋压榨式脱水机优点是设备占地小，噪声小，电耗少；缺点是目前工程应用还较少，设备较贵。

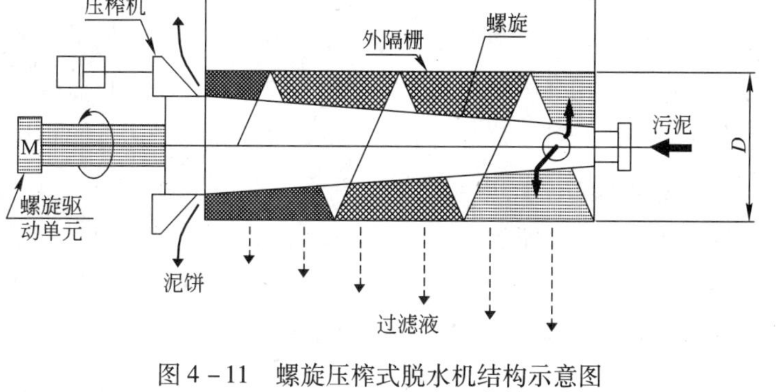

图 4－11　螺旋压榨式脱水机结构示意图

具体选用何种类型的脱水机械，还应根据污泥的性质和现场条件综合考虑技术、经济、环境和管理等因素，全面分析判断后作出合理的选择，国际上也是四种脱水形式共存，各有各自的使用范围。

4.3.3 污泥厌氧消化

1. 基本原理

污泥厌氧消化是一个极其复杂的过程，多年来厌氧消化过程被概括为两阶段，第一阶段为酸性发酵阶段，有机物在产酸细菌的作用下，分解成脂肪酸和其他产物，并合成新细胞；第二阶段为甲烷发酵阶段，脂肪酸在专性厌氧菌产甲烷菌的作用下转化为 CH_4 和 CO_2。但是，事实上第一阶段的最终产物不仅仅是酸，发酵产生的气体也并不都是从第二阶段产生的，因此，两阶段过程较为恰当的提法为不产甲烷阶段和产甲烷阶段。

随着对厌氧消化微生物研究的不断深入，厌氧消化中不产甲烷细菌和产甲烷细菌之间的相互关系更加明确。1979 年，伯力特等人根据微生物种群的生理分类特点，提出了厌氧消化三阶段理论，这是目前较为公认的理论模式。

第一阶段，有机物在水解与发酵细菌的作用下，使碳水化合物、蛋白质与脂肪，经水解和发酵转化为单糖、氨基酸、脂肪酸、甘油、二氧化碳和氢等。

第二阶段，是在产氢产乙酸菌的作用下，把第一阶段的产物转化成氢、二氧化碳和乙酸。如戊酸的转化化学反应式，如式(4－4)所示：

$$CH_3CH_2CH_2CH_2COOH + 2H_2O \rightarrow CH_3CH_2COOH + CH_3COOH + 2H_2 \quad (4-4)$$

丙酸的转化化学反应式，如式(4－5)所示：

$$CH_3CH_2COOH + 2H_2O \rightarrow CH_3COOH + 3H_2 + CO_2 \quad (4-5)$$

乙醇的转化化学反应式，如式(4－6)所示：

$$CH_3CH_2OH + H_2O \rightarrow CH_3COOH + 2H_2 \quad (4-6)$$

第三阶段，通过两组生理物性上不同的产甲烷菌的作用，将氢和二氧化碳转化为甲烷或对乙酸脱羧产生甲烷。产甲烷阶段产生的能量绝大部分都用于维持细菌生存，只有很少能量用于合成新细菌，故细胞的增值很少。在厌氧消化的过程中，由乙酸形成的 CH_4 约占总量的 2/3，由 CO_2 还原形成的 CH_4 约占总量的 1/3，如式(4－7)和式(4－8)所示。

$$4H_2 + CO_2 \rightarrow CH_4 + 2H_2O \quad (4-7)$$

$$2CH_3COOH \rightarrow CH_4 + 2CO_2 \quad (4-8)$$

由上可知，产氢产乙酸细菌在厌氧消化中具有极为重要的作用，它在水解与发酵细菌及产甲烷细菌之间的共生关系中，起到了联系作用，通过不断地提供出大量的 H_2，作为产甲烷细菌的能源，以及还原 CO_2 生成 CH_4 的电子供体。

三阶段消化的模式如图 4－12 所示。

2. 厌氧消化工艺分类

(1) 按消化温度的不同，可分为中温消化（适应温度区为 30～38℃）和高温消化（适应温度区为 50～57℃）。

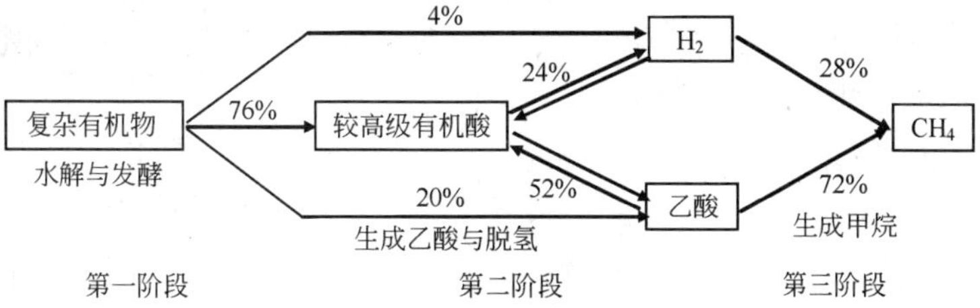

图4-12　有机物厌氧消化模式图

中温厌氧消化条件下，挥发性有机物负荷为0.6～1.5kg/(m^3·d)，产气量约1～1.3m^3/(m^3·d)，消化时间约为20～30d。

高温消化条件下，挥发性有机物负荷为2.0～2.8kg/(m^3·d)，产气量约3.0～4.0m^3/(m^3·d)，消化时间约为10～15d。

(2) 按运行方式不同，可分为一级消化和二级消化。

一级消化，即在一个消化装置内完成全过程的消化。由于污泥中温消化有机物的分解程度为40%～50%，消化污泥脱水后将继续分解，使污泥气体逸入大气，既污染环境又损失热量(消化污泥的显热)，如新鲜污泥由16℃升温至33℃，每1m^3污泥耗热71MJ/m^3，脱水后，此热量全部浪费。此外，消化池如采用蒸汽直接加热，再加上有机物的分解和搅拌，使消化污泥含水率提高，增加了污泥干化场或机械脱水设备的负荷和困难。

一级消化，即根据中温消化的消化时间与产气率的关系(图4-13)，在消化的前8d里，产生的沼气量约占全部产气量的80%，据此将消化池一分为二，污泥先在一级消化池中(设有加温、搅拌装置，并有集气罩收集沼气)进行消化，经过约7～12d旺盛的消化反应后，把排出的污泥送入第二级消化池。第二级消化池中不设加温和搅拌装置，依靠来自一级消化池污泥的余热继续消化污泥，消化温度约为20～26℃，产气量约占20%，可收集或不收集，由于不搅拌，第二级消化池兼具有浓缩的功能，如图4-14所示。

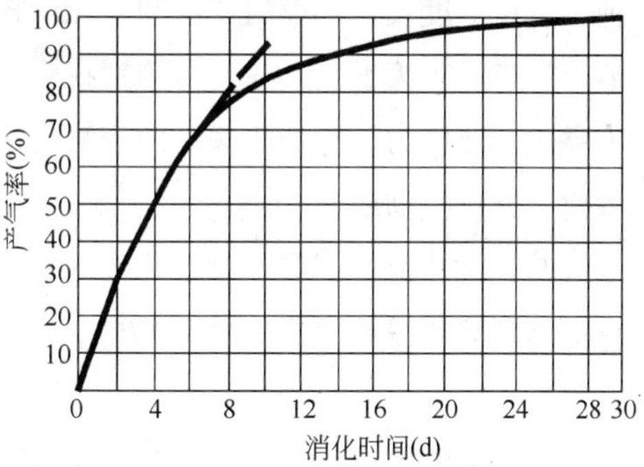

图4-13　消化时间与产气率的关系图

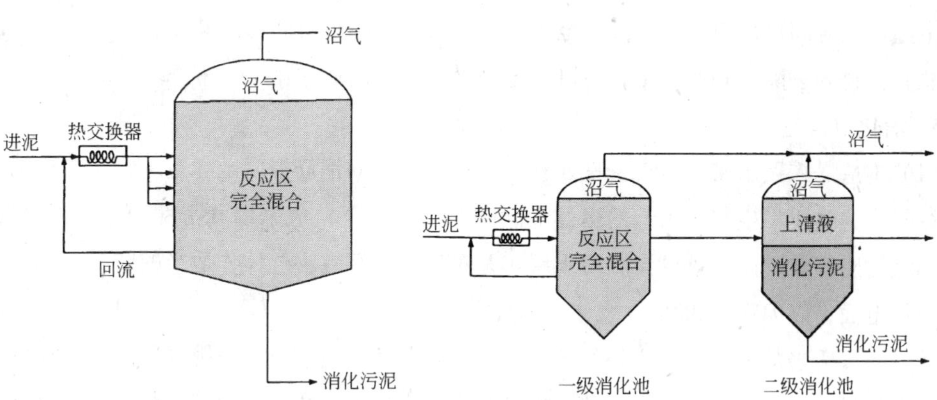

图4-14　一级消化和二级消化工艺图

（3）按消化池的效率不同，可分为常规消化和高效消化，如图4－15所示。

常规消化，污泥负荷在0.4～0.9kg/(m^3·d)，污泥的进出流是间歇式的，消化时间一般在30～60d。一级消化池后常常加一个或几个不加热的二级消化池，在此情况下，一级消化池可采用较短的停留时间。一级消化池往往采用固定盖，二级消化池常常采用浮动盖，但采用不加混合的二级消化池除外，一级消化池通常也不采用混合。

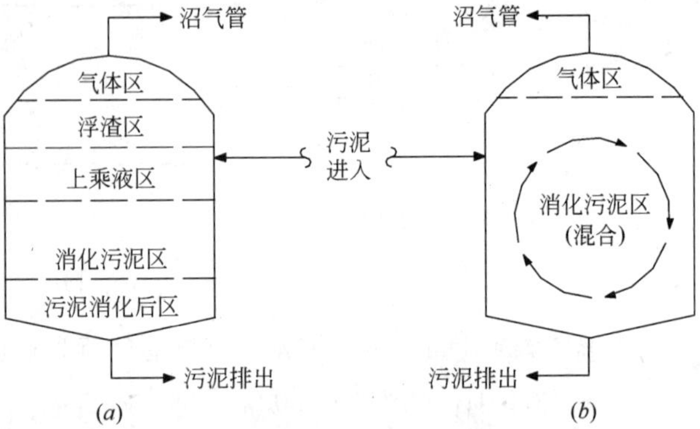

图4－15 厌氧消化的类型图
（a）常规消化；（b）高效消化

高效消化，污泥负荷在1.3～5.3kg/(m^3·d)，污泥的进出流可以是间歇式的；也可以是连续式的；高效池可串联运行，也可后接不加热的常规池或其他的污泥处理设施。高效消化池的混合可采用气体混合或机械搅拌。

（4）两相消化，两相消化是根据消化机理进行设计的，目的是使各相消化池具有更适合于消化过程三个阶段各自特定菌种群的生长繁殖环境条件。

厌氧消化可分为三个阶段即水解与发酵阶段、产氢产乙酸阶段及产甲烷阶段。各阶段的菌种、消化速度及对环境的要求和消化产物等都各不相同，造成运行控制方面的诸多不便，故把消化的第一、第二与第三阶段分别在两个消化池中进行，使各阶段都能在各自的最佳环境条件下完成，此即为两相消化法。两相消化法所需的消化池容积小，加温与搅拌能耗少，运行管理方便，消化更彻底。

两相消化池中，第一相消化池的容积按投配率为100%核算，即停留时间为1d，第二相消化池容积采用投配率为15%～17%，即停留时间为6～6.5d。第二相消化池有加温、搅拌设备及集气装置，产气量约为1.0～1.3m^3/m^3，每去除1kg有机物的产气率为0.75～1.0m^3。

（5）中温/高温两相厌氧消化(APAD)，其特点是在污泥中温厌氧消化前设置高温厌氧消化阶段。污泥进泥的预热温度为50～60℃，前置高温段中的污泥停留时间约为1～3d左右，后续厌氧中温消化时间可从20d左右减少至12d左右，总的停留时间为15d左右。这种工艺同时增加了总有机物的去除率和产气率，并可完全杀灭污泥中的病原菌。

3. 消化池构造要求

（1）构造需采用水密性、气密性而且抗腐蚀性良好的钢筋混凝土建造。由于厌氧消化会发生甲烷气，为防止发生漏气引起的爆炸危险和产生的臭气，应采用气密性构造。在池的内壁，涂刷环氧树脂等兼具防腐蚀的涂膜防水层，并对硫化氢等有害气体作适当的防护。同时需把水充满到规定面，以内压为350mm水柱进行气密试验。

（2）要以适当的方法，防止热的散发。为了减少消化池散热，需用轻质砖或轻质混凝土等导热率小的材料覆盖池的围壁和顶盖，也可利用适当厚度的覆土对池壁进行保温，这时覆土应采用黏土质少、透水性好的砂土。

(3) 池顶部和污泥面的富裕高度应有不致污泥飞沫进入气体配管内的高度。池顶部和污泥面之间的空间具有如下效果：

1) 防止因污泥搅拌引起的污泥飞沫等侵入气体配管内；

2) 对于污泥投入及排出引起的液位变动，能缓冲池内的气压。

4. 消化池主要工艺设施

消化池主要工艺设施包括进泥管、排泥管、循环污泥管、溢流管、放空管、取样管、沼气管等。污泥消化系统包括：污泥加热装置、污泥搅拌装置、破除浮渣装置、污泥沼气计量装置以及温度测定仪、pH 测定仪、液位计、流量计等仪表。

(1) 进泥管

进泥管是将污泥投入消化池的污泥管道，可以将进泥直接投入消化池。

(2) 排泥管

排泥管是将消化池内消化污泥排出池体的管道，可以从底部排泥，也可以从中位管排泥。采用中位管排泥方式时，如果消化池搅拌系统运转不正常，中位管排出污泥浓度较低。运转一定时间以后，会造成消化池池底大量的积砂和积泥；当采用底部排泥时，如果污泥搅拌系统运转不正常，底部高浓度的污泥往往被排出，造成消化池内污泥平均浓度下降，影响厌氧菌繁殖生长，对污泥消化运行不利。

(3) 污泥的投入与排出，需考虑以下各项规定：

1) 污泥投入管应考虑使投入污泥与消化污泥充分混合，一般污泥从池顶部和侧壁直接投入；

2) 污泥排出管以数根设于池的底部；

3) 污泥管应考虑防止堵塞的问题，污泥管采用管径 150mm 以上，以避免堵塞。

(4) 溢流装置和浮渣破除装置

1) 溢流装置

溢流装置是保证污泥消化池安全运行的装置，保证消化池结构安全。

2) 浮渣破除装置

消化池经一段时间运转之后，会在污泥表层产生一定厚度的浮渣层。浮渣层的主要危害有：减少消化池的有效容积，抑制和影响污泥气的释放。所以应定期打碎浮渣，并及时排出消化池池外。

5. 污泥的加热和锅炉设备

(1) 消化池污泥加热的目的是使新鲜污泥温度提高到消化温度，补偿消化池壳体和管道中的热能损耗。

(2) 加热方法

加热污泥有许多方法，如消化池内加热盘管、消化池外各种热交换器、蒸汽直接加热、消化池前投配池内预热法、燃烧气体直接加热等。归纳为蒸汽吹入式和外部加温式。

1）蒸汽吹入式

直接将高温蒸汽吹入污泥消化池内的污泥中，只要搅拌得好，不会因蒸汽造成微生物作用的减弱。加热盘管安装在靠近消化池，池壁式挂在消化池池壁上，这在早期消化池中应用较多。若将加热盘管与混合搅拌提升管结合加热，这种方法既可防止盘管结垢，又能节约费用，特别适用于小型消化池。

2）外部加温式(使用热交换器的方法)

外部加温式是在污泥消化池外部设置热交换器，通过锅炉和热交换器的循环热水，对循环于污泥消化池和热交换器的污泥进行加热。热交换器是污泥在内管流动、热水在外管流动的双层管式。污泥和热水分别以相反的方向在管内流动，污泥和热水在管内的流速都在 1.0 ~ 2.0m/s 范围。这种方法与蒸汽吹入式相比，虽然热水、污泥循环泵和热交换器等辅机较多，但是由于使消化污泥循环，所以有助于污泥的搅拌及其消化。

这种方法的特点是传热速度高、设备简单、检修方便。我国很多污水处理厂采用此种污泥加热方式。污泥消化池加温所需的最大热量应比维持通常的污泥消化池的温度有富余。

(3) 锅炉设备

锅炉容量应以污泥消化池的最大加温热量来考虑运转时间及台数，但锅炉台数应考虑故障或定期性能检查的情况，并不宜少于两台。

对于热水锅炉，由于是低压，因此一般来说组装、拆卸及搬运都较容易。目前多数使用比钢制抗蚀性能强的铸铁制造的分节锅炉。

锅炉燃料使用沼气，宜采用能换用重油或气体的锅炉燃烧器。

1）锅炉的构造应符合法令规定，采用能稳定运转的锅炉。

锅炉应符合压力容器构造规格，锅炉也有发生空烧、水位降低和不完全燃烧等危险，为了使锅炉高效且稳定连续地运转，就要进行燃烧、给水、蒸汽或热水的温度、蒸汽压等的自动控制。

2）锅炉房的构造应符合规范规定。

在搞好室内通风的同时，备有沼气泄漏的检测仪。

3）锅炉及其配管等应用保温材料覆盖，锅炉、热交换器和热水管等需用保温材料覆盖，以尽量减少散热量。

6. 消化池池形

好的消化池池形应具有结构条件好、防止沉淀、没有死区、混合良好、易去除浮渣及泡沫等优点。常用的基本形状有以下四种：

(1) 龟甲形消化池

龟甲形消化池在英国、美国等国家采用较多，此种池形的优点是土建造价低，结构设计简单，但要求搅拌系统具有能较好防止沉积物产生并清除的效果，因此相配套的设备投资和运行费用较高。

(2) 圆柱形消化池

这种池形的优点是热量损失比龟甲形小，易选择搅拌系统，但底部面积大，易造成粗砂的堆积，因此需要定期进行停池清理，更重要的是在形状变化的部分存在尖角，应力很容易聚集在这些区域，使结构处理较困难。底部和顶部的圆锥部分，在土建施工浇筑时混凝土难密实，易产生渗漏。

(3) 平底圆柱形

平底圆形池是一种土建成本较低的池形。圆柱部分的高度/直径比≥1。这种池形在欧洲已成功地用在不同规模的污水处理厂中，可配套使用的搅拌设备较少，大都采用悬挂喷入式沼气搅拌技术。

(4) 蛋形消化池

蛋形消化池在德国从1956年就开始采用，并作为一种主要的池形，应用较普遍。蛋形消化池最显著的特点是运行效率高，经济实用。其优点可以总结为以下几点：

1) 其池形能促进混合搅拌得均匀，单位面积内可获得较多的微生物，用较小的能量即可达到良好的混合效果。

2) 蛋形消化池的形状有效地消除了粗砂和浮渣的堆积，池内一般不产生死角，可保证生产的稳定性和连续性。根据有关文献介绍，德国有的蛋形消化池已经成功运转了50年而没有进行过清理。

3) 蛋形消化池表面积小，耗热量较低，很容易保持系统温度。

4) 生化效果好，分解率高。

5) 上部面积少，不易产生浮渣，即使生成也易去除。

6) 蛋形消化池的壳体形状使池体结构受力分布均匀，结构设计具有很大优势，可以做到消化池单池池容的大型化。

7) 池形美观。

蛋形消化池的缺点是土建施工费用比传统消化池高，然而蛋形消化池运行上的优点直接提高了处理过程的效率，因此节约了运行成本。如果设置较多座蛋形消化池，运行费用比较下来则更具有优势。节省下的运行费用很容易弥补造价的差额，用户从高效的运行中受益更多。对大型污水处理厂，大体积消化池采用蛋形池更能体现其优点。

在我国，消化池的形状多年来大都采用传统的圆柱形，随着搅拌设备的引进，使我国污泥消化池的池形也变得多样化。近几年中我国先后设计并施工了多座蛋形消化池，改变了国内消化池池形单一的状况。

蛋形消化池与圆柱形消化池的综合比较如表4-23所示。

蛋形消化池与圆柱形消化池的综合比较表 **表4-23**

名称	圆柱形消化池	蛋形消化池
混合性能	低效的混合性，为了混合均匀需要较多能量	较强的混合性，需要能量较低（约节省40%~50%的能量）
粗砂和污泥的聚集	底部面积大，易沉淀粗砂和污泥，需要定期清理。浪费的空间导致消化物的消化水平较差	底部面积小，可有效地消除粗砂和污泥的沉淀，使微小颗粒与污泥充分混合

续表

名称	圆柱形消化池	蛋形消化池
浮渣的堆积	因泥液面较大，浮渣的堆积层不能有效解决	污泥液面积大大减少，能有效地控制浮渣的形成和排出
维护与保养	一般情况下需对全池进行清理，重新启动系统和整个处理装置需要几个月的时间，维护费用较高	不需要定期清理，可连续运行
运行	底部的死角很容易被粗砂和其他沉淀物堆积，而顶部的无效空间又极易堆积浮渣，从而使消化处理效果较差	稳定地减少易挥发性有机物，且稳定、连续地产生沼气，形成有效的运行处理过程
容积	受结构和工艺条件的限制，单池容积不易很大，因此占地面积大	结构和工艺条件较好，单池处理能力大故而所占地面积小，因此在土地面积有限或土地价格昂贵的地方成为必然的选择
运行温度	表面积与处理污泥量的比例较大，能量消耗较大	表面积与污泥处理量的比例较小，优良的混合性能保证系统温度的稳定

7. 消化池污泥搅拌设备

（1）消化池中污泥搅拌作用

1）通过对消化池中污泥的充分搅拌，使生污泥与熟污泥充分接触，提高消化效果；

2）通过搅拌，使中间产物与代谢产物在消化池内均匀分布；

3）通过搅拌及搅拌时产生的振动能更有效地使沼气溢出液面；

4）消化菌对温度和 pH 的变化非常敏感，通过搅拌使池内温度和 pH 保持均匀；

5）对池内污泥不断进行搅拌可防止池内产生浮渣。

（2）消化池搅拌方式

消化池设计和运行中的一个重要问题是搅拌系统的选择，良好的搅拌必须满足下列要求：

1）维持进料污泥和池内活性生物菌落之间的均匀分配；

2）稀释池内产酸生物反应的最终产物，防止对微生物生长不利因素的出现；

3）有效稀释污泥基质中的有毒物质和抑制生物反应的有害物质；

4）消化池的体积能够得到有效利用。

为了达到这些目标，多年来对搅拌系统和消化池的形状结构进行了广泛开发和研究，虽然不同的搅拌方式可产生同样的搅拌效果，但是能耗和维修费用有较大的差异。

污泥消化池常用的搅拌方式有沼气搅拌和机械搅拌，机械搅拌包括外置泵式机械搅拌和池中带一垂直导流管机械搅拌。

1）外置泵式机械搅拌系统适合于较小的带漏斗形底和锥形顶盖的常规消化罐，而对于较大的消化罐效果较差。

2）池中带一垂直导流管式机械搅拌系统是在消化池顶部的回流管上安装一搅拌器，搅拌器开启时，消化污泥可以在导流管内外向上或向下混合流动。由于它特殊的结构，搅拌效果好，池面浮渣和泡沫少。

沼气搅拌是将在消化池上部收集的一部分沼气经压缩机压缩后，再经消化池内的喷嘴或气体喷管从消化池底部喷入池内。它的搅拌作用是通过气体向上的流动来实现的。由于沼气搅拌是由压缩机、阀门、阻燃器、过滤器、管道等组成的一个较复杂的系统，沼气易爆，且其冷凝液含腐蚀成分，因此对安装中所使用的沼气管件和安全措施有特殊的要求。

根据国内城市污水处理厂使用沼气搅拌的经验来看，沼气搅拌设备多，工艺复杂，能耗高，接口密封困难。蛋形消化池独特的形状使其易于选择简单的机械搅拌系统，因此国内外大部分蛋形消化池都使用机械搅拌。导流管式机械搅拌因其污泥流线形与蛋形池结构接近一致，更适合于蛋形池的搅拌。

8. 污泥加热方式

在消化池所需热量中，生污泥加热占了总需热量的绝大部分。所以，如何给生污泥加热对系统设计来说至关重要。给生污泥直接加热，虽然总需热量不变，但是由于生污泥泥温度低，要求热交换器的供热强度大。本工程消化处理加热设计采用套管式泥水逆流热交换器在池外进行。热交换器可连续运行，单独为每座消化池加热，独立运行。

套管式热交换器的套管拟采用波纹管式内外管，以提高热交换效率，而且由于其特殊结构增加管子的抗压强度。另外，热水和污泥在波纹管内特殊急剧的紊流状态不仅提高了热传导效率，而且可防止泥垢和水垢在管壁上的沉积，提高设备运行安全性能。

9. 沼气脱硫工艺

污泥气中的硫化氢浓度会因污水处理厂污水水质而变，变化幅度可能是$(150\sim3000)\times10^{-6}$（150~3000ppm）或更大。进水中硫化物的主要来源是来自生活污水和工业废水排放，水中尿素和蛋白质的分解和供水系统投加明矾都会产生硫酸盐。

消化污泥气体中硫化氢是在厌氧菌的作用下，由硫酸盐还原而成，必须净化脱除污泥气中的硫化氢以减少对锅炉等设备的腐蚀。硫化氢是一种有毒的空气污染物，燃料气体中含有高浓度硫化氢则会引起爆炸。

（1）干式脱硫

干式脱硫是将脱硫剂填充在填充塔内。污泥气和脱硫剂相接触后除去其中的硫化氢。脱硫效率可以达到90%以上，干式脱硫的反应如式(4-9)和式(4-10)所示：

$$Fe_2O_3\cdot H_2O+H_2S\rightarrow Fe_2S_3+4H_2O \tag{4-9}$$

$$Fe_2S_3+3/2O_2+3H_2O\rightarrow Fe_2O_3\cdot H_2O+2H_2O+3S \tag{4-10}$$

干式脱硫法适用于较小规模的污泥消化设施，而且污泥气中的硫化氢浓度较低的情况。

$Fe_2O_3\cdot H_2O$ 作为反应的催化剂，但是其表面不可避免地会被生成的硫磺覆盖，阻止沼气通过，当硫磺覆盖达到总重的25%时，脱硫剂将失去活性而需要更换或再生。

若消化污泥气中的硫化氢高浓度时，因脱硫剂的交换频率过于频繁，成本高，且还有废弃物产生。

（2）碱洗脱硫法

碱洗脱硫法是把2% ~3%的碳酸钠、氢氧化钠或者是次氯酸钠等的水溶液作为吸收液，与污泥气相接触，除去其中的硫化氢。

洗涤塔采用填充式喷淋洗净方式，脱硫效率可达到90%以上。

碱洗脱硫法即使在消化污泥气中硫化氢浓度较高的情况下也能适用，但是会发生药液成本增加和废液处理等问题。

碱洗脱硫法的反应式如式(4－11)、式(4－12)和式(4－13)所示：

$$Na_2CO_3 + H_2S \rightarrow NaHS + NaHCO_3 \quad (4-11)$$

$$NaOH + H_2S \rightarrow NaHS + H_2O \quad (4-12)$$

$$2NaHS + NaClO \rightarrow Na_2S + NaCl + S + H_2O \quad (4-13)$$

污泥气中的硫化氢浓度高时，洗涤塔会发生填充物堵塞的情况，因此需定期用酸性液体洗净，并且每隔几年就需要更换填充物。

(3) 生物脱硫

污泥气在生物载体填充塔内经水洗，通过生物载体上的硫磺氧化细菌的作用，除去溶解于水的硫化氢。

在塔内将硫化氢氧化，因此污泥气中需要放入一定量的空气来补充氧气。排水中含有硫酸，大约有 pH =1 ~2 程度的酸性排水。

生物脱硫法的反应方程式如式(4－14)所示：

$$H_2S + 2O_2 \rightarrow H_2SO_4 \quad (4-14)$$

(4) 水洗脱硫法

水洗脱硫法即用污水处理厂出水洗涤污泥气，去除污泥气中的硫化氢。硫化氢的水溶度较低，有必要大量供水，因此适用于污水处理厂处理尾水的情况。

水洗脱硫法的排水因为是低浓度的硫化氢水，所以可与尾水混合排出。因此，该脱硫法具有不产生废弃物的优点。

水洗脱硫法适用于当污泥气中的硫化氢浓度为$(1000 \sim 10000) \times 10^{-6}$(1000 ~10000ppm)即浓度较高的情况，水洗脱硫法具有构造简单、运转费用较低的优点。

4.3.4 污泥好氧消化

1. 基本原理

好氧消化是基于微生物的内源呼吸原理，即污泥系统中的基质浓度很低时，微生物将会消耗自身原生质以获取维持自身生存的能量。消化过程中，细胞组织将会被氧化或分解成二氧化碳、水、氨氮、硝态氮等小分子产物，从而成为液相和气相物质。同时好氧氧化分解过程是一个放热反应，因此在工艺运行中会产生并释放出热量。实际上，尽管消化反应使氧化的细胞组织仅有75% ~80%，剩下的20% ~25%的细胞组织由惰性物质和不可生物降解有机物组成。消化反应完成以后，剩余产物的能量水平将极低，因此生物学上很稳定，适于各种最终处置途径。

污泥的好氧消化过程包括两个步骤：可生物降解有机物氧化合成为细胞物质和细胞物质的

进一步氧化，用式(4－15)和式(4－16)表示为：

$$有机物 + NH_4^+ + O_2 \xrightarrow{细菌} 细胞物质 + CO_2 + H_2O \quad (4-15)$$

$$细胞物质 + O_2 \xrightarrow{细菌} 消化污泥 + CO_2 + H_2O + NO_3 \quad (4-16)$$

公式(4－15)表示液相有机物氧化成细胞物质；而细胞物质紧接着被氧化成消化后的稳定化的生物固体，由式(4－16)表示，这是典型的内源呼吸过程，是好氧消化系统的主要反应。

由于好氧消化需要将反应维持在内源呼吸阶段，因此该工艺适用于剩余污泥的稳定。初沉污泥含有较少的细胞物质，因此混合污泥的处理将会包括反应式(4－15)的转化过程，初沉污泥中的有机物和颗粒物质是活性污泥中微生物的食源，因此需要相对较长的停留时间首先进行代谢和细胞生长反应，然后再进入内源呼吸阶段。

如果以 $C_5H_7NO_2$ 代表微生物细胞物质，好氧消化过程的化学计量学可由下述式(4－17)和式(4－18)表示：

$$C_5H_7NO_2 + 5O_2 \longrightarrow 5CO_2 + 2H_2O + NH_3 + 能量 \quad (4-17)$$

$$C_5H_7NO_2 + 7O_2 \longrightarrow 5CO_2 + 3H_2O + NO_3 + H^+ + 能量 \quad (4-18)$$

式(4－17)表示硝化系统设计为抑制硝化的工艺形式，氮以氨态存在，这种情形存在于高温好氧消化过程中；式(4－18)表示包括硝化反应的消化工艺系统设计，氮以硝态的形式存在。

理论上讲，反硝化可以补充约 50% 的由于硝化反应而消耗的碱度，如果 pH 下降显著，可以通过间歇反硝化的方式来控制或者投加石灰。

式(4－18)表明，好氧消化过程中的硝化反应会产生 H^+，如果污泥的缓冲能力不足 pH 将会降低。式(4－18)和式(4－19)表明，理论上，在非硝化系统中，每 1kg 的微生物活细胞需要消耗 1.5kg 的氧气，在硝化系统中，每 1kg 的微生物活细胞需要 2kg 的氧气，实际运行中的需氧量还受其他因素的影响如操作温度、初沉污泥的加入、SRT 等。

常温消化系统一般温度为 20～30℃、以空气作为氧源的条件下运行，决定消化系统设计的因素包括：VSS 设计去除率、进泥的质和量、操作温度、氧传质和混合要求、池体积、停留时间、运行方式等，甚至要考虑病原菌灭活和蚊蝇滋生。好氧消化的主要目的是减少生物固体的量至达到稳定化，以适用于各种处置手段，稳定化是指生物固体特别是病原菌减少到可以使用或者处置却不会对环境产生显著负面效应的程度。通过好氧消化可以将 VSS 去除 35%～50%，当然具体情况与污泥的特性有关。

在好氧消化过程中，微生物处于内源呼吸阶段，反应速度与生物量遵循一级反应模式。目前最常用的模型是 Adams 等人建议采用的模型，该模型假定如式(4－19)所示：

$$\frac{d(X_0 - X)}{dt} = k_d X \quad (4-19)$$

式中：X_0——进水中 VSS 浓度，kg/m^3；

X——在时间 t 时的 VSS 的浓度，kg/m^3；

k_d——反应常数。

因好氧消化池是连续搅拌的，污泥池内完全混合，所以单位时间内进入池内的挥发性固体减去单位时间内出池的挥发性固体等于池内挥发性固体的去除量(稳态)，如式(4－20)所示。

$$QX_0 - QX = \frac{d(X_0 - X)}{dt} = k_d XV \tag{4-20}$$

式中：Q——污泥流量，m^3/h；

V——消化池容积，m^3。

对式(4－20)变形后有：

$$t = (X_0 - X)/K_d X \tag{4-21}$$

$$t = V/Q \tag{4-22}$$

如果 VSS 中存在不可生物降解成分 n，则：

$$t = (X_0 - X)/k_d(X - X_n) \tag{4-23}$$

2. 主要工艺流程

(1) 传统污泥好氧消化工艺(CAD)

传统污泥好氧消化工艺(CAD)主要通过曝气使微生物在进入内源呼吸期后进行自身氧化，从而使污泥减量。CAD 工艺设计运行简单，易于操作，基建费用较低。传统好氧消化池的构造和设备与传统活性污泥法相似，但污泥停留时间很长，其常用的工艺流程如图 4－16 所示。

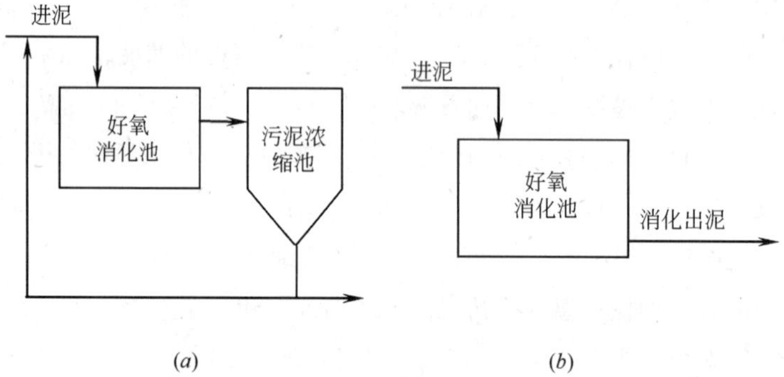

图 4－16 传统好氧消化工艺流程图

(a)连续进泥；(b)间歇进泥

一般中型污水处理厂的好氧消化池采用连续进泥的方式，其运行与活性污泥法的曝气池相似，消化池后设置浓缩池，浓缩污泥一部分回流到消化池中，另一部分进行污泥处置，上清液被送回至污水处理厂与原污水一同处理。小型污水处理厂多采用间歇进泥方式，其在运行中需定期进泥和排泥，一般每天一次进泥和排泥。

(2) A/AD 工艺

A/AD(anoxic/aerobic digestion)工艺是在 CAD 工艺的前端加一段缺氧区，利用污泥在该段发生反硝化反应产生的碱度来补偿硝化反应中所消耗的碱度，所以不必另行投碱就可使 pH 保持在 7 左右。在 A/AD 工艺中 NO_3-N 替代 O_2 作最终电子受体，使得耗氧量比 CAD 工艺节省了 18%，一般为 $1.63kgO_2/kgVSS$ 左右。

工艺有采用间歇进泥，通过间歇曝气产生好氧和缺氧期，并在缺氧期进行搅拌而使污泥处于悬浮状态以促使污泥发生充分的反硝化。图 4－17 所示工艺流程为连续进泥且需要进行硝化液回流。A/AD 消化池内的污泥浓度及污泥停留时间等与 CAD 工艺相似。

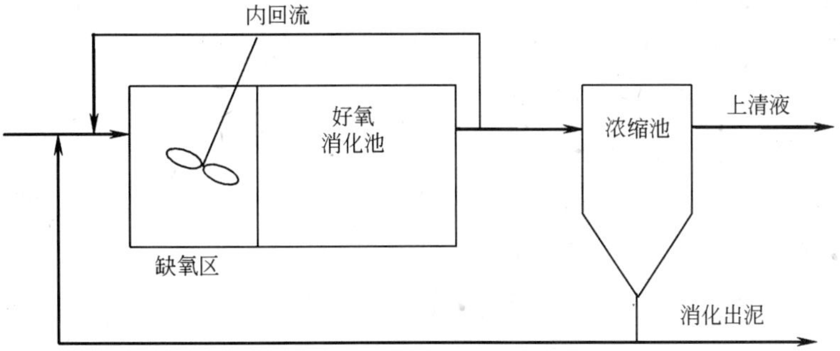

图 4－17　A/AD 工艺基本流程图

CAD 和 A/AD 工艺的主要缺点是供氧的动力费较高、污泥停留时间较长，特别是对病原菌的去除率低。

(3) ATAD 工艺

自动升温高温好氧消化工艺(Autothermal Aerobic Digestion，ATAD)的研究最早可追溯到 20 世纪 60 年代的美国，其设计思想产生于堆肥工艺，所以又被称为液态堆肥。自从欧美各国对处理后污泥中病原菌的数量有了严格的法律规定后，ATAD 工艺因其较高的灭菌能力而受到重视。

ATAD 的一个主要特点是依靠 VSS 的生物降解产生热量，以至将反应器的温度升至高温范围内(45～60℃)，由于在大多数生物反应系统中，增加温度意味着增加反应速率，这在工程上便减少了反应器容积，反应速率和温度的关系可由式(4－24)表示：

$$k_{T1} = k_{T2} \cdot \Phi^{(T_1 - T_2)} \qquad (4-24)$$

式中：k_{T1}，k_{T2}——温度为 T_1 和 T_2(℃)的反应速率；

Φ——常数，一般为 1.05～1.06；

但是，温度过高会抑制生物活性，由式(4－25)表示：

$$k_{T1} = k_{T2} \cdot [\Phi_1^{(T_1 - T_2)} - \Phi_2^{(T_1 - T_3)}] \qquad (4-25)$$

右边第一项表示增加的速率，第二项表示过高的温度导致的速率降低。T_3 是抑制出现的温度上限。Φ_1，Φ_2 分别是增加速率和降低速率的温度指数。

这意味着当温度从常温增加到 45～60℃时反应速率迅速增加，继续升高温度，速率将会下降，没有一个速率下降的精确温度，以前的研究表明，当温度上升到 65℃以上时，反应速率迅速降低到 0。

ATAD 反应器内温度较高有以下优势：

1) 抑制了硝化反应的发生，使硝化菌生长受到抑制，因此其 pH 可保持在 7.2～8.0，同 CAD 工艺相比，既节省了化学药剂费又可节省 30% 的需氧量；

2) 有机物的代谢速率较快、去除率一般可达 45%，甚至达 70%；

3）污泥停留时间短，一般为5～6d；

4）NH_3-N浓度较高，故对病原菌灭活效果好。研究结果表明，ATAD工艺可将粪便大肠杆菌、沙门氏菌、蛔虫卵降低到“未检出”水平，将粪链球菌降到较低水平。

第一代ATAD消化池一般由两个或多个反应器串联而成，其基本工艺流程如图4－18所示，反应器内加搅拌设备并设排气孔，其操作比较灵活，可根据进泥负荷采取序批式或半连续流的进泥方式，反应器内的DO浓度一般在1.0mg/L左右。消化和升温主要发生在第一个反应器内，其温度为35～55℃，pH≥7.2；第二个反应器温度为50～65℃，pH约为8.0。为保证灭菌效果应采用正确的进泥次序，即首先将第二个反应器内的泥排出，然后由第一个反应器向第二个反应器进泥，最后从浓缩池向第一个反应池进泥。

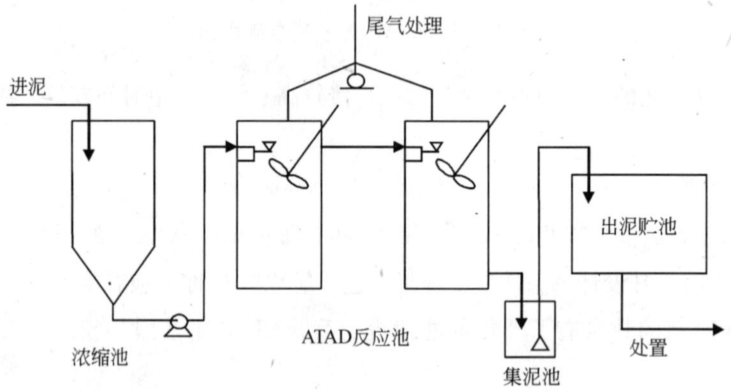

图4－18 ATAD基本工艺流程图

第一代ATAD工艺具有以下特点：

1）鼓风曝气系统；

2）两个或三个反应器串联操作；

3）SRT短，通常小于10d；

4）定量供气，无曝气控制措施。

同时也有以下缺点：

1）停留时间不足，导致VSS去除率有限；

2）温度不易调节，需要外加热量或冷却控制。

随着工艺技术的发展又出现了第二代ATAD工艺，第二代ATAD工艺操作简便，反应池容积缩小，总固体去除率上升，主要表现在以下方面：

1）可以单段操作，SRT为10～15d，因此操作条件好；

2）采用射流曝气系统，水力紊流条件好，因此单位体积的氧传质效率得以最大化；

3）采用ORP反馈系统控制曝气，因此能将系统的溶解氧维持在一个较为稳定的水平上，并能控制温度变化。

经ATAD反应器处理后的污泥需用泵输送到污泥贮池中以冷却及进一步浓缩脱水前的调蓄储存。一般该工艺出泥较难脱水，混凝剂的投加量需要适当增加，这也是在工艺选择中需要重点考虑的问题之一。

(4) AerTAnM 工艺

近几年，人们又提出了两段高温好氧/中温厌氧消化(AerTAnM)工艺，其以 ATAD 作为中温厌氧消化的预处理工艺，并结合了两种消化工艺的优点，在提高污泥消化能力和对病原菌去除能力的同时，还可回收生物能。

预处理 ATAD 段的 SRT 一般为 1d，有时采用纯氧曝气，温度为 55～65℃，DO 维持在(1.0±0.2)mg/L。后续厌氧中温消化温度为(37±1)℃。该工艺将快速产酸反应阶段和较慢的产甲烷反应阶段分离在两个不同反应器内进行，有效地提高了两段的反应速率。同时，可利用好氧高温消化产生的热来维持中温厌氧消化的温度，进一步减少了能源费用。

目前，欧美等国已有许多污水处理厂采用 AerTAnM 工艺，几乎所有的运行经验及实验室研究都表明，该工艺可显著提高对病原菌的去除率，消化出泥达到美国 EPA 的 A 级要求和后续中温厌氧消化运行的稳定性，具有较低 VFA 浓度和较高碱度。不同的研究者将 AerTAnM 工艺与单相中温厌氧消化工艺进行了比较：R. Pagilla(1996 年)发现 AerTAnM 工艺对有机物(VSS)的去除率可提高 6%，A. A. Ward 和 H. David(1998 年)发现其对 VSS 的去除率只提高了 1.4%，而 Cheunbarn 和 R. Pagilla(2000 年)的实验室研究表明其对 VSS 的去除率可提高 14%。R. Pagilla(1996 年)发现 AerTAnM 工艺的产甲烷率(0.5m^3/kgVSS)明显小于单相厌氧消化的产甲烷率(0.56m^3/kgVSS)，Baier 和 Zweifelhofer(1991 年)发现 AerTAnM 工艺的甲烷产量提高约 10%，A. A. Ward 和 H. David(1998 年)发现产甲烷量只有轻微提高，Cheunbarn 和 R. Pagilla(2000 年)发现产甲烷量可提高 17%；R. Pagilla、A. A. Ward、Cheunbarn 都发现 AerTAnM 工艺的消化气中 H_2S 含量降低，Cheunbarn(2000 年)的研究表明 AerTAnM 工艺消化出泥脱水性能好，污泥处置费用低。另外，还有一些文献报道将 ATAD 工艺放在厌氧中温消化之后(AnMAerT 工艺)，可进一步提高对病原菌的去除率和污泥的脱水性能，但此工艺目前仍处于实验室研究阶段。

(5) 深井曝气污泥好氧消化工艺

它又称 VERTADTM 工艺(简称 VD 工艺)，该技术是一种高温好氧污泥消化技术，初沉污泥及剩余活性污泥经 VD 工艺处理后，可达到美国环境保护局 503 条规定的 A 级生物固体的标准。A 级生物固体可直接用作土壤肥料，彻底解决污泥的最终处置问题。该工艺的核心是深埋于地下的井式高压反应器，如图 4－19 所示。该反应器深一般是 100m，井的直径通常是 0.5～3m，所占面积仅为传统污泥消化技术的一小部分。

与其他高温消化系统相比，其不同之处在于将三个独立的功能区放在一个反应器中进行。井筒的最上部是第一级反应区，包括一个同心通风试管和用于混合液体循环的再循环带。混合区在第一级反应区的下部，位于整个井筒的 1/2 深度处。空气注入区域，为空气循环提升提供动力。第二级反应区域在井筒的底部，井径 3m，井深一般约为 100m，是普通好氧消化所用气量的 10%。具体由污水浓度及污泥量确定。

VD 污泥处理技术与传统的厌氧及好氧污泥处理工艺相比，具有以下优点：

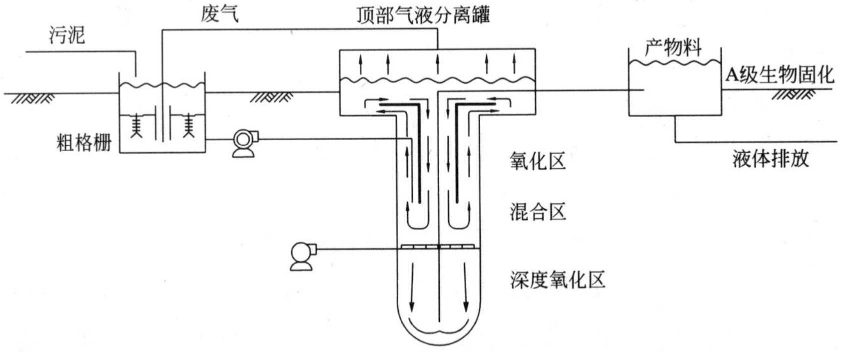

图 4-19 VD 工艺反应器构造及其流程

1）投资省，在大多数情况下，总投资比传统工艺低。

2）占地小，本系统结构非常紧凑，占地面积小。

3）处理效果好，在处理过程中，挥发性固体要减少 40% ~50%，经处理后的出厂污泥可达到 US EPA 污泥 A 级标准，污泥经脱水后，可以直接用作土壤，彻底解决了污泥的最终处置问题。

4）运行费用为传统高温好氧消化的一半以下。

5）对经消化后的污泥，只需投加少量的有机絮凝剂进行污泥脱水，就可使污泥的含水率降至 65% ~70%。

6）环境影响小，采用 VD 污泥处理工艺，异味气体和挥发性有机物的排放量很低。

7）在气候非常恶劣的地方，或者对环境有特殊需要的情况下，便于将该系统置于封闭的建筑之内。

8）维修、管理方便，并可以通过自动控制，实现无人值守。

9）使用价钱不高的热交换器，即可实现过程的热量回收（收回的热量可以用来采暖），而不需像厌氧消化那样配置价格昂贵的气体净化装置和专用锅炉。

VD 工艺的主要技术经济指标：氧传质效率约 50%；经 VD 工艺处理后，挥发性固体至少可以降低 40%；经离心脱水可得到含水率小于 70% 的 A 级生物固体；去除每 1kg 挥发性固体耗电小于 1.4kWh，对城市污水而言，相当于每 $1m^3$ 水耗电 0.06kWh；占地面积仅为传统污泥消化工艺的 10% ~20%。

4.3.5 污泥堆肥

1. 基本原理

堆肥是利用污泥中的微生物进行发酵的过程。在污泥中加入一定比例的膨松剂和调理剂（如秸秆、稻草、木屑或生活垃圾等），利用微生物群落在潮湿环境下对多种有机物进行氧化分解并转化为稳定性较高的类腐殖质。污泥经堆肥处理后，一方面植物养分形态更有利于植物吸收，另一方面还可消除臭味，杀死大部分病原菌和寄生虫（卵），达到无害化目的，且呈现疏松、分散、细颗粒状，便于储藏、运输和使用。

堆肥过程主要由三类微生物参与，即细菌、放线菌和真菌。

细菌承担主要有机物部分的分解，最初，在中温条件下（低于 40℃），细菌代谢分解碳水化合物、糖、蛋白质。在较高温度条件下（高于 40℃），细菌分解蛋白质、脂类、半纤维素部分。另外，细菌也承担了大部分的产热过程。

放线菌能够分解半纤维素，但对纤维素不起作用。放线菌能够代谢许多有机化合物，如糖、淀粉、木质素、蛋白质、有机酸、多肽。

真菌可在中温和高温条件下生存，中温真菌代谢纤维素和其他复杂的碳源，其活动类似于放线菌。由于多数的真菌和放线菌是严格好氧菌，它们通常被发现于堆肥的外表面。

堆肥过程中的微生物活动可分为下述三个基本阶段：中温阶段，堆肥温度从室温到 40℃；高温阶段，温度 40 ~ 70℃；冷却阶段，伴随着微生物活性的降低及堆肥过程的完成。高温期间的最佳温度为 55 ~ 60℃，此时 VSS 分解速率最高。

有机碳转化为二氧化碳和水蒸气的过程中产生热量，热量的排除通过曝气和翻堆引起的蒸发冷却而完成，通过堆表面散失，如果散热速率超过产热速率，工艺温度将不会升高，通过式（4 - 26）探讨能量平衡：

$$W = \frac{\text{水分蒸发量}}{\text{挥发性固体分解量}} \tag{4-26}$$

如果 W 低于 8 ~ 10，用于加热和蒸发的能量将充足；

如果 W 超过 10，混合物将会处于冷湿状态。

物料平衡计算用以跟踪堆肥各个阶段的质量及体积变化。污泥固体与木片混合，堆置在一层木片之上以均布空气，用未经筛分的成肥覆盖。堆肥完成以后筛分，大粒径的则回用作调理剂，等于覆盖层体积的那一部分则搁置在一边备用且无需筛分。通过筛分可以回收 65% 体积的调理剂，因此仍然需要补充新的调理剂。在实际应用中，回收率还受到水分含量、堆肥的黏度、调理剂中细小颗粒的比例、过筛负荷的影响，因此，回收率一般可以达到 50% ~80%。

2. 主要工艺流程

尽管堆肥是个自然生物过程，工程应用中应加以充分控制，控制程度从简易的定期日常搅动到较严格的机械翻堆、臭气控制的反应器系统，其工艺流程如图 4 - 20 所示。

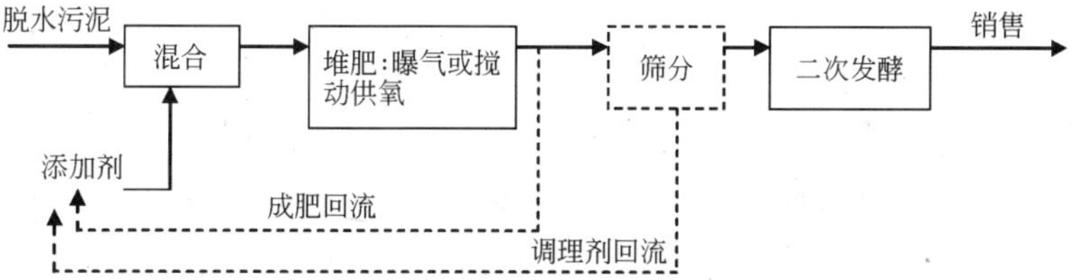

图 4 - 20　污泥堆肥的基本工艺流程图

为了适应各种不同的环境因素和社会条件，目前为止已发展了多种堆肥手段。受控堆肥具有下述优点：

1）加速自然生物过程；

2）控制工艺进程中的水分、碳源、氮、氧气；

3）臭气及颗粒物控制以改善周围环境；

4）减少占地；

5）获取质量稳定的产品。

目前，堆肥工艺有多种分类方式。根据物料的状态，可分为静态和动态两种；根据微生物的生长环境，可分为好氧和厌氧两种；根据堆肥过程的机械化程度，可分为露天堆肥和快速堆肥两种；根据堆肥技术的复杂程度，堆肥又可分为条垛式、强制通风静态垛式和反应器系统。

条垛式的垛断面可以是梯形、三角形或不规则的四边形，它通过定期翻堆来实现堆体中的有氧状态。

强制通风静态垛式是在条垛式基础上，不通过物料的翻堆而是通过强制通风向堆体中供氧，它的堆肥时间较短，温度和通风条件能得到较好的控制，操作运行费用低。

反应器系统是密闭的发酵仓或塔，占地面积小，可对臭气进行收集处理，但投资和运行费较高。

好氧静态堆肥是将脱水泥饼同多孔介质（如木屑）相混合，混合物堆置在多孔床上，床上配备连接有鼓风机的空气管路，肥堆用成肥覆盖，以隔热及捕捉臭气，空气从下部排除或者向上扩散。堆肥结束后，调理剂可筛分回用。

条垛工艺是将混合物以条垛形（细长条堆）堆置，具有足够大的表面积和体积比，通过自然对流、扩散的方式供气，条垛定期由机械翻堆，添加剂粒径比好氧静态堆肥小，也可由熟肥回用。在好氧条垛工艺中，自然对流扩散由强制通风完成，空气通过工作面的沟渠供给。

反应器工艺是将混合物由地窖、隧道或敞口渠的一端进入，并朝排放端连续移动，经过一定的停留时间后排出，空气强制通入混合物，混合物可以无扰动的推流式运行，也可定期翻堆运行。

在所有工艺形式中，均添加调理剂以增加空隙率便于曝气，同时也减少了混合物的含水率，调理剂由粗糙颗粒构成，同时可以补充碳源以提供能量平衡及补充碳源。

堆肥系统中的微生物活动需要氧气，产生二氧化碳、水蒸气和热量。混合物温度可以超过70℃，最优操作温度为50~60℃，3~10d以后温度开始缓慢降低，除了供氧以外，曝气和翻堆还可以排除废气、水蒸气和热量。曝气速率可用于控制系统温度和干燥速率。

快速可生物降解有机物料通过一系列的代谢过程转化为更为稳定的物料，在二次发酵阶段这一过程以较缓慢的速率继续进行。如果物料多孔，在二次发酵阶段的需氧量及产热速率均足够低，因此此时强制曝气或者搅动并不重要。然而，实践中经常使用曝气式二次发酵以维持物料的好氧条件和抑制臭气，堆肥及其后处理时间总计50~60d。

3. 好氧静态堆肥

堆肥混合物建成约2~2.5m高，表面覆盖0.3m高的木片覆盖层。底部铺有木片层，内置曝气管。曝气系统由鼓风机、穿孔封闭管路和臭气控制系统构成。整堆由木片或者未经筛分的成肥覆盖以确保堆肥各个部位的温度均符合要求，并减少臭气的释放，图4-21为好氧静态堆肥的断面图及其平面布置。当处理量大时，连续操作的肥堆被分割为代表每天操作量的不同部分。

好氧静态堆肥的一次发酵时间一般为21~28d，随后将肥堆破解、筛分，再转移到二次发

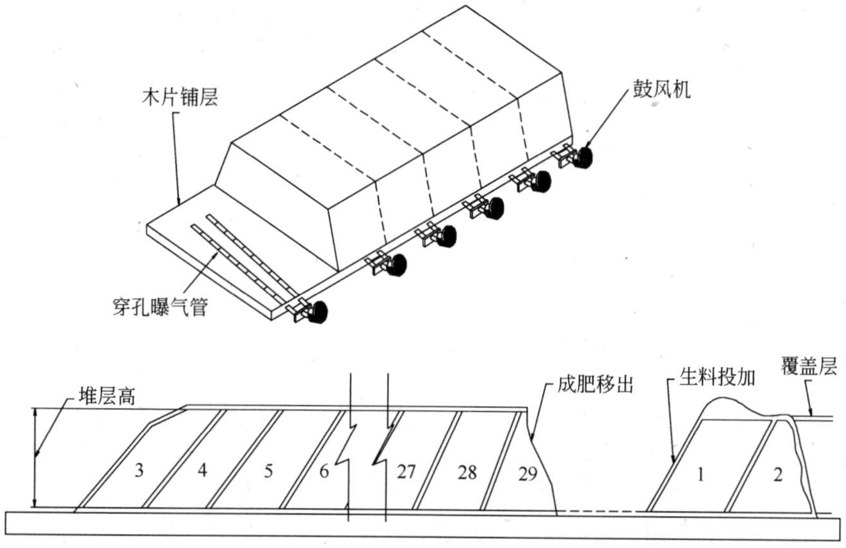

图 4－21　好氧静态堆肥断面图及其平面布置图

酵区，有时需要进一步强化干燥，使用强于活性堆肥阶段的曝气量，二次发酵以后继续筛分，堆肥在二次发酵区至少需停留 30d 以进一步稳定物料。

4. 条垛式堆肥

在条垛式堆肥中，堆肥混合物形成平行布置的长条垛，具有梯形或三角形断面。物料由机械定期搅动，以使物料充分暴露于空气、释放水分，并疏松物料以便于空气的渗入。

空气管路置于底部的空气渠内以保护其免受翻堆机械的破坏，图 4－22 为其示意图，空气可由下至上穿过堆肥或者由底部的空气渠排出。

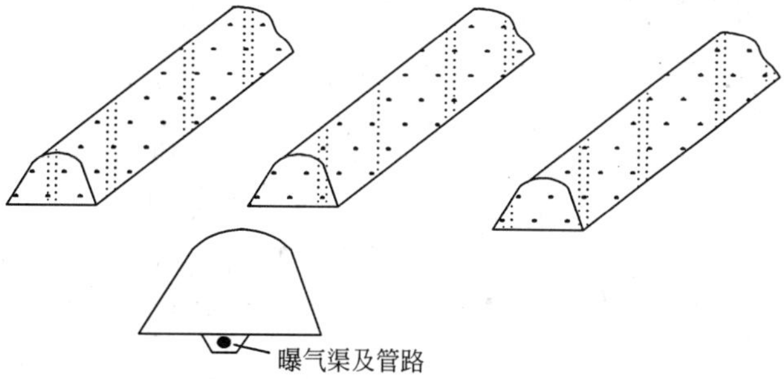

图 4－22　条垛式堆肥断面图及其平面布置图

条垛式堆肥可在室外露天操作也可室内进行，与其他堆肥技术相比，条垛式堆肥占地大，这受条垛的几何形状限定，而且堆与堆之间以及堆的两端要预留翻堆机械的机动空间。

5. 反应器堆肥

反应器堆肥产品更稳定，质量均匀，占据空间小，对臭气的控制效果好，图 4－23 为其工艺流程图。

脱水污泥、添加剂和回流熟污泥这三种物料混合在一起投加到一个或多个好氧反应器中进行堆肥反应，结束以后，产品移出进行二次发酵、储存和使用。

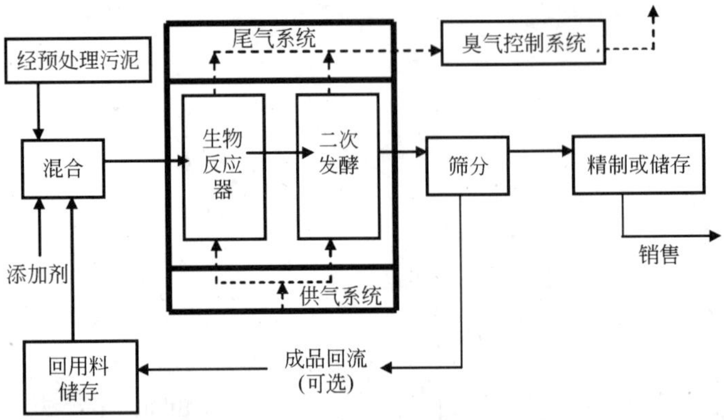

图 4－23 反应器堆肥工艺流程图

反应器堆肥的主要特色是其物料传输系统，堆肥场高度机械化，设备的设计尽量考虑堆肥在单一反应器中完成，使用转输设备进行物料的转移，这样就实现了人力成本和固定投资的转化。反应器堆肥工艺中的反应器系统按流态又可以分为垂直推流式系统（Vertical Plug Flow System）、水平推流式系统（Horizontal Plug Flow System）、搅动柜系统（Agitated Bin）。

6. 堆肥工艺比较

各种堆肥工艺比较如表 4－24 所示。

各种堆肥工艺对比表 **表 4－24**

堆肥工艺	优 点	缺 点
好氧静态堆肥	适用于各类调理剂； 操作灵活； 机械设备相对简单	劳动强度大； 空气需要量大； 工人与堆肥有所接触； 工作环境差，粉尘多； 占地大
条垛式堆肥	适用于各类调理剂； 操作灵活； 机械设备相对简单； 无需固定的机械设备	劳动强度大； 工人与堆肥有所接触； 工作环境差，粉尘多
垂直推流式系统	系统完全封闭，臭气易于控制； 占地面积较小； 工人与堆肥物料无直接接触	各反应器使用独自的出流设备，易产生瓶颈； 不易维持整个反应器均匀的好氧条件； 设备多，维护复杂； 当条件变化时，操作不够灵活； 对调理剂的选择有所要求
水平推流式系统	系统完全封闭，臭气易于控制； 占地面积较小； 工人与堆肥物料无直接接触	反应器容积固定，操作不灵活； 运行条件变化时，处理能力受到限制； 设备多，维护复杂； 对调理剂的选择有所要求
搅动柜系统	混合强化曝气，堆肥混合物均匀； 具有对堆肥进行混合的能力； 对各种添加剂具有广泛的适应性	反应器容积固定，操作不灵活； 占地面积较大； 工作环境有粉尘； 工人与物料有所接触； 设备多，维护复杂

4.3.6 石灰稳定

1. 基本原理

石灰稳定过程涉及大量的改变污泥化学组成的化学反应，其中与无机组分有关的反应如式(4－27)、式(4－28)和式(4－29)所示：

钙：$Ca^{2+}+2HCO_3+CaO——2CaCO_3+H_2O$ (4－27)

磷：$2PO_4^{3-}+6H^++3CaO——Ca_3(PO_4)_2+3H_2O$ (4－28)

二氧化碳：$CO_2+CaO——CaCO_3$ (4－29)

与有机组分有关的反应如式(4－30)和式(4－31)所示：

酸：RCOOH＋CaO——RCOOHCaOH (4－30)

脂肪："脂肪"＋CaO 脂肪酸 (4－31)

如果加入石灰不够，随着这些反应的发生，pH 会下降，因此要求石灰过量。生物活动会产生化合物，如 CO_2 和有机酸，如果稳定过程中，污泥中生物的活性未得到有效抑制，这些化合物就会产生，pH 也会下降，结果会导致稳定化程度不够。

理论上可以计算达到给定 pH 所需要的石灰量。例如，假定一种初沉污泥具备下列化学特点：TS 4%；挥发酸 500mg/L(乙酸)；油脂和脂肪占 20% TS；碱度 150mg/L($CaCO_3$)。加入生石灰(CaO)会发生如下反应：

1）软化(假定同碱度相当)

(150mg/L 碱度)(56mgCaO/50mg$CaCO_3$)＝170mg/LCaO

2）挥发酸中和

(500mg/L)(56mgCaO/60mg 乙酸)＝470mg/LCaO

3）油脂和脂肪皂化(假定所有油脂和脂肪是硬脂酸甘油脂，脂肪浓度＝(0.20)(40000mg/L)＝8000mg/L

4）仅用于中和硬脂酸

(8000mg/L)(0.95mg 硬脂酸/mg 脂肪)＝7600mg/L 酸

(7600mg/L)(56mgCaO/284mg 酸)＝1500mgCaO

总的石灰需求量中 170mg/L 用于软化，470mg/L 用于挥发酸中和，1500mg/L 用于皂化和酸中和，大约要求生石灰 2100mg/L。通常要求石灰过量，5～15 倍于达到初始 pH 的需要量，用以保持较高 pH，这是因为在石灰与空气中 CO_2 以及污泥固体之间发生着缓慢的反应。

如果将生石灰加入污泥，它首先同水形成水合石灰，这一反应是放热的，释放约 64260 J/(g·mol)［15300cal/(g·mol)］的热量。生石灰和 CO_2 之间的反应也是放热的，释放约 1.8186×10^5J/(g·mol)［4.33×10^4cal/(g·mol)］热量。

这些反应发生的结果是使温度大幅度升高，尤其是湿度低的泥饼。例如，按每克污泥投加 45g 生石灰加入含 15% TS 的泥饼会导致温度上升 10℃以上。

2. 主要工艺流程

(1) 液体石灰预稳定

一个典型的液体石灰稳定设施如图 4－24 所示，对于以土地利用处理污泥的污水厂，比如注入到农业用地的地表以下，石灰是加注到浓缩后的污泥中，这种方法一般仅限用于小型污水厂或那些土地利用运距较近的地方。

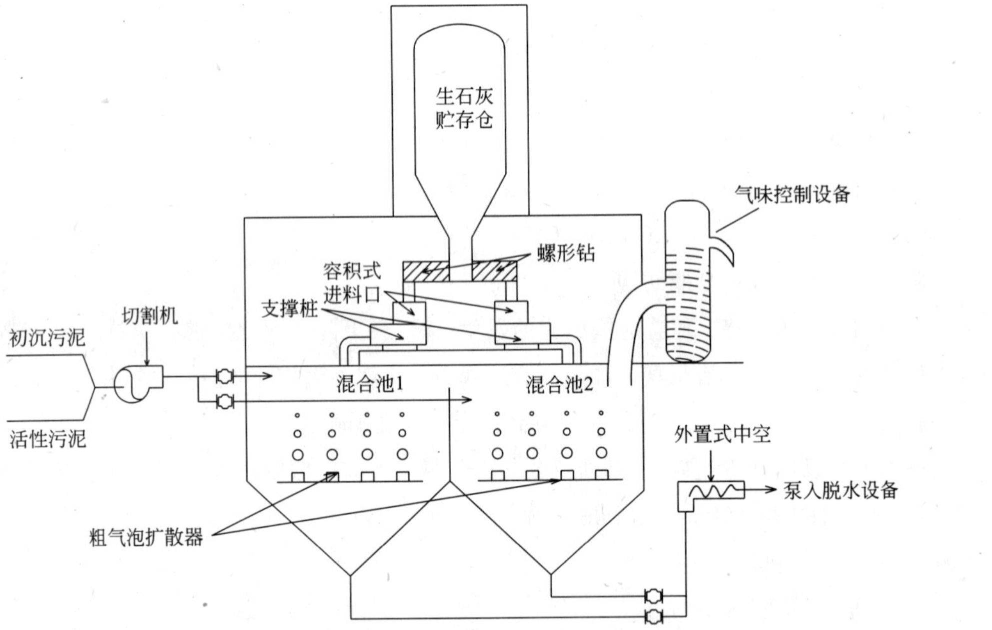

图 4－24 投加液体石灰的稳定装置图

(2) 干石灰稳定

干石灰稳定是向脱水污泥投加干石灰或水合石灰，污水厂干石灰稳定自 20 世纪 60 年以来就有应用。

石灰一般与泥饼混合，采用的装置有叶片式混料机、犁式混合机、浆式搅拌机、带式混合器、螺旋输送机或类似的设备。典型的是带有气动输送的干石灰稳定系统，其工艺流程如图 4－25 所示。

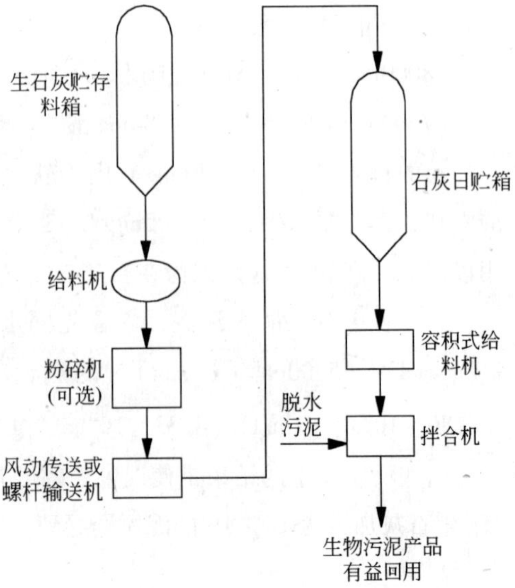

图 4－25 投加干石灰的稳定装置图

生石灰、熟石灰或其他干碱性材料均可作为干式石灰稳定药剂，熟石灰在小型装置限制使用，生石灰费用低且比熟(水合)石灰易于装卸。当向脱水泥饼投加生石灰时，发生消解释放热量会增进病原体去除。

4.3.7 污泥干化

1. 基本原理

(1) 干化机理

污泥中水分的去除主要经历蒸发和扩散两个

过程。

1）蒸发过程

物料表面的水分汽化，由于物料表面的水蒸气压低于介质(气体)中的水蒸气分压，水分从物料表面移入介质。

2）扩散过程

它是与汽化密切相关的传质过程，当物料表面水分被蒸发掉，形成物料表面的湿度低于物料内部湿度时，需要热量的推动力将水分从内部转移到表面。

上述两个过程的持续、交替进行基本上反映了干化的机理。干化是由表面水汽化和内部水扩散这两个相辅相成的过程来完成的。一般来说，水分的扩散速度随着污泥颗粒的干化度增加而不断降低，而表面水分的汽化速度则随着干化度增加而增加。由于扩散速度主要是靠热能推动的，对于热对流系统来说，干化器一般均采用并流工艺，多数工艺的热能供给是逐步下降的，这样就造成在后半段高干度产品干化时速度的减低。对热传导系统来说，当污泥的表面含湿量降低后，其换热效率急速下降，因此必须有更大的换热表面积才能完成最后一段的蒸发。

(2) 全干化和半干化工艺

污泥干化中所谓的全干化和半干化的区别在于干化产品的含水率不同。这一提法是相对的，全干化指较高含固率的类型，如含固率85%以上；而半干化则主要指含固率在60%左右的类型。

若污泥干化的目的是卫生化，则必须将污泥干化到较高的含固率，最高可能要求达到90%。此时，污泥所含的水分大大低于环境温度下的平均空气湿度，回到环境中时会逐渐吸湿。

若污泥干化的目的仅是减量化，则有不同的含固率要求，如将含固率25%的湿泥干化到70%左右。

根据处置目的不同，事实上要求不同的含固率。比如填埋，要求污泥达到90%含固率，从经济上来讲没有实际意义。所以将污泥干化到该处置方式环境下的平衡稳定湿度，即周围空气中的水蒸气分压与物料表面上的水蒸气压达到平衡，应该是较经济合理的要求。

有些污泥干化工艺可以将湿污泥处理至含固率60%左右，而这时的处理量明显高于全干化时的处理量。其原因有两个，首先对于干化系统而言，蒸发水量决定了干化器的处理量，当物料的最终含水率较高(半干化)时，需要蒸发的水量要少于最终含水率高的情况(全干化)，单位处理时间内可以有更高的处理量。其次污泥在不同的干化条件下失去水分的速率是不一样的，当含湿量高时失水速率高，相反则降低，大多数干化工艺需要20～30min才能将污泥从含固率20%干化至90%。

(3) 污泥干化的热能消耗

污泥干化意味着水的蒸发。水分从环境温度(假设20℃)升温至沸点(约100℃)，每升水需要吸收大约336kJ(80kcal)的热量，之后从液相转变为气相，需要吸收大量的热量，每升水大约2263.8kJ(539kcal)(标准大气压力下)，因此蒸发每升水最少需要约2604kJ(620kcal)的热能。

在常用的污泥干化工艺中，为了安全，常将工作温度控制在85℃左右，每升水从20℃升温至85℃需吸热273J(65kcal)，在85℃汽化需耗热量相差不大，因此常以620kcal/L水蒸发量作为干化系统的“基本热能”。

输入干化系统的全部热能有四个用途：加热空气、蒸发水分、加热物料和弥补热损失。蒸发水分耗热量和输入热能之比为干化系统的热效率，通过尽量利用废气中的热量，例如用废气预热冷空气或湿物料，或将废气循环使用，也将有助于热效率的提高。

(4) 污泥干化的加热方式

污泥干化是依靠热量来完成的，热量一般都是由能源燃烧产生的。热量的利用形式有直接加热和间接加热两类。

1) 直接加热

将高温烟气直接引入干化器，通过高温烟气与湿物料的接触、对流进行换热。该方式的特点是热量利用效率高，但是会因为被干化的物料具有污染物性质，而带来废气排放问题。

2) 间接加热

将热量通过热交换器，传给某种介质，这些介质可能是导热油、蒸汽或者空气。介质在一个封闭的回路中循环，与被干化的物料没有接触。如以导热介质为热油的间接干化工艺为例：热源与污泥无接触，换热是通过导热油进行的，相应设备为导热油锅炉。

导热油锅炉在我国是一种成熟的化工设备，其标准工作温度为280℃。这是一种以有机质为主要成分的流体，在一个密闭的回路中循环，将热量从燃烧所产生的热量中转移到导热油中，再从导热油传给介质(气体)或污泥本身。导热油获得热量和将热量放出的过程会产生一定的热量损失。一般来说，含废热利用的导热油锅炉的热效率介于85%～92%之间。

(5) 污泥干化的热源

干化的主要成本在于热能，降低成本的关键在于是否能够选择和利用恰当的热源。干化工艺根据加热方式的不同，其可利用的能源来源有一定区别。一般来说，间接加热方式可以使用所有的能源，其利用的差别仅在温度、压力和效率。直接加热方式则因能源种类不同，受到一定限制，其中燃煤炉、焚烧炉的烟气因量大和存在腐蚀性污染物而较难得到使用。

按照能源的成本，从低到高一般为烟气、燃煤、蒸汽、沼气、燃油和天然气。

1) 烟气：来自大型工业、环保基础设施(垃圾焚烧厂、电站、窑炉、化工设施)的废热烟气是可利用的能源，如果能够加以利用，是热干化的最佳能源，但温度必须较高，地点必须较近，否则难以利用。

2) 燃煤：相对较廉价的能源，以燃煤产生的烟气加热导热油或蒸汽，可以获得较高的经济性。但目前国内大多数大中城市均限制除电力、大型工业项目以外的其他企业使用燃煤锅炉。

3) 蒸汽：清洁，较经济，可以直接全部利用，但是将降低系统效率，提高折旧比例。

4) 沼气：可以直接燃烧供热，价格低廉，也较清洁。

5) 燃油：较为经济，以烟气加热导热油或蒸汽，或直接加热利用。

6) 天然气：清洁能源，热值高。

所有干化系统都可以利用废热烟气运行，其中间接干化系统通过导热油进行换热，对烟气无限制性要求；而直接干化系统由于烟气与污泥直接接触，虽然换热效率高，但对烟气的质量具有一定要求，这些要求包括：含硫量、含尘量、流速和气量等。

只有间接加热工艺才能利用蒸汽进行干化，但并非所有的间接工艺都能获得较好的干化效率。一般来说，蒸汽由于温度相对较低，必然在一定程度上影响干化器的处理能力。蒸汽的利用一般是首先对过热蒸汽进行饱和，只有饱和蒸汽才能有效地加以利用。饱和蒸汽通过换热表面加热工艺气体(空气、氮气)或物料时，蒸汽冷凝为水，释放出全部汽化热，这部分能量就是蒸汽利用的主要能量。

(6) 干泥返混

进料含水率的变化对干化系统来说是非常重要的经济参数，此外它还是一个有关安全性的重要参数。

污水处理厂运行时，污泥含水率可能因多种因素出现波动，当波动幅度超过一定范围时，就可能对干化的安全性产生威胁。

一般干化系统在调试过程中，给热量及其相关的工艺气体量已经确定，仅通过监测干化器出口的气体温度和湿度来控制进料装置的给料量。

给热量的确定意味着单位时间里蒸发量的确定。当进料含水率变化，而进料量不变时，系统内部的湿度平衡将被打破。如果湿度增加，可能导致干化不均；如果湿度减少，则意味着粉尘量的增加和颗粒温度的上升。

全干化系统的含水率变化较为敏感，在直接进料时，理论上最多只允许有2%的波动。由于这一区间非常狭小，对调整湿泥进料量的监测反馈系统要求较高。

解决湿泥含水率变化敏感性的最好方法是在可能的范围内降低最终产品的含固率。当最终含固率设定从90%降为80%时，理论上进泥含水率可允许有5%的波动。部分全干化工艺都采用了干泥返混。这样做的目的之一正是为了扩大可允许的湿泥波动范围。

2. 主要干化工艺设备

目前，国内外污泥干化设备有流化床工艺、两段式组合型工艺、硬颗粒造粒工艺、带式工艺、涡轮薄层干化工艺、转盘式干化工艺、浆叶式干化机和移动式干化工艺等。

(1) 流化床工艺

通过流化床下部风箱，将循环气体送入流化床内，颗粒在床内流态化并同时混合，通过循环气体不断地流过物料层，达到干化的目的，其构造原理示意如图4-26所示。

流化床污泥干化机从底部到顶部基本上由以下三部分组成：

1) 风箱，位于干化机最下面，用于将循环气体分送到流化床装置的不同区域，其底部装有一块特殊的气体分布板，用来分送惰性化气体，该板具有设计坚固的优点，其压降可以调节，以保证循环气体能适量均匀地导向整个干化机。

2) 中间段，该段内置有热交换器，蒸汽或热油都可作为热交换的热介质。

3) 抽吸罩，作为分离第一步，用来使流化的干颗粒脱离循环气体，而循环气体带着污泥颗粒和蒸发的水分离开干化机。

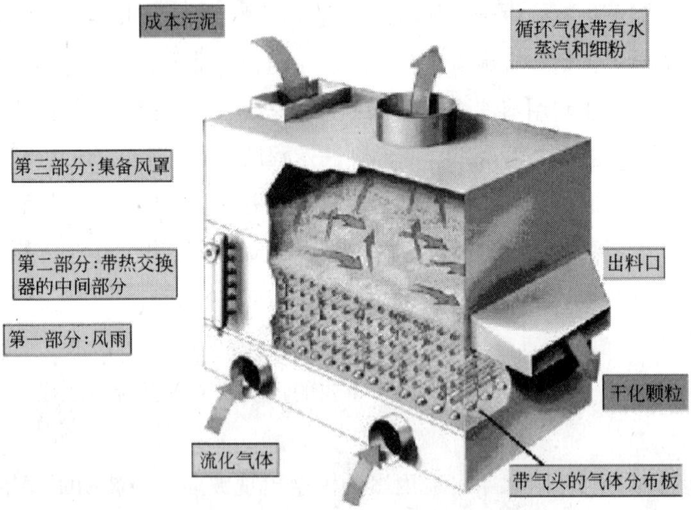

图 4-26 流化床原理示意图

流化床内充满干颗粒且处于流态化状态，脱水污泥由泵通过加料口的特殊装置直接送入床内，这时湿污泥和干污泥在此充分混合，由于良好的热量和物料传送条件，湿污泥中的水分很快被蒸发使其含固率达到 >90%，物料在流化床干化器内的平均停留时间为 15～45min。

流化床干化工艺流程如图 4-27 所示。

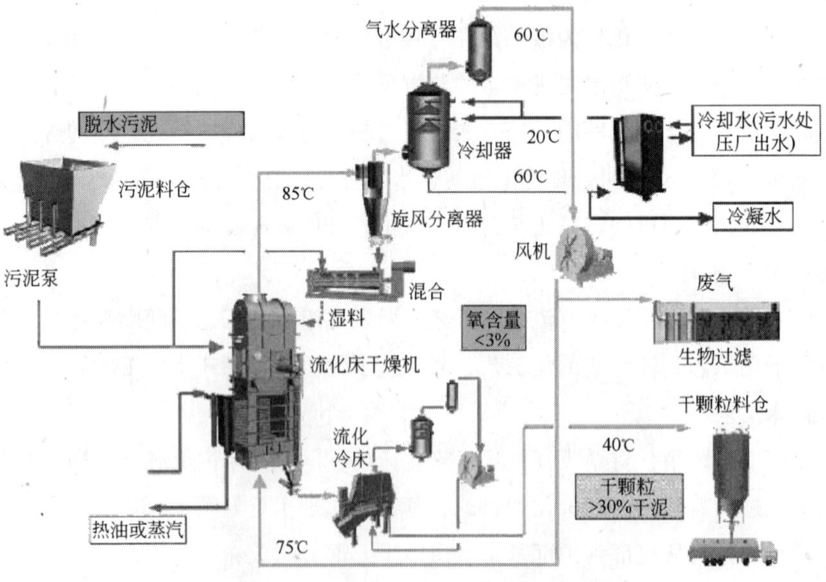

图 4-27 流化床工艺流程示意图

流化床干化机在一个惰性封闭回路中运行，用于流化的循环气体将小颗粒和水汽带出流化床中，细颗粒通过旋风分离器分离，而水蒸气通过逆向喷淋冷却器洗涤掉，小颗粒和细粉被送入混合器中和湿泥混合后回到流化床中，干化至含固率达 90%，这保证了最终干颗粒的粒径和无尘，干化后的无尘颗粒通过排出口出料。

（2）两段式组合型工艺

两段式组合型工艺包括两级干化，分别利用薄层干化机和带式干化机技术。一级处理阶段多余的能量部分转换成热量，提供给二级处理阶段，该工艺结合了直接和间接干化机的优点，同时解决了污泥干化的一些关键问题：

1）能量回收，以降低处理费用；

2）污泥在可塑性阶段制模成颗粒，可避免粉尘生成。

两段式组合型工艺示意图如图4－28所示。

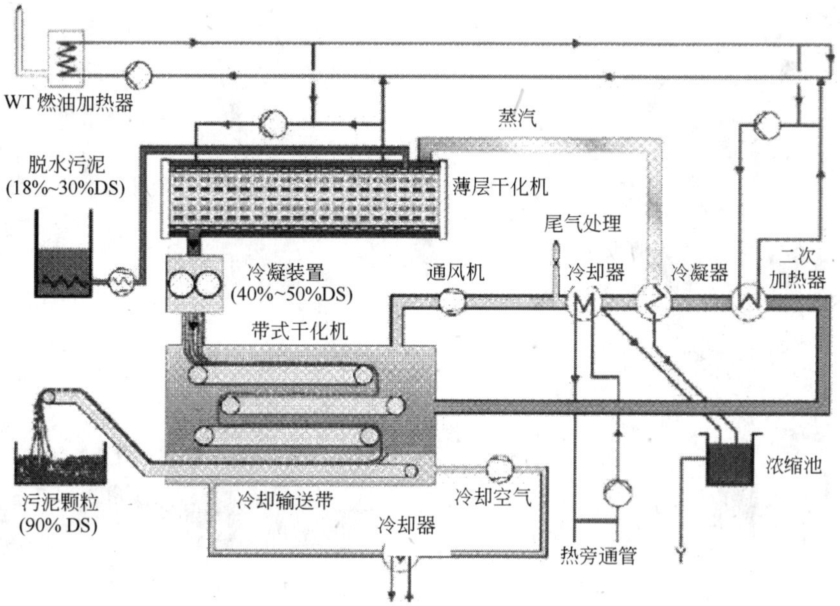

图4－28 污泥二级干化处理工艺流程示意图

脱水污泥被输送到污泥料仓，然后用污泥泵将其输送至一级干化阶段，即薄层干化机，其中心转子以高圆周运转速度的作用下形成薄层，在旋转中心的轴上安装有一套翅片状的装置来保证污泥薄层的均匀性，这些翅片向外伸出，推动污泥从干化机的一边转到另一边，干化在大气压力下完成，污泥中含有的水分部分蒸发产生的热蒸汽被抽出送到一个冷凝装置或交换器中，为带式干化机的蒸汽提供部分热量，经过薄层干化机处理，污泥干度约为40%～50%。该过程没有粉尘的生成，污泥的温度约为85～95℃，蒸汽的温度约为110℃。

从薄层干化机中抽出来的蒸汽将用于加热带式干化机中的气体，污泥从薄层干化机出来后，直接落入切碎机上，通过切碎机，污泥可形成1～8mm直径的“面条”，形成的污泥颗粒将通过一个回转输送装置在整个宽度范围内配送均匀，然后送到带式输送机的传送带上，传送带以一定的速度前进，保证污泥颗粒不会移动，也不产生摩擦，传送带上有一些小孔，有利于热空气的最佳循环，在传送带的开始阶段，污泥的温度保持在90℃，蒸汽温度约为110℃。带式干化机出口的颗粒长度范围为10～100mm，具体数值取决于污泥中纤维的含量。

（3）硬颗粒造粒工艺

硬颗粒造粒工艺的核心设备是污泥涂层机和盘式干化机，该工艺是一种独具特色的回收能量和节省费用的污泥处理方案，其主要设备硬颗粒造粒机采用直立布置、多级分布、间接式干化设计，能够生产出含固率超过90%的无尘圆形颗粒，且颗粒粒度分布均匀，平均直径在1～5mm之间，其干化设备在欧洲和北美广泛得到利用，其中西班牙的巴塞罗那污泥干化厂安装的污泥干化设备为世界最大的间接干化污泥设备，蒸发能力为4×5000kgH_2O/h，美国的巴尔的摩污泥处理干化装置的蒸发能力为3×6000kgH_2O/h，干化造粒机如图4－29所示，外部结构如图4－30所示。

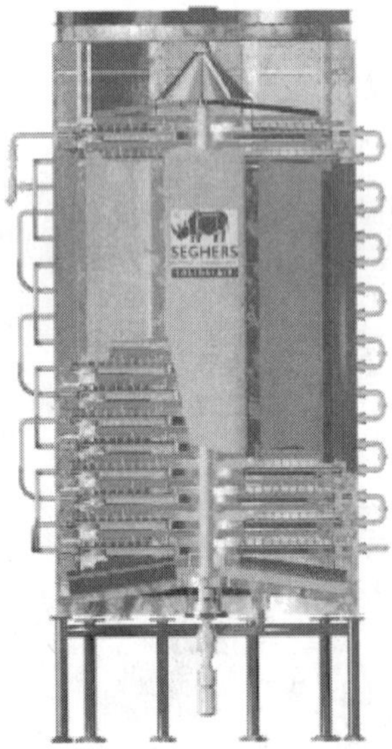

图4－29 干化造料机示意图

图4－30 硬颗粒造粒机外部结构图

污水处理厂输送来的脱水污泥通过污泥泵输送至涂层机，在涂层机中，再循环的干污泥颗粒与进料的脱水污泥混合，并将干颗粒涂覆上一层薄的湿污泥，颗粒的形成过程也避免了污泥的塑性阶段，涂覆过的污泥颗粒被倒入造粒机上部的锥形分配器中，均匀地散在顶层圆盘上，通过与中央旋转主轴相连的耙臂上的耙子的作用，翻动污泥颗粒在上层圆盘上作圆周运动，从内逐渐被扫到圆盘的外沿，然后散落到第二层圆盘上，连续旋转的耙臂将位于第二个圆盘边缘的污泥颗粒推回到中间，使其落入下一个圆盘上，通过这种方式，污泥颗粒从一个圆盘移向另一个，直至到达最底端的圆盘，颗粒在造粒机内停留时间不小于10min(灭菌要求)。

污泥干化过程中水分蒸发所需的能量由在造粒机的中空圆盘里循环的热油提供，干化污泥颗粒由造粒机底部排出，再由斗式提升机送入分离漏斗，一部分分离后循环进入涂层机，其余部分经冷却器冷却后进入储料仓。干化颗粒冷却至40℃以下。

（4）带式干化工艺

脱水污泥铺设在透气的干化带上后，被缓慢输入干化装置内。因为在烘干过程中，污泥不需要任何机械处理，可以容易地经过“黏糊区”，不会产生结块烤焦现象。此外，干化过程产生的粉尘量相对较少，通过多台鼓风装置进行抽吸，使干化气体穿流干化带，并在各自的干化模块内循环流动进行污泥干化处理，污泥中的水分被蒸发，随同干化气体一起被排出装置。

整个污泥干化过程可通过以下三个参数进行过程控制：

1）输入的污泥流量；

2）干化带的输送速度；

3）输入的热能。

在干化脱水污泥时，根据干化温度的不同，可采用以下两种带式干化装置：

1）低温干装置：T = 环境温度～65℃；

2）中温干化装置：$T = 110 \sim 130$℃。

低温干化过程主要利用自然风的吸水能力对脱水污泥进行风干处理，若自然风干能力不够，必需额外注入热能，提高空气温度进行干化处理，这就是中温干化。

干化输送带将脱水污泥送入干化装置，在干化装置内，干化气体穿流脱水污泥，污泥中的水分被带走，空气得以冷却，通过抽风装置，干化气体被抽吸，因为干化装置处于低压状态，所以不会产生臭味。

3. 干化工艺选择的主要原则

为了确保能根据本工程的实际情况选择到最合适的工艺，有必要首先确定干化工艺选择的主要原则，一般应注意安全性、环境保护、能量消耗、工程投资、工艺灵活性、系统复杂性、可扩展性、适应性和占地等因素。

（1）安全性

工艺安全性是选择干化工艺的最主要原则，具有重要影响的要素其限制指标应控制为：

1）粉尘浓度 $< 50 g/m^3$；

2）含氧量 $< 5\%$；

3）温度 <120℃；

4）湿度，气体的湿度和物料的湿度对提高或降低粉尘爆炸下限具有重要影响。

（2）环境保护

环境保护是干化工艺选择的重要因素之一，国外对污泥处理的管理非常严格，必须是环境安全的，不能产生二次污染。污泥干化技术很重视烟气处理和臭味控制，无论是直接加热还是间接加热系统，干化设备内部都采用适当负压，避免了臭气的外泄，污泥仓、干化车间、成品仓等构筑物内的气体都抽走集中处理。

（3）能源消耗

干化工艺的能源消耗，直接影响到干化处理的成本，结合当地的主要能源构成和特点，选择合适的能源，在此基础上，选择合适的干化工艺，有助于选择合适的干化工艺，降低运行成本。

（4）工程造价

污水污泥处理项目属于市政基础设施，本身盈利能力不强甚至不具备，工艺选择需严格控制工程造价，避免污水处理费大幅上升。

（5）灵活性

不同的污泥处置方式对污泥的含水率要求不同，且处置途径可能是多方面的，理想的干化工艺应能根据干污泥颗粒的不同用途而自由方便地调节其含水率，一般可选择既能半干化又能全干化的工艺，体现系统的灵活性。

(6) 系统复杂性

操作管理的复杂性是干化工艺选择的重要因素，干化工艺有别于水处理工艺，方便简洁的工艺流程可有效降低维护费用。

(7) 可扩展性

污泥处理规模随水量和水质的变化而变化，污水量的增加会引起污泥量的变化，污水水质的升高也会引起污泥量的变化，因此，应一次规划分期实施，兼顾近远期处理量要求而不增加太多投资。

(8) 适应性

进料污泥含水率可能因为脱水运行情况出现波动，允许这种波动发生的范围越宽，则适应性越好。

(9) 占地面积

土地是宝贵的资源，因此要求在相同处理能力地条件下应尽可能地少占地，这是干化工艺选择的又一重要因素。

4.3.8 污泥焚烧

1. 基本原理

焚烧是利用焚烧炉将处理后的污泥完全矿化为少量灰烬的处理处置方式。从国内外污泥焚烧技术的发展现状和上海这几年的工程实践，污泥焚烧在技术上是比较可靠的，而且能最大程度地实现污泥的减量化、稳定化和无害化。随着土地资源的日益紧缺，进入填埋场污泥的含水率要求和有机物含量要求不断提高，污泥填埋的比例可能逐步减少。污泥焚烧是一条比较完全的污泥处理处置途径。2000 年，焚烧在丹麦已占到污泥总产量的 24%，法国占到 20%，比利时占到 15%，德国占到 14%，美国占到 25%，日本占到 55%。

焚烧法的缺点主要是能耗较大，如日本污泥焚烧耗能量占污泥处置耗能量的 70%，每年因此耗重油 $3.9\times10^5m^3$，且焚烧装置设备复杂，建设和运用费用高于一般污泥处理方法。现在由于焚烧技术有了很大的提高，使得焚烧费用与其他处理方法相比越来越具竞争力。

焚烧污泥时不可避免的会产生恶臭气体和废水，烟气需进行洗涤，废气的处理费用较高。我国的废气排出基准值见表 4-25。

我国的废气排出基准值　　表 4-25

项　目	我国废气排出标准值	项　目	我国废气排出标准值
粉尘	65	氟化物(mg/m^3，标况)	5
一氧化碳(mg/m^3，标况)	65	Hg(mg/m^3，标况)	0.1
氮氧化物(mg/m^3，标况)	500	Cd(mg/m^3，标况)	0.1
硫氧化物(mg/m^3，标况)	200	As，Ni(mg/m^3，标况)	1.0
氯化物(mg/m^3，标况)	60	Pb(mg/m^3，标况)	1.0
二恶英(mg/m^3，标况)	0.5	Cr，Sn，Sb，Cu，Mn(mg/m^3，标况)	4.0

焚烧炉产生的灰渣可以进行各种各样的有效利用。但必须对灰渣进行浸出试验。我国危险废物鉴别标准和日本焚烧灰利用准入标准如表4－26所示。

焚烧灰浸出液的标准值(mg/kg干固体)　　表4－26

物　质	GB 5085—2007 危险废物鉴别标准值	日本标准	
		填埋标准值	土壤环境标准值
总汞	0.1	0.3	0.0005
铅	5.0	0.3	0.01
六价铬	5	1.5	0.05
砷	5	0.3	0.01
镉	1	0.3	0.01

由于焚烧污染物的产生还直接与焚烧炉的技术性能有关，目前我国对污泥焚烧炉的技术性能尚无相关标准，《生活垃圾焚烧污染控制标准》（GB 18485—2001）对焚烧炉技术性能指标的具体要求如表4－27所示。

焚烧炉技术性能指标　　表4－27

项目	烟气出口温度(℃)	烟气停留时间(s)	焚烧炉渣热灼减率(%)	焚烧炉出口烟气中氧含量(%)
指标	≥850	≥2	≤5	6～12
指标	≥1000	≥1		

2. 污泥焚烧分类

污泥焚烧是一种常见的污泥处置方法，它可破坏全部有机质，杀死一切病原体，并最大限度地减少污泥体积，焚烧残渣相对含水率约为75%的污泥仅为原有体积的10%左右。当污泥自身的燃烧热值较高，城市卫生要求较高，或污泥有毒物质含量高，不能被综合利用时，可采用污泥焚烧处理处置。污泥在焚烧前，一般应先进行脱水处理和热干化，以减少负荷和能耗，还应同步建设相应的烟气处理设施，保证烟气的达标排放。

污泥焚烧目前还有利用垃圾焚烧炉焚烧、利用工业用炉焚烧、利用火力烧煤发电厂焚烧、污泥单独焚烧等多种方法。

1）利用垃圾焚烧炉焚烧

垃圾焚烧炉大都采用了先进的技术，配有完善的烟气处理装置，可以在垃圾中混入一定比例的污泥一起焚烧，一般混入比例可达30%左右。

2）利用工业用炉焚烧

主要利用沥青或水泥的工业焚烧炉，焚烧干化后的污泥，污泥的无机部分(灰渣)可以完全地被利用于产品之中。通过高温焚烧至1200℃，污泥中有机物有害物质被完全分解，同时在焚烧中产生的细小水泥悬浮颗粒，会高效吸附有毒物质，而污泥灰粉一并熔融入水泥的产品之中。

3）利用火力烧煤发电厂焚烧

经过国外发电厂焚烧污泥研究证明，污泥投入量为耗煤总量的10%以内，对于烟气净化和发电站的正常运转没有不利影响。

4）污泥单独焚烧

污泥单独焚烧设备有多段炉、回转炉、流化床炉、喷射式焚烧炉、热分解燃烧炉等。

焚烧处理污泥速度快，不需要长期储存，可以回收能量，但是，其较高的造价和烟气处理问题也是制约污泥焚烧工艺发展的主要因素。

当用地紧张、污泥中有毒有害物质含量较高、无法采用其他处置方式时，可以考虑污泥的干化焚烧。上海市桃浦污水处理厂和石洞口污水处理厂，由于污泥不适合土地利用，分别采用直接焚烧和干化焚烧工艺，并成功运行多年，取得了较好的效果，焚烧处理是一种有效的处理处置技术。

3. 污泥流化床焚烧系统

污泥单独焚烧工艺应用较多的是流化床工艺，其焚烧系统包括：进料系统、燃烧器、流化床焚烧炉、助燃空气、炉渣排出和床砂回流等部分。

（1）焚烧系统

1）进料系统

具有粉碎功能的进料系统，结构简单、投料均匀，可靠性高。

2）燃烧器

系统开始启动时，启动燃烧器与辅助燃烧器将床温加热至650℃，而该系统则是通过燃烧器负荷控制的油控制参数来调整该温度，当床温超出750℃时，启动燃烧器将会被联锁，当干舷区的温度低于850℃时，可通过自动或手动的方式来启动辅助燃烧器。

为了确保整体燃烧的安全，燃烧器管理系统具有将燃烧器负荷、操作顺序与流化床燃烧相联系的控制功能，该系统采用通过温度来显示控制循环的PLC来进行控制，火焰的监视与燃烧器顺序的监控包含在该系统当中，与PLC控制功能整合在一起的该程序将提供能够满足现代工业设备所必需的操作维护要求的整套焚烧控制系统。

3）流化床焚烧炉

当足够量的空气从下部通过一层砂粒时，空气将渗透性地充满在颗粒之间，从而引起颗粒剧烈的混合运动并开始形成流化床。随着气流的增加，空气将对流动砂施加更大的压力，从而减少了因砂颗粒本身的重力而引起的彼此之间的接触摩擦，随着空气流量的进一步增大，其引力将与颗粒的重力相平衡，因此砂粒可以悬浮在空气流中。

当空气流量进一步增加时，流化床变得不再均匀，鼓泡床开始形成，同时床内活动变得非常剧烈，空气/流动砂占用的容积将明显增多，低流化速度使得从流化床流失掉的颗粒量非常少。

安装在焚烧炉周围的仪表用于监视燃烧过程。

床温是由安装在焚烧炉壁板底部的热量偶来进行测量，当床温超出850℃时，污泥供应系统将会引起联锁。

干舷区的温度则是由炉顶部的热电偶来进行测量的，当干舷区的温度超出1000℃时，污泥供应系统将会引起联锁，该联锁可以停止整个供料系统的运行。

在炉的顶部装有与焚烧炉相连的压力变送器。相应的信号将用于平衡引风机的鼓风操作。

在焚烧炉的顶端处安装的冷却水喷嘴与燃烧室相连。当焚烧炉出口处的温度超出1045℃的设定值时，冷却水将注入到炉膛内。

针对氮氧化物的净化，可采用选择性非催化还原法脱氮工艺，在焚烧炉膛内完成脱氮。

流化床焚烧炉示意如图4－31所示。

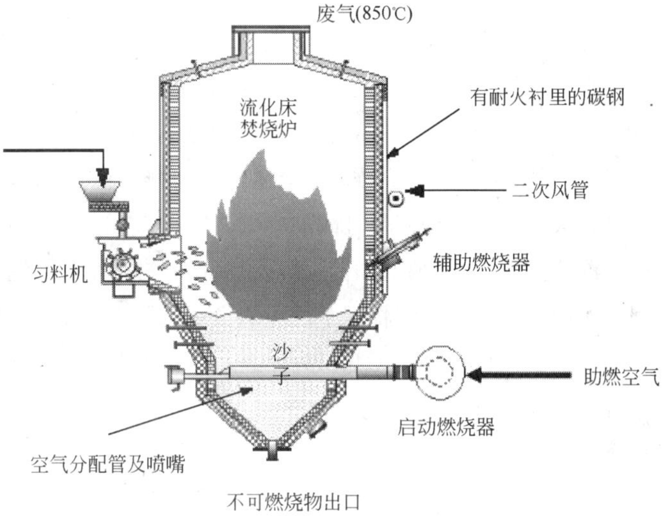

图4－31 流化床焚烧炉示意图

4）助燃空气

在自动模式的正常运行环境下，燃烧空气量通过烟气中所包含的氧量进行验算，正常模式下，燃烧空气量则是由操作人员进行控制的，总的燃烧用空气则分成一次风和二次风，二次风流量被设置成为固定值，操作人员须根据焚烧状况或排放物情况来设定最佳的一次风与二次风分配比例。

燃烧用空气由送风机来提供，而相应的空气量则由送风机风门进行调节，风机的管线入口处安装文丘里流量计与防止噪声扩散的管道消声器，风机的下游处安装可以预热流动空气的管壳式预热器，在正常环境下，空气将由蒸汽预热器加热至120℃，之后，燃烧空气将再次由空气预热器加热至一定温度，并被导入至焚烧炉的散气管内。

二次风的流量则由二次风风门进行调节，在控制风门的上游安装文丘里管道类型的流量计量计，二次风被分配在炉膛周围的几个喷嘴内，该喷嘴所喷出的空气则将以很高的转速穿透烟气，并将该空气散布在干舷区的整个横截面上。

5）炉渣排出和床砂回流

为了防止炉底的不可燃物质堆积，应间歇性地通过斜槽排放炉渣。

经过振动筛的石英砂排放至气动输送机内，该气动输送机将石英砂回流至砂仓以便再使用，石英砂将通过回转阀而从砂仓排出，并通过下料斜槽被添加到炉膛内。

6）废热回收系统

废热回收系统包括空气预热器和余热锅炉。

850℃的烟气通过炉膛而导入至废热回收系统，采用高效率的空气预热器和余热锅炉，利用流化床焚烧炉产生的高温烟气加热焚烧炉的助燃空气，可以将焚烧炉的助燃空气温度提高到一定温度；余热锅炉产生的高温蒸汽作为干化系统的热源对脱水污泥进行干化，烟气通过空气预热器和余热锅炉之后，其温度将冷却至180℃，从而达到了进入烟气净化系统的良好温度。

空气预热器主要是为流化床提供高温的助燃空气，流化床出口烟气从换热器顶部进入，在管内向下流动，空气在壳腔自下向上与烟气逆向流动，经过充分的热交换，空气预热器可以将焚烧炉的助燃空气温度提高到一定的温度。空气预热器的主要部件材质选用高强度耐热合金钢，能够满足900℃烟气的热交换，耐热和强度性能好而且耐腐蚀。自由伸缩的浮管式结构，可使管子在无应力的状态下工作，避免了因管束受热不均匀膨胀而产生的扭曲变形、焊缝开裂。空气预热器采用自吹灰系统，结构简单且故障率低。

余热锅炉产生的高温蒸汽作为干化系统的热源对脱水污泥进行干化。锅炉给水泵将输送锅炉所需的供应水。锅炉所产生的饱和蒸汽将用于污泥的半干化工艺。在正常的条件下，蒸汽的压力为8×10^4Pa(8bar)，而其设计压力为1.0MPa。

（2）烟气净化系统

烟气净化系统如图4－32所示。

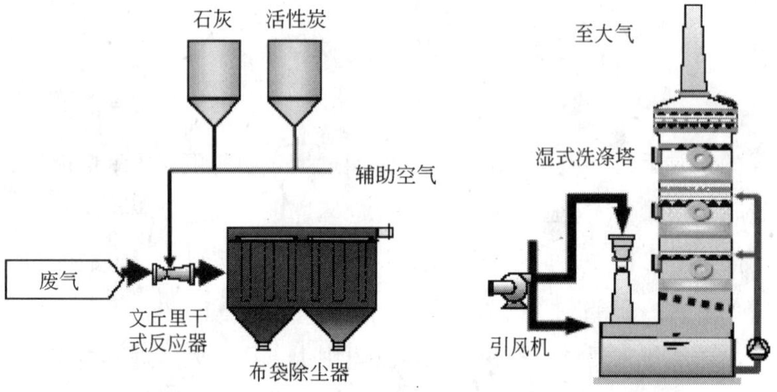

图4－32 烟气净化系统图

安装烟气净化系统的目的是为了清洁焚烧炉所产生的烟气，从而可以使排放的空气达到排放标准。

从焚烧炉排出的废烟气中的一部分灰渣可在经过废热锅炉与空气预热器时被去除，剩余部分将送至干式反应器，烟气中的酸性气体在干式反应器中将与石灰粉［$Ca(OH)_2$］进行反应，而一些污染物质或二恶英将会被活性炭吸附，石灰与活性炭将由石灰引射风机进行喷射，从而能够使之均匀扩散在烟气内。

烟气所携带的灰尘与反应物经过干式反应器之后进入到具有脉冲清洁功能的布袋除尘器内，而该布袋除尘器既是最终的颗粒收集装置，同时也是可以提高整个酸性气体收集效率的最终反应器。整个过程中所产生的残渣将随着灰渣一同排放。布袋除尘器通过采用笼形结构过滤袋，通过表面过滤的方式来收集灰渣，滤袋的清洁采用脉冲喷射空气的方式，从清洁表面所吹落下来的灰粒将会收集在灰斗中，引风机在上游处产生负压而确保烟气的输送以及在焚烧炉内产生必要的约 $-40mmH_2O$ 的负压，而该负压值在PLC内由压力控制器来进行自动控制。经过布袋除尘器之后，被处理后的烟气将通过烟囱来进行排放。

(3) 灰渣处理系统

灰渣处理系统流程如图4-33所示。

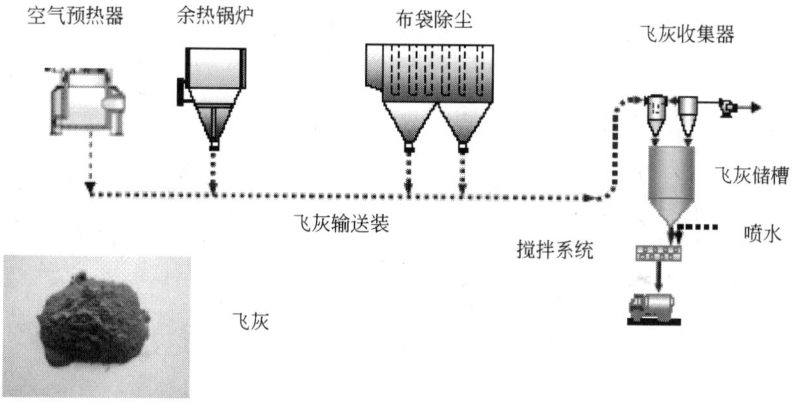

图4-33　灰渣处理系统图

灰渣产生区域有空气预热器、余热锅炉和布袋除尘器。

余热锅炉、空气预热器和布袋除尘器所排放的灰渣经灰尘收集装置之后采用密闭的管路输送系统被输送至灰渣仓。

灰渣将被灰尘收集风机的吸入压力导入到灰尘收集装置内，灰渣收集装置与灰渣收集装置的排放螺旋联锁，灰渣仓内灰渣的排放通过一个旋转锁气机与无尘的灰增温装置来进行，而该装置内可以注入喷雾水。收集的灰渣可安全填埋或作为水泥原料、其他建筑材料。

4. 污泥焚烧改扩建应注意的事项

污泥处理处置设施改扩建采用污泥焚烧，应注意因地制宜，科学规划，辨证施治，避免出现以下问题。

1）过于强调资源化。某些项目过于强调污泥焚烧的发电效益，往往折算污泥发电能节约多少原煤。实际上污水污泥含水率高、热值低，必须吸收大量热能后才能燃烧，污泥焚烧处理方式投入的能量和资金必然大于能量回收和物质再利用的收益，其最大的价值还是环保和社会效益，不能片面强调经济利益。

2）盲目上马，一烧了之。各污水处理厂污泥的泥质和热值不尽相同，处理方法必须因地制宜，科学规划，慎重立项。如电镀污泥的主要成分是金属碎屑，难以燃烧；石化污泥、印染污泥中含有大量杂质，严格地说属于危险废弃物，要有专门的干化、燃烧技术和设备。

3）防止一些“小火电”通过匆匆上马污泥发电项目，躲避国家产业政策调控。一些规模小、污染大的火电企业为逃避被关停的命运，打出环保牌，改装成污泥发电项目，但由于技术不过关，可能成为更大的污染隐患。

4.3.9 污泥土地利用

1. 污泥土地利用发展

污泥土地利用是指将处理后的污泥作为肥料或土壤改良的基质材料，用于园林、绿化、林业或农业等场合的处置方式。

国际上污泥土地利用的应用，已逐渐成为很多国家污泥处理处置的主要方法之一。尽管欧洲各国政府都先后出台了严格的污染物浓度标准和无害化要求，但最近10年，欧盟污泥农用的比例并没有出现下降，尤其是在欧洲一些国家，如卢森堡和法国等，污泥农用的比例竟超过了50%。而在美国，土地利用也正在逐渐成为主要的处置方式，2005年起土地利用比例上升至66%。

根据我们对国内其他城市污泥土地利用的调研，已经有上海市程桥污水处理厂、大连水质净化一厂、徐州污水处理厂、淄博市污水处理公司、北京北小河污水处理厂、秦皇岛东部污水处理厂和唐山西郊污水处理厂等将污泥制成有机颗粒肥、有机复混肥和有机微生物肥料等，施用于农田或绿化。《上海市污泥处理处置专项规划》中，也将污泥用于园林绿化作为中远期污水污泥消纳的主要途径之一。

2. 土地利用污泥含水率

土地利用的污泥按照污泥的含水率大小可分为：浓缩污泥、脱水污泥、堆肥污泥和干化污泥。

（1）浓缩污泥

它指的是将消化污泥经过浓缩或者已经浓缩的生污泥经过低温灭菌后而成的污泥土地利用材料。这是一种简单而又比较经济的污泥利用方法，不仅污泥固体能被均匀利用，而且污泥中溶解状态的养分也得到了利用。

（2）脱水污泥

它是指经过脱水后的污泥在农业或绿化上的利用。污泥中掺入稻草可以防止污泥粘在一起，以便于撒布，如果用脱水污泥连续施用，土壤中养分含量的增加速度是使用家畜粪肥的2倍。

（3）堆肥污泥

将脱水污泥经过堆肥而成的污泥肥料，堆肥是有机物通过好气菌进行好氧发酵的产物，制造堆肥污泥肥料的方法有污泥单独堆肥、污泥与垃圾混合堆肥两种。污泥经堆肥化处理后，其物理形状改善、质地疏松、易分散、粒度均匀细致、含水率小于40%，且植物可利用形态养分增加，重金属的生物有效性减小，是一种很好的土壤改良剂和肥料。

（4）干化污泥

将脱水污泥干化至含水率30%～40%左右利用为最佳，保持适当的粒度和含水率可防止利用时被风吹散，但费用比前几种形态的污泥肥料都高。如果在干化污泥中掺入其他的无机肥料做成复合肥料可以满足各种不同植被的需要，加之干化污泥存储稳定性好，便于长距离运输，可扩大销售和施用范围，具有前几种污泥肥料不可比拟的优势。

3. 土地利用中污泥的施用方法

污泥肥料的施用方法分为地表施用和地面下施用两种，应保证污泥以机械方式或自然方式与土壤混合。按污泥肥料物态不同，污泥施用亦有不同的具体方法。

液态污泥施用相对简单，可选择的方法有：

（1）地表施用

地表施用相比于其他的施用方法可明显地减少地表雨水径流引起的营养物和土壤的损失，液态污泥的地表施用不适合潮湿土壤地区，一般采用罐车或农用罐车。

（2）地面下施用

液态污泥的地面下施用适用于可耕土地，而潮湿和冰冻土壤则禁用。其施用方法包括注入、沟施或使用圆盘犁犁地，污泥地面下施用有效地减少了氨气的挥发量，阻止了蚊蝇孳生，并且污泥中的水分能够迅速地被土壤吸收，减少了污泥的生物不稳定性；但是增加了投资费用，污泥施用的均匀性亦很难保证。

（3）灌溉

它包括喷灌和自流灌溉，前者较适用于开阔地带及林地施用，污泥由泵加压后经管道输送至喷洒器喷灌，它可实现均匀地施用，但存在投资大、喷嘴易阻塞等局限性，更关键的是有引起气溶胶污染的危险，因此一般应慎用；后者则依靠重力作用自流到土地上，由于其很难保证施用量的均匀分布，以及易发臭等，因此较少使用。

脱水污泥施用可大大减少运输费用，施用机械的选择性较广，但其操作和维修费用比液态（浓缩）污泥施用高。通常的施用方法和机械如表4－28所示，其中施用时的撒布机械大致与农用机械相同，如带斗推土机、撒播机、卡车、平土机等均使用得较为广泛，撒布后可由拖拉机或推土机牵引的圆盘推土机、圆盘耕土机和圆盘犁将污泥混入土壤。

脱水污泥的施用方法和机械表 **表4－28**

方法	描述
撒播	卡车或拖拉机均匀地撒播在施用土地上后，再进行梨地使污泥与土壤混合
堆置	卡车将污泥卸至施用土地边缘上，推土机将污泥在土地山摊平，并再梨地混合

污泥堆肥、干化污泥的可施用性好，单位土地面积的污泥肥料体积用量小，一般无需采用专门的土地撒布机械；污泥肥料撒布后，可根据作物生长的要求选择是否进行翻耕。

4. 污泥施用地点的选择

《农用污泥中污染物控制标准》（GB 4284—84）对污泥施用地点做出规定：为了防止对地下水的污染，在砂质土壤和地下水位较高的农田上不宜施用污泥；在饮水水源保护地带不得施用污泥。美国规定散装污泥不能施用于有以下情形的土地：

1）洪灾；

2）冰冻；

3）冰雪覆盖，以免污泥被带入水体。

散装污泥的施用点必须距地表水体10m以上。

理想的污泥土地利用场合，渗透系数应适中，地下水位距地面3m以下，地面坡度为0～3%，离水井、湿地、水流等较远。选择污泥施用地点的重要因素有：地形、土壤的参数、地下水位、至水井等敏感区域的距离。《美国EPA污泥土地利用设计手册》中对地形、土壤的参数、地下水位、距敏感区域的控制距离作了一定的规定，如不同的坡度对污泥土地利用的影响等。

(1) 地形

坡度较大的地区，施用污泥有可能被地表径流侵蚀，因此需要对施用地点的坡度进行限制。林地因为植被的保水性较好，不易形成径流，最高坡度限制可放宽至30%。表4－29是美国对坡度的规定。

坡度对污泥土地利用的影响因素表 **表4－29**

坡度(%)	影响因素
0～3	理想坡度；污泥无论是否经过脱水，都没有被径流侵蚀的危险
3～6	可以接受的坡度；污泥有被径流侵蚀的风险；污泥无论是否经过脱水，直接施用于土地表面都是可以接受的
6～12	当没有径流控制措施时，流质污泥是不适于直接施用于土地表面的；脱水污泥还基本上可以直接施用于土地表面
12～15	当没有径流控制措施时，流质污泥是不适于土地利用的；脱水污泥若施用时立即与土壤混合，是可以接受的
超过15	只有少数的特殊场合适宜污泥的土地利用

(2) 土壤的参数

污泥土地利用的适宜土质应为：

1) 壤质土；

2) 渗透性较差，或者适中；

3) 不少于0.6m的土壤厚度；

4) 中性或偏碱性(pH＞6.5)；

5) 排水通畅。

(3) 地下水位

为防止施用的污泥污染地下水，地下水位以上的土层厚度必须有所限制，一般来说这个厚度不少于1m。由于地下水位随季节波动，短时期内0.5m的厚度，也是可以容忍的。要施用污泥的地点，必须进行现场勘测，以掌握充足的地下水信息。

(4) 距敏感区域的控制距离

为减少污泥土地利用的环境风险，必须控制污泥施用地点距一些敏感区域的距离。敏感区域包括：居所、水井、地表水、公路、私人的不动产等区域。表4－30是美国加利福尼亚州在这方面的规定。

污泥施用距敏感区域的控制距离表 表4-30

敏感区域	最小距离(m)
私人不动产的边界	3
居民用供水井	150
非居民用供水井	30
公路	15
地表水(湿地、溪流、池塘、湖泊、地表含水层、沼泽等)	30
农用灌溉系统的干管	10
居民供水的主要干管	60
地表水的引水口	750
满足居民用水的水库	120

注：引自 California State Water Resources Control Board(2000)

5. 污泥施用年限和施用率

污泥土地利用中污泥的施用年限和施用率和施用量主要根据重金属和氮的营养物来控制。我国《农用污泥中污染物控制标准》(GB 4284—84)中有一定的规定：

1）施用符合本标准污泥时，一般每年每亩用量不超过2000kg(以干污泥计)。污泥中任何一项无机化合物含量接近于本标准时，连续在同一块土壤上施用，不得超过20年。含无机化合物较少的石油化工污泥，连续施用可超过20年；

2）对于同时含有多种有害物质而含量都接近本标准值的污泥，施用时应酌情减少用量。

不同的土壤条件对污泥污染物具有不同的承受能力，不同的植物种类对污泥的适宜施用量也不同。美国在污泥土地利用中，重金属长期施用量根据美国 EPA Part 503 规则来控制，而年平均施用率则根据氮负荷率来确定。

(1) 施用年限

长期不合理的污泥土地利用，很可能导致土壤中重金属元素的积累，进而可能造成作物可食部分中有害物质超标，因此，污泥土地利用时一定要严格控制污泥的施用年限和施用量，若不考虑土壤中重金属元素的输出，把土壤中重金属的积累量控制在允许浓度范围内，那么污泥施用年限可根据式(4-32)计算：

$$n = C \cdot W / Q \cdot P \tag{4-32}$$

式中：n——污泥施用年限；

C——土壤安全控制浓度，mg/kg；

W——每公顷耕作层土质量，kg/hm^2；

Q——每公顷污泥用量，kg/hm^2；

P——污泥中重金属元素含量，mg/kg。

(2) 污泥施用率

计算污泥的施用率应根据两方面，按土壤环境标准确定施用率和按作物吸收养分量来确定施用率。

1）按土壤环境标准确定施用率

按照给定的土壤环境质量标准、土壤中重金属的背景含量、重金属年残留率以及污泥限制性重金属含量，可以确定出污泥在该土壤中的施用率，如表4－31所示。

供设计选择的污泥施用率类型表 表4－31

污泥施用率类型	代 号	施 用 率
一次性最大污泥施用率	S_1	$S_1=(W_h-B)\cdot T_S/C$
安全污泥施用率	S_2	$S_2=W_h(1-K)\cdot T_S/C$
控制性安全污泥施用率	S_3	$S_3=(KW_h-BK^j)(1-K^j)\cdot T_S/C$

注：表中 W_h—给定的土壤环境质量标准，mg/kg；B—该土壤重金属的背景含量，mg/kg；K—该土壤重金属的年残留率；%；T_S—耕层土壤干重 t/(亩·a)；C—污泥限制性重金属含量，mg/kg；j—给定的年限。

在保证不污染环境的条件下，充分利用污泥中的植物营养成分，是设计、选用污泥施用率的基本原则。从利用污泥营养成分的角度，可将污泥施用率划分为以下三种类型：

① 一次性最大污泥施用率(S_1)

把污泥作为土壤改良剂，改良有机质和养分含量低的土壤或复垦被破坏的土地时，通常选用 S_1，以便尽快达到改良的目的。按作物需磷量确定的只施一次的污泥施用率为 S_{P1}［以干污泥计，t/(亩·a)］，按土壤重金属环境质量标准确定的一次性最大污泥施用率为 S_g t/(亩·a)。从不污染环境的角度出发，S_1 值选用 S_{P1} 和 S_g 中的低值。

② 安全污泥施用率(S_2)

把污泥作为固定肥源或复合肥料填加剂，长期施于农田，通常选用 S_2。按作物需要氮量确定的污泥长期施用率为 S_{NL}，安全污泥施用率为 S_a。一般选用 S_a 作为 S_2 值。

③ 强制性安全污泥施用率(S_3)

根据土地要求，场地使用年限为20年，在给定年限内每年施用污泥，在这种情况下，S_3 采用 S_{NL} 和控制性安全污泥施用率(S_K)中的低值作为 S_3 值。

2）按氮、磷营养物计算

① 污泥中可利用氮的计算

氮负荷率(Nitrogen loading rates)主要根据商业肥料中提供的有效氮来规定。由于城镇污泥是一种慢释放的有机肥料，因此，氨的化合物和有机氮量必须根据方程式(4－33)来计算：

$$L_N=[(NO_3^-)+k_v(NH_4^+)+f_n(N_0)]F \tag{4-33}$$

式中：L_N——在污泥施用年里植物可利用氮，gN/kg；

(NO_3^-)——污泥中硝酸盐的百分含量；

k_v——氨的损失中挥发系数，对于液体污泥地表利用取0.5，对脱水污泥地表利用取0.75，对污泥地面下注入利用取1.0；

(NH_4^+)——污泥中氨的百分含量；

f_n——有机氮的矿化系数。对于消化污泥且在温暖天气情况下取0.5，对于消化污泥且在凉爽天气情况下取0.4，对于寒冷天气或者堆肥污泥取0.3；

(N_0)——污泥中有机氮的百分含量；

F——转化系数，1000g/kg 干基。

② 基于氮负荷率的污泥施用率

基于氮负荷率的污泥施用率计算如式(4－34)所示。

$$L_{sn} = U/N_p \tag{4-34}$$

式中：L_{sn}——基于氮负荷率的污泥施用率，mg/(hm^2·a)；

U——单位土地作物的氮吸收典型值，kg/hm^2；

N_p——污泥的含氮率，g/kg。

美国部分地区单位土地作物的氮吸收典型值 kg/(hm^2·a)如表 4－32、表 4－33 和表 4－34 所示。

美国部分地区草料作物单位土地的氮吸收典型值［kg/(hm^2·a)］　表 4－32

草料作物	紫花苜蓿	雀麦草	黑麦草	果园草	高牛毛草
吸收值	220～670	130～220	180～280	250～350	145～325

美国部分地区庄稼作物单位土地的氮吸收典型值［kg/(hm^2·a)］　表 4－33

庄稼作物	小麦	大麦	玉米	棉花	高粱	大豆	土豆
吸收值	155	220～670	175～200	70～200	135	245	225

美国部分地区树木单位土地的氮吸收典型值［kg/(hm^2·a)］　表 4－34

树木	混合阔叶林	红松	白云杉	白杨	火炬松	杂交白杨	花旗松
吸收值	东部森林：225 南部森林：280 五大湖区森林：110	东部森林：110	东部森林：225	东部森林：110	南部森林：225～280	五大湖区森林：110 西部森林：300	西部森林：225

（3）污泥土地利用监测

污泥的有害成分进入土壤后，一般不会立刻表现出其不利影响，如 N、P 短期内在土壤剖面上迁移量较小，一次施用污泥后重金属的含量一般也不会增加很多，但若长期大量使用，其负面效应就会明显地表现出来。因此，应该进行长期定位监测，研究污泥施入土壤后，其所含的有害成分在土壤中的作用及变化，为污泥的长期安全使用提供科学依据和技术支撑。

1）监测项目

污泥土地利用监测的对象为污泥、污泥施用后的土壤、土壤中的作物和植被。其主要的监测项目为污泥中的重金属污染物、病原菌、营养物、病原体传播动物控制、有机污染物；土壤中的重金属污染物、营养物、有机污染物；土壤作物中的重金属。

2）监测频率

《农用污泥中污染物控制标准》（GB 4284—84）中规定农业和环境保护部门必须对污泥和施用污泥的土壤作物进行长期定点监测，但未作具体的规定。参照美国的标准，监测的项目包括污染物、病原菌密度以及病原体传播动物的控制，如表 4－35 所示。

建议的土地利用监测频率 表 4-35

污水污泥的数量(t/a)	频率	污水污泥的数量(t/a)	频率
大于0，小于290	每年一次	大于等于1500，小于15000	60天一次
大于等于290，小于1500	每季度一次	大于等于15000	每月一次

在按照表4-35中规定的频率监测2年后，可以减少监测的频率次数，但是一年中监测的次数不能少于一次。

4.3.10 污泥建筑材料利用

1. 概述

污泥建筑材料利用是指将处理后的污泥作为制作建筑材料的部分原料的处置方式。日本在污泥建筑材料利用方面已经有许多工程实例，据统计到2002年末，日本污泥有效利用率已经达到了63%，而其中建筑材料利用的比例已高达40%左右。美国的污泥焚烧灰大部分都被填埋掉，但焚烧灰的回用也是研究的热点和未来发展的方向，而对于普通城市生活垃圾焚烧灰渣的建筑材料利用则已有几十年的历史。英国、德国、法国等国也都致力于污泥建筑材料利用的研究，目前应用技术已基本成熟，可逐步推向商业化应用。

污泥用于建筑材料利用在北京、重庆和上海等许多省市都曾进行过这方面的生产性研究。上海市区某污水厂的部分污泥曾送往水泥厂进行处理，在1350～1650℃的高温中与其他原材料一起燃烧，从窑里出来后污泥已变为熟料的成分，经测试完全符合质量标准，重金属元素则被固定在熟料矿物的晶格里，不会有残渣单独排出，并通过了浸出液毒性鉴别。

污泥原料可以是干污泥也可以是焚烧污泥(即污泥焚烧灰)。但当采用干化污泥直接制砖时，如果污泥中有机成分含量较高，就可能在烧结时，导致砖块开裂，因此，一般建议污泥作为制砖配料投加的量，与黏土比例为1∶10左右。

我国目前虽然尚无污泥、城市焚烧灰渣在建材利用中重金属限制的规范或标准，因此，污泥灰渣中重金属的含量限制可参考欧盟与日本标准来执行，为进一步规范污泥建材中重金属含量控制，上海市提出污泥建材利用有毒有害物控制标准建议值，该建议值如表4-36所示。

我国污泥建材利用重金属浸出限制标准及灰渣中限制标准 表 4-36

有毒有害物质	浸出液最高允许浓度(μg/L)			灰渣中允许最高含量(mg/kg)		备注
	Z_0	Z_1	Z_2	Z_0	Z_1	
Hg	0.2	0.5	10	0.2	2.0	50
Cd	2.0	10	50	0.6	2.0	300
As	10	10	100	20	30	1500
Cr	15	30	350	50	100	1500(Cr^{6-})
Pb	20	40	100	20	200	3000
Cu	50	100	300	100	1000	50000
Zn	50	100	300	300	1000	50000

续表

有毒有害物质	浸出液最高允许浓度(μg/L)			灰渣中允许最高含量(mg/kg)		备注
	Z_0	Z_1	Z_2	Z_0	Z_1	
Ni	4	50	200	40	200	25000 *
Be	0.5	1.0	20			100 *
F	50	100	300			50000

注：1. * 为试行标准；

2. Z_0 建材应用于具有严格环境条件的场合，如地下水防护等，Z_1 建材应用于特殊场合，如公园、工业区，Z_2 建材可应用于一般无危险性影响的场合。

污泥建材利用还应考虑其他污染物如放射性污染物、有机污染物等，放射性污染物可根据《建筑材料用工业废渣放射性物质限制标准》(GB 6763—86)执行，由于污泥制建材过程中，常需进行高温处理，按日本有关方面研究，有机污染物如二恶英等含量很低。

以污泥为原材料制作的建材，除上述提及的污染物需要按一定的规范进行控制外，还需按建材方面的有关规范和标准进行衡量。

对于污泥制作建材所可能产生的环境影响，除了对有机污染物进行监测之外，还应对烟气中 Zn、Pb、Cu、As、Hg、Cr、Cd 等物质进行检测，确保烟气排放满足我国相关排放标准，如：《大气污染物排放标准》(GB 16297—1996)，《水泥厂大气污染物排放标准》(GB 4915—1996)和《恶臭污染物排放标准》(GB 14554—96)。

2. 污泥制砖

(1) 制砖原理和工艺

制砖工业中砖块的主要原料为黏土，生活污泥与黏土的化学成分进行了比较，结果如表4-37所示。

生活污泥与黏土的成分比较表 **表4-37**

主要成分质量(%)	污泥灰				黏土			
	灰1	灰2	灰3	灰4	黏土1	黏土2	黏土3	黏土4
SiO_2	36.2	36.5	30.3	35.2	67.1	55.9	66.6	64.8
Al_2O_3	14.2	12.3	16.2	16.9	13.4	15.2	18.0	20.7
Fe_2O_3	17.9	15.1	2.8	5.6	5.6	6.1	7.6	6.7
CaO	10.0	13.2	20.8	16.9	9.4	12.2	1.1	0.5
P_2O_5	1.5	13.2	18.4	13.8	0.1	0.2	0.1	0.2
Na_2O	0.7	0.6	0.6	0.7	0.3	0.5	0.2	0.2
MgO	1.5	1.5	2.5	2.8	0.9	6.0	1.6	1.0

由表4-37中可知，污泥灰和黏土中的主要成分均为 SiO_2，这一特性成为污泥可作为制砖材料的基础。另外，污泥灰中除了 Fe_2O_3 和 P_2O_5 含量远高于黏土，且重金属含量明显高于黏土，其他成分都较为接近，这说明使用污泥制砖是可行的。同时由于污泥中富含有机质，具有较高的燃烧热值，上海市城镇污泥的热值研究，发现绝大部分干污泥的燃烧热值可高达10kJ/g以上，因此也可用干污泥直接制砖，充分利用污泥热值，节省能源。

污泥制砖材料可采用焚烧灰或干化污泥，两种方法制砖的工艺流程基本相同，分别如图 4-34 和图 4-35 所示。

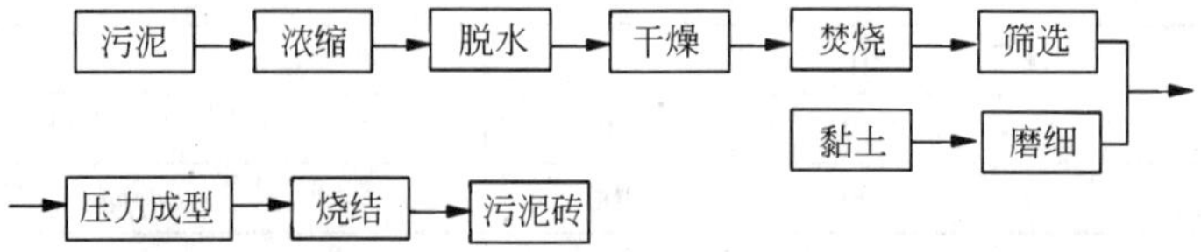

图 4-34　污泥焚烧灰制砖工艺流程图

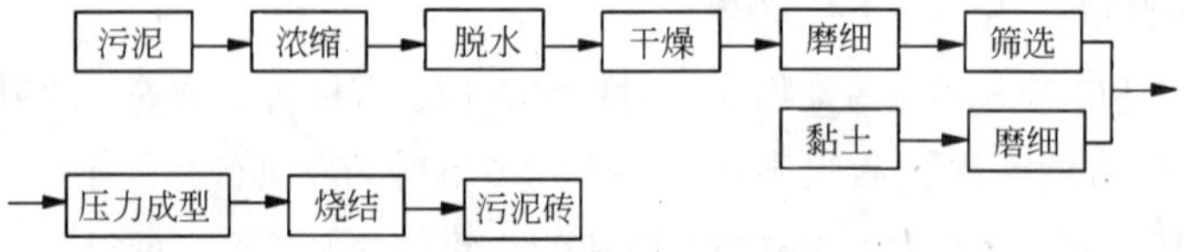

图 4-35　干化污泥制砖工艺流程图

由图 4-34 和图 4-35 可知，两种制砖的工艺流程基本相同。用干化污泥直接制砖时，应对污泥的成分进行适当的调整，使其成分与制砖黏土的化学成分相当。当污泥与黏土按质量比 1:10 配料时，污泥砖可达普通红砖的强度。此种污泥砖制造方式，由于受坯体有机挥发份含量的限制，当有机挥发物达到一定限度会导致烧结开裂，影响砖块质量，污泥掺合比甚低，因此，从黏土砖限制要求来看，生污泥较难成为一种适宜的污泥制建材方法。

使用污泥灰作为添加剂或者完全替代黏土的技术可行性已被证实，在美国、新加坡、英国、德国和其他一些国家都有应用实例，下面是试验中观察到污泥灰对制砖过程中成型、干化和烧制及对最终产品的影响：

1）当添加量 $<20\%$ 时，焚烧灰对工作过程无影响；

2）高的吸水性或者钙含量较高的焚烧灰在原混合料中要进行水分的测量；

3）焚烧灰会使砖产生孔隙，这个作用可通过测量体积密度的减少和吸水性的增加来表征。

焚烧灰中钙含量是一个主要影响因素，但焚烧灰内在的多孔性也影响瓷砖的孔隙性。因为，当焚烧灰作为熔融剂时，它能降低混合物的熔渣温度，焚烧灰中的 P_2O_5 的含量越高，SiO_2 的含量越低，降低熔渣温度的能力就越大。此外，焚烧灰中铁盐和钙盐的含量会改变砖的压缩张力。含铁的焚烧灰使砖变得更坚硬，含钙的焚烧灰使之变得更软。

（2）污泥砖的性能分析

反应污泥砖性能的主要指标有砖的吸水率、烧成尺寸收缩率、烧成质量减少分数、烧成密度以及砖的强度。

1）砖的吸水率

吸水率是影响砖耐久性的一个关键因素，砖的吸水率越低，其耐久性与对环境的抗蚀能力越强，因而砖的内部结构应尽可能致密以避免水的渗入。随着污泥含量的增加和烧成温度的降低，砖的吸水率会逐步升高。而在制砖中，污泥灰起着造孔剂的作用，所以污泥灰砖的吸水率比黏土砖高。在用干化污泥制砖中，污泥降低了混合样的塑性以及混合样颗粒间的粘结性能，当混合样中污泥含量较高时，混合样的粘结性能下降，但砖内部微孔尺寸增加，其结果导致吸水率的升高。由于干化污泥砖的有机杂质多，烧结后的微孔也多，所以其吸水率比污泥灰砖高。

2）砖的烧成尺寸收缩率

通常，质量优良砖的烧成收缩率低于 8%，污泥灰砖的烧成收缩率基本上低于 8%。在干化污泥砖中，烧成收缩率随污泥含量的增加而相应增加，形成近线形关系。由于干化污泥的有机质含量远高于黏土，污泥的加入提高了烧成收缩率，导致砖的性能降低。烧成温度也是影响烧成收缩率的重要参数。通常，提高烧成温度，烧成收缩率上升；同时烧结温度不能过高，以免把砖烧成玻璃体。因而，污泥含量与烧成温度是控制烧成收缩率的两个关键因素。有资料表明在干化污泥中，污泥含量低于 10%，烧成温度低于 1000℃时，其烧成收缩率符合优质砖标准。

3）砖的烧成质量减少分数

增加污泥含量与提高烧成温度结果导致烧成质量减少分数的增加。1999 年国家发布的砖烧成质量减少百分数标准是 15%。研究表明，干化污泥含量少于 10% 时，所有的砖都符合标准。对于普通黏土砖而言，在 800℃时烧成后的质量损失主要由黏土中有机质燃烧引起的。然而，当混合样中加入干化污泥后，烧成质量损失率明显增加，因为污泥中含有的有机质量大。另外，砖的烧成质量损失率也依赖于污泥于黏土中的无机质在烧成过程中的烧尽。

4）砖的烧成密度

干污泥砖的密度与污泥含量成近似线形关系。因污泥中有机质含量较高，在烧结时有机质挥发必然留下孔洞，粒径较粗，烧结体致密性差。烧成温度同样也影响颗粒的密度，结果显示提高烧成温度会提高颗粒密度。在污泥灰砖中，污泥灰作为造孔剂，这个效果可由吸水率的增高与密度的降低来衡量。

5）砖的强度

抗压强度是衡量砖性能最为重要的指标之一。抗压强度极大地依赖于污泥的含量与烧成温度。干化污泥砖的抗压强度随干污泥含量的增加而降低，随烧成温度的升高而升高。10% 含量的干化污泥砖在 1000℃烧成时其抗压强度为二级品。污泥灰砖中，P_2O_5 含量越高，SiO_2 含量越低，其软化性越强；污泥灰抗压强度还依赖于污泥灰中铁和钙的含量，铁含量的增加使得砖体抗压强度提高，钙则使其降低。污泥灰含量低于 10% 制砖时，其抗压性能比干化污泥砖和黏土砖都好。研究表明，当污泥灰含量为 10%、烧结温度为 1020℃时，其砖抗压性能最好，可达 138MPa。

3. 污泥制水泥

（1）工艺及原理

众所周知，水泥窑炉具有燃烧炉温高和处理物料大等特点，且水泥厂均配备有大量的环保设施，是环境自净能力强的装备。而城市生活垃圾、污泥的化学特性与水泥生产所用的原料基本相似。利用污泥和污泥焚烧灰制造出的水泥，与普通硅酸盐水泥相比，在颗粒度、密度、波索来反应性能等方面基本相似，而在稳固性、膨胀密度、固化时间方面较好。利用水泥回转窑处理城市垃圾和污泥，不仅具有焚烧法的减容、减量化特征，且燃烧后的残渣成为水泥熟料的一部分，不需要对焚烧灰进行填埋处置，是一种两全其美的水泥生产途径。

利用污泥做生产水泥原料有三种方式：一是直接用脱水污泥；二是干化污泥；三是污泥焚烧灰。不管是采用哪种方式，关键是污泥中所含的无机成分必须符合生产水泥的要求。表4－38中列出了将污泥焚烧灰渣的矿物质成分与波特兰水泥成分的比较结果。从表中数据可知，除CaO含量较低、SiO_2含量较高外，污泥焚烧灰其他成分含量与波特兰水泥含量相当。因此，污泥焚烧灰加入一定量的石灰或石灰石，经煅烧即可制成波特兰水泥。

污泥焚烧灰水泥与波特兰水泥的矿物组成表 *W/W*(%)　　**表4－38**

组分	波特兰水泥	污泥焚烧灰	污泥水泥	质量要求限制
SiO_2	20.9	20.3	24.6	18~24
CaO	63.3	1.8	52.1	60~69
Al_2O_3	5.7	14.6	6.6	4~8
Fe_2O_3	4.1	20.6	6.3	1~8
K_2O	1.2	1.8	1.0	<2.0
MgO	1.0	2.1	2.1	<5.0
Na_2O	0.2	0.5	0.2	<2.0
SO_3	2.1	7.8	4.9	<3.0
LOI	1.9	10.4	0.3	<4.0

注：1. 引自Tay J H et al. Resoauce Recovery of Sludge as a Building and Construction Material－a Future Trend in Sludge Management. Wat. Sci. Tech. 1997，36(11)：259－266；
2. LOI：热灼损失量。

制成的污泥水泥性质与污泥的比例、煅烧温度、煅烧时间和养护条件相关。污泥水泥的物理性质的测定结果见表4－39。

污泥水泥物理性质表　　**表4－39**

性　质	污　泥　水　泥	波特兰水泥
水泥细度(m^2/kg)	110	120
水泥体积固定性(mm)	1.9	0.9
容积密度(kg/m^2)	690	870
相对密度	3.3	3.2
紧密度(%)	82	27
硬凝活性指数(%)	67	100
凝结时间(min)		
初始	40	180
终止	80	270

波特兰水泥制造厂可以部分地接受污泥焚烧灰、干化污泥和脱水污泥，作为生产原料，具体的污泥形态要求决定了该厂的预处理工艺，图4－36示意了相关的原料预处理工艺。

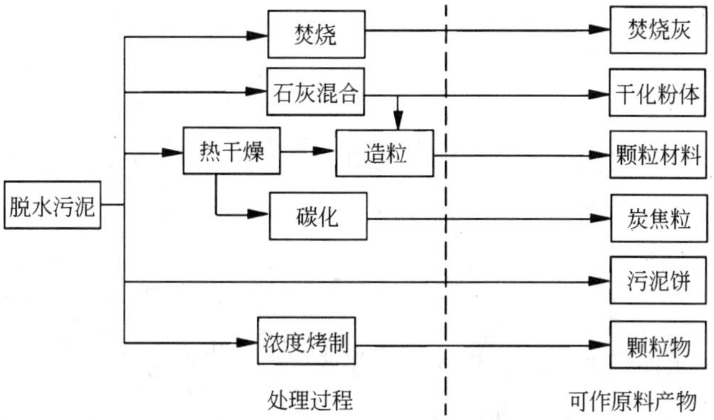

图 4-36 污泥制波特兰水泥的可能预处理途径图

污泥的 P_2O_5 含量决定了其是否适宜作为波特兰水泥原料的关键因数，虽然尚未建立标准值，但水泥中的 P_2O_5 最大允许含量应为 0.4%，由于污泥焚烧灰中的 P_2O_5 含量约为 15%，因此，污泥焚烧灰混入水泥原料中的最大体积比应为 2%。

水泥入窖生料的控制指标是水分应小于 35%，流动度大于 75mm，未脱水污泥和脱水污泥均可以做原料，但考虑到运输成本，水泥厂较适宜用脱水污泥。加入污泥后相同水分下的生料浆流动度会降低，生料流动度越小，沉降率越大，对生产设备和生产过程会带来不利影响，因此需要适当增加水分，使生料达到流动度要求。

利用污泥做原料生产水泥时，主要解决污泥的储存、生料的调配以及恶臭的防治，确保生产出符合国家标准的水泥熟料。上海早在 20 世纪 90 年代就开始了“利用水泥窖处理污水污泥的技术研究应用”的课题，取得了一定的成果。上海水泥厂处置污泥的工艺路线见图 4-37。为了防止污泥堆放过程中产生恶臭，首先在污泥中掺入生石灰，然后采用水调料，再用泵输送到泥浆库，整个过程基本处于封闭状态，直至进入水泥窖。

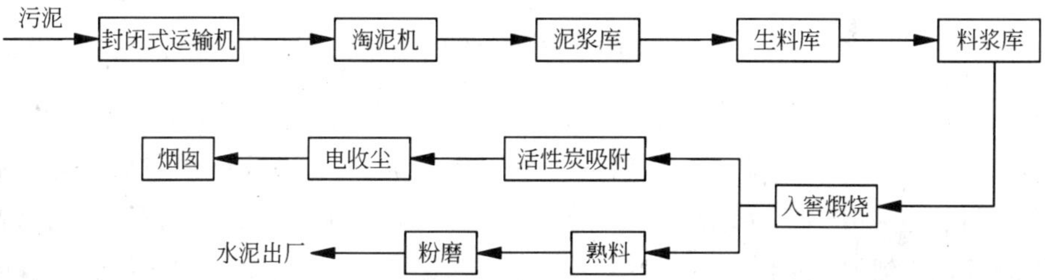

图 4-37 上海水泥厂污泥处置工艺路线图

现已确认，以污泥为原料生产水泥时，水泥窖排出的气体中 NO_x 含量减少约 40%。这是因为污泥中的氨在高温下挥发，与气体中的反应，而使之分解，从而起到脱硝剂的作用。

(2) 污泥制水泥的预处理

1) 焚烧灰

波特兰水泥厂可直接接受污泥焚烧灰作为其生产原料。

2) 脱水污泥

波特兰水泥厂应用污水污泥的替代方法是接受脱水污泥饼，脱水污泥在水泥厂可直接放入烧结制造熟料。日本有一些城市采用此方式消纳污泥，同时需要支付一定的成本，包括污泥运输费以及给水泥厂的补贴。

3）石灰混合

石灰混合是另一种无需焚烧的污泥制水泥预处理工艺。脱水污泥与等量的石灰混合，利用石灰与水的反应释热使污泥充分干化。此过程只需很少的加热。混合后的产物为干化粉体，可被水泥厂接受。

4）干化污泥

干化污泥可作为水泥厂的原料，并替代一部分燃料，目前有多种污泥干化装置可使脱水泥饼干化至水分更低。对小型污水厂进行污泥干化，有一定的困难，新发展的一种称为“深度烤制(deep frying)”的技术对解决污泥干化有帮助。深度烤制污泥干化工艺分为五个过程：调理、深度烤制、油回收、水分冷凝、脱臭。其中深度烤制单元最为关键，该单元中，含水率约80%的污泥脱水泥饼在85℃的废油中进行约70min的烤制，其环境为负压，烤制使污泥中的水分迅速蒸发，蒸发的水分回流至污水管道进行冷凝与处理；剩余的污泥和废油混合物用离心机进行油固分离，并回收废油再用。深度烤制最终产物——干化污泥饼的含水率约为3%。此干化污泥饼有机物稳定性好，并且无臭，因此利用条件较好。

5）造粒/干化

污泥造粒/干化作为脱水污泥制波特兰水泥的预处理方法，在欧洲和南非已有多个应用实例，此处理方法的工艺流程如图4-38所示。

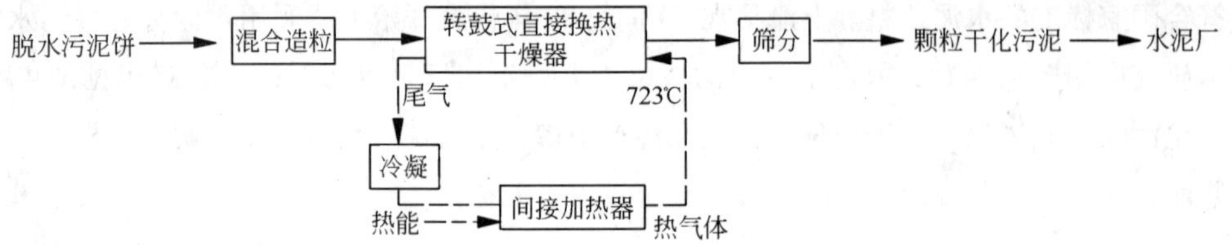

图4-38 封闭化的污泥造料/干化处理流程图

其气流封闭的工艺特征较好地解决了污泥干化过程中臭气污染问题，其干化污泥颗粒的含水率为10%，达到巴氏灭菌的卫生水平；颗粒粒径均匀，为2~10mm；堆积密度为700~800kg/m^3；颗粒值为10.46~14.65MJ/kg。干化颗粒耐储存，运输方便，但能源费用较高。

（3）污泥制水泥的优越性

利用水泥回转窑处理城镇污泥，具有独到的优势。

1）有机物分解彻底，在回转窑中内温度一般在1350~1650℃之间，甚至更高，燃烧气体在高于800℃时停留时间大于8s，高于1100℃时停留时间大于3s。在湿法回转窑中，气体在1400~1600℃时停留时间在6~10s，燃烧气体的总停留时间为20s左右，且窑内物料呈高湍流化状态，因此窑内的污泥中有害有机物可充分燃烧，焚烧率可达99.999%，即使是稳定的有机物如二恶英等也能被完全分解。

2）回转窑热容量大，工作状态稳定，处理量大。

3）回转窑内的耐火砖、原料、窑皮及熟料均为碱性，可吸收SO_2，从而抑止其排放。在水泥烧成过程中，污泥灰渣中的重金属能够被固定在水泥熟料的结构中，从而达到被固化的作用。我国目前对于水泥或混凝土中重金属的浸出量尚未有具体的规定，上海水泥厂曾对由城市污水污泥为原料制成的水泥进行了鉴定。结果显示，尽管污泥中重金属含量较高，但经过水泥烧成过程的稳定、固化后，其重金属浸出浓度基本符合环保要求的，具体结果见表 4－40 和表 4－41。

上海某污水污泥中重金属元素测试值(mg/L)　　表 4－40

Cu	Pb	Zn	Cd	Cr	Ni	Hg	As
2	8.5	1900	1.44	20.0	84.3	5.13	4.64

重金属浸出毒性试验结果比较表　　表 4－41

项　目	Cu	Pb	Zn	Cd	Cr	Ni	Hg	As
GB 5085—85	50	3.0	50	0.3	1.5	25	0.05	1.5
污泥制水泥熟料	0.090	0.545	0.024	0.056	0.466	0.245	0.003	1.49

4）污泥中的有机成分和无机成分都能得到充分利用，资源化效率高。

5）水泥生产量大，需要的污泥量多；水泥厂地域分布广，有利于污泥就地消纳，节省运输费用；水泥窑的热容量大，工艺稳定，处理污泥方便，见效快。

4. 污泥制陶粒等轻质材料

(1) 工艺和原理

轻质陶粒是陶粒中的一个品种，我国行业标准《超轻陶粒和陶砂》(JC 487—92)将它定义为“堆积密度不大于 500kg/m^3 的陶粒”。轻质陶粒采用优质黏土、页岩或粉煤灰为主要原料，经过回转窑高温焙烧，经膨化而成。污水污泥的无机成分以 SiO_2、Al_2O_3 和 Fe_2O_3 为主，类似黏土的主要成分，在污泥中投加一定的辅料和外加剂，污泥便可制成轻质陶粒。

上海的研究人员对苏州河底泥的化学成分、矿物成分等性能成分进行了分析，探索了以底泥为主要原料烧制黏土陶粒的工艺参数，分析了底泥原料和陶粒制品中有害成分的来源，并对其进行了定量测试。结果表明，经适当的成分调整，利用苏州河底泥能烧制出 700 号的黏土陶粒产品。经高温焙烧后，苏州河底泥中的重金属大部分被固溶于陶粒中，不会对环境造成二次污染。

污泥制轻质陶粒工艺流程如图 4－39 所示，制备的轻质陶粒产品性能可依据国家标准《轻骨料实验方法》(GB 2842—81)和建材行业标准《超轻陶粒和陶砂》(JC 487—92)来检验。

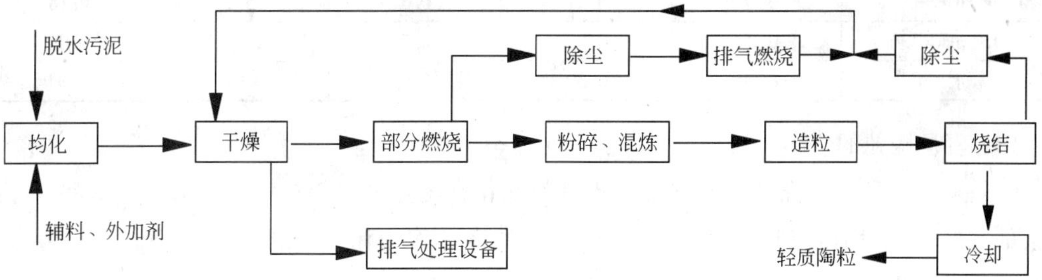

图 4－39　污泥陶粒生产工艺简图

主要工艺流程说明：

1）均化

湿污泥与预先干化好的干污泥一起进入污泥混合机，经混合、均化后形成颗粒，送至干化器干化。

2）干化

污泥干化装置多种多样，主要分为直接加热和间接加热。为了防止污泥在干化过程中结成大块，干化一般采用旋转干化器。热风进口温度为800～850℃，排气温度为200～250℃。污泥经干化后从含水率80%左右下降到5%左右。干化器的排气进入脱臭炉，炉温控制在650℃左右，使排气中恶臭成分全部分解，以防止产生二次污染。

3）部分燃烧

部分燃烧是在理论空气比约0.25以下燃烧，使污泥中的有机成分分解，大部分成为气体排出，另一部分以固定炭的形式残留。部分燃烧炉内的温度控制在700～750℃。燃烧的排气中含有许多未燃成分，送到排气燃烧炉再燃烧，产生的热风可作为污泥干化热源利用。部分燃烧后的污泥中含固定炭为10%～20%，热值为1256～7536kJ/kg。

4）烧结

烧结陶粒的强度和相对密度与烧结温度、烧结时间以及产品中残留炭含量有关。残留炭的含量与陶粒的强度成反比，残留炭的含量越多，强度越低。烧结温度在1000～1100℃之间为宜，超出此温度范围陶粒强度会降低。陶粒的相对密度随烧结温度升高而减小，在上述温度范围内，其相对密度为1.6～1.9，烧结时间一般为2～3min。

（2）轻质陶粒的组成和性能

轻质陶粒的组成如表4－42所示。酸性和碱性条件下的浸出试验结果如表4－43所示。试验结果表明，轻质陶粒符合作为建材的要求，如表4－43所示。

轻质陶粒的组成表（%） **表4－42**

样品	SiO_2	Al_2O_3	Fe_2O_3	CuO	SO_2	C	燃烧渐量
1	41.9	15.7	10.6	8.8	0.18	0.79	1.08
2	43.5	14.3	10.4	10.8	0.17	0.31	0.55

轻质陶粒浸出试验结果表（mg/L） **表4－43**

试验条件	Cr^{6+}	Cd	Pb	Zn	As
HCl	0.00	0.51	0.3	16.2	0.18
NaOH（pH＝13）	0.00	0.00	0.0	0.04	0.06
水	0.00	0.00	0.0	0.01	0.04

（3）轻质陶粒的应用

轻质陶粒一般可做路基材料、混凝土骨料或花卉覆盖材料等使用，但由于成本和商品流通上的问题，还没有得到广泛应用。近年来日本将其作为污水厂快滤池的滤料，代替目前常用的硅砂和无烟煤，并取得了良好的效果。轻质陶粒做快滤池填料时，空隙率大，不易堵塞，反冲洗次数少。其相对密度大，反冲洗时流失量少，滤料补充量和更换次数也比普通滤料少。

由于陶粒市场需求量大，因此开发新的陶粒原料、开发新的轻质陶粒有重要意义。

4.3.11　污泥填埋

1. 概述

污泥填埋是指采取工程措施将处理后的污泥集中堆、填、埋于场地内的安全处置方式。由于污泥填埋渗滤液对地下水的潜在污染和城市用地减少等因素的影响，世界各国对于污泥填埋处理技术标准要求越来越高。例如，所有欧盟国家在2005年以后，有机物含量大于5%的污泥都将被禁止进行填埋，这也就意味着，污泥必须经过热处理(焚烧)才能满足填埋要求，而这显然违背了污泥填埋工艺简单、成本低廉的初衷。在这样的形势下，全世界污泥填埋的比例现在正在逐步下降，美国和德国的许多地区甚至已经禁止了污泥的土地填埋。从具体数据上来看，据美国环保局估计，今后几十年内美国6500个填埋场则将有5000个被关闭；英国污泥填埋比例则已经由1980年的27%下降到1995年的10%，到2005年继续下降到6%。

根据在我国国情和现有的经济条件，在一段时间内目前脱水污泥填埋仍将作为一种不可或缺的过渡性处置途径。以前我国有大量污泥采用的是污泥堆场的非卫生填埋方式，给环境带来严重污染，这种处置方式正逐渐被摒弃。目前我国的填埋形式一般采用污泥与城市生活垃圾混合卫生填埋，例如北京高碑店污水厂将脱水污泥拉到生活填埋场与垃圾混合填埋，但由于污泥的含水率较高，给填埋作业带来很多困难。污泥单独卫生填埋国内应用不是很多，1991年上海在桃浦地区建成了第一座污泥卫生试验填埋场，将曹杨污水厂污泥脱水后运至桃浦填埋场填埋处置，该填埋场占地3500m^2；2004年上海白龙港污水处理厂建成污泥专用填埋场，占地43hm^2；天津咸阳路污水厂也拟建污泥专用填埋场，占地13.2hm^2，日处理规模720m^3/d。

根据一项对填埋场的调查，在混合填埋场中，一般污泥的比例不超过5%～10%，这时通常对垃圾填埋场正常运行的影响很小。而且，据有些资料报道，在混合填埋场中，当生物污泥与城市生活垃圾混合比例达到1∶10时，填埋垃圾的物理、化学稳定过程将明显加快。

在技术方面，由于脱水后污泥含水率一般在75%以上，这一含水量通常不能满足填埋场的要求，垃圾填埋厂不愿意接收污水处理厂的污泥。在德国，当脱水后的污泥和垃圾混合填埋时，要求污泥的含固率不小于35%，抗剪强度大于25kN/m^2，有时为了达到这一强度，必须投加石灰进行后续处理，这种处理增加了污泥处置的成本。

另外，加入填充剂才能达到污泥填埋所需的力学指标，添加剂的加入缩短了填埋场的寿命；如果采用高干度脱水填埋工艺，脱水后污泥含水率在65%左右，一般可以直接填埋。卫生填埋对污泥的土力学性质要求较高，污泥调理后力学性能见表4-44。

污水污泥的土力学指标表　　**表4-44**

调理处理工艺	脱水方式	
	离心带式压滤机	普通压滤机
投加聚电解质	20%～30%含固率，<10kN/m^2	25%～40%含固率，18～50kN/m^2
同上，但使用最新技术	28%～40%含固率，5～18kN/m^2	

续表

调理处理工艺	脱水方式	
	离心带式压滤机	普通压滤机
投加金属盐和消石灰		25% ~45%净固体含量，37% ~65%总固体含量，5 ~ 100kN/m^2，平均 20 ~ 50kN/m^2
高温热调节	40% ~ 50% 含固率，40 ~ 55kN/m^2	含固率 > 50%，50 ~ 100kN/m^2
聚合物调理并用反应性添加剂(石灰、反应性飞灰、水泥)后处理	30% ~ 50% 含固率，5 ~ 100kN/m^2	
聚合物调理并用非反应性添加剂后处理	25% ~40%含固率，0 ~ 5kN/m^2	
石灰前处理并用聚合物调理①	25% ~40%净固体含量，30% ~ 50%总固体含量，0 ~ 100kN/m^2	
聚合物调理，并用垃圾后处理	45% ~65%净固体含量，50% ~ 80%总固体含量，> 30kN/m^2	

① 只适用于离心脱水。

2. 填埋方法的分类

污水污泥的填埋可分为传统填埋、卫生填埋和安全填埋等。

传统填埋是利用坑、塘和洼地等，将污泥集中堆置，不加掩盖，由于这种方式特别容易污染水源和大气，因此是不可取的。

卫生填埋始于20世纪60年代，它必须按一定的采用工程技术规范和卫生要求填埋污泥，即通过填充、堆平、压实、覆盖、再压实和封场等工序，渗滤液必须收集并处理，使污泥得到最终处置，并防止产生对周边环境的危害和污染。

安全填埋是一种改进的卫生填埋方法，其主要用来进行有害固体废弃物的处理和处置。

本节主要介绍卫生填埋，而污泥卫生填埋又可分为单独填埋和与城市生活垃圾混合填埋两种，污泥填埋方法的选择如表4－45所示。

污泥填埋方法的选择表 **表4－45**

污泥种类	单独填埋		混合填埋	
	可行性	理由	可行性	理由
重力浓缩污泥				
初沉污泥	不可行	臭气与运行问题	不可行	臭气与运行问题
剩余活性污泥	不可行	臭气与运行问题	不可行	臭气与运行问题
初沉污泥＋剩余活性污泥	不可行	臭气与运行问题	不可行	臭气与运行问题
重力浓缩消化污泥				
初沉污泥	不可行	运行问题	不可行	运行问题
初沉污泥＋剩余活性污泥	不可行	运行问题	不可行	运行问题

续表

污泥种类	单独填埋		混合填埋	
	可行性	理由	可行性	理由
气浮浓缩污泥				
初沉污泥+剩余活性污泥（未消化）	不可行	臭气与运行问题	不可行	臭气与运行问题
剩余活性污泥(加混凝剂)	不可行	运行问题	不可行	臭气与运行问题
剩余活性污泥(未加混凝剂)	不可行	臭气与运行问题	不可行	臭气与运行问题
处理浓缩污泥				
好氧消化初沉污泥	不可行	运行问题	勉强可行	运行问题
好氧消化初沉污泥+剩余活性污泥	不可行	运行问题	勉强可行	运行问题
厌氧消化初沉污泥	不可行	运行问题	勉强可行	运行问题
厌氧消化初沉污泥+剩余活性污泥				
石灰稳定的初沉污泥	不可行	运行问题	勉强可行	运行问题
石灰稳定的初沉污泥+剩余活性污泥	不可行	运行问题		
脱水污泥	勉强可行	运行问题		
干化床 消化污泥	可行		可行	
石灰稳定污泥	可行		可行	
真空过滤(加石灰)				
初沉污泥	可行		可行	
消化污泥	可行		可行	
压滤(加石灰) 消化污泥	可行		可行	
离心脱水消化污泥	可行		可行	
热干化消化污泥	可行		可行	

3. 混合填埋

在混合填埋场中，一般脱水污泥与垃圾的混合比例小于8%，在该比例下污泥一般不会影响填埋体的稳定。但根据德国的资料，当脱水后的污泥和垃圾混合填埋时，仍然要求污泥的含固率必须大于35%，抗剪强度必须大于$25kN/m^2$，为了达到这一强度，必须投加石灰进行后续处理，这增加了污泥处置的成本，为此有的国家设置了专用的污泥填埋场，根据污泥的含水率及力学特性等因素进行专门填埋。

污泥在生活垃圾卫生填埋场中与生活垃圾混合填埋既可采用先混合，后填埋的形式，如图4－40所示，也可采用污泥与生活垃圾分层填埋、分层推铺压实的形式，如图4－41所示。

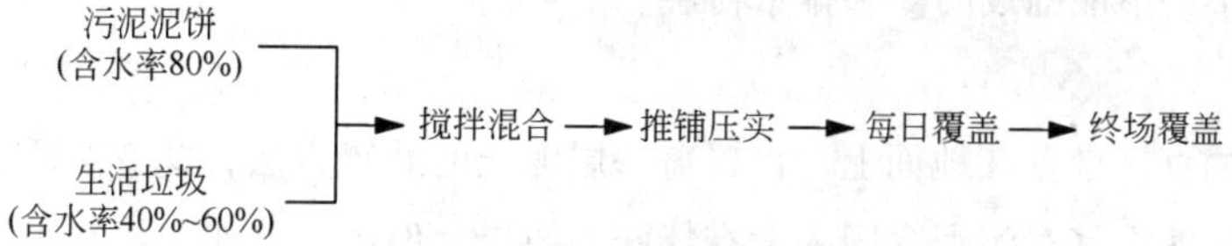

图4－40 污泥在生活垃圾填埋场混合填埋的工艺流程图

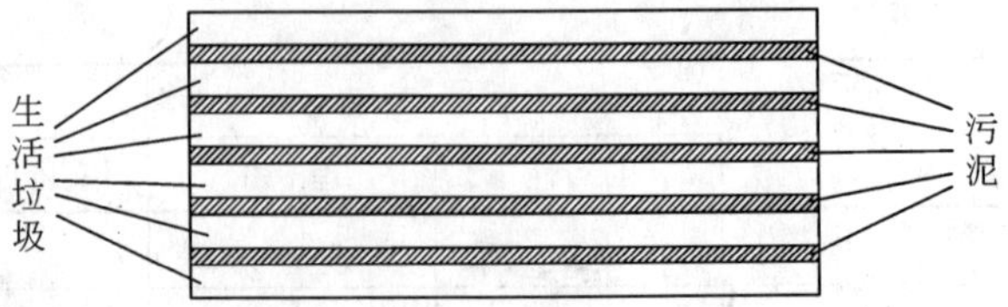

图 4-41 污泥在生活垃圾填埋场分层填埋、分层推铺压实填埋示意图

4. 污泥单独填埋

污泥在专用填埋场填埋又可分为三种类型：沟填(trench)、掩埋(area fill)和堤坝式填埋(diked containment)。

(1) 沟填

沟填就是将污泥挖沟填埋。沟填要求填埋场地具有较厚的土层和较深的地下水位，以保证填埋开挖的深度，并同时保留足够的缓冲区。沟填的需土量相对较少，开挖出来的土壤能够满足污泥日覆盖土的需要。

沟填按照开挖沟槽的宽度可分为宽沟填埋和窄沟填埋两种。宽度大于 3m 的为宽沟填埋(wide-trench)，小于 3m 的为窄沟填埋(narrow-trench)，如图 4-42 所示。两者在操作上有所不同，沟槽的长度和深度根据填埋场地的具体情况，如地下水的深度、边墙的稳定性和挖沟机械的能力决定。

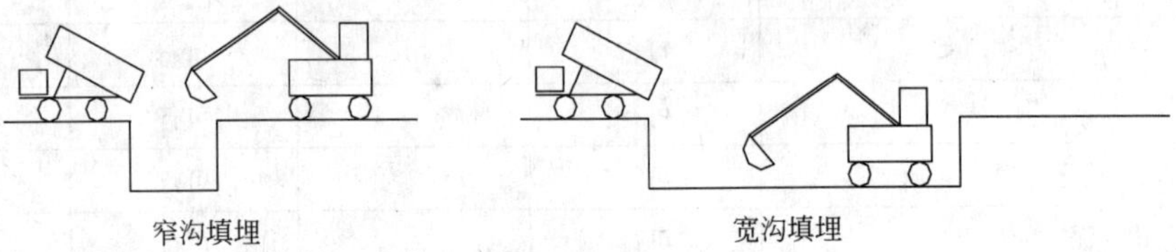

图 4-42 沟填操作示意图

1) 宽沟填埋

机械可在地表面上或沟槽内操作。地面上操作时，所填污泥的含固率为 20% ~28%，覆盖厚度为 0.9 ~1.2m；沟槽内操作时，污泥含固率大于 28%，覆盖厚度为 1.2 ~1.5m，宽沟填埋的填埋量通常为 6000 ~27400m^3/hm^2，其与窄沟填埋相比的优点为可铺设防渗和排水衬层。

2) 窄沟填埋

机械在地表面上操作。窄沟填埋的单层填埋厚度为 0.6 ~0.9m，对于宽度小于 1m 的窄沟，所填污泥的含固率为 15% ~20%，对于宽度在 1 ~3m 的窄沟，污泥含固率为 20%~28%，其填埋量通常为 2300 ~10600m^3/hm^2。窄沟填埋可用于含固率相对较低的污泥填埋，但其土地利用率低，且沟槽太小，不能铺设防渗和排水衬层。

(2) 掩埋

掩埋是将污泥直接堆置在地面上，再覆盖一层泥土的处置方法，此方法适合于地下水位较高或土层较薄的场地，其对污泥含固率没有特殊的要求，但由于操作机械在填埋表层操作，因此填埋物料必须具有足够的承载力和稳定性，污泥单独填埋往往达不到上述要求，通常需要混入一定比例的泥土一并填埋。覆土的时间间隔由污泥的稳定性决定，对于相对稳定的填埋物料，并不一定需要每天覆土。掩埋可分为堆放式掩埋(area fill mound)和分层式掩埋(area fill layer)，如图4-43所示。

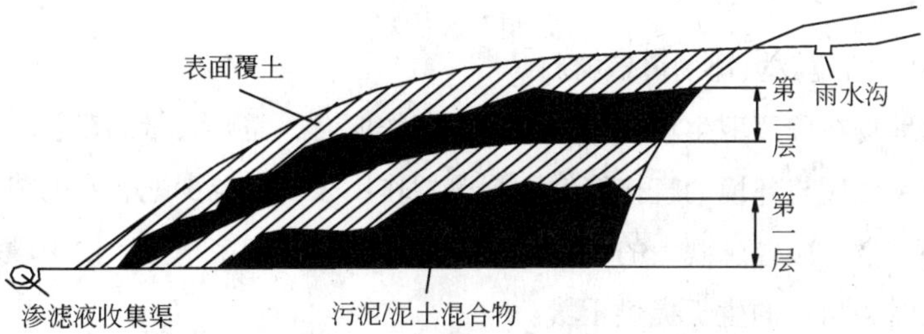

图4-43　堆放式掩埋示意图

堆放式掩埋要求污泥含固率大于20%，污泥通常先在场内的一个固定地点与泥土混合后再去填埋，泥土与污泥的混合比例一般在(0.5～2):1之间，这由所要求的污泥稳定度和承载力决定。混合堆料的单层填埋高度约2m，中间覆土层厚度为0.9m，表面覆土层厚度为1.5m。堆放式掩埋的土地利用率较高，填埋量通常为5700～26400m^3/hm^2，但其操作费用由于泥土用量较大而较贵。

分层式掩埋对污泥的含固率要求可低至15%，泥土与污泥的混合比一般在(0.25～1):1之间。混合堆料分层掩埋，单层掩埋厚度约0.15～0.9m，中间覆土层厚度0.15～0.3m，表面覆土层厚度为0.6～1.2m。为防止填埋物料滑坡，分层式掩埋要求场地必须相对平整。它的最大优点为填埋完成后，终场地面平整稳定，所需后续保养较堆放式掩埋少，但其填埋量通常较小，约3800～17000m^3/hm^2。

(3) 堤坝式填埋

堤坝式填埋是指在填埋场地四周建有堤坝，或是利用山谷等天然地形对污泥进行填埋，污泥通常由堤坝或山顶向下卸入，因此堤坝上需具备一定的运输通道。堤坝式填埋示意图如4-44所示。

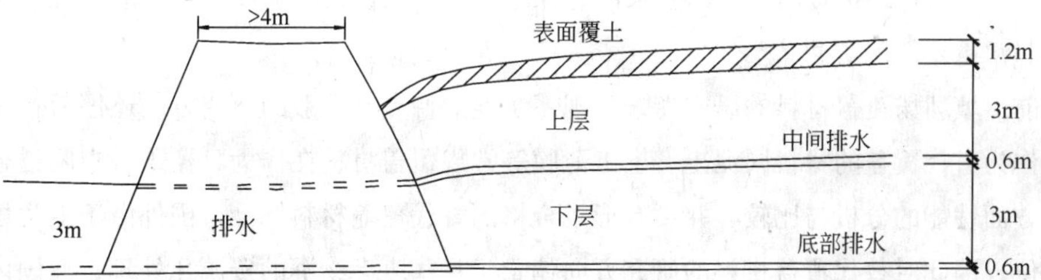

图4-44　堤坝式填埋示意图

堤坝式填埋对填埋物料含固率的要求与宽沟填埋相类似，地面上操作时，含固率要求为20%～28%，堤坝内操作时，含固率要求大于28%。对于覆土层厚度的要求，地面上操作时，中间覆土层厚度0.3～0.6m，表面覆土层厚度为0.9～1.2m；堤坝内操作时，需将污泥与泥土混合填埋，泥土和污泥混合比为(0.25～1):1，中间覆土层厚度0.6～0.9m，表面覆土层厚度为1.2~1.5m。它的最大优点是填埋容量大，规模为宽15~30m、长30~60m、深3~9m的堤坝式填埋场的填埋容量为9100~28400m^3/hm^2；由于堤坝式填埋的污泥层厚度大，填埋面汇水面积也大，产生渗滤液的量亦较大，因此，必须铺设衬层和设置渗滤液收集处理系统。

5. 污泥作为生活垃圾填埋场覆盖材料

生活垃圾填埋场在按照卫生填埋工艺标准进行作业时，需要大量的覆盖材料对垃圾表面进行及时覆盖，避免垃圾与环境的直接接触。覆盖的作用表现在减少地表水的渗入，避免填埋气体无控制地向外扩散，减轻感观上的厌恶感，避免小动物或细菌孳生，便于填埋场作业设备和车辆的行驶，同时为植被的生长提供土壤。

填埋场覆盖材料的用量与垃圾填埋量的关系一般为1:4或1:3，其中日覆盖一般按填埋垃圾总体积的12%~15%计算，按照这个比例和全国每年生活垃圾的填埋量计算，填埋场覆盖材料的需求量是非常巨大。因此，包括上海老港废弃物处置场在内的国内众多垃圾填埋场正常运行的现实情况，由于受地理环境等条件的限制，周边难以找到可以满足覆盖层要求的大量土壤表土，或者填埋场所在当地根本不允许开采珍贵的泥土资源，因此，开发替代材料一直受到垃圾填埋场的重视。

以上海老港废弃物处置场为例，自1991年建成使用以来，曾尝试用海滩淤泥和塘泥堆肥作为替代材料，结果都不大理想，因而找到合适的符合国家标准的黏土或替代材料是解决覆盖材料问题的关键。实际上，上海市并不十分缺乏黏土资源，例如浦东区就普遍分布着一层表层黏性土，厚度一般为1.0~3.0m之间，但上海是一个国际化大都市，土地资源非常珍贵，征地开挖根本不现实。而且就在前不久，上海市政府颁发了一项禁止使用和制造黏土砖的地方性法规，其宗旨就是为了保护珍贵的土地资源，征地开挖黏土显然违反这一法规。由于泥土供应量的限制，就覆盖工艺而言，老港填埋场一直以来并没有按照卫生填埋标准进行作业，造成很多环境问题，如渗滤液量大、地表径流污染、夏季填埋场苍蝇成灾等，这种状况已严重制约了老港填埋场按照卫生填埋工艺标准的实施作业。所以，寻找既满足环境保护要求，又适合上海实际，投资省、运行维护费用低，而且来源有保证的填埋场覆盖材料以及合理的工程应用实施方案具有非常重要的现实意义。

目前，填埋场覆盖材料的研究尚未呈现系统性的特点，一般的研究方法还停留在某种或某几种拟作为替代覆盖的材料同泥土、土工薄膜等常规覆盖材料在作为日覆盖、中间覆盖或终场覆盖等方面性能的分析与比较，并没有形成合格的替代覆盖材料标准。国外由于卫生填埋一般比较到位，因此对替代覆盖材料的研究方向偏重于一些废弃物资的资源化处理；而国内众多填埋场则往往是由于泥土的缺乏，日覆盖、中间覆盖和终场覆盖等卫生填埋工序很难到位，对替代覆盖材料的研究倾向于寻找能在部分功能上替代泥土进行覆盖的材料。根据对国内外技术比较，将填埋场覆盖替代材料的研究，根据研究对象介绍如下。

德国对用汉堡港湾的淤泥替代黏土作填埋场终场覆盖的防渗层的情况作了研究。对淤泥进行预处理，经过机械分选和板压脱水后，得到粒径小于0.063mm、含水率60%~80%的土样。

颗粒分析实验确定土样的颗粒成分为 17% 黏粒(clay)、57% 的粉粒(silt)和 26% 的砂粒(sand)。1995 年，建立了两座试验填埋场，每个填埋场长 50m，宽 10m，面积 $500m^2$，覆盖坡度 8%。第一个试验填埋场严格按照德国的 I 级填埋场的要求进行终场覆盖，顶土层为 1.2m、营养土层为 0.3m、排水层为 1m、防渗层利用经预处理的港湾淤泥为 1.5m。防渗层下面铺设了细沙和 HDPE 薄膜，目的是收集经防渗层渗滤下来的水以评价防渗层的性能。第二个试验填埋场的设计就相对简单：顶土层为 0.2m、排水层为 0.6m 和防渗层为 1.5m，之所以把防渗层的保护层(顶土层 + 排水层)设计得这么薄是为了观察防渗层土样是否会因干化脱水而产生裂缝。经过对两个填埋场 1.5 年运行状况的观察，结果使人满意，在经历了一个降雨量仅为 600mm 的 1996 年后，两个填埋场的淤泥防渗层都没有出现干裂现象，并且淤泥防渗层的表现稳定，无论降雨量和上层排水层的流量多大，防渗层的渗滤量都维持在 0.05mm/d 左右。根据实测得到的水力梯度数据推算，淤泥防渗层的渗透系数 1995 年是 4.8×10^{-8}cm/s，1996 年降至 3.8×10^{-8}cm/s，防渗性能提高的原因可能是进一步的固结压实和渗流的致密作用。

同济大学通过对两种不同含水率的污水污泥，含水率分别为 80% 的污泥 a 和 45% 的污泥 b，进行了防渗性能、抗剪切性能的研究，排除了污泥 b 为覆盖材料的可能性，提出了一个采用污泥 a 作覆盖材料的方案。同时，污泥中 5 种主要重金属的含量，并未超过《农用污泥中污染物控制标准》(GB 4282—84)的规定，可以考虑在污泥覆盖土体上栽种植被，防止泥土流失。

4.4 污泥处理处置技术发展

4.4.1 污泥处理技术发展分析

1. 污泥浓缩

目前，国际上污泥浓缩的发展趋势是由于水处理中脱氮除磷的要求，使污泥浓缩多采用机械浓缩，主要有转鼓机械浓缩和带式机械浓缩；气浮浓缩方式因其高电耗和操作复杂，使用逐渐减少；离心机浓缩与离心机脱水常合并为一体机。

污泥浓缩新技术主要有微孔滤剂浓缩法、隔膜浓缩法及生物浮选浓缩法等。例如，转动平膜是一种吸引型浸渍膜，可使附属设施小型化一体化，可得到与管状纤维膜同等的流量。其特点是可提高污泥的凝聚浓度，大幅度消减运转成本，即使污泥混合液的流动性发生变化，混合液的流路也不会闭塞。另外，利用浸渍型有机平膜和管状膜也取得较好效果。利用膜法浓缩污泥是污泥浓缩技术的一个研究方向。

2. 污泥脱水

目前，西欧国家平均有 69.3% 污泥经过脱水处理，而进行机械脱水处理的污泥达 51.4%，其中离心脱水机占 21.7%、带式压滤机占 15.8%、其他脱水机械占 13.9%。从国内情况看，由于卧螺离心机的技术性能优于带式压滤机，卧螺离心机得到广泛应用。近几年国内多家单位在研制卧螺离心机用于污泥脱水方面得到一定的发展。对于卧螺沉降离心机来说，它们具有自动连续操作、对污泥流量的波动适应性强、密闭性能好、单位占地面积的处理量大等优点，故应用逐步增加。板框压滤机能获得含水率低的滤饼，在一定范围内使其得到较为广泛的应用；而真空过滤机的使用数量正在下降。

污泥脱水的发展随着工艺和设备的进步现在正朝着污泥浓缩脱水一体化的方向发展。污泥浓缩脱水一体化技术是将过滤浓缩和压榨脱水技术二者有机地结合起来，实现污泥减容的连续运行。它将传统的污泥浓缩池用污泥浓缩机来代替，并与带式压滤机组合为一体，形成一体化设备。污泥浓缩主要依靠一条绕在辊筒上的滤带形成比较长的重力脱水区，实现污泥快速重力脱水浓缩。污泥在进入污泥浓缩机前，加药调质、絮凝后的污泥进入滤带上部、在重力作用下游离滤液通过滤带的作用向下排，过滤后的污泥进入布料区，在布料区设置高效翻转机构，使得浓缩后的污泥自由进入带式压滤机进行压榨脱水和预压。在带式压滤机阶段，通过对浓缩后的污泥进一步压榨脱水，最后使污泥成饼状外运。

3. 污泥堆肥

目前，世界范围内污泥堆肥从厌氧堆肥发酵转向好氧堆肥发酵；从露天敞开式转向封闭式发酵；从半快速发酵转向快速发酵；从人工控制的机械化转向全自动化；最终彻底解决二次污染问题。发达国家在污泥堆肥方面的技术已经成熟，具备了先进的堆肥工艺和设备。在设备上更加注重增强机械设备的性能，提高处理量从而降低污泥堆肥的成本。我国在污泥堆肥工艺原理研究上已经接近甚至达到国外先进水平，但在机械设备方面与国外还存在较大的差距，表现在设备的自动化程度差，生产效率低。今后，我国污泥堆肥设备的研究重点将是如何改善机械性能，提高自动化程度和延长设备使用寿命等。随着我国经济的发展和人民生活质量的提高，对于迅速增加的污泥量，无论从环境保护还是从资源循环利用的角度，我国的污泥堆肥设备都具有迫切的发展需求和巨大的市场潜力。

4. 污泥干化

目前污泥干化仍采用几十年前的传统干化技术，经过一定的改造，使之更适应污水处理厂脱水污泥。在污泥干化领域，至今仍不断有新的技术出现，但是在近期内出现一种更好的、革命性的技术来代替一切，其可能性很小。干化工艺是一种综合性、实验性和经验性很强的生产技术，其核心在于干化器本身，对干化技术进行不断的优化努力，一直是以安全性为目标的，而解决安全性的出路极为有限。它仍然是以干化器结构为中心、综合一系列边缘技术的持续不断的改进过程。

4.4.2 国外污泥处理技术发展分析

1. 美国污泥处置趋势分析

美国污泥处置趋势分析由表4－46和图4－45所示。

美国污泥处置趋势分析表 **表4－46**

处置途径 \ 年份	1976	1978	1981	1988	1995	1998	2000	2005	2010
土地利用	25%	30%	42%	50%	56%	60%	62%	63%	65%
地表处理与填埋	25%	30%	15%	31%	19%	17%	15%	12%	10%

续表

年份 / 处置途径	1976	1978	1981	1988	1995	1998	2000	2005	2010
焚烧	35%	21%	25%	12%	18%	22%	22%	20%	19%
海洋弃置	15%	12%	4%	5%	从1992年起《禁止海洋倾倒法》(1988)和《清洁水法》(即第503部分)禁止污泥海洋弃置				

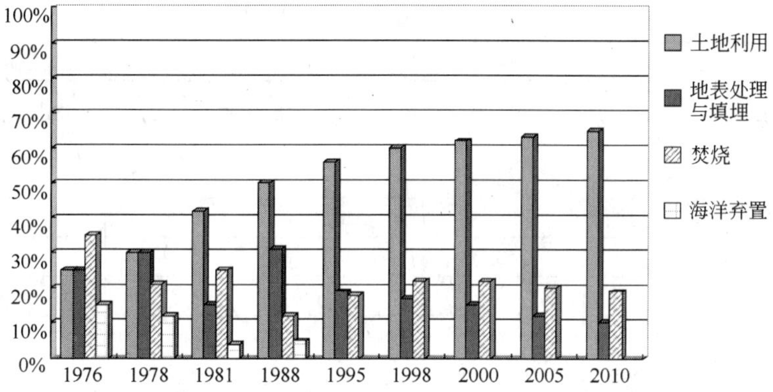

图4－45　美国污泥处置途径变化趋势图

美国的污泥处置途径变化趋势具有如下特点：

1）土地利用

1976年为25%，1995年增加到54%，25年间增加了一倍多。预计到2010年，污泥土地利用的比例将分别达到58%和62%，土地利用呈逐渐增加的趋势。

2）填埋

曾是美国主要处置方式之一，1988年为31%，1998年为17%，预计到2010年将下降到10%，填埋处置呈逐渐降低的趋势。

3）焚烧

1976年为35%，1998年为22%，预计到2010年，将降低到19%，焚烧呈逐渐降低的趋势。

4）海洋处置

20世纪70年代，曾达到15%，80年代后期，每年约有800万吨污泥利用海洋处置。1992年起，禁止污泥海洋弃置。

上述变化趋势可以归结为：一方面对环境标准和环境要求越来越高，另一方面对于物质的循环化利用的政策越来越优惠。

2. 欧盟污泥处置途径总体情况分析

欧盟污泥处置变化趋势如表4－47、表4－48和图4－46所示。

欧盟污泥处置途径变化趋势表 表 4-47

处置途径＼年份	1983	1992	1995	1998	2000	2005
土地利用	37%	46%	48%	50%	52%	53%
地表处理与填埋	43%	31%	30%	25%	23%	22%
焚烧	8%	11%	13%	18%	23%	25%
海洋弃置	爱尔兰、英国及西班牙曾流行该处置方式，三国曾分别达到 35%、30% 和 10%。1999 年 1 月 1 日起，《城市污水处理法令》(91/271/EEC)禁止成员国向海洋倾倒污泥					

美国和欧盟各国污泥处置情况表 表 4-48

国　家	农业(%)	填埋(%)	焚烧(%)	海洋(%)	污泥总量(吨干污泥/年)
美　国	45	21	3	30	7690000
奥地利	28	35	37		250000
比利时	57	43			350000
丹　麦	43	29	28		150000
法　国	27	53	20		900000
德　国	28	64	9		2750000
希　腊	10	90			200000
爱尔兰	23	34		43	23000
意大利	34	55	11		800000
卢森堡	80	20			15000
荷　兰	53	29	10	8	280000
葡萄牙	80	12		8	200000
西班牙	61	10		29	300000
瑞　典	60	40			180000
瑞　士	50	30	20		250000
英　国	51	16	5	28	1500000
日　本	9	35	55		3000000

来源：Oslo Commission. Water Research Center. Water Services Association EWPCA.

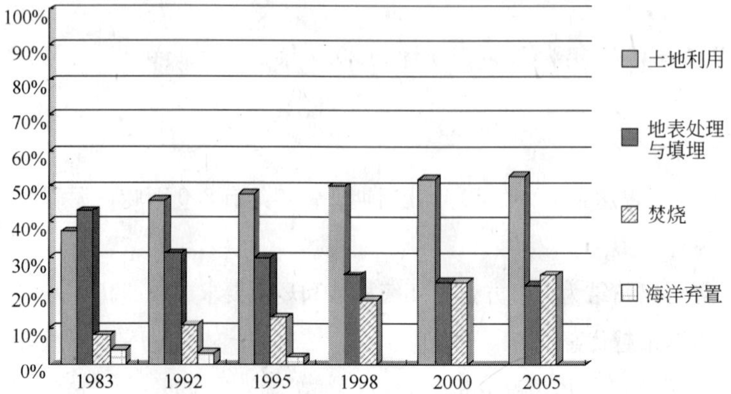

图 4-46 欧盟污泥处置变化趋势图

欧盟污泥处置变化趋势具有如下特点：

（1）土地利用

1992 年约为 46%，1998 年为 50%，2005 年达到 53%，污泥土地利用呈逐渐增加的趋势。

（2）填埋

1992 年约为 31%，1998 年为 25%，2005 年下降到 22%，污泥填埋处置呈下降趋势。

（3）焚烧

欧洲环保署认为污泥焚烧应是污泥处置方式中最后考虑使用的一种处理手段，1992 年约为 11%，1998 年为 18%，2005 年增加到 25%。焚烧也有逐渐增加的趋势。

（4）海洋弃置

曾是爱尔兰、英国及西班牙很流行的处置方式，三国曾分别达到 35%、30% 和 10%，1999 年 1 月 1 日起，《城市污水处理法令》（91/271/EEC）禁止成员国向海洋倾倒污泥。

由表 4－47 可知，尽管欧盟是可能存在特例，但大致的趋势仍然是土地利用和焚烧均有增加，而填埋和海洋弃置由于环境负面影响较大，呈减少的趋势。美国和欧盟各国污泥处置具体状况见表 4－48。

3. 总结

在废弃物综合化管理体系策略的引导下，欧盟对污泥的处理处置遵循了一定的层次化原则，即循环利用优先于焚烧，焚烧又优于最终处置（填埋），对于填埋来说，美国又比较倾向于建设污泥专用填埋场，或者作为垃圾填埋场的表层覆盖材料。总之，世界各国的污泥处置均表现出减少填埋，增加土地利用的趋势。

4.4.3 我国污泥处理处置发展趋势

我国污水处理事业起步较晚，近 20 年来才得到快速发展，污泥的处理处置更不完善。目前全国已经建成的污水处理厂已超过 1000 多座，而有污泥处理工艺的只占 30%，有污泥稳定处理设施的约为 25%，建有污水处理厂的大中型城市中，90 % 以上的污泥处理设施不配套，一些中小城市基本没有污泥处理设施。

20 世纪 80 年代以前，城市污水处理厂污泥一般只有静止沉降一道处理工艺，湿污泥含固率很低，20 世纪 80 年代后，少数污水处理厂开始进行污泥机械脱水处理，将污泥含固率由原来的 1% ~3% 提高到 20% ~25%，但仍有脱水后污泥的出路问题。近 10 年来，城市污水处理厂的污泥处理技术和某些单项专用设备才有了较大发展，但在污泥处理系统设备的成套化水平上，落后国外约 30 多年，污泥处理设备性能差、效率低、能耗高、专用设备少，未形成标准化和系列化。

我国的污泥处置目前以填埋为主，堆肥、复合肥研究不少，但生产规模都较小，国内污泥综合利用实例不多，大规模污泥的处置问题尚未提上日程，仍停留在技术研究层次，尚须政府部门跨行业协作。不论何种处置方法，减小体积、提高含固率都是污泥处置难以回避的重要环节。

自 2003 年始，在主要大城市开始尝试进行污泥处理处置专项规划，对其技术方案进行了系列论证。

广州市近期采取无害化处理后制砖，远期将用于农肥；

深圳市已完成污泥专项规划，拟采用（热干化+焚烧）工艺；

上海市则根据不同情况，采取处理分散化、处置集约化，技术多元化的方针；

天津市规划建设三座污泥处理场，采用污泥消化发电工艺，但尚无污泥最终处置的方法；

北京市污泥处理处置专项规划还未经审批，2008 年日污水排放量高达 200 多万吨，年 80 万吨城市污泥的无害化处置和合理利用迫在眉睫，土地利用将是其主要发展趋势；

重庆市三峡库区污水处理厂污泥处理处置工艺，拟采用（半干化+填埋）工艺。

第 5 章　除臭工程设计

5.1　恶臭来源

恶臭是污染环境、危害人体健康的六大公害之一，仅次于噪声。通常，我们用令人愉快或令人不愉快来简单地对气体从嗅觉上分类，我国的国家标准《恶臭污染物排放标准》（GB 14554—93）中将恶臭污染物定义为：一切刺激嗅觉器官引起人们不愉快及损坏生活环境的气体物质。

人类对恶臭气体的反应具有相当的主观性，每个人对不同恶臭气体浓度有不同的感觉，通常人们接触恶臭气体物质后首先发生生理上的感知，然后在心理上对恶臭气体进行辨别，确定恶臭气体的浓度及其影响。

其实，恶臭污染物和恶臭污染是两个概念，加拿大的除臭标准中定义恶臭污染为“干扰或可能干扰人们的舒适、健康、生活或享受活动”。

5.1.1　污水厂恶臭来源

由于污水处理厂内很多污水处理设施均为敞开式水池，污染源主要是预处理阶段的格栅井、沉砂池和污泥处理阶段的污泥浓缩池、污泥池等处散发的恶臭气体，属于无组织面源排放。

恶臭气体的主要成分为碳氢化合物、苯系物和硫化氢气体等。所以污水的臭味散发在大气中，势必会影响到周围地区。

表 5－1～表 5－4 是 2005 年度调查的上海市污水处理厂各处理构筑物的恶臭情况分析表。

上海市污水厂各处理构筑物氨气浓度情况表（mg/m^3）　　　　**表 5－1**

构筑物＼厂名	格栅井	沉砂池	初沉池	曝气池	污泥浓缩池	储泥池	脱水机房	污泥堆场
天　山	0.54	—	0.30	0.24	—	5.48	0.71	—
龙　华	—	—	—	1.19	3.46	—	0.60	—
白龙港	4.75	1.56	—	—	—	—	4.28	1.59
吴　淞	0.66	0.45	—	—	0.28	—	1.59	—
泗　塘	4.07	26.09	0.88	3.48	—	1.65	—	—
石洞口	12.53	5.81	—	1.90	—	—	5.55	—

续表

厂名＼构筑物	格栅井	沉砂池	初沉池	曝气池	污泥浓缩池	储泥池	脱水机房	污泥堆场
长　桥	0.24	0.40	1.20	1.79	0.09	1.19	—	—
曲　阳	4.41	4.20	1.99	12.25	1.28	—	3.87	3.50
平　均	3.89	6.42	1.09	3.48	1.28	2.77	2.77	2.55
最大值	12.53	26.09	1.99	12.25	3.46	5.48	5.55	3.50
最小值	0.24	0.40	0.30	0.24	0.09	1.19	0.60	1.59

上海市污水厂各处理构筑物硫化氢浓度情况表(mg/m^3)　　**表 5-2**

厂名＼构筑物	格栅井	沉砂池	初沉池	曝气池	污泥浓缩池	储泥池	脱水机房	污泥堆场
天　山	0.05	—	0.30	0.24	—	1.61	2.84	—
龙　华	—	—	—	0.01	0.80	—	0.03	—
白龙港	7.48	28.24	—	—	—	—	0.06	0.20
吴　淞	0.03	0.84	—	—	0.11	—	2.39	—
泗　塘	0.07	0.29	0.28	0.34	—	0.03	—	—
石洞口	6.19	0.01	—	0.03	—	—	4.07	—
长　桥	0.07	0.11	0.12	0.02	6.95	0.04	—	—
曲　阳	0.36	0.45	0.05	0.02	47.18	—	10.09	2.96
平　均	2.04	4.99	0.19	0.11	13.76	0.56	3.25	1.58
最大值	7.48	28.24	0.30	0.34	47.18	1.61	10.09	2.96
最小值	0.03	0.01	0.05	0.01	0.11	0.03	0.03	0.20

上海市污水厂各处理构筑物 VOCs 浓度情况表 [$\times 10^{-6}$(ppm)]　　**表 5-3**

厂名＼构筑物	格栅井	沉砂池	初沉池	曝气池	污泥浓缩池	储泥池	脱水机房	污泥堆场
天　山	0.00	—	0.00	0.00	—	3.08	0.06	—
龙　华	—	—	—	0.00	0.00	—	0.00	—
白龙港	0.40	5.22	—	—	—	—	0.00	0.00
吴　淞	—	—	—	—	0.00	—	0.05	—
泗　塘	0.00	0.00	0.00	0.00	—	0.00	—	—
石洞口	0.38	0.37	—	0.26	—	—	1.38	—
长　桥	2.53	0.15	0.14	0.33	0.38	0.00	—	—
曲　阳	2.00	0.64	0.11	1.63	19.08	—	0.79	0.20
平　均	0.89	1.28	0.06	0.37	4.87	1.03	0.38	0.10
最大值	2.53	5.22	0.14	1.63	19.08	3.08	1.38	1.20
最小值	未检出	未检出	未检出	未检出	未检出	未检出	未检出	未检出

上海市污水厂各处理构筑物恶臭气体浓度情况表(无量纲) **表5-4**

厂名＼构筑物	格栅井	沉砂池	污泥浓缩池	储泥池	脱水机房	污泥堆场
天山	46	—	—	104	710	—
龙华	—	—	237	—	—	—
白龙港	—	935	—	—	46	137
吴淞	312	237	—	—	410	—
泗塘	137	—	—	410	—	—
石洞口	—	180	—	—	1231	—
长桥	137	—	137	180	—	—
曲阳	237	—	3693	—	1231	711
平均	174	451	1356	231	726	424
最大值	312	935	3693	410	1231	711
最小值	46	180	137	180	46	137

上述四表中所述是城镇污水处理厂各处理构筑物的恶臭情况，但在分析恶臭污染物浓度时还应关注污水的特性。曾对某石化企业炼油污水处理曝气池的主要恶臭污染物进行监测分析，结果表明恶臭物质主要为硫化氢、甲硫醇和苯系物等。其中尤其以甲硫醇污染最重，污水处理设施敞口散发时，甲硫醇的平均浓度为2.19mg/m^3，最大为6.43mg/m^3，大大超过《恶臭污染物排放标准》(GB 14554—93)中厂界排放标准0.035mg/m^3，其他的大气污染物还有苯、甲苯和二甲苯等苯系物，检测结果如表5-5所示。

某石化废水表曝池恶臭物质的检测结果表(mg/m^3) **表5-5**

污染物	未密封	密封池	
	1号池(平均值)	1号池	2号池
硫化氢	0~2.28 (0.689)		
甲硫醇	0~6.43(2.19)	9.75	9.41
乙硫醇	0~13.84(4.71)	1.91	1.85
苯	0~1.74(1.11)	7.52	7.70
甲苯	1.454~82(44.60)	13.22	12.95
二甲苯	0.539~95(53.43)	9.89	9.56
环己烷	0.0813~0.836(0.383)	0.938	
挥发酚	0.0308~0.0827(0.059)		
氨	0.2		
总烃	10.29~71.43(33.64)	112.86	112.14

某石化类污水处理厂的细格栅散发的恶臭气体的监测结果如表5-6所示。

某石化企业污水处理厂细格栅恶臭主要成分表 表 5－6

分析项目	浓度	单位	分析项目	浓度	单位
硫化氢	0.01～2.78	mg/m^3	苯乙烯	0.02～9.51	mg/m^3
氨	0.89～6.06	mg/m^3	VOC	0.5～10.4	$\times 10^{-6}$(ppm)
苯	0.092～8.528	mg/m^3	恶臭气体浓度	25.85～118.85	
乙苯	0.541～2.235	mg/m^3	甲硫醇	未检出	mg/m^3
对二甲苯	1.548～8.418	mg/m^3	甲硫醚	未检出	mg/m^3
邻二甲苯	0.866～6.010	mg/m^3			
甲苯	6.067～16.711	mg/m^3			

因此与城镇污水厂相比，石化类废水所散发的恶臭污染物中芳烃类物质显著较高，这与石化工业主要从事石油炼制，所排放的废水含较多烃类相符合。

还应该注意的是，以上数据为敞口构筑物的监测数据，与增加密闭罩以后的情况相比，该值可能偏低，而且，不同的构筑物之间的恶臭气体情况也存在显著差异。

5.1.2 恶臭种类和特征

城镇污水处理厂污水和污泥处理过程中所产生的大量恶臭气体主要是由有机物腐败所造成。臭味大致有鱼腥臭［胺类 CH_3NH_2，$(CH_3)_3N$］，氨臭［氨 NH_3］，腐肉臭［二元胺类 $NH_2(CH_2)_4NH_2$］，腐蛋臭［硫化氢 H_2S］，腐甘蓝臭［有机硫化物$(CH_3)_2S$］，粪臭［甲基吲哚 $C_8H_5NHCH_3$］和某些工业生产废水的特殊臭味。

污水收集、输送和处理处置工程中主要的致恶臭气体成分列于表 5－7 中，恶臭气体组成中通常含有硫和氮的成分。含硫的恶臭气体呈腐败有机质气味，而臭鸡蛋味的硫化氢气体是污水中最常见的恶臭气体。许多的恶臭物质的嗅阈值都非常低，有的甚至超出了分析仪器的最低检出浓度，当恶臭物质的浓度超过感觉阈值时，刺激浓度增长 1 倍，感觉强度增加 1.5 倍。

污水中各类恶臭气体化合物的嗅阈值和特征气味表 表 5－7

化合物	分子式	分子量	25℃挥发性 $\times 10^{-6}$(ppm) (V/V)	感觉阈值 $\times 10^{-6}$(ppm) (V/V)	认知阈值 $\times 10^{-6}$(ppm) (V/V)	臭味特点
乙醛	CH_3CHO	44	气态	0.067	0.21	刺激性，水果味
烯丙基硫醇	CH_2CHCH_2SH	74		0.0001	0.0015	不愉快，蒜味
氨气	NH_3	17	气态	17	37	尖锐的刺激性
戊基硫醇	$CH_3(CH_2)_4SH$	104		0.0003	—	不愉快，腐烂味
苯甲基硫醇	$C_6H_5CH_2SH$	124		0.0002	0.0026	不愉快，浓烈
n－丁胺	$CH_3(CH_2)NH_2$	73	93000	0.080	1.8	酸腐的，氨味
氯气	Cl_2	71	气态	0.080	0.31	刺激性，令人窒息
二丁基胺	$(C_4H_9)_2NH$	129	8000	0.016	—	鱼腥

续表

化合物	分子式	分子量	25℃挥发性 $\times10^{-6}$(ppm) (V/V)	感觉阈值 $\times10^{-6}$(ppm) (V/V)	认知阈值 $\times10^{-6}$(ppm) (V/V)	臭味特点
二异丙基胺	$(C_3H_7)_2NH$	101		0.13	0.38	鱼腥
二甲基胺	$(CH_3)_2NH$	45	气态	0.34	—	腐烂的，鱼腥
二甲基硫	$(CH_3)_2S$	62	830000	0.001	0.001	烂菜味
联苯硫	$(C_6H_5)_2S$	186	100	0.0001	0.0021	不愉快的
乙基胺	$C_2H_5NH_2$	45	气态	0.27	1.7	类氨气味
乙基硫醇	C_2H_5SH	62	710000	0.0003	0.001	烂菜味
硫化氢	H_2S	34	气态	0.0005	0.0047	臭鸡蛋味
吲哚	$C_6H_4(CH)_2NH$	117	360	0.0001	—	排泄物的,令人恶心
甲基胺	CH_3NH_2	31	气态	4.7	—	腐烂的，鱼腥
甲基硫醇	CH_3SH	48	气态	0.0005	0.0010	腐烂的菜味
臭氧	O_3	48	气态	0.5	—	尖锐的刺激性
苯基硫醇	C_6H_5SH	110	2000	0.0003	0.0015	腐烂的蒜味
丙基硫醇	C_3H_7SH	76	220000	0.0005	0.020	不愉快的
嘧啶	C_5H_5N	79	27000	0.66	0.74	尖锐的刺激性
粪臭素	C_9H_9N	131	200	0.001	0.050	排泄物的，令人恶心
二氧化硫	SO_2	64	气态	2.7	4.4	尖锐的刺激性
硫甲酚	$CH_3C_6H_4SH$	124		0.0001	—	刺激性
三甲胺	$(CH_3)_3N$	59	气态	0.0004	—	刺激性鱼腥

5.1.3 恶臭影响

臭味给人以感官不悦，甚至会危及人体生理健康，诸如呼吸困难、倒胃、胸闷、呕吐等。随着人类社会经济的发展，人民生活水平的提高和日益增长的公众环境意识，城镇污水处理厂在运行过程中所产生的恶臭气体问题，已经引起了社会越来越多的关注。恶臭经常会直接影响其临近的人群，造成心理紧张并对污水、污泥的处理产生不良印象，间接影响生活质量。

随着城镇发展的加速，污水、污泥处理设施离居住区距离越来越近，而同时人类环境意识的增强和对生活质量要求的提高，对除臭的要求也不断提高。近几年，恶臭导致的污染公害事件在我国时有发生。2001～2003年，南京发生大范围恶臭污染，市民恶臭投诉多达1700多起；2004年6月，盘锦发生恶臭污染，100多人中毒住院；在日本的环保投诉中，恶臭投诉仅次于噪声列第2位；在美国占全部空气污染投诉的50%以上；在澳大利亚已经达到了91.3%。恶臭这种看不见的污染，其产生的嗅觉危害在现代环境污染中已占有重要地位。按照国际环保组织的要求，我国已将其与消除大气污染、水污染等一同列为环保总体规划中。

恶臭物质对人体的影响大致可以分为四种水平：

(1) 不产生直接或间接的影响；

(2) 已对植物产生影响，可导致人的视力下降；

(3) 对人的中枢神经产生障碍和病变，并引起慢性病及缩短生命；

(4) 引发急性病，并有可能引发死亡。

若非发生大规模恶臭污染事件，恶臭污染对人体的影响一般仅停留在(1)、(2)的水平上。

恶臭物质具有以空气为介质，通过呼吸系统对人体产生影响的特征，会使人表现出如下症状：恶心、头疼、食欲不振、营养不良、喝水减少、妨碍睡眠、嗅觉失调和诱发哮喘等。臭味也会使人感到不快和厌恶，精神烦躁，闹情绪，工作效率降低，判断力和记忆力下降。而且恶臭气体含有的某些有害物质对人体呼吸系统、循环系统、内分泌系统、神经系统等均会产生严重危害。若长期受到一种或者多种低浓度恶臭物质的刺激会引起嗅觉疲劳、嗅觉丧失、消化功能衰退等，甚至导致大脑皮层兴奋和抑制的调节功能失调。

每种恶臭污染物存在会表现出各自特有的危害。硫化氢作为单一恶臭气体，浓度达到 0.007×10^{-6}(0.007ppm)时，将影响人眼对光的反射；高于 10×10^{-6}(10ppm)的浓度水平会刺激人的眼睛，可发生暂时性支气管收缩，更为危险的是硫化氢可以造成暂时性脑肿胀，并往往会遗留下连续数年的头痛、发烧、智力欠佳、痴呆、脑膜炎或肺炎等；硫化氢浓度达到 $(800\sim1000)\times10^{-6}$(800~1000ppm)时，30min 内能使人死亡，浓度再高则会立即致死，比氰化物的致死作用还迅速；此外由于硫化氢麻痹呼吸系统和嗅觉神经失去防范，因此更具危险性。

氨气浓度为 17×10^{-6}(17ppm)时，若人在此环境中暴露 7~8h，则尿中的 NH_3 量增加，氧的消耗量降低，呼吸频率下降。如在高浓度三甲胺气体暴露下，会刺激眼睛、催泪并患结膜炎等。而长期处于乙二烯二醇醚(glycol ether)环境中会引起贫血、类似于酒精麻醉、视网膜刺激、嗅觉刺激、皮肤刺激。以硫化氢为主的恶臭气体还会产生严重的腐蚀问题，造成经济损失，恶臭气体所引起的令人不快的环境条件，使工作人员工作效率降低，进而影响到受污染地区的经济建设、商业销售和旅游事业等。

为了防止和消除城镇污水处理厂臭味对周围环境及居民生活的影响，一些发达国家先后制定和逐步完善了一些有关的具体规定。目前我国新建的城镇污水处理厂应考虑远离居民区，而大多数已建污水处理厂多在大中型城市，有的很难避开居民区、交通要道和村落，因此污水处理厂除臭问题不可避免地被提到议事议程上来，有的已到了急迫需要得以解决的地步。

5.2 恶臭治理标准

我国在 1994 年颁布实施了《中华人民共和国大气污染防治法》的同时，制定了控制恶臭污染物的《恶臭污染物排放标准》(GB 14554—93)，该标准所限定的厂界标准如表 5-8 所示，分年限规定了 8 种恶臭污染物的一次最大排放限值、复合恶臭物质的恶臭气体浓度限值及无组织排放源的厂界浓度限值，该标准适用于全国所有向大气排放恶臭气体单位和垃圾堆放场的排放管理以及建设项目的环境影响评价、设计、竣工验收和其建成后的排放管理。该标准规定，没有排气筒或排气筒高度低于 15m 的排放源均以无组织排放源评定，排气筒高度高于 15m 的排放源以有组织排放源评定。根据环境空气质量标准功能区分类，常规污染因子执行《环境空气质量标准》（GB 3095—1996）的相应标准，特殊污染因子参照《工业企业设计卫生排放标准》（TJ 36—79），如表 5－9 所示。

《恶臭污染物排放标准》厂界标准值表　　表 5－8

序号	控制项目	单位	一级	二级		三级	
				新扩改建	现有	新扩改建	现有
1	氨	mg/m^3	1	1.5	2	4	5
2	三甲胺	mg/m^3	0.05	0.08	0.15	0.45	0.8
3	硫化氢	mg/m^3	0.03	0.06	0.1	0.32	0.6
4	甲硫醇	mg/m^3	0.004	0.007	0.01	0.02	0.035
5	甲硫醚	mg/m^3	0.03	0.07	0.15	0.55	1.1
6	二甲二硫	mg/m^3	0.03	0.06	0.13	0.42	0.71
7	二硫化碳	mg/m^3	2	3	5	8	10
8	苯乙烯	mg/m^3	3	5	7	14	19
9	恶臭气体浓度	无量纲	10	20	30	60	70

相关废气居民区标准表　　表 5－9

大气污染物	最高允许排放浓度（mg/m^3）		标准
	一次	日平均	
硫化氢	—	0.01	TJ 36—79
甲醇	3.0	1.0	TJ 36—79
丙酮	0.8	—	TJ 36—79
甲苯	0.6	0.6	TJ 36—79
氨	0.2	0.2	TJ 36—79

自 2003 年 7 月 1 日起，城镇污水处理厂、居民小区和工业企业内独立的生活污水处理设施的臭气排放污染物限制同时还必须执行《城镇污水处理厂污染物排放标准》（GB 18918—2002）中的规定，其臭气排放标准值如表 5－10 的规定执行，该标准与《恶臭污染物排放标准》基本一致，只是控制项目有所减少。

城镇污水处理厂污染物排放标准臭气排放标准表　　表 5－10

序号	控制项目	一级标准	二级标准	三级标准
1	氨（mg/m^3）	1.0	1.5	4.0
2	硫化氢（mg/m^3）	0.03	0.06	0.32
3	恶臭气体浓度（无量纲）	10	20	60
4	甲烷（厂区最高体积浓度，%）	0.5	1	1

以上标准均规定，位于《环境空气质量标准》（GB 3095—1996）一类区的执行一级标准；位于该标准的二类区和三类区的分别执行二级标准和三级标准。

5.3 恶臭扩散和评价

恶臭问题对环境的影响非常复杂。首先，由于恶臭的扩散速率、气象条件和地形条件不一样，恶臭影响的程度和范围也会不一样。例如，影响恶臭扩散的气象条件有风速、风向、温度、湿度和大气稳定性等，地形条件有地势、海拔、建筑物密度等；周围居民对恶臭污染的反应也受多方面因素的影响，例如，恶臭浓度、持续时间、频率、强度和容忍程度等。以上这些因素决定了恶臭的排放量和恶臭的影响程度未必呈正比关系，这就需要借助于空气扩散模型进行恶臭污染的环境管理。

但是，几乎每个国家都采用不同的空气扩散模式，如 Ausplume 和 ISC3，这些模式大部分都使用高斯模式或者正态扩散模式来预测落地浓度，这些大气扩散模式法则一般已用在化学物质和烟尘的环境影响评估中。

空气扩散模式需要一系列的输入参数，如恶臭源的扩散速率、源的类型(点源、面源、体源)、气象条件、地形和受影响的位置等，可以预测出恶臭气体浓度在距臭源不同距离的小时平均值，利用计算机软件绘出相应的恶臭等浓度线，使用合理的恶臭评估标准，就可以用来预测恶臭影响区域。

在解决恶臭问题时，监测厂界和居民区周边的恶臭浓度通常只是解决问题的第一步，更重要的是要根据全年的气候资料结合恶臭的扩散速率用空气扩散模型进行恶臭影响区域的评估。对于已经受到恶臭影响的区域，当地政府部门可以采取行之有效的措施。

恶臭的评价是认知污水处理厂污染物浓度的科学方法。通过评价，研究恶臭气体与人类健康的相互关系，研究恶臭气体的变化规律，评价恶臭气体的水平，并对构成恶臭物质的因子进行定性或定量描述。恶臭的评价是制定恶臭污染物排放标准、实施恶臭预测的基础。

5.3.1 影响评价

1. 确定研究对象

首先对污泥浓缩车间的工作人员进行调查，因其在污泥车间内驻留的时间比较长，称为适应人，然后对来访者(与适应人相对的为不适应人)进行调查，最后还要根据对周围居民进行调查来确定是否有投诉和投诉率的高低。

2. 制定调查表

调查表是主观评价者对恶臭进行评价的依据，对评价者具有一定的引导作用。调查表可以作成两种形式，即：判断性调查(“是/否”)和评价性调查(“被动选择式调查”)。

5.3.2 浓度评价

1. 采样点的确定

根据影响评价的结果确定监测点的位置、源强、周围上下风侧的恶臭气体影响距离和居民区的状况。

2. 采样周期、频率的确定

鉴于城镇生活污水的恶臭气体排放不是固定的，其峰值浓度随时间、季节(恶臭气体强度随温度的上升而增加，所以夏季恶臭气体更令人无法忍受)和位置的变化而变化。先根据经验进行估测，在不同的时间测量不同的测量源的排放率，并找出不同排放率出现的频率。

3. 采样方法的确定

通常有点采样和面采样之分。点采样可以取在储存空间的出口处(如对于加盖的处理设备中取在观测口位置)或通风口处；面采样可借助于便携式风洞或侧吸罩来实现。

4. 恶臭阈值测定方法的确定

将恶臭的阈值分为感觉阈值和识别阈值两种形式。感觉阈值是指感觉到某种气味存在的最小浓度值，而识别阈值是勉强能辨认某种气味的最小浓度值。其测定方法大致可以分为仪器分析法和感官测定法。

仪器分析法和感官测定法的分类如图5－1所示。

- 仪器分析法
  - 一般实验室仪器分析法
  - 自动检测仪器法
  - 大型仪器法(如GC)
- 感官测定法
  - 检知管法
  - 直接法：用感觉到的恶臭气体强度与分级表比较
  - 空气稀释法
    - 静态法
      - 无臭室稀释法
      - ASTM注射器稀释法
      - 三点比较式嗅袋法
    - 动态法
      - 恶臭气体浓度测定仪器法
      - 嗅觉计法

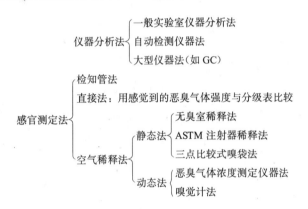

图5－1 仪器分析法和感官测定法的分类图

仪器分析法的优点是：所测得的数据可以作为制定标准的依据，可作为选择除臭方法、除臭剂和除臭装置的依据，可实现追踪污染源，但是它无法给出对人们的影响程度。

感官测定法恰恰相反，它能用于恶臭强度现状评价，也能用于对恶臭进行综合治理效果的评价。应该注意到的是，仪器测定法的分析手段所能检测出的恶臭气体浓度下限远远高于人们的嗅觉阈水平的浓度。

在仪器测定中，通过比较各种测定仪器的性能、精度和经济性，在实验中可以采用检测管来测定。其优点在于对操作人员无专业要求，可以用于现场测试，并且经济可行。

在感官测定中，上述的方法均可采用，且操作费用低。但在嗅辩员的选定过程中应尽可能减少人的嗅觉适应性、嗅觉疲劳、个体间的习性差异以及嗅觉的快速饱和的影响。

5. 评价的理论基础

在感觉器官的感觉量与刺激强度的关系研究方面，得到广泛认可的有两个定理：Weber－Fechner(韦伯－费昔勒)定理和Stevens定律。

Weber－Fechner定理的表达如式(5－1)所示。

$$S = k\lg R \tag{5-1}$$

式中：S——主观感受度量值；

R——刺激相对强度(即刺激量与绝对感觉阈值的比值)；

k——常数。

该定理表明，当刺激以等比数列变化时，感觉量以等差数列变化，即感觉量与刺激的对数成正比。

Stevens 定律的表达如式(5－2)所示。

$$S = k \cdot C^n \tag{5-2}$$

式中：S——主观感受度量值，在嗅觉领域中指所感觉的恶臭气体水平；

C——刺激强度，在嗅觉领域中指恶臭气体浓度。

此定律表明，感觉量是刺激量的幂函数，说明浓度的变化比引起感觉变化的程度要大。在恶臭气体领域中，恶臭气体的种类不同，n 取值不同，应当根据试验数据的比较分析归纳出不同的 n 值。

恶臭气体强度也可以参考经验公式来进行评价，如式(5－3)、式(5－4)和式(5－5)所示，分别可以根据 H_2S、NH_3 和甲硫醇的浓度计算出恶臭强度。

$$H_2S：Y = 0.950\lg x + 4.14 \tag{5-3}$$

$$NH_3：Y = 1.67\lg x + 2.38 \tag{5-4}$$

$$\text{甲硫醇}：Y = 1.25\lg x + 5.99 \tag{5-5}$$

式中：Y——恶臭气体强度；

x——恶臭气体浓度。

6. 评价方法

采用客观和主观评价相结合的方法进行评价。

客观评价的方法很多，大致上有综合大气质量指数法、算数叠加大气质量指数法、算数平均大气质量指数法、大气质量超标指数法、EPA 提出的 PSI 法等。当前的主要问题是要确定恶臭源的种类和浓度，只有确定了主要的恶臭源和恶臭污染物，才能确定最终需要采用何种方法来进行评价。

主观评价的方法是通过将感官测定法的结果与恶臭气体的感觉评定标准进行比较，以确定其恶臭气体水平。恶臭气体强度法的评定标准从 0～5 共分了 6 个等级，依次为：无臭、勉强可以感觉到恶臭气体、稍微可以感觉到恶臭气体、极易感觉到恶臭气体、强烈的恶臭气体以及无法忍受的恶臭气体水平。厌恶度法的评定标准是从 －4～4 共分九个等级，依次为：极端不快、非常不快、不快、稍感不快、一般、稍感愉快、愉快、非常愉快以及极端愉快。一般来说，评价结果以 2.5 级(即介于稍微可感觉到恶臭气体与极易感觉到恶臭气体之间)的恶臭气体强度法作为生活环境条件下的允许最大强度。

在无臭室对每一个单质的刺激强度与浓度的关系进行测定，并根据测定结果规定了基准的范围，其结果如表 5－11 所示。

恶臭气体强度与浓度的关系表 [10^{-6}(ppm)] 表5-11

成分	恶臭气体强度						
	1	2	2.5	3	3.5	4	5
氨	0.1	0.6	1	2	5	10	40
三甲胺	0.0001	0.001	0.005	0.02	0.07	0.2	3
硫化氢	0.0005	0.006	0.02	0.06	0.2	0.7	8
甲基硫醇	0.0001	0.0007	0.002	0.004	0.01	0.03	0.2
甲硫醚	0.0001	0.002	0.01	0.04	0.2	0.8	2
二甲硫醚	0.0003	0.003	0.009	0.03	0.1	0.3	2
乙醛	0.002	0.01	0.05	0.1	0.5	1	10
苯乙烯	0.03	0.2	0.4	0.8	2	4	20
丙醛	0.002	0.020	0.05	0.1	0.5	1	10
正丁醛	0.0003	0.003	0.009	0.03	0.08	0.3	2
异丁醛	0.0009	0.08	0.02	0.07	0.2	0.6	5
正戊醛	0.0007	0.004	0.009	0.02	0.05	0.1	0.6
异戊醛	0.0002	0.001	0.003	0.006	0.01	0.03	0.2
异丁醇	0.01	0.2	0.9	4	20	70	1000
乙酸乙酯	0.3	1	3	7	20	40	200
甲基异丁基甲酮	0.2	0.7	1	3	6	10	50
甲苯	0.9	5	10	30	60	100	700
二甲苯	0.1	0.5	1	2	5	10	20
丙酸	0.002	0.01	0.03	0.07	0.2	0.4	2
正丁酸	0.00007	0.0004	0.001	0.002	0.006	0.02	0.27
正戊酸	0.0001	0.0005	0.0009	0.002	0.004	0.008	0.04
异戊酸	0.00005	0.0004	0.001	0.004	0.01	0.03	0.3

注：日本的地方自治体考虑地区特性以后，选定自己的规定基准，相当于表中恶臭气体强度为2.5~3.5的浓度范围，但多数场合指定其下限(即2.5的恶臭气体强度)。

5.3.3 模拟评价

近年来，计算机辅助设计(CFD)技术已经成为各种浓度场的模拟计算的有力工具。利用CFD技术建立恶臭气体扩散模型并以此作为预测恶臭气体对周围居民的影响程度，用此模型来模拟短时间内高浓度的恶臭气体对人的影响，也可以确定较长的时间段内，较低浓度的恶臭气体对人的影响，即通过对恶臭气体的输送和扩散任意点的浓度，来确定恶臭气体的浓度场的问题。通过模拟还可以估出恶臭气体浓度超过临界值的时间比；恶臭气体源与公众接收剂量的相互关系。总之，利用CFD技术来建立的恶臭气体扩散模型应该是解决恶臭气体等级分布问题的一个有力工具。

监测手段，一般只可能知道污染物在空气中分布的现状和历史变化情况，但很难知道不同类型的污染源和新增加的污染源在空气污染中所产生的影响。空气污染的扩散计算模式不仅能提供这方面的信息，而且还可以预测未来的空气质量，它可以比监测网更迅速、更经济、更全面地提供污染物分布的近似情况。

恶臭污染扩散的基本问题是研究湍流与烟流传播和恶臭物质浓度衰减关系问题，目前在空气污染控制中广泛应用的理论有梯度输送理论、湍流统计理论和相似理论三种。

（1）梯度输送理论，是菲克用理论类比建立起来的理论。菲克认为分子扩散规律和傅里叶提出的固体热传导规律类似。这个理论的中心思想是在单位时间内物质经过单位面积输送的通量与浓度梯度成正比。

（2）湍流统计理论，是泰勒首先用统计学的方法去研究湍流扩散问题。该理论的中心是简述扩散粒子关于时间和空间的概率分布，以便求出扩散粒子浓度的空间分布和随时间的变化。高斯在大量实测资料分析的基础上，应用湍流统计理论得到了正态分布假设下的扩散模式，即通常所说的高斯模式。高斯模式是目前应用较广的模式。

（3）相似理论，是在量纲分析基础上发展起来的理论。

目前最常使用的扩散模型是高斯扩散模型(the Gaussian dispersion model)，该模型适用于下述条件：

1）下垫面开阔平坦，性质均匀；

2）平均流场平直稳定，平均风速和风向没有显著的时间变化；

3）扩散物质处于同一类温度层结的气层之中，计算扩散范围不超过10km为宜；

4）在风传播方向上的扩散作用相对于传播流而言可以忽略。如风速为零，则取“静风的定义为$\bar{u}=0.5$m/s”，或采用其他的准静风模式；

5）扩散物质完全和周围空气同步运动，没有损失和转化，地面对扩散物质起全反射作用；

6）计算从点源释放的气体及小颗粒(直径小于20μm)浓度的基本高斯扩散方程见式(5-6)。

$$\chi(X,\ Y,\ Z;\ H)=\frac{Q}{2\pi\sigma_y\sigma_z u}\exp\left[-\frac{1}{2}\left(\frac{y}{\sigma_y}\right)^2\right]\left\{\exp\left[-\frac{1}{2}\left(\frac{Z-H}{\sigma_z}\right)^2\right]+\exp\left[-\frac{1}{2}\left(\frac{Z+H}{\sigma_z}\right)^2\right]\right\} \tag{5-6}$$

式中：$\chi(X,\ Y,\ Z;\ H)$——在H高处排放的烟羽，$(X,\ Y,\ Z)$点的浓度，g/m^3；

H——烟囱的物理高度加上烟羽上升高度，m；

Q——源排放速率，g/s；

$\sigma_y\sigma_z$——烟羽截面浓度分布的水平及垂直标准偏离，是X的函数，m；

u——排放源高度处的风速，m/s；

Z——接受器高度，m；

Y——接受器偏离中心线的距离，m；

X——从排放源至接受器的下风向距离，m。

***P*－*G*扩散曲线表(m)** **表5－12**

稳定度等级	标准差	距离(km)																				
		0.1	0.2	0.3	0.4	0.5	0.6	0.8	1.0	1.2	1.4	1.6	1.8	2.0	3.0	4.0	6.0	8.0	10	12	16	20
A	σ_y	27.0	49.8	71.6	92.1	112	132	170	207	243	278	313	—	—	—	—	—	—	—	—	—	—
	σ_z	14.0	29.3	47.4	72.1	105	153	279	456	674	930	1230	—	—	—	—	—	—	—	—	—	—
B	σ_y	19.1	35.8	51.6	67.0	81.4	95.8	123	151	178	203	228	253	278	395	508	723	—	—	—	—	—
	σ_z	10.7	20.5	30.2	40.5	51.2	62.8	84.6	109	133	157	181	207	233	363	493	777	—	—	—	—	—
C	σ_y	12.6	23.3	33.5	43.3	53.5	62.8	80.9	99.1	116	133	149	166	182	269	335	474	603	735	—	—	—
	σ_z	7.44	14.0	20.5	26.5	32.6	38.6	50.7	61.4	73.0	83.7	95.3	107	116	167	219	316	409	498	—	—	—

续表

稳定度等级	标准差	距离(km)																				
		0.1	0.2	0.3	0.4	0.5	0.6	0.8	1.0	1.2	1.4	1.6	1.8	2.0	3.0	4.0	6.0	8.0	10	12	16	20
D	σ_y	8.37	15.3	21.9	28.8	35.3	40.9	53.5	65.6	76.7	87.9	98.6	109	121	173	221	315	405	488	569	729	884
	σ_z	4.65	8.37	12.1	15.3	18.1	20.9	27.0	32.1	37.2	41.9	47.0	52.1	56.7	79.1	100	140	177	212	244	307	372
E	σ_y	6.05	11.6	16.7	21.4	26.5	31.2	40.0	48.8	57.7	65.6	73.5	82.3	85.6	12.9	166	237	306	366	427	544	659
	σ_z	3.72	6.05	8.84	10.7	13.0	14.9	18.6	21.4	24.7	27.0	29.3	31.6	33.5	41.9	48.8	60.9	70.7	79.1	87.4	100	111
F	σ_y	4.19	7.91	10.7	14.4	17.7	20.5	26.5	32.6	38.1	43.3	48.8	54.5	60.5	86.5	102	156	207	242	285	365	437
	σ_z	2.33	4.19	5.58	6.98	8.37	9.77	12.1	14.0	15.8	17.2	19.1	20.5	21.9	27.0	31.2	37.7	42.8	46.5	50.2	55.8	60.5

当只关心地面污染物浓度时，可对高斯方程进行简化，地面源($H=0$)在地面水平线上($Z=0$)的扩散方程如式(5-7)所示。

$$\chi(X, Y, 0; 0)=\frac{Q}{\pi\sigma_y\sigma_z u}\exp\left[-\frac{1}{2}\left(\frac{y}{\sigma_y}\right)^2\right] \tag{5-7}$$

式中：$\chi(X, Y, Z; H)$——在 H 高处排放的烟羽，(X, Y, Z)点的浓度，g/m^3；

H——烟囱的物理高度加上烟羽上升高度，m；

Q——源排放速率，g/s；

$\sigma_y\sigma_z$——烟羽截面浓度分布的水平及垂直标准偏离，是 X 的函数，m；

u——排放源高度处的风速，m/s；

Z——接受器高度，m；

Y——接受器偏离中心线的距离，m；

X——从排放源至接受器的下风向距离，m。

污水处理厂构筑物都贴近地面，可以通过假定得到面源的扩散模式，假定：

(1) 面源污染物排放量集中在该单元的形心上；

(2) 面源单元形心的上风向距离 x_0 处有一虚拟点源，它在面源单元中心线处产生的烟流宽度($2y_0=4.3\sigma y_0$)等于面源单元宽度 W；

(3) 面源单元在下风向造成的浓度可由虚拟点在下风向造成的同样的浓度所代替。

由假定(2)可得 $\sigma_{y0}=W/4.3$，由求出的 σ_{y0} 和大气稳定度级别，应用 $G-P$ 曲线图(以表5-12代替)可查出 x_0，由$(x+x_0)$查出 σ_z 代入点源扩散的高斯模式(5-7)，可求出面源下风向的地面浓度，如式(5-8)所示。

$$\chi(X, Y, 0; 0)=\frac{Q}{\pi\sigma_y\sigma_z u}\exp\left[-\frac{1}{2}\left(\frac{y}{\sigma_y}\right)^2\right] \tag{5-8}$$

式中：$\chi(X, Y, Z; H)$——在 H 高处排放的烟羽，(X, Y, Z)点的浓度，g/m^3；

H——烟囱的物理高度加上烟羽上升高度，m；

Q——源排放速率，g/s；

$\sigma_y\sigma_z$——烟羽截面浓度分布的水平及垂直标准偏离，是 X 的函数，m；

u——排放源高度处的风速，m/s；

Z——接受器高度，m；

Y——接受器偏离中心线的距离，m；

X——从排放源至接受器的下风向距离，m。

1. 大气稳定度

大气稳定度是影响恶臭污染物在大气中扩散的极其重要的因素，它是对大气扩散能力的定性划分，其分类方法多达十多种，在我国现有法规中推荐 P－T 分类法。首先根据某时某地的太阳高度角和云量，按表 5－13 确定太阳辐射的等级数，然后再根据太阳的辐射等级和地面 10m 处的风速查表 5－14 来确定大气稳定度等级。根据该法，将大气稳定度分为 A～F 六个级别：A—极不稳定；B—不稳定；C—弱不稳定；D—中性；E—弱稳定；F—稳定。

太阳辐射等级数表 **表 5－13**

云量 总云量/低云量	夜间	太阳高度角			
		$h_0 \leqslant 15°$	$15° < h_0 \leqslant 35°$	$35° < h_0 \leqslant 65°$	$h_0 > 65°$
≤4/≤4	−2	−2	+1	+2	+3
5～7/≤4	−1	−1	+1	+2	+3
≥8/≤4	−1	−1	0	+1	+1
≥7/5～7	0	0	0	0	+1
≥8/≥8	0	0	0	0	0

大气稳定度级别表 **表 5－14**

地面风速 (m/s)	太阳辐射等级					
	+3	+2	+1	0	−1	−2
≤1.9	A	A～B	B	D	E	F
2～2.9	A～B	B	C	D	D	F
3～4.9	B	B～C	C	D	D	E
5～5.9	C	C～D	D	D	D	D
≥6	C	D	D	D	D	D

其中太阳高度角按式(5－9)计算：

$$\sin h_0 = \sin\phi\sin\delta + \cos\phi\cos\delta\cos(15t + \lambda + 300) \tag{5-9}$$

式中：h_0——太阳高度角；

ϕ、λ——当地纬度和经度，度；

δ——太阳倾角，度，按当时的月份和日期由表 5－15 查得；

t——观测时的北京时间。

太阳倾角(δ)的概略值表(度) **表 5－15**

旬＼月	1	2	3	4	5	6	7	8	9	10	11	12
上	−22	−15	−5	+6	+17	+22	+22	+17	+7	−5	−15	−22
中	−21	−12	−2	+10	+19	+23	+21	+14	+3	−8	−18	−23
下	−19	−9	+2	+13	+21	+23	+19	+11	−1	−12	−21	−23

2. 扩散系数 σ 的确定

确定了大气稳定度以后，即可以根据表 5－16 和表 5－17 确定扩散系数 σ。

横向扩散参数幂函数表达式数据表 **表5-16**

扩散参数	稳定度等级	α_1	γ_1	下风距离(m)
$\sigma_y=\gamma_1 X^{\alpha_1}$	A	0.901074 0.850934	0.425809 0.602052	0~1000 >1000
	B	0.914370 0.865014	0.281846 0.396353	0~1000 >1000
	B~C	0.919325 0.875086	0.229500 0.314238	0~1000 >1000
	C	0.924279 0.885157	0.177154 0.232123	0~1000 >1000
	C~D	0.926849 0.886940	0.143940 0.189396	0~1000 >1000
	D	0.929481 0.888723	0.110726 0.146669	0~1000 >1000
	D~E	0.925118 0.892794	0.0985631 0.124308	0~1000 >1000
	E	0.920818 0.896864	0.086001 0.124308	0~1000 >1000
	F	0.929481 0.888723	0.0553634 0.073348	0~1000 >1000

垂直扩散参数幂函数表达式数据表 **表5-17**

扩散参数	稳定度等级	α_2	γ_2	下风距离(m)
$\sigma_z=\gamma_2 X^{\alpha_2}$	A	1.12154	0.0799904	0~300
		1.5260	0.00854771	300~500
		2.10881	0.000211545	>500
	B	0.941015	0.127190	0~500
		1.09356	0.0570251	>500
	B~C	0.941015	0.114682	0~500
		1.00770	0.0757182	>500
	C	0.917595	0.106803	0
	C~D	0.838628	0.126152	0~2000
		0.756410	0.235667	2000~10000
		0.815575	0.136659	>10000
	D	0.826212	0.104634	1~1000
		0.632023	0.400167	1000~10000
		0.555360	0.810763	>10000
	D~E	0.776864	0.104634	0~2000
		0.572347	0.400167	2000~10000
		0.499149	1.03810	>10000

续表

扩散参数	稳定度等级	α_2	γ_2	下风距离(m)
$\sigma_z=\gamma_2 X^{\alpha_2}$	E	0.788370	0.0927529	0～1000
		0.565188	0.433384	1000～10000
		0.414743	1.73241	>10000
	F	0.78440	0.0620765	0～1000
		0.525969	0.370015	1000～10000
		0.322659	2.40691	>10000

表5-16和表5-17的扩散系数σ适用于采样时间为0.5h的污染物浓度预测，但恶臭污染瞬时性的特点使其浓度预测要考虑较短时间的平均值，当取样时间超过几分钟以后，垂直风向脉动的范围不再增大即σ_z趋于常数，而σ_y需按照经验公式(5-10)修正：

$$\frac{\sigma_{y30}}{\sigma_{y1}}=\left(\frac{30}{t_1}\right)^r \tag{5-10}$$

式中：σ_{y1}——采样时间为t_1的横向扩散系数，m；

σ_{y30}——采样时间为30min的垂直扩散系数，m；

r——时间稀释指数，一般为0.17～0.5。

根据《制定地方大气污染物排放标准的技术原则和方法》(GB 3840—83)规定，用于丘陵山区、城市、工业区时需按下述原则修正：大气稳定度为A或B级时，不提级直接按表计算；如为C级稳定度时，先提到B级然后按B级稳定度选算扩散参数；如为D、E、F级稳定度时，应向不稳定方向提高一级半稳定度再查表计算。

3. 风速的确定

恶臭污染一般都发生在下风向，在进行评价时，需要首先评价区域的全年各风向出现的频率，即风向玫瑰图。

在运用扩散模型对恶臭污染进行模拟时，不同高度的风速是必需的，各地气象部门提供的风速通常是离地面10m处的平均风速，近地层不同高度处的风速可通过经验公式(5-11)估算：

$$\bar{u}=\bar{u}_1\left(\frac{z}{z_1}\right)^m \tag{5-11}$$

式中：$\bar{u}_1$——高度z_1处的平均风速，m/s；

m——稳定度参数，实测或参考《制定地方大气污染物排放标准的技术方法》(GB/T 13201—91)选取；

$\bar{u}$——高度z处的平均风速，m/s；

z——待计算风速的高度，m；

z_1——已知风速的高度，m。

4. 地形和地物的影响

采用高斯扩散模型的主要条件是下垫面开阔平坦、性质均匀，但恶臭扩散趋势往往不是广阔平坦的，地表存在复杂多样的地形地物均会对扩散模型造成影响。当恶臭烟流越过山脊，在迎风面上会发生下沉作用而导致该区域遭受恶臭污染；地形的热力作用会改变近地面气温与风的分布规律而形成局部风；在海陆交界处会形成海陆风；在山谷会出现山谷风；地面建筑物会改变地表粗糙度，使风速减小，烟囱排放的恶臭气体在经过较高的建筑物时会产生漩涡等，这些均需要根据具体情况对模型进行修正。

5. 其他因素的影响

影响区域恶臭污染评价的其他因素主要有逆温、叠加性、下降气流、含水量、降水和抬升高度等。逆温形成时，大气处于稳定状态，恶臭污染物难于扩散，会相应增加恶臭污染的强度；根据韦伯－费希纳（Weber－Fechner）定律，达到刺激量的物质浓度和感觉程度呈对数关系，因而扩散的稀释倍数的对数与恶臭气体的强度相对应，多个排放源的恶臭气体浓度扩散之间不能采用加法原理叠加；排放气体的上升高度是烟囱吐出速度的运动量上升高度和由排出气体温度与外界气温差造成的浮力上升高度之和，相应的有抬升高度计算公式，但恶臭气体与其他气体的排放不同，一般温度与外界环境温度相近，排放量不大，浮力也不大，因此，烟囱上升高度不高，易产生下降气流现象，从而地上浓度较高；恶臭排放其中的含水量较高，易于凝缩成水滴造成气体沉降，易溶性污染物质还会随水滴运动、气化，因此在污染源附近易引起危害；降水发生时，污染物会随水沉降至地面，短期内缓解污染程度，但一些较难溶的有机类恶臭气体又会挥发出来，扩散较难，恶臭污染事件的发生概率更大。因此恶臭污染的评价比较复杂，需要结合具体情况具体分析。

国外早在20世纪60年代便着手研究恶臭污染扩散，出现了一些用于恶臭污染扩散的计算机数学模型，如奥地利恶臭动态扩散模式（the dynamic Austrian odour dispersion model，AODM）。计算机模式需要一系列的输入参数如恶臭源的扩散速率、源的类型（点源、面源、体源），气象条件、地形和受影响的位置，可以预测出恶臭气体浓度在距臭源的不同距离的不同时段的平均值，利用相应的计算机软件绘出恶臭等浓度线，再使用合理的恶臭评估标准，就可以用来预测恶臭影响区域。

为了解决恶臭的投诉问题，监测厂界和居民区周边的恶臭浓度通常是解决问题的第一步；接下来，应该根据全年的气候资料结合恶臭的扩散速率用空气扩散模型来确定恶臭的影响区域。而对于新建和扩建的企业，恶臭的影响区域应该根据全年的气候资料结合恶臭的扩散速率用空气扩散模型来预测评估。

但通过数学模型对恶臭气体进行准确预测是不可能的，只是满足要求的估计而已。这是因为两种气体在不同的时间从同一排放源排放，在同样的气象条件下，流场中的监测点会得到完全不同的结果，这种差异是由于大气中湍流及扩散的随机性。释放到大气中的气体分子或者小颗粒，在湍流漩涡的作用下，相互分离。湍流气体的运动是随机的，目前还没有一种技术能够预测某一空气小包的瞬时速度或最终位置。前面讨论的扩散公式，都假定沿平均风向即 x 方向的湍流扩散速率大大地小于平均风速的平流输送速率，因此可以忽略不计。当风速特别小时，这个假定就不成立了。此时不能再用前面讨论过的烟流模式，而必须采用将瞬时烟团模式

(Puff model)进行积分的方法。

5.4 除臭工程设计规模

5.4.1 除臭风量确定

集气量根据收集要求和集气方式确定。集气量太少，低于恶臭扩散速率或达不到集气罩内部的合理流态，会导致恶臭气体外逸；集气量太大，会增加投资和运行费用，若超出恶臭扩散速率太多，有可能满足不了处理设备的负荷要求，导致处理效率的下降。具体的除臭风量一般应通过试验确定，条件不具备时可参考以往工程经验确定。

1. 沉砂池

沉砂池集气量可根据多种方式确定。

(1) 水面积(m^2)×2~3m^3/(m^2·h)，即每1m^2水面积，每小时需气2~3m^3。

(2) 空间容积×5~7次/h，即单位空间容积每小时需换气5~7次。

(3) 进水部分(单位水面积)×10m^3/(m^2·h)。

(4) 水面积(m^2)×局部加盖后的孔口面积比(0.012~0.017m^2/m^2)×孔口风速(0.4m/s)。

2. 沉砂池机械

沉砂池机械设备集气量可根据以下几种方式确定：

(1) 每台机械2~4m^3/min，即每台机械每分钟需气2~4m^3。

(2) 砂斗开口容积×风速(0.15m/s)。

(3) 输砂机、除砂机、砂斗等室内机械，空间容积×6次/h。

(4) 输送带10m^3/(min·m)，即每1m输送带每分钟需气10m^3。

(5) 砂斗间：11~14次/h。

(6) 清洗机：3m^3/min。

3. 初次沉淀池

初次沉淀池的集气量可根据多种方式确定。

(1) 池上建造顶棚，原则上不作除臭，仅作换气处理。

(2) 池上加盖密封，水面积(m^2)×2m^3/(m^2·h)。

4. 生物反应池

生物反应池的集气量可根据多种方式确定。

(1) 曝气风量×1.1+空间容积×1次/h。

(2) 曝气风量×1.1。

(3) 曝气风量+水面积×局部加盖后的孔口面积比(0.002m^2/m^2)×孔口风速(0.2m/s)。

5. 污泥浓缩池

污泥浓缩池的集气量可根据多种方式确定。

(1) 水面积×局部加盖后的孔口面积比(0.003m^2/m^2)×孔口风速(0.4m/s)。

(2) 空间容积5~20次/h。

(3) 局部容积3~6次/h。

(4) 单位水面积2~3m^3/(m^2·h)。

(5) (加压气浮)空间容积×5次/h。

(6) 以相当于池内投入最大污泥量(应考虑污泥泵同时运行)时的风量上增加10%风量。

一般取上述计算方法中计算出的较大值作为设计集气量。

6. 储泥池

储泥池的集气量可根据多种方式确定。

(1) 容积×3~6次/h。

(2) 泥泵流量×1~1.5。

(3) 空间容积×7次/h。

(4) 单位水面积3m^3/(m^2·h)。

7. 脱水机房

脱水机房的集气量可根据多种方式确定。

(1) 空间容积×3.5~6次/h。

(2) 机械×10次/h。

(3) 带式压滤机(包括带检修走道的隔离室)按7次/h换风量计算。

除臭风量Q(m^3/h)=0.5×隔离室容积R(m^3)×7次/h(每一机室上最好设4个吸气口)。

(4) 离心脱水机、带式压滤机(仅在机械本体加机罩的场合)

除臭风量Q(m^3/h)=0.5×机罩容积R(m^3)×2次/h(每一机罩上最好设4个吸气口)。

(5) 加压过滤机、真空过滤机

设置机罩时，以除臭风量Q(m^3/h)=0.5×机罩容积R(m^3)×7次/h(每一机罩上最好设4个吸气口)。

设置集气罩时，除臭风量按7次/h并3倍于集气罩投影面积的空间容积进行换气。

8. 污泥输送机

(1) 传送机宽度(m)×10m^3/min。

(2) 传送带罩内7次/h。

(3) 传送带室内3次/h。

5.4.2 恶臭浓度确定

恶臭浓度的确定是合理选择处理技术的基础，恶臭浓度由臭源特性所决定，一般来说每一臭源都有其特定的恶臭排放速率，为了确定恶臭排放速率，必须知道气体的流量和浓度，然后计算出恶臭排放速率。恶臭的扩散速率是恶臭浓度和气体流速的乘积。恶臭排放源可分为点源、面源和体源，其恶臭扩散速率可分别根据不同方法确定。

1. 点源

具有代表性的点源是已知流速的烟囱。点源的采样是在烟囱截面的不同点上通过洁净的聚四氟乙烯管来采样，采样点的数目由烟囱的直径来确定。

2. 面源

一个面源是一个水面或者是一个固体表面。一个便携式风洞系统能用来确定具体的恶臭扩散速率。风洞系统的原理是被活性炭过滤的空气，在风洞中形成层流的流动状态，在传质表面上方致臭物质挥发到一个标准的气体扩散区域，经混合均匀后，经聚四氟乙烯导管进入一个采样袋内。流过风洞的风速是0.3m/s，风洞外形如图5－2所示。

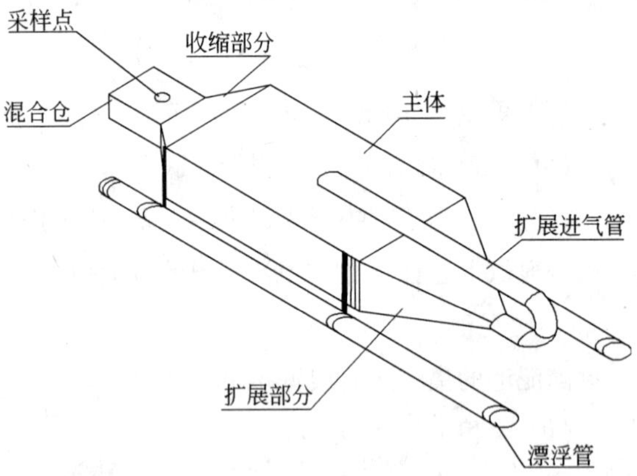

图5－2 便携式风洞外形图

3. 体源

体源就是一个建筑物或构筑物，如脱水机房。恶臭的浓度与空气通风量有关。恶臭样品通常是取同一个棚内的几个点。最近的研究结果表明，一个混合样品能充分反映一个棚的情况。但是，恶臭的扩散速率与风速和风向的变化有直接的关系。

浓度可以根据式(5－12)确定：

$$C = \frac{A}{Q} \times 3600 \quad (\mathrm{mg/m^3}) \tag{5-12}$$

式中：C——设备进口恶臭气体污染物浓度，$\mathrm{mg/m^3}$；

A——某种恶臭气体污染物的扩散速率，mg/s；

Q——选用的除臭风量，$\mathrm{m^3/h}$。

对于新建构筑物，无法实测恶臭扩散速率，可以参照类似构筑物的统计值、经验值或文献资料确定，前述5.1.1～5.1.6节是上海市污水处理厂的实际测定值，可以进行统计分析后参考选用。

5.5 恶臭气体收集

除臭工程包括加盖密封、恶臭气体输送和恶臭气体处理三个部分。因此对于敞开构筑物的加盖密封是非常重要的，其主要目的是防止恶臭气体外溢，便于恶臭气体的收集和输送，恶臭气体的及时输送可防止有毒、腐蚀或爆炸性气体的积聚。在保证操作人员健康和安全的前提下，尽量减少通风流量可以减少运行费用和增加后续处理的效率。

5.5.1 集气罩

1. 集气罩的分类

污染物收集装置按气流流动的方式分为吸气捕集装置和吹吸式捕集装置两大类。吹吸式捕集装置又称吹吸罩。吸气捕集装置按其形状可分为两类：集气罩和集气管。对密闭设备(如脱水机），污染物在设备内部发生，会通过设备的孔和缝隙逸到车间内。如果设备内部允许微负压存在时，可采用集气管捕集污染物。对于密闭设备内部不允许微负压存在或污染物发生在污染源的表面上时，则可用集气罩进行捕集。

集气罩的种类繁多，应用广泛。按集气罩与污染源的相对位置及围挡情况，可把集气罩分为密闭集气罩、半密闭集气罩、外部集气罩三类。这三类集气罩还可以分为多种型式，收集方式分类如图 5－3 所示。

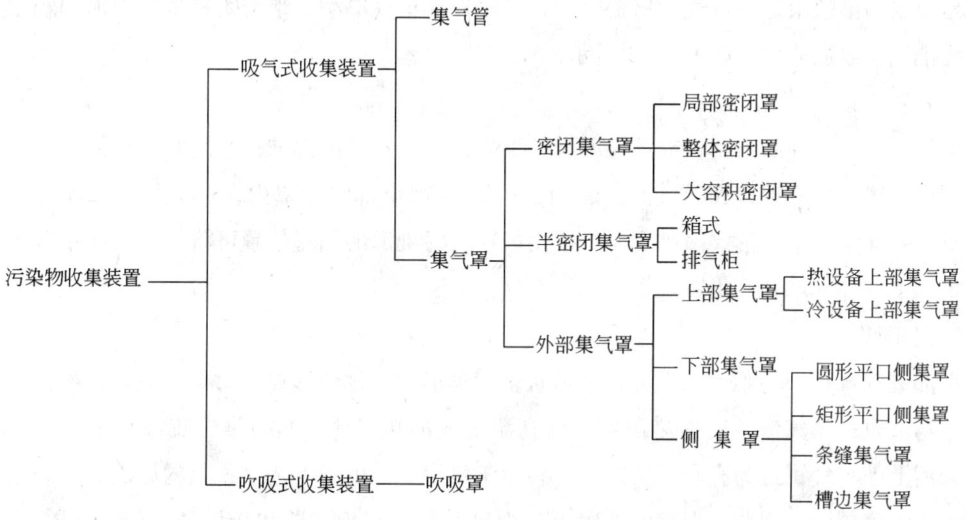

图 5－3　气体污染物收集装置分类图

（1）密闭集气罩

密闭集气罩是用罩子把污染源局部或整体密闭起来，使污染物的扩散被限制在一个很小的密闭空间内，同时从罩中排出一定量的空气，使罩内保持一定的负压，罩外的空气经罩上的缝隙流入罩内，以达到防止污染物外逸的目的。密闭罩的特点是：与其他类型集气罩相比，所需排气量最小，控制效果最好，且不受横向气流的干扰。因此，在操作工艺允许时，应优先采用。按照密闭罩的结构特点，可分为局部密闭罩、整体密闭罩和大容积密闭罩三种。

1）局部密闭罩

局部密闭罩的特点是容积比较小，工艺设备大部分露在局部密闭罩的外部，只在设备的产气点设置局部密闭罩。因此，设备检修和操作方便。一般适用于污染气流速度较小，且连续散发的地点。例如皮带传送设备、脱水污泥输送出口处。

2）整体密闭罩

整体密闭罩是将污染源全部或大部分密闭起来，只把设备需要经常观察和维护的部分留在罩外。特点是罩子容积大，密闭罩本身基本上成为独立整体，容易做到严密。适用于有振动且气流较大的设备，及全面散发污染物的污染源，如脱水机房、格栅井等。

3）大容积密闭罩

大容积密闭罩是将污染设备或地点全部密闭起来的密闭罩，也称为密闭小室。特点是罩内容积大，可以缓冲污染气流，减小局部正压，设备检修可在罩内进行。适用于多点、阵发性、污染气流速度大的设备或地点。

（2）半密闭集气罩

有些生产工艺需要人在设备旁进行操作，故不能采用密闭集气罩，可采用半密闭集气罩。半密闭罩是在密闭罩上开有较大的操作孔，通过操作孔吸入大量的气流来控制污染物的外逸。特点是控制污染效果好，排气量比密闭罩大，比外部集气罩小。半密闭罩多呈柜形和箱形，所以又称排气柜或通风柜，如图5－4所示。

（3）外部集气罩

由于受工艺条件的限制，或污染源设备很大，无法对污染源进行密闭时，只能在污染源附近设置集气罩。依靠罩口外吸气流的运动，把污染物全部吸入罩内，这类集气罩通称为外部集气罩。外部集气罩的形式多种多样。按集气罩与污染源的相对位置可将外部集气罩分为上部集气罩、下部集气罩和侧集罩三类。

1）上部集气罩

上部集气罩位于污染源的上方，其形状多为伞形，又称伞形罩。对于热设备，不论是生产设备本身散发的热气流，还是热设备表面高温形成的热对流，其污染气流都是由下向上运动的，采用上部集气罩最为有利，所以，它多用于热设备。由于工艺操作上的原因，冷设备也有采用上部集气罩的。因此，上部集气罩可分为热设备上部集气罩和冷设备上部集气罩。另外，还有罩子边有挡板和无挡板之分，设计时也有差异。

2）下部集气罩

下部集气罩位于污染源的下方，当污染源向下方抛射污染物时，或由于工艺操作上的限制在上部或在侧面不容许设置集气罩时，才采用下部集气罩，下部集气罩如图5－5所示。

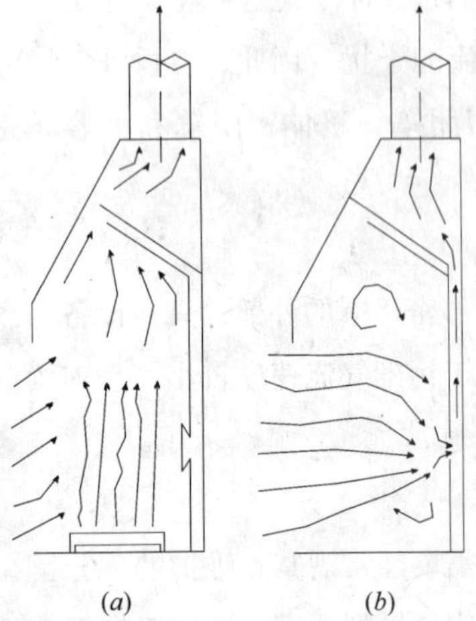

图5－4 排气柜流场图

(a)热源排气柜；(b)冷源排气柜

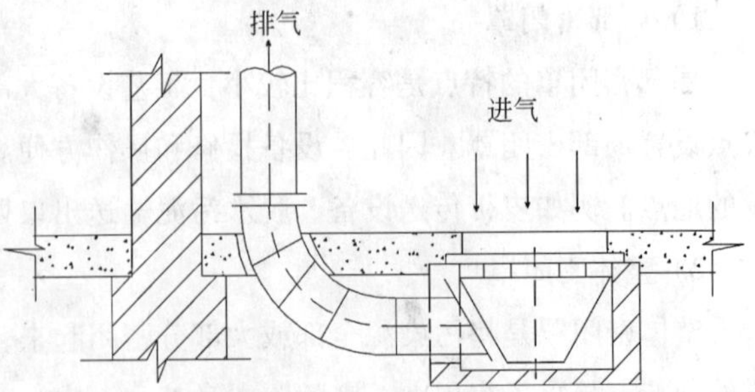

图5－5 下部集气罩布置图

3）侧集罩

位于污染源一侧的集气罩称为侧集罩如图 5－6 所示。

按罩口的形状可将侧集罩分为圆形侧集罩、矩形侧集罩、条缝侧集罩和槽边侧集罩，图 5－7 是一种槽边式集气罩。为了改进吸气效果，可在圆形、矩形、条缝侧集罩口上加边，或不加边，或把其放到工作台上，分别称为有边侧集罩、无边侧集罩、台上侧集罩。结构形式不同，设计方法也不相同。

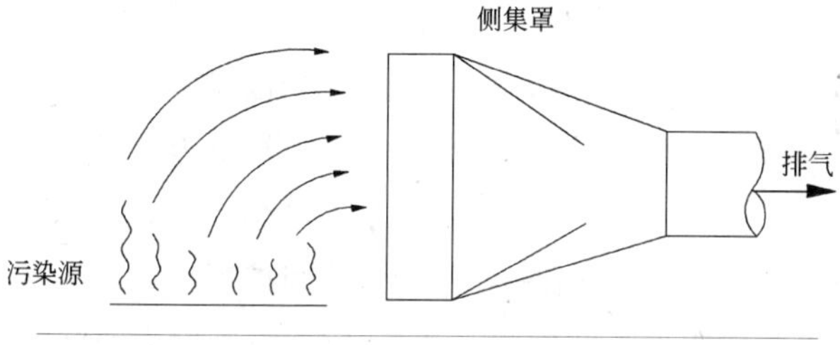

图 5－6　侧集罩布置图

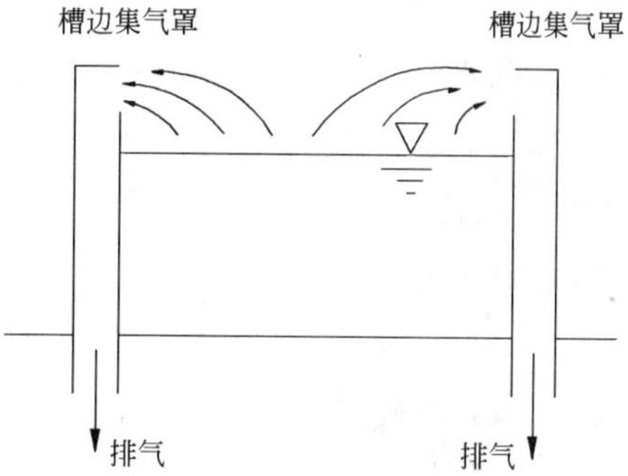

图 5－7　槽边式集气罩布置图

（4）吹吸式集气罩

在外部集气罩的对面设置一排喷气口或条缝形吹气口，它和外部集气罩结合起来称为吹吸式集气罩，如图 5－8 所示。喷吹气流形成一道气幕，把污染物限制在一个很小的空间内，使之不外逸。同时喷吹气流还诱导污染气流使之一起向集气罩流动。由于空气幕的作用，使室内空气混入量大大减少，又由于吹气射流的速度衰减较慢，所以在达到同样控制效果时，采用吹吸集气罩要比普通集气罩大大节省风量。污染源面积越大其效果越明显。此外，它还具有抗横向气流干扰和不影响工艺操作等优点。因此，在控制大面积污染源方面，近年来在国内外得到了较多的应用。

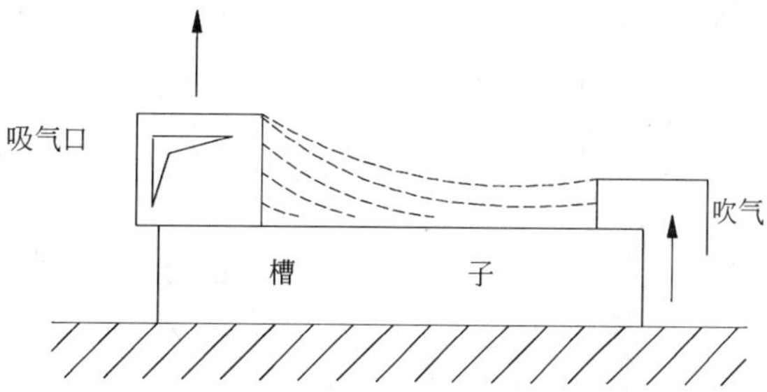

图 5－8　吹吸式集气罩布置图

2. 集气罩的设计

设计合理的集气罩可以用较小的排气量有效地控制污染物扩散，设计时应注意以下几点：

（1）集气罩应尽可能将污染源包围起来，使污染物的扩散限制在最小的范围以内，防止或减少横向气流的干扰，以便在获得足够的吸气速度的情况下，减少排气量。

（2）集气罩的吸气方向应尽可能与污染气流运动方向一致，充分利用污染气流的动能。

（3）在保证控制污染的条件下，尽量减少集气罩的开口面积或加法兰边，使其排气量最小。

（4）侧集罩或伞形罩应设在污染物散发的轴心线上。罩口面积与集气管断面积之比最大为

16:1，喇叭罩长度宜取集气管直径的3倍，以保证罩口均匀吸风。如达不到均匀吸风时，可设多吸气口，或在集气罩内设分割板、挡板等。

(5) 不允许集气罩的吸气流先经过人的呼吸区，再进入罩内。气流流程内不应有障碍物。

(6) 集气罩的结构不应妨碍工人操作和设备检修。

集气罩的设计程序一般是：首先确定集气罩的结构尺寸和安装位置，再确定排气量，最后计算压力损失。

集气罩尺寸一般是按经验确定的。设计时可参考有关手册，也可按照以下条件确定：排气罩的罩口尺寸不应小于集气罩所在位置的污染物扩散的断面面积，若设集气罩连接直管的特征尺寸为D(圆管为直径，矩形管为短边)，污染源的特征尺寸为E(圆形为直径，矩形为短边)，集气罩距污染源的垂直距离为H，集气罩口的特征尺寸为W，则应满足$D:E>0.2$，$1.0<W:E<2.0$，$H:E<0.7$(如影响操作可适当增大)。

排气量的确定涉及控制速度。从污染源散发的污染物具有一扩散速度，当扩散速度减少到0的位置称为控制点。集气罩在控制点所造成的能吸走污染物的最小气流速度v_x称为控制速度，控制速度的大小根据经验确定或如表5－18所示，排气量可参照表5－19确定。

污染源的控制速度表 **表5－18**

污染物的产生状况	控制速度(m/s)
以轻微的速度放散到相当平静的空气中	0.25～0.5
以轻低的速度放散到尚属平静的空气中	0.5～1.0
以相当大的速度放散出来，或放散到空气运动迅速的空气中	1.0～2.5
以高速放散出来，或放散到空气运动迅速的空气中	2.5～10

各种集气罩排气量计算公式表 **表5－19**

名称	形式	罩子尺寸比例	排气量计算公式(m^3/s)	备注
矩形及圆形平口侧集罩	无边	$h/B\geqslant0.2$或圆口	$V=(10x^2+F)v_x$	罩口面积$F=Bh$或$F=\pi d^2/4$，m^2，d—罩口直径，m
	有边	$h/B\geqslant0.2$或圆口	$V=0.75(10x^2+F)v_x$	罩口面积$F=Bh$或$F=\pi d^2/4$，m^2，d—罩口直径，m
	台上或落地式	$h/B\geqslant0.2$或圆口	$V=0.75(10x^2+F)v_x$	罩口面积$F=Bh$或$F=\pi d^2/4$，m^2，d—罩口直径，m
	台上		有边$V=0.75(10x^2+F)v_x$ 无边$V=(5x^2+F)v_x$	罩口面积$F=Bh$或$F=\pi d^2/4$，m^2，d—罩口直径，m
条缝侧集罩	无边	$h/B\leqslant0.2$	$V=3.7Bxv_x$	$v_x=10m/s$，$\zeta=1.78$，B—罩宽，m；h—条缝高度，m；x—罩口至控制点的距离，m
	有边	$h/B\leqslant0.2$	$V=2.8Bxv_x$	同上
	台上	$h/B\leqslant0.2$	无边$V=2.8Bxv_x$ 有边$V=2Bxv_x$	同上

续表

名称	型式	罩子尺寸比例	排气量计算公式(m^3/s)	备注
上部伞形集气罩	冷态	按操作要求	侧面无围挡时 $V=1.4PHv_x$ 两侧有围挡时 $V=(W+B)Hv_x$ 三侧有围挡时 $V=WHv_x$ 或 $V=BHv_x$	P—槽口周长，m；W—罩口长度，m；B—罩口宽度，m；$V_x=0.25\sim2.5$m/s；$\zeta=0.25$；H—污染源至罩口距离
	热态	低悬罩($H<1.5\sqrt{A}$)；圆形 $D=d+0.5H$；矩形 $W=W+0.5H$，$B=b+0.5H$	圆形罩 $V=167D^{2.33}\cdot(\Delta t)^{5/12}$，$m^3/h$；矩形罩 $V=211B^{3/4}\cdot(\Delta t)^{5/12}$，$m^3/(h\cdot m$ 长罩子)	D—罩子实际罩口直径，m；Δt—热源与周围空气温度差，℃；A—热源水平投影面积，m^2；B—罩子的实际罩口宽度，m；W—罩子长度
		高悬罩($H>1.5\sqrt{A}$)；圆形 $D=D_0+0.8H$	$V=v_0F_0+v'(F-F_0)$ $v_0=\dfrac{0.087f^{1/3}\cdot(\Delta t)^{5/12}}{(H')^{1/4}}$ $F_0=\pi D_0/4$ $D_0=0.433(H')^{0.8}$ $H'=H+2d$ $F=\pi D^2/4$	F—实际罩口面积，m^2；F_0—罩口处热气流断面积，m^2；v'—通过罩口过剩面积的气流速度，0.5～0.75 m/s；d—热源直径，m；f—水平向上的热源的水平面积；Δt—热源与周围空气温度差，℃；D_0—罩口处热气流的直径
下部伞形集气罩	冷态	按操作要求	$V=(10x^2+F)v_x$	F—罩口面积，m^2
槽边侧集罩	设在台上或槽上无边缝口罩	$h/B\leqslant0.2$	$V=BWC$ 或 $V=2.8(BW)v_x$	h—按罩口速度 $v_x=10$m/s 确定；C—风量系数，在 0.25～2.5$m^3/(m^2\cdot s)$范围内变化，一般采取0.75～1.25m/s；$\zeta=2.34$
半密闭罩	箱式		$V=Fv$	罩口面积 $F=W\cdot H$，m^2；v—罩口速度，m/s
	排气柜		用于热态时 $V=4.86\sqrt[3]{hqF}$；用于冷态时 $V=Fv$	h—工作口高度，m；q—柜内发热量，kW/s；F—工作口面积，m^2；v—工作口平均速度0.5～1.5m/s
密闭罩	整体密闭罩		$V=Fv$	F—缝隙面积；v—缝隙风速≈5m/s
吹吸罩	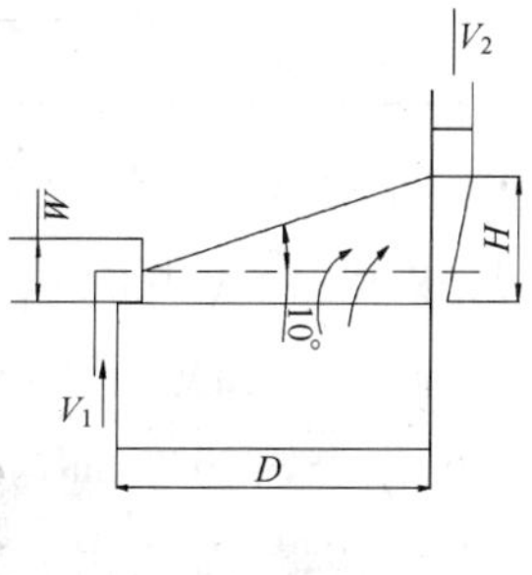		H—集气罩高度 $=D\tan10°=0.18D$，m；$V_1=\dfrac{1}{DE}V_2$；D—射流长度，m；E—进入系数；V_2—1830～2750$m^3/(h\cdot m^2$ 槽面)；W—按喷口速度5～10m/s 确定	射流长度 D(m) / 进入系数 E： <2.5 — 2.0 2.5～5.0 — 1.4 5.0～7.5 — 1.0 >7.5 — 0.7

集气罩的压力损失一般表示如式(5－13)所示。

$$\Delta p=\zeta p_v=\zeta\frac{\rho v^2}{2}\quad(\mathrm{Pa})\tag{5-13}$$

压力损失系数可参考表5－20确定。

集气罩的压损系数表 **表5－20**

罩子名称	喇叭口	圆台或天圆地方	圆台或天圆地方	管道端头	有边管道端头
罩子形状	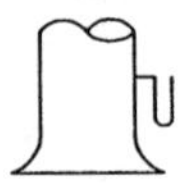		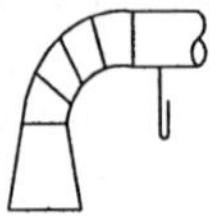	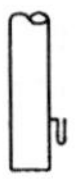	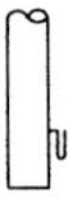
压损系数ζ	0.04	0.235	0.49	0.93	0.49
罩子名称	有弯头的管道接口	有弯头有边的管道端头	有格栅的下吸罩	砂轮罩	
罩子形状	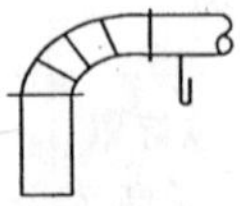	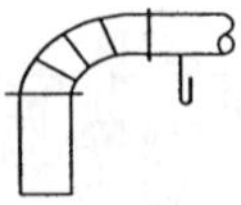	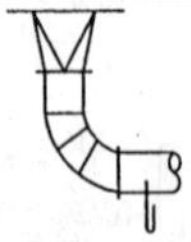		
压损系数ζ	1.61	0.825	0.49	0.56	

5.5.2 污水厂集气罩常用型式

污水厂构筑物一般比较大，为减少设计集气量，一般采用密闭罩的集气罩型式。密闭加盖方式可分为构筑物全封闭式的加高盖和只对敞口部分加矮盖方式。两种方式比较如下：

（1）加高盖，具体做法是在需加盖的构筑物上加一个高度约2～2.5m的大盖，将所有的池面、走道、设备均罩在里面，四周用板封闭。

（2）加矮盖，具体做法是在构筑物水面上加一个高度不超过1m的盖，将所有的走道、设备均露在盖外，仅将污水水面罩住。

对两种加盖型式的比较如表5－21所示。在条件允许的情况下建议尽可能加矮盖。

加盖方案比较表 **表5－21**

	加 高 盖	加 矮 盖
加盖投资	加盖面积大、空间大、投资费用高	加盖面积小，空间小，投资费用低
除臭设备投资	加盖除臭总气量大，除臭设备费用高	加盖除臭总气量小，除臭设备费用低
操作管理	将走道、设备均罩在里面，运行操作管理环境差，操作管理不便	将走道、设备均露在罩外，运行操作管理环境较好，操作管理方便
对设备影响	对设备腐蚀严重，使用寿命短	对设备基本没有腐蚀，延长了设备使用寿命

目前常用的集气罩分别如图5－9～图5－15所示。

（1）当构筑物为圆形时，如污泥浓缩池等，可采用图5－9和图5－10所示的集气罩，图5－9所示的圆槽集气罩采用玻璃钢制作，易于和金属结合作业，采用的弧形结构具有足够的强度，可耐风压和积雪荷载，可做大跨度集气罩，国外已有应用于ϕ23000mm构筑物的实例；图5－10所示为钢支撑反吊氟碳纤膜集气罩（简称索膜集气罩），该集气罩采用了抗腐蚀能力较强的氟碳纤膜将构筑物罩住，钢结构在外侧将氟碳纤膜悬吊，可防止恶臭气体对钢结构造成腐蚀的问题，可用于大跨度的构筑物，具有自重轻、结构多样、造型美观的优势，但与玻璃钢材料相比，造价偏高，使用年限偏短。

图5-9 玻璃钢圆槽集气罩布置图

图5-10 索膜集气罩布置图

（2）当构筑物需要经常检查维护时，可采用图5-11和图5-12所示的可移动式集气罩。图5-11所示的滑动式集气罩下部有门轴，地面铺轨道，可推拉式滑动，但具有气密性不完全的缺点；图5-12所示的电动开关式集气罩目前在国外也已被较多地采用，也可设计成手动式。

图5-11 滑动式集气罩布置图

图5-12 电动开关式集气罩布置图

（3）当机械设备较大时，如格栅井等，可采用图5-13所示的集气室，缺点是外形较大，造价相应会有所上升，而且当在室内操作时，需要增加室内的换气比。

图5-13 大设备集气室布置图

（4）当构筑物为地埋式或污水渠道等，可采用图5-14和图5-15所示的组装式集气板进行覆盖，以玻璃钢材料制作，其周围和中间均以加固材料加固，因此工作人员在上面行走也没关系。

图5-14 组装式集气板布置图

图5-15 室内双层集气罩布置图

总之，针对不同型式的构筑物，需因地制宜，选择相应的集气罩型式。

目前常用材料的性能和经济性对比如表5－22和图5－16所示，根据对比结果，推荐尽可能采用玻璃钢材料。

玻璃钢材料也是目前最常用的集气罩材料，它具有美观、耐腐、抗候、轻便、可拆卸、气密性好等综合特征，并阻燃和抗静电。玻璃钢的色彩可以与材料形成本色，所以不会脱落，而且耐光性好，可以被制成各种颜色和形状的产品。利用成型的玻璃钢集气罩，在确保轻便、美观的同时，还保证了密闭系统的强度要求。

常用集气罩材料的性能对比表 表5－22

材料	耐腐性	造价	强度	抗老化性	热膨胀系数	使用年限
不锈钢	较好	很高	较高	很好	较低	>30年
玻璃钢	较好	较高	较高	很好	较低	25年左右
PVC	较好	较低	一般	较差	较高	10年左右
彩钢板	较好	较低	较低	较差	较高	3～5年
氟碳纤膜	较好	较高	较高	较好	一般	10～15年

5.5.3 集气罩基本技术要求

(1) 考虑拆卸和人工搬运，盖板分成小块制作。

(2) 集气罩与集气罩之间、集气罩与水池顶面之间连接处应密封连接，防止恶臭气体泄露。

(3) 集气罩考虑承受安装人员的质量，集气罩整体荷载不低于200kg/块。

(4) 集气罩考虑抗老化性能和抗弯曲荷载；集气罩除采用拱形结构形状外，集气罩上的凹凸形状加强筋和侧面两道法兰边加强，确保集气罩长期使用不变形。

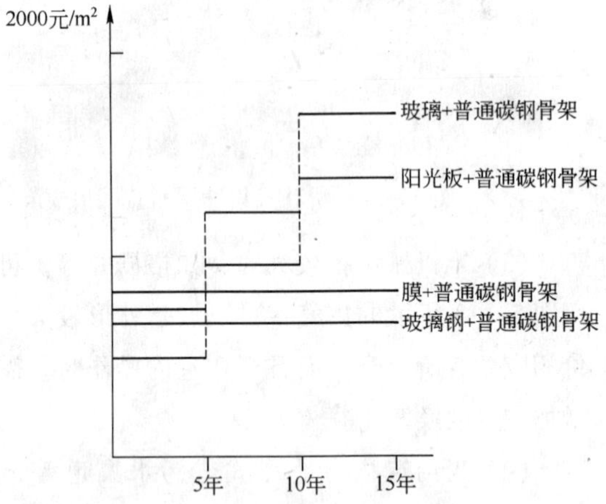

图5－16 各种集气罩材料的经济性分析图(15年周期)

(5) 集气罩应具有良好的泻水性，风阻小的特点。

(6) 集气罩的整体使用寿命不低于10年。

(7) 进水口及溶解测定仪位置的盖板上开检修孔和操作孔，每条沟两端的侧封板上均设一扇观察小门。

(8) 装排气管道的集气罩在承受排气管道及其支撑件质量的同时，还能承受两个安装人员的质量。

(9) 玻璃钢集气罩采用拱形结构凹凸形状，每块与每块之间的连接采用凹凸槽搭接，搭接处采用软丁腈橡胶密封，拱顶部分不采用螺栓等连接件；拱形结构应保证在使用期内不产生变形下沉、断裂；集气罩与池边用膨胀螺栓连接，集气罩边与池上口之间采用厚为10mm的橡胶板做密封，池边上口先用混凝土结面找平。

（10）集气罩材料应满足相关的材料标准要求。玻璃钢制品性能指标如表5－23所示。玻璃钢集气罩还应进行荷载人工试验，如图5－17所示。

玻璃钢制品性能指标表　　表5－23

项　目	单　位	数　据	测试执行标准
密　度	g/cm^3	1.6～2.2	GB 1463
抗拉强度	MPa	>215.8	GB 1447
弯曲强度	MPa	>147	GB/T 1449—83
巴氏硬度		≥35	GB 3854
热变形温度	℃	<200	GB/T 1634—79
固 化 度	%	>85	GB/T 2576—89
树脂含量	%	45～70	GB/T 2577—89
耐 硫 酸	%	25	GB 3857
耐 盐 酸	%	10	GB 3857
耐 硝 酸	%	5	GB 3857
耐氢氧化钠	%	5	GB 3857

图5－17　玻璃钢集气罩荷载人工试验图

5.6 恶臭气体输送

恶臭气体的输送包括管道系统和动力设备系统，是除臭工程设计中不可缺少的组成部分。合理的设计、施工和使用，不仅能充分发挥控制装置的效能，而且直接关系到设计和运行的经济合理性。

5.6.1 恶臭气体管道输送系统

1. 管道布置的一般原则

管道的布置需要遵循以下原则：

（1）管道敷设分明装和暗设，应尽量明装，采用架空敷设方式。

（2）布置管道时，对所有管线统一考虑，统一布置，力求简单、紧凑，安装、操作和检修方便，并使管路短，占地和空间少，投资省，在可能的条件下做到整齐、美观。

（3）管道应尽量集中成列、平行敷设，并应尽量沿墙或柱子敷设。

（4）管道与梁、柱、墙、设备及管道之间保持一定的距离，以满足施工、运行、检修和热胀冷缩的要求：管道外壁距墙的距离不小于150～200mm；管道距梁、柱、设备的距离可比距墙的距离减少50mm，但该处不应有焊接接头；两根管道平行布置时，管道外表面的间距不小于150～200mm。

（5）通风系统各并联管段间的压力损失相对差额不大于15%，必要时采用阀门调节。

（6）风管的压力损失在计算以后，应附加10%～15%的余量。

(7) 风管尽量采用圆形截面，其截面尺寸推荐按现行《全国通用风管道计算表》选用。

(8) 为排除风管内壁可能出现的凝结水，水平管道应有一定的坡度，以便于放气、放水、疏水和防止积尘，一般坡度为0.002~0.005。在风管最低点的底部设专用排水管道就近接至附近污水管道，以便在必要时排出冷凝水。

(9) 当集气罩(即排气点)较多时，即可以全部集中在一个净化系统中(称为集中式净化系统)，也可以分为几个净化系统(称为分散式净化系统)。同一个污染源的一个或几个排气点设计成一个净化系统，称为单一净化系统。

(10) 管道应尽量避免遮挡室内采光和妨碍门窗的启闭；应避免通过电动机、配电盘、仪表盘的上空；应不妨碍设备、管件、阀门和人孔的操作和检修；应不妨碍吊车的工作。

(11) 管道跨越人行横道时，与地面净距不应小于2m；跨越公路时，不得小于4.5m；跨越铁路时，与铁轨面净距不得小于6m。

(12) 管道与阀门的质量不宜支撑在设备上，而应设支、吊架。保温管道的支架上应设管托。

(13) 在以焊接为主要连接方式的管道中，应设置足够数量的法兰连接处；在以螺纹连接为主的管道中，应设置足够数量的活接头，特别是阀门附近，以便于安装、拆卸和检修。

(14) 管道的焊缝位置一般应布置在施工方便和受力较小的地方。焊缝不得位于支架处。焊缝与支架的距离不应小于管径，至少不得小于200mm。两焊口的距离不应小于200mm。穿过墙壁和楼板的一段管道内不得有焊缝。

2. 风管支架设计

风管支架的设计参考国家建筑标准设计图集《风管支吊架》(03K132)和《通风管道技术规程》(JGJ 141—2004)(J 363—2004)进行。

斜撑型钢支架的设计要求如下：

(1) 玻璃钢风管水平安装横担选用如表5-24所示规格的角钢或槽钢。

(2) 玻璃钢风管水平安装支吊架最大间距应符合表5-25的规定。

无机玻璃钢风管水平安装的横担规格表　表5-24

管径(mm)	≤630	≤1000
角钢横担	∟25×3	∟40×4
槽钢横担	[40×20×1.5	[40×20×1.5

无机玻璃钢风管水平安装的支吊架间距表　表5-25

管径(mm)	≤400	≤1000
最大间距(mm)	≤4000	≤3000

(3) 支吊架均避开风口处或阀门、检查门和其他操作部位，距离风口或插接管不宜小于200mm。

(4) 风管垂直支架间距应小于或等于3000mm，每跟垂直风管不应小于2个支架。

(5) 风管的托座和抱箍所采用的扁钢不应小于30×4，托座和抱箍的圆弧应均匀且与风管的外径一致，托架的弧长应大于风管外周长的1/3；抱箍支架的紧固折角应平直，抱箍应箍紧风管。

(6) 风管安装后，支、吊架受力应均匀，且无明显变形，吊架的横担挠度应小于9mm。

（7）每20m设置至少一个防止风管摆动的固定支架。

3. 管径选择

要使得管道系统设计经济合理，必须选择适当的流速，使投资和运行费的总和为最小，防止磨损、噪声和粉尘沉降和堵塞。在已知流量和预先选取流速时，管道内径可按式(5－14)计算。

$$d = 18.8\sqrt{\frac{V}{v}} \tag{5-14}$$

式中：d——管径，mm；

V——体积流量，m^3/h；

v——管内平均流速，m/s。

管径的选择主要在于选取合适的流速，使其技术经济合理。

一般的恶臭气体收集管道不需要考虑粉尘沉降问题，其风速可按表5－26选定。

一般通风系统风管内风速表(m/s) **表5－26**

风管类型	塑料风管	砖及混凝土风道	风管类型	塑料风管	砖及混凝土风道
干　管	6～14	4～12	支　管	2～8	2～6

4. 管内压力损失计算

恶臭气体的流动一般可视为单相流，单相流管道系统内的流体总压力损失可按式(5－15)～式(5－19)计算。

$$\Delta p = \Delta p_{\mathrm{H}} + \Delta p_{\mathrm{v}} + \Delta p_l + \Delta p_{\mathrm{m}} + \sum \Delta p_i \tag{5-15}$$

$$\Delta p_{\mathrm{H}} = (H_2 - H_1)\rho g \tag{5-16}$$

$$\Delta p_{\mathrm{v}} = \frac{\rho v_0^2}{2} \tag{5-17}$$

$$\Delta p_l = l\frac{\lambda}{4R}\cdot\frac{\rho v^2}{2} = lR_l \tag{5-18}$$

$$\Delta p_{\mathrm{m}} = \zeta\frac{\rho v^2}{2} \tag{5-19}$$

式中：Δp_{H}——上升管静压压力损失；

Δp_{v}——加速度压力损失，或称自由水头；

Δp_l——摩擦压力损失，或称沿程压力损失；

Δp_{m}——局部压力损失；

$\sum \Delta p_i$——各种设备压力损失之和，包括净化设备和集气罩等；

H_1——管道始端的标高，m；

H_2——管道终端的标高，m；

g——9.81m/s^2；

R_l——单位长度(m)管道的摩擦压力损失，Pa/m；

λ——摩擦压损系数，需要计算或查图表；

v——管道内流体的断面平均流速，m/s；

R——管道的水力半径，m；$R=\frac{A}{x}$，A 为流体断面积，m^2，x 为润湿周边，m；

ζ——局部阻力系数。

因为气体密度很小，所以 Δp_H 和 Δp_v 值皆很小可忽略不计。

5. 风管系统设计

由于风管管路系统较长、管配件较多，恶臭气体在经过各管路进行输送时不可避免地会产生压力损失，因此，各并联支管间有必要进行阻力平衡计算，使得各并联支路间的压力差不超过15%。

5.6.2 动力设备系统

1. 动力设备的选择

根据输送气体的性质和风量范围，确定所选通风机的类型，例如，输送清洁空气时可选用一般通风机，在城镇污水厂除臭系统中，由于恶臭气体含有一定的腐蚀性，应选用防腐蚀通风机。

通风机类型确定后，即可以根据管道系统的总风量和总压损来确定选择通风机时所需的风量和风压。

选择通风机的风量应按式(5-20)计算：

$$Q_0=(1+K_1)Q \tag{5-20}$$

式中：Q_0——通风机风量，m^3/h；

Q——管道系统总风量，m^3/h；

K_1——考虑系统漏风所采用的安全系数，一般管道系统取0~0.1。

选择通风机的风压按式(5-21)计算：

$$\Delta p_0=(1+K_2)\Delta p\frac{\rho_0}{\rho}=(1+K_2)\Delta p\frac{Tp_0}{T_0p} \tag{5-21}$$

式中：Δp_0——通风机风压，Pa；

Δp——管道系统的总压力损失，Pa；

K_2——考虑管道系统压损计算误差等所采用的安全系数，一般管道取0.1~0.15；

ρ_0，p_0，T_0——通风机性能表中给出的空气密度、压力和温度；

ρ，p，T——运行工况下管道系统总压力损失计算中采用的气体密度、压力和温度。

计算出 Q_0 和 p_0 后，可按通风机产品给出的性能曲线或表格选择所需通风机的型号。

所需电动机的功率可按式(5-22)计算。

$$N_e=\frac{Q_0\Delta p_0K}{3600\times1000\eta_1\eta_2} \tag{5-22}$$

式中：N_e——电动机功率，kW；

K——电动机容量贮备系数，对于通风机，电动机功率为2~5kW时取1.2，大于5kW时取1.3；对于引风机取1.3，取值详见表5-27；

η_1——通风机全压功率，可从通风机样本查得，一般为0.5～0.7；

η_2——机械传动效率，对于直联传动为1，联轴器直接传动为0.98，三角皮带传动(滚动轴承)为0.95。

通风机电机容量贮备系数表 **表5－27**

轴功率	电机容量贮备系数 K	轴功率	电机容量贮备系数 K
<0.5	1.5	2～5	1.2
0.5～1	1.4	>5	1.15
1～2	1.3		

由于污水处理构筑物内的污水具有一定的温度，因此溢散的恶臭气体一般认为是水蒸气饱和气体。其次恶臭气体在输送过程中的压缩作用，易产生水珠，如进风机口前不安装除雾或除水器，则易造成风机进水，影响风机的正常运行。因此，风机进口前应安装除雾或除水设备。

风机底部一般需设隔振基座，若风机为户外型，同时还需设隔声箱以防止噪声，根据《工业企业设计卫生标准》（GBZ 1—2002），噪声不应超过85dB。

2. 风机位置选择

（1）前置风机

对恶臭气体进行完全收集是有效控制恶臭的前提。一般来说，常用的恶臭收集方法是在覆盖以后由通风机将外部空气打入内部，通过强制排风，将恶臭气体送入后续处理构筑物或高空排放。该方法的缺点是：

1）对收集系统、处理系统和相应管路系统的密封性要求强，否则恶臭气体容易从缝隙处外溢，以污水收集系统常见的致臭物质 H_2S 为例，其嗅阈值仅为 0.0005×10^{-6}(0.0005ppm)，只要有少量的恶臭物质泄露，必然会引起恶臭问题；

2）通风量大，造成后续处理构筑物体积庞大，投资增加，运行费用也高。

（2）后置风机

覆盖以后，在后置通风机的抽吸下，污水液位上部形成一定程度的微负压，恶臭气体不仅无法外溢，外面的空气反而会受内外压差的作用从预留呼吸阀处进入覆盖板下面，这样，恶臭不可能向外泄露。

5.7 恶臭气体处理

恶臭气体的处理一般有燃烧除臭、化学氧化除臭、洗涤除臭、吸附除臭、生物除臭和其他物化除臭等技术。

5.7.1 燃烧除臭

燃烧除臭有直接燃烧法和催化燃烧法两种。

1. 直接燃烧法

直接燃烧法一般将燃料气与恶臭气体充分混合，在600～1000℃下，实现完全燃烧，使最终产物均为CO_2和水蒸气，使用本法时要保证完全燃烧，否则部分氧化可能会增加臭味。进行直接燃烧必须具备以下三个条件：

（1）恶臭物质与高温燃烧气体在瞬间内进行充分的混合。

（2）保持恶臭气体所必须的燃烧温度，一般为700～800℃。

（3）保证恶臭气体全部分解所需的停留时间，一般为0.3～0.5s。

直接燃烧法适于处理气量不太大、浓度高、温度高的恶臭气体，其处理效果是比较理想的，同时燃烧时产生的大量热还可通过热交换器进行废热的有效利用。但是它的缺点就是需要消耗一定的燃料。

2. 催化燃烧法

使用催化剂，恶臭气体与燃烧气的混合气体在200～400℃发生氧化反应以去除恶臭气体，催化燃烧法的特点是装置容积小，装置材料和热膨胀问题容易解决，操作温度低，节约燃料，不会引起二次污染等。缺点是只能处理低浓度恶臭气体，催化剂易中毒和老化等。

图5－18所示是常见的燃烧除臭塔。

图5－18 燃烧除臭塔布置图

5.7.2 化学氧化除臭

直接燃烧法和催化燃烧法均属于空气氧化法，而化学氧化法则是利用氧化剂如臭氧、高锰酸钾、次氯酸盐、氯气等物质氧化恶臭物质，使之变成无臭或少臭的物质。

恶臭物质氮、三甲胺、硫化氢等采用臭氧处理和水洗处理可除去恶臭气体85%，但氨只能去除50%左右，因此仅用臭氧处理还不够，还必须进行水洗处理方能达到良好的效果。

图5－19为化学氧化法原理示意和反应器外形图。

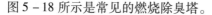

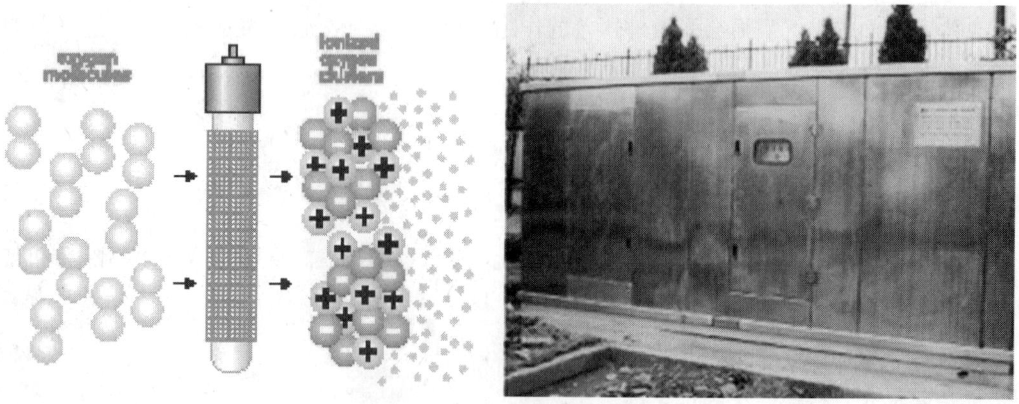

图5－19 化学氧化反应器原理和外形图

5.7.3 洗涤除臭

1. 洗涤除臭原理

洗涤法的原理是通过气液接触，使气相中的污染物成分转移到液相中，传质效率主要由气液两相之间的亨利常数和两者间的接触时间确定。使用洗涤法去除气体中的含硫污染物(如H_2S、CH_3SH)时，可在水中加入碱性物质以提高洗涤液的pH或加入氧化剂以增加污染物在液相中的溶解度，洗涤过程通常在填充塔中进行，以增加气液接触机会，化学洗涤器的主要设计是通过气、水和化学物(视需要)的接触对恶臭气体物质进行氧化或截获。主要的形式有单级反向流填料塔、反向流喷射吸收器、交叉流洗脱器。在大多数的单级洗脱器中，洗脱液通常循环使用。常用的氧化洗脱液有次氯酸钠、高锰酸钾和过氧化氢溶液。由于安全和操作问题，一般氯气不太常用。当恶臭气体中的硫化氢浓度比较高时，氢氧化钠也被用作洗脱液。

根据洗涤液的种类，洗涤法可分成碱液洗涤、氧化洗涤和催化洗涤等几种。

(1) 碱液洗涤

当臭废气中的污染物成分主要为硫化氢时，该法十分有效，硫化氢溶入液相中发生式(5-23)和式(5-24)反应：

$$H_2S + H_2O \longrightarrow HS^- + H_3O^+ \quad pK\hat{a} = 7.04(25℃) \tag{5-23}$$

$$HS^- + H_2O \longrightarrow S^{2-} + HO^+ \quad pK\hat{a} = 11.96(25℃) \tag{5-24}$$

由pKâ值可看出，当pH=8~11时，大部分反应如式(5-23)，当pH继续升高到11以上时，则式(5-24)的反应占优势，本法同样可用于甲硫醇的去除，当pH大于11时，甲基硫醇将发生式(5-25)的反应：

$$CH_3SH + H_2O \longrightarrow CH_3S^- + H_3O^+ \quad pK\hat{a} = 9.70(25℃) \tag{5-25}$$

但当气体中的二氧化碳浓度较高时，会发生式(5-26)和式(5-27)的副反应，导致处理成本增高：

$$H_2CO_3 \longrightarrow HCO_3^- + H^+ \tag{5-26}$$

$$HCO_3^- \longrightarrow CO_3^{2-} + H^+ \quad pK\hat{a} = 10.25(25℃) \tag{5-27}$$

Mansfield研究指出，使用碱液洗涤法去除气体中的硫化氢时，由于空气中二氧化碳存在的关系，真正用于去除硫化氢的碱液只有约44%；本法还有一个缺点，当pH大于10时，会在洗涤液中形成碳酸钙及碳酸镁沉淀物造成洗涤塔滤料和喷嘴的堵塞。

(2) 氧化洗涤

氧化洗涤液主要为次氯酸盐，随着水中pH的不同，会形成次氯酸盐(ClO，pH>6)、次氯酸(HClO，pH=2~6)、氯(Cl_2，pH<2)等形式。以pH=9~10为例，硫化氢会发生式(5-28)和式(5-29)的反应：

$$H_2S + 4NaOCl \longrightarrow 4NaCl + H_2SO_4 \tag{5-28}$$

$$H_2S + NaOCl \longrightarrow NaCl + H_2O + S \tag{5-29}$$

本法洗涤液的pH需控制在9以下，基本上没有上述因二氧化碳溶入液相中而导致沉淀的问题，由于次氯酸具有很强的氧化性，可同时去除其他一些有机污染物。

对高锰酸钾会发生式(5-30)和式(5-31)的反应：

$$3H_2S+2KMnO_4 \longrightarrow 3S+2KOH+2MnO_2+2H_2O(\text{酸性 pH}) \quad (5-30)$$

$$3H_2S+8KMnO_4 \longrightarrow 3K_2SO_4+2KOH+8MnO_2+2H_2O(\text{基本 pH}) \quad (5-31)$$

对过氧化氢会发生式(5-32)的反应：

$$H_2S+H_2O_2 \longrightarrow S\downarrow+2H_2O(pH<8.5) \quad (5-32)$$

在式(5-28)中，每1mg/L硫化氢需要8.74mg/L的次氯酸钠，如果硫化氢以硫表示，则为9.29mg/L。另外，每1mg/L硫化氢还需2.35mg/L的氢氧化钠以补偿反应消耗的碱度。在实际操作中，按式(5-28)反应所需的次氯酸钠投加量为去除每1mg/L硫化氢8~10mg/L。按式(5-29)反应所需的次氯酸钠投加量为去除每1mg/L硫化氢2.19mg/L。

当采用高锰酸钾时，反应通常按照式(5-30)和式(5-31)进行。其反应产物根据处理污水的成分包括元素硫、硫酸盐、硫代硫酸盐、连二硫酸盐和硫化锰等。对于式(5-30)和式(5-31)去除每1mg/L硫化氢分别需要2.8mg/L和11.1mg/L的高锰酸钾。在实际操作中，氧化每1mg/L硫化氢分别需要6~7mg/L的高锰酸钾。因为其价格较高，高锰酸钾通常只用在小规模的场合。

在式(5-32)的反应中，去除每1mg/L硫化氢需要1.0mg/L的过氧化氢。在实际操作中，过氧化氢的投加量为每1mg/L硫化氢需要1~4mg/L的过氧化氢。

(3) 催化洗涤

一般空气中的硫化氢溶入水中后，会被水中的溶解氧氧化，但若没有催化剂存在时，上述反应速率极慢。本法主要是在催化剂(如Fe^{3+})存在的情况下，利用氧气将硫化氢氧化，Mansfield et al. 在其研究中使用的洗涤液，铁离子以类似于EDTA有机螯合物的形态存在，加速将硫化氢氧化成硫，反应如式(5-33)和式(5-34)所示：

$$H_2S+2[Fe^{3+}] \longrightarrow S+2[Fe^{2+}]+2H^+ \quad (5-33)$$

$$2[Fe^{2+}]+0.5O_2+2H^+ \longrightarrow 2[Fe^{3+}]+H_2O \quad (5-34)$$

药剂可使用$Fe_2(SO_4)_3$，以其研究结果为例，当硫化氢浓度在$(20\sim190)\times10^{-6}$(20~190ppm)，水中最适合pH为8.5~9.0，铁离子浓度为$(200\sim250)\times10^{-6}$(200~250ppm)时，本法的去除率可达96%，去除1kg硫化氢所需化学药剂的成本只需0.96ECU，成本远低于其他两种洗涤法。

由于上述各个反应的复杂性，特别是有竞争反应存在时，实际的投加量应通过试验确定。

当恶臭气体中的其他气体很少时，次氯酸钠洗涤器能有效去除可氧化的恶臭气体。表5-28是单级洗涤塔的典型恶臭气体去除率。当洗涤塔的出气浓度高于期望值时，可采用多级系统。为了减少洗涤塔中的沉淀，补偿水的硬度应小于50mg/L(以$CaCO_3$计)。

次氯酸钠洗涤塔对恶臭气体的去除率表　　表5-28

气体名称	去除效率(%)	气体名称	去除效率(%)
硫化氢	98	硫醇	90
氨气	98	其他可氧化物	70~90
二氧化硫	95		

2. 洗涤除臭反应器

典型的洗涤除臭反应器如图5－20所示。

图5－20　典型的洗涤除臭反应器图

洗涤除臭反应器一般设计成填料塔的型式。填料塔内充以某种特定形状的固体物填料，以构成填料层，填料层是塔内实现气、液接触的有效部位。填料层的空隙体积所占比例颇大，气体在填料间隙所形成的曲折通道中流过，提高了湍动程度；单位体积填料层内有大量的固体表面，液体分布于填料表面呈膜状流，增大了气液之间的接触面积。

填料塔内的气、液两相流动方式，原则上可为逆流也可为并流。一般情况下塔内液体作为分散相，总是靠重力作用自上而下地流动；气体靠压强差的作用流经全塔，逆流时气体自塔底进入、自塔顶排出，并流时则相反。在对等的条件下，逆流方式可获得较大的平均推动力，因而能有效地提高过程速率。从另一方面来讲，逆流时，降至塔底的液体恰好与刚进塔的混合气体接触，有利于提高出塔吸收液的浓度，从而减小吸收剂的耗用量；升至塔顶的气体恰与刚刚进塔的吸收剂相接触，有利于降低出塔气体的浓度，从而提高溶质的吸收率。所以，吸收塔通常都采用逆流操作。

吸收塔的工艺计算，在选定吸收剂的基础上确定吸收剂用量，继而计算塔的主要工艺尺寸，包括塔径和塔的有效段高度。凭借气液传质设备内的流体力学性能，确定适宜的空塔气速。

在逆流操作的填料塔内，液体从塔顶喷淋下来，依靠重力在填料表面作膜状流动，液膜与填料表面的摩擦及液膜与上升气体的摩擦构成了液膜流动的阻力。因此液膜的厚度取决于液体和气体的流动。液体流量越大，液膜越厚；当液体流量一定时，上升气体的流量越大，液膜也越厚。液膜的厚度直接影响到气体通过填料层的压强降、液泛速度及塔内液体的持液量等流体力学性能。

3. 洗涤除臭反应器设计参数

气液比和气体停留时间(Gas Resistant Time，GRT)是影响水洗效果的两个关键因素。

洗涤吸附效率由平衡条件所限制。液气流量比率是重要因素，因为增加液气比率将减少传递单元设备。气流速度受液流速度限制，取决于气体和洗涤塔的物理性能，通常最佳气速约为50%～70%的液流速。洗涤设计的一个最重要参数是气液接触面积。

通常使用的洗涤液为：

(1) 硫组分：碱溶液(NaOH)或更佳碱的氧化液；

(2) 氮组分：酸溶液或更佳酸的氧化液；

(3) 醛、酸和酮：碱的氧化液或有时是弱碱和还原溶液(二硫化钠)。

恶臭气体在不同温度下在水中的溶解度如表5－29所示。

填料塔压力降为1.5～3.3cmH_2O/m填料，液体流速为120～180cm/s。

在填料塔中的气液传递效率取决于臭气的性能和浓度，主要设计参数为：

恶臭气体在不同温度下在水中的溶解度表　　表 5-29

温度(℃)	氨	硫化氢	二氧化硫	温度(℃)	氨	硫化氢	二氧化硫
0	85.6	0.7066	22.83	20	53.1	0.3846	11.28
4	79.6	0.6201	19.98	24	48.2	0.3463	9.76
8	72.0	0.5466	17.40	26			9.06
12	65.1	0.4814	15.09	28	44.0	0.3130	8.43
16	58.7	0.4287	13.05	30			7.80

注：溶解度为100g 水中气体溶解克数，压力为1个大气压。

(1) 液体在填料塔中的雾化程度；

(2) 填料的接触面积，通常为 $100\sim200m^2/m^3$；

(3) 填料的数量，特别是填料的高度，一般为 1～2m；

(4) 气体停留时间(0.5～4s/塔)和气体流速；

(5) 液体和被处理气体的流量关系，约 1～5L 液体/Nm^3 气体；

(6) 洗涤液的 pH(用酸或碱连续调节)和氧化还原电位(通常用氧化剂连续调节)。

5.7.4 吸附除臭

1. 吸附除臭原理

吸附除臭法就是借助多孔固体吸附剂的化学特性和物理特性，使恶臭物质积聚或凝缩在其表面上而达到分离目的的一种除臭方法。吸附除臭在环境工程领域的应用非常广泛，其技术关键在于吸附剂应具有较大的吸附容量和较快的吸附速率。吸附除臭法可以分为物理吸附和化学吸附。

目前国内外应用最广泛的吸附剂是活性炭。因为活性炭有很高的比表面积，对恶臭物质有较大的平衡吸附量，当待处理气体的相对湿度超过50%时，气体中的水分将大大降低活性炭对恶臭气体的吸附能力，而且由于有竞争性吸附现象，对混合恶臭气体的吸附效果不能彻底。为了克服传统活性炭吸附在进气湿度和吸附容量方面的缺陷，研究者利用化学吸附作用或通过加注微量其他气体的途径来提高去除效率。前者的特点是再生性能好，容量大，可以根据应用场合的特点与要求生产出合适的吸附剂，例如浸渍碱(NaOH)可提高 H_2S 和甲硫醇的吸附能力；浸渍磷酸可提高氨和三甲胺的净化性能和吸附效果。注加氨气可提高活性炭床对 H_2S 和甲硫醇的吸附能力，而 CO_2 则可以提高对三甲胺等氨类的去除效果。采用碱液浸渍活性炭曾出现过着火燃烧的情况，原因是新鲜浸渍活性炭的活性很高，在某些情况下，会发出很大的吸附和反应热，造成局部温度过高。

活性炭纤维由于其微孔直接面向气流，表现出良好的吸附性能，因而可采用较短的吸附脱附周期。

设计活性炭吸附除臭系统时，应注意以下几个问题：

(1) 活性炭类型：要求对所需除臭物质有较高的吸附能力，吸附速率快，阻力损失少；

(2) 吸附床形式：易再生，价格低廉；

(3) 恶臭气体预处理：当恶臭气体的浓度较高，成分较为复杂，或恶臭气体中含有粉尘、气溶胶等杂质时，为了保证除臭效果，必须对恶臭气体进行预处理；

（4）吸附温度：一般控制在温度在40℃以下；

（5）吸附热。

迄今活性炭吸附仍然被认为是最有效的除臭方法之一。其特点是对进气流量和浓度的变化适应性强，设备简单，维护管理方便，除臭效果好，且投资不高，尤其适用于低浓度恶臭气体的处理。一般多用于复合恶臭的末级净化。在污水处理厂也可用作初级控制系统，其后可设置其他的方法或者工序来进一步处理。对于一些只是间断运行的排气源的恶臭气体，活性炭可以用来提高过滤器的缓冲能力，从而在设计上大大降低了填料的容积需求。

但是由于活性炭价格较高，处理成本成为限制其广泛应用的主要因素，而且它还不适宜于处理高浓度恶臭气体，每隔一段时间还需要进行吸附剂再生。

在一般所使用的吸附剂中（如硅胶、活性炭、沸石、活性氧化铝、合成树脂），活性炭通常用于吸附气体中的含硫污染物，根据研究，活性炭对于硫化氢的吸附容量约为10kg/m^3；硫化氢被吸附在活性炭表面以后，会发生化学氧化，且活性炭此时也具有催化功能，从而加强对硫化氢的吸附能力。

GAC（颗粒活性炭）对 NH_3 的吸附过程如式（5－35）所示。

$$t=\left(\frac{N_0}{C_0V}\right)X-\frac{1}{KC_0}\ln\left(\frac{C_0}{C_e}-1\right) \tag{5-35}$$

式中：t——运行时间，h；

N_0——吸附能力，mg/L；

C_0——进口 NH_3 浓度，mg/L；

V——水力负荷，cm/h；

X——床层深度，cm；

K——吸附速率常数，L/（mg·h）；

C_e——在泄漏时期望 NH_3 浓度，mg/L。

根据研究，他们所用的颗粒活性炭的吸附能力为0.6mgN/g 干 GAC。

2. 吸附除臭反应器

常见的吸附除臭反应器外形如图5－21所示。

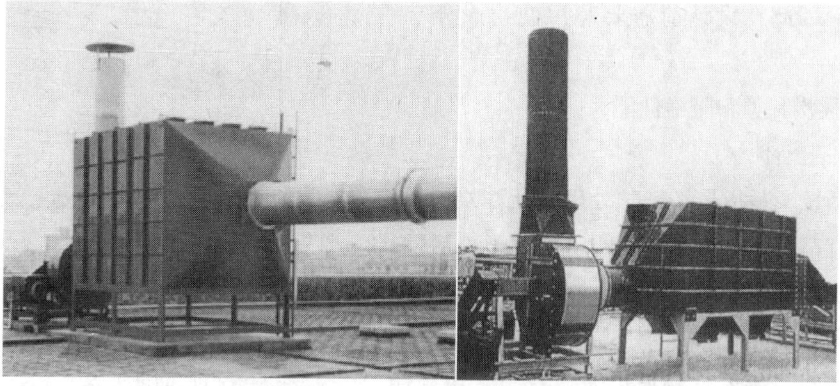

图5－21 吸附除臭反应器外形图

活性炭吸附装置的特征，交换型活性炭吸附装置结构简单、操作容易，而且由于这种方式能够适应的对象非常多，所以实际使用的范围远远超过了其他方法。

（1）吸附除臭反应器的优点

1）对常温下的低浓度恶臭气体，活性炭吸附法最适用；

2）装置的规模不受限制；

3）当进气浓度变化较大时，处理效率影响不大；

4）装置的结构简单，操作容易；

5）安全性好，基本上不产生二次污染；

6）使用的活性炭通过再生可以反复使用；

7）通过把送风机设置在活性炭吸附塔进风一侧的方法，活性炭层能够起到消声器的作用，可以大幅度地抑制噪声。

（2）吸附除臭反应器的注意事项

1）由于应用的气体成分往往在浓度极低的水平上进行，因此实际上求得平衡吸附量非常困难；

2）恶臭气体几乎都不是由单一成分组成的，而是由多种气味物质所构成的复合恶臭气体，文献中的单品阈值只能作参考；

3）除臭技术与工业过程的分离、精制等不同，多数场合含有粉尘、粘附物、湿度等妨碍活性炭吸附的物质，需要进行预处理；

4）恶臭气体湿度高的场合（相对湿度80%以上），活性炭的吸附能力明显下降。一旦结露便几乎失去除臭效果，这时需要除湿或过热以提高露点；

5）活性炭所能吸附的容量有限，处理风量、恶臭气体物质的浓度与所需要活性炭的量成正比例关系，若选择不当，除臭设备将失去实际意义；

6）活性炭一旦达到吸附饱和的状态就需要更换；

7）随污染物的成分不同，活性炭有时起催化作用而生成过氧化物，有时发生化学反应生成妨碍吸附的成分，因此在设计前需要对污染物成分有所了解。

3. 活性炭种类和吸附性能

（1）一般活性炭

一般活性炭是指未经特殊处理的活性炭，用于除臭的所有范围中。图5－22所示是椰子壳活性炭对各种有机溶剂的穿透吸附量。

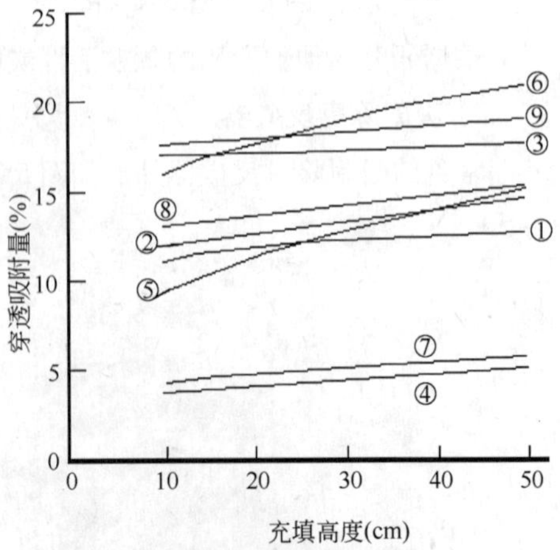

图5－22 椰子壳活性炭对各种有机溶剂的穿透吸附量图

（2）添载活性炭

活性炭对氨等碱性物质以及硫化氢、甲硫醚、醛类等的吸附保持能力小。为了吸附去除这些物质就需要大量的活性炭或者频繁地更换活性炭，缺乏现实性。通过在活性炭上添加化学药剂，以增强它与物理吸附量少的物质之间的化学结合力，或者通过所具有的触媒作用而迅速提高其吸附能力。

添载活性炭在恶臭物质浓度极低的领域能显著地增加物理吸附，它对氨及硫化氢的平衡吸附量增加到几十倍。随着恶臭气体成分的不同，有时需要设计成由这种特殊活性炭组合而成的装置。与普通活性炭相比，添载活性炭的价格大致高 1.5 ~ 2 倍，因此除臭装置的组合方式，需要根据恶臭气体的特性进行综合判断。表 5 – 30 中表示特殊活性炭的种类，图 5 – 23 表示特殊活性炭对有代表性的恶臭气体成分的平衡吸附量。

特殊活性炭的种类表 **表 5 – 30**

活性炭种类	吸附成分	备　注
碱性气体用活性炭	氨，三甲胺	在活性炭上添加酸或者用酸进行处理，附加了离子交换基的特殊活性炭
酸性气体用活性炭	硫化氢，甲基硫醇	添加碱或者卤素系金属盐等，增加了触媒作用的特殊活性炭
中性气体用活性炭	甲硫醚，二甲硫醚	添加卤素系金属盐等化合物，附加了触媒作用的特殊活性炭

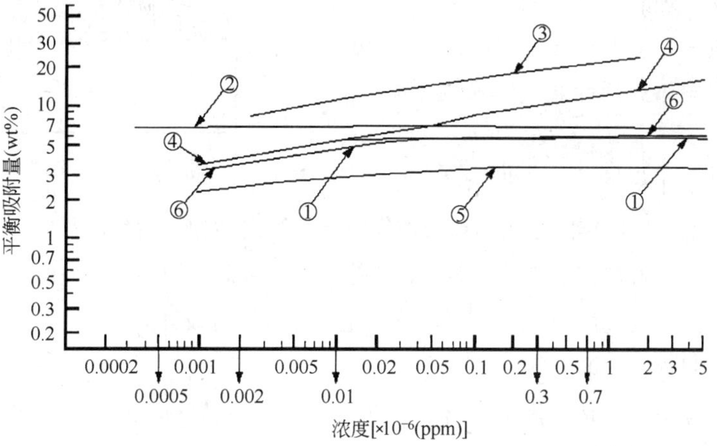

图 5 – 23　特殊活性炭的平衡吸附量图

4. 除臭装置结构

除臭装置的基本形状如图 5 – 24 ~ 图 5 – 26 所示。在选择除臭装置时，要对活性炭的更换频率、操作的方便性、设置位置等进行综合判断。标准的设计数值如下：

（1）活性炭填充层厚度：0.2 ~ 0.5m；

（2）气体表观接触时间：0.5 ~ 2.0s；

（3）气体的通气速度：0.2 ~ 0.4m/s；

（4）通气压力损失：150mmH_2O 以下。

提高气体的通气速度时，压力损失急增，通气速度超过 0.4m/s 时，有时会发生活性炭的流动，应该注意。

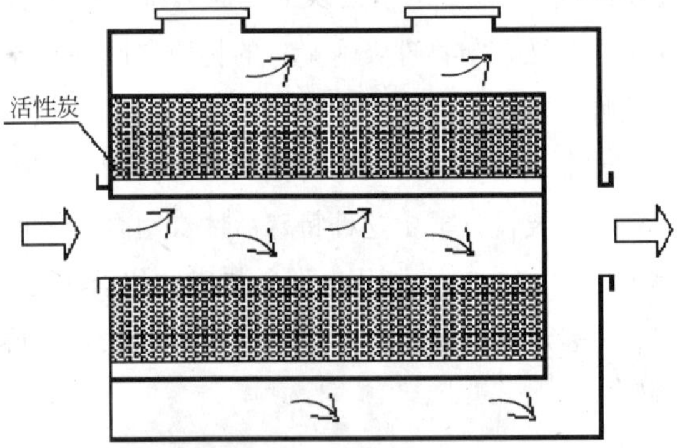

图 5－24 卧式填充反应器图

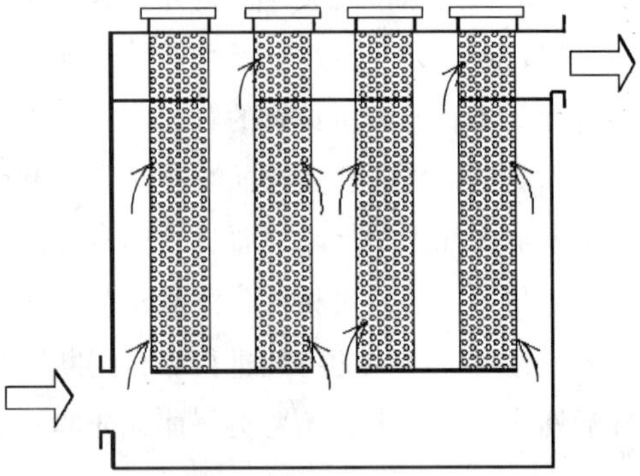

图 5－25 纵式填充反应器图

5. 吸附除臭设计的关键点

(1) 接触顺序

同时去除含硫酸性气体、含氮碱性气体及含硫中性气体的场合，从添载活性炭的安装顺序来说，经常按照“处理酸性气体用活性炭—处理碱性气体用活性炭—处理中性气体用活性炭”的顺序。另外还有“未添载活性炭—添载活性炭”的安装顺序。

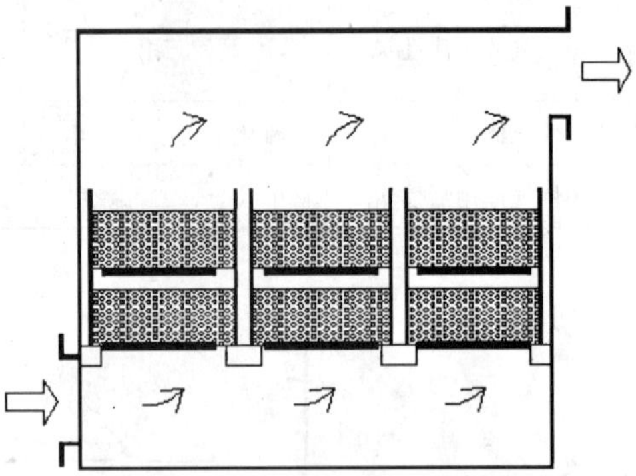

图 5－26 充填滤芯反应器图

(2) 除臭塔设计

为了确保一定的使用年限，用饱和带加吸附带计算出各种吸附剂所需要的数量。饱和带从平衡吸附量求得，吸附带从线速度与穿透浓度等求得。更重要的是，要使用与实际操作中相同的条件(浓度、温度、湿度及吸附速度等)下测定的速度进行设计。

(3) 存在的问题和对策

恶臭气体成分中，含有硫化氢等腐蚀性气体，而且除臭反应过程中往往会生成强酸性物质，因此要格外注意耐腐蚀问题。为了有效地使用活性炭，必须防止偏流和短路，让待处理气体与活性炭能够均匀接触。一般而言恶臭气体成分的总浓度应该控制在 1000×10^{-6} (1000ppm) 以下，不然有可能发生由于反应热导致着火和降低活性炭性能等热故障。由于添载活性炭添加了化学药品，人体与其接触时有必要配备防护用品。

6. 除臭设计方法

(1) 恶臭物质的平衡吸附量

图 5－27 所示是几种活性炭对各种恶臭物质的吸附等温线。恶臭物质以多种成分形式存在的场合，要求能够同时去除。

(2) 压力损失的确定

除臭用活性炭的压力损失如图 5－28 所示。

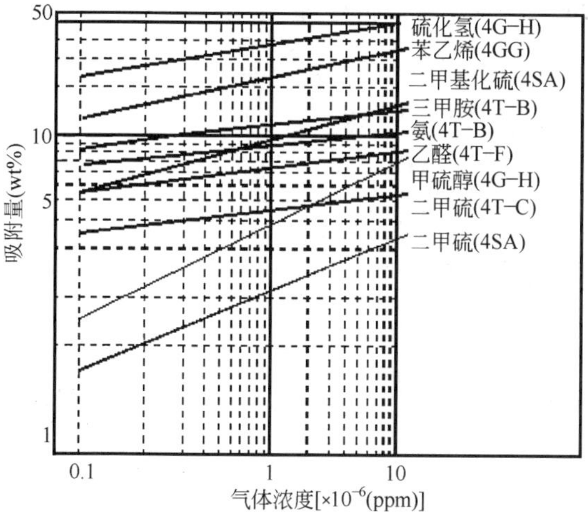

图 5 – 27 活性炭对恶臭物质的吸附等温线(25℃)

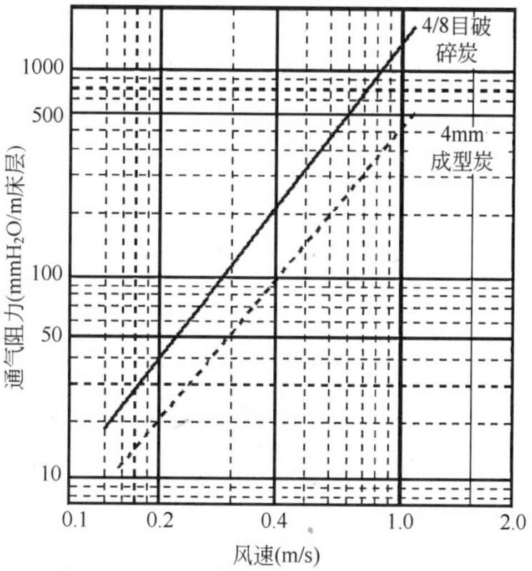

图 5 – 28 除臭用活性炭的压力损失

压力损失受活性炭的颗粒形状、充填状态等影响可以用式(5 – 36)计算:

$$\Delta p = kZU^{1.5} \qquad (5-36)$$

式中:Δp——压力损失,mmH_2O;

Z——活性炭充填层高度,cm;

U——气体的空塔速度,cm/s;

k——常数,10^{-2}s/mm。

(3)平衡吸附量

在一定的浓度范围内,平衡吸附量可以用式(5 – 37)表示。

$$X_i = A \cdot C_i^B \qquad (5-37)$$

式中:X_i——每100g吸附剂的平衡吸附量,g;

C_i——气体浓度,10^{-6}(ppm);

A,B——常数。

从图5 – 27中求得的对各种气体的试验结果如下式(5 – 38)~式(5 – 45)所示:

1)硫化氢: $X_i = 34.0C_i^{0.126}$ (5 – 38)

2)氨: $X_i = 8.3C_i^{0.063}$ (5 – 39)

3)三甲胺: $X_i = 11.0C_i^{0.079}$ (5 – 40)

4)甲基硫醇: $X_i = 2.8C_i^{0.355}$ (5 – 41)

5)甲硫醚: $X_i = 3.4C_i^{0.091}$,$X_i = 1.1C_i^{0.310}$ (5 – 42)

6)二甲硫醚: $X_i = 8.8C_i^{0.199}$ (5 – 43)

7)苯乙烯: $X_i = 21.4C_i^{0.150}$ (5 – 44)

8)乙醛: $X_i = 6.0C_i^{0.086}$ (5 – 45)

(4) 设计计算

除臭用活性炭的吸附，多数场合利用化学反应，因此，穿透带比通常的物理吸附短，可以使用下面的简单方法进行除臭塔的设计计算：

1) 恶臭气体成分量与活性炭的需要量如式(5-46)所示。

$$B = W_1 + W_2 \tag{5-46}$$

式中：B——活性炭需要量，kg；

W_1——根据吸附平衡所需活性炭量，kg；

W_2——根据吸附带长度所需活性炭量，kg。

2) 求对各种恶臭气体成分所需活性炭量 U_i 如式(5-47)所示。

$$U_i = \frac{W_i}{P} \tag{5-47}$$

式中：P——活性炭的充填密度，kg/m³；

U_i——吸附各种恶臭气体所需活性炭量，其中 U_1 为吸附酸性恶臭气体所需活性炭量，U_2 为吸附碱性恶臭气体所需活性炭量，U_3 为吸附中性恶臭气体所需活性炭量，m^3。

3) 吸附带长度所需活性炭量 V_i 如式(5-48)所示。

$$V_i = Z \times S \tag{5-48}$$

式中：V_i——吸附带长度所需活性炭量，m^3；

Z——吸附带长度，$Z = LV(m/s) \times 0.3 \sim 0.8s$，m；

S——活性炭层断面积，m^2。

4) 所需要的活性炭总量 $U_{总}$ 如式(5-49)所示。

$$U_{总} = (U_1 + V_1) + (U_2 + V_2) + (U_3 + V_3) \tag{5-49}$$

$U_{总}$ 是活性炭的最少需要量，根据具体情况，再乘以安全系数1.1~1.3，就可以求出活性炭的最终需要量。

5.7.5 生物除臭

1. 生物除臭原理

国外学者从20世纪50年代便致力于用生物氧化方法处理恶臭物质的研究，而在工业上的最早应用是美国的R. D. Pomeoy进行的，他在1957年申请了利用土壤处理硫化氢的专利。自20世纪80年代以来，各国都十分重视生物除臭技术和原理的研究，并且该研究也成为大气污染控制领域的一个热点课题。

生物除臭是利用固相和固液相反应器中微生物的生命活动降解气流中所携带的恶臭成分，将其转化为臭气浓度比较低或无臭的简单无机物质(如二氧化碳、水和无机盐等)和生物质。生物除臭系统与自然过程较为相似，通常在常温常压下进行，运行时仅需消耗使恶臭物质和微生物相接触的动力费用和少量的调整营养环境的药剂费用，属于资源节约和环境友好型净化技术，总体能耗较低、运行维护费用较少，较少出现二次污染和跨介质污染转移的问题。

就恶臭物质的降解过程而言，气体中的恶臭物质不能够直接地被微生物所利用，必须先溶解于水才能被微生物所吸附和吸收，再通过其代谢活动被降解。因此，生物除臭必须在有水的条件下进行，恶臭气体首先与水或其他液体接触，气态的恶臭物质溶解于液相之中，再被微生物所降解。一般说来，生物法处理恶臭气体包括了气体溶解和生物降解两个过程，生物除臭效率与气体的溶解度密切相关。就生物膜法而言，填料上长满了生物膜，膜内栖息着大量的微生物，微生物在其生命活动中可以将恶臭气体中的有机成分转化为简单的无机物，同时也合成自身细胞繁衍生命。生物化学反应不是简单的相界转移，是将污染物摧毁，转化为无害物质的过程，其环境效益显而易见。

但是生物膜降解气相中有机污染物的过程是十分复杂的，其过程机理仍在探索之中。1986年荷兰的 Ottengraf 教授提出了生物膜—双膜理论。根据该理论，生物膜法净化硫化氢、甲苯等恶臭气体的过程是伴有生化反应的吸收过程。一般认为生物膜法除臭可以概括为以下三个步骤：

（1）恶臭气体首先同水接触并溶于水中（即由气膜扩散进入液膜）；

（2）溶解于液膜中的恶臭成分在浓度差的推动下进一步扩散至生物膜，进而被其中的微生物吸附并吸收；

（3）进入微生物体内的恶臭污染物在其自身的代谢过程中被作为能源和营养物质分解，经生物化学反应最终转化为无害的化合物（如 CO_2 和 H_2O）。生物膜—双膜理论示意图如图 5－29 所示。

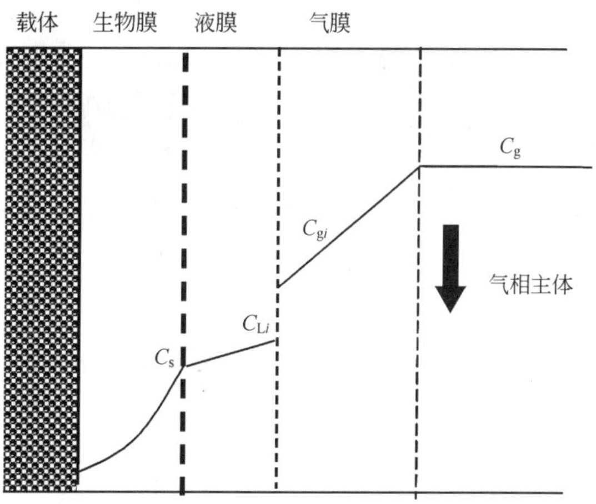

图 5－29　生物膜—双膜理论示意图

C_g—废气中的污染物浓度；C_{gi}—相界面上污染物的气相浓度；C_{Li}—相界面上与气相浓度相平衡的液相浓度；C_s—进入生物膜的污染物液相浓度

Pederson 等人认为，恶臭气体中的恶臭污染物浓度都是很低的，恶臭物质由气膜通过界面进入液膜而溶于水的过程遵循亨利定律。溶于水的恶臭物质被生物膜分解的过程实质上是废水的生物处理过程，例如当甲苯的浓度在 500～1000mg/m^3 以下时，生化反应为一级反应，该过程可用米—门公式来表示。此反应在生物膜表面液膜中的某一反应面上进行，当生化反应速率极快时，甚至可以在气液相界面处完成。污染物在液膜上的生化反应极大地减少了液相中的溶质浓度，增加了由气相转入液相的推动力，吸收速率成倍提高，因此生物法除臭是高效的。生物膜反应器对气流中的有机污染物的去除过程机理还有待于大量、深入的试验研究来分析，确立亨利定律和米—门公式之间的内在联系，使生物膜—双膜理论得以完善。

生物除臭利用微生物的代谢活动降解恶臭物质，使之氧化为最终产物。恶臭气体成分不同，微生物种类不同，分解代谢的产物均不一样。对常见的恶臭成分的生物降解转化过程概述如下：

当恶臭气体为氨时，氨先溶于水，然后在有氧条件下，经亚硝酸细菌和硝酸细菌的硝化作用转化为硝酸，在兼性厌氧的条件下，硝酸盐还原细菌将硝酸盐还原为氮气。

硝化反应如式(5－50)和式(5－51)所示。

$$NH_3 + O_2 \longrightarrow HNO_2 + H_2O \tag{5-50}$$

$$HNO_2 + O_2 \longrightarrow HNO_3 + H_2O \tag{5-51}$$

反硝化反应如式(5－52)所示。

$$\begin{array}{l} HNO_3 \longrightarrow HNO_2 \longrightarrow HNO \longrightarrow N_2 \\ \qquad\qquad\qquad\qquad \downarrow \\ \qquad\qquad\qquad\quad N_2O \longrightarrow N_2 \end{array} \tag{5-52}$$

当恶臭气体为 H_2S 时，专性的自养型硫氧化菌会在一定条件下将 H_2S 氧化成硫酸根；当恶臭气体为有机硫如甲硫醇时，首先需要异养型微生物将有机硫转化成 H_2S，然后 H_2S 再由自养型微生物氧化成硫酸根，其反应如式(5－53)和式(5－54)所示。

$$H_2S + O_2 + \text{自氧硫化细菌} + CO_2 \longrightarrow \text{合成细胞物质} + SO_4^{2-} + H_2O \tag{5-53}$$

$$CH_3SH \longrightarrow CH_4 + H_2S \longrightarrow CO_2 + H_2O + SO_4^{2-} \tag{5-54}$$

当恶臭气体为硫醇等有机硫化物时，首先被相应的微生物分解产生硫化氢，再进一步转化为 SO_4^{2-}。以甲硫醇为例，其分解转化为硫化氢的反应式如式(5－55)所示。

$$2CH_3SH + 3O_2 \longrightarrow 2CO_2 + 2H_2O + 2H_2O \tag{5-55}$$

当恶臭物质为胺类时，在有氧的条件下首先氧化成有机酸，此时臭味已经降低很多，只要提供一定的环境条件，有机酸还可以被进一步氧化分解成二氧化碳和水。

2. 除臭微生物

除臭微生物的研究主要是为了提高恶臭生物处理效率，除了常规微生物以外，目前已有新开发的优势菌种被应用于生物除臭器中，并取得了较好的效果。

在生物除臭研究中，应用最多的是自养硫杆菌属细菌，常见的有排硫硫杆菌(Thiobacillus thioparus)、那不勒斯硫杆菌(Thiobacillus neaplitanus)、氧化硫硫杆菌(Thiobacillus thiooxidans)、脱氮硫杆菌(Thiobacillus denitrificans)、氧化亚铁硫杆菌(Thiobacillus ferrooxidans)、新型硫杆菌(Thiobacillus novellus)、中间硫杆菌(Thiobacillus intermedius)、代谢不完全硫杆菌(Thiobacillus perometabolis)共8种，其中大多数为专性好氧菌，适宜在中性和弱酸性环境中生长，但适应范围较宽。Cadenhead 和 Sublette 指出 Thiobacillus thioparus, T. ferooxidans, Beggiatoa spp.，以及 Thiothrix spp. 也是适于降解 H_2S 的细菌，在这些微生物中，他们报道接种 T. thioparus, T. versutus, T. thiooxidans 以及 T. neapolitanus 在 pH＝4.0～8.0 的各种场合中均能有效地去除 H_2S。

就其他复杂恶臭污染物质降解的优势菌种的研究而言，Cho 等人指出 Hyphomicrobium, Thiobacillus 以及 Xanthomonas 在生物滤池中的混合培养物能够高效地处理含硫化合物甲烷(MT)、DMS、H_2S。Ying－Chien Chung 等人通过研究发现，Arthrobacter oxydans CH8 在去除氨气方面非常有效，Pseudomonas putida CH11 适于去除 H_2S，因此他们选用这两种微生物复合接种 BAC 生物滴滤池。表5－31 总结了从泥炭中分离出的硫氧化菌的降解特性。

从泥炭中分离出的硫氧化菌及其降解特性表　　表5－31

除臭细菌	来　源	恶臭物质				活性 pH
		H_2S	MM	DMS	DMDS	
T. thiooxicans PT81	污水处理厂泥炭生物过滤器	▲	×	×	×	酸　性
Fungus MF11	适应 MM 的泥炭	▲	▲	▲	N. D	
Fungus SF1	适应 DMS 的泥炭	▲	▲	▲	N. D	
T. intermedius 031	适应 H_2S 的泥炭	▲	N. D	N. D	N. D	弱酸性
Thiobacillus sp. HA43	适应 H_2S 的泥炭	▲	▽	×	×	
T. thioparus DW44	适应 DMDS 的泥炭	▲	▲	▲	▲	中　性
X. anthomonas sp. DY44	适应 DMDS 的泥炭	▲	▽	×	×	
Hyphomicrobium sp. 155	DMSO 培养	▲	▲	▲	▲	
P. acidovorans DNR－11	DMS 培养	▽	×	▲	×	
Arthrobacter sp. OGR－M1	DMS 培养	N. D	N. D	▲	N. D	

注：▲—可降解；▽—降解效率低；×—不降解；N. D—未研究。

3. 生物除臭工艺

图5－30　土壤除臭图

生物除臭工艺目前主要由土壤除臭法和填充塔型生物除臭法等组成，土壤除臭法是利用土壤中的微生物分解恶臭气体成分而达到除臭目的。如图5－30所示，土壤除臭法就是将恶臭气体送入土壤层，并经由溶解作用、土壤的表面吸附作用和化学反应而转移进入土壤中，被土壤中的微生物所降解。土壤除臭的效率与土壤的土质、土壤层的构造、原恶臭气体的浓度、温度以及湿度、通气速率、土壤微生物的量以及活性等因素有关。

用作除臭的土壤必须有能降解恶臭的土壤菌种，并为其提供繁殖与驯化的环境条件。为此土壤应具有适度的腐殖质。一般来说多孔、持水性和缓冲性能较好的火山性腐殖质土壤较好。其次为含水率在20%～78%之间的纤维质泥土。通常认为，25℃的土壤温度，湿度在50%～70%之间，pH在6～8之间可以为获得良好的除臭效果创造条件。

土壤床对 NH_3、H_2S 能实现有效地控制，且设备简单、运转费用低、维护管理方便。但是由于土壤中微生物降解能力相对较低，导致土壤床层所需空间较大，下雨时土壤通气性能恶化，限制了土壤床的应用。

填充塔型生物除臭法是恶臭气体在活性高的微生物中通过透气好的载体填充塔而达到除臭目的。生物除臭反应器的型式目前基本可以分为三大类，如表5－32所示。

三类典型的生物除臭反应器优缺点比较表 表 5-32

生物滤池	生物滴滤池	生物洗涤器
优点		
操作简便； 投资少； 运行费用低； 对水溶性低的污染物有一定去除效果； 适合于去除恶臭类污染物	操作简便； 投资少； 运行费用低； 适合于中等浓度污染气体的净化； 可控制 pH； 能投加营养物质	操作控制弹性强； 传质好； 适合于高浓度污染气体的净化； 操作稳定性好； 便于进行过程模拟； 便于投加营养物质
缺点		
污染气体的体积负荷低； 只适合于低浓度气体的处理； 工艺过程无法控制； 滤料中易形成气体短流； 滤床有一定的寿命期限； 过剩生物质无法被去除	有限的工艺控制手段； 可能会形成气流短流； 滤床会由于过剩生物质较难去除而堵塞失效	投资费用高； 运行费用高； 过剩生物质量可能较大； 需处置废水； 吸附设备可能会堵塞； 只适合处理可溶性气体

三类生物除臭反应器中，一类是生物滤池，填料采用树叶、树皮、木屑、土壤、泥炭等，恶臭气体一般需要预湿化，占地面积大；另一类是生物滴滤池，填料则为各种多孔、比表面积大的惰性物质，由于富集的微生物量多，占地面积小；第三类是生物洗涤器，恶臭物质吸收到液相后再由微生物转化。

在实际应用的报道中，以堆肥和木片为介质的生物滤池为主，通常采用的过滤气速为 50～200m/h，介质高度为 1～1.5m，气体停留时间为 20～90s，H_2S 的去除率为 90%～99%，NH_3 去除率为 84%～99.4%，臭气浓度去除率为 72%～93%。系统的压降从原先的 400Pa 会逐渐增加到 2000Pa 以上。

就生物除臭技术的应用情况而言，生物法尤其适用于处理气量较大的场合。在气量较大的场合，其投资费用通常要低于现有其他类型的处理设施，而运行费用低则是该类设备最突出的优点之一。在欧洲和日本，生物过滤技术是最为常用的恶臭控制技术，截至 2000 年大约至少有 500 座生物过滤池在欧洲运转，美国约为 50 座，在德国用来处理污水处理厂恶臭问题的除臭装置中，生物滤池占到 50%。

（1）生物滤池

生物滤池反应器的形式是固体填料床，微生物在填料表面附着生长形成生物膜，气体流经反应器，污染物质转移到生物膜内部进而被微生物所降解。在恰当的操控下，VOCs 等污染物质被完全矿化形成二氧化碳、水、微生物和无机盐等。生物滤池以木片、泥炭、堆肥或无机介质作为填料，污染物和氧气均传递到填料表面的生物膜上，然后被微生物代谢降解。首先要进行接种，天然材料像泥炭、堆肥含有能够降解一些 VOCs 的微生物，也可用污水处理厂的污泥接种，微生物生长所需要的水分来自于对进气进行预湿处理，偶尔对滤池浇灌。传统生物滤池是敞口或封闭结构，床体内不存在连续的液相，依靠载体材料本身的持水性供水，水分的维持是依靠对进气的预湿和定期地喷洒。不额外供给微生物赖以生长的营养物质，以防止微生物的过度繁殖。在需要时可以补加碳酸钙以控制系统的 pH 平衡。当污染物浓度较低且气体流量较大时，传统生物滤池具有经济上的竞争力。尽管原理简单，操作方便，传统生物滤池也有许多缺点，如污染物去除率低，体积大，对难生物降解物质的处理能力差，pH 控制不方便。此外，限制生物滤池应用的因素还有：缺少运行控制的预测工具、由于滤料的分解和压缩导致必须定期更换滤料。国内外进行了大量数学模型的研究，以预测生物滤池对含臭化合物如 H_2S 和 DMS 及其他 VOCs 的去除的数学模型，以及针对不同填料情况的数学模型分析。滤料需要选择具有一定的吸附性能、(酸碱)缓冲能力、低压降、良好的孔结构、不随时间的压实且生物学特性良好的种类。目前只有那些具有良好可生物降解性的滤料才被选作填料(如泥炭、堆肥、土壤、鸡粪)，运行优化除了生物滤池技术上改进外，填料的革新也很重要。几家生物滤池专业厂家已经针对这些问题提供了人造填料和混合填料。近年来，这一技术正在被快速接受。生物滤池除臭反应器如图 5－31 所示。

(2) 生物滴滤池

目前对生物滤池最重要的改进是生物滴滤池。生物滴滤池使用无机非孔固体填料，如塑料或陶瓷，微生物在其表面固定生长。液体以污染气体流向的顺向或逆向通过柱体循环。流动液相的存在可为微生物提供营养物质和 pH 控制，这是维持滴滤池处于最佳运行条件的关键。

就污染物浓度、物理性质以及污染物的处理成本而言，生物滤池和滴滤池是恶臭气体处理中最可行的技术。典型的恶臭气体生物处理包含两个步骤：首先，污染物从气相转移到液膜，并吸附到固相载体上，然后污染物被生长在液相或固相载体上的微生物所降解。因此，操作条件、载体材料、微生物接种是生物滴滤池运行控制的重要参数，在大气量下，对于低浓度的空气污染物而言，这种生物处理技术已证明是经济有效的，生物滴滤池除臭反应器如图 5－32 所示。

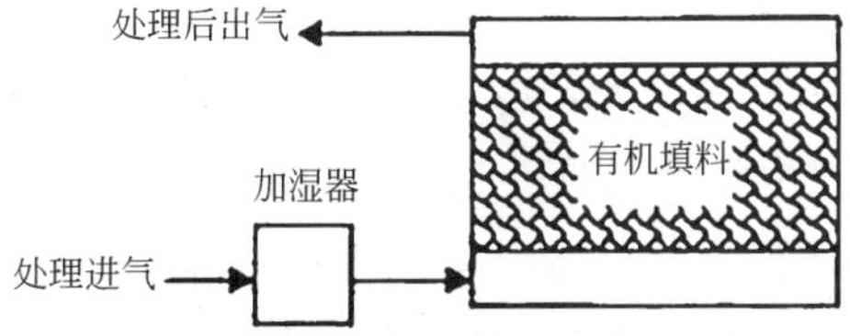

图 5－31 生物滤池除臭反应器图

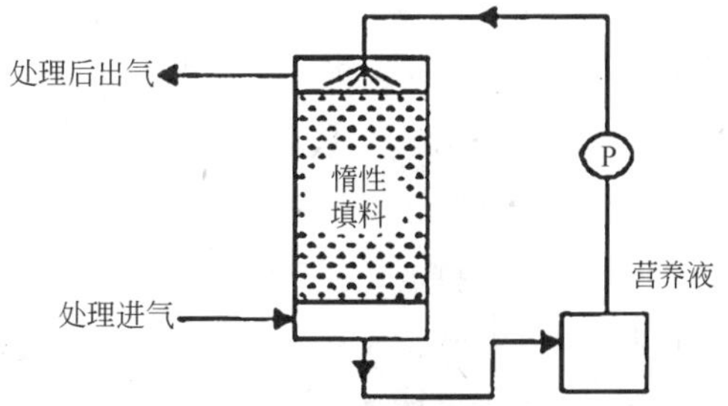

图 5－32 生物滴滤池除臭反应器图

(3) 生物洗涤器

生物洗涤法(也称生物吸收法)是生物法净化恶臭气体的又一途径。生物洗涤器有鼓泡式和喷淋式之分。喷淋式洗涤器与生物滴滤池的结构相似，区别在于洗涤器中的微生物主要存在于液相中，而滴滤池中的微生物主要存在于滤料介质的表面。鼓泡式的生物吸收装置则由吸收和废水处理两个相连的反应器构成。恶臭气体首先进入吸收单元，将气体通过鼓泡的方式与富含微生物的生物悬浊液相逆流接触，恶臭气体中的污染物由气相转移到液相而得到净化，净化后的废气从吸收器顶部排除。后续为生物降解单元。亦即将两个熟知的过程结合：惰性介质吸附单元，其内污染物质转移至液面；基于活性污泥原理的生物反应器，其内污染物质被多种微生物氧化。实际中也可将两个反应器合并成一个整体运行。在这类装置中，采用活性炭作为填料时能有效地增加污染物从气相的去除速率。这种形式适合于负荷较高、污染物水溶性较大的情况，过程的控制也更为方便。生物洗涤除臭反应器如图 5－33 所示。

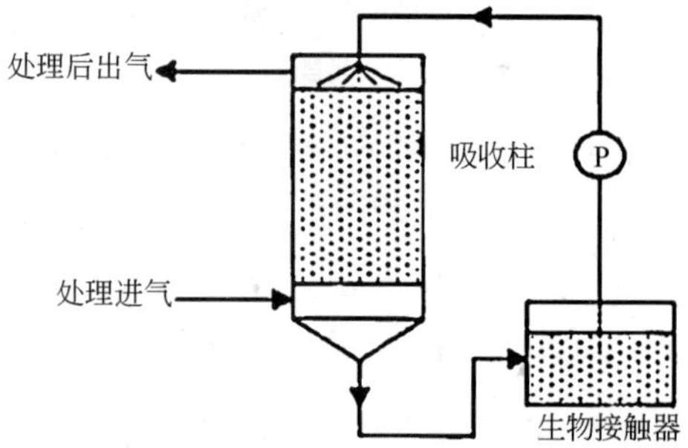

图 5－33 生物洗涤除臭反应器图

生物洗涤器主要适用于处理可溶性气体，通常需要较长的驯化期，鼓泡式洗涤器还存在表观气速低运行费用高等缺点，有关研究和报道也不多。

4. 生物载体

载体对生物滴滤池/滤池的运行操作起决定性作用，填料的选择也成为滤池设计中无可争辩的决定因素。填料类型决定了生物滤池尺寸、制造和操作成本，以及运行生命周期，也可以决定是否需要供给营养物质、对 pH 进行缓冲、水分控制以及是否需要定期反冲洗或者清理。影响其运行和处理效率的与载体（也称填料）有关的主要因素有：持水能力；空隙率；微生物活性；营养来源；pH 缓冲能力；比表面积；机械性能。分别简述如下。

（1）水分是维持生物膜活性的主要因素之一。对堆肥填料生物滤池而言，当含水率低至一定水平时，会导致去除能力不可逆转地下降，最高的生物滤池处理效率需要最佳的含水率，土壤和堆肥的持水能力过高使得在水分含量高时会导致结块；而人工合成材料的持水能力过低，需要不断地从外部供给水分。

（2）空隙率是决定气体流动性能的主要因素。空隙率大则气体阻力小，可有效地降低能耗，而且为微生物的生长提供了足够的空间；空隙率小容易引起堵塞问题并增加能耗。土壤最先被选用作载体，正是由于空隙率低、易于短路及堵塞限制了其有效运行；而另一种被广泛使用的载体材料是堆肥，尽管它具有良好的持水性、丰富的土著微生物、适宜的有机物含量，但是它们长期运行后会老化、分解、变质，随后便由于空隙率衰减产生短路、堵塞问题，由此也降低了其长期有效性，而且为了防止堆肥的压实，堆肥床体的高度也受到很大的限制（通常小于 1.5m），仅适宜于处理污染物浓度低的气体，不适于处理含有高浓度有机化合物的气体。

（3）载体主要是为微生物提供附着生长的媒介，因此填料必须适合微生物的附着和生长，然而，目前有许多填料不是专门为生物滤池所设计的，例如聚乙烯或聚丙烯材料具有疏水性的同时，它们的非孔结构不能够通过下述三个机制中的任何一个提供足够的生物膜附着：1）大孔生长，为生物膜提供锚定支撑；2）表面物理吸附；3）生物膜的多聚糖与填料表面化学基团的化学键合，因此这种填料经常用于废气的液体吸收。土壤和堆肥长期以来受到青睐的一个重要原因就是它们本身含有较为丰富的土著细菌，不需要另外接种微生物；目前的合成填料本身没有水分控制能力，生物膜的附着表面少，生物膜繁殖时间长，很难产生较厚的生物膜，微生物对进气湿度（干燥）波动的适应性差，因此采取相应的工程控制手段非常重要，一般需要接种来自于活性污泥或油田土壤或其他地点的菌种，当条件控制适宜时，细菌将会附着在填料表面以生物活性膜的形式生长，为了快速获得最大的生物滤池处理能力，一般需要对生物膜进行驯化。

（4）填料内部 pH 会随着微生物降解转化的过程而变化，这又进而影响底物利用速率。硝化作用会产生酸等价物并导致 pH 下降；反硝化作用会消耗酸等价物并导致 pH 上升。总二氧化碳的产生和利用也会导致化学平衡的移动。同时，生长速率和底物利用速率也依赖于 pH。一些生物滤池需要提供足够的缓冲能力，通过控制主体 pH 水平可获得最大的微生物生长速率，模拟表明较强的缓冲强度可减小 pH 改变。合成填料本身基本不具备 pH 缓冲能力，需要通过工程手段引入。在生物滤池上，国外在工程中经常采用白垩、石灰和牡蛎壳作为缓冲材料。相对于生物滤池而言，生物滴滤池在控制 pH 和营养底物方面具有一定的优势，它可以采用在循环液中加入缓冲剂和营养物质的形式非常方便地实现。

在生物滤池和滴滤池中，其他因素如机械性能、填料的质量、比表面积和价格等也往往决定着该材料是否会被最终采用。填料的机械性能和质量决定了滤池的建造规模和能够支撑的高度，受污染气体和生物膜间的界面面积直接影响污染物的通量，进而影响生物滴滤池的去除能力。生物滴滤池所处理的气体流量一般较高，因此填料成本直接影响到该技术的经济性。活性炭已经被广泛应用于污水处理中，它具有良好的结构，抗挤压，不易破碎，具有足够的持水能力，提供足够的表面积供微生物附着，因此，它是生物滴滤池处理废气的极好的载体材料，但价格往往比较昂贵；陶瓷填料也常用于废水处理中，但体密度较大；金属填料过于昂贵；而人工合成材料与上述天然生物活性填料相比具有很多重要的优势，最重要的是人工材料可以专门设计尺寸、表面性质、体密度等，人工合成填料一般体密度小，因为加上生物膜质量后的总质量易于在滤池柱内支撑，可以填充较高的高度，同时人工填料比表面积高，微生物的附着性较好，制造成本低，因此相对而言具有相当的优势。

几种典型的填料性质如表 5－33 所示。对填料的选择依赖于污染物的性质，有时，个人喜好和专家意见对填料和相应滤池的选择起重要作用。欧洲研究者倾向于使用堆肥填料（混合人工合成聚合材料），而美国研究者则对人工合成材料情有独钟。

各种类型填料的一般性质表 **表 5－33**

填　料	持水能力	空隙率	营养物含量	微生物种群	pH 缓冲能力	吸附能力	机械性能
土　壤	高	小	丰富	丰富	有	有	差
堆　肥	中等	中等	丰富	丰富	弱	有	差
泥　炭	中等	中等	贫乏	中等	弱	有	一般
合成材料	低	大	无	无	无	无	良好
颗粒活性炭	中等	大	无	无	无	极强	良好

5.7.6 其他除臭技术

1. 电离除臭技术

电离除臭技术实际上属于前述化学氧化除臭技术中以臭氧为氧化剂的一种变型技术。由于臭氧是一种必须现场生成的氧化剂，它的浓度取决于恶臭物质的种类和浓度。在恶臭物质浓度很高时，臭氧不能完全氧化这些污染物。另外，过量的残余臭氧本身会产生二次污染。

其技术原理是利用高压静电的特殊脉冲放电方式，发射管每秒钟发射上千亿个高能离子，形成非平衡态低温等离子体、新生态氢、活性氧和羟基氧等活性基团，这些基团迅速与有机分子碰撞，激活有机分子，并直接将其破坏；或者高能基团激活空气中的氧分子产生二次活性氧，与有机分子发生一系列链式反应，并利用自身反应产生的能量维系氧化反应，而进一步氧化有机物质，生成二氧化碳和水及其他小分子，从而达到除臭的目的。

其工艺流程如图 5 - 34 所示。

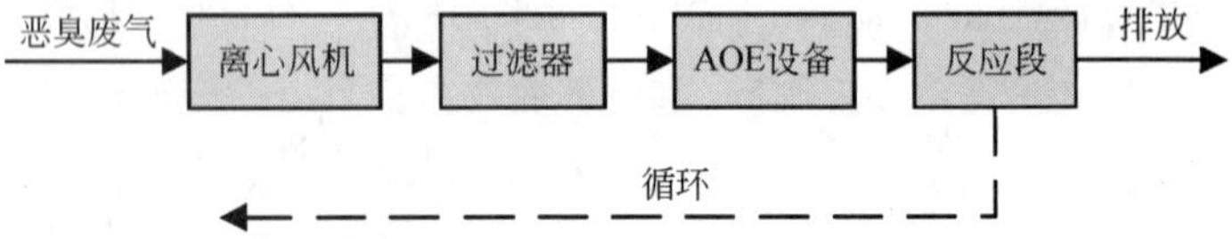

图 5 - 34　活性氧除臭技术工艺流程图

与其他除臭技术相比，该装置具有体积小、操作方便、处理效果好、运行费用低及兼具有广谱杀菌等特点。该装置已形成室内、公共卫生场所、污(雨)水泵站、大楼地下室、家禽饲养场等场所的恶臭处理系列化产品。

2. 天然植物提取液除臭技术

天然植物提取液的原材料是天然植物，经过先进的微乳化技术乳化，使得它可以与水相溶，形成透明的水溶液。天然植物提取液具有无毒性、无爆炸性、无燃烧性、无刺激性等特点。

利用天然植物提取液进行除臭是一种广泛使用的安全有效的方法。人们在日常生活中，有用姜或柠檬去除鱼的腥味就是一个很好的例子。天然植物提取液分解臭气分子的机理可以表述如下：

(1) 经过天然植物提取液除臭设备雾化，天然植物提取液形成雾状，在空间扩散液滴的半径≤0.04mm。液滴具有很大的比表面积和很大的表面能，平均每摩尔约为几十千卡。这个数量级的能量已是许多元素中键能的1/3～1/2。溶液的表面不仅能有效地吸附在空气中的异味分子，同时也能使被吸附的异味分子的立体构型发生改变，削弱了异味分子中的化合键，使得异味分子的不稳定性增加，容易与其他分子进行化学反应。

(2) 在天然植物提取液中所含的有效分子是来自于植物的提取液，它们大多含有多个共轭双键体系，具有较强的提供电子对的能力，这样又增加了异味分子的反应活性。

吸附在天然植物提取液溶液表面的异味分子与空气中的氧气接触，此时的异味分子因上述两种原因使得它的反应活性增大，改变了与氧气反应的机理，从而可以在常温下与氧气发生反应。

天然植物提取液与异味分子的反应可以表述如下：

1) 酸碱反应

如天然植物提取液中含有生物碱，它可以与硫化氢等酸性的臭气分子反应。与一般酸碱反应不同的是，一般的碱是有毒的，不可食用的，不能生物降解。而天然植物提取液能生物降解，且无毒。

2）催化氧化反应

如硫化氢在一般情况下，不能与空气中的氧气进行反应。但在天然植物提取液的催化作用下，可以与空气中的氧气发生反应。

以硫化氢的反应为例，如式(5－56)～式(5－58)所示：

$$R-NH_2+H_2S \longrightarrow R-NH_3^+ + SH^- \quad (5-56)$$

$$R-NH_2+SH^- +O_2+H_2O \longrightarrow R-NH_3^+ + SO_4^{2-} + OH^- \quad (5-57)$$

$$R-NH_3^+ + OH^- \longrightarrow R-NH_2+H_2O \quad (5-58)$$

3）路易斯酸碱反应

在有机化学中，能吸收电子云的分子或原子团称为路易斯酸。在有机硫的化合物中，硫原子的外层有空轨道，可以接受外来的电子云，因此可称这类有机硫的化合物为路易斯酸。相反，能提供电子云的分子或原子团称为路易斯碱。一般带负电荷的原子团，含氮的有机物属于路易斯碱。

例如，苯硫醚与天然植物提取液的反应，属于这一类。苯硫醚是一种路易斯酸，而在其中的含氮化合物属路易斯碱，两者可以反应。

4）从热力学的角度来讨论

经过雾化的天然植物提取液液滴，其直径在0.04mm。在这种情况下，液滴的表面能已达到一些有机化合物键能的1/3～1/2。在这种情况下，足以破坏臭气分子中的键，使它们不稳定，易分解。

5）氧化还原反应

例如，甲醛具有氧化性，在天然植物提取液中有的有效分子具有还原性。它们可以直接进行反应。

与甲醛和氨的反应，如式(5－59)和式(5－60)所示：

$$HR-NH_2^+ + HCHO \longrightarrow R-NH_2+H-C \longrightarrow CO_2+H_2O \quad (5-59)$$

$$R-NH_2+NH_3 \longrightarrow R-NH_2+N_2+H_2O \quad (5-60)$$

综上所述，空气中异味分子被分散在空间的天然植物提取液液滴吸附，在常温压下发生催化氧化反应生成无味无毒的分子，如氮气、水、无机盐等。需要特别指出的是，天然植物提取液除臭技术属于掩蔽法除臭技术的一种，不宜作为单独的除臭技术使用。

5.8　除臭工程监测

监测是评价工程设计、运行情况的重要手段，对总结设计运行经验、评价处理效率起着重要的作用。污水处理厂的除臭工程所涉及的监测指标一般分为运行控制指标和污染物指标。运行控制指标如风压、风速、风量、温度、湿度和pH等；主要的污染物指标有臭气浓度、硫化氢浓度、氨气浓度以及其他一些主要的有机污染物如硫醇。

5.8.1 除臭工程的运行控制指标

1. 风压

用U形压力计测全压和静压时，一端与大气相通，压力计上的读数即是风道内的气体压力与大气压力的压差，如图5-35所示。

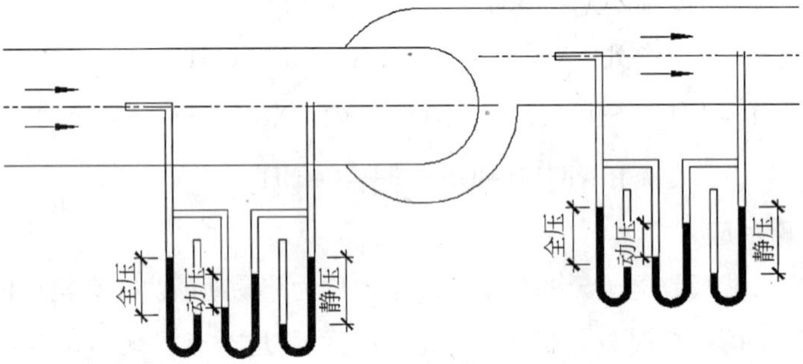

图5-35 风管测压原理图

测定仪器：

1）标准皮托管；

2）倾斜式微压计(图5-36)。

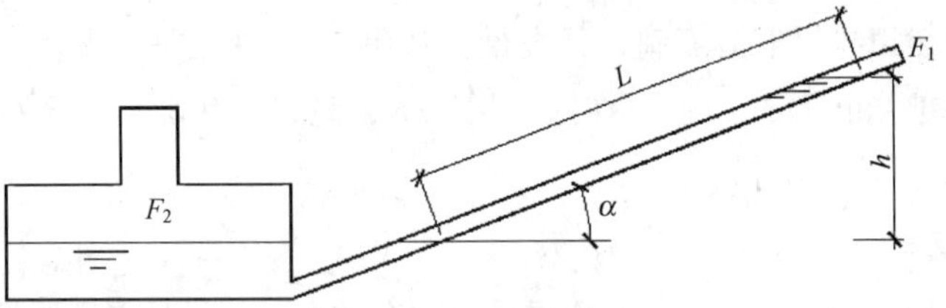

图5-36 倾斜式微压计示意图

测压时，将微压计容器开口与测定系统中压力较高的一端相连，斜管与系统中压力较低的一端相连，根据作用于两个液面上的压力差按式(5-61)计算。

$$P=L\left(\sin\alpha\cdot\frac{F_1}{F_2}\right)\rho_g \tag{5-61}$$

式中：P——压力，Pa；

L——斜管内液柱长度，mm；

α——斜管与水平面夹角，度；

F_1——斜管截面积，mm^2；

F_2——容器截面积，mm^2；

ρ_g——测压液体密度，kg/m^3。

2. 风速

先测得管内某点动压 P_d，再用式(5-62)计算该点的流速 v。

$$v=\sqrt{\frac{2P_d}{\rho}} \tag{5-62}$$

式中：v——测试点的流速，m/s；

ρ——管道内空气的密度，kg/m^3；

P_d——测点的动压值，Pa。

平均流速 v_p 是断面上各测点流速的平均值，此法虽较繁琐，但精度较高。

3. 风量

平均流速 v_p 确定以后，可按式(5-63)计算管道内的风量 Q。

$$Q=v_p \cdot F \tag{5-63}$$

式中：Q——管道内的风量，m^3/s；

v_p——断面平均流速，m/s；

F——管道断面积，m^2。

气体在管道内的流速、流量与大气压力、气流温度有关。当管道内输送非常温气体时，应同时给出气流温度和大气压力。

5.8.2 除臭工程的污染物指标

恶臭治理工程中主要的污染物包括硫化氢、氨气和臭气浓度等，其测试方法和仪器设备详见表5-34。

恶臭治理工程中主要测试指标和方法表　　表5-34

测试项目	测 试 方 法	仪 器 设 备
温度、湿度	仪器分析	水银温度计、干湿两用温度计、芬兰 VAIS-ALAHM34 温湿度仪
pH	仪器分析	ModelAB15 精密酸度计、pH 试纸、pHK 中文智能在线监测仪
压 强 降	仪器分析	U 形压力计
臭气浓度	三点比较式臭气袋法	配套器皿、合格嗅辩员6名以上
氨 气	气相色谱法，次氯酸钠—水杨酸分光光度法(稀硫酸溶液吸收)、仪器分析	气相色谱仪、GS-ⅢB 大气采样器、分光光度计、MultiRAE Plus PGM-50 复合式气体检测仪
硫 化 氢	气相色谱法，亚甲基蓝比色法(氢氧化镉-聚乙烯醇磷酸铵吸收)、仪器分析	气相色谱仪、GS-ⅢB 大气采样器、分光光度计、MultiRAE Plus PGM-50 复合式气体检测仪
VOCs	仪器分析	MultiRAE Plus PGM-50 复合式气体检测仪
硫醇、硫醚	气相色谱法	气相色谱仪
有机气体分布	气相色谱—质谱	气相色谱仪、质谱仪
填料含水率	重量法(105℃烘干恒重)	恒温干燥箱

第 6 章　电气和自控改扩建设计

6.1　电气改扩建设计

6.1.1　改扩建负荷变化

按城镇发展的要求，污水厂改扩建中的扩建一般指处理水量的增加，改建一般指工艺流程为适应脱氮除磷等标准要求，增加深度处理和污泥处理设施等。

处理水量的增加，可以在原有厂平面布置中预留的场地单独扩建，使污水厂完全融合在一起，也有在与原污水厂地块相邻的地块进行征地扩建。处理水量增加的扩建工程，新建处理构筑物较多，新增负荷相对集中，但其中的进水泵房、出水泵房、脱水机房和鼓风机房等建筑物在原有工程中已经预留，通过土建的扩建改造能满足条件，往往会充分利用原有建构筑物进行，包括更换原有设备、增加设备数量等。

处理深度的提高，由于工艺水平不断升级，负荷的增加不固定，位置变化也较大，总平面布置相对较分散，需改造的厂内原有构筑物就会较多。

污泥处理设施的改扩建，其位置相对集中，因此处理泥量增加的改扩建工程地块与原设施较为接近，一般在同一地块内，国内污泥处理的工艺目前相对较为薄弱，由于污泥处理深度的提高，增加的负荷容量会较大。国内较为常见的是污泥浓缩、污泥脱水、污泥消化、污泥干化和焚烧等。由于污泥处理设施的位置一般较紧凑，负荷较为集中。

除了处理水量和处理深度的变化，随着国家对污水处理要求的日益提高，排放标准也在不断提高，水资源短缺需要增加污水的回用和雨水的利用等，这些因素使部分改扩建工程还包括增加消毒设施、增加再生水回用设施等内容，这些设施改扩建增加的负荷量相对较小，位置也较集中。

6.1.2　供配电系统现状

1. 供电电源

按现行规范，污水厂多属于二级负荷，供电要求为两路电源供电或一路专线电源，同时尽可能保证厂内重要负荷的供电连续性。

大部分污水厂都能满足两路电源的供电要求，但也常会碰到一些特殊情况，如：

（1）一些已建污水厂建设年代较早，或受当时地区电网规划和供电能力的限制，仅一路电源供电。

（2）有些污水厂虽然有两路电源供电，但其中一路常用电源能承担100%的全部负荷，另一路备用电源只能承担一部分重要负荷的供电，供电的可靠性较低，若发生一路常用电源失电，污水厂必须减量运行。

（3）有些污水厂实际运行中负荷由于各种原因长期未达到设计值，电力部门有可能将余量已分配其他用户，改扩建时即使负荷增加未突破原用电申请值，外线仍可能无法满足要求。

（4）有些污水厂原规模小，借用附近其他排水泵站或污水厂的变配电系统高压或低压供电。

常见污水厂内部配电电源的电压等级为10kV或6kV；外线电源电压等级多为10kV或6kV，大型污水厂也有35kV供电，极少数由于地处偏远，附近电网电压等级单一的污水厂有采用110kV供电。

2. 变配电设施

（1）变压器供电能力

按规范要求，污水厂内变配电系统宜设两台变压器，容量宜相同，一台常用一台备用或两台互为备用，变压器备用率的设计取值为60%～70%。

目前运行的污水厂较为常见是两台变压器的变配电系统，但存在备用率偏高或偏低的现象，这是由于经过多年运行后，污水厂运行管理成熟、原设计参数变化、自行技改和小型改造等因素引起的负荷变化，尤其是建设年代较早的污水厂，负荷和系统与原设计相比变化较大。一些污水厂的部分变配电系统中设单变压器的情况也时有存在。

（2）变配电系统

经过多年运行，污水厂内会出现变压器负载率或事故保证率与原设计出入较大，变配电系统中元器件变化也会较大，有时竣工图资料与现场开关柜的出线回路、元器件数量、甚至开关柜数量都不能吻合，尤其是一些大容量电动机，由于各种原因引起运行不佳，管理方需自行改造，增加或改造一些元器件来改善和稳定电机的运行，如增加或拆除变频器、降压启动器、控制继电器等。

（3）变配电间

近几年来我国在市政建设上的投入力度和发展速度都很快，在进行新建的污水厂设计时，会考虑远期扩建的可能，变配电设计时往往预留一定空间。但建设年代较早的污水厂，由于没有预计到污水处理发展之快，因此厂内的变配电系统很少考虑远期扩建的空间，设备的扩展接口也未预留，对改扩建的电气系统设计带来较大的难度。

如果厂区总平面布置空间足够的话，可以考虑改造变配电所的土建设施；厂区总平面上较难找到合适的空间扩展和设置新增变配电所时，也会给变配电所的电气设计造成较大的难度。

（4）电气线路和配电等级

厂内一次建成的供配电线路一般较为完整，同一电压系统的配电等级一般不会超过二级。但是当污水厂经历几次改扩建后，厂内电气系统的线路就会较为凌乱，有的会出现绕远路、倒送电等情况，配电系统等级存在超过二级的可能。

3. 电气设备

根据不同地区，污水厂电气设备的选用略有不同。由于污水厂运行中产生的硫化氢气体浓度较高，对电气设备的腐蚀较大，因此一般近七八年内建设的污水厂的电气设备尚可利用，而运行时间超过十年的污水厂电气设备应在现场查勘、听取管理单位的意见，并进行经济比较后才能确定设备更换与否。

在早期建成的和较偏远地区污水厂中，运行的电气设备较陈旧，有的属于淘汰产品，有的属于升级替换产品，有的生产管理及其不方便。如上海几家老污水厂的改造项目中变压器仍采用油浸式的，每年需要吊芯检查，管理维护工作量较大，影响正常生产；上海金山石化总厂污水处理厂四期改造时，其原有的35kV设备还是间隔敞开式的，操作相当繁琐，也较危险；有的污水厂10/0.4kV变压器进出线采用的仍是裸导体的连接形式；有的直流屏采用的还是普通电解液电池组，需要定期更换电解液，维护不方便，设备不够环保。

有的污水厂建设时为政府贷款项目，电气设备为国际招投标采购的，常有国外进口品牌，一般运行情况良好。还有近年建成的污水厂，设备型号相当新颖，运行较稳定。

4. 电力监控和设备控制

较早建成的污水厂，设计时电气设备运行的监视和故障报警等都是通过信号屏、继保屏等设备实现，没有设置计算机管理系统。

国内污水厂的规模越来越大，设备也越来越多，为方便管理，全厂运行的自动化程度也随之提高。很多污水厂都设置了摄像监视系统、红外线周界报警系统、电子巡视系统等。改扩建工程中较为常见的是原有厂内自动化程度不高，很多设备需要人工开停，有的是在设计时没有考虑，有的是检测仪表的问题引起自控系统无法正常运行，若是原设计没有考虑，增加这些自控接口就意味着需要对所有的电机控制回路进行大规模地改造。

6.1.3 改扩建设计

1. 主要原则

(1) 掌握厂内原电气系统各阶段建设时的竣工资料，在熟悉竣工资料的基础上现场踏勘，核对实际运行情况和历年主要运行参数。

(2) 根据改扩建工程中新增负荷，统计全厂的新老负荷总容量，落实外线电源，收集外线供电容量、电压等级、路数和工况等参数。

(3) 厂内新设的变配电系统与原有电气系统要结合为一个安全和可靠的整体。

(4) 厂内配电线路要新老系统兼顾，灵活分配，合理分布，同时改扩建时应尽量少停电，以避免影响污水厂的正常运行。

(5) 新老电气系统的运行方式尽可能做到全厂统一。

(6) 电气系统的配电级数不宜过多，一般宜二三级范围内。

(7) 变配电所宜根据新增和改造负荷情况设计，在总平面布置图上不宜过于密集。

(8) 原有电气设备运行情况良好，且临时电源可以解决停电期间的供电时，尽量对原设备

“挖潜改造”进行利用。

2. 外线电源方案

污水厂改扩建，需根据负荷的变化和当地供电规则，确定增容或升级电源。当地电业部门同意且系统经济合理，也可单独申请电源或申请第三路电源。外线电源的确定将对电气系统的设计产生直接和根本的作用，对改扩建工程电气专业的投资影响极大。近年来电业在电网上的改造和扩展较大，系统变化大，因此外线扩容将影响电业对供电外线电压等级的选择。设计应先计算全厂负荷，同时在方案设计阶段提请并配合业主或建设方及时与电业部门沟通，落实电源，保证工程的顺利进行。

我国现行采用的供电电压为 110kV、35kV、10kV、380/220V，各级电压线路的送电能力如表 6－1 所示。

各级电压线路的送电能力表　　**表 6－1**

标称电压(kV)	线路种类	送电容量(MW)	供电距离(km)
10	架空线	0.2～2	20～6
	电缆	5	6 以下
35	架空线	2～8	50～20
	电缆	15	20 以下

注：表中数字的计算依据如下：

1. 架空线和 6～10kV 电缆截面最大为 $240mm^2$，35kV 电缆截面最大为 $240mm^2$，电压损失≤5%。
2. 导线的实际工作温度：架空线为 55℃，6～10kV 电缆为 90℃，35kV 电缆为 80℃。
3. 导线间的几何均距：6～10kV 为 1.25m，35kV 为 3m，功率因数均为 0.85。

通常各地电力部门根据用户负荷容量确定供电电压等级，如上海地区供电电压等级按表 6－2 划分：

用户的供电电压表　　**表 6－2**

供电电压	用户受电设备总容量	供电电压	用户受电设备总容量
10kV	250～6300kVA(含 6300kVA)	110kV 及以上	40000kVA 及以上
35kV	6300～40000kVA		

原一路电源供电的污水厂应申请增加一路电源，成为两路电源的供电形式，若不能满足，则需要考虑至少申请一路专线电源。同时与工艺专业协商，当这路专线电源停电时采用的工艺措施若不能满足工艺要求，则需要另外申请或设计备用电源，如柴油发电机、EPS 等来满足紧急情况下厂内最重要负荷的电源和需要维持的供电时间，这些负荷的容量和台数由工艺专业确定，供电时间应根据外线电源停电时间长短确定。

3. 厂内 10(6)kV 供电方案

对于改扩建工程，首先要了解原有外线电源和厂内变配电系统的情况，收集原有负荷的设计值、实际运行工况等，结合工艺新增负荷的计算结果，对供电方案进行比较论证，最终推荐一个适当的供电方案。污水厂新增的变配电系统应该满足我国有关规范以及当地电力部门对用户站的要求，同时与原有电气系统结合为一个完整的整体，使全厂的供配电系统能够满足“安全、可靠、灵活、经济”的设计原则，避免不必要的浪费。

当原厂规模较小系统较简单，而扩建工程的规模远大于原厂时，通常将原电气系统作为厂内一个分变电所，厂内新设高压配电装置，电源外线引入新高压配电装置，新配电系统建成后，原系统切入，可保证在改扩建过程中，原厂的正常运行。

当厂内新老工程规模相差不大，新旧负荷相当时，需要根据技术经济比较和允许停电时间的长短、原设备的利用价值等，经方案比较确定高压配电系统改造扩建和新设高压配电装置等方案，若改造方案涉及变配电所土建改造时，应做好原电气设备的维护。

当厂内建有35/10(6.3)kV或110/10(6.3)kV总降压站时，扩建应充分考虑原降压站的供电能力，尽可能地挖潜改造，如：

(1) 改变原有主变的运行方式，将原一用一备改为两常用，可增加50%变压器容量的供电能力，且基本无须对原设备改造，但运行方式的改变需与电业协商并得到其认可。

(2) 当需要增加的10(6)kV供电回路较少，而总变配电站的土建具有一定的扩展空间时，可增加总变配电站的10(6)kV馈线柜。

(3) 若总变配电站的建筑面积较小，没有备用10(6)kV馈线回路，或需要增加较多10(6)kV供电回路，远期还有发展的需求时，可在厂内新建第二级10(6)kV配电所(开关站)，该配电所宜与新增的变配电所结合，通过调整厂区供电网络，将部分原变配电所改为由新建配电所供电，从而使总变配电站能够为新建配电所、变电所供电，以达到减少原总变配电站改造的目的。同时，由于在改扩建设计中统筹考虑了厂区新旧供电网络，可以使厂区供电网络更加合理。特别对于已经过多次改扩建的污水厂，理顺厂区供配电网络可增加供电可靠性，减少配电损耗，方便今后的维护管理，因此在方案比较中应充分考虑这些因素。

(4) 当改扩建工程规模远远超过原有污水厂规模时，应对厂内的总变配电站进行总体规划，除了兼顾新老负荷外，还要考虑远期发展的可能，可采用新建一座总变配电站或改造原有总变配电站的方案。

以上各种不同的供电方案应根据实际情况，对系统的合理性、投资、改造的难度、由此引起的停电时间和次数等多方面因素进行比较论证后确定。

4. 10(6)/0.4kV变配电系统

(1) 新增变配电所

新增变配电所和总降压站应根据需要设置，如污水厂内有几个采用高压电动机的构筑物且距离相隔较远时，总降压站直接馈电至该构筑物后可以设置二级配电设施和配电间，以减少供电电缆，方便控制和保护。污水厂水处理构筑物占地较多，低压用电负荷较大时，应根据负荷分布划分低压供电的区域，每个区域内设置变配电所，为该区域内低压用电负荷提供交流380/220V电源，变配电所应该设置在各个区域的负荷中心，污水厂的低压负荷一般集中在采用低压电动机的进水泵房、提升泵房和出水泵房以及滤池冲洗泵房、污泥脱水机房、鼓风机房等单机容量较大的建筑物内，变配电所可以附设在这些建筑物旁。

任何新建的变配电设施中均应考虑以后再扩建的发展可能，建筑空间考虑以后增加设备的位置，同时预留设备接口，方便今后的发展。如近期开关柜设备布置在靠建筑物深处或离开大门的一侧，留出大门附近的位置，方便以后增加设备的运输；电缆沟尽量多连通；变配电所内设备预留孔考虑远期电缆安装空间，近期用盖板封住；低压开关柜设计时多一些大小搭配的备用回路，同时进线可设在母线当中，充分利用母线载流量为远期扩展提供条件；尤其远期工程时间间隔较短，变压器可采用近期一用一备，远期改为两常用的运行方式来较简单地解决电气供电能力的扩展。

（2）原有变配电所改扩建

需收集原有变配电系统的竣工资料，对原有变配电所的改扩建可以从变压器、高低压柜、辅助屏、土建改造等方面考虑。

1）变压器

可以通过改变变压器运行方式，将原一用一备的运行方式改为两常用。

调整变电所供电范围，即将变电所距离较近的原有负荷改由其临近的新建变配电设施供电，如污泥处理设施、厂前区、紫外线消毒设施等负荷较为集中的单体，从而减轻原变电所的负荷承载力，提高其就近新增负荷的供电能力。

2）高低压开关柜

在增加回路不多、变压器容量不变的情况下，尽可能利用原有开关柜内的备用回路，通过调换部分元器件等来适应新增负荷。如调换高压柜内的电流互感器，调换低压柜内的出线断路器、电流互感器、少量补偿电容器等。

在增加回路较多、建筑面积足够、变压器容量不变的情况下，可采用增加几台馈线开关柜的方式。

改造过程中对原有开关柜扩展时需要增加开关柜，原开关柜位置有变动时，应重新进行排列，使需要移动的开关柜尽量少，必要时可通过短段母线槽进行连接，以减少停电时间。

3）辅助屏

辅助屏一般包括直流屏、信号屏、交流屏、主变保护屏、调压控制屏、电力监控系统等。

直流屏和交流屏用于提供交流和直流电源作为高压设备的二次电源，当系统电压等级、系统接线等没有较大的改动、运行情况又较好时，尽可能利用原有设备。

主变保护屏、调压屏均随变压器和开关柜配套提供，除非调换主设备，一般尽量利用。

信号屏、电力监控系统均作为变配电系统中提供信号集中显示和报警作用的辅助屏，需要根据原系统改造的情况分析是相应改造还是重新设置更节省投资。

4）土建改造

变配电所的土建改造应尽可能减小对原结构的破坏，可采用增加、拆除和移动原建筑物砖墙、延伸电缆沟长度、在建筑物外部适当位置采用轻型材料搭建一间房间、调整原建筑物门窗的位置等方法，方案考虑时应与土建专业多沟通、协商。

6.1.4 改扩建工程实例

随着国家对污水处理政策和规范标准的不断更新和完善，近几年改扩建污水厂工程相当多，以上海白龙港城市污水处理厂和徐洲污水厂扩建工程为实例进行介绍。

1. 上海市白龙港城市污水处理厂升级改造工程

上海白龙港城市污水处理厂是一座特大型的污水处理厂，附近电网只能提供35kV电压等级的电源。从建成以来经过两次较大规模的改扩建。第一次是在2000～2002年，其间主要改扩建是将处理深度从预处理提高到一级强化处理，提高标准的水量为$120\times10^4m^3/d$，可以看到这样大的水量即使是采用一级强化处理，负荷容量增加还是较多的。第二次是2006～2008年，主要改扩建内容是将厂内水处理深度由一级强化提高为二级处理，水量达到$200\times10^4m^3/d$；污泥处理规模随之增加，同时实施污泥的消化和干化处理；远期要求达到$340\times10^4m^3/d$的处理水量，从这个水量可以预测全厂的负荷容量将成数量级的增加，远超过现有电气系统的承受能力。

（1）上海市白龙港城市污水处理厂第一次改扩建

当时厂内已建有预处理站和出水泵房等设施，在出水泵房已建有一座35/6.3kV总降压站，两台6300kVA的主变，运行方式为两台常用，互为备用。35kV系统采用的是全桥接线，单母线分段带母联。6kV系统采用单母线分段带母联的接线形式。原设计负荷为二级负荷，外线为两路35kV电源供电。6kV馈线柜已没有多余的回路，土建空间只能再安装两台6kV开关柜。

第一次改扩建时，厂内在厂平面内分区实施新建构筑物，新增负荷基本上都在新的地块内，与原有电气系统相隔较远，增加的总负荷计算容量约为2532kW，新建3座6/0.4kV分变电所，分别为污泥处理设施(2号变电所)、高效沉淀池及加药间(1号变电所)、再生水回用设施(3号变电所)三部分负荷供电。根据设计资料和历年运行分析，原厂内的设计负荷计算容量达5744kW，实际出现的最大运行负荷为4844kW；另外厂内与本次改扩建工程同时建设的还有污泥码头和污泥填埋场两个工程，容量分别为300kW和100kW，均设有单独的变配电系统；并预留100kW容量作为厂内以后除臭设施的负荷容量。因此全厂总计算容量为8074kW，如表6－3所示。

负荷计算容量表　　　　表6－3

建设状态	工　程　名　称	计算容量(kW)	备　注
已建	原出口泵房计算容量(kW)	5300	原出口泵房35/6.3kV降压站供电
已建	预处理厂计算容量(kW)	444	
新建	污水处理厂计算容量(kW)	2532	
新建	污泥填埋场计算容量(kW)	100	
新建	污泥码头负荷计算容量(kW)	300	
预留	除臭设施计算容量(kW)	100	
	同期系数	0.92	
	总计容量(kW)	8074	

根据以上计算，可以看到原35/6.3kV总降2台主变压器的余量较大，因此拟利用两台主变的供电能力，经过补偿后两台主变承担厂内所有新旧负荷，其负载率为70%，事故保证率为72%，变压器容量能够满足本厂原有和本次扩建所需的负荷且满足污水厂对供电可靠性的要求。但原总降压站内6kV开关柜无预留馈线回路，厂区总平面布置图如图6－1所示。

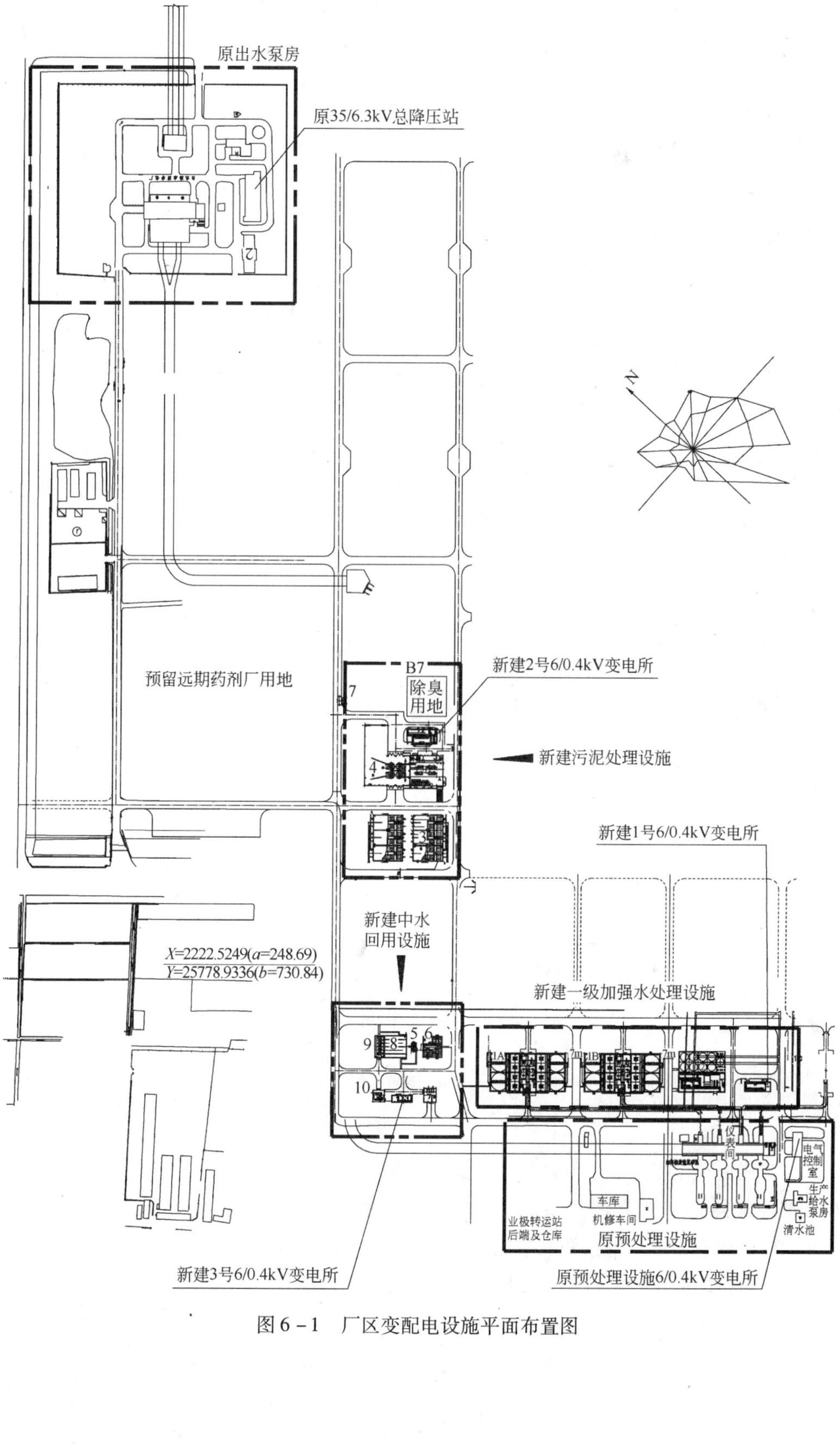
原出水泵房
原35/6.3kV总降压站
N
新建2号6/0.4kV变电所
B7
除臭
用地
7
4
预留远期药剂厂用地
新建污泥处理设施
新建1号6/0.4kV变电所
新建中水
回用设施
X=2222.5249(a=248.69)
Y=25778.9336(b=730.84)
新建一级加强水处理设施
9
8
5
6
10
7
仪
表
间
电气
控制
室
生产
给水
泵房
清水池
车库
机修车间
业极转运站
后端及仓库
原预处理设施
新建3号6/0.4kV变电所
原预处理设施6/0.4kV变电所

图6－1 厂区变配电设施平面布置图

由图 6－1 可以看到，原总降压站位于厂区北侧，外线从东北方向引入总降压站降为 6kV 等级在全厂放射式送电，6kV 馈线共六路，分别引至 6kV 电机配电系统、雨水泵站变电所和预处理设施变电所。6kV 配电系统和雨水泵站变电所均位于总降压站内，预处理设施变电所则距离总降压站较远，位于厂内大门处的西南侧附近，单回线路长度达到 1.6km 以上。图中分别标出了新建 1 号～3 号 6/0.4kV 变电所的位置。

新建 3 座变电所需要六路 6kV 电源，总降无法提供，且受场地限制，较难扩展。经过比选后确定了如下改造方案：在新建的 2 号变电所增设 1 座 6kV 配电间，设置第二级 6kV 配电系统，将总降压站中引至预处理设施变电所的 2 路 6kV 电源改为引至新建的 6kV 配电系统，再转供预处理设施变电所，同时提供本次新建 3 座变电所的六路 6kV 电源。变配电系统如图 6－2 所示。

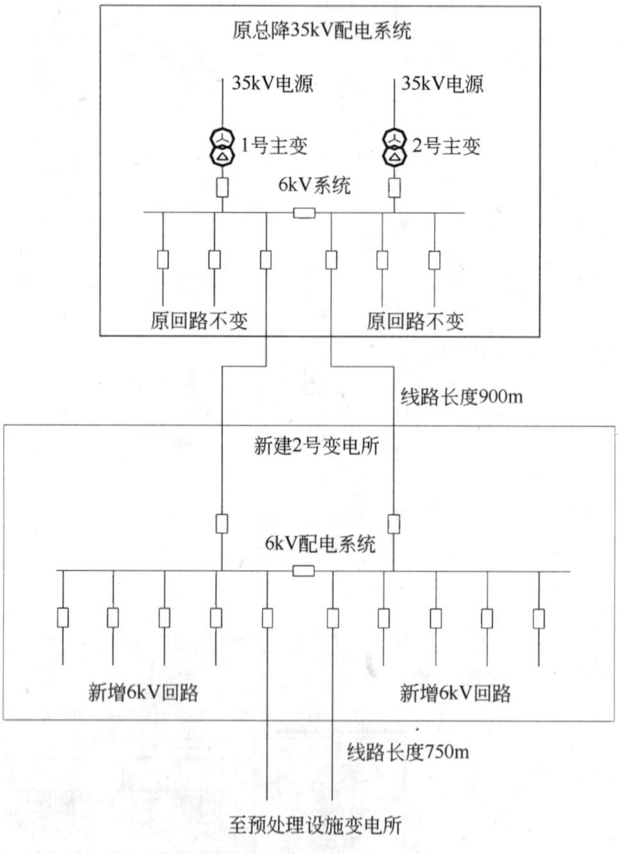

图 6－2 变配电系统图

该方案充分利用了原总降压站的供电能力，对原总降压站的改造工作量较小，只需调换两台 6kV 馈线开关柜的出线电流互感器、调整继电保护整定值，即可满足本次扩建工程的需求。在此改扩建工程中充分利用原变电站，统筹考虑新旧供配电网络，合理分配 6kV 送电线路，确定的供电方案较为合理，节省了工程投资，缩短了施工周期。

第一次扩建工程时在 2 号变电所内设置一台 PLC 作为新建 6kV 配电系统和 6/0.4kV 变电所的电力监控后台。电力监控 PLC 通过五条 Profibus 总线连接五座 6/0.4kV 变电所，1 号和 2 号变电所各敷设一根 Profibus 通信电缆，3 号变电所、码头和污泥填埋变电所各敷设一根光缆，连接电力监控 PLC 和开关柜的数据接口。

（2）上海市白龙港城市污水处理厂第二次改扩建

白龙港污水厂经过五六年运行，需要进一步大规模改造和扩建，原 $120\times10^4m^3/d$ 的一级强化处理需要升级改造为二级处理，同时扩建 $80\times10^4m^3/d$ 规模的二级处理，使全厂达到 $200\times10^4m^3/d$ 的二级处理规模；同步建设污泥处理工程；远期根据规划规模，还预留 $140\times10^4m^3/d$ 的处理能力。

由于第二次改扩建的规模远超过原厂处理水量，全厂近远期的负荷总计算容量约达到 48270kW，负荷计算容量如表 6－4 所示。

负荷计算容量表 **表 6－4**

建设状态	工程名称	计算容量（kW）	备　注
已建	原出口泵房计算容量	4400（与新建出水泵房合并使用①）	原已建 35/6.3kV 总降压站负荷
	污水处理厂计算容量	2711（原有 2532kW，增设 179kW 负荷）	
	预处理厂计算容量	415（原有 444kW，移出 100kW②和新增 71kW）	
	污泥填埋场计算容量	100	
	污泥码头负荷和除臭计算容量	400	
	同期系数	0.9	
	现有负荷总计	7223	
拟建	近期污泥处理工程	6800	新增负荷
	$120\times10^4m^3/d$ 污水处理升级改造	7095	
	$80\times10^4m^3/d$ 二级污水处理扩建	10882	
	同期系数	0.9	
	新增负荷总计	22299	
远期	远期负荷估算	20831	远期负荷
	同期系数	0.9	
	新增负荷总计	18748	
	全厂总计	48270	

① 由于扩建项目中增设了一座出水泵房，两座泵房同时运行时，原出水泵房的六台 900kW 水泵最大运行方式下只开四台，因此比原运行方式少开一台，容量相差 900kW；

② 原预处理设施变电所内的一台照明屏原为原综合楼提供照明电源，本次工程动力照明分开计量后将该屏移入新建 4 号变电所供电范围，容量约为 100kW。

从表 6－4 中可以看出，现有负荷为 7223kW，改扩建后，将增加至 29522kW，远期更将达到 48270kW，根据负荷计算，首先需确定外线电源的供电方案。经过了解，原两路 35kV 外线分别引自上级 220kV 唐镇变电站（线路长度 15km）和 220kV 周海变电站（线路长度 18km）。目前唐镇站 35kV 外线线路负载率达 90%，周海线虽略有富裕，但两个变电站馈线回路已满，无法提供两路新 35kV 用电，附近另有一座 220kV 王港变电站正在建设中，距离本厂约 12km，其建设周期可满足本厂建设需要。根据当地供配电规则，35kV 电源的供电能力为 40MVA（两路

20MVA 电源)，白龙港污水厂区周边除了 35kV 电源外，还有 110kV 电源。

经与电业部门协商，原两路外线无法进行扩容改造，必须新建两路 35kV 外线，拟由建设中的王港站提供 35kV 电源。

其次确定厂内的供配电系统，升级改造和扩建工程增加的负荷远大于原有负荷，原总降压站的主变压器、6kV 开关柜、配电间面积、变压器室承重均不能满足需要，原地改扩建或重建，将引起原污水厂大规模、长时间停运。因此考虑在厂内新设一座 35/6.3kV 总降压站，申请的两路 35kV 电源引入新建总降压站。新建站近期规模为两台 20MVA 的常用主变，6kV 单母线分段的接线形式，远期扩展为“三电源、三变压器、四分段”的接线形式。新总降压站建成后，原 35kV 总降压站改为配电站，35kV 配电设施和主变均停运，6kV 配电系统的电源改由新建总降供电，馈电回路基本保持不变。

根据上级 220kV 变电所的位置，新电源外线将由厂区西南方向引入，新建总降由此设置在厂区西南部升级改造和扩建工程的负荷中心。另外 $120\times10^4m^3/d$ 的升级改造工程还新建一座 6kV 配电间和五座 6/0.4kV 变电所；$80\times10^4m^3/d$ 的扩建工程新建两座 6kV 配电间和六座 6/0.4kV 变电所，厂区总平面布置如图 6-3 所示。

由总平面图 6-3 可以看出，新建总降压站后，厂区 6kV 供电系统将由北向南供电改为由南向北供电。因此有必要对厂内 6kV 线路进行梳理和调整，为今后管理方便，厂内原有负荷尽可能从新建总降压站放射式取电，同时，兼顾现有供电网络，减少工程量，全厂共设新旧五座第二级的 6kV 配电系统，各从新建总降压站取得两路常用电源。五座 6kV 配电系统分别为：原总降站的 6kV 配电系统，承担原出水泵房的负荷；原 2 号变电所的 6kV 配电系统，承担污泥处理设施的负荷；升级改造工程新建鼓风机房 6kV 配电系统，承担鼓风机房和生物反应池的负荷；扩建工程新建鼓风机房 6kV 配电系统，承担鼓风机房和生物反应池的负荷；扩建工程新建 15 号变电所 6kV 配电系统，承担出水泵房和 15 号变电所的负荷。原由已建 2 号变电所 6kV 系统供电的 1 号～3 号 6/0.4kV 变电所、预处理设施 6/0.4kV 变电所由于靠近总降压站，改为从总降压站直接引电。

在原预处理设施和一级强化设施中增加了少量的 0.4kV 负荷，将通过对原 1 号 6/0.4kV 变电所和预处理设施 6/0.4kV 变电所“挖潜改造”，利用原备用回路和变压器富裕的供电能力解决 0.4kV 电源。

通过以上电气系统的改造，新建一座 35/6.3kV 总降压站，对厂内的老负荷、近期和远期负荷作了供电规划和调整，解决了近期大量新增负荷和原有负荷相差巨大的问题，兼顾了远期还将增加的大量负荷，为远期的扩展预留了较大的发展空间，方便了远期工程的扩展设计。同时通过 6kV 线路的合理调整，理顺了厂内多次系统改扩建后较为复杂的接线，为厂内今后的管理运行提供了较为方便易行的操作运行模式，变配电系统如图 6-4 所示。

第二次升级改造和扩建工程，在新建 35/6.3kV 站内设置一套变电所计算机管理系统，采集总降压站和各变电所的各种电气信号，并可在监控计算机上进行设定、监测和控制。监测范围到第二级 6kV 配电系统，监控范围到第一级 6kV 配电系统。

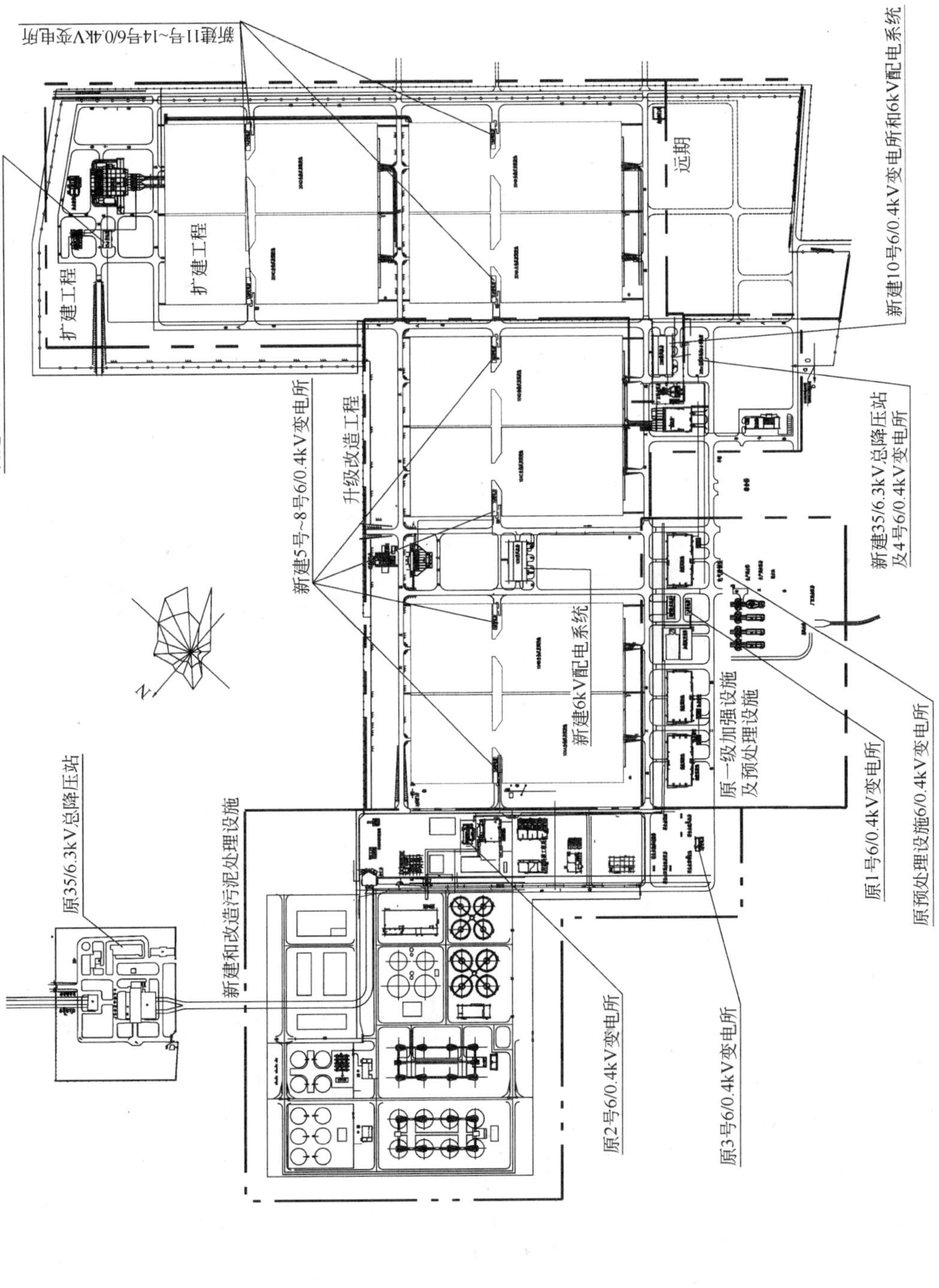

图 6－3　厂区变配电设施平面布置图

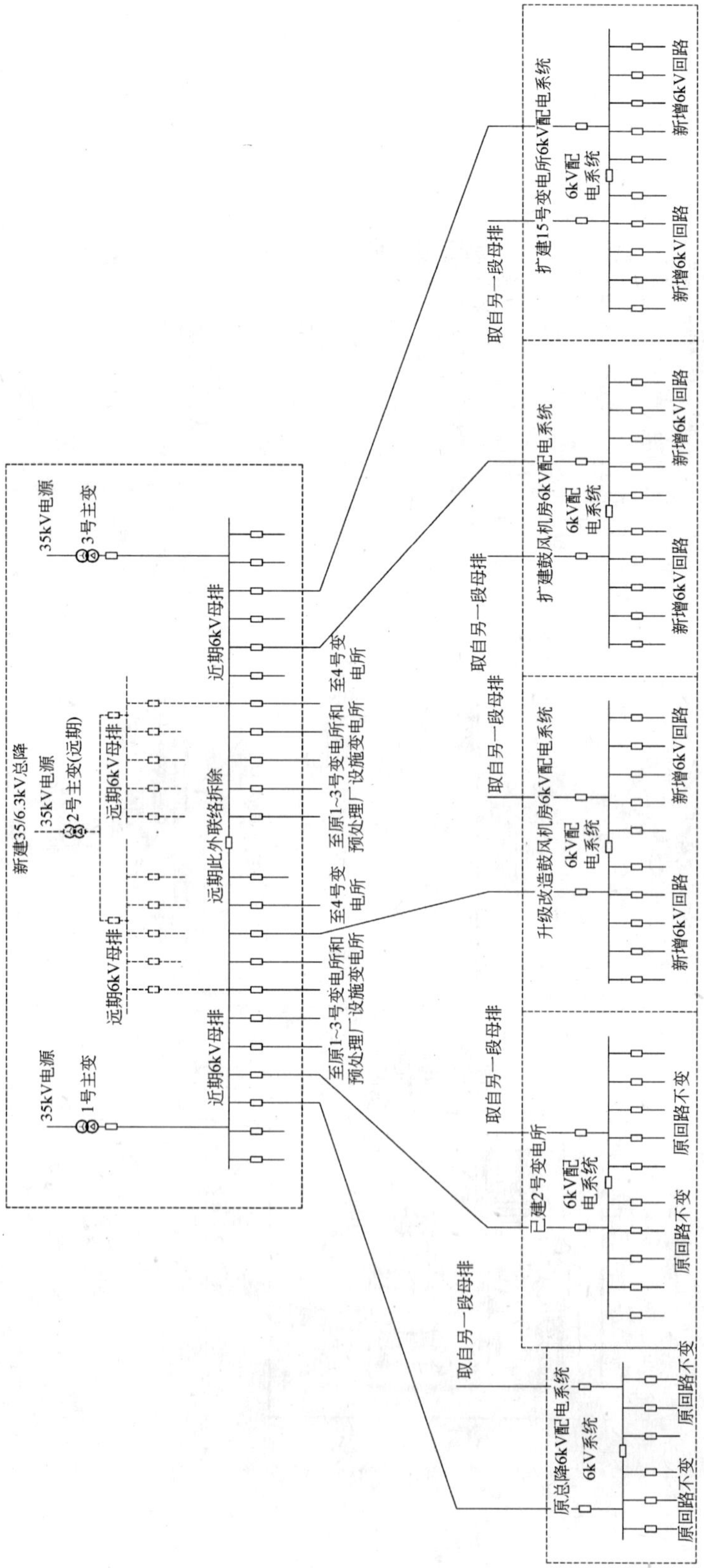

新建35/6.3kV总降
35kV电源
1号主变
35kV电源
2号主变(远期)
35kV电源
3号主变
近期6kV母排
远期6kV母排
远期6kV母排
近期此外联络拆除
近期6kV母排
至原1~3号变电所和预处理厂设施变电所
至4号变电所
至原1~3号变电所和预处理厂设施变电所
至4号变电所
取自另一段母排
原总降6kV配电系统
6kV系统
原回路不变
原回路不变
取自另一段母排
已建2号变电所
6kV配电系统
原回路不变
原回路不变
取自另一段母排
升级改造鼓风机房6kV配电系统
6kV配电系统
新增6kV回路
新增6kV回路
取自另一段母排
扩建鼓风机房6kV配电系统
6kV配电系统
新增6kV回路
新增6kV回路
取自另一段母排
扩建15号变电所6kV配电系统
6kV配电系统
新增6kV回路
新增6kV回路

图 6-4 变配电系统图

变电所计算机管理系统利用全厂控制系统工业以太网 B 网将数据上传至位于新建集控楼内的中央控制室进行遥测，不遥控。新建总降压站的各电气信号由站内的计算机管理系统直接采集，第二级 6kV 配电系统的信号送至就近的 PLC，并通过自控系统 100M 以太网光纤环网 B 网（原已建工程为 A 网，120 万 m^3/d 升级改造工程和 80 万 m^3/d 扩建工程为 B 网），将各种信号、数据汇总至新建总降压站内变电所计算机管理系统。厂内已建的电力监控站仍将通过已建自控系统 100M 以太网光纤环网 A 网送至新建总降压站内变电所计算机管理系统。

2. 徐州市污水厂扩建工程

徐州市污水厂扩建工程是 1997～1998 年实施扩建的项目，虽然相隔时间较长，但电气扩建设计较有特点，因此在本书中作为实例介绍。

该污水厂原为二级处理深度，扩建处理深度不变，仅水量从原日处理 $10\times10^4 m^3/d$ 扩建成 $16.5\times10^4 m^3/d$。工程当初实施时为国外政府贷款项目，厂区低压配电设备由德国公司提供，为 Modan6000 型抽屉式开关柜，均设计成 MCC 形式。全厂原建有两座变配电所。1 号变配电所与高配间合建，两台变压器容量为 630kVA；2 号变配电所两台变压器容量为 1000kVA。

扩建后主要新增负荷基本分布在原有单体构筑物内，厂内若再新增变电所，则变电所的数量过多，不利于厂内管理，而且扩建是利用原有污水厂用地，厂区面积有限，较难新增变电所。因此主要设计思路还是扩建改造原有变配电所。按此原则设计碰到的最大问题是：原外方提供的 0.4kV 开关柜对本厂远期的扩建均未考虑预留备用回路，配电间土建预留面积也非常小，若要增加开关柜势必要改动土建，对原厂生产和现有电气设备影响大，实施难度高。查阅原外方资料后，发现原低压 MCC 柜虽无备用回路，但柜内留有一些空舱位，本次扩建可加以利用，按原低压二次控制模式进行新负荷的控制设计。这样土建面积虽小，但充分利用这些空舱位后，在工厂内按设计图要求加工抽屉后，运至现场，增加一些二次接插件就可安装。这样可以不增加低压柜即满足新增负荷的供电及控制，而不必再改造土建。

另外一个问题，根据负荷计算，两座变电所内的变压器容量均需增容一档才能满足现有新老负荷，这样相应低压柜内母排、进线开关及其电流互感器等相应需作调换，带来的施工停电周期较长，不能满足厂内现有生产要求。但从开关柜的结构和接线形式分析，原 0.4kV 进线位于每段母排的中间，也就是每段母排只承担了部分负荷电流，约为变压器额定容量的 1/2～2/3；而且 Modan6000 型开关柜内的母线为 C 型母排，其不规则的外形使其母排表面积增大，载流量较相同截面的方形母线大，散热条件也较优越。经分析后，向德国金钟默勒公司的咨询，并经其确认，变压器容量放大一档该套开关柜内的馈线母排可以无需更换，只需更换进线柜的母排。

通过以上的设计，使电气扩建设计的工作量大大减轻，投资小。施工周期短，对原生产影响小，与原电气系统结合紧凑，控制和接线形式统一。开关柜没有增加，是改扩建电气设计中较为典型的成功例子。图 6－5 为厂内其中一座变配电所低压开关柜 MCC2 的接线图，图中粗实线的为原空舱位增加或需要改造的回路，细虚线为原有回路不变。

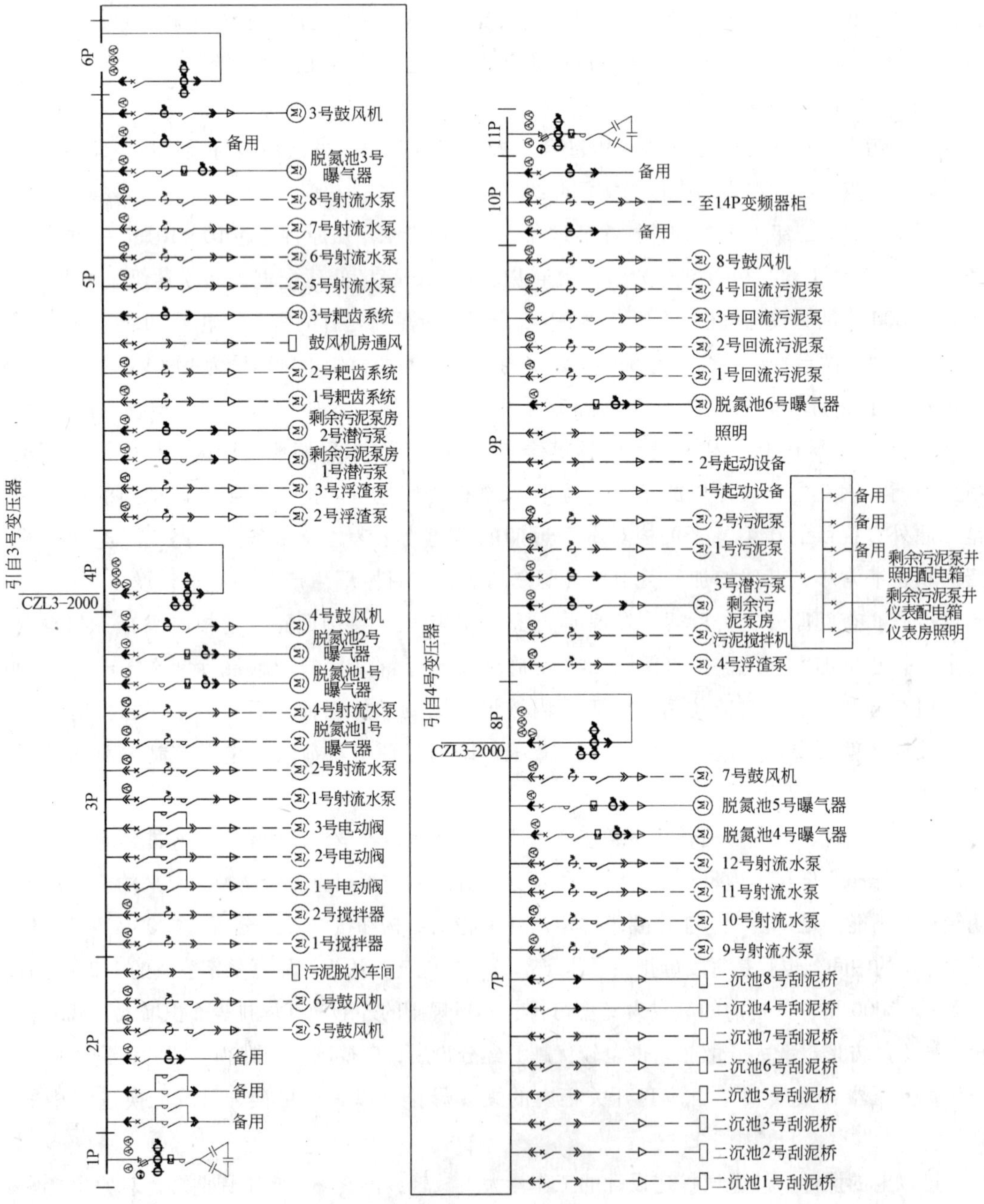
6P
3号鼓风机
备用
脱氮池3号曝气器
8号射流水泵
7号射流水泵
6号射流水泵
5号射流水泵
5P
3号耙齿系统
鼓风机房通风
2号耙齿系统
1号耙齿系统
剩余污泥泵房2号潜污泵
剩余污泥泵房1号潜污泵
3号浮渣泵
2号浮渣泵
引自3号变压器
CZL3-2000
4P
4号鼓风机
脱氮池2号曝气器
脱氮池1号曝气器
4号射流水泵
脱氮池1号曝气器
2号射流水泵
3P
1号射流水泵
3号电动阀
2号电动阀
1号电动阀
2号搅拌器
1号搅拌器
污泥脱水车间
6号鼓风机
5号鼓风机
2P
备用
备用
备用
1P
11P
备用
10P
至14P变频器柜
备用
8号鼓风机
4号回流污泥泵
3号回流污泥泵
2号回流污泥泵
1号回流污泥泵
脱氮池6号曝气器
9P
照明
2号起动设备
1号起动设备
备用
备用
备用
2号污泥泵
1号污泥泵
剩余污泥泵井照明配电箱
3号潜污泵
剩余污泥泵房
剩余污泥泵井仪表配电箱
污泥搅拌机
仪表房照明
4号浮渣泵
引自4号变压器
CZL3-2000
8P
7号鼓风机
脱氮池5号曝气器
脱氮池4号曝气器
12号射流水泵
11号射流水泵
10号射流水泵
9号射流水泵
7P
二沉池8号刮泥桥
二沉池4号刮泥桥
二沉池7号刮泥桥
二沉池6号刮泥桥
二沉池5号刮泥桥
二沉池3号刮泥桥
二沉池2号刮泥桥
二沉池1号刮泥桥

图6-5 变配电接线图

6.2 自控改扩建设计

随着我国国民经济的发展，环保意识的不断提高，新的出水排放标准的实施，一方面要求增加污水污泥处理能力，另一方面，要求提高出水水质标准，现有污水厂处理规模和处理工艺流程已不能满足要求，因此纷纷进行污水厂的改建和扩建。

现阶段污水厂进行改建和扩建从工艺流程上来说可以分为四部分：1)增加污水处理量，主要是增加生物处理构筑物，如A/A/O反应池、氧化沟等；2)增加污水生物处理构筑物，以达到脱氮除磷目的；3)增加污水处理深度，主要是增加深度处理构筑物，如高效沉淀池、滤池等；4)增加污泥处理量和处理程度，主要是增加污泥处理构筑物，如污泥脱水机房、污泥消化池等。

污水厂改扩建工程工艺流程有以下三个特点：

(1) 污水厂改扩建工程一般充分利用原有构筑物和设施，使其适应改造后污水、污泥处理工艺的要求，因此仪表和自控设计时要考虑新老结合的要求。

(2) 新增生物处理构筑物一般与原来的构筑物相同，因此在新增处理构筑物设计中应参考原有构筑物检测仪表和控制设备布置要求。

(3) 总平面上新增的处理构筑物一般组团布置，利于分期、分阶段实施，因此新增现场控制站应充分考虑就近控制的原则，尽量设置在控制需求的中心位置。

6.2.1 仪表自控系统现状

1. 中央控制室

污水厂中央控制室一般设于综合楼内，有少数污水厂中央控制室与变配电所合建。

中央控制室主要对全厂数据实行集中管理和调度，并与管理信息系统和其他周边系统链接。它集中各现场控制单元送来的信息，进行分析、研究、打印、存储，为确定生产计划、生产调度提供依据，并通过监视和操作，将操作和命令下送至现场控制站。中央控制室计算机系统主要由操作站(监控计算机)和外部设备如打印机、投影仪系统等组成。

早期污水处理厂计算机系统设置较为简单，一般采用双机热备的操作员站计算机作为数据采集、存储、设备监控运行的核心。

近期大中型污水处理厂一般采用C/S(客户/服务)模式设置计算机系统，将功能分散到独立的计算机上，设置数据服务器、操作员站、工程师站等功能性计算机。数据服务器作为污水厂控制的核心，实时采集全厂监控数据和工况进行存储和处理，并能生成各种表格，以便管理局域网和其他网上授权的计算机进行调用、查询、检索和打印。操作员站作为客户端，通过局域网与数据服务器连接，提供动态的工艺监控图形及友好的人机界面。在控制图形上通过鼠标和键盘对工艺参数进行修改，对工艺过程和控制设备进行控制和调节；在设备及工艺过程中发生故障时发出警报，显示故障点和故障状态，按照报警等级作出相关反应，记录故障的信息；可设立不同的安全操作等级，针对不同的操作者设置相应的加密等级，记录操作员及其操作信息。操作员站通常配置两台以上。工程师站具有与操作员站一样的人机界面，能进行实时数据、历史运行数据、故障的记录、查询和显示，能对 PLC 和上位机应用软件、管理软件等进行在线编辑、调试，同时可以在网上对 PLC 进行在线诊断。中央控制室 C/S 模式计算机系统如图 6－6 所示。

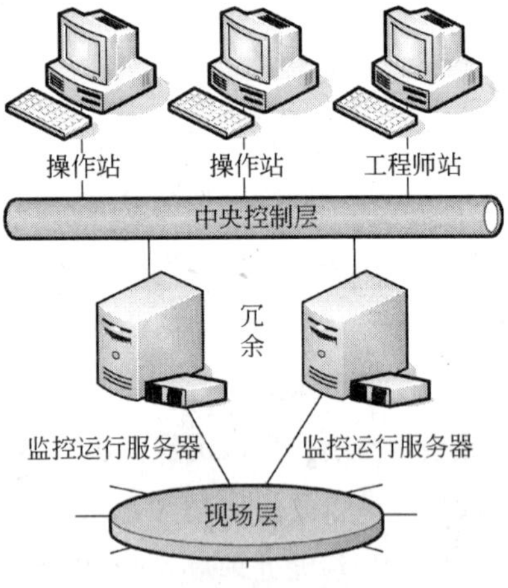

图 6－6 中央控制室 C/S 模式计算机系统图

中央控制室大屏显示系统通常有模拟屏、正投幕显示设备、背投影显示墙系统等不同种类。

早期污水处理厂一般采用模拟屏，模拟屏一般为一块大型马赛克拼屏，根据工艺流程和控制系统绘制好全厂的生产流程，在关键部位嵌入 LED 或者数字显示模块以显示所需状态信号。显示系统由智能控制箱进行控制，控制箱与上位控制计算机之间用通信线进行连接。模拟屏的优点在于显示清晰明了，效果较好，而且建造和维护的成本都较低。其缺点是灵活性差，显示信息为预先设定，无法随时变化，扩展性差，目前在污水厂设计中已很少选用。在改扩建工程中一般用投影系统来替换原有的模拟屏。

近期污水处理厂一般采用正投幕显示系统或背投影显示墙系统。正投幕显示系统一般采用专业投影仪结合投影屏幕组成，其优点构造简单，成本低。但具有显示质量一般，环境亮度要求高等缺点。因此该种设置方案常常用于投资控制较紧或小型污水厂。背投影显示墙系统一般由采用 DLP 投影技术显示屏(或等离子/液晶电视机等)拼接而成的，常规拼屏结构可采用 2×3、2×4、2×5 等不同形式，屏尺寸一般为 50 英寸、67 英寸、84 英寸，甚至是 100 英寸，具体工程应根据管理需要(包括视频显示)确定所需屏幕的数量、屏的大小，并决定符合人体工程学的中心控制室的建筑尺寸、平面布置。各个 DLP 屏之间由专用的视频处理系统进行控制，使图像保持同步，达到很好的显示效果，DLP 屏的亮度高，显示效果非常好，但是 DLP 屏相对设备昂贵，安装要求和环境要求较高、正常运行维护费用较高，因此设计时需根据管理需要、资金情况确定。

为了便于改扩建工程仪表和自控系统的设计，对原有中央控制室改扩建应了解以下几方面内容：

(1) 计算机硬件系统

需要了解计算机配置，如 CPU 运算速度、内存及硬盘容量等。由于计算机技术发展非常快，硬件更新非常快，如果污水厂计算机硬件系统已经使用了四五年，建议更换计算机硬件系统。

(2) 软件系统

需要了解软件版本，软件生产厂家，是否可以升级等情况，部分厂家的组态软件不能在老版本上升级，只能用新版本的软件，在确定方案时应充分考虑这些因素。

（3）大屏显示系统

需要了解污水厂中央控制室采用的大屏显示系统，是模拟屏、正投幕显示设备还是背投影显示墙系统，一般20世纪90年代以前的污水处理厂均采用模拟屏，近年来的污水处理厂采用正投幕显示设备、背投影显示墙系统。如果前期工程采用模拟屏的话，建议更换模拟屏，如果前期工程采用正投幕显示设备、背投影显示墙系统的话，则可以继续使用。

2. 现场控制站PLC系统

现场控制站主要完成现场设备和检测仪表的数据采集及控制。采集过程控制数据，进行数据的转换、处理和存储。实施顺序逻辑控制的运算和输出控制，并实现数据的上传及接收。现场控制层主要由PLC、远程I/O、控制柜、UPS等组成。

污水厂主要工艺流程一般包括预处理、生物处理、污泥处理三大部分，常规现场PLC站点设置应根据污水厂工艺流程的要求、厂区内工艺和变配电系统布局进行布置，设置原则为：首先以相对独立完整的工艺环节作为一个控制主站的范围；其次以设备相对集中的场所设置现场控制站。小型污水处理厂可合并现场控制站功能，全厂只设1～2个现场控制站。大型污水处理厂为了分散风险，可按照工艺流程增设现场控制站。

现场控制站点有主站和子站之分，主要是以现场控制层网络拓扑结构上存在的上下层或前后层的关联性进行划分。常常以起主要协调作用的环节作为主站，其他附属辅助环节作为子站。主站和子站往往在控制点数上存在着较大差异，因此设备的配置也对应存在档次差别或子站仅为远程I/O的形式。

现场控制站设置于环境较为恶劣的现场，特别有些污水厂将PLC控制柜设于进水泵房、污泥脱水机房等硫化氢腐蚀较为严重的地方，往往才投入运行了几年，部分元器件即损害严重，影响到PLC的运行。因此在改扩建工程中新增的现场控制站尽量设于控制室内，原有设于现场的PLC控制柜在有可能的情况下，也应移至控制室内。

为了便于改扩建工程仪表和自控系统的设计，对原有现场控制站应了解以下几个方面内容：

（1）PLC

需要了解PLC型号、生产厂家，是否可以扩展等情况。部分厂家的某些PLC型号只能有一块扩展模块。

（2）PLC控制柜

需要了解PLC控制柜尺寸、柜内布置等情况。

3. 网络通信系统

监控系统的各层通过通信网络连接起来，常规污水厂通信网络分为三级：管理级、监控级和数据传输级。

第一级为管理级，此通信网络连接管理信息层与中央控制层。早期的污水处理厂没有此通信网络，只是近年来随着计算机技术及管理信息技术发展，而逐步发展起来的。它是采用星形拓扑结构形式的10M/100M/1000M以太网网络。由管理信息层管理计算机、办公数据网络、数据服务器及中央控制层操作站、工程师站、打印机通过以太网交换机连接起来，它们之间用超5类以上的非屏蔽双绞线相连。

第二级为监控级，此通信网络连接中央控制层与现场控制层。早期的污水处理厂采用的是总线形式的通信网络，通信协议为PROFIBUS - DP、CONTROLNET - LINK、TCP/IP工业以太网等，采用物理连接为通信电缆或同轴电缆。近年来的污水处理厂均采用工业以太网光纤环网，通信协议为TCP/IP工业以太网，采用物理连接为通信光缆。

第三级为数据传输级，连接现场控制层和设备层。早期的污水处理厂没有此通信网络，只是近年来随着计算机技术及网络技术发展，而逐步发展起来的。此网络可选择基于IEC61158标准现场总线，如Profibus总线、FF总线等，或常规I/O连接以及两者结合的方式，组成星形、树形和总线形式结构。由现场控制层PLC、现场设备控制箱、MCC、检测仪表等组成。

为了便于改扩建工程仪表和自控系统的设计，对原有通信网络系统应了解以下几个方面内容：

(1) 通信协议

需要了解原有通信网络采用何种通信协议，PROFIBUS - DP、CONTROLL - LINK、TCP/IP工业以太网等。

(2) 网络拓扑

需要了解原有通信网络拓扑结构，星型连接、环型连接、总线连接，以及冗余方式等。

4. 检测仪表系统

污水厂为了保证安全生产，实现现代化科学管理，提高污水厂的经济效益和社会效益，采用先进的过程检测和控制仪表系统，来实现生产过程的自动化。污水厂检测仪表应根据工艺流程和工艺要求进行设置。早期的污水处理厂检测仪表设置较为简单，主要设置液位、流量等常规仪表，近年来随着自动化程度的提高，检测仪表种类及数量有了很大的提高。

在污水厂工艺过程中设置检测仪表的作用有以下几方面：

(1) 提供设备的利用率，保证出水达标，仪表能连续检测各种工艺参数，根据这些数据可对设备进行手动或自动控制，协调各种设备及设施的联系，提高设备利用率，同时检测仪表与给定值进行连续比较，发生偏差时，立即调整，从而保证出水水质。

(2) 节省日常运行费用，可根据仪表检测的参数，自动调节和控制风机、水泵机组、药剂投加量，使其合理运行，使管理更加科学，达到经济运行的目的。

(3) 使运行安全可靠，由于仪表具有连续检测、越限报警的功能，因此便于及时处理事故。对于高温、噪声、恶臭、腐蚀的环境均可通过仪表自动检测来取代现场观测，从而减少对操作人员的危害。

(4) 节省人力、减轻劳动强度，设置过程检测仪表后，工艺参数的测量、记录可以在中央控制室集中显示，减少值班人员、减轻劳动强度。

（5）为PID调节控制创造条件，过程检测仪表是监控系统控制的前提，只有仪表测量现场数据后，才能运用控制系统将工艺检测参数通过数学模型运算后发出指令驱动执行器完成控制命令。

为了便于改扩建工程自控系统的设计，对原有检测仪表系统应了解以下几个方面内容：

（1）种类

需要了解原有仪表的种类，特别是与改扩建工程有关的仪表，如流量计（超声波、电磁等）、水质分析仪表等。

（2）品牌

需要了解原有仪表的生产厂家，改扩建工程宜选用与原有仪表相同的生产厂家，以便于维护及备品备件的更换。

6.2.2　设计要点

1. 设计原则

（1）协调性，已建工程、改扩建工程系统设置应统筹考虑，主要检测仪表、控制设备选型尽量统一。

（2）实用性，选择性价比高，实用性强的检测仪表、自动控制系统设备。

（3）先进性，系统设计要有一定的超前意识，设备的选择要符合技术发展趋势，选择主流产品。

（4）经济性，在满足技术和功能的前提下，系统应简单实用，并具有良好性能价格比。

（5）易用性，系统操作简便、直观，利于各个层次的工作人员使用。

（6）可靠性，根据污水厂的重要程度，控制系统故障对生产所造成的影响程度，应采取必要的保全和备用措施，必要时对控制系统关键设备进行冗余设计。

（7）可管理性，仪表和控制系统的硬件和软件的选用应重视可管理性和可维护性。

（8）开放性，应采用符合国际标准和国家标准的方案，保证系统具有开放性特点。

2. 设计步骤

污水厂改扩建工程的仪表和自控系统在设计过程中应考虑以下几方面内容：

（1）应收集原有工程仪表和自控系统的资料，包括施工图纸、竣工资料等。

（2）应与运营或业主单位沟通，了解原有仪表及自控系统在运行过程中出现过的问题和对改扩建工程的要求。

（3）制定改扩建工程的设计方案，该方案可从检测仪表、自动控制系统两方面入手，酌情参考前期工程设计方案，取其优点，去其劣处，将已建工程、改扩建工程的仪表和自控系统作为一个整体，统筹考虑。

6.2.3　仪表和自控系统设计

在改扩建工程中一般只考虑本期工程范围内检测仪表的设置，对前期工程检测仪表系统不作变动，除非业主要求或前期工程的仪表已损坏，并影响到改扩建工程工艺检测要求，才更换前期工程检测仪表。

1. 常用仪表的分类

目前污水厂工程中常用的在线检测仪表一般可分为以下两大类：

(1) 热工量仪表

主要包括流量、压力、液位、温度等参数的检测仪表。

1）流量仪表

根据被测参数的要求，流量仪表可分为容积式流量仪和质量流量仪两种。质量流量仪除测量容积流量外，还能检测相关介质的密度、浓度等参数。容积式流量仪根据管路特性分为明渠流量仪和管道式流量仪。明渠流量仪一般采用堰式或文丘里槽流量仪。管道式流量仪根据测量原理又可分为电磁流量仪、超声波流量仪、涡街流量仪、差压式流量仪、热式流量仪等不同形式；根据安装方式分为管段式、插入式、外夹式等多种形式。

2）压力仪表

污水厂常用压力仪表有机械式压力表和电动式压力(差压)变送器。机械式压力表主要有弹簧管式、波纹管式、膜片式三种；电动式压力(差压)变送器主要有电容式、扩散硅式等。

3）液位仪表

污水厂中常用液位仪表根据仪表结构、测量原理可分为超声波式、浮筒(球)式、差压式、投入式、静电电容式等几种主要形式。

4）温度仪表

温度仪表由测温元件和温度变送器组成。测温元件根据金属丝自身电阻随温度改变的特性常分为铜热电阻 Cu50 和铂热电阻 Pt100。温度变送器与不同特性的测温元件配合将电阻变化转换为 4～20mA 标准信号。

(2) 物性和成分量仪表

主要包括 pH/ORP(氧化还原电位)、电导率、溶解氧、固体悬浮物/污泥浓度(MLSS/SS)、COD(化学需氧量)、NH_4^+ - N(氨氮)、NO_3(硝氮)、TP(总磷)、H_2S(硫化氢)、CH_4(沼气)等。

1）pH/ORP(氧化还原电位)测量仪采用电化学电位分析法测量原理；

2）溶解氧测量仪通常采用荧光法、覆膜式电流测量法、固态电极法等测量原理；

3）固体悬浮物/污泥浓度(MLSS/SS)采用散射光或反射光测量原理；

4）COD 测量仪采用重铬酸钾法测量原理或 UV 测量原理；

5）NH_4^+ - N、NO_3 测量仪采用离子选择电极法或比色法等测量原理；

6）TP 测量仪采用比色法测量原理；

7）H_2S 测量仪采用电化学测量原理。

检测仪表的好坏直接关系到污水处理自动化水平的高低。即使是进口产品由于产地、制造工艺等影响，在精度、稳定性等方面存在着较大的差别。因此在工程设计过程中，必须从仪表的性能、质量、价格、维护工作量、备件情况、售后服务、工程实例等方面进行反复比较，再予以选择。

2. 检测仪表常用配置

改扩建工程检测仪表应根据工艺流程及检测与控制要求进行配置，预处理部分、生物处理部分、深度处理部分和污泥处理部分的常规检测仪表配置如表6－5～表6－8所示。

预处理常规检测仪表配置表　　**表6－5**

构筑物	检　测　项　目	备　　注
粗格栅	格栅液位差	该单体一般与进水泵房合建
	硫化氢浓度	
进水泵房	液位	
	硫化氢浓度测量、报警	
	水泵泵后压力	可选
	水泵电机、泵轴温度	可由水泵厂家提供
	水泵泵前压力、单泵流量	需单泵性能考核时选用
	水泵及电机震动	中大型水泵诊断选用
细格栅	格栅液位差	该单体一般与沉砂池合建
	硫化氢浓度测量、报警	
	进水水质：pH、温度、电导、NH_4^+－N、COD、TP等	有时设于进水泵房
沉砂池	进水流量	设于沉砂池出水管，有时设于进水泵房出水渠上

生物处理常规检测仪表配置表　　**表6－6**

构　筑　物	检　测　项　目	备　　注
初次沉淀池	污泥界面	
	初沉污泥流量	
生物反应池	水质：溶解氧、氨氮、ORP、MLSS、NO_3、COD等	
	内回流液、外回流液流量	
	曝气管气体流量	
二次沉淀池	污泥界面	
回流及剩余污泥泵房	液位	
	回流污泥流量	
	剩余污泥流量	
鼓风机房	空气流量	
	空气压力	
	空气温度	
紫外线消毒池/加氯接触池	出厂水流量	目前采用紫外线消毒池较多
	出水水质：pH、温度、SS、NH_4^+－N、COD、TP等	
	余氯（二氧化氯）	仅加氯接触池有

深度处理常规检测仪表配置表 表6-7

构筑物	检测项目	备注
提升泵房	液位	
高效沉淀池	污泥界面	
	pH	
	SS	
V型滤池	水头损失	
	液位	
	流量	
反冲洗废水池	液位	
	SS	

污泥处理常规检测仪表配置表 表6-8

构筑物	检测项目	备注
储泥池(储泥池)	液位	
污泥脱水(浓缩)机房	进泥流量	
	加药流量	
	污泥浓度	
	硫化氢浓度	
消化池	泥位	
	温度	
	压力	
操作楼(热交换器)	进出水温度、进出泥温度	
	进出泥流量	
	硫化氢浓度测量、报警	
	沼气浓度测量、报警	
沼气柜	高度	
	沼气浓度测量、报警	

6.2.4 自动控制系统设计

改扩建工程仪表和自控系统设计应采用与原已建工程自控系统相结合的方式，按照前期自控系统确定的配置原则进行扩建。主要内容为中央控制室软硬件升级扩容，现场控制站增容改造和扩建。

自控系统设计如下所述进行。

(1) 系统结构

常用污水厂自控系统结构通常按DCS系统构架组成，包括中央控制层(中央控制室)、现场控制层、现场设备层等组成。该结构一般在前期工程中完成，改扩建工程应在前期工程的基础上进行扩展，加以完善。

（2）系统设置

1）中央控制层（中央控制室）

中央控制层一般在原有工程中建成，改扩建工程主要内容为计算机软件系统的扩容、升级、完善，中央控制层选用的软件应具有通用性、灵活性、易用性、扩展性、人性化等特点，并且软件配置需和系统硬件构架密切配合，在设计过程中要通盘考虑。软件一般分为系统通用软件和应用开发软件，系统软件由硬件供应商配置，应用软件由工程公司根据工艺控制和管理要求进行开发，其基本要求是具有管理、控制、通信、工艺控制显示、事件驱动和报警、操作窗口、实时数据库管理、历史数据管理、事件处理、工艺参数设定、报表输出、出错处理、故障处理专家系统等功能。

计算机硬件系统应根据已建工程计算机系统配置情况和自控系统需求，在满足功能需求的条件下，尽可能利用原有计算机，或者合理的增加或更换操作站、服务器等硬件设备。

原有工程中控室屏幕显示系统如果采用的是正投幕显示设备或背投影显示墙系统的话，应尽可能利用原有设备；若是采用的模拟屏的话，建议废除，并根据工程特点和投资情况等诸多因素在正投幕显示设备、DLP 屏、等离子屏、液晶屏等不同类型中选用。

2）现场控制层

现场控制层：由分散在各主要构筑物内的现场控制主站，子站、专用通信网络组成。

现场控制层为改扩建工程自控系统设计重点，一般应根据工艺流程增加现场控制站，并对原有现场控制站进行扩容。

3）原有控制站扩容

改扩建工程中部分单体为增加受控设备和检测仪表，在设计过程中相关的原有现场控制站应进行扩容。原有现场控制站扩容设计时应注意以下几点：

① 自控设备更新换代较快，当原有 PLC 模块已经不生产时，需将原有 PLC 系统全部废除重新设计所有 PLC 模块，否则无法扩容。

② 当原有 PLC 柜受腐蚀，PLC 模块及元器件损坏严重时，需将损坏 PLC 模块废除，并增加相应的 PLC 模块。

③ 当原有 PLC 柜无法放置新增的 PLC 模块及相关元器件时，应增加 PLC 柜，或将原有 PLC 柜废除，新设置一个大尺寸的控制柜。

4）新建现场控制站

改扩建工程新设置的 PLC 站点设置应根据污水厂的工艺流程要求、厂平面内工艺及配电系统布局进行布置。

在常规处理工艺中（如 A/A/O 工艺），一般在以下环节设置主站：

① 预处理部分中的进水泵房控制室；

② 生物处理部分中的鼓风机房控制室；

③ 污泥处理部分中的污泥脱水机房控制室；

④ 深度处理部分中的高效沉淀池控制室；

⑤ 深度处理部分中的滤池控制室；

⑥ 可在加氯间、加药间、配电间等处设置二级子站点，通过通信连入上级主站。

由于污水厂工艺流程千差万别，因此上述站点的设置仅为参考，具体应根据实际需要配置。

在现场控制站布置上，一般可在工艺构筑物内单独设置控制室用于安放设备。有时控制室也兼作现场值班室。当现场控制站按无人值守的管理模式设置时，可不考虑设置专用控制室以减少构筑物的建筑面积。设备通常可与配电设备或设备控制柜（MCC）并列布置，但需做好抗电磁屏蔽等防护措施。

（3）现场控制层网络

一般来说，在现场控制层的网络以往常根据 PLC 设备的品牌选择来确定其对应的网络形式，其中有 CONTROLNET/PROFIBUS - DP/MB + /GENIUS 等各种网络。

其他辅助设备

为保证在系统断电的情况下维持现场控制站的正常运行，需设置 UPS 设备，其供电时间一般要求不小于 1h，具体容量根据实际需要确定。

需配置若干电源、信号及通信用的过电压和抗干扰保护装置。

可酌情根据维护人员需要，配置现场人机接口用于正常巡检及维护。当控制站无人值守时，可选择触摸屏等内置人机接口；当控制站有人值守时，也可采用外置接口（操作计算机）。

（4）现场设备层

设备层由现场运行设备、检测仪表、高低压电气柜上智能单元、专用工艺设备附带的智能控制器以及现场总线网络等组成。现场总线连接分有线方式或无线方式两种，有时需进行相关的协议转换。改扩建工程现场设备层的通信规约尽量与原有工程相同，可保证接进原有控制系统。

目前，电气系统的电量参数检测、保护单元及变频器、软启动器等电气设备一般带有现场总线的通信接口。因此在设计中可应用现场总线传送信息，但应注意通信速率及通信协议对系统响应时间的影响。特别是在应用一些较早开发的总线协议时，比如 MODBUS - RTU 协议，如果总线内接有受控设备的情况下，需计算通信时间及控制同一条总线下的通信节点的数量，避免过大的时延或信息阻塞等故障产生。

（5）自控系统的通信网络

监控系统的各层通过通信网络连接起来。通信网络分为三级：管理级、监控级、数据传输级。其中监控级为改扩建工程重点内容，此通信网络连接中央控制层与现场控制层。

在改扩建工程通信网络设计过程中应了解原有通信网络的协议及拓扑结构。

当原有通信网络设计采用现场总线（CONTROLNET/PROFIBUS - DP/MB + /GENIUS）协议时，宜在改扩建工程改成工业以太网光纤环网。

当原有通信网络设计采用同轴电缆总线式工业以太网时，宜在改扩建工程改成工业以太网光纤环网。

当原有通信网络设计采用工业以太网光纤环网时，若改扩建工程增加的现场控制站数量不多时，应将新增的现场控制站挂接在原有光纤环网上；若改扩建工程增加的现场控制站数量较多时，应考虑新设一组工业以太网光纤环网，将新增的现场控制站挂接在新设光纤环网上，形成双网结构。

6.2.5　仪表和自控设计工程实例

1. 上海市白龙港污水处理厂升级改造工程

(1) 项目背景

白龙港城市污水处理厂于1999年建成旱流处理规模 $172\times10^4m^3/d$ 预处理厂，并在2004年续建了 $120\times10^4m^3/d$ 的一级强化高效沉淀设施，通过混凝沉淀物化法工艺去除大部分有机污染物和除磷，然后经出水泵房提升后排放。由于目前实际旱流污水量已达 $(150\sim180)\times10^4m^3/d$，超过设计处理能力，必须对其进行扩建。2007年1月，白龙港污水处理厂升级改造工程正式立项，计划通过1年半的建设在2008年6月底前投入运行。

与本工程同时进行的工程有：上海市白龙港城市污水处理厂扩建工程、上海市白龙港城市污水处理厂污泥处理工程，其中上海市白龙港城市污水处理厂扩建工程控制系统与本工程共用一个控制系统，上海市白龙港城市污水处理厂污泥处理工程控制系统单独建设。

(2) 工艺流程

上海市白龙港城市污水处理厂升级改造工程处理规模为 $120\times10^4m^3/d$，升级改造后达到国家二级标准，通过出口泵房、高位井深水排放，工艺流程详如图6－7所示。

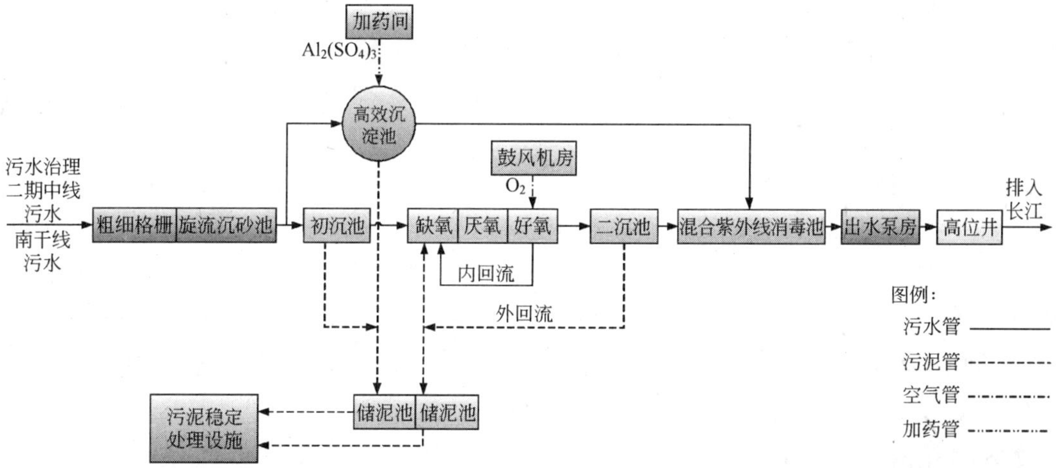

图6－7　白龙港污水处理厂升级改造工程工艺流程图

(3) 已建工程内容

前期工程分为二期建设：2000年建成的预处理设施，主要构筑物为格栅沉砂池、调配井、出水泵房、出水高位井等。建成两座区域控制站；2004年建成的一级强化处理设施，主要构筑物为高效沉淀池、加药间、储泥池、污泥脱水机房等。建成七座现场控制站及一座中央控制室。

现有控制系统设置如图6－8所示。

(4) 设计原则

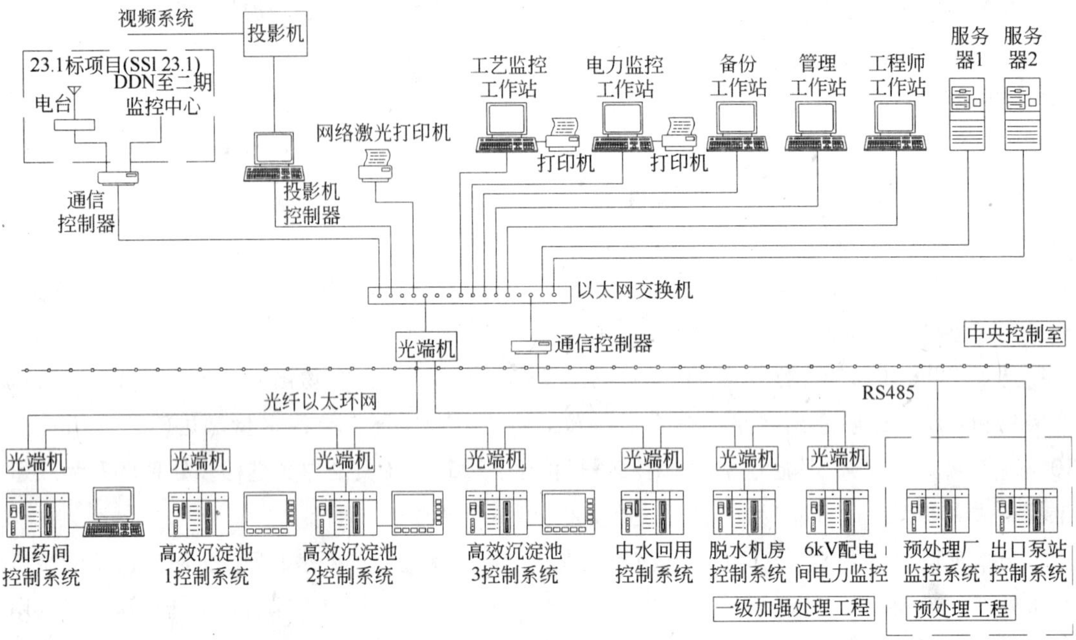

图6－8 已建工程控制系统拓扑图

自控系统设计采用与原已建工程自控系统相结合的方式，若原PLC现场站有新增设备时，则对已建工程PLC站进行增容改造。同时在本次新增二级处理主要工艺控制区域新增若干个PLC现场控制站。

由于原有中控室较为低矮，且房间过于狭长，改造较为困难，因此拟考虑取消原有中央控制室，在厂前区附近新建一个中央控制室来改善这一状况，中央控制室软硬件将重新设置，系统配置将考虑已建工程、升级改造工程、扩建工程、污泥处理工程等所有白龙港污水厂各子项的控制需要，并预留远期接口。

通信网络采用工业以太网光纤环网。由于新增现场控制站数量较多(升级改造工程有九个现场站，扩建工程有十个现场站)，考虑到通信速率及可靠性要求，本工程拟采用双环网结构，分为A、B双网，已建工程的现场控制站PLC挂接在A网上，本次工程不作变动，升级改造工程、扩建工程的现场控制站PLC挂接在新设的B网上，可通过冗余结构的光端交换机进行交换数据。其中任何一个网络的故障不会影响到另一个网络。

(5) 控制系统升级改造

上海市白龙港城市污水处理厂升级改造工程控制系统按工艺流程和工艺特点制定，从工程实际情况和生产管理要求出发，采用集中管理、分散控制的模式，设置数据采集和监控系统，如图6－9所示，同时兼顾扩建工程内容。中央控制室计算机系统重新设立，现场控制站新增九个现场站，生物反应沉淀池分为八组，每组设一座PLC现场控制站；鼓风机房设一座PLC现场控制站。另外对原有预处理现场控制站、高效沉淀池控制站进行改造扩容。

工程数据通信网络拟采用双环网结构，分为A、B双网，已建工程的现场控制站PLC挂接在A网上，升级改造工程和扩建工程的现场控制站PLC挂接在新设的B网上。

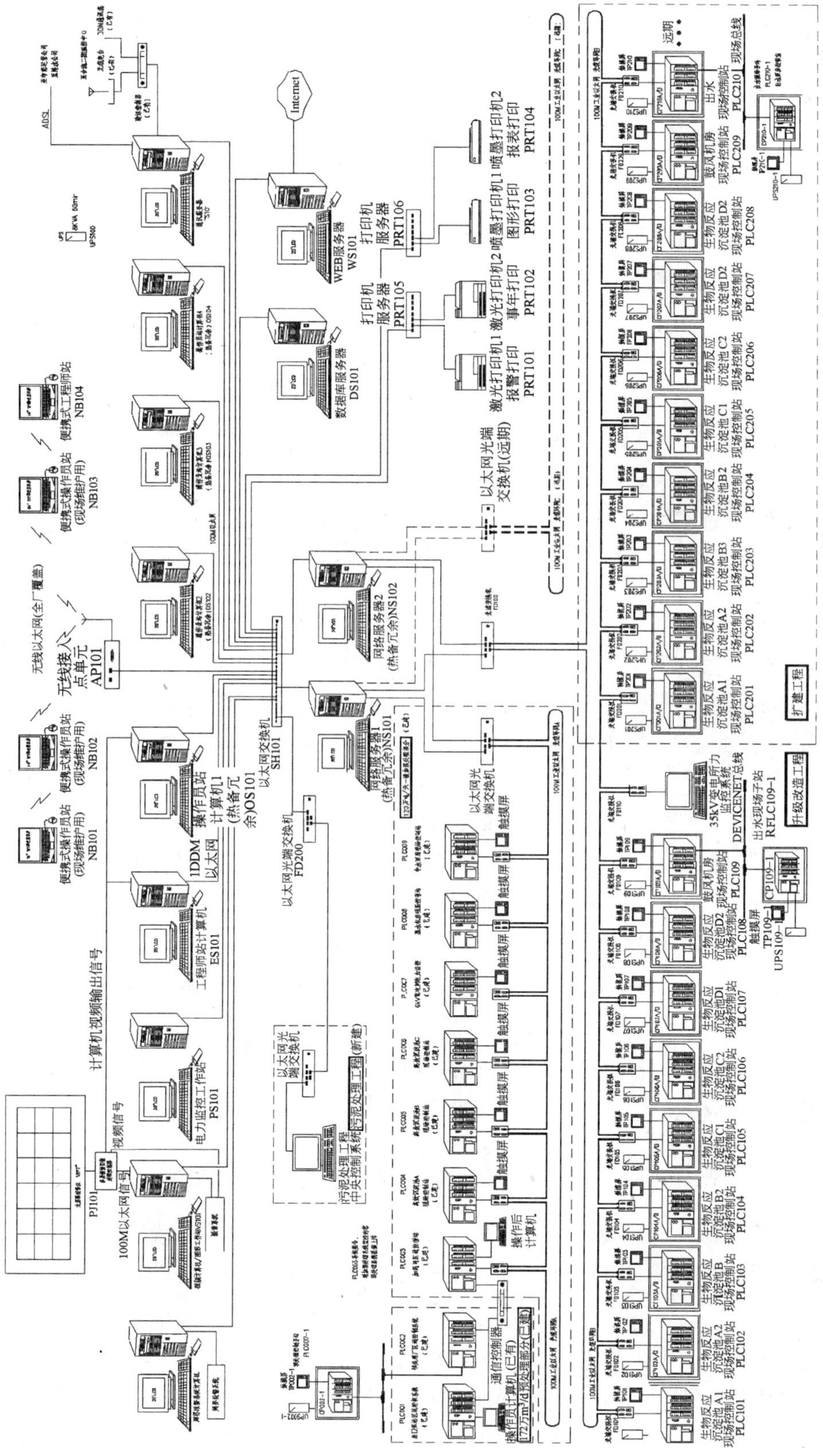

图6-9　升级改造工程控制系统拓扑图

(6) 中央控制室

升级改造工程考虑原中央控制室取消，在原综合楼附近新建一幢三层集中控制楼，新增中央控制室设于集中控制楼的二层，面积约 250m²，净高近 5m。原有自控设备(如计算机、投影仪等)尽量利用，用于会议室和化验室，控制台按需分区布设，中央控制室布置如图 6－10 所示。

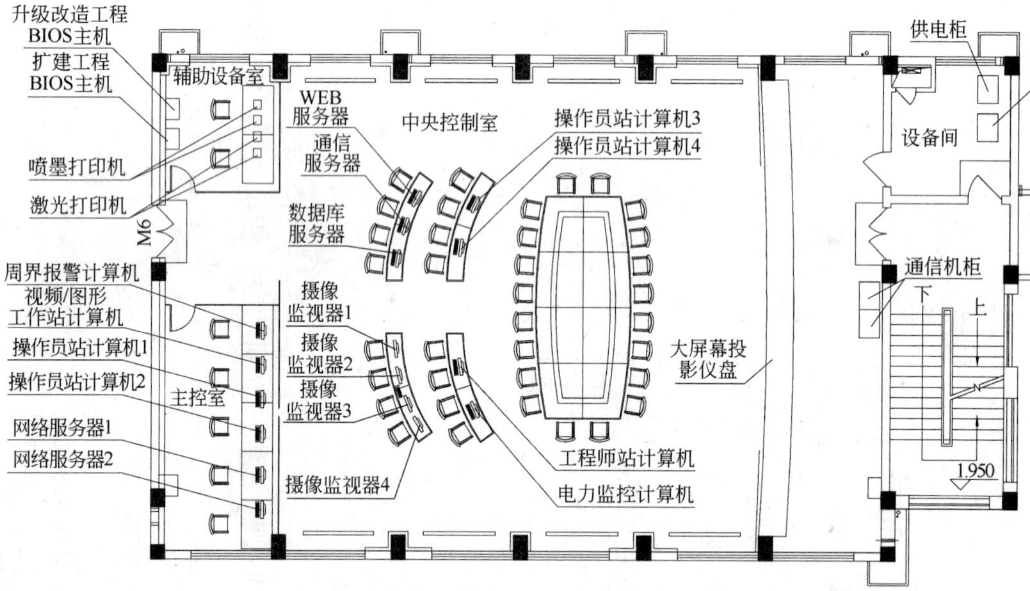

图 6－10 中央控制室布置图

中控室采用防静电铝合金活动地板，高度 250mm，地板下敷设各类强弱电线缆，吊平顶采用消声多孔顶棚，避免声、光反射，空间高度满足嵌入式日光灯安装及布线要求，门窗结构能有效地隔声、隔热，监控室和机房的一面外墙可开窗，加装铝合金百页窗或窗帘，防止阳光直射设备。门的尺寸应保证最大设备的进出。

中控室照明以白色光灯为主，屏幕前方基本照度≥250lx，设备用房安装乳白色不透明遮光板避免光点在显示屏面上的反射，中控室还设有应急照明。

设备间、主控室设置在中央控制室的前部，用玻璃隔断隔开，为独立空间，并设置独立空调，以保证设备的最佳工作环境。中央大厅设置大屏幕 DLP 背投影系统，18 只 67 英寸背投影显示器以 3×6 阵列布置。

(7) 检测仪表

配合自控系统的运行，根据工艺要求在本次新增的二级处理构筑物内设置与工艺流程相适应的在线监测和分析仪表。主要有液位计、流量计、水质分析仪、压力计等检测仪表，仪表流程如图 6－11 所示。

2. 绍兴污水处理三期续建工程

按照总体规划，绍兴市县建设污水处理工程至 2010 年，处理规模将达到 $100\times10^4m^3/d$，已

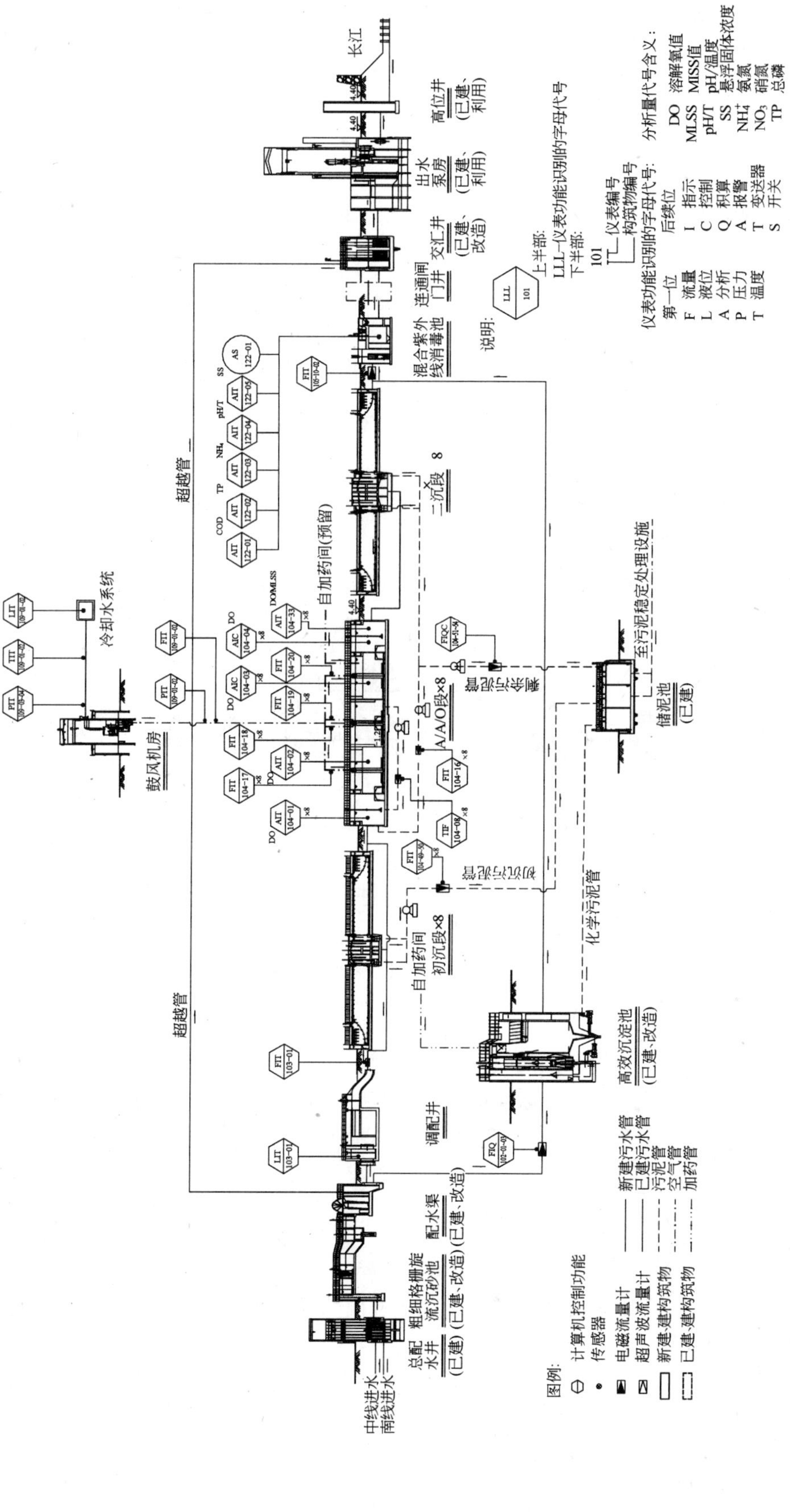

图6-11 升级改造工程检测仪表流程图

建绍兴污水处理厂经过两期建设，设计处理能力达到 $60\times10^4m^3/d$，其中一期工程设计处理能力 $30\times10^4m^3/d$，二期工程设计处理能力 $30\times10^4m^3/d$，随着绍兴市县经济的飞速发展，绍兴市县的污水排放量已经超过了污水处理厂的设计能力，为保证绍兴经济社会的可持续发展，需加快建设绍兴污水处理三期工程。

三期工程主要内容分为三部分：

(1) 绍兴污水处理三期钱塘江工程：在滨海开发区靠近钱塘江附近新建设计规模为 $20\times10^4m^3/d$ 的污水处理厂一座；

(2) 绍兴污水处理三期续建工程：在污水处理厂一期工程厂区预留地扩建设计规模为 $20\times10^4m^3/d$ 的污水处理厂一座；

(3) 排海工程：包括排海口及海底管道，绍兴污水处理厂一、二、三期尾水均经排海工程排入钱塘江。

(1) 工艺流程

绍兴污水处理厂三期续建工程设计规模为 $20\times10^4m^3/d$，工程污水处理流程为混凝沉淀、酸化水解、延时曝气工艺处理工艺。

污泥经浓缩离心脱水后输送至厂内污泥填埋场处置，工艺流程如图 6－12 所示。

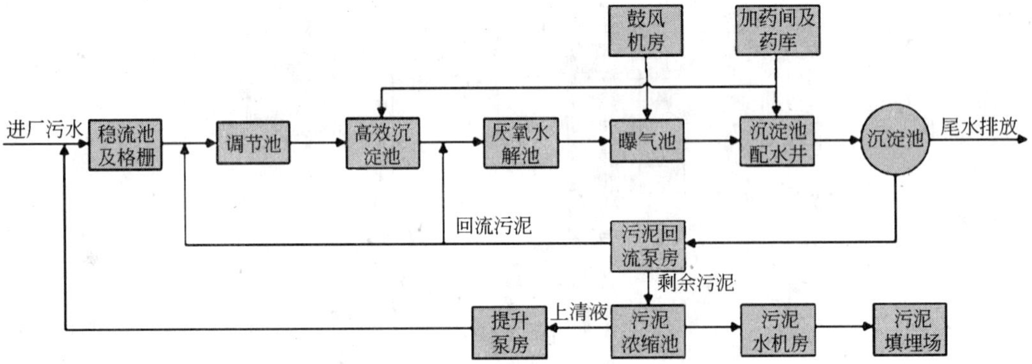

图 6－12 绍兴污水处理三期工程工艺流程图

(2) 已建工程内容

一期工程监控系统(DCS)采用西门子 PCS－7 系统，如图 6－13 所示，设一个中央控制站及四个现场站，中央控制站位于综合楼集控室，设有两个操作员站及一个模拟屏。

(3) 设计原则

绍兴污水处理工程已建成一、二期控制系统，一、二期控制系统均单独设置了中央控制室，三期工程系在一期工程基础上进行扩建，本次设计将对一期中央控制室进行改造扩容。

现场控制站采用与原已建工程相结合的方式，若原 PLC 现场站有新增设备时，则对已建工程 PLC 站进行增容改造，同时在本次新增主要工艺控制区域新增三个 PLC 现场控制站及相应现场子站。

原有通信网络采用工业以太网光纤冗余环网，本工程拟将新增的现场控制站挂接在原有冗余环网上。

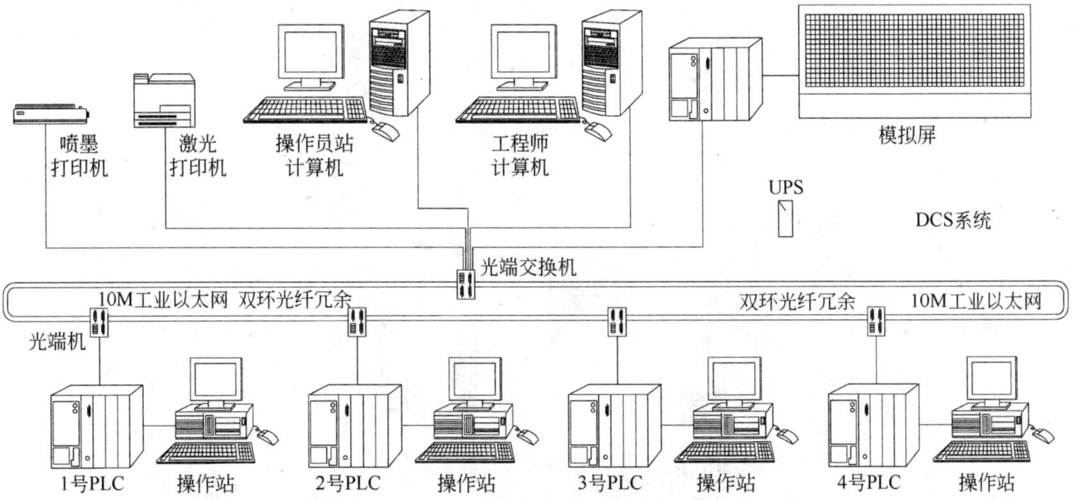

图6-13 一期工程监控系统拓扑图

已建工程检测仪表系统不作变动，本次设计仅考虑三期工程新增的构筑物内检测仪表系统配置。

(4) 扩建控制系统

三期工程增设三个5号~7号现场控制站和四个现场控制子站。新增三个现场控制站分别位于三期工程D组高效沉淀池控制室、三期工程MCC控制室、三期2号配电间控制室。另外四个现场控制子站分别设于三期工程E组、F组高效沉淀池控制室、硫酸亚铁储存池、三期的污泥脱水机房，对应负责相应预处理沉淀池、硫酸亚铁储存池、污泥脱水机房的数据采集及控制。

中央控制室将更换及增加监控计算机。由于本次改造工程将增加大量构筑物及设备，模拟屏已无法满足本次改造工程新增内容显示要求，因此考虑将模拟屏废除，增加一套大屏幕投影仪系统，该系统由16只背投影仪以2×8阵列布置，来动态演示全厂工艺流程，控制系统流程如图6-14所示。

(5) 中央控制室

中央控制室计算机监控系统的硬件设备由操作员站计算机(热备冗余)、工程师站计算机、通信服务器、视频/投影仪控制计算机、以太网交换设备(部分新增)、打印机(已有)、大屏幕投影系统等构成计算机局域网，采用星形100M以太网方式连接。网络中各计算机互相通信、资源共享，如图6-15所示。

操作员站计算机主要负责监控各现场控制站采集的数据，显示设备的运行状态及故障信号，以及设备报警的查询、报表及图形的打印。一般现场设备由现场控制站进行自动控制，操作员也可通过手动输入指令向现场设备发出控制命令。

工程师站计算机主要负责各类软件的组态及编程，参数的修改。

通信服务器负责与排海泵站等厂外监控点的数据通信。

视频/投影仪控制计算机主要用于摄像系统的显示及控制，并对大屏幕投影仪进行数据处理及图像显示。

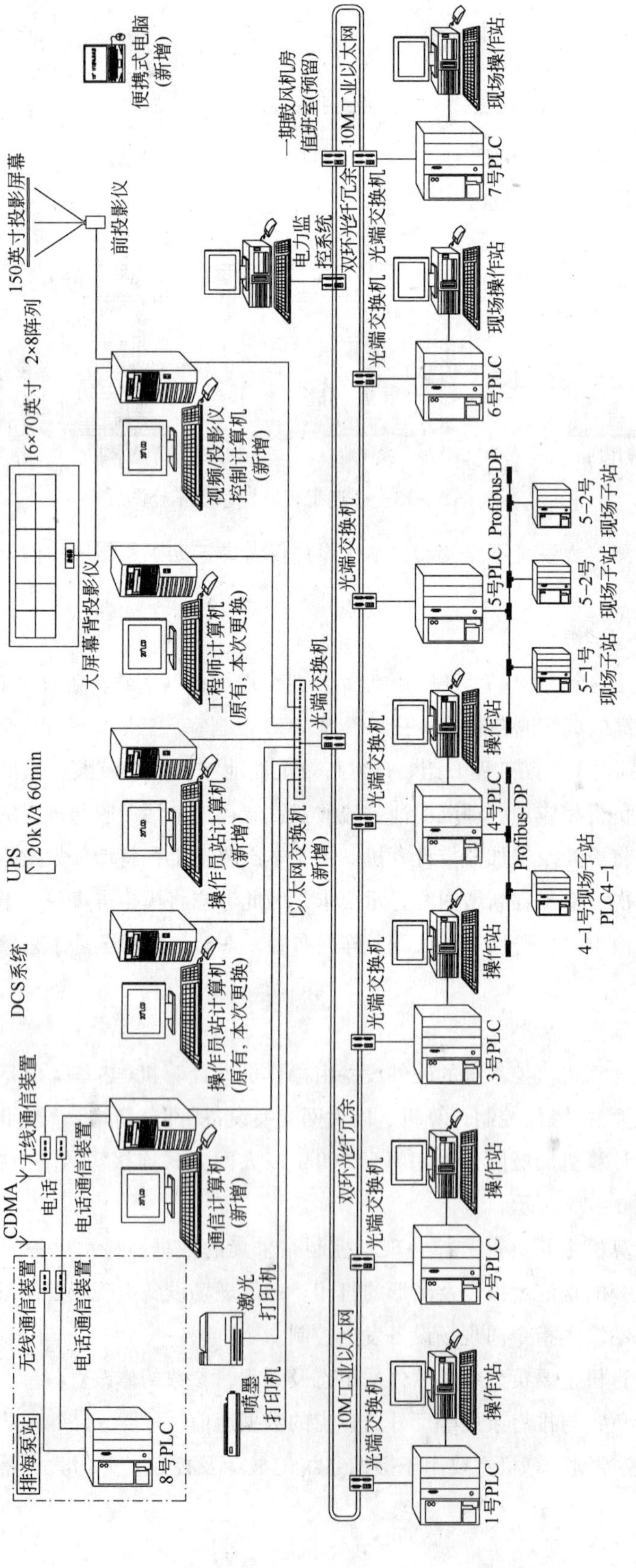

图6-14 三期工程控制系统拓扑图

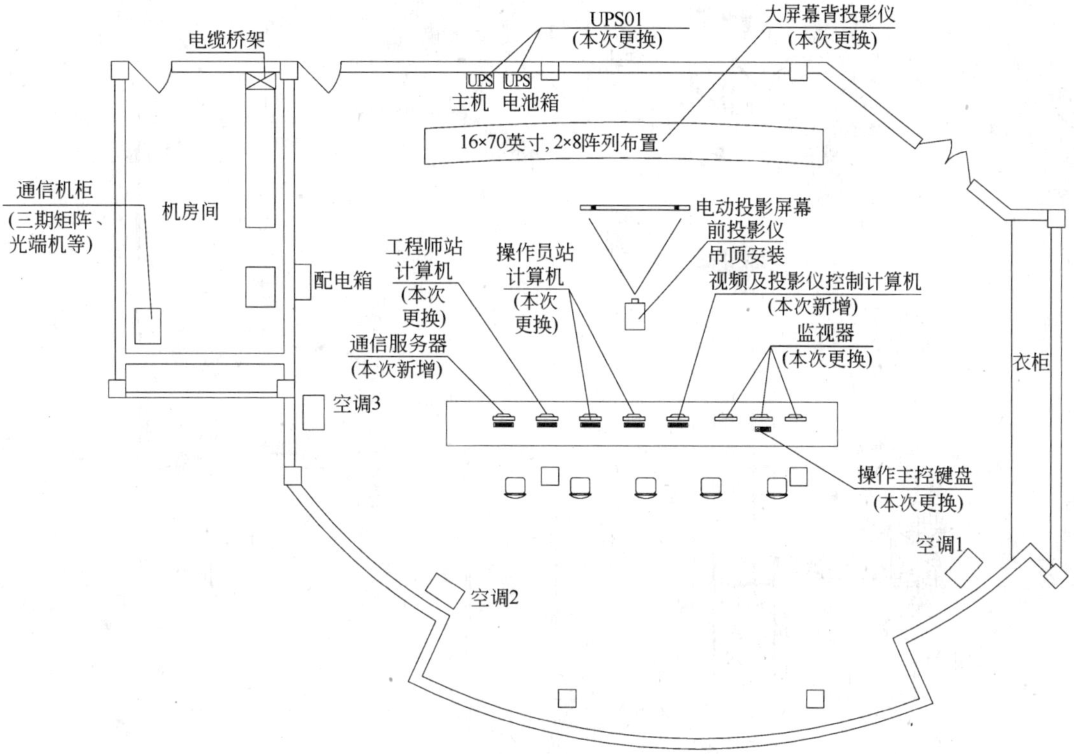

图6-15 三期工程中央控制室布置图

本工程将模拟屏拆除，设立大屏幕背投影仪系统用于动态演示全厂工艺流程，该大屏幕背投影仪系统由16套70英寸采用LCOS(发射式液晶显示技术)的背投影仪以2×8阵列布置。

(6) 检测仪表

配合自控系统的运行，根据工艺要求在本次新增的二级处理构筑物内及污泥处理部分设置与工艺流程相适应的在线监测和分析仪表。主要有液位计、流量计、水质分析仪、压力计等检测仪表，检测仪表流程如图6-16所示。

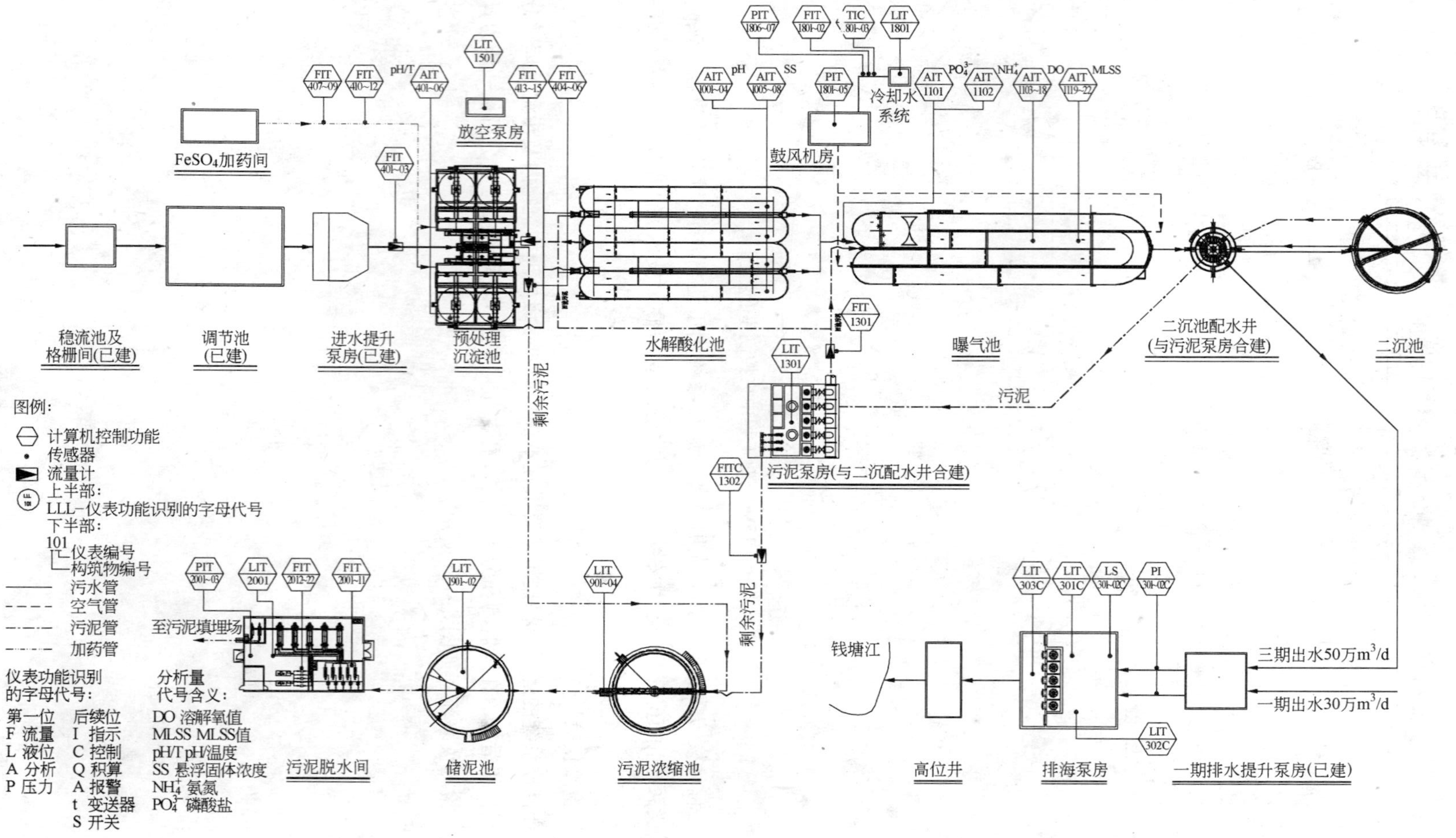

图 6-16 三期工程检测仪表流程图

下篇

污水厂改扩建设计实例

我国的污水厂改扩建起步较晚，国外已有大量的工程实例，通过引进、消化、吸收国外的先进理念和经验，与我国各地的实际相结合，指导污水厂改扩建设计，下篇介绍欧美等国10座污水处理厂改扩建工程实例，理念各不相同，有些通过工程措施升级改造，有些通过运行优化达到新的标准，有些通过管理手段降低运行成本，还介绍上海市政工程设计研究总院设计的12座污水厂和3座除臭工程设计，可供读者参考。

第7章　国外污水厂改扩建工程实例

7.1　挪威 Bekkelaget 污水厂

7.1.1　污水厂介绍

Bekkelaget 污水处理厂位于挪威，污水处理工艺流程包括一级化学强化处理(强化沉淀)、活性污泥法生物处理和二次沉淀池。其中一级强化处理包括格栅之前投加 2% ~3% 的海水，沉砂池进水中加氯化铁，投加量为 20 ~25g/m^3(以 Fe 计)，沉砂池出水投加阴离子絮凝剂，投加絮凝剂是必须的，因为初次沉淀池的上升流速为 3.6$m^3/(m^2 \cdot h)$，曝气池的 HRT 仅为 2.7h，不可能有硝化反应发生。

20 世纪 80 年代，北欧出台了要求减少营养物质排放量的条款，要求各污水厂对原工艺进行改造，以实现脱氮除磷的目的。通过引入化学沉淀可以实现除磷，而普通的活性污泥法水力停留时间只有 3 ~5h，不可能实现脱氮。为了尽可能减少工程投资和运行费用，改扩建不影响原有的处理设施，Oslo 水工程公司采用 KMT 移动床生物膜反应器技术，对原污水厂进行改造试验。改造后该污水厂的工艺流程如图 7 -1 所示。下面先介绍移动床生物膜反应器，即 MBBR(Moving Bed Biofilm Reactor)。

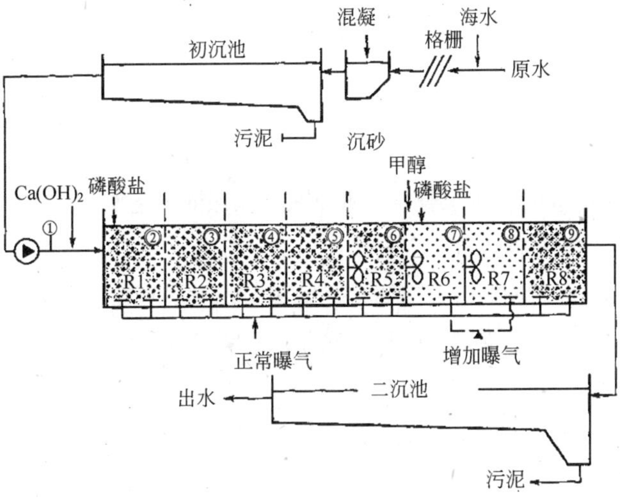

图 7 -1　Bekkelaget 污水厂 MBBR 工艺流程图(标数字处为取样点)

MBBR 由挪威 KMT 公司和 SINTEF 研究机构联合开发，其基本思路是设计一种连续运行、无堵塞、无需反冲洗的生物膜反应器，且水头损失小，生物膜比表面积大。具体技术是向反应器内投加颗粒载体，其材质为聚氯乙烯，微生物附着在载体上形成生物膜，并可随污水流动。曝气池内的曝气装置和厌氧/缺氧池中的搅拌器，分别如图 7－2 中的(*a*)和(*b*)所示，可以保证颗粒自由流动。载体的形状为圆柱形，直径和高约为 1cm，密度为 0.92～0.96g/cm^3，为防止流失，生物反应器出口设置滤网，载体颗粒在运动中不断碰撞、摩擦，可有效防止堵塞。

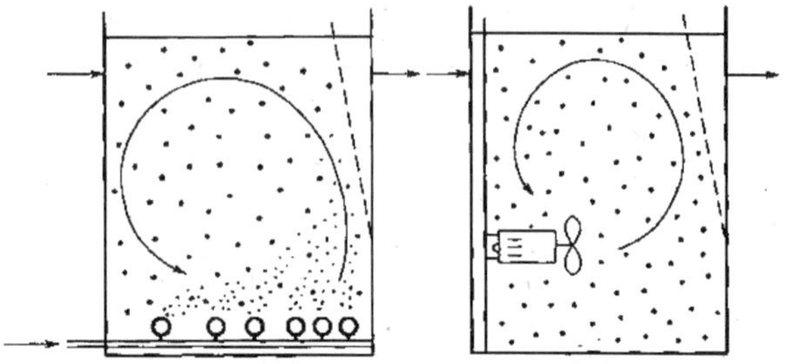

(*a*)　　(*b*)

图 7－2　移动床生物膜反应器示意图

(*a*)好氧；(*b*)厌氧/缺氧

载体颗粒在生物反应器内的充填比根据实际情况而定，最大值为 70%，相应的生物膜面积为 500m^2/m^3，无需污泥回流系统，当需要清洗载体颗粒时，可临时将载体颗粒抽吸到其他反应器内进行。

7.1.2　污水厂改造方案

1991 年夏秋两季，Bekkelaget 污水厂的其中一个曝气池被改造成 KMTMBBR，由于经一级强化沉淀的污水中可降解有机物含量较低，且脱氮过程停留时间较短，考虑采用后置反硝化工艺，其工艺示意图如图 7－1 所示。改造后污水厂的工艺参数见表 7－1。

改造后污水厂的工艺参数表　　**表 7－1**

移动床的净容积(m^3)	568	生物膜比表面积(m^2/m^3)		300
水深(m)	4.8	供气量(m^2/h)	正常	2000
反应器数量(只)	8		最大	3000
好氧反应器(只)	6	流量(m^3/d)	正常	5200
缺氧反应器(只)	2		最小	3500
生物膜密度(g/cm^3)	0.92		最大	6300

由于一级强化沉淀出水中磷的含量较低，为防止过低的磷限制微生物的生长，在 R1～R6 反应器中投加 PO_4－P，同时在进水管投加熟石灰，以保证硝化所需的碱度和 pH，第一个缺氧反应器前头加甲醇作为补充碳源。

系统启动初期，经过一级强化沉淀后的污水，在曝气池内可能会产生泡沫问题，可以向R1～R3 反应器中投加适量的石油消泡剂，以消除泡沫，系统运行几个星期的运行后，生物膜挂膜成功，泡沫大大减少，这时，只要在每天的进水高峰期投加适量消泡剂即可抑制泡沫的产生。

反应器 R1～R4 和 R8 中进行连续曝气，R5 中既有常规的曝气系统，又有水下搅拌器系统，以便在 NH_3－N 含量较低时停止曝气，降低反硝化进水的 DO 值，在线 NH_3－N 监测器可以实现曝气、停气和搅拌之间的自动切换。

反应器R6和R7中设水下搅拌器，保证载体颗粒充分混合，为防止微生物在反应器内的沉淀，反应器内安装大气泡曝气装置，每12h曝气1.5h，从整体上看，8个反应器的运行方式可看成完全混合器。

7.1.3　运行效果

(1) 污水厂进水水质

Bekkelaget污水厂进水水质如表7-2所示。

Bekkelaget污水厂进水水质表(投加熟石灰和磷酸盐之前)　**表7-2**

指　标	平均值	最小值	最大值	标准误差
总COD(mg/L)	191	49	429	84
溶解性COD(mg/L)	76	34	178	26
总BOD_7(mg/L)	58	28	136	23
溶解性BOD_7(mg/L)	30	14	110	21
SS(mg/L)	98	33	319	60
TN(mg/L)	28.4	19.8	39.1	4.9
NH_3-N(mg/L)	20.6	8.4	29.7	4.4
$NO_2^- -N$(mg/L)	0.11	0.05	0.18	0.03
$NO_3^- -N$(mg/L)	0.85	0.03	2.4	0.49
TP(mg/L)	1.7	0.68	4.2	0.91
碱度(以CaO计)(mg/L)	61.6	33.6	86.8	8.4
pH	7.2	6.8	8.2	0.3

注：溶解性COD、BOD_7为过滤后测定。

从表7-2中数据可以看出，进水水质变化很大，主要是受季节变化和回流污泥的影响。水温变化范围是6.9~15.9℃。

(2) 总氮(TN)的去除

改造为MBBR的曝气池进水量为5300m^3/d，总氮的平均去除率为72%，具体数据如表7-3所示。

MBBR工艺中总氮的去除率表(空床停留时间为2.6h)　**表7-3**

指　标	前8周			14周全部数据		
	平均	最大	最小	平均	最大	最小
进水COD(mg/L)	185	280	95	235	380	95
C/N比($gCOD/gNO_3^- -N$)	5.1	8.3	3.0	4.5	8.3	1.5
进水TN(mg/L)	24.0	31.0	19.8	28.0	39.1	19.8
出水TN(mg/L)	3.5	5.6	1.3	7.8	15.7	1.3
TN去除率(%)	86	94	82	72	94	58

其中前8周期间，一级强化沉淀阶段去除COD较为充分，从而可以保证好氧反应器中的硝化过程，同时C/N比不小于3.0$gCOD/gNO_3^- -N$，又可以保证反硝化阶段的正常运行，这一时期的总氮去除率可达86%。

为了检测在异常情况时 MBBR 的处理能力，对后 6 周的工况作了改变。其中有 2～3 周一级强化沉淀的效果不好，进水 COD 达 350mg/L，硝化反应受到影响，另外两周的 C/N 比低于 2.0gCOD/gNO_3^- – N，进一步影响了反硝化过程，该时期的总氮去除率降至 58%。但整个 14 周内的平均去除率仍可达 72%，进水 COD 平均值为 235mg/L，C/N 比为 4.5gCOD/gNO_3^- – N，空床停留时间为 2.6h。可见改造后的工艺具有较高的脱氮效果。

（3）微生物浓度和污泥产量

经测量，不同反应器的微生物浓度变化范围为 2.5～5.2kgTS/m^3，通常第一个缺氧池内浓度最高，八个反应器的平均浓度为 4kgTS/m^3。由于 MBBR 没有污泥回流，因此悬浮微生物浓度很低，主要由进水中的无机物和脱落的生物膜组成。反应器 R8 的出水 SS 平均值为 390kgSS/d，相当于 80～85mg/L。说明只有 2% 的固体物质没有附着在载体颗粒上，这样，二次沉淀池的负荷大大降低。1992 年 5 月至 11 月期间的测量数据表明，该工艺的平均污泥产量为 0.3kgTS/kgCOD。

（4）有机负荷对除氮效果的影响

在正常的 BOD 和 COD 负荷下，反应器 R2 中开始出现硝化，R3～R5 内出现反硝化。但当 BOD 和 COD 负荷较高时，要求前 3 个反应器承担去除有机物的任务，只有 R4 和 R5 反应器中有明显的硝化，可见在 HRT 较短的情况下，为利用尽可能多的反应器进行硝化处理和提高脱氮效率，应着重改善强化沉淀的处理效果，尽量减少一级强化沉淀出水中的有机物含量。

Oslo 公司的研究表明，进水 BOD 含量正常时，其负荷在 1.5～2.2kgBOD/(m^3·d)之间，可获得最佳的脱氮效果；当 BOD 含量偏高时，最佳负荷为 1.7kgBOD/(m^3·d)，有效生物膜表面积为 300m^2/m^3。

7.2 德国 Arnsberg 污水厂

7.2.1 污水厂介绍

Arnsberg 污水厂位于德国多特蒙德市以东 50km 处，服务范围约 658hm^2。该厂建于 1955 年，最初采用机械/生物处理工艺，1971 年增加了生物处理段，1993 年又采取了新的除磷措施。目前，该厂的处理量为 5600m^3/d，污水来源主要是城市生活污水，人口当量为 43000 人，另一部分是该地区一家造纸厂排放的废水。

污水厂的平面和工艺流程如图 7－3 和图 7－4 所示。原生污水经粗格栅（30mm）、曝气沉砂池处理后进入初次沉淀池，水力停留时间为 3.9h。生物处理段由四座滴滤池组成，其总面积和总容积分别为 964m^2 和 3864m^3，接着是三座平流沉淀池，在滴滤池的出水管中投加铁盐，达到除磷的目的。

由于造纸厂废水的进入，每两个星期会出现一次高浓度情况，但可生物降解性良好，因此，初次沉淀池出水的 COD 负荷呈周期性变化，常规负荷为 2000kg/d，高峰冲击负荷时为 3200kg/d，相应的滴滤池的容积负荷在 0.1～1.9kgCOD/(m^3·d)之间变动。

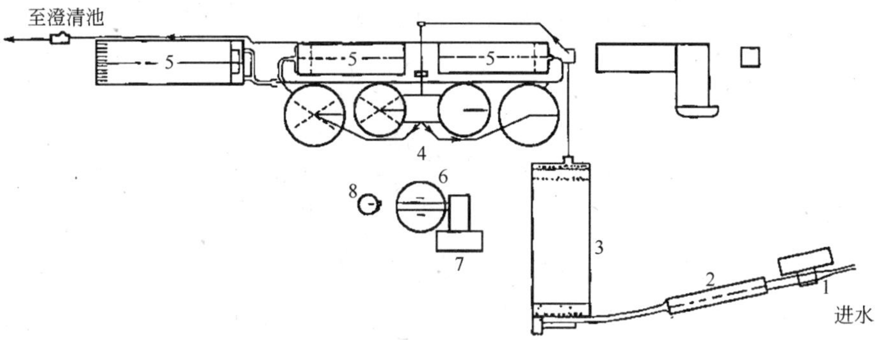

图 7 – 3　Arnsberg 污水厂平面图

1—格栅；2—曝气沉砂池；3—初沉池；4—滴滤池；5—二沉池；6—消化池；7—浓缩池；8—储气箱

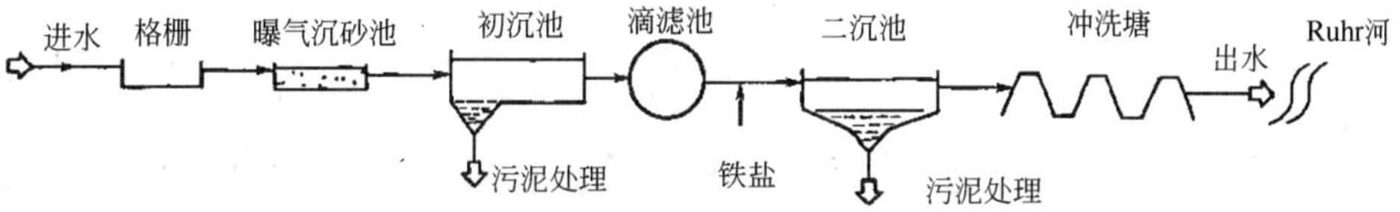

图 7 – 4　Arnsberg 污水厂工艺流程图

滴滤池进水中有机负荷的变化使得硝化过程的稳定性很差，出水中 NH_3-N 浓度较高，而且，当温度低至5～7℃时，硝化效果明显下降，对统计数据的分析表明，滴滤池的硝化过程与系统的有机负荷和温度密切相关。图 7 – 5 显示了旱季三者的关系，由于旱季进水中没有硝酸盐，滴滤池出水的硝酸盐含量直接反映了其硝化效果。

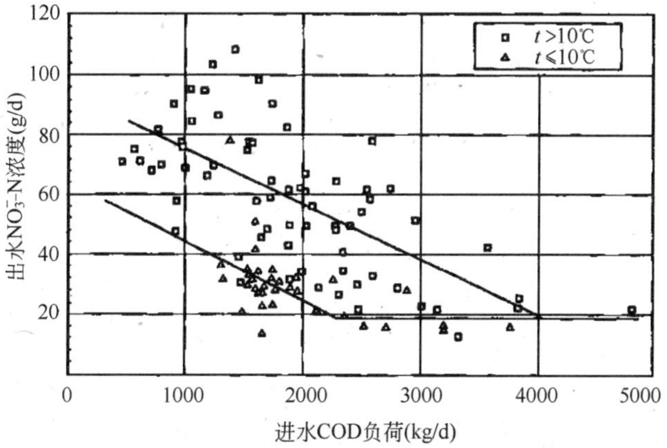

图 7 – 5　旱季时不同温度下滴滤池出水硝酸盐浓度与进水 COD 负荷的关系图

1999 年初，造纸厂因破产而关闭，使得 COD 负荷大大降低，图 7 – 6 为 1999 年 3 月中到 4 月末出水水质与进水 COD 负荷的关系图。尽管该时期温度只有 9.6℃，但硝化效果较好，滴滤池出水 NH_3-N 浓度为 2～3mg/L。从 Arnsberg 污水厂的运行来看，如果 COD 负荷降到 1500～2000kg/d，容积负荷为 0.4～0.5kg/(m^3·d)，那么远期设计中滴滤池可以合并。表 7 – 4 中列出了污水厂目前及远期的设计数据，由于滤池过滤速度和居民饮用水消耗量的下降，远期设计最大时流量可以大大降低。

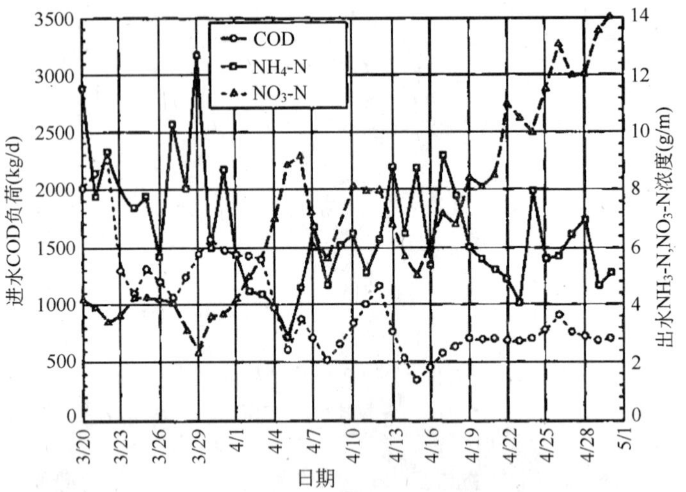

图7-6 造纸厂关闭后滴滤池出水氨氮和硝酸盐浓度与进水COD负荷的关系图

(1999年)污水厂目前及远期设计数据表 **表7-4**

参 数	实际负荷	未来负荷	参 数	实际负荷	未来负荷
最大流量(L/s)	375	300	TP(kg/d)	40	45
日平均流量(m^3/d)	5600	6500	TSS(kg/d)	1800	1950
BOD_5(kg/d)	2600	2800	COD(kg/d)	2.3	2.2
COD(kg/d)	5900	6200	TN/COD	0.044	0.045
NH_3-N(kg/d)	145	157	TP/COD	0.007	0.007
TN(kg/d)	260	280			

7.2.2 污水厂改造方案

(1) 出水水质标准

目前污水排放标准COD为90mg/L，TP为2mg/L，TN为18mg/L。此外要求保证全年硝化过程的进行，尤其是冬季，以防止污水排入Ruhr河，使河水的NH_3-N浓度增高。

(2) 污水厂改造要求

改造目的有以下几点：

1）保证气温低至8℃时的硝化效果；

2）在工艺流程中增加反硝化阶段；

3）可以承受高峰冲击负荷；

4）考虑污水厂原有构筑物的整体性，保证改造方案的经济可行。

考虑到造纸厂近期内很可能恢复生产，污水厂的设计应具备一定灵活性，在高、低负荷时均能实现最优化运行。

(3) 改造方案

为满足以上标准和要求，研究人员提出三种改造方案，其工艺流程如图7-7所示，设计数据如表7-5所示。

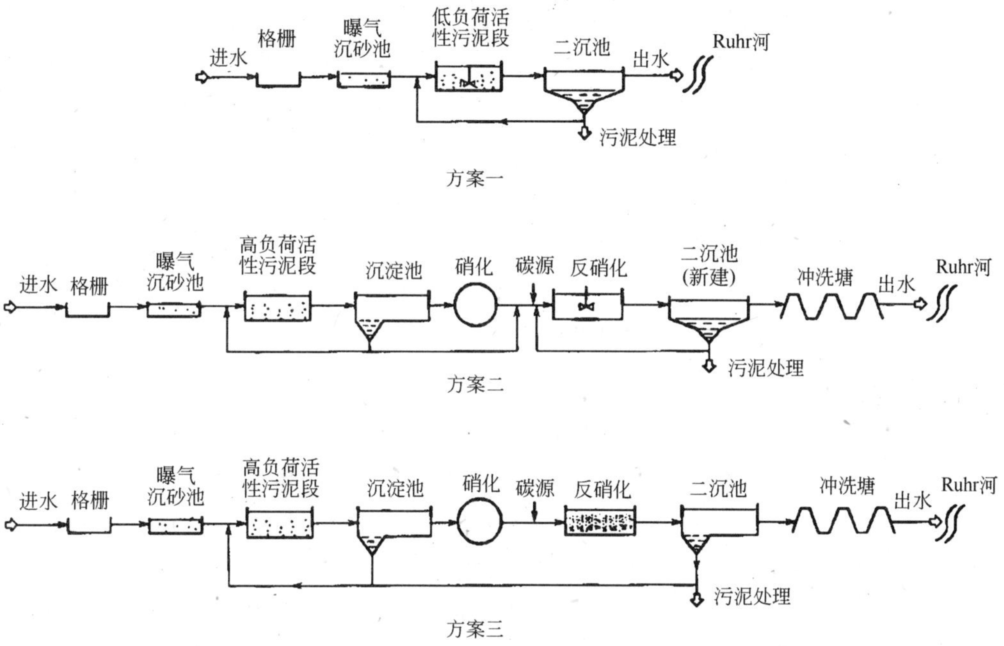

图7－7　Arnsberg污水厂改造的三种方案图

注：方案二和方案三中除表明新建外，其余均为原有构筑物。

三种改造方案的设计数据表　　**表7－5**

参　数	方案一	方案二	方案三
曝气池容积(m^3)	16815①	598②	598②
F/M[$kgBOD_5$/(kgTS·d)]	0.06	1.6	1.6
中间沉淀池容积(m^3)	—	1140	1140
中沉池上升流速(m/h)	—	1.8	1.8
滴滤池容积(m^3)	—	3864	3864
滴滤池有机负荷[kgCOD/(m^3·d)]	—	0.4	0.4
反硝化池容积(m^3)	—	2124	583
二次沉淀池容积(m^3)	3600	3600	2204
二次沉淀池上升流速(m/h)	1.3	1.8	1.6

① 低负荷性污泥系统；

② 高负荷活性污泥系统。

方案一是在一块草地上建造同步好氧稳定系统。该方案的主要优点是选用新的建造地址，施工方便，而且施工期间可以避免影响原有工艺的运行。此外由于该方案设计泥龄长，达到25d，氮的去除率高，系统有更高的稳定性。其缺点是运行费用高，与分置处理系统相比，污泥稳定化程度低得多；此外该方案要求完全建设一个新厂，而不能利用原有构筑物。

方案二和方案三都是三段生物处理系统。其中前两段几乎相同，格栅、沉砂池之后是高负荷活性污泥系统，用以去除有机碳，该阶段的主要任务是去除有机负荷和平衡冲击负荷。由于该阶段中有部分有机质是被吸附在污泥絮体上，而未被氧化，因此在方案二中，该段的剩余污泥用作后续反硝化段的碳源。原初次沉淀池用作活性污泥系统后的沉淀池，出水进入滴滤池进行硝化。由于原滴滤池过于陈旧，需建造新池或采用移动床工艺替代滴滤池进行硝化。方案二中的反硝化过程是在第二个活性污泥系统中进行的，原二次沉淀池用作反硝化池，并增建两个最终沉淀池。

方案三是在方案二的基础上设计的，不同的是，这里采用移动床反应器进行反硝化并通过污泥水解产生碳源和外加碳源满足反硝化的需要。由于该方案采用两段固定生物膜脱氮工艺，无需增建新的二次沉淀池。原有的二次沉淀池部分被改建成移动床反应器，部分仍作二次沉淀池。该方案的突出优点是可以最大程度地利用污水厂原有构筑物。

（4）经济分析和最佳方案的选定

利用多级评价方法对以上方案进行比较，表7－6中列出了三种方案的经济分析结果，其中污泥处理费用未考虑在内，因为三种方案的污泥产率接近且污泥处理方法相同。

三种改造方案的经济分析数据表 **表7－6**

项　目	方案一	方案二	方案三
投资费用（$\times10^4$DM）	2580	1360	1200
资本费用（$\times10^4$DM/a）	196.5	108	98
电费（$\times10^4$DM/a）	22	16	16
化学药品（$\times10^4$DM/a）	1.5	8	17
职员工资（$\times10^4$DM/a）	35	40	40
维修费用（$\times10^4$DM/a）	45	44	44
年运行费用（$\times10^4$DM/a）	300	216	215

注：DM为德国马克。

由于三个方案的折旧期不同，考虑到系统生命运行周期后的追加投资，同时在费用的计算中考虑了不同的通货膨胀率，通过比较发现，方案一的费用最高，而方案二和方案三相差不大。

根据费用—效率分析，决定选用方案三，因为该方案的改建费用最低，便于分阶段扩建，不需增设新的构筑物，而且采用移动床反应器进行反硝化有更高的稳定性。此外，考虑到有机负荷的变化，方案三的灵活性最高。造纸厂关闭后，负荷降低，可以相应停止高负荷活性污泥段的运行，并可改作他用，例如对NH_3-N浓度较高的污泥浓缩上清液进行单独处理。

为了获得可靠的设计数据，对移动床的脱氮效果进行了试验性研究，研究目的是：

1）证实移动床用于硝化和反硝化的有效性；

2）研究暴雨条件下冲击负荷对移动床的影响；

3）为实际污水厂的改建提供设计数据。

试验结果表明，移动床作为后续脱氮处理工艺完全适用于污水厂的改建，其反硝化速率可达$700gNO_3^--N/(m^3\cdot d)$。

考虑到污水厂扩建的需要，同时研究移动床代替滴滤池用于硝化处理的效果，试验表明，最大硝化速率可达$500gNH_3-N/(m^3\cdot d)$，为确保出水指标满足要求，设计值降为

$200gNH_3-N/(m^3 \cdot d)$。

(5) 总结

根据对改造方案的费用—效率分析，改造后的 Arnsberg 污水厂采用多段处理工艺，其中脱氮过程在一个两级固定生物膜系统中进行，有机碳的去除由高负荷活性污泥系统完成。该方案的主要优点是可节省费用，原有构筑物的利用率高，便于进行分期扩建。第一期工程包括活性污泥系统和用作后置反硝化的移动床的建设，二期工程将在以后的 10～15 年内完成，包括以新的固定生物膜系统(移动床)代替原有的滴滤池，或建造新的滴滤池。

7.3 匈牙利 Southpest 污水厂

7.3.1 污水厂介绍

Southpest 污水厂始建于1966 年，处理规模是30000m^3/d，采用高负荷活性污泥系统，曝气池 HRT 为2.5h，用以处理布达佩斯市第18、19、20 区的城市污水。污水厂原处理流程包括两条分支，每一条分支有八个生物反应器用作曝气池，从系统整体安全运行考虑，同时由于曝气池内的 Kessener 型曝气设备需要经常维护和检修，因此八个曝气池并联运行。

匈牙利 Southpest 污水厂的有效运行对于匈牙利的环境保护至关重要，因为该厂的出水排入 Danube 河的一个小支流，该支流的平均流量很小，只有35m^3/s，几乎可以看作静止水体，而且很有可能出现富营养化。

20 世纪80 年代初，Southpest 污水厂进行了扩建，新增了两个处理流程，每个流程仍包括两条分支，如图7－8 所示，每条分支仍设8 个反应器，池内安装 Kessener 型曝气器，当新的流程启动运行后，原流程停止使用。

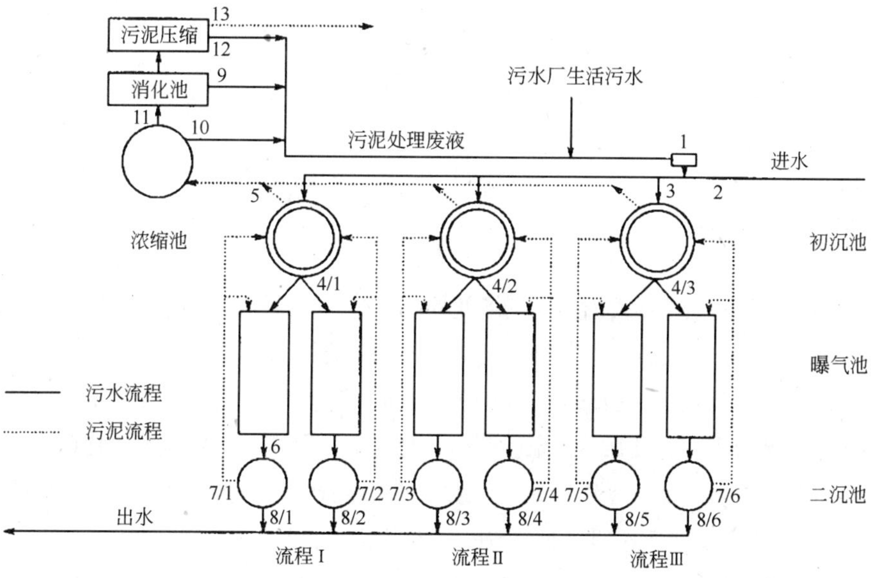

图7－8 扩建后的污水厂平面布置图(标数字处为取样点)

20 世纪 80 年代末，匈牙利制定了更为严格的水质排放标准，相应推动了新的处理工艺和技术的研究和发展。污水厂除了要满足新的水质标准外，其处理水量也大幅增长，同时污泥处理设施出现了恶化。在这种情况下，布达佩斯城市污水公司承担了污水厂的改建工程，包括改进污泥处理设施，对最初的活性污泥处理系统即流程 I 进行改造，并对新建的 4 条分支即流程 II 和 III 进行技术上的改进。

为给技术改造提供必要的试验数据，布达佩斯城市污水公司与布达佩斯技术大学农业化学技术系于 1986 年合作，对原有活性污泥系统的强化和优化进行了研究。

7.3.2 原有活性污泥系统改建

流程 I 进行改建前，必须先确定活性污泥单元采用的新技术。改建后，原有的八个反应器由并联改为串联。流程 Ⅱ 和流程 Ⅲ 也可以实施同样的变更。此外将流程 Ⅱ 、Ⅲ 中的 Kessener 型曝气器改为扩散曝气器。

试验中分别对并联和串联运行的活性污泥系统进行了测试，结果表明，串联运行方式无论在有机物去除还是污泥的沉降性能上都具有优势，而且，该系统对进水水质和水量的变化有更强的适应能力。

根据以上试验结果，决定将流程 I 由并联改为串联，而且在整个反应器的前 1/4 区增设了厌氧区，以获得生物除磷的效果。原并联流程和改造后的串联流程示意如图 7 - 9 所示，流程 I 的改建于 1991 年 11 月完成。

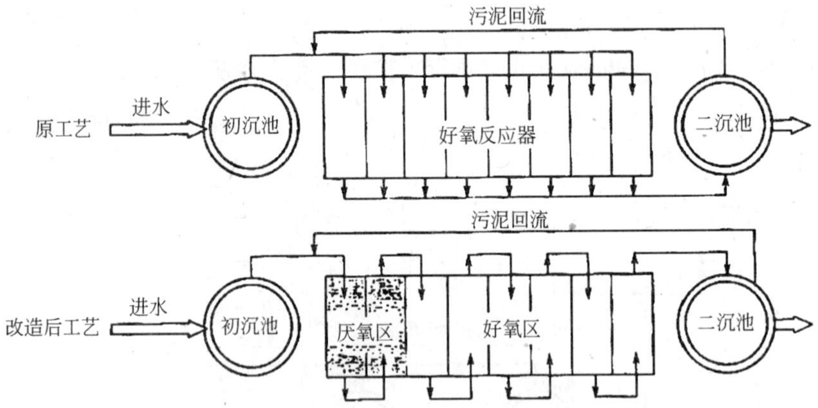

图 7 - 9 原并联流程及改造后的串联流程示意图

该年上半年只有流程 I 的反应器采用了新的布置方式，这样便于比较两种不同布置方式的处理效果，鉴于流程 I 的运行状况良好，同年夏季又对流程 II 和 III 进行了改造。

改造后的系统运行数据表明，流程 I 的 SVI 比较低，约为 100，而且稳定；而流程 II、III 改造前的 SVI 则高得多，而且很不稳定。该结果与理论预测和试验数据非常吻合。将反应器由并联布置改为串联布置增加了系统的处理阶段，进而改善了污泥的沉降性能，系统改造后水流流态相当于 64 个完全混合反应器，而改造前只相当于一个完全混合反应器。

根据测定改造后的系统 MLSS，水样取自最后一个曝气池，和改造前的 MLSS(取 8 个曝气池的平均值)相比，可以发现，改造后的系统由于污泥 SVI 值较低，其微生物浓度高于原并联系统。

出水COD的变化情况表明，系统的改造改善了有机物的去除效果，有机物的降解更加彻底，原系统出水COD值为100mg/L，改造后降至70mg/L。造成该结果的原因一是改造后MLSS的增加使泥龄延长，另一个原因是前面几个曝气池中微生物的生长速率升高。

7.3.3 有关生物除磷研究

新布置方案还有一个特别的目的是采用生物除磷技术，然而在运行过程中没有迹象表明有生物除磷反应的发生。

改造后的流程I启动阶段，比较两种不同运行方式的结果，发现串联试运行方式在除磷方面有明显的优势。通过测定流程I两条分支中厌氧池和好氧池内正磷酸盐的浓度，可以找到生物除磷反应存在的依据，进而证明了系统中有积磷菌存活，而且系统环境适合积磷菌的生长。

研究人员通过测试系统磷的去除效率发现，除了初期运行结果令人满意外，出水中磷的浓度降低不到排放标准中的2mg/L。而且，新流程改造完成后，进水和出水中磷的浓度差减小了。这一阶段的测试数据还表明有时沉淀池出水中磷的浓度甚至会高于进水浓度，随着改造的进行，这一趋势越来越明显。

为了找出以上现象的原因，1992年11月和12月对处理流程中的磷进行跟踪测试，表7-7和表7-8列出了测试结果。为了便于比较，大部分样品在分析之前没有进行过滤和离心分离处理。

总磷去除率数据表(污泥处理上清液没有单独处理)(mg/L) **表7-7**

样品来源	样品编号	11月18日	12月7日	12月9日
污泥处理上清液与进水的混合液	1	72.75	232.0	43.86
进水	2	7.41	6.25	3.84
初次沉淀池污水	4/1	8.60	8.57	8.77
	4/2	6.61	9.46	5.26
	4/3	8.76	10.66	8.11
出水	8/1	3.37①	5.46	6.18
	8/2	3.30①	5.51	4.32
	8/3	1.32①	5.18	5.53
	8/4	0.20①	5.11	1.97
	8/5	1.58①	5.56	4.96
	8/6	1.91①	4.87	3.31
污泥消化上清液	9	235.0	288.0	279.0
浓缩池上清液	10	331.0	537.0	197.0
污泥处理上清液	12	103.1	248.0	318.0

① 为离心后的样品。

剩余污泥及处理后污泥中的磷含量表(g/100g 污泥) 表 7-8

样品来源	样品编号	12月7日	12月9日
剩余污泥(回流污泥)	7/1	3.0	4.0
	7/2	3.6	2.9
	7/3	3.0	6.0
	7/4	3.1	4.1
	7/5	2.0	7.3
	7/6	4.1	7.4
消化和压滤污泥	13	1.16	1.41

经过分析发现，出水中的磷含量占进水中的78%，表7-7和表7-8中的数据证实了活性污泥系统中生物过量吸磷过程的存在，因为剩余污泥中磷的含量很高，最高达7%。而且在污泥处理单元有明显的释磷现象，正是由于磷在污泥处理阶段的释放，微生物吸收的磷中有60%随污泥处理上清液又回流到系统的前端。显然，微生物在曝气池吸磷，而后在污泥浓缩池和消化池内释磷，污泥上清液中磷的浓度较高。为防止磷重新回到处理系统，1993年7月引进了投加石灰进行化学沉淀除磷的工艺。

通过在污泥上清液回至系统之前投加石灰的办法可以大大提高系统的除磷效率。然而，由于污泥回流之前没有设置预处理设备以去除其中的硝酸盐，出水中的磷含量仍然超出了排放标准。1993年8月23~29日对回流污泥中的硝酸盐浓度和出水磷含量的关系进行了测试，结果表明，出水中磷的浓度随着回流污泥中硝酸盐浓度的升高而增加。

投加石灰后，系统的除磷效果有明显改善，但是，改造后的系统不能同时实现有效的硝化和除磷。

7.3.4 进一步改造计划

为了进一步增强污水厂的处理效果，决定引进新技术以保持和改善受纳水体Danube河的水质。1999年污水厂通过国际招标，采用了德国PhilipMuller设计的工艺，该工艺是一个能进行硝化和反硝化的生物滤池系统。在进水COD为500mg/L，TN为40mg/L，TP为7mg/L的情况下，采用新工艺后，出水中COD为50mg/L，TN为10mg/L，TP为1mg/L。由于污水厂面积有限，没有考虑扩建现有活性污泥单元，工艺要求反硝化段应尽可能多地利用进水中的有机碳，由于二次沉淀池可承担的负荷有限，硝化液的回流比受到限制，工艺采用后置反硝化的布置方式，原因是出水中硝酸盐含量受到严格限制，这样就要求在反硝化滤池内投加甲醇作碳源以彻底去除污水中的硝酸盐。此外，系统除磷通过强化沉淀实现。

7.4 美国华盛顿Blue Plains污水厂

7.4.1 污水厂简介

Chesapeake湾是美国最大的河口海湾，其海岸线包围着六个州和哥伦比亚特区。该地区早在殖民时期就得到了开发，目前有 150 万居民，然而经济发展的同时，河口水域和支流水体的水质不断恶化，主要原因就是来自点源和面源的过量营养物质，特别是氮和磷的排放，造成了水体的富营养化。

1987 年，哥伦比亚特区、马里兰州、弗吉尼亚州、宾夕法尼亚州、美国环保局和 Chesapeake 海湾委员会签署了引人瞩目的 Chesapeake 海湾协议，共同致力于恢复和保护海湾地区的环境资源，协议规定，到 2000 年，每年向海湾水体排放的营养物应至少比 1985 年减少 40%。

20 世纪 80 年代中期，由于禁止使用含磷洗涤剂，而且该地区的多座污水厂增加了除磷设施，使得排入海湾的磷大大减少，因此磷的排放量减少 40% 相对容易。最大的挑战是有效降低氮的排放量，脱氮是一项更为艰巨的任务，且投资和运行的费用巨大。

向 Chesapeake 海湾排放氮污染物的最大点源是哥伦比亚地区的 Blue Plains 污水厂，它的污水处理规模为 $16.2m^3/s$，达 $140\times10^4m^3/d$，该厂向 Potomac 河排放的氮污染物占所有点源排放量的 65%，每天的总氮排放量达 18t，这么大的排放量如果可以在出水中有效降低氮浓度的话，将对整个海湾地区降低 40% 排放量目标的实现具有决定性的意义。

为了实现这一目标，哥伦比亚特区行政部门和给水排水管理局在 Blue Plains 污水厂成功建造并运行了具有脱氮功能的大型后置反硝化工艺，反硝化的试运行工程于 1996 年 10 月开始，并于 1998 年 9 月 30 日结束试验阶段，该工程包括将原来一半的硝化池改为硝化/反硝化模式，另外一半保持原有硝化模式。

7.4.2　污水厂改造方案

（1）工艺流程

Blue Plains 污水厂原工艺流程如图 7 – 10 所示，包括预处理、初次沉淀池、高负荷活性污泥系统、二级硝化活性污泥系统、多介质滤池和消毒处理等。

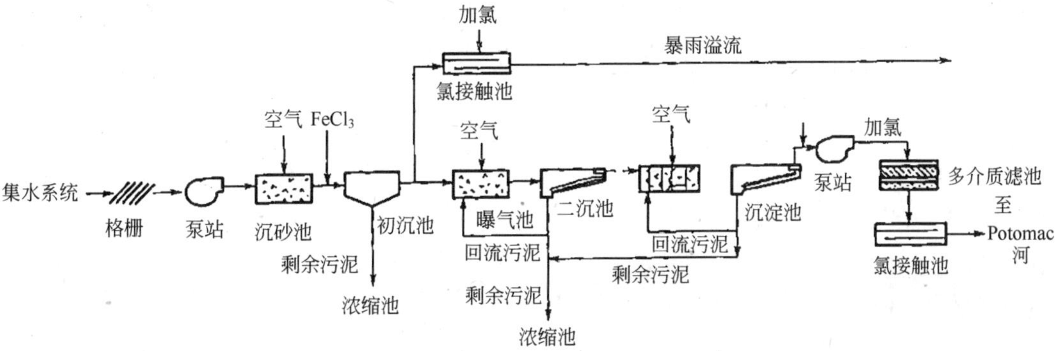

图 7 – 10　Blue Plains 污水厂原工艺流程图

反硝化试运行工艺将原 12 条处理单元中的 6 条改为硝化/反硝化运行模式，另外 6 条仍保持硝化模式。每条处理单元由 5 个完全混合反应器串联而成，在第四个（夏季）或第五个（冬季）反应器内投加纯净的甲醇作为反硝化的补充碳源，工艺的关键是保证在前 3 个反应器内实现硝化，为反硝化提供硝酸盐，改造后的运行方式如图 7 – 11 所示。

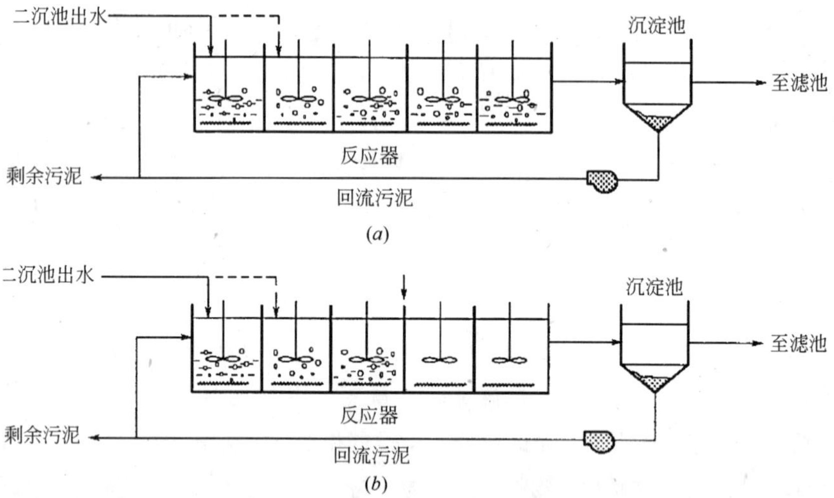

图 7－11 改造后的运行方式示意图

(*a*)硝化工艺；(*b*)反硝化试验工艺

当系统以硝化模式运行时，五个反应器内均进行曝气；改为硝化/反硝化模式时，投加甲醇的反应器内停止曝气，为反硝化提供缺氧条件。原喷射涡轮(sparged turbine)正适于提供缺氧条件，因为喷头停止曝气后，搅拌器可以继续搅拌，使反应器内泥水混合均匀，污水经反硝化后在第五个反应器内进行再曝气，或经一条长的出水渠输送至沉淀池。该工艺可充分利用原有的设施，不需进行硝化液回流，也不进行特殊改动。硝化和反硝化流程的设计参数如表 7－9 所示。

硝化和反硝化流程的设计参数表 **表 7－9**

项目	设计参数	项目	设计参数
处理单元	6 条	喷射涡轮曝气器类型	淹没式涡轮
每条处理单元的反应器数	5	每个反应器内的涡轮数	10
单个反应器容积(m^3)	17410	涡轮总数	60
反应器总容积(m^3)	104466	单个涡轮机的功率(kW)	60

（2）试验研究

之所以选择后置反硝化工艺是因为在经过试验研究后认为，从长远来看，与其他工艺相比，该工艺可节省投资，试验运行工程的主要目的是确定该工艺是否能有效脱氮，其他的目的有以下几点：

1）证明该工艺对出水水质有较大改善；

2）验证其实际运行情况和处理能力；

3）确定系统短期内季节性的稳定性和限制因素；

4）与其他先进技术相比有比较好的脱氮效果。

反硝化工艺的处理任务是保证夏季(5 月到 10 月)出水 TN 小于 5.55mg/L，冬季小于 8.58mg/L。同时还要满足排放标准中 BOD 为 5mg/L、TSS 为 7mg/L、TP 为 0.18mg/L 和 NH_3-N(夏季为 1.0mg/L，冬季为 6.5mg/L)的要求。

（3）运行条件

表7－10列出了反硝化工艺的运行条件，其中包括1996年10月1日～1998年9月30日期间各项指标的最大值、平均值和最小值。

反硝化工艺的运行条件参数表 表7－10

项目	硝化流程			反硝化流程		
	平均值	最大值	最小值	平均值	最大值	最小值
流量(m^3/d)	7.6	12.8	5.5	7.9	13.4	4.0
平均细胞停留时间(d)	29	436	1	29	595	2
MLSS(mg/L)	1307	3430	165	1811	4690	330
MLVSS/MLSS	74	94	54	81	93	49
总水力停留时间(h)	3.8	5.3	2.3	3.7	5.3	2.2
好氧停留时间(h)	3.8	5.3	2.3	2.5	4.2	1.3
缺氧停留时间(h)				1.2	2.1	0.5
沉淀池表面水力负荷［m^3/(m^2·d)］	27	47	14	26	50	14
沉淀池污泥负荷［kg/(m^2·d)］	49	205	5	68	181	10
SVI(mL/g)	98	378	32	113	355	40
甲醇投加量(kg/d)				27500	39650	0

7.4.3 运行效果

1. 脱氮效果

反硝化工艺试验运行成功地实现了每季度和全年的脱氮目标，出水中总氮的全年平均值为5.8mg/L，其中冬季为5.9mg/L，夏季为5.7mg/L。图7－12中的两条曲线分别是1996年10月1日～1998年9月30日期间，原硝化流程和改造后反硝化流程出水中总氮的月变化曲线。最初甲醇的投加量只有设计值(40mg/L)的20%，一是为了逐渐驯化反硝化菌的需要，二是防止没有被利用的甲醇随水流出造成污染。在以后的三个星期，逐渐增加投加量至设计值。10月底时，系统开始有明显的脱氮效果，之后直到1996年底，整个工艺运行情况良好。但是，1997年2～3月水质开始下降，据分析，反硝化段磷的缺乏是主要原因，4～5月期间，随着温度的升

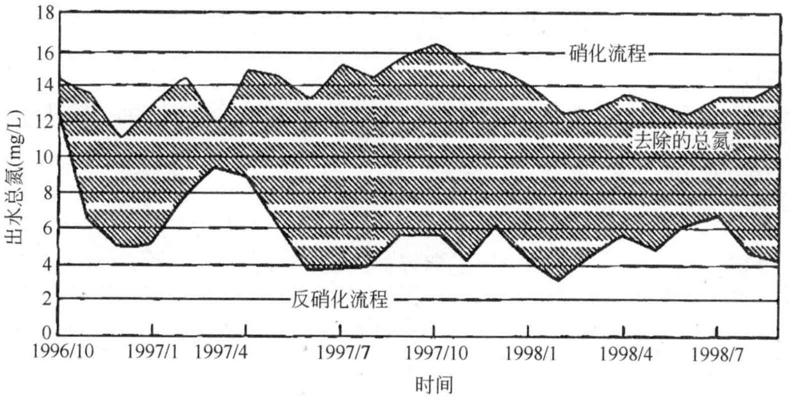

图7－12 原硝化流程与改造后反硝化流程出水中总氮的月变化曲线图

高和磷浓度的增加，处理效果又趋于稳定，直至试验结束。

原硝化流程和改造后的反硝化流程的总氮去除率如图 7－13 所示。其中反硝化流程总氮去除率变化范围是 40% ～80%，而硝化流程的去除率只有 10% ～30%，这部分去除率可认为是细胞合成时对氮的吸收以及存在同时反硝化的结果。

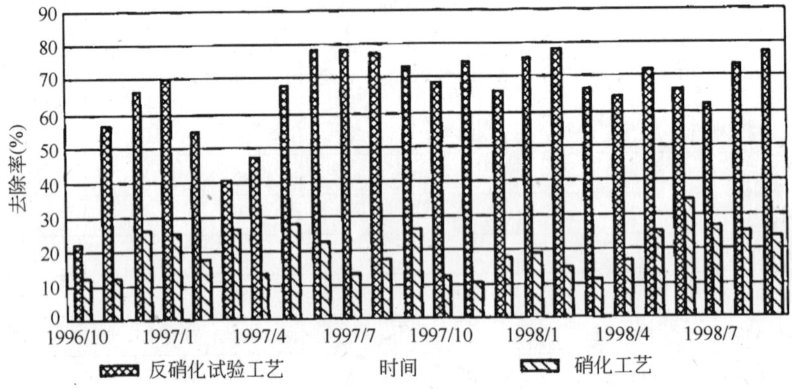

图 7－13 原硝化流程与改造后反硝化流程的总氮去除率图

表 7－11 中列出了二次沉淀池出水(即脱氮流程的进水)、硝化流程、反硝化流程出水中的不同形式氮浓度的变化。由于反硝化工艺的主要目的是去除硝酸盐氮，因此该项指标硝化流程比反硝化流程要高得多，其他指标两者接近，其中反硝化流程的氨氮稍高是因为氧化和硝化处理的时间不够充分。

流程中不同形式氮浓度的变化表(mg/L) **表 7－11**

项　　目	二次沉淀池出水	硝化流程	反硝化流程
TN	17.3	13.7	5.5
NO_3-N	0.33	12.5	4.18
TKN	16.51	1.20	1.54
NH_3-N	11.5	0.13	0.32
非溶解性有机氮	2.4	0.55	0.65
溶解性有机氮	3.1	0.54	0.55

2. 其他运行参数

表 7－12 中列出了工艺中其他运行参数，其中反硝化流程出水各项指标均可满足水质标准。事实上，两种流程中除了磷含量和碱度稍有不同，其他参数均接近，反硝化流程出水中减少的磷即是反硝化菌吸收的那一部分。

其他工艺运行参数表(mg/L) **表 7－12**

项　　目	二次沉淀池出水	硝化流程	反硝化流程
TSS	15.9	4.1	4.1
BOD_5	12.3	1.9	2.2
溶解性 BOD	3.4	1.1	1.1

续表

项　　目	二次沉淀池出水	硝化流程	反硝化流程
COD	43	15	15
溶解性 COD	22	9	10
TP	0.40	0.23	0.12
溶解性磷	0.10	0.13	0.08
碱度	136	99	133

三个阶段出水中磷的含量都很低，分别为0.40mg/L、0.23mg/L和0.12mg/L。二次沉淀池出水中磷含量低是因为在初次沉淀池和二次沉淀池中加了铁盐，以满足低于0.18mg/L的排放标准。数据表明，二次沉淀池出水中的溶解性磷不能满足反硝化菌的生长需要，硝化流程出水中的磷经常会低于检测下限0.05mg/L。

3. 方案存在的问题

尽管污水厂的改造方案在总氮去除上非常成功，但是也存在一些问题。

（1）后置反硝化工艺在运行管理上比硝化工艺更复杂，具体表现在以下几个方面：

1）有两个处理阶段需要监测和控制；

2）甲醇应在反应池12个不同的位置投加；

3）现有的甲醇储存设备体积有限；

4）由于甲醇用作反硝化菌的食料，必然会导致剩余污泥量的增加。

（2）由于该工艺其实是将原来的一段（硝化段）改为两段（反硝化段和硝化段），反硝化段占用了原来用于硝化的容积，从而降低了在冬季和高负荷时硝化处理的可靠性。在紧急情况下，可能需要停止反硝化，恢复到完全硝化的工况。

（3）投加甲醇作为补充碳源，使得系统的运行成本增加，一般每年购买甲醇的费用为500万~600万美元。

（4）氮的去除效果受前面工艺的制约，比如二次沉淀池出水中磷的浓度过低会限制反硝化菌的生长。如何在保证出水水质不超标的同时又满足反硝化菌对磷的需要，成为目前污水厂管理者正致力解决的一个问题。

7.4.4　进一步改造计划

Blue Plains污水厂的试验运行工艺可以满足新制定的季度和年排放标准中关于脱氮的要求，而且最佳运行条件下的出水水质还可以优于该标准。此外，污水厂经改造后其他水质指标仍能满足要求。

如果将上述的试验运行工艺用于污水厂实际生产，大约需投资2000万美元。这种整体规模改造可使系统有更大的处理能力和更可靠的运行效果。污水厂生产规模改造包括以下措施：

（1）增设甲醇储存池，并至少保证一周的储存量；

（2）硝化反应池增设水泵和进水管；

（3）增加第一、第二反应器的曝气设备，以提高硝化阶段的处理能力；

(4) 更换陈旧的搅拌设备；

(5) 增设污泥泵，输送增加的剩余污泥量；

(6) 改善控制设备和仪器。

由于试验运行方案的成功实施，给水排水管理局经研究决定分两期实现污水厂整体规模的改造。一期工程包括建造临时甲醇存储池和投加设备，于2000年第一季度完成；二期工程包括其他设备的改造，以实现系统脱氮和增加运行可靠性，一期工程结束后即投入建设。

7.5 德国汉堡市联合污水厂

7.5.1 污水厂介绍

从20世纪50年代开始，汉堡市联合污水处理厂(CWWTPs)进行了持续的改建和扩建。1961年Köhlbrandhöft污水厂的一级处理厂交给汉堡污水厂管理，并在1973年进行改建，1983年增加了Köhlbrandhöft – South污水厂，1988年又增加了Dradenau处理厂，该厂主要是硝化工艺，这些污水处理厂共同组成了现在的CWWTPs。

1989年8月9日开始实施了更严格的出水标准，CWWTPs依然可以达到新的要求，而且还有一些余地可用于以后增加的除磷工艺。1991年5月21日欧共体颁布的91/271/EWG对城市污水的处理要求开始生效，随后于1992年1月4日，对商业污水的处理要求也开始生效。这两个规定都要求对污水进行反硝化，而CWWTPs还没有设计反硝化处理。另一个问题是汉堡市政府决定关闭Stellinger Moor污水厂，这将会给CWWTPs增加250000人的负荷，相当于增加了10%的负荷。1990年初，CWWTPs面临的一个严峻挑战就是在负荷增加的情况下，在不采取费用较高的改扩建措施的前提下，达到更高的脱氮要求。

汉堡市联合污水处理厂在规模为1850000人口当量的时候，已是汉堡市最大的污水处理厂，处理后的尾水排入易北河(Elbe)。CWWTPs由Köhlbrandhöft – South、Köhlbrandhöft – North和Dradenau污水处理厂组成。由于场地限制，Dradenau污水处理厂位于距离Köhlbrandhöft污水厂2.3km的地方。联合污水厂的平面图如图7 – 14所示。

组成CWWTPs的几个污水厂中，新建的Dradenau污水厂的主要目的是完成除磷脱氮。Köhlbrandhöft处理厂的进水部分由Köhlbrandhöft – North处理厂进行机械格栅处理，其余的由Köhlbrandhöft – South进行机械格栅和初级生物处理，可以去除碳和部分氮。然后，两座污水厂的出水一起进入Dradenau处理厂进行硝化、反硝化和除磷处理。图7 – 15是联合污水厂工艺流程图。

Köhlbrandhöft – North处理厂的处理设备包括初次沉淀池和雨水集水池。Köhlbrandhöft – South处理厂接受大部分污水进行生物处理并达到最大的水量负荷，其余污水超越生物处理。为了在Köhlbrandhöft – South处理厂完成部分脱氮，污泥龄为2d，在生物处理过程中添加了Dradenau处理厂来的部分剩余污泥。

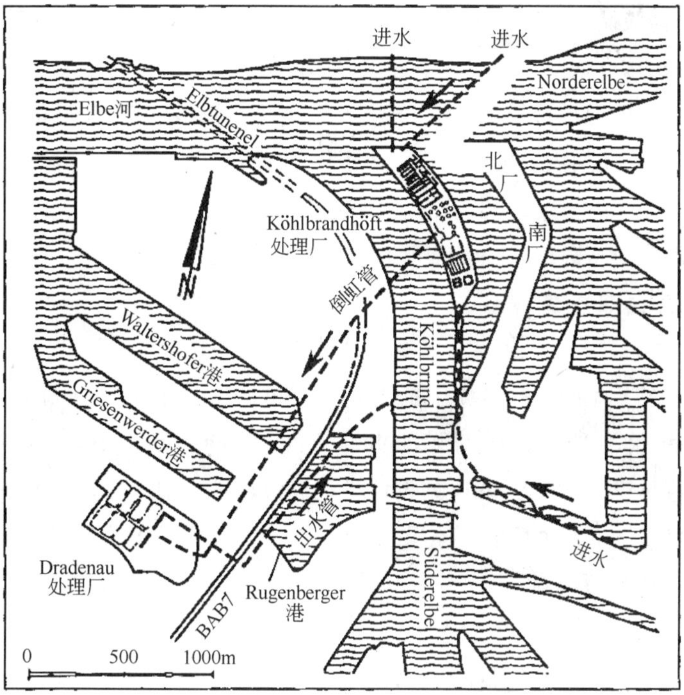

图7-14　联合污水厂平面图

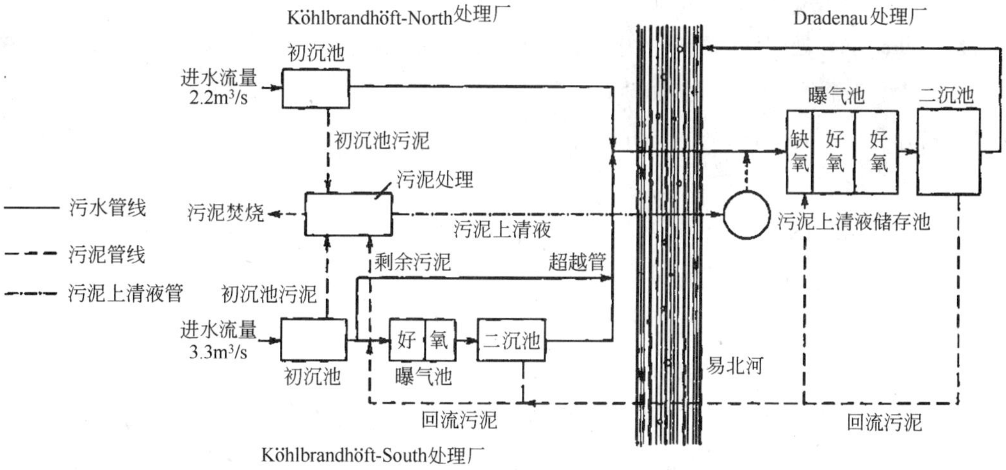

图7-15　联合污水厂工艺流程图

Köhlbrandhöft－North 和 Köhlbrandhöft－South 污水处理厂的污水输送至 Dradenau 处理厂，输送管道长度为 2.3km，输送管径为 3.2m。Dradenau 处理厂的处理能力为 $12m^3/s$，超过此处理能力的污水直接在 Köhlbrandhöft 处理厂经机械格栅或初级生物处理后排入易北河。

Dradenau 处理厂处理构筑物包括 16 个曝气池和 64 个二次沉淀池，每个曝气池中的两个区有 4 个旋转表曝器。这些曝气设备以间歇方式运行进行硝化和反硝化。此外，部分的反硝化也发生在曝气池之间的配水渠内，这些配水渠约占反应器总容积的 13%。

污泥处理的上清液储存在储水池中，在合适的时间回流到 Dradenau 处理厂的进水中，由于这种上清液中氨的浓度很高，可以调节进水中的氮负荷。

1990 年 CWWTPs 的处理规模增加了 250000 人，随后紧接着开始执行新的出水标准，2h 的混合样品，从 5~10 月期间内，出水无机氮小于等于 18mg/L，NH_3-N 小于等于 2mg/L，其他时间内，NH_3-N 小于等于 8mg/L，没有无机氮指标。一年中氮的平均去除率要达到 70% 以上。在这样的情况下，CWWTPs 不得不开始研究更合理的处理工艺。

7.5.2 污水厂改造方案

1. 污水厂扩建方案

扩建按照德国 ATV（污水联合会）标准设计参数进行设计，该扩建计划中，不考虑CWWTPs 中的几家污水处理厂单独处理能力。但 Köhlbrandhöft - South 处理厂中的生物处理段照常运行。按照德国 ATV 标准 A131（ATV，1991）的设计参数进行设计，则需建 $12\times10^4m^3$ 的曝气池，这是现在 Dradenau 处理厂生物段反应器体积的 2 倍。这样的扩建工程共需 2 亿马克，其中包括新建一个泵站的投资 3600 万马克。

2. 污水厂改造方案

在进行研究的同时，提出了几个改造方案，都是以充分合理地利用 CWWTPs 现有的处理构筑物为出发点，合适的方案有以下几个：

1）优化 Dradenau 处理厂的二次沉淀池运行，使其达到一个较高的 MLSS 浓度；

2）在 Dradenau 处理厂的曝气池中增加内回流设备，促进反硝化；

3）在其中一个处理厂对污泥处理的上清液进行单独处理；

4）充分利用 Köhlbrandhöft - South 处理厂的超越管，使得 Dradenau 处理厂有更多的碳源（BOD）进行反硝化；

5）使 Köhlbrandhöft - South 处理厂中的生物处理部分能连续运行。

实施以上这些措施的预算大约为 5000 万马克。

对于采用哪项措施来实施改造，可以进行动力学模拟，根据模拟结果来确定。

为了得出各项改造措施运行时的可能结果，在模拟期间要保证其出水的峰值不超过规定的最大值。大多数情况下可以通过调节曝气使出水中的 NH_3-N 满足要求，其中最关键的是 NO_3-N 和无机氮（$NH_3-N+NO_2^--N+NO_3^--N$）指标。另外，要注意周末期间高氨氮浓度的影响。

7.5.3 污水厂改造模拟方案

在 Köhlbrandhöft 处理厂和 Dradenau 处理厂内均建立了模型，在模型建造过程中，Dradenau 处理厂曝气池的模型建造是一个难题，因为曝气池中的旋转表面曝气设备导致其中的水流条件相当复杂，要对其进行模拟，确有相当的困难，不过最终问题还是得到了解决。

为了得到最佳的脱氮效果进行了下述模拟：

（1）为增加 Dradenau 处理厂的 MLSS 浓度，要改建二次沉淀池，因此，对增加 MLSS 浓度所得的结果进行模拟，而不是模拟沉淀池中的沉淀过程。

（2）根据污泥上清液的日流量，增加储存污泥处理的上清液的水池体积，是现在体积的两倍或更多。

(3) 将污泥处理的上清液收集到一个单独的污水处理厂专门处理，然后对上清液处理后的效果进行模拟，而不是对处理上清液的污水厂进行模拟。

(4) 对 Dradenau 处理厂的曝气池增加内回流。

(5) 将 Dradenau 处理厂的适量剩余污泥引入到连接 Köhlbrandhöft 处理厂与 Dradenau 处理厂之间的虹吸管内，使虹吸管内发生反硝化。

(6) 在 Köhlbrandhöft - South 处理厂内，调节生物处理过程，使得处理只去除部分有机物，出水中仍保留那部分有机物，进入 Dradenau 处理厂（当该厂 BOD 不足时），以促进在 Dradenau 处理厂内的反硝化脱氮。

7.5.4　运行效果

在第一个取样周期中，图 7 - 16 显示的是增加储水池体积后的出水水质，图 7 - 17 是单独处理污泥上清液，然后在 Köhlbrandhöft - South 处理厂中完成反硝化时的出水水质。

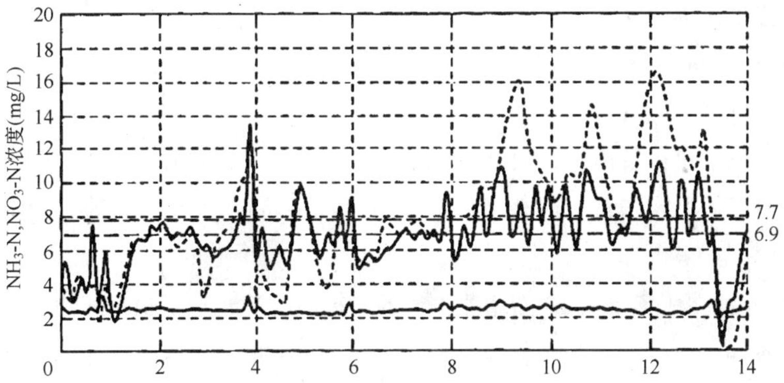

图 7 - 16　增加储水池体积后的出水水质图

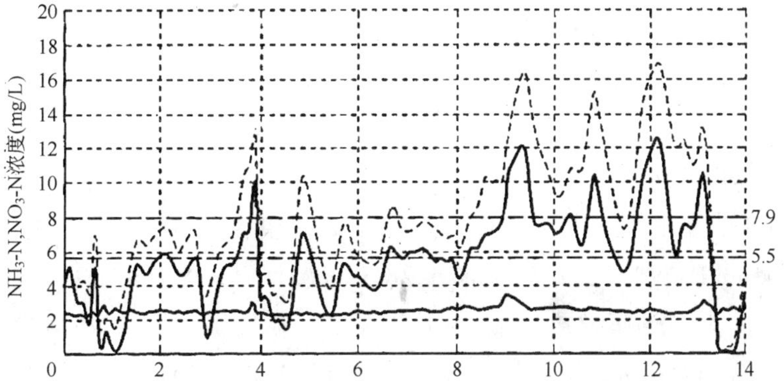

图 7 - 17　单独处理污泥上清液后的出水水质图

图 7 - 16、图 7 - 17 中分别是用虚线和实线来表示该项改造前后的出水水质，其中上下两线分别表示 NO_3^- - N 浓度和 NH_3 - N 浓度。可以看出，周末或有暴雨发生时，出水水质会有较大的波动。

根据图中对这两项改造措施的效果进行比较，可以发现，将污泥处理的上清液单独处理，在一定程度上降低了出水浓度的峰值，但更显著的是使得出水浓度的平均值有所下降，与此相比，增加储水池的体积，则可以明显降低出水浓度的峰值，对出水浓度的平均值的改善不大。

通过模拟结果的综合比较，认为以下三种改进措施有效可行：

（1）增加储水池体积，使其同时可以储存污泥处理的上清液；

（2）将污泥处理的上清液收集到一个单独的污水处理厂专门处理；

（3）对 Dradenau 处理厂的曝气池增加内回流设施。

同时仍需提高 Dradenau 处理厂的 MLSS 的浓度。

处理量的增加所带来的影响以及实施这几项措施后的改善情况如下：

（1）增加了 250000 人的处理量，使水质的峰值浓度与平均浓度值有所增加。

（2）增加储水池体积以储存污泥处理的上清液。这项措施会有效降低出水的峰值浓度，对平均值浓度几乎没有影响。

（3）单独处理污泥处理的上清液。这项措施会有效降低出水的平均浓度，对出水的峰值浓度也有一定程度地改善。

（4）增加 Dradenau 处理厂的曝气池内回流系统。主要是减小出水的平均浓度，也会使出水的峰值浓度略微降低。

从以上运行结果可以看出，增加储水池体积以储存污泥处理的上清液这项措施更能帮助整个污水厂满足日后的出水指标，综合考虑操作技术和经济因素，最终决定在 CWWPTs 实施该项措施。

在 1999 年底，完成了 4000m^3 新增储水池的建造，由于经过了长时间的水力模拟，相信在日后的运行过程中可以达到较为满意的效果。通过水力模拟，选定了最佳的改造计划，并使工程投资节省了 500 万马克。这表明水力模型工作是相当有价值的，尤其适用于帮助大型或联合的污水厂，来选定最佳的改造措施。

7.6 美国田纳西州孟菲斯北部污水厂

7.6.1 污水厂介绍

美国田纳西州孟菲斯北部污水厂污水厂设计规模为 511000m^3/d，进水负荷 BOD 为 125000kg/d(245mg/L)，TSS 负荷为 170000kg/d(340mg/L)。污水厂的处理工艺流程包括预处理(格栅、沉砂)、粗气泡曝气接触稳定活性污泥法、周进周出圆形二次沉淀池、加氯消毒，处理后尾水排入密西西比河。曝气池采用传统的推流形式，反应池长宽比约 7:1，剩余污泥经好氧消化、重力浓缩后在污泥池储存，污水厂设计负荷为 125000kgBOD_5/d，170000kgTSS/d，工艺流程如图 7－18 所示。

污水处理厂运行以来，实际出水不能达到二级处理出水的水质要求，即 BOD_5 为 30mg/L，TSS 为 30mg/L。实际运行中，进水水量和水质变化较大，在运行效果较差的一段时间，进水平均水量为 285000m^3/d，BOD_5 负荷 119000kg/d(设计负荷为 125000kg/d)，TSS 负荷 108000kg/d

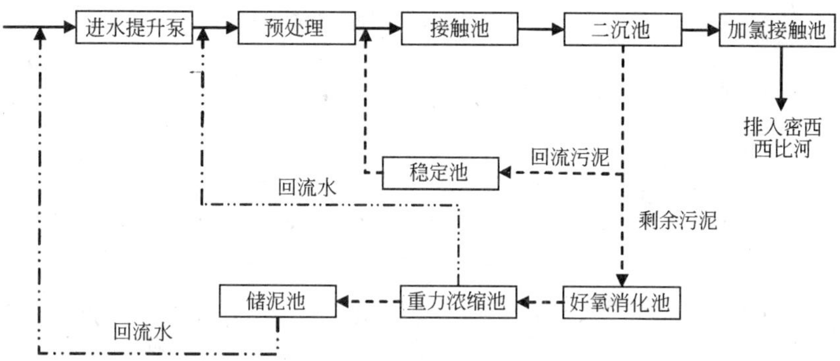

图7－18　污水厂改造前工艺流程图

（设计负荷为170000kg/d），虽然实际负荷低于设计值，但出水水质仍高于标准值。这是因为进水中工业废水的成分较高，占到进水负荷的75%，进水的BOD_5高达410mg/L，其中的$SBOD_5$达250mg/L，而设计进水的BOD_5浓度为245mg/L。因此可以认为原设计的接触稳定污水处理工艺不能适合高负荷的处理要求。

7.6.2　污水厂改造方案

在污水处理不达标的情况下，开展污水处理厂的运行分析，找出原因，提出改造方案。

1. 运行分析

通过对污水厂的运行分析，得出如下结论：

（1）虽然污水厂进水水量和负荷率并未超过设计值，但是实际水质与原设计值相差较大，特别是BOD_5和$SBOD_5$的浓度远远超过设计值，导致处理效果不佳。

（2）通过小试研究和B/C比计算，可知进水BOD_5易生物降解。

（3）污泥沉降性能较差，污泥指数SVI为150～300mL/g，平均为200mL/g，初步认为是由于污水中DO值较低引起污泥沉降性能变差的。

（4）系统供氧能力仅满足现状有机负荷，当达到设计流量和现状浓度下则显不足。同时，供氧控制系统不能保证整个系统DO浓度满足要求。

（5）污泥沉降性能差的另外一个重要原因是接触池的活性污泥浓度（MLSS）过高。

（6）处理工艺设计的充氧系统能满足目前条件下的有机物负荷，但是若进水量达到设计流量时，则溶解氧扩散系统将远远不能满足有机物降解所需的耗氧量。另外，目前溶解氧扩散系统不能维持适合的DO浓度。

（7）现有的污泥泵和污泥储存池的容量不足，从而使活性污泥MLSS浓度难以控制，污泥处理的回流水量过高，也增加了反应池的负荷。

2. 调整运行参数

针对上述问题，为了使污水厂能满足目前和今后的处理负荷，重新设定污水厂的运行参数，并在污水厂进行了长达18个月的生产性试验研究，根据实际情况，对主要参数进行调整后，处理效果得到了明显的改善，设定的工艺参数和实际运行参数如表7－13所示。

孟菲斯北部污水处理厂的工艺参数列表　　表 7-13

数　据	设定值	实际值	
		平　均	范　围
泥龄(d)	3.5	4.3	2.0~6.6
接触池 F/M [$kgBOD_5$/(kgMLSS·d)]	1.0	0.91	0.59~1.17
稳定池水力停留时间(h)	4~6	6.4	4.4~7.6
充氧量($kgO_2/kgBOD_5$)			
接触池	0.6	0.54	0.34~0.88
总计	1.0	0.97	0.64~1.39

由表 7-13 中可以看到，实际运行的参数值与设定值基本吻合，按照新的工艺参数运行后的出水水质和未变化前的水质如图 7-19 所示。可以看到，出水的 BOD_5 和 TSS 浓度均低于出水排放标准，BOD_5 和 TSS 均为 30mg/L。

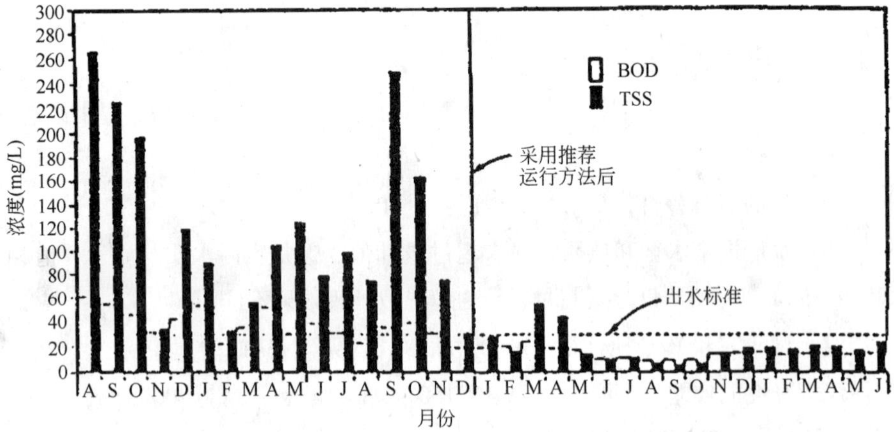

图 7-19　孟菲斯北部污水厂生产性试验结果

另外，今后还将新增四套 2m 带宽的带式压滤机，提高好氧消化后的污泥脱水的处理能力，减少厂内污泥循环，提高处理工艺参数调整的灵活性，使实际运行参数与表 7-13 的设定值更加符合。根据实际运行中的污泥指数 SVI 的下降，显示了污泥沉降性能的改善。同时，为改善二次沉淀池的水力条件并提高沉淀效果，在二次沉淀池内添加挡板。

经改造后，污水厂日常运行的出水水质完全能满足二级处理出水排放标准。

7.7 美国俄勒冈小石溪污水深度处理厂

7.7.1 污水厂介绍

小石溪污水深度处理厂位于美国俄勒冈州，污水厂进水主要为生活污水，以及部分工业废水。进水 BOD_5 为 150~200mg/L，TSS 为 150~250mg/L，NH_3-N 为 15~25mg/L，总磷为 8~12mg/L(以 P 计)，设计处理规模为 56800m^3/d。污水处理流程为进水提升泵站、预处理(格栅和沉砂池)、初次沉淀池、纯氧(HPO)曝气活性污泥法、三级处理系统和出水消毒，消毒后出水排放到小石溪，最终汇入图拉丁河。该厂工艺流程如图7-20所示。

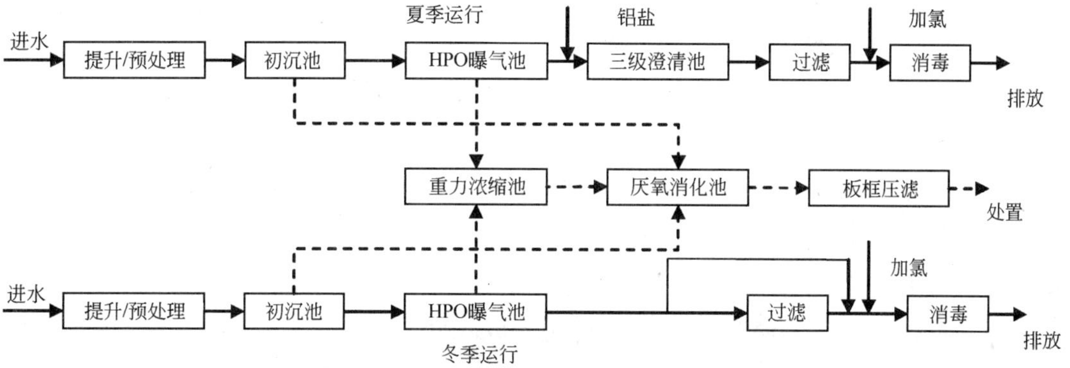

图7-20 小石溪污水深度处理厂工艺流程图

三级处理系统只在夏季干旱时期用于除磷，主要包括铝盐的投加、快速混合池、絮凝、沉淀和出水过滤。污水厂的雨季高峰处理量为170000m^3/d。污水厂共有二次沉淀池6座，在干旱时期三级处理的沉淀过程利用其中的两座，而在雨季，由于进水量达到高峰，而进水TP浓度较低，因此所有二次沉淀池全部用于二级处理出水的沉淀。二级处理的剩余污泥经重力浓缩后与初沉污泥混合进入厌氧消化池消化，消化后的污泥由板框压滤机脱水后填埋或农用。

夏天旱季的处理出水标准BOD_5为20mg/L，TSS为20mg/L，总磷去除率为75%，(均为月平均值)；冬天雨季的出水标准BOD_5为30mg/L，TSS为30mg/L。

7.7.2 污水厂改造方案

小石溪污水深度处理厂在过去的十多年里经历了一系列的改造和扩建，包括污泥处理系统的改造、污水处理能力扩建和处理标准的提高。

首先，对污泥处理系统进行改造。由于原有的重力浓缩效果一般，经过对其他浓缩设备价格和性能的调查和综合对比，决定将原有的重力浓缩池改为重力带式浓缩机，这种浓缩方式效率较高，不仅提高了活性污泥系统的操作灵活性，而且使系统可以处理更多的剩余污泥，提高污泥的回收率，污泥浓缩后含固率的提高减少了后续厌氧处理的负荷。同时，针对原工艺采用的板框压滤机运行成本过高的问题，经分析比较，选择采用带式压滤机代替板框压滤机，提高了处理效率。

污水处理工艺流程的改造主要是纯氧曝气池和三级处理系统运行参数的优化。对于HPO系统，高负荷运行条件下，F/M比大约为1.0kgBOD_5/(kgMLSS·d)，出水效果较好，并且还能提高抗冲击负荷能力，减少泡沫的产生。三级处理系统的铝盐投加量和投加点重新设定，并增加在初次沉淀池内投加少量的混凝剂，一方面可以降低三级处理所需的化学除磷的投药量，另一方面，提高初沉污泥的沉降性能，在初次沉淀池还能去除部分的BOD_5和TSS，减轻后续工艺的负荷。

污水处理厂的扩建采用空气曝气活性污泥系统，并与原有的HPO系统并联运行。空气曝气活性污泥系统只在夏季运行长污泥龄的硝化模式，使氨氮和 BOD_5 的排放浓度能达到排入图拉丁河的水质要求；若夏季出水要求回用，或者冬季出水排放至图拉丁河时，则采用高有机负荷模式运行。加上新建的 $63400m^3/d$ 规模的空气曝气活性污泥系统，污水厂雨季的高峰二级处理能力将达到 $284000m^3/d$，而在夏季有氨氮去除要求时，其硝化的处理能力达到 $75700m^3/d$。

由于图拉丁河面临富营养化危险，因此对污水厂的出水 TP 指标有很高的要求。出水 TP 的浓度要求在 0.07 ~0.5mg/L(以 P 计)，用生物除磷工艺较难达到出水要求。通过小试试验分析得出以下结论：

(1) 总磷的去除应采用生物除磷和化学除磷相结合，单靠生物除磷不能达到要求。由于该厂污水相对较为新鲜，需增设发酵池，为生物除磷提供充足的短链脂肪酸。

(2) 总磷的达标需要多点投加铝盐或铁盐，铝盐较为经济，整个处理系统包括在初次沉淀池投加铝盐和助凝剂，生物除磷系统或在二级处理系统投加铝盐，深度处理系统(包括调节池、铝盐投加、化学絮凝和沉淀)及出水的单介质颗粒填料过滤床过滤处理。

(3) 投加石灰不能将总磷去除至很低的水平，因此不推荐使用，药剂经分析比较推荐采用投加金属盐(特别是铝盐)除磷。

根据以上结论，污水厂最终采用了生物除磷和多点投加化学除磷相结合的方法。为了确定化学药剂的最佳投加量和投加方式，进行了两种不同投加方式的生产性试验。从 1990 年 5 月 1 日 ~7 月 9 日，采用在初次沉淀池进行单次投加，投加量为 120mg/L 左右；从 7 月 9 日以后改成两次投加法，即第一次投加点在曝气沉砂池前，铝盐平均投加量 120mg/L 左右，第二次的投加点为沉砂池前和二次沉淀池后的深度处理快速混合单元，铝盐平均投加量 50mg/L 左右，实际的运行数据如表 7 - 14 所示。另外，试验期间，单次投加法和两次投加法中需在曝气池内投加 100mg/L 和 163mg/L 的 $CaCO_3$ 以补充碱度。

污水厂实际的运行数据　　表 7 - 14

日期	进水流量(m^3/d)	浓度(mg/L)					
		进水 TP	初沉铝盐投加量	初沉出水 TP	二级出水 TP	深度铝盐投加量	最终出水 TP
5 月	59000	9.3	124	3.9	1.52	0	1.21
6 月	57000	9.9	122	3.0	0.01	0	0.80
7 月	55000	9.9	113	3.0	0.73	18	0.55
8 月	52000	10.3	120	2.8	0.61	48	0.09
9 月	48000	9.7	137	1.9	0.41	60	0.07
10 月	52000	9.1	109	2.3	0.44	53	0.09
平均	54000	9.7	119	2.8	0.75	30	0.47

从表 7 - 14 中的数据看出，在两次投加的 8 ~ 10 月期间，出水的 TP 浓度为 0.08mg/L，因此，出水水质完全满足排放的限制。

7.8　美国加州 SAN JOSE 污水厂

7.8.1　污水厂介绍

San Jose/Santa Clara 二级污水处理厂处理规模为 541000m^3/d，主要服务于加州旧金山南海湾硅谷等地区的生活污水和工业废水。污水处理的季节变化很大，原因在于季节性的水果和蔬菜罐装工业的生产，每年 8 月至 9 月，污水厂的有机负荷要比平时增加一倍，还有冬天的雨季的高峰流量，夏季罐装加工对污水厂的负荷和操作运行带来的影响尤为明显。

污水厂在 1978 年对原有的二级处理工艺进行了改造，增加了深度处理工艺，包括硝化反应池、硝化沉淀池、滤池和加氯消毒等设施。污水处理的工艺流程包括进水格栅、沉砂、初次沉淀池、初沉出水提升、普通曝气活性污泥系统（曝气池和二次沉淀池）、硝化悬浮生长系统（硝化反应池和硝化沉淀池）、过滤进水二次提升、颗粒填料滤池、加氯消毒/除氯、后曝气，最近出水排入旧金山南部海湾。生物处理产生的剩余污泥经气浮浓缩后与初沉污泥进行厌氧消化，消化后污泥在污泥储存池存放。工艺流程如图 7－21 所示。

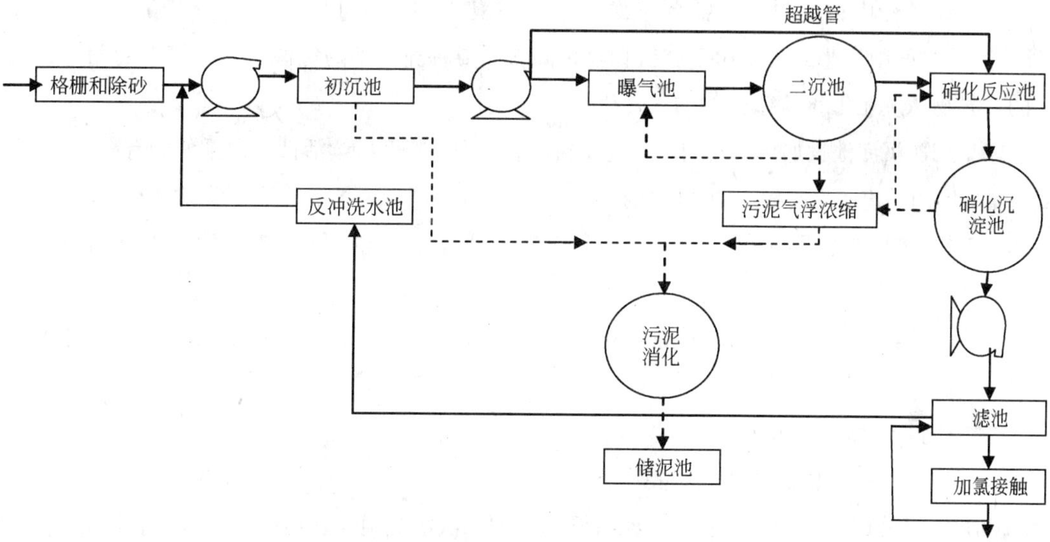

图 7－21　污水厂深度处理工艺流程图

污水厂的出水水质标准要求月平均的出水 BOD_5 和 TSS 均低于 10mg/L，消毒后出水要达到“加利福尼亚州第 22 条文”的规定，即浊度小于 2NTU，细菌总数小于 2.3 个/100mL，氨氮低于 5mg/L。

1979 年夏季罐头加工季节，二级处理阶段的活性污泥发生由丝状菌引起的污泥膨胀，导致进入硝化反应池的污泥超过设计负荷，出水的 SS 浓度太高，也直接影响了过滤阶段的处理效果，因此出水水质显著超过排放标准。经调查后发现，导致污泥膨胀的首要原因是有机负荷的突然增加，使普通曝气池的供氧量不足，在 DO 浓度较低条件下，对丝状菌的生长有利，引起了污泥膨胀。为防止污泥膨胀事件的再次发生，提供工艺的可靠性，污水厂将进行一系列的改造。

7.8.2 污水厂改造方案

污水厂的改造分为近期、中期和远期改造三阶段进行，近期改造的主要目标是控制污水厂的污泥膨胀，稳定运行使出水符合排放标准，主要措施是采用一些能快速安装快速使用的设备，虽然这些设备的运行成本略高，长期来看效益比较差，但能快速达到出水水质的稳定；中期改造将逐渐更换近期改造中一些运行成本高的设施，并保持 541000m^3/d 的污水处理量和达标排放；远期的改造目标是淘汰剩余的高耗低效的设备，包括运行不稳定的、耐用性较差的污泥处理设备，并扩建污水厂规模至632000m^3/d。

1. 近期改造方案

近期改造的主要内容有：

(1) 提高氧转移能力。为了快速安装和快速使用，减少对污水厂正常运行的影响，污水厂增设了一套纯氧供氧系统，包括液态氧储存池、蒸发器微孔曝气系统、风量计和自控设备，这套设备一般只在高峰季节原有设备供氧不足时使用，后来由于其运行费用高，所以改用增设鼓风机的方法以增加供氧量。

(2) 投加氮源。安装一套氨水系统，补充污水中缺乏的氮源，有利于曝气池中微生物的生长。在实际运行中，氮源并不需要连续投加。在夏季罐头加工季节时，罐装工作每天生产16h，这段时间中产生的废水由于有机物含量高，需要补充额外的氮源，而在停产的 8h 内，废水的营养物浓度足够维持微生物的正常生长。

(3) 初次沉淀池投加化学药剂。通过投加三氯化铁，降低后续活性污泥系统的有机物负荷和需氧量，同时铁离子能与污水中的硫化物发生沉淀反应，降低后续活性污泥系统的硫化氢负荷。

(4) 污泥加氯处理。在回流污泥前进行加氯处理能有效地抑制丝状菌的生长，防止污泥膨胀。氯的投加剂量和投加点对丝状菌的去除效果和活性污泥絮体的影响差别较大，根据试验分析后确定，在回流污泥泵进水口处加氯能获得最合适的混合效果，具体加药量根据每日的微生物镜检情况决定。

2. 中期和远期改造方案

中期和远期改造所需增加的主要设施有：

(1) 二级处理改造。在普通曝气池后增加新的二次沉淀池。新增鼓风机设备，以替代原有的纯氧供气系统，并更换空气扩散系统设备。

(2) 新建深度处理系统。二级处理后续的硝化系统主要包括硝化曝气池和沉淀池。

(3) 水力改造。将原有的一座污泥储泥池改为初次沉淀池出水调节池，并新建初级处理出水提升泵房，这样初级出水可超越至深度处理的硝化池，在二级处理的有机负荷过高时，使工艺运行更具灵活性和稳定性；改造厂内其他泵房，增加新泵及相应的电气仪表设备。

(4) 二级处理进水方式改为多点进水。该模式下污水厂的运行工艺更具灵活性，抗冲击负荷能力大大增强。

(5) 改造或更换厂内的机械和电气设备，使系统的运行更加安全稳定。

(6) 扩建污泥厌氧消化系统。

（7）污泥的最终处置改造。储泥池内的污泥在夏天进行干化处理，干化后运至填埋场。

各项改造工程将在十年内完成，改造后的污水厂在运行的可靠性、处理能力和出水标准等方面将大大得到改善。通过改造，污水厂的处理能力提高到632000m^3/d，并且出水水质一直达标。

7.9 加拿大安大略省 KITCHENER 污水厂

7.9.1 污水厂介绍

KITCHENER 污水厂是一座处理 Kitchener 市生活污水和工业废水的二级活性污泥处理厂。设计处理规模为123000m^3/d，但1985年的平均进水量为65000m^3/d。出水标准 BOD_5 为25mg/L，TSS 为25mg/L，TP 为1.0mg/L，没有氨氮和有机氮指标。

污水处理工艺流程包括预处理（粗格栅后接粉碎机）、初次沉淀池、三氯化铁化学除磷、两套活性污泥处理系统（分为1厂和2厂）、加氯消毒后出水排放。1厂的活性污泥系统采用四座推流式曝气池并联运行，每座安装14台表曝机，后接辐流式二次沉淀池。2厂的活性污泥系统由八座完全混合的曝气池并联运行，每座安装一台机械表曝机，后接辐流式二次沉淀池。剩余污泥排入初次沉淀池进行沉淀，混合的沉淀污泥进行二级厌氧消化后可作为农肥利用。污水厂的工艺流程如图7－22所示。

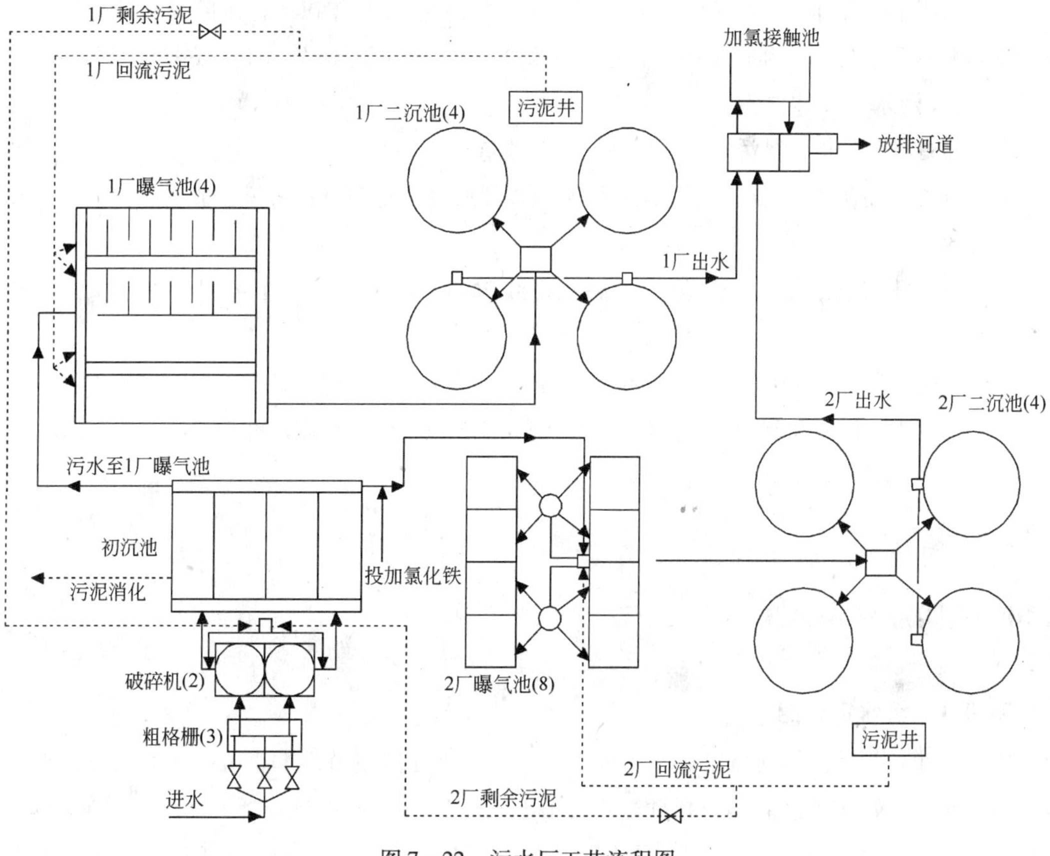

图7－22 污水厂工艺流程图

在实际运行中发现污水厂运行的能耗很高，根据1985年的运行情况，全年污水厂运行电耗成本约为240000加元，而其中的73%的能耗与两厂的曝气池供氧系统有关。另外，由于污水厂的出水最终排放Grand河，为了满足将来对污水厂的脱氮要求，有必要对污水厂进行升级改造。

7.9.2 污水厂运行分析

对污水厂过去的运行状况及数据进行收集分析，得出如下结论：

（1）目前污水厂的平均出水水质：BOD_5为7mg/L，TSS为5mg/L，基本达到加拿大环境管理署的排放标准，出水的TKN平均浓度为7.4mg/L，氨氮浓度为5.0mg/L，可见系统的硝化效果已经较好，而且可以看出，硝化的程度与供氧量有密切的联系。

（2）现有曝气设备的最大供氧能力为21000kgO_2/d，其中推流曝气池表曝机的供氧效率为1.59kgO_2/kWh，而完全混合曝气池表曝机的供氧效率平均为1.26kgO_2/kWh；

（3）当对氨氮出水没有要求时，曝气池的需氧量可以减少一半，这样能大大减少能耗费用，据估算，每年的电耗可以节约45000加元，如果再减小表面曝气机在池中的浸没深度，还可减少电费15000加元。

（4）如果污水厂按出水标准要求进行硝化时，则可通过对供氧系统进行自动控制减少能耗，但是自控系统的投入成本较高，需要多年节约的能耗费用才能收回成本。

（5）以污水厂现有曝气设备的供氧能力，基本能满足2008年以前污水除碳和硝化的需氧量。2011年以后将通过提高表曝机的转速，从35转/min提高至40转/min，来增大供氧量。

7.9.3 污水厂改造方案

根据运行状况分析，对污水处理厂进行以下改造：

（1）对完全混合曝气系统（2厂）增设溶解氧在线监测设备和自控系统，节省能耗，并有效改善硝化效果。

（2）对推流曝气系统（1厂）增设溶解氧在线监测系统，指导人工控制曝气系统，节约能耗。

（3）对完全混合曝气池内的曝气机进行试验，以确定其充氧能力是否仍有提高的空间。

（4）增设回流污泥和剩余污泥的流量计和记录仪，以更好地控制活性污泥的产生和排放。

通过上述改进后，污水厂运行的能耗降低了12%～15%，而且整个处理工艺流程更趋稳定。

7.10 美国加州BENICIA污水厂

7.10.1 污水厂介绍

Benicia市位于美国加利福尼亚州，市区污水由一个处理规模为11000m^3/d的二级污水处理厂集中处理。处理工艺流程包括预处理（粗格栅、沉砂）、初次沉淀池、初沉出水调节池、生物转盘、二次沉淀池、加氯消毒，最终出水排放圣巴布罗湾。二次沉淀池的剩余污泥则回到初次沉淀池沉淀，并与初沉污泥一起进行二级厌氧消化，然后经带式压滤机脱水后填埋，工艺流程如图7－23所示。

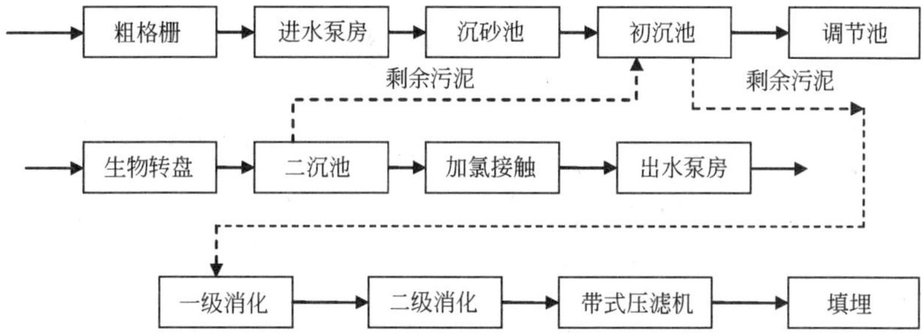

图7－23　污水厂工艺流程图

在1987年前，Benicia污水处理厂的出水水质经常不能达标（BOD_5和TSS月平均值需要小于30mg/L）。因此，当地水质管理局减少了该污水厂的进水量至7600m^3/d，并规定在满足下列条件情况下处理量可以逐渐增加：如果污水厂在满一年的运行中出水水质能保持符合排放标准，那么进水量将允许提高到9500m^3/d；如果有关部门对污水厂的各个处理单元进行模拟论证后，认为该污水厂可以接纳更多的污水量时，进水量可以提高到11000m^3/d。

今后，Benicia市还将对污水处理厂进行扩建，最终使污水厂的处理规模达到17000m^3/d。

7.10.2　污水厂运行分析

经过对污水厂的运行情况和数据全面收集分析，得出以下结论：

（1）目前污水厂的各处理单元完全可以处理11000m^3/d的污水量；

（2）污水厂的处理能力瓶颈是雨季高峰流量下进水泵房和初次沉淀池的设计负荷不能满足高峰水量的要求，还有污泥脱水系统不能满足剩余污泥处理的要求；

（3）污泥厌氧消化池上清液的回流，对生物转盘的运行有不利影响；

（4）经试验表明，初次沉淀池的进水挡板的设置对污泥层的沉淀有不利影响；

（5）两套生物转盘系统的进水分配不均导致其中一套超负荷运行；

（6）污泥消化池的水力停留时间仅10d左右，接近消化池所需要的最短停留时间。

7.10.3　污水厂改造方案

根据上述情况，污水厂制定了严格的运行管理程序特别是对污泥脱水予以重视，并采取了以下的改造措施：

（1）修改初次沉淀池进水挡板的设计，消除对污泥层沉淀的干扰；

（2）在初次沉淀池内投加三氯化铁，去除部分BOD和TSS，减小生物处理负荷；

（3）初次沉淀池出水调节池在雨季时改为初次沉淀池使用，增大初次沉淀的处理能力；

（4）两组生物转盘的配水设施重新设计建造，消除配水不均的问题；

（5）污泥消化前增设重力浓缩池，以减小剩余污泥的体积。

第 8 章　国内污水厂改扩建实例

8.1　上海市白龙港城市污水处理厂升级改造工程

8.1.1　污水厂介绍

1. 项目建设背景

上海市白龙港城市污水处理厂位于浦东新区合庆镇境内，东濒长江主航道出海口，其上游距吴淞口 27km，与下游白龙港相距 1.5km，与横沙、长兴两岛隔海相对。

上海地处北亚热带，东亚季风盛行的滨海地带，属亚热带海洋性季风气候，四季分明，雨水充沛，光照较足，温度适中。2005 年，全年降水 1106.1mm，最大一次降雨量为 315mm；全年平均降雨日 112d，夏季占全年降雨量的 40% 左右；全年日照为 1942.4h，平均无霜期 234d 左右；极端最高气温 37.9℃，极端最低温度 -5.9℃。长江河口为丰水多沙型中潮河口，根据大通水文站资料统计，年径流总量为 9240 亿 m^3。多年年平均流量为 29300m^3/s，最大洪峰流量为 92600m^3/s(1954 年 8 月)，最小枯水流量为 4620m^3/s(1979 年 1 月)，两者之比约为 20:1，最大年平均径流量为 43100m^3/s，最小年平均径流量为 19700m^3/s。

长江口为中等强度的潮汐河口，口外为正规半日潮，口内为非正规半日浅海潮。长江口水域的潮波主要受东海的前进波系统的影响。长江口内潮差有明显的季节性变化，洪季潮差大，枯季潮差小，一般 1 月份最小，8、9 月份最大。

长江口潮汐一般落潮历时大于涨潮历时，并且越向上游差别越大。由于径流分配的影响，长江口各汊道涨落潮流历时有所不同。目前一般而言，涨潮流历时在同一断面上北支大于南支，南港大于北港，南槽大于北槽，落潮流历时则相反。同时表底层的涨落潮流历时也存在着一定的差别，一般表现为底层涨得早落得迟。涨潮流历时底层比表层长 10 ~ 20min，甚至超过半个小时。白龙港水域位于南港的分汊前缘，此后又分为南槽和北槽，它是长江入海的重要通道。实测资料表明，该河段深槽中流速相当强劲，大潮时的平均涨潮流速为 0.60 ~ 1.08m/s，落潮为 0.67 ~ 1.29m/s，测点最大流速涨潮为 2.12m/s，落潮为 2.27m/s，出现在表层。底层平均流速稍低，涨潮为 0.36 ~ 0.89m/s，落潮为 0.52 ~ 1.20m/s。涨潮流速一般枯季大于洪季，落潮流速洪季大于枯季；洪季落潮流速大于涨潮流速，枯季涨落潮流速比较接近。流向相对比较集中，表层与底层的流向有一定交角，以九段江堤外约 1.5km 处的测站为例，涨潮流平均交角枯季为 17°，洪季为 10°；落潮流平均交角枯季为 11°，洪季为 14°。

上海市白龙港城市污水处理厂是上海市污水治理二期工程的末端污水处理厂，主要解决浦西中心城区黄浦、卢湾和徐汇等区的合流污水，浦东新区赵家沟以南、川杨河以北大部分地区的生活污水和工业废水的排放。

白龙港区域内的污水输送干管由输送南线和输送中线组成。整个上海市污水治理二期工程浩大，就中线和南线而言，本着先上游后下游的原则，先期实施工程着力解决黄浦江上游吴泾、闵行地区，浦西中心城区和浦东新区的污水出路问题，中线工程规模确定为 $172.1\times10^4m^3/d$。

中线包括中线东段、中线西段和南干线，设计旱季平均污水量合计为 $172.1\times10^4m^3/d$，南线输送干线目前已建成南线西段，在建设初期由于中线水量不足，南线西段的污水通过罗山路延长线上南线和中线连通管输送至中线，缓建南线东段。

已经建成的污水治理二期工程主体由龙东大道上的中线东段、罗山路连接管、罗山路以西的南线西段、南支线、SA、SB 和 M2 中途提升泵站、白龙港预处理厂和排放管等组成，另外污水治理二期工程还包括浦西截流设施、截流支管和截流干管，以及龙华机场南线过江管等工程内容。其后，又建设了中线西段工程，包括 M1 中途提升泵站和白龙港污水处理厂 $120\times10^4m^3/d$ 规模的一级强化污水处理厂。

《上海市城市总体规划(1999～2020)》指出上海市城市发展目标是：2020 年，把上海初步建成国际经济、金融、贸易和航运中心之一，基本确立上海国际经济中心城市的地位，基本建成上海国际航运中心。发挥上海国际国内两个扇面辐射转换的纽带作用，进一步促进长江三角洲和长江经济带的共同发展。基本形成以促进人的全面发展为核心的社会发展体系，建设布局合理、环境洁净、配套齐全、生活舒适、交通便捷的居住园区。

上海城市总体规划提出的环境保护方面的近期目标是：深入推进环保三年行动计划，继续加大环境保护力度。2007 年，上海城市总体环境质量达到全国大城市先进水平，实现水清岸洁，空气优良，建成国家园林城市，成为国际、国内适宜生活居住的城市之一，为上海建设生态型城市奠定基础。2010 年，即世博会举办时，上海的主要环境指标与国际标准接轨，形成生态型城市的框架。

《上海市城市总体规划(1999～2020)中、近期建设行动计划》指出：要实现上述环境目标，必须推进以苏州河综合整治为重点的全市河道治理工程，加快污水收集管网和大型污水处理厂建设。到 2007 年，基本形成覆盖全市的污水六大区域处理系统布局，污水处理率达到 75%。加大黄浦江和长江饮用水源保护力度。

《上海市 2006～2008 年环境保护和建设三年行动计划》指出：到 2008 年，城市的污水处理率要达到 75%，全市水环境质量逐步改善。要重点加强中心城区竹园和白龙港污水处理厂的升级改造。其中要实施日处理能力 $120\times10^4m^3/d$ 规模的白龙港污水处理厂升级改造工程，日处理能力提升 $80\times10^4m^3/d$ 规模，同时完成污水厂污泥稳定化处理工程，使污水处理厂水、泥、气、声全面达到《城镇污水处理厂污染物排放标准》(GB 18918—2002)的规定。

2. 污水厂现状

白龙港污水处理厂位于浦东新区合庆乡东侧，东临长江，西至随塘河，北以原南干线排放干渠为界。

白龙港城市污水处理厂2004年5月建成，2004年10月正式投运，采用一级强化化学除磷工艺，以除磷为主要目标，并保留二级处理的升级改造的可能，当时的设计规模为旱季平均流量$120\times10^4m^3/d$，旱季高峰流量$18.06m^3/s$，雨季高峰流量$21.85m^3/s$。设计进出水水质如表8－1所示。

处理厂设计进出水水质(mg/L) 表8－1

名称 \ 项目	COD_{Cr}	BOD_5	SS	NH_3-N	$PO_4^{3-}-P$
设计进水水质	320	130	170	30	5
设计出水水质	180	70	40	30	1

白龙港城市污水处理厂在原向阳圩上围堰吹填而成，设计地面标高为4.40m，四周由内外两道堤与其他滩涂相隔，堤顶标高约8.00m。整个厂可分为预处理厂、物化法处理区和出口泵站三个部分。

来自中线M2泵站和南干线6号泵站的污水经压力输送至总配水井，井内设有进出水和旁通闸门，超出设计流量的污水经过格栅和沉砂设备处理后接至沉砂池出水渠。污水经过总配水井后分配成四路，计量后分别进入粗格栅、细格栅和旋流沉砂池，沉砂后的污水汇入出水总渠，渠内设有溢流堰，污水自堰顶跌落入两根4.0m×3.0m出水渠，汇入交汇井。在出水总渠中向东留有四个出口，污水流向一级强化处理构筑物。

一级强化物化法处理区即白龙港城市污水处理厂一期工程建设的设施，主要有三座高效沉淀池、一座加药间和药库、一座储泥池、一座污泥脱水机房，一座除臭房和$2500m^3/d$再生水回用设施。

出口泵站位于预处理厂东北侧，长江边上，占地$3.6hm^2$，有独立的围墙与外界相隔，并有专门道路可与预处理厂相连，泵站内设有雨水和出口泵房各一座，出口高位井一口，综合楼一幢，来自交汇井的污水经泵提升后通过高位井和直径4200mm排海管排入长江。

一期工程建设时以除磷为主要目标，因此严格控制出水指标中的磷，对BOD、SS、氨氮等未作严格要求，达到对磷的控制目标，远期升级改造，达到国家二级排放标准。

为了尽可能节省占地，污水处理主体构筑物采用高效沉淀池，通过投加化学药剂实现除磷和去除部分有机物。

污泥处理采用高干度离心脱水机，脱水后污泥含水率达到75%后进行卫生填埋。厂内设有$27hm^2$(占地约$30hm^2$)污泥填埋场。将白龙港、竹园等污水厂的污泥集中填埋处理，自然堆置一段时间后作为垃圾覆盖土和城市绿化用肥。现有污水污泥处理工艺流程如图8－1所示。

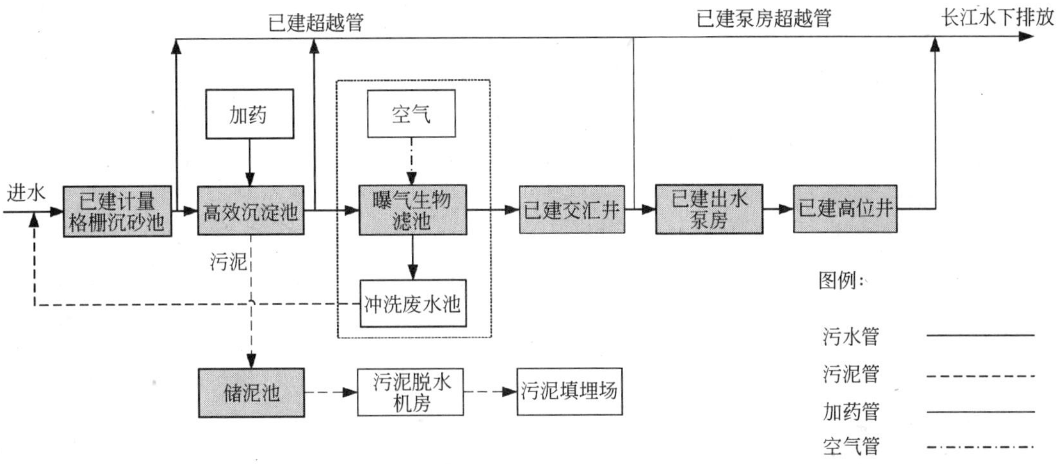

图 8－1　白龙港污水处理厂现有工艺流程图

白龙港一级强化厂进水来自污水治理二期工程的中线和南干线，另有部分污水通过南线西段与中线的连通管纳入中线。中线南线主要收集来自中心城区的合流污水，由于中心城区大量工厂的外迁和长距离运输，在沿途汇集了较多的地下水入渗后，水质浓度较中心城区老污水厂低，一般 BOD 小于 100mg/L，NH_3-N 小于 25mg/L，SS 小于 80mg/L，受雨季冲刷的影响，雨季初期径流的水质变化较大，有时浓度甚至高于旱季合流污水。南干线沿途收集大量浦东新区的污水，其中有大量工业废水，水质指标较高，色度也较高，而且不同时段颜色变化无常，经实测和调查，南干线污水浓度较中线高出 40%～50%，NH_3-N 甚至高达 50mg/L 以上，有时 COD_{Cr}最高大于 1000mg/L，其中 5 号泵站纳入的王港工业区污水水质恶劣，有机污染浓度高，TP 变化范围在 5～10mg/L。根据白龙港污水处理厂的运行资料，目前该处理厂的实际进水量稳定在(150～180)×$10^4m^3/d$，高峰时污水量达到 200×$10^4m^3/d$，已超过白龙港一级强化处理厂的设计规模。

白龙港城市污水处理厂目前采用的高效沉淀池对有机物去除率较高，尤其是对溶解性物质的去除效果较好，去除率可高达 50%～60%，因此出水 COD_{Cr}、BOD_5 较低，出水水质均能达到原一级强化要求，但对 NH_3-N 无去除效果，出水水质受进水水质波动影响大，不能达到《城镇污水处理厂污染物排放标准》(GB 18918—2002)的二级排放标准。

8.1.2　改扩建设计

1. 改扩建标准的确定

依据《上海市污水治理白龙港片区南线输送干线工程预可行性研究报告》研究结论，结合对进入白龙港片区污水水量的分析，确定白龙港城市污水处理厂升级改造处理污水量为旱季平均流量 120×$10^4m^3/d$，旱季高峰流量的总变化系数为 1.3。升级改造工程雨季高峰流量仍按 29.67m^3/s 设计。超出 120×$10^4m^3/d$ 的污水另立项扩建。另外，与泥处理相关的项目均列入《白龙港城市污水处理厂污泥处理处置工程》。

本工程污水处理后尾水达到《城镇污水处理厂污染物排放标准》(GB 18918—2002)二级排放标准，如表 8－2 所示。

设计出水水质主要指标一览表 **表 8-2**

名称＼项目	COD_{Cr} (mg/L)	BOD_5 (mg/L)	SS (mg/L)	NH_4^+-N (mg/L)	TP (mg/L)	pH	LAS (mg/L)	石油类 (mg/L)	粪大肠菌群数(个/L)
出水	≤100	≤30	≤30	≤25(30)①	≤3	6~9	≤2	≤5	$≤10^4$

① 括号内数值为水温<12℃时的控制指标，LAS、油类需对源头控制。

由于白龙港城市污水处理厂一期采用以高效沉淀池为主体处理构筑物的一级强化物化法工艺，污泥量大、含水率低，且化学污泥量多，故采用了高干度离心脱水后填埋。升级改造工程实施后将产生大量高含水率的生物污泥，根据《城镇污水处理厂污染物排放标准》(GB 18918—2002)污泥稳定化的要求，原先的污泥处理方案不再适合。白龙港城市污水处理厂污泥处理处置工程已在同步推进中，采用中温厌氧消化/干化的方案，可以达到稳定化的要求。因此本工程结合白龙港城市污水处理厂污泥处理处置工程达到如下指标：有机物降解率>40%，脱水后含水率<80%。

废气排放执行《城镇污水处理厂污染物排放标准》(GB 18918—2002)二级标准，区域环境噪声执行《工业企业厂界噪声标准》(GB 12348—90)Ⅱ类标准。

2. 改造工程内容

白龙港城市污水处理厂改造工程主要包括现有 $120\times10^4m^3/d$ 一级强化处理工艺的升级，与升级改造工艺相关的现有预处理厂和一级强化处理段的生产设施和设备的改造，完善全厂公用工程和配套设施和优化自动控制、全厂水、气、泥监测计量仪表监控等，使全厂控制系统统一完整。

充分利用高效沉淀池等既有设施，即将污水引入新建的 A/A/O 生物反应沉淀池，处理至较高的水平，与一级强化高效沉淀池的出水共同消毒，达到国家二级标准后接入原有交汇井，通过出口泵房、高位井深水排放。污水处理工艺流程如图 8-2 所示。

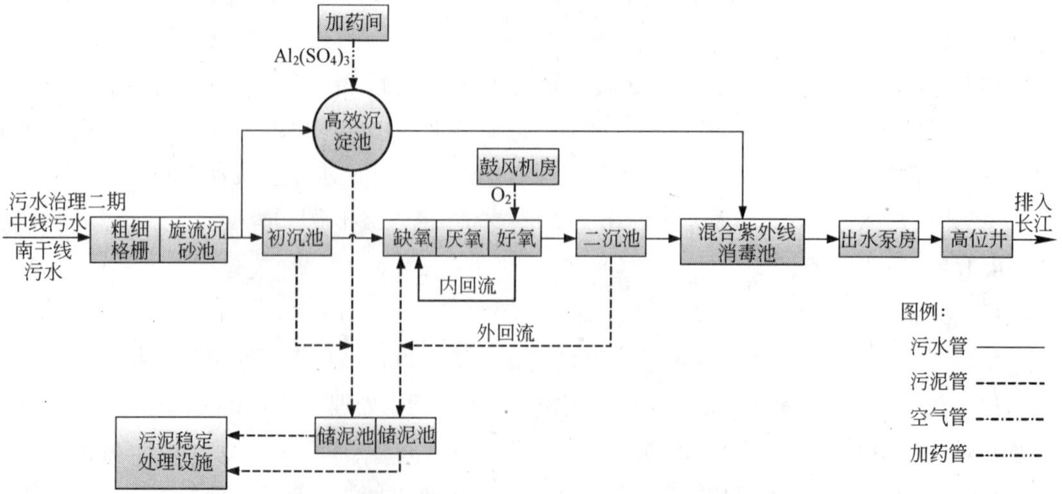

图 8-2 白龙港污水处理厂升级改造工艺流程图

本工程为升级改造工程，建设用地宜与现有设施紧密结合，利用现有一级强化处理厂高效沉淀池东侧与污泥填埋场之间约 $26hm^2$ 的空地布置升级改造处理构筑物。

考虑到本工程达到特大型的处理规模，如果采用传统的设计思路和模式，构筑物数量众多，分布松散，构筑物之间联系管道复杂，不利于厂区巡检和管理。因此采用组团的布置方式，即以 $30\times10^4 m^3/d$ 规模为一个组团，集中布置初次沉淀池，A/A/O 生物反应池、二次沉淀池、回流污泥剩余污泥泵房等，共设 2 个组团。改造工程总平面布置如图 8－3 所示。

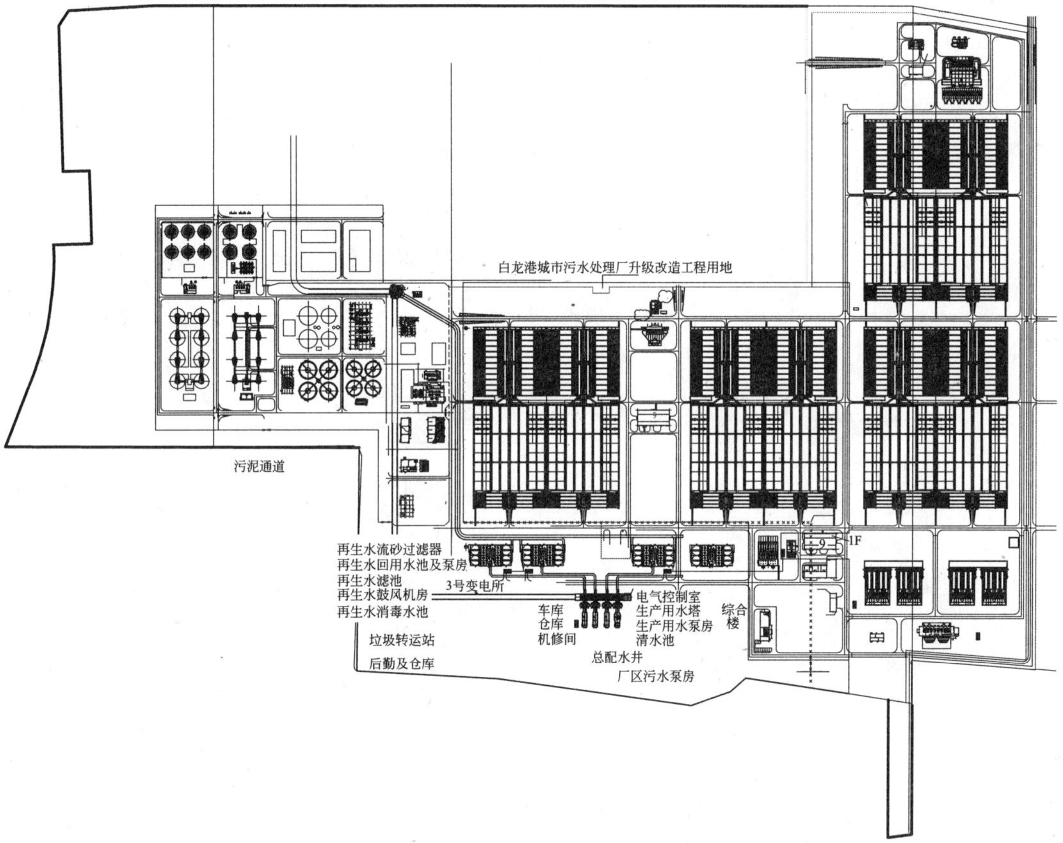

图 8－3　白龙港城市污水处理厂升级改造工程平面

鉴于污泥处理处置工程的建设周期，为保证污水厂升级工程产生的污泥得到有效处理处置，近期采用污泥浓缩脱水、外运处置解决污泥出路问题，其工艺流程如图 8－4 所示。同时，同步建设污泥消化干化稳定化处理工程。

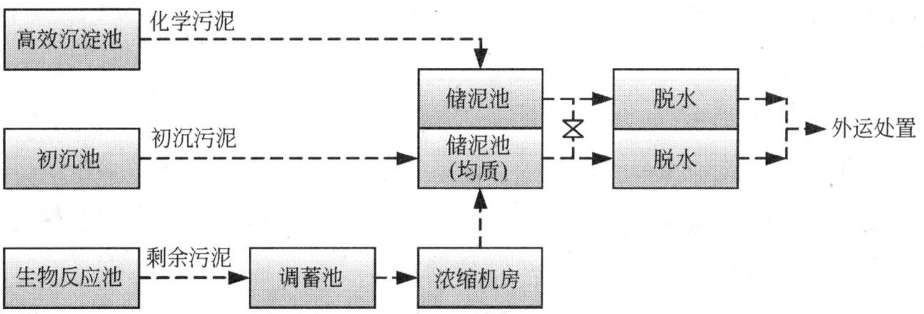

图 8－4　近期污泥处理工艺流程图

3. 处理工艺选择

污水生物处理采用多模式 A/A/O 工艺，可根据需要和季节变化以正置或倒置 A/A/O 模式运行，还可根据进水水质和处理要求按脱氮除磷或仅除磷模式运行，工艺流程如图 8－5、图 8－6 和图 8－7 所示。

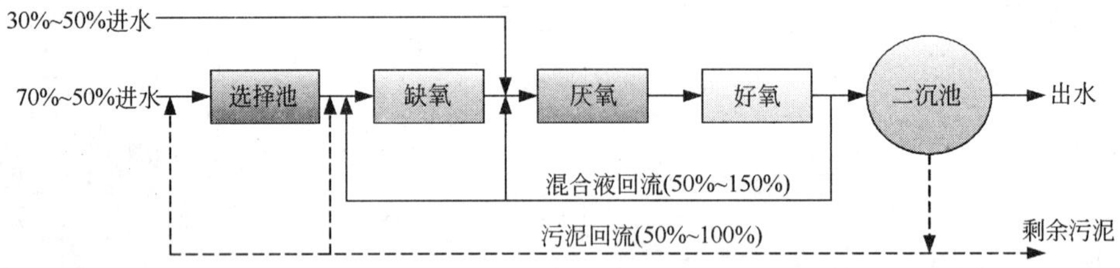

图 8－5 多模式 A/A/O 工艺流程图(倒置 A/A/O 模式)

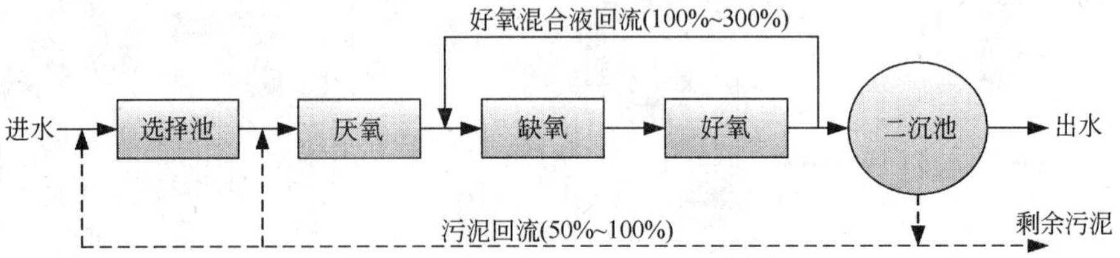

图 8－6 正置 A/A/O 运行工艺流程图

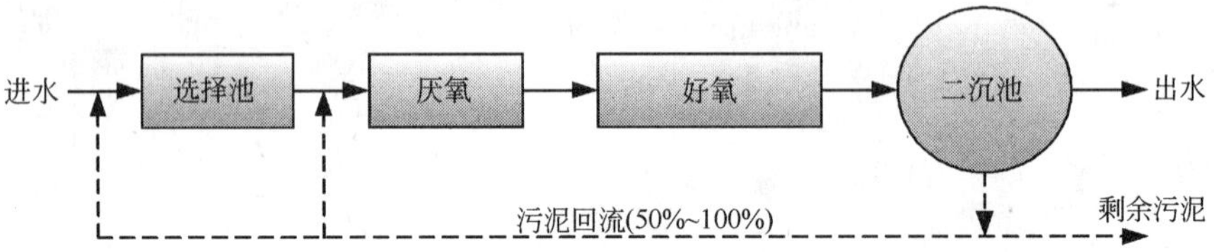

图 8－7 除磷运行工艺流程图

在该种运行模式下，进水分两点进水，选择区进水量为 70%～50%，厌氧区进水量为 30%～50%，该分配比例根据出水的含磷量高低进行调整。如除磷效果需加强，则使更多的进水流入厌氧区前端，将更多的有机碳源给予除磷菌，反之亦然。

内回流渠将出水的硝酸盐送至缺氧段起端，提供反硝化的原料。外回流渠将二次沉淀池浓缩后的活性污泥送至选择区和缺氧区，选择区可有效地抑制丝状菌的过量繁殖，从而防止污泥膨胀。

4. 主要处理构筑物设计

(1) 已建粗细格栅和旋流沉砂池改造

本工程设置有粗细格栅旋流沉砂池共 4 座，每座 2 格。污水经进水泵房提升后进入粗细格栅和旋流沉砂池进行预处理。粗格栅采用悬挂移动耙斗式粗格栅除污机，每座设置 1 台，共 4 台；细格栅的形式有所不同，其中的七格采用回转式细格栅除污机，每格 1 台，共 7 台；另外一格采用 2 台转鼓型细格栅除污机。

从现场的情况来看，悬挂移动耙斗式粗格栅除污机和转鼓型细格栅除污机运行情况良好，而回转式细格栅除污机在运行中存在问题，无法有效地捞除已拦截杂物，导致后续处理困难，影响污水处理厂正常运行，因此将原有的7台回转式细格栅更换。在原有2.8m宽的渠道中将每台回转式细格栅除污机更换为2台双联阶梯式细格栅除污机，共14台。单台格栅宽度 B 为1300mm，栅条间隙 b 为6mm。

同时，阶梯式细格栅除污机采用密闭式，栅前设不锈钢或阳光板面板，对格栅前渠道敞开段加设与渠平的低盖，设通风管除臭。对现有螺旋输送机拆移，使阶梯式细格栅除污机落料口与螺旋输送机接口接合，防止臭气溢出。

（2）已建配水渠改造

本工程原有配水渠1座，位于旋流沉砂池后，原配水渠出水通过堰板将旋流沉砂池出水分配至3座高效沉淀池，并在雨季时将溢流污水通过溢流箱涵排至原交汇井。配水渠中有一道100多米长的折形堰，堰顶标高为6.02m，来自旋流沉砂池的水经堰跌落后配向3座高效沉淀池，但由于配水渠至各高效沉淀池的距离各不相同，因此各高效沉淀池的进水量也不平衡，由于堰后的水还有一部分要向配水渠端部溢流，因此堰后也无法加设中隔墙。

为了使升级改造生物处理段有足够的水头，将总配水渠中水位抬高至6.25m，进厂的 $200\times10^4m^3/d$ 污水中除去进入高效沉淀池的有 $60\times10^4m^3/d$，其余 $140\times10^4m^3/d$ 污水将通过原折形堰从左到右流至新建的出水渠，水头损失约12cm左右。由于前后水位已定造成现可利用水头非常紧张，将折形堰凿除。为了达到配水效果，将原三座高效沉淀池的进水插板闸更换为3000mm×1000mm的电动调节堰门，其堰顶高度可根据高效沉淀池进水渠道流量信号进行调节。总进水量低于 $200\times10^4m^3/d$ 时，调节该堰门以保持配水渠水位恒定为6.25m；总进水量高于 $200\times10^4m^3/d$，调节该堰门以保持高效沉淀池进水量恒定为 $60\times10^4m^3/d$。在原有配水渠南侧增加13.0m×11.5m的出水井，引出两孔4000mm×3000mm出水箱涵至新建调配井，并设置手电两用双吊点铸铁镶铜闸门2套，其配水渠工艺设计如图8－8所示。

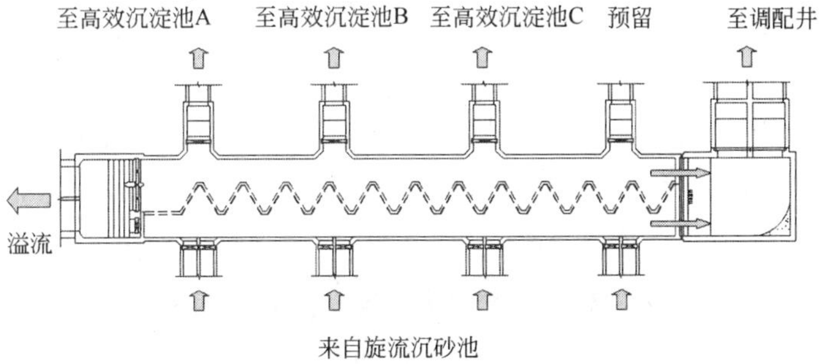

图8－8　配水渠工艺设计图

（3）已建高效沉淀池改造

本工程已有高效沉淀池三座，每座平面尺寸为71.0m×36.0m，目前高效沉淀池水面部分均敞开，散发出的臭气对环境造成很大影响，故对其加盖除臭，单座加盖面积为 $1502m^2$，采用玻璃钢内衬钢肋盖板加盖方式，需观测部分采用可滑动式盖板，不需观测部分采用固定式盖板。

（4）已建交汇井改造

现有交汇井1座，设有3个进口1个出口，其中1个进口用于接纳来自预处理厂的超越污水，另一个用于接纳来自一级强化段的污水，本工程将二级生物处理后的达标尾水接入预留的一个接口。

由于经生物处理后的水位比一级强化出水和超越水低1～3m，为防止下游出水不畅时高水窜入低水，导致二次沉淀池回水，需将两股水隔断，因此在交汇井中加设中隔墙和连通闸门4套，利用现有的双孔箱涵和出水泵站2格独立分仓将高低水隔断。隔断后交汇井至出水泵站形成2套独立的系统，每套有3台泵，根据配泵能力和实际运行情况，总排水能力为14.8m^3/s可以满足$120\times10^4m^3/d$升级改造的排放，同时雨天的溢流水可充分利用高水位排放的优势节省能耗。

（5）新建调配井

为了保证污水分配的均匀性和实现升级改造工程与扩建工程水量灵活调配，本工程新建调配井1座，共分2格，每格设4条分配渠，调配井外形尺寸为35.8m×16.0m。

污水自升级改造工程总配水渠或扩建工程曝气沉砂池出水进入调配井，通过8条独立的堰渠配水，每条渠设堰长约50m的固定堰，最大流量时堰上水深为0.12m。渠后设手电两用调节闸门，将污水均匀分配进入生物反应沉淀池。在调配井与生物反应沉淀池相连的8根箱涵处各安装了8套超声波流量计，其可根据流量信号对闸门开启度调节控制水量分配。

每台进水闸门前均设置了叠梁闸插槽，可在闸门检修时切断水流。

调配井中污水将产生大量的H_2S，对混凝土池壁造成较大的腐蚀，故该调配井内需考虑涂料防腐通风除臭。

（6）新建生物反应沉淀池

生物反应沉淀池共2座，每座分2组，每组处理水量为$15\times10^4m^3/d$，总处理水量为$60\times10^4m^3/d$。本生物反应沉淀池由三段组成：初沉段、A/A/O段、二沉段，工艺设计如图8-9所示。

其中初沉段2座，每座分2组，每组分8池，设计高峰表面负荷为$3.2m^3/m^2/h$，设计平均表面负荷为$2.5m^3/(m^2\cdot h)$；A/A/O段2座，每座分2组，每组分2条。可按单条流量$7.5\times10^4m^3/d$运行，每条由4条廊道组成，其中好氧区2条廊道，另2条廊道布置选择区、厌氧区、缺氧区和切换区，有效水深为6m，选择区停留时间为0.45h，厌氧区停留时间为1.80h，缺氧区停留时间为3.15h，切换区停留时间为1.8h，好氧区停留时间为8.8h，好氧区污泥负荷为$0.11kgBOD_5/(kgMLSS\cdot d)$，污泥浓度为2.5g/L，污泥产率为0.6kgDS/kgBOD，好氧区泥龄为14.7d，配置气水比为4.8:1，总剩余污泥量为37440kg/d。充氧设备采用微孔膜式曝气管，切换区设置立式搅拌器，厌、缺氧区设置高速潜水搅拌器。二次沉淀段共2座，每座分2组，每组分24池。由96格宽为9m，长为43.8m，深为4m的平流式沉淀池组成，有效水深为3.5m。采用链板式刮泥机。沉泥先通过链板刮泥机刮至进水端附近的沉泥斗，然后通过排泥闸门将沉泥斗中的污泥排入污泥渠中，污泥渠末端的外回流污泥泵将回流污泥输送至A/A/O段进水端，剩余污泥由放置于其中的3台剩余污泥泵提升至污泥处理设施处理。

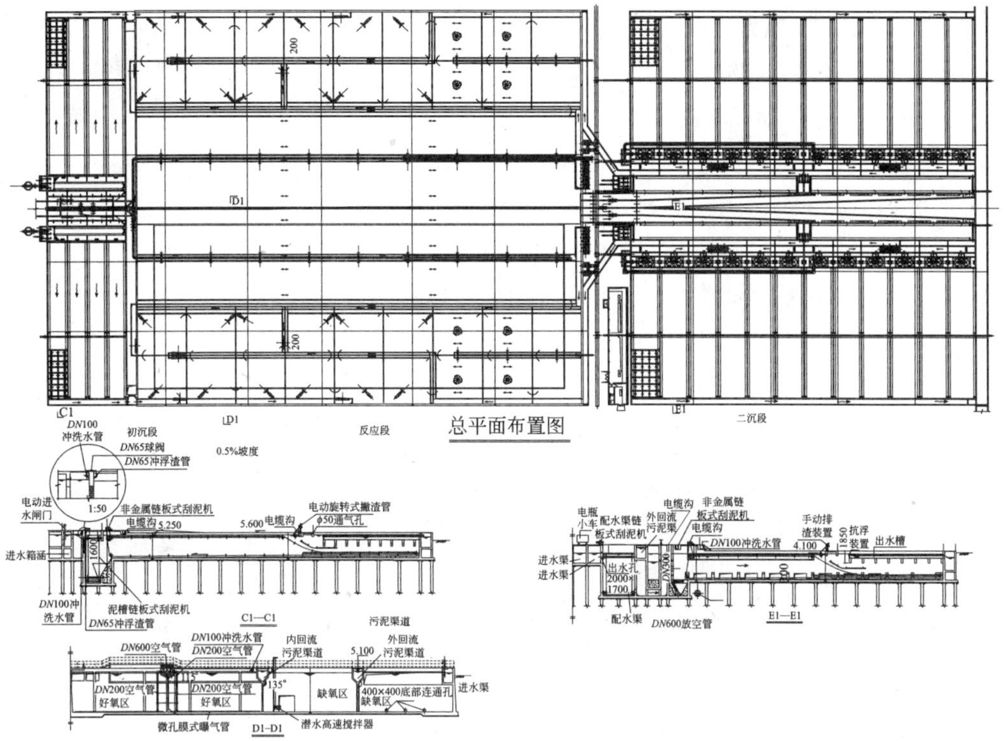

图 8－9　生物反应沉淀池工艺设计图

二沉段配水采用变截面配水渠和小阻力廊道，采用孔口流至每格二次沉淀池进水端后，通过挡板和配水花格墙均匀进入池中，为改善二次沉淀池泥水分离效果，在进水处设置上挡板。

由于初次沉淀池、A/A/O 生物反应池和二次沉淀池采用合建形式，单池长度接近 300m，宽度也要接近 250m，为便于日常巡检和设备吊装维修，在池上设电瓶车道，并与地面道路连通。

（7）新建混合紫外线消毒池

本工程新建混合紫外线消毒池 1 座，平面尺寸为 42.0m × 31.6m，设计规模为 $120\times10^4 m^3/d$，包含 $60\times10^4 m^3/d$ 的高效沉淀池出水和 $60\times10^4 m^3/d$ 的生物反应沉淀池出水。在前端设置有超越闸门，进水可通过该闸门直接超越至出水端，紫外消毒池工艺设计如图 8－10 所示。

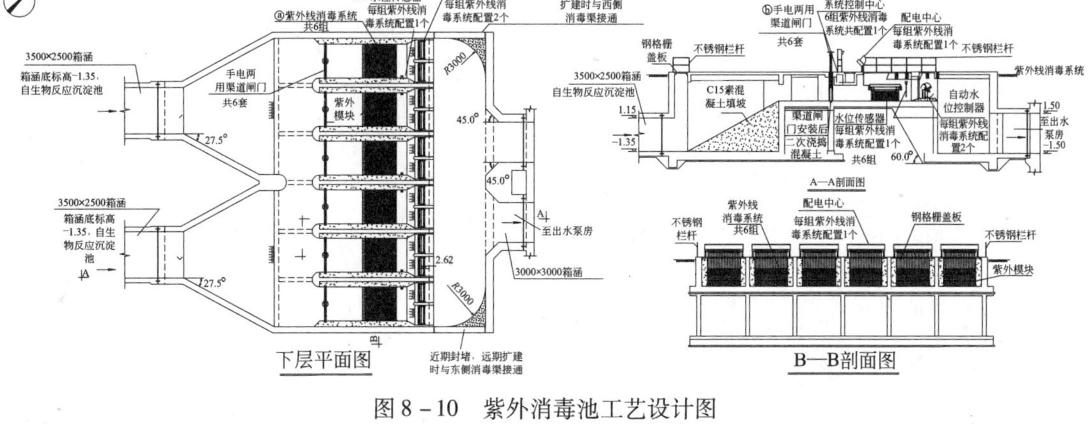

图 8－10　紫外消毒池工艺设计图

紫外消毒装置共 8 套，共 200 组模块，1600 根低压高强灯管。253.7nm 紫外线透光率 >55%，灯管寿命 >12000h，出水粪大肠菌群数 ≤10^4 个/L，高峰流量紫外线接触时间为 2.5s，有效紫外剂量为 18.3mW/cm^2。

(8) 新建鼓风机房

新建鼓风机房外形尺寸为 54.24m×26.34m，共设有 6 台单级离心鼓风机，4 用 2 备，单台风量 Q 为 625m^3/min，风压 H 为 0.07MPa，电机功率 N 为 970kW，鼓风机配置有隔声罩，机外噪声小于 80dB。鼓风机房工艺设计如图 8-11 所示。

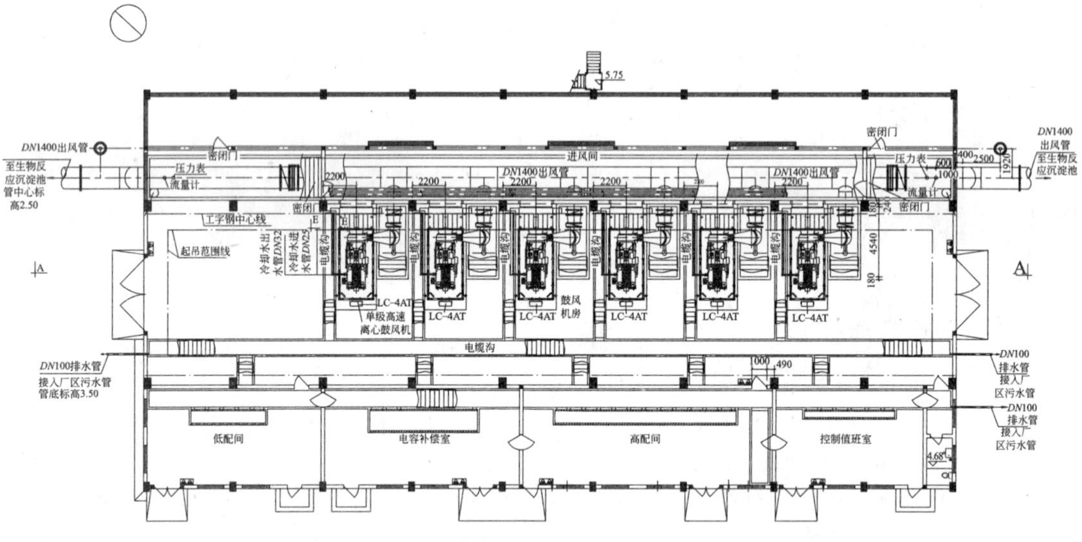

鼓风机房平面图

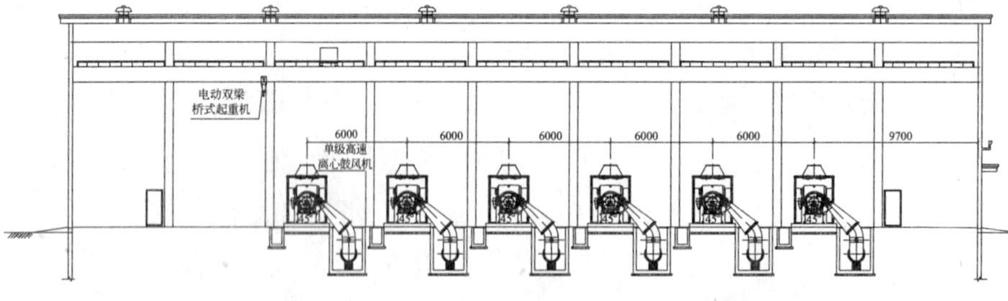

A—A剖面图

图 8-11 鼓风机房工艺设计图

机房内设置进风廊道，外设粗过滤器和进风百叶，可减少风机自带进口过滤器的清洗频率，同时降低进风温度，进风廊壁加隔水层防潮，可降低进口空气的湿度，鼓风机房内壁和屋顶采用吸声材料，玻璃窗采用双层真空隔声。

按最不利情况配置，设计需氧量为 6482kgO_2/h，近期实际需氧量为 5151kgO_2/h。

(9) 新建连通闸门井

新建连通闸门井位于新建混合紫外消毒池东侧，一端通向预处理厂已建交汇井，另一端与扩建工程(另立项建设)的交汇井相连，既可将尾水引至现有出口泵站排江，也可将尾水引至扩建工程新建出口泵站排江，实现本工程与扩建工程出水泵站的互为备用。

由于交汇井汇集有进厂总配水井超越管，最高液位可达7.35m，排放水体长江百年一遇水位为5.78m，出口泵站溢流标高为5.80m。为了节省投资，混合紫外线消毒池和二次沉淀池的池顶标高设为5.80m，当厂内出口泵站突然断电且适逢高潮位时，污水将通过连通闸门井倒流。因此在连通混合紫外线消毒池的接口处加设速闭闸，防止上游溢水。每套闸门前均设置有铝合金叠梁门插槽，用于闸门检修使用。

5. 污泥处理构筑物设计

本工程产生的污泥处理由另外立项的《白龙港城市污水处理厂污泥处理处置工程》考虑，本工程仅对现有储泥池管路进行改造。

改造后，原有6格储泥池中3格约2280m^3用于储存化学污泥，停留时间为22.5h；余下3格用于存储初沉污泥和浓缩后的剩余污泥4278.2m^3/d，停留时间为23h。

6. 问题和建议

(1) 不断水改造措施

在进行污水处理厂改造时，如何选择合理的方案，采取有效的措施避免改造过程造成现有设施停运，或者尽可能少停水是确定改造工程是否可行的关键。白龙港污水处理厂是整个污水治理二期工程和南干线污水的最终出口，一旦因改造停水，将对上游服务区内的居民和企事业单位生产生活造成很大影响。

根据多个改造项目的经验，确定改造措施分别叙述如下：

1) 总配水渠、新老现浇箱涵连接

总配水渠右侧需加造出水井、新建现浇箱涵接入原有箱涵均需凿除原有钢筋混凝土侧壁。为尽量避免其对现有污水厂运行的影响，缩短断水时间，并考虑到新老结构的不均匀沉降问题，在其接口处均设置止水带伸缩缝。建于原有结构上的伸缩缝接头拟采用植筋方式与原有结构连接，在新老结构连接部位施工完毕后，再通过闸门切换，只需临时断水2~3d，在原有结构侧壁上凿一孔洞(按工艺尺寸要求)，使新老构筑物接通。

2) 一级强化出水总管

该管道改造期间需利用总配水渠的8号井旁通闸超越一级强化高效沉淀池。

由于该管道为一级强化出水的惟一通道，实施改造时势必造成高效沉淀池停水，因此只能利用与其平行的总配水渠超越管，改造时关闭交汇井闸门，打开总配水渠北侧8号旁通闸，不会引起全厂停水，但会造成水质不达标。

3) 总配水渠超越管

为取消厂内单线布置无旁通的构筑物，便于运行管理和维护保养，拟增加总配水渠超越管，由于该管道从原8号闸门后接出，只要总配水井超越不启用，不需停水；与高效沉淀池出水总管连通时，高效沉淀池需全部退出运行，因此可在新建生物反应沉淀池建成后凿通接口。

4）交汇井

新建现浇箱涵需接入原有交汇井，原交汇井已有预留接入口，目前用砖暂封，且有闸门可以隔断。因此新建现浇箱涵接入只需将闸门关闭即可实施改造，不会引起断水。

由于交汇井增设中隔墙和连通闸门会造成全厂停水，因此，只有等扩建工程出水泵站建成后将中线污水引至新出口泵站排放才能实施改造。

5）储泥池

改造仅涉及储泥池的进泥和出泥管道，对水处理影响不大，改造前先预制好接管处的配件，在管路切换时关闭两端阀门，高效沉淀池暂停排泥数小时，不用停水也不会降低出水水质。

6）电气工程

已建1号变电所、预处理厂变电所和3号变电所的6kV供电电源均为2路，1号变电所为2路电源常用、单母线分段接线形式；3号变电所电源1用1备、单母线不分段接线形式；预处理厂变电所是电源变压器组的接线形式。现6kV电源均改由2号总降压站提供，可采用先敷设新电缆，再分别对每路电源停电进行调换电缆，基本可实现不停运置换。

已建1号35/6.3kV总降压站的35kV电源将改为由新建2号总降压站提供，因此35kV进线电缆也将改造，与1号变电所一样，基本可实现不停运置换。

（2）建议

1）厂内现有2500m^3/d再生水回用设施，采用生物滤池加砂滤处理工艺，作为冲洗绿化溶药用，由于原进水采用一级强化出水，对曝气生物滤池的微生物影响较大，导致系统无法正常运行。升级改造工程实施后，经二级生物处理的出水水质将有明显改善，再经再生水回用设施处理后完全可以达到更高的标准。建议重新启用再生水处理设施，可满足厂内各种冲洗、绿化、混凝剂溶药用水和鼓风机冷却用水等的需要。

2）白龙港污水厂有三个同时实施的项目，分别为升级改造工程（即本工程）、扩建工程和污泥处理处置工程，在工程实施过程中应充分协调明确各自工程内容和衔接要求。

3）白龙港污水厂升级改造工程和扩建工程的出水排放标准，根据环境影响评价的要求，达到二级排放标准，由于排放标准的日益严格，在设计中，充分考虑一次规划分期实施，为将来达到一级B标准创造条件，同时为一级强化处理设施处理初期雨水做好准备。

8.2 上海曲阳污水处理厂改建工程

8.2.1 污水厂介绍

1. 项目建设背景

上海曲阳污水处理厂位于上海市中山北路玉田路东南，东体育会路以西，占地约53

亩。建于20世纪80年代，当时总投资为2117万元。服务范围东起走马塘、四平路；沙泾港，西至中山北一路，南起俞泾浦，北至邯郸路，服务面积约650hm^2，包括大连、玉田、曲阳、运光等新村，服务人口为25.3万人。现状污水量约为$5.4\times10^4m^3/d$，主要接纳曲阳和东体育两个排水系统，该两个系统有四平、甜爱、溧阳三座污水泵站，根据曲阳厂2000年、2001年、2002年三年的年报资料，进水水质和出水水质平均值统计如表8-3和表8-4所示。

曲阳污水厂2000~2002年进出水一览表(mg/L)　　表8-3

		2000年	2001年	2002年
平均值	BOD_5进水	152.4	176.8	154.6
	BOD_5出水	13.3	14.0	13.3
	SS进水	155.3	191.6	157.3
	SS出水	20.0	19.2	18.1
	NH_3-N进水	31.9	34.3	28.5
	NH_3-N出水	17.6	19.6	10.1
最高值	BOD_5进水	346.5	496.0	348.8
	BOD_5出水	27.6	26.5	24.8
	SS进水	332.0	810.0	434.0
	SS出水	30.0	30.0	30.0
	NH_3-N进水	48.0	51.0	46.0
	NH_3-N出水	37.0	44.0	23.7
最低值	BOD_5进水	68.4	77.7	55.8
	BOD_5出水	3.4	3.0	4.1
	SS进水	60.0	70.0	56.0
	SS出水	6.0	6.0	6.0
	NH_3-N进水	14.0	19.0	16.0
	NH_3-N出水	3.5	1.8	0.2

曲阳污水厂2000~2002年实测污水进出水水质平均值(mg/L)　　表8-4

指标 / 水样	BOD_5	SS	NH_3-N
进　水	161	168	31.5
出　水	13.5	19.1	15.7

从表8-4可知，曲阳厂实际平均进水浓度低于设计的200mg/L，BOD_5为150~180mg/L左右，SS为150~200mg/L左右，NH_3-N为30mg/L左右。

曲阳污水处理厂氮和磷的进水水质见表8-5。

2003 年 TN 与 TP 的资料(mg/L) **表 8-5**

时间 \ 项目	TN		TP	
	进水	出水	进水	出水
2003 年 1 月	52.2	32.9	5.8	3.2
2003 年 2 月	53.6	36.3	7.1	3.2
2003 年 3 月	53.8	31.1	5.2	2.2
2003 年 4 月	60	31.5	4.3	3.7
2003 年 5 月	52.4	35.4	4.1	3.2
2003 年 6 月	54.8	33.8	6.4	4.5
平均	54	33	5.5	3.3

从表 8-5 中可知，曲阳污水处理厂进水 TN、TP 值基本上是典型的城镇污水处理厂的进水浓度，但由于曲阳污水处理厂采用常规活性污泥法，脱氮功能不完善，无除磷功能。

2. 污水厂现状

(1) 工艺流程

曲阳污水处理厂采用典型的活性污泥法处理工艺，设进水泵房、曝气沉砂池、初次沉淀池、曝气池、二次沉淀池和加氯接触池。曝气系统采用鼓风曝气，曝气池采用穿孔管曝气。经处理后的污水排入沙泾港，工艺流程如图 8-12 所示。

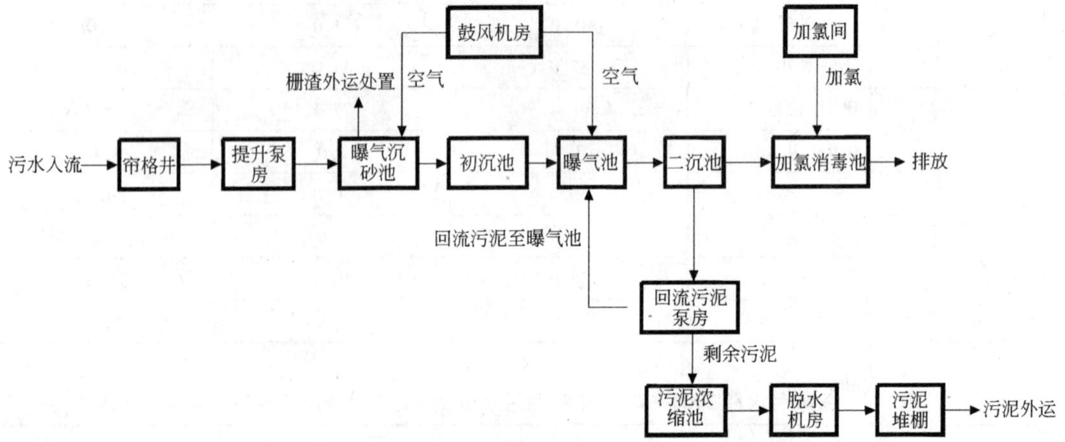

图 8-12 曲阳污水处理厂现有工艺流程图

(2) 运行现状

2002 年该污水处理厂的污水处理量为 $5.49\times10^4 m^3/d$，运行成本为 0.364 元/m^3，处理用电单耗为 0.241kWh/m^3。

曲阳污水处理厂 20 世纪 80 年代初期建成投入运行以来，随着住宅小区不断扩建，服务人口逐年的增加，污水处理量也逐年增加。处理水量目前维持在 $(5\sim6)\times10^4 m^3/d$，基本在设计处理水量的 80% 以上，出水水质基本达到了设计要求。

经过 20 多年的运行，由于改造和维修的经费不足，设备得不到正常的维护和保养，致使许多设备长期“带病”工作，难以保证污水处理厂连续有效地运行。由于原建设标准偏低，一些设备的材质经不起污水的腐蚀，现已损坏，如格栅除污机、电动闸门启闭器、刮吸泥机、刮砂机、出水堰板、曝气池布气管和部分栏杆等，均需大修或更换；一些设备由于生产年代久远，如今备件已不再生产，如污水泵、鼓风机和螺旋泵等。即使想维修亦是不可能的事，需更换效率高、运行稳定的新产品。经调查，归纳起来，老污水厂存在的问题主要有以下几个方面：

1）不均匀沉降导致构筑物之间水力高程不匹配，过流能力下降，处理量无法满足；

2）部分设备长期闲置，受侵蚀后无法正常使用；

3）设备年代久远，效率低下，能耗大，许多已属淘汰产品，备品、备件难觅；

4）部分设备性能与原设计不匹配，功能上无法满足要求；

5）水池构建筑物开裂渗漏严重；

6）埋地管道沉降，接头松脱，漏气、漏水；

7）原设计出水标准偏低，不适应新的排放要求；

8）部分厂内管道布置不尽合理，给污水厂运行管理造成一些不便；

9）污泥处理系统不完善，出路困难。

（3）土地利用情况

曲阳污水处理厂占地53亩，整个厂区建、构筑物平面布置比较紧凑，经初步核算污水处理构筑物占地17.5亩，占总面积33%，污泥处理占地3.5亩，占总面积6%，道路绿化和辅助建筑物占地32亩，占总面积60%左右。厂区东北角建有一些临时建筑物，已无其他空余地。

污水厂周边居民区、商业网点比较密集，离上海外国语大学很近，在气压低时污水厂散发的臭气严重影响周围环境。污水处理和污泥处理过程中产生的臭气和噪声对周围居民的生活带来影响，因此迫切需要改造。

8.2.2 改扩建设计

1. 排放标准的确定

为促进城镇污水处理厂的建设和管理，加强城镇污水处理厂污染物的排放控制和污水资源化利用，保障人体健康，维护良好的生态环境，2002年12月，原国家环境保护总局与国家质量检验检疫总局联合颁布了《城镇污水处理厂污染物排放标准》（GB 18918—2002），此标准从2003年7月1日起开始实施。该标准对城镇污水处理厂的水污染物排放、大气污染物排放、污泥中污染物含量等进行了严格的分类规定，根据标准的要求，自2006年1月1日起，曲阳污水处理厂COD_{Cr}、BOD_5、SS、NH_3-N、TP和粪大肠菌群数等出水水质指标应达到国家标准中二级标准值，同时要求污泥要达到稳定化处理、臭气达到排放控制标准，对原有设施需进行改造。

曲阳污水处理厂的原处理工艺仅能去除COD_{Cr}、BOD_5、SS和部分NH_3-N，缺乏脱氮除磷功能，TN、TP的出水水质很不稳定，氨氮的出水指标亦不能稳定达标；污泥经浓缩、脱水处理后直接外运，没有进行妥善地稳定化处理；污泥处置方式不符合国家标准的要求，在实施这次改造工程时，要根据稳定化、减量化、资源化的原则，进行妥善的处理和处置；由于污水在长距离管道输送过程中产生了厌氧生物降解现象，由此产生了硫化氢和氨等致臭气体，在一定程度上污染了周围的环境，也导致污水处理设备的大量腐蚀现象发生，污水厂内产生的臭气未经处理，随意排入大气环境，不仅关系到操作人员的身体健康，也影响污水厂周围居民区的生活。因此，这次改造工程应进行除臭处理，有组织排放。

因此，鉴于目前曲阳污水处理厂的运行情况，根据国家排放标准的要求，曲阳污水处理厂需在污水处理、污泥处理、臭气和噪声控制等方面进行改造，使各项水污染的出水指标能稳定达标。

2. 改造工程内容

近年来曲阳地区的工厂企业外迁、房地产物业发展很快，旧房改造后新建紫荆花园、欧洲城等高级住宅区，并将该地区的中小型工厂如虹口电镀厂、上海铜厂、益民食品厂等迁出。大量新村住宅建成，人口增加迅速，在曲阳地区存在着雨污水混接现象，随着曲阳地区内管道的日益完善，污水收集率和纳管率将有明显地提高。考虑到曲阳地区发展空间有限，在今后一段时间内，曲阳地区的污水水量可能只是小幅上升。

本次改造按 $6\times10^4m^3/d$ 规模进行设计，总变化系数 K 为 1.36，同时按 $6\times10^4m^3/d$ 规模进行设备和设施改造。

(1) 污水处理改造

污水处理工艺改造的主要内容主要有：

1) 增加脱氮除磷的处理工艺，保证脱氮除磷效果，使出水水质达到《城镇污水处理厂污染物排放标准》(GB 18918—2002) 二级排放标准要求。

2) 采用除油措施去除浮油和油脂。

3) 尾水消毒处理，确保出水中粪大肠菌群数小于 10000 个/L。

(2) 污泥处理改造

污泥处理改造的总体目标是浓缩、脱水、稳定化。根据曲阳污水厂的实际情况，结合上海市污泥处理专项规划，增加污泥稳定化设施，有利于污泥的资源化，同时改造相应的污泥脱水设备，使污泥处理稳定化后外运资源化利用，具体控制指标如下：

1) 污泥回收率≥95%；

2) 污泥稳定化控制指标：有机物降解率 >40%。

(3) 除臭改造

除臭的主要改造内容是对污水、污泥处理过程中产生的臭气进行收集和除臭处理，除臭后污水处理厂厂界废气量最高允许浓度如表 8-6 所示。

污水处理厂厂界废气量最高允许浓度表　　表 8-6

控制项目	排放指标	控制项目	排放指标
氨	$1.5mg/m^3$	臭气浓度(无量纲)	20
硫化氢	$0.06mg/m^3$	甲烷(厂区最高体积浓度%)	1

(4) 噪声控制

噪声控制按环评要求，执行《工业企业厂界噪声标准》(GB 12348—90)的有关规定，使处理厂内是主要设备在距机壳外 1m 处噪声平均值应不大于 90dB(A)，部分噪声较大的设备设置隔声、吸声、消声防护措施，污水处理厂围墙以外区域环境噪声，昼间不大于 65dB(A)，夜间不大于 55dB(A)。

(5) 机械设备和监控设备改造

对现有机械设备进行综合评价，合理利用现有机械设备，更换陈旧、老化的设备，例如风机、污泥脱水机、供配电设备等。

(6) 监控仪表

按照处理过程中的要求，设置必要的监测仪表，提高管理水平，预留污水处理厂与厂外通信接口。

3. 处理工艺选择

(1) 污水处理工艺

在污水厂升级改造过程中，得到业主的大力支持，开展了小型试验和中型试验研究，开发了具有自主知识产权的工艺技术，经过方案比较后，污水处理采用 A/A/O 活性污泥脱氮除磷与 BIOSMEDI 曝气生物滤池硝化相结合的双污泥系统脱氮除磷处理(PASF)工艺，工艺流程如图 8 - 13 所示。

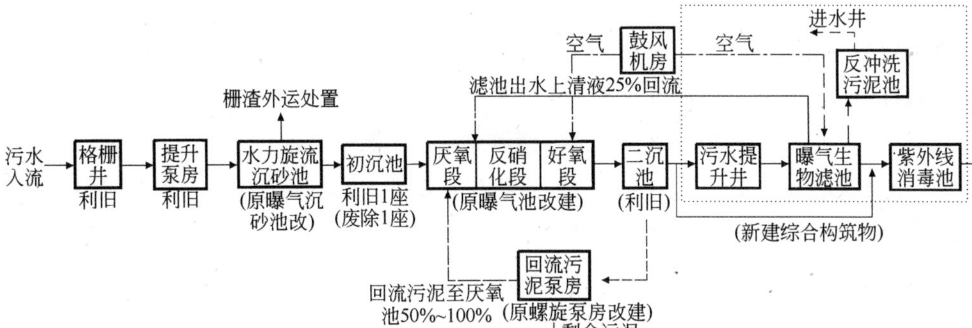

图 8 - 13　污水处理工艺流程图

污水经格栅井去除较大的垃圾后进入泵房提升井，进水泵房提升后进入细格栅井，然后进入水力旋流沉砂池，水中的砂粒沉入池的集砂槽，出水直接进入初次沉淀池，初次沉淀池一方面去除部分 SS、飘浮物质和进行撇油处理，同时通过初次沉淀池的作用，可稳定进水水质，提高进水中的 VFA；初次沉淀池处理出水后进入生物反应池配水井，经平均分配后进入后续三组生物反应池，原曝气池分为厌氧段、缺氧段和好氧段，污水与回流污泥在厌氧段混合，经过混合液进入后续曝气池缺氧段，即反硝化段，经与生物滤池硝化液出水回流液混合进行反硝化，然后进入好氧段，厌氧段、缺氧段和好氧段均采用串联分格的措施，形成严格的推流状态，同时三个段的实际水力停留时间可根据进水水质浓度、水温的情况进行调节，如在缺氧段中同时设置曝气管，使缺氧段可变为好氧段，也可生物滤池出水不回流，使缺氧段转变为厌氧段，增强了工艺运行的灵活性，同时，考虑到夏天温度高的情况下，硝化细菌可能在生长，因此在好氧段出水设置内回流至缺氧段，好氧曝气段出水进入二次沉淀池。二次沉淀池出水一部分通过污水提升井提升至曝气生物滤池，经曝气生物滤池硝化后进入紫外线消毒池，其余部分直接旁通进入后续紫外线消毒池，经消毒后排入沙泾港。

二次沉淀池出水部分通过曝气生物滤池，可将污水中的氨氮和有机物进一步去除，同时在曝气生物滤池中反硝化去除部分总氮，经曝气生物滤池出水根据进水中反硝化容量的大小部分回流至曝气池缺氧池反硝化段。

二次沉淀池的污泥回流通过潜水泵提升计量后至曝气池厌氧段，剩余污泥经计量后排入污泥浓缩机进行浓缩处理。

（2）污泥处理工艺

本工程采用常规自热高温好氧消化污泥处理工艺。

本工程生物滤池反冲洗排出的反冲洗水自流进入污水进水泵房，因此本工程污泥主要来自初次沉淀池浓缩污泥和自前阶段活性污泥段的活性污泥。为避免磷的释放，初次沉淀池污泥和二次沉淀池活性污泥分开进行浓缩后处理。

初次沉淀池污泥经泵提升后进入初次沉淀池浓缩池，浓缩后的上清液自流至进水泵房，浓缩污泥与二次沉淀池浓缩后的污泥一起通过螺杆泵提升至好氧消化池。

二次沉淀池排出的剩余污泥采用机械浓缩，二次沉淀池污泥经计量后重力进入污泥机械浓缩机房，在污泥浓缩前投加高分子絮凝剂，浓缩后上清液回流到进水泵房，污泥浓缩到95%后进入储泥池短暂储存，储存池污泥和初次沉淀池浓缩污泥一起经污泥切割机处理后，经设在浓缩机房的螺杆泵提升后进入高温好氧消化池，污泥消化稳定后进入好氧消化污泥储泥池，在储泥池中设置换热器，进入高温好氧消化池的污泥先在储泥池吸热后进入好氧消化池，以充分利用能源，储泥池污泥经螺杆泵提升后进入脱水机房，在进入脱水机房前先根据污泥温度情况采用污水进行冷却，经冷却、投加絮凝剂后进行离心脱水，脱水机滤液进入滤液池，通过混凝沉淀去除滤液中的磷后回流到进水泵房，脱水后污泥通过无轴螺旋输送机至污泥提升泵，污泥泵提升后进入污泥料仓，干污泥外运进行作为绿介土进行资源化利用。

污泥处理工艺流程如图8－14所示。

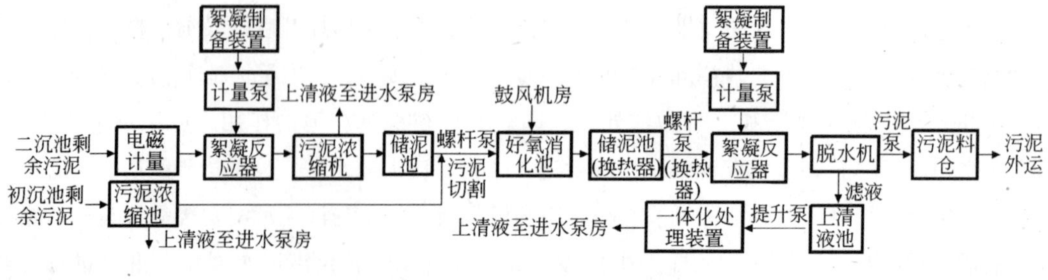

图8－14 污泥处理工艺流程图

（3）除臭工艺

城市污水处理厂产生臭气的主要构筑物有泵房、格栅、沉砂池、初次沉淀池、储泥池、污泥堆棚等。

本工程除臭方案推荐采用生物滤池处理预处理和天然植物液除臭进一步净化处理，充分发挥生物滤池运行费用低和天然植物液运行灵活的特点，同时考虑到好氧污泥消化出气臭气浓度较高，该分气体首先采用水洗(或酸洗)预处理形式后，再进入生物滤池进行处理，同时在生物滤池挂膜和运行不稳定时，采用天然植物液确保除臭效果，在生物滤池运行效果较好时，可减少或不喷洒天然植物提取液，从而降低运行费用。除臭工艺流程如图8－15所示。

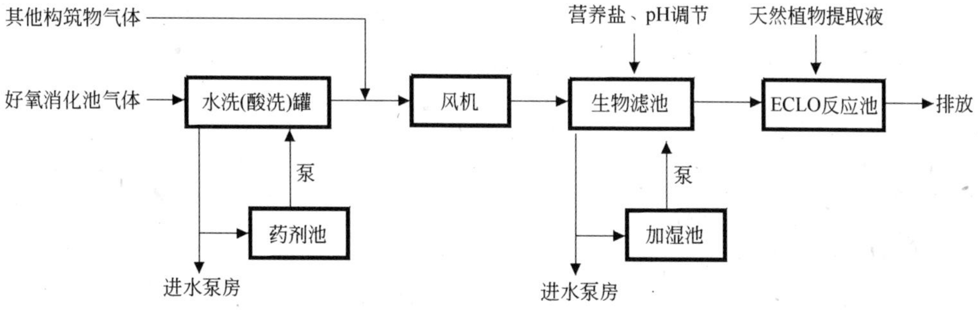

图8－15　除臭工艺流程图

(4) 噪声控制

污水处理厂的噪声来源于厂内传动机械工作时发出的噪声，有污水泵、污泥泵的噪声，除砂机、鼓风机的噪声。

对于主要设备的噪声，通过选用低噪声的机械设备，对不满足噪声控制标准的设备，采取有效的隔声、吸声、消声措施，确保主要设备在距离机壳外1m处噪声值不大于90dB(A)。

由于污水泵、污泥泵、脱水机、鼓风机等设在室内，经过墙壁隔声后传播到外环境时已衰减很多。据调查资料表明，距泵房30m时测得的噪声值可达到国家的《城市区域环境噪声标准》(GB 3096—93)的标准值。同时在本工程污水处理构筑物拟采取密集型布置，将厂内管理区和生产区用绿化带隔离，创造良好的环境，确保污水处理厂围墙以外区域环境噪声，昼间不大于65dB(A)，夜间不大于55dB(A)。

4. 主要处理构筑物设计

(1) 主要设计参数

1) 粗格栅

设计流量：$Q_{max}=3400m^3/h$；

设备类型：回转式格栅除污机CF1500；

设备数量：2台；

栅渠宽度：1800mm；

栅前水深：1.5m；

格栅有效宽度：$B=1500mm$；

栅条间隙：$b=10mm$；

安装角度：77°；

单机功率：$N=2.2\text{kW}$。

2）进水泵房

设计流量：$Q_{max}=3400\text{m}^3/\text{h}$；

设备类型：干式安装立式污水泵；

大泵数量：4 台(3 用 1 备)；

大泵单台流量：$Q=950\text{m}^3/\text{h}$；

扬程：$H=11.9\text{m}$；

单机功率：$N=45\text{kW}$；

小泵数量：1 台；

单台流量：$Q=540\text{m}^3/\text{h}$；

扬程：$H=11.9\text{m}$；

单机功率：$N=30\text{kW}$。

3）细格栅井

设计流量：$Q_{max}=3400\text{m}^3/\text{h}$；

设备类型：回转式固液分离机；

设备数量：2 台；

栅渠宽度：1500mm；

栅前水深：2.8m；

格栅有效深度：3400mm；

格栅有效宽度：$B=600\text{mm}$；

栅条间隙：$b=5\text{mm}$；

安装角度：75°；

单机功率：$N=1.5\text{kW}$。

4）水力旋流沉砂池

设计流量：$Q_{max}=3400\text{m}^3/\text{h}$；

水力停留时间：4min；

有效容积：168m^3；

池数：2 池；

平面尺寸：$10.0\text{m}\times3.0\text{m}$；

有效水深：2.8m；

水平流速：0.5m/s；

污水排砂量为：$1.8\text{m}^3/\text{d}$。

5）初次沉淀池

平均设计流量：$Q=2500\text{m}^3/\text{h}$；

池数：1 只；

平均表面负荷：3.54$m^3/(m^2 \cdot h)$；

SS的去除率：20%；

初次沉淀池污泥量：2400kgDS/d；

初沉污泥含水率：97%。

6）曝气池

设计流量：$Q=2500m^3/h$；

池数：3只；

厌氧停留时间：1.5h；

缺氧停留时间：1.5h；

好氧停留时间：4.7h；

平面尺寸：45m×24m；

有效水深：6m；

总有效池容：19440m^3；

混合液浓度：2.50g/L；

污泥负荷：0.20$kgBOD_5/(kgMLSS \cdot d)$；

污泥量(生物滤池反冲洗污泥排入进水泵房，不产生污泥)；

剩余污泥产率：0.742kgDS/去除$kgBOD_5$，产生污泥量为：5790kgDS/d；

初沉和二沉污泥总量：8190kgDS/d[表观产泥率：0.80$kgSS/(kgBOD \cdot d)$]；

总污泥龄：8.40d（好氧池泥龄：5.10d）；

实际供氧量：470kgO_2/h；

最大曝气需氧量：$470\times1.36/(60\times0.27\times0.2\times0.8)=246m^3/min$；

平均需氧量：181m^3/min；

曝气器充氧效率：20%；

二次沉淀池污泥回流比：50%～100%；

滤池出水最大回流比：25%；

SVI值：60～100。

7）二次沉淀池

平均设计流量：$Q=3125m^3/h$，（包括25%的滤池回流）；

最大设计流量：$Q_{max}=4025m^3/h$；

池数：4只；

平均表面负荷：1.1$m^3/(m^2 \cdot h)$；

池径：30m；

有效水深：3.97m。

8）鼓风机房

数量：1座；

生化反应最大供气量：248m^3/min（平均 181m^3/min）；

污泥好氧消化最大供气量：110m^3/min（平均 80m^3/min）；

生物滤池最大需氧量：120m^3/min（平均 80m^3/min）；

平面尺寸：36m；

设备数量：3 台（2 用 1 备）；

单机风量：Q = 250m^3/min（风量 50% ~100% 可调）；

风压：H = 0.07MPa；

电机功率：N = 360kW；

1 台单独供应曝气池（水深 6m），1 台单独供应生物滤池（水深 4.5m）和好氧消化池（水深 5m）（不同压力采用阀门平衡控制），1 台备用。

9）曝气生物滤池

设计流量：Q = 1250m^3/h；

生物反应池数量：10 组；

单池平面净尺寸：8.9m×9m；

滤池深度：5.8m；

实际有效停留时间：3.0h；

滤料厚度：2.5m；

上升流速：1.93m/h；

气水比：（2~4）:1；

平均供气量：80m^3/min；

风压 mH_2O：4.5m；

滤料粒径：3~5mm；

滤料负荷：0.35kg/（m^3 滤料·d）（温度 >12℃）；

进水池尺寸：7.5m×9.0m×5.0m；

回流池尺寸：4.6m×15.0m×5.0m；

出水回流比：25%；

污泥池尺寸：46.6m×5.5m×2.5m。

10）紫外线消毒池

设计最大流量：Q = 3400m^3/h；

数量：1 座（与生物滤池合建）；

平面尺寸：15m×2.5m；

有效水深：1m；

进水粪大肠菌群数：>238000 个/L；

出水粪大肠菌群数：≤10000 个/L；

紫外线灯管数：240 根；

单根输出功率：140W；

接触时间：6s；

253.7nm紫外线透光率>60%；

灯管寿命>12000h；

系统总功率：41.8kW。

11）浓缩机和储泥池

二次沉淀池剩余污泥量：5790kgDS/d；

浓缩前污泥含水率：99.4%；

浓缩前污泥流量：$965m^3/d$；

二次沉淀池污泥浓缩后污泥含水率：95%；

浓缩后污泥体积：$115.8m^3/d$；

浓缩后总污泥体积：$164m^3/d$（包括初沉污泥）；

储泥池数量：1座；

池有效体积：$164m^3$；

水力停留时间：24h；

设备数量：2台；

单台能力：$Q=40\sim60m^3/h$；

单机功率：$N=2.2kW$；

浓缩加药量：0.0005kgPAM/kgDS。

12）好氧消化池和消化污泥储泥池

剩余污泥量：8190kgDS/d；

污泥含水率：95%；

污泥流量：$164m^3/d$；

设计消化温度：45～60℃；

污泥中挥发性固体含量：70%；

挥发性固体去除率：40%；

好氧消化后的固体量：$8190-8190\times0.7\times0.4=5900$kgDS/d；

消化池池容：$2650m^3$；

消化池水力停留时间：16.1d；

实际供氧量：$285.9kgO_2/h$；

总供气量：$285.9/(60\times0.30\times0.25\times0.8)=80m^3/min$；

氧利用率：>25%；

消化池数量：1座；

消化池直径：26m；

消化池有效水深：5.0m；

消化污泥储泥池直径：14m；

有效容积：690m^3。

13）脱水机房

脱水前干污泥量：5900kgDS/d；

污泥流量：$Q=164m^3/d$；

脱水后污泥含水率：75%；

设备类型：污泥离心脱水机；

设备数量：2台；

单台能力：$Q=5\sim10m^3/h$；

固体回收率：>95%；

单机功率：$N=22kW$；

加药量：0.002kgPAM/kgDS。

14）除臭装置

除臭装置类型：生物滤池和异味控制除臭；

装置数量：各2套；

处理风量：7000m^3/h和24600m^3/h；

异味去除率：>95%。

（2）污水处理构筑物设计

1）进水格栅井

本次改造内容是对部分设备进行整新维修，并增加通风除臭装置。具体方案是对原有粗格栅上部进行局部防腐处理，粗格栅井和设备敞开部分加装玻璃钢盖板用以集气，并送往1号除臭装置集中处理。粗格栅井敞开部分为2.0m×5.4m，每台格栅敞开部分为1.8m×2.5m，格栅井工艺设计如图8－16所示。

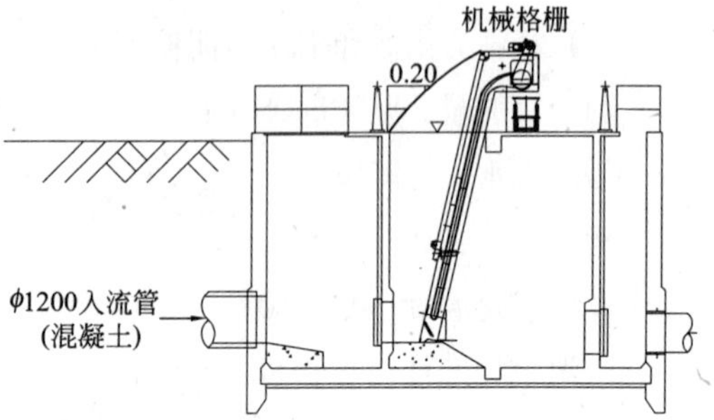

图8－16 格栅井工艺设计图

2）进水泵房

本次改造仅对重要设备进行更新，既满足改建后污水厂对高效率设备的要求，又尽可能维持施工期间污水厂的正常运转。

本次改造的内容是：拆除原进水泵房内4台PWL型立式污水泵，更新为4台立式污水泵，3用1备，经改造后水泵为4台大泵和1台小泵，大泵流量为950m^3/h，扬程为11.9m，电机功率为45kW，小泵流量为540m^3/h，扬程为11.9m，电机功率为30kW。

出水止回阀由于设备较旧且维修较多，予以更换，其余原有水泵进出水管道配件仍充分利用，以维持污水厂改造施工期间的正常运行。

进水泵房内的设备安装和维修依靠原安装的1套单轨吊车和电动葫芦，起重量为3t，本次改造起重设备不作更新。

泵房集水池敞开部分加装玻璃钢盖板用以集气排风，敞开部分为1.9m×4.0m，玻璃钢风管安装于集水井上部，并送往1号除臭装置集中处理臭气。

进水泵房设计工艺如图8－17所示。

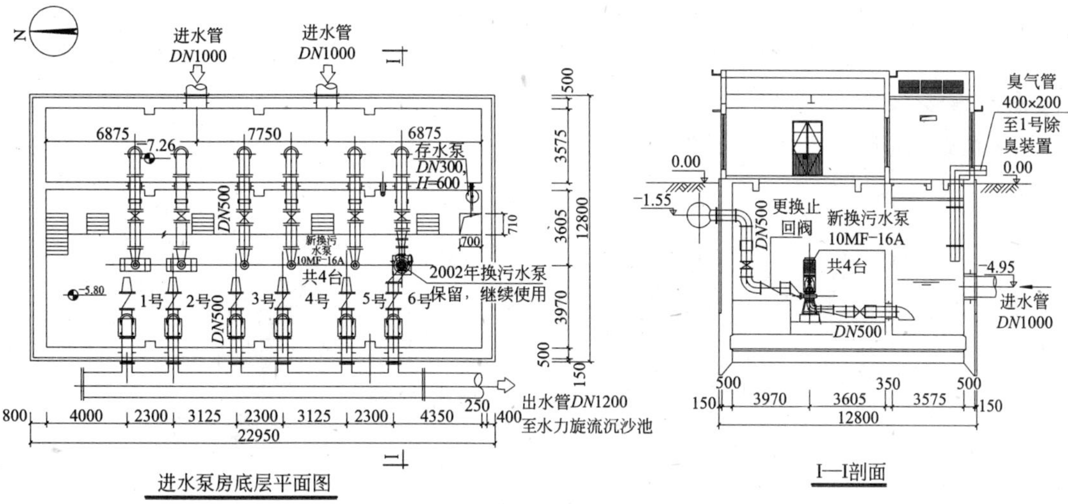

图8－17 污水进水泵房工艺设计图

3）细格栅

本次改造工程主要改造内容如下：

对原有2台细格栅进行大修，每台设备宽度B为600mm，栅条有效间隙b为6mm，细格栅井深H为3400mm，安装角α为75°，电机功率N为1.5kW。

新增无轴螺旋输送机一台和接料斗一套，无轴螺旋输送机设置在2台回转式固液分离机的卸料口下方，通过无轴螺旋叶片的旋转，将细格栅截取的垃圾输送至池顶平台的接料斗，通过接料管将截取得栅渣送至螺旋压榨机进行压力式挤压脱水。

无轴螺旋输送机压榨机数量为1台，螺旋叶片直径D为300mm，栅渣输送能力Q为2m^3/h，输送机水平输送长度按2台格栅除污机布置，水平总长度L为6500mm，单台电机功率N为2.2kW。通过螺旋叶片旋转与出料管的挤压，完成栅渣的脱水，以改善操作环境。

无轴螺旋输送压榨机配套附件应包括出料处的接料斗、口径为350mm垂直安装的接料管，接料管的长度约为4900mm。

4）水力旋流沉砂池

曝气沉砂池1座2格，曲阳污水处理厂运行情况表明，采用曝气沉砂池能够较好地达到除砂效果，但由于本次改造需要采用脱氮除磷处理工艺，为减少进水中的溶解氧，同时减少沉砂池臭气散发量，将原有曝气沉砂池进行改造为水力旋流沉砂池。

水力旋流沉砂池是利用射流作用形成垂直于池长方向的竖向旋流，并与沉砂池内沿水平方向的水平流叠加形成螺旋流，在旋流作用下，与曝气沉砂池一样，污水中的无机砂粒增加了互相碰撞和摩擦的机会，砂粒表面附着的有机物被剥落，清洁的砂粒沉入池的集砂槽，其池型构造与曝气沉砂池相似，在每座沉砂池末端设置1台潜水泵，水泵流量为150m³/h，扬程为10m，电机功率为7.5kW；沿池长方向在池一侧布置*DN*200水力扩散管，扩散管上设置射流喷嘴，各喷嘴以射流状态喷出，喷嘴流速为5.5m/s，喷出的射流卷吸夹带周围的流体，在沉砂池横断面内形成旋流，并与水平流叠加形成螺旋流，同时在潜水泵端增加*DN*150旁通阀，可控制水流旋流速度。

在沉砂池顶部构筑物敞开部分和设备敞开部分加装玻璃钢盖板用以集气排风，通过玻璃钢风管送往除臭装置集中处理臭气。

水力旋流沉砂池工艺设计如图8-18所示。

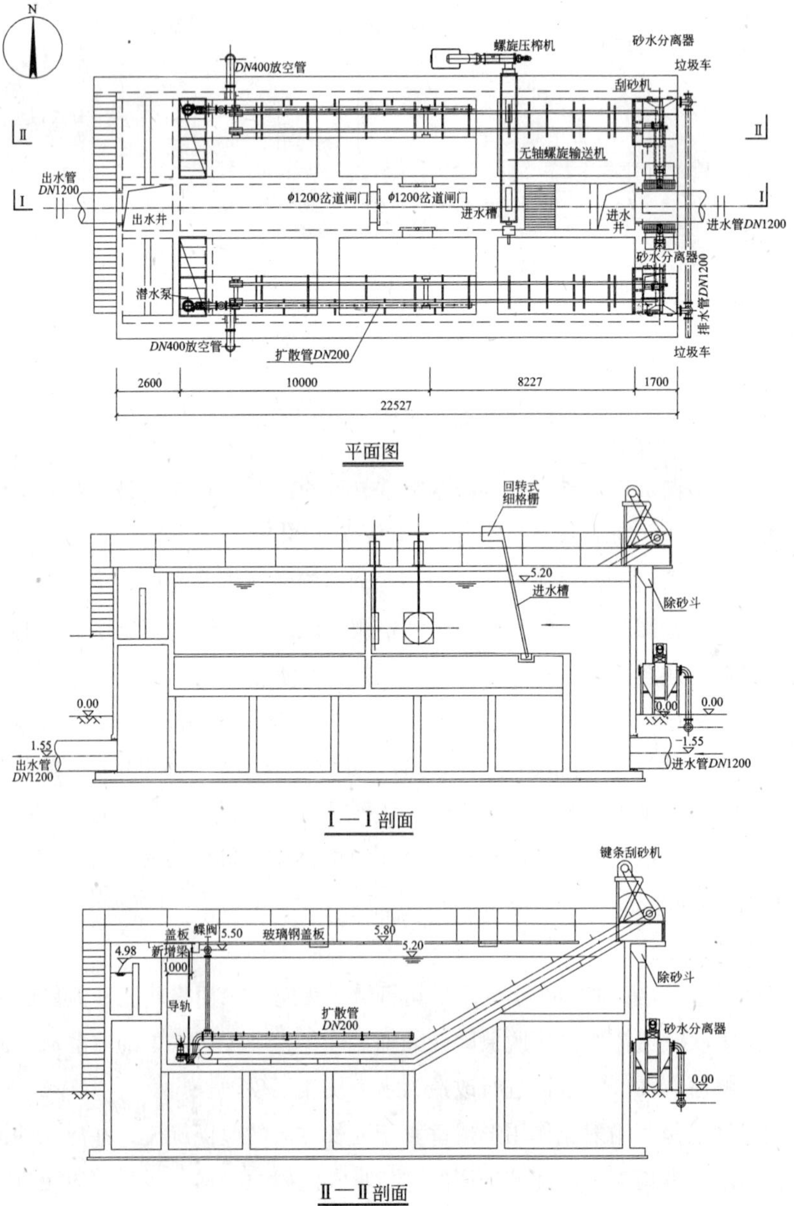

图8-18 水力旋流沉砂池工艺设计图

5）原初次沉淀池（共 2 座，利用 1 座，拆除 1 座）

由于本项目需要增加除磷脱氮功能，进水中有机物有利于磷的去除，因此，初次沉淀池主要作用是去除进水中浮渣和撇除油脂，同时增加进水水质的稳定性，因此初次沉淀池保留 1 座，直径为 30m，原初次沉淀池进水管径为 1.0m，经核算能够满足过流要求，原初次沉淀池的周边传动刮泥机设备老化，更换成中心传动刮泥机，同时出水堰板材质更换成不锈钢材质。

初次沉淀池上部加装玻璃钢盖板用以集气排风，通过玻璃钢风管送往 1 号除臭装置集中处理臭气。

原初次沉淀池排泥至浓缩池采用重力排泥方式，为保证排泥管的通畅，同时减少污泥流量对后续浓缩池冲击负荷和浓缩池上清液的对进水造成冲击，初次沉淀池污泥至浓缩池采用潜水泵连续排泥，污泥泵共 2 台，1 用 1 仓库备用，污泥泵流量为 $100m^3/h$，扬程为 10m，电机功率为 5.5kW，初次沉淀池工艺设计如图 8－19 所示。

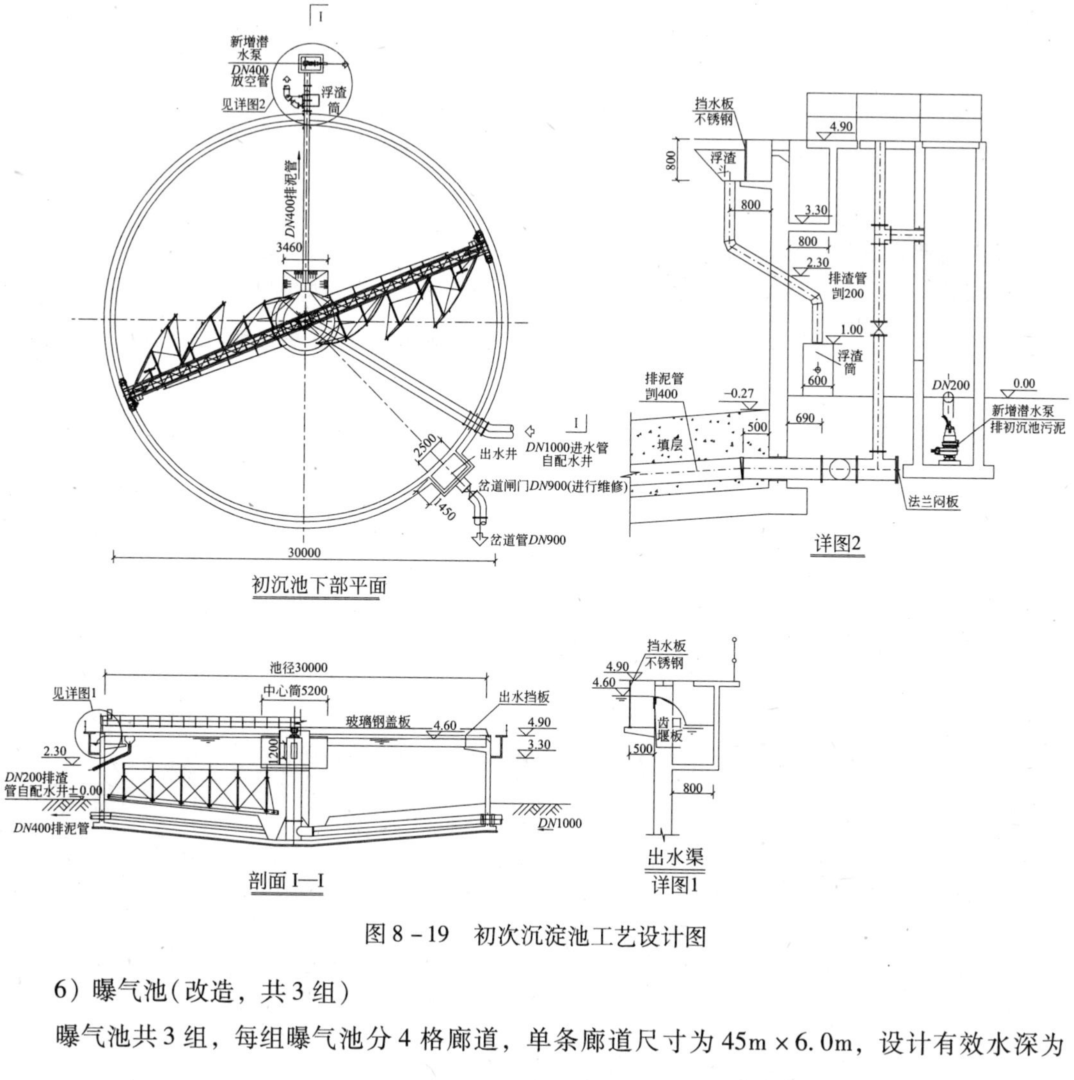

图 8－19　初次沉淀池工艺设计图

6）曝气池（改造，共 3 组）

曝气池共 3 组，每组曝气池分 4 格廊道，单条廊道尺寸为 45m × 6.0m，设计有效水深为

6.0m。原设计采用穿孔管鼓风曝气，推流运行，池内混合液浓度为2.5g/L，污泥负荷为0.20kgBOD/(kgMLSS·d)，按$6\times10^4m^3/d$设计，停留时间为7.7h。

曝气池基本维持原池的土建结构，仅考虑因进水管和池内流态作出调整增加部分管道和导流隔墙，原曝气池改成厌氧、缺氧和好氧三个功能区，在厌氧段利用原有隔墙分成五格，同时土建对原有导流隔墙进行完善，形成严格的推流状态，在每格厌氧池内置潜水搅拌机，每台搅拌机的功率为2.2kW，以确保厌氧状态下池内污泥呈悬浮状态。后面5格为缺氧池，在缺氧池中同时设置潜水搅拌机和曝气管，便于在进水时根据进水的水质状况、水温情况和工艺要求调整厌氧、缺氧、好氧的停留时间，同时滤池消化液不回流，使前阶段由A/A/O工艺改成A/O工艺运行，从而增加了运行的灵活性。缺氧区后均为好氧曝气池，微孔曝气器均布于缺氧池和好氧池，好氧池内通过控制污泥的泥龄和溶解氧，使好氧池内达不硝化状态，防止因二次沉淀池污泥中含有硝酸盐回流至厌氧段，从而影响厌氧段磷的释放。好氧区溶解氧通过调节风机的供气量控制在2mg/L左右，保证好氧区具有充分的吸磷能力，同时防止因回流污泥含有溶解氧至厌氧池。

为回收部分能源和污水中的碱度，后续生物滤池出水回流至曝气池的缺氧段，由于后续滤池内部具有部分反硝化作用，在达到同样反硝化效果的情况下，可以大大降低回流量，回流硝化液回流量按进水量的0~25%可调，在曝气池按A/O方式运行时，停止硝化液回流。

潜水搅拌机采用潜水电机与搅拌叶轮为一体的结构形式，搅拌机的角度调整通过上部转盘转动完成，同时可通过设置在上部支架的起升机构将搅拌机沿导杆提升或放下。潜水搅拌机采用的电机为F级绝缘，防护等级为IP68，单台电机功率N为2.2kW，设备数量共计30台。

曝气管均布于曝气池底部，为生物反应供氧，同时确保池内混合液呈悬浮状态。微孔曝气管的数量共计1380m，曝气管最大阻力<0.5m，充氧效率20%，微孔曝气管的成套范围包括安装支架等附件。

曝气池工艺设计如图8-20所示。

7）二次沉淀池

曝气池出水后进入二次沉淀池，通过原有污水管进入二次沉淀池配水井，经过分配后进入二次沉淀池进行泥水分离，由于改造后污水处理流量降低，二次沉淀池的污泥沉降性能好，因此改造后的二次沉淀池共4座即能满足要求，利用1号、2号、3号和5号二次沉淀池的土建结构，4号池和6号池拆除，根据需要，改造原1号、2号配水井为4座沉淀池配水井。生物滤池出水硝化液回流以进水平均流量的25%计，则设计表面负荷为$1.1m^3/(m^2\cdot h)$。

原1号、3号、5号池内刮泥机仍采用建厂时的中心传动刮泥机，中心传动存在的传动盘内滚子维修保养困难，挡水板、出水堰、工作桥锈蚀严重，严重影响沉淀池的正常动行，本次拆除报废，更换成全桥式周边传动刮泥机。吸泥通过池内的液位差自行将池底污泥吸上泥槽，

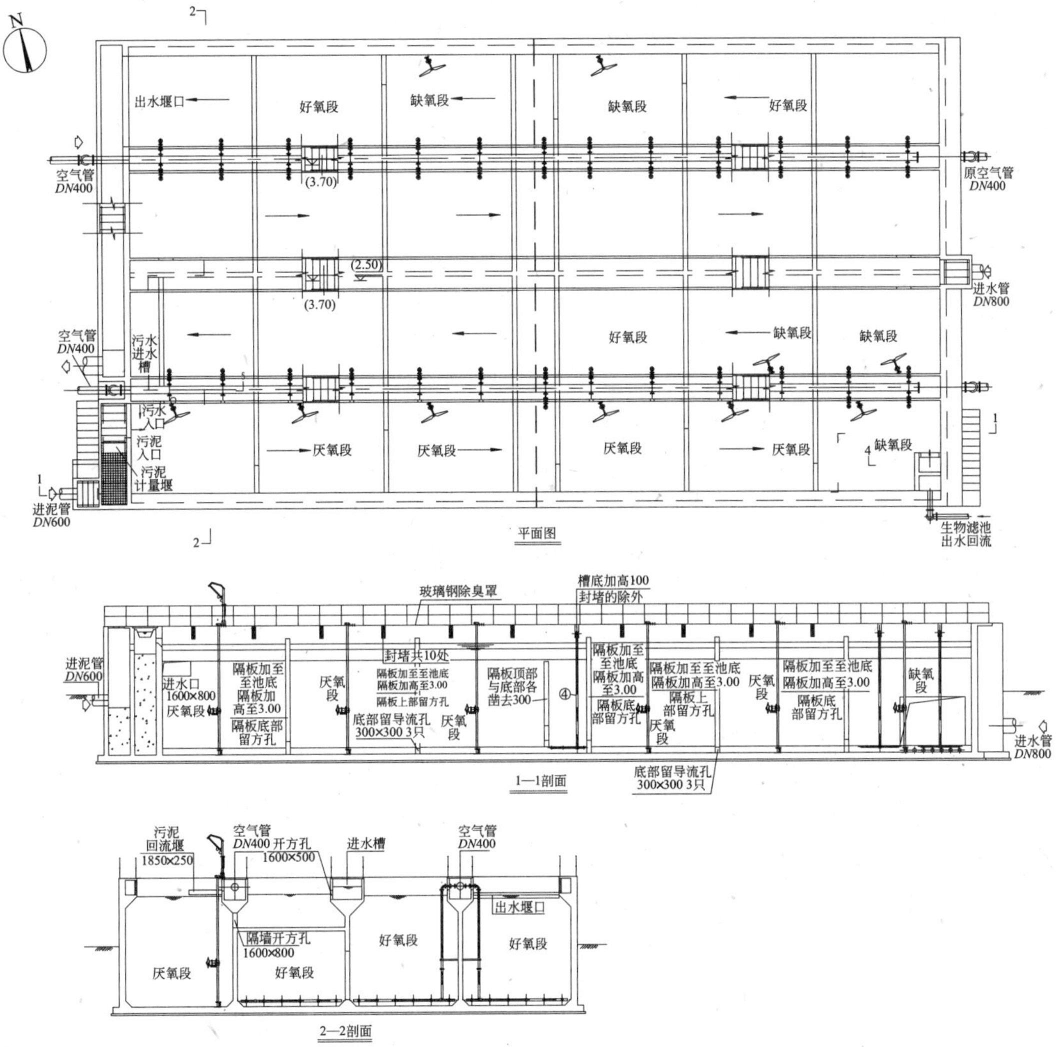

图 8－20 曝气池工艺设计图

泥管可通过调节套筒分别设定吸泥管的泥量，近周边泥管的套筒可适当调整距池内水位距离小些，以增大周边泥管的吸泥量，避免污泥沉积。二次沉淀池周边传动吸泥机应配套不锈钢中心导流筒、撇渣排渣装置，吸泥机的桥架和泥槽由不锈钢板材制作，吸泥管采用不锈钢管材，驱动走轮为 MC 浇注尼龙，驱动装置的出轴处设置机械保护装置，以保障设备安全可靠地运行。2 号、6 号池在 2002 年实施的改造中，已对刮泥机进行改造，但由于原改造采用半桥式刮泥机，出水效果不理想。

因此本次拟新增 ϕ30m 全桥式周边传动吸泥机 2 台，周边线速度 n 为 2.5m/min，单台电机功率 N 为 1.1kW，为节约工程造价，改造 ϕ30m 周边传动吸泥机 2 台，原 2 台采用半桥式刮泥机回收利用改造成全桥式刮泥机，改造后 4 台刮泥机标准相同。

原有 1 号、2 号、3 号、5 号池出水槽和挡水板已严重锈蚀，本次更换成不锈钢出水槽，槽尺寸为600mm×600mm，原有出水溢流堰改造成不锈钢出水堰，水面标高根据工艺要求进行重新调整，出水堰板高度为300mm，厚度为4mm，出水堰板具有上下约30mm左右调节余量，以确保均匀出水，二次沉淀池工艺设计如图8-21所示。

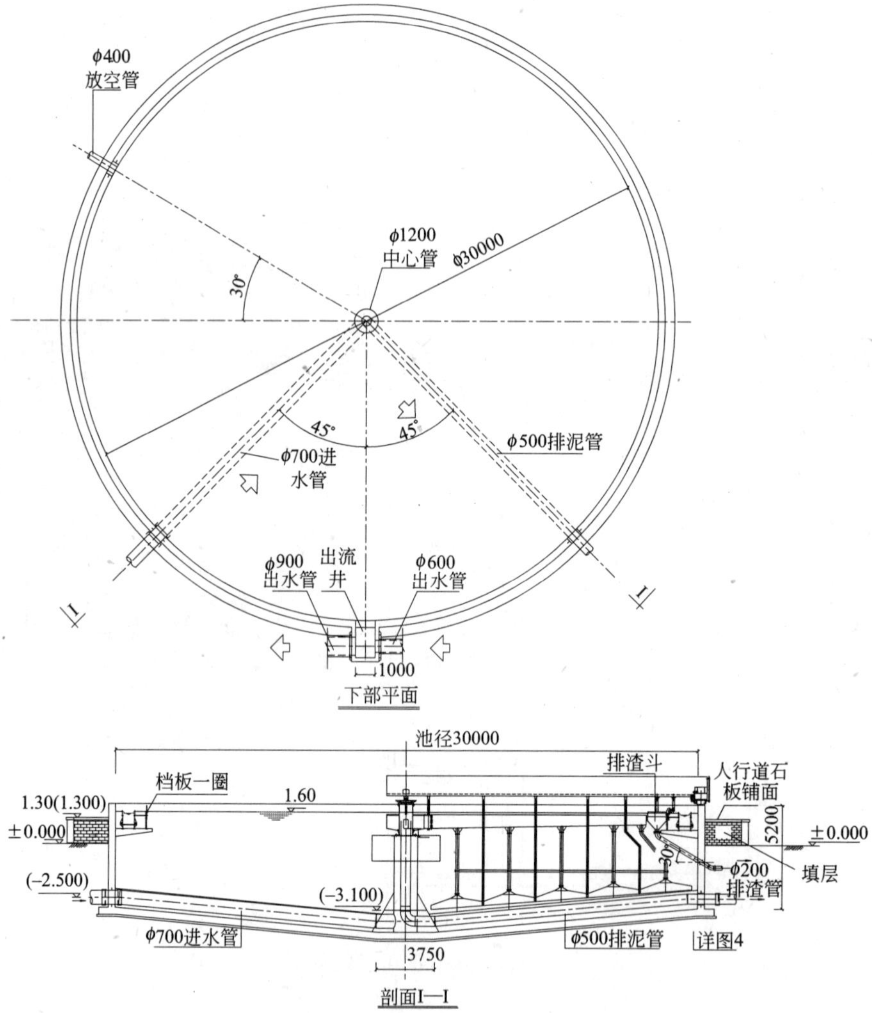

图8-21 二次沉淀池工艺设计图

8）回流污泥泵房

二次沉淀池回流污泥泵房采用原螺旋输送泵房的土建结构，考虑到原污泥提升采用螺旋泵，对回流污泥具有一定的充氧作用，回流污泥中的溶解氧可能进入厌氧池，需要消耗快速生物降解的有机物，从而影响厌氧段污泥磷的释放，因此本设计拟拆除原有4台螺旋泵，污泥回流泵改成潜水泵4台，3用1备，水泵流量为833m^3/h，扬程为6.0m，电机功率为22kW，污泥流比为50%~100%，同时设置*DN*400电动调节阀2台，用以调节回流污泥的流量，回流污泥流量计量采用超声波管道流量计计量。

二次沉淀池剩余污泥经*DN*200电磁流量计后，通过重力进入浓缩机房进行污泥浓缩。

9）曝气生物滤池综合构筑物

进水提升井、出水回流井、滤池反冲洗污泥池、消毒池与生物滤池合建。

进水提升井：考虑虹口港水系整治后，沙泾港水位相对较高0.7m（相对标高），地面标高为3.80m，原有加氯消毒池出水已不能满足出水要求，因此进入生物滤池的污水在进水提升井提升后进入生物滤池处理后再至紫外线消毒池，当二次沉淀池出水水量超过进入滤池的提升水量时，多余水通过溢流堰直接进入紫外线消毒池。提升井平面尺寸为7.5m×9.0m，有效水深为5.0m，内设潜水轴流式提升泵3台，单台流量为833m^3/h，扬程为2.7m，电机功率为11kW，每台泵附出水拍门，污水提升后进入滤池配水渠。

出水回流井平面尺寸为4.6m×9.0m，有效水深为5.0m，生物滤池的出水经出水槽首先进入出水回流井，生物滤池本身有一部分反硝化作用，同时为加强总氮的去除，回收部分能源和碱度，回流部分生物滤池出水至活性污泥段缺氧池，设计时回流量按平均进水量的25%计。回流井设置潜水泵3台，2用1备，单台流量为312m^3/h，扬程为10m，电机功率为15kW，同时设置回用水备用水泵1台，流量为150m^3/h，扬程为10m，电机功率为7.5kW，以回流水泵作为备用水泵。

生物滤池为新建，滤池主要功能为氨氮硝化作用，本工程滤池设计氨氮负荷为0.35kgNH_3-N/（m^3填料·d）。

生物滤池分为10格，每格平面尺寸为8.9m×9.0m，滤池深度为5.8m，平均滤速为1.93m/h，滤池有效停留时间为3.0h，生物滤池呈对称布置，滤料采用轻质颗粒滤料，滤料直径为3~5mm，每座滤池由配水、出水收集系统，滤板，滤层，曝气管道，脉冲反冲洗和排泥系统等组成。

原水通过进水分配槽进入滤池下部，10组滤池通过进水溢流堰进行配水，以达到配水均匀的目的，每组滤池设有*DN*350进水阀，在滤料阻力的作用下使滤池进水均匀，经处理达标的出水采用出水集水槽进行均匀收集后排入出水总槽。滤板采用高强度、高开孔率、耐腐蚀、与滤池配套的玻璃钢板，滤板开孔率为7%~10%，长期均布荷载>2.5t/m^2下不变形，同时防止滤料流失，滤层采用轻质颗粒滤料，滤层厚度为2.5m，空气布气管安装在滤层下部，空气通过阀门进行控制，由于滤层的阻挡、剪切作用，使滤池具有较高的氧利用率，布气采用穿孔布气管即可，氧利用率可达到20%以上，同时穿孔管具有管理简单、维修量小等特点，空气管管材采用ABS，滤池反冲洗通过在滤池采用脉冲反冲洗，利用滤池的出水进行冲洗，反冲洗的出水通过*DN*350穿孔排泥管和电动阀排入污泥池。

冲洗过程如下：当某格滤池需要反冲洗时，首先关闭*DN*150曝气管，打开滤池反冲洗风机和*DN*65电磁阀，使通过空气进入空气室内水形成空气垫层，当空气垫层充满后，然后打开*DN*300放气阀，这时滤池中的水迅速补充至气室中，此时利用滤池上部出水从上到下冲洗的水流量对滤层进行冲洗，导致滤料层突然向下膨胀，循环进行2次或以上，可以把附着在滤料上的老化生物膜脱落，沉积在滤池下部，然后通过*DN*350出水排泥电动调阀进入排水池，同时滤池还设置*DN*200反冲洗后初滤水旁通阀，用于反冲洗后初期高SS出水的排放以减少滤池反冲洗后初期因 SS 较高，影响后续紫外线消毒效果。

滤池反冲洗分格冲洗，由于污泥负荷有机负荷较低，生长率较低，每格冲洗频率按 5 ~ 10d 一次考虑，每次最大冲洗水量为 $500m^3$ 计。

反冲洗排水池，生物滤池处理排泥水进入反冲洗排水池，污泥池平面尺寸为 51.6m × 5.5m，有效水深为 2.0m，为防止污泥沉积，设置潜水搅拌机两台，搅拌机功率为 2.2kW，搅拌机根据需要开启，在污泥池设置污泥提升泵 3 台(2 用 1 备)，用以提升污泥至厂区进水泵房，污水泵开启采用液位开关控制，同时在排水池设置溢流管，当排水池水位超过 -1.0m 时，可通过自流进入污泥泵房进水井。

紫外线消毒水渠按 $3400m^3/h$ 设计，消毒池与滤池合建，平面尺寸为 15.0m × 5.0m，高度为 2.5m，紫外线灯接触水渠尺寸为 8.0m × 2.0m × 1.5m(H)。滤池出水进入紫外线消毒池，若出水不消毒时可旁通进入出水井，出水井处设水位传感器和水位控制装置。

紫外线灯管型号：低压高强灯，紫外线灯管数 240 根，单根输出功率为 140W，接触时间为 6s，灯管寿命 > 12000h，总功率为 41.8kW。

紫外线灯清洗方式为自动清洗。

曝气生物滤池综合构筑物工艺设计如图 8-22 所示。

10）鼓风机房

鼓风机房为原构筑物改建，拟充分利用原土建结构，并对风机等主要设备进行更新。

已建鼓风机房平面尺寸为 12m × 36m，另设 4.5m × 36m 变配电间、配电间、仪表间和空气过滤室。鼓风机房内原配置风量为 $250m^3/min$，风压为 0.07MPa 的多级离心风机 3 台，电机功率为 440kW，还配置风量为 $150m^3/min$，风压为 0.07MPa 的多级离心风机 2 台，电机功率为 220kW，机房内另设手动双梁起重机 1 台，起重量为 1.6t，2002 年将原有 $150m^3/min$ 风机改造成进口多级离心风机，风量为 $250m^3/min$，风压为 0.07MPa，电机功率为 360kW，共改造 2 台。但由于该风机要求周围环境温度不高于 40℃，导致机房温度较高时，风机停止运行，需要风机进行改造，同时原有风机主控制器一控二的形式需要改成每台单独控制，因此，本工程对原有 2 台风机进行改造。

经核算，原有鼓风机房风压能够满足要求，本工程新增鼓风机 1 台，采用进口单级离心式，风量 Q 为 $250m^3/min$，风压 H 为 0.07MPa，电机功率 N 为 360kW，共有 3 台风机，考虑曝气池与滤池、好氧消化池水压不同，因此一台风机单独供应曝气池，三组曝气池分别通过 6 只 *DN*400 电动调节阀门控制不同曝气池部位的溶解氧，一台风机供应曝气生物滤池和好氧消化池，通过 *DN*400 和 *DN*500 电动调节阀门控制不同池的供气量，另一台备用。

鼓风机根据风道中的压力调节出口导叶系统，从而调节压缩机的输出，风量调节范围为 50% ~ 100%，同时风道中的压力保持恒定，达到高效、低能耗的运转。

鼓风机采用风冷机构形式，其配套设备应包括过滤器、消声设备、阀门和控制系统。风机带有出口导叶和伺服电机用于连续的流量调节，同时具有预旋转装置用于根据管道

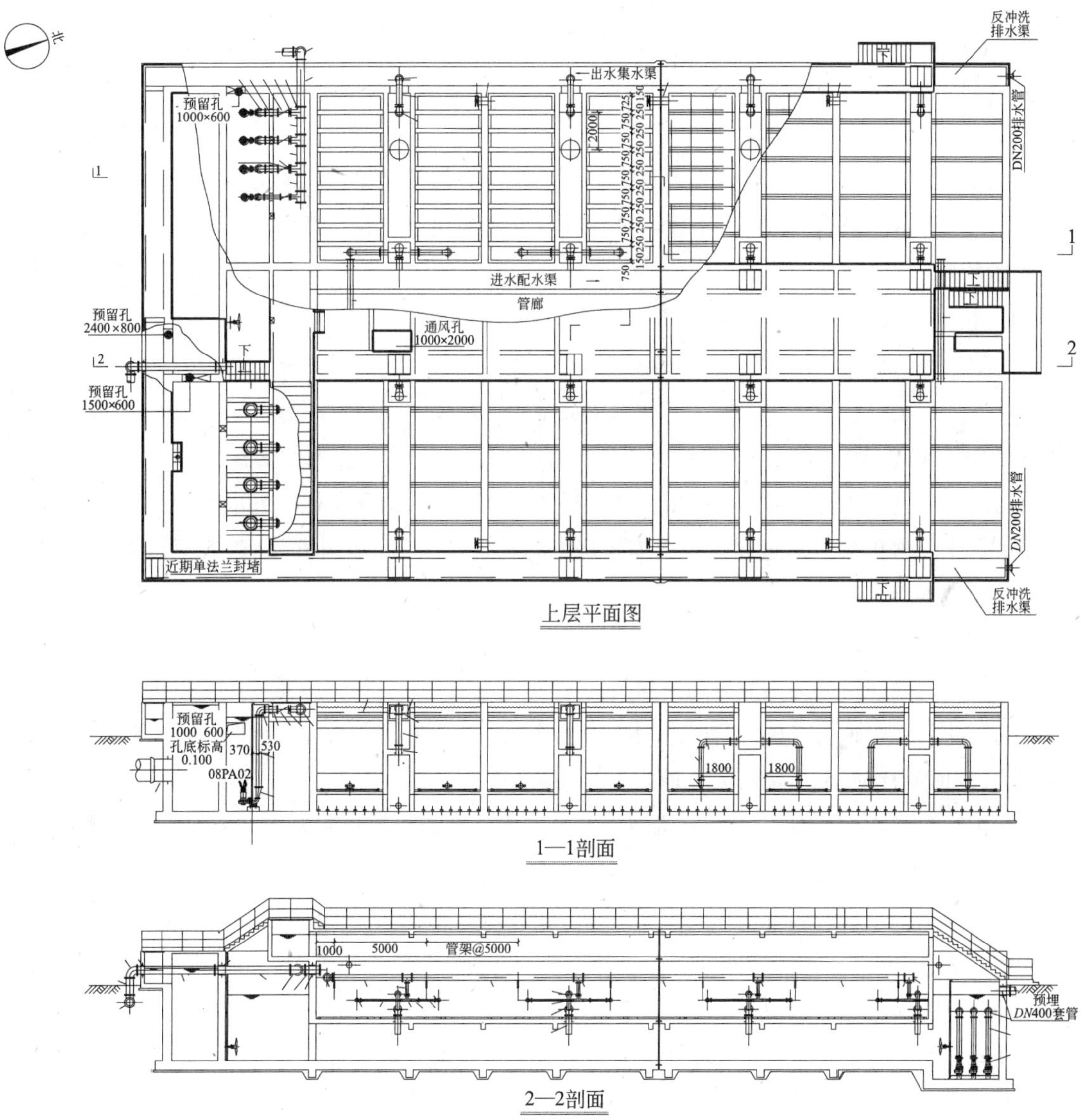

图 8－22　曝气生物滤池综合构筑物工艺设计图

压差和进口温度对功率进行连续的优化调节，控制器将系统主风道中的压力保持恒定，并通过调节各曝气池的空气控制阀门来调节池中的含氧量，主风道中的压力信号直接传输给 MCP 主控制器进行调节，同时水中溶解氧通过微处理机根据实际测量信号调节空气阀门来达到控制的目的。

为保证鼓风机正常操作，减少噪声，设置空气除尘装置和消声装置。鼓风机外加隔声罩，使噪声降低至 80dB(A)以下，同时，进出风等管配件需作相应更新。

改造拟对风机房内的隔声罩内进行抽风，增加通风管道和通风量，对风机电机周围和油冷却器进行通风，轴流风机功率为 11kW，每台通风量为 47000m^3/h，共 3 台，以保证风机房的散热。

在鼓风机进风滤网前增加移动式的通风导流罩，使风机进风采用原有老风机的通风道和原有除尘设施，从而通过双重过滤，提高进风空气质量。

（3）污泥处理构筑物设计

本次改造工程污泥处理构筑物设置于厂区西南部。污泥处理构筑物主要包括初次沉淀池污泥浓缩、二沉污泥浓缩机房、二沉污泥储泥池、好氧消化池、好氧消化污泥储泥池，脱水滤液池和上清液处理设施等。

1）初沉污泥浓缩池

为避免磷的释放，初次沉淀池污泥与二次沉淀池污泥分开进行浓缩，初次沉淀池污泥经泵提升后进入初次沉淀池污泥浓缩池，初次沉淀池污泥浓缩利用一座原有浓缩池改造而成，浓缩池直径为 ϕ14m，原浓缩池内浓缩机维修后预以利用，浓缩池一方面起污泥浓缩作用，另一方面对初沉污泥进行酸化发酵，浓缩后上清液进入进水泵房，有利于提高进水中的 VFA，污泥经浓缩后含水率为 95%，通过设置在浓缩机房的螺杆泵（经污泥切割机后）进入好氧消化池，浓缩池上设玻璃钢盖板以防止臭气外溢。

2）污泥浓缩机房

由于污泥浓缩机拟利用原有加氯间为污泥浓缩机房，二沉剩余污泥经计量后进入污泥浓缩机，为防止污泥中磷的释放，污泥采用机械浓缩方式，降低剩余污泥含水率，进一步削减污泥体积，以利于后续好氧消化污泥处理。

污泥浓缩二次沉淀池剩余污泥量为 5790kgDS/d，污泥含水率为 99.4%，污泥流量 Q 为 965m^3/d；经浓缩后污泥含水率可降至 95%，污泥流量削减至 116m^3/d。

污泥浓缩的主要设备有污泥浓缩机 2 台，单台处理能力 Q 为 40～60m^3/h，电机功率 N 为 2.2kW，每天工作 12h，不另外设置备用机，当一台浓缩机出现故障时，另外一台可连续工作，经浓缩后污泥进入储泥池，上清液进入厂区进水泵房。

浓缩机房臭气通过风管收集至 2 号除臭处理装置处理，换气次数按 7 次/h 考虑；

3）二次沉淀池浓缩污泥储泥池

经浓缩后的剩余污泥重力进入储泥池，储泥池有效容积为 160m^3，有效停留时间为 1.4d，内设置潜水搅拌机一台，潜水搅拌机功率为 1.5kW，同时在浓缩机房利用原有脱水机房配套螺杆泵 2 台，单台流量 Q 为 20m^3/h，扬程 H 为 20m，电机功率 N 为 15kW，配制污泥切割机 2 台，污泥经螺杆泵提升至污泥好氧消化池。

4）污泥好氧消化池和污泥储泥池

根据试验资料和国外有关资料，污泥好氧消化采用自热性高温消化，好氧消化温度为45～60℃，进入好氧消化池的污泥总量为 8190kgDS/d，污泥含水率为95%，污泥流量 Q 为 164m^3/d，剩余污泥中可生物降解有机物含量以污泥量的 70% 计，消化后污泥中挥发性有机物去除以 40% 计，则好氧消化后剩余污泥量减少至 5900kgDS/d，污泥含水率为 96.4%，污泥流量 Q 为 164m^3/d。污泥好氧消化池采用新建，好氧消化为 1 座，直径为 ϕ26m，池有效高度为 5.0m，超高 2.0m，用以防止在高温好氧消化时产生泡沫，有效体积为 2653m^3，有效停留时间为 16.1d。同时在设计过程中，考虑可将高温好氧消化池切换成常温好氧消化运行，具体运行方式把浓缩污泥浓度降低到 3.8%，浓缩污泥量为 215m^3/d，同时好氧消化池有效水深增加到 6.5m，此时好氧消化池有效容积为 3450m^3，污泥停留时间为 16d，常温运行时，好氧消化池根据情况需要可运行为缺氧、好氧状态，以防止好氧消化池内 pH 降低。

好氧消化池池外采用珍珠岩外保温，消化池上部采用现浇混凝土盖板密封。

好氧消化充氧采用 MTS 射流曝气系统，利用风机和污泥循环泵相结合进行充氧，加压空气由鼓风机房提供，通过在射流器内空气与水相遇时产生激烈的剪切碰撞，从而导致流体在瞬间混合，射流曝气设备的氧利用率可达到 25% 以上，同时通过污泥回流，对好氧消化池进行污泥搅拌，好氧消化池设置回流污泥泵 4 台，3 用 1 备，每台流量为 1000m^3/h，扬程为 8.0m，功率为 37kW，好氧消化池回流污泥泵设在好氧消化池旁，回流污泥泵采用干式泵。

考虑到好氧消化池内易产生泡沫，适量的泡沫有利保持好氧消化池内的温度，但过度的泡沫会导致系统运行困难，因此在好氧消化池设置污水喷射消泡成套设备 2 套，每套功率为 7.5kW，主要通过喷射水流的作用，把泡沫消除，喷射用水循环利用，补充水采用生物滤池出水进行回用，多余水排入下水道进入进水泵房，好氧消化池产生的气体通过管道收集后送往 2 号除臭处理装置。

好氧消化池内设置 ORP 测定仪，风量可根据实际 ORP 调节回流污泥泵的开启台数和 *DN*400 风量电动调节阀，以根据好氧消化池的实际氧需要量调节好氧消化池的风量和污泥回流量，好氧消化池内同时设置 pH/温度在线测定仪一套。

好氧消化污泥后进入污泥储泥池，储泥池具有储存、中转、冷却等功能，污泥储泥池利用原有的一座浓缩池改造而成，原有浓缩池直径为 ϕ14m，有效容积为 690m^3，在池内设置换热器一套，换热器的有效面积为 30m^2，在经浓缩处理后的污泥通过螺杆泵提升后，同时通过换热器在储泥池内经过加热，可降低好氧消化后的污泥温度，对进入好氧消化的污泥进行预热，回收部分能源。

储泥池原有污泥浓缩机予以维修利用，浓缩机对污泥进行搅拌和浓缩作用，同时储泥池上采用玻璃钢盖板以防止臭气外溢，储泥池污泥利用原浓缩池 *DN*200 出泥管进入污泥脱水机房，通过脱水机房螺杆泵提升后进入脱水机进行脱水，储泥池上清液溢流进入脱水滤液池。

5）污泥脱水机房

污泥脱水机房现有的主要机械设备包括带式脱水机 2 台，带宽 2m，单台处理能力 Q 为 5～10m^3/h，配套污泥进料螺杆泵 2 台，单台流量 Q 为 5～20m^3/h，扬程 H 为 20m，电机功率 N 为 5.5kW，配套冲洗水泵 2 台，单台流量 Q 为 15m^3/h，扬程 H 为 60m，电机功率 N 为 11kW，配套絮凝制备装置 2 套，絮凝剂添加 2 台，单台流量 Q 为 0.2～1.0m^3/h，扬程 H 为 20m，电机功率 N 为 0.55kW。脱水后污泥通过皮带输送机送往污泥装载车，外运处置。

本次主要对2台带式脱水机更换成离心脱水机和配套进泥泵、絮凝装置等设备进行更换，原有絮凝剂制备、螺杆提升泵移至浓缩机房，脱水机房根据设备要求设置，同时考虑到原有皮带输送机易散发臭味，污染环境，拆换成1台倾斜式螺旋输送机和污泥储存仓。

离心脱水机2台，处理能力为250kg/h，污泥进泥量浓度为97%，固体回收率大于95%，单台处理量为5~10m^3/h。

脱水污泥由倾斜式无轴螺旋输送至集料斗，集料斗下的预压螺旋将污泥以正压方式经闸板阀喂入浓料泵，浓料泵抽出的污泥高压浓料换向阀进入污泥缓冲储存仓。仓中的污泥再经检修闸板阀由给料螺旋转载至运输车中。当系统长期停止运行时可将残留在管道中的污泥由浓料泵向储存仓方向清洗（清洗介质用水），清洗后可将水由放水阀放出。

集料斗内置料位检测仪，可根据料位情况调整系统运行工况。污泥储存仓可储存污水厂两天产出的污泥，内置料位检测计、有毒气体检测仪。其中污泥流量最大为20m^3/h，污泥泵设置流量计量系统，可计算出污泥的流量和体积，污泥料仓体积为60m^3，按储存2d污泥量计。

6）脱水滤液处理

污泥脱水后的滤液量为164m^3/d，脱水后的滤液首先进入滤液池，滤液池有效体积为160m^3，停留时间为24h，滤液池内设有潜水泵提升2台，1用1备，单台流量Q为15m^3/h，扬程H为15m，电机功率N为1.5kW，经水泵提升后混凝沉淀一体化处理池，一体化处理池处理量为15m^3/h，混凝剂采用硫酸铝，投加量根据滤液中的磷含量而定，设计混凝剂投加量以150mg/L计，经处理后上清液返回至进水泵房。

（4）总平面布置

1）平面布置原则

按照功能不同，分区布置，新建污水、污泥处理构筑物尽可能布置在已建生产区内，与生活设施保持一定距离，并用绿化带隔开。

污水、污泥处理构筑物尽可能分别集中布置。处理构筑物间布置紧凑、合理，并满足各构筑物的施工、设备安装和埋设各类管道以和养护管理的要求。

本工程属于老厂改造项目，充分利用现有的构建筑物，新增构筑物或改建的构筑物充分考虑现在的管线状况，尽可能利用原有管线，避免管线重复设置、管线迂回的情况发生。污泥处理构筑物应尽可能布置成单独的组合，以策安全，并方便管理。

在改造工程中，安排充分的绿化地带，通过优化处理工艺将厂区绿化面积增加2000m^2，同时对原有地方进行补种绿化，使曲阳厂现有的32.7%绿化率提高至38%以上。

设置通往各处理构筑物和建筑物的必要通道，设置事故排放管和超越管，各构筑物均可重力放空。

2）总平面布置

根据推荐的处理方案，曲阳污水处理厂基本利用原有的处理构筑物，新增处理构筑物为：曝气生物滤池（与消毒池、反冲洗污泥池、污水提升井、回流污泥井合建）、浓缩污泥储泥池、脱水滤液池，好氧消化池，雨水提升井；同时废除一座初次沉淀池和两座二次沉淀池。整个污水处理厂分为厂前区、污水处理区和污泥处理区。

通过本次改建工程，厂前区的面貌有了较大改善，更具有时代气息、更符合现代化工厂的需要，同时体现一种人文关怀的思想。根据建设部标准和老厂状况，改造后污水处理厂在利用原厂已建建筑物(包括综合楼、值班休息室、仓库、机修间)的基础上，在建筑物外墙、围墙、绿化、室内装修方面进行整新改造。

根据厂区可用地现状，新增污水处理构筑物可全部布置在目前污水厂围墙范围内。其中一座初次沉淀池不预利用，两座二沉池拆除后建曝气生物滤池，原初次沉淀池拆除作为绿化用地，在原污水排出口处增加厂区应急雨水提升井。

经改建的污水处理构筑物依流程布置，最大限度地利用原有管道，减少因改建对污水处理厂生产运行的影响，同时减少管道的迂回，节省工程造价。

污泥处理浓缩机用房由原加氯间改建，同时，在原加氯机房北增加储泥池和脱水机滤液池，原浓缩池改造成初沉污泥浓缩池和消化后污泥储泥池，原加氯池作为污泥除臭设施用地，整个污泥处理较为集中，便于可用绿化带隔离成单独的污泥处理区，便于集中管理。

本次改造过程充分利用了已有的生产管线，局部因工艺需要改道和重新布置，同时部分风管因原管道泄漏重新改造。由于二次沉淀池拆除两座，因此从曝气池至二次沉淀池的污水管依据改造次序局部重新布置，另外从二次沉淀池至生物滤池的污水管和生物滤池至排放口局部管道需要新布置；由于污泥处理工艺改变，大部分污泥管道均需要根据工艺需要重新布置；鼓风机房至曝气生物滤池和好氧消化池风管道根据需要重新辅设。

曲阳污水处理厂的总平面布置如图8－23所示。

5. 问题和建议

曲阳污水处理厂为上海市区规划保留的污水处理厂之一，曲阳污水处理厂达标改造工程的实施，可使其在水、气、泥、声等方面达到新的排放标准，改善周围环境状况，保障周围居民的健康生活，因此对曲阳污水处理厂达标改造是必要的。

污水处理工艺推荐采用“双污泥系统脱氮除磷处理方案”，该方案充分考虑曲阳污水处理厂以生活污水为主的特点，能更好地适应曲阳厂的具体现状，最大限度地利用现有处理构筑物，保证改造期间的正常运行，具有很好的针对性，该工艺考虑脱氮和除磷需要两种不同的运行状况的特点，采用A/A/O活性污泥系统和生物滤池有机结合，使整个处理系统得到优化，出水主要水质能够满足$COD_{Cr} \leqslant 100mg/L$、$BOD_5 \leqslant 30mg/L$、$SS \leqslant 30mg/L$、$TP \leqslant 3mg/L$、$NH_3-N \leqslant 25mg/L$(水温低于12℃为30mg/L)的要求。

污水处理过程中产生的污泥，采用浓缩、高温好氧消化，可以达到减量、稳定、无害化的目标，再经机械脱水外运可用为绿化介质土进行资源化利用。处理构筑物产生的恶臭，采用集中收集后，采用除臭处理后达标排放，采用隔声、消声方法，使之符合环保要求。

改造工程总投资为7910.51万元，单位处理成本为0.53元/m^3。

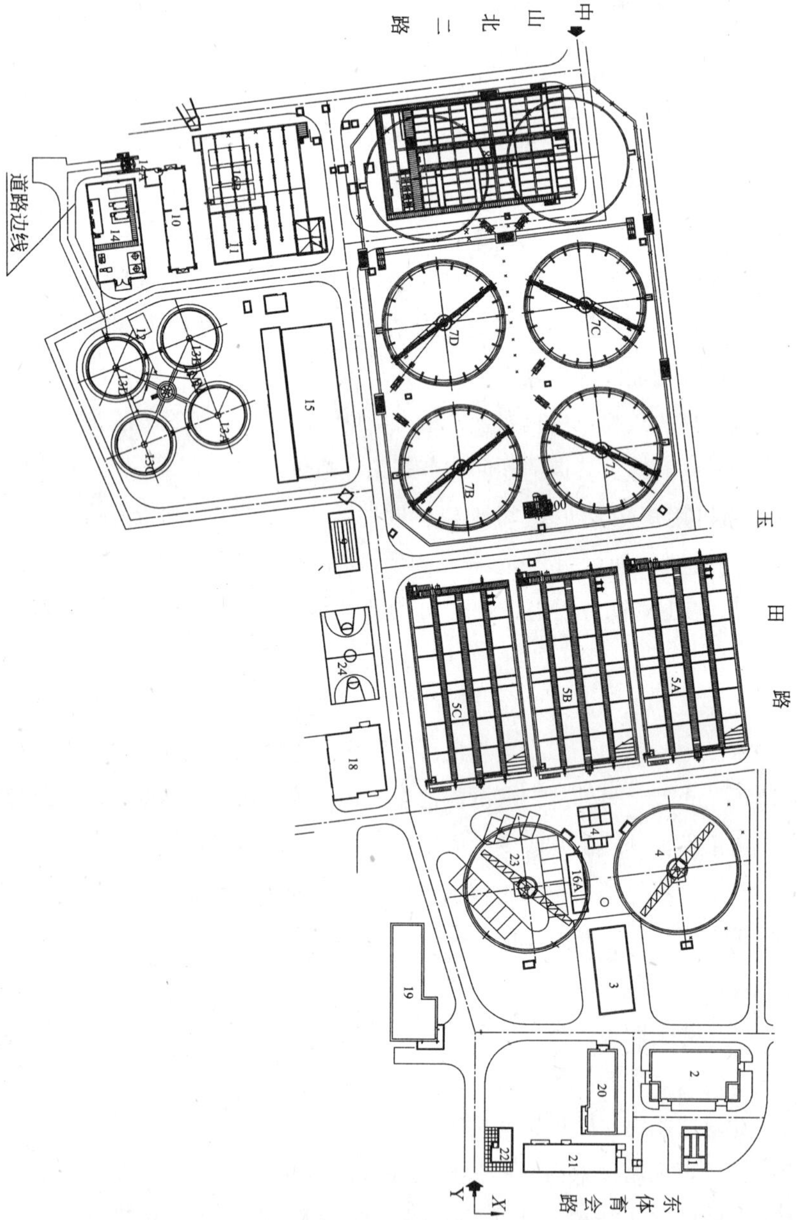

图 8－23 曲阳污水处理厂总平面布置图

8.3 郑州市王新庄污水处理厂改造工程

8.3.1 污水厂介绍

1. 项目建设背景

郑州市是河南省的省会，全省政治、经济文化中心。经过多年的经济建设，郑州已发展成为以纺织、铝业、煤炭、机械、食品、冶金工业为主体，连同轻工、化工、建材等工业的综合性工业基地和具有中原特色的现代化商贸城市。

郑州市区气候属暖温带大陆型季风气候，特征为夏季炎热，冬季寒冷，四季分明，气候干燥，受季风影响明显。年平均气温14.2℃，极端最低气温为-17.9℃，极端最高气温为43℃；年平均降雨量636.7mm，全年主导风向和夏季主导风向均为东南；抗震设防烈度为七度。

郑州市市内的地表水属淮河流域、沙颍河水系，流经该市的天然河流主要有索须河、贾鲁河、贾鲁河的支流、东风渠、金水河、熊耳河、七里河、潮河。郑州市王新庄污水处理厂处理后的尾水排入七里河。

郑州市污水管网除老市区部分为合流制外，其他均为分流制排水系统。目前郑州市共有排水管道总长346km，其中合流制管道68km，形成王新庄、五龙口、马头岗三大排水系统。其中王新庄排水系统主要收集金水路以南、南三环路以北、桐柏路以东、107国道以西的生活污水和工业废水，是郑州市目前最完善的污水系统。王新庄污水处理厂规划服务面积102km^2，规划旱流污水量为81.83×$10^4m^3/d$，区域现状服务面积约68.1km^2，规划进入污水处理厂的旱流污水量为54.5×$10^4m^3/d$，占总规划总量的66%。2000年底王新庄二级处理厂一期规模为40×$10^4m^3/d$的污水处理工程已经正式投入运行，该区域的污水除部分沿熊耳河，少量沿七里河排入东风渠外，大部分污水经污水管道收集后，排入王新庄二级污水处理厂，污水经处理最终排至七里河。

郑州市已建成王新庄污水处理厂、五龙口污水处理厂和马头岗污水处理厂三大污水处理厂。

王新庄污水处理厂设计规模为近期为40×$10^4m^3/d$，远期将达到80×$10^4m^3/d$，污水处理采用A/O工艺，原设计出水水质标准为《污水综合排放标准》(GB 8978—1996)的二级标准，部分指标严于二级标准。污水处理厂服务范围包括：老城区、郑东新区、郑州市经济技术开发区、熊耳河和七里河。污泥采用二级厌氧中温消化，离心脱水后外运填埋。目前实际处理水量约为32×$10^4m^3/d$。

五龙口污水处理厂设计规模为近期10×$10^4m^3/d$，其中5×$10^4m^3/d$污水回用，远期20×$10^4m^3/d$，污水处理采用改良氧化沟工艺。设计出水水质达《污水综合排放标准》(GB 8978—1996)二级标准，部分指标严于二级标准，污泥经浓缩脱水后外运。回用水处理工艺为混凝沉淀、过滤，处理后的水排入纱厂明沟用作金水河补充水源。五龙口污水处理厂2005年3月投入运行。

马头岗污水处理厂设计规模近期30×$10^4m^3/d$，远期60×$10^4m^3/d$，污水处理采用UCT工艺。设计出水水质达《城镇污水处理厂污染物排放标准》(GB 18918—2002)二级标准，部分指标严于二级标准，污泥经二级中温消化，离心脱水后外运填埋。马头岗污水处理厂预计2008年投产。

2. 污水处理厂现状

王新庄污水处理厂位于郑州市东郊，东风渠与七里河交汇处。污水处理厂于2000年12月

28 日建成通水，设计规模 $40\times10^4m^3/d$，污水采用厌氧/好氧二级生化处理工艺，处理后的尾水排入七里河。污泥采用二级中温厌氧消化工艺，离心浓缩脱水。2004 年 10 月 15 日开始实施污泥浓缩脱水系统改造工程，并于 2005 年 1 月 20 日竣工。原设计出水标准执行《污水综合排放标准》（GB 8978—1996）中二级排放标准，其中 COD 值严于二级标准。原设计进出水水质如表 8－7 所示，现状处理工艺流程图如图 8－24 所示。污水厂西侧为厂前区和池塘，东侧为污水和污泥处理区，污泥消化区位于污水厂东北角，总占地面积为 496 亩。

原设计进水水质表（mg/L）　　　　**表 8－7**

项　目	COD_{Cr}	BOD_5	SS	NH_4^+-N	TP
设计进水水质	350	150	220	30	4
设计出水水质	≤80	≤20	≤30	≤25	≤1
GB 8978—1996 二级标准	≤120	≤30	≤30	≤25	≤1

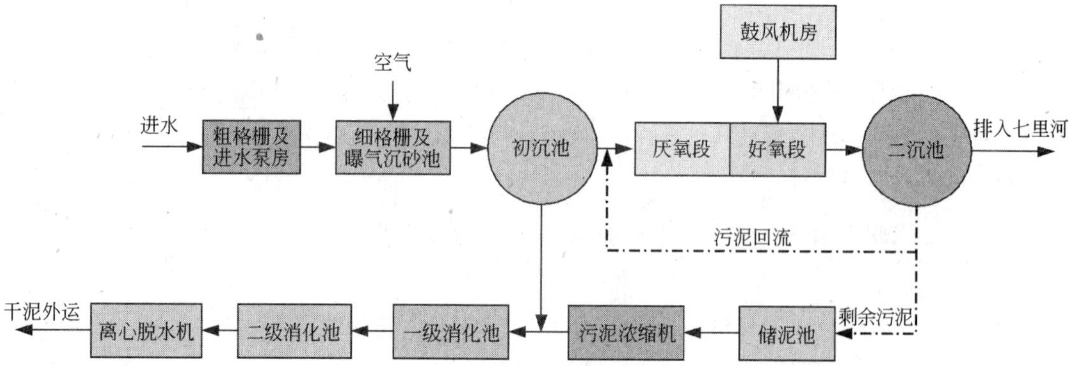

图 8－24　污水处理厂现状处理工艺流程图

王新庄污水处理厂自 2000 年建成投产以来，处理水量逐渐增加，目前污水处理量已达 $32\times10^4m^3/d$ 左右。

王新庄污水处理厂进水中工业废水占 45%，郑州市又是个严重缺水的城市，污水厂投产运行至今，实际进水水质与设计进水水质相差较大，2002～2005 年实际进出水水质如表 8－8、表 8－9 所示。

2002～2005 年进水水质平均值汇总表（mg/L）　　　　**表 8－8**

项 目 年 份	COD_{Cr}	BOD_5	SS	NH_4^+-N	TP
2002 全年平均	494.0	195.2	338.5	40.6	9.4
2003 全年平均	521.5	204.2	380.8	45.8	8.0
2004 全年平均	476.0	215.5	321.1	52.6	9.6
2005 全年平均	397.79	164.92	299.38	45.57	7.94

2002～2005年出水水质汇总表(mg/L) 表8－9

项目年份	COD_{Cr}	BOD_5	SS	NH_4^+－N	TP
2002全年平均	63.5	8.5	13.5	43.6	5.1
2003全年平均	42.5	6.2	13.8	33.2	1.6
2004全年平均	51.7	10.8	13.6	33.0	3.1
2005全年平均	42.68	7.80	13.30	35.84	1.66

由表8－8和表8－9可以看出，王新庄污水处理厂进水水质中COD_{Cr}、BOD_5、SS、NH_4－N、TP的年平均值均明显高于设计值，2003～2004年BOD_5、NH_4^+－N和TP有逐年递增的趋势，而2005年BOD_5下降明显，其余指标略有下降。由于进水COD_{Cr}、BOD_5、SS均高于设计值，导致处理后出水全年NH_4－N和TP出水平均值均超出排放标准，但COD_{Cr}、BOD_5和SS除部分月份COD_{Cr}超标外，全年出水平均值均达到了设计出水标准。

由于现状实际进水水质高于设计值，致使污水处理过程中产生的剩余污泥量高于设计值，导致污泥浓缩和脱水设备的能力不足，为此，王新庄污水处理厂于2004年10月开始实施的污泥浓缩脱水系统改造工程，新增污泥浓缩机2台，单机处理能力为$100m^3/h$；新增污泥脱水机1台，单机处理能力为$50m^3/h$。

8.3.2 改扩建设计

1. 改扩建标准的确定

按照原国家环保总局颁布的《城镇污水处理厂污染物排放标准》(GB 18918—2002)二级标准要求，为改善城市环境，减少污染，提高居民生活质量和水平，确保郑州市和下游水域和地下水质免受污染，促进经济可持续发展，必须对王新庄污水处理厂进行改造。

经过对污水处理厂运行情况的了解和分析，在充分利用现有设施和设备的前提下，需要对新建部分污水处理和污泥处理设施，增加污水消毒设施，并对现有机电设备、自控系统等进行扩容改造，出水水质应达到国家《城镇污水处理厂污染物排放标准》(GB 18918—2002)二级标准要求，并在进行新建构筑物设计时考虑污水处理厂出水回用的可能性。

2. 改扩建内容

根据设计，本次改造工程充分利用原有污水污泥处理构筑物和已建的各种辅助建筑物(包括综合楼、食堂、仓库、机修间、车库等)，改造曝气沉砂池、A/O反应池、鼓风机房、污泥脱水机房、沼气锅炉房和出水井，同时新建初次沉淀池、前置缺氧段A/A/O反应池、鼓风机房、加药间、二次沉淀池和二次沉淀池配水井、回流和剩余污泥泵房、紫外消毒池等污水处理设施，新建污泥浓缩机房、一级消化池、操作间、沼气锅炉房、脱硫塔、污泥脱水机房和除磷池等污泥处理构筑物。根据现有的污水处理厂总平面布置，在污水处理厂东侧围墙外，新征用地$7.714hm^2$，新征用地南部为污水处理区，北部为污泥处理区，污泥消化区为易燃易爆区，设单独的围墙将消化区和其他区域分开，以方便管理，污水处理厂改造后的平面布置如图8－25所示。

3. 处理工艺选择

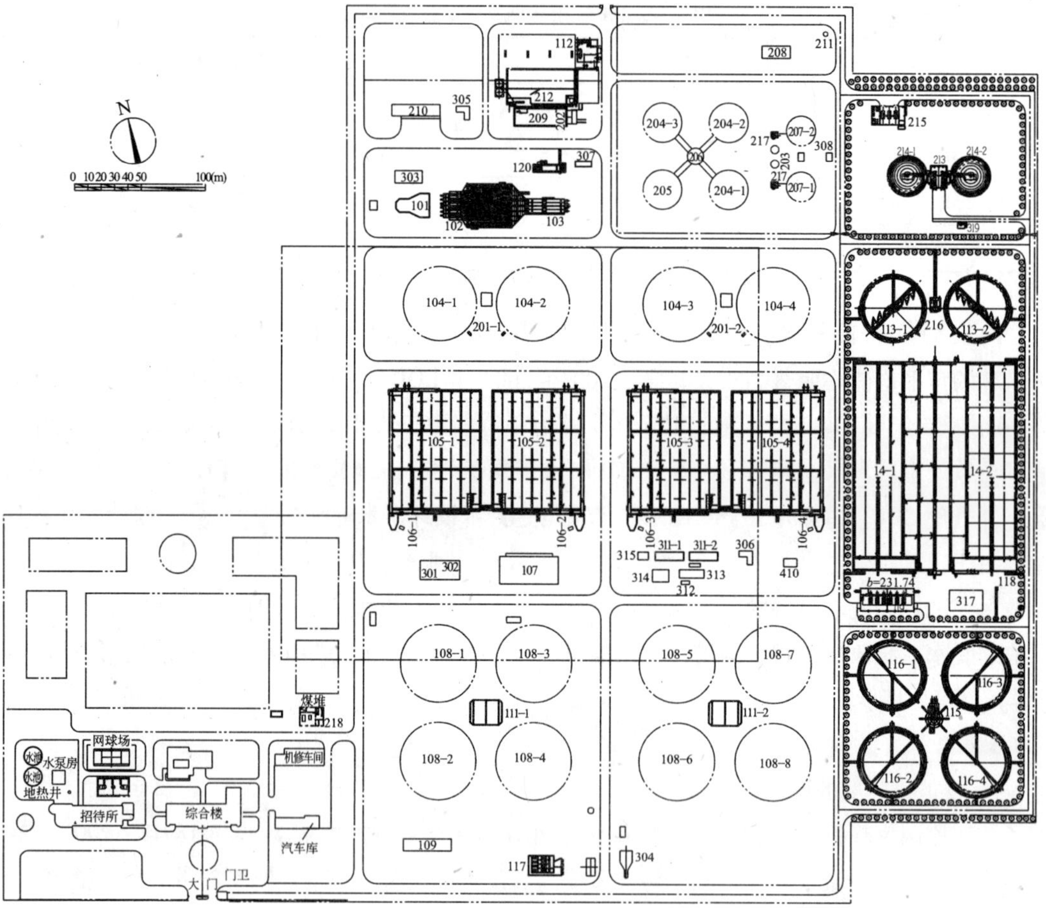

图 8-25 王新庄污水处理厂改造后平面布置图

由王新庄污水处理厂近年进水水质可以看出，从 2004 年开始，王新庄污水处理厂的进水水质中 BOD_5、COD_{Cr}、SS 浓度下降明显，而 NH_3-N、TP 浓度变化较小，由于 BOD_5/TN、BOD_5/TP 偏低，不利于生物脱氮除磷。本工程出水水质要求出水 TP≤3mg/L，因此设计采用带前置缺氧段的 A/A/O 工艺作为本次设计的污水生物处理工艺，其工艺流程如图 8-26 所示。

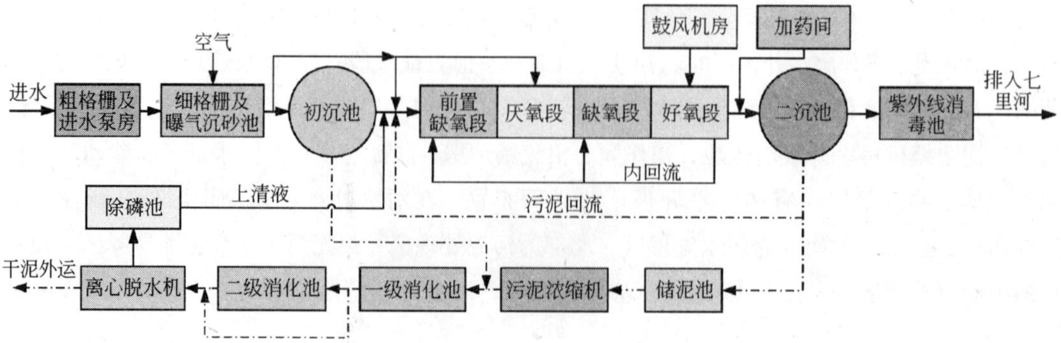

图 8-26 前置缺氧段 A/A/O 工艺流程图

设置前置缺氧段，其目的主要是去除回流污泥中的硝酸盐，使厌氧区内的厌氧环境得到保证，从而确保生物除磷效果。内回流中的硝酸盐在厌氧段后设置的缺氧段中进行反硝化，避免过量的硝酸盐进入二次沉淀池，在二次沉淀池内进行反硝化引起污泥上浮，同时回收氧和碱度，节约能量。在前置缺氧段和厌氧段设两个进水点，以保证前置缺氧段反硝化和厌氧段生物除磷所需的碳源，同时在生物反应池的设计中考虑可以根据进水水质、水温的变化采用不同运行方式。当进水碳源严重不足时，设置可超越初次沉淀池的旁通管，同时还可将污泥离心脱水机滤液经除磷池处理后的上清液直接进入生物反应池。本工程还设置了加药设备作为备用，一旦水质波动或其他因素出现造成水质变化，可通过投加化学药剂除磷以确保出水水质达标。

本次设计考虑适当增加新建生化处理构筑物硝化段和反硝化段的停留时间，降低出水NH_4^+-N和TN浓度，为将来王新庄污水处理厂出水回用采用深度处理工艺创造有利条件。此外还增加除磷池，消化池上清液和离心脱水机滤液进入除磷池，投加硫酸铝进行化学除磷，以避免高浓度的消化池上清液和离心脱水机滤液进入污水处理系统，对污水处理系统造成冲击，使出水TP超标。

4. 主要处理构筑物设计

根据确定的工艺流程，污水处理厂在充分利用已建处理构筑物的同时，需新建部分处理构筑物。已建处理构筑物和新建处理构筑物设计处理能力如表8－10所示。

主要污水处理构筑物处理能力一览表 **表8－10**

编号	构筑物名称	处理能力($\times10^4m^3/d$)		备注
		原有构筑物	新建构筑物	
1	进水泵房	40		
2	曝气沉砂池	40		
3	配水计量槽	24		新建构筑物用电磁流量计计量
4	初次沉淀池	24	16	
5	初沉污泥泵房	24	16	
6	前置缺氧段A/A/O反应池	24	16	
7	脱气池	24		
8	二次沉淀池配水井		16	
9	二次沉淀池	24	16	
10	回流和剩余污泥泵房	24	16	
11	紫外消毒池		40	
12	加药间		40	

(1) 污水处理构筑物

1) 曝气沉砂池

用于输送细格栅栅渣的皮带输送机故障率较高，能力不够，更换螺旋输送机2台，因曝气沉砂池集水渠内两个集砂斗集砂量相差较大，其中1台砂泵使用频率较高，损坏较严重，且能力不足，本次设计拟更换潜水砂泵，并新增1台潜水砂泵。曝气沉砂池出水部分新增固定出水堰两套，新增1座出水井和1根*DN*1800出水管至新建初次沉淀池配水井。

2) 初次沉淀池

利用已建的4座池径55m初次沉淀池，新建2座辐流式初次沉淀池，直径为48m，有效水深为4.0m，设计表面负荷为2.39m³/(m²·h)，沉淀时间1.67h。配套新建1座初沉污泥泵房，内设2套污泥泵，泵每天运行时间为14h。

初次沉淀池的工艺设计如图8－27所示。

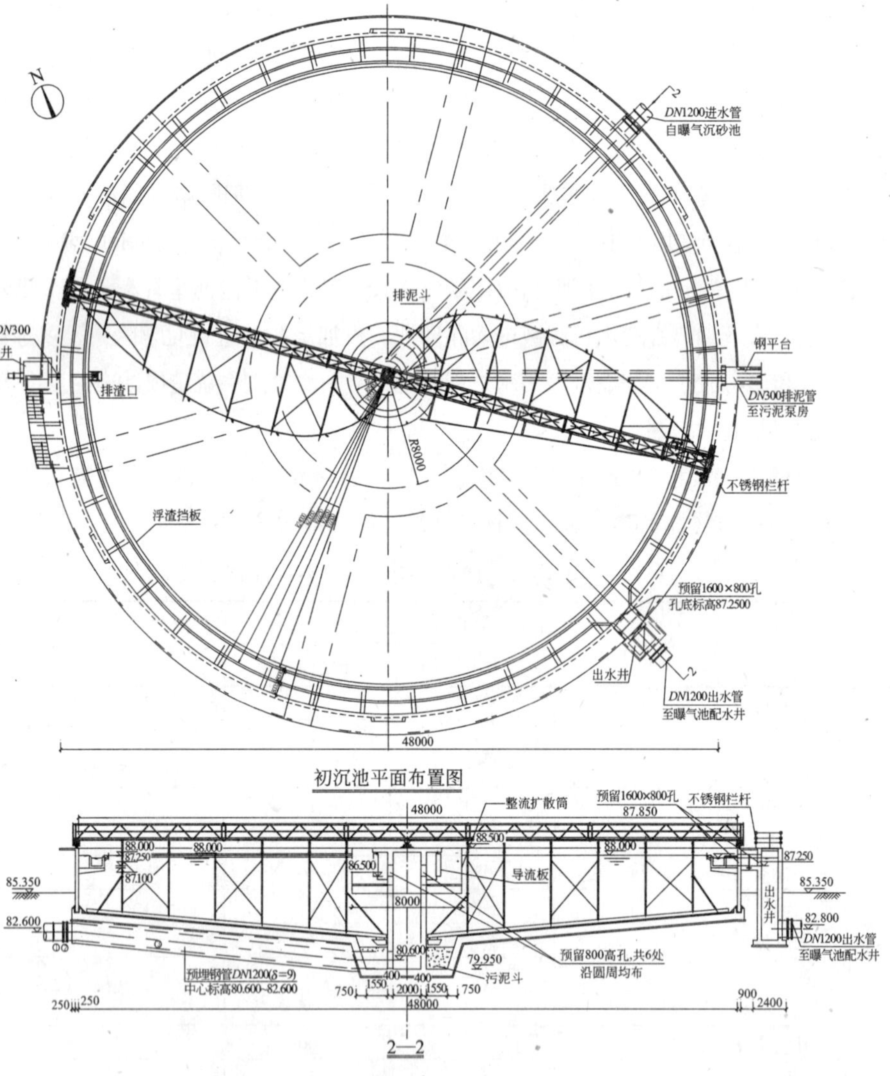

图8－27 初次沉淀池工艺设计图

3）前置缺氧段A/A/O反应池

前置缺氧段A/A/O反应池由已建A/O反应池改建为前置缺氧段A/A/O反应池和新建前置缺氧段A/A/O反应池组成。

已建4座A/O反应池，分为9条廊道。本次改造拟将每池的前3条廊道改为前置缺氧段、厌氧段、缺氧段，第4条廊道增加3套潜水搅拌器，同时更换原有的曝气器，后5个廊道可作为好氧段，而第4条廊道可作为交替段，好氧段的出水堰维持不变。每池增加3台内回流泵，另设2台备用。曝气池西侧池壁新增*DN*1000内回流污泥管，内回流管分为两根，一根内回流管进入第3条廊道后半部缺氧段，上设手动闸阀，另一根内回流管进入原污泥回流渠的巴氏计量槽内，和回流污泥一道进入前置缺氧段前端，上设手动闸阀。内回流总管上设流量计计量内回流量。第 1 条廊道和第 3 条廊道东端头增设调节堰门，分配和调节进入前置缺氧段和厌氧段的污水量。

在已建前置缺氧段 A/A/O 反应池出水端设置加药管，当进水水质发生较大变化时，拟投加硫酸铝，以确保去除污水中尚未达标的剩余磷。由于目前已建 A/O 反应池曝气头堵塞较为严重，本工程拟彻底更换曝气池中曝气头，更换并新增曝气头总数为 36312 个，为避免空气流速过高可能引起的噪声污染，同时减少阻力损失，降低能耗，将原有空气管道全部更换。改建的 A/A/O 反应池如图 8－28 所示。

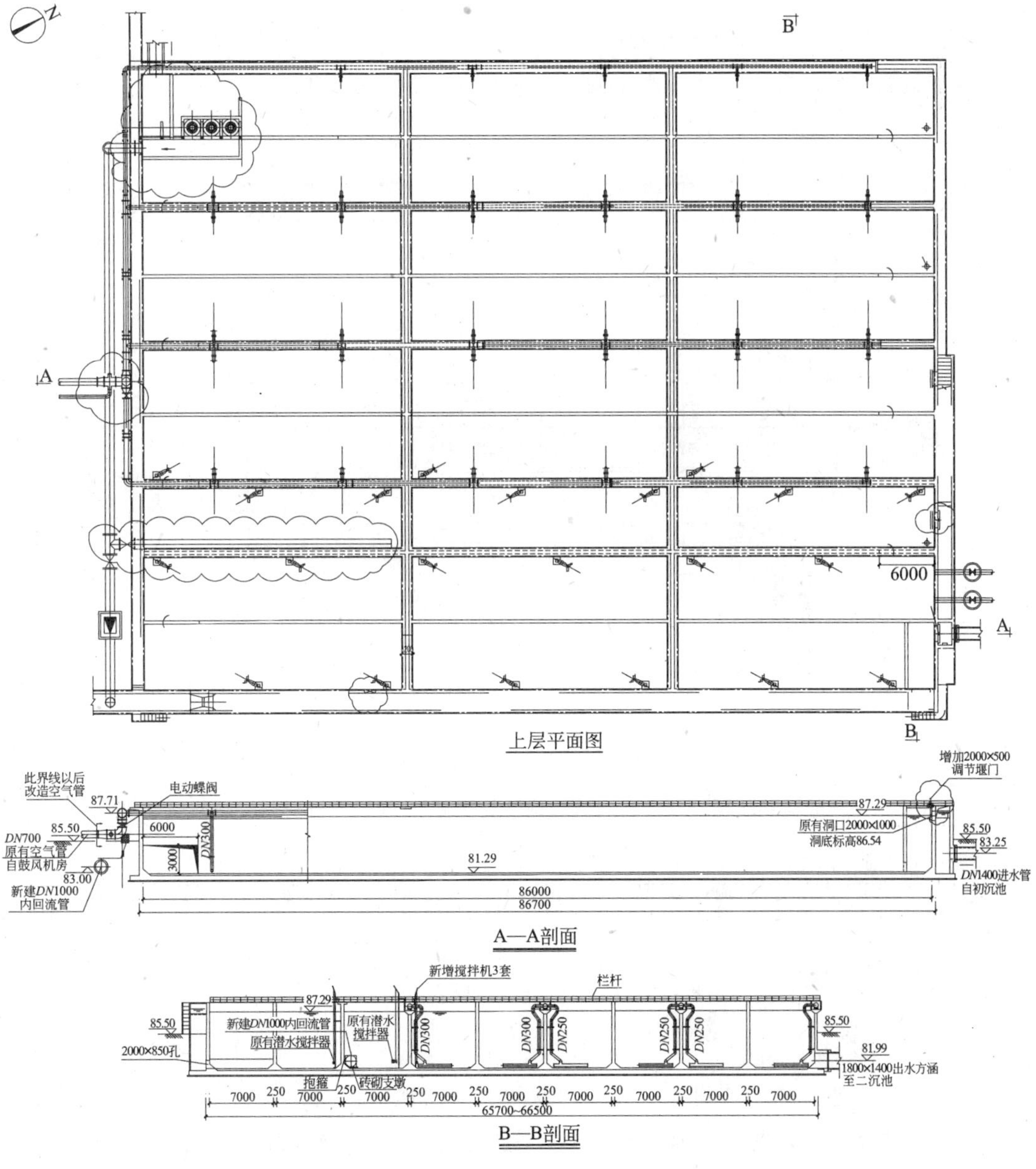

图 8－28　改建的 A/A/O 反应池工艺设计图

新建一座两池前置缺氧段 A/A/O 反应池，有效容积为 $110330m^3$，有效水深为 6m，混合液浓度为 3.5g/L，污泥负荷为 $0.075kgBOD_5/(kgMLSS\cdot d)$，剩余污泥产率为 0.8kgDS/kg-$BOD_5$，设计水力停留时间为 16.55h。第 1、2 条廊道为前置缺氧段、厌氧段和缺氧段，每池设置 16 套潜水搅拌器，促使池内污水搅动，避免污泥沉积，第 3 条廊道底同时设有搅拌器和曝气器，为交替段，其余 3 条廊道为好氧段，好氧段底部均布微孔曝气器，为微生物生长提供氧气，同时确保池内混合液呈悬浮状态。每池好氧段出水处设置 4 台内回流泵，另设 1 台库备。通过第 1 和第 2 条廊道之间的内回流渠，将内回流污泥送至缺氧段。内回流渠上设明渠流量计计量内回流量。前置缺氧段和厌氧段进水端设调节堰门，调节污水的进入量。

同样，在新建前置缺氧段 A/A/O 反应池出水端设置加药管，以备进水水质发生较大变化时，投加硫酸铝，以确保去除污水中尚未达标的剩余磷，新建的 A/A/O 反应池如图 8－29 所示。

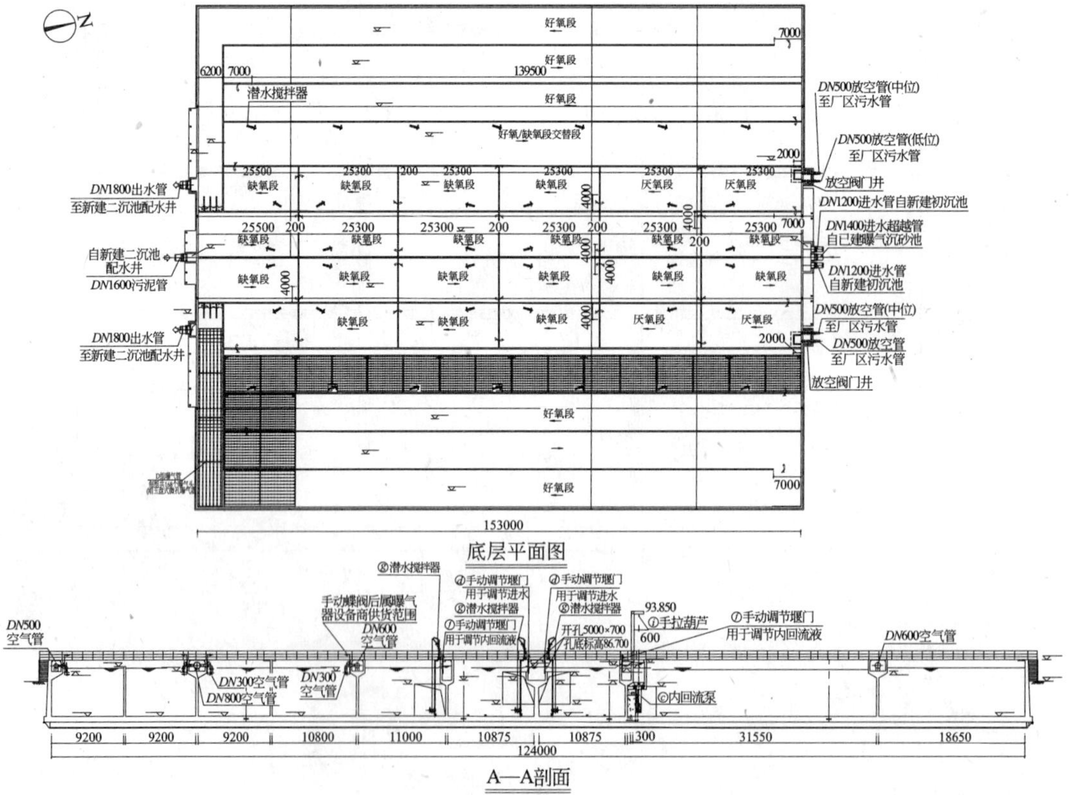

图 8－29 新建的 A/A/O 反应池工艺设计图

4）二次沉淀池

利用已建 8 座采用中心进水、周边出水辐流式二次沉淀池，直径为 57m，池边水深为 4.2m，设计表面水力负荷为 $0.64m^3/(m^2\cdot h)$。新建 1 座圆形二次沉淀池配水井和 4 座采用周边进水、周边出水辐流式二次沉淀池。配水井将来自新建前置缺氧段 A/A/O 反应池的污水均匀地分配至4座新建二次沉淀池，内设4套双吊点调节堰门。二次沉淀池高峰流量时设计表面负荷为1.20$m^3/(m^2 \cdot h)$，直径为48m，池边水深为4.6m，沉淀时间为3.83h。新建1座回流和剩余污泥泵房，并与二次沉淀池配水井合建。泵房内设4套回流污泥泵，同时在仓库内设置1套备用泵。设3套剩余污泥泵，2用1备；设计最大回流污泥比150%。

二次沉淀池的工艺设计如图8-30所示。

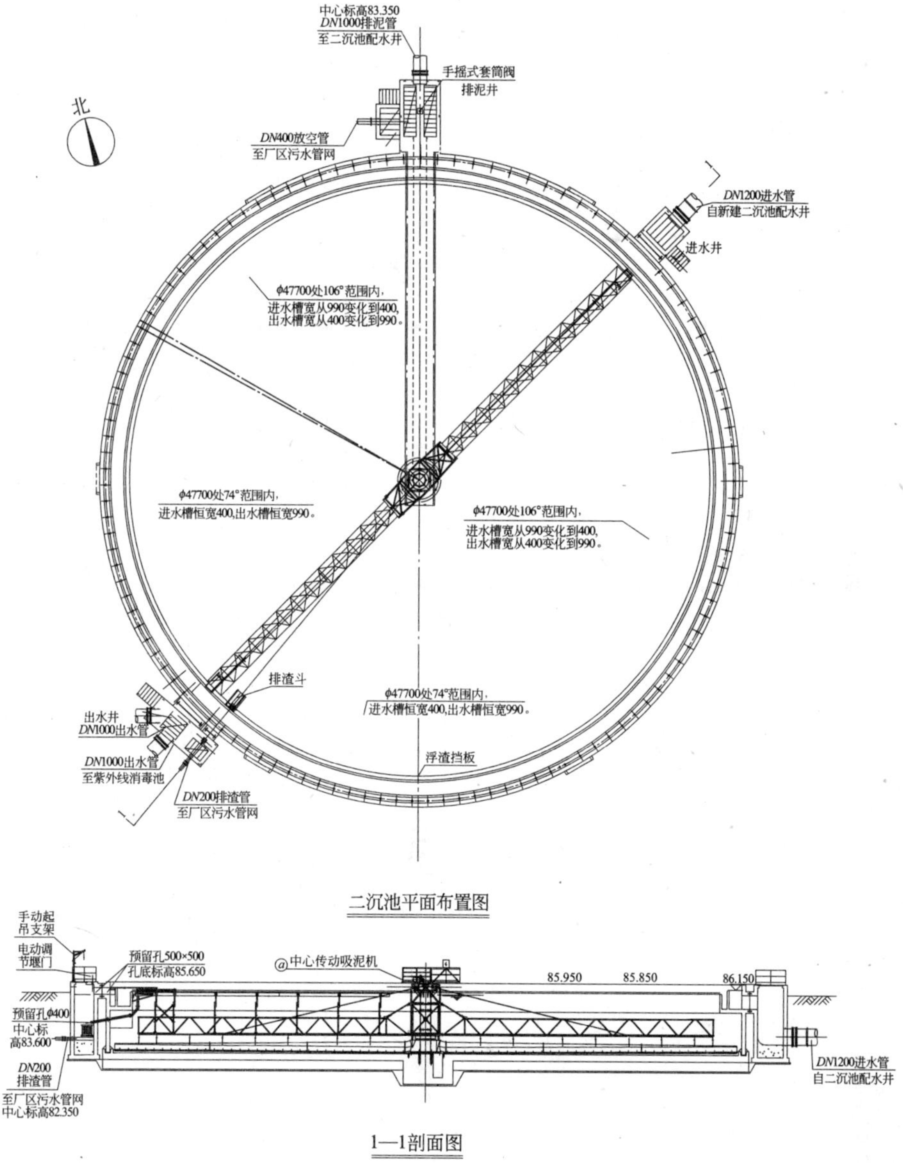

图8-30　二次沉淀池的工艺设计图

5）脱气池

原设计2座脱气池对应4组二次沉淀池，脱气池中间用隔墙连通，为增加运转的灵活性，本次设计将脱气池中间隔墙凿通，增设1500mm×1500mm手电两用方闸门，共2套。

6）鼓风机房

利用已建鼓风机房原有离心风机 7 台，其中 5 台为电动鼓风机，2 台为沼气驱动鼓风机作为备用风机。已建鼓风机房未设置空气粗过滤器，为此本次改造工程在总进风廊道内增加自动卷绕式空气过滤器。

新建鼓风机房 1 座，平面尺寸为 20m × 45m，增加电动鼓风机 6 套，单机风量 Q 为 $300m^3/min$，风压为 $7.3mH_2O$，其中 1 套作为备用风机。出风管接至位于其北侧的新建前置缺氧段 A/A/O 反应池，同时与已建鼓风机房出风总管接通。新建鼓风机房总进风廊道内也将设置 2 套自动卷绕式空气过滤器。

鼓风机房平面布置如图 8 – 31 所示。

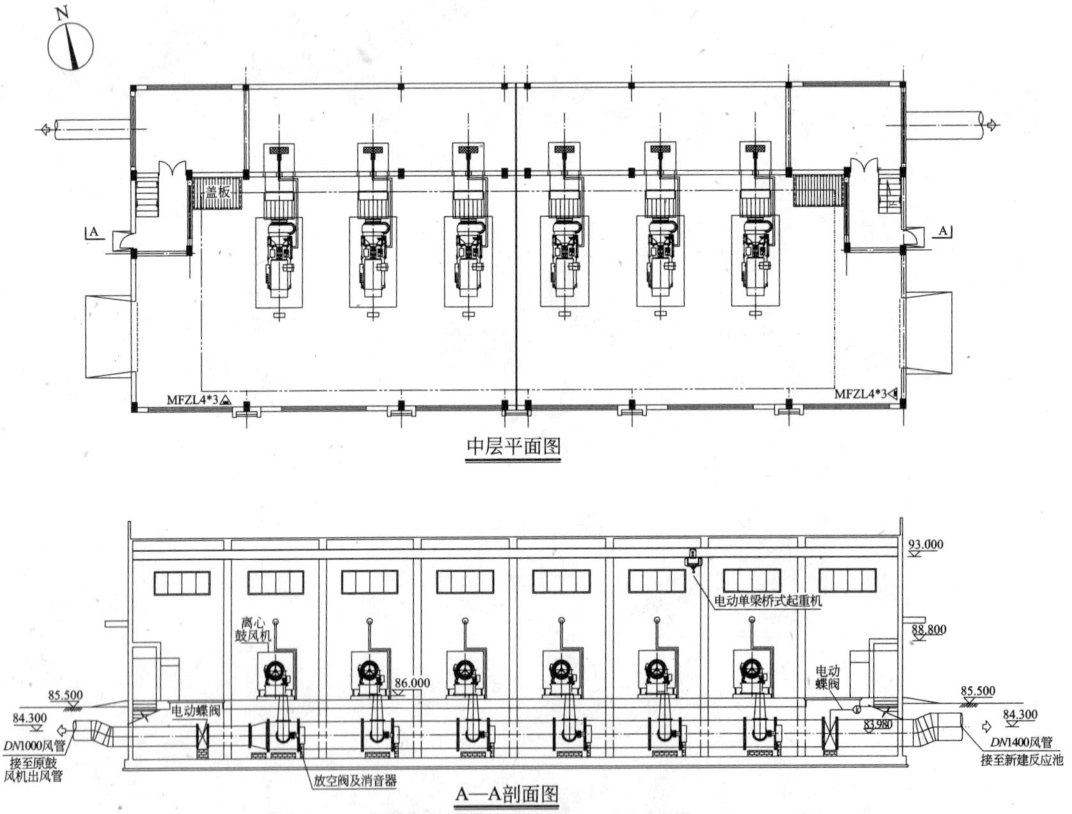

图 8 – 31 鼓风机房平面布置图

7）紫外线消毒池

新建紫外线消毒池 1 座，对二次沉淀池尾水进行消毒处理，共 4 条渠道，安装 4 个模块组，每个模块组含有 18 个模块，共 576 根紫外线消毒灯管，接触时间为 6s，紫外线消毒系统包括紫外线灯模块组、系统控制中心、配电中心、灯组支架和水位控制系统。

紫外线消毒装置采用模块式结构，使用低压高强度紫外灯管，使用多级变功电子镇流器，带机械或化学式自动清洗系统。自动清洗系统在清洗过程中不会对系统运行产生干扰，模块可以正常工作。

在紫外线消毒的进水廊道处设置不锈钢渠道闸门，用于切断水流作检修设备用。

紫外消毒渠平面布置如图 8－32 所示。

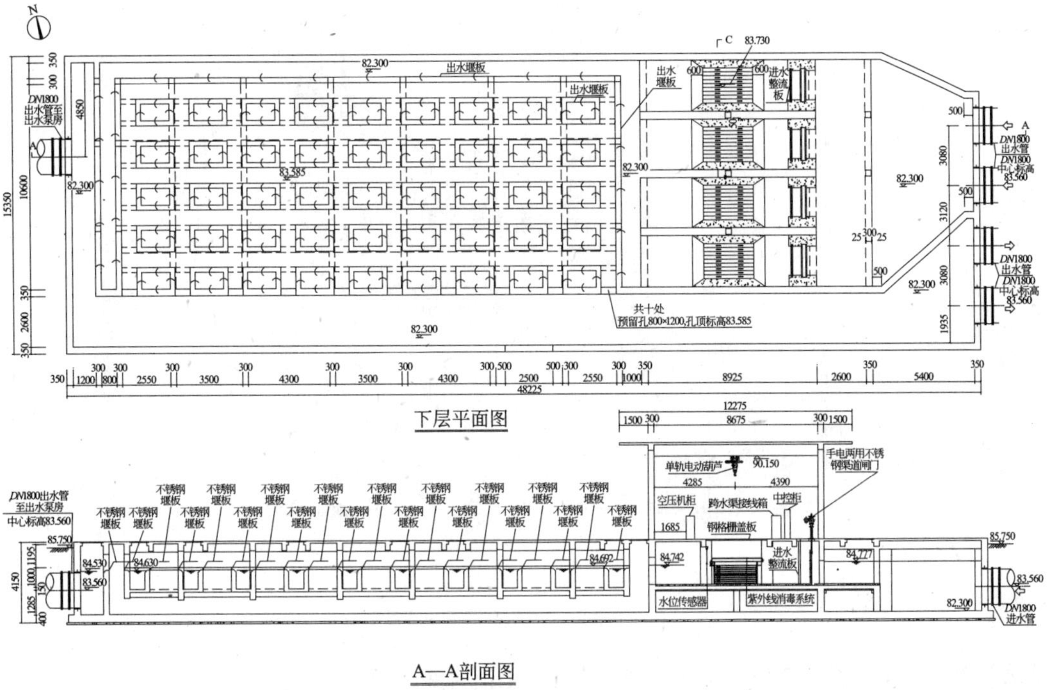

图 8－32　紫外消毒渠平面布置图

8）加药间

新建加药间 1 座，用以制备化学除磷所需的混凝剂溶液和絮凝剂溶液。投加化学药剂类型为固态硫酸铝，投加量为 16628～24052kg/d，可根据进水水质情况间歇投加。加药间内设置 2 套硫酸铝制备系统，单套制备能力 Q 为 0.7t/h。硫酸铝由给料机进行精确计量后通过倾斜式螺旋输送器送至溶药罐与溶解水混合溶解到 15% 浓度的溶液，最后通过计量泵输送至投加点。加药泵数量为 10 台，其中 8 台(6 用 2 备)用于前置缺氧段 A/A/O 反应池出水加药，2 台(1 用 1 备)用于除磷池加药，加药间药库储存药剂 15d。

加药间平面布置如图 8－33 所示。

（2）污泥处理构筑物设计

污泥处理工艺不变，但是由于污水处理工艺的改造，使产生污泥量和污泥性质发生改变。需要增加部分污泥处理设施。污泥由两部分组成，一部分为生物处理产生的剩余污泥，另一部分为投加硫酸铝产生的化学污泥。两部分污泥由剩余污泥泵提升进入原有储泥池，然后经污泥泵提升进入污泥浓缩机浓缩，浓缩后的剩余污泥进入均质池(和储泥池合建)和初沉污泥进行混合均质，由污泥泵提升后进入消化池进行中温厌氧消化池，消化后的污泥进入污泥离心脱水机进行脱水，脱水后的污泥进入新建的候寨垃圾综合处理厂处理。

1）污泥浓缩机房

污泥浓缩机房原有污泥浓缩机 6 套，其中单套处理能力为 $45m^3/h$ 的浓缩机 4 套，单套处理

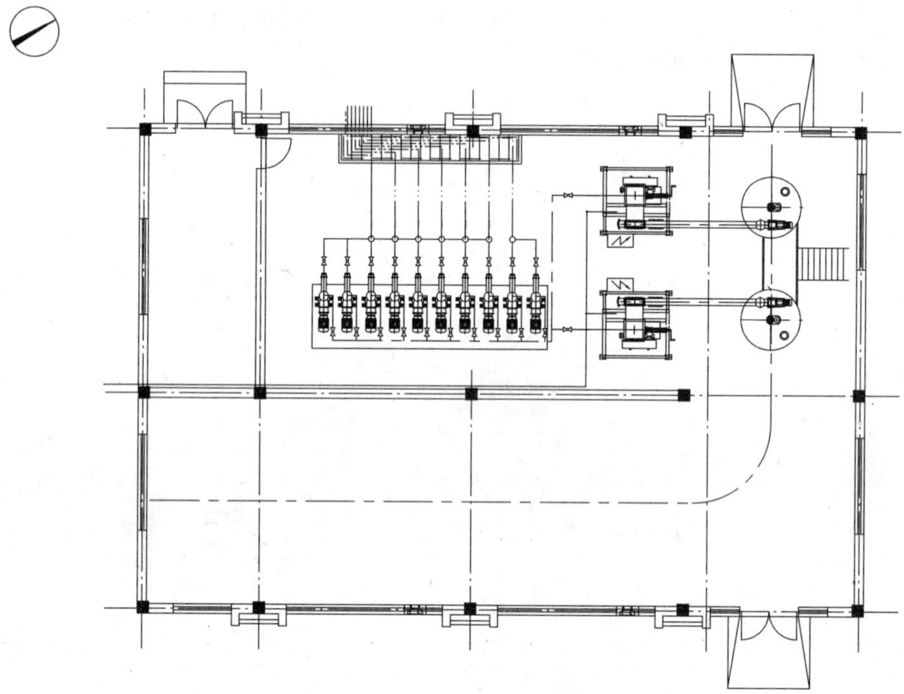

图 8－33　加药间平面布置图

能力为 $100m^3/h$ 浓缩机 2 套，本次改造新建污泥浓缩机房，增加 2 套处理能力为 $100m^3/h$ 的污泥浓缩机，1 套处理能力为 $45m^3/h$ 和 1 套处理能力为 $100m^3/h$ 污泥浓缩机将作为备用，提高设备的备用率。污泥浓缩机房运行时间为 20h，经浓缩后污泥含水率为 96%，污泥量为 $1482m^3/d$。

新增自动配制絮凝剂系统 1 套，用于本次新增离心浓缩机和本次新增脱水机的絮凝剂制备。干粉制备能力 Q 为 10～16kg/h，药剂浓度为 0.5%，新增絮凝剂添加泵采用隔膜计量泵 2 台，用于本次新增离心浓缩机絮凝剂溶液的投加。数量为，单台流量 Q 为 0.2～$1.5m^3/h$，扬程 H 为 30m，单台电机功率 N 为 0.55kW。污泥进泥泵前设置 2 台污泥切割机，用于切割进泥中的杂质，避免损坏设备。污泥缓冲罐设置在 2 台离心式污泥浓缩机出料口的下方，用于储存浓缩污泥。浓缩机的冲洗采用厂区回用水系统。

污泥浓缩机房平面布置如图 8－34 所示。

2）污泥消化池和操作间

本次改造工程初沉污泥干泥量为 64000kg/d，含水率为 95%，污泥流量为 $1280m^3/d$。剩余和化学污泥干泥量为 59290kg/d，经机械浓缩后含水率为 96%，污泥流量为 $1482m^3/d$。总污泥量为 $2762m^3/d$。

已建 3 座一级消化池和 1 座二级消化池利用，新增 2 座圆柱形一级消化池，每座池单池有效容积为 $14000m^3$，污泥停留时间为 21d。采用中温消化，工作温度为 33～35℃。污泥搅拌采用沼气搅拌方式。每座消化池配置 1 套设置在池顶的沼气分配盘，沼气搅拌管由沼气分配盘引出，由池中心均匀分配，利用沼气压缩机将沼气送入消化池对池内污泥进行搅拌混合。设置 2 套沼气流量显示器，用于监控和显示沼气量。安全阀设置在消化池顶部，避免池体超压运行，

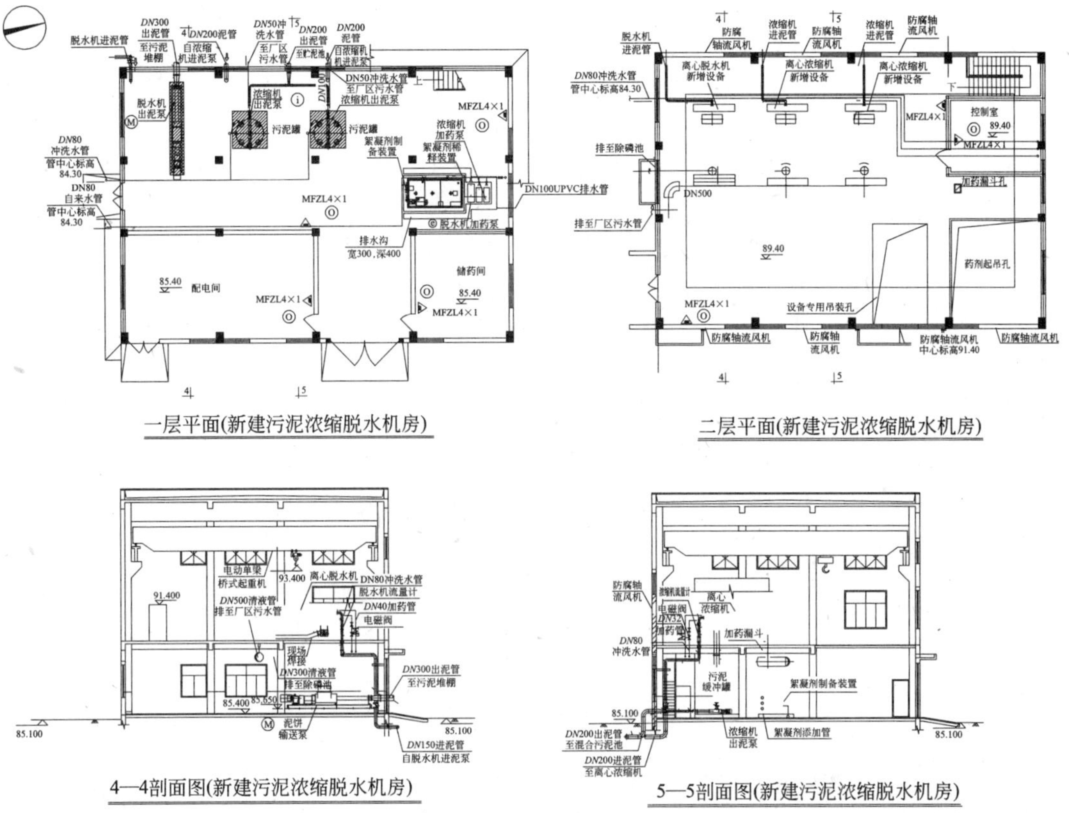

一层平面(新建污泥浓缩脱水机房)　二层平面(新建污泥浓缩脱水机房)

4—4剖面图(新建污泥浓缩脱水机房)　5—5剖面图(新建污泥浓缩脱水机房)

图 8－34　污泥浓缩机房平面布置图

沼气密封罐设置在消化池内壁的顶部，直径与池内壁配合，拱形结构，下部内圈高度低于溢流管约 300mm，主要作消化池顶部密封用。每座消化池设置 2 台套筒阀，通过内套管高度的调节，控制液面排渣高度。

新增的污泥消化池工艺设计如图 8－35 所示。

新建操作间位于 2 座消化池中间。操作间与消化池顶部通过走道板连通，底部通过管廊连通。已建储泥池出泥由消化池进泥泵提升进入消化池，消化池循环污泥经污泥循环泵提升，熟污泥与生污泥之比约为 5∶1。热交换器选用套管式热交换器，采用 2 组，热交换器中污泥与污水逆向传热，内管流泥，外管流水，传热系数约为 2520kJ/(m^2·h)[600kcal/(m^2·h)]。热水取自 3 台，2 用 1 备，热水型沼气锅炉，锅炉与热交换器之间的冷热水循环分配通过一台热水分配器进行。热水分配器中热水则由热水循环泵提升进入热交换器。消化池产生的沼气通过池顶沼气管汇集后，沿操作间沼气管道井下行至沼气粗滤器，以过滤沼气中所含杂物。沼气粗滤后至脱硫塔进行脱硫处理。在沼气粗滤器填料清洗期间，沼气管直接旁通入脱硫塔。为了满足消防要求，在每座消化池顶和操作间内均设有消火栓，并由给水管道泵增压供水。

新建一级消化池出泥可直接至脱水机房进行污泥脱水，也可自流进入原有二级消化池进一步消化后脱水。

3）沼气锅炉房

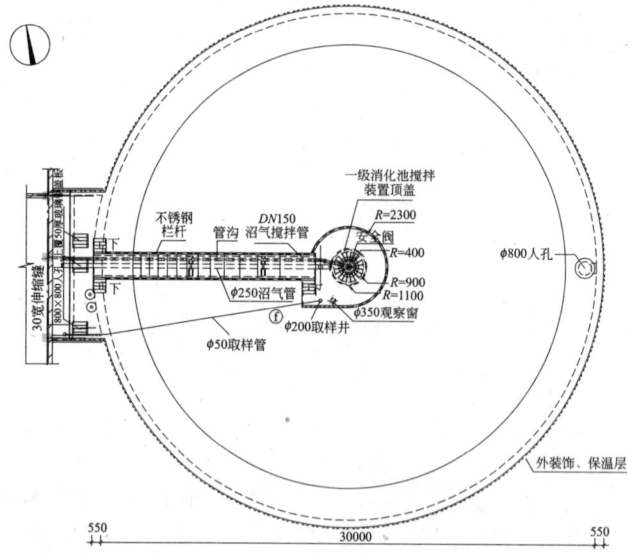

顶部平面图

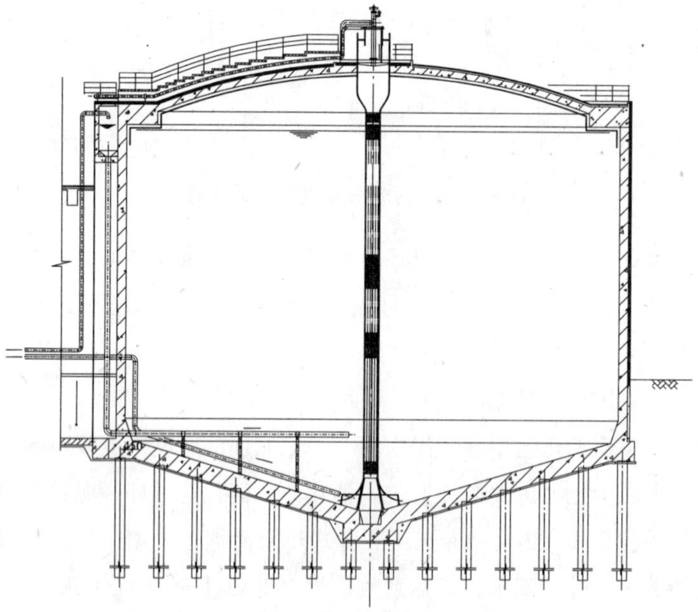

A—A剖面图

图 8－35 新增的污泥消化池工艺设计图

原有 1 座沼气锅炉房改建，新建 1 座沼气锅炉房，内设 3 套沼气锅炉，2 用 1 备，每台锅炉的产热量为 200kW。锅炉进水是经离子交换器处理后的软化水，软化水通过软水管道泵提升入锅炉。锅炉热水由热水泵提升进入热水分配器。

4）脱硫塔

本次工程沼气产量为 29432m^3/d，平均小时产气量为 1226m^3/h，原有干法脱硫塔系统设计处理能力为 350m^3/h，需新增 2 套干法脱硫塔，单套设计处理能力为 450m^3/h。

5）污泥脱水机房和污泥堆棚

利用已建污泥脱水机房和原有 4 台污泥脱水机，并在原有污泥脱水机房的预留位置增加 1 套污泥脱水系统，处理能力为 $50m^3/h$，作为备用。脱水机房处理能力增至 $140m^3/h$，每天运行时间为 20h。新增絮凝剂添加泵位于新建污泥浓缩脱水机房。污泥进泥泵前设置 2 台污泥切割机，用于切割进泥中的杂质，避免损坏设备。污泥脱水机配套螺旋输送机 1 台。

因污泥量的增加，原有 3 台消化池进泥泵不能满足要求，本次更换消化池进泥泵 3 台。

因污泥罩棚内污泥输送用单螺杆泵故障率较高，能力不足，原有污泥罩棚内新增 2 台出泥设备，单台流量 Q 为 $30m^3/h$，新增螺旋输送机 2 台，用于污泥的转运。

脱水后污泥含水率按 75% 计，污泥量为 $375m^3/d$。

6）除磷池

为避免污泥离心脱水机滤液中高浓度的磷酸盐进入污水系统对生物除磷系统造成冲击，降低污水处理系统生物除磷的效果，设除磷池 1 座，除磷池设计处理能力为 $100m^3/h$，前设反应段，除磷池出水井内设置 3 台离心式潜水污水泵（2 用 1 备），在生物处理系统进水碳源不足时，将除磷池出水送入前置缺氧段 A/A/O 反应池。

新增的除磷池工艺设计如图 8－36 所示。

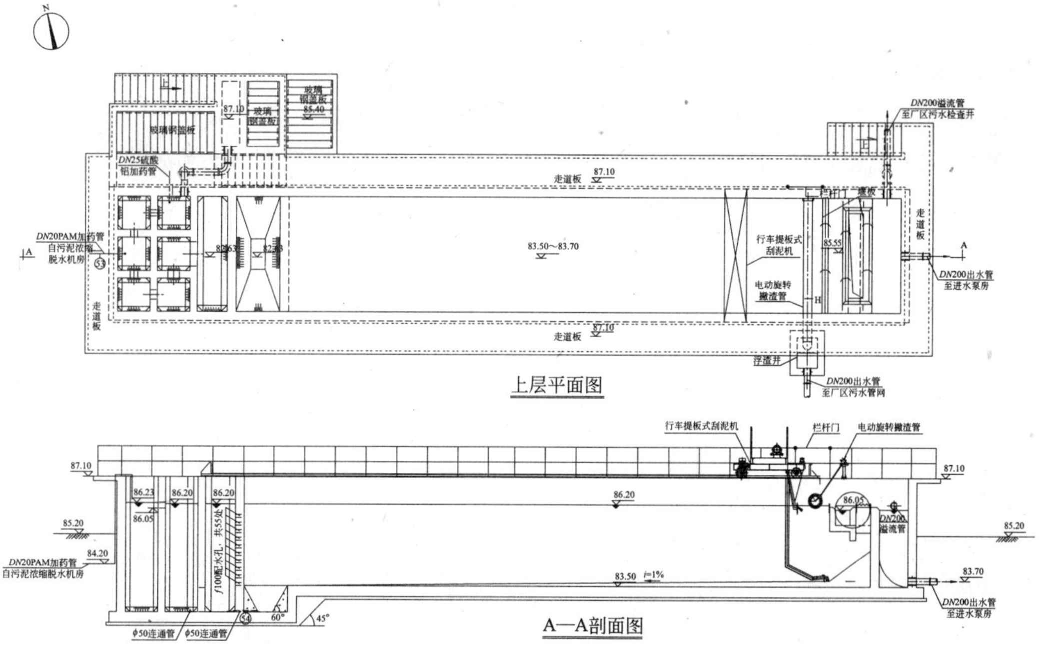

图 8－36　新增除磷池工艺设计图

（3）电气和仪表自控改造设计

对原 2 路 10kV 进线电源进行扩容申请，引入厂内新建的 10kV 配电间内，再转供原 10kV 配电系统。已建第一分变电站进行扩容改造，利用原有低压柜改造后承担已建曝气池、脱气池新增负荷。第二分变电站已无扩容余地，直接利用。新建 10kV 配电间、第三、四分变电站和脱水机房变电站。新建 10kV 配电间与第三分变电站合建，为户内变电站，第四分变电站与第三分控室合建，为户内变电站，脱水机房变电站设置在脱水机房内。

原有10kV、0.4kV配电系统的运行方式不变。新增10kV配电系统采用双电源进线，单母线分段的接线方式。正常运行时，每路电源承担各自母排的负荷；当1路电源因故停电时，手/自动断开该路电源进线开关并合上母联，由另1路电源承担二段母排负荷。第三分变电站2路10kV电源供电，设2台500kVA常用变压器，两常用，互为备用，不能并列运行。第四分变电站10kV侧采用电源变压器组的接线方式，0.4kV采用低压两侧进线，单母线不分段的运行方式，变压器为一用一备。污泥脱水变电站10kV为电源变压器组的接线方式，设1台500kVA变压器。0.4kV采用单母线的接线方式。全厂总功率补偿：新增10kV鼓风机采用就地补偿的方式；0.4kV低压侧采用设集中自动补偿的方法；补偿后功率因数均达0.9以上。

自控系统按分散控制、集中管理的原则设置，采用与原已建工程自控系统相结合的方式，对已建工程4个现场控制站进行改造，增设2个现场控制站和2个控制子站。利用已建的中央控制室，中央控制站原设有2个操作员站、1个工程师站和1个模拟屏，模拟屏由PLC5驱动。本次改造工程中将原有2个操作员站、1个工程师站废除，新增1台操作员计算机、1台工程师站计算机、1台服务器和相应的组态、数据库软件，同时对原有计算机系统自控软件进行升级扩容。考虑到将来综合楼会采用管理信息系统，本次设计设置1套无线以太网接入单元，建立无线以太网局域网，可将服务器内的数据与管理信息系统计算机共享。模拟屏进行改造，同时增加1套投影仪带150英寸电动投影屏幕，可动态演示全厂流程。

在变电所设1套变电所计算机监控系统管理站，作为厂区变电所监控中心，对10kV、0.4kV高低压综合继电保护和测量装置传输来的各种电量信号、断路器状态和故障信号进行处理、计算和实时微机监控。

在新增的处理构筑物内，根据工艺流程新增液位、压力、水质分析等检测仪表，完善原已建工程范围内检测仪表。同时增加新建构筑物的网络通信系统、摄像系统、红外线周界报警系统和防雷接地等。

5. 问题和建议

(1) 设计特点

1) 针对进水水质现状和出水排放要求，采用前置缺氧段A/A/O污水处理工艺，可根据进水条件按多种模式运行，同时考虑除磷加药设备，确保满足出水要求；参数选择还考虑了再生水回用的可能性。

2) 污泥处理采用消化工艺，充分利用沼气；同时对污泥上清液进行单独的加药除磷，防止对污水处理系统产生影响。

3) 总图布置紧凑，维持原厂功能区划。根据厂内实际情况，考虑运输、管理和改造对邻近构筑物的影响等因素，新增或改建构筑物充分考虑现有管线状况，合理利用现有管线，避免重复改造或管线迂回。

4) 采用充分利用原有构建筑物和设备，节约工程投资。

5) 采用微孔曝气器、高效的单机离心鼓风机、周边进水周边出水二次沉淀池、紫外线消毒等节能、节地新技术，降低工程投资。

（2）问题和建议

1）本改造工程除需新建部分构筑物外，还须对原有曝气沉砂池和计量槽，A/O 反应池、脱气池进行改造，同时有部分新老管道的对接，电气系统对接、仪表和自控系统改造、对接。在施工过程中部分构筑物将停止进水，其他构筑物将超负荷运转，出水水质将难以保证达标排放。应严格按照制定的改造实施计划和施工周期，以尽量减少对处理尾水的影响。

2）本次改造工程完成后，日平均沼气产量达 29432m^3/d，除污泥加热和直接驱动鼓风机外，尚有大量的沼气通过沼气燃烧器燃烧，建议郑东新区对王新庄污水处理厂附近潜在的用户进行调查和规划，合理使用沼气，减少能源的浪费。

3）王新庄污水处理厂出水水质和回用水水质标准相比，除氨氮外，其余指标均和各类回用水水质比较接近。按目前王新庄污水处理厂设计出水水质经混凝、沉淀过滤，除 NH_4^+-N 和 TN 外，其余指标均可达到回用水水质标准的要求。考虑到污水处理厂临近地区规划有大面积的绿化用地、道路用地、热电厂和七里河，污水处理厂出水可直接用作绿化用水和道路浇洒用水，或经深度处理后热电厂冷却用水和七里河的观赏性景观用水。建议尽快实施再生水处理设施以利污水处理厂出水回用。

8.4　绍兴污水处理厂三期续建工程

8.4.1　污水厂介绍

1. 项目建设背景

绍兴是中国首批 24 座历史文化名城之一，是长江三角洲南翼以酿酒、轻纺、电子为特色的区域中心城市，也是以历史文化和山水风光为特色的国内外著名旅游城市。绍兴物产丰富，经济发达，工业结构主要由纺织、印染、化工、制革、食品、酿酒、机械、冶金、制药、电子等行业组成。绍兴市总面积为 7901km^2，总人口为 462 万。辖诸暨、上虞、嵊州 3 市、绍兴、新昌 2 县和 1 个市辖区——越城区。

绍兴市位于浙江中北部，北濒钱塘江，东连宁波市，南接金华市和台州市，西邻杭州，是长江三角洲一个重要组成部分。绍兴地处亚热带季风气候区，温暖湿润，四季分明。年平均气温为 16.4℃，温度最高月（七月）平均为 29.0℃，温度最低月（一月）平均为 3.1℃，年平均相对温度为 81%。绍兴地处沿海，降雨量受季风影响很大，最大年降水量为 2182.3mm，最小年降水量为 922.4mm，年均降水量为 1460.9mm，连续降水天数为 15d，年平均蒸发量为 1143mm。其风向和风频呈明显的季节性变化。全年主导风向为东北偏东风，夏季主导风向是西南风，最大风速为 9.9m/s，年平均风速为 1.65m/s。

按照总体规划，至 2010 年，绍兴市、县污水处理工程处理规模将达到 $100\times10^4m^3/d$。目前，绍兴污水处理厂经过两期建设，其设计处理规模已达 $60\times10^4m^3/d$。其中一期工程 2001 年建成投运，设计处理规模为 $30\times10^4m^3/d$；二期工程 2003 年建成投运，设计处理规模为 $30\times10^4m^3/d$。

随着绍兴市区和绍兴县的经济的飞速发展，绍兴市、县的污水排放量已经超过了污水处理厂的设计能力，为保证绍兴经济社会的可持续发展，需加快建设绍兴污水处理厂三期工程。

2. 污水厂现状

绍兴污水处理厂位于绍兴县滨海工业区的南部，曹娥江的西岸。绍兴污水处理厂是国内规模最大的综合污水处理厂，也是迄今为止世界上最具规模的印染废水集中治理污水厂，主要承担绍兴市县两地工业废水和生活污水“集中处理、达标排放”任务。现有工程共计两期，均已经投入正常运行。

绍兴污水处理厂一期工程于1998年12月在国家计委立项，一期建设$30\times10^4m^3/d$，工程于2000年4月开工建设，2001年6月建成并投入试运行。2003年6月通过原国家环保总局的环保措施竣工验收。该厂区为原曹娥江江堤和新建江堤围成的狭长地带，长约2200m，南北最宽处400m，属海涂围垦地，目前属于绍兴县滨海工业区，厂区占地面积为$47\times10^4m^2$，预留$20\times10^4m^3/d$污水处理工程的建设用地，一期工程占地约$34\times10^4m^2$，主要处理绍兴市、县各工业企业污水和城市生活污水，其中印染废水占水量的80%，污水处理工艺采用厌氧—好氧生化流程，建有稳流池、调节池、厌氧池、中沉池、曝气池和二次沉淀池、凝聚沉淀池等大型池体和相应辅助设施如鼓风机房、加药间、污泥脱水间等。一期工程工艺流程图如图8－37所示。

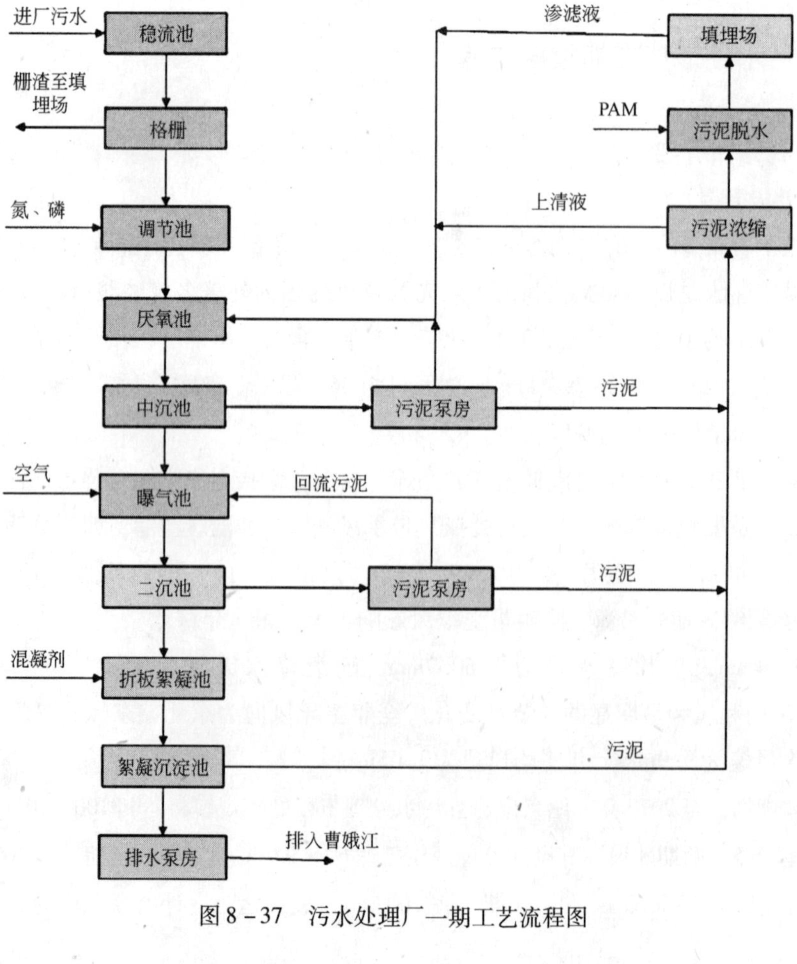

图8－37 污水处理厂一期工艺流程图

因实际进水浓度远远高于设计进水浓度，一期工程一直不能达到设计处理能力，2005年3月~2005年12月，绍兴水处理发展有限公司对一期工程进行了挖潜改造，在预留用地内新建3座预处理沉淀池，污水经污水泵房提升进入新建的预处理沉淀池，同时投加硫酸亚铁和聚丙烯酰胺进行混凝沉淀，再进入原有一期工程酸化水解池。经过这次技术改造，一期工程在设计处理能力为 $30\times10^4m^3/d$ 情况下，不经末端絮凝沉淀池可稳定达标，同时还对原有稳流池和格栅井、污水提升泵房、溶药池进行了改造。

绍兴污水处理厂二期工程于2002年由省发展计划委员会批准立项，目前已建成并投入运行，建设位置位于一期工程的西北部，该工程主要负责接纳并处理绍兴市区，齐贤和齐马线、天马印染厂、马海化工区，袍江工业区，马山镇和绍兴县滨海工业区等域区和企业的生产废水，污水中以印染污水约占总进水量的85%以上，是以处理工业废水为主的污水工程。处理后尾水排放去向为曹娥江。绍兴污水处理厂二期工程建设位置位于一期工程的西北部。

绍兴污水处理厂二期工程采用意大利泰克皮奥生物技术有限责任公司印染废水处理工艺技术“新型氧化沟”，设计处理能力为 $30\times10^4m^3/d$。设有稳流池和格栅间、调节池、进水提升泵房、中和池、选菌池、环形曝气池(氧化沟)、沉淀池、配水井和污泥回流泵房等水处理单元，并配有鼓风机房、总降压变配电所、低压变配电所、加药间和药库、加酸间等辅助生产单元，全流程为二级生物处理。二期工程于2004年6月投入运行，二期工程工艺流程如图8-38所示。

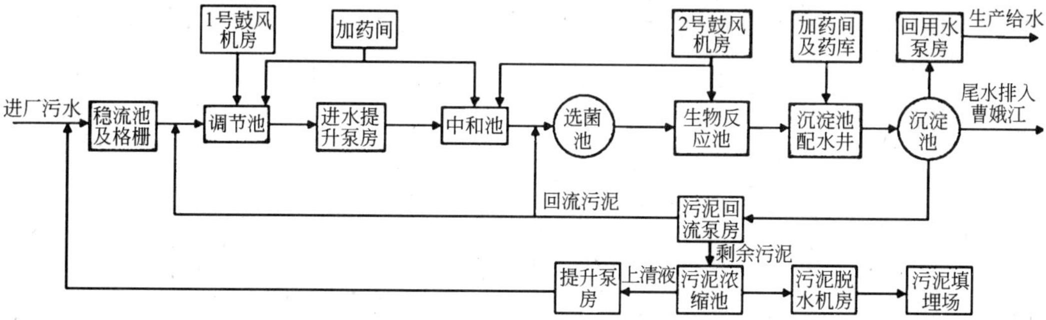

图8-38 污水处理厂二期工艺流程图

2004年10月~2005年3月，绍兴水处理发展有限公司对二期工程预处理构筑物进行了挖潜改造，提高了预处理构筑物对污染物的去除率，从而使二期工程的处理能力由 $30\times10^4m^3/d$ 提升至 $40\times10^4m^3/d$。

8.4.2 改扩建设计

1. 改扩建标准确定

随着绍兴市区和绍兴县的经济的飞速发展，绍兴市、县的污水排放量已经超过了污水处理厂已建一、二期工程的设计能力，为了保证绍兴市县工业的持续发展，绍兴水处理发展有限公司决定进行绍兴污水处理厂三期工程建设。

拟建三期工程的主要工程内容包括以下三个方面。

(1) 绍兴污水处理三期钱塘江工程，在滨海开发区靠近钱塘江附近新建设计规模为 $20\times10^4m^3/d$ 的污水处理厂一座；

(2) 绍兴污水处理三期续建工程(即本工程)，在污水处理厂一期工程厂区预留地扩建设计规模为 $20\times10^4m^3/d$ 的污水处理厂一座；

(3) 排海工程，包括排海口工程和排海管线工程。

绍兴污水处理厂三期续建工程建设规模为 $20\times10^4m^3/d$，建在已建绍兴污水处理厂一期预留用地上，污水经处理后排入钱塘江。根据浙江省环境保护科学设计研究院编制的《绍兴污水处理三期工程环境影响报告书》，处理后的出水水质应达到国家标准《污水综合排放标准》(GB 8978—1996)中其他排污单位中的二级标准，设计进出水水质指标如表 8-11 所示。

设计进出水水质主要指标一览表 **表 8-11**

项目 / 名称	pH	COD_{Cr} (mg/L)	BOD_5 (mg/L)	SS (mg/L)	NH_4^+-N (mg/L)	TP (mg/L)	色度(倍数)
进 水	10~11	1000~2000	400~800	200~300	20~40	5.0	100~500
出 水	6~9	≤150	≤20	≤150	≤25	≤1.0	≤180

2. 改扩建内容

绍兴污水处理厂三期续建工程位于已建绍兴污水处理厂的东南角，其西南侧为已建污水处理厂一期工程的机修车间和一期技术改造时建的 3 座预处理沉淀池，西北角为一期工程的水处理区。由于已建绍兴污水处理厂的一期和二期工程的污泥处理区均集中布置在一期工程的西北侧，并且有部分空地，可满足三期续建工程污泥构筑物布置的要求，考虑到污泥处理集中管理方便，且离污泥填埋场较近，因此，三期续建工程的污泥与一、二期污泥处理构筑物贴邻布置。水处理构筑物布置在整个厂区的东南角，此外，在厂区东侧预留三级处理用地。生活区考虑利用原厂区生活设施，不另建新的办公建筑。经过布置，水处理构筑物占地为 $10.50hm^2$，其中污水处理区预留用地为 $1.1hm^2$，污泥处理区占地为 $1.33hm^2$，合计为 $11.83hm^2$。续建工程平面布置如图 8-39 所示。

三期续建工程设计地面标高同已建污水处理厂地面标高为 6.4m(黄海高程)，污泥处理区设计地面标高同现状标高为 9.0m，在生产区，污泥区和生产辅助区均布置绿化，美化环境。在生产管理区设置绿化小品，以增加视觉美感，在污水厂围墙内侧考虑绿化隔离带，绿化用地占总面积 30% 以上。利用已建处理厂的大门，不新建大门。

3. 处理工艺选择

进入本工程污水处理厂处理的原生污水经污水收集系统后通过污水提升泵站压力进入污水处理厂，至污水处理厂仍有 10m 左右的富余压力，利用富余压力，原生污水可不另提升。进入污水处理厂的污水首先进入污水处理厂内稳流池和格栅井，其作用主要是释放进入处理厂内污水管道的剩余压力，同时去除废水中的漂浮物和短纤维，以确保后续处理正常运行。由于本工程处理的为以印染废水为主的工业废水，废水的排放存在着一定的不均匀性，为此需设置调节

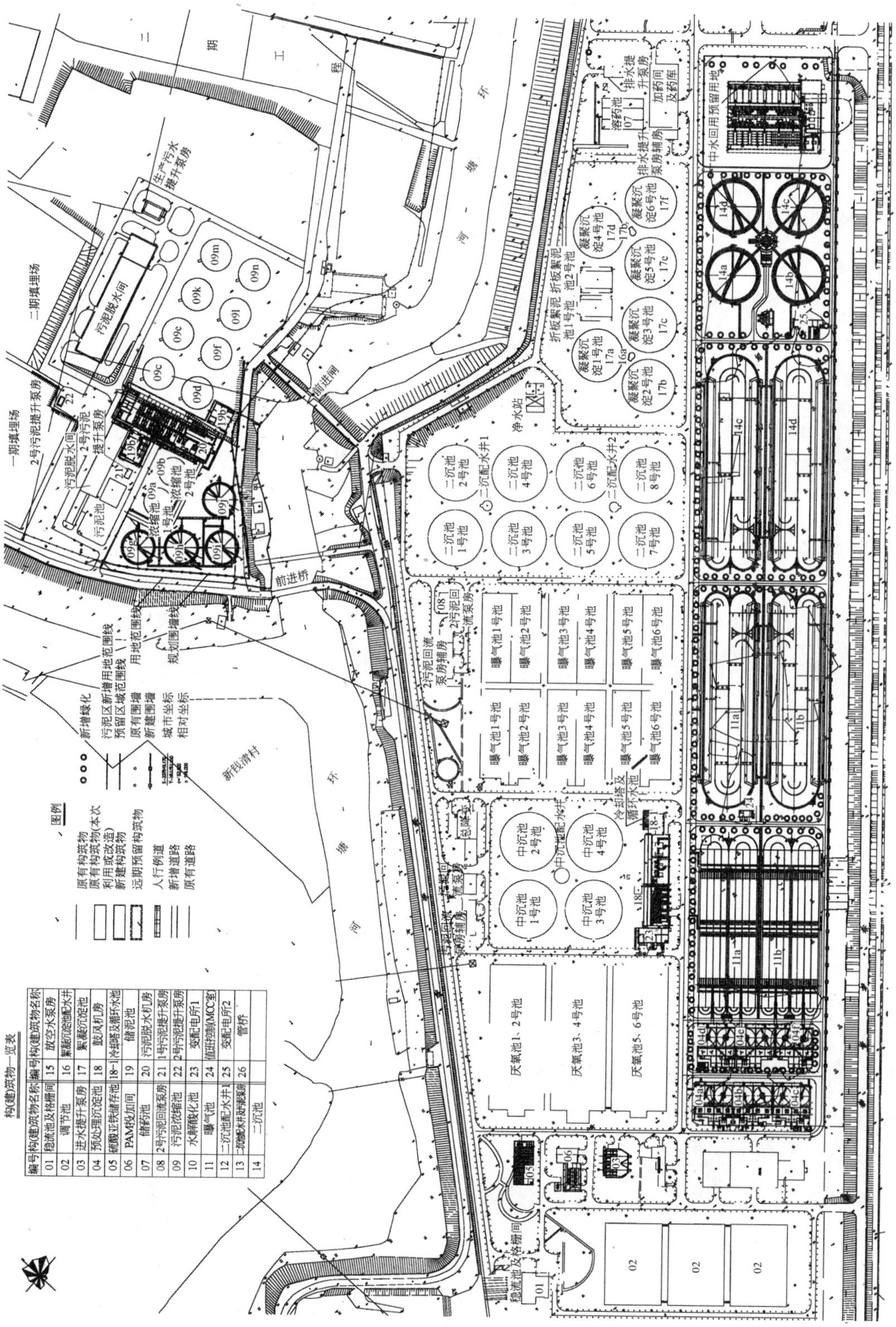

图 8－39　绍兴污水处理厂三期续建工程平面布置图

池，以调节水量和均匀水质，此外，由于进水 COD_{Cr} 和 SS 浓度均较高，采用混凝沉淀对原生污水进行预处理，污水通过进水泵提升后进入混凝沉淀池，在预处理沉淀池前反应区内与投加的化学药剂充分混合反应，然后进入沉淀区沉淀，经混凝沉淀预处理，部分难降解 COD_{Cr}、SS、硫化物和色度得到去除，根据需要在后续的酸化水解池内投加营养物质，污水经过酸化水解池中兼性菌与厌氧菌的作用，将大分子物质和难于生物降解的物质转化为容易降解的小分子物质，液相中的溶解性物质一部分在酸化水解池内被细菌吸收利用，转化为能量 CO_2、CH_4、N_2、NH_3 等代谢产物，另一部分将随水流进入生物处理阶段被好氧菌代谢。

酸化水解池和平流式沉淀池合建，经过厌氧水解的污水在沉淀池进行泥水分离，上清液自流进入后续曝气池进一步处理，分离沉降后的污泥经行车式吸泥机进入和酸化水解池合建的污泥回流泵房，经污泥泵提升进入酸化水解池，以维持酸化水解池内的污泥浓度。污泥在酸化水解池内停留一段时间后会老化，为保持池内污泥的活性，必须定期排放剩余污泥，酸化水解池的剩余污泥通过污泥回流泵房内设的剩余污泥泵排入污泥浓缩池进行浓缩。

经过酸化水解后的污水自流进入延时曝气池进行生物处理，曝气池采用类似于氧化沟回转型式，采用鼓风机供氧，为保持池内污泥浓度，从二次沉淀池污泥进行回流。曝气池设 VACOMASS 气体流量控制系统，根据曝气池内 DO 高低自动调节鼓风机的风量，以节省能耗，曝气池出水流入二次沉淀池，进行泥水分离，处理尾水经过排水提升泵房提升后排入钱塘江。

为防止污泥膨胀，曝气池内设选择区，同时二次沉淀池污泥也可回流至酸化水解池，将酸化水解池作为选择池使用。同时也可在酸化水解池运行初期作为接种污泥，或酸化水解池污泥浓度较低时补充污泥。

综上所述，本工程流程为“混凝沉淀 + 酸化水解 + 延时曝气”工艺处理工艺，能满足进出水水质的要求，具有技术成熟，运行可靠、管理方便等优点。

本工程生物反应采用延时曝气污水处理工艺，污泥负荷较低，曝气时间长，污泥基本稳定，产生的污泥考虑重力浓缩并经机械脱水后输送至位于污泥处理区内的污泥填埋场进行卫生。来自初次沉淀池的污泥和二次沉淀池排出的剩余污泥一起进入浓缩池浓缩，经浓缩后的污泥通过污泥泵输送至脱水机进行脱水，经浓缩脱水后的污泥含固率为 20%～25%，输送至处理厂内填埋场进行卫生填埋。已建绍兴污水处理厂一期采用带式压滤机、二期为部分带式压滤机、部分为离心脱水机脱水，绍兴污水处理厂在带式压滤机的使用方面具有较为丰富的经验，因此，本工程采用带式脱水机。三期续建工程的工艺流程图如图 8－40 所示。

4. 主要处理构筑物设计

(1) 污水处理构筑物设计

1) 稳流池、格栅井和调节池

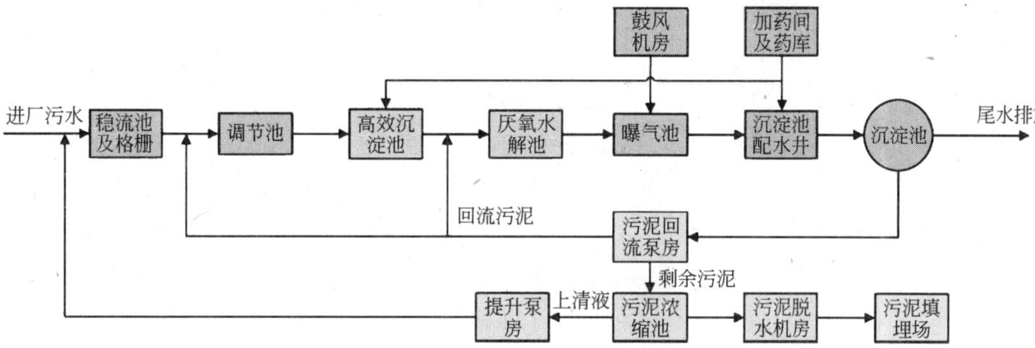

图8-40 绍兴污水处理厂三期续建工程工艺流程图

一期工程已建稳流池、格栅井和调节池均按 $50\times10^4m^3/d$ 规模设计，本工程予以利用。

2）进水提升泵房和排水提升泵房

已建的进水提升泵房和排水提升泵房土建已按 $50\times10^4m^3/d$ 设计，但需对水泵进行调整。其中进水提升泵房中，目前已安装了7台潜水泵(5大2小)，续建工程在预留水泵位置上安装1台与一期同规格的大泵，同时将原有两台小泵更换为与一期同规格的大泵，共有大泵8台(7用1备)，提升能力增加到 $51.4\times10^4m^3/d$。排水提升泵房则对一期安装的泵全部更换。

3）预处理沉淀池

新建预处理沉淀池采用高效沉淀池，它具有比普通平流式沉淀池更高的水力负荷和更高的污染物去除率。本工程预处理沉淀池共1组，具有4套独立的反应单元，每个单元由混合区、絮凝区、推流反应区、沉淀区和浓缩区组成。

污水来自配水井出水渠道，通过配水渠流入混合区，混合时间为8.85min，内设有机械搅拌器。来自硫酸亚铁投加间的混凝剂和助凝剂在此与污水进行快速混合，均匀分散至污水中。控制混合速度梯度 $G>500s^{-1}$。

经混合的污水通过管道与来自浓缩区的回流污泥混合后流入絮凝反应区。絮凝反应区设有中心筒，污水自下向上在絮凝反应区循环，充分接触碰撞。絮凝反应区尺寸为6.0m×16.0m×7.71m，停留时间为29.25min。

絮凝反应后污水经推流区翻入沉淀区，沉淀区尺寸为16.0m×16.0m×7.7m，包括下部的浓缩区和装有斜板的澄清区，沉淀区表面负荷为 $5.42m^3/(m^2\cdot h)$。

沉淀区为正方形，下设 ϕ16m 浓缩机，絮凝体下沉后经浓缩后一部分通过循环泵吸入絮凝区循环再利用，另一部分通过污泥泵排出。

污水经池中悬浮泥渣层的拦截、吸附、过滤后在斜板区澄清，单池斜板面积为 $170m^2$。上清液用集水槽收集排出。

污水在预处理沉淀池的停留时间为1.4h，混凝剂投加量(硫酸亚铁)为190～375mg/L，助凝剂投加量(PAM)为0.5～1.0mg/L。

预处理沉淀池的工艺设计如图 8－41 所示。

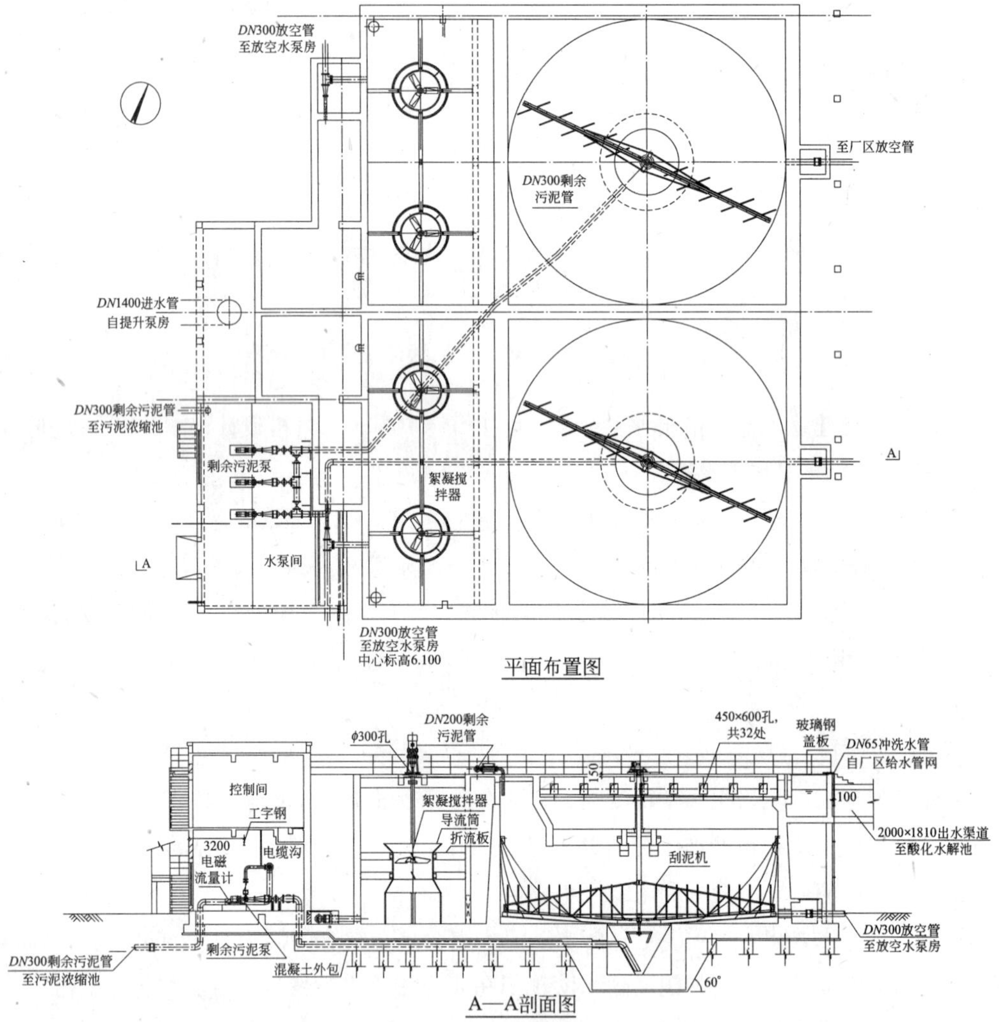

图 8－41 预处理沉淀池工艺设计图

4）酸化水解池

新建酸化水解池的主要作用是对污水中好氧处理过程难以降解的物质进行转化，使之易于生物好氧降解，同时降低进入好氧生物处理构筑物的色度。为达到良好的混合效果，以充分均质，酸化水解池设计成回流式，为维持酸化水解池内的污泥浓度，在池内设置平流式沉淀池进行泥水分离，上清液流入曝气池作进一步处理，经平流式沉淀池上的吸泥机排入和酸化水解池合建的污泥回流和剩余污泥泵房内，由污泥回流泵提升进入酸化水解池以保持酸化水解池内的污泥浓度，污泥回流比 100%。同时为了提高酸化效率，部分二次沉淀池污泥可通过回流污泥泵回流至酸化水解池，以增加微生物浓度。

当曝气池内污泥发生污泥膨胀时，二次沉淀池内污泥可回流至酸化水解池，此时，酸化水解池起到选择池的作用。每座酸化水解池系统设回流污泥和剩余污泥泵房 1 座，共 2 座。每座污泥回流和剩余污泥泵房内设污泥回流泵3台，剩余污泥泵3台。

酸化水解池停留时间为12.5h，共2座，每座2池，每座平面净尺寸为155m×48m，有效水深为10m，分为8廊，每廊宽为6m，每廊均设置潜水搅拌器。酸化水解池污泥负荷为0.92kgCOD/(kgMLSS·d)，污泥浓度为2000mg/L，污泥回流比为50%～125%。

酸化水解池的工艺设计如图8－42所示。

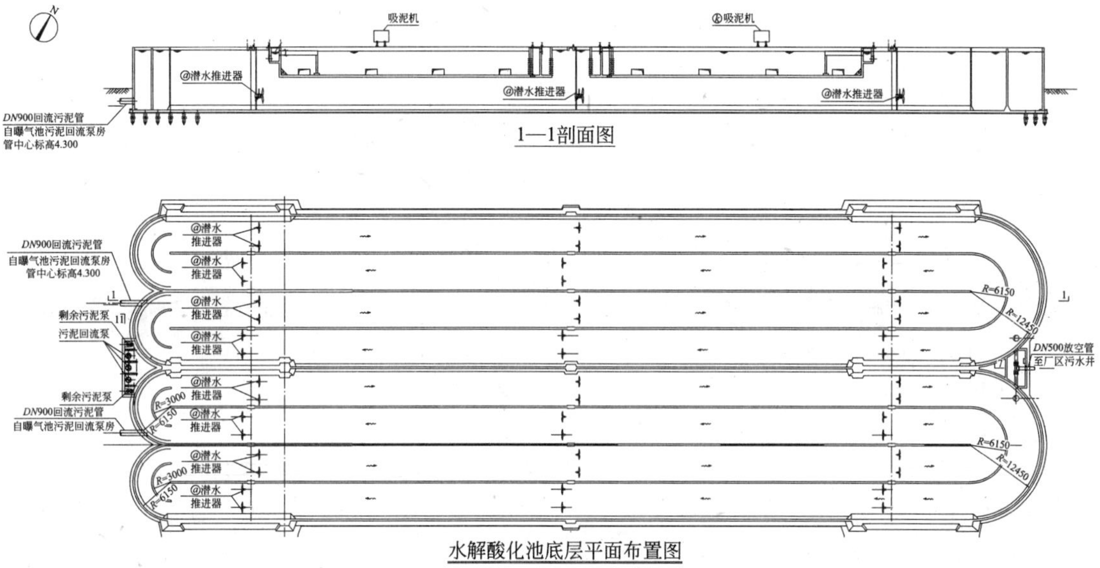

图8－42　酸化水解池工艺设计图

5）平流式沉淀池

新建平流式沉淀池和酸化水解池合建，其主要作用是对酸化水解池出水进行泥水分离，平流式沉淀池出水进入曝气池。沉淀池产生的污泥由行车式吸泥机吸至污泥渠中，进入和酸化水解池合建的回流污泥和剩余污泥泵房内。回流污泥由回流污泥泵提升进入酸化水解池。剩余污泥由剩余污泥泵提升进入污泥浓缩池，当剩余污泥浓度较低时，也可经阀门井切换进入预处理沉淀池进行初步浓缩后和预处理沉淀池内的化学污泥一起由预处理沉淀池内的污泥泵提升进入污泥浓缩池进行浓缩。

平流式沉淀池共8座32池，单池平面净尺寸为36m×6m，有效水深为4m，水力表面负荷为1.2$m^3/(m^2·h)$，沉淀时间为3.33h。

6）曝气池

由于本工程处理的基本为工业废水，进水COD_{Cr}浓度高达1000～2000mg/L，曝气池内充氧分配较难控制，故设计成具有混合功能的回流式曝气池，水流靠设置在池内的潜水搅拌器来完成，污水所需供氧由离心鼓风机提供。新建曝气池共4座，每座曝气池平面净尺寸为185m×44m，有效水深为10.0m，为防止污泥膨胀，在曝气池的前段设置生物选择池，污水在生物选择池内的停留时间为3.6h，每池内设4套潜水搅拌器，共16套。曝气池的后段为好氧反应段，为使曝气池内的水流达到环流的效果，在曝气池反应段设置潜水搅拌器，每池设21套水下推进器，共84套，采用微孔曝气管系统，该反应段内除布置潜水搅拌器外均布微孔曝气管系统，此时，反应器将以多级好氧、缺氧反应模式运行，强化了曝气池的处理效果。

曝气池设计水温为12℃，污泥负荷为0.12kgBOD$_5$/(kgMLSS·d)，总停留时间为36.24h(包括生物选择池)，污泥龄为24d，设计气水比为19.27:1，污泥回流比为50%~125%。

曝气池的工艺设计如图8-43所示。

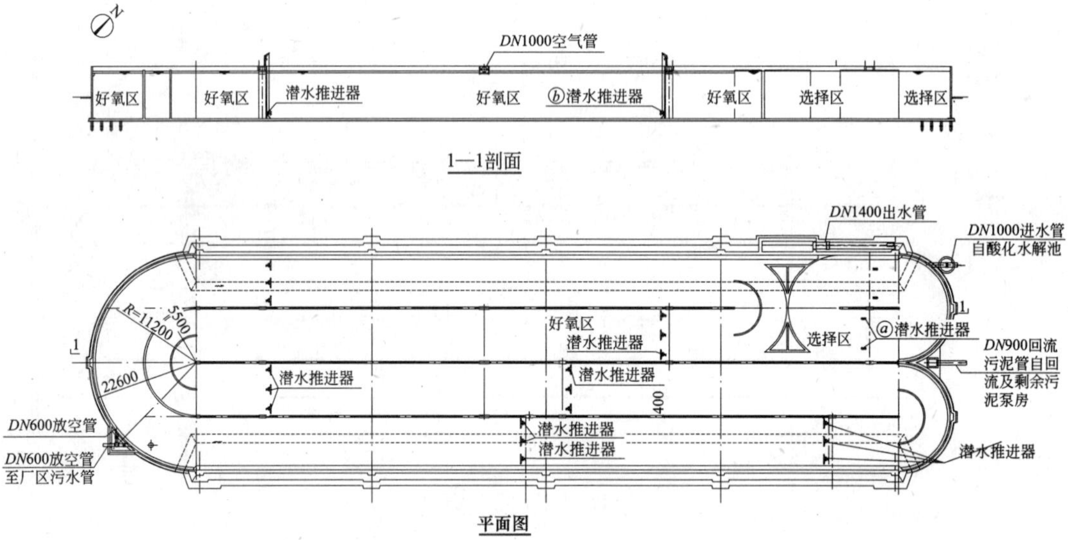

图8-43 曝气池工艺设计图

7）二次沉淀池配水井

新建二次沉淀池配水井共2座。其中一座的作用主要是将来自曝气池的污水按比例分配至一期工程絮凝沉淀池配水井和另一座新建二次沉淀池配水井，分配至原有絮凝沉淀池配水井流量为$12\times10^4m^3/d$，分配至另一座新建二次沉淀池配水井流量为$8\times10^4m^3/d$，并且该配水井本与回流和剩余污泥泵房合建，用于向曝气池和酸化水解池的污泥回流以和排放生物处理过程中的剩余污泥排放。回流和剩余污泥泵房内设置4台回流污泥泵，3用1备，污泥回流泵利用一期排水泵房置换的轴流泵。

8）二次沉淀池

利用一期工程絮凝沉淀池配水井和一期工程絮凝沉淀池作为二次沉淀池，处理水量为$12\times10^4m^3/d$，原一期工程絮凝沉淀池共6座，采用中心进水，周边出水的辐流式沉淀池型，直径为45m，有效边水深为4m，停留时间为6.1h，表面负荷为$0.524m^3/(m^2\cdot h)$。

新建二次沉淀池按$8\times10^4m^3/d$规模设计，共4座。采用中心进水，周边出水的辐流式沉淀池型，直径为46m，有效边水深为4m，表面负荷为$0.5m^3/(m^2\cdot h)$，停留时间为8.0h，设置全桥式周边传动刮吸泥机，由中心进水、导流筒配水，对称设置驱动装置、工作桥、刮吸泥系统、撇浮渣装置、拦渣挡板和出水槽等组成，桥下有刮泥板和重力排泥管可调节装置(亦称吸泥管)，泥排入桥下泥槽入中心泥管重力外排入回流污泥泵房。

二次沉淀池的工艺设计如图 8－44 所示。

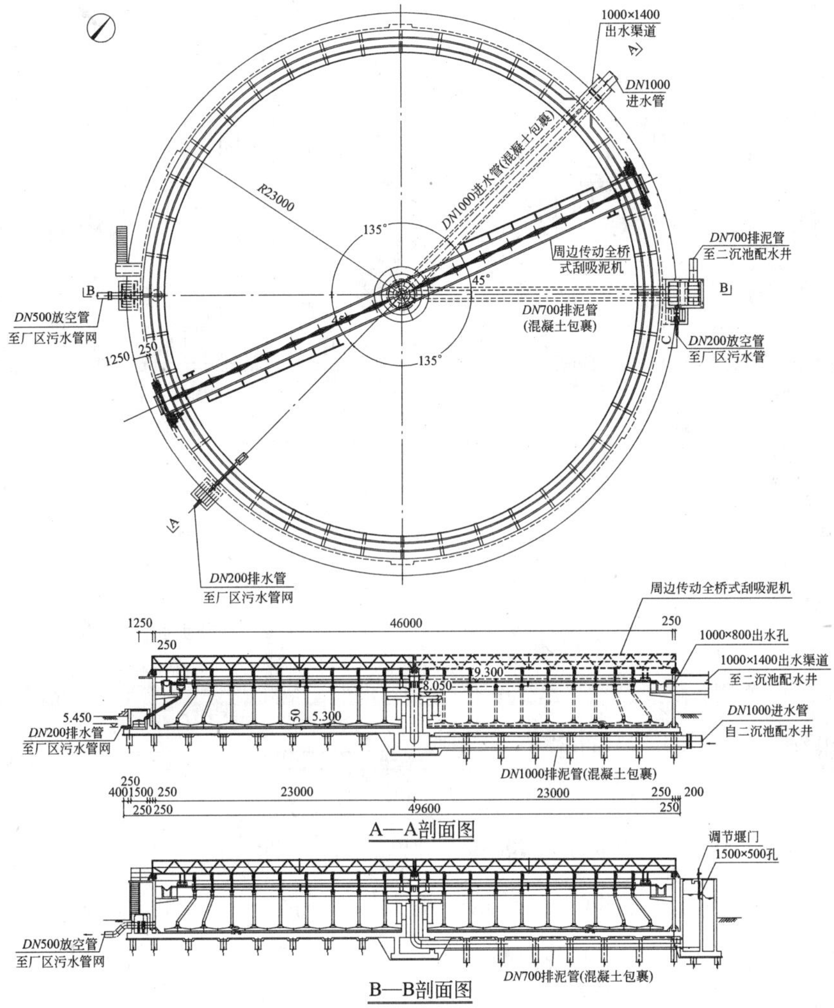

图 8－44　二次沉淀池工艺设计图

9）硫酸亚铁投加间

由于印染废水中常含有妨碍微生物生长的有毒物质，应在进入生物处理构筑物前予以去除，为此，需进行混凝沉淀处理，本工程设置硫酸亚铁投加间和药库一座，可分别向预处理沉淀池和二次沉淀池配水井投加化学药剂，混凝剂选择采用 $FeSO_4$，一期工程技改进硫酸亚铁投加间已按 $50\times10^4m^3/d$ 的规模完成，本工程予以利用。

硫酸亚铁投加间的布置如图 8－45 所示。

10）鼓风机房

一期工程鼓风机房位于三期续建工程的中部靠近曝气池一侧，一期工程共安装 4 台鼓风机，3 用 1 备，单台流量 Q 为 $1067m^3/min$，风压 H 为 0.0885MPa，电机功率 N 为 1550kW，已

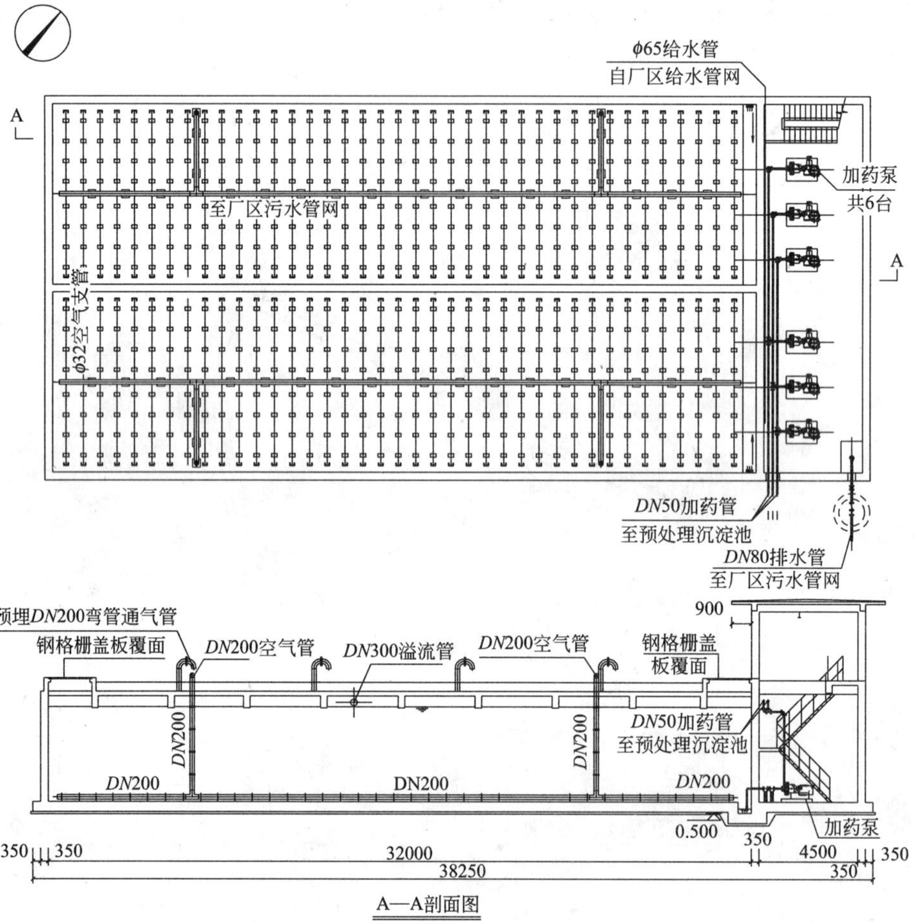

图 8-45 硫酸亚铁投加间布置图

建鼓风机房的一端除建有一座小型冷却塔外。为大面积绿化，方便运行管理，三期续建工程新建鼓风机房 1 座，扩建 907m^2，高约为 17.75m，单层钢筋混凝土排架结构，考虑在一期的鼓风机房一侧拼接，原有一侧山墙打通，新老建筑物之间设置沉降缝。

鼓风机房内设 5 台鼓风机，4 用 1 备，单台流量 Q 为 669m^3/min，风压 H 为 0.115MPa，电机功率 N 为 1450kW，风机为单级离心风机，高压电机，装有前导流叶和后风量调节叶片，可根据 PLC 指令自动调节开启度以控制流量达到节能的目的，风量调节范围 45% ~100%。为了降低噪声，每台风机都配有独立的隔声罩，上有通风装置。已建鼓风机房的起吊设备经适当改造后可作为续建工程的共用起吊设备。鼓风机为水冷，由于现状冷却塔位于拼接的鼓风机房一侧，因此，冷却塔需移位，续建工程需另增建一座冷却塔。每台风机均配有过滤器，以去除空气中的杂质，防止曝气池内的微孔曝气器堵塞。

鼓风机房的布置如图 8-46 所示。

(2) 污泥处理构筑物设计

1) 污泥浓缩池

从预处理沉淀池、二次沉淀池排出的化学沉淀污泥和剩余污泥分别输送至污泥浓缩池进行

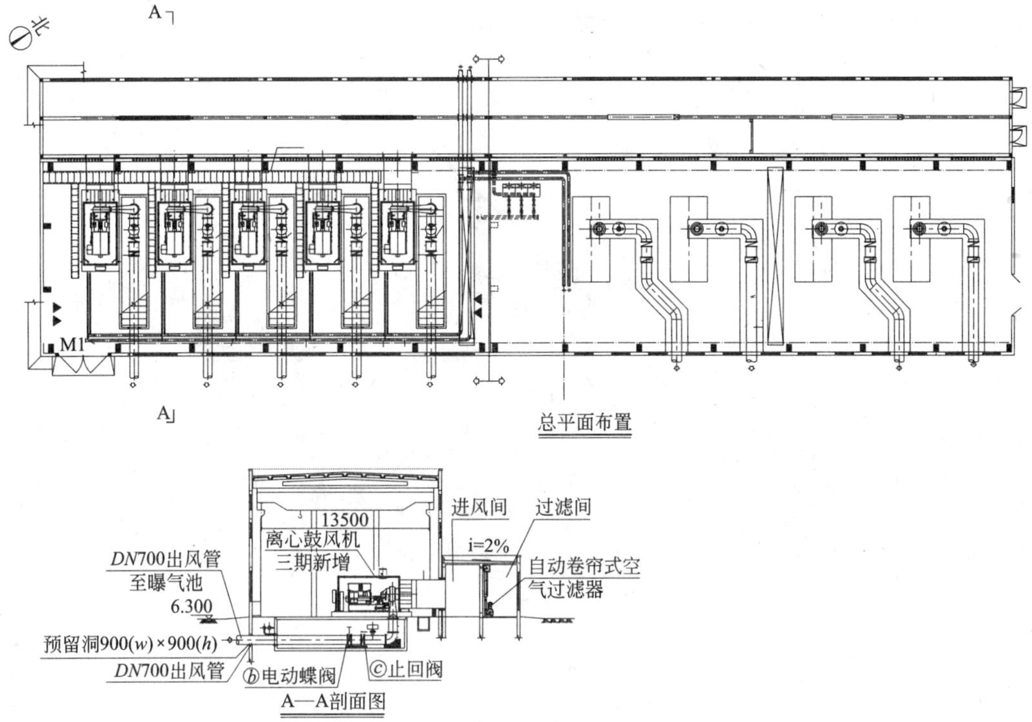

图 8－46　鼓风机房的布置图

浓缩，浓缩池内径为 28m，共 4 座，池边水深为 4m，污泥停留时间为 14.70～12.41h，设计污泥固体负荷为 37～46kg/(m^2·d)，每池配置 1 台直径为 28m 的中心传动浓缩机，浓缩机工作桥为钢筋混凝土结构，横跨于全池，水下刮臂设置浓缩板，以提高污泥浓缩效果，池底设 1∶8 底坡，浓缩后的污泥被污泥浓缩机挤压至池底中心集泥井后，由静水压力通过排泥管将污泥排至池边的排泥井，经 800mm×400mm 可调节堰门控制流入储泥池。浓缩后污泥含水率为 97%，污泥流量为 3072～3812m^3/d。

污泥浓缩池的工艺设计如图 8－47 所示。

2）储泥池

经过浓缩的污泥自流进入储泥池，污泥量为 114.7～144.65t DS/d，设储泥池 2 座，平面尺寸为 18m×18m，有效水深为 3.0m，停留时间为 16～12.9h，单座储泥池内设置潜水搅拌器 2 台，单台电机功率 N 为 10kW。

3）脱水机房

三期续建工程的脱水机房考虑和一期工程的脱水机房贴邻布置，本工程污泥采用带式脱水机进行污泥脱水，脱水后的污泥通过污泥泵输送至厂内的污泥填埋场进行填埋。待污泥干化设施实施后进行污泥干化。脱水机房的平面尺寸为 87.4m×124.0m，内设带式脱水机 11 台（10 用 1 备），单台脱水机带宽 3.0m，脱水能力 15～20m^3/h，工作时间为 24h，配套相应的进泥螺杆泵、絮凝剂制备系统、加药泵、水平皮带输送机、污泥输送泵和冲洗水泵等。脱水后污泥含固率为 20%，脱水后泥饼容积为 460～572m^3/d。

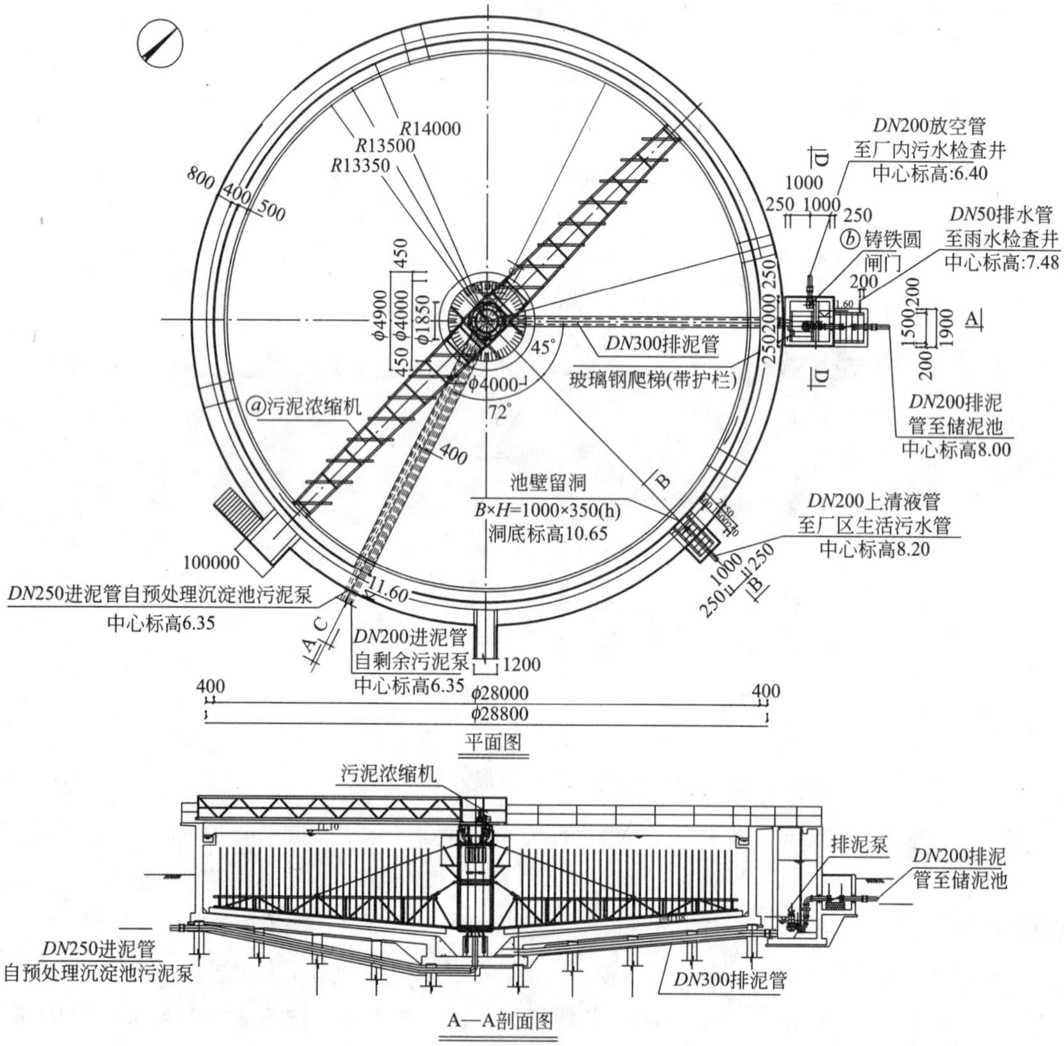

图 8-47 污泥浓缩池工艺设计图

脱水机房的工艺设计如图 8-48 所示。

(3) 电气和仪表自控设计

1) 电气设计

厂内原已实施了一期、二期工程，厂内建有 2 座 35/10kV 总降压站，35kV 进线电源支接后分别送至 2 座总降压站。一期 35/10kV 总降压站主变容量为 2 台 10000kVA 的变压器，运行方式为 1 用 1 备，正常情况下一期所有负荷由 1 台 10000kVA 的主变承担，根据现场查勘的资料，该常用变压器负载率约为 50% 左右。35/10kV 主变除承担 10/0.4kV 变压器外，还承担了 4 台 10kV、1450kW 鼓风机的配电控制。一期工程中另设有 10/0.4kV 变电所 5 座，分别承担预处理设施、加药和出水设施、污泥浓缩脱水设施、1 号污泥回流泵房和 2 号污泥回流泵房设施的低压负荷。10/0.4kV 变压器的运行方式均为 1 用 1 备。二期 35/10kV 总降压站主变容量为 2 台 16000kVA 变压器。

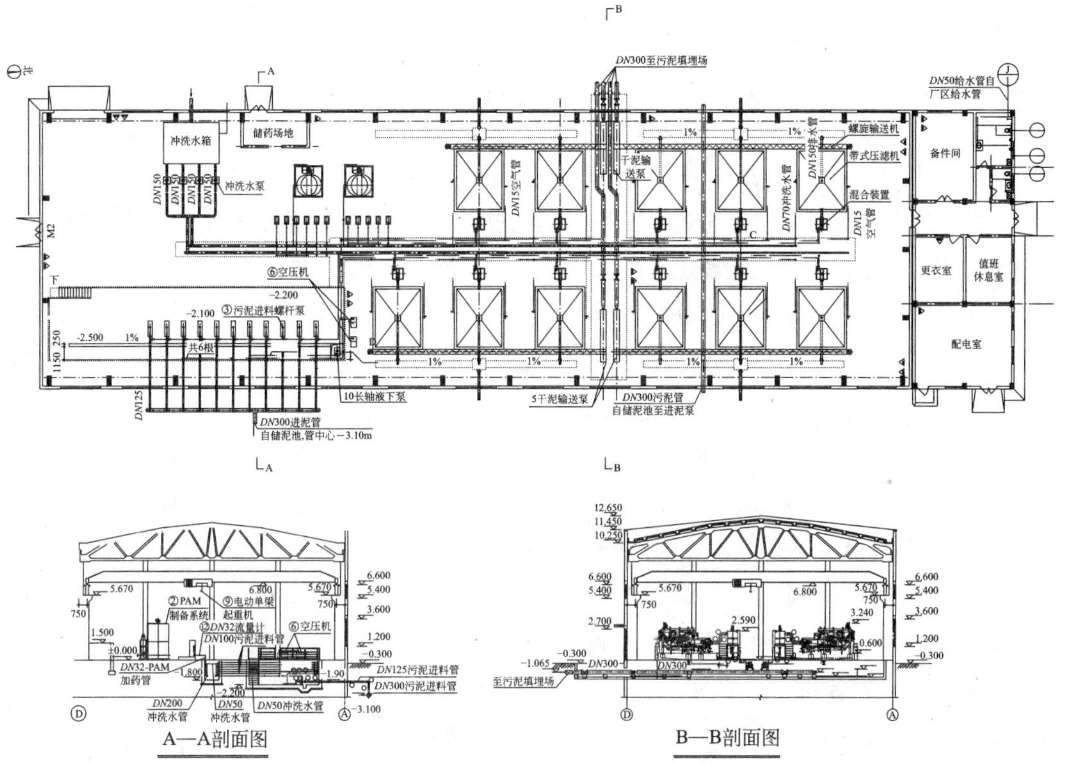

图 8－48　脱水机房工艺设计图

三期续建工程结合原一期 35/10kV 变配电系统统筹考虑，利用原有 35/10kV 变电所内的 2 个 10kV 馈线备用回路，将原一期主变运行方式改为两常用，从原总降压站 35/10kV 配电系统预留的备用回路引 2 路 10kV 电源(每段母排各引 1 路，两常用)作为三期续建工程的电源。

新建 1 号 10kV 变电所 1 座(包括高低压配电间、值班室和控制室)，位于扩建的鼓风机房旁。对 5 台 10kV 鼓风机和新建预处理沉淀池、酸化水解池、曝气池的 MCC 和 2 号 10/0.4kV 变电所配电。

新建 2 号 10/0.4kV 变电所，包括变配电间 1 间、控制值班室 1 间，位于二次沉淀池旁。对二次沉淀池和其配水井、回流剩余污泥泵房配电。

原脱水机房变电所利用，将原来两台 250kVA 变压器更换为两台 800kVA 变压器，运行方式不变，为一用一备。

在预处理沉淀池设 1 座 MCC 配电间，与土建合建，专供预处理沉淀池上的电气设备。在曝气池旁设 1 座 MCC 配电间，供投加间、曝气池和酸化水解池上的电气设备。

2）仪表自控设计

本次三期续建工程仪表自控部分包括一期自控系统改造和三期工程新增检测仪表、自控系统等的设计，包括三期工程厂区检测仪表、自动控制装置和系统、网络通信系统、电话通信系统、摄像系统和防雷接地等设计。

配合自控系统的运行，根据工艺要求在全厂各工艺段设置与工艺流程相适应的在线监测和分析仪表。主要有超声波液位计、压力变送器、温度变送器、电磁流量计、水质分析仪等检测仪表。

自控系统设计采用与原一期工程自控系统相结合的方式，利用一期工程中建成的中央控制站，采用具有热备冗余结构形式的计算机组成工作站，并可以与上级系统和周边系统链接，现场站与中央控制室之间通过冗余光纤工业以太网进行数据通信。中央控制站主要完成全厂的数据通信和调度管理。本次三期续建工程仅对原自控系统软件 PCS7 进行升级扩容，增加 1 套操作站计算机，并对模拟屏进行部分改造。

利用原一期工程已建有 1 号 ~4 号现场控制站，并对 1 号现场控制站进行扩容，增加进水提升泵房的水泵信号，对 4 号现场控制站进行扩容，增加污泥处理设施的相关各种信号。

新增 3 个 5 号 ~7 号现场控制站（CP5、CP6、CP7）和 3 个现场控制子站（CP5 －1，2、CP6 －1）。本次工程所有设备控制采用 MCC 控制方式，由此现场控制站和现场控制子站设于 MMC 近旁，就近采集设备的数据。现场控制站和现场控制子站可以独立完成该区域有关工艺过程的参数检测值和设备控制。5 号现场控制站（CP5）位于三期续建工程 1 号预处理沉淀池控制室，由 1 套 PLC 和 PLC 柜、操作员面板、1 套 UPS 电源组成。采集 1 号预处理沉淀池内设备状态信号并完成搅拌机、刮泥机、回流污泥泵、剩余污泥泵、硫酸亚铁加药泵、PAM 加药泵等设备的控制。5 号现场控制站下属 2 个现场子站（CP5 －1，2）采集 2 号、3 号预处理沉淀池内设备状态信号，采集设备数据送 5 号现场控制站，并接受 5 号现场控制站控制命令；6 号现场控制站（CP6）位于 2 号配电间控制室，由 1 套 PLC、3 套 PLC 柜、1 套操作员面板、1 套 UPS 电源组成，采用双 CPU 冗余模式。采集酸化调节池、1 号、2 号曝气池内设备状态信号，并完成搅拌机、推进器、鼓风机等设备的控制，3 号现场控制子站（CP6 －1）为 6 号现场控制站下属子站，位于 1 号配电间控制室，由 1 套 PLC、1 套 PLC 柜组成。采集鼓风机房内设备状态信号，并完成鼓风机等设备的控制数据送 6 号现场控制站；为了节约鼓风机电耗，使曝气池溶解氧值控制在合理的范围内，本次三期续建工程设立 1 套 VACOMASS 曝气控制系统，该系统由带热导式流量计控制阀、压力控制器组成。VACOMASS 曝气控制系统将根据溶解氧测量值并结合自带的空气流量计的测量值，控制阀门的开启度。使溶解氧测量值保持在设定值附近。该系统信号送 6 号现场控制站；7 号现场控制站（CP7）位于 3 号配电间控制室，由 1 套 PLC、2 套 PLC 柜、1 套操作员面板、1 套 UPS 电源组成。采用双 CPU 冗余模式，采集 3 号、4 号曝气池、二次沉淀池、回流和剩余污泥泵房内设备状态信号，并完成推进器、刮泥机、回流污泥泵、剩余污泥泵等设备的控制。

5. 建议和问题

（1）设计特点

1）采用高效沉淀池进行预处理，对污染物去除率高，表面负荷高，占地面积小。

2）采用新型厌氧酸化水解池，耐冲击负荷，结构紧凑，节约用地。

3）曝气池采用回转式氧化沟池型，微孔曝气、潜水推进器推流，抗冲击负荷能力强，能耗低。

4）采用微孔曝气管提高充氧效率，减少鼓风机能耗，降低运行电费。

5）采用智能曝气控制系统，提高对曝气池中溶解氧的控制精度，从而降低鼓风机能耗。

6）引进新型高效的单机离心鼓风机，具有高效率、低噪声等优点，可在较大范围内调节供氧能力，有效控制曝气池内的溶解据浓度，适应新型污水处理工艺的要求。

（2）建议

绍兴污水处理厂总排放口的位置选择在钱塘江河口尖山河段的南岸，绍兴新围涂处3km海堤外，曹娥江口门附近。三期续建工程离钱塘江直线距离约11.5km，为保证污水处理厂的正常投入运行，需同步实施现有厂区至三期钱塘江工程排海泵房的排放管线、排海泵房出口至排海口高位井的排海管线和排海口和海底管道等排海工程。

8.5　广州大坦沙污水处理厂三期扩建工程

8.5.1　污水厂介绍

1. 项目建设背景

广州市是广东省的省会，是广东省政治、经济、科技、教育和文化中心。广州市地处广东省的中南部，珠江三角洲的北缘，接近珠江流域下游入海口，东连惠州市，西邻佛山市的三水、南海和顺德市，北靠清远市和韶关市，南接东莞市和中山市，隔海与香港、澳门特别行政区相望。目前，广州市区分为荔湾、越秀、东山、海珠、天河、白云、黄埔、芳村、番禺和花都共十个行政区。根据第五次全国人口普查统计，广州市八区（不包括番禺和花都）人口约为618.1万人，市区日平均流动人口约为182万人。

根据最新国家标准《中国地震动参数区划图》（GB 18306—2001），广州地震动峰值加速度为0.1，地震的反应谱特征周期为0.65s。

珠江广州河道为感潮河流，潮汐类型属不规则半日潮，广州河道除遇较大洪水外，基本受潮流控制，即使在汛期，潮流影响仍很显著。

广州市地处南亚热带，亚热带季风气候。由于背山靠海，海洋性气候特别显著，具有温暖多雨、光热充足、温差较小、夏季长、霜期短等气候特征。多年平均气温为21.8℃，最高气温为38.7℃，最低气温为0.0℃；多年平均降雨量为1620.4mm，市区常见主导风向为北风，频率为16%，平均风速为1.9m/s，广州在七、八、九月份常遭受六级以上的大风袭击或影响。

广州属珠江水系，流经广州市区自老鸦岗至虎门出海的水道，习惯上称为珠江正干道，由老鸦岗起至白鹅潭一段为西航道，西航道在白鹅潭处改向东流，分成前后航道。石井河位于广州市中心区西北部，干流起点在白海面清湖水闸，在增步桥处汇入珠江的沙贝海河段，石井河流域分布着多条支涌，主要有新市涌、景泰涌、马务涌、蚬坑河、卫生河。

1996~2000年珠江广州河段水质总体水平为中度污染。九个监测断面中，鸦岗断颀为轻度污染，其余断面均为中度污染。猎德和黄沙断面污染最重，鸦岗断面最清洁。最主要的污染指标是石油类、总磷、溶解氧和非离子氨。全河段和各断面水质较1997年有所好转。广州市区有19条河涌，1996～2000年的监测数据表明，均劣于V类水体，其中车陂涌、西濠涌、沙坝涌和沙河涌等四条河涌属严重污染，其余15条河涌属重度污染。在所有河涌中，车陂涌污染程度最重，水口水(河名)污染程度最轻，主要的污染物为石油类、氨氮、生化需氧量、化学需氧量和挥发酚。

广州市现有八座生活用水给水厂，其中西村水厂、江村水厂和石门水厂取水水源为流溪河和西航道，3座水厂水量约占广州市区总供水量的70%，流溪河和西航道的水质污染将影响广州市70%供水量的安全。

2001年城市生活污水量平均约为$186\times10^4m^3/d$。据统计，这些污水约36.4%排入西航道，48.3%排入前航道，11.3%排入后航道，4%排入黄埔航道。

广州市的排水设施包括污水处理厂(站)、防洪排涝闸、雨水泵站、污水泵站和排水收集系统，按其所属性质可分为市政排水设施和专用排水设施两类，主要集中于旧城区，芳村、天河和黄埔区也有少部分。20世纪80年代前建设的排水管道大部分采用雨、污水合流制，污水就近排入流经市区的19条河涌，再由河涌排入珠江，只有靠近珠江边一带才直接由水渠排入珠江，近几年建设的新城区和生活小区，原则上排水体制采用分流制。

广州市属市政设施的污水处理厂3座，总处理水量为$58\times10^4m^3/d$，其中大坦沙污水处理厂一期工程规模为$15\times10^4m^3/d$，大坦沙污水处理厂二期工程规模为$15\times10^4m^3/d$，挖潜改造能力为$3\times10^4m^3/d$，广州经济技术开发区污水处理厂工程规模为$3\times10^4m^3/d$，猎德污水处理厂工程规模为$22\times10^4m^3/d$，相对于2001年总污水量$186\times10^4m^3/d$，污水处理率为31.2%。另外，还有多个属于专用排水设施的污水处理厂(站)，绝大部分为二级处理，但由于规模较小和其他各种原因，大部分运转不正常，对污水处理率的贡献和对整个市区大环境的改善也极有限。

根据《广州市总体规划》和《广州市市区污水治理总体规划》，2000年以后西航道水质达到《国家地面水环境质量标准》(GBZB 1—1999)Ⅱ～Ⅲ类标准，前航道、后航道达到Ⅲ～Ⅳ类标准，黄埔航道达到Ⅳ～Ⅴ类标准。

根据2001年版的《广州市污水处理系统分区规划方案》，城市污水处理系统分为8个系统，即大坦沙污水处理系统、猎德污水处理系统、西朗污水处理系统、沥窖污水处理系统、黄沙围污水处理系统、大沙地污水处理系统、云埔污水处理系统和广州经济技术开发区污水处理系统，共设计9个污水处理厂，其中大坦沙系统包括大坦沙污水厂和横沙污水厂，各污水处理厂的规划水量如表8－12所示。

广州市规划污水处理厂规模表　　表8－12

序号	污水处理厂	规划规模($\times10^4m^3/d$)	现状($\times10^4m^3/d$)
1	大坦沙污水处理厂	55	33
2	横沙污水处理厂	30.5	
3	猎德污水处理厂	75	22(二期在建22)
4	西朗污水处理厂	40	(在建20)

续表

序号	污水处理厂	规划规模（$\times 10^4 m^3/d$）	现状（$\times 10^4 m^3/d$）
5	沥滘污水处理厂	73	
6	黄沙围污水处理厂	35	
7	大沙地污水处理厂	40	
8	云埔污水处理厂	20	
9	广州经济开发区污水处理厂	9	3
10	总　计	377.5	58

2. 污水厂现状

广州市大坦沙污水处理系统的收集范围主要包括司马涌流域、荔湾涌流域、石井河流域，旧城区为合流制排水体制，而新城区为分流制排水体制，大坦沙污水处理厂目前所收集的污水主要为旧城区中荔湾涌、司马涌的合流污水。

广州市大坦沙污水处理厂位于广州市大坦沙岛内，是广州市第一座污水处理厂。它采用生物脱氮除磷活性污泥法的处理工艺，分三期工程建设，一期工程日处理量为 $15\times10^4 m^3/d$，于 1989 年投产运行，在一期工程基础上，该厂利用厂区原有 $4hm^2$ 预留用地，进行了二期工程扩建，规模为 $15\times10^4 m^3/d$，扩建工程于 1996 年投入运行，形成日处理规模为 $30\times10^4 m^3/d$ 的大型污水处理厂，2000 年又完成了处理能力为 $3\times10^4 m^3/d$ 的挖潜改造工程。一、二期工程总处理规模已达到 $33\times10^4 m^3/d$，排放口设置在大坦沙岛西侧，珠江西航道的大坦沙尾。

大坦沙一、二期污水处理系统用地面积 $14hm^2$，主要处理广州荔湾区、越秀区、白云区的部分城市污水，包括石井河、荔湾涌、驷马涌，澳口涌等重要河涌流域范围内的污水，这一流域的管道系统多为合流制，在雨季，污水流量大，污染物浓度低，在枯水期，污染物浓度会明显升高。

一、二期工程设计进水水质如表 8－13 所示。

一、二期工程设计进水水质（mg/L）　　**表 8－13**

项　目	BOD_5	SS	TN	TP	NH_3-N
一期设计水质	200	250	40	5	30
二期设计水质	120	150	30	3.5	

大坦沙污水厂自通水运行以来，由于进水有机负荷低，通常污水超越初次沉淀池直接进入反应池。在工艺参数，如内回流比降为 100%，外回流比降为 50%，气水比控制在(2～3)∶1，反应池各段停留时间控制在 1∶2∶5 等调整后，基本解决了进水有机负荷较低的矛盾。目前污水厂运转情况良好，运行数据如表 8－14 所示，从表 8－14 可见，一、二期工程出水主要水质指标均达到排放标准，BOD_5、NH_3-N、COD 等指标均只有排放标准浓度的一半，明显优于排放标准。

大坦沙污水厂一、二期工程运行数据　　表 8-14

项目 / 时间	水量（$\times10^4m^3/d$）	COD_{Cr}（mg/L）		BOD_5（mg/L）		SS（mg/L）		NH_3-N（mg/L）		TP（mg/L）	
	出水	进水	出水	进水	出水	进水	出水	进水	出水	进水	出水
2001 年 01 月	25.3	190	33	104	11	152	16	28.5	7.7	3.35	0.72
2001 年 02 月	26.7	168	26	107	12	123	14	23	7.7	3.28	0.74
2001 年 03 月	26.8	150	24	80	12	191	12	25	7.2	3.24	0.76
2001 年 04 月	29.0	138	19	65	7	184	13	22	2.7	3.05	0.74
2001 年 05 月	30.7	127	16	50	4	103	13	19.3	2.6	2.53	0.71
2001 年 06 月	33.1	84	11	37	3.6	93	9	15.2	2.03	1.95	0.57

由于污水厂生产运行稳定，处理效果良好，有效地减少了珠江广州河段的污染负荷，使广州西航道水质有所改善，对广州市西村自来水厂的饮用水水源起到了一定的保护作用。

大坦沙污水处理厂每天共产生含水率约为78%～80%的剩余污泥160t，使用污泥运输车运送到污泥码头，污泥脱水产生的渗滤液由厂内提升泵房提升到沉砂池中。厂内提升泵房共设三台泵，每台泵的流量为140m^3/h，2 用 1 备，通常情况下运行 1 台泵即可。

8.5.2　改扩建设计

1. 改扩建标准确定

按规划大坦沙污水处理厂的处理规模为55×10^4m^3/d，尚有石井河流域一带污水未纳入处理。目前，石井流域一带污染严重，已经影响到广州市人民的生活用水水源身体健康，因此进行污水处理势在必行。

根据大坦沙污水处理厂三期工程服务范围内的生活污水量和工业污水量，三期工程的设计规模定为22×10^4m^3/d。另外，确定在三期厂区内建设设计规模为10×10^4m^3/月（即3333m^3/d），峰值变化系数 K 为 1.2 的再生水处理系统。根据广州市政府要求，本项目建设期为 3 年，2002 年 9 月完成工程的前期工作，2003 年年底，新建污水处理厂将建成并投入运营。

按环境影响评价要求，大坦沙污水处理厂三期工程出水排入珠江西航道(一、二期污水厂出水口位置)，污水厂址所处西航道规划为国家《地表水环境质量标准》（GHZB 1—1999）Ⅲ类标准，且已由广州市人民政府划定的生活饮用水源二级保护区，其出水水质须同时满足以下几个排放标准的要求：国家标准《城镇污水处理厂污染物综合排放标准》（GB 8978—1996）、广东省地方标准《广州市污水排放标准》（DB 4437—90）和广东省地方标准《水污染物排放限值》（DB 44/26—2001）的一级标准，确定大坦沙污水处理厂扩建（三期）工程的出水水质为：BOD_5≤20mg/L，COD_{Cr}≤40mg/L，SS≤20mg/L，氨氮（NH_3-N）≤10mg/L，磷酸盐（以 P 计）≤0.5mg/L。

根据《城市污水回用设计规范》（CECS 61—94）和《生活杂用水水质标准》（CJ 25.1—89），并结合本工程的实际情况，设计确定再生水处理的出水水质为：

BOD_5　　10mg/L

COD_{Cr}　　40mg/L

SS	10mg/L
NH_4^+ - N	10mg/L
pH	6.5～9.0
细菌总数	100个/mL
总大肠菌群数	3个/L

大坦沙污水处理厂三期工程的污泥处理，近期经浓缩脱水处理后，与一、二期污水厂产生的污泥一起用船外运至番禺江殴围垦填海区填埋。

2. 改造工程内容

根据大坦沙污水处理厂三期工程服务范围内的生活污水量和工业废水量，三期工程的设计规模定为$22\times10^4m^3/d$。本次污水处理厂工程改扩建包括污水处理，设计规模为$22\times10^4m^3/d$，再生水处理，设计规模为$10\times10^4m^3$/月、污泥处理、附加化学污水处理、截流污水处理、通风除臭处理和排放口等工程内容。

根据环评，大坦沙污水厂扩建(三期)工程规划选址在广州市白云区大坦沙岛内，大坦沙污水处理厂一、二期工程的东侧，珠江大桥双桥路南侧，属于广州市白云区石井镇。污水经处理后排入西航道。征用现大坦沙污水处理厂东北面红楼游泳场西的用地，规划局批出的红线总征地面积为$109556m^2$，其中污水处理厂用地面积$97259m^2$(包括供电局变电所用地$2470m^2$)，市政道路面积$12297m^2$，高压走廊部分面积约$2.19hm^2$，剩下可用于污水处理厂的用地$7.54hm^2$。该厂址紧靠变电站，供电电源近，水源可由大坦沙污水处理厂连接，厂址现状标高约为5.4～7.4m，设计高程为8.20m。

大坦沙污水处理厂三期工程排放口设于一、二期工程现有排放口处，即大坦沙岛西侧，珠江西航道的大坦沙尾，紧邻一、二期工程排放口，距大坦沙北端约3000m，距上游石门水厂吸水点约8750m，距西村水厂吸水点约5250m，下游距鹤洞水厂4000m。考虑到大坦沙本岛和大坦沙污水处理厂厂内污水的自排能力和污水处理厂运行的事故工况，在大坦沙岛东侧(沙贝海)设置污水处理厂厂内污水泵房的应急排放口。

在总平面设计中按照区域功能、进出水方向和处理工艺要求，将污水厂分为三大块六个功能区，具体为：高压走廊西块(包括厂前区、预留中水区和处理尾水区)，高压走廊东块(包括污水处理区和中水处理区)，旧厂区块(包括污泥处理区)，污水厂平面布置如图8－49所示。

为了加强大坦沙污水厂一、二、三期工程的统一管理，三期工程的污泥处理系统将建在原厂区内，以有利于日后与一、二期工程的污泥处理系统的统一管理。另外，三期工程的自动控制也与原一、二期工程的中央控制室合建，以便于管理和监控。

大坦沙污水处理厂一、二期工程的所收集的污水主要为旧城区中荔湾涌、司马涌的合流污水，而新建的三期工程是石井河流域、机场路、新广从路一带的污水，该区域污水的管道系统以分流制为主，所以三期工程的进水水质会比一、二期工程的水质有所提高。设计采用的进出水水质如表8－15所示。

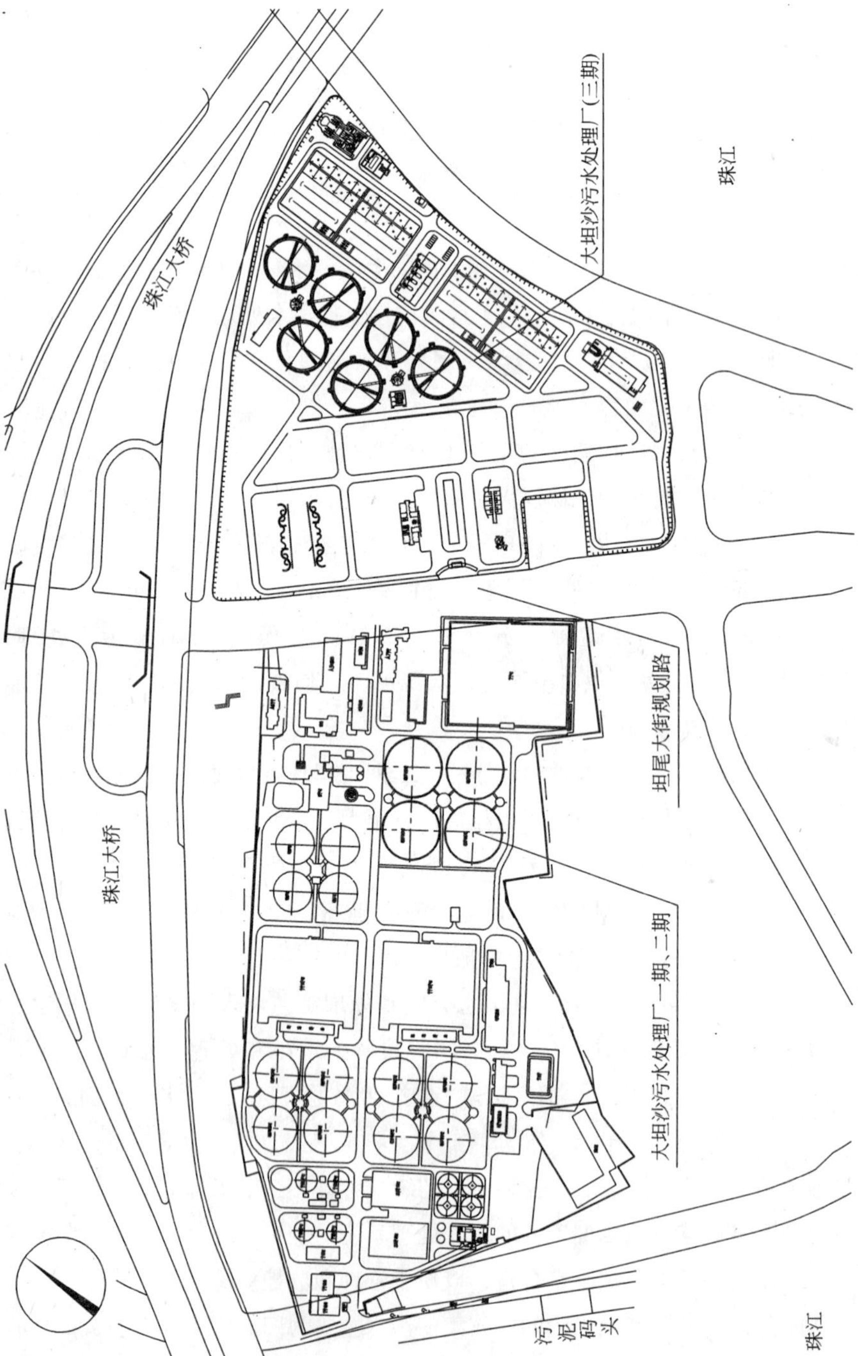

图 8-49　大坦沙污水处理厂三期扩建平面布置图

大坦沙污水厂三期工程进出水水质(mg/L)　　表8-15

	COD_{Cr}	BOD_5	SS	TN	TP
进　水	250	120	150	35	4
出　水	<40	<20	<20	$NH_3-N<10$	<0.5

扩建工程建设项目总投资为48209.19万元，其中第一部分工程费用为23507.29万元，建筑工程为10416.29万元，安装工程为2143.51万元，设备和工器具购置费为10947.49万元，其他费用为24701.90万元。年经营费用3904.00万元，单位处理运行成本0.486元/m^3；年总成本6245.47万元，单位处理成本0.778元/m^3。

3. 处理工艺选择

按照污水处理厂进、出水水质要求，污水处理厂扩建(三期)工程推荐采用”分点进水倒置A/A/O“生物脱氮除磷处理工艺，为控制和确保污水厂处理尾水磷酸盐(以P计)达标排放，增设附加化学除磷工艺，化学药剂推荐选用碱式氯化铝；为控制和确保污水厂处理尾水COD_{Cr}达标排放，增设附加化学氧化工艺，化学氧化剂推荐选用液氯。污泥处理工艺为污泥重力浓缩，污泥机械脱水，污泥外运与城市污泥集中处置的方式，并预留远期污泥稳定处理工艺为污泥干化方案，即污泥重力浓缩，污泥机械脱水，污泥干化，污泥外运与城市污泥集中处置或综合利用”。

再生水处理工艺采用混凝反应、过滤和加氯消毒。处理后的再生水主要是供给大坦沙污水处理厂一、二、三期工程自身用水，也可供城市市政用水。污水处理和再生水处理流程如图8-50和图8-51所示。

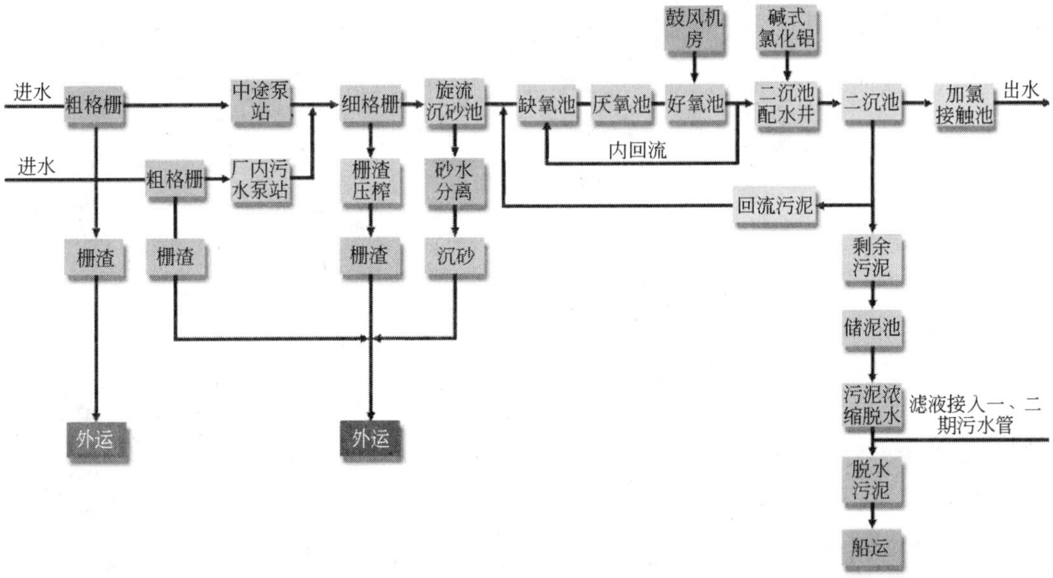

图8-50　大坦沙污水处理厂扩建(三期)污水处理工艺流程图

为适应污水进水水质和水量不断变化的要求，适应维修、养护和事故工况并增强污水处理厂运行管理的调控能力和灵活性，本工程处理构筑物分成4组，每组规模为$5.5\times10^4m^3/d$，每$11\times10^4m^3/d$为一个组团，事故保证率为75%。

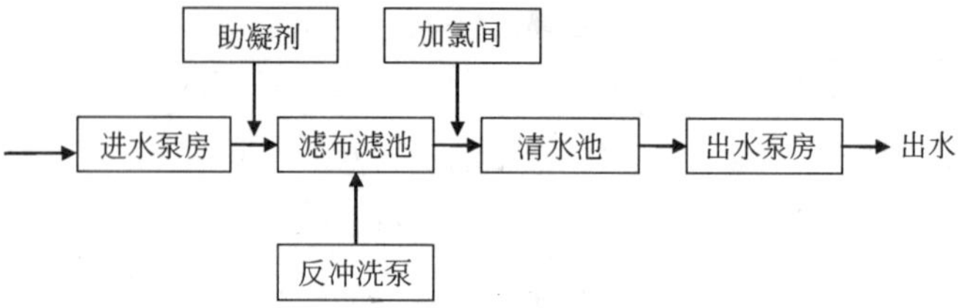

图 8 - 51 大坦沙污水处理厂扩建(三期)再生水处理工艺流程图

4. 主要构筑物设计

(1) 细格栅和旋流沉砂池

细格栅和旋流沉砂池 1 座，分四组，每组处理能力为 $5.5\times10^4m^3/d$，每 2 组合建，形成 $22\times10^4m^3/d$ 的处理规模。细格栅与旋流沉砂池进行加罩通风除臭处理，单独设置 1 组除臭处理装置。

设计平均流量为 $2.54m^3/s$，高峰流量为 $3.31m^3/s$，配转鼓式格栅 4 台，转鼓直径为 1800mm，栅条间隙为 6mm，栅前水深为 1m，过栅流速为 0.9m/s，安装角度为 35°；旋流沉砂池直径为 5m，水力停留时间为 25.8s，有效水深为 1.09m。

细格栅和旋流沉砂池的工艺设计如图 8 - 52 所示。

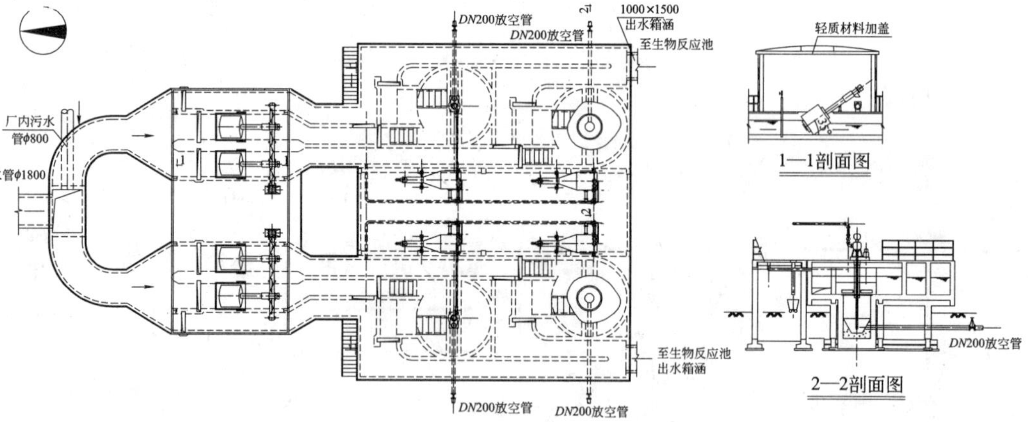

图 8 - 52 细格栅和旋流沉砂池工艺设计图

(2) 生物反应池

生物反应池为矩形钢筋混凝土结构，共 2 池，每池分 2 组，每组规模为 $5.5\times10^4m^3/d$，可单独运行。

每组池由缺氧段、厌氧段和好氧段组成，其中缺氧段 6 池，厌氧段 4 池，每池设 1 台立式搅拌器使池内污泥保持悬浮状态，并且与进水充分混合。每组池好氧段分成 4 个廊道，沿池底敷设微孔管式曝气管，曝气管布置方式按三条廊道数量分别为 45%、35% 和 20% 递减布置。另外，在空气主干管上设电动空气调节阀，根据各管道的 DO 值，调节曝气量，实现节能目的。

每组池设一条单独进水渠，在缺氧区和厌氧区各设置多个进水点，配置可调堰门，可根据各种不同的情况，合理分配进水量，同时满足脱氧和除磷对碳源的要求。

每组池设一条混合液配水渠，在第一缺氧池和第五缺氧池各设一进水点，分别称第一进水点和第五进水点，配置可调堰门，当关闭第五进水点，混合液自第一进水点进水，生物反应池按倒置 A/A/O 工艺运行，如图 8－53 所示；当关闭第一进水点，混合液自第五进水点进水，生物反应池按常规 A/A/O 工艺运行，如图 8－54 所示。运行方式灵活多变，可合理选择污水进水点和混合液进水点，实现不同的工况和不同的处理工艺。

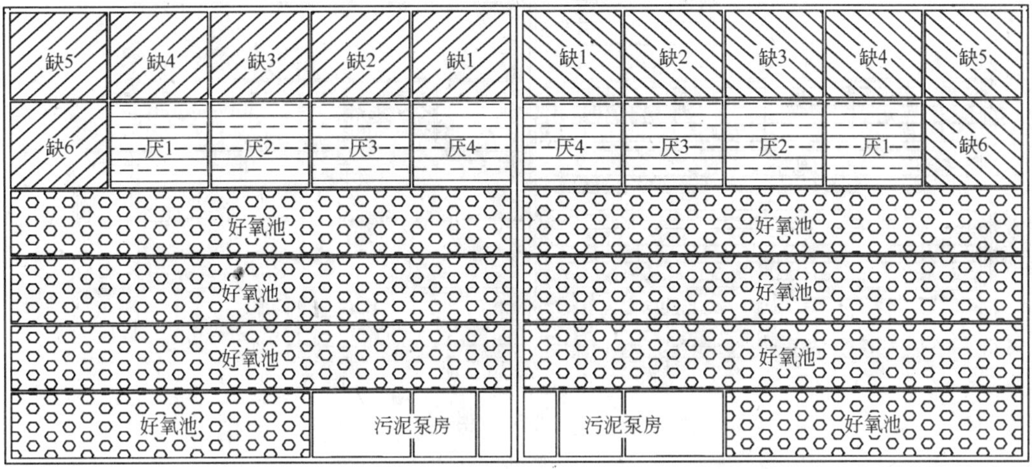

图 8－53　生物反应池倒置 A/A/O 工艺运行模式图

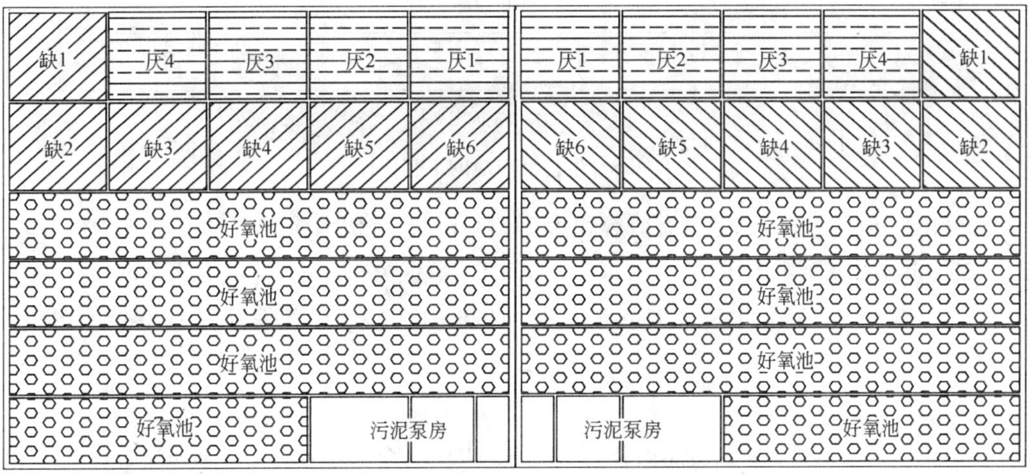

图 8－54　生物反应池常规 A/A/O 工艺运行模式图

设回流污泥和剩余污泥泵房 4 组，与生物反应池合建，位于反应池出水端，混和液内回流泵直接设置于生物反应池出水端的反应池内。

生物反应池进行加盖加罩通风除臭处理，其中厌、缺氧区加盖，好氧区加罩，每座生物反应池单独设置 1 组除臭处理装置，共 2 组。

生物反应池的工艺设计图如图 8－55 所示。

主要设计参数，平均设计流量为 $9167m^3/h$（即 $220000m^3/d$）；池数共 2 组，每组分 2 池；最高水温为 25℃，最低水温为 15℃，设计污泥龄为 9.6d，污泥负荷为 $0.105kgBOD_5/(kgMLSS \cdot d)$；污泥产率为 $1.20kgDS/$去除 $kgBOD_5$，进入缺氧池流量的百分比为 30%～50%，进入厌氧池流

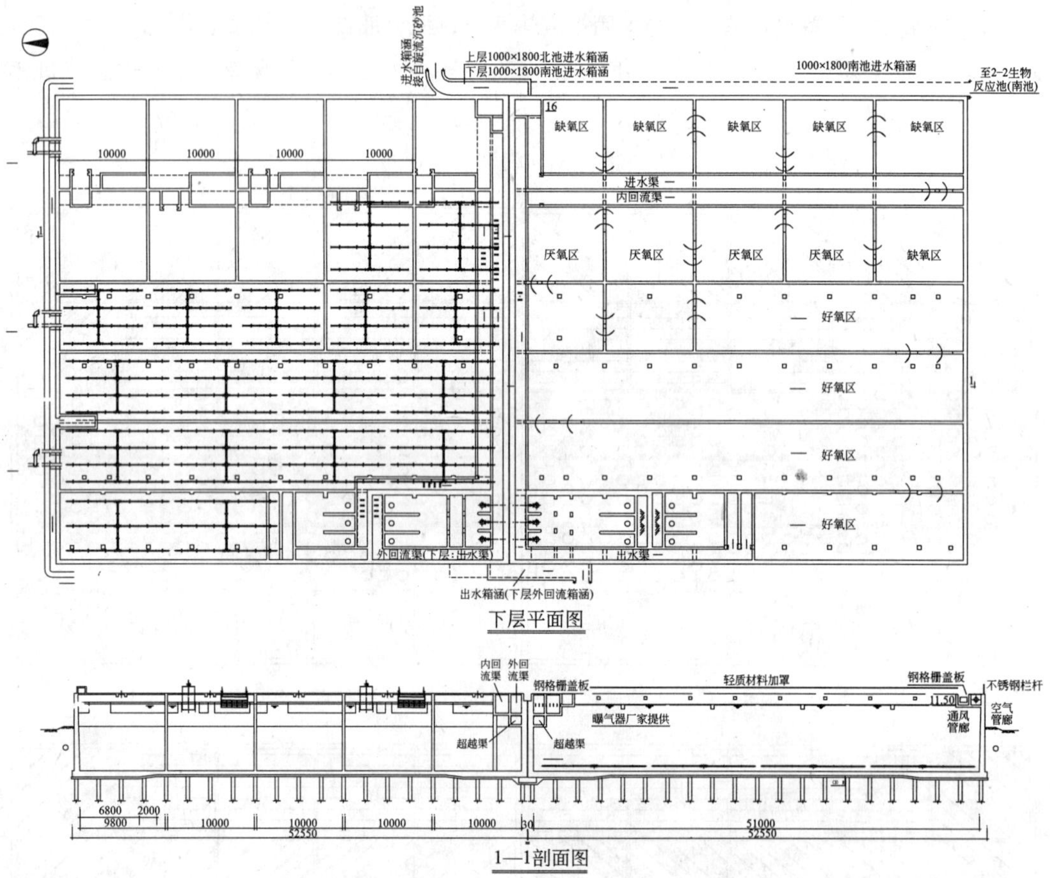

图8-55 生物反应池的工艺设计图

量的百分比为70%～50%，池总有效容积为74437.5m³，有效水深为7.5m；总水力停留时间为8.12h，其中缺氧区委1.96h，厌氧区为1.31h，好氧区为4.85h，外回流比为50%～100%，内回流比为50%～150%；剩余活性污泥量为26400kgDS/d，化学污泥量为1130kg/d，剩余污泥含水率为99.25%。

（3）二次沉淀池和配水井

二次沉淀池配水井2座，每座内径为12.9m，以中隔墙一分为二，前半仓为碱式氯化铝溶液加药点，机械搅拌混合，后半仓设3套配水堰分别配水至二次沉淀池。

二次沉淀池采用周边进水、周边出水辐流式沉淀池6座，分2组，每组3池，每池内净直径为42m，有效水深为4.0m，设计最大流量为11917m³/h，峰值流量表面负荷为1.43m³/(m²·h)，污泥固体通量为7.50kg/(m²·h)，外回流比为100%。

二次沉淀池的工艺设计如图8-56所示。

（4）加氯间和加氯接触池

加氯接触池1座，为矩形钢筋混凝土结构，上部为加氯间，设自动加氯装置1套，加氯能力为120kg/h，设计平均流量为9167m³/h，加氯接触时间为30min，设计加氯量为10～30mg/L，其中附加化学氧化剂量为5～20mg/L，消毒剂量为5～10mg/L。考虑到广州市地处南

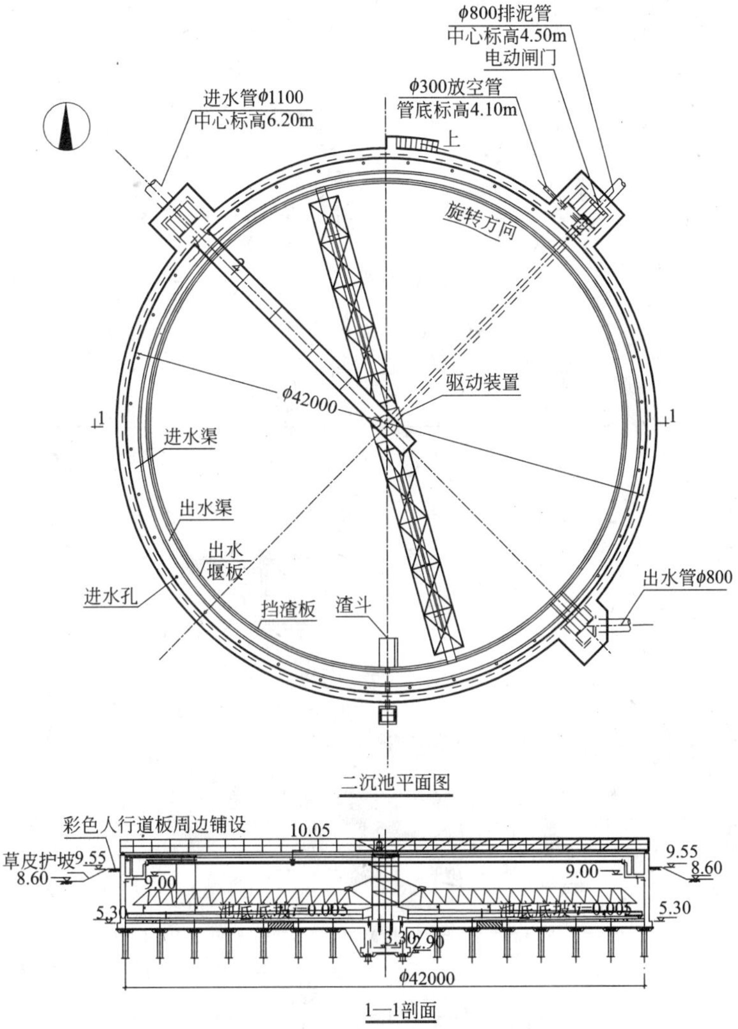

图 8－56　二次沉淀池工艺设计图

方，气温较高，微生物容易繁殖，工程采用季节性(3～6 月)加氯消毒。

加氯间和加氯接触池的工艺设计如图 8－57 所示。

(5) 鼓风机房

鼓风机房 1 座，与高压配电间合建，机房内设置单级高速离心鼓风机 6 台(4 用 2 备)，由 10kV 高压电机驱动，单台供气量为 $225m^3/min$，出口风压为 8.5m 水柱，气水比为 5.89∶1。

离心鼓风机有进风和出风口可调导叶，MCP 主控制器根据生物池 DO 值，自动控制鼓风机开启台数、自动调节鼓风机进出风导叶角度，控制空气量的输出，每台鼓风机的供气量调节范围为 45%～100%。

鼓风机进风采用混凝土风道，风道共分三层，上层为冷却风道，鼓风机冷却风经冷却风道排出室外，中层为进风道，一侧与室外相通，一侧与鼓风机吸风口相连，下层为出风管管廊，风机整体采用消声罩密封，噪声小于 80dB(A)。

鼓风机房的工艺设计如图 8－58 所示。

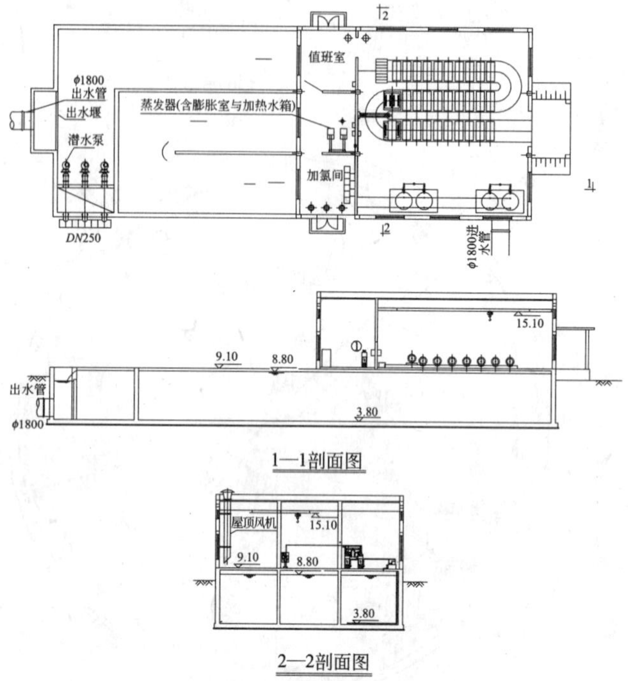

图 8－57 加氯间和加氯接触池工艺设计图

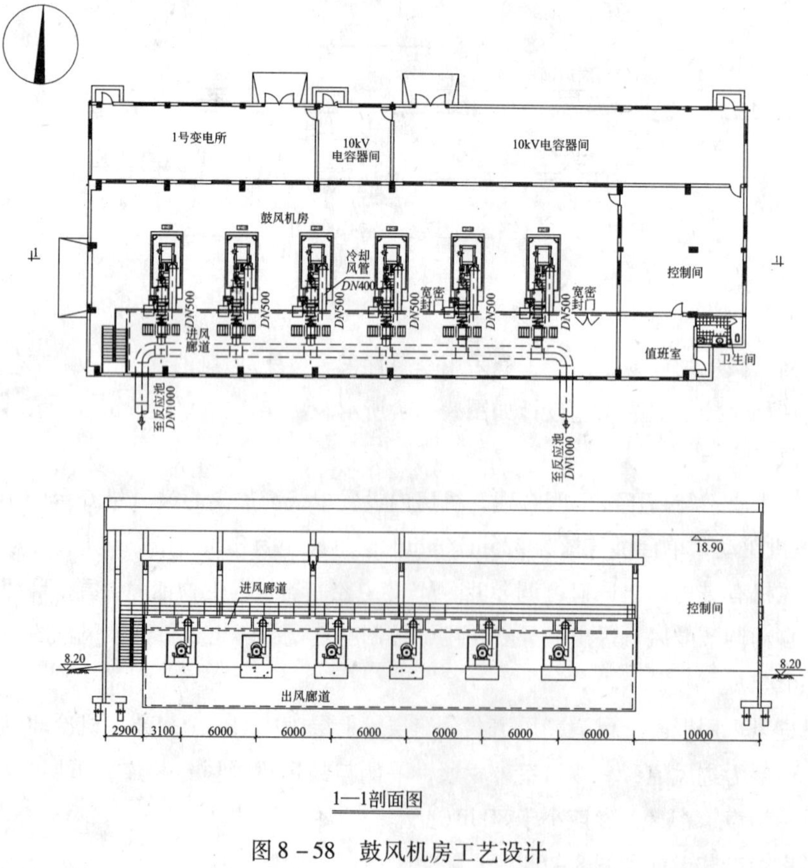

图 8－58 鼓风机房工艺设计

（6）碱式氯化铝加药间

当出水 $PO_4^{3-}-P>0.5mg/L$ 时，需投加碱式氯化铝除磷，将出水 $PO_4^{3-}-P$ 降至 0.5mg/L，投加点为二次沉淀池配水井前仓，以生物出水 $PO_4^{3-}-P$ 为 1mg/L 计，每日除 $PO_4^{3-}-P$ 为 110kg/d，投加碱式氯化铝，Al/P 摩尔比为 2∶1，药液投加浓度 5%。

（7）污泥浓缩池

采用污泥重力浓缩池降低二次沉淀池剩余污泥含水率，达到污泥初次减量化的目的，为避免污泥重力浓缩池中臭气的外溢，污泥重力浓缩池上部进行了加罩密闭处理。浓缩池内设有污泥浓缩刮泥机。

污泥体积为 $3671m^3/d$，设计重力浓缩池 4 座，内净尺寸直径为 16m，池边有效水深为 4.0m，浓缩前污泥浓度为 $7.5kg/m^3$，浓缩后污泥浓度为 $25kg/m^3$，浓缩池污泥固体负荷为 $34.25kgDS/(m^2 \cdot d)$，储泥时间为 21.0h。

（8）污泥脱水机房和污泥料仓

脱水机房分 2 层，上层为机器间，下层为值班室、控制室、药库和进泥泵间等组成。

机房内设 3 台离心脱水机（2 用 1 备），出泥由 2 台（1 用 1 备）无轴螺旋输送机收集、输送至固体输送泵的接料斗，由固体输送泵送至污泥码头装船。污泥离心脱水机为全封闭设备，污泥脱水机房内考虑通风除臭设施。机房内设有絮凝剂投加装置 2 套，采用干粉聚丙烯酰胺高分子絮凝剂配制成药液，再将药液稀释至 1‰浓度后投加至进泥泵出泥管，与污泥混合后进入污泥离心脱水机。

污泥干固量包括剩余活性污泥为 26400kg/d，化学污泥为 1130kg/d，脱水机脱水能力（按干污泥量）为 573.5kgDS/(h·台)，工作时间 24h，脱水后污泥含水率为 78%～80%，絮凝剂投加量为 3～3.5g/kgDS。

污泥料仓用于储存脱水污泥。采用污泥料仓 2 座，每座污泥料仓体积为 $250m^3$，有效容积为 $200m^3$，最大贮泥时间为 3～3.5d。

污泥脱水机房和污泥料仓工艺设计如图 8－59 和图 8－60 所示。

（9）附属建筑

考虑到现有大坦沙污水处理厂一、二期的现状情况，三期工程附属建筑物的设计只考虑综合楼、仓库、变配电所和传达室。综合楼分“办公楼”和“厂外泵站管理室和值班宿舍”二部分。根据建设单位和运行单位的要求，为便于统一管理，一、二、三期中央控制室合建，集中设置于三期工程的办公楼中央控制室内；办公楼的设计考虑了一、二、三期工程的办公要求，但不考虑新建化验室，一、二、三期工程的化验室集中设置与一、二期办公楼内，并需考虑增加、更新和升级大坦沙污水厂部分化验设备。

污水处理厂附属建筑物和建筑面积分别为办公楼 $2080m^2$，厂外泵站管理室和值班宿舍 $490m^2$，仓库 $270m^2$，1 号变配电所 $380m^2$（与鼓风机房合建），2 号变配电所 $52m^2$，传达室 $40m^2$ 和 $30m^2$ 各一座。

（10）再生水处理构筑物

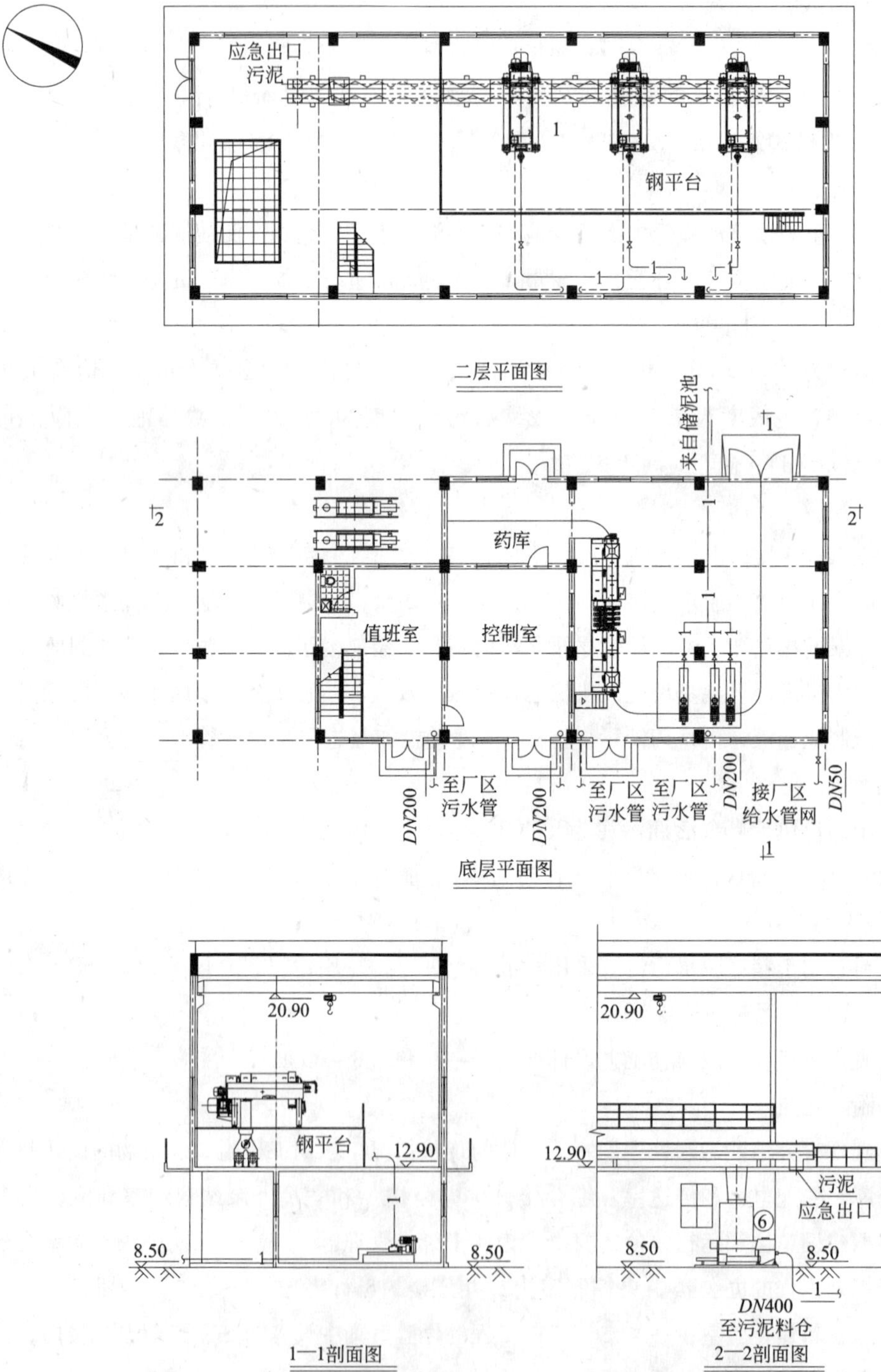

图 8－59　污泥脱水机房工艺设计图

本工程再生水处理工艺采用过滤消毒工艺，为了提高过滤效果，采用投加助凝剂提高过滤效果，在滤池进水管上设置管道混和器进行混凝反应，停留时间为 10～20s。滤池形式根据再生水处理的特点和本工程的处理规模，采用比较先进的滤布滤池。

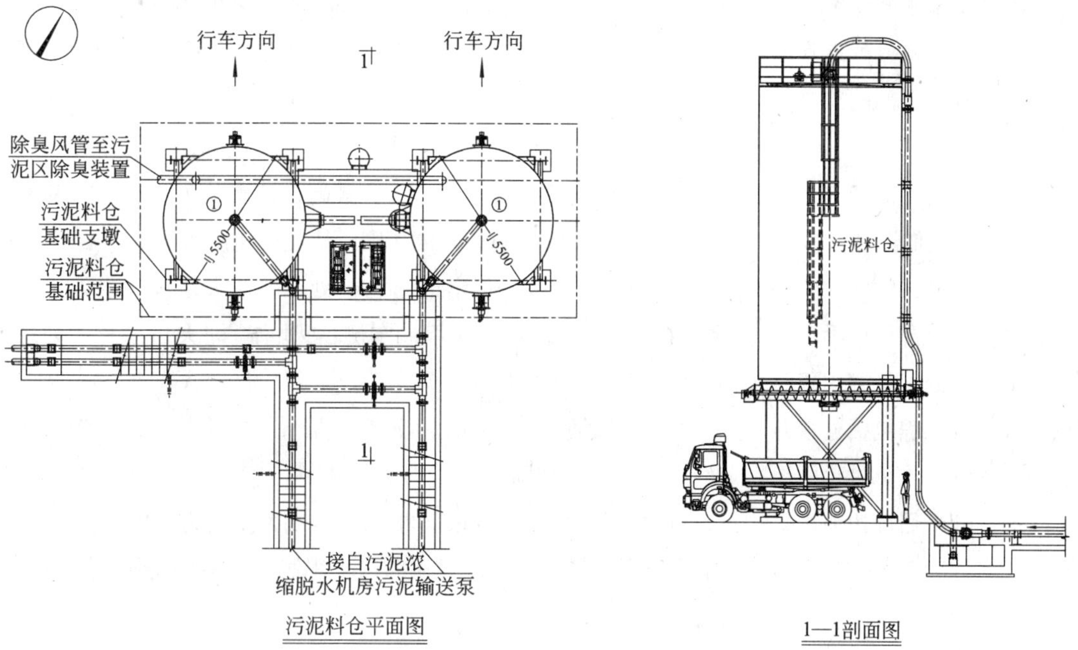

图 8－60　污泥料仓工艺设计图

滤布滤池共 2 座，并排布置，单池规模为 $5\times10^4m^3$/月（即：$1667m^3/d$），峰值规模为 $2000m^3/d$，变化系数 K 为 1.2，过滤滤速为 6～8m/h，单格过滤面积约为 3.2m×3.2m，排泥间隔时间为 6h，反冲洗间隔时间为 6h。

滤布滤池的工艺设计如图 8－61 所示。

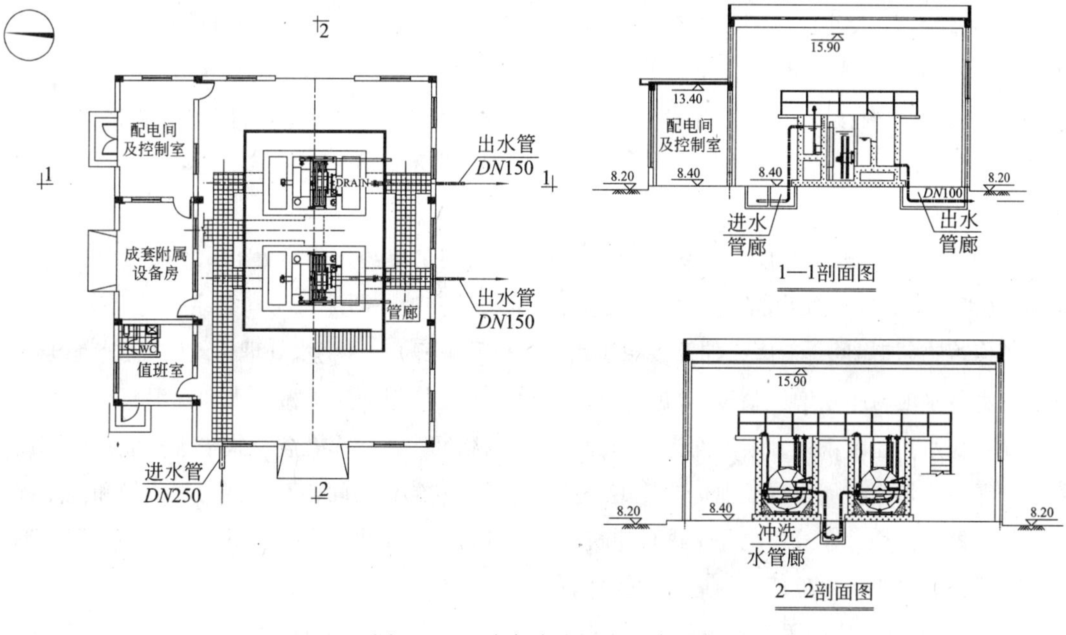

图 8－61　滤布滤池工艺设计图

再生水蓄水池调节容量按10%计，共2座，有效水深为3.5m，有效容积约426m^3。再生水加氯消毒设备、处理水加氯消毒设备和尾水加氯化学氧化设备一起统筹布置，均布置在处理水加氯接触池上部的加氯间内。

(11) 排放口

排放口设计流量为$22\times10^4m^3/d$，峰值变化系数K为1.3，最高设计水位为百年一遇高水位7.79m，最低设计水位为历史最低水位3.64m，抗震烈度7度，地震加速度为0.1。

正常排放口位置放置在大坦沙西测(白沙河)，距岸边约70m处，即原大坦沙污水处理厂一、二期尾水排放口附近，应急排放口的位置布置在大坦沙东侧(沙贝海)即大坦沙污水处理厂三期工程处，距离大坦沙东侧(沙贝海)岸边约100m。

排放口工程包括连接井一座、正常排放管一根、应急排放管一根、正常排放管出口消力池一座，排放管施工过程中还需对堤岸结构进行加固。

排放管采用岸边淹没式排放，排放管管径为DN1800，相应管内最大流速为1.3m/s，出口管中心高程为2.40~5.70m。为了防止和减轻污水排放时对防洪堤堤脚和岸滩的冲刷，排放管出口处设置钢筋混凝土消力池一座。

应急排放管排放形式采用岸边单点排入，管径为DN1800，出口管中心高程为2.40~5.70m，自连接井出水室至大堤外，为防止大堤受到冲刷，同时考虑到应急排放口是在特殊情况下排放，在应急排放管出口处四周抛填块石混合料和理砌块石来保护防洪堤堤脚。

5. 建议和问题

(1) 设计特点

1) 大坦沙污水处理厂三期扩建工程作为改扩建项目和广东省重大市政工程项目，工程建设标准高，出水标准严，设计难度大，建设周期短。工程设计中十分注重与一、二期工程的连通和衔接，并充分借鉴了一、二期工程的实际运行经验，完善和提高三期工程的设计，同时在工程设计中充分考虑了三期工程建设不影响一、二期工程正常运行的工程措施。

2) 根据污水处理厂占地小，用地紧张等特点，采用了集约化的布置形式。通过将预处理构筑物(细格栅和旋流沉砂池等)、生物反应池(生物反应池、回流泵房和剩余污泥泵房)、消毒处理构筑物(加氯间、氯库、加氯接触池和中水提升泵房)、再生水处理构筑物(滤布滤池车间、中水蓄水池与中水增压泵房)等进行合建；同时污泥处理采用机械脱水和污泥料仓；采用渠道输、配水和超越系统，渠道同构筑物合建，构筑物间多采用多孔叠合式输水箱涵；采用高效、可靠的圆形周进周出沉淀池，节约用地；减少了构、建筑物间相互连接的工程量和能量损耗，污水处理厂构、建筑物也易于进行建筑和美化处理，易于进行加盖通风除臭处理，同时缩短人流线路，便于污水处理厂的运行和管理。

3) 生物处理工艺采用多点进水倒置A/A/O工艺。在倒置A/A/O工艺的基础上进行优化，通过多点进水，解决了生物反应池缺氧、厌氧段碳源分配不均的问题；通过增加内回流，增强了污水处理厂实际运行管理的调控能力和灵活性，加强了反硝化，从而降低供氧量。可以按多种模式运行，单点进水常规A/A/O工艺、分点进水常规A/A/O工艺、有内回流的单点进水倒置A/A/O工艺、有内回流的分点进水倒置A/A/O工艺、无内回流的单点进水倒置A/A/O工艺和常规好氧活性污泥工艺等，适应各种运行工况。

4）为保证出水磷酸盐（以P计）<0.5mg/L的处理要求，在二次沉淀池配水井增加化学除磷设施，采用碱式氯化铝作为附加化学除磷药剂进行协同沉淀，并且在污水处理厂设计中采用加氯（加液氯）化学氧化的深度处理工艺，以确保最终的COD_{Cr}出水指标达标。

5）污水处理厂全系统大规模采用轻质材料加低罩的恶臭污染物加盖处理，臭气收集后按不同区域分别采用生物除臭装置进行处理。

6）采用转鼓式细格栅、进口单级高效鼓风机、聚乙烯管式曝气器、单管式吸泥机、高效污水污泥提升泵、污泥密封料仓和玻璃钢夹砂管等先进的设备和材料。

7）采用先进、安全和可靠的仪表与自控技术，集中管理、分散控制系统由一个中央控制站和三个现场控制站和所属分控站、高速数据通道组成，保证了污水厂的运行控制灵活、可调、简便和稳定、可靠；为全厂生产监控设置一套闭路彩色电视监视系统，为全厂安全保卫工作设置一套黑白电视监视系统，方便工程的运行管理；污水处理厂进、出水仪表小屋的设置，既方便运行在线监测数据的采集，又方便监测数据的分析、反馈和调控；污水厂地处多雷区，设置一套完整有效的防感应雷系统。

（2）其他改造内容

为更好地改善作为饮用水水源的西航道的水质，应对大坦沙排水系统内的合流制系统，进行雨季初期雨水截流，由于目前大坦沙排水分区的系统管网和泵站的设计并未考虑雨季的截流污水量，因此在系统管网和泵站改造以前，只能适时利用旱流污水的峰值系数的余量，进行旧城区内雨季污水和初期雨水的截流。

污水处理厂根据最高日峰值流量设计，大坦沙污水处理厂完全有能力对雨季不大于旱流污水峰值流量部分的截流污水量进行二级处理并达标排放。只要收集系统条件允许，污水处理厂有能力在雨季提高处理规模，即可处理略大于旱流污水峰值流量部分的截流污水量，相应提高雨季截流倍数，进一步提高雨季排水系统的截污能力，加大污染物的消减力度。

为远期合流制地区的污水截流改造留有余地，本工程在进行污水处理厂平面布置时，为远期截流污水的一级处理或一级强化处理预留了建设用地，具体布置于三期污水厂厂区东南部的角状区域内，紧邻现状厂外道路。

考虑扩建工程的特点，做到与一、二期工程合理衔接，便于统一管理，统一调度，充分发挥污水处理厂的整体效益，扩建工程还针对以下问题进行了改进设计。

1）一、二、三期工程重力浓缩池上清液的集中处理

大坦沙一、二、三期工程污水处理均采用生物脱氮除磷工艺，污泥处理均采用重力式污

泥浓缩池，由于在重力浓缩池的厌缺氧状态下停留时间较长，通过 A/A/O 生物除磷的富磷污泥会在浓缩池部分释放，虽然浓缩池中碳源不足，特别是快速降解 COD 较少，且释磷有一上清液饱和度，浓缩池释磷有限，但是为降低系统的磷负荷，避免重复除磷，大坦沙污水处理厂需要增设附加化学除磷设施控制浓缩池上清液的磷酸盐(以 P 计)含量，又称旁流化学除磷。

附加化学除磷工艺处理流程是通过投加铝盐、铁盐或高分子聚合物等化学药剂，经混合、反应和沉淀，达到除磷目的。

新建的加药间布置在原一期工程厂区西大门南侧，新建化学除磷池布置在原一期工程污泥脱水机房北侧，靠近厂内北侧围墙，加药间建筑平面尺寸为 12.6m×12.0m，包括加药房、配电间、仓库和值班室。化学除磷池(即“旁流化学除磷池”)，平面净尺寸为 23.79m×5.1m，包括上清液提升泵房和混合、反应、沉淀池等。

2）一、二期工程厂内污水泵房改造

大坦沙污水处理厂一、二期工程厂内污水泵房建于一期工程，从目前的运行情况来看，厂内污水泵房已到超负荷运行状态。由于三期工程污泥区建于一、二期污水厂西南侧，一、二期消毒池以南，毗邻污泥码头，因此污泥浓缩脱水后的上清液将流入于一、二期污水厂的污水管道，现有厂内污水泵房将不堪重负，设计在一、二期污水厂西南侧，三期工程污泥区东部，新建 1 座厂内污水泵房。经济算污泥浓缩脱水所产生的上清液约为 4500m^3/d，考虑到现有厂内污水泵房的超负荷情况，初步确定新建的厂内污水泵房的设计规模为 6000m^3/d，采用潜水污水泵房方案。

3）一、二期和三期工程的地下隧道连通设施

大坦沙污水厂一、二期和三期工程的连通设施主要考虑的是人行、车行和各管道线路的连通，但经现场踏勘和调研，目前一、二期厂区内无车行连通的空间，故本设计方案只考虑人行和各管道线路的连通。考虑到广州市规划局对城市总体规划控制的要求，综合分析设计方案和工程投资，一、二期和三期工程的连通工程采用地下隧道连接。地下隧道的断面净尺寸宽(B)×高(H)为 3.5m×3.0m，隧道顶板外壁覆土约为 3.0m，隧道总长度约为 80m(包括地下隧道两端进、出通道)，隧道内除考虑人行、照明、通风、监测和排水设施外，还布置有给水管、再生水管、污泥管、通信电缆和仪表电缆等各类公用管线和处理管线。

4）一、二期和三期工程的连通工程

原设计中已包含有大坦沙污水厂一、二期和三期工程给水系统、再生水系统、通信和监控系统的连通设计，电力系统原设计中供电方式已为双电源供电，不再考虑连通。因此需对一、二期和三期工程排水系统进行连通。

由于大坦沙污水厂一、二期和三期工程均是由厂外污水中途泵站(即荔湾泵站、澳口泵站和 5 号污水中途泵站)提升后通过压力管道进厂，因此与普通重力进厂的情况相比，连通的难度高，工程的投资较大。

排水工程的连通主要涉及以下三部分：

① 一、二期和三期工程压力进水管道连通设施，包括设置进水连通管和连通阀门等；

② 一、二期和三期工程进水连通、切换和分配设施，包括增设一、二期和三期工程各自的进水高位井和进水连通、切换和分配堰门（即上开式闸门）等；

③ 原有一、二期进厂管道改造。

从本工程的实际情况出发，通过初步现场踏勘和调研分析，排水工程的连通的条件并不十分成熟，如要实施尚需作进一步调查分析，尽量减少施工期对污水厂运行的影响，并确保工程效益。

（3）探讨和建议

1）经二级生物脱氮除磷处理后的尾水，已达到国家和广州市规定的排放标准，可以作为水资源予以利用，本工程中仅考虑了大坦沙污水处理厂一、二、三期工程厂区生活和生产性回用水。

目前，再生水回用是污水处理厂工程设计的一大趋势，具有可持续发展效应，建议在本工程处理尾水经再生水处理后回用，取得经验后逐步加以推广。

2）本工程为大型市政项目，在引进国外先进设备的同时，应引进一系列先进的工艺技术、控制技术，即传统所说的在引进硬件设备的同时，引进软件，现采用的“分点进水倒置A/A/O工艺”、“圆形周边进水周边出水沉淀池技术”和“再生水处理滤布滤池工艺”等，就是引进先进的工艺技术。此外，建议引进必要的控制技术和管理技术，可以通过招投标的形式，将国外的管理技术和国内的人力资源相结合，通过若干年的合作，最终达到提高国内管理水平的目的，采用社会化服务，也是我国污水厂的发展方向。

3）大坦沙污水厂服务范围内的合流制地区雨季污水截流问题有待进一步的研究，以提高污水的收集和处理效率，最大限度地发挥污水处理设施的作用。

4）大坦沙污水厂扩建三期工程的污水厂用地范围应进一步明确，目前的污水厂厂址的土地利用率低、用地紧，不利于工程的建设。

5）为保证污水处理厂的正常运行，建议有关职能部门加强管理，对于要排入市政污水系统的污染源，其排放标准必须符合《污水排入城市下水道水质标准》（CJ 3082—1999），对于短期超标的污染源，建议坚持“清污分流、源内治理”的原则，在内部进行完全处理后，达标排放。

6）尽快落实广州市污水处理厂污泥集中处理处置方案。

8.6 常州市城北污水处理厂提标改造工程

8.6.1 污水厂介绍

1. 项目建设背景

常州市是长江三角洲地区重要的中心城市之一、现代制造业基地，文化旅游名城。

地处长江三角洲平原，位于沪宁铁路中段，东距上海160km，西离南京140km，沪宁铁路、312国道、沪宁高速公路、京杭大运河穿境而过。市区北临长江，南濒滆湖，东南滨太湖。

常州市的气候属北亚热带，全年温和湿润，四季分明，有明显的季风特征，年平均气温为15℃，年平均降水量约1061mm，极端最高气温为38.5℃(1992年7月)，极端最低气温为-11.2℃(1991年12月)，多年平均蒸发量914mm，常年主导风向为东南风。

常州市北面约20km处为长江，南面为滆湖，太湖位于市区的东南面；境内水网纵横交叉，密集的水网将长江、运河、太湖和滆湖交接在一起，运河市区长23km，在新市桥和水门桥之间分为2支，南支仍称为运河，北支称为关河，城北污水处理厂的出水进入藻港河，根据规划为Ⅳ类水体。

常州市新建地区均为雨污水分流体制，老城区的合流体制大部分已经过旧城改造，形成了分流体制。常州市目前有六个污水处理厂建成运行，分别为城北污水处理厂、清潭污水处理厂、丽华污水处理厂、湖塘污水处理厂、戚墅堰污水处理厂和江边污水处理厂，设计规模分别为$15\times10^4m^3/d$、$3\times10^4m^3/d$、$2\times10^4m^3/d$、$8.0\times10^4m^3/d$和$10\times10^4m^3/d$，除湖塘污水处理厂处理工艺为氧化沟外，其他各厂的污水处理均采用A/A/O工艺，污泥经重力浓缩，机械脱水后外运焚烧。

根据城市现有污水系统布局和城市总体规划确定的城市总体格局，结合污水尾水实行达标排江、排河，资源化利用结合，以排江为主的战略设想，城市主城区设置江边、城北、戚墅堰、湖塘、牛塘、武南、武南南共七座污水处理厂，随着排江系统的建立和完善，市区原有清潭、丽华两座污水厂停运，改为污水提升泵站。

按位置和尾水排放条件，实行镇镇组合，在适当位置建设污水厂，达标尾水就近排河，规划建设奔牛、湟里、漕桥、横山桥、焦溪五座污水处理厂。

常州市区水体污染以有机物为主，有机污染物排放量是生活和工业并重，目前运河水系水环境污染较为严重，与功能要求差距越来越大。根据《2006年常州市区环境状况公报》，常州市区主要河流为长江、京杭运河和其支流，监测表明41个地表水水质监测断面中，8个断面符合Ⅴ类水体要求，占20%；12个断面符合Ⅳ类水体要求，占29%；2个断面符合Ⅲ类水体要求，占5%，长江和运河干流常州段水质总体较好，但运河下游及其支流污染仍比较严重，尤以大通河和北塘河最为严重，时有黑臭现象出现。市区主要湖泊滆湖水质较上年大有改善，但仍然表现为中度富营养化。市区地表水体主要污染指标为氨氮、生化需氧量、溶解氧、总磷、挥发酚和石油类。

2. 污水处理厂现状

常州市城北污水处理厂始建于1992年，经过三期工程建设，每期建设规模均为$5\times10^4m^3/d$，设计处理规模为$15\times10^4m^3/d$，目前该厂由深圳水务集团运行管理。

城北污水处理厂一期工程设计工艺为普通活性污泥法，后经过改造为A/A/O工艺，二、三期工程设计污水处理工艺为A/A/O工艺，设计出水水质为《污水综合排放标准》(GB

8978—1996）一级标准，目前的出水水质指标达到《城镇污水处理厂污染物排放标准》（GB 18918—2002）一级 B 标准。污泥处理工艺为重力浓缩池后带式脱水机脱水，因带式脱水机故障率较高，处理能力不能满足要求。

污水处理厂一期工程位于柴支浜南侧，二期和三期工程位于柴支浜北侧。污水处理区由西向东布置，全厂预处理区位于一期工程西侧，由南向北依次布置了粗格栅间、进水提升泵房、细格栅间和沉砂池，一、二、三期工程污水处理区由西向东依次布置了初次沉淀池、生化反应池、二次沉淀池，加氯接触池，出水排入藻江河。一期工程污泥处理区位于一期工程东北部，由南向北依次布置了污泥浓缩池和污泥脱水机房，二、三期工程的污泥浓缩池位于柴支浜北侧，污泥脱水机房为一、二、三期共用，污水处理厂的综合楼和生活楼位于厂区的西南角，厂区现状平面图如图 8－62 所示。

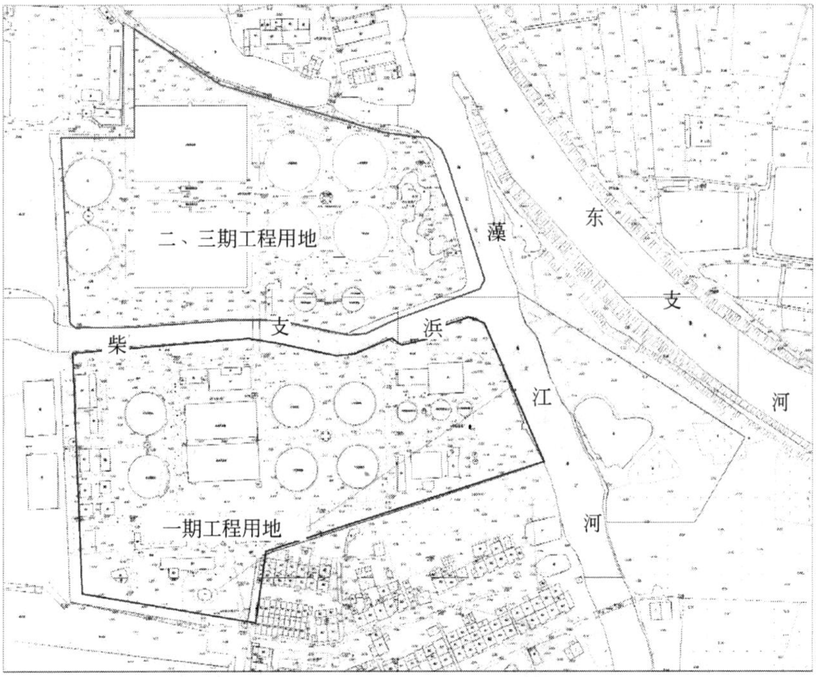

图 8－62　污水处理厂现状平面图

污水厂设计进出水水质情况如表 8－16 所示。

城北污水处理厂设计进出水水质表（mg/L）　**表 8－16**

项　目	COD_{Cr}	BOD_5	SS	NH_3-N	TP
进水水质	500	200	250	30	4
出水水质	≤60	≤20	≤20	≤15	≤0.5

污水厂处理工艺流程如图 8－63 所示，其中仅在一期工程中建有加氯接触池和加氯间，但未投入使用。

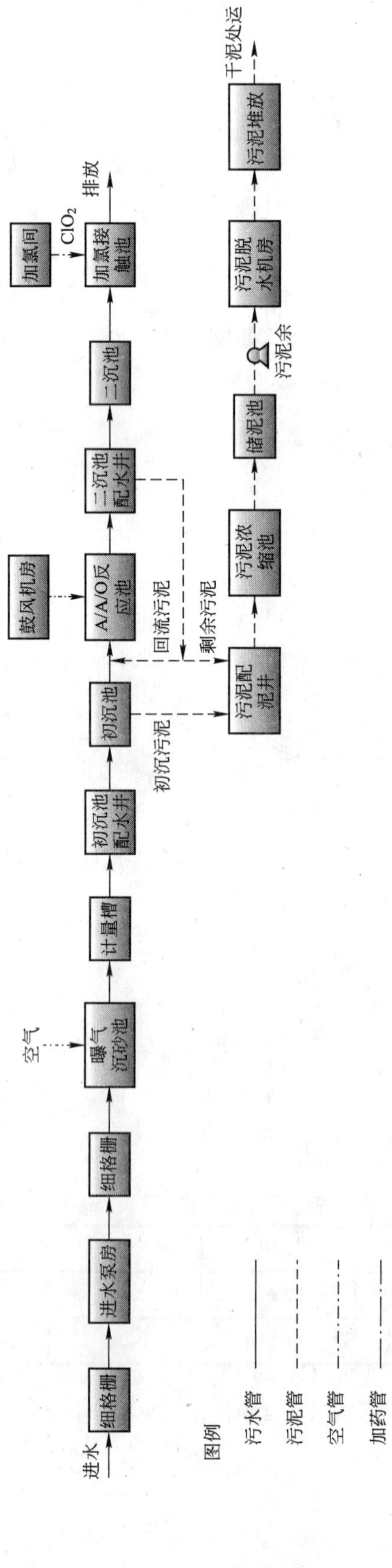

图 8－63 现状污水处理工艺流程图

目前，污水处理厂实际处理水量约为 $13\times10^4m^3/d$ 左右，且呈不断上升趋势，2005～2007年实际处理水量如表8－17所示。

2005～2007年污水处理厂实际处理水量情况（m^3/d）　表8－17

年　份	一期年均值	二、三期年均值	合　计
2005年平均值	27975	85401	113376
2006年平均值	35656	88835	124491
2007年平均值	39157	89314	128471

2005～2007年的实际进水水质平均值汇总如表8－18所示。

2005～2007年污水处理厂实际进水水质情况（mg/L）　表8－18

项　目	COD_{Cr}	BOD_5	SS	NH_3-N	TP
2005年最大值	571	200	298	29.4	6.41
2005年最小值	300	113	160	20.0	3.17
2005年平均值	392	140	225	26.1	4.32
2006年最大值	454	159	271	36.8	4.90
2006年最小值	281	106	170	22.1	4.19
2006年平均值	366	134	206	28.7	4.51
2007年最大值	475	160	241	33.1	4.86
2007年最小值	297	113	163	24.1	3.90
2007年平均值	378	134	205	27.2	4.39

可以看出，城北污水处理厂进水水质TP略高于设计值，其余 COD_{Cr}、SS、NH_3-N 和 BOD_5 的年平均值均低于设计进水水质，同时SS和 BOD_5 浓度有逐年下降的趋势。

2005～2007年的实际出水水质平均值汇总如表8－19所示。

2005～2007年污水处理厂实际出水水质情况（mg/L）　表8－19

时　间	COD_{Cr}		BOD_5		SS		NH_3-N		TP	
	一期出水	二、三期出水	一期出水	二、三期出水	一期出水	二、三期出水	一期出水	二、三期出水	一期出水	二、三期出水
2005年最大值	42.1	44.4	7.79	6.56	14	14	3.19	2.03	1.17	0.29
2005年最小值	30.2	28.0	5.06	4.99	13	12	1.72	0.87	0.21	0.16
2005年平均值	36.5	39.6	6.01	5.96	14	13	2.29	1.46	0.49	0.20
2006年最大值	43.2	44.4	9.77	9.45	15	14	3.29	4.05	0.63	0.43
2006年最小值	34.3	37.8	6.66	7.47	12	12	0.94	0.90	0.40	0.25
2006年平均值	38.8	41.0	7.96	8.32	13	13	2.03	2.34	0.55	0.33

续表

时间	COD_{Cr}		BOD_5		SS		NH_3-N		TP	
	一期出水	二、三期出水	一期出水	二、三期出水	一期出水	二、三期出水	一期出水	二、三期出水	一期出水	二、三期出水
2007年最大值	42.1	42.1	8.06	8.02	13	13	1.75	2.03	0.49	0.36
2007年最小值	37.5	36.7	6.73	6.68	11	11	0.91	1.08	0.35	0.28
2007年平均值	39.9	39.2	7.52	7.43	12	12	1.28	1.48	0.41	0.32

为了解确定进水水质中的TN浓度，2006年6月22日至7月3日，常州市城北污水处理厂对进出水中的TN进行了连续12d的测试，其结果如表8-20所示。

进出水TN浓度测定表(mg/L) **表8-20**

时间	6月22日	6月23日	6月24日	6月25日	6月26日	6月27日	6月28日	6月29日	6月30日	7月1日	7月2日	7月3日	平均值
进水TN	38.4	46.0	43.9	39.1	41.8	38.5	45.6	31.7	47.3	39.1	41.8	34.1	40.6
进水NH_3-N	26.1	25.8	28.6	26.3	25.2	29.1	30.2	27.6	38.7	27.9	27.7	18.3	27.6
TN/NH_3-N	1.47	1.78	1.53	1.48	1.66	1.32	1.51	1.15	1.22	1.40	1.51	1.86	1.5
一期出水TN	19.8	16.5	17.0	19.0	18.3	12.9	14.5	13.3	16.1	16.6	18.8	15.3	16.5
二期出水TN	20.2	18.1	18.7	20.2	22.9	16.6	16.4	14.6	17.9	19.1	17.2	19.2	18.4

可以看出，除部分时间总磷超标外，其余指标均可达到设计出水水质标准，但SS、TN、TP不能达到《城镇污水处理厂污染物排放标准》(GB 18918—2002)的一级A标准的要求。

8.6.2 改扩建设计

1. 改扩建标准确定

2007年5月，太湖流域蓝藻暴发，导致太湖周边地区饮用水水源受到严重破坏，危及到当地人民的生活和生命安全，当地的旅游产业和生态环境也遭受重创，为控制太湖水的富营养化，维护生态平衡，保障人体健康，促进沿太湖地区的社会经济和环境的协调发展，江苏省环境保护厅联合江苏省质量技术监督局根据国家的法律法规和江苏省的地方规定，于2007年7月发布了《太湖地区城镇污水处理厂及重点工业行业主要水污染物排放限值》(DB 32/1072—2007)的全文强制性地方标准，自2008年1月1日起实施，标准规定太湖地区指无锡、常州、苏州市辖区，南京市溧水县、高淳县，镇江市丹阳市和句容市，标准对城镇污水处理厂根据接纳工业废水量的不同分成3类，分别执行相应的排放标准。

根据常州市环境保护局常环表［2007］71号及《常州市城北污水处理厂提标改造工程项目环境影响评价报告表》的要求，城北污水处理厂出水主要污染物需达到《太湖地区城镇污水处理厂及重点工业行业主要水污染物排放限值》(DB 32/1072—2007)表2标准的要求，其他污染因子执行《城镇污水处理厂污染物排放标准》(GB 18918—2002)中一级A标准的要求，《太湖地区城镇污水处理厂及重点工业行业主要水污染物排放限值》(DB 32/1072—2007)表2标准中的污染物限值等同于《城镇污水处理厂污染物排放标准》(GB 18918—2002)一级A的污染物限值，即城北污水处理厂设计出水水质需达到《城镇污水处理厂污染物排放标准》(GB

18918—2002）一级 A 的要求，城北污水处理厂的设计进出水水质主要指标如表 8－21 所示。

城北污水处理厂设计进出水水质主要指标一览表　　表 8－21

项目 名称	COD_{Cr}（mg/L）	BOD_5（mg/L）	SS（mg/L）	TN（mg/L）	NH_3-N（mg/L）	总磷（mg/L）	粪大肠菌群数
进　水	500	180	300	45	30	6	
出　水	≤50	≤10	≤10	≤15	≤5(8)	≤0.5	1000 个/L
去除率(%)	≥90%	≥94.4%	≥96.7%	≥66.7%	≥83.3%/73.3%	≥91.7%	

2. 改造工程内容

本次提标改造工程的处理规模仍为 $15\times10^4 m^3/d$，根据新的排放标准要求，生物处理仍采用 A/A/O 工艺，但需拆除原有 2 座初次沉淀池，保留 2 座初次沉淀池，在原有初次沉淀池的位置上新建生物反应池，并新建鼓风机房、污泥离心脱水机房和出水消毒设施，另新建规模为 $15\times10^4 m^3/d$ 污水量的深度处理设施，包括高效沉淀池、均质滤料滤池和加药间等，同时结合改造工艺的要求，对现有机械、电气和自控设备设备进行更新改造。

城北污水处理厂原有厂区内可用地面积较少，本次在南围墙外新征用地 1.99hm^2（合 29.85 亩），用于布置深度处理构筑物。

城北污水处理厂东面毗邻藻江河，北面为成片鱼塘，西面和南面均为居民区。污水厂原有污水处理构筑物按水力流程由西向东布置，考虑污水处理厂东南围墙外地块毗邻藻江河，尾水排放条件较好，水力流程顺畅，根据规划要求，将其作为新建厂区用于布置深度处理构筑物。深度处理构筑物按流程由西向东布置，出水进入藻江河。

拆除一期工程北面 1 座初次沉淀池，一期工程新建生物处理构筑物建于原来拆除初次沉淀池位置上，充分利用现有二期工程初次沉淀池南面空地，新建 5 号变电所，拆除二期工程南面 1 座初次沉淀池，二期工程新建生物处理构筑物建于拆除初次沉淀池位置上，充分利用二期工程鼓风机房北面空地，新建鼓风机房。

反冲洗废液池建于一期工程车库东面的空地上，拆除原有一期工程药库和加氯间等，新建加氯接触池和加氯间、中间提升泵房。

根据污水厂现状，改造后污水处理厂可充分利用原厂已建各种辅助建筑物，不再新建综合楼、食堂、仓库、机修间、车库等辅助设施，污水处理厂改造平面布置如图 8－64 所示。

3. 处理工艺选择

生物处理仍采用 A/A/O 工艺，调整部分工艺参数，增加生物反应池的水力停留时间，深度处理采用混凝沉淀后过滤工艺，全厂工艺处理流程如图 8－65 所示。

4. 主要污水处理构筑物设计

（1）污水处理构筑物设计

1）一期工程生物反应池改造

拆除原有一期工程 1 座初次沉淀池，在一期工程初次沉淀池位置新增 1 座生物反应池，生物反应池分为缺氧和好氧段，和已建厌氧、缺氧池和好氧池组成 A/A/O 反应池。

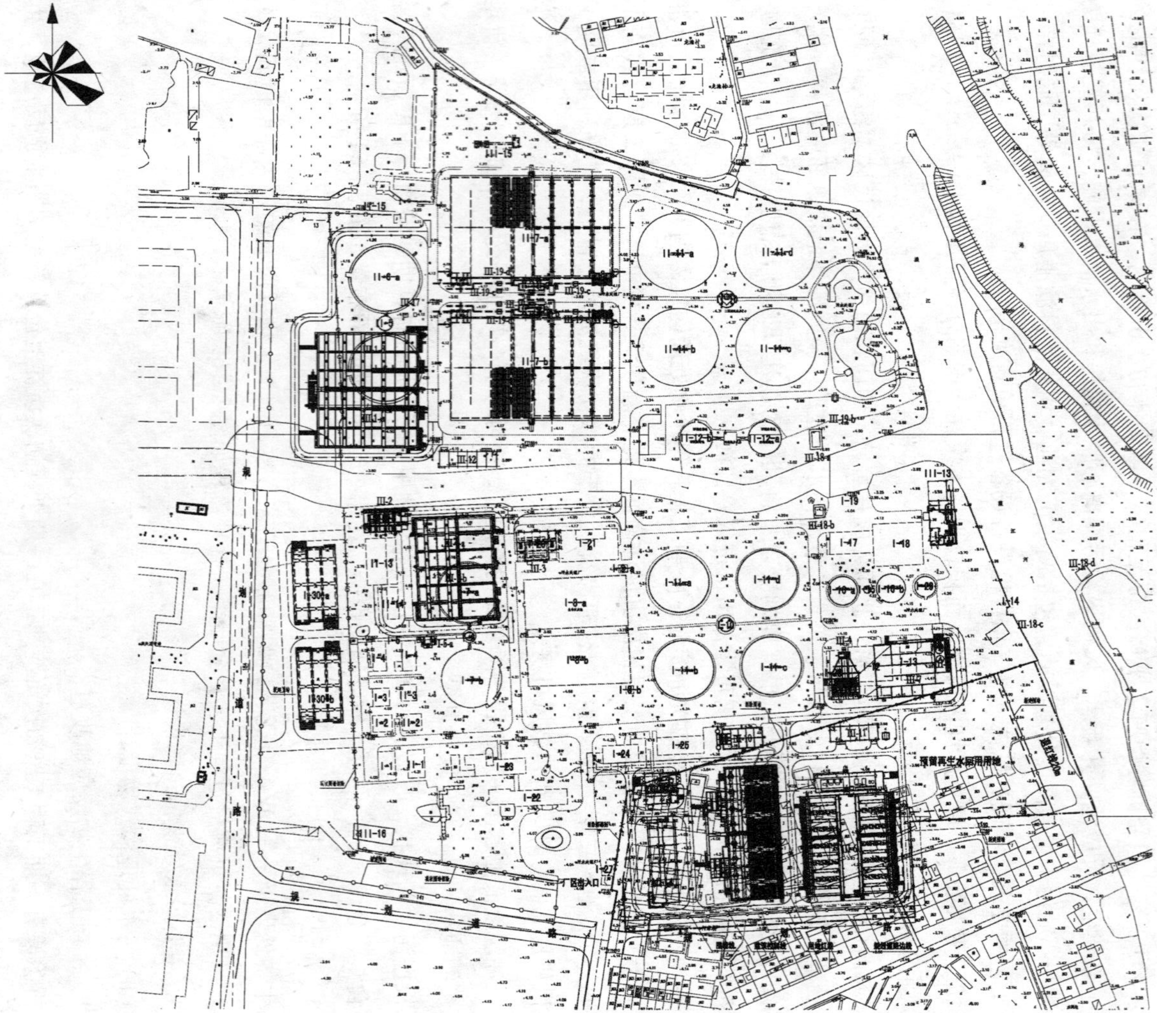

构(建)筑物一览表

构筑物编号	构筑物名称	构筑物编号	构筑物名称
I-1	粗格栅井	II-7	反应池
I-2	进水泵房	II-8	内回流泵房
I-3	细格栅间	II-9	污泥回流泵房
I-4	曝气沉砂池	II-10	二沉池配水井
I-5	高架计量渠	II-11	二次沉淀池
I-5-a	配水井	II-12	污泥浓缩池
I-6	初沉池配水井	II-13	鼓风机房
I-7	初次沉淀池	II-14	1号分变配电室
I-8	反应池	II-15	大门
I-9	回流污泥泵房	III-1-a,b	新建一期缺氧好氧池
I-10	二沉池配水井	III-1-c,d	新建二期厌氧缺氧池
I-11	二次沉淀池	III-2	鼓风机房
I-12	加氯接触池	III-3	1号配电所扩建
I-13	加氯间	III-4	中间提升泵房
I-14	排放口	III-5	高效沉淀池
I-15	污泥配泥井	III-6	V型滤池
I-16	污泥浓缩池	III-7	新建加氯接触池
I-17	污泥脱水机房	III-8	加氯间
I-18	污泥堆棚	III-9	加药间
I-19	污泥码头	III-10	反冲洗废水池
I-20	变配电间	III-11	4号变电所
I-21	鼓风机房	III-12	5号变电所
I-22	综合办公楼	III-13	新建离心脱水机房
I-23	生活楼	III-14	中水回用监控中心及药库
I-24	机修车间	III-15	甲醇加药间
I-25	车库	III-16	配电所
I-26	仓库	III-17	初沉污泥泵井
I-27	大门	III-18-a	1号顶管工作井
I-28	加药装置	III-18-b	2号顶管接受井
I-29	贮泥池	III-18-c	3号顶管工作井
I-30	厌、缺氧池	III-18-d	4号顶管工作井
II-1	粗格栅井	III-19-a	1号流量计井
II-2	进水泵房	III-19-b	2号流量计井
II-3	细格栅间	III-19-c	3号流量计井
II-4	沉砂池	III-19-d	4号流量计井
II-5	初次沉淀池配水井		
II-6	初次沉淀池		

图例：

原有围墙线
新建围墙线
拆除围墙线
征地红线
新建道路
原有道路
原有建构筑物
改建建构筑物
新建建构筑物
远期预留构(建)筑物
x=500500.00 / Y=3525663.00 城市坐标
a=0.000 / b=0.000 相对坐标

图 8－64 常州市城北污水处理厂改造后平面布置图

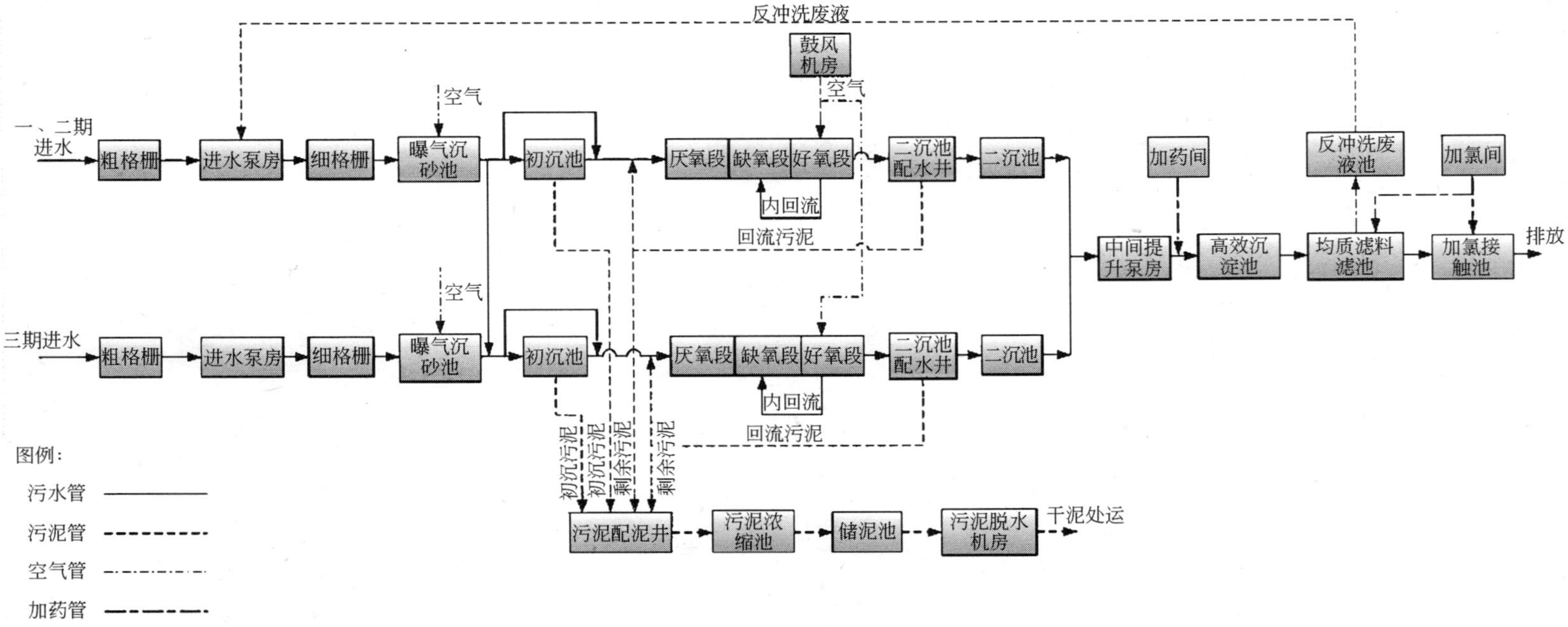

图 8－65 改造工艺处理流程图

新增缺氧段停留时间为4.1h，有效容积为8542m³，缺氧段设立式涡轮搅拌器，每台电机功率N为5.5kW，共12套，促使池内混合液搅动混合，避免污泥沉积，缺氧段有效水深为8.0m，好氧段停留时间为2.4h，有效容积为5000m³，设微孔曝气器1870套，每套流量Q为2.5m³/h，好氧段有效水深为5.50m。

改造后总水力停留时间为17.1h，其中厌氧段为1.4h，缺氧段为6.9h，好氧段为8.8h，污泥浓度为3.5g/L，污泥负荷为0.072kgBOD$_5$/(kgMLSS·d)，总污泥龄为18.8d，气水比为8.4:1，内回流比为200%，污泥回流比为100%。

原有一期工程厌缺氧池单池有效容积为4375m³，设有潜水搅拌器3台，单台电机功率N为5kW，输入功率偏小，池底有积泥现象，本次设计新增潜水搅拌器6台，单台电机功率N为5.5kW。将原有一期工程厌缺氧池和好氧池内的进水提升泵房内的潜水离心泵更换为潜水轴流泵3台(其中1台变频)，2用1备。将原有一期工程厌缺氧池和好氧池回流污泥泵房内的潜水离心泵更换为潜水轴流泵3台(其中1台变频)，2用1备，单台流量Q为1041m³/h，扬程H为5.0m，电机功率N为30kW。

一期工程原有回流和剩余污泥泵房共2座，每座内设3台潜水离心泵。本次设计将原有污泥回流泵更换，设计污泥回流比100%。每座污泥回流泵井内设污泥回流泵3台(其中1台变频)，2用1备，单台流量Q为570m³/h，扬程H为3.5m，电机功率N为11kW)。

原有一期工程好氧池进水管为DN800，进水管内流速为2.47m/s，水头损失较大，本次设计将其进水管更换为DN1300，同时需对其进水井进行改造。

一期工程的生物反应池构筑物工艺设计如图8-66所示。

2）二、三期生化处理构筑物改造

拆除原有二期、三期工程1座初次沉淀池，在其位置上新建二期生化处理构筑物，新建生化处理构筑物为1座2池。

新建生物反应池主要包括进水提升泵井，厌缺氧段。

进水提升泵井内设潜水轴流泵6台，4用2备，其中2台变频，单台流量Q为1354m³/h，扬程H为3.5m，电机功率N为30kW。

新增厌氧池水力停留时间为1h，有效容积为4167m³，新增缺氧池水力停留时间为4.5h，有效容积为18750m³，厌缺氧区内的每个分格内设潜水搅拌器，电机功率N为5.5kW，促使池内污水搅动混合，避免污泥沉积。

将原有二、三期工程A/A/O反应池厌缺氧段中的部分容积为7500m³，水力停留时间为1.8h，调整为好氧缺氧交替段，需增加曝气器3200套，每套流量Q为2.5m³/h，保留其中的潜水搅拌器。

改造后总水力停留时间为16.70h，其中厌氧段为位1.0h，缺氧段为6.9h，好氧段为8.8h，污泥浓度为3.5g/L，污泥负荷为0.059kgBOD$_5$/(kgMLSS·d)，总污泥龄为18.8d，气水比为8.4:1。

原有二期工程内回流泵和外回流泵的扬程均不能满足要求，本次设计更换原有内回流污泥泵和外回流污泥泵。

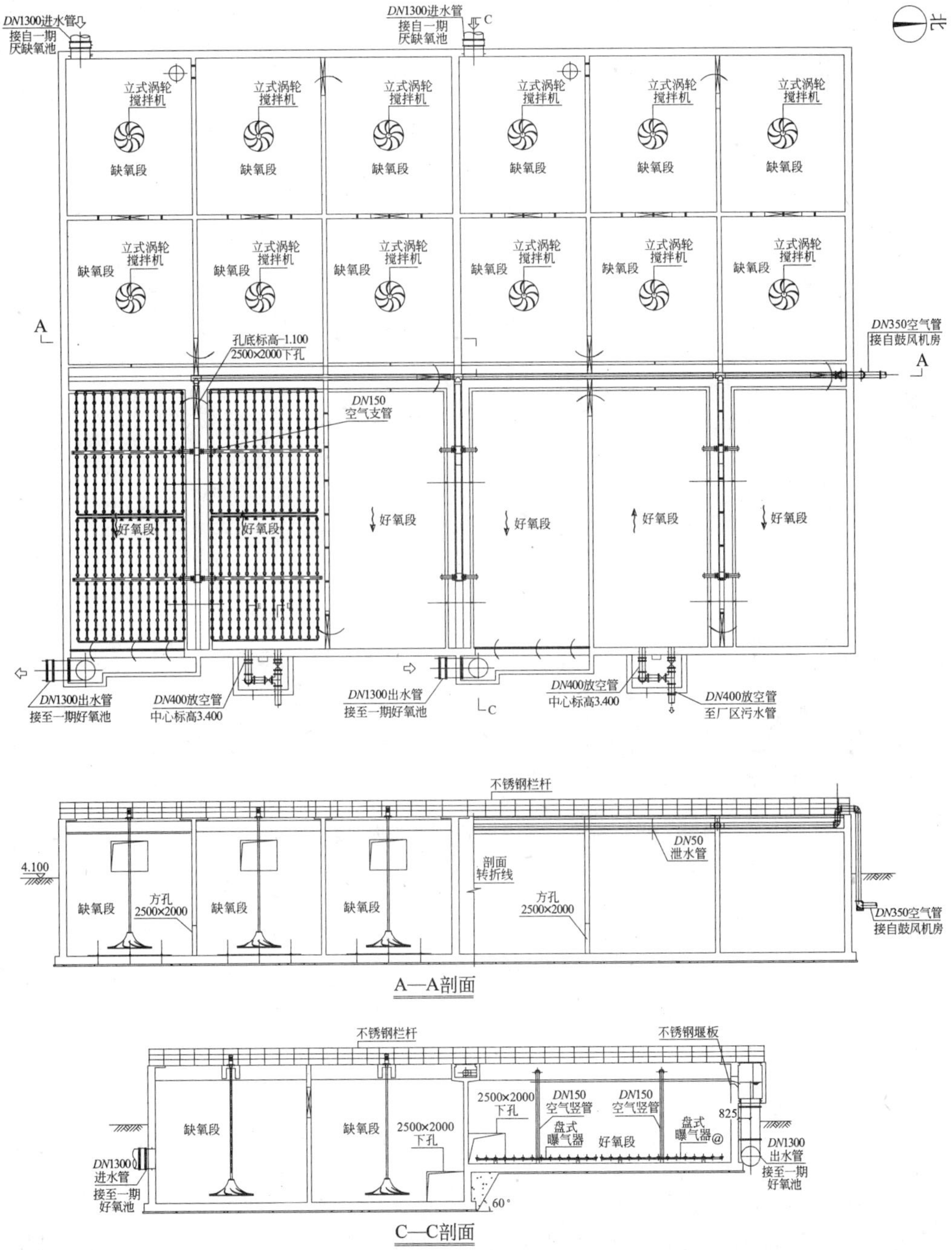

图8-66 一期工程新增的生物反应池工艺设计图

更换内回流污泥泵12台，8用4备，其中4台变频，单台流量 Q 为 $1044m^3/h$，扬程 H 为8.0m，电机功率 N 为60kW，更换外回流泵8台，6用2备，其中4台变频，单台流量 Q 为 $1044m^3/h$，扬程 H 为8.0m，电机功率 N 为60kW。同时需对回流污泥泵的出水管方向进行调整。原有1台电动葫芦起重量为1t，本次设计考虑更换电动葫芦起重量为2t，起升高度为12m。

新建二期生化处理构筑物工艺设计如图8-67所示。

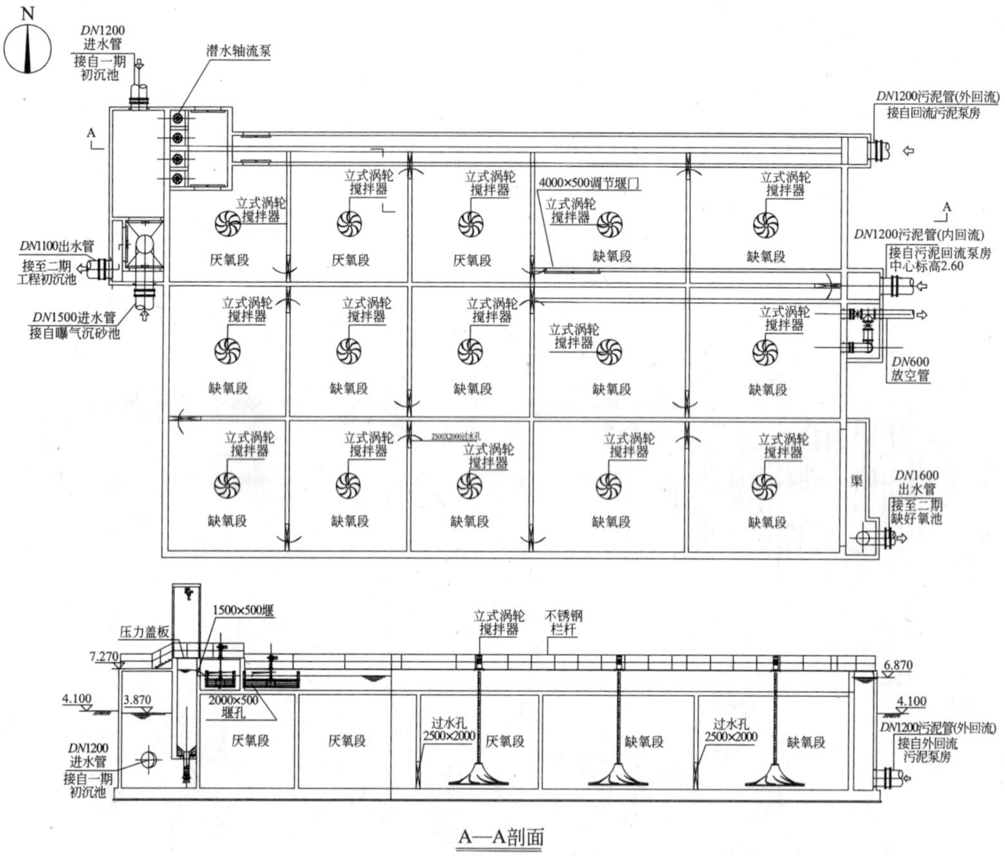

图 8-67 新建二期生化处理构筑物工艺设计图

3）鼓风机房

新建鼓风机房 1 座，面积为 $280m^2$，内设 3 台（2 用 1 备）风机，单台风机流量 Q 为 $125m^3/min$，风压 H 为 0.07MPa，电机功率 N 为 200kW；电动单梁悬挂式起重机 1 台，用于鼓风机的检修，起重机起重量为 5t，起升高度为 6m；鼓风机风廊内增设粗过滤器，功率 N 为 0.55kW，共 2 台，单台粗过滤器风量为 $9750m^3/h$。

4）中间提升泵房

新建中间提升泵房一座，用于将一期和二、三期工程二次沉淀池出水提升进入均质滤料气水反冲洗滤池，内设潜污泵 5 台，4 用 1 备，其中 2 台变频，单台流量 Q 为 $1201 \sim 2032m^3/h$，扬程 H 为 8.0 ~ 11.2m，电机功率 N 为 90kW，还设电动葫芦 1 台，起重量为 3t，起升高度为 12m，用于潜污泵的检修。

5）高效沉淀池

新建高效沉淀池分为两组，每组处理流量为 $7.5 \times 10^4 m^3/d$，每组沉淀池尺寸为 37.1m × 34.4m，池总深为 8.4m，有效水深为 7.8m，每组可单独运行，每格沉淀池设有 5 个过程区组成，即混合区、絮凝区、污泥分离沉淀区、污泥浓缩区和出水区。

混合区采用机械混合，混合要求转速 120r/min 以上，混合池 G 值 $500 \sim 1000s^{-1}$，混合时间2.75min。

絮凝区采用机械絮凝和水力絮凝相结合，絮凝搅拌机速度可调，设置不锈钢导流筒，叶轮外缘转速宜在1～2m/s左右，机械絮凝出水后，采用隔板水力絮凝，然后进入斜管沉淀池沉淀，絮凝池停留时间21.5min。

污泥分离沉淀区上部为出水区，中部为斜管污泥分离沉淀区、下部污泥浓缩区，池有效表面负荷为7.93$m^3/(m^2 \cdot h)$，池有效水深为7.0m，超高0.5m，内设斜管斜管孔径为80mm，斜长1.5m，斜管采用聚丙烯斜管，斜管下采用不锈钢扁钢支撑，上部采用压条，斜管沉淀池出水采用不锈钢出水堰板。

污泥浓缩区下设浓缩刮泥机，刮泥机直径为16.0m，采用不锈钢制作。

高效沉淀池的工艺设计如图8-68所示。

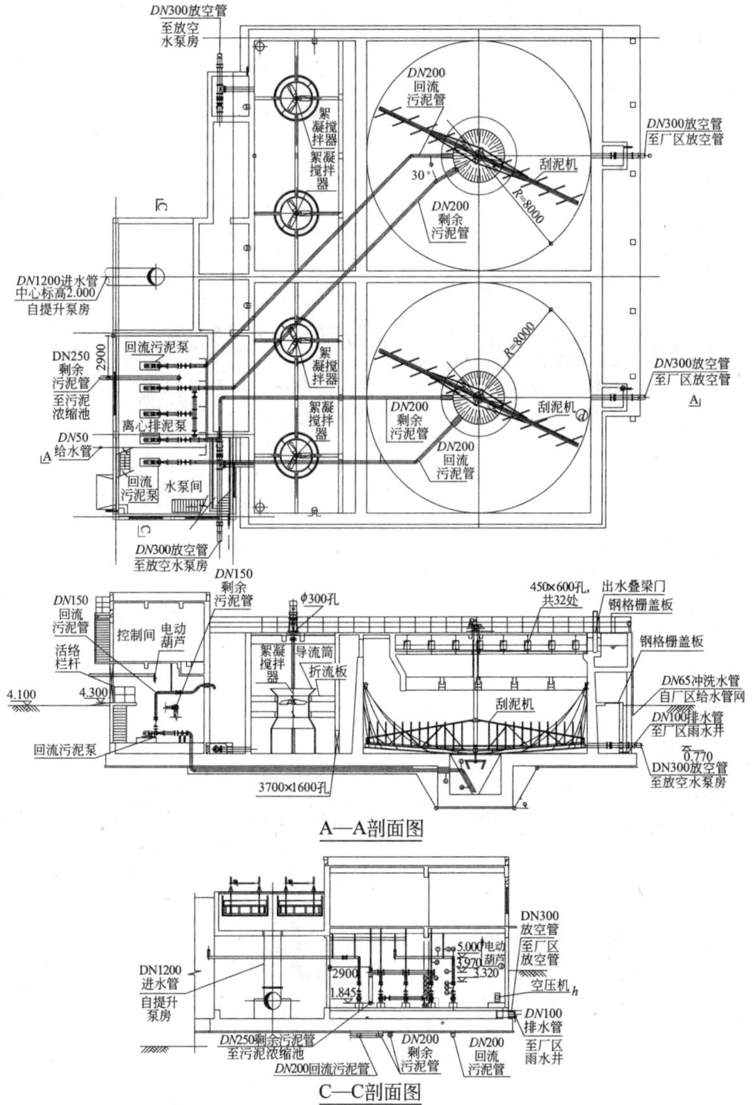

图8-68 高效沉淀池工艺设计图

6）均质滤料气水反冲洗滤池

新建均质滤料气水反冲洗滤料滤池 1 座，分为 12 格，滤速 7.45m/h，强制滤速 8.93m/h，单格有效面积 91.26m^2。

反冲洗分气水同时反冲洗和单水反冲两个阶段，同时全过程伴有表面扫洗。反冲洗设备间、控制室与滤池合建，内置与滤池配套的反洗水泵和反洗风机，其中反洗水泵 3 台，2 用 1 备，单台流量 $Q=790m^3/h$，扬程 H 为 10m，电机功率 N 为 137kW；反洗风机 2 台，1 用 1 备，单台流量 Q 为 83.3m^3/min，升压 ΔP 为 50kPa，电机功率 N 为 110kW；潜水排污泵 1 套，流量 Q 为 15m^3/h，扬程 H 为 10m，电机功率 N 为 1.5kW，用于排除泵房积水。

均质滤料气水反冲洗滤池的工艺设计如图 8－69 所示。

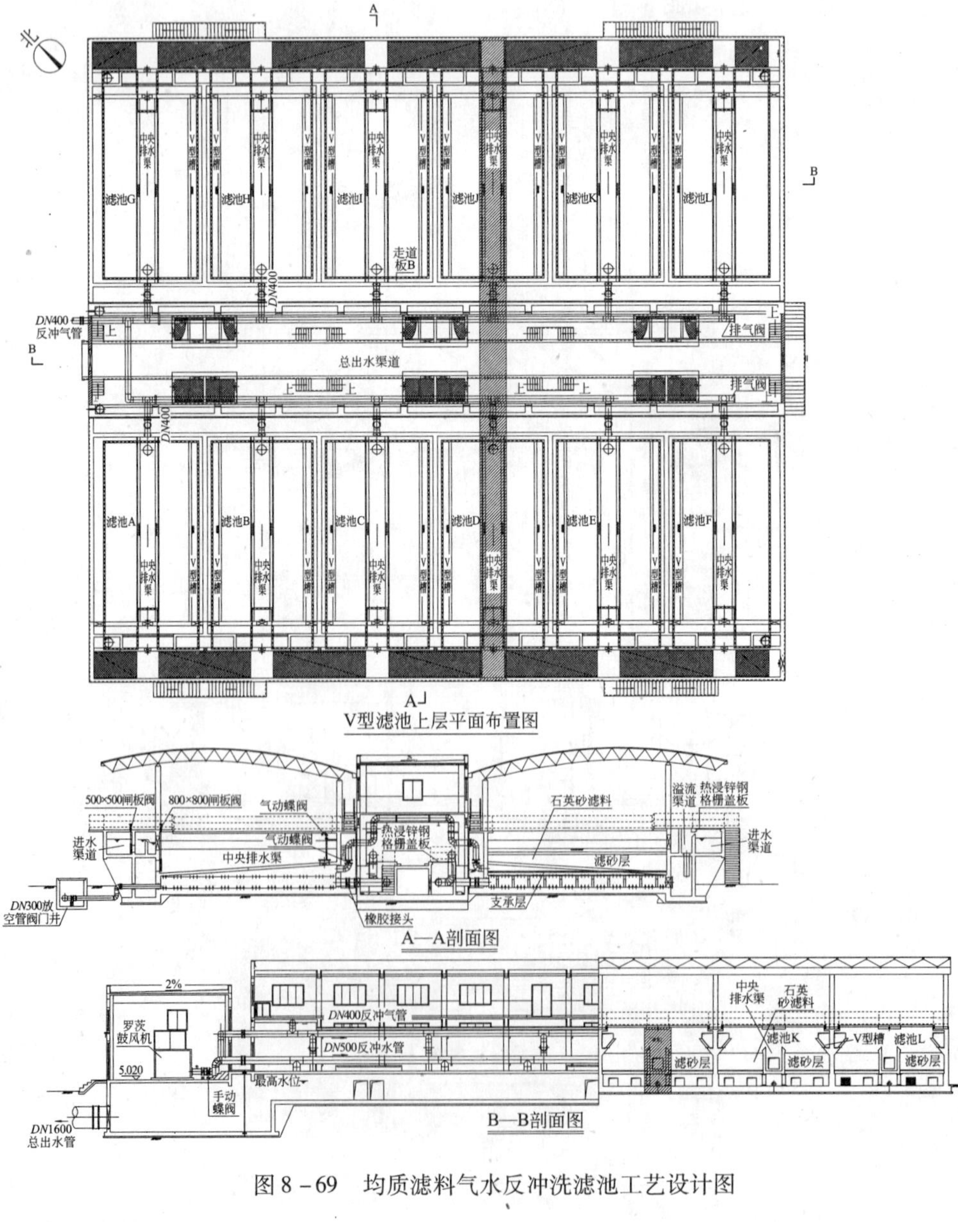

图 8－69 均质滤料气水反冲洗滤池工艺设计图

7）加药间

新建加药间 1 座，用于向污水处理系统投加混凝剂和助凝剂。混凝剂采用液态聚合铝，其 Al_2O_3 含量不小于 10%，液态聚合铝投加量为 10 ~ 30mg/L，助凝剂采用固态聚丙烯酰胺，投加量为 0.5 ~ 1.0mg/L，实际投加量根据生产性实验确定。加药间内设混凝剂储罐，有效容积 V 为 $30m^3$，共 2 座，轮换使用；混凝剂储罐内设搅拌器，功率 N 为 2.0kW；混凝剂储罐配套进料泵 2 台，流量 Q 为 $100m^3/h$，扬程 H 为 10m，功率 N 为 5.5kW，用于向储罐内输送液体混凝剂；混凝剂投加泵 3 台，2 用 1 备，单台流量 Q 为 100 ~ 250L/h，扬程 H 为 30m，电机功率 N 为 0.75kW；设稀释水泵 3 台，2 用 1 备，单台流量 Q 为 1.5 ~ $3m^3/h$，扬程 H 为 30m，电机功率 N 为 2.2kW。

加药间内设助凝剂配置装置 1 套，制备能力为 5 ~ 10kg/h，用于制备浓度为 0.5% 的高分子助凝剂，助凝剂制备装置附设助凝剂计量泵 3 台，2 用 1 备，单台流量 Q 为 0.6 ~ $1m^3/h$，扬程 H 为 40m，电机功率 N 为 1.1kW，附设在线稀释装置 1 套。

加药间的工艺布置如图 8 – 70 所示。

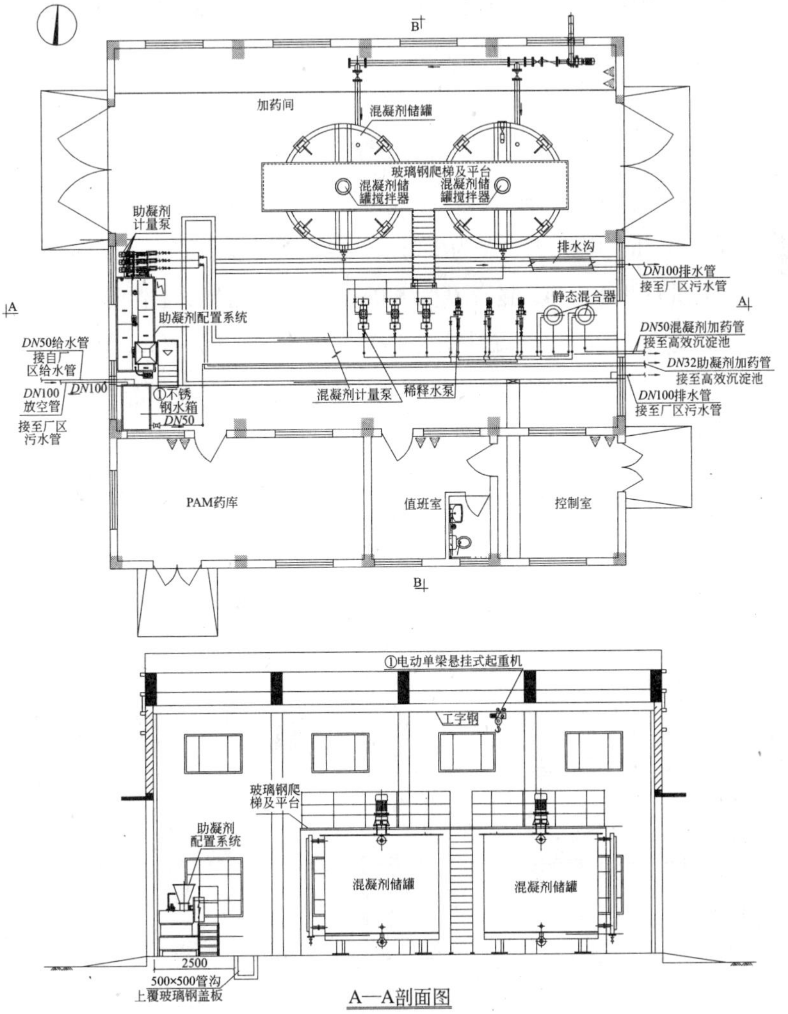

图 8 – 70　加药间工艺布置设计图(一)

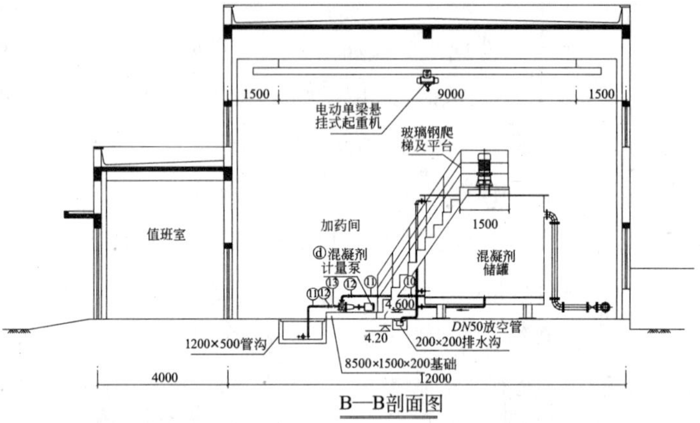

图 8－70 加药间工艺布置设计图(二)

8）加氯接触池和加氯间

新建加氯接触池和加氯间 1 座，加氯间位于加氯接触池上部，用于滤前和滤后水的加氯处理，投加量为 10mg/L，加氯接触时间为 30min，加氯接触池有效容积位 4070m^3，加氯接触池内设回用水泵 2 台，1 用 1 备，单台流量 Q 为 150m^3/h，扬程 H 为 30m，电机功率 N 为 30kW。

加氯间内设氯酸钠化料器(200kg/次)1 套，氯酸钠储罐容积 V 为 15m^3，氯酸钠化料泵 1 台，流量 Q 为 4m^3/h，扬程 H 为 12m，电机功率 N 为 3kW；盐酸贮罐 1 只，容积 V 为 15m^3；盐酸卸料泵 1 台，流量 Q 为 20m^3/h，电机功率 N 为 2.2kW；二氧化氯发生器 4 台，单台流量 Q 为 20kg/h；隔膜泵 8 台，单台流量 Q 为 50L/h，扬程 H 为 3.0MPa；二氧化氯发生器配套水射器 4 套，负压投加；水射器配套的动力泵 2 台，单台流量 Q 为 150m^3/h，扬程 H 为 40m，电机功率 N 为 30kW。

为安全起见，在加氯间内安装二氧化氯检测仪，当出现二氧化氯泄漏时，会发出报警。

加氯接触池和加氯间的工艺设计如图 8－71 和图 8－72 所示。

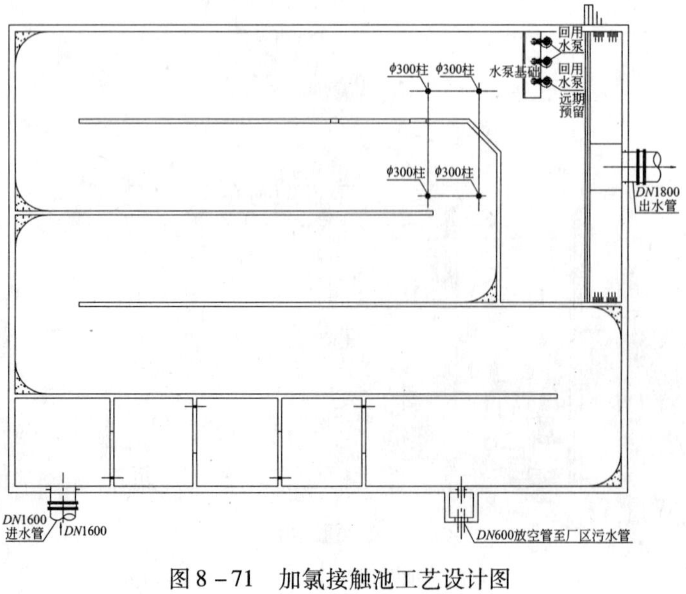

图 8－71 加氯接触池工艺设计图

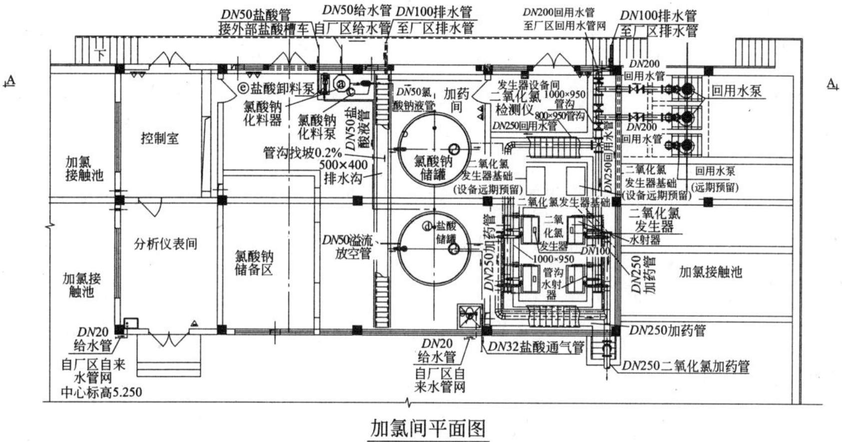

加氯间平面图

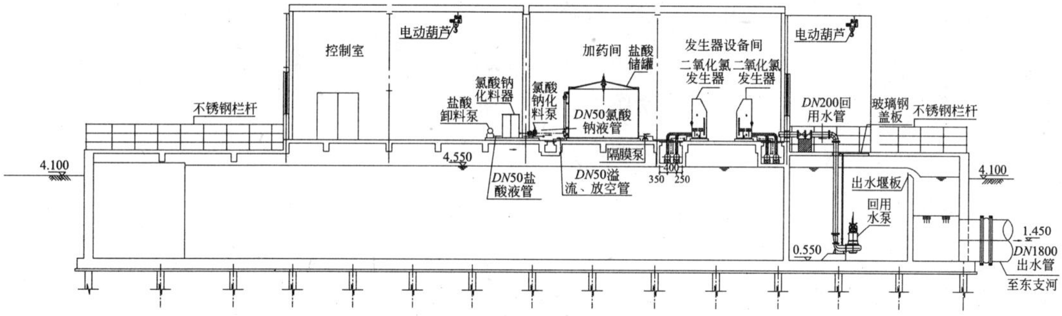

A—A剖面图

图 8－72　加氯间工艺设计图

9）反冲洗废水池

新建反冲洗废水池一座，用于储存反冲洗时产生的废水，以避免滤池反冲洗产生的废水对污水处理系统进水量造成较大的冲击；反冲洗废水池有效容积为 480m^3，废水池共 2 格，储存 1 个反冲洗周期内的废水；反冲洗废水池内设潜污泵 3 台，2 用 1 备，单台流量 Q 为 200m^3/h，扬程 H 为 11.5m，电机功率 N 为 15kW，用于将反冲洗废水均匀送至进水泵房。

（2）污泥处理构筑物设计

原有一、二、三期的污泥浓缩池和污泥储泥池均利用，原有污泥脱水机房采用带式压滤机，故障率较高，因此本次新建脱水机房 1 座，建筑面积为 650m^2，内设离心脱水机 2 台，单台处理能力 Q 为 20～40m^3/h，转鼓直径为 530mm；污泥进料泵 2 台，单台流量 Q 为 20～40m^3/h，扬程 H 为 20m，电机功率 N 为 7.5kW；污泥切割机 2 台，单台流量 Q 为 40m^3/h，电机功率 N 为 1.5kW；泥饼输送泵 2 台，单台流量 Q 为 3～8m^3/h，扬程 H 为 1.5～2.0MPa，电机功率 N 为 18.5kW；电动单梁起重机 1 台，起重量为 5t，起升高度为 9m，便于设备的吊装和维修。

（3）电气和仪表自控设计

1）电气设计

污水厂现状为一路 10kV 电源进线，短段电缆引入一期已建 1 号 10/0.4kV 变电所。1 号

10/0.4kV 变电所内设 10kV 配电间 1 间、低压配电间 1 间、变压器室 2 间和控制室 1 间，位于一期鼓风机房旁，设 2 台 800kVA 变压器，负荷率较高，已满负荷。原 0.4kV 配电装置为全进口开关柜，备用馈线回路较少。10kV 系统已无备用馈线回路，土建约有 2 个柜位的扩展空间。原 10kV 配电装置为全进口开关柜，配电设备运行情况良好。10kV 辅助直流屏采用的是需经常换液的电池，维护工作量大；二、三期工程时增加了一座 3 号 10/0.4kV 变电所和一座 2 号低压配电间，3 号变电所位于二、三期鼓风机房旁，内设 1 台 1000kVA 变压器，1 路 10kV 电源引自 1 号变电所高压开关柜，负责二、三期鼓风机房和一、二期进水泵房和沉砂池电气设备供电；2 号低压配电间位于厂区河北侧，2 路 0.4kV 电源引自 1 号变电所低压开关柜，负责厂区河北区二、三期 A/A/O 池和二次沉淀池、污泥浓缩池的设备供电。3 号变电所中 0.4kV 柜基本无备用回路，土建也无扩展空间。

本次改造采用两路 10kV 电源进线，一路原有外线扩容，并新申请一路 10kV 外线，两路电源两常用，互为备用。考虑厂内 1 号变电所配电装置状况较佳，因此本工程尽可能利用原配电装置，挖潜改造，对原 10kV 变配电系统进行电气和土建改造，10kV 配电间向控制室扩展一定土建空间，在原 10kV 配电装置中增加馈电开关柜，更换部分 10kV 元器件来满足厂内新设变电所 10kV 电源的需求。

原 1 号变电所 10/0.4kV 变压器更新为 2 台 1600kVA 干式变压器，两常用。对 10kV 系统进行改造，并增加 10kV 出线柜。由于扩建后用电负荷增加，原高压柜部分元器件不满足扩建后的要求，故进行更新。低压配电间土建扩建，新增低压配电柜通过母线槽与原设备相连，负责新建的鼓风机房、新建一期生物反应池用电设备的配电。

在新建中间提升泵房旁新建 1 座 4 号 10/0.4kV 变电所，内设变配电间 1 间，控制值班室 1 间。负责新建的中间提升泵房、加氯间、滤池、高效沉淀池、反冲洗废液池、脱水机房和加药间用电设备的配电，10kV 电源引自 1 号变电所。

在新建二期反应池附近新建 1 座 5 号 10/0.4kV 变电所，内设变配电间 1 间，控制值班室 1 间。负责原二期 A/A/O 反应池和新建反应池的配电和控制，10kV 电源引自 1 号变电所。

2）仪表自控设计

已建中央控制室和 3 个现场控制主站和 1 个现场控制子站均利用。

本次改造增加新建处理构筑物所需的液位、压力、流量和水质测定等仪表；新建中央控制室 1 座，在中央控制室新增 2 套监控计算机、1 套网络服务器、1 套 150 英寸大屏幕电动投影仪、1 套 A3 激光打印机、1 套 A4 黑白打印机、1 套打印服务器、1 不间断电源（UPS）和防雷电保护装置。新建中央控制站通过以太网直接读取原监控系统数据库数据，以便统一管理、调度和报表打印。

新增 3 个现场控制主站、16 个现场控制子站、2 个远程 I/O 站。新增现场控制主站位于 1 号配电所（PLC1）、新建 5 号变电所（PLC2）和新建 4 号变配电所控制室（PLC3）；12 个现场控制子站分别对应 12 格滤池，另 4 个现场控制子站分别随鼓风机、加药设备、加氯设备和脱水机设备配套提供；2 个远程 I/O 设于高效沉淀池旁。各现场控制主站与中央控制室之间通过工业以太网进行数据通信。

5. 探讨和建议

（1）常州市城北污水处理厂出水水质和回用水水质标准相比，可直接回用于河道景观和直流冷却用水、循环冷却用水、进一步消毒后可用于道路浇洒，城市绿化、建筑施工等。常州市城北污水处理厂毗邻常州市中华恐龙园生态公园，恐龙园内的湖水置换，绿地浇洒、道路冲洗等近期日用水量约为 $2\times10^4m^3/d$。另根据常州市排水管理处的调查，距离城北污水处理厂较近的工业园区内有中鹏、常旺、天和等十余家印染企业和广达热力有限公司等需要 $14850m^3/d$ 再生水量作为印染和锅炉和循环用水，目前采用自来水或河水净化，可以做为城北污水处理厂尾水再生利用的潜在用户，因此建议深入研究开展污水处理厂尾水的再生利用。

（2）本工程改造工程量主要是拆除原有一、二、三期初次沉淀池，对一、二、三期生化处理构筑物进行改造，并新建生物处理构筑物、鼓风机房、污泥脱水机房和深度处理构筑物等，在改造原有构筑物、设置临时管道和新老系统对接过程中，均需对部分构筑物停水，当部分构筑物停水时，其他构筑物的负荷将会加大，可能会造成出水的部分指标能达到原有标准，因此须严格按照制定的施工计划和周期进行改造，并取得环保部门的许可。

8.7　上海市松江污水处理厂三期扩建工程

8.7.1　污水厂介绍

1. 项目建设背景

上海市松江区位于上海市西南，地处黄浦江上游，离市中心约 40km，工程项目位于松江区中心城区，服务范围东到洞泾港，西至沈泾塘（沪杭高速公路以北）、三新路（沪杭高速公路以北）、秀春塘，南到黄浦江，北至张家浜，总服务面积约为 $50km^2$，截至 2020 年，服务人口为 35 万人，规划污水量为 $13.8\times10^4m^3/d$。

项目服务区内排水体制为分流制，已建有松江污水处理厂一、二期工程，处理能力为 $6.8\times10^4m^3/d$，主要服务于松江中心城区，属于黄浦江上游水源保护区和一级饮用水源保护区，而松江中心城区现状污水量已达 $8.0\times10^4m^3/d$，目前还在以每年 30% 左右速度不断增长，扩建工程势在必行。服务范围内存在部分雨、污混接现象，旱流污水通过雨水泵站排入附近水体，导致水体污染，也亟需得到改善。根据上海市环境保护局和上海市水务局的要求，尾水排入黄浦江上游米市渡河段，属水源保护区范围内，污水处理厂处理出水应达到国家《城镇污水处理厂污染物排放标准》（GB 18918—2002）的一级 A 标准，在 2005 年底前完成达标改造工程。松江污水处理厂一、二期工程现有工艺无法满足这一要求，改造工程也已进入议事日程。因此，尽快完成污水处理厂一、二期工程改造工作并扩建三期工程对改善服务区内的水体环境，促进经济的发展，保护黄浦江水源具有十分重要的意义。

一、二期改造工程设计水量为 $6.8\times10^4m^3/d$，三期扩建工程设计水量为 $7\times10^4m^3/d$，设计进水水质如表 8－22 所示。

污水处理厂进水水质表 表 8-22

序号	基本项目	进水水质
1	COD_{Cr}(mg/L)	500
2	BOD_5(mg/L)	220
3	SS(mg/L)	300
4	动植物油(mg/L)	2.5~1
5	石油类(mg/L)	1
6	阴离子表面活性剂(mg/L)	0.5
7	TN(mg/L)	50
8	NH_3-N(mg/L)	30
9	TP(mg/L)	6
10	色度(稀释倍数)	250
11	pH	6~9
12	粪大肠菌群数(个/L)	10^6

2. 污水厂现状

松江污水厂一期工程于1985年建成投产，原设计处理能力为$2.7\times10^4m^3/d$，采用常规活性污泥法，出水无脱氮要求，尾水经4.0km管道排入黄浦江米市渡河段。出水井水位高程8.0m。

2000年4月，松江污水处理厂二期工程建成投产，处理工艺为A/O脱氮工艺，处理规模为$5\times10^4m^3/d$，处理后尾水通过一期已建管道排出，出水高程5.3m。

2002年，松江污水处理厂对一期工程的处理工艺进行了改造，改为具脱氮功能的A/O工艺，经技术核定，处理规模由原来的$2.7\times10^4m^3/d$改为$1.8\times10^4m^3/d$。

因此，已建松江污水厂一、二期工程处理规模为$6.8\times10^4m^3/d$。

目前，实际进入松江污水处理厂的污水量已达$6.3\times10^4m^3/d$，已接近饱和。

污水厂一、二期工程建有污泥消化处理设施，产生的沼气未进行能源综合利用，而是通过燃烧塔燃烧后向空中排放，按满负荷运行计算，每天产生的沼气量约为$3100m^3/d$。

根据松江污水厂一、二期工程运行统计资料，2002年，实际进入松江污水处理厂污水量为$6.1\times10^4m^3/d$，2003年和2004年实际进入松江污水厂的污水量为$6.3\times10^4m^3/d$，这主要是因为受厂外管道输送系统存在问题所致，同时污水厂处理能力已接近满负荷，城区内的污水不能够顺利输送进厂。

8.7.2 改扩建设计

1. 改扩建标准确定

1）出水标准

出水水质要求达到《城镇污水处理厂污染物排放标准》(GB 18918—2002)的一级A标准，具体如表8-23所示。

污水处理厂设计出水水质标准　表8-23

序号	基本控制项目	出水水质	去除率
1	COD_{Cr}(mg/L)	≤50	90%
2	BOD_5(mg/L)	≤10	95%
3	SS(mg/L)	≤10	97%
4	动植物油(mg/L)	≤1	60%
5	石油类(mg/L)	≤1	0
6	阴离子表面活性剂(mg/L)	≤0.5	0
7	TN(mg/L)	≤15	70%
8	NH_3-N(mg/L)	≤5(8)	83%
9	TP(mg/L)	≤0.5	92%
10	色度(稀释倍数)	≤30	88%
11	pH	≤6~9	—
12	粪大肠菌群数(个/L)	≤10^3	—

注：括号外数据为水温>12℃时的控制指标，括号内数据为水温≤12℃时的控制指标。

2）污泥处理标准

《城镇污水处理厂污染物排放标准》(GB 18918—2002)中规定，城镇污水处理厂的污泥应进行稳定化处理，经稳定化处理后应达到表8-24的规定。

污泥稳定化控制指标　表8-24

稳定化方法	控制项目	控制指标
厌氧消化	有机物降解率(%)	>40
好氧消化	有机物降解率(%)	>40
好氧堆肥	含水率(%)	<65
	有机物降解率(%)	>50
	蠕虫卵死亡率(%)	>95
	粪大肠菌值	>0.01

3）臭气控制标准

根据国家的有关规范标准和环价审批意见的要求，本工程除臭标准采用《城镇污水处理厂污染物排放标准》(GB 18918—2002)中厂界(防护带边缘)废气排放最高允许浓度二级标准)。

即：氨　1.5mg/m^3

硫化氢　0.06mg/m^3

臭气浓度　20(无量纲)

甲烷　1%(厂区最高体积分数)

本工程臭气控制距离为25m。

4）噪声控制标准

根据国家的有关规范标准和环价审批意见的要求，本工程污水处理厂边界噪声达到《工业企业厂界噪声标准》(GB 12348—90)的Ⅱ类标准。

2. 改造工程内容

松江污水处理厂位于松江区莫家库，已建一、二期工程设计规模共计$6.8\times10^4m^3/d$，占地面积 13.7hm^2。

一、二期工程建设时，已为三期工程预留了部分用地。因本工程尾水执行一级 A 排放标准，相对松江区其他二级污水处理厂来说，本工程需设二级出水深度处理装置。另外，本工程污泥要进行无害化、资源化处置。这两部分用地在一、二期建设时均没有预留，因此三期扩建工程污水厂需在污水厂围墙旁边新征两块用地，总面积为 1.74hm^2。

3. 工艺选择

(1) 生物过程智能优化系统

通过对松江污水处理厂一、二期工程的实际污水水量和水质的调查，发现有以下特点：

1) 进水水量昼夜变化幅度较大。白天 8:00 ~ 晚上 22:00，污水处理厂进水流量达到 $7\times10^4m^3/d$ 以上，处于超负荷运行状态，晚上 12:00 ~ 第二天早上 8:00，进厂水量低于 $6\times10^4m^3/d$。

2) 污染物浓度变化大。2004 年，松江污水处理厂会同有关单位连续数月对进厂污水的污染物浓度进行了监测分析，发现其变化范围较大。以 TN 为例，2004 年 6 月 ~ 7 月的数据显示，进水 TN 的平均浓度为 86mg/L，其中最高为 165mg/L，最低为 33mg/L。进水污染物浓度(以氨氮计)在下午 6:00 ~ 晚上 12:00，经常出现峰值，在早上 6:00 左右出现低谷。污染物浓度之高、变化之大和不规则等情况，都会对活性污泥生物处理系统造成冲击，影响出水水质达标排放。

污水水量和污染物浓度的大幅度变化都会冲击活性污泥系统，对出水水质的达标排放造成影响。为解决水量水质变化对污水处理系统处理效果的影响，保证污水处理厂的尾水达标排放，并尽可能地节省运行成本，本工程拟在 A/A/O 生物反应池内设置 1 套建立在活性污泥模型基础上的生物过程智能优化系统(BIOS 系统)。该系统可定量描述生物反应池中微生物的生长、代谢、污染物降解等机理，能完整地描述污染物在生物反应池的降解步骤和过程，并根据采集到的进水水量水质资料，提出生物反应池的控制方案，如曝气池的 DO 控制方案、鼓风机控制方案、内回流控制方案，甚至活性污泥的排泥方案等，确保尾水达标排放。该系统通过与鼓风曝气控制方案一起，能起到最大限度节省能耗的目的。

BIOS 系统主要有硬件系统和软件系统两部分组成，其中硬件系统主要由工业计算机和 PLC 系统组成，并附属生物池在线仪表，软件系统需根据污水厂的水质和活性污泥特征度身定做的，达到降低电耗、提高工艺可控性和稳定性、预警系统和工艺恢复帮助，同时 BIOS 系统能依据进水负荷来判断污水厂的处理工艺何时会被破坏，从而能让管理人员提早做出相应的安排。

BIOS 系统主要包括下述功能：

1) 根据进水流量和浓度实时优化好氧区溶解氧的浓度级分布，以保证适度的硝化反应，降低曝气能耗和运行成本；防止过量曝气造成磷的过早释放；防止硝酸盐浓度过高，抑制生物除磷。

2) 根据混合液浓度，进出水流量和污泥性质实时优化排泥。泥龄过长会抑制生物除磷，泥龄过短，硝化菌浓度降低。优化泥龄是优化生物除磷脱氮的重要手段。

3) 根据系统中氨氮和硝酸盐的浓度，确定内回流比，降低曝气能耗和运行成本，去除硝酸盐对生物除磷的抑制，充分利于污水中的挥发性脂肪酸，实现生物除磷。

4) 通过 BIOS 系统设置最佳的回流比可有利于充分发挥 NO_3^- 中的氧，去除 BOD，从而节省曝气量，降低能耗。

5）最佳的回流比还可消耗氢离子，产生大量的碱度，从而有利于生物反应器中硝化反应的进行。

6）根据系统中氨氮和硝酸盐的浓度，确定污泥回流点和分配比例。

（2）化学除磷

根据污水处理目标，一、二、三期工程排放的尾水中，对TP的排放标准较高，要求≤0.5mg/L。

本项目三期扩建工程污水处理采用A/A/O工艺，正常运行情况下，出水磷可降至1.0mg/L左右。要确保磷达标排放，必须辅以其他措施进一步除磷。工程中考虑在滤池进水端投加少量化学药剂形成微絮凝沉淀物，通过过滤达到进一步除磷目的。

本项目一、二期工程采用的是A/O脱氮工艺，未考虑生物除磷，因此二次沉淀池出水TP较高，约为3~4mg/L，靠后续滤池进一步除磷，难以确保出水磷达标，并且会影响滤池的正常运行，因此，需对一、二期工程的污水处理工艺进行改造，使一、二期二次沉淀池出水的TP降至1mg/L左右。改造方案有两个，方案一：将A/O工艺改为A/A/O工艺；方案二：维持A/O工艺运行，在生物处理段增加化学除磷设施。

比较上述两个方案，方案一工程投资较大，施工周期长，除磷效果受水质水量和供氧量等因素的影响较大，实施起来也有一定难度。方案二工程投资省，除磷效果较好，也比较稳定，因此，一、二期工程除磷本工程推荐方案二，即采用化学除磷。

另外，一、二期工程污泥消化区回流液中的磷浓度比较高，达40~80mg/L，这部分污水直接排入厂区污水管会造成污水厂进水TP波动较大，影响A/A/O池的正常运行，因此，需对这部分高含磷的上清液需进行除磷处理，比较合适的方法是采用化学除磷。

综上所述，本工程需要通过投加化学药剂进行除磷的的地方包括4处，分别为一期曝气池末端、二期曝气池末端、污泥上清液处置装置和滤池的进水端。通过投加适量化学药剂，一、二、三期二次沉淀池出水可降至1.0mg/L左右，然后通过滤池的微絮凝过滤作用，达到进一步除磷目的，使出水的磷浓度低于0.5mg/L。

（3）工艺流程

松江污水处理厂三期扩建工程污水处理厂部分工程内容为：

新建三期工程，规模为$7\times10^4m^3/d$，近期处理构筑物分成2组，每组为$3.5\times10^4m^3/d$，污水处理采用倒置A/A/O鼓风曝气生物脱氮除磷工艺，深度处理采用高效滤池；污泥处理采用机械浓缩脱水，然后进行堆肥。

一、二期工程$6.8\times10^4m^3/d$进行达标改造，二期工程A/O池增加污泥内回流泵强化脱氮效果，在一、二期工程A/O池的末端投加化学药剂（PAC）强化除磷效果，深度处理采用高效滤池，与三期工程合建。污泥经脱水后，利用一、二期工程消化池产生的沼气对其进行半干化，然后再进行好氧堆肥。

一、二期工程尾水达标后仍由原米市渡排放口排放，三期工程尾水排至洞泾港。

工艺流程如图 8－73 所示。

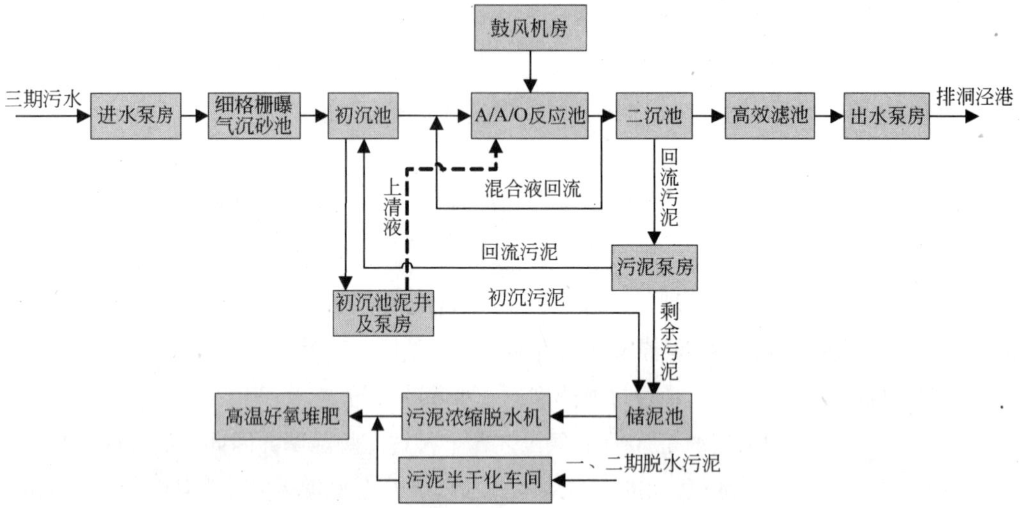

图 8－73 污水处理和污泥处理工艺流程图

4. 主要构筑物设计

（1）总平面布置

松江污水处理厂三期工程基本上布置在二期工程预留地上，并在厂区东北侧和西南侧新增 1.74hm² 用地。三期工程规划用地面积 5.45hm²。原污水厂在西北方向设有一座大门，三期工程拟在厂区北面新建一座大门，这样，人员和运泥车辆可分门进出。

在总平面设计中按照进出水水流方向和处理工艺要求，并结合二期工程已建构建筑物的布局，三期工程按功能分为三大区域，为厂前区、污水处理区和污泥处理处置区。

三期工程厂前区与二期工程厂前区紧邻，在二期厂前区的南侧，处于全年的上风向。因二期工程进水泵房布置在厂区最北端，并已预留三期工程进水泵的土建位置，故三期工程水处理构筑物按水力流程的需要从北向南依次布置在二期构筑物的东面，构筑物之间的道路基本与二期工程道路平齐。

三期工程污泥处理区与二期工程污泥区靠拢，布置在厂区东南角。污泥半干化、堆肥处理设施位于厂区东部原污泥处理区和新征地块，主要包括半干化车间（含锅炉房）、堆肥车间（含混合间、发酵间、制肥间、原料和成品仓库等）。

污水处理厂平面布置如图 8－74 所示。

（2）污水处理构筑物设计

1）进水泵房

一、二期工程已建集水池和泵房均已考虑三期工程的水量，泵房内现有流量 Q 为 760m³/h 立式污水泵 5 台，流量 Q 为 267m³/h 立式污水泵 5 台，并预留了 5 台水泵的土建位置，因此三期工程不再新建进水泵房，在一、二期已建进水泵房内新增 5 台立式污水泵，水泵吸水管上设电动闸阀，出水管上设止回阀和电动闸阀。

新增设备：立式污水泵

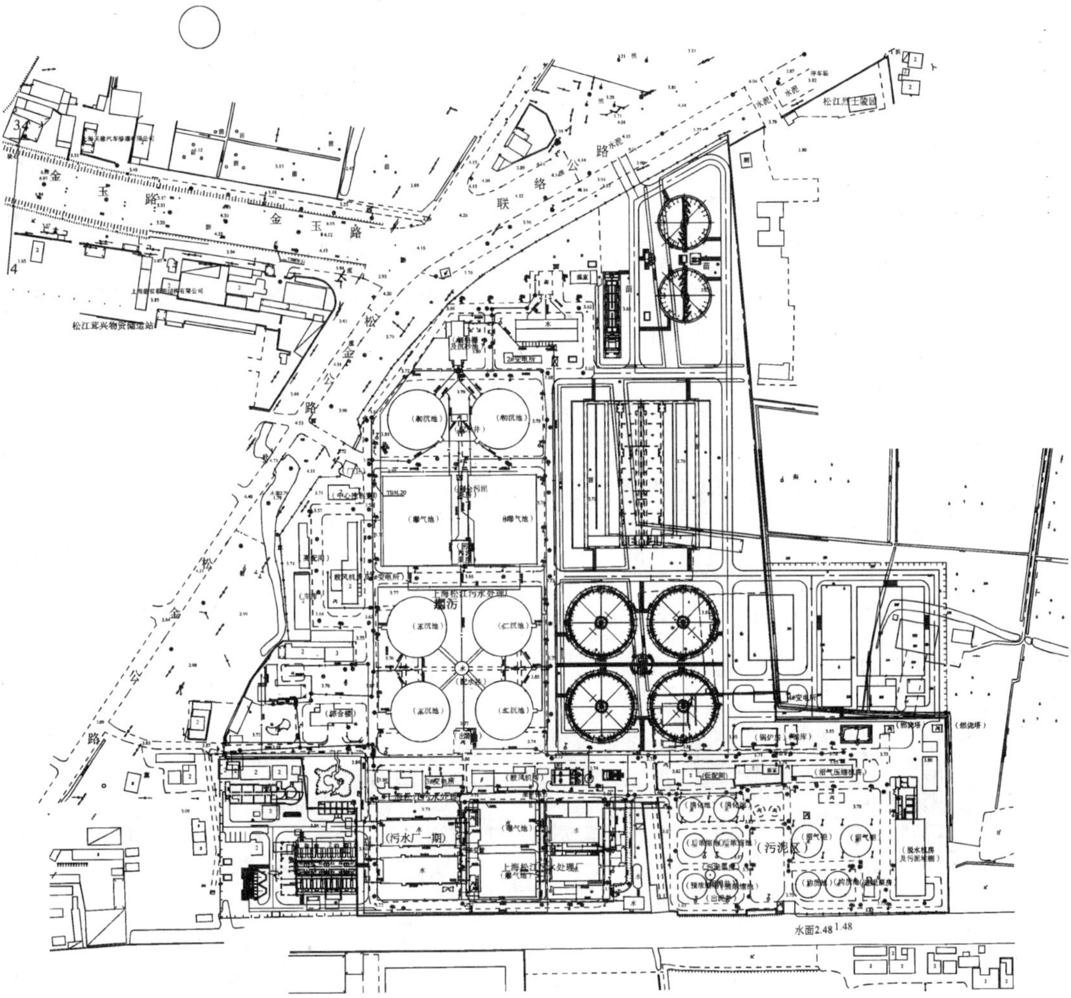

图8－74　污水厂平面布置图

数量：5台(4用1备)

单泵性能参数：

流量：263L/s

扬程：12.6m

功率：55kW

2）细格栅

数量：2套

栅条间隙：6mm

过栅流速：0.6～0.9m/s

栅宽：1600mm

安装角度：55°

过栅损失：$H_{max}=200\sim300mm$

3）曝气沉砂池

因一级A标准对出水石油类标准很高，故选用曝气沉砂池，利用曝气的气浮作用将污水中的油脂类物质升至水面形成浮渣而去除。根据《室外排水设计规范》（GB 50014—2006）曝气沉砂最大时流量的停留时间为2min以上，根据国内各污水处理厂的实践，在如此短的停留时间内，对砂的去除率较低，尤其是在不设初次沉淀池的情况下，会有大量小无机颗粒带入后续处理工艺，影响设备的运行。从几个设有曝气沉砂池的A/A/O工艺运行情况和试验数据分析，几分钟的大气泡曝气后对后续厌氧除磷并没有明显的负作用，所以设计曝气沉砂池停留时间适当延长至5min。沉砂池加盖通风除臭。

数量：2池

设计流量：$Q_{max}=3792m^3/h$

单池尺寸：$L\times B\times H=30m\times3.9m\times4.8m$

设计参数：有效水深 $H=3.0m$

水力停留时间 $T=5min$

曝气量 $Q=0.2m^3$ 空气/m^3 水

曝气沉砂池的工艺设计如图8－75所示。

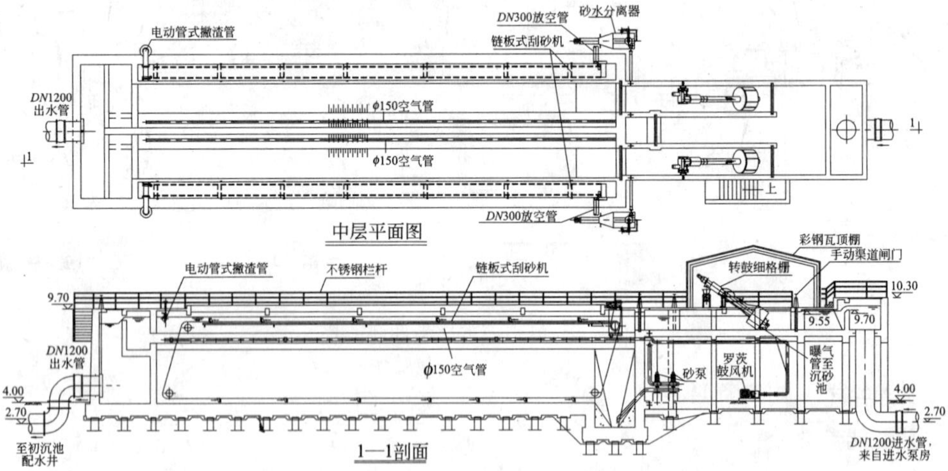

图8－75 曝气沉砂池工艺设计图

4）初次沉淀池

类型：钢筋混凝土辐流式初次沉淀池

数量：2座

直径：$D=30m$

面积：$F=1413m^2$

设计参数：单池流量 $Q_{max}=1896m^3/h$

表面负荷 $q_{max}=2.68m^3/(m^2\cdot h)$

$$q_{AV} = 2.06m^3/(m^2 \cdot h)$$

池边有效水深 $H = 3.3m$

设计流量停留时间 $T = 2.5h$

平均流量停留时间 $T = 3.2h$

运行方式：2 座二次沉淀池为一组，由 1 座配水井配水，二次沉淀池设备连续运行。

初次沉淀池的工艺设计如图 8－76 所示。

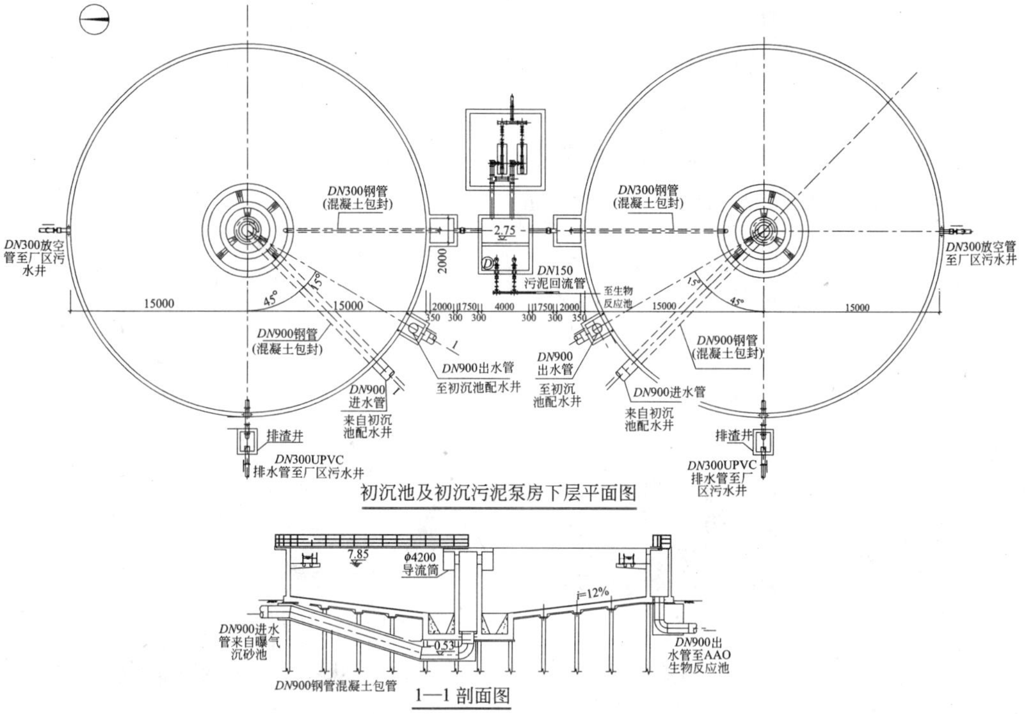

图 8－76　初次沉淀池工艺设计图

5）A/A/O 生物反应池

类型：钢筋混凝土矩形水池

数量：1 座分 2 池

净尺寸：$L \times B \times H = 83.5m \times 86.9m \times 7.5m$

设计参数：	设计流量：	$7 \times 10^4 m^3/d$
	池数	2 池，每池 $3.5 \times 10^4 m^3/d$ 可单独运行
	最低水温	12℃
	最高水温	25℃
	设计泥龄	12d
	污泥负荷	$0.084kgBOD_5/(kgMLSS \cdot d)$
	容积负荷	$0.294kgBOD_5/(m^3 \cdot d)$
	MLSS	3.5g/L

MLVSS	2.45g/L
剩余污泥产泥率	0.55kgDS/kgBOD_5
有效总池容积	43750m^3
有效水深	6.5m
厌氧池有效容积	4375m^3
厌氧池停留时间	1.5h
缺氧池有效容积	18375m^3
缺氧池停留时间	6.3h
好氧池有效容积	21000m^3
好氧池停留时间	7.2h
总水力停留时间	15. h
高峰时供气量(计算值)	360m^3/min
平均流量时供气量	300m^3/min
平均时气水比	6.2:1
污泥外回流比	50% ~100%
剩余污泥量	6006kgDS/d
剩余污泥含水率	99.3%
剩余污泥体积	858m^3/d

鼓风机按平均时配置2台，备用1台，高峰时全用，最大供气量达450m^3/min。

每池由缺氧段、厌氧段和好氧段组成，其中厌氧段2池，缺氧段4池，每池长13m，宽13m，深6.5m，每池设1台立式搅拌器，单台电机功率为5.5kW，使池内污泥保持悬浮状态，并且与进水充分混合。另外，沿水流方向的第一条廊道和第二条廊道的1/3段设计为缺氧段和好氧段的切换区，内设曝气管和水下搅拌器，确保缺氧区的设计水力停留时间为6.3h。

每组池好氧段(含缺氧、好氧切换区)分成4个廊道，每廊宽6.8m，有效水深6.5m，沿池底敷设微孔管式曝气管，在空气主干管上设空气电动调节蝶阀。根据采集到的进水水量水质资料，通过生物过程智能优化系统(BIOS系统)提出生物反应池的控制方案，如曝气池的DO控制方案、鼓风机控制方案、内回流控制方案和活性污泥的排泥方案等，确保尾水达标排放，并节省能耗。

每池设一条混合液配水渠，配水渠上布置巴式计量槽计量混合液污泥量。在第一座缺氧池和第三、第五座缺氧池各设一内回流进水点，配置可调堰门。

每池设单独外回流污泥渠，渠上布置巴式计量槽计量外回流污泥量。

混合液回流泵布置在生物反应池的出水端。单池设3台混合液回流泵，单泵流量Q为270L/s，扬程H为2.3m，电机功率N为11kW，内回流比为200%。另外库备1台水泵，泵型为潜水轴流泵。

因污水进水点、混合液进水点的合理布置，可合理选择污水进水点和混合液进水点，实现不同的工况和不同的处理工艺，运行方式灵活多变，生物反应池布置简洁，分区明确，池数适中。对称布置，配水、配泥、配气灵活、均匀，水渠、泥渠互不重叠，总体布置合理清晰，便于维护管理。

A/A/O 生物反应池的平面工艺设计如图 8－77 所示。

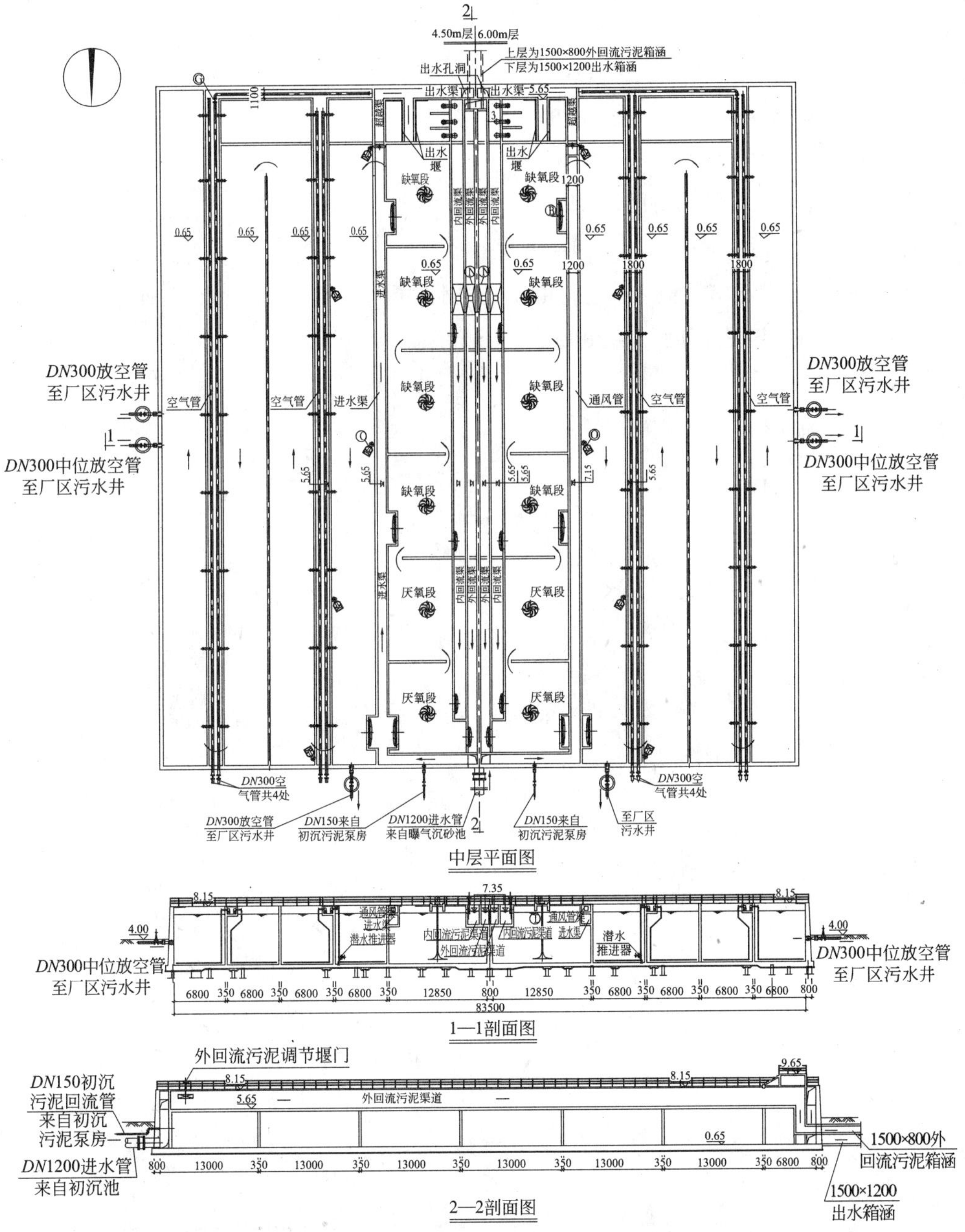

图 8－77　A/A/O 生物反应池工艺设计图

6）二次沉淀池

类型：钢筋混凝土辐流式二次沉淀池

数量：4 座

直径：$D=40$m

面积：$F=1256m^2$（单池）

设计参数：单池流量 $Q_{max}=1354m^3/h$

表面负荷 $q_{max}=0.78m^3/(m^2\cdot h)$

$q_{AV}=0.58m^3/(m^2\cdot h)$

池边有效水深 4.0m

设计流量停留时间 5.3h

平均流量停留时间 6.9h

回流污泥浓度 7.0g/L

运行方式：4座二次沉淀池为一组，由一座配水井配水，二次沉淀池设备连续运行。

二次沉淀池的工艺设计如图8－78所示。

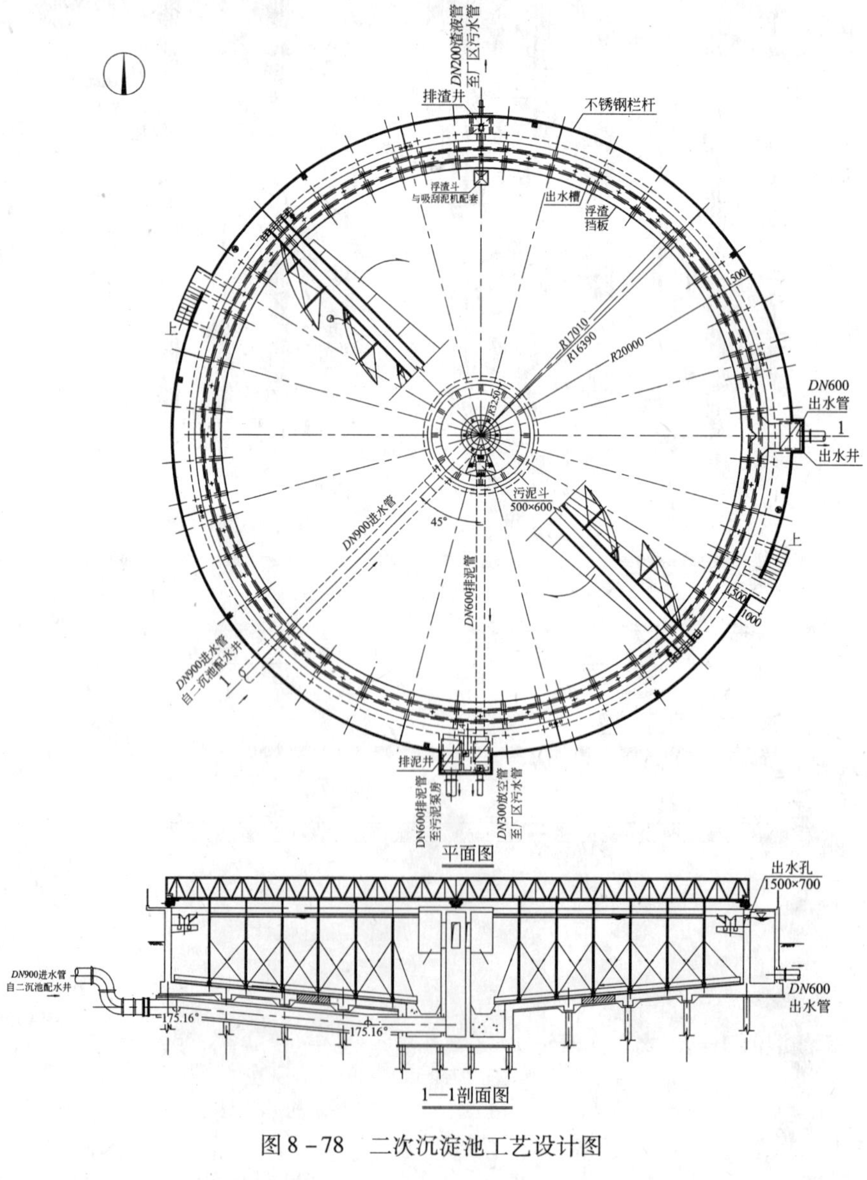

图8－78 二次沉淀池工艺设计图

7）高效滤池

为便于全厂二次沉淀池出水深度处理的统一管理，并节省滤池占地面积，减少反冲洗水泵，风机等设备数量，本设计将一、二、三期的二次沉淀池出水集中后统一进入高效滤池进行过滤处理。

数量： 1 座 12 格

设计水量： $13.8\times10^4 m^3/d$

滤速： 21 ~ 27m/h

空气冲洗强度： $216m^3/(m^2\cdot h)$

反冲水强度： $28.8m^3/(m^2\cdot h)[8L/m^2\cdot s]$

滤池分为 12 格，双排布置，单格面积为 $24.2m^2$，采用纤维滤料，反冲洗方式为气水反冲，布水布气系统采用 ABS 长柄滤头，反冲水由冲洗水泵提供，提供反冲气源由鼓风机提供。

高效滤池的工艺设计如图 8 - 79 所示。

8）出水泵房

一、二、三期工程出水泵房合建，一、二期工程尾水排入黄浦江米市渡口，三期工程尾水排入洞泾港。黄浦江米市渡段 2 年 1 遇水位为 3.48m，平均高潮位为 2.71m，平均潮位为 2.24m，平均低潮位为 1.67，最低低潮位为 0.64m。洞泾港未建闸前最高潮位为 3.73m，最低潮位为 1.63m，常水位为 2.50m，建闸后，洞泾港水位低于黄浦江水位。

9）鼓风机房

数量：1 座

尺寸：轴线尺寸 $L\times B=37.8m\times7.75m$

层高：6.4m

三期鼓风机房利用一期工程鼓风机房，该风机房内现有 2 台供一期曝气池用的单级高速离心风机，单机最大风量为 $125m^3/min$，风压为 6.8m 水柱，单台电机功率为 185kW，1 用 1 备。考虑到该设备使用年限已达 20 年，而且一期曝气池已改为微孔曝气管，现有风机风压略不足，本工程拟更换。

本工程鼓风机房内三期工程设双级高速离心鼓风机 3 台，一期工程设双级高速离心鼓风机 2 台，1 用 1 备。

设计参数：

① 三期工程

鼓风机台数 3 台（按平均流量配 2 台，高峰时使用 3 台）

单台供气量 $150m^3/min$

出口风压 $7.5mH_2O$

供气量调节 45% ~ 100%

电机功率 230kW

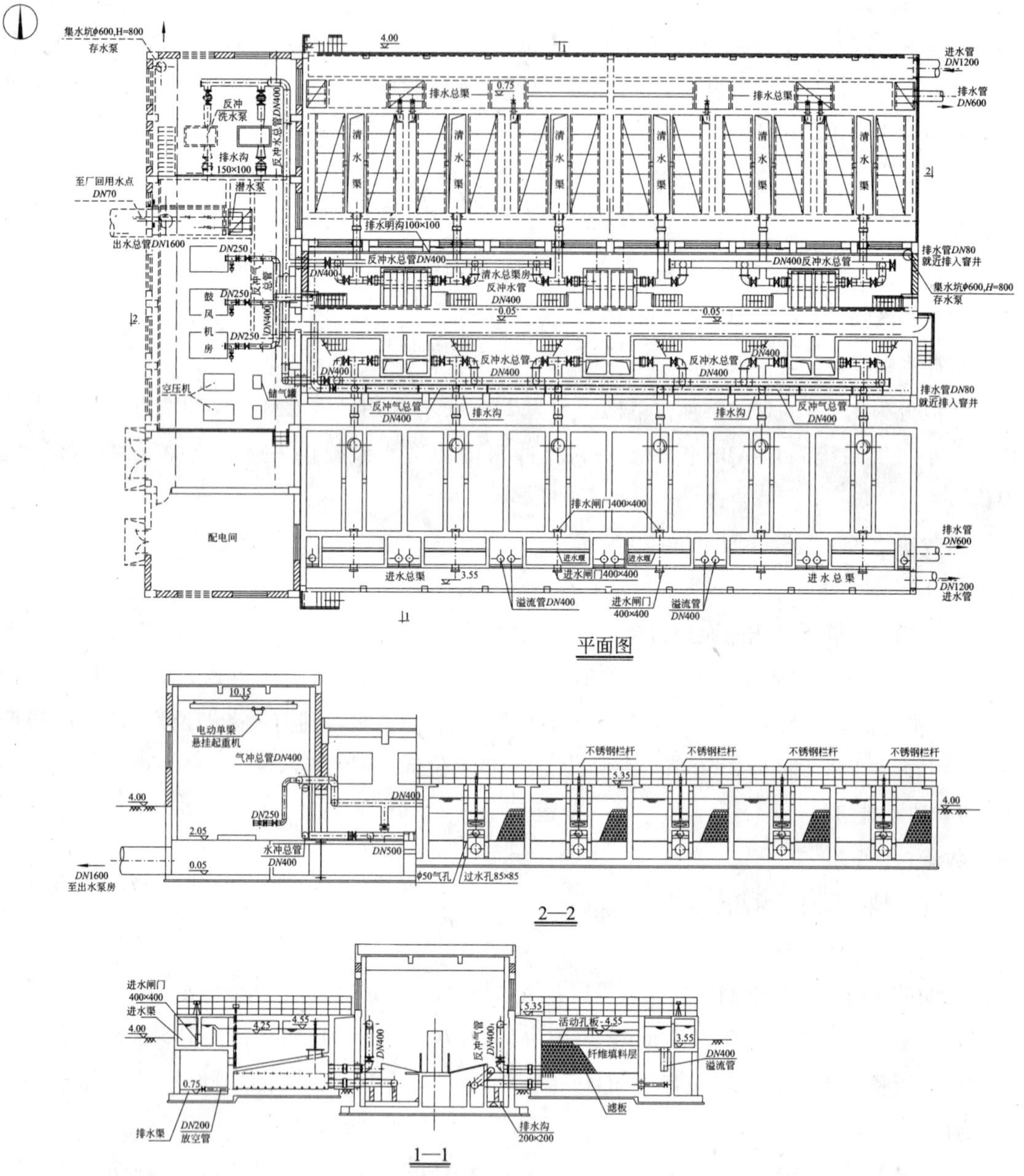

图 8－79 高效滤池工艺设计图

② 一期工程

鼓风机台数	2 台（1 用 1 备）
单台供气量	$110m^3/min$
出口风压	$7.1mH_2O$
供气量调节	45% ～100%
电机功率	160kW

三期工程鼓风机的布置如图 8－80 所示。

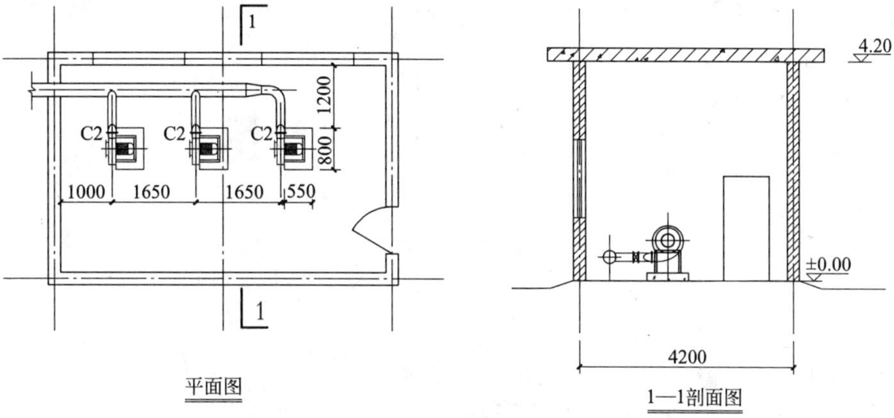

图8-80 三期工程鼓风机布置工艺设计图

10）加氯和加药间

为防止滤池生物阻塞，并保证排放口处大肠菌群数小于1000个/L，处理水在进入滤池前需进行消毒，消毒采用二氧化氯作为消毒剂。此外，一、二期工程无生物除磷功能，需进行化学除磷，三期工程虽已按生物脱氮除磷设计，考虑到进水水质的变化等因素，为保证出水水质，设置投加除磷剂的加药系统作为保障措施。消毒和加药设备合建，因场地紧张，利用一期工程已废弃的进水泵房，将下部沉井结构回填，上部原有建筑拆除后重建，即利用原有进水泵房的基础。

加氯加药间一、二、三期合建，建筑面积约166m^2，分成两部分，一部分为加氯间，一部分为加药间。加氯间内设10m^{3}盐酸储罐和10m^{3}氯酸钠储罐各1只，二氧化氯发生器3台，2用1备，单台电机功率N为9kW，每台二氧化氯制备能力为20kg/h。

本工程共有4处加药点：

① 污泥区上清液2340m^3/d，TP浓度由32mg/L降至6mg/L，43%浓度聚合氯化铝(PAC)干粉投加量为350kg/d，16h工作。

② 一期工程1.8×10^{4}m^3/d尾水TP浓度由6mg/L降至0.5mg/L，43%浓度聚合氯化铝(PAC)干粉投加量为569kg/d，24h工作。

③ 二期工程5×10^{4}m^3/d尾水TP浓度由6mg/L降至0.5mg/L，43%浓度聚合氯化铝(PAC)干粉投加量为1580kg/d，24h工作。

④ 三期工程7×10^{4}m^3/d尾水TP浓度由1.5mg/L降至0.5mg/L，43%浓度聚合氯化铝(PAC)干粉投加量为630kg/d，24h工作。

加药间内设不锈钢料仓系统2套，用于PAC干粉的投入，同时配置PAC制配单元2套每套电机功率N为5kW/套，溶液投加单元8套，每套电机功率N为0.37kW，采用直接加干粉至絮凝剂制备装置，稀释至12%后投加。

三期工程尾水管总长约3.2km，设计管径为DN1200，高峰流量时尾水在管内流行时间为63min，二期工程尾水管总长4.0km，管径为DN1200，高峰流量时尾水在管内流行时间为74min，均超过30min，故本工程不设加氯接触池。

加氯加药间的工艺设计如图 8－81 所示。

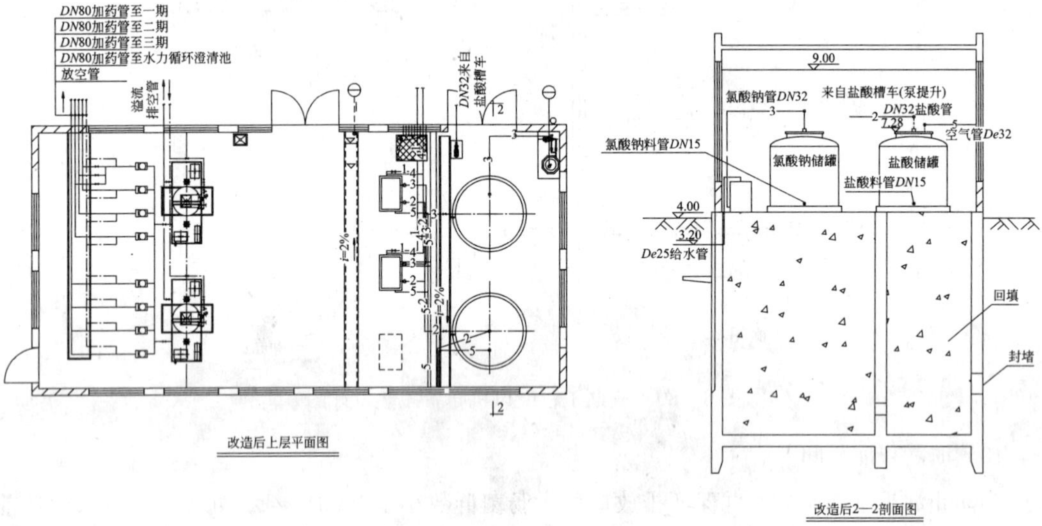

图 8－81 加氯加药间工艺设计图

（3）污泥处理构（建）筑物

1）储泥池

本工程初沉污泥量为 8400kg/d，含水率为 97%，污泥体积为 280m^3/d；剩余污泥量为 6006kg/d，含水率为 99.3%，污泥体积为 858m^3/d；在储泥池内混合后，混合污泥量为 14406kg/d，含水率为 98.7%，污泥体积为 1138m^3/d。

功能：储存一定量污泥，保证浓缩脱水装置正常运行。

类型：半地下式钢筋混凝土结构

数量：1 座

尺寸：$L \times B \times H \times$ 格数 = 8m × 8m × 4.1m × 2 格

有效水深：H = 3.5m

参数：污泥总量　　14406kgDS/d

　　　储泥池有效容积　　448m^3

　　　污泥体积　　1138m^3/d

　　　停留时间　　t = 9.5h

2）污泥浓缩脱水机房

功能：降低污泥含水率，减小污泥体积

类型：地上式框架结构，设在内设污水处理厂原有脱水机房和污泥堆棚的北侧，共用 1 座污泥堆棚

数量：1 座

尺寸：25.0m × 13.50m

层高：8.9m

参数：污泥量　　　14406kgDS/d

进泥含水率　99.3%

进泥体积　　$1138m^3/d$

出泥含固率　≥20%

出泥体积　　≤$72m^3/d$

加药种类　　PAM（聚丙烯酰胺）

加药量　　　2～5g/kgDS 污泥

三期工程污泥浓缩脱水机房的污泥用螺旋输送机送至污泥堆棚，转至封闭式皮带输送机送至好氧堆肥车间。一、二期原有污泥脱水机房内脱水污泥同样在污泥堆棚由封闭式皮带输送机转送至污泥半干化车间。

污泥浓缩脱水机房的工艺设计如图 8－82 所示。

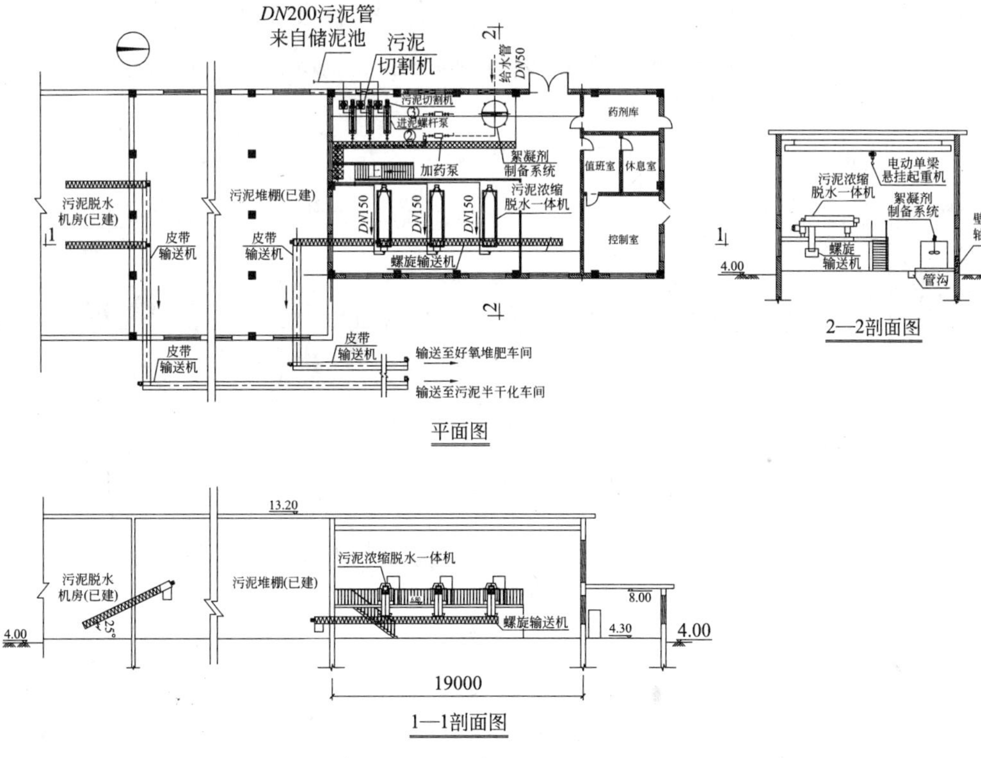

图 8－82　污泥浓缩脱水机房工艺设计图

3）水力循环澄清池

处理水量为 $160m^3/h$，圆形结构，池内径为 *DN*8.4m。

水力循环澄清池化学药剂投加量为 350kg/d。

（4）污泥处置设计

本设计针对上海松江污水处理厂的三期扩建工程，该工程将一、二期的厌氧消化后脱水污泥，与三期的脱水污泥进行无害化处理和资源化处置，是为该厂达标改造和妥善解决脱水污泥出路而设计的。

1）污泥量

目前一、二期污水处理能力共 $6.8\times10^4m^3/d$；一、二期总干污泥量为 14857kg/d，污泥处理采用“前浓缩、消化、后浓缩、脱水”工艺，消化后干污泥量为 9544kg/d，污泥经过机械浓缩脱水后含水率为 78%，脱水污泥量为 $43.38m^3/d$。

三期扩建工程规模为 $7\times10^4m^3/d$，干污泥量为 14406kg/d，初沉污泥和二次沉淀池剩余污泥均排入储泥池，污泥处理采用机械浓缩脱水后含水率为 80%，脱水污泥量为 $72.03m^3/d$。

2）污泥堆肥工艺流程设计

采用“污泥半干化、高温好氧堆肥方案”，主要构筑物如下。

① 半干化间

利用一二期污泥厌氧消化产生的沼气为能源，对一、二期消化脱水污泥进行半干化。满负荷运行可产生的沼气量为 $3100m^3/d$，沼气热值为 $20.4MJ/m^3$。根据热平衡计算，用足现有的沼气量，将一、二期污泥半干化至含水率为 61%，半干化后污泥量为 $24.47m^3/d$。

半干化间采用轻钢夹芯彩板结构，厂房跨度为 9m，柱距为 4m，柱顶标高为 9m，其建筑尺寸 $L\times B$ 为 20.5m × 9.5m，数量为 1 座。

污泥半干化间的平面工艺设计图如图 8－83 所示。

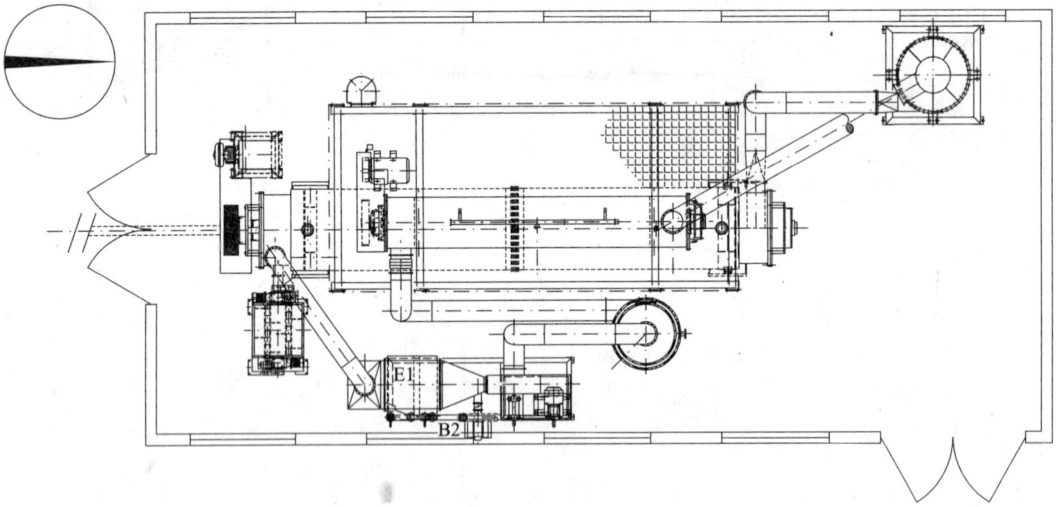

图 8－83 污泥半干化间的平面工艺设计图

② 导热油炉间

导热油在涡轮干燥机的外套内循环，以热传导方式进行换热，同时流经热交换器对工艺气体进行加热。松江污水处理厂使用污泥厌氧消化产生的沼气作为燃料，可用沼气量为 $3100m^3/d$，沼气热值为 $20.4MJ/m^3$，因此导热油炉选用燃气式的，根据热量计算，选用立式燃气加热炉，加热功率为 850kW。

导热油炉间采用砖混结构。其建筑尺寸 $L\times B$ 为 9.25m × 6.25m，顶标高为 6m，数量 1 座。

③ 混合间

本工程一、二期污泥半干化后含水率为 61%，污泥量为 $24.47m^3/d$。三期干污泥量为

14406kg/d，污泥经过机械浓缩脱水后含水率为80%，脱水污泥量为72.03m^3/d。根据工艺计算，按设计比例添加返料量为64.56t/d，秸秆粉量为8.49t/d，VT菌液量为0.34t/d，混合物料的体积为254m^3/d，混合物料水分57%。

设计中考虑到开车时没有足够的干物料和运行过程中可能出现的污泥含水率超过设计值，为此配置了粉煤灰储仓，作为此时调整工艺的措施。

混合间采用轻钢夹芯彩板结构，混合厂房跨度为12m，柱为距4m，柱顶标高为5m，其建筑尺寸 $L\times B$ 为24.5m×12.5m。

污泥混合间的工艺设计图如图8－84所示。

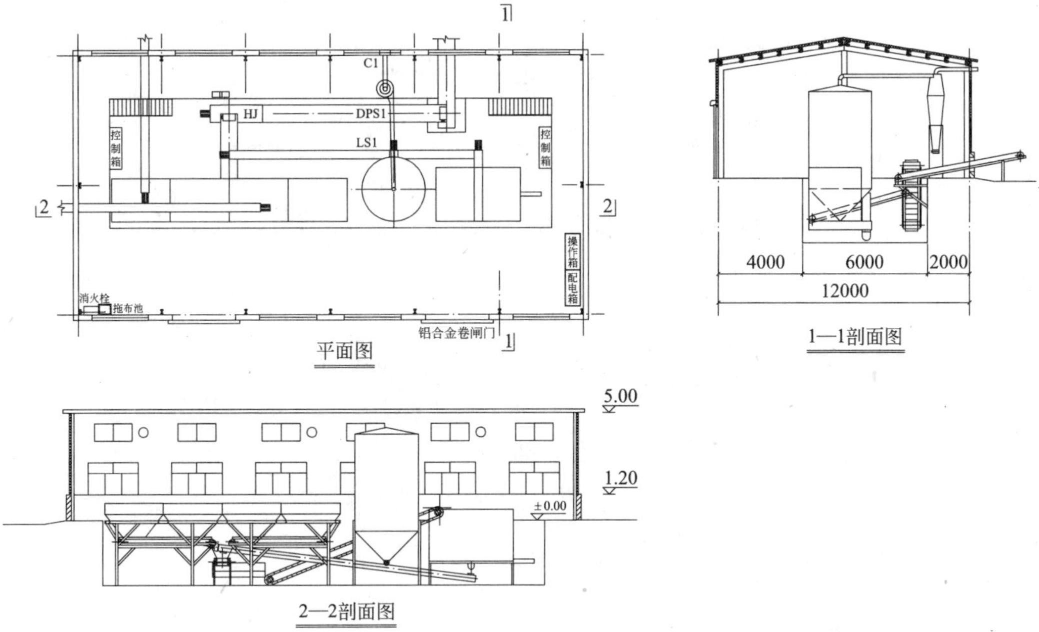

图8－84 污泥混合间工艺设计图

④ 发酵间

发酵间为三连栋阳光棚结构，设有6个发酵槽，每个长47m宽6m深1.8m。发酵间采用镀锌方钢管立柱，镀锌钢三角屋架；墙壁1.2m以下为砖墙，1.2m以上为厚度10mm的聚碳酸酯（PC）采光板；屋顶也为厚度10mm的聚碳酸酯（PC）采光板。单栋厂房跨度为14m，柱距为4m，柱顶标高为4m，发酵间建筑尺寸 $L\times B$ 为53.3m×42.3m，数量1座。

发酵间安装的主要设备有布料皮带机、全自动推进翻堆机、移行机等。

污泥发酵间的工艺设计如图8－85所示。

⑤ 二次发酵间

在二次发酵间中由装载机进行堆肥的堆垛、翻堆等操作，最后装卸到出料地斗中。

二次发酵间采用轻钢夹芯彩板结构，二次发酵厂房跨度为18m，柱距为4m，柱顶标高为5m，其建筑尺寸 $L\times B$ 为44.25m×18.5m，数量1座。

二次发酵间的设备有由装载机进行堆肥的堆垛、翻堆等操作，配备装载机2辆。

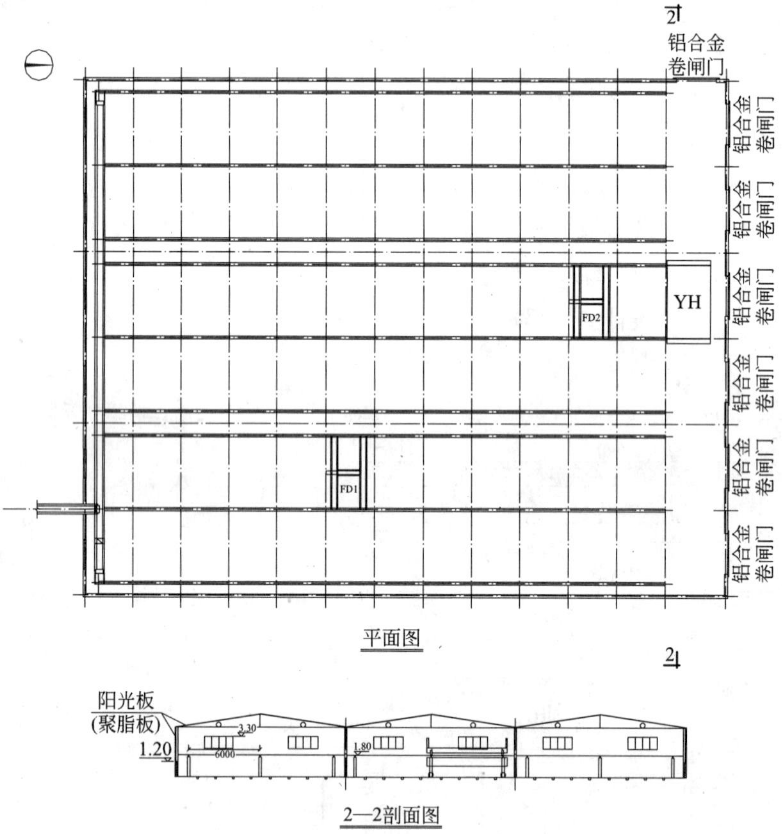

图 8－85　污泥发酵间工艺设计图

二次发酵间的工艺设计如图 8－86 所示。

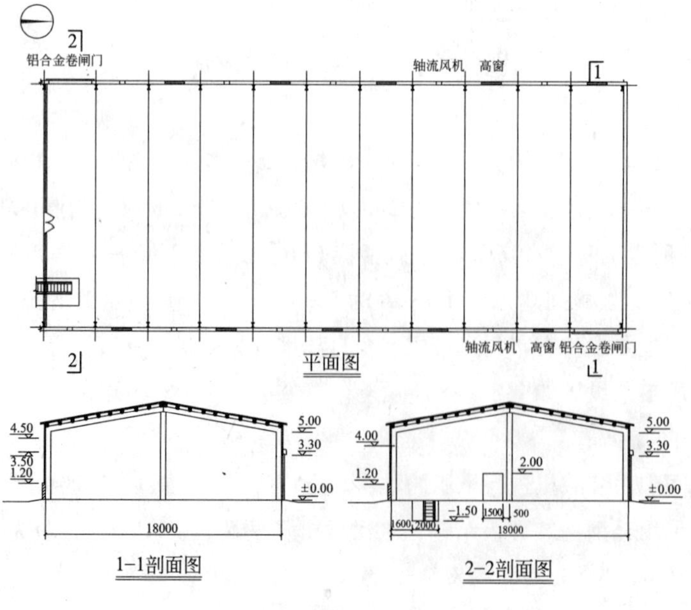

图 8－86　二次发酵间工艺设计图

⑥ 筛分厂房

发酵物料经过皮带输送机进入滚筒筛筛分分级，筛上物运送返回到混合间配料，筛下颗粒部分直接包装，筛下粉状部分由运输车运送。

筛分间采用轻钢夹芯彩板结构，筛分厂房跨度为18m，柱距为4m，柱顶标高为5m，其建筑尺寸 $L \times B$ 为12m×18.5m，数量1座。

筛分厂房内安装的主要设备有上料皮带输送机、滚筒筛、返料螺旋输送机、斗式提升机、定量包装秤等。

筛分厂房的工艺设计如图8－87所示。

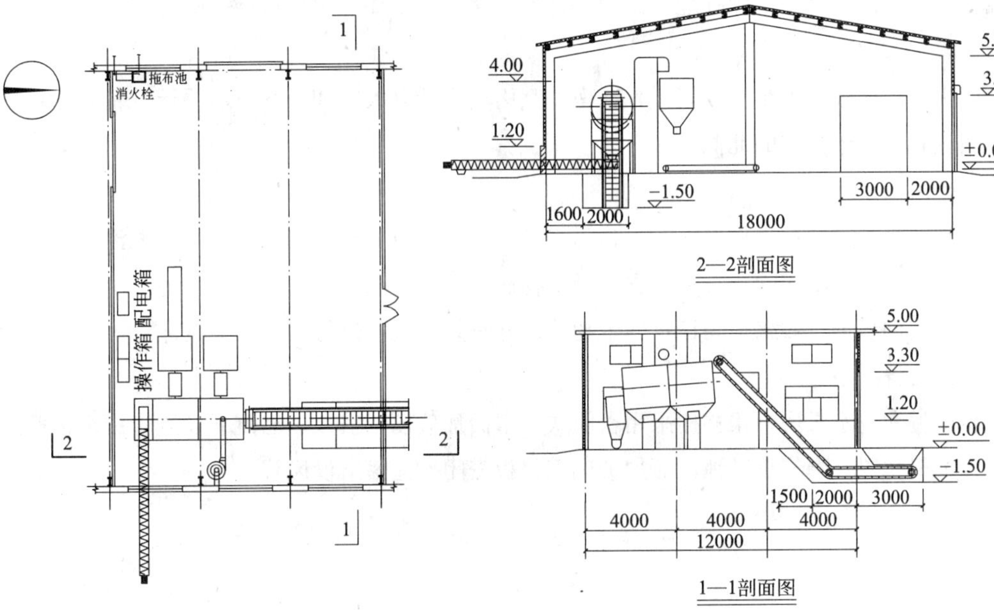

图8－87 筛分厂房工艺设计图

⑦ 仓储间

用于储存辅料、VT微生物菌剂。

仓储间采用轻钢夹芯彩板结构，仓储间跨度为18m，柱距为4m，柱顶标高为5m，其建筑尺寸 $L \times B$ 为16.25m×18.5m，数量1座。

仓储间安装的主要设备有辅料螺旋输送机等，配备运送工程翻斗车1辆。

⑧ 鼓风机房

鼓风机房采用砖混结构，其建筑尺寸 $L \times B$ 为6.85m×4.45m，顶标高为4m，数量1座。内设鼓风机3台，单台风量 Q 为3619m^3/h，风压 H 为5080Pa，电机功率 N 为11kW。

⑨ 原材料消耗

污泥半干化按43.38t/d，含水率为78%计算，沼气消耗量为3100m^3/d，热值为20.4MJ/m^3，热效率为85%。

污泥堆肥按湿污泥量72.03t/d（含水率80%）和半干污泥量24.47t/d（含水率61%）计算，

辅助材料消耗量为秸秆粉 8.49t/d，VT 菌液 0.34t/d。

3）平面布置

三期扩建工程污泥处置区为一规则矩形，南北长 77.2m，东西宽 69.5m，由于污泥半干化处理量小，而污泥堆肥处理量大，因此将污泥堆肥处理区布置在以上的矩形地块内，而将污泥半干化处理区布置在三期脱水机房的东侧或一、二期脱水机房的东侧，使其尽可能靠近一、二期的脱水机房，便于污泥输送。

污泥堆肥处理区中混合间布置在南侧中间；发酵间布置在混合间的北侧；二次发酵间、筛分间和仓储间为一体式厂房，布置在发酵间的西侧；生物滤池放在发酵间的东南部；操作室布置在混合间的东侧。污泥堆肥处理区四周有环形道路，各主要厂房靠道路一侧有物料输送出入的大门。

污泥半干化处理区中半干化间布置在南，其南侧应开有大门和一块空地便于设备检修；导热油炉间布置在半干化间的北侧。

(5) 除臭设计

根据环评报告书的审批要求，本工程污水处理厂要求对格栅井、沉砂池、储泥池、脱水机房和污泥堆棚进行封闭、除臭。本工程选择生物法除臭处理工艺系列中应用最为广泛，且在国内、外工程实例最多，效果最为稳定的生物滤池除臭处理工艺进行工程方案设计。

1）工程内容

对粗格栅和进水泵房，粗格栅采用密闭式，水面加玻璃钢盖板，池面下设风管；细格栅除污机上方加轻质罩，曝气沉砂池池面加玻璃钢盖板密闭，池面下设风管。

粗格栅：除臭空间 310m^3；

换气量为 3 次/h；

除臭风量为 930m^3/h；

进水泵房前池：除臭空间为 840m^3；

换气量 3 次/h；

除臭风量为 2820m^3/h；

细格栅和曝气沉砂池：除臭空间为 100m^3；

换气量 3 次/h；

除臭风量为 300m^3/h；

除臭设备设于细格栅渠边。

对储泥池和污泥好氧堆肥车间中发酵间进行加盖通风除臭。

储泥池：除臭空间为 280m^3；

换气量为 3 次/h；

除臭风量为 840m^3/h；

污泥半干化车间臭气量为 4000m^3/h。

污泥好氧堆肥车间中发酵间臭气量为 16000m^3/h。

除臭设备置于污泥好氧堆肥车间内。

2）设计参数

臭气进气源流量和浓度如表 8－25 所示。

臭气进气源流量和浓度参数　　表 8－25

序号	系统划分	换气次数	生物滤池装置数量	设计风量 [m^3/(h·套)]	臭气浓度（无量纲）
1	预处理区除臭设施	3 次/h	1 套	4050	500～1000
2	污泥处理区	3	1 套	16840	1000～2000

本工程方案设计中污染源臭气进气浓度暂定为臭气浓度 500～2000。

据国内外研究和实践使用表明，生物填料在使用的过程中会不断被压实，系统压降和能耗会随之加大。所以过高的表面负荷会导致填料压降增加过快，能耗增大，填料寿命缩短；表面负荷过低又会使填料成本和设备成本增加。

一个合理的表面负荷，不仅可以使填料压降变化减小，而且也可在较大范围内抵抗臭气浓度变化的冲击，同时也较好的控制了投资成本。根据实际工程经验，对于市政污水处理厂的臭气处理，表面负荷宜取 100～200m^3/(m^2·h)，不宜大于 250m^3/(m^2·h)。

生物除臭成套设备如表 8－26 和表 8－27 所示。

预处理区、污泥处置区生物除臭设施成套设备表（共 2 套）　　表 8－26

序号	设备名称	技术参数、规格	数量
1	离心风机	Q＝4050m^3/h，P＝5.5kW，全压 2000Pa	1 台
2	连接风管	400×500，δ＝5mm	3m
3	一体化生物滤池（5m×5m×1.8m）		
3.1	预洗池	5m×1m×1.8m	1 座
3.2	循环水泵	Q＝7.5m^3/h，P＝2.2kW，H＝25m	1 台
3.3	化工填料	DN50，填料高度 0.5m	2.5m^3
3.4	滤池顶盖	5m×5m×0.5m	1 套
3.5	填料支撑		25m^2
3.6	生物填料和菌种	填料高度 1m，寿命≥5 年	25m^3
3.7	自动喷淋系统	含输送管道、阀门、电磁阀、喷头、压力表、水表等	1 套
3.8	温控系统	温度传感器、风管式加热器、报警系统等	1 套
4	电控柜	含相关电器元件（断路器，接触器，热继电器，中间继电器、转换开关，按钮，指示灯等），设备总配电功率 8kW，IP55，AC380/220V、50Hz	1 个
5	其他必需的附件	包括其他连接管、阀门、管件、设备固定螺栓、支撑等	1 批

污泥处理区生物除臭设施成套设备表(共1套) 表8-27

序号	设备名称	技术参数、规格	数量
1	离心风机(含隔声罩)	$Q=17000m^3/h$，$P=15kW$，全压2000Pa	1台
2	连接风管	630×630，$\delta=8mm$	3m
3	一体化生物滤池(10m×10m×2m)		
3.1	预洗池	10m×1m×2m	1座
3.2	循环水泵	$Q=15m^3/h$，$P=3kW$，$H=20m$	1台
3.3	化工填料	DN50，填料高度0.7m	$7m^3$
3.4	滤池顶盖	10m×10m×0.5m	1套
3.5	填料支撑		$100m^2$
3.6	生物填料和菌种	填料高度1.0m，寿命≥5年	$100m^3$
3.7	自动喷淋系统	含输送管道、阀门、电磁阀、喷头、压力表、水表等	1套
3.8	温控系统	温度传感器、风管式加热器、报警系统等	1套
4	电控柜	含相关电器元件(断路器，接触器，热继电器，中间继电器、转换开关，按钮，指示灯等)，设备总配电功率18kW，IP55，AC380/220V、50Hz	1个
5	其他必需的附件	包括其他连接管、阀门、管件、设备固定螺栓、支撑等	1批

5. 问题和建议

本工程在设计中注重节能降耗，主要采取的措施有以下几方面。

(1) 生物反应池进风管上设空气调节阀，根据好氧池溶解氧、NH_3-N等数据自动控制供气量，减少池内溶解氧波动值，从而达到节能目的。

(2) 鼓风机采用可调节导叶片控制供气，根据生物反应池实际供氧量，控制导叶片角度，风量调节范围为45%~100%。

(3) 进水泵房采用大小泵搭配，根据进水量调节开泵量。

(4) 采用微孔曝气膜，增大氧的利用率，减少能耗。

(5) 所有泵、风机、电气设备等均为国家推荐或国外进口的节能产品。

(6) 尾水处理站出水充分回用厂区，用于绿化、道路浇洒、冲洗车辆等，减少自来水的用量。

(7) 做好厂内各工段的能耗计量工作。

(8) 供电设计采用无功补偿装置，提高功率因数。

(9) 全厂水力计算力求准确，减少扬程。

(10) 合理选择管道管径和管道走向，减少倒虹等局部水头损失以节省能耗。

8.8 唐山市西郊污水处理二厂再生水工程

8.8.1 污水厂介绍

1. 项目建设背景

唐山市是我国华北地区重要的能源、原材料基地和工业城市，也是我国七个最缺水城市之一。目前唐山市的供水水源主要是陡河水和地下水，而陡河由于流域内天然径流具有年内集中的特点，加上陡河水库按计划供水，陡河市区段和下游已成为季节性河流，企业从陡河取水的难度越来越大，地下水也因开采过量而使得取水井深度越来越深，有的达二三百米深。根据唐山市水资源供需平衡分析表，唐山市平水年缺水约 5.17 亿 m^3，枯水年缺水约 13.25 亿 m^3，水资源短缺已成为阻碍唐山市进一步改革开放和不断发展的重要因素之一，为开发新的水源，加强对城市污水再生利用的研究已成为优化城市水资源配置的重要课题。

根据协议，西郊污水处理二厂再生水回用工程用户主要是华润热电有限公司、唐山火车站广场绿地和沿途道路浇洒用水，供水规模按 $6\times10^4m^3/d$ 设计，并考虑厂外管网漏失率 5%，再生水处理站自用水量 5%，确定本工程出水泵房设计规模为 $63000m^3/d$，再生水处理站提升泵房及后续处理构筑物规模均为 $66000m^3/d$。

本再生水处理站进水采用西郊污水处理二厂的二级出水，设计进水水质如表 8-28 所示。

再生水处理站设计进水水质　　表 8-28

序号	项　目	单位	再生水处理站进水水质
1	pH	—	7.0~9.0
2	SS	mg/L	≤30
3	浊度	NTU	≤25
4	BOD_5	mg/L	≤30
5	COD_{Cr}	mg/L	≤100
6	铁	mg/L	≤0.3
7	锰	mg/L	≤0.1
8	Cl	mg/L	≤150
9	总硬度(以 $CaCO_3$ 计)	mg/L	≤350
10	总碱度(以 $CaCO_3$ 计)	mg/L	≤350
11	氨氮	mg/L	15~20
12	总磷(以 P 计)	mg/L	≤3.0
13	溶解性总固体	mg/L	≤800
14	游离余氧	mg/L	末端 0.1~0.2
15	粪大肠菌群	个/L	$\leq10^6$
16	SO_4^{2-}(SO_4^{2-} 与 Cl^- 之和)	mg/L	≤240
17	硅酸	mg/L	≤60
18	石油类	mg/L	≤2

2. 污水厂现状

唐山市中心区现状排水大致以建设路为界分为东、西两个排水区。西部建成区排水系统包括北新道以南、建设路以西地区，采用雨污水分流制，雨水排入青龙河，污水集中至西郊污水处理一厂，西郊污水处理一厂采用二级生化处理工艺，处理水量为 $3.6\times10^4m^3/d$，处理后的尾水排入青龙河，由于该区域的污水系统是在十几年前建设的，建设标准比较低，已不能满足污水处理的需求。根据唐山市污水公司 1998 年 6 月对该地区的调查表明，目前该地区的污水已达到约 $11\times10^4m^3/d$，原西郊污水处理一厂处理能力只有 $3.6\times10^4m^3/d$，因此每天约有 $8\times10^4m^3$ 的污水通过西郊污水处理一厂的岔道管和一些雨水管直接排入青龙河，导致青龙河污染严重，终年黑臭。为减轻水环境污染程度，目前正在建设的西郊污水处理二厂工程，处理规模 $12\times10^4m^3/d$，东部建成区排水系统为建设路以东地区，老企业多集中在陡河两岸，居住区分散，排水系统采用雨污水分流制，雨水排入陡河，东部排水系统目前已建成污水处理厂一座，即东郊污水处理厂，该厂位于市区东南郊，胜利桥以东，设计规模为 $15\times10^4m^3/d$，处理工艺为三槽交替式氧化沟，污水汇入东郊污水处理厂，经二级生物处理后，尾水排入陡河。在市区东北部的裕华桥附近，还建有一座北郊污水处理厂，也称东郊污水处理厂扩建工程，处理规模为 $15\times10^4m^3/d$，处理工艺为三槽交替式氧化沟，该地区的污水主要通过设在和平路、裕华道的污水干管，汇入北郊污水处理厂进行生物二级处理。

唐山市是华北地区典型的缺水城市，在水价构成表中，水资源费所占比例比较高，这使得一些高耗水的工业企业的生产成本较高，企业为降低成本，总是尽可能地重复利用生产用水，如冲洗水经过简单沉淀处理后再次利用以节约新鲜水源，这实际上就是最早的再生水利用实例，只是水量较少，仅局限于企业内部使用而已。

目前，唐山市区已建或在建的污水处理厂工程都考虑了再生水回用，并预留了再生水处理站用地。

西郊污水处理二厂中水回用工程以西郊污水处理二厂的二级处理出水作为再生水水源。唐山市西郊污水处理二厂设计水量为 $12\times10^4m^3/d$，采用 A/O 生物脱氮工艺，出水达到二级排放标准。

8.8.2 改扩建设计

1. 改扩建标准的确定

火力发电厂的用水性质不同，对水质的要求也就不一样。经与火力发电厂的有关设计单位协商，火力发电厂用水量比重较大的冷却塔补充用水水质标准可执行再生水用作冷却用水的水质控制指标，详见《污水再生利用工程设计规范》(GB 50335—2002)中的表 4.2.2。火电厂工业用水主要是脱硫、地面冲洗和除尘用水，对水质的要求也不是特别高，可执行城镇杂用水水质控制指标，详见《污水再生利用工程设计规范》(GB 50335—2002)中的表 4.2.4。

综合冷却塔补充用水水质指标和杂用水水质指标，两者取其最小控制指标，得到供给热电厂的再生水水质指标如表 8－29 所示。

再生水回用于火力发电厂的水质控制指标表 **表8-29**

序号	项目		循环冷却系统补充水水质控制指标	城镇杂用水水质控制指标	建议本工程再生水控制指标
1	pH	≤	6.5~9	6.0~9.0	6.5~9.0
2	色度(度)	≤	—	30	30
3	嗅	≤	—	无不快感	无不快感
4	浊度(NTU)	≤	5	5	5
5	SS(mg/L)	≤	—	—	10
6	BOD_5(mg/L)	≤	10	10	10
7	COD_{Cr}(mg/L)	≤	60	—	60
8	铁(mg/L)	≤	0.3	0.3	0.3
9	锰(mg/L)	≤	0.2	0.1	0.1
10	Cl^-(mg/L)	≤	250	—	250
11	总硬度(以 $CaCO_3$ 计 mg/L)	≤	450	—	450
12	总碱度(以 $CaCO_3$ 计 mg/L)	≤	350	—	350
13	氨氮(mg/L)	≤	10	10	10
14	总磷(以P计 mg/L)	≤	1	—	1
15	溶解性总固体(mg/L)	≤	1000	1000	1000
16	游离余氯(mg/L)		0.1~0.2	≥0.2	≥0.2
17	粪大肠菌群(个/L)	≤	2000	3	3
18	溶解氧(mg/L)	≥	—	1.0	1.0
19	阴离子表面活性剂(mg/L)	≤	—	0.5	0.5

2. 处理工艺选择

根据进、出水水质要求，确定工艺流程如图8-88所示。

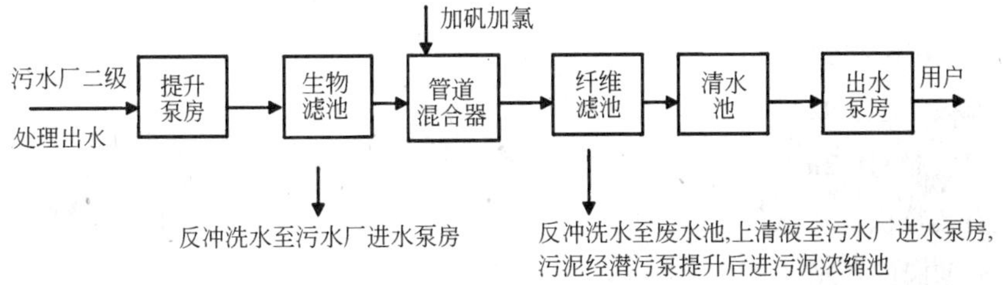

图8-88 再生水处理工艺流程图

3. 主要处理构筑物设计

唐山西郊污水处理二厂再生水回用工程的主要处理构(建)筑物有提升泵房、生物滤池、混合反应沉淀池、高效纤维滤池、废水池、清水池、出水泵房和加氯加药间等。

(1) 提升泵房

数量：1 座

设计水量：$6.6 \times 10^4 m^3/d$

提升泵房内净尺寸为 5.8m × 4.4m，深 7.45m。泵房内设流量 Q 为 255L/s，扬程 H 为 10.5m，电机功率 N 为 45kW 的潜污泵 4 台，3 用 1 备，另外，配置 CD_i2-12D 电动葫芦一台。

(2) 生物滤池

本工程拟采用的生物滤池具体工艺参数如下：

数量：2 座

设计水量：$6.6 \times 10^4 m^3/d$

水力负荷：$2.12m^3/(m^2 \cdot h)$

NH_3-N 填料负荷：$0.38kgNH_3-N/m^3$

滤池格数：每座 6 格

单格滤池面积：$108m^2$

过滤水头：0.6 ~ 2m

滤料粒经：3 ~ 4mm

穿孔曝气管氧利用率：15%

所需空气量：$100m^3/min$

每座生物滤池内配置回流水泵 3 台，2 用 1 备，回流水泵单泵流量 Q 为 $600m^3/h$，扬程 H 为 6m，电机功率 N 为 17.5kW。生物滤池风量由原厂鼓风机房内鼓风机供给，所需最大风量为 $100m^3/min$。本工程另配备空压机 2 台，1 用 1 备，用于各种气动蝶阀的启动，单机流量 Q 为 $0.6m^3/min$，扬程 H 为 10MPa，电机功率 N 为 3kW。

生物滤池的工艺设计如图 8 - 89 所示。

(3) 混合反应沉淀池

本工程拟采用的混合反应沉淀池具体工艺参数如下：

数量：2 座

设计水量：$6.6 \times 10^4 m^3/d$

混合池有效容积：$92m^3$

混合池停留时间：2min

反应池有效容积：$367m^3$

反应池停留时间：20min

斜管沉淀池有效容积：$1375m^3$

斜管沉淀池停留时间：30min

沉淀池表面负荷：$9m^3/(m^2 \cdot h)$

混合反应沉淀池 2 格合建。混合池采用机械搅拌，搅拌机电机功率为 7.5kW，反应采用折

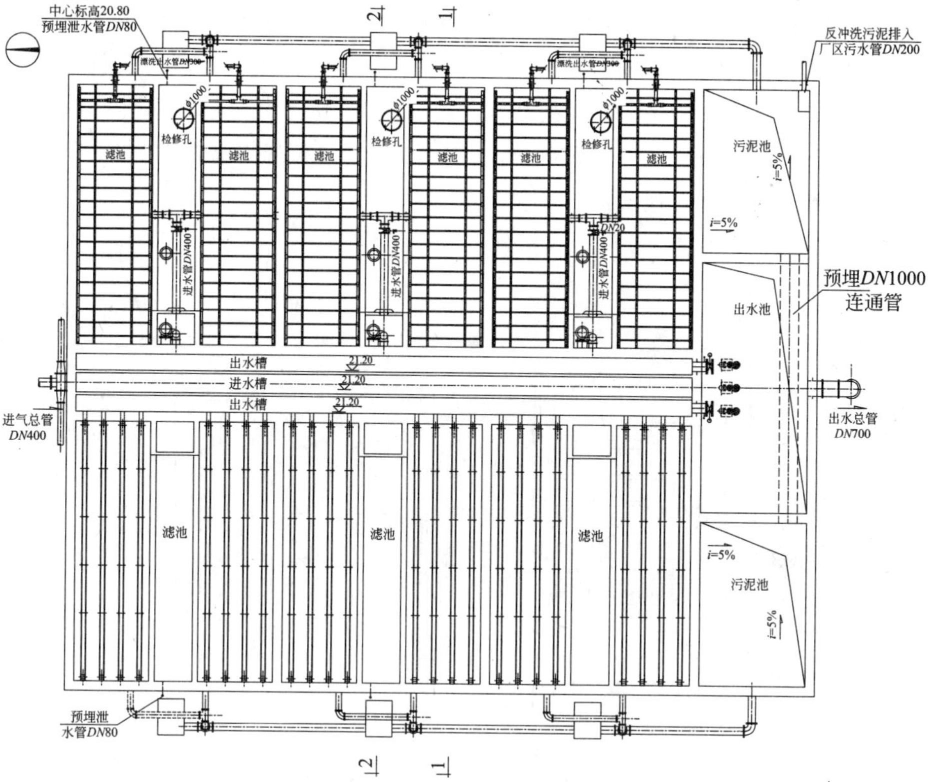

滤池不同层次平面图

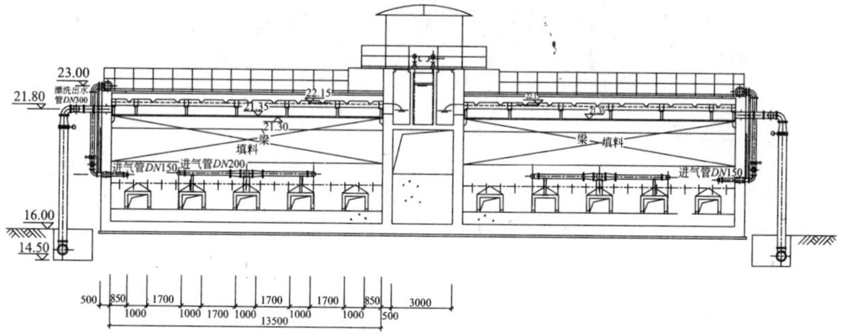

1—1

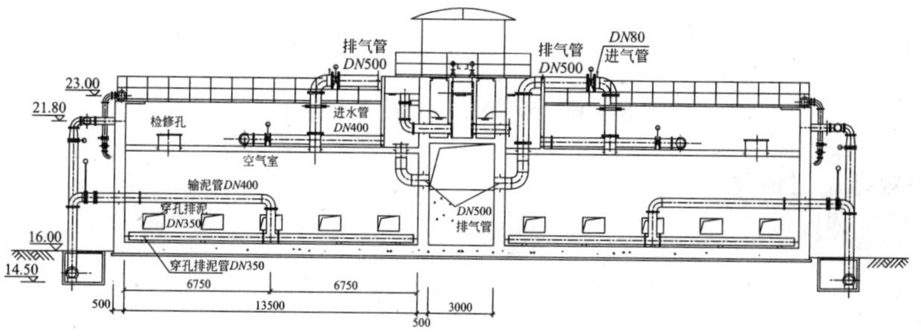

2—2

图 8-89　生物滤池工艺设计图

板反应池，分为前段、中段和后段，前段各格的竖向流速为0.3m/s，中段为0.2m/s，末段为0.1m/s，折板间距从反应池前段到末段逐步增大，折板采用波纹板，斜管沉淀池采用异向流，斜管顶部以上的清水区高度为1.2m，斜管底部以下配水区高度为1.7m，采用虹吸式吸泥机，2座沉淀池共用1条高位排泥槽，西郊污水处理二厂储泥池液位标高为17.30m，反应池污泥可经过高位排泥槽重力流至储泥池。

混合反应沉淀池的工艺设计如图8－90所示。

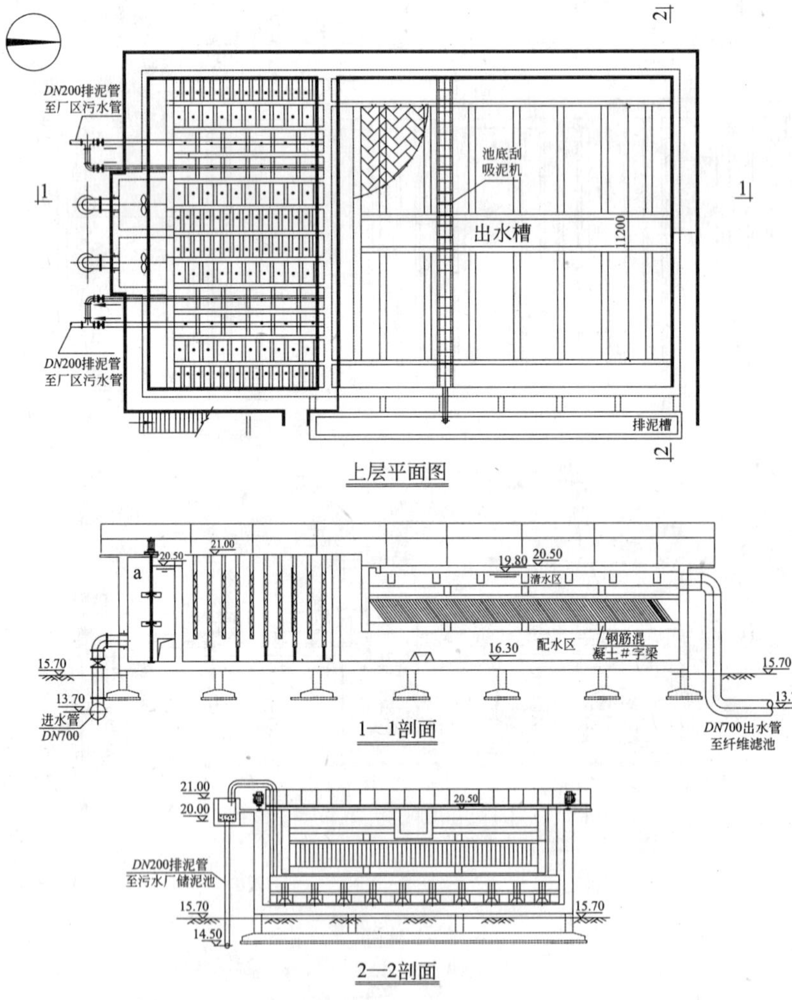

图8－90 混合反应沉淀池工艺设计图

(4) 高效纤维滤池

数量：1座6格

设计水量：$6.6\times10^4m^3/d$

滤速：19m/h

空气冲洗强度：$216m^3/(m^2\cdot h)$

反冲水强度：$28.8m^3/(m^2\cdot h)$

滤池分为6格，双排布置，单格面积为24.2m^2，采用纤维滤料，反冲洗方式为气水反冲，布水布气系统采用ABS长柄滤头，反冲水由冲洗水泵提供，提供反冲气源由鼓风机提供。

每格滤池设350mm×350mm进水闸门1台，设计流速为1.16m/s，*DN*400清水出水阀门1只，*DN*400反冲水阀门1只，设计流速为1.55m/s；*DN*400反冲气阀门1只，设计流速为6.60m/s；400mm×400mm排水闸门1只，设计流速为0.89m/s，均采用气动执行装置。为保证滤池恒水位等速过滤，*DN*400清水出水阀门采用调节阀门，由滤池内水位控制开启度。

滤池布置形式为中间设管廊，两侧分别设置3格滤池，控制室设于滤池端部。滤池单格平面净尺寸为2m×2.1m×5.75m，滤池深为3.5m，为防止冬季结冰，滤池上方设盖板。

鼓风机房和反冲洗水泵房合建，位于滤池端部。鼓风机房内设鼓风机3台，2用1备，每台鼓风机风量2650m^3/h，风压为58.8kPa，即5.88mH_2O，配套电机功率75kW，每台鼓风机出口设*DN*250安全阀、单向阀、气动阀门各1只，另设有*DN*100旁通阀一只。反冲洗泵房内设卧式离心泵2台，1用1备，单泵流量700m^3/h，扬程12m，配套电机功率37kW，每泵进水管上设手动阀门1只，口径为*DN*500,，设计流速为0.99m/s；出水管上设手动阀门、气动阀门各一只，口径为*DN*400，设计流速为1.55m/s。鼓风机房和反冲洗水泵房一端设有配电间1座，建筑面积为54m^2。配电间二层设有再生水处理站的值班室。

高效纤维滤池的工艺设计如图8－91所示。

（5）废水池

滤池经过一段时间运行后，污泥沉积在滤料上，增加了滤池运行的水头损失，当水头损失超过预定值时，需进行反冲洗，去除附着在滤料上的污泥。滤池可按序分格进行反冲洗，以减少因反冲洗水量引起对污水处理水量波动造成的影响。反冲洗强度为28.8$m^3/(m^2 \cdot h)$，反冲洗时间为20～30min，因此，每次反冲洗产生最大的废水量约为400m^3，该部分废水含有一定数量不易被生物降解的SS，需予以去除，以减轻污水厂生物处理构筑物的压力。

反冲洗产生的废水通过管道排入废水池，进行静止沉降，将沉入池底的污泥通过设置在池边的污泥泵房泵入污水厂储泥池，上清液排入厂区污水管入进水泵房进行处理。污泥泵房内设1台潜污泵，单台流量Q为50m^3/h，扬程H为7m，电机功率N为2.2kW，另仓库备用1台。

废水池采用方形池，由三格组成，每格平面尺寸为6.8m×7.0m，总容积为446m^3，每格下设储泥斗，废水池上部设有盖板，以减少对环境的影响，盖板上设有人孔，可供人员出入。

废水池的工艺设计如图8－92所示。

（6）清水池

按调节水量为总用水量的10%设置清水池，清水池总容量为6350m^3，平面尺寸为23.4m×23.4m，水深为5.8m，为便于检修，每格清水池单独设进水管、出水管和溢流管。进出水管上各设1只*DN*1000手动蝶阀，溢流管出水接至提升泵房。

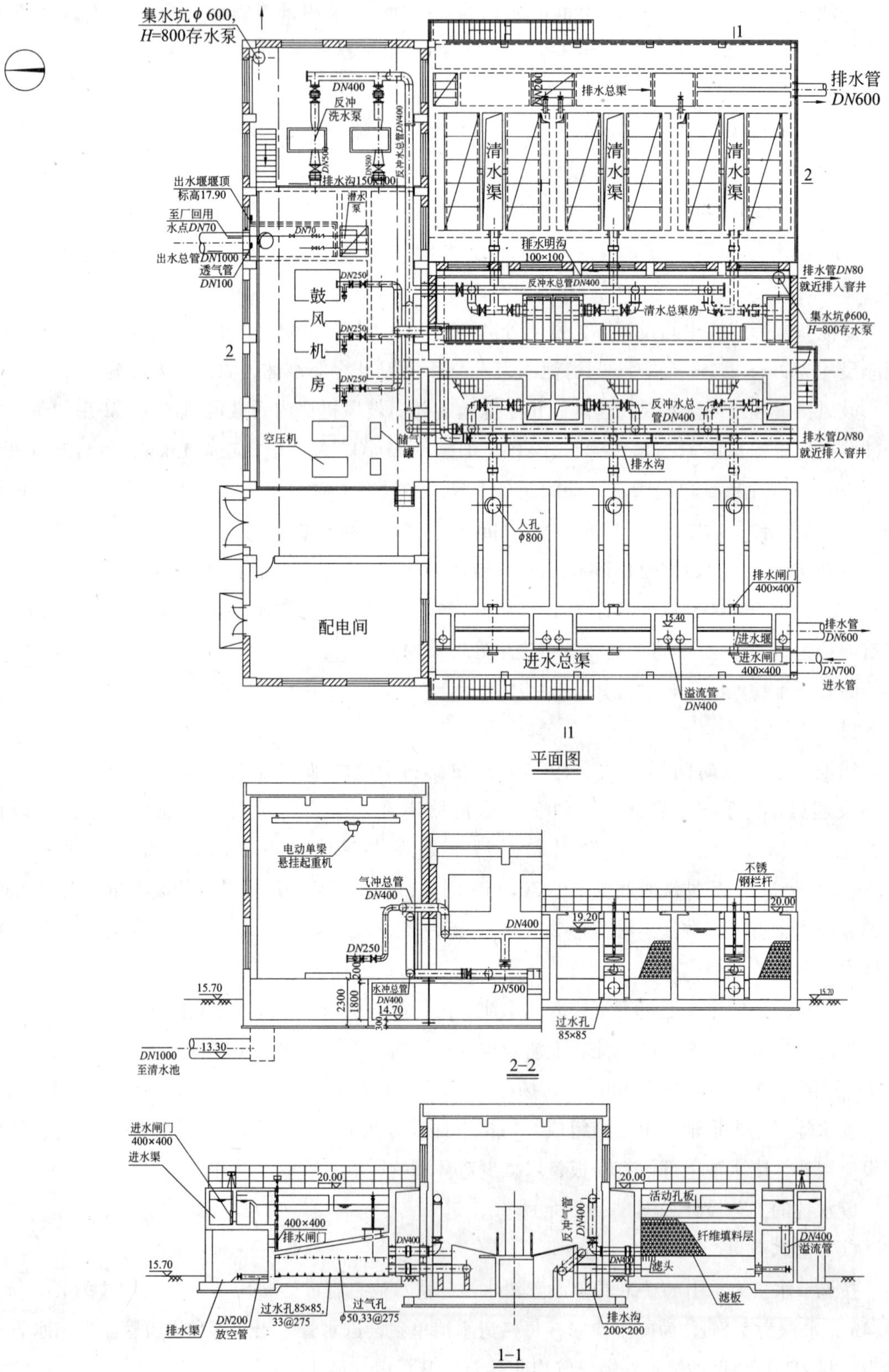

图8-91 高效纤维滤池工艺设计图

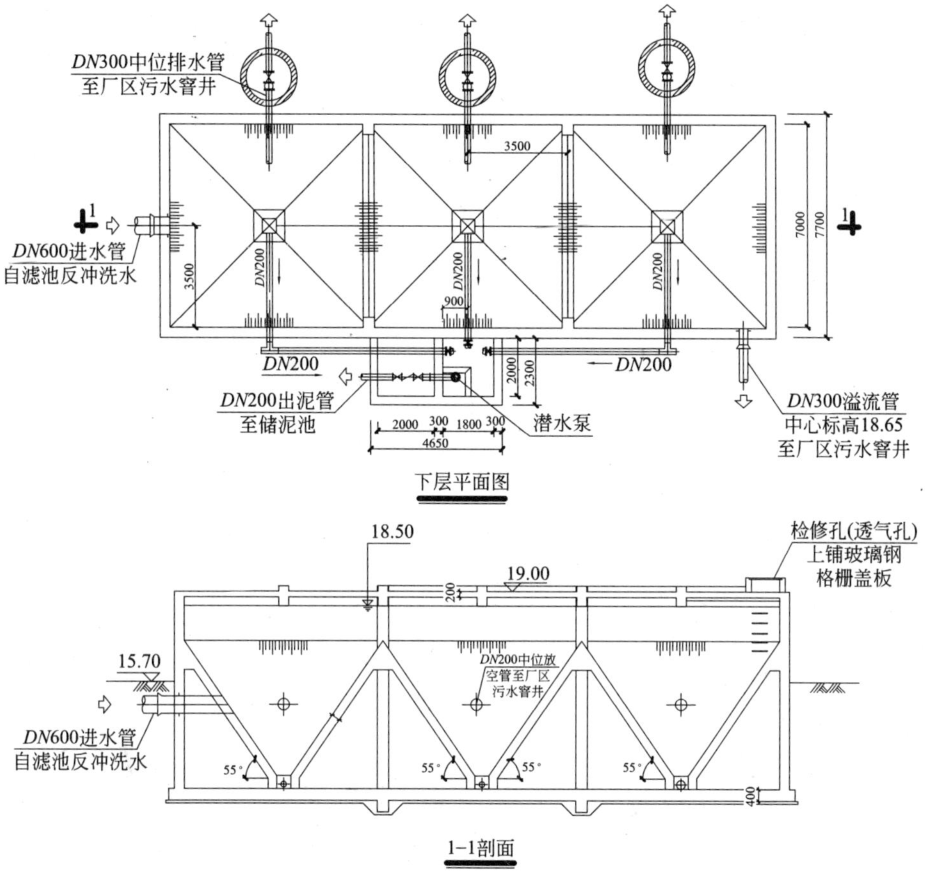

图 8－92　废水池工艺设计图

清水池按规范设置检修孔和梯子，并布置通风管和水位传示装置。

清水池工艺设计如图 8－93 所示。

（7）出水泵房

数量：1 座

设计水量：$6.3\times10^4m^3/d$

变化系数：$K=1.3$

本工程厂外再生水输送管道设计高峰流量为 $0.95m^3/s$，管内流速为 1.21m/s，坡降 i 为 0.00156，沿程水头损失为 1.62m，局部水头损失按沿程水损 30% 计，华润热电厂再生水调节池最高水位暂定为 17.20m，再生水输送管出口水头按 1.5m 计，由此计算出水泵房水泵扬程为 9.0m。

提升泵房内净尺寸为 8.7m × 6.4m，深为 8.6m，地下部分深 8.3m。泵房内设潜污泵 4 台，3 用 1 备，其中 1 台变频，单台流量 Q 为 316L/s，扬程 H 为 9m，电机功率 N 为 45kW，另外，配 CD_i2-12D 电动葫芦一台。

出水泵房工艺设计如图 8－94 所示。

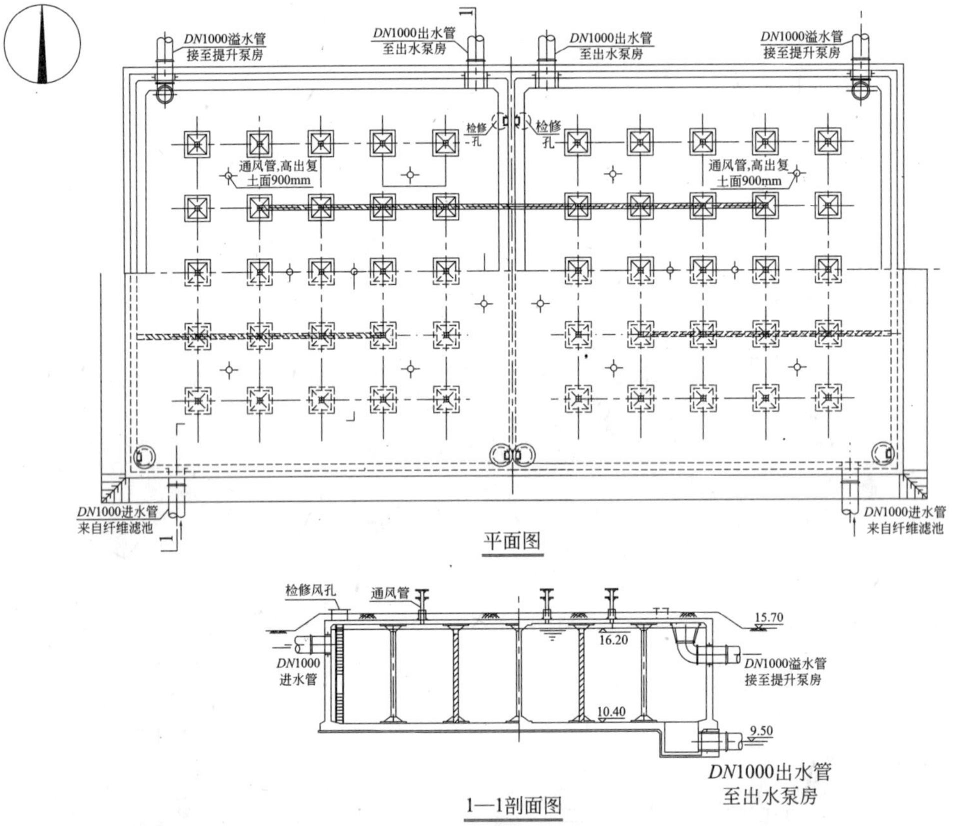

图 8－93　清水池工艺设计图

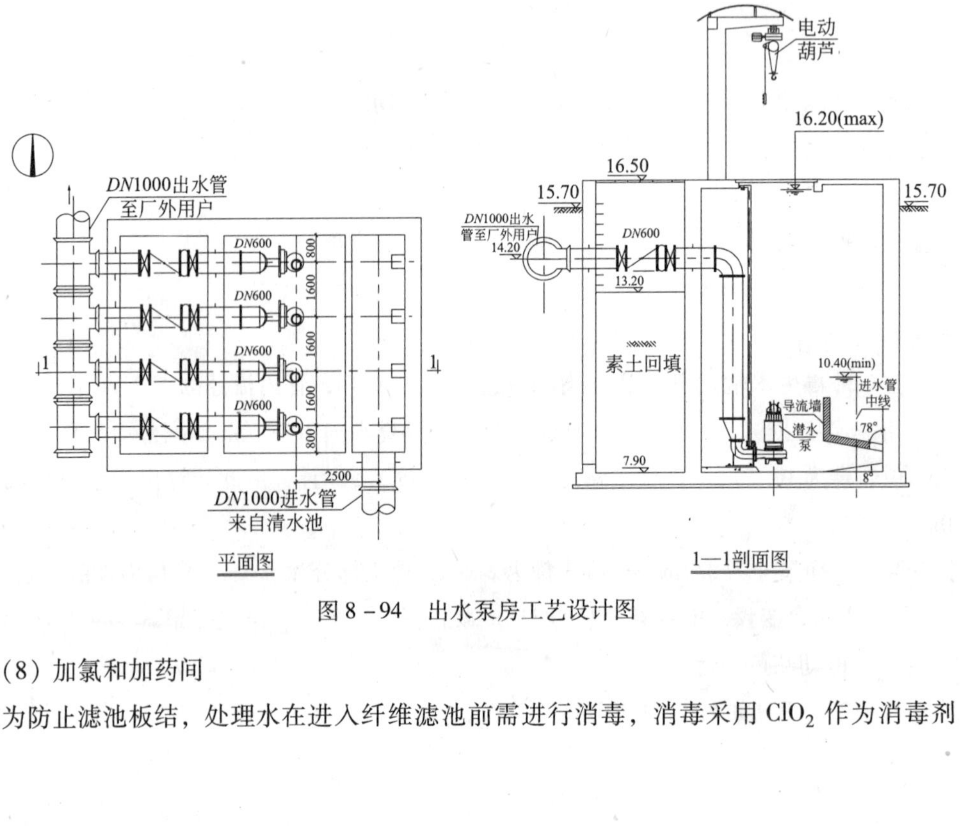

图 8－94　出水泵房工艺设计图

（8）加氯和加药间

为防止滤池板结，处理水在进入纤维滤池前需进行消毒，消毒采用 ClO_2 作为消毒剂，投加点为混合反应沉淀池的混合段。此外，为保证用户处粪大肠菌群数的达标，纤维滤池后也应投加消毒剂。因出水指标对氯(Cl)的含量有限制，后加氯的浓度应比纤维滤池前的浓度低。后加氯的投加点选择在清水池的进水管上。

考虑到进水水质的变化等因素，为保证出水水质，设置加药系统作为保障措施。一是PAC絮凝剂投加，主要是去除TP，一是活性炭投加，主要是去除无法生物降解的溶解性的COD_{Cr}。

设计参数：

纤维滤池前ClO_2投加量：3mg/L

纤维滤池后ClO_2投加量：2mg/L

清水池内停留时间：2.4h

PAC投加量：15mg/L

活性炭投加量：30mg/L

加氯和加药设备合建，总建筑面积为202.5m^2。

加氯间分为消毒设备间、氯酸钠药库、氯酸钠储罐室、盐酸储罐室。氯酸钠储罐室内设5m^3氯酸钠储罐各1只，氯酸钠化料器1套，电机功率N为1.5kW，氯酸钠需现场制备，盐酸储罐室内设5m^3盐酸储罐和盐酸卸料泵1台，电机功率N为1.5kW，盐酸需购买商品盐酸，加氯设备间内设ClO_2发生器2台，1用1备，电机功率N为5.0kW，每台发生器的ClO_2制备能力为10kg/h。

PAC加药间内配置絮凝剂制备装置2套，单台制备能力为250~500L/h，电机功率N为1.5kW，与絮凝剂制备装置配套的加药泵4台，电机功率N为1.5kW。

活性炭加药间内设大袋破包机1台，适用料袋的底部最大尺寸为1100mm×1100mm，最大高度为1200mm。破袋机下方为料斗，容积为100L，安装于大袋破包机下，内置低位报警装置，当低位报警时，则需更换大袋，此时料斗内尚有50kg左右的粉末，可用40min左右。即更换大袋需要在40min内完成。料斗内设2个料位计，料斗出口设开关阀。多螺旋给料机和螺旋推进器将粉末活性炭输送至混合罐，罐内液位的变化可以使粉尘外扬，所以安装除尘器。粉末活性炭与水混合成5%活性炭溶液，经3台(2用1备)变频调节定量泵输送至混合反应沉淀池的混合段，溶液泵单台流量为0.3~1.5m^3/h，扬程为0.4MPa(4bar)，电机功率为1.1kW。

(9) 总平面布置

再生水处理站用地是原污水厂预留出来的，位于污水厂西南角围墙内，靠近二次沉淀池和污泥处理区，总占地面积为1.07hm^2。

再生水处理站按工艺流程，成圆环形布置，提升泵房设在再生水区北侧，靠近二次沉淀池出水总管，然后由北向南布置2座生物滤池，生物滤池出水由东向西进入2座混合反应沉淀池，然后再按流程由南向北依次布置纤维滤池、清水池和出水泵房。处理站北侧沿进厂主干道布置加氯加药间和变配电间。因本工程占地面积较小，处理构筑物又较多，为景观考虑，暂时存放纤维滤池反冲洗水的废水池布置在再生水站的南端，即生物滤池和混合反应沉淀池的中间，而将处理站中心位置空出。

为了方便处理站的统一管理，在纤维滤池西北部配电间的二层设再生水处理站的管理用房，主要是方便人员就近休息。处理站的控制室设在变配电间的边上，与变配电间合建。

再生水处理站的平面布置如图 8－95 所示。

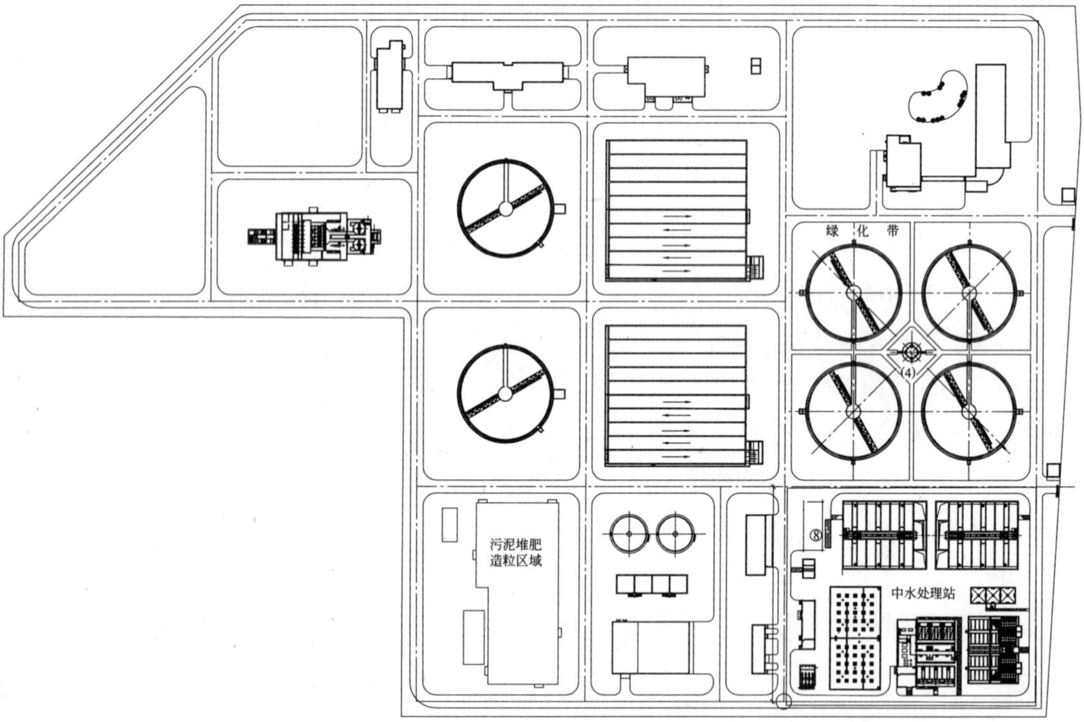

图 8－95 再生水处理站平面位置图

4. 问题和建议

（1）本工程再生水水源为西郊污水处理二厂二级排放尾水，西郊污水处理二厂的进水量与出水水质的稳定达标将直接影响到本工程的出水质量和出水水质。因再生水水质的监测与污水混合样不同，因而为瞬时样检测。为保证再生水供水安全，西郊污水处理二厂应尽量保持出水的稳定性。

（2）为保证再生水用户的用水安全，华润热电有限公司应以新鲜水系统作备用。

8.9 深圳市光明污水处理厂工程

8.9.1 污水厂介绍

1. 项目建设背景

深圳市光明污水处理厂主要收集光明高新产业园区、光明街道和公明街道南部区域污水，同时通过对沿河排污口的截污，将合流管道内或漏失到雨水管道内的污水截流进行处理，服务面积约 58.7km^2。

公明街道与光明街道位于茅洲河流域的公明盆地，地形地貌以低山丘陵为主，地势总趋势为南、北高，中间低；公明光明片区属亚热带海洋季风气候，全年气温偏高，湿度大，雨量充沛，但年际变化较大，年降雨分布不均，80%的雨量集中在4～9月，片区属茅洲河流域，茅洲河属雨源型河流，其径流量、流量、洪峰流量均与降雨量密切相关，年径流量分配基本与雨量分配一致，冬、春枯水季节径流量很小。

公明街道现有自来水厂5座，总供水能力为$22.2\times10^4m^3/d$；光明街道现有自来水厂3座，总供水能力为$3.6\times10^4m^3/d$，三座水厂的供水管网自成系统，互不连通，分片独立供水，规划光明自来水厂近期规模为$10\times10^4m^3/d$，远期规模为$20\times10^4m^3/d$。

目前公明街道和光明街道内现状排水管道为雨、污合流，公明街道镇内主要道路(红花北路、别墅东路、华发北路、南环大道、建设路、长春中路)路下增设共同沟、污水管，由于目前镇内没有完善的污水收集系统，完工后并未实施雨、污分流，公明镇除上述七条路下设有污水管道外，其余路段均无污水管道；光明片区内除华夏路南段已铺设*DN*400～*DN*600污水管道，光明大道观光路以东段已设计*DN*400～*DN*600污水管道，公园路东北段已敷设*DN*300～*DN*500污水管道外，其余路段均无完善的污水管。

目前现状排水管道主要集中在几个村内的道路上，雨污水管道混接严重，由于污水管道没有形成系统，几乎所有的污水管道都直接接到现状道路边沟、茅洲河支流中，最终汇入茅洲河，是造成茅洲河水质严重污染的主要原因之一。

目前服务区域内未建设城市污水处理设施。

2. 污水厂现状

通过现状调查，光明街道和公明街道污水现状存在以下一些问题：

(1) 区内污水管网建设极不完善，建有污水干管的区域占全镇面积比例较低，且因污水支干管建设滞后不完善，污水干管只能接纳干管两侧污水，远未达到其设计能力。

(2) 区内缺乏有效的污水处理设施。

(3) 大多数新建住宅小区已建成了分流制排水系统，但因为附近没有建设市政污水收集、处理系统，故污水最终排入茅洲河。

综上所述，特区外光明街道和公明街道的排水系统建设严重滞后，大部分现状城市道路没有将排水管网纳入统一建设，光明街道和公明街道流域范围内没有长期稳定运行的污水处理设施，所有的生活、工业污水未经处理都直接排入了茅洲河，这是造成茅洲河严重污染的最主要原因。

《深圳市宝安区污水系统专项规划(2005～2020)(送审稿)》于2006年11月完成编制，并通过了专家评审，该规划对茅洲河流域污水系统的布局规划要点如下：整个茅洲河流域内污水分散处理，茅洲河在宝安境内共设三个污水处理厂，即光明污水处理厂、燕川污水处理厂、沙井污水处理厂。光明污水厂服务区域为光明街道、公明街道北部区域，光明污水处理厂近期规模为$15\times10^4m^3/d$，远期为$25\times10^4m^3/d$。

整个流域范围内新规划区域采用分流制排水系统，建成区合流制部分近期通过截流将污水截流至污水处理厂，有效地截流合流制系统的污水和雨季时部分初期雨水。远期通过管网改造和完善，最终达到彻底分流制，茅洲河流域的截流倍数取1~2。

另根据《深圳市西部高新组团规划(2004~2020)》，本组团规划包括公明、光明、石岩三个街道办事处现状辖区范围，其中与光明污水处理厂服务区相关的的片区包括公明中心片区、光明中心片区、玉田居住片区和光明高新片区，光明污水处理厂2010年拟建规模为$15\times10^4m^3/d$，2020年控制用地规模为$25\times10^4m^3/d$，占地$15.7hm^2$。

8.9.2 污水厂设计

1. 改扩建标准确定

根据国家和深圳市的水污染控制要求和排放水体的接纳能力，光明污水处理厂出水水质执行国家《城镇污水处理厂污染物排放标准》(GB 18918—2002)一级A标准。其主要指标如表8-30所示。

光明污水厂设计出水水质主要指标 表8-30

项目	COD_{Cr} (mg/L)	BOD_5 (mg/L)	SS (mg/L)	TN (mg/L)	NH_3-N (mg/L)	TP (mg/L)	粪大肠菌群数 (个/L)
标准限值	≤50	≤10	≤10	≤15	≤5	≤0.5	≤103

结合《深圳特区的污泥处置规划》，确定本次光明污水处理厂工程的污泥处理目标为：污泥处理以减量化为主，污泥经浓缩脱水处理后使污泥含水率<80%，泥饼外运。

根据环境评价报告，光明污水处理厂的废气排放标准执行《城镇污水处理厂污染物排放标准》(GB 18918—2002)中大气污染物排放的一级标准。污水处理厂作为环保工程，设计中应尽量减少污水处理厂本身对环境的负面影响，如气味、噪声、固体废弃物等均应达到《环境空气质量标准》(GB 3095—1996)和《工业企业厂界噪声标准》(GB 12348—90)等标准。

2. 处理工艺选择

根据污水专业规划，光明污水处理厂工程的近期建设规模为$15\times10^4m^3/d$，远期建设规模为$25\times10^4m^3/d$。污水厂处理构筑物按$5\times10^4m^3/d$一组，近期分3组，远期再增加2组，污水厂总变化系数K取1.3，近期旱季高峰流量为$2.26m^3/s$。

由于污水处理厂服务范围内雨污混接现象严重，部分老城区仍为合流制排水制度，光明污水厂需考虑雨季老城区的截流污水量，截流倍数n_0为2，计算其近期雨季设计流量为$3m^3/s$。远期待条件成熟时再逐步改造为完全分流制系统。

针对污水进水低碳高氮磷和出水水质需达到一级A排放标准的特点，本工程需选择有针对性的污水处理工艺，其中碳源的合理分配和氮(包括TN和NH_3-N)、磷的有效去除是设计关键。因TN无法通过三级深度处理达标，只有通过生物处理才能达标，故设计采用以强化脱氮为主的改良A/A/O二级处理和深度处理工艺路线，保证出水达标。深度处理采用混凝过滤自动反冲洗滤池(ABF)工艺，污水消毒工艺采用紫外线消毒技术。

根据规划和工程分析要求，光明污水处理厂的污泥拟先进行浓缩、脱水处理后外运，脱水后污泥含水率应小于80%，为远期的污泥后续处理处置创造条件，本工程污泥脱水后送至老虎坑垃圾处理厂进行焚烧。

为了避免污泥中磷的释放，本工程设计采用污泥机械浓缩脱水，采用污泥机械浓缩脱水可以大大缩短污泥的停留时间，减少和避免污泥液中磷的释放。同时从污泥处理技术发展方向和污泥处理设施对环境影响等方面考虑，采用污泥机械浓缩脱水，可以大大减小臭气源的大气接触面积，减小对大气的影响和污染。

光明污水处理厂工艺流程如图8－96所示。

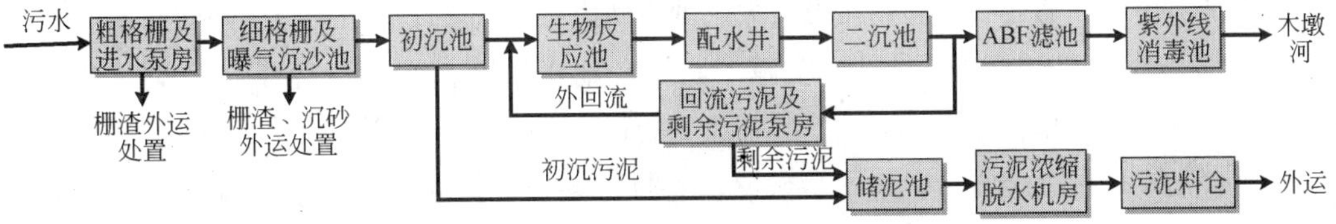

图8－96　光明污水处理厂工艺流程图

强化脱氮改良A/A/O工艺是根据国际先进的O/A理念而提出的新工艺，O/A理念由OXIC(好氧)/ANOXIC(缺氧)两段组成，该理念应用后置反硝化，并吸收传统多点进水A/A/O工艺(Step Feeding)的优点，对进水碳源进行合理分配，使整个系统的TN去除达到最佳，根据国外文献和实际业绩，该工艺可使TN达到10mg/L以下或更低，强化脱氮改良A/A/O工艺流程如图8－97所示。

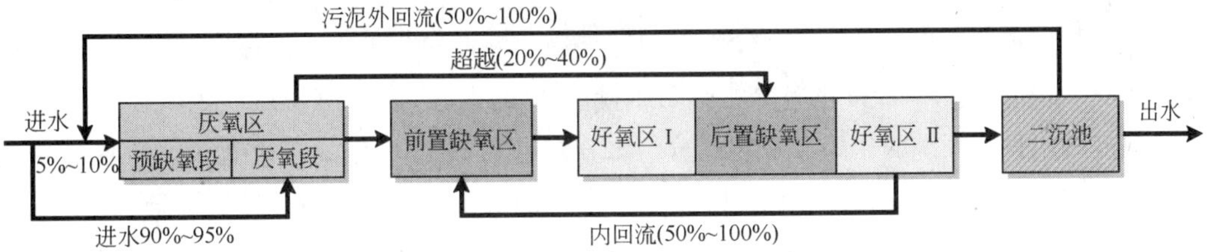

图8－97　强化脱氮改良A/A/O工艺流程图

工艺由厌氧区、前置缺氧区、好氧区Ⅰ、后置缺氧区、好氧区Ⅱ组成，进水分两部分进入生物反应池厌氧区，为了克服回流污泥中硝酸盐对除磷效果的影响，在厌氧区前段设一个回流污泥反硝化池(预缺氧段)用于去除回流污泥中富含的硝酸盐，以降低或消除硝酸盐对厌氧区释放磷的影响，从而保证系统除磷效果。一小部分进水(5%～10%)进入预缺氧段，大部分进水(90%～95%)进入厌氧段，污泥在厌氧区进行释磷反应后，大部分(60%～80%)进入前置缺氧区，利用污水中碳源对内回流中的硝基氮进行反硝化，然后进入好氧区进行有机物降解、硝化和磷的吸收，小部分(20%～40%)污水超越进入后置缺氧区，为反硝化提供碳源。后段的好氧区Ⅱ主要用于强化整个系统的硝化效果，由前段的好氧区Ⅰ至后置缺氧区的出水为反硝化提供硝基氮，后置缺氧区出水进入后段好氧区Ⅱ以去除后置反硝化剩余的有机物和保证氨氮的完全硝化，并吹除氮气，以保证污泥在二次沉淀池中的沉淀效果。好氧区Ⅱ出水部分内回流至前置缺氧区。强化脱氮改良A/A/O工艺可针对国内南方城市污水低碳高氮磷的特点，满足高标准要求，达到高效脱氮除磷的目的。

工艺的优化之处在于继续保留了 A/A/O 工艺所有废水进入厌氧池的理念，从而充分利用了碳源，并保留了 A/A/O 的基本特色，使一碳二用理念得以实现，一碳吸附于除磷菌中，从而实现了碳源(PHB)降解，这是采用硝酸盐中的氧源来完成的，同时这一碳源也完成磷的吸附和硝酸盐的反硝化。为使有限的反应体积和有限的碳源得到充分有效地利用，采用后置反硝化充分利用兼气菌基体内源降解进行反硝化，解决了低浓度污水碳源不足的问题，采用厌氧池碳源分流技术和回流污泥预缺氧反硝化技术，以提高脱氮除磷的效果。可节省碳源，缓解脱氮除磷的碳源竞争，并通过后置反硝化可大大减少内回流量，代之以利用吸附于除磷菌中的碳源和厌氧池部分超越($0.2Q \sim 0.4Q$)的碳源，提供反硝化碳源，有效避免了大量的内回流(约300%)对缺氧区反硝化环境的影响，并节约了运行成本。

当进水水质污染较轻时，多点进水碳源合理分配，一碳二用充分利用碳源，强化生物脱氮，辅以化学除磷。后置缺氧池可缓解工业废水对反硝化的影响，保证出水稳定达标；当进水水质污染较严重时，减少或取消内回流量，大大增加污水实际停留时间，并通过调整内回流点，减少前置缺氧区容积，相应增加厌氧区容积，利用充足碳源，提高除磷功能，减少后续深度处理加药量，节省运行费用。也可根据进水水质的实际情况，灵活掌握好氧区Ⅰ和后置缺氧区的停留时间分配和前后位置，达到处理目的。

综上所述，由于强化脱氮改良 A/A/O 工艺增加生物反应池实际停留时间，留有应对进水水质变化的余地，具有较强的抗进水水质变化的能力，适合光明污水处理厂的进水条件。

本工程雨季截留污水量约 $3m^3/s$，生物处理构筑物的处理能力 Q_{max} 为 $2.26m^3/s$，多出了 $0.74m^3/s$ 的截流污水，若将该部分污水超越排放河道，将大大加重河道的污染程度，失去了敷设截流污水管网系统的作用，若该部分污水直接进入 A/A/O 生物反应池，则会造成系统中的活性污泥包括硝化菌、反硝化菌、除磷菌被大量的进水冲走，加重二次沉淀池的污泥负担，给系统的正常运行带来危害，减少了反应池活性菌种总量，破坏了系统的正常脱氮除磷功能，强化脱氮改良 A/A/O 工艺设置了前后两段好氧区，在雨季合流污水量超过设计旱季污水量时，其超出部分直接超越至后段好氧区Ⅱ，进行好氧曝气，并进入二次沉淀池沉淀，该部分的合流污水量也经历了完整的三级处理，使雨季出水大大改善，更好地保护了水环境。同时，该部分污水直接进入后段好氧区Ⅱ，减少内回流量，避免了对厌氧区、前置缺氧区、好氧区Ⅰ、后置缺氧区的冲击，维持了硝化菌、反硝化菌、除磷菌的总量，维护系统的稳定性，其工艺流程如图 8－98 所示。

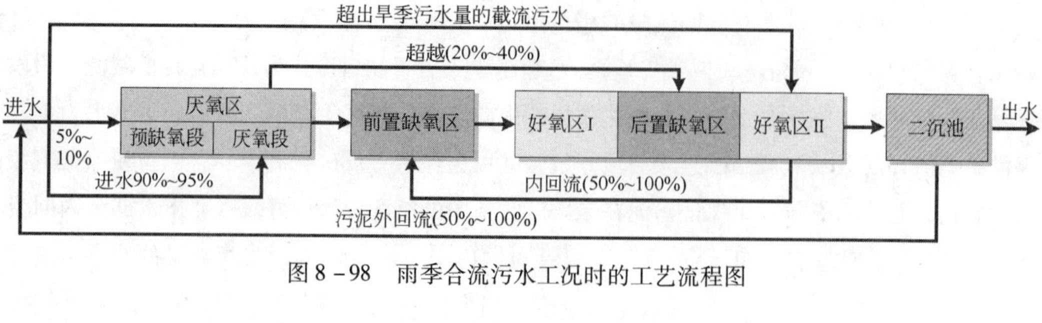

图 8－98 雨季合流污水工况时的工艺流程图

3. 主要构筑物设计

（1）污水处理构筑物

1）粗格栅和进水泵房

粗格栅进水泵房一座，土建按远期规模 $25\times10^4m^3/d$ 设计，设备按近期雨季合流污水量 $3m^3/s$ 配置，上部设建筑加盖除臭。

粗格栅与进水泵房合建，平面尺寸为 21m×16.6m，地下埋深 14.1m。粗格栅采用 B 为 1800m 的格栅 4 套，栅隙为 20mm，安装角度为 75°，电机功率为 3.0kW。机械粗格栅配备无轴螺旋输送机 2 台，供输送栅渣用。无轴螺旋输送机有效长度为 7000mm，电机功率为 2.2kW。进水泵房设 6 台潜水离心泵，5 用 1 备，远期再增加 1 台仓库备用，水泵单台流量 Q 为 752L/s，扬程 H 为 17m，电机功率为 150kW。

粗格栅和进水泵房的工艺设计如图 8－99 所示。

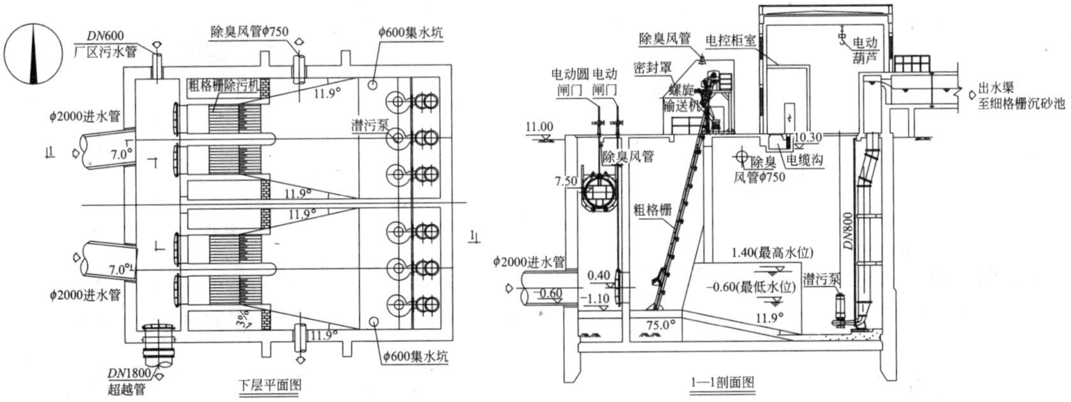

图 8－99　粗格栅和进水泵房工艺设计图

2）细格栅和曝气沉砂池

设计规模为 $25\times10^4m^3/d$，细格栅和曝气沉砂池合建，平面尺寸为 49.90m×18.2m。

细格栅 4 套，每套格栅宽为 2.0m，栅隙为 6mm，安装角度为 30°，电机功率为 2.5kW。根据格栅前后液位差，由 PLC 自动控制，也可按时间定时控制，与无轴螺旋输送机联动。细格栅敞开渠道上方采用轻质材料加盖，下部设收集风管至除臭装置。

曝气沉砂池共 4 格，单格净宽为 4.0m，设计水深为 3.0m。沉砂池近期旱季污水停留时间约 9.6min（高峰流量），近期雨季合流污水停留时间约 7.2min（高峰流量），远期停留时间约 5.7min（高峰流量），曝气量按 $0.2m^3$ 空气/m^3 污水配置，在细格栅的架空渠道下设鼓风机房间，内设 4 台罗茨风机，3 用 1 备，单机风量为 $900m^3/h$，风压为 4.5m，电机功率为 15kW，每格曝气沉砂池中分别安装 φ350 管式撇渣机 1 台和宽 B 为 1000mm 链板式刮砂机 1 台。

细格栅和曝气沉砂池的工艺设计如图 8－100 所示。

3）初次沉淀池

初次沉淀池采用平流式沉淀池的形式，初次沉淀池与生物反应池合建，集约化布置。设计

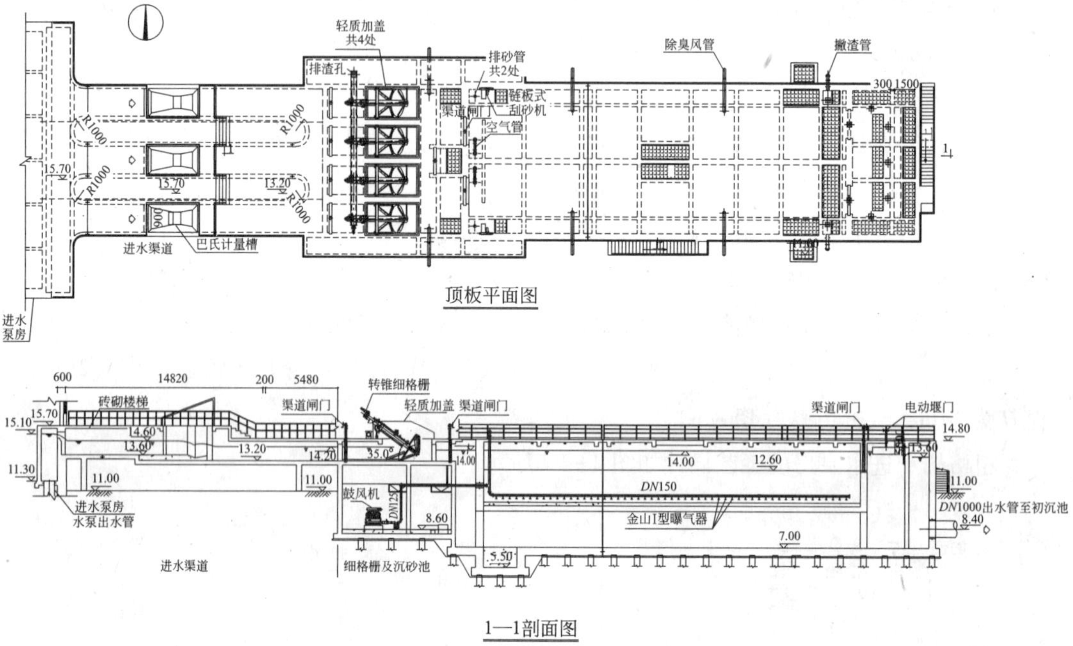

图 8－100　细格栅和曝气沉砂池工艺设计图

规模为 $15\times10^4m^3/d$，每 $5\times10^4m^3/d$ 一组，共3组，每组2池，每池可单独运行。雨季合流污水量时表面负荷为 $5.3m^3/(m^2\cdot h)$，旱季高峰流量下表面负荷为 $4.0m^3/(m^2\cdot h)$，旱季平均流量下表面负荷为 $3.1m^3/(m^2\cdot h)$，有效水深为3.0m，初沉污泥含水率为97%，每池配置2套5m宽的链板式刮泥机，池长为28m，初沉排泥斗内的污泥通过排泥管流至集泥槽，集泥槽内链板刮泥机排至初沉污泥泵房，每池设污泥泵1台，每台污泥泵流量 Q 为12L/s，扬程 H 为8.5m，电机功率为2.0kW。

4）强化脱氮改良 A/A/O 生物反应池

生物反应池设计规模为 $15\times10^4m^3/d$，每 $5\times10^4m^3/d$ 为一组，每组2池，A/A/O 生物反应池2池总平面尺寸为 $75.2m\times57.2m\times8.3m$，其中每座 A/A/O 池中预缺氧区、厌氧区、缺氧区、好氧区共7条廊道，每条廊道宽为8.0m，其中预缺氧区、厌氧区廊道宽为7.0m，池长为37m，设计有效水深为7.0m，设计泥龄为11.2d，全池污泥负荷为 $0.08kgBOD_5$ 去除/(kgMLSS·d)，好氧区污泥负荷为 $0.12kgBOD_5$ 去除/(kgMLSS·d)，污泥浓度 MLSS 为3.0g/L，总水力停留时间SRT为13.7h，其中预缺氧段为0.45h，厌氧段为1.25h，前置缺氧区为1.0h，后置缺氧区为2.0h，好氧区Ⅰ为5.0h，好氧区Ⅱ为4.0h，气水比为6∶1，污泥外回流比为50%～100%，混合液内回流比为50%～100%，剩余污泥含水率为99.3%。

前置缺氧区、好氧区Ⅰ、后置缺氧区和好氧区Ⅱ的水力停留时间通过曝气器与搅拌器的优化布置和运行状况的交替变换、灵活调节，来满足污水厂的实际进水水质的变化，达标排放，在预缺氧区、缺氧区和厌氧区分别安装有水下搅拌器，曝气器采用微孔曝气。

初次沉淀池和改良 A/A/O 生物反应池集约化布置的工艺设计如图 8－101 所示。

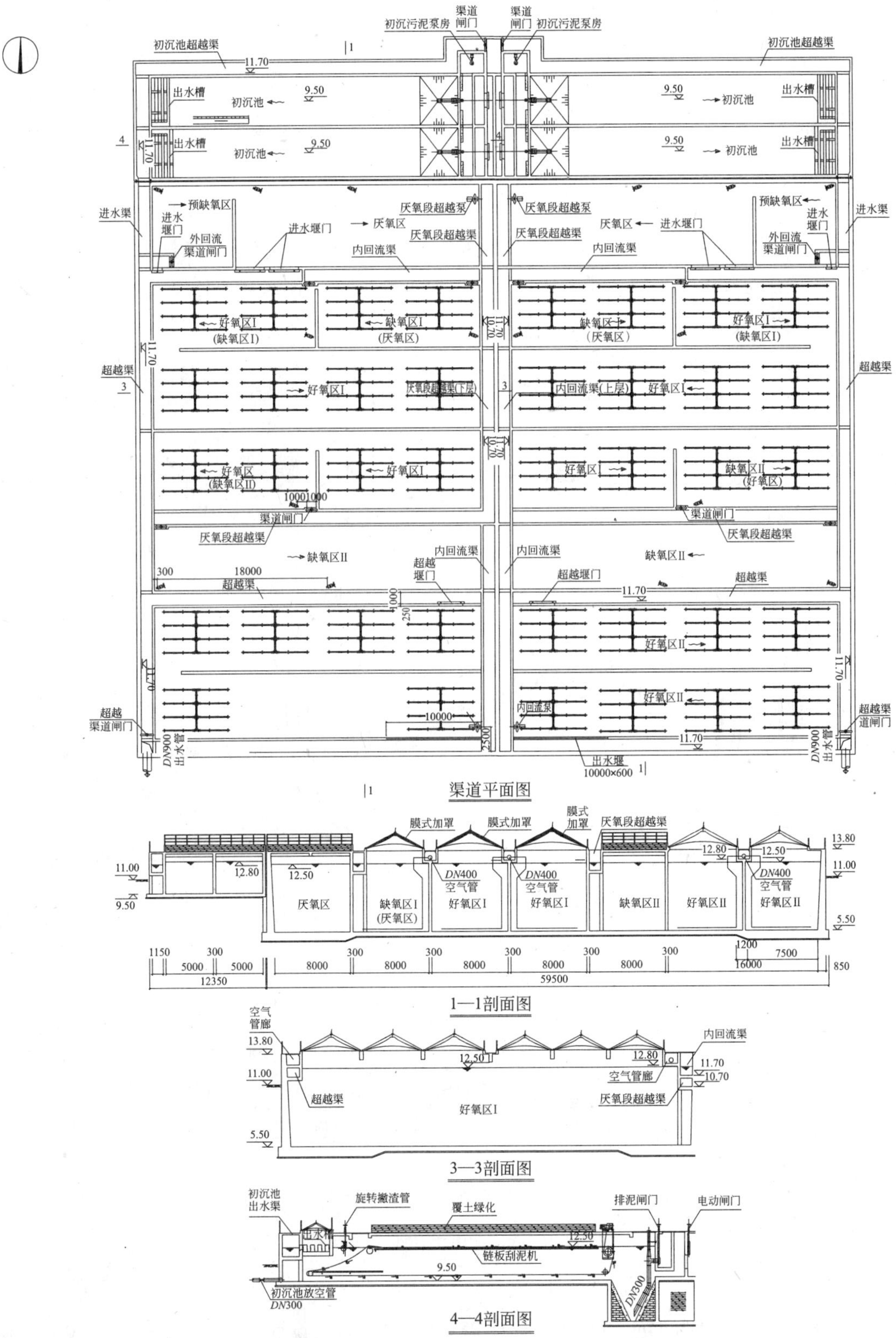

图 8－101　初次沉淀池和改良 A/A/O 生物反应池集约化布置工艺设计图

5）二次沉淀池和污泥泵房

二次沉淀池设计规模为 $15\times10^4m^3/d$，每 $5\times10^4m^3/d$ 规模一组，每组共 2 座二次沉淀池。二次沉淀池采用周边进水周边出水幅流式，直径为 38m，池边水深为 4.5m，雨季最大表面负荷为 $1.59m^3/(m^2\cdot h)$，旱季最大表面负荷为 $1.19m^3/(m^2\cdot h)$，旱季平均表面负荷为 $0.92m^3/(m^2\cdot h)$，每座二次沉淀池安装有水平管式吸泥机一套，电机功率 0.37kW。

二次沉淀池污泥泵房按 $15\times10^4m^3/d$ 规模设计，近期 3 座，每两座二次沉淀池设污泥泵房一座，污泥泵房内安装剩余污泥泵 2 台，采用变频潜水排污泵，单泵流量为 48L/s，扬程为 7.5m，二次沉淀池采用间歇排泥，每天 3 班，每班 4h；污泥泵房内还安装外回流污泥泵 2 台，配泵按回流比 100% 计，选用变频潜水轴流泵，单泵流量为 145 ~ 290L/s，扬程为 4.0m。

二次沉淀池的工艺设计如图 8－102 所示。

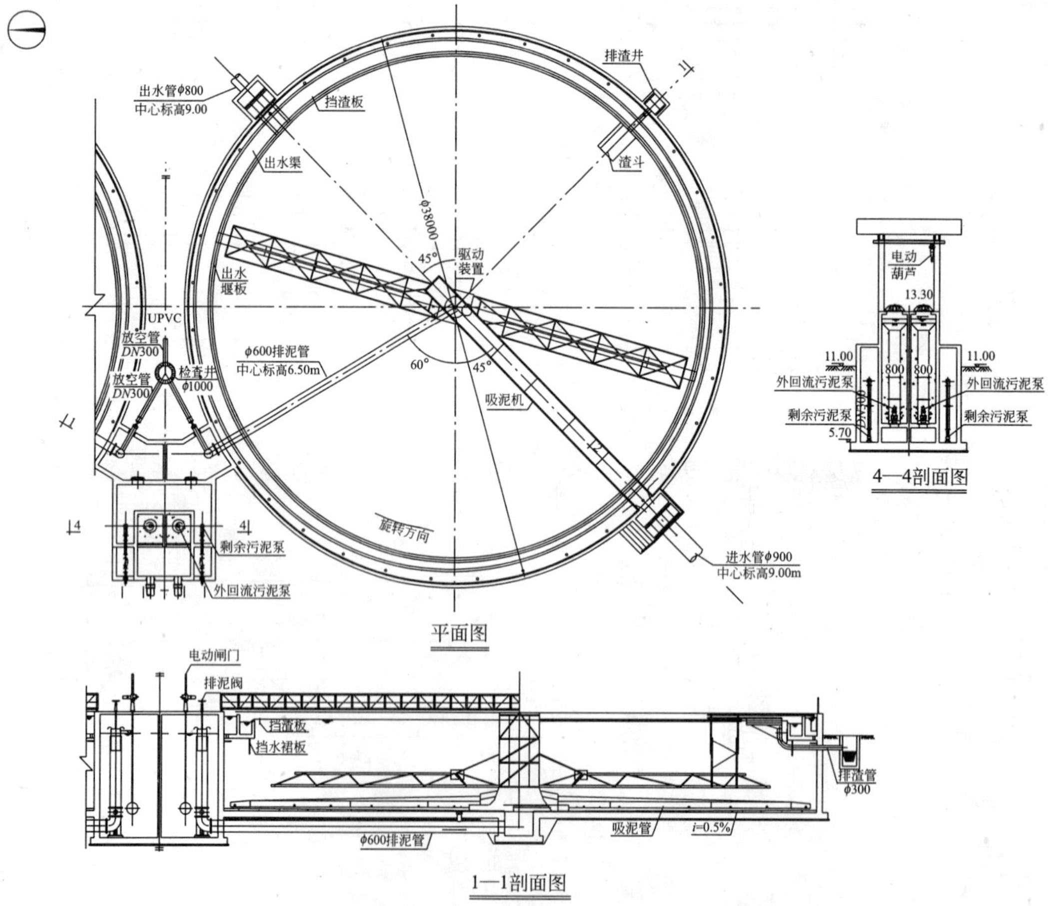

图 8－102 二次沉淀池工艺设计图

6）鼓风机房

鼓风机房平面尺寸为 44m × 15m，土建按 $25\times10^4m^3/d$ 规模设计，设备近期按 $15\times10^4m^3/d$ 规模配置。

鼓风机房内近期安装可调叶片单级离心风机4台，3用1备，单台风机风量为210m^3/min，风压为8.3mH_2O，电机功率为380kW。离心鼓风机有进风和出风口可调导叶，MCP主控制器根据生物池DO值，自动控制鼓风机开启台数、自动调节鼓风机进出风导叶角度，控制空气量的输出，每台鼓风机的供气量调节范围为45%～100%，在溶解氧较高或处理量较小时可减少风量，降低风机能耗。

鼓风机房的工艺设计如图8－103所示。

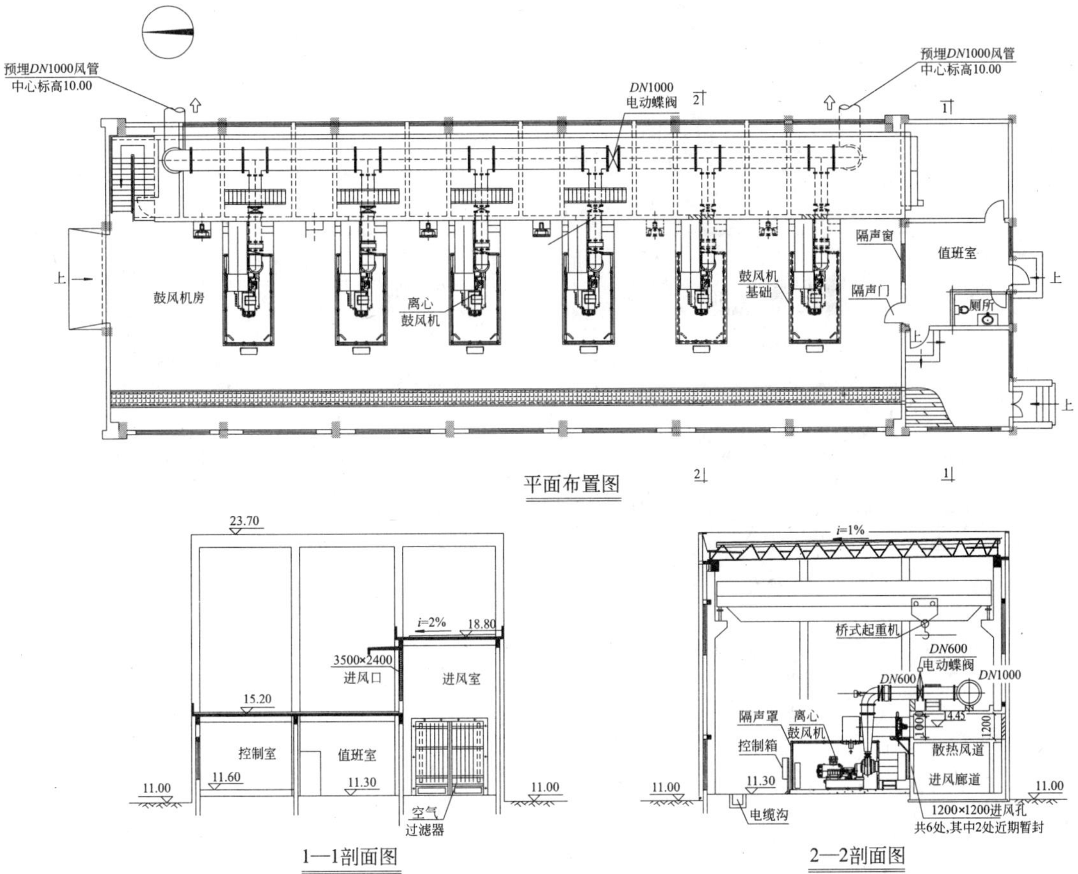

图8－103　鼓风机房工艺设计图

7）加药间

加药间平面尺寸为14m×10m，上层为溶解池，下层为贮液池。土建按远期25×10^4m^3/d规模设计，设备按近期15×10^4m^3/d规模配置。用于二级出水投加碱式氯化铝（PAC）除磷，确保污水处理厂的出水能达到一级A排放标准，碱式氯化铝加药浓度为5%，贮液池存储时间为14d，安装加药装置1套。

8）ABF自动反冲洗滤池

ABF自动反冲洗滤池（含絮凝反应池）1座，设计规模为15×10^4m^3/d，单池滤池单元面积为169.4m^2。

原水与混凝剂充分混合后进入絮凝池进行反应。絮凝反应池共1座，分2组，每组3格，第一格为快速搅拌池，平面尺寸为5m×4m，有效水深为4m，反应时间约1.2min，后面两格为慢速搅拌池，平面尺寸为9m×4m，有效水深为4m，单格反应时间约为3.8min，絮凝反应池与自动反冲洗滤池合建。

絮凝反应池出水进入自动反冲洗滤池进行过滤，自动反冲洗滤池为连续运行的的完整过滤系统。其过滤原理与普通快滤池相似：源水自进水渠配水孔自上而下进入过滤区，滤料为双层滤料，过滤区被分为一格格的过滤单元，每一单元设单独的进水孔和出水孔。杂质被截留在滤料表面，出水通过渠底收集系统收集后汇至出水渠。设计旱季平均滤速为4.6m/h，设计旱季高峰滤速为6.0m/h，设计雨季滤速为8.0m/h，反冲洗速率为40.9m/h，反冲洗水量为1.02m^3/min。

ABF自动反冲洗滤池的工艺设计如图8-104所示。

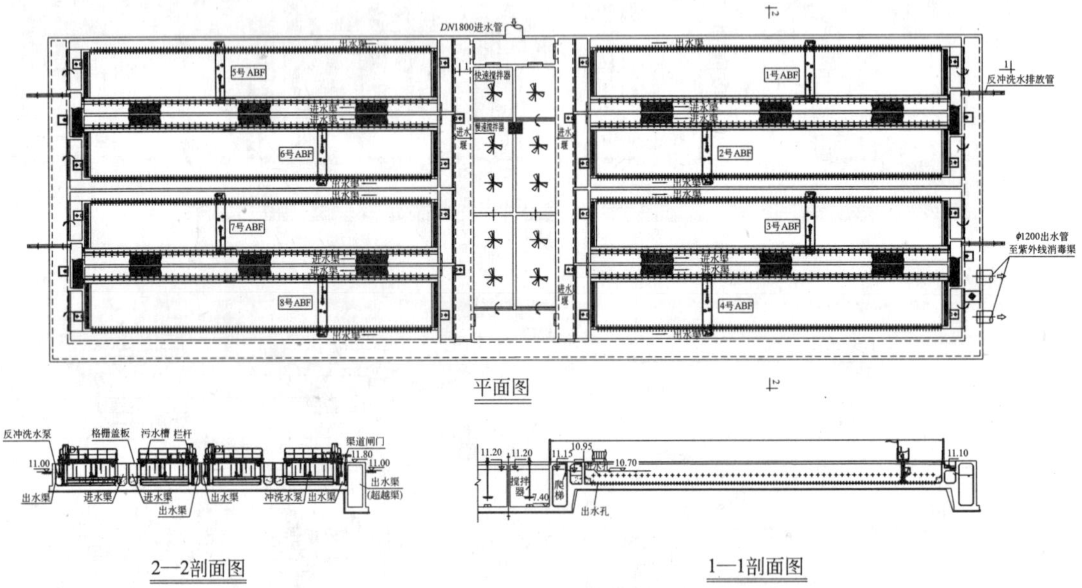

图8-104 ABF自动反冲洗滤池工艺设计图

9）紫外线消毒池

紫外线消毒池按15×10^4m^3/d规模设计，近期1座。

紫外线消毒池平面尺寸为11.12m×11.0m，共设3条紫外线消毒廊道和1条超越廊道，每条廊道宽为2.4m，消毒池内设低压高强紫外线灯管264根，接触时间为6s，运行功率约为82kW，设计旱季出水粪大肠菌群数<10^3个/L，雨季出水粪大肠菌群数<10^4个/L。

紫外线消毒池的工艺设计如图8-105所示。

10）储泥池

储泥池按25×10^4m^3/d规模设计，共1座，分为2格，主要作用为保证脱水装置稳定运行，单格尺寸$L \times B \times H$为10m×10m×4.2m，池中设潜水搅拌器，近期停留时间为4.9h。

11）污泥浓缩脱水机房和污泥料仓

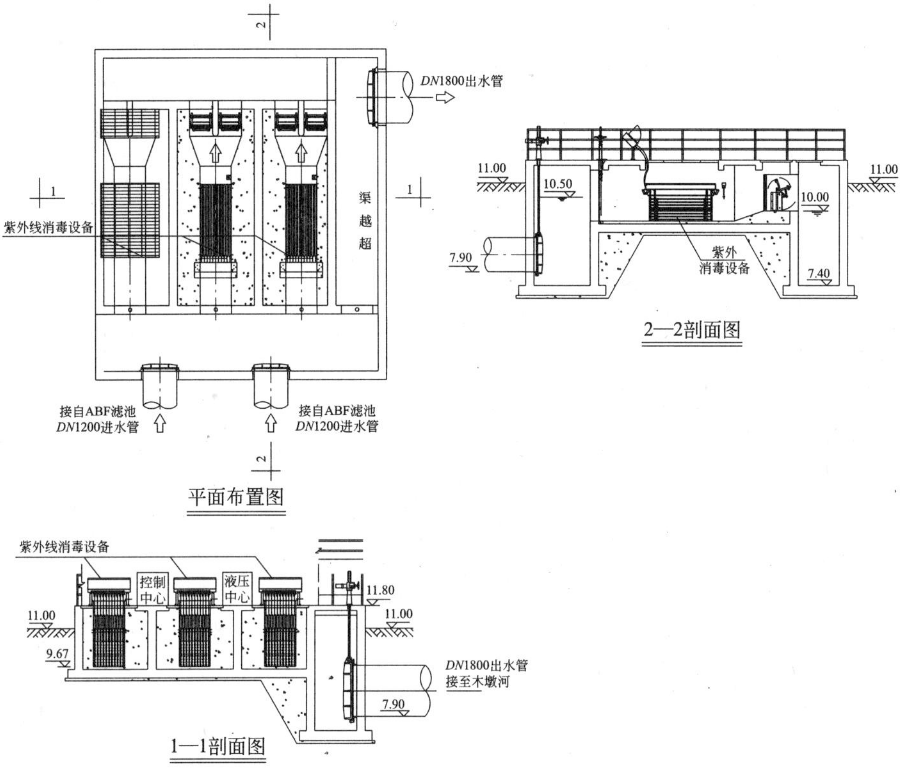

图8－105 紫外线消毒池工艺设计图

污泥浓缩脱水机房土建按 $25\times10^4m^3/d$ 规模设计，设备按 $15\times10^4m^3/d$ 规模配置，机房内近期安装离心污泥浓缩脱水一体机4台，3用1备，单机能力为 $80m^3/h$，近期每天工作13.5h。加药采用PAM(聚丙烯酰胺)，加药量为5kg PAM/tDS污泥，出泥含固率≥20%。

污泥料仓共2座，单座容积为 $300m^3$，近期贮泥时间为5d。

污泥浓缩脱水机房和污泥料仓的工艺设计如图8－106所示。

（2）总平面布置

光明污水厂位于于茅洲河以东、龙大路以西、别墅大道以南、双明大道以北的地块，规划用地面积为 $15.70hm^2$，实际用地面积为 $14.45hm^2$，近期用地面积为 $8.10hm^2$，光明污水厂用地范围南侧有一座现状学校(民众学校)，北侧为现状工业区，拟建场地中现状木墩河由东向西斜向从地块中间穿过，根据总图布置需要，对木墩河进行改道重建，重建后的木墩河满足防洪排水要求，且与茅洲河综合整治相协调，光明污水厂以改线后木墩河为界，以北为近期用地范围，以南为远期用地范围。

光明污水处理厂近期工程根据功能可分为厂前生产管理区、预处理区、污水处理区、深度处理区、污泥处理区和绿化隔离带六个区域。

厂前区布置在厂区的西南部，靠近新木墩河，使办公楼有良好的外部景观环境，并且厂前区位于近远期工程之间，便于整个污水厂的运行管理和维护。

预处理区和污泥处理区都布置在污水厂的中部，距离学校和工业区较远，并且在厂区的南

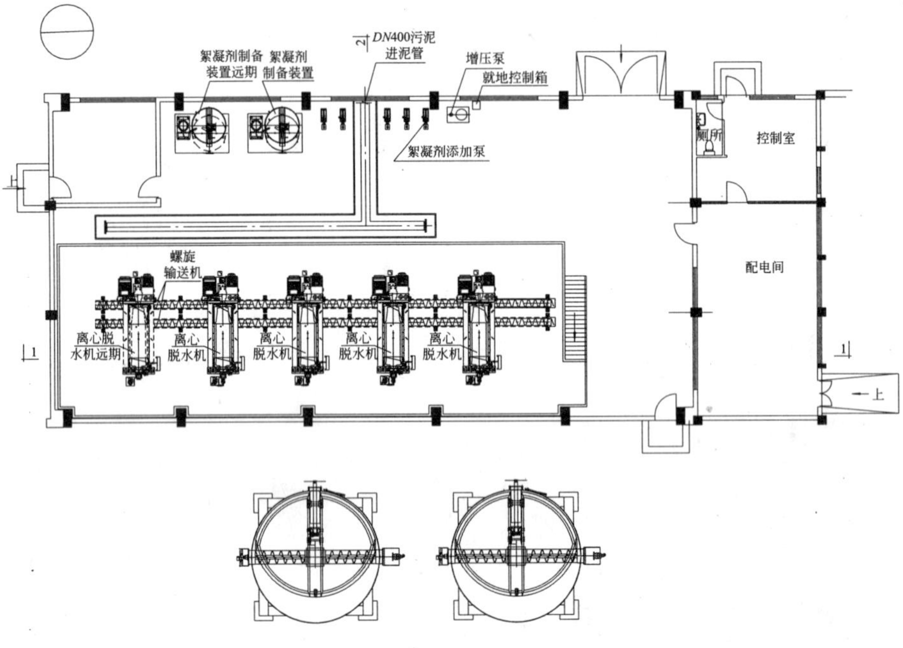

上层平面图

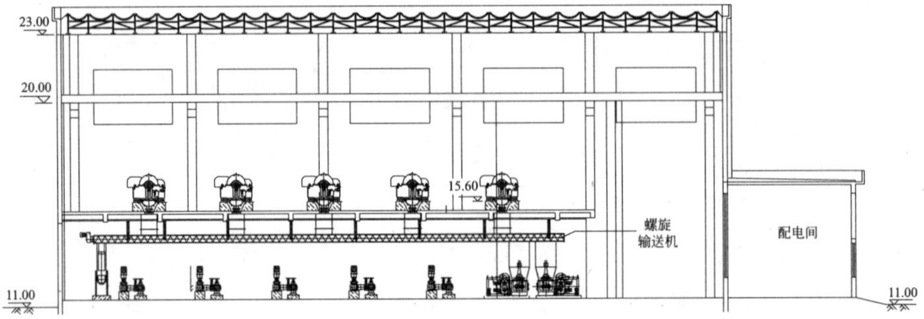

1—1剖面图

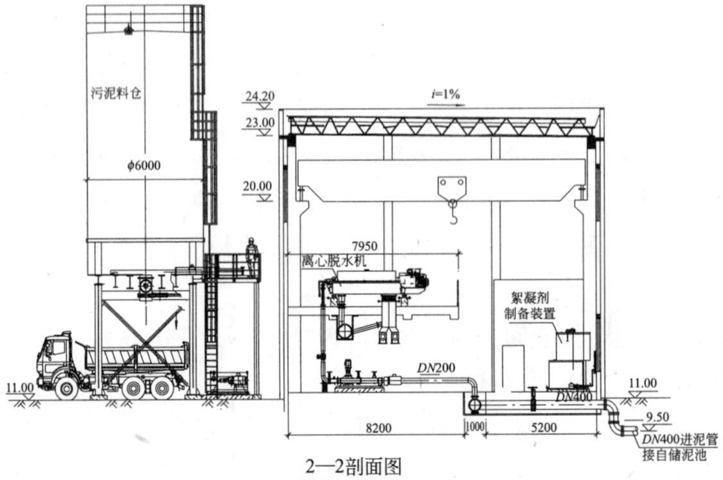

2—2剖面图

图8－106 污泥浓缩脱水机房和污泥料仓工艺设计图

部和北侧都布置了大片绿化隔离带，减少了对周边环境的影响，使得污水处理厂能与周边环境更好地融为一体。

具体各功能区分布如图8－107和表8－31所示。

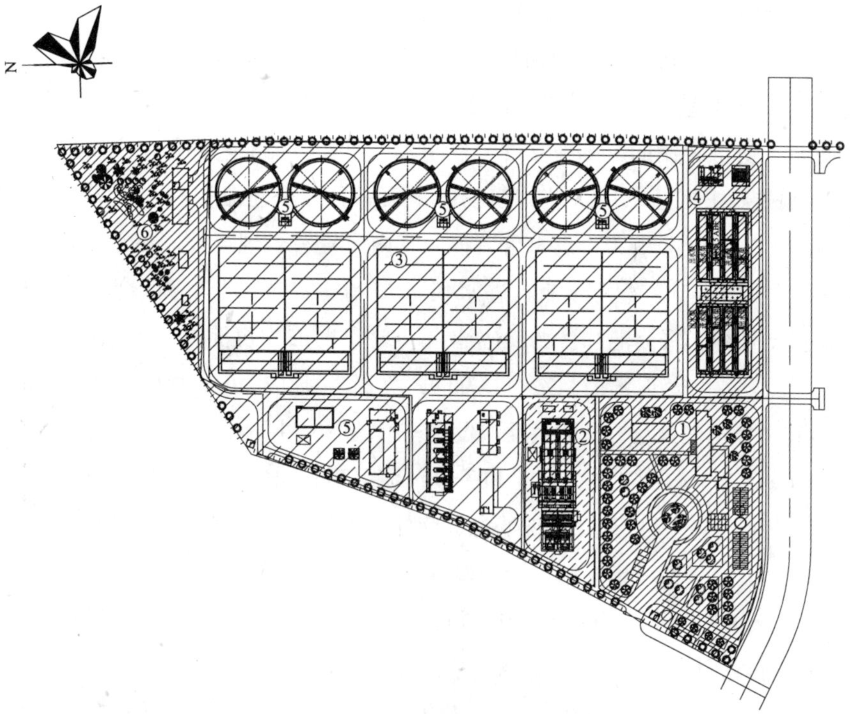

图8－107 光明污水处理厂近期工程功能分区图

光明污水处理厂工程功能分区列表 **表8－31**

分区号	功能分区	分区面积
①	厂前区	1.41hm^2
②	预处理区	0.44hm^2
③	污水处理区	4.37hm^2
④	深度处理区	0.72hm^2
⑤	污泥处理区	0.57hm^2
⑥	绿化隔离带	0.59hm^2
	合计	8.10hm^2

(3) 电气和仪表自控设计

1) 电气设计

本污水处理厂工程属二类负荷，由当地供电部门提供两路10kV电源(1用1备)，每路电源负责100%负荷，采用电缆进线方式直埋敷设至变电所高配间高压进线柜。考虑2009～2010年即将进行扩建，为避免远期扩建时更换设备重复投资，近期建设范围内变电所内的变压器容量按远期容量配置，高低压开关柜中预留远期设备配电回路。

设置变电所一座，变电所设置在用电负荷集中的鼓风机房与进水泵房之间，供电半径约200m。设置高配间、低配间以和控制室各一间，变压器室两间。变电所高压配电间设鼓风机馈线柜，鼓风机选用10kV高压鼓风机。

2）仪表自控设计

根据工艺流程、设备运行要求配置必要的液位、流量、水质分析和过程控制检测仪表，相关信号信号送PLC控制室显示，根据设备运行要求，设置自动控制或自动调节装置。

按集中处理、分散控制的原则建立中央控制系统，并根据工艺流程在主要工艺控制区域设置PLC现场控制站。根据污水厂工艺构筑物的平面布置、工艺流程和电气MCC的设置地点，共设置6个现场控制站，分别为：进水仪表控制室内设置一套现场控制站(PLC01)，负责粗格栅、进水泵房、细格栅、曝气沉砂池、进水仪表控制室；1号生反池设置一套现场控制站(PLC02)，负责1号初次沉淀池和生物反应池、1号~2号二次沉淀池、1号污泥泵房和甲醇加药间；2号生反池设置一套现场控制站(PLC03)，负责2号初次沉淀池和生物反应池、3号~4号二次沉淀池和2号污泥泵房；3号生反池设置一套现场控制站(PLC04)，负责3号初次沉淀池和生物反应池、5号~6号二次沉淀池和3号污泥泵房；出水仪表控制室内设置一套现场控制站(PLC05)，负责ABF全自动反冲洗滤池、紫外消毒渠、加药间、出水计量井和出水仪表控制室；1号变电所设置一套现场控制站(PLC06)，负责鼓风机房、储泥池、脱水机房、污泥料仓、除臭构筑物。中央控制室直接控制关系到全厂运行调度的设备，如配水闸门、超越管、紧急排放等，并进行运行调度、参数分配和信息管理。中央控制室向各工艺单体控制系统分配所在单体或节点的运行控制目标，命令某组工艺设备投入或退出运行。对于中央控制室允许投入运行的设备或设备组，其具体的控制过程由所在单体控制系统管理；对于被中央控制室禁止投入运行的设备或设备组，由所在单体控制系统控制其退出运行，并被标记为不可用设备，不再对其启动。中控室设置C/S(客户机/服务器)结构形式的计算机网络，以一台网络交换机为核心，构成100M交换式局域网络。数据库服务器和监控工作站冗余配置，以提高数据安全性。中央控制室和厂内的各单体PLC控制系统采用冗余路由的光纤环网连接，网络形式为工业以太网，传输速率为10/100M。2台操作工作站中，一台主要用于工艺监控，另一台作为备用设备，随时可以代替故障设备。

另外，自控设计还包括电话和通信系统、闭路电视监视系统和周界报警系统。

4. 问题和建议

对于光明污水处理厂的推荐工艺，目前尚缺乏工艺设计、启动调试和运行方面的丰富经验。因此，该工程项目除应充分借鉴国内外城市污水A/A/O处理工艺成功设计和运行经验以外，有必要在工程实施前，根据光明污水处理厂具体情况，开展小试和中试模拟试验研究。

小试试验的目的是确定适合水厂进水水质特点的设计参数，为实际污水处理厂的设计奠定科学基础；中试试验是在小试研究的基础上，以提高污水处理厂的脱氮除磷性能、节能降耗和保障系统安全稳定运行为目标，进一步优化设计与运行参数，进而为污水处理厂的顺利启动、平稳运行和将来满足更高出水水质要求提供技术指导和科技支撑。

8.10 上海桃浦污水处理厂改造工程

8.10.1 污水厂介绍

1. 项目建设背景

上海桃浦工业区污水处理厂位于上海市沪嘉高速公路延长线北侧、祁连山路以东、南河浜以南范围内，占地面积约 8.77hm^2，1993 年由上海市市政工程设计研究总院设计，1997 年 11 月竣工并投入试运行，1999 年投入运行。近期设计规模为日处理污水 $6\times10^4m^3$，其中 $5\times10^4m^3/d$ 为是工业废水，$1\times10^4m^3/d$ 为生活污水，污水厂最终规模为日处理污水 $8\times10^4m^3/d$，污水收集系统、污水输送系统和污水处理构筑物按 $8\times10^4m^3/d$ 规模进行布置。实际日平均处理量由 1998 年的 $2\times10^4m^3/d$ 提升到 2001 年的 $4.82\times10^4m^3/d$。其中武威路中途泵站实际水量为 8000m^3/d，基本是生活污水。

桃浦工业区工业企业主要以化工、医药行业为主，这些生产企业的生产情况随季节性变化较大，而且水质变化波动很大，特别是对污水处理厂运行影响较大且出水较难达标的污染物，如 pH、色度、氨氮等指标。进水的水质指标如表 8－32 所示。

污水厂进水水质指标　　表 8－32

水质指标	进　　水	水质指标	进　　水
COD_{Cr}(mg/L)	800	硝基苯(mg/L)	5
BOD_5(mg/L)	350	苯胺类(mg/L)	100
NH_3-N(mg/L)	15	氰化物(mg/L)	1
TKN(mg/L)	25	硫化物(mg/L)	2
SS(mg/L)	100	色度(度)	50 倍
氯化物(mg/L)	2000	水温(℃)	<35
SO_4^{2-}(mg/L)	1000	pH(无量钢)	6～9
石油类(mg/L)	10	重金属(mg/L)	按国家标准
挥发酚(mg/L)	30	LAS(mg/L)	3

2. 污水厂现状

改造前污水处理工艺流程主要有以下四个部分：

(1) 机械预处理

由粗格栅、细格栅和沉砂池组成。污水经粗格栅去除栅渣后由泵提升，再经细格栅进一步除栅渣后由沉砂池沉去无机砂粒。

(2) 污水调质

污水调质中和池由均质区、中和区和稳定区组成。污水经均质区以缓冲 pH 和污染物浓度波动，如 pH 尚不符合要求，在 pH 中和区内加酸或加碱，通过调节以符合后续生物处理要求，稳定区内置填料。

（3）投碳—生物处理

它是污水处理的主体部分，由四槽交替生物反应池组成。污水在生物反应池侧槽按程序交替进水、完成反应、固液分离。

（4）物化处理

考虑到今后污水排放标准的提高，污水厂内预留 50m × 80m 空地作为日后需要添加物化处理用地。

污泥处理工艺流程分为浓缩、脱水和焚烧三个部分。来自 SBR 反应池的剩余污泥先经预浓缩、浓缩后至储泥池，匀质后污泥用泵提升至脱水机，脱水后污泥经堆场调节后均匀送入污泥焚烧炉，焚烧炉尾气经除尘、洗涤和余热回收后排入大气，余热回收热水供重油保温，尾气洗涤水、泥饼压滤水、冲洗水和浓缩池上清液等返回进水提升泵房。

污水处理厂工艺流程如图 8－108 所示。

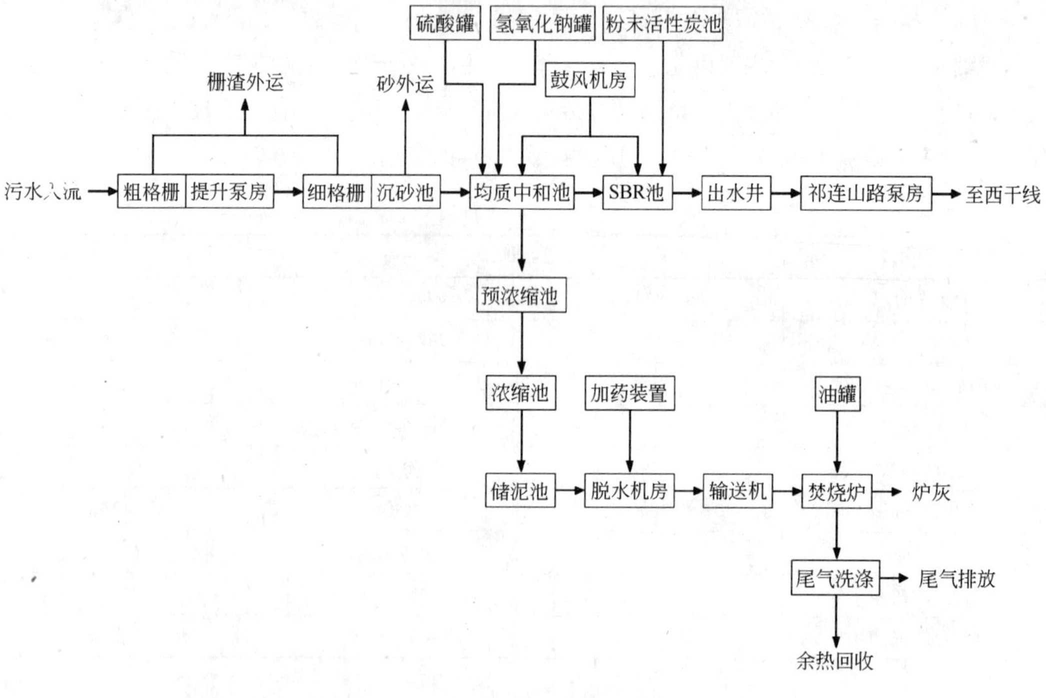

图 8－108 原污水处理厂工艺流程图

根据改造前桃浦污水处理厂提供的实际运行情况和现场调查，污水处理厂现有部分设备损坏较严重，直接影响到污水处理厂的正常运行，如由于风管腐蚀相当严重，风管爆裂现象常有发生，造成生物反应池曝气不均匀；SBR 池水下布气管和曝气器脱落现象严重，造成局部区域曝气过多，而局部区域根本没有曝气，严重影响污水厂污水处理质量。

由于桃浦工业区污水厂主要为工业废水，污水水质变化较大，靠人工监测进水水质，容易产生滞后现象，影响污水处理厂的正常运行，因此需要增设部分在线仪表，以确保污水厂运行安全。

8.10.2　改扩建设计

1. 改扩建标准确定

根据桃浦污水处理厂现有进水的实际情况，同时结合企业纳管标准，需要对污水处理厂设计出水水质进行适当调整，根据上海市环保局、上海市水务局 2003 年第 204 号文的要求，城镇污水处理厂出水执行《城镇污水处理厂污染物排放标准》(GB 18918—2002) 二级标准，具体调整后设计出水水质如表 8－33 所示。

污水处理厂基本控制项目设计出水水质表　　表 8－33

水质指标	出　水	水质指标	出　水
COD_{Cr}(mg/L)	100	石油类(mg/L)	5
BOD_5(mg/L)	30	LAS(mg/L)	2
NH_3-N(mg/L)	25(30)	总磷(以 P 计)(mg/L)	3.0
TN(mg/L)	—	色度(稀释倍数)	40
SS(mg/L)	30	pH	6～9
动植物油(mg/L)	5	粪大肠杆菌群数(个/L)	10^4

在污水出水指标中，考虑到桃浦工业区以化工、制药为主，污水中含有大量含氮有机物，特别是如硝基苯类物质，这些有机物达到氨化需要较长的停留时间，导致现有污水处理厂 SBR 出水氨氮往往比进水高，因此桃浦工业区污水处理厂改造后，近期出水指标为 25mg/L。

2. 改造工程内容

现有污水处理厂内按功能可分为六个功能区，具体为污水预处理区、污水处理区、污泥处理区、保留发展区、管理区和生活区，其中污水厂西部为污水处理区，包括 SBR 生物反应池、鼓风机房等，东部为预处理区，包括进水泵房、自动格栅、沉砂池和均质中和池等，预处理以东为污泥处理区，包括污泥浓缩池、污泥脱水机房，焚烧炉等，在污泥处理区以东为预留污水厂后续和深化处理发展用地，占地为 50m×80m。相隔 30m 绿化带安排管理区，包括办公楼、化验楼、仓库、食堂、锅炉房、浴室、机修车间等，污水厂东端为生活区，管理区和生活区有一条道路向南连通古浪路，是污水厂对外的主要通道。

本次改造工程新建构筑物如催化还原内电解池布置在原预留区内，初次沉淀池和附加曝气池利用原调质池改造，出水泵房采用原祁连山路泵站改建。

改造后的污水处理厂平面布置如图 8－109 所示。

桃浦污水厂改造工程主要内容包括，通过新建或改建污水处理构筑物、更新或维修相关设备、加强运行过程的监控，来达到污水达标排放，污泥得到有效处理和处置，臭气收集和处理，具体内容为：

(1) 污水处理工艺的优化、改造，使污水处理厂尾水达标后排放，新建和改建污水处理构(建)筑物等设施；

(2) 生产设施设备升级换代，设备材料须具有抗腐蚀性，保证安全、高效、可靠运行；

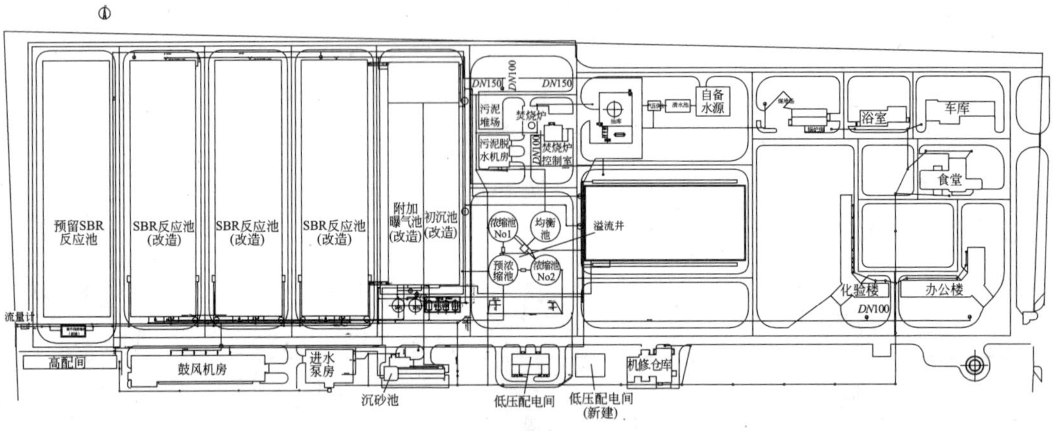

图 8－109 改造后的污水处理厂平面布置图

（3）电气和仪表实现远程监测和自动化控制等项目；

（4）尾水排放泵站改造；

（5）污泥浓缩和脱水系统局部改造；

（6）污水处理厂脱水机房运行过程中产生的臭气收集和处理。

3. 工艺选择

（1）污水处理工艺

根据国内外已有相似的工业区污水厂的运行情况，其处理工艺有一个共同的特征就是以生物处理为核心，辅以预处理或后处理。因此本工程采用生物法处理为主体，采用物理化学综合处理相结合，最终达到较低的投资和运行成本，实现处理出水达标的目的。

考虑到桃浦工业污水处理厂的水质情况、现有处理构筑物和工艺流程，本工程采用催化还原内电解和 SBR 组合处理工艺方案。

该工艺根据同济大学在桃浦污水处理厂的试验情况和桃浦污水处理厂的具体水质情况，采用催化还原内电解预处理工艺，经预处理后，后续采用 SBR 主体处理工艺。

该污水处理工艺为：污水通过泵房前设置的粗格栅去除污水中的较大漂浮物，经污水泵提升进入细格栅井和沉砂池，以去除比较小的漂浮物和砂粒，经过沉砂后的污水自流进入初次沉淀池，初次沉淀池采用原均质池中的两格改造而成平流式初次沉淀池，在初次沉淀池上设置泵式桁架式刮泥机，经初次沉淀池去除进水中一部分悬浮物后，污水由潜水泵提升进入新建的催化还原内电解预处理池，在催化还原内电解池内设置填料，同时在出水中设置回流泵，加大废水与填料的接触，经填料还原处理后，重力流入后续的 SBR 池，SBR 池是整个污水处理工艺的主体构筑物，直接影响到出水水质，本次改造中对 SBR 处理工艺进行优化，考虑有反硝化措施，SBR 池活性污泥混合液用泵提升进入附加曝气池进行氨氮的氧化，附加曝气池利用原均质池，原均质池改造成初次沉淀池和附加曝气池，附加曝气池内设置填料，对废水进行曝气有利于氨氮硝化，降低 SBR 的负荷，同时使 SBR 达到脱氮目的，附加曝气池出水自流到 SBR 池，SBR 出水后经消毒后进入原祁连山路提升泵房，经过对祁连山路提升泵站进行局部改造，使祁连山路泵站一部分用于提升桃浦污水处理厂出水至桃浦河和蕴藻浜，另一部分用于提升来自南大路污水经祁连山路泵站的另一集水井进入西干线。

实际运行时，污水可超越初次沉淀池和催化还原池直接进入 SBR 池。污水处理工艺流程如图 8－110 所示。

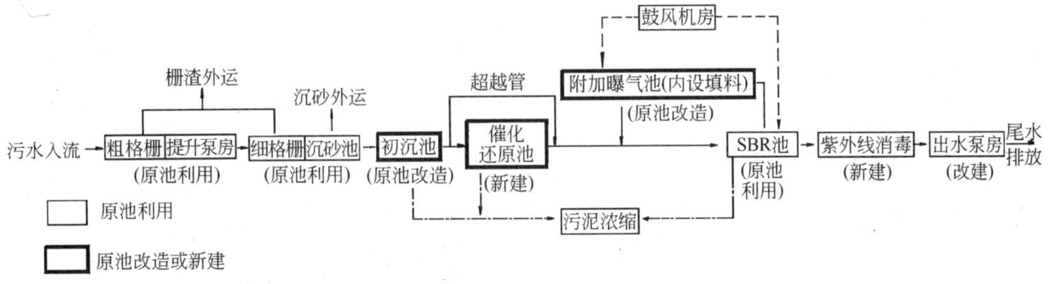

图 8－110　污水处理工艺流程图

（2）污泥处理方案

污泥处理依照“稳定化、无害化、减量化与资源化”原则进行处理，由于本厂用地限制，仅能达到减量化要求，污泥经缩减机械脱水后焚烧。

（3）臭气收集与处理方案

根据现场条件，除臭装置的布置与原污水厂的总体布局有效结合，采用 ECOLO 技术作为预处理，近期以 BENTAX 技术为主，包括空气过滤系统、风幕机、排送风管和离心风机。脱水机房外预留生物滤池法除臭装置的场地。

4. 主要处理构筑物设计

本次改造工程新建构筑物如催化还原内电解池布置在原预留区内，初次沉淀池和附加曝气池利用原质池改造，出水泵房采用原祁连山路泵站改建。

（1）进水泵房和沉砂池

原有设施和设备均不变。

（2）初次沉淀池

原有均质池改造成初次沉淀池和附加曝气池两部分，初次沉淀池和附加曝气池之间设导流墙。

初次沉淀池采用平流式沉淀池，利用原均质池两格改造而成，初次沉淀池为 83m（长）× 15m（宽）×6m（深），中间设导流墙将该池分成 2 条槽，每条槽宽 7.5m。设计参数如下：

有效容积：7470m^3；

水平流速：8mm/s；

最大流量时表面负荷：2.8$m^3/(m^2 \cdot h)$；

水力停留时间 3h。

初次沉淀池进水采用穿孔格墙配水，新增穿孔花墙，开孔率占花墙面积的 10%，进水流速为 0.1m/s。配泵式桁架式刮泥机 2 台，附撇渣、油装置，配套行走电机功率 N 为 1.1kW，每条槽配 1 台，初次沉淀池底部污泥通过吸泥口用泵送到污泥槽，电机功率 N 为 5.5kW，排泥槽利用原配水槽改建而成，排泥槽宽为 1.35m，平流沉淀池出水采用出水堰出水，每槽设 4 条玻璃钢出水堰，长为 25m，堰口负荷为 2.45L/(m·s)，初次沉淀池出水后通过重力进入催化还原池。

初次沉淀池和附加曝气池的工艺设计如图 8－111 所示。

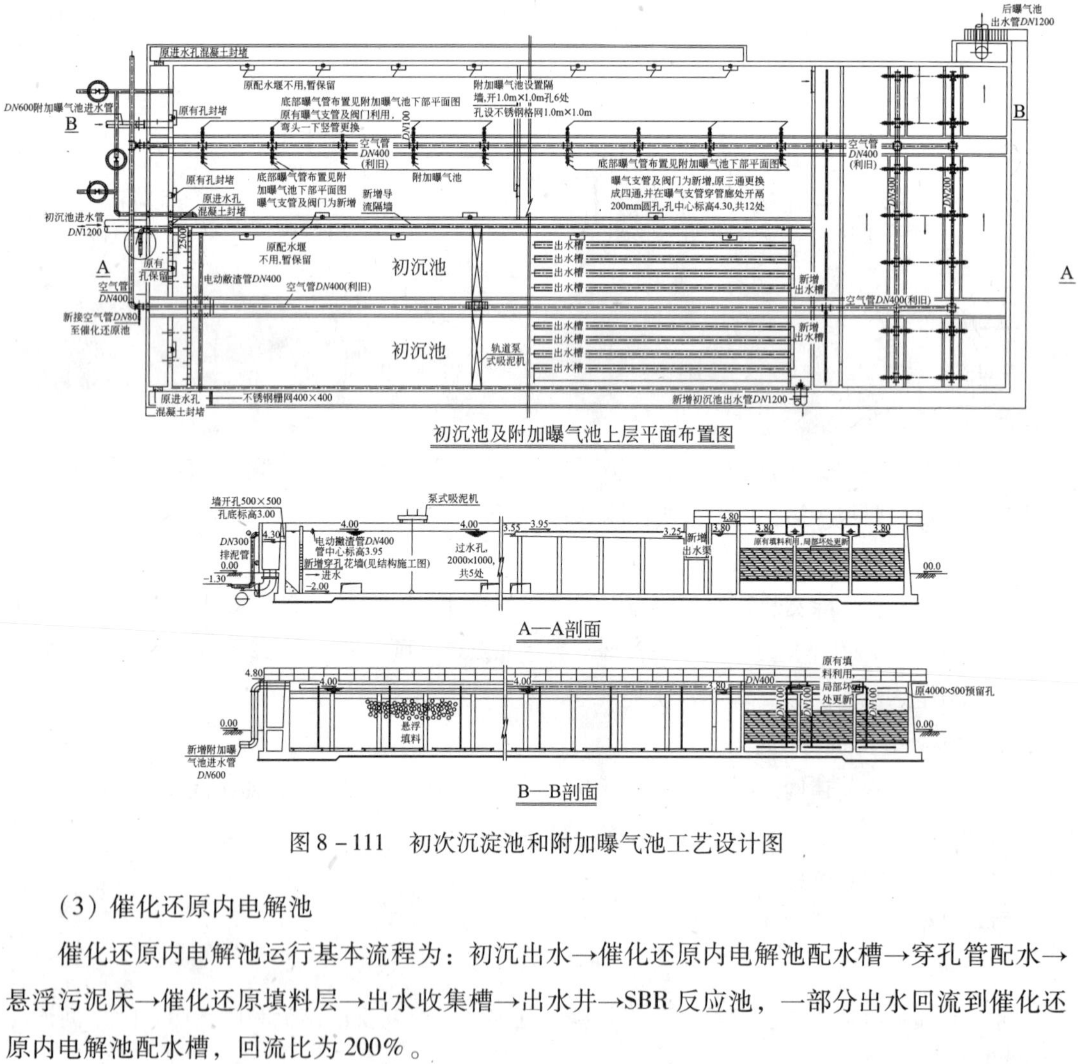

图 8－111　初次沉淀池和附加曝气池工艺设计图

（3）催化还原内电解池

催化还原内电解池运行基本流程为：初沉出水→催化还原内电解池配水槽→穿孔管配水→悬浮污泥床→催化还原填料层→出水收集槽→出水井→SBR 反应池，一部分出水回流到催化还原内电解池配水槽，回流比为 200%。

催化还原内电解池定期反冲，反冲洗程序为：气室充气→打开气室放气阀→催化还原池水位下降反冲→反冲污泥排入泥槽。

催化还原填料层定期更换，12 格反应池轮流更换。

催化还原池流量按 $6\times10^4 m^3/d$ 设计，预留远期场地，反应池建在原预留场地处。催化还原池总池尺寸为 78.30m × 36.5m × 7.15m，有效水深为 5.85m。分成 12 格，每格平面尺寸为 16.3m × 11.7m，其中悬浮污泥床高为 2.56m，填料层厚度为 2.5m。填料组装在 1152 只填料筐内，每只筐尺寸为 1.55m × 0.98m × 2.5m，填料层接触时间为 2.3h。池内设集水井，井内设潜水污水泵 4 台，在仓库备用 1 台，每台潜水泵的流量 Q 为 $875m^3/h$，扬程 H 为 4.7m，电机功率 N 为 22kW，初次沉淀池出水进入集水井，由泵提升至配水槽，配水槽宽为 1.5m，设 12 台

*DN*400 D671X－10 进水气动阀对应每格反应池，反应池设堰可溢流均匀配水。回流泵设在回流井内，共设轴流潜水泵 3 台，每台潜水泵的流量 Q 为 2800m^3/h，扬程 H 为 1.97m，电机功率 N 为 37kW，通过污水回流，一方面有利于污水均匀混合，另一方面可以增加污水与填料的接触，提高催化还原的处理效果。每格反应池出水同样采用堰均匀出水，出水排入回流井，出水自流进入 SBR 反应池。反冲洗利用充放气来实现，每格反应池设 2 台共 24 台 *DN*300 D671 X－10 气动阀，当打开气室放气阀，催化还原池水位下降实现反冲洗，12 格池之间由 *DN*400 D371 X－10 阀门相互连接，催化还原池设 48 台 *DN*200 D671X－10 排泥气动阀，反冲出水排入进水泵房集水井。每格设有放空管，利用池内检修和填料更换。出水设 1 台 *DN*1200 D371X－10 阀门。

气动阀由 2 台空压机供气，空压机的流量 Q 为 0.4m^3/min，压力 P 为 0.7MPa，电机功率 N 为 3.0kW。

催化还原内电解池填料由铁屑、极化材料和催化剂组成，铁屑为消耗材料，质量为 1728t，极化材料必须提供足够比表面积，表面积必须大于 $10\times10^4m^2$，质量在 100～300t，催化材料表面积必须大于 $1\times10^4m^2$，质量在 60～80t 之间；填料中铁屑是消耗品，铁屑消耗量约 2t/d。填料经混合后安置在填料筐内，作为成品成套供给。

催化还原内电解池的工艺设计如图 8－112 所示。

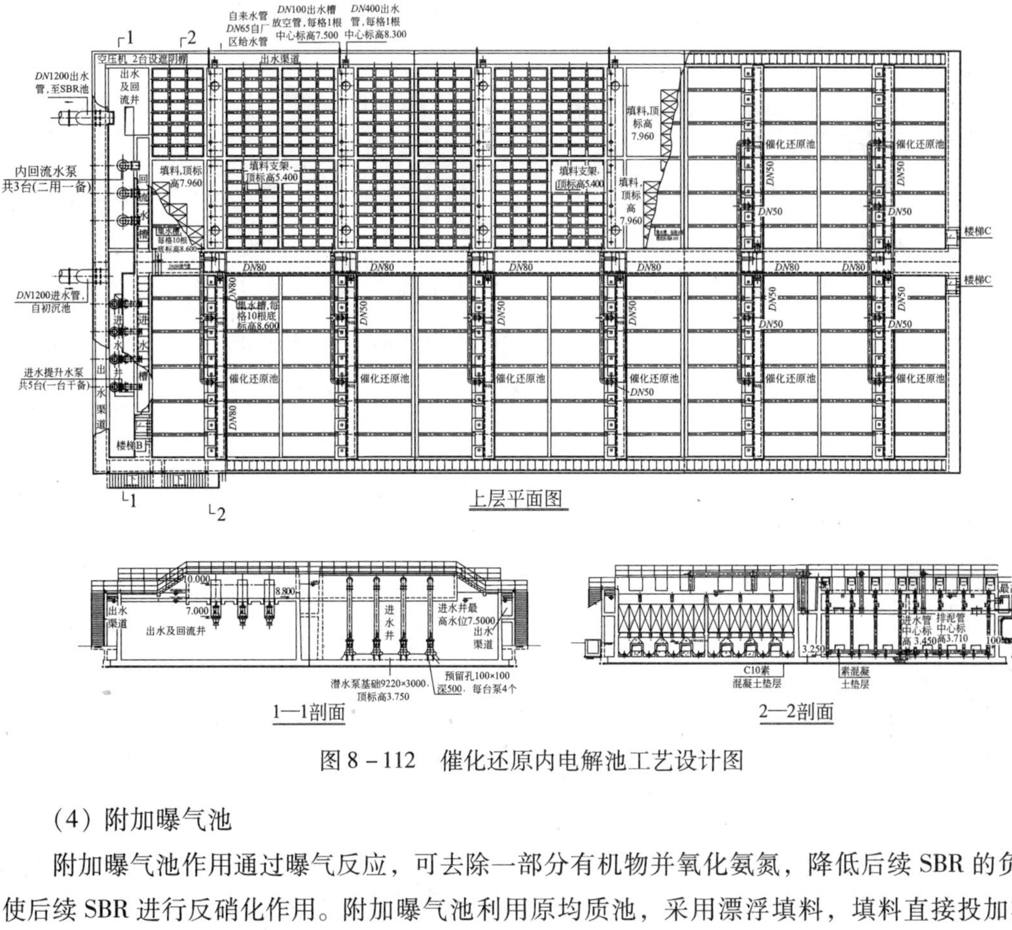

图 8－112　催化还原内电解池工艺设计图

（4）附加曝气池

附加曝气池作用通过曝气反应，可去除一部分有机物并氧化氨氮，降低后续 SBR 的负荷，使后续 SBR 进行反硝化作用。附加曝气池利用原均质池，采用漂浮填料，填料直接投加在附加曝气池中，易于现有装置的改造，填料不堵塞、不结团，还可以提高曝气时氧的利用率，在附加曝气池采用穿孔管曝气，使填料处于流化状态，同时在附加曝气内出水增设栅条，防止填料流失。

附加曝气池容积由两部分组成，一部分是原均质池，有效容积为83m×15m×6m，另一部分是原稳定区，有效容积为90m×5m×6m。

附加曝气池设计参数：

有效容积：10000m^3；

填料体积：原稳定区填料保留；

原均质池内漂浮填料为2500m^3，填充率按33.5%计；

停留时间：4h；

有效水深：6.0m；

气水比：3.12∶1。

附加曝气池中采用穿孔曝气管曝气，原有*DN*400曝气管予以利用。原稳定区内曝气管和其他设备均不改动，原有填料仍予以利用。

附加曝气池不排剩余污泥。

附加曝气池的工艺设计如图8－111所示。

（5）SBR生物反应池(3座)

考虑到原SBR池无反硝化措施，需要调整和优化运行SBR池的运行工况，使SBR池具有反硝化功能，具体调整方案如下。

SBR基本运行方式大体分六个阶段：

阶段A：时间为1.5h，污水通过配水闸门进入第1池，在第1池开启潜水搅拌机，池内污泥处于缺氧状态，反硝化菌将上阶段产生的硝态氮还原成氮气逸出。在这过程中，原生污水作为碳源进入第1池，在第2、3池内进行曝气，使池内污泥处于好氧状态，所供氧量足以氧化有机物并使氨氮转化成硝态氮，处理后的污水与活性污泥一起进入第4池。第4池仅用作沉淀池，使泥水分离，处理后的出水通过滗水器流出。

阶段B：时间为1h，污水入流从第1池调入第2池，第1池内搅拌机关闭，开启曝气系统，开始，沟内处于缺氧状态，随着供氧量增加，将逐步成为富氧状态，同时开启第1、2池间的污泥转输搅拌机，可以把第1池内的污泥部分输送到第2、3池，第2、3池仍旧曝气，池内处理过的污水与活性污泥一起进入第4池，第4池仍作为沉淀池，沉淀后的污水通过第4沟排出。

阶段C：时间0.5h，第1池停止曝气，第1、2池间的污泥转输搅拌机停止，开始泥水分离，至该阶段末，分离过程结束。在C阶段，入流污水进入第3池，处理后污水仍然通过第4池排出。

阶段D：时间1.5h，污水入流从第3池调至第4池，第1池滗水器开始滗水，第4池滗水器关闭，同时，第4池进行搅拌，沟内污泥处于缺氧状态，反硝化菌将上阶段产生的硝态氮还原成氮气逸出。在这过程中，原生污水作为碳源进入第 4 池，在第 2、3 池内进行曝气，使池内污泥处于好氧状态，所供氧量足以氧化有机物并使氨氮转化成硝态氮，处理后的污水与活性污泥一起进入第 1 池。第 1 池仅用作沉淀池，使泥水分离，处理后的出水通过滗水器流出。

阶段 E：时间为 1h，污水入流从第 4 池调入第 3 池，第 4 池内搅拌机关闭，开启曝气系统，开始，沟内处于缺氧状态，随着供氧量增加，将逐步成为富氧状态，同时开启第3、4 池间的污泥转输搅拌机，可以把第 4 池内的污泥部分输送到第 2、3 池，第 2、3 池仍旧曝气，池内处理过的污水与活性污泥一起进入第 1 池，第 1 池作为沉淀池，沉淀后的污水通过第 1 池排出。

阶段 F：时间 0.5h，第 4 池停止曝气，第 3、4 池间的污泥转输搅拌机停止，开始泥水分离，至该阶段末，分离过程结束。在 F 阶段，入流污水进入第 2 池，处理后污水仍然通过第 1 池排出。

第 3 池末端污泥连续泵入附加曝气池。进入附加曝气池水量为进水量的 50%，附加曝气池出口端活性污泥循环进入 SBR 池进水端。

根据以上安排，具体各设备运行情况如表 8－34 所示。

SBR 设计运行情况表　　**表 8－34**

设备名称	池子序号	运行周期(6h)					
		A 阶段(1.5h)	B 阶段(1.0h)	C 阶段(0.5h)	D 阶段(1.5h)	E 阶段(1.0h)	F 阶段(0.5h)
进水堰门	1	√					
	2		√				√
	3			√		√	
	4				√		
曝气器	1		√				
	2	√	√	√	√	√	√
	3	√	√	√	√	√	√
	4					√	
滗水	1				√	√	√
	4	√	√	√			
搅拌	1	√					
	4				√		
污泥输送搅拌	1、2 之间		√				
	3、4 之间					√	
排泥	2		√	√			
	3					√	√

根据以上工况调整和桃浦污水处理厂 SBR 池内现有设备情况，SBR 池改造内容如下：

SBR 池工艺设计参数：

SBR 数量：3 座，每座分为 4 格，每格尺寸：120m×7.5m×6.0m；

污水停留时间：24h；

SBR 池曝气利用率：58%；

SBR 最大计算需氧量：761kg/h；

污泥负荷：0.075kgBOD/(kgMLSS·d)；

MLSS：3g/L；

污泥产率：0.45kg/kgBOD_5；

污泥量：4050kg/d(包括附加曝气池)。

在每座 SBR 池中设有 2 台水下推进器，每台流量 Q 为 $50m^3/h$，电机功率 N 为 13kW，其中 1 台执行器需更换。

在每座 SBR 池中第 1、4 格内设置潜水搅拌机，每格 2 台，每池 4 台，共 12 台，每台电机功率为 11kW，每台搅拌机附起吊架。

在每座 SBR 池中第 3 格内设置潜水泵，每台水泵流量 Q 为 $416m^3/h$，扬程 H 为 4.5m，电机功率 N 为 11kW，共 4 台，其中 1 台仓库备用。

在每座 SBR 池中第 3 格距池底 2.35m 处设 DN300 排泥管，污泥排入预浓缩池。

曝气风管大多损坏，造成曝气不均匀。本次改造全部更换，水上部分采用钢管，防腐处理，水下部分采用 ABS 管，两部分交接处采用不锈钢管，原有曝气支管上阀门全部更换成 DN150 蝶阀，为了方便维护，曝气支管应便于拆卸，将原有盘式曝气头改成膜式曝气管，每池共铺设长度 L 为 2000mm 的膜式曝气管 1232 根。

进出水装置沿用原有进水堰门和出水滗水机。

SBR 反应池的工艺设计如图 8－113 所示。

(6) 紫外消毒

紫外线消毒水渠按 $8\times10^4m^3/d$ 设计，灯管按 $6\times10^4m^3/d$ 配制，具体设计参数如下：

BOD_5：30mg/L；

SS：30mg/L；

粪大肠菌群数：>238000 个/L；

灯管型号：低压高强灯；

紫外线灯管数：160 根；

清洗方式：人工清洗；

单根功率：250W；

接触时间：6s；

253.7nm 紫外线透光率 >60%；

灯管寿命 >10000h；

出水粪大肠杆菌数：<10000 个/L

总装机量为 40kW，实际功率 25kW，另配缓流器和与紫外消毒设备配套的配电中心、系统控制中心和液压控制中心。

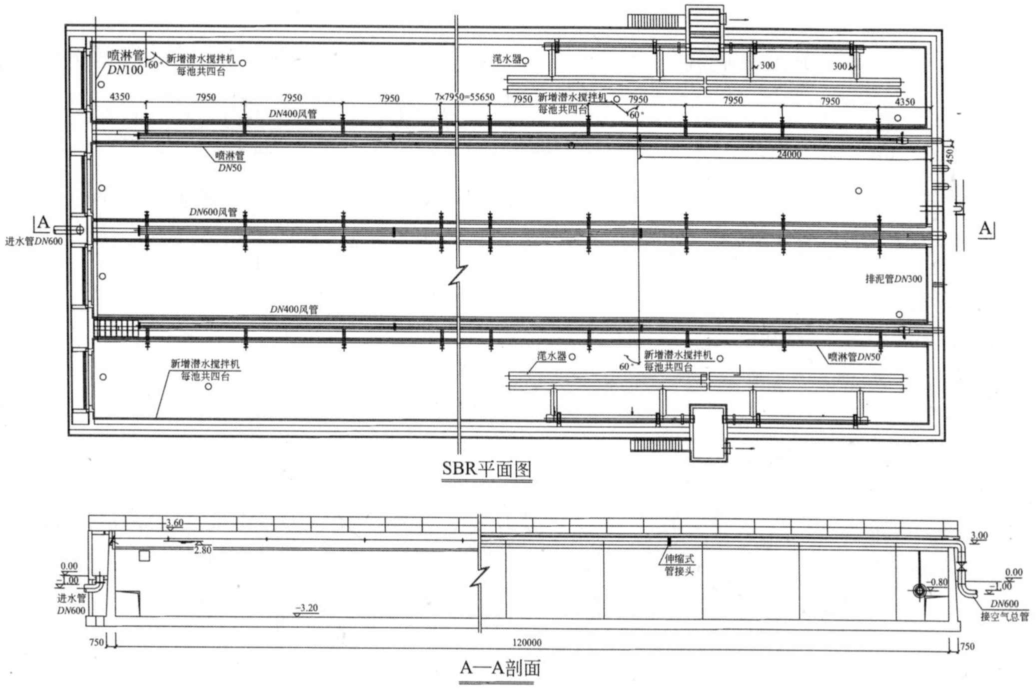

图 8-113　SBR 反应池工艺设计图

消毒池尺寸为 14.3m × 5.0m × 5.0m，紫外线灯接触水渠尺寸为 8.0m × 2.0m × 1.5m，在紫外线灯接触水渠前设闸门，若出水不消毒时可旁通进入出水井，在经消毒尾水进入出水井处设水位传感器和水位控制装置。

紫外消毒渠设计如图 8-114 所示。

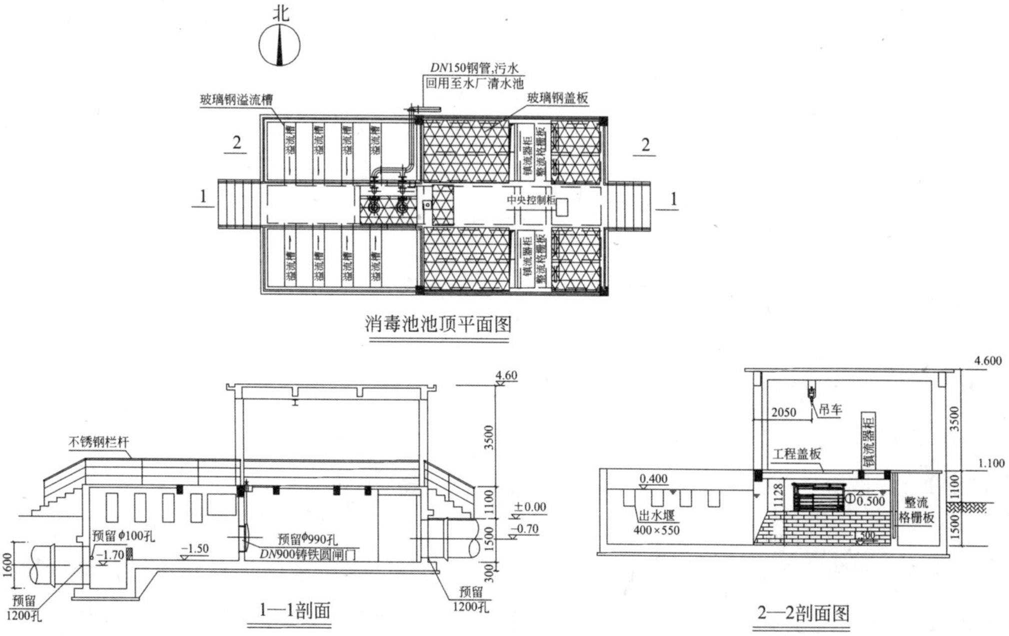

图 8-114　紫外消毒渠设计图

（7）鼓风机房

经核算，SBR 计算最大供气量为 $380m^3/min$，附加曝气池计算最大供气量为 $130m^3/min$，合计最大供气量为 $510m^3/min$。原鼓风机房内配置 6 台风机，其中 4 台大风机，3 用 1 备，风量为 $250m^3/min$，风压为 $7mH_2O$；2 台小风机，1 用 1 备，风量为 $150m^3/min$，风压为 $7mH_2O$。按改建后最大供气量只要开 3 台大风机就能满足要求，本次改造经与厂方协商，增加 1 台风量为 $250m^3/min$，风压为 $7mH_2O$，电机功率为 450kW 的风机。改建后将供 SBR 气管和供附加曝气池和催化还原池的风管连通，配置 5 台大风机，4 用 1 备，风量为 $250m^3/min$，风压为 $7mH_2O$，电机功率为 450kW。

鼓风机房平面布置如图 8－115 所示。

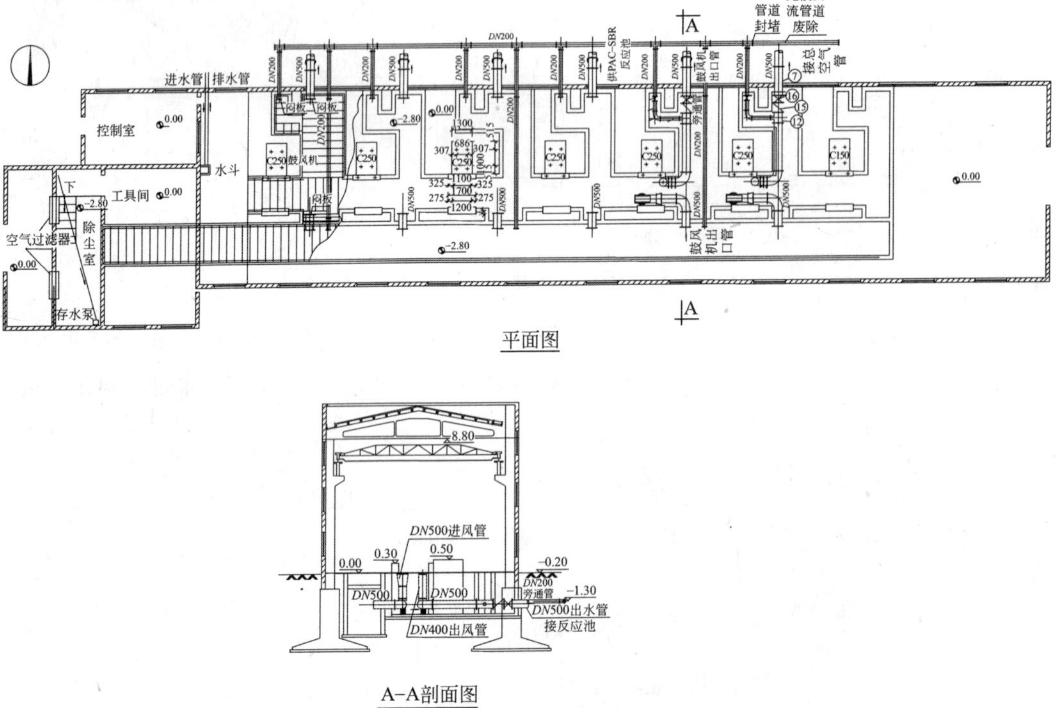

图 8－115 鼓风机房布置图

（8）预浓缩池

SBR 系统排泥为曝气池混合液，浓度低，只有 0.4%，因此污泥浓缩系统有预浓缩池 1 座，现预浓缩池上清液出水口高于浓缩池的上清液出水口，造成预浓缩池不起预浓缩的作用，本次改造工程中增设 2 座溢流井，每座溢流井尺寸为 2.0m×1.0m×5.0m，内各设 600mm×200mm 调节堰门一台，用于调节预浓缩池的液位，污泥直接排入浓缩池。

（9）脱水机房

原设计脱水机房可以布置 3 台脱水机，目前已安装 2 台，采用带式脱水机，每台带宽为 2m，处理量为 10t/h，由于改造后增加了初次沉淀池，污泥量增加，因此本次工程增加 1 台脱水机，同时增加配套进泥泵、加药泵等配套设备。原皮带输送机敞口运行，对环境有污染，现增加1台无轴螺杆输送机替换原有皮带输送机，螺旋输送机采用无轴螺旋叶片的结构形式进行泥饼的输送，输送机螺旋叶片直径 D 为320mm，输送能力 Q 为 $3m^3/h$，接料口应与脱水机卸料口配合，出料高度 H 为3000mm，输送机水平总长度 L 为10000mm，全长配置封闭式盖板，电机功率 N 为2.2kW。

脱水机房布置如图8－116所示。

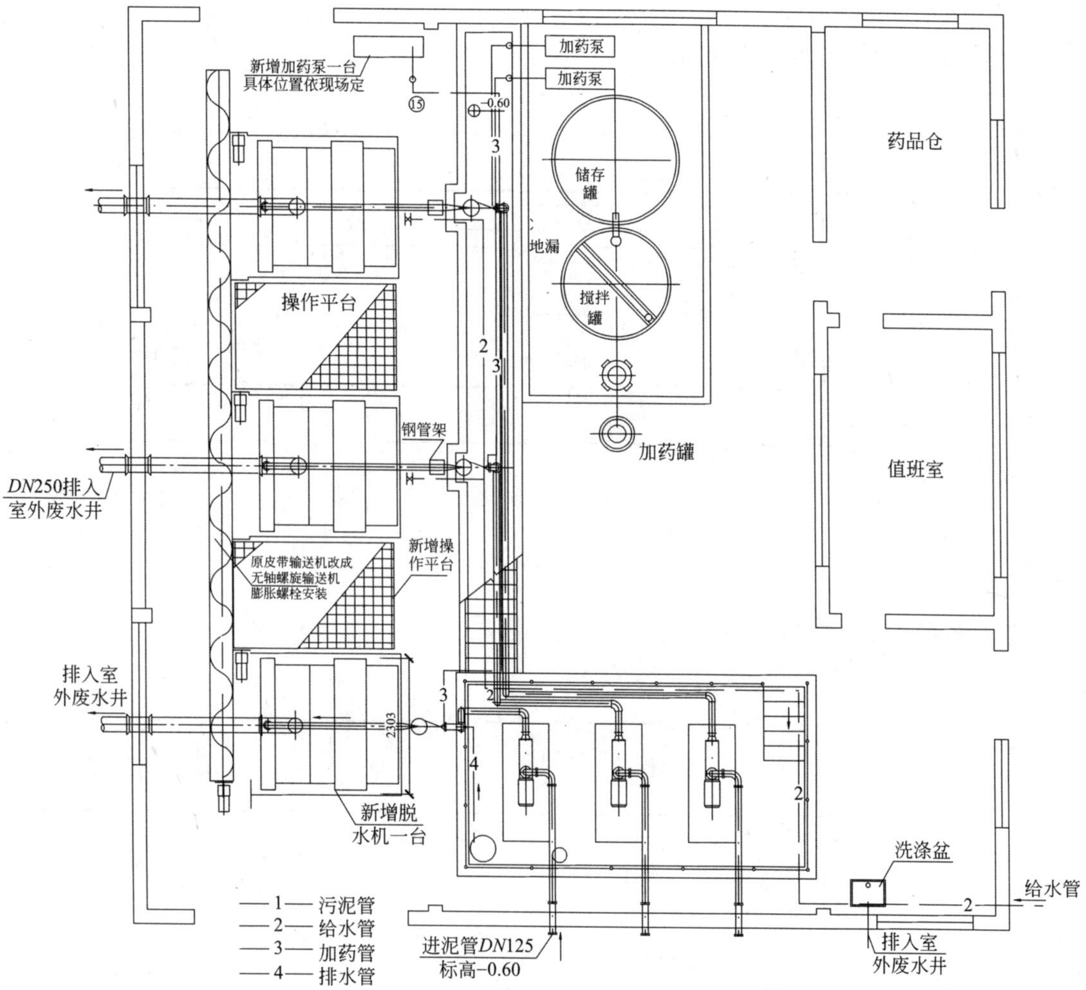

图8－116　脱水机房平面布置图

(10) 焚烧炉

更新一台空气压缩机和一台气缸。

(11) 除臭装置

新建臭气集中处理装置1套，用于脱水机房除臭。

1) 预处理

在脱水机房中安装1套异味控制系统装置，脱水机房内安装6套雾化喷嘴装置系统，雾化喷嘴装置系统间的行间距约为5m、列间距约为4.5m、标高约为6m，对脱水机房区域脱水机和污泥传送带工作时不断散发出来的臭气予以分解消除。

污泥堆放区域安装6套雾化喷嘴装置系统，雾化喷嘴装置系统间的行间距约为5m、列间距约为4.5m、标高约为6m，对这个区域工作时不断散发出来的臭气予以分解消除。

除臭工艺的运行：脱水机房中控制设备间隔2min，喷洒4s，24h间断运行。污泥堆放区域中控制设备间隔4min，喷洒4s，24h间断运行。

喷洒参数：47mL/min。

除臭设施布置如图8－117所示。

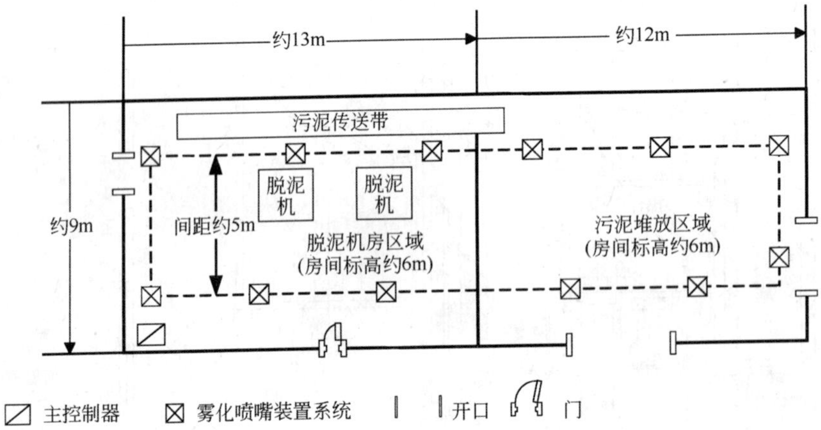

图8－117 除臭设施布置图

除臭设备清单如表8－35所示。

除臭设备清单表 **表8－35**

项目 序号	名　称	型　号	数量	备　注
1	控制装置	220V，50Hz，10A	1	
1.1	时间控制器		1	
1.2	高级精密泵		1	
1.3	止回阀		1	
1.4	溶液过滤器		1	
1.5	液面控制器		1	
1.6	程序控制器		1	
1.7	选择程序控制器		1	
1.8	压力控制器		1	
2	喷嘴	铜合金	12个	
3	送料管(UV)	8×6	120m	
4	送料套管	1/4	120m	

续表

序号＼项目	名　　称	型　　号	数量	备　注
5	溶液桶	200L	1	
6	五金件和连接配件		一批	PVC

2）活性氧除臭技术

设备设在脱水机房内，经处理后尾气排入大气。

工艺流程如图8－118所示。

图8－118　除臭工艺流程图

按换气次数7次考虑，其总废气净化量约为7000m³。采用一台空气净化系统，送入激活后的高能离子气体与恶臭气体充分接触，以达到氧化分解去除恶臭污染物的效果。车间排风量为7000m³/h，整个污泥脱水车间略呈负压，南北两侧卷帘门上方安装强力型风幕机，以确保废气无外溢。净化后的气体近期通过风机15m高空排放。

3）生物滤池除臭装置

生物滤池除臭工艺流程如图8－119所示。

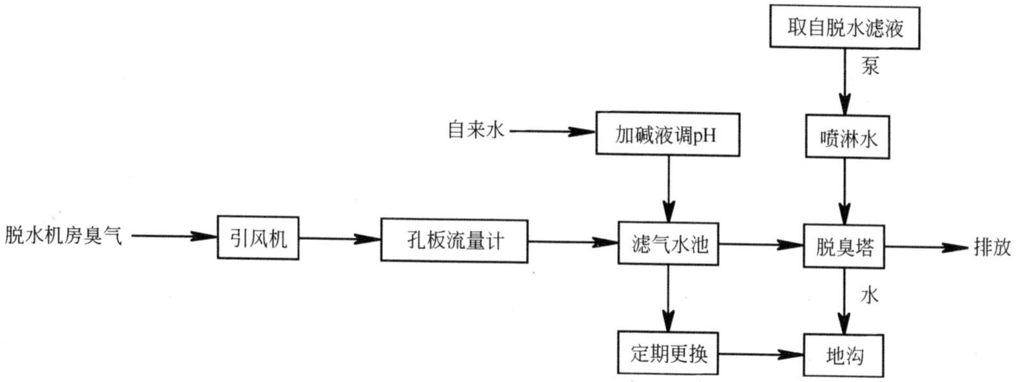

图8－119　生物滤池除臭工艺流程图

设计参数：

换气量：7次/h，7000m³/h；

臭气浓度：23000×10^{-6}（23000ppm）；

表面负荷150m³/（m²·h）；

空塔流速：200L/h。

主要设备有：

① 引风机

管道式引风机，风量流量Q为7000m³/h，风压P为800Pa，电机功率N为1.1kW，收集并输送臭气。

② 孔板流量计

进风管路上设孔板流量计 1 只，用以计量进入处理装置的臭气量，有效量程为 40mm。

③ 滤气水池

臭气经收集后，首先经过滤气水池，水池中加入适量的碱液，以吸收臭气中的硫化氢气体，有效容积为 0.7m^3，直径 D 为 0.8m，高度 H 为 1.5m。

4）除臭塔

分为两座除臭塔，每座平面尺寸为 4.0m×4.0m，塔高为 1.6m，填料层高度共 1.0m，分两层，每层高 0.4m，层间距为 0.2m，采用泥炭填料，填料层上方设喷水管，喷淋水用泵吸自集水井。喷淋液回流到排水地沟，随地沟污水流回集水井进入生物处理系统。

5. 问题和建议

（1）设计特点

桃浦工业区污水处理厂是含大量工业废水，属难生物降解、对硝化有毒性污水处理的改造项目，为稳定可靠地取得更好的污水污泥处理效果，在不减量、不征地的前提下，必须采用一系列的新技术、新工艺、新设备和新材料，提高工程质量、提高工程的投资效益，在满足排放标准的前提下，提高设备运行效率，减少运行费用。

1）采用了先进的污水污泥处理工艺

本工程推荐使用催化还原内电解和 SBR 处理工艺，由于原污水中较为突出的是硝基苯类物质和色度，同时包括去除分子中具有偶氮结构的物质；硝基苯类物质的化学氧化是极其困难的，催化还原利用元素铁还原难于生物降解的含有硝基、亚硝基、偶氮基的化合物和一些卤代、碳双键化合物成苯胺类化合物，而苯胺类物质是较易生化的，大大提高它们的生物降解性；该方法对硝基苯和色度均有较好的去除效果。

针对桃浦厂的具体水质特点，针对进水中对生物处理有抑制作用和难生物降解的物质，提出催化还原内电解方法，并利用该方法在桃浦污水处理厂进行较长时间的试验，同济大学利用该工艺在桃浦污水处理厂进行试验，中试试验取得了满意的结果。

在工程实施过程中，结合上流式厌氧污泥床和厌氧滤池的特点，使催化还原池除具有还原有机物外，同时还具有水解酸化功能，从而促进该工艺的处理效果进一步提高。

2）在改造过程中，充分利用现有的处理构筑物，在 SBR 处理时间相对较短的情况下，利用原均质池改造成附加曝气池，同时在附加曝气池中增设填料，从而使污水的水力停留时间增长，增加了硝化处理效果。

3）本工程采用引进专利技术进行除臭处理，维护了污水厂和周围地区环境卫生，也是新技术在污水处理厂的运用。

4）采用微孔曝气器提高充氧效率，减少鼓风机能耗，降低运行电费。

5）本工程采用紫外线消毒工艺对处理后尾水进行消毒灭菌处理，具有安全、高效、无二次污染等优点。

（2）建议

桃浦工业污水处理厂主要处理工业废水，必须会同各有关部门对污染物排放相对集中、严重影响污水厂生产运行的厂家，设置水质在线监测系统，建立预警系统；严格控制污水处理厂进水水质，特别是对pH、色度、氨氮和总氨等指标的控制，避免突发性污染事故发生，同时加强管理和监督，建立相应制度，运用行政、经济、法律等手段，对各类有毒有害物质先作有针对性的预处理，达到纳管标准后才能进入污水处理厂，才能确保桃浦污水处理厂达到预期的处理效果。

8.11 上海天山污水处理厂改造工程

8.11.1 污水厂介绍

1. 项目建设背景

上海天山污水处理厂位于上海中心城区西部，于20世纪80年代建成投产，原设计规模为75000m^3/d，采用常规活性污泥法处理工艺，去除城市生活污水中以BOD_5和COD_{Cr}为主的有机污染物。经多年运行，处理出水水质达到或超过原设计出水标准。随着新的环境法规的颁布与施行，原有的处理设施已无法满足新的城市污水排放标准。经市政府有关部门的批准，决定对天山污水处理厂进行深度处理改造。

2. 污水厂现状

天山污水处理厂的前身是上海最早的污水处理厂之一西区污水处理厂，创建于1926年，位于上海市西端苏州河上游北新泾东首。当时主要对河南路以西黄浦、静安、普陀、长宁区内公寓大厦内的生活污水和部分工业废水进行处理。随着城市建设的不断发展和市区人口的不断增加，接入西区污水厂的污水量相应增加，厂内超负荷运行和供气量不足，使处理水质下降，不能达到排放标准。为改变这种状况，经上海市建委批准，1982年在原西区污水处理厂南面征地建造天山污水处理厂，1984年初开工，1986年底竣工，1987年10月正式投入运行，设计处理流量75000m^3/d。天山污水处理厂建成以来，污水厂原设计服务范围也有所变化。目前，天山污水处理厂服务范围为东起中山西路、沪杭铁路；西至威宁路、新泾港、新泾7村；北以苏州河为界；南达虹桥机场铁路支线，总服务面积约670hm^2，服务区域范围如图8－120所示。

经市政排水系统格局的调整，目前将污水输送到天山污水处理厂的沿途泵站共有5座，其输送流程如图8－121所示。

天山污水处理厂采用二级生物处理，即鼓风曝气活性污泥法处理工艺，处理构筑物有机械格栅井1座（2格）、进水泵房1座、曝气沉砂池1座（2格）、初次沉淀池3座、曝气池3座（每座4条）、二次沉淀池6座、回流污泥泵房1座、鼓风机房1座、污泥泵房1座、储泥池2座、湿污泥池3座，厂内设备设施基本上能正常运行，出水水质能达到原设计标准。

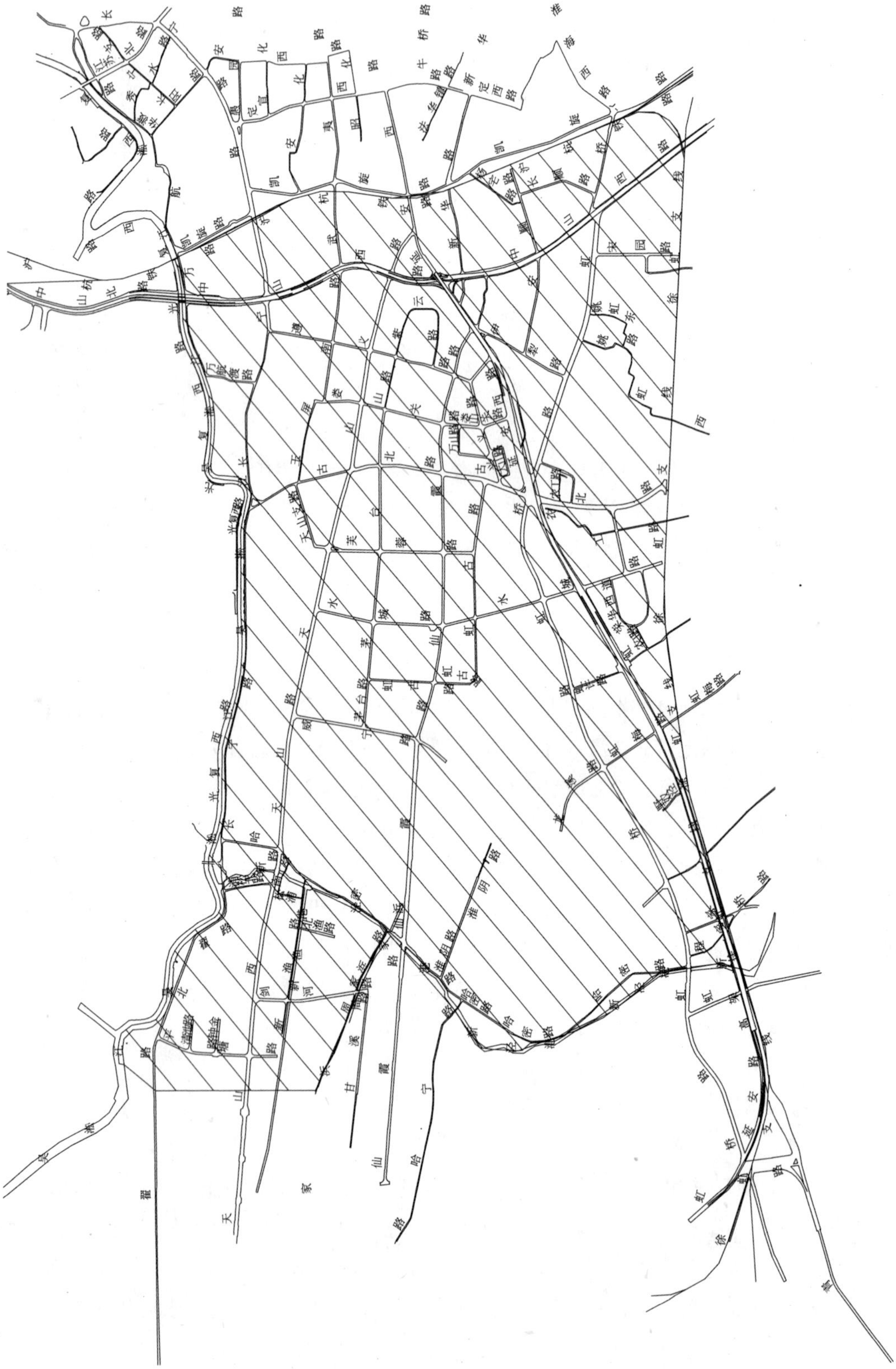

图 8－120 天山污水处理厂的服务范围图

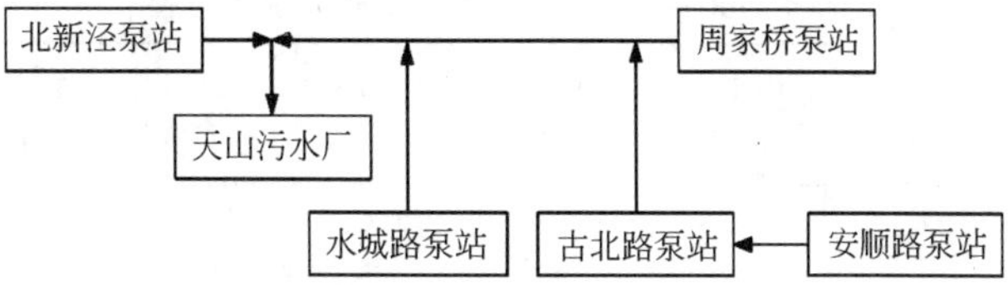

图 8－121 输送到天山污水处理厂的污水泵站流程图

天山污水处理厂自 1987 年 10 月运转以来，经过近几年的旧区改造和周边地区房产的蓬勃兴起，和厂外市政污水管网的不断完善，污水处理量连年上升，目前处理能力已达到污水厂原设计 75000m^3/d 污水量，近年来的处理流量汇总如表 8－36 所示。

天山污水处理厂近年处理能力汇总表　　表 8－36

时　　间	2001 年 9 月	2001 年 10 月	2001 年 11 月	2001 年 12 月	2002 年 1 月	2002 年 2 月
平均流量(m^3/d)	71656	71740	78368	73034	72640	72472
时　　间	2002 年 3 月	2002 年 4 月	2002 年 5 月	2002 年 6 月	2002 年 7 月	2002 年 8 月
平均流量(m^3/d)	73048	71910	73220	70841	77860	77788

根据天山污水处理厂的原设计和北新泾、北虹地区的规划，天山污水处理厂的规划流量如表 8－37 所示。

天山污水处理厂规划接纳污水量一览表　　表 8－37

项　　目	规划流量	实 际 情 况	今后措施和预计
天山厂服务范围	75000m^3/d	50000m^3/d(包括北新泾东块 1600m^3/d)	根据调查报告管道改造后可达 75000m^3/d
北新泾东块	30000m^3/d	16000m^3/d	中途泵站至厂的管道整理后可增大流量
北虹地区	33200m^3/d	即将建设	中途泵站建成后将有水量，但数量较难预计
合　　计	138200m^3/d		

由于接纳水量的逐年增加而产生的超流量问题将由规划另行安排解决。

进水水质情况如表 8－38 和表 8－39 所示。

1993～1999 年流量、进水水质汇总表　　表 8－38

项目 / 年份	流量 (10^4m^3/d)	BOD_5 (mg/L)	SS (mg/L)	NH_3-N (mg/L)
1994	3.36	147.8	196.5	
1995	3.29	162.5	190.1	
1996	3.58	149.0	189.7	
1997	3.91	145.8	165.8	30.3
1998	4.16	165.0	173.2	23.1
1999	5.01	152.9	152.1	25.1

近年2000～2002年流量、进水水质汇总表 表8－39

项目 / 年份	流量（$10^4m^3/d$）	BOD_5（mg/L）	COD_{Cr}（mg/L）	SS（mg/L）	NH_4^+-N（mg/L）	TN（mg/L）	TP（mg/L）	磷酸盐（mg/L）	LAS（mg/L）
2000	6.94	339.5	704.1	373.9	22.5	47.9	5.6		
2001	7.33	396.6	790.8	369.6	28.0	52.8	6.5	8.7	3.8
2002	7.40	394.7	823.5	330.2	28.3	53.3	5.5	8.7	5.2

由表8－39可以看出，2000年以后COD_{Cr}和BOD_5等指标较高，经调查其原因是由于储泥池上清液回流至污水处理流程，造成进水污染负荷高于设计值。

天山污水处理厂采用常规活性污泥法处理工艺，其工艺流程如图8－122所示。

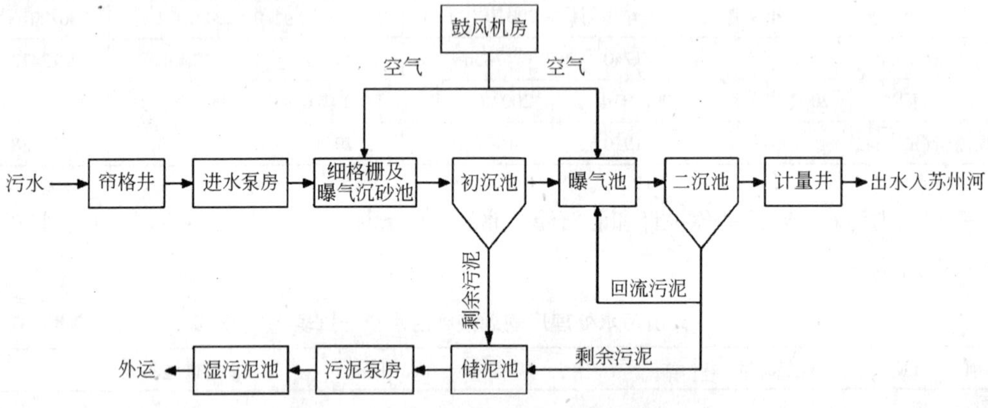

图8－122 天山污水处理厂工艺流程图

天山污水处理厂的主要构筑物如表8－40所示。

天山污水处理厂主要处理构筑物一览表 表8－40

构筑物名称	建造年代（年份）	单位面积尺寸（m）	有效深度（m）	数量（只）
帘格井	1984	1.8×1.8	6.15	2
集水井	1984	1.32×1.8	7.8	1
曝气沉砂池	1984	3×10	3.6	2
初次沉淀池	1984	$\phi30$	4.87	3
曝气池	1984	45×24	6	3
二次沉淀池	1984	$\phi30$	3.97	6
储泥池	1984	$\phi7.5$	3.5	2
湿污泥池	1988	33×16	2.3	3

目前运行存在以下一些问题：

1）格栅井粗格栅除污机：共2台，其中一台虽已更新，但使用效果并不理想，另一台年久失修，已无法使用；

2）进水泵：使用年代久，效率下降，易堵塞；

3）沉砂池：刮砂机道轨磨损，锈蚀损坏，效率下降；

4）初次沉淀池、二次沉淀池：刮泥机中心转盘轴承磨损厉害，漏油严重，水下部分锈蚀严重；

5）初次沉淀池、二次沉淀池：三角堰板锈蚀严重；由于初次沉淀池与曝气池高差太小和连接管道容量的缘故，造成高峰流量时初次沉淀池出水不畅；

6）鼓风机：淘汰产品，漏油严重，设备无备件，难以长期维持；

7）高压配电柜：淘汰产品，且老化，使用不安全；

8）供气系统：空气管路和配件损坏，漏气严重；

9）污泥泵：效率低；

10）回流污泥螺旋泵：漏油严重，轴承摆动；

11）污泥缺乏脱水处理设施，污泥虽经湿污泥池浓缩撇水后由船外运，但污泥含水率高，体积庞大，外运困难，同时污泥出路已成问题，急需脱水后外运至填埋场；

12）目前处理厂尾水未经任何消毒灭菌处理，不能满足排放标准对尾水中病菌数量的严格规定。

随着城市建设的不断发展，天山污水厂周边地区逐渐形成密集的商住综合区，污水厂日常生产过程中排放的臭气对周围地区生产生活和城市形象造成了一定程度的影响。

8.11.2　改扩建设计

1. 改扩建标准确定

根据进水水质指标分析，本工程设计进水水质指标基本位于实际负荷区间内，或略小于实际负荷，并适当留有余量。

天山厂的进出水水质指标如表 8－41 所示，要求污水处理厂不但要硝化而且要反硝化。

进出水水质主要指标一览表　　**表 8－41**

项目 / 名称	COD_{Cr} (mg/L)	BOD_5 (mg/L)	SS (mg/L)	NH_4^+－N (mg/L)	TN (mg/L)	磷酸盐 (mg/L)	TP (mg/L)	LAS (mg/L)	大肠菌 (个/L)
进水	360	180	180	30	45		6.7	2.5	>238000
出水	≤100	≤30	≤30	≤10	建议 30	1.0	≤3	≤2	≤10000

通过对设计出水水质指标的分析，COD_{Cr}、BOD_5、SS、TP 和大肠菌群数符合国家标准《城镇污水处理厂污染物排放标准》（GB 18918—2002）中二级标准的规定；由于 NH_4^+－N 和磷酸盐极易造成水体的富营养化，因此 NH_4^+－N 和磷酸盐符合上海市地方标准《污水综合排放标准》（DB 31/199—1997）第二类污染物排放浓度中的二级标准的规定。

2. 改造工程内容

污水厂改造的主要内容包括以下几个方面：

（1）增设厌氧池1座；

（2）3组曝气池中1组改为一段曝气池，由厌氧池出水直接进入1组曝气池；

（3）3座初次沉淀池改为中间沉淀池，一段曝气池用泵提升后进入3座中间沉淀池；

（4）3座中间沉淀池自流入另2组曝气池，该曝气池作为二段曝气池；

（5）二段曝气池自流入原有6座二次沉淀池，处理后出水经紫外线消毒达标排放；

（6）最终沉淀池和中间沉淀池，另配置回流污泥泵，各自回流；

（7）最终沉淀池出水回流到一段曝气池，和一段和二段曝气池混合液回流，另配置水泵；

（8）鼓风机房另行配置风机；

（9）本工程新建污泥浓缩脱水机房1座，污泥脱水后外运处置；

（10）为减少污水、污泥处理过程中对周围环境的影响，对处理构筑物进行加盖，并通过风管收集后送往除臭装置进行生物除臭；

（11）根据天山厂目前设施设备的使用和维护状况，结合改造工艺的要求，酌情对现有机械、电气和自控设备进行更新改造，满足未来污水处理厂生产设施高效运转的要求。

3. 处理工艺选择

（1）污水处理工艺

工程采用Hybrid工艺作为天山污水处理厂改造工程实施方案，工艺流程如图8-123所示。

根据近年来欧洲对老污水处理厂的改造经验，一种基于传统两段活性污泥法的生物处理工艺Hybrid正在得到逐步推广和应用。在奥地利，由于国家立法进一步加强了对污水厂排放尾水中营养物质（N、P）排放的限制，因此大批已建仅具除碳功能的污水处理厂被重新改造，许多改造成深度处理的污水处理厂采用Hybrid工艺。

Hybrid处理工艺主要通过对溶解氧浓度的控制实现对曝气池运行方式的控制，溶氧仪安装在曝气池出水堰附近，并于控制系统设定某特定值，溶氧仪测定值反馈至控制系统，通过与设定值的比较，继而控制空气管路上电动蝶阀的启闭，实现对生物反应池曝气程度的控制。

二段曝气池中另外安装NH_3-N仪以实现对曝气池的控制，NH_3-N仪安装于曝气池出水槽，测定值反馈至控制系统，通过与设定值的比较，控制生物反应池曝气程度以实现特定的硝化要求。

（2）污泥处理工艺

本工程污泥处理采用好氧消化工艺，工艺流程如图8-124所示。

在方案中，污水处理过程中产生的污泥先通过机械浓缩使污泥含水率降低至95%，以减少下阶段好氧消化池的体积。好氧消化池共设2组。采用全封闭形式和鼓风曝气充氧，以确保消化反应温度。消化反应基质去除率约为40%，消化后污泥经储泥池停留后输送至污泥脱水机房进行机械脱水。

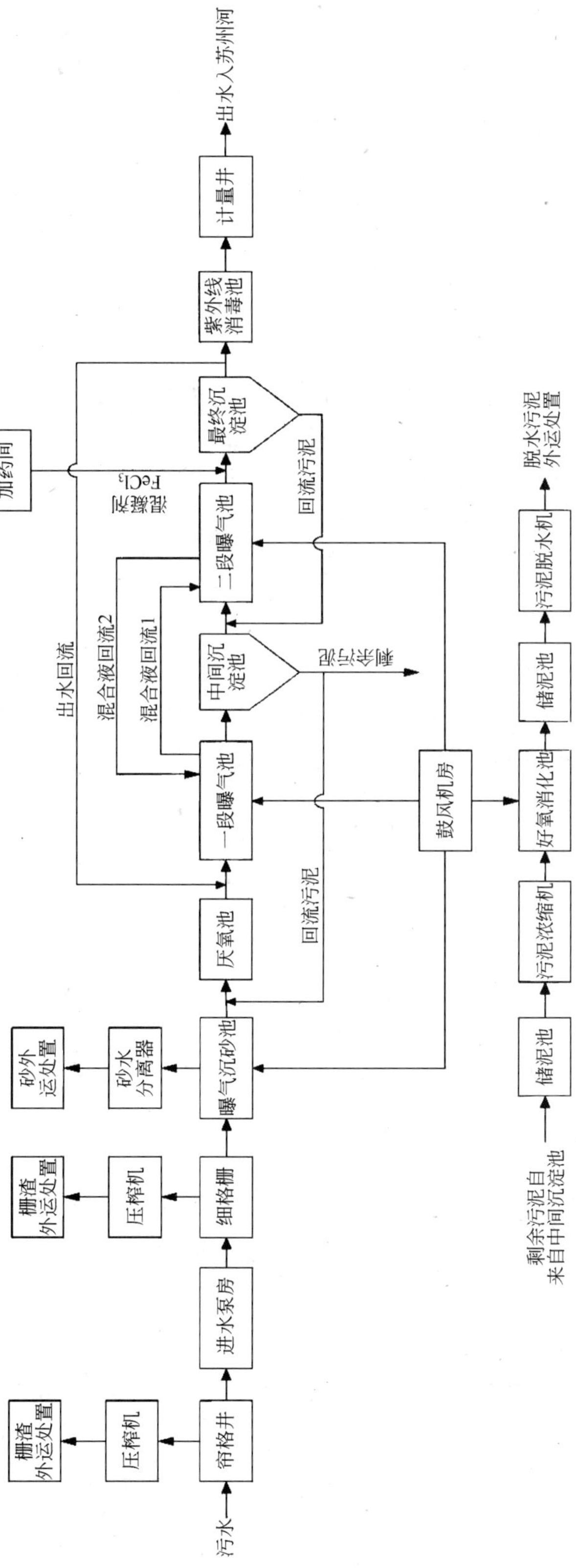

图8-123 Hybrid工艺流程图

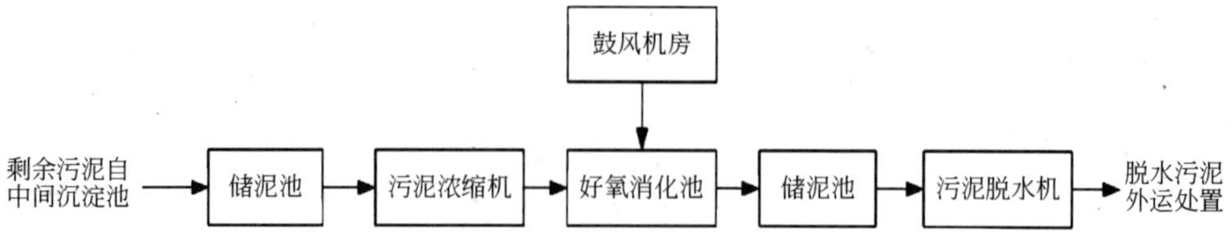

图 8－124 污泥好氧消化工艺流程图

4. 主要处理构筑物设计

（1）污水处理构筑物

1）粗格栅井

粗格栅井在原构筑物基础上改建，主要改造部分为设备更新，并增加除臭排风装置。

粗格栅井土建平面尺寸为 3.9m×10.0m，每隔平面尺寸为 1.8m×8.5m，井深 6.35m，原安装有 2 台栅条间距为 25mm 的粗格栅除污机，受到进水中粗大杂物的冲撞，尼龙齿耙断齿现象严重。原已更新 1 台，但使用效果不理想，本次改造将更新 2 台链传动多刮板格栅除污机，以满足截取粗大杂物的使用要求，减轻后续处理设施的负荷。

粗格栅井宽为 1800mm，格栅宽度为 1200mm，垂直高度为 6m，栅条有效间隙 b 为 20mm，安装角度为 75°，单机电机功率为 1.5kW。

原粗格栅除污机已配置有 2 皮带输送机用以传输栅渣，但输送机为敞开式，易散发臭气，且操作管理条件较差。本次改造更换为无轴螺旋输送机，用以将 2 台粗格栅除污机截取的栅渣输送至螺旋压榨机进行挤压脱水。

无轴螺旋输送机数量为 1 台，输送能力 Q 为 $2m^3/h$，输送长度 L 为 5000mm，电机功率 N 为 1.5kW。

原有的螺旋压榨机系进口设备，至今使用效果良好。本次改造仍维持原有设备，不予更换。

螺旋压榨机处理能力 Q 为 $2m^3/h$，电机功率 N 为 2.2kW。

粗格栅井和设备敞开部分加装卡普隆盖板用以集气排风，玻璃钢风管安装于集水井上部，并送往 2 号除臭装置集中处理臭气。

2）进水泵房

进水泵房为原构筑物改建，主要改造部分为设备更新，并增加除臭排风装置。

原进水泵房平面尺寸为 11m×27m，泵房底标高为 －7.8m，为自灌式泵房。原安装有 6 台立式污水泵，并预留 2 台空位，单台水泵流量为 $900m^3/h$，扬程为 12m，单机电机功率为 55kW。泵房地面建筑设有配电间和休息室。

原水泵型号陈旧，流量不匹配，易堵塞，经常年使用，效率已显著下降。本次改造，原有污水泵宜全部更新。

目前，许多污水泵房的改建往往采用改造为潜水污水泵房的形式，潜水污水泵近年来在国内的污水处理行业已得到了广泛的运用。潜水泵效率高，安装使用方便，维护保养简易。在许多干式泵房改建工程中已得到了推广运用。

本工程改造方案应兼顾污水厂正常运转，若改建为潜水泵房，需要对原泵房的土建工程作大幅度的改建，难以满足不停水施工的需要，鉴于以上考虑，本工程仍维持原干式泵房的结构形式，仅对重要设备进行更新，既达到满足改建后污水厂对高效率设备的要求，又尽可能维持施工期间污水厂的正常运转。

改造方案为拆除原进水泵房内PWL型立式污水泵，更新为5台立式污水泵，4用1备。单泵流量Q为1000m^3/h，扬程为11m，电机功率为55kW。

水力流程经过重新核算，进水泵房水泵扬程可调整为11m。

原有水泵进出水管道配件应尽可能充分利用，以节省工程投资，维持污水厂改造施工期间的正常运行。

进水泵房内的设备安装和维修依靠原安装的1套单轨吊车和电动葫芦，起重量为3t，本次改造起重设备不作更新。

泵房集水池敞开部分加装卡普隆盖板用以集气排风，玻璃钢风管安装于集水井上部，并送往2号除臭装置集中处理臭气。

进水泵房的工艺改造如图8－125所示。

3）细格栅和曝气沉砂池

细格栅和曝气沉砂池为新建。

① 细格栅

沉砂池前端渠道内安装2台回转式细格栅除污机，用以截取进水中较细小的垃圾等杂物。细格栅渠宽B为1300mm，设备宽度B_1为1200mm，栅条有效间隙b为6mm，细格栅垂直高度H为2200mm，安装角α为75°。

回转式固液分离机数量为2台，每台电机功率N为1.5kW。

② 曝气沉砂池

原曝气沉砂池分2格，每格平面尺寸为3m×10m，水深为3.6m，水力停留时间为2.8min。

近年来国内外污水处理厂的设计和运行经验表明，曝气沉砂池的水力停留时间宜适当延长，以确保沉砂池的运行效果。如德国设计规范（ATV，1997）规定，曝气沉砂池的水力停留时间宜为5～10min，可确保大于0.2mm粒径的砂粒的去除率可达到85%。沉砂池适当延长水力停留时间，也可达到较好的除油效果。污水厂实际运行数据显示，原沉砂池使用效果一般，且主要的机械设备链式刮砂板损毁情况严重，宜进行彻底改造。

沉砂池分2格，每格平面尺寸为25m×4.65m，有效水深为2m，水力停留时间为7min，空气管设于沉砂池一侧，供气量为534m^3/h，在空气管同侧池底，设有宽为1.2m的集砂槽，用链式机械刮砂板将沉砂送至池端顶部，排入贮砂斗后，经砂水分离后外运处置。

曝气沉砂池内设置2台链板式刮砂机，通过链传动和刮板将沉积于池底的沉积砂以30°坡度向上输送，抵达池顶平台时，由卸料口将提升的沉积砂由输砂管卸至垃圾储存箱，由人工定期外运，刮板返程时，应将液面浮渣撇向电动旋转式撇渣管。

设备技术参数：

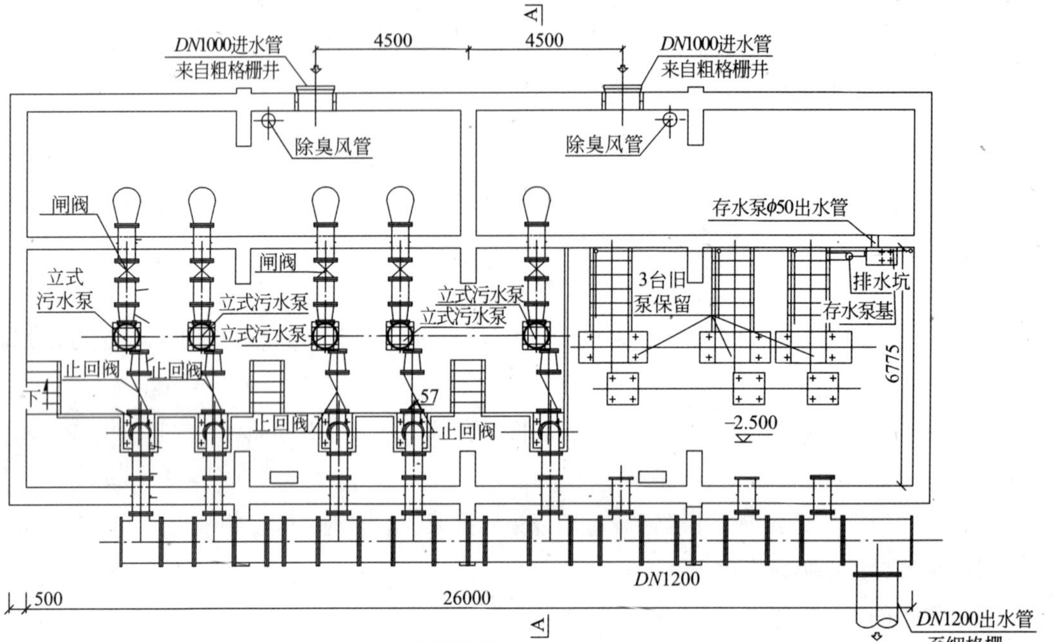

下层平面图

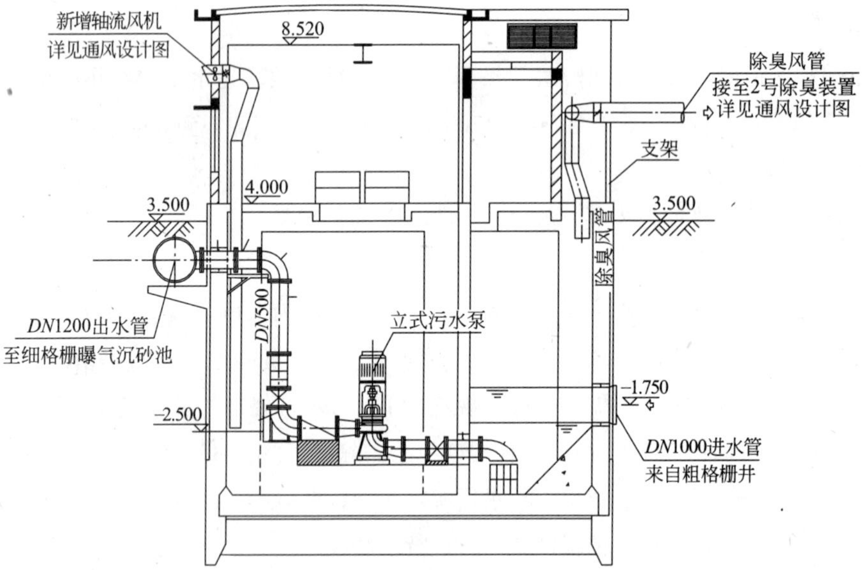

A—A剖面图

图8－125　进水泵房工艺改造图

刮板宽度：1200mm；

水平段长度：25m；

爬升角度：30°；

刮板速度：0.6m/min；

单台电机功率：0.37kW；

数量：2 台。

随着近年来服务范围内餐饮等第三产业的迅猛发展，进入天山污水厂的含油废水大量增加，导致二次沉淀池表面漂浮着厚重的油层，影响了出水水质，也给日常的清理和维护工作带来了极大的不便，本次工程在沉砂池内增加除油功能。

与空气管相对一侧设置集油与撇渣区，通过一道静止格栅与沉砂区相隔，经收集的浮油经撇渣管外排。

静止格栅宽度为 2m，高度为 1.5m，格栅间隙为 3mm，数量共计 26 套，全部采用不锈钢制造。

沉砂池的出水处设置 1 台电动旋转式撇渣管，通过时间继电器自动定时进行液面浮油浮渣的撇除。

电动旋转式撇渣管的管径为 400mm，总长度约为 10m，材料为不锈钢，电机功率为 0.37kW。

细格栅和曝气沉砂池的工艺设计如图 8－126 所示。

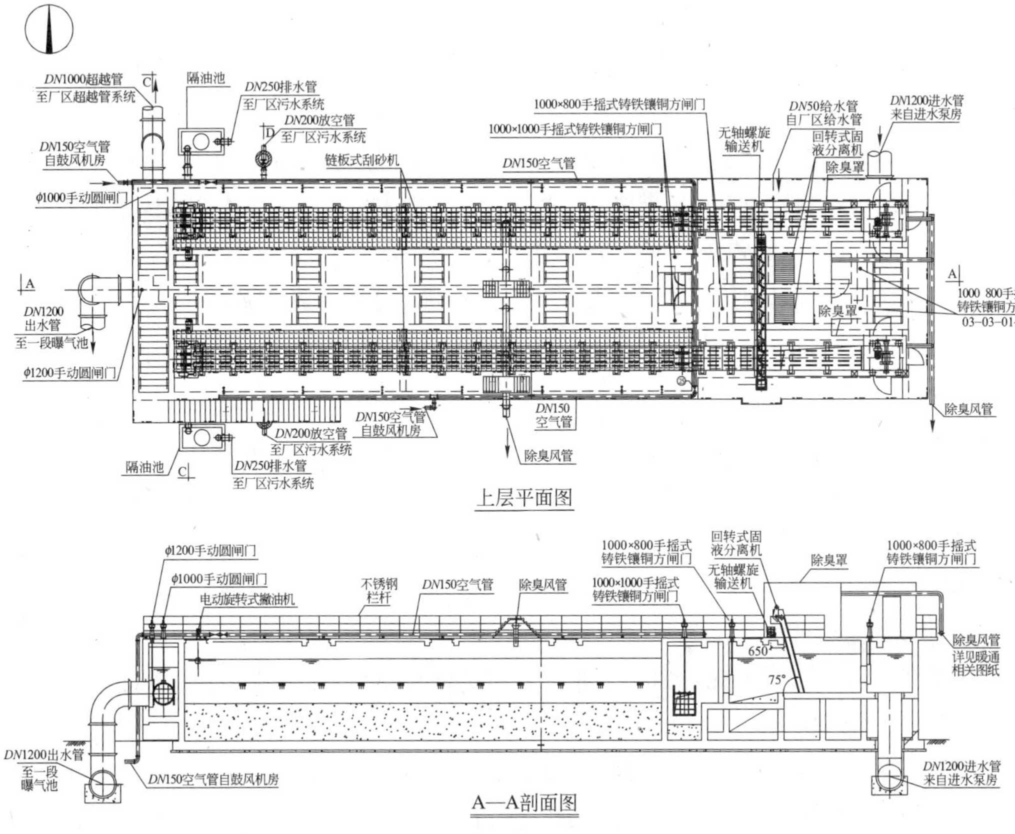

图 8－126　细格栅和曝气沉砂池工艺设计图

4）厌氧池

新建厌氧池 1 座，在厌氧阶段污水中厌氧细菌大量放磷，为下阶段好氧吸磷创造条件。

厌氧池设置于已建初次沉淀池南侧，平面尺寸为33.8m×16.5m，有效水深为6m，水力停留时间为1.07h。厌氧池分3格，每格平面尺寸为16.5m×11.0m。

每格设置1台潜水搅拌器，通过叶轮旋转促使池内污水搅动，避免污泥沉积。

潜水搅拌机采用潜水电机与搅拌叶轮为一体的结构形式，搅拌机的角度调整通过上部转盘转动完成，同时可通过设置在上部支架的起升设备将搅拌机沿导杆提升或放下。

潜水搅拌机采用的电机为F级绝缘，防护等级为IP68，单台电机功率N为3.1kW，设备数量共计3台。

中间沉淀池回流污泥泵房与厌氧池合建，自中间沉淀池泵送活性污泥至厌氧池，回流比R为38%。泵房平面尺寸为5.1m×4.6m，安装潜水轴流泵3台，2用1备，单台流量Q为600m^3/h，扬程H为2.5m，电机功率N为11kW。

厌氧池构筑物敞开部分上覆卡普隆集气罩用以集气排风，臭气经收集后通过玻璃钢风管排送至2号除臭装置集中处理。

5）一段曝气池

一段曝气池主要用于去除污水中大量的以COD计的有机污染物，同时TN的去除也主要在该阶段中完成。另外，一段曝气池还兼顾部分硝化和除磷功能。

一段曝气池在原曝气池的基础上改建，根据水力流程和平面布置，将目前3座曝气池最南端的一座改建为一段曝气池。

原曝气池每池4槽，槽长为45m，槽宽和水深均为6m，每组曝气池处理25000m^3/d污水，平均水力停留时间为6.2h。原设计采用穿孔管鼓风曝气，推流运行，池内混合液浓度为2.5g/L，污泥负荷为0.3kgBOD/(kgMLSS·d)。

新建一段曝气池基本维持原池的土建结构，仅对进出水管和池内流态作调整。一段曝气池，混合液浓度为1.5g/L，污泥负荷为1.39kgBOD_5/(kgMLSS·d)，标准供氧量为776kgO_2/h，最大供气量为172.4m^3/min。

原进水位于曝气池中部，采用多点进水的形式。现改为北侧廊道的东端进水，进水管管径DN1400。同时在该位置设置二段曝气池混合液回流管和最终沉淀池出水回流管，促进一段曝气池的硝化和反硝化功能。在全部改造工程完工后，原进水管和回流污泥管应予以封堵。

污水经一段曝气池反应后，于南侧廊道的东端出水，出水端设置堰口，出水管管径DN1400，出水经泵送至中间沉淀池作泥水分离。

由于推流形态变化，原有隔墙上开设的3处4000mm×3000mm导流孔应予以封堵，在对应位置重新开设3处4000mm×3000mm导流孔。

采用鼓风曝气对曝气池全池进行供氧，微孔曝气器均布于全池。根据工艺要求，50%的曝气池可切换为缺氧段运行，因此，一部分曝气池容积需安装搅拌设备以确保厌氧状态下池内污泥呈悬浮状态。

盘式微孔曝气器均布于曝气池底部，为生物反应供氧，同时确保池内混合液呈悬浮状态。微孔曝气器的数量共计2040套。

曝气器单个供气量约为 $5m^3/h$，充氧效率为 25%，除膜片采用三元乙丙胶外，其余空气支管等配套附件均采用 PVC－U 塑料管，微孔膜式曝气器的成套范围应包括安装支架等附件。

当北侧 2 条廊道的曝气系统被切断时，50% 的曝气池可以被切换作为厌氧池使用，以强化一段曝气池的反硝化功能。为防止曝气池污泥沉积，2 条廊道内分别设置 1 台潜水搅拌机，提高泥水混合效果，搅拌输入功率为 $3 \sim 5W/m^3$。

潜水搅拌机采用潜水电机与搅拌叶轮为一体的结构形式，搅拌机的角度调整通过上部转盘转动完成，同时可通过设置在上部支架的起升机构将搅拌机沿导杆提升或放下。

潜水搅拌机采用的电机为 F 级绝缘，防护等级为 IP68，单台电机功率 N 为 3.5kW，设备数量共计 2 台。

一段曝气池敞开部分上覆卡普隆集气罩用以集气排风，臭气经收集后通过玻璃钢风管排送至 1 号除臭装置集中处理。

一段曝气池的工艺设计如图 8－127 所示。

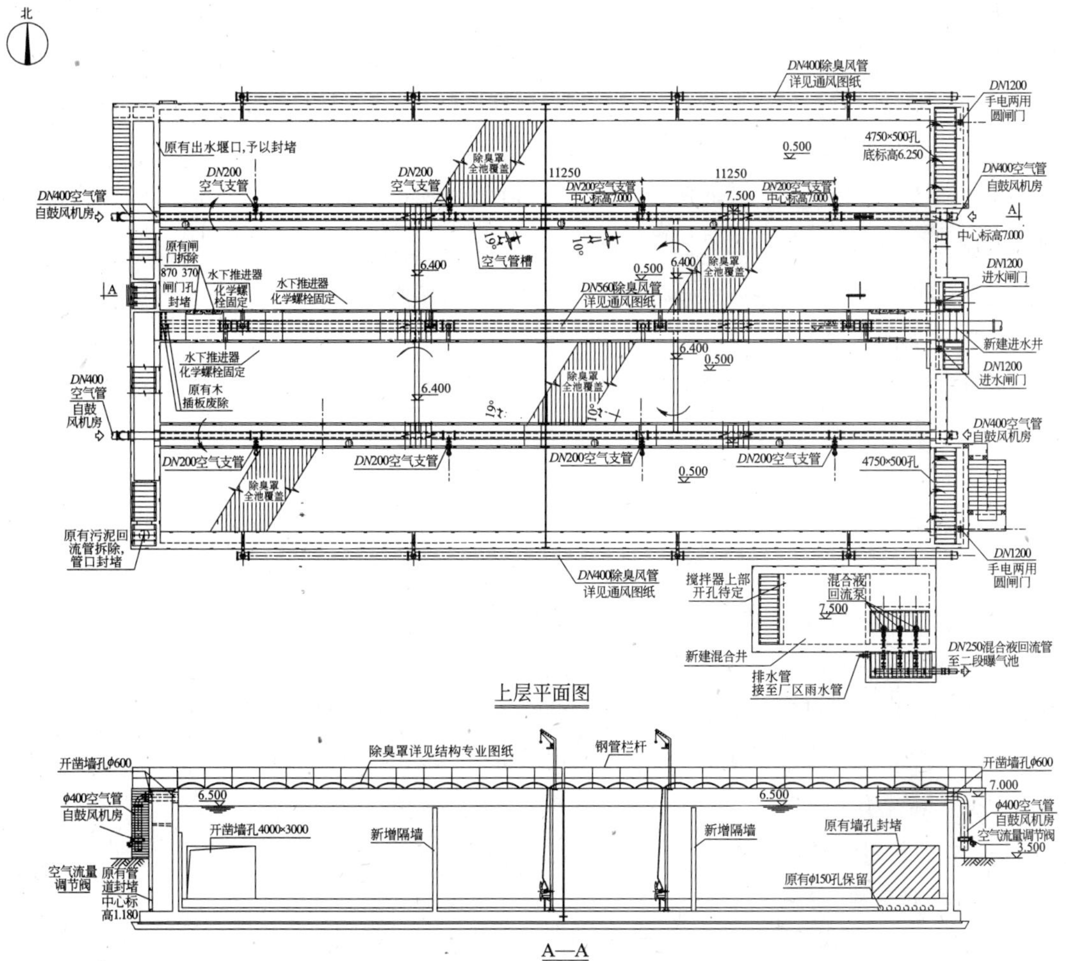

图 8－127　一段曝气池工艺设计图

6）中间沉淀池

中间沉淀池用于对一段曝气池出流的混合液进行泥水分离。中间沉淀池充分利用原厂初次沉淀池的土建结构，并对相关连接管道和机械设备作合理改造。

原初次沉淀池为中心进水、周边出水的辐流式沉淀池，共3座，池径为30m，有效水深为4.87m，水力停留时间为2.54h，表面负荷为1.88$m^3/(m^2 \cdot h)$，池内设中心传动刮泥机，污泥通过集泥槽藉重力排出。

设计中间沉淀池基本维持原初次沉淀池土建结构，池数3座，池径为30m，有效水深为4.87m，设计表面负荷为2.47$m^3/(m^2 \cdot h)$。

原初次沉淀池和曝气池之间采用管道连接，由于构筑物不均匀沉降和管道常年使用造成的结垢等原因，导致初次沉淀池和曝气池之间在高峰流量时水流不畅。本次改造工程中，由于最终沉淀池出水回流造成中间沉淀池水力负荷约增加40%，因此，拟抬高中间沉淀池出水堰标高约10cm，适当减少沉淀池超高，使沉淀池运行水位恢复至原设计标高。经水力计算，改造后的水力高程可满足设计要求。

原初次沉淀池刮泥机经常年使用后，除不久前更换的1台铝合金桥架刮泥机至今使用效果较好外，其余2台中心转盘轴承磨损严重，大量漏油，已不堪使用，本次改造拟将剩余2台刮泥机拆除进行更换，改造工程包括将锈蚀的中心柱管割除并更换成不锈钢柱管。

刮泥机为周边传动半跨桥架形式，设备全部采用防腐蚀材料，以增加材料的抗腐蚀性能和延长使用寿命，新配置的刮泥机包括撇渣和排渣系统。

中间沉淀池周边传动刮泥机更新数量共计2台，刮泥机周边线速度 n 为2～2.5m/min，单台电机功率 N 为0.55kW。

设备的更新改造应结合土建工程一并实施，其内容包括沉淀池池顶标高找平和池顶平台的外挑，为使周边刮泥机端梁外测与平台栏杆有一定的安全通道，沉淀池平台外挑至1.2～1.3m宽。

原有钢制出水堰板已严重锈蚀，本次改造予以全部更换，出水堰板采用不锈钢材料制造，其高度为250mm，厚为3mm，单池双出水堰的周边总长度约为180m，出水堰板具有上下约30mm左右调节余量，以确保经调节后各堰口可均匀出水。

中间沉淀池回流污泥经污泥泵房提升至厌氧池，以保持厌氧池和一段曝气池的混合液浓度。生物处理系统的剩余污泥全部从中间沉淀池排出，借助重力进入储泥池。

中间沉淀池敞开部分上覆卡普隆集气罩用以集气排风，臭气经收集后通过玻璃钢风管排送至1号除臭装置集中处理。

中间沉淀池的工艺设计如图8－128所示。

7）二段曝气池

二段曝气池在较低的污泥负荷状态下运行，主要承担着生物处理系统的硝化功能，同时兼顾一部分反硝化的功能。

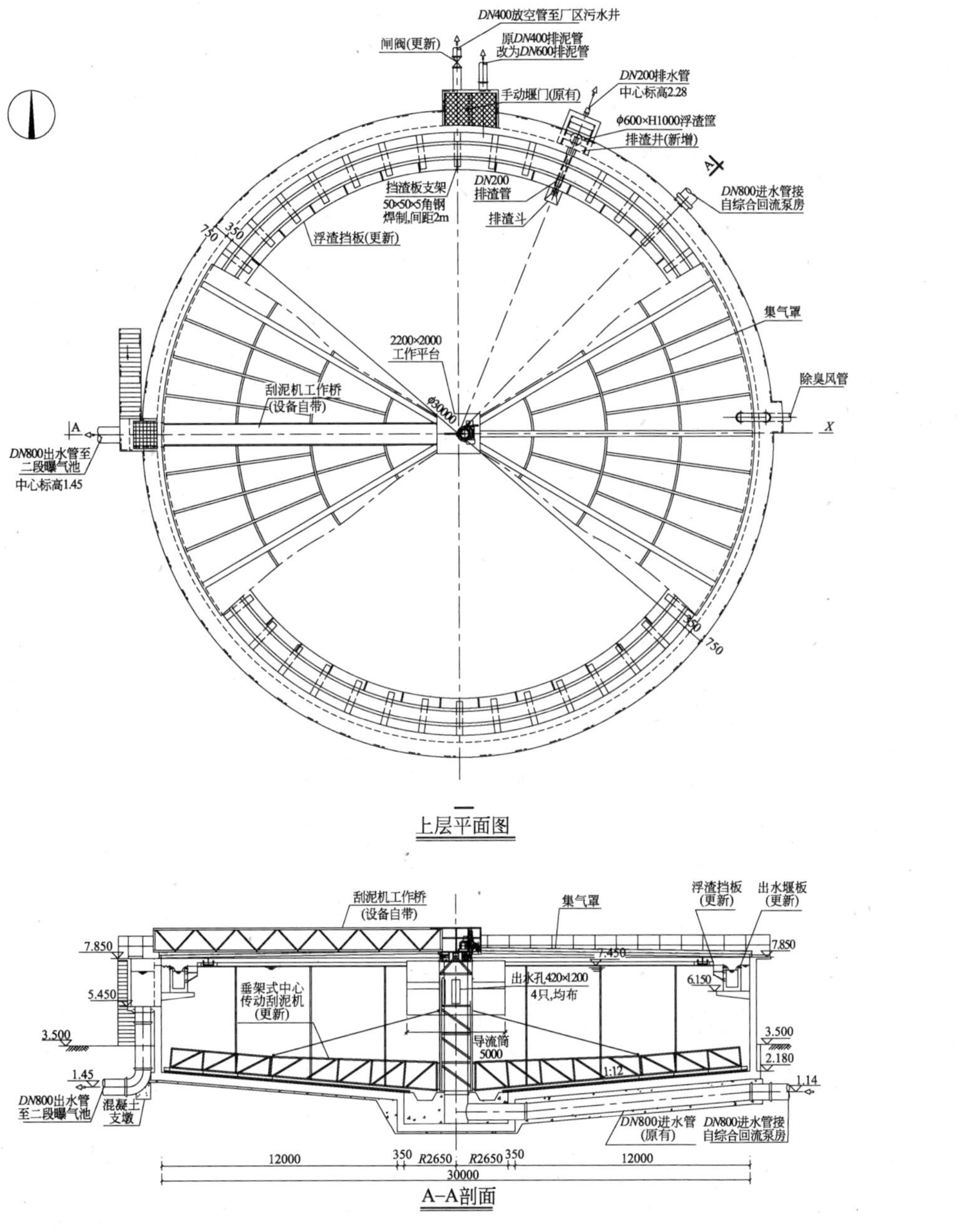

图 8-128 中间沉淀池工艺设计图

与一段曝气池一样，二段曝气池也在原曝气池的基础上改建。根据水力流程和平面布置，宜将目前 3 座曝气池北面的 2 座改建为二段曝气池。

新建二段曝气池基本维持原池的土建结构，仅对进出水管和池内流态作出调整，二段曝气池单池平面尺寸为 45m × 24m，有效水深为 6m，混合液浓度为 3.3g/L，污泥负荷为 0.13kgBOD_5/(kgMLSS·d)，标准供氧量为 1294kgO_2/h，最大供气量为 287.6m^3/min。

原进水位于曝气池中部，采用多点进水的形式。现改为于南侧廊道的东端进水，进水管管径 *DN*1000。同时在进水端设置一段曝气池混合液回流管，加强二段曝气池的反硝化功能。最终沉淀池至二段曝气池的回流污泥管仍利用原二次沉淀池回流污泥管，管径 *DN*600。在全部改造工程完成后，原进水管应予以封堵。

污水经二段曝气池反应后，于北侧廊道的西端出水，出水端设置堰口，出水管管径 *DN*1000，出水至最终沉淀池作泥水分离。

在二段曝气池出水端投加 $FeCl_3$ 混凝剂，以去除经生物处理后污水中的剩余磷。化学除磷作为生物除磷的辅助手段，视生物除磷的效果灵活运用。

由于推流形态变化，原有隔墙上重新开设 4 处 4500mm × 5600mm 宽导流孔。

拟采用鼓风曝气对曝气池全池进行供氧，微孔曝气器均布于全池。根据工艺要求，50% 的曝气池可切换为缺氧段运行，因此，一部分曝气池容积需安装搅拌设备以确保厌氧状态下池内污泥呈悬浮状态。

盘式微孔曝气器均布于曝气池底部，为生物反应供氧，同时确保池内混合液呈悬浮状态。微孔曝气器的数量共计 3456 套。曝气器单个供气量约为 $5m^3/h$，充氧效率为 25%。

当曝气池内的曝气系统被切断时，50% 的曝气池可以被切换作为厌氧池使用，以强化二段曝气池的反硝化功能。为防止污泥沉积，并提高泥水混合效果，在曝气池内设置 16 套潜水搅拌器，每池 8 套，潜水搅拌机单台电机功率 N 为 1.6kW。

每座曝气池内安装 2 台内回流泵，增强混合液循环效果，提高二段曝气池去除 TN 能力。

内回流泵总数量共计 4 台，单台流量 Q 为 $3150m^3/h$，扬程 H 为 0.5m，电机功率 N 为 10kW。

二段曝气池敞开部分上覆卡普隆集气罩用以集气排风，臭气经收集后通过玻璃钢风管排送至 1 号除臭装置集中处理。

二段曝气池工艺设计如图 8 - 129 所示。

8）最终沉淀池

污水进入最终沉淀池对二段曝气池出流的混合液进行泥水分离。最终沉淀池充分利用原二次沉淀池的土建结构，并对相关连接管道和机械设备作合理改造。

原二次沉淀池采用辐流式，池径为 30m，池边水深为 3.97m，共 6 座，水力停留时间为 4.1h，表面负荷为 $0.94m^3/(m^2 \cdot h)$，池内设中心传动吸泥机，原二次沉淀池出水直接排入苏州河。

经改造后的最终沉淀池共 6 座，设计表面负荷为 $1.23m^3/(m^2 \cdot h)$。

经最终沉淀池泥水分离后，污泥经泵房提升回流至二段曝气池，以维持二段曝气池混合液浓度，回流比为 75% ~100%。

经多年使用后，原二次沉淀池吸泥机中心转盘轴承磨损严重，大量漏油，水下部分锈蚀严重，已不堪使用，本次改造将全部 6 台刮泥机拆除进行更换，包括将锈蚀的中心柱管割除并更换成不锈钢柱管。

刮泥机为周边传动半跨桥架形式，设备全部采用防腐蚀材料，以增加材料的抗腐蚀性能和延长使用寿命。新配置的刮泥机包括撇渣和排渣系统。

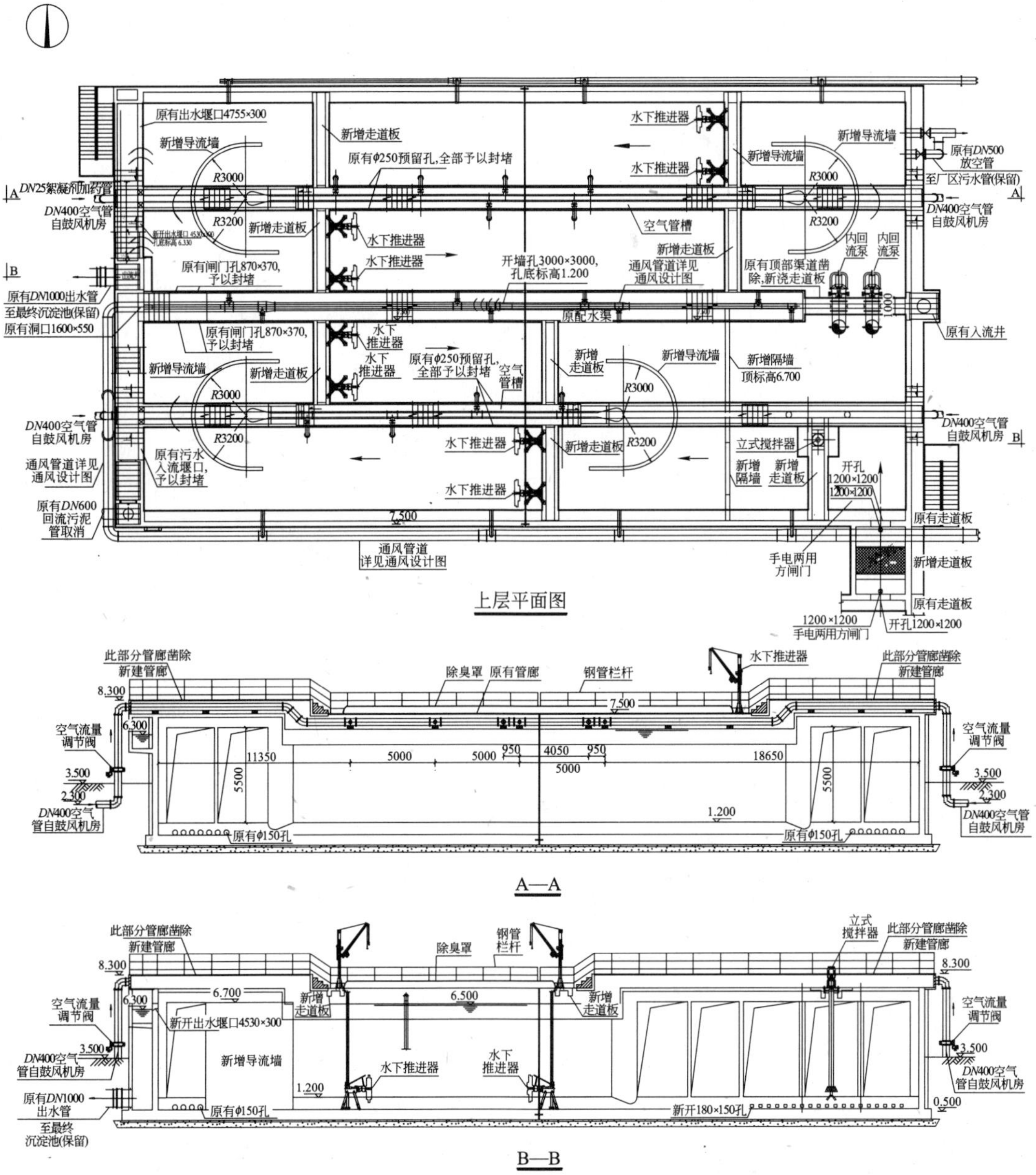

图 8－129　二段曝气池工艺设计图

最终沉淀池周边传动刮泥机更新数量共计 6 台，刮泥机周边线速度 n 为 2～2.5m/min，单台电机功率 N 为 0.55kW。

由于原有钢制出水堰板已严重锈蚀，本次改造全部更新为不锈钢出水堰板，出水堰板高度为 250mm，厚为 3mm，出水堰板具有上下约 30mm 左右调节余量，以确保均匀出水。

为避免系统剩余污泥全部从中间沉淀池排出而造成负荷较大，最终沉淀池也设置了污泥排放管，提供紧急情况下的污泥应急排放。

最终沉淀池工艺设计如图 8－130 所示。

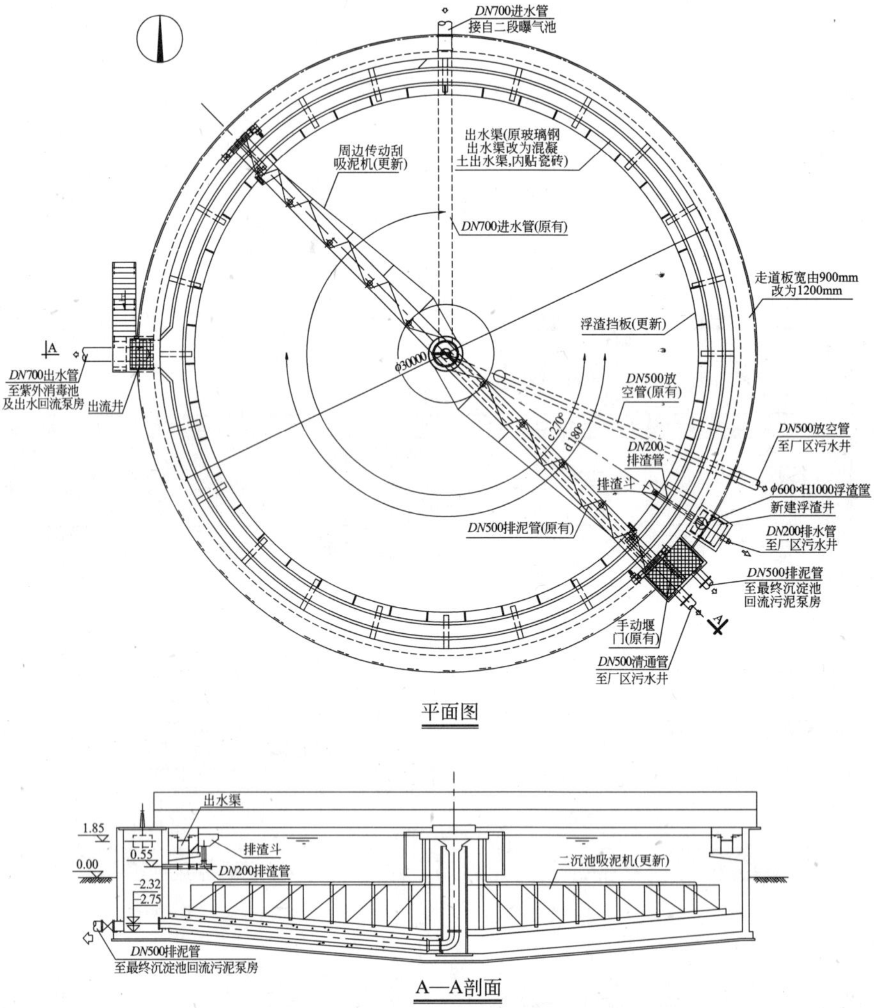

图 8－130 最终沉淀池工艺设计图

9）鼓风机房

鼓风机房为原构筑物改建，拟充分利用原土建结构，并对风机等主要设备进行更新。

已建鼓风机房平面尺寸为 12m × 36m，另设 4.5m × 36m 变配电间、配电间、仪表间和空气过滤室。鼓风机房内原配置风量为 $250m^3/min$，风压为 0.065MPa 的多级离心风机 4 台，电机功率为 440kW，机房内另设手动双梁起重机 1 台，起重量 1.6t。

鼓风机为污水处理厂核心设备，原有鼓风机属淘汰产品，经多年使用后，漏油严重，噪声大，维修保养的备品备件缺乏，难以长期维持。本次改造拟对所有鼓风机进行更新。

鼓风机采用单级离心式，共 2 种规格，分别用于曝气池和污泥好氧消化池的供氧，用于曝气池供氧的鼓风机共 4 台，3 用 1 备，单台风机风量 Q 为 $154m^3/min$，风压 H 为 0.07MPa，电机功率 N 为 250kW。鼓风机采用风冷机构形式，其配套设备应包括过滤器、消声设备、阀门和控制系统。

为好氧稳定池供氧的鼓风机数量为 1 台，与曝气池供气风机共用备用风机，鼓风机单台风量 Q 为 $130m^3/min$，风压 H 为 0.07MPa，电机功率 N 为 200kW。鼓风机采用风冷机构形式，其配套设备应包括过滤器、消声设备、阀门和控制系统。

为保证鼓风机正常操作，减少噪声，设置空气除尘装置和消声装置。鼓风机外加隔声罩，使噪声降低至80dB以下。

根据设备安装的需要，鼓风机房内新建进风室。同时，进出风等管配件需作相应更新。

鼓风机房内的设备安装和维修依靠原安装的一台手动双梁起重机，起重量为16t，本次改造起重设备不作更新。

10）一段曝气池提升泵房、回流泵房和二段曝气池回流泵房

根据全厂总平面布置的需要，节省用地，简化管线铺设，一段曝气池提升泵房、回流泵房和二段曝气池回流泵房拟为合建式泵房。

为充分利用已建构筑物，根据水力流程设计，一段曝气池出水藉水泵提升至中间沉淀池进行泥水分离。

一段曝气池回流泵房和二段曝气池回流泵房分别承担两段曝气池之间的混合液回流，主要用于提供二段曝气池反硝化反应所需的碳源和提供一段曝气池硝化细菌。回流率均为进水流量的3%～5%。

合建式泵房建于一段曝气池南侧，平面尺寸为14.1m×5.6m。

① 一段曝气池提升泵房

泵房平面尺寸为7.3m×5.6m，设置4台潜水轴流泵，3用1备。潜水轴流泵单台流量Q为1860m^3/h，扬程H为3.0m，电机功率N为40kW。

② 一段曝气池回流泵房

泵房平面尺寸为3.2m×5.6m，设置潜水离心泵3台，2用1备。潜水离心泵单台流量Q为80m^3/h，扬程H为2m，电机功率N为4kW。

③ 二段曝气池回流泵房

泵房平面尺寸为3.3m×5.6m，设置潜水离心泵3台，2用1备。潜水离心泵单台流量Q为90m^3/h，扬程H为2m，电机功率N为4kW。

11）最终沉淀池回流污泥泵房

拟拆除原二次沉淀池回流污泥泵房，并于原地新建最终沉淀池回流污泥泵房，泵送污泥至二段曝气池，以维持曝气池混合液浓度，回流比为66%～100%。

原二次沉淀池回流污泥泵房为螺旋泵房，平面尺寸为14m×6m，设ϕ1000螺旋泵4台，每台流量为660m^3/h，提升高度为3m，电机功率为11kW。经过多年使用后，螺旋泵漏油严重，轴承摆动。本次改造工程拟拆除重建。

国内于20世纪八九十年代初建设的污水处理厂，受到设备来源的限制，大多采用螺旋泵作为污泥回流提升泵。实际使用经验表明，螺旋泵扬程固定，易散发臭气，操作条件较差，运行过程中会对混合液充氧，不利于污泥回流至缺氧段和厌氧段，同时，土建占地面积较大，施工困难。

鉴于原泵房改造困难，工程投资较大，本工程新建污泥回流泵房1座，平面尺寸为9.85m×7.3m。

回流污泥泵采用潜水离心泵，数量4台，3用1备。潜水离心泵单台流量 Q 为 $1042m^3/h$，扬程 H 为3m，电机功率 N 为22kW。

12）紫外线消毒池和出水回流泵房

新建紫外线消毒池与出水回流泵房1座，位于6组最终沉淀池北侧，已建出水计量井西侧。为节省用地，消毒池与出水回流泵房合建。

① 紫外线消毒池

消毒池由2组出水渠组成，分别安装1套紫外线消毒系统，对二次沉淀池尾水进行消毒处理。

单渠平面尺寸为7.25m×1.7m，有效水深为1.1m。

紫外线消毒系统包括紫外线灯模块组、系统控制中心、配电中心、灯组支架和水位控制系统。

紫外线消毒装置采用模块式结构，使用低压高强度紫外灯管，使用多级变功电子镇流器，带机械或化学式自动清洗系统，自动清洗系统在清洗过程中不会对系统运行产生干扰，模块可以正常工作，消毒后尾水通过液位控制堰门排放。

紫外线消毒模块的数量共计1套2组，每组模块的灯管数量约为128根，单只灯管输出功率为150W，系统输出总功率约为46kW。

水位控制器安置在水渠末端的排水口，监控系统包括低水位传感器，以保证在设计时维持一个最低水位和最小水位变化，在此变化范围内保持灯管全部被淹没。

水位控制器主要采用不锈钢和其他抗腐蚀材料制造，数量共计2套。

在紫外线消毒的进水廊道处设置2台规格为1700mm×1600mm手摇式不锈钢渠道闸门，用于切断水流作检修设备用。

② 出水回流泵房

出水回流泵房与消毒池合建，将部分二次沉淀池出水回流至一段曝气池，提供大量的硝酸盐用于反硝化，承担生物脱氮系统主要的反硝化功能。出水回流比为40%。

泵房平面尺寸为7.14m×6.2m，安装潜水轴流泵3台，2用1备。潜水轴流泵单台流量 Q 为 $625m^3/h$，扬程 H 为4.5m，电机功率 N 为25kW。

紫外线消毒池和出水回流泵房的工艺设计如图8－131所示。

13）加药间

新建加药间1座，用以制备化学除磷所需的混凝剂溶液。

加药间平面尺寸为6m×5m，设计投加化学药剂类型为固态 $FeCl_3$，投加量为10mg/L，混凝剂总耗用量为750kg/d。

拟采用成套药剂制备系统，包括溶解系统和稀释系统。主要设备包括：

加药泵2套，1用1备，单泵流量 Q 为390L/h，扬程 H 为16m，电机功率 N 为1.6kW；

溶解系统1套，电机功率为3kW；

电动葫芦1套，起重量为1t，起升高度为6m，电机功率为1.5kW；

壁式轴流风机2套，排风量 Q 为 $1200m^3/h$。

（2）污泥处理构筑物设计

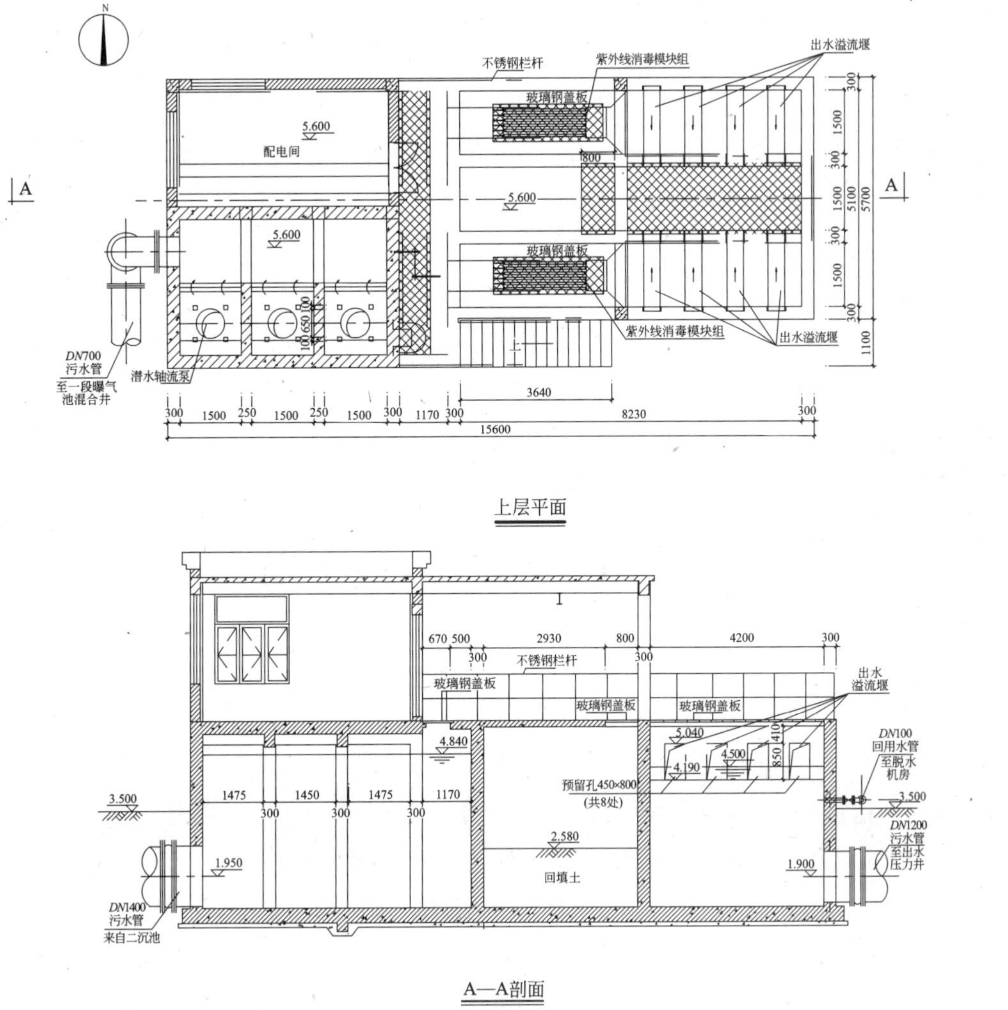

图 8－131 紫外线消毒池和出水回流泵房工艺设计图

本次改造工程污泥处理构筑物全部设置于厂区东南部。污泥处理构筑物主要包括储泥池、好氧消化池、污泥浓缩脱水机房。

1）储泥池

储泥池利用原湿污泥池改建，原污泥池池径为 8.5m，有效水深为 3.5m，共 2 池，其中 1 座湿污泥池分 2 格，其中 1 格作为污泥脱水前储泥池，另 1 格作为浓缩前储泥池；另 1 座湿污泥池也作为污泥浓缩前储泥池。储泥池充分利用原湿污泥池土建结构，并更新改造相关连接管线和机械设备。

生物处理系统排出的剩余污泥藉重力排入储泥池，停留后进行污泥浓缩。剩余污泥量为 14146kgDS/d，污泥含水率为 99.3%，污泥流量 Q 为 2021m^3/d。

储泥池池径为 8.5m，有效水深为 3.5m，水力停留时间为 3.54h。

经好氧消化处理稳定后的污泥藉重力排入储泥池，停留后进行污泥脱水。剩余污泥量为 10751kgDS/d，污泥含水率为 95%，污泥流量 Q 为 215m^3/d；

储泥池池径为8.5m，分2格，利用1格，有效水深为1.5m，水力停留时间为4.75h，另1格作为污泥浓缩前储泥池使用。

为防止储泥池内污泥沉积，在储泥池内每格内分别设置1台潜水搅拌器，以对池内浓缩污泥进行混合搅拌。潜水搅拌机单台电机功率 N 为2.5kW，设备数量共计3台。

储泥池敞开部分上覆玻璃钢集气罩用以集气排风，臭气经收集后通过玻璃钢风管排送至2号除臭装置集中处理除臭。

2）好氧消化池

新建2座好氧消化池用以对生物处理系统排放的剩余污泥进行稳定处理。经浓缩处理后的污泥输送至好氧消化池。剩余污泥量为14146kgDS/d，污泥含水率为95%，污泥流量 Q 为282.92m^3/d。

消化后污泥中挥发性固体去除率约为24%，消化后剩余污泥量为10751kgDS/d，污泥含水率为95%，污泥流量 Q 为215m^3/d。

消化反应所需的标准供氧量为579kgO_2/h。为防止曝气反应时热量流失，采用鼓风曝气充氧，总供气量为130m^3/min；

为缩短反应时间，减少反应池容积，设计采用高温消化，设计消化温度为50℃。消化池池型为底部和顶部呈圆锥状的全封闭圆柱形容器，确保消化反应产生的热量不随大气流失。圆锥形与水平面呈15°夹角。

消化池池径 D 为18m，有效水深为5m，池数2座。

好氧消化池的中心轴位置安装1台轴流式搅拌机，保证消化反应过程中的污泥呈悬浮状态。搅拌机的驱动装置设置在池顶，下部连接搅拌轴与螺旋桨叶，池底污泥通过螺旋桨叶的轴向提升力由筒体底部向上提升，至筒体扩口处外溢，通过不断地循环提升，达到将池内污泥充分混合目的。搅拌机筒体与池壁的固定采用不锈钢钢丝绳。搅拌机数量共计2台，单台电机功率 N 为4.1kW。

消化反应气源由鼓风机房内单机离心式鼓风机提供。为防止反应过程中曝气器堵塞，本工程拟采用特制的固定双螺旋曝气器，每座好氧稳定池内设置50台，通过双螺旋的水力剪切作用，将来自空气管路中的气泡进行多次分割、扭转、碰撞和径向混合，以提高氧利用率，该设备氧利用率为23.6%。

固定双螺旋曝气器直径为200mm，螺旋体的总高度为1740mm，曝气器总数100台。

消化反应产生的废气经收集后，通过玻璃钢风管排送至2号除臭装置集中处理除臭。

好氧消化池平面布置如图8－132所示。

3）污泥浓缩脱水机房

新建污泥浓缩脱水机房1座。对采用机械浓缩和脱水方式，降低剩余污泥含水率，进一步削减污泥体积，以利于后续污泥处理，污泥储存、运输和综合利用。

污泥浓缩脱水机房和脱水污泥紧急堆棚平面尺寸为39.6m×15.0m。同时，配置变配电间、值班室和储药间等辅助用房。

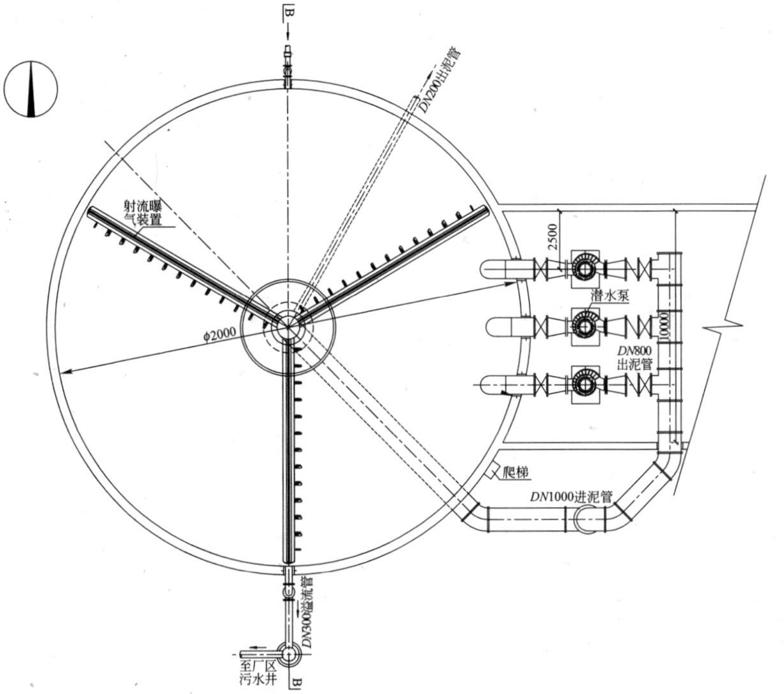

底层平面

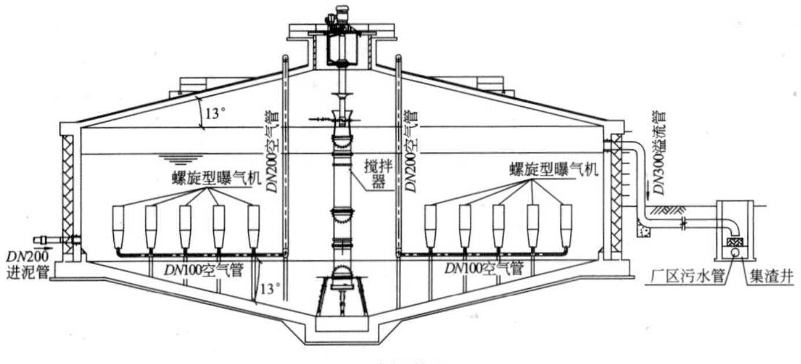

B—B剖面图

图 8－132　好氧消化池平面布置图

剩余污泥经储泥池停留后，输送至浓缩机进行浓缩处理，以削减污泥体积，减小下阶段好氧消化反应池容积。

浓缩前干污泥量为 14146kgDS/d，污泥含水率为 99.3%，污泥流量 Q 为 2021m^3/d；经浓缩后污泥含水率可降至 95%，污泥流量削减至 Q 为 215m^3/d。

污泥浓缩系统的主要机械设备包括：

① 污泥转筛浓缩机

数量 2 台，单台处理能力 Q 为 80m^3/h，电机功率 N 为 1.5kW。由于浓缩机处理能力较大，故不另外设置备用机，当 1 台浓缩机出现故障时，可适当增加浓缩机的进泥量，此时，浓缩效果会有一定程度的下降，由于消化反应池的水力停留时间较长，短时间故障不会对好氧消化产生太大的影响。

② 浓缩污泥进料泵

进料泵数量2台，单台流量 Q 为20～100m^3/h，扬程 H 为20m，电机功率 N 为15kW。

③ 污泥切割机

切割机数量2台，单台流量 Q 为100m^3/h，扬程 H 为20m，电机功率 N 为15kW。

④ 絮凝剂反应器

反应器数量2台，处理能力 Q 为50m^3/h，电机功率 N 为0.25kW。

⑤ 絮凝剂制备装置

数量1套，制备能力(干粉) Q 为5.1～6.4kg/h，电机功率 N 为4.0kW。

⑥ 絮凝剂添加泵

数量总计5台，2台用于污泥浓缩，2台用于污泥脱水，1台备用，单台流量 Q 为0.2～1.0m^3/h，扬程 H 为20m，电机功率 N 为0.55kW。

⑦ 冲洗水泵

冲洗水泵数量2台，单台流量 Q 为3m^3/h，扬程 H 为60m，电机功率 N 为3kW。

污泥脱水系统的主要机械设备包括：

① 离心式脱水机

离心式脱水机数量3台，2用1备，单台处理能力 Q 为4～8m^3/h，电机功率 N 为22kW。

② 污泥进料泵

污泥进料泵数量3台，2用1备，单台流量 Q 为3～10m^3/h，扬程 H 为20m，电机功率 N 为3.0kW。

③ 冲洗水泵

冲洗水泵数量2台，单台流量 Q 为15m^3/h，扬程 H 为0.3MPa，电机功率 N 为3kW。

脱水后污泥通过输送机送往污泥装载车，外运处置。特殊情况时，可在污泥堆棚作紧急堆放。

机房内配置1台倾斜式螺旋输送机和1台可移动倾斜式螺旋输送机。

倾斜式无轴螺旋输送机的输送能力 Q 为2m^3/h，安装倾角 α 为5°，输送长度 L 为10000mm，电机功率 N 为3.0kW。

可移动倾斜式螺旋输送机应以倾斜式螺旋输送机的出料斗为轴心进行旋转，以方便污泥的卸料与堆放。可移动倾斜式螺旋输送机的输送能力 Q 为2m^3/h，安装倾角 α 为20°，输送长度 L 为11000mm，电机功率 N 为4.5kW。

无轴螺旋输送机全部采用不锈钢材料制造，各接料口应与脱水机卸料口配合，全长配置封闭式盖板，以防异味外溢。

在污泥脱水机房内设置1台电动单梁悬挂式起重机，供浓缩机、离心脱水机、污泥输送和附属设备的安装与检修用。

电动单梁悬挂式起重机的起重量为5t，起升高度 H 为6m，设备电机功率 N 为9.9kW。

浓缩脱水机房内机械设备均为全封闭结构，工作条件较好，机房内仅安装轴流风机，加强空气对流。该构筑物臭气主要来源于污泥堆棚内脱水污泥的输送和转运。因此，拟在污泥装载车的上方设置吸风罩，集气后通过玻璃钢风管输送至 2 号除臭系统进行集中除臭。

污泥浓缩脱水机房平面布置如图 8－133 所示。

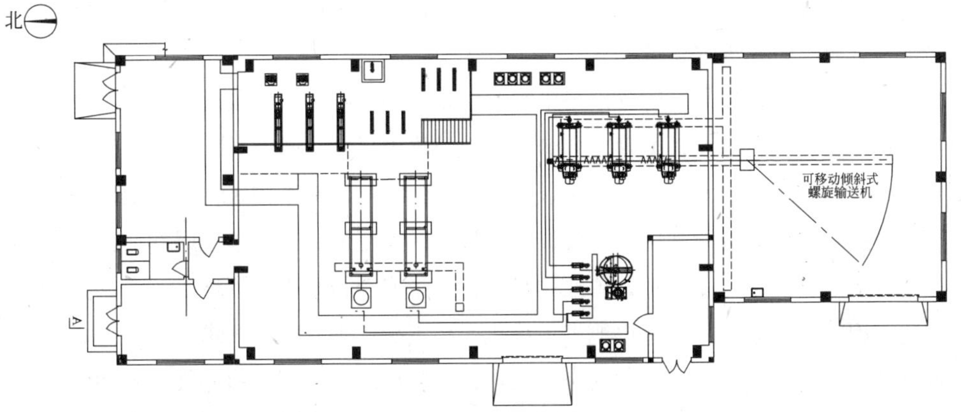

平面图

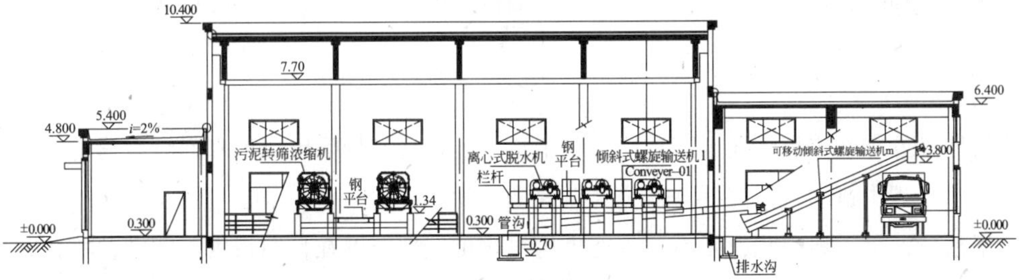

A—A剖面图

图 8－133　污泥浓缩脱水机房平面布置图

(3) 除臭构筑物设计

新建臭气集中处理装置 2 套，根据浓度的不同，对有关构筑物排放的臭气分别进行集中处理，其中 1 号除臭装置用于处理曝气池和中间沉淀池所排放的臭气，2 号处理装置用于处理浓度较高的污水预处理部分和污泥处理部分的臭气。2 套装置处理风量分别为 $41000m^3/h$ 和 $28000m^3/h$；1 号除臭装置设置于粗格栅井东侧，2 号除臭装置设置于污泥处理部分。

除臭装置采用生物滤池，异味去除率 >95%；

平面尺寸：16.08m×13.5m 和 13.0m×8.08m。

1 号除臭装置滤料体积 $V=390m^3$，配置机械设备包括：

风机 1 套，风量 Q 为 $41000m^3/h$，电机功率 N 为 30kW；

循环水泵 1 套，电机功率 N 为 2.2kW；

加热器 1 套，电机功率 N 为 3kW。

2 号除臭装置滤料体积 V 为 $172m^3$，配置机械设备包括：

风机 1 套，风量 Q 为 $28000m^3/h$，电机功率 N 为 11kW；

循环水泵 1 套，电机功率 N 为 2.2kW；

加热器 1 套，电机功率 N 为 3kW。

(4) 总平面设计

1) 平面布置原则

按照功能不同，分区布置，新建污水、污泥处理构筑物尽可能布置在已建生产区内，与生活设施保持一定距离，并用绿化带隔开。

污水、污泥处理构筑物尽可能分别集中布置。处理构筑物间布置紧凑、合理，并满足各构筑物的施工、设备安装和埋设各类管道和养护管理的要求。

本工程属于老厂改造项目，充分利用现有的构、建筑物；新增构筑物或改建的构筑物充分考虑现在的管线状况，尽可能利用原有管线，避免管线重复设置、管线迂回的情况发生。

污泥处理构筑物应尽可能布置成单独的组合，以策安全，并方便管理。

在改造工程中，安排充分的绿化地带，绿化面积不少于现有天山污水厂厂区的绿化率。

设置通往各处理构筑物和建筑物的必要通道，设置事故排放管和超越管，各构筑物均可重力放空。

污水处理构筑物应尽可能在目前厂区围墙范围内妥善布置，达到尽可能减少占地面积和土地征用的目的。

2) 总平面布置

根据推荐工艺流程，天山厂改造工程中污水处理构筑物除厌氧池和回流泵房等外，基本利用原有水处理构筑物，污泥处理部分为新建构筑物。

根据厂区可用地现状，新增污水处理构筑物可全部布置在目前污水厂围墙范围内。新增污水处理构筑物主要包括曝气沉砂池、厌氧池、一段曝气池提升泵房、回流泵房和二段曝气池回流泵房，紫外线消毒池和出水回流泵房、最终沉淀池回流污泥泵房和加药间等。其中，曝气沉砂池和最终沉淀池回流污泥泵房均为拆除原有构筑物后，在原位置重建。

厌氧池是新增的较大型构筑物，原初次沉淀池南侧有一块空闲场地，现状为绿化，可用于设置厌氧池。厌氧池设置于该处也与水力流程中相邻构筑物距离较近，有利于保证水流通畅。

其余新建水处理构筑物主要为各类泵房和加药间，占地面积较小，拟靠近各功能中心布置。为减小占地面积，简化管线敷设，各构筑单体设计中也已充分考虑采用各种合建式池型。

污泥处理构筑物主要包括储泥池、污泥浓缩脱水机房和好氧消化池等，除储泥池为原有构筑物利用外，多数为新建。污泥处理区拟设置在污水厂东南角，即曝气沉砂池以南，中间沉淀池和厌氧池以西的矩形地块内，面积约为3500m^2。原厂的污泥处理构筑物也建于此，包括储泥池和污泥泵房。其余一部分为绿化，另外一部分地块已被租借兴建了一些三产和商业设施。

原污泥泵房用于泵送湿污泥至天山厂老厂。根据改建后的工艺流程，该污泥泵房可予以废除，拆除后所余场地用于新建污泥浓缩和脱水机房。污泥好氧消化池设置于脱水机房南侧。

采用该方案设置污泥处理区，污泥处理构筑物远离厂前生活区。污泥处理区布置较为紧凑，可用绿化带隔离成单独的污泥处理区，便于集中管理。同时，泥区紧邻污水预处理构筑物，散发的高浓度臭气可与预处理部分一并集中处理。

污泥处理区的设置方案充分利用原厂可用场地，额外征地面积仅为约 800m²，减少了征地费用和征地难度，也使改造后各区域功能明确，厂区范围更为整齐。

除臭装置占地面积较大，且有一定的质量，为节省土建工程造价，不宜叠加在其他构筑物上。原厂污水预处理区和污泥区尚留有一部分空余场地可用于设置除臭装置，且靠近臭气发散中心，便于就近除臭，减少通风管道铺设。

根据建设部标准和老厂状况，改造后污水处理厂可充分利用原厂已建各种辅助建筑物，包括综合楼、值班休息室、食堂、仓库、机修间、车库、场地管理间等。总建筑面积约 1536m²。

厂内新建中心控制室 1 座。中心控制室宜单独设置。中心控制室位于厂前区，靠近综合楼，便于整个污水厂的集中控制管理。

污水厂的总平面布置如图 8－134 所示。

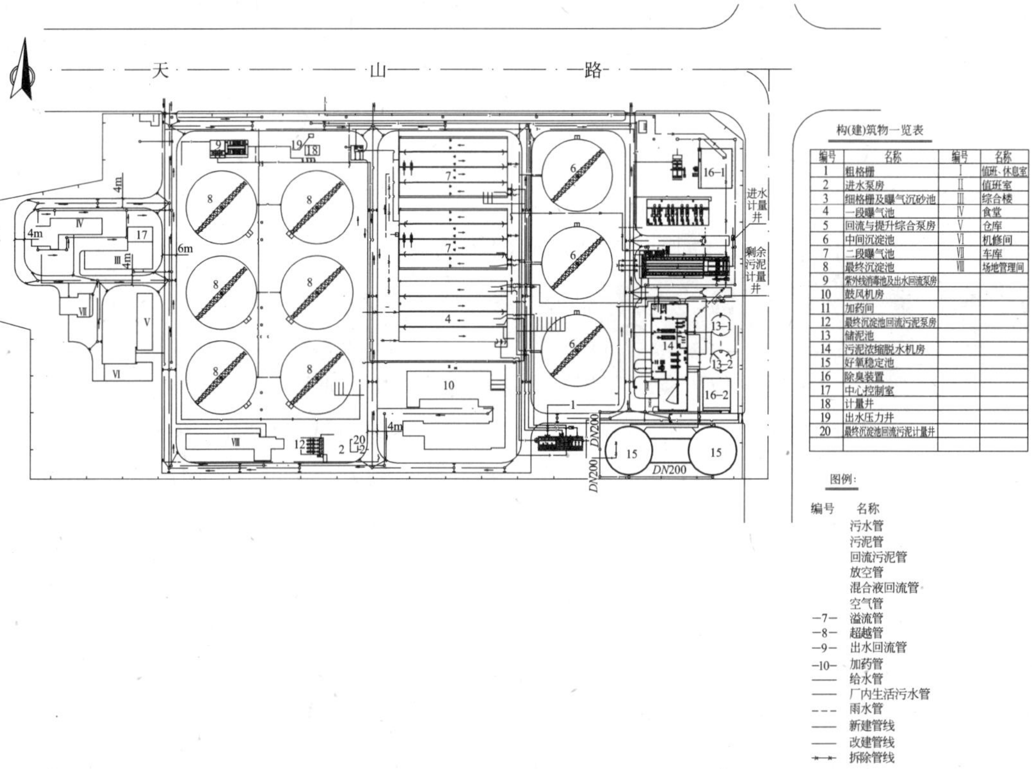

图 8－134　污水厂总平面布置图

5. 问题和建议

污泥高温好氧消化属成熟的污水处理工艺，在国外有许多成功运行实例，但目前在我国尚无应用实例，无设计和运行经验可供借鉴，有关设计参数暂借鉴国外有关资料采用，对于上海地区的气候条件，在冬季运行时能否达到设计运行温度，尚无十分把握，因此，建议开展污泥高温好氧消化方面的试验，为下一阶段设计提供设计依据，以确保在冬季时能达到预定的设计目标，保证污水处理厂能够正常、稳定运行。

8.12 厦门市第二污水处理厂扩建工程

8.12.1 污水厂介绍

1. 项目建设背景

厦门市筼筜湖位于厦门岛中部偏西南，原是与厦门西海域相通的狭长海湾，自 1971 年围堤造田后，形成了一个闭合的水域，水体交换和自净功能显著下降，水质逐渐变坏，特别是厦门市辟为经济特区后，筼筜湖区域规划为新市区的中心，成为特区行政、金融、文化、商业等集中地带和高级住宅的所在地。为了改善筼筜湖两岸生活污水和工业废水未经处理排入湖中的状况，厦门市西部地区先后建成了厦门污水处理一厂和厦门污水处理二厂，并规划建设湖里污水处理厂，其中 1989 年建成的厦门污水处理一厂设计规模一级处理为 $13.4\times10^4m^3/d$，二级处理为 $3.7\times10^4m^3/d$，1996 年建成厦门市第二污水处理厂，污水处理厂规模为 $10\times10^4m^3/d$，污水经一级处理，尾水深海排放至厦门猴屿附近西海域。

随着工业和城市用地范围的扩大，工业和生活污水量随之增加。厦门市第二污水处理厂目前一级处理水量已达 $15\times10^4m^3/d$，超负荷运行，影响出水水质。西海域为厦门市本岛和岛外地区排水最主要的受纳水体，随着排向西海域的污水量的不断增加，排入西海域的污染物总量已超过其环境容量，为了确保向西海域排放的污染物总量控制在环境容量之内，厦门市第二污水处理厂扩建工程势在必行，污水须经过二级处理后排放。

2. 污水厂现状

厦门市第二污水处理厂位于厦门市本岛西堤外侧，一级处理工程规划规模为 $21\times10^4m^3/d$，已建污水一级处理规模为 $10\times10^4m^3/d$，经复核，其处理能力可以提高到 $11\times10^4m^3/d$，在建的污水一级处理规模为 $10\times10^4m^3/d$，分 3 组，设备暂采购安装 2 组，因此在建的污水处理能力为 $7\times10^4m^3/d$。本厂已建有储泥池、脱水机房等污泥处理设施，污泥处理能力和已建 $10\times10^4m^3/d$ 一级处理规模相匹配，在建工程中的辅助建筑物包括：综合楼、机修车间、食堂、仓库、车库、门卫等，目前进入施工阶段。

从对现有厦门市第一污水处理厂和厦门市第二污水处理厂的水质调查分析，本地区污水水质具有以下特点：

（1）厦门市第一污水处理厂进水水质中的 COD_{Cr}、BOD_5、SS 值明显高于厦门市第二污水处理厂的设计进水水质，主要表现在旱季(2~4 月)，两者相差 4 倍以上。

（2）厦门市第一污水处理厂进水水质中的 COD_{Cr}、BOD_5 和 SS 值关联性较大，而厦门市第二污水处理厂进水水质中的 COD_{Cr}、BOD_5 和 SS 值关联性较小。

（3）污水水质随季节性变化明显，厦门市第二污水处理厂的污水浓度冬季高于夏季，厦门市第一污水处理厂的污水浓度旱季明显高于雨季，其中厦门市第一污水处理厂的污水水质随季节性变化特别明显，旱季的 COD_{Cr}、BOD_5、SS 值比雨季高出几倍，但是一级处理后出水水质变化不大。

（4）厦门市第一污水处理厂的一级处理去除率很高，其中 SS 去除率达到 85% 以上，

COD_{Cr}、BOD_5 去除率达到60%以上。

（5）厦门市第一污水处理厂污水中的TN、TP值略高于厦门市第二污水处理厂，但一厂污水中的碳氮比（BOD_5/TN）明显高于二厂。

上述分析表明，厦门本岛西部地区的污水具有以下特征：

（1）污水水质随各区域功能变化明显，筼筜湖南岸和旧城区属厦门市第一污水处理厂服务范围，该地区为市民集中居住区，其污水的污染程度明显高于其他区域。

（2）厦门市第一污水处理厂的污水随季节水质变化大，COD_{Cr}、BOD_5 和SS值关联性强，其服务区域合流污水特征明显。

（3）污水水质随污水量而变化，本地区夏季污水量明显高于冬季，造成污水夏淡冬浓，表明本地区城市污水以生活污水为主。

（4）厦门市第二污水处理厂接纳的污水水质污染明显偏低，其进水中的含氯化物较高，表明其服务范围内的部分区域污水管道中地下水渗入量大。

（5）由于筼筜湖南岸和旧城区大部分是合流制，排水管渠的养护和清通大多在旱季，加剧了该地区污水的污染程度。

（6）厦门市第一污水处理厂的污水浓度较高、水质变化大，但污水的沉降性能好，溶解性有机污染物浓度低、变化小。

综上所述，厦门本岛西部地区的污水水质具有随地区、季节和管渠清通情况而变化较大的特点。因此本地区的污水除了具有南方城市的特征外，还具有很强的地下水渗入量较大和合流污水的特征。

8.12.2　改扩建设计

1. 改扩建标准确定

（1）污水处理标准

污水处理厂出水水质取决于受纳水体的水质控制标准和其环境容量。厦门市第二污水处理厂出水的受纳水体是西海域，西海域是厦门市深水港所在地，也是城市污水承纳处，由于西海域的水质将直接影响到鼓浪屿环境质量，为此西海域执行国家二类水质标准。

要确定西海域的环境容量还有多少，必须分析该海域水质的现状，根据研究部门提供的对西海域的长期监视资料，其环境现状甚为忧虑。

1）无机氮含量增大

1990年该海域无机氮含量在0.10~0.33mg/L之间，而1999年已增大到0.34~0.52mg/L，平均值为0.475mg/L，已超过了第三类海水水质标准（0.30mg/L）。

2）磷酸盐含量严重超标

1990年该海域磷酸盐含量为0.001~0.020mg/L之间，最大值为0.028mg/L，低于第二类海水水质标准（0.030mg/L），而1999年磷酸盐高达0.037~0.203mg/L，平均值为0.101mg/L，已是第三类海水水质标准（0.045mg/L）的两倍以上。

3）局部海域底质污染物积累较多

据1999年监测结果，宝珠屿西侧的马銮水道底质硫化物含量高达427mg/kg，是参考评价标准(300mg/kg)的1.42倍，这说明海域环境已被污染。

这些现状说明西海域已经基本上无环境容量可利用。

综上所述，根据我国《城镇污水处理厂污染物排放标准》(GB 18918—2002)规定，排入二类海域的污水处理厂尾水执行一级B排放标准(2005年7月1日前建设)，为此，厦门市第二污水处理厂扩建工程设计出水水质为：

COD_{Cr}≤60mg/L；

BOD_5≤20mg/L；

SS≤20mg/L；

TN≤20mg/L；

NH_3-N≤8mg/L；

TP≤1.5mg/L；

粪大肠菌群数≤10^4个/L。

各项指标的去除率如表8-42所示。

设计进出水水质表(mg/L) **表8-42**

指标	COD_{Cr}	BOD_5	SS	TN	NH_3-N	TP
进水	300	130	180	35		3.5
出水	≤60	≤20	≤20	≤20	≤8	≤1.5
去除率	80%	85%	89%	43%		57%

(2) 污泥处理标准

污水处理过程中产生的污泥应根据污泥的最终处置方法选定。污泥处置一般有土地利用、填埋、干化、焚烧等方式。

由于污泥焚烧造价和运行成本较高，经技术经济比较后不予采用。

污泥的卫生填埋是常用的一种污泥处置方式，污泥填埋处置具有适用范围较广、技术、工艺、设备较简单，工程投资和运行费用较低等优点，特别是利用城市垃圾填埋场处置污泥，更为我国许多污水处理厂所采用。

随着厦门市城市发展和经济增长，城市垃圾产量也日益增长，使城市垃圾填埋场处于饱和状态，虽然厦门市也在规划建设新的垃圾处理厂，但其仅能满足城市垃圾的处理，因此利用城市垃圾填埋场处置污泥也较难实施。另外，建设专用污泥填埋场从规划、场地选择、资金筹措等均存在不少问题，为此本厂污泥处置也不采用填埋。

污泥用作土地利用，关键是污泥中有毒、有害污染物的含量必须满足国家有关标准。从本厂进水水质来看，由于其服务范围内均为生活区，只有少量的轻工业，无有毒、有害污染物的排出，污水厂处理均为生活污水，因此产生的污泥无有毒、有害物质，为把污泥作为肥料和填土创造了条件。厦门市是一个绿化城市，大量的绿化需要肥料和合适的土壤，这为本厂污泥提供了很好的出路。

综上所述，本厂污泥拟采用土地利用的污泥处置方式，因此本工程污泥处理目标为：

采取必要的工程措施，使污泥得到稳定，保证污泥的各项指标满足国家标准有关规定。

(3) 再生水回用标准

根据使用功能不同，回用水的水质标准也不尽相同。设计再生水出水水质必须满足不同使用功能对水质的最严格要求，因此确定本工程回用水水质标准如表8-43所示。

回用水质指标表　　**表8-43**

项　目	COD_{Cr} (mg/L)	BOD_5 (mg/L)	SS (mg/L)	NH_3-N (mg/L)	pH	臭	大肠杆菌 (个/L)
指标	50	10	5	8	6.5~9.0	无不快感觉	3

2. 改造工程内容

扩大规模后的厦门市第二污水处理厂扩建工程，主要包括污水和污泥处理构筑物等厂内全部工程以和南岸污水厂(厦门市第一污水处理厂)的污水输送至二厂的污水泵站和管道工程。

3. 处理工艺选择

(1) 污水处理工艺

在常规的曝气生物滤池上增加CN生物滤池数量，强化生物滤池的硝化作用，同时在曝气生物滤池前面增加了反硝化(DN)生物滤池和出水回流系统等，去除污水中的总氮。该方案工艺流程如图8-135所示。

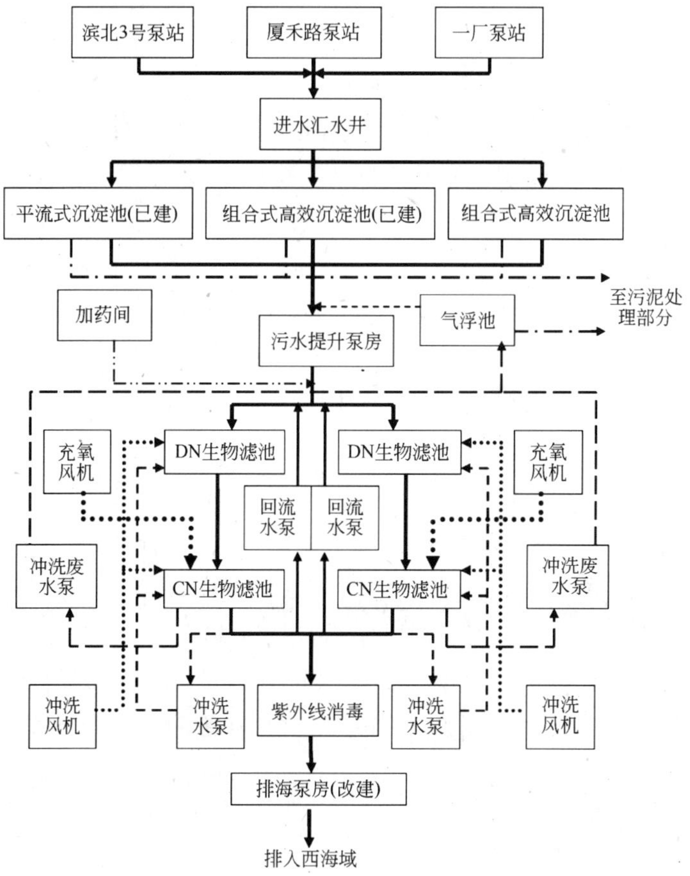

图8-135　前置反硝化BIOFOR生物滤池(DN+CN)工艺流程图

(2) 再生水处理工艺

根据进出水水质的要求，本工程选用混凝—过滤工艺，工艺流程如图 8 - 136 所示。

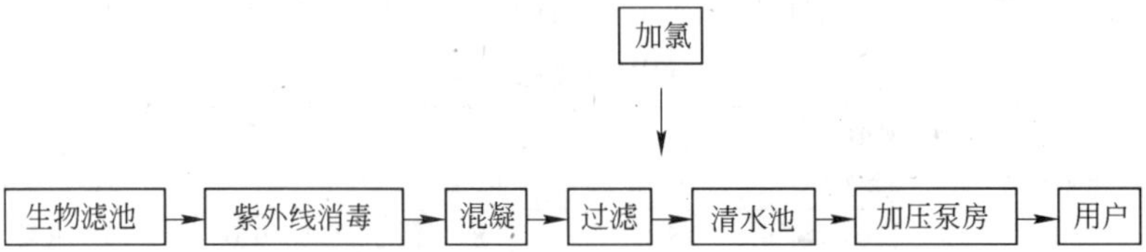

图 8 - 136　再生水处理工艺流程图

在城市污水再生回用处理中，向经二级处理后的尾水中投加混凝剂和助凝剂，以破坏水中胶体颗粒的稳定状态，在一定水力条件下，通过胶体间和其他微粒间的相互碰撞和聚集，从而形成易于从水中分离的絮状物质，这部分悬浮固体在滤池中流经多孔介质或滤网作进一步的固液分离。

混凝剂采用聚合氯化铝、$FeCl_3$ 等混凝剂，过滤装置的类型很多，一般有普通快滤池、双阀滤池、无阀滤池和单阀滤池、虹吸滤池、移动冲洗罩滤池等形式，近年来，国外在这些传统过滤装置的基础上又发展形成了移动床向上流连续过滤器等成套、定型过滤设备，与普通滤池相比，具有土建造价低、施工简便、建设周期短、技术先进和处理效果稳定等特点，在国内外的工程实践中已逐步得到推广应用。

移动床向上流连续过滤器简称为流砂过滤器，与固定床过滤不同，无需为清洗滤床上的截流物而每天停水。原水由过滤器底部进入滤床，向上流与滤料充分接触，所含截流物被截流在滤床上，处理后清水由顶部的出水堰溢流排放。滤料采用有效直径为 0.9mm，均匀系数为 1.4 的均质石英砂，截流污染物的滤料通过底部的气提装置提升到顶部的洗砂装置中进行清洗，压缩空气的压力为 5 ~ 7kg/cm^2。空气、水、砂子在压缩空气的作用下剧烈摩擦，使砂子截流的杂物洗脱。洗净后的砂依靠重力自上而下补充到滤床中，洗砂水则通过单独的排污管排放，完成整个洗砂过程。操作过程中可以直接观察到洗砂过程，并根据运行状况进行相应调节，以达到最佳过滤效果。流砂过滤器的基本工艺特征主要有：

1) 洗砂器由耐磨损的超高分子材料制成，耐磨损性能强；

2) 洗净装置内的砂与洗净水接触时间长，用较少的水量就可以取得更高的洗净效果；

3) 过滤器可连续运转，无需反复冲洗，滤料在滤床中均匀分布，截污量大；

4) 动力费用低；

5) 对絮凝反应要求低，可减少反应时间，降低投药量。

近年来，流砂过滤器已在国内多项工程中得到应用，并取得了良好的处理效果。流砂过滤器适应本工程处理规模不大、用地紧张、等特点，并具有良好的处理效果。

4. 主要处理构筑物设计

(1) 污水处理构筑物

1) 进水汇水井

由于进厂污水由 3 座污水泵站输入，为便于配水，工程设一座进水配水井，其平面尺寸为

13.2m×8.9m，水深为4.5m，内设3个1500mm×1500mm电动闸门，分别控制至3组细格栅房的水量。

2）细格栅房

共建2座，其中1座已在建造中。

细格栅房平面尺寸为23.16m×12m，内设格栅除污机2台，格栅除污机单台宽度为2.5m，格栅间隙为12mm，单台电机功率为3kW。采用栅前、栅后水位差自动控制开停，栅渣经螺旋输送机、压榨机脱水后外运。细格栅井内布置一事故岔道，岔道宽度为1.5m。

细格栅房内另设罗茨鼓风机3台，2用1备，单台风机风量为650m^3/h，风压为4.5m，单台电机功率为15kW，风机出风管至组合式高效沉淀池的沉砂区。

细格栅房西北角设2台耙式砂水分离机清除沉砂区砂泵输出的沉砂，清除的砂砾由小车外运。

3）组合式高效沉淀池

共设2座，其中1座已在建造中。

每座组合式高效沉淀池总平面尺寸为27.35m×47.20m，组合式高效沉淀池将完成三项功能，即除砂、除油和沉淀。本工程中设组合高效沉淀池1座，分成3个独立的单元，每个单元由如下6个区域组成：进水区、除砂区、斜管沉淀区、排泥区和出水区。

污水由总进水渠进入，经每个单元的进水闸门均匀地分配至各单元的进水槽，共设1000mm×1000mm手动进水闸门3套，由于每个单元均设有进水闸门，便于每个单元日后分别进行清洗或维护。

污水由每个单元的进水槽进入沉砂区，每个单元的沉砂和除油区平面净尺寸为4.6m×13.0m，有效水深为4.0m。沉砂区内设有曝气管和曝气头，空气由设在细格栅房内的鼓风机供给，经空气的搅拌以达到去除砂砾，砂砾沉淀至砂斗，由排砂管输送至排砂泵，设排砂泵2台，1用1备，单台砂泵流量为30m^3/h，扬程为3.1m，电机功率为0.9kW。排砂泵将砂砾送至设在细格栅房内的耙式砂水分离机。

沉砂区之后为除油区，除油区内设有曝气泵，每个单元设4套，共设12套。单套曝气泵流量为22m^3/h，压力为2.1mH_2O，电机功率为1.5kW。通过曝气泵产生的微孔气泡将油脂等漂浮物撇入安装在斜管沉淀区前部的自动除油撇渣器，经浮渣槽和排渣管排至池外撇渣井，每个单元设自动除油撇渣器2套，共设6套，单套电机功率为0.75kW。

每个单元沉淀区的平面净尺寸为15.0m×15.0m，有效水深为4.5m，在沉淀区上部设斜管，在此进行泥水分离，斜管面积为121m^2，斜板区高峰水力负荷为15$m^3/(m^2 \cdot h)$，水自下而上流过斜管，由斜管上部齿口集水槽收集后进入总出水渠，排至污水二级处理构筑物生物滤池。

泥渣由于重力作用向下沉入污泥排放区，在排泥区设有刮泥机，污泥由刮泥机刮入浓缩区中部泥斗，并经排泥泵排至污泥处理构筑物，每个单元设1套排泥泵，共设4套，3用1仓库备用，单泵流量为15m^3/h，扬程为6.0m，电机功率为1.5kW。

组合式高效沉淀池工艺设计如图 8－137 所示。

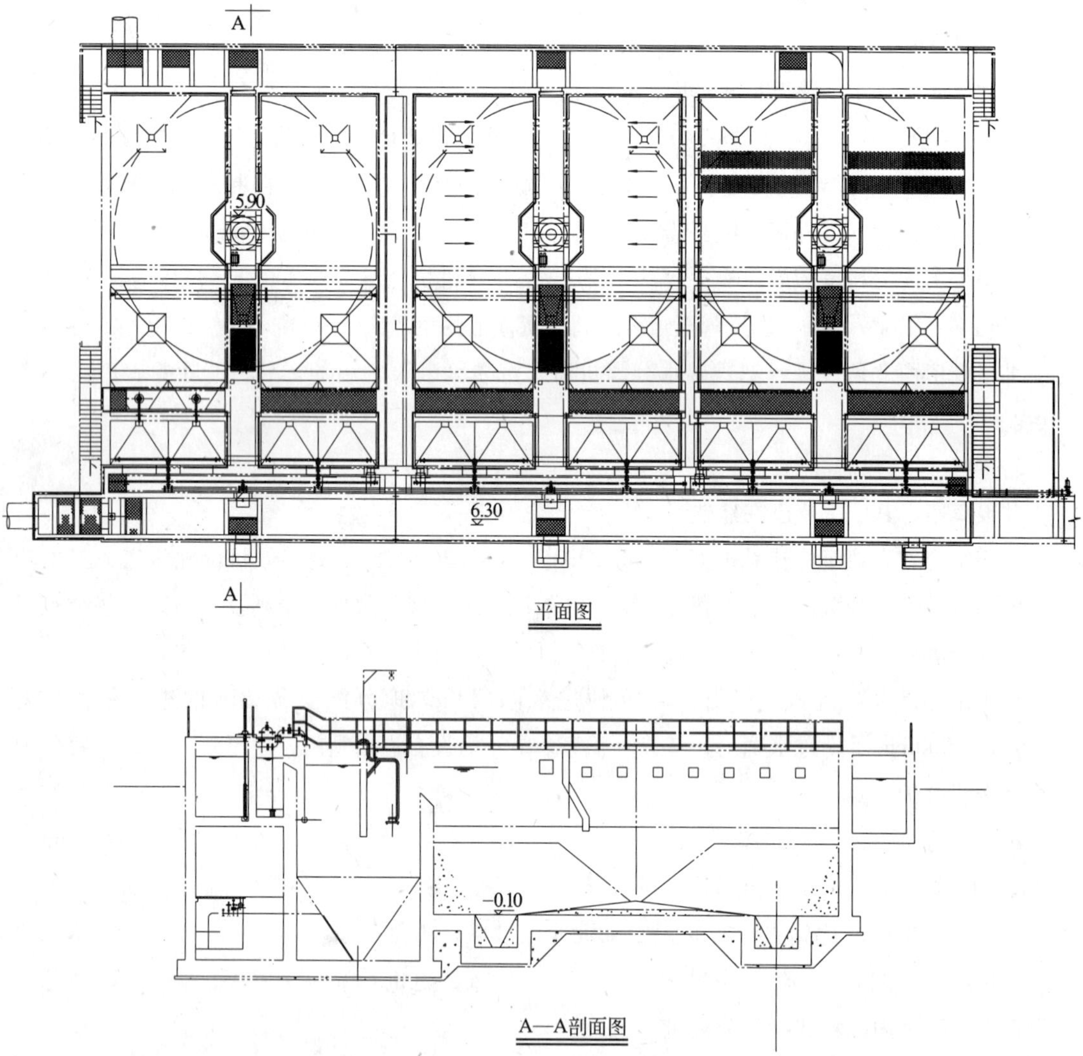

图 8－137 组合式高效沉淀池工艺设计图

4）生物滤池提升泵房

本工程在曝气生物滤池前设 1 座提升泵房，泵房平面净尺寸为 15.0m × 25.0m，井深为 4.2m。

泵房内设 4 台阶梯格栅，间隙为 2.5mm，格栅宽度为 2100mm，格栅前设 2000mm × 1500mm 电动闸门。

集水井共设 7 台潜水泵，6 用 1 备，每台潜水泵流量为 2988m^3/h，扬程为 15m，电机功率为 170kW。

在泵房的出水端设有出水槽，槽宽为 3m，槽深为 8m，底部设有 3.6m × 1.5m 的方孔，出水与来自 CN 池的回流水在与泵房出水槽合建的混合槽内混合，混合后的污水通过渠道进入

DN 进行生物脱氮处理。

5）曝气生物滤池

本工程共设2座曝气生物滤池，每座曝气生物滤池由 DN 生物滤池、CN 曝气生物滤池、滤后水蓄水池和反冲洗废水池、鼓风机房等组成。

初次沉淀池的出水由污水提升泵房提升至 DN 生物滤池配水渠和回流水混合后，分配至每格 DN 生物滤池进行反硝化生物脱氮处理。每座 DN 生物滤池分7格，每格平面尺寸为 10.88m × 7.95m，过滤面积为 86.5m^2。DN 生物滤池的工作时间分过滤期和冲洗期，水流方向是由下至上流经滤池，在过滤期，污水从生物滤池底部进入，经过池底的滤板上的滤头均匀配水后进入滤层，滤层分支撑层和滤料层，支撑层一般采用常规卵石，滤料则采用经过特殊加工的陶粒。冲洗期时，由冲洗鼓风机提供气源，冲洗水泵输送水源是 CN 曝气生物滤池的出水，冲洗产生的废水由滤池上部的冲洗废水出水槽排出。

过滤后的尾水从 DN 生物滤池上部出水槽排入 CN 生物滤池配水渠，分配至每格 CN 曝气生物滤池进行生物除碳硝化处理。每座 CN 曝气生物滤池分 14 格，每格平面尺寸为 10.88m × 7.95m，过滤面积为 86.5m^2。CN 曝气生物滤池的工作时间分过滤期和冲洗期，水流方向是由下至上流经滤池。在过滤期，污水从生物滤池底部进入，经过池底的滤板上的滤头均匀配水后进入滤层。滤层支撑层和滤料层，支撑层一般采用常规卵石，滤料则采用经过特殊加工的陶粒。

CN 曝气生物滤池的空气管设在滤板上部的垫层内，空气管有两套系统。一套是充氧曝气管道。另一套则为冲洗供气管道。曝气管道上设有曝气器。在过滤期，由曝气系统对滤池供气充氧满足微生物生长的要求。冲洗期时，由冲洗供气管道提供气源，冲洗水泵输送水源是曝气生物滤池的出水，冲洗产生的废水由滤池上部的冲洗废水出水槽排出。

曝气生物滤池的工作时间，即过滤期一般为 24 ~ 36h，反冲洗时间一般为 20 ~ 30min。

每座生物滤池配置一套冲洗水泵系统，冲洗水储存池的水源由 CN 曝气生物滤池出水提供，每座生物滤池的冲洗水泵系统配置4台冲洗水泵，3用1备，每台变频水泵流量为 865m^3/h，扬程为 8.5 ~ 13.0m，电机功率为 75kW，另配置3台冲洗曝气头用水泵，2用1备，每台水泵流量为 370m^3/h，扬程为 30m，电机功率为 45kW，以满足冲洗要求。

冲洗产生的废水由滤池上部的冲洗废水出水槽排入冲洗废水池，经冲洗废水泵提升后排至气浮池。每座生物滤池配置3台小型废液水泵，2用1备，同时还有2台较大废液水泵，1用1备，每台小泵流量为 300m^3/h，扬程为 7m，电机功率为 15kW，每台大泵（变频）流量为 550m^3/h，扬程为 7m，电机功率为 22kW。

每座曝气生物滤池一侧为鼓风机房，内设充氧风机和冲洗风机，每座生物滤池配置9台，8用1备，充氧风机每台充氧风机风量为 3140m^3/h，风压为 84kPa（840mbar），电机功率为 110kW。

DN 和 CN 生物滤池的冲洗气源由一组冲洗风机提供。冲洗风机由2台小型风机（1用1备）3台大型风机（2用1备）组成，小型风机风量为 1258m^3/h，风压为 85kPa（850mbar），电机功率为 65kW，每台大风机风量为 $3735m^3/h$，风压为 85kPa（850mbar），电机功率为 132kW。

生物滤池的工艺设计如图 8－138 所示。

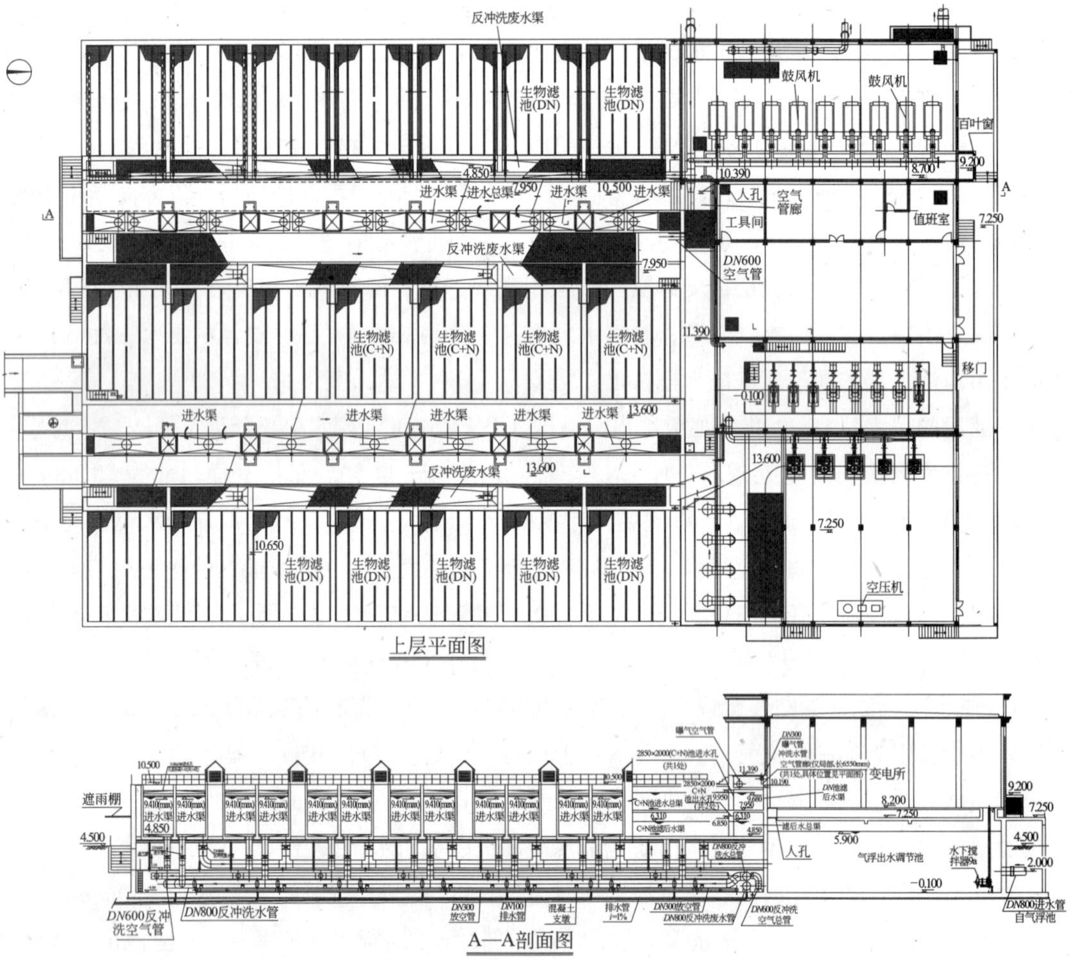

图 8－138 生物滤池工艺设计图

6）气浮池

本工程共设 2 座气浮池，用于分离曝气生物滤池产生的冲洗废水和经过 NH_3-N 吹脱处理后的污泥水。每座气浮池前均设有反应池，反应池共分 9 格，每格平面尺寸为 2.1m×2.1m，气浮池与反应池合建，最大处理能力为 $1000m^3/h$，其平面尺寸为 24.9m×6.7m，采用机械溶气技术，每座气浮池设机械曝气机 7 套，并设 2 台刮渣机，去除上浮污泥。

气浮池出水排入污水提升泵房，进入曝气生物滤池进行处理，污泥排入均质池进行污泥处理。

气浮池的工艺设计如图 8－139 所示。

7）加药间和药库

本工程设一座加药间和药库，其平面尺寸为 17.48m×12.20m，内设混凝剂、甲醇等药品投加装置，各种投加装置都为 1 套，其中混凝剂采用 $FeCl_3$，$FeCl_3$ 经溶解池溶解送入溶液池，

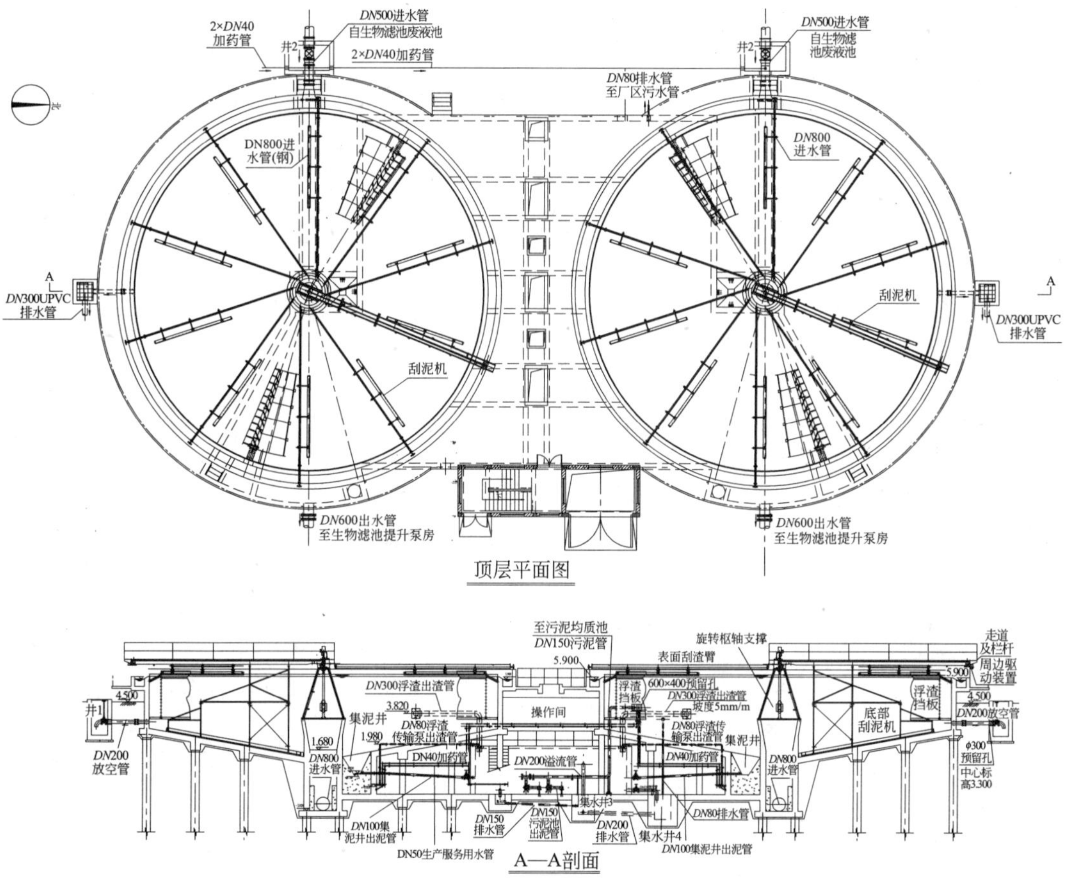

图 8－139　气浮池工艺设计图

经溶液池稀释后由加药泵输出，甲醇投加装置作为备用，当 DN 池反硝化碳源不足时，按需投加。

加药间和药库的平面布置如图 8－140 所示。

8）紫外线消毒设施

常见的紫外线消毒器有开放渠道式和密闭管道式两种，大型污水处理中均用开放渠道式。在灯管的选择上有全进口、进口组装和国产 3 种，国产紫外线灯管处于国外 20 世纪 70 年代水平，各技术指标远无法与另两种相比，从各污水厂的运行情况看无论在寿命、透光率、密闭性和功率等指标方面，进口灯管和组装产品质量都有一定差距，因此本工程推荐采用进口灯管。

本工程设紫外线消毒池一座，分 3 条渠道，每条渠道平面净尺寸为 15.3m×1.7m，鉴于本工程规模较大，为减少灯管的数量，本工程推荐采用低压高强灯管。

每条渠道内设 2 组紫外线消毒模块，每组模块布置 128 根紫外线灯管，单根输出功率为 100～105W，灯管寿命大于 12000h，消毒后粪大肠菌群数≤1000 个/L。

紫外消毒渠的工艺设计如图 8－141 所示。

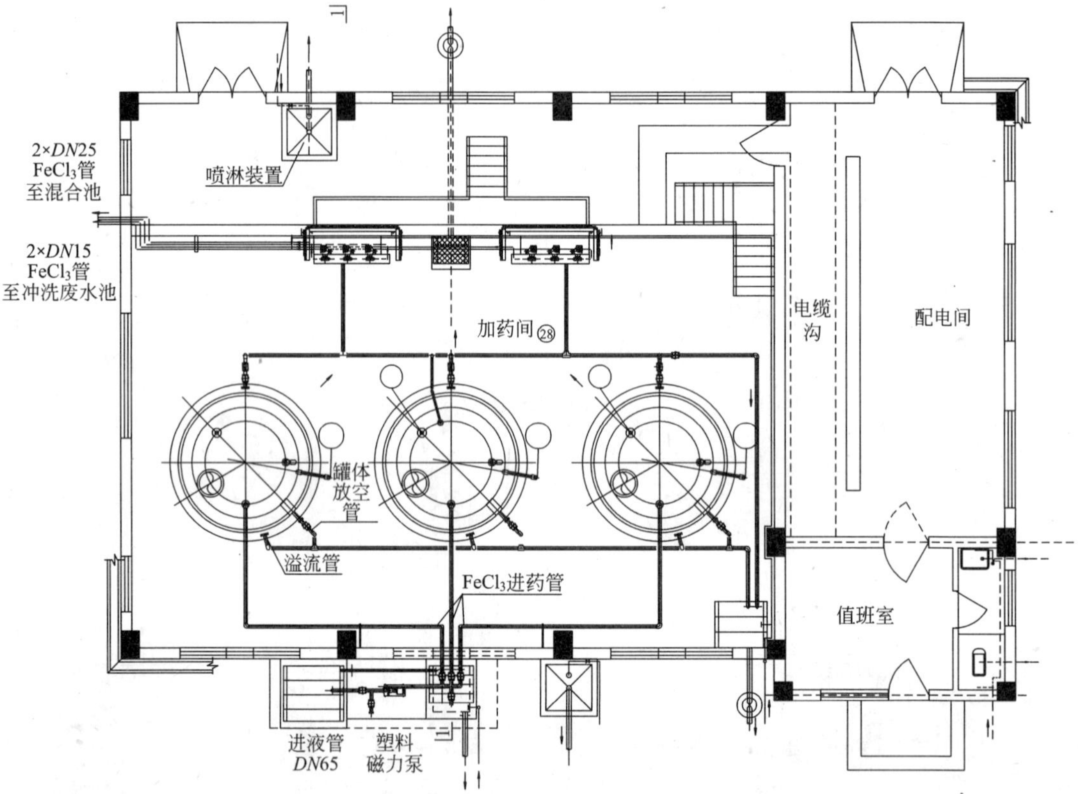

平面图

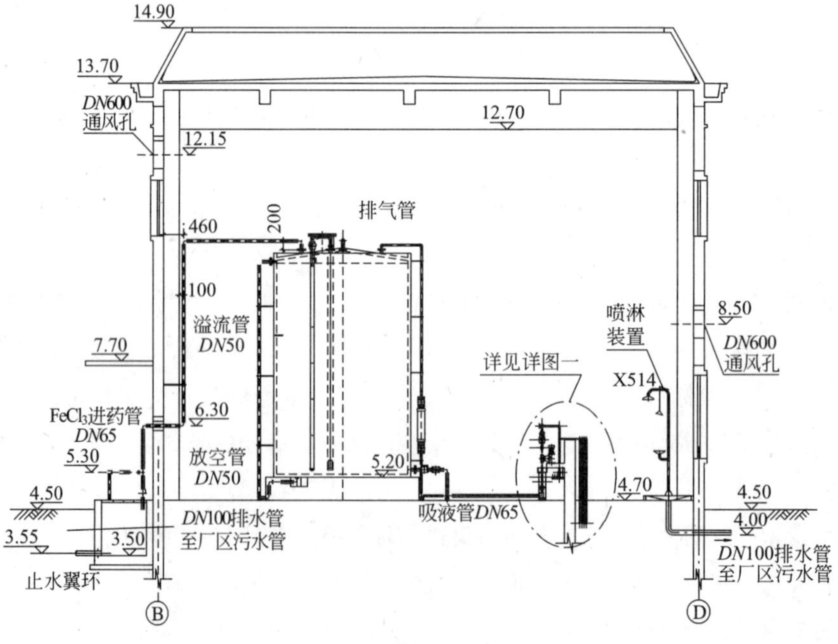

1—1剖面图

图8－140 加药间和药库布置图

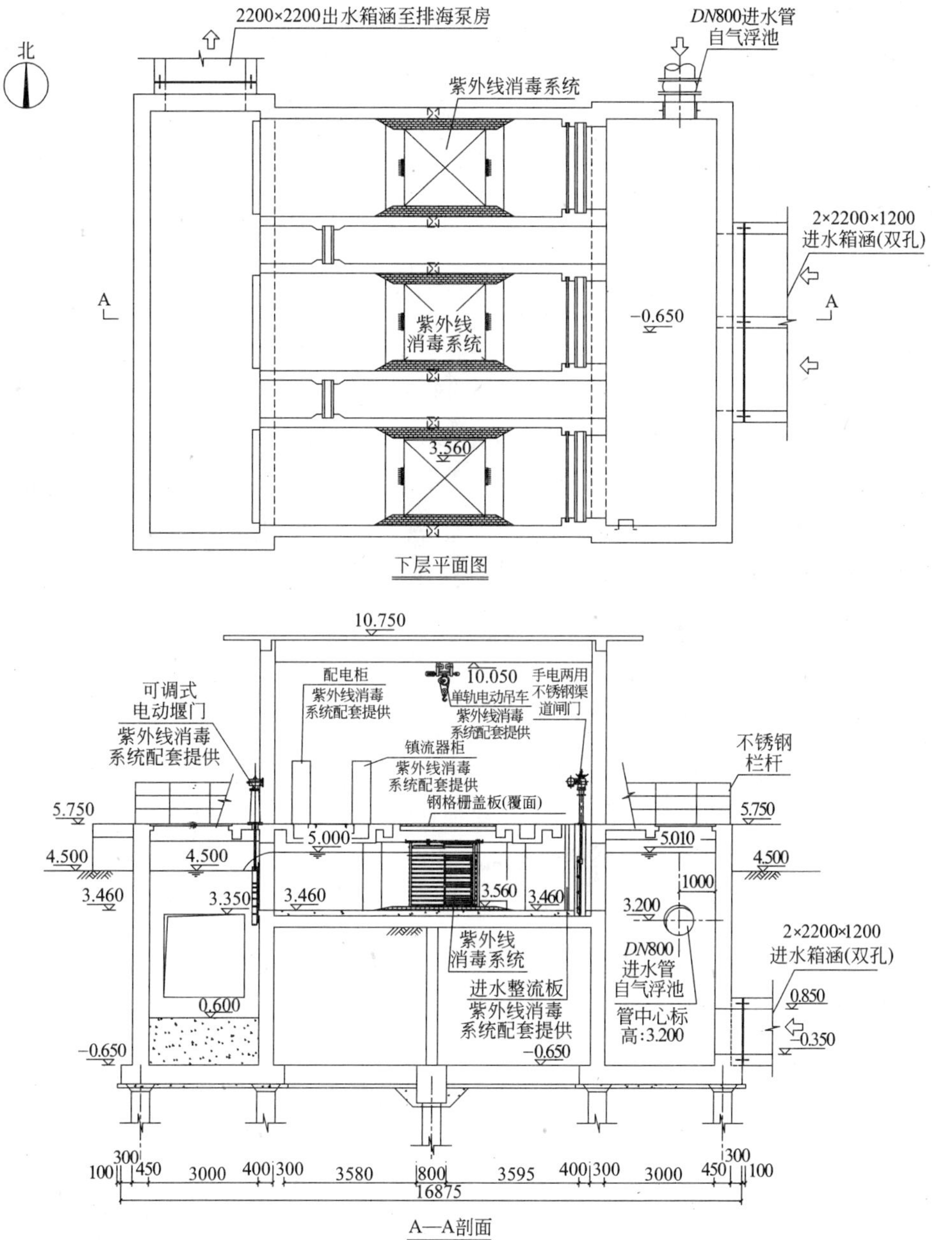

图8－141　紫外消毒渠工艺设计图

9）排海泵房

本厂扩建后，原有潜水泵已不能满足要求，经计算，本工程需增加4台大流量潜水泵，3用1仓库备用，其中2台置换已安装的2台潜水泵，1台在原排海泵房的预留泵位处安装，换下2台小水泵也作库备。改造后的排海泵房共5台潜水泵，3台大型2台小型，泵房设计能力提高到16250m^3/h，以满足本工程尾水的排放。新增水泵单泵流量为1000m^3/h，扬程为5m，电机功率为110kW。高位井水位仍为6.8m，内设溢流排放管，当高位井水位高于6.8m时，部分尾水则从溢流排放管近岸排放。

(2) 污泥处理构筑物工艺设计

1) 污泥均质池

本工程污水处理工艺中产生的污泥来自初次沉淀池和气浮池，两种池子的排泥方式和污泥性质不同，初次沉淀池污泥采用间歇排泥，污泥浓缩机房工作时间为20h，因此设置均质池起到均质和调蓄作用。

设均质池1座，分为三格，每格平面尺寸为10m×10m，有效水深为4.7m，污泥停留时间为15.9h。每格均质池内设置2台潜水搅拌器，作为污泥均质用，均质后污泥排入污泥浓缩机房进行浓缩。

2) 污泥浓缩机房

本工程设污泥浓缩机房一座，平面尺寸为18.48m×15.48m，内设2台螺压浓缩机，1用1备，单台螺压浓缩机处理能力为108m^3/h，电机功率为444kW，螺压浓缩机采用每天20h工作方式。

污泥浓缩机房进泥含水率为97.3%，浓缩后污泥含水率为95%，污泥量为1160m^3/d。

污泥浓缩机房设有2套絮凝剂制备和投加系统，絮凝剂投加量为0.1%~0.2%。

3) 湿污泥池

污泥浓缩机房的出泥进入湿污泥池，储泥池设1座分为3格，每格平面尺寸为8m×8m，有效容积为570m^3，贮泥时间为12h。

4) 污泥消化池和操作楼

污泥经浓缩后，进入消化池的污泥含水率为95%，污泥量为1160m^3/d。

本池为蛋形钢混凝土结构，设3座，每座池体垂直净高为40m，最大直径为22m，单池有效容积为8120m^3，消化池总有效容积为24360m^3，污泥停留时间为21d。

采用中温消化，工作温度为33~35℃。在消化池内，污泥搅拌采用螺旋浆搅拌，并采用导流筒导流。池顶设螺旋浆提升或下压，使池内污泥在筒内上升或下降，形成循环，以达到污泥混合。搅拌器电机为户外防爆型，能正反向转动，搅拌器电机功率为22kW，池顶部设沼气密封罐、沼气室、观察窗、喷射器、撇渣管等装置。

每座消化池均设有进泥旁通管，通过旁通管超越消化池入污泥后浓缩池。在消化池内设有中部循环污泥管和下部循环污泥管。在消化池运行初期，可利用进泥旁通管通过下部循环污泥管向消化池内注入污泥，在消化池顶设有污泥斗和浮渣斗，污泥斗内设有高位排泥阀和低位排泥阀，并设有3根不同高度的溢流管，污泥斗中污泥出泥管下行至已建储泥池，浮渣斗内设有污泥阀和浮渣滤网，浮渣通过浮渣管下行至地面，浮渣滤后外运，浮渣液回至细格栅井。

3座消化池呈三角形布置，中间布置操作楼。操作楼与消化池顶部通过走道板连通，底部通过管廊连通。在操作楼和管廊中设有污泥系统、沼气系统、变配电系统和控制系统，楼内配备工作电梯1台，可直达消化池顶部。

生污泥由污泥进泥泵提升进入消化池，消化池循环污泥经污泥循环泵提升，生、熟污泥经热交换器加热后沿操作楼污泥井至消化池顶注入池内，熟污泥与生污泥之比约为5:1。

消化池进泥泵台数为4台，3用1仓库备用，单泵流量为16m^3/h，扬程为40m，单泵电机功率7.5kW。

循环污泥泵台数为 4 台，3 用 1 仓库备用，单泵流量为 $80m^3/h$，扬程为 20m，单泵电机功率 15kW。

热交换器选用套管式热交换器，共设 3 组，单根管长为 6m。热交换器中污泥与污水逆向传热，内管流泥，外管流水，传热系数约为 2520kJ/($m^2 \cdot h$)[600kcal/($m^2 \cdot h$)]。

热水分配器中热水由热水循环泵提升入热交换器。每组热交换器中热水循环量为 $25m^3/h$，热水循环泵台数为 4 台，3 用 1 备，单泵流量为 $25m^3/h$，扬程为 15m，单泵电机功率 3.0kW。

消化池产生的沼气通过池顶沼气管汇集后沿操作楼沼气井下行至沼气粗滤器，以过滤沼气中所含杂物。沼气粗滤后至脱硫塔进行脱硫处理。在沼气粗滤器填料清洗期间，沼气管直接旁通入脱硫器。

为了满足消防要求，在每座消化池顶和操作楼内均设有消火栓，并由给水管道泵增压供水。

污泥消化池的工艺设计如图 8－142 所示。

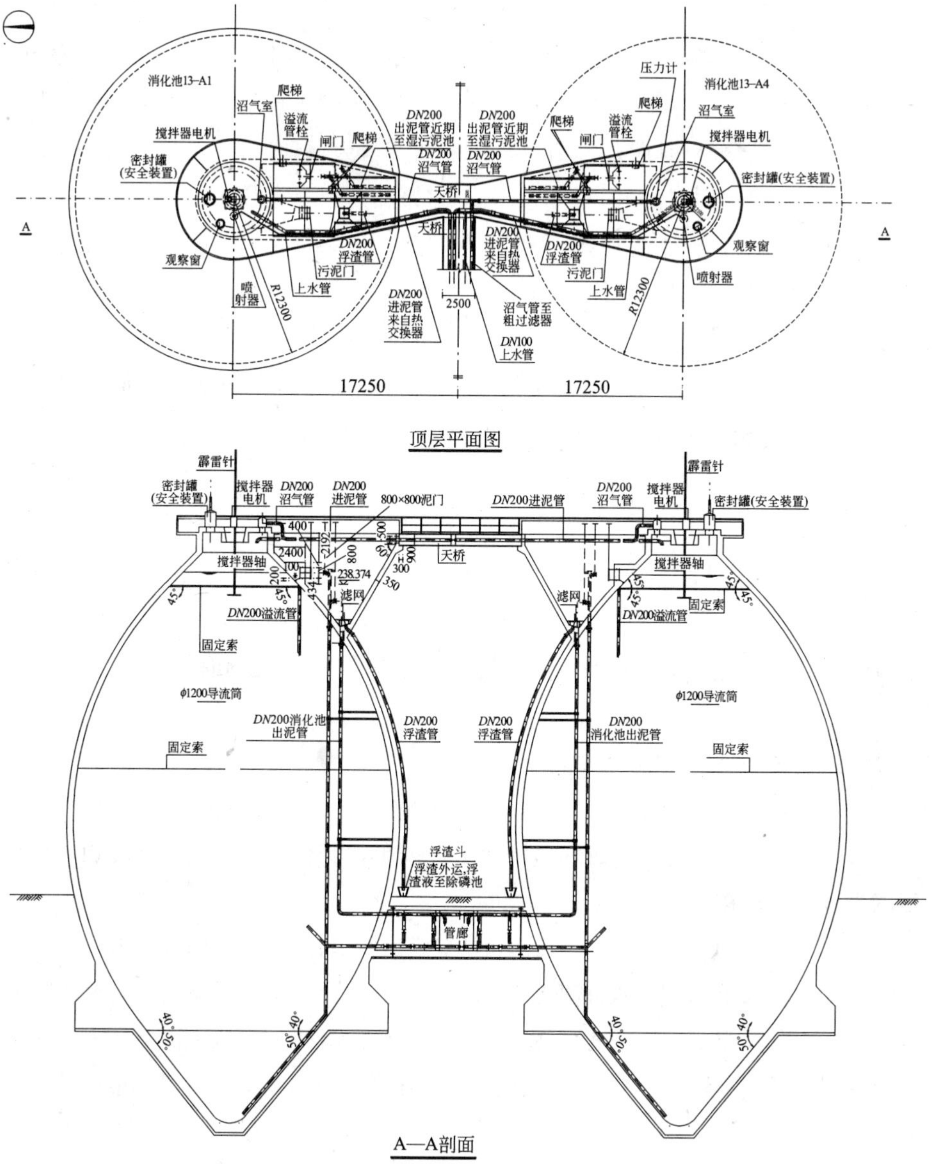

图 8－142 污泥消化池工艺设计图

5）沼气鼓风机和沼气锅炉房

为节约经常运行费，将污泥消化产生的污泥气，通过沼气发动机带动鼓风机，设置3台沼气驱动鼓风机，单台鼓风机空气量为13400m^3/min，风压为850mbar，该风机产生的风量供给污水处理的生物滤池充氧用，沼气发动机产生的热水供给消化污泥加热。

该建筑物内还设有沼气锅炉，作为消化污泥加热用。消化污泥加热所需热水充分利用沼气发动机冷却出水，经计算，仅在冬天需使用沼气锅炉补充热源。

热水型沼气锅炉设3台，每台锅炉的产热量为640kW，锅炉不考虑备用，可利用夏季进行检修。锅炉进水是经离子交换器处理后的软化水，软化水通过软水管道泵提升入锅炉。锅炉与热交换器之间的冷热水循环分配通过一台热水分配器进行。锅炉热水由热水泵提升入热水分配器。

6）脱硫塔

共设一组脱硫装置，最大脱硫能力为850m^3 沼气/h，采用干法脱硫，反应剂为$Fe(OH)_3$，在脱硫器内发生$Fe(OH)_3$ 与沼气中 H_2S 的脱硫反应，反应物 Fe_2S_3 在鼓风供氧条件下进行再生。脱硫器一座两室，分别是脱硫室与再生室。在冬季为保证脱硫效率，保持脱硫最佳温度20~40℃，从热水分配器中引一路热水经脱硫热水泵提升至脱硫器进行热水循环，在温度大于25℃时停用该热水泵。在脱硫室 Fe_2S_3 外取再生期间，粗滤后的沼气直接旁通入气柜。脱硫后沼气供沼气锅炉和沼气鼓风机使用。

7）沼气柜

沼气柜共设2座，并联使用，总容积为4000m^3，每座有效容积为2000m^3。沼气柜外壁为钢混凝土结构，内置全封闭自撑式薄膜气囊，柜体直径 D 为14.6m，气囊直径 D 为13.6m。储气时间为7.5h。

8）沼气燃烧塔

为消耗过剩沼气，设置一座耗气量为600m^3/h，可调范围为60%~90%的沼气燃烧塔。

9）储泥池

储泥池为已建，1座分为2格，每格平面尺寸为9m×9m，池内有效水深为2.8m，贮泥时间为9.5h。

10）污泥脱水机房和污泥堆棚

污泥脱水机房和污泥堆棚为已建，污泥脱水机房平面尺寸为14m×27m，污泥堆棚平面尺寸为21m×21m，高为4.50m，污泥脱水机房土建按布置3台带脱水机要求建设，现已有2台2m带宽的带式脱水机在运行。

由于本次扩建规模较大，增加1台脱水机不能满足要求，但受用地限制，很难扩建污泥脱水机房，因此建议现有2台带式脱水机调拨给别的污水处理厂使用，本厂新增3台离心脱水机。

脱水机进泥量为44080kg/d，含水率为96.2%，污泥量为1160m^3/d，污泥脱水机房内设置3台离心脱水机，2用1备，每台脱水机处理能力为25m^3/h，脱水机工作时间为24h，脱水后污泥含水率为75%，污泥量为175m^3/d。

脱水机房内设进泥泵、加药设备等脱水机附属设备，此外，脱水机房内还配置碱储罐2只和碱投加装置 2 套，用于污泥水氨吹脱装置调节池内的 pH 调节，脱水机房另设有值班室、药库等。

本厂原脱水后污泥由皮带输送机运至污泥堆棚，再二次装卸，用汽车外运，污泥堆棚环境条件差，臭味严重，劳动强度大，特别是污泥的臭味对邻近的海滨公园影响大，因此，本工程拟设置污泥料仓，以改善污泥储放和外运的环境。

脱水污泥由输送机输送至污泥料仓，配置无轴螺旋输送机 1 台，输送机输送能力 Q 为 $8m^3/h$，长度为 14m，电机功率为 3.0kW；无轴螺旋输送机接垂直斗式提升机，垂直斗式提升机设 1 台，输送能力 $8m^3/h$，垂直高度为 12m，单机功率为 11.0kW。

污泥料仓体积为 $200m^3$，安装 2 套，电机功率为 11kW，每个料仓内安装 1 台搅拌机防止污泥沉淀。污泥料仓内污泥可随时装车后外运。

污泥脱水机房的平面布置如图 8－143 所示。

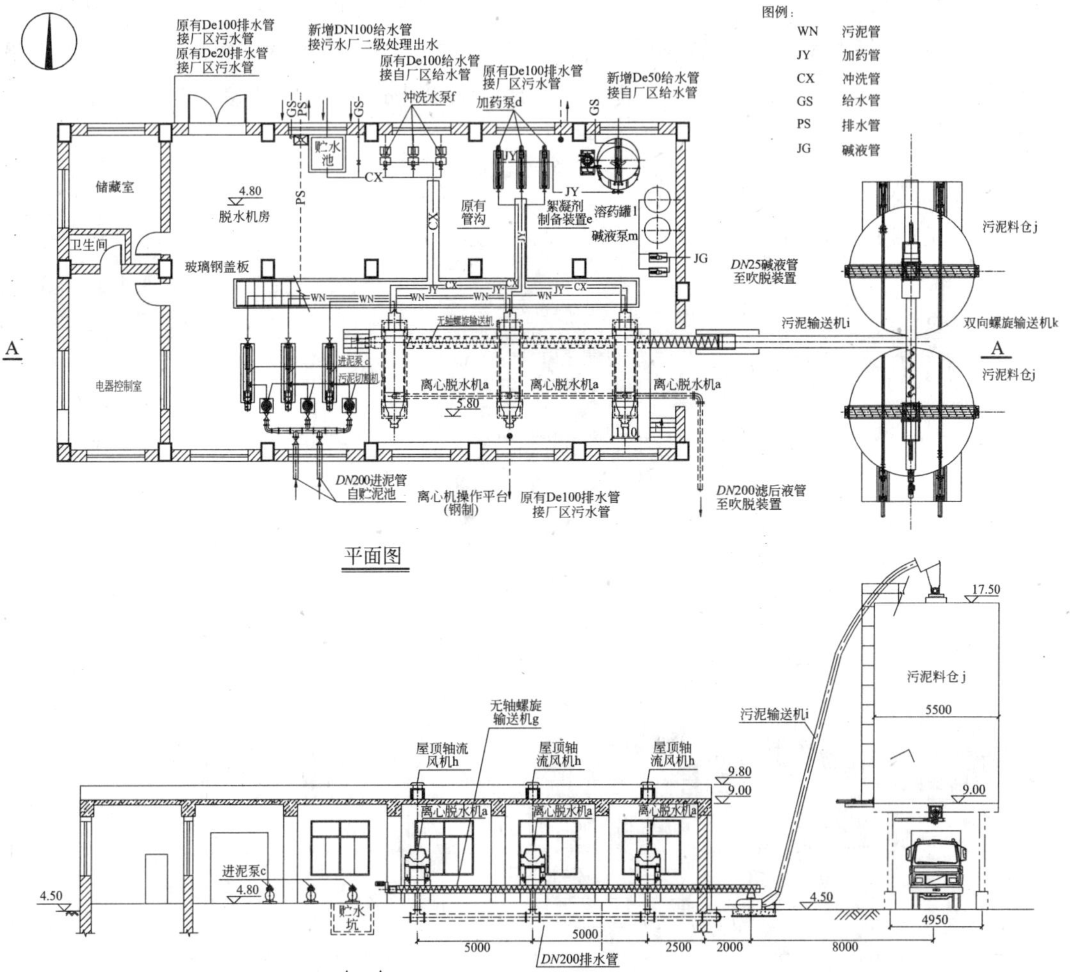

图 8－143　污泥脱水机房布置图

11）污泥水氨吹脱装置

设一座污水调节池和一组空气吹脱塔，消化污泥脱水滤液先进入调节池，调节池分 2 格，每格平面尺寸为 7m × 3m，在调节池内先将污泥水的 pH 调节到 10 ~ 11，然后提升至吹脱塔，利用空气吹脱污泥水中的氨氮。吹脱塔共设 6 座，塔直径为 1200mm，塔高为 3500mm，每座塔处理能力为 5 ~ 7m^3/h。去除氨氮后的污泥水进入气浮池，和生物滤池排出的冲洗废水一起，经加药气浮后，排入生物滤池前提升泵房。

（3）生物除臭装置

生物除臭装置的设计应根据不同的臭气浓度、生物装置的材质等因素确定，一般按空气流速和生物媒负荷确定。一般塔内的上升流速按 0.04 ~ 0.2m^3/(m^2·s) 计算，生物媒负荷为 0.01 ~ 0.05gS/(kgBC·d)。

本工程由三处需进行除臭设计，即污泥均质池、湿污泥池和储泥池，分别设置三套生物除臭装置，其中用于污泥均质池的除臭装置的除臭能力为 4000m^3/h，该除臭装置平面尺寸为 8.5m × 4.0m，高度为 1.8m，配置风机 1 套，电机功率为 5kW，用于湿污泥池和储泥池的除臭装置的除臭能力均为 2000m^3/h，除臭装置平面尺寸为 5.0m × 4.0m，高度 1.8m，配置风机 1 套，电机功率为 3kW。

（4）再生水处理构筑物工艺设计

再生水处理构筑物的总平面布置如图 8 - 144 所示。

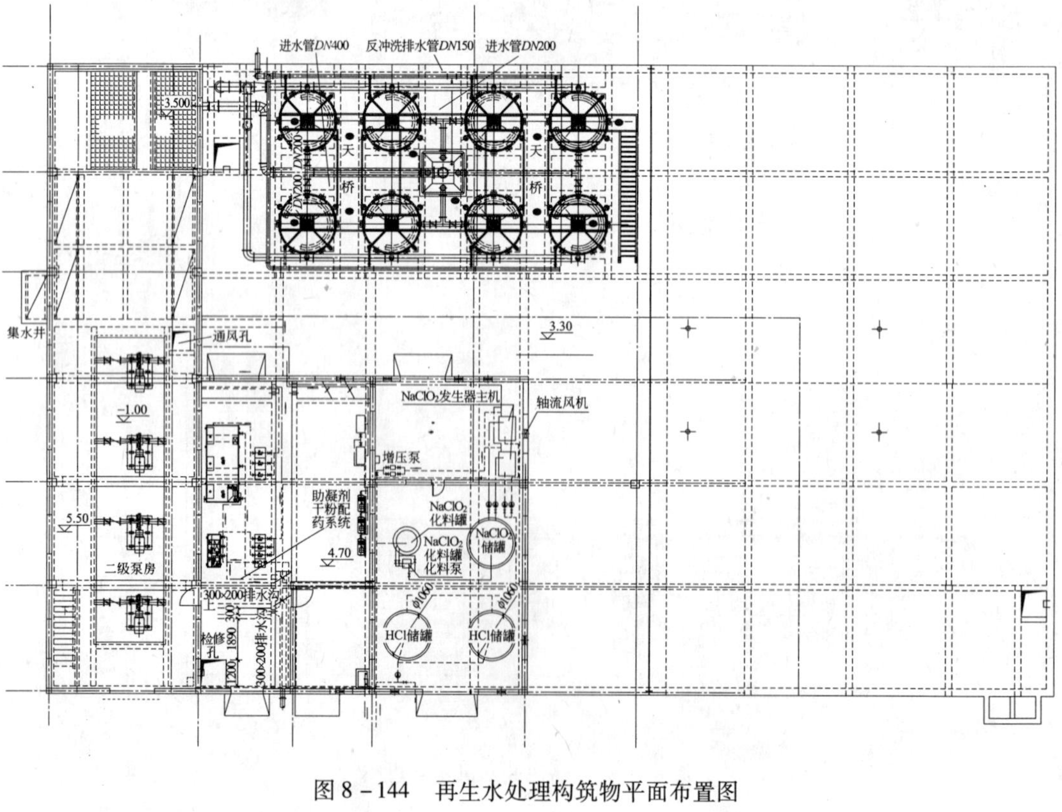

图 8 - 144 再生水处理构筑物平面布置图

1）混凝反应池

原水与混凝剂充分混合后先进入絮凝池进行反应，絮凝反应池 1 座，分 4 格，总平面尺寸为 6.5m×6.5m，有效水深为 2.5m，共配置 ϕ2875mm 低速絮凝搅拌机 4 套，单机电机功率为 0.75kW。

2）提升泵房

混凝反应池出水由提升泵房进入过滤处理单元，提升泵房 1 座，与清水池合建，平面尺寸为 4.5m×5.0m，底板标高为 -1.50m，安装潜水污水泵 3 台，2 用 1 备，单泵流量为 216m^3/h，扬程为 9m，电机功率为 8kW。

3）流砂过滤器

流砂过滤器分 2 组，每组 4 台过滤器，共 8 套。单台过滤器处理能力为 58m^3/h，直径为 2650mm，总高度为 6110mm，过滤面积为 5.5m^2，滤料为均质石英砂，粒径为 0.8～1.2mm。流砂过滤器叠建于清水池上。

配备空气压缩机为过滤器洗砂提供气源，共 3 台，2 用 1 备，排气量为 60m^3/min，压力为 7kg/cm^2，电机功率 7.5kW。

4）清水池和加压泵房

流砂过滤器处理后出水送至清水池，清水池设计容积按再生水用水量的 28% 配置，有效容积为 2830m^3。清水池 1 座，平面尺寸为 40.0m×29.5m，有效水深为 2.4m。清水池同时兼作尾水加氯后接触反应池使用。

清水池一侧建有回用水泵房，平面尺寸 13.5m×7.0m，泵房内安装卧式离心清水泵 4 台，3 用 1 备，单泵流量为 230m^3/h，扬程为 55m，电机功率为 55kW。

5）加氯间

流砂过滤器进出水均投加氯，以抑制生物膜的生长和削减出水中的致病菌和病毒，设计加氯量分别为 10mg/L 和 5mg/L，实际投加量应分别进行生产试验确定。加氯间平面尺寸为 10.0m×6.0m，建于清水池上。

加氯间内配置：

二氧化氯发生器主机 2 套，每套加氯量 Q 为 7kg/h；

$NaClO_2$ 化料罐、储罐和化料罐化料泵各 1 套；

HCl 储罐 2 套、盐酸卸酸泵 1 套。

（5）总平面布置

污水厂总体布局分为厂前区、污水一级处理区、污水二级处理区、污泥消化区、污泥脱水区、再生水处理区。

厂前区：由于厦门市夏季地面风主导风向以西南风为主，同时考虑目前的已建厂区布置情况，厂前区设置在西南角，污水厂主大门也位于西南角，大门朝西，与围墙外道路相连，便于污水厂与外界联系。

污水一级处理区：位于厂区东北部，分三组，西侧为已建的平流式沉淀池，东侧为在建的组合式高效沉淀池，在平流式沉淀池的北侧增建一座组合式高效沉淀池。

污水二级处理区：位于厂区中部，由东向西排列，拟建的 BIOFOR 曝气生物滤池分两组，按南、北两侧布置。2 组生物滤池中间为污水提升泵房，在南侧 BIOFOR 曝气生物滤池西面布置气浮池和加药间。

污泥消化区：设置在厂区西北角，主要布置污泥消化、污泥气利用的构筑物，分别包括污泥消化池、操作楼、沼气柜、沼气鼓风机和锅炉房、余气燃烧塔。沼气鼓风机和锅炉房尽可能靠近储气柜，便于污泥气利用，污泥消化池和操作楼用天桥连通，便于检修。余气燃烧塔远离污泥气利用的构筑物，以保安全。污泥消化区需考虑防爆，并用围墙单独隔开。在污泥消化区南侧为污泥匀质池和污泥浓缩机房。

污泥脱水区：设置在厂区的东北角，远离厂前区，污泥脱水区主要布置储泥池、污泥脱水机房和污泥水处理构筑物。污泥脱水机房设在该区域北侧，并布置厂区边门，便于脱水后的污泥外运。污泥脱水区的储泥池、污泥脱水机房为已建构筑物。

再生水回用处理区：布置在厂区东南侧近在建的组合式高效沉淀池，近期建设 $1\times10^4 m^3/d$ 再生水处理构筑物，然后按再生水需求量的增长扩建再生水处理规模。

污水厂的总平面布置如图 8－145 所示。

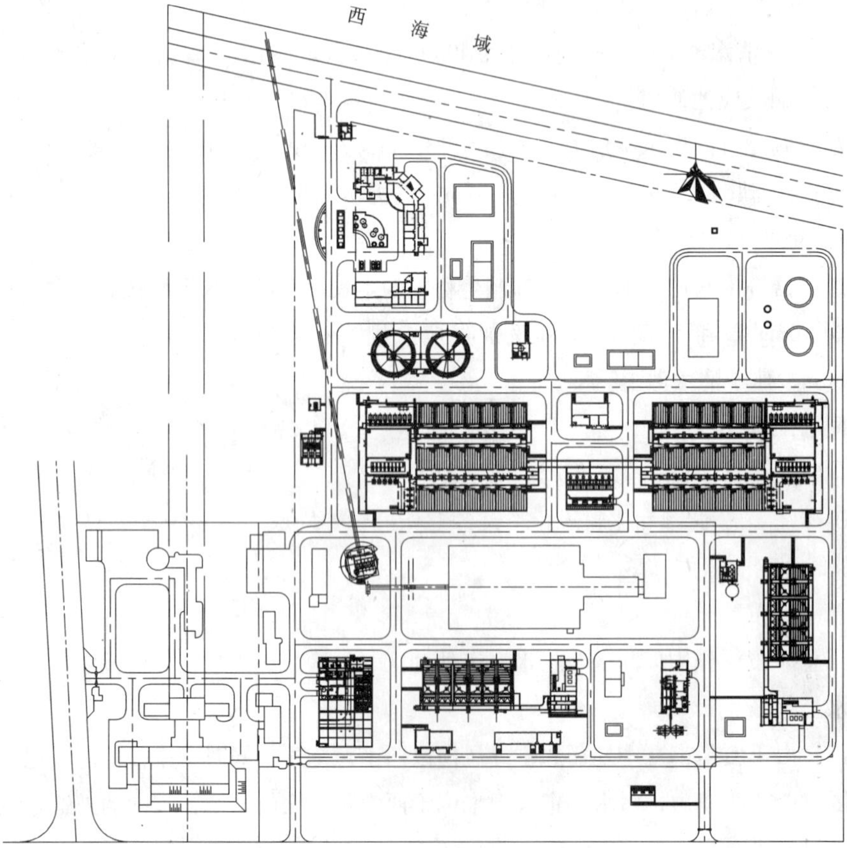

图 8－145 污水厂的总平面布置

5. 问题和建议

（1）考虑厦门市本岛西部地区的远景发展，该地区污水量仍有可能继续增长，由于本厂已无发展用地，建议保留湖里污水厂的规划用地。

（2）由于本工程用地紧张，远期再生水处理部分预留地还需向规划部门申请给予落实。

8.13　上海富国皮革有限公司污水处理站臭气治理工程

8.13.1　设计规模

水池盖与水池边以密封状态设计气量。

1. 调节池气量确定

（1）原曝气量为 $7500m^3/h$；

（2）曝气动力系数为 10%，则 $7500 \times 0.1 = 750m^3/h$；

（3）调节池水面上部容积 $L \times W \times H$；

水面波动高度 1～4m，取 2.5m；

则容积为 $45 \times 11 \times 2.5 = 1237.5m^3$；

换气次数以每小时 2 次计；

则 $1237.5 \times 2 = 2475m^3/h$；

共 4 槽；

则调节池气量为 $2475 \times 4 = 9900m^3/h$；

（4）漏风率以 10% 计，则 $(7500 + 750 + 9900) \times 10\% = 1815m^3/h$；

（5）调节池总气量 $7500 + 750 + 9900 + 1815 = 19965m^3/h$。

2. 初次沉淀池气量确定

（1）初次沉淀池水面上部容积 $L \times W \times H$；

则 $36 \times 7.9 \times 0.35 = 99.54m^3$；

共两槽，则 $99.54 \times 2 = 199m^3$。

（2）换气次数每小时 3 次，则 $199 \times 3 = 597.24m^3/h$；

初次沉淀池总气量为 $597.24m^3/h$。

3. 曝气池

（1）原曝气量 $15000m^3/h$；

（2）曝气动力系数 10%，则 $15000 \times 10\% = 1500m^3/h$；

（3）曝气池水面上部容积为 $L \times W \times H$，共 8 槽，则 $45 \times 6 \times 1.2 \times 8 = 2592m^3$；

以每小时换气 2 次计，$2592 \times 2 = 5184m^3/h$；

（4）漏风率为 10%，则 $(15000 + 1500 + 5184) \times 10\% = 2168.4m^3/h$；

（5）曝气池总气量 $15000 + 1500 + 5184 + 2168.4 = 23852.4m^3/h$，可取 $24000m^3/h$。

8.13.2 工艺设备和总体布局

本工程除臭工艺采用化学洗涤技术，根据除臭设备的数量采用两个方案比较，方案一采用集中处理；方案二分开处理，采用调节池、初次沉淀池与曝气池分别以两套系统进行处理。

1. 集中处理

调节池 Q 为 19965m^3/h；

初次沉淀池 Q 为 597m^3/h；

曝气池 Q 为 23853m^3/h；

气体总量为 44415m^3/h；

除臭器有效截面为 15m^2。

2. 分开处理

调节池、初次沉淀池用一台除臭器，气量 Q 为 21000m^3/h；

曝气池用一台除臭器，气量 Q 为 24000m^3/h；

除臭器有效截面为 6.76m^2。

对比后选用分开处理的方案，共采用两套除臭设备。

8.13.3 工程设计

处理风量：24000m^3/h；

处理介质：NH_3、H_2S；

处理后气体浓度：达到国家二级厂界标准；

设备外型尺寸：8000mm × 2600mm × 4000mm；

总电动率：3.75kW；

数量：2 台；

设备总质量：4.5t；

运行总质量：18t。

除臭设备如图 8－146 所示。

图 8－146 上海国富皮革有限公司污水处理站除臭设备图

8.14　上海曲阳污水处理厂臭气治理工程

8.14.1　工程介绍

上海曲阳污水处理厂是一座20世纪80年代初建设、采用常规活性污泥法、主要去除有机碳源污染物为主的中心城区污水处理厂，处理厂出水就近排入河道。

根据调查分析，曲阳污水处理厂恶臭气体较浓度较大的有污水预处理部分和污泥处理部分，其中污水预处理部分有：粗格栅井、污水泵房集水井、细格栅及沉砂池、初次沉淀池；污泥处理部分有：浓缩池、污泥脱水机房、脱水机房及污泥料仓系统；曝气池、二次沉淀池、生物滤池等构筑物臭味不明显，不考虑除臭措施。

8.14.2　设计规模

主要恶臭指标的浓度：硫化氢为2mg/m^3，氨气为10mg/m^3，恶臭气体浓度为500mg/m^3；

设计恶臭气体量根据各构筑物计算。

污水预处理部分除臭装置处理风量为5200m^3/h；

污泥脱水机房部分除臭装置风量为16200m^3/h。

8.14.3　臭气收集输送系统

1. 加盖系统

曲阳污水处理厂敞开加盖采用不锈钢支架和阳光板(卡普隆)方式，对于设备封闭采用不锈钢支架和钢化有机玻璃方式，盖板透明。

2. 输送系统

室外除臭风管采用地上架空敷设，支架均布，风管底部距室外地面在人行道处不小于2.5m，风管穿越厂区道路时应架设管桥，过道路管桥管道底标高不小于4.5m，风管采用玻璃钢管。

3. 排放系统

污水处理厂恶臭气体执行《恶臭污染物排放标准》(GB 14554—93)中的二级标准，装置设计除臭效率≥90%。

8.14.4　臭气处理设计

曲阳污水处理厂采用4套5000m^3/h的处理装置，其中污水预处理部分1套，污泥处理部分3套，风机合并为1台。

1. 生物除臭装置

生物除臭装置由气体预洗池、生物滤池组成，臭味去除率>90%，气体预洗池与生物滤池合并建设。

生物除臭装置主体由以下部分组成：

(1) 温控装置；

(2) 滤料；

（3）水洗系统；

（4）营养加注系统；

（5）pH 在线监测系统；

（6）进风压力表；

（7）滤料加湿系统；

（8）控制箱；

（9）臭气排放烟囱。

2. 装置材质

装置主体外壳采用不锈钢，除臭装置主体采用不锈钢制作，装置框架、外部走道板、栏杆采用碳钢材质，并防腐处理；小于或等于 *DN*100 的管道采用 PVC－U，大于 *DN*100 的管道采用焊接钢管；走道板颜色为浅灰色，护栏采用黄色。

3. 装置的运行效果

各设备的实际运行风量均达到了设计风量的 90% 以上。除臭装置对硫化氢的处理效果较好，当进气浓度较高（大于 25mg/m^3）时，处理效率大于 90%，当进气浓度较低（3mg/m^3 以下）时，虽然处理效率不足 90%，但出气浓度很低基本上在 0.2mg/m^3 左右。特别是 2 号除臭装置进气硫化氢浓度长期在较低的状态下运行，出气浓度已达到了相当低的水平（0.02～0.03mg/m^3）。

上海曲阳污水处理厂除臭设备如图 8－147 所示。

图 8－147　上海曲阳污水处理厂除臭设备

8.15 上海石化总厂污水处理厂曝气池臭气治理工程

8.15.1 工程介绍

上海石化股份有限公司（上海石化总厂）位于上海市西南部金山卫地区，南濒杭州湾，北靠沪杭公路，西邻浙江杭、嘉、湖地区，离市区约 70km。上海石化股份有限公司 1972 年开始兴建大型石油化工联合企业，历经一、二、三、四期建设已拥有从原油到化工、腈纶、塑料等主要产品的生产厂以及热电、机修、自来水、污水处理厂等辅助厂和四个装卸运输系统的大型石化企业，厂区人口 10 万人，且有较完善的市政配套设施，总占地面积 15.76km^2。上海石化股份有限公司污水处理厂为该公司的辅助厂之一，自 1977 年第一期工程投产到 1999 年第四期以及 2001 年含氰污水改造工程建成，已成为运行规模达到约 $18.88\times10^4m^3/d$ 的二级污水处理厂。

该污水处理厂的曝气池为污水高负荷预处理池，恶臭问题相当严重。曝气池采用鼓风曝气，该构筑物是污水处理装置的一段生物处理设施，建于 20 世纪 80 年代初期，位于污水生物处理装置的中部，主要技术参数如表 8 – 44 所示。

曝气池主要设计参数表 **表 8 – 44**

指　标	具体参数	指　标	具体参数
有效总容积(m^3)	17600	BOD_5 去除率	60% ~ 80%
平均停留时间(h)	6	曝气量	25000m^3/h
平均污泥浓度(g/L)	2 ~ 6	曝气池平面尺寸(单座)	63.4m × 25.35m × 6m
污泥负荷[$kgBOD_5$/(kgSS·d)]	0.54	数量	2 座
污泥产率(kgSS/$kgBOD_5$)	0.6	总曝气池表面积	1920m^2

8.15.2 设计标准

经现场监测，该曝气池恶臭气体设计浓度如表 8 – 45 所示。由于该厂主要接受石化企业的生产废水，因此曝气池的废气 VOC 浓度比一般城市污水厂的高出很多，恶臭污染十分严重。

曝气池主要设计参数表 **表 8 – 45**

分析项目	浓度	单位	分析项目	浓度	单位
H_2S	0.002	mg/m^3	甲苯	11.416	mg/m^3
NH_3	3.48	mg/m^3	苯乙烯	8.782	mg/m^3
苯	17.186	mg/m^3	VOC	250	$\times10^{-6}$(ppm)
乙苯	2.763	mg/m^3	恶臭气体浓度	1000	
对二甲苯	6.108	mg/m^3	甲硫醇	未检出	mg/m^3
邻二甲苯	3.811	mg/m^3	甲硫醚	未检出	mg/m^3

根据要求，除臭设备的设计标准为：氨气、硫化氢去除率 80% 以上，恶臭气体浓度去除率 90%。

8.15.3 工程设计

1. 工艺流程

以污水处理装置曝气池散发的重度臭味气体作为处理气源，用玻璃钢集气罩加以密封，高压通风机通过玻璃钢风管将臭味气体吸出，由引风管首先引入洗涤塔的底部进入洗涤塔，在洗涤塔中对臭味气体进行洗涤和增湿。经洗涤的气体由洗涤塔的顶部排出并通过气体管道引入生物滤池进一步进行生物处理。经生物滤池处理后的气体通过排气管进行低空多点排放。

2. 主要设计参数

（1）风量

选择通风机的风量应按式(8－1)计算：

$$Q_0=(1+K_2)Q \tag{8-1}$$

式中：Q_0——通风机设计风量，m^3/h；

Q——管道系统总风量，m^3/h；

K_2——考虑系统漏风所采用的安全系数，一般管道系统取0～0.1，K_2取0.1。

$Q_0=1.1\times25000=27500m^3/h$，风机流量选择为$30000m^3/h$。

（2）集气罩

玻璃钢材料固定式弧形集气罩，金黄色，以螺栓直接固定于曝气池上方池壁，集气罩厚度为8～12mm，强度可承受4个操作工人的体重，如图8－148所示。

图8－148 曝气池固定式弧形集气罩图

（3）集气管

有机玻璃钢材质，管径为200～1000mm，以专门设计的支架、支墩和桥架进行支撑，总长约1000m。集气管的设计计算见表8－46，其平面布置如图8－149所示。

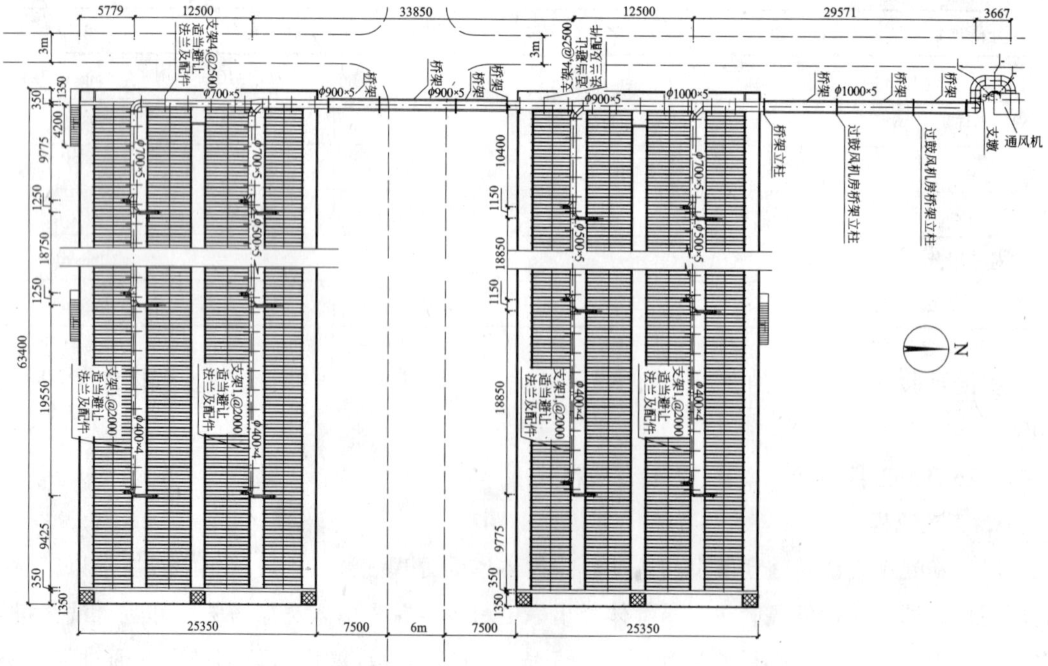

图8－149 集气管平面布置图

集气管设计计算表 **表 8-46**

管段		流量	设计流速	实际流速	管径	比摩阻	管段长度	摩擦压损	局部阻力系数	动压	局部压损	管路压损
		$L(m^3/h)$	$v(m/s)$	$v'(m/s)$	$D(mm)$	$h_m(Pa/m)$	$l(m)$	$H_m(Pa)$	$\Sigma\zeta$	(Pa)	$H_{ju}(Pa)$	$H_m+H_{ju}(Pa)$
第一支管	连接管	1042		2.3	400	0.16	1.5	0.24	1.99	3.18	6.3282	6.5682
	连接管	1042		2.3	400	0.16	4	0.64	1.99	3.18	6.3282	6.9682
	17～16	2083	3	2.95	500	0.189	25	4.725	1.25	5.21	6.5125	11.2375
	连接管2	1042		3.6	320	0.466	2	0.932	1.83	7.77	14.2191	15.1511
	16～15	4166	3	3.01	700	0.131	28	3.668	2.16	5.42	11.7072	15.3752
	连接管3	1042		4.7	280	0.884	2	1.768	2	13.26	26.52	28.288
	15～4	6250	3	2.73	900	0.081	25.3	2.0493	3.08	4.47	13.7676	15.8169
	第一支管总计											48.9978
第二支管	连接管	1042		2.84	360	0.265	2	0.53	1.44	4.85	6.984	7.514
	14～13	2083	3	2.95	500	0.189	25	4.725	1.25	5.21	6.5125	11.2375
	连接管2	1042		3.6	320	0.466	2	0.932	1.83	7.77	14.2191	15.1511
	13～12	4166	3	3.01	700	0.131	28	3.668	2.16	5.42	11.7072	15.3752
	连接管3	1042		4.7	280	0.884	2	1.768	2	13.26	26.52	28.288
	12～4	6250	3	2.73	900	0.081	13.3	1.0773	2.69	4.47	12.0243	13.1016
	第二支管总计											47.2283
	4～3	12500	8	5.46	900	0.285	43	12.255	2.21	17.87	39.4927	51.7477
	～3 总计											100.7455
第三支管	连接管	1042		2.84	360	0.265	2	0.53	1.44	4.85	6.984	7.514
	11～10	2083	3	3.64	450	0.314	25	7.85	0.96	7.94	7.6224	15.4724
	连接管2	1042		4.7	280	0.884	2	1.768	1.55	13.26	20.553	22.321
	10～9	4166	3	3.71	630	0.217	28	6.076	3.45	8.27	28.5315	34.6075

续表

管段		流量	设计流速	实际流速	管径	比摩阻	管段长度	摩擦压损	局部阻力系数	动压	局部压损	管路压损
		$L(m^3/h)$	$v(m/s)$	$v'(m/s)$	$D(mm)$	$h_m(Pa/m)$	$l(m)$	$H_m(Pa)$	$\sum\zeta$	(Pa)	$H_{ju}(Pa)$	$H_m+H_{ju}(Pa)$
第三支管	连接管3	1042		5.9	250	1.525	2	3.05	2	20.86	41.72	44.77
	9~3	6250	3	4.51	700	0.272	13.3	3.6176	4.44	12.21	54.2124	57.83
	第三支管总计											115.4239
	3~2	18750	8	6.63	1000	0.359	12	4.308	0.7	26.38	18.466	22.774
	~2 总计											138.1979
第四支管	连接管	1042		2.84	360	0.265	2	0.53	1.44	4.85	6.984	7.514
	8~7	2083	3	3.64	450	0.314	25	7.85	0.96	7.94	7.6224	15.4724
	连接管2	1042		4.7	280	0.884	2	1.768	1.55	13.26	20.553	22.321
	7~6	4166	3	4.7	560	0.383	28	10.724	2.05	13.24	27.142	37.866
	连接管3	1042		5.9	250	1.525	2	3.05	2	20.86	41.72	44.77
	6~2	6250	3	5.57	630	0.453	13.3	6.0249	3.05	18.61	56.7605	62.7854
	第四支管总计											123.6378
收集管道系统总阻力												
138.1979	Pa											
14.08745	mmH_2O											

(4) 洗涤塔

有效设计停留时间为5s；玻璃钢材质；尺寸为 ϕ3.0m×6.0m；塔体形式为空塔，以防填料长期运行后的堵塞。设计总容积为2m^3 的洗涤液储槽，储槽密闭，以安装加热器1套，对洗涤液进行预加热，洗涤液由厂区回用水提供，经洗涤泵提升至洗涤塔。洗涤泵2台，1用1备，每台洗涤泵流量 Q 为12.5m^3/h，扬程 H 为20m，电机功率 N 为2.2kW。

(5) 生物滤池

采用钢筋混凝土结构，内壁涂环氧树脂防腐，矩形，低部进气，布气采用格栅板均匀分配，以防造成局部短路等；布水采用喷淋形式，设置喷淋头96个，所用喷淋水为厂区回用水，并循环使用。装置外壁尺寸为22.2m×12.75m×5.3m，分成独立运行的6组，每组平面内壁尺寸为7.0m×6.0m。填料为上海市市政工程设计研究总院自行研究开发的成果，装填厚度为1.2m，以玻璃钢格栅板支撑；在下层设计一预留层，暂不装填填料，预留高度为0.4m，以玻璃钢格栅板支撑。两格栅板均由横梁支撑，两层填料之间间距(上层格栅板底部至下层填料顶部)为1.0m。每组生物滤池底部设集水坑，尺寸为0.5m×1.25m×0.5m，共6组；集水坑底标高为－0.300m(相对标高)；生物滤池表面负荷为100m^3/(m^2·h)；生物填料区的设计停留时间为36s；生物滤池填料层表面积为252m^2，生物填料的有效需要量为302.4m^3；填料层设计湿度大于70%；以厂区回用水增湿，不设专用的加压泵，定期间歇喷淋，喷淋水直接排放不回用；填料区的下部喷淋液贮槽尺寸为7m×6m×0.4m，共6组；每座滤池通过上部 *DN*700 透气管直接排放，透气管高度为2.0m。

(6) 风机

采用后置式配置风机，不锈钢高压变频离心风机1台，风量 Q 为30000m^3/h，风压 P 为3500Pa，电机功率 N 为55kW；风机为户外型，不设风机房，但风机底部设隔振基座，设隔声箱以防止噪声。

(7) 仪器仪表设备

该除臭设备同时配备有一批在线监测设备如在线温湿度计、在线风量计、在线压力计、在线可燃气体检测仪以及氨气/硫化氢/苯系物便携式监测仪器等。

(8) 工程总投资为1000万人民币，单位运行成本(包括设备更换、动力费、工人工资福利以及日常维修费等)为0.0084元/m^3 臭气。

3. 运行效果

该工程于2006年年底建成投产，目前已运行近2年，根据运行数据，各构筑物的实际风量均达到了设计要求，监测数据表明，硫化氢去除率平均为89%，氨气去除率平均为98%，苯去除率平均为99.94%，苯乙烯的去除率平均为99.88%。运行效果良好，在此成功运行经验的基础上，为了对厂区范围内全面除臭，该厂已开始投资建设二期、三期除臭工程。

生物除臭滤化现场情况如图8－150所示。

图8－150　生物除臭滤池现场情况

参　考　文　献

[1] 朱雁伯. 中国水环境污染的现状与对策 [M]//全国城镇排水管网及污水处理厂技术改造运营高级研讨会论文集，2007.

[2] 孙永利，张宇，王蕊等. 影响城镇污水处理产业发展的关键问题及对策建议 [M]//全国城镇排水管网及污水处理厂技术改造运营高级研讨会论文集，2007.

[3] 中国勘察设计协会. 中国工程勘察设计五十年(第五卷)市政工程设计发展卷 [M]. 北京：中国建筑工业出版社，2006.

[4] 原建设部综合财务司. 中国城市建设统计年鉴(2006 年) [M]. 北京：中国建筑工业出版社，2007.

[5] 原建设部综合财务司. 中国城乡建设统计年鉴(2006 年) [M]. 北京：中国建筑工业出版社，2007.

[6] Water Environment Federation (2005). Upgrading and Retrofitting Water and Wastewater Treatment Plants, Manual of Practice No. 28. Water Environment Federation: Alexandria, Virginia.

[7] Diagger, G. T.; Buttz, J. A. (1998). Upgrading Wastewater Treatment Plants; Technomic: London.

[8] 李亚峰，晋文学. 城市污水处理厂运行管理 [M]. 北京：化学工业出版社，2005.

[9] 谢经良，沈晓南，彭忠. 污水处理设备操作维护问答 [M]. 北京：化学工业出版社，2006.

[10] 上海市建设委员会科学技术委员会. 排水工程 [M]// 上海大型市政工程设计与施工丛书. 上海：上海科学技术出版社，1998.

[11] 日本下水道协会. 下水道设施设计指南与解说 [M]，2001.

[12] 石磊. 恶臭污染测试与控制技术(第一版) [M]. 北京：化学工业出版社，2004.

[13] 沈培明等. 恶臭的评价与分析 [M]. 北京：化学工业出版社，2005.

[14] 吴鹏鸣等. 环境空气监测质量保证手册 [M]. 北京：中国环境科学出版社，1989.

[15] Design of Municipal Wastewater Treatment Plants (4th edition), WEF Manual of Practice No. 8, ASCE Manual and Report on Engineering Practice No. 76, 1998.

[16] 林肇信. 大气污染控制工程 [M]. 北京：高等教育出版社，1991.

[17] 同济大学，上海城市排水有限公司. “污水收集处理系统生物除臭工艺技术及关键设备的开发研究”课题现场工业化装置试验报告 [R]，2001.

[18] Derek Evan Chitwood, Two-stage Biofiltration for Treatment of POTW Off-gases, A dissertation presented to the FACULTY OF THE GRADUATE SCHOOL UNIVERSITY OF SOUTHERN CALIFORNIA in Partial Fulfillment of the Requirements for the Degree DOCTOR OF PHILOSOPHY (Environmental Engineering), 1999.

[19] Design of Municipal Wastewater Treatment Plants (4th edition), WEF Manual of Practice No. 8, ASCE Manual and Report on Engineering Practice No. 76, 1998.

[20] 蔡伟娜. 污水收集与处理系统生物除臭工艺研究 [D]//同济大学硕士学位论文，2002.

[21] 黄焱歆等. 生物膜法控制硫化氢气体污染的试验研究 [J]. 城市环境与城市生态，1996，9(1)：

15 - 19.

[22] 马红等. 固定微生物处理含氨废气的研究 [J]. 中国环境科学, 1995, 15(4).

[23] Cleveland, W., "Hazardous Air Pollutants, MACT Basics for Wastewater Treatment." Water Environment and Technology, 1996(4): 46 - 52.

[24] Witherspoon, J. R., W. J. Bishop, M. J. Wallis, Emissions Control Options for POTWs, Environmental Protection, 1993, 4(5): 59 - 66.

[25] 沈培明等. 恶臭的评价与分析 [M] 北京: 化学工业出版社, 2005.

[26] Hao, O. J., M. Chen, L. Huang, R. L. Buglass, Sulfate-Reducing Bacteria, Critical Reviews in Environmental Science and Technology, 1996, 26(2): 155 - 187.

[27] Pincince, A. B., Toxic Air Emission from Wastewater Treatment Facilities, Water Environment Federation and the American Society of Civil Engineers, 1995.

[28] 姜安玺. 空气污染控制 [M] 北京: 化学工业出版社, 2003.

[29] Istvan Devai, Delaune R D. Emission of Reduced Malodorous Sulfur Gases from Wastewater Treatment Plants. Water Environ. Res., 1999, 71(2).

[30] A study on volatile organic sulfide causes of odors at Philadelphia's Northeast Water Pollution Control Plant, Xianhao Cheng, Earl Peterkin, Gary A. Burlingame, Water Research 39(2005)3781 - 3790.

[31] Koe, Control of odorous emissions at wastewater treatment plants-the Singapore experience. Proc., Annu. Meet. —Air Waste Manage. Assoc., 91st, RP95B04/1-RP95B04/14 (English) 1998 Air & Waste Management Association.

[32] Brian Miills, Review of Methods Odour control, Filtration & Seperation, 1995(2).

[33] Devinny, J. S., D. E. Chiwood, J. F. E. Reynolds, Two Stage Biofiltration of Wastewater Treatment Offgas. Proceedings of the 91st Annual Meeting and Exhibition of the Air and Waste Management Association, San Diego, California, 1998.

[34] Webster, T. S., Control of Air Emissions from Publicly Owned Treatment Works Using Biological Filtration, Environmental Engineering Program, Los Angeles, California, University of Southern California, 1996.

[35] Mansfield, L. A., Melnyk, P. B., Richardson, G. C., Selection and fuul-scale use of a chelated iron absorbent for odor control, Water Environmental Research, 1992(64): 120 - 127.

[36] Ying-Chien Chung, Yu-Yen Lin, Ching-Ping Tseng, Removal of high concentration of NH_3 and coexistent H_2S by biological activated carbon (BAC) biotrickling filter, Bioresource Technology, 2005: 1 - 9.

[37] (日)立本英机. 活性炭的应用技术—其维持管理及存在问题(第一版) [M]. (日)安部郁夫, 高尚愚译. 南京: 东南大学出版社, 2002.

[38] 中国大百科全书编写组. 环境科学 [M]//中国大百科全书. 北京: 中国大百科全书出版社, 1983.

[39] 环保工作者实用手册编写组. 环保工作者实用手册 [M]. 北京: 冶金工业出版社, 1984.

[40] 日本环境厅环境法令研究会编集. 中央法规. 环境六法. 恶臭防治法, 1984.

[41] Rittman, B. E. and McCarty, P. L.: Model of steady-state biofilm kinetics, Bioeng., 22, 2343(1980).

[42] Cho, K. S., Hirai, M., and Shoda, M., Degradation of Hydorgen Sulfide by Xanthomonas sp. Strain DY44 Isolated from Peat, Appl. Environ. Microbiol., 1992(58): 1183.

[43] Mukhopadhyay, N. and E. C. Moretti, Current and Potential Future Industrial Practices for Reducing and

Controlling Volatile Organic Compounds, AIChE Center for Waste Reduction Technologies, New York, NY, 1993.

[44] Wang, Z. and R. Govind, Biofiltration of Isopentane in Peat and Compost Packed Beds, J. AIChE, 1997, 43(5): 1348 - 1356.

[45] Ottengraf, S. P. P., J. J. P. Meesters, A. H. C. van den Oever, and H. R. Rozema, Biological elimination of volatile xenobiotic compounds in biofilters, Bioprocess Engineering, 1986(1): 61 - 69.

[46] Beltrame, P., P. L. Beltrame, P. Camiti, and D. Guardione, Inhibiting action of chlorophenols on biodegradation of phenol and its correlation with structural properties of inhibitors, Biotechnology and Bioengineering, 1988, 31(8): 821 - 828.

[47] Snoeyink, V. L., and D. Jenkins, Water Chemistry, John Wiley & Sons, Inc., New York, N. Y., 1980.

[48] Flora, J. E. V., M. T. Suidan, P. Biswas, and G. D. Sayles, Modeling Substrate Transport in Biofilms: Role of Muitiple Ions and pH Effects, Journal of Environmental Engineering, 1993, 119(5): 908 - 921.

[49] Bohn, H., Consider Biofiltration for Decontaminating Gases, Chemical Engineering Progress, 1992, 4.